复杂注塑模现代设计

主　编

文根保

副主编

史　文

编著者

文　莉　丁杰文

主　审

陶永亮

金盾出版社

内 容 提 要

本书循序渐进地介绍了注塑模设计知识,内容包括:塑料、注塑件与注塑模简介,常用塑料名称与成型特性,塑料件、塑料螺纹与嵌件的设计,注塑件尺寸公差与表面粗糙度,注塑模的结构与运动形式,注塑模浇注系统结构的设计,注塑模温控系统的设计,分型面的选择、分型机构与其他机构,侧向分型与抽芯机构的设计,脱模机构与脱螺纹机构的设计,注塑件上的痕迹与痕迹技术的应用,注塑模结构方案可行性分析与论证,注塑模具钢与热处理,注塑件成型工艺、注射机简介与试模,注塑模的刚度及强度计算,注塑模型腔和型芯及总图的设计,注塑模结构设计可行性分析的实例。书中注塑件形体"六要素"分析、注塑模结构方案分析方法与论证、注塑件的模具结构成型痕迹技术与克隆及复制技术、注塑件上缺陷的综合整治方法等,是作者 40 多年从事注塑模设计中的技巧、方法和规律的经验总结,具有独创性、实用性、技术先进性、使用可靠性和简单易学的特点。

本书可供注塑件和注塑模设计相关专业师生使用,也可供从事注塑件与注塑模设计和生产的工程技术人员参考。

图书在版编目(CIP)数据

复杂注塑模现代设计/文根保主编. —北京:金盾出版社,2018.7
ISBN 978-7-5186-1352-6

Ⅰ.①复… Ⅱ.①文… Ⅲ.①注塑—塑料模具—设计 Ⅳ.①TQ320.66

中国版本图书馆 CIP 数据核字(2017)第 162109 号

金盾出版社出版、总发行

北京太平路 5 号(地铁万寿路站往南)
邮政编码:100036 电话:68214039 83219215
传真:68276683 网址:www.jdcbs.cn
封面印刷:双峰印刷装订有限公司
正文印刷:双峰印刷装订有限公司
装订:双峰印刷装订有限公司
各地新华书店经销
开本:787×1 092 1/16 印张:37.5 字数:981 千字
2018 年 7 月第 1 版第 1 次印刷
印数:1~3 000 册 定价:120.00 元

(凡购买金盾出版社的图书,如有缺页、
倒页、脱页者,本社发行部负责调换)

前　言

　　注塑模的设计是所有模具设计中最主要的一种,也是普遍被认为比较难的一种。其难是在于注塑模设计需考虑的因素多,成型的对象形状复杂且变化多,对象材料在成型过程中要控制的因素多,所产生的缺陷多。如何进行注塑模的设计? 如何判断注塑模设计的正确性? 应该有一整套的设计规律和程序,遵守了这些规律和程序模具设计就能够成功,否则会以失败而告终。本书通过对相关知识的介绍,详细地阐述了注塑模设计的规律和程序,使从事注塑模设计人员,可以遵循这些规律和程序进行注塑模的设计,从而避免模具设计的失败。

　　任何复杂注塑模的结构都是由多种基本结构单元所组成的,模具性能的好与坏取决于这些结构单元的品质。就像万丈高楼的安危取决于地基一样,复杂注塑模的性能取决于模具结构方案和机构类型。这些注塑模各种机构类型和基本结构单元包括:分型面,浇注系统和温控系统,抽芯机构和脱模机构,标准模架和注塑模其他机构及构件。注塑模机构选用的类型不同,注塑模的结构方案也有所不同。复杂注塑模的现代设计不仅要求能够灵活熟练地运用这些模具的结构,还必须要掌握注塑模设计扎实的高端理论,这牵涉到多种学科。

　　我们根据 40 多年注塑模设计经验创建的高端理论包括:注塑件形体分析的"六要素"、注塑模结构方案的"三种可行性分析方法"和论证,以及注塑模最佳优化方案的可行性分析和论证。这就是复杂注塑模设计辩证方法论,其可以解决任何复杂注塑模结构方案的制订和对模具结构设计的判断。注塑件成型痕迹与痕迹技术、注塑件缺陷预期分析的 CAE 法和图解法及缺陷整治的排除法和痕迹法,为解决注塑模和注塑件的克隆、复制、修模以及网络技术服务寻找到一条解决的途径。在国内首次提出制订模具结构方案应与缺陷预期分析同时进行的思路,并且缺陷以预防为主、整治为辅的策略,为一揽子全面解决模具结构和根治注塑件上的缺陷提供了方法。因此,注塑模设计辩证方法论和注塑件缺陷综合整治方法论是一个完整的、连续的、循环的和系统的辩证方法论。它为注塑模最佳优化结构方案的制定提供了理论和技术支撑,也为注塑模的设计提供了程序、路径和验证方法,还为解释许多模具的结构和成型现象提供了理论依据,更为减少注塑模盲目设计与提高试模合格率提供了理论和可操作的保证。这样注塑模的设计就成了一种逻辑性极强而且有趣味性的工作。

　　模具设计技术理论是模具工业链环中具有决定性的环节,试想一下模具结构设计出现了错误,模具的制造还存在意义吗? 只有模具结构设计成功了,其他的模具技术才能用得上并能锦上添花,提高模具的精度、性能和使用寿命。过去模具设计理论总是滞后于模具技术发展的水平,造成了模具制造的被动局面。由此提出了模具设计和缺陷整治深层次的理论,就是为了改变模具设计一直停留在基础性的初级阶段理论的尝试,经过大量实践已经证明这些理论是行之有效的理论。

　　参与编写本书的有文根保、史文、文莉、丁杰文、胡军、张佳、文根秀和蔡运莲。另聘请《模具制造》杂志编委、《重庆模具工业》杂志编委、重庆模具协会专家成员、原重庆川仪工程塑料有限公司教授级高级工程师陶永亮担任主审,在此表示感谢。由于编者的水平和知识面有限,加之时间仓促,书中难免存在着错误和不妥之处,恳请读者们提出宝贵意见。我们愿意竭诚为您服务并虚心地接受您的批评与指正,邮箱地址为:1024647478@qq.com。

主　编

目　录

第一章 塑料、注塑件与注塑模简介

塑料是重要的工业材料,塑料工业是重要的工业部门,而模具是塑料成型生产中的重要工艺装备。模具工业是衡量一个国家工艺技术水平高低的重要标志,如美国工业界认为"模具工业是美国工业的基石",日本经济界则称"模具是促进社会繁荣富裕的动力",我国模具界认为"模具是改变落后工业状况的实用技术之一"。

第一节 概 论

众所周知,塑料是成型注塑件的材料,其性能直接影响注塑件的成型性能和使用性能。注塑模是成型注塑件的母体,注塑件的形状、尺寸和精度等质量要求都要依赖注塑模的结构形式、尺寸和精度;而注塑件的成型,则要依赖塑料的性能和注塑模的结构形式。这三者之间的关系是相互关联又相互影响的,只有将三者的相互关系协调到恰到好处,才能有效地控制注塑件的质量。

一、塑料

"我们的时代将是聚合物的时代",保罗·约翰·弗洛在获得诺贝尔化学奖时是这样说的。塑料已经在很长的一段时间内改变了人类的生活方式。可以设想一下,现在的每一个人或每一个家庭,甚至是每一个企业或每一个国家,倘若没有塑料的产品,将会是一种什么样的情况?

(1)塑料的发展概况 注塑件在轻工业、农业、国防、航空、航天、交通运输、机械制造、电工电子、家用电器、办公用品、仪器仪表、包装、装潢、建筑材料、文化体育用品和日常生活等各个方面的应用越来越具有普遍性和广泛性,这是由塑料具有的各种性能所决定的。随着塑料产品广泛地应用和开发,塑料工业日新月异地发展,随之又产生了大量新型的塑料材料和品种,塑料的产量也是逐年增长,见表1-1。塑料工业已经成为世界各个工业部门中发展速度最快的领域之一,就其体积而言,塑料总产量已经远远超过了钢总产量。世界塑料制品产量早已超过1亿吨,2000年约1.2亿吨。随着塑料制品应用领域的不断拓展,2000年至2010年的十年间,世界塑料制品产量以3%的平均速度逐年增长。

表 1-1 世界塑料年产量 （kt）

年度	1935	1950	1960	1970	1990	2010
产量	200	1 500	6 770	30 000	99 850	250 000

我国塑料的产量也在不断地递增,年均增长率超过10%。2004年我国塑料制品具有一定规模的企业其产量接近1 850万吨,总加工能力超过2 000万吨。2010年我国合成树脂(塑料的主要成分)表观消费量为6 500万吨,加上循环利用、填充物及各种助剂,塑料的实际消费量在8 000万吨左右。考虑到塑料的密度为1g/cm³左右,而钢铁的密度为7.8 g/cm³左右,就材料的体积而言,2010年我国塑料产量的体积已经与当年我国6.27亿吨的钢产量的体积相当。2011年全国初级形态的塑料产量达4 798万吨,同比增长9.28%;2011年前11个月,我国塑

料制品的产量达 4 921 万吨,同比增长 21.11%,塑料行业产量增速为 33.23%。我国已经是名副其实的世界塑料生产、消费和进口大国。

(2)塑料的性能和用途 塑料是具有密度小和质量轻等特点的新型材料。大多数塑料的密度在 1.0~1.4g/cm³ 之间,比水略重,比铝轻 1/2,仅为钢的 1/7~1/5,即在同样体积条件下的塑料构件比金属构件要轻得多。据美国 20 世纪 80 年代的统计,在汽车制造中采用了塑料件后,每辆轿车的质量平均减轻了 180kg。这样每升汽油可使轿车多行驶 0.4km,美国每年可节约 1 400 余万桶汽油。现在西欧有各类汽车 1 亿辆,如果将汽车上使用塑料件的质量从目前的 3% 提高到 11%,每年可节约汽油 3 000 万吨。在计算机、复印机、打印机、洗衣机、电话机和日常生活等产品,它们除了有一些电子电气元件和螺钉之外,其余均是由塑料构件组成,塑料占到 90% 以上,甚至是 100%。由于塑料易于成型,生产效率高,制造能耗低,生产成本低,加上各种优良的性能,所以以塑代钢是新时代的需求。塑料的比强度高,能与金属相抗衡,如钢的拉伸比强度约为 160MPa,而玻璃纤维(简称玻纤)增强塑料的拉伸比强度可达 170~400MPa。塑料有良好的绝缘性和介电损耗低,是电子工业的重要材料。塑料有良好的耐腐蚀性能,对酸、碱及许多化学品具有良好的化学稳定性;例如,聚四氟乙烯就是用三酸配制成的"王水"都不能溶解它,由此被称为"塑料王"。塑料具有减摩、耐磨、减振和隔音的性能,所以塑料还可以代替木材、皮革和其他无机材料。特别是工程塑料更具有优异的综合性能(包括力学性能、电性能、耐热性能、耐化学性能、尺寸稳定性能和加工性能等),能在较宽的温度范围和较长时间内保持这些性能,并在承受机械应力和较苛刻的化学物理环境中长期地使用。正因为塑料具有这些特性,塑料件广泛地应用在人类社会的各个方面,如轻工、农业、国防、航空航天、交通运输、机械制造、仪器仪表、包装、装潢、建材、文体用品和日常生活等。目前塑料已发展成为国民经济各个部门中必不可少的化学材料,并已跻身于金属、纤维和硅酸盐三大传统材料之列,特别是在制造业中占有越来越重要的地位。

(3)塑料性能对注塑件和注塑模的影响 在对注塑件成型分析、注塑模结构设计以及注塑件的缺陷分析时,我们往往只知其然,而不知其所以然,在处理和解决注塑件的技术问题上十分盲目。为了能解决这个问题,需要学习一些塑料的知识。

孙子曰:"知己知彼,百战不殆"。注塑模成型加工的对象是各种聚合物,要设计好注塑模就必须对各种聚合物的性能有所了解;许多注塑模的设计失误以及注塑件上的各种缺陷,就是因为我们对注塑模成型加工对象的性能了解不够。如能应用流变学对塑料熔体在模具中浇注系统和型腔中流动行为进行分析,并能对影响注塑件成型的各种因素进行合理控制,就能够避免上述问题的发生。通过对各种塑料的性能及其成型加工工艺性的学习,使模具设计人员掌握各种塑料的性能,理解各种塑料的成型加工原理,了解各种塑料的成型加工工艺性的特征,从而可以正确地处理好模具设计与塑料的性能和成型加工工艺性三者之间的相互关系。

注塑产品的成型都需要使用模具,热塑性塑料使用注塑模成型,热固性塑料使用压塑模成型,现在热固性塑料也可以采用注塑模成型。各种成型材料在成型的过程中,都是由熔融的状态在高温高压下注入模具的型腔内,待冷却成型后取出。成型材料熔融后,由充满型腔的流动状态的熔体转变为冷却后定形的固态称为塑料的成型。一般成型材料在成型的过程中都会产生热胀冷缩的现象,只是热胀冷缩的程度不同。在这个过程中,成型材料温度的变化、注射压力的变化、注射时流速与流量的变化、注塑件形体尺寸的变化、注塑件物理性能的变化、注塑件力学性能的变化、注塑件电性能的变化、注塑件使用性能的变化、注塑件表观的变化以及注塑件成型缺陷的产生,这便形成了我们针对这些变化的许多技术。

产品的成型可以根据其材料、成型工艺、模具和设备的不同分成不同的成型方法,每种成型方法除了其共同的成型规律外,每个成型件又有其特定的成型规律;善于捕捉每个成型件的不同成型规律,就能有效地解决每个成型件的成型问题。成型件的设计除了要满足其使用功能外,还需要从成型规律出发满足其成型的特点才能设计好成型件。成型件的设计和成型方法是对立和统一的辩证关系,成型件的设计最后都要统一到解决其成型方法和模具设计的问题上来。

二、注塑件的设计与工艺要求

随着工业塑料件、日用塑料件的应用越来越广泛,更新换代的周期越来越短,对塑料件的产量、质量及成型工艺技术也提出了越来越高的要求。为了满足人们生活和生产的需求,塑料件正朝着精密化、微型化、大型化和复杂化的方向发展。应用在手机、电子、仪器仪表和精密机械结构中的精密塑料件,通过精密注塑成型能够将注塑件的尺寸精度有效地控制在 $0.001\sim0.01\text{mm}$。微型化和大型化生产技术涉及了许多学科和技术领域,是衡量一个国家科学技术水平和生产工艺水平的标志。

注塑件的设计虽然也要运用到机械制图、公差与配合、工程力学、机械设计和技术测量等方面的知识和技能,但是和金属件的设计有很大的不同。注塑件是一种带有黏弹性的非金属固化件,其加工方法主要是应用模具加工成型,也不排除可以采用机械加工的方法成型。注塑件在材质和性能上与金属件有很大的区别,其加工方法也与金属件截然不同。注塑件的尺寸精度、表面粗糙度和注塑件的结构与金属件都存在着不同,千万别把注塑件当作金属件来进行设计,否则是注塑模无法设计,注塑件也就无法成型加工。当然,注塑件的设计,还需要具备高分子材料、塑料力学特性、非力学特性、热力学特性、成型工艺性、成型模具设计的基本知识和成型机械方面的知识,还需要掌握塑料的配方、着色、造型及美学设计的知识。只有如此,才能设计好注塑件。

1. 注塑件设计的步骤

注塑件的成型方法不同,注塑件的结构形式随之不同。在注塑件的设计之前,设计者必须对注塑件的各种性能、成型工艺方法、加工效率与成本、成型设备、注塑件的装配要求与用途有所了解。重要的是在注塑件造型构思后,设计者必须对其成型模具的结构方案进行可行性分析与论证,即该模具是否能成功成型注塑件。同时,还需参照和比对同类型塑料制品的结构、造型、用材、表观精饰和着色方面的经验。通常注塑件设计分为三个步骤进行。

(1)拟定设计方案 在收到注塑件的设计任务书之后,首先需要掌握注塑件所要求的使用功能、装配要求、用途和环境功能。换言之,就是要了解注塑件使用时的温度、工作的时间、工作时的受力和磨损状况、化学腐蚀性能、环境老化、电气绝缘、导电和导磁功能;了解各种技术标准、塑料相关的力学性能曲线和相关的法律、法规,如食品方面无毒的规定、环境方面无污染的规定等。以为选材做好准备。

其次需要了解注塑件的成型工艺方法和成型设备的状况,成型时可能产生的缺陷对注塑件的影响,注塑件的尺寸精度、表面粗糙度、表观精饰和着色的状况,注塑件有无金属嵌件对熔接痕的影响,选用的塑料材料性能和供应情况,所采用成型工艺和塑料材料的价格对生产效率的影响,以及注塑件成本的状况,为加工条件奠定基础。

在掌握和了解注塑件上述的情况下,拟定设计方案。在设计方案中,应做好注塑件设计的基础性工作,对注塑件进行失效分析,即塑料材料对时间、温度、受力及环境的敏感性。为了确保其在使用期限内功能和性能的可靠性,必须按主要失效形式进行预测性的理论计算或模拟测试。如注塑件经过压力装配后,计算温度升高和应力松弛后的传递力矩;计算塑料齿轮在弯曲疲劳、接触点蚀、齿面磨损或热膨胀下的模数与中心距等。在特殊应用场合和条件下,需对注塑件进行冲击或疲劳、耐候或渗透等试验。

拟定设计方案时,通常要制定几个方案进行分析与对比,从中选择最佳方案,并需对其进行补充和完善。

(2)结构设计　注塑件的结构设计又可分三步进行。

①功能结构设计。功能结构设计是结构设计的核心,其内容是确定能够实现注塑件使用功能的形状、尺寸、公差和壁厚。

②结构造型设计。结构造型设计是实现注塑件外观形状的协调与美感,追求可表观的商业性(可与采购商协商);同时,也为模具造型设计和加工中心编制模具加工程序奠定基础。

③成型工艺性结构设计。成型工艺性结构设计是指使注塑件的内、外形体结构要符合所用塑料材料的热力学成型原则和符合成型模具的结构特点,同时也要符合注塑件使用功能要求和表观质量要求。在成型工艺性结构设计中,聚合物的流变学是注塑件设计的基础,必须合理地处理熔体的流动性、成型收缩率、嵌件、消除各种成型缺陷和脱模取件等技术性问题。

对类似机壳、面板、仪表盘及日用品的塑料制品,通过造型设计,可在表观上予以精饰、彩饰、滚花、抛光、植绒、镀覆金属、雕饰花纹图案等,这样可以提高注塑件的商业价值。

进行注塑件的结构设计,就是对注塑件进行丰富的空间思维和创新。传统的设计方法是勾画结构草图,再绘制注塑件的各个视图和剖视图、断面图。现在由于有了计算机和数控技术,可以先在计算机上进行注塑件的三维造型。在对注塑件评估的基础上,再对注塑件的三维造型进行模具结构的分型、抽芯和脱模的设计。现在可以用快速成型或打印成型技术获取注塑件,用以检查注塑件的造型、尺寸、精度和装配关系。

(3)方案的论证和生产准备　在注塑件的结构设计确定之后,应对设计方案进行可行性论证,即在投产前对设计输出进行评审。利用相关注塑模制品的 CAE/CAD 分析软件,对设计方案进行模拟注射工艺过程,以获得并分析塑料熔体的流动、成型、保压、冷却、固化收缩、取向与结晶和注塑件出模后的翘曲变形等数据。对 CAE 分析软件无法预测的缺陷,也可以用图解法进行分析。在此模拟分析的基础上,判断设计方案可行性。同时,还可再次对设计方案进行修改和优化。在将优化设计方案从网上传给采购方后,再按采购方的合理建议和要求进行修改,才可最后确定注塑件结构设计,甚至还要在注塑件的试模或装配使用后做适当的修改。当然,这种试模或装配使用后的修改会造成模具的修理,甚至报废重做。只要设计方案可行性论证进行得非常充分,就可避免这种损失。至此,最后确定注塑件的结构设计,便可进行生产准备和组织批量化生产。

2. 注塑件设计中应遵循的原则

在注塑件的设计中,一般遵循以下的原则。

(1)功能与性能原则　确保注塑件在使用期间的功能与性能,在失效分析的基础上,应对注塑件进行理论设计的计算和校核,必要时还应进行试验测试工作。

(2)塑料的选用原则　在确保注塑件使用期间的功能与性能的前提下,正确地选用塑料的材料,同时还要考虑塑料的物料成本、物料货源、成型工艺性能和成型设备相关技术参数等。

(3)熔体的充模原则　必须认真考虑所用塑料熔体的流变过程及其形态变化对注塑件造成的影响。

（4）统一整机原则 大多数塑料构件都是由各种装置、部件和设备中的元件组成，注塑件的设计应统一在整机当中。所以，应在确保整机性能的前提下，降低注塑件的要求和成本。

（5）其他 注塑件的设计尽量通用化、标准化和系列化。

3. 塑料的选择

对于所选塑料，不仅要保证注塑件的使用功能和性能，而且还要考虑其成型工艺、生产成本及货源是否有保证。塑料性能各项所列的数据，均为该塑料性能的平均值。

（1）塑料的性能 所选的塑料需要保证的性能有：加工工艺性能、力学性能、热性能、物理性能和化学性能等，这些性能可参考塑料材料手册，本书可参考第二章相关的表格。

①塑料的加工工艺性能包括：熔体流动速率、熔化温度（结晶型塑料为熔点）、成型温度范围、注塑模的型腔压力、固液态的压缩比、线性模塑成型收缩率等；

②塑料的力学性能包括：拉伸强度、断裂伸长率、拉伸屈服应力、压缩强度（断裂或屈服）、拉伸模量、压缩模量、弯曲模量（分别在 23℃，93℃，121℃和 149℃）、带缺口悬臂式冲击强度和硬度等；

③塑料的热性能包括：线胀系数、热变形温度（1.82MPa 和 0.45MPa）、热导率、比热容等；

④塑料的物理性能包括：密度、吸水率（24h）、介电强度（短时升压）、工作温度范围/折光指数、摩擦因数和光老化性能等；

⑤塑料的化学性能包括：耐酸、耐碱、耐油、水及其他介质的性能等。

（2）塑料品种或品级 塑料的性能测试是对规定的试样，在标准的测试条件下进行的。然而，测试所用的试样与注塑件的形状、结构与尺寸都有很大的差异；塑料经过成型加工后，其性能比原始塑料要低。因此，所选用塑料的性能应比注塑件设计性能要高一些，应在常用塑料的牌号、性能指标和技术指标的基础上，再乘以安全系数。

注塑件在使用期限内其性能会老化变质，在各种环境作用下其性能会下降。如注塑件在低温下受到冲击，其抗冲性会下降 $W\%$；受化学试剂的侵蚀，其性能又会下降 $X\%$；受紫外线辐射的影响，又损失 $Y\%$；由于振动疲劳再损失 $Z\%$。因此，注塑件在工作寿命期限内，总损失为 $W\%+X\%+Y\%+Z\%$。总损失在 10% 之内的可评估为优良的注塑件，总损失在 30%～40% 是差的不耐用注塑件，总损失大于 40% 是不允许使用的。根据对工艺安全系数和损失系数的分析，可以提出注塑件对塑料原材料性能的数据要求，然后对照选用塑料品种或品级。

4. 塑料选用的步骤

新设计塑料产品的塑料品种选定，需要经过初选、筛选和试验后的最终选定程序的过程，才能最后确定塑料产品的品种。

（1）提出注塑件所需性能的项目 先要根据注塑件工作中所起的作用，确定注塑件的使用条件和性能。除了提出上述的性能之外，还需提出注塑件包括实现各种功能的专用性能，如老化寿命、尺寸精度和配合、阻燃性、耐磨性、经济性和加工性等的要求。例如：包装用塑料需提出透明度、抗化学腐蚀性、对气体和液体的渗透性等要求，食品包装还应有食用无害的要求；各种电动工具开关及室内塑料应有阻燃性能要求，而室外使用的注塑件必须有耐候性及各项抗老化的性能；电工电气塑料构件要有绝缘性能的要求；对用注塑模注射成型的注塑件，则应有熔体流动、固体收缩及脱模等相关的性能要求。

（2）提出对塑料原材料性能项目最低要求的数据 提出对塑料原材料性能的最低要求，并以此确定成型的工艺方法。

（3）选取几种可供应用的候选品种 根据注塑件的使用条件、性能指标和技术指标，还应从一系列应用考虑的诸因素中选择一至数个最关键的因素,并结合各品种工程塑料的性能,初步确定几种可供选用的品种。

(4)经对照、比较和筛选选择一两个相对最佳的品种　在几种可供选用的品种中,再将已选用的品种与所要求的全部因素进行对照、比较和筛选,选择一两个相对最佳的品种。以上程序是初步的、粗略的和定性的筛选。

(5)经试验后最终选定塑料品种　由于许多工程塑料的性能数据不足;或即使提供了数据,也只是在某一试验条件下的结果,并不能正确反映设计者所需的使用条件。所以,塑料品种的最终选定应由实际试验来确定。

在一般的情况下,只要有前四个步骤就能够确定塑料的材料。只有对性能的要求特别重要的注塑件,才需要采用第五个步骤来验证塑料的材料。

5. 注塑件的设计与试验测试应考虑的因素

(1)负载　作用在注塑件上的负载有拉伸、压缩、弯曲、剪切和扭转五种基本类型及其之间的组合。对于塑料构件的设计,则以刚度计算为主。

塑料构件的刚度是钢构件的 $1/50 \sim 1/100$,故注塑件在负载的作用下容易产生塑性变形;另外由于成型方法限制了注塑件的壁厚,所以注塑件的刚度是以结构(如加强筋)设计来提高的。注塑件在恒定负载下蠕变和恒定变形下的应力松弛,在使用期限为 5 年、10 年或 15 年时是明显不同的,所以,注塑件的负载校核计算应区分为短期和长期。注塑件在周期性交变载荷下,不但有疲劳破坏和冲击疲劳破坏,还有应变滞后热的生成。注塑件对负载施加的速率是很敏感的,有着特殊的抗冲击性能。

(2)温度　注塑件对使用环境的温度非常敏感。塑料的热变形温度和低温脆化温度限制了其制品的工作温度,因此各种注塑件的工作温度范围都比较窄。注塑件的屈服应力和弹性模量等力学性能是随着温度的升高而下降的,而且电绝缘性和耐化学腐蚀性能也是随着温度的提高而逐渐丧失的。

(3)时间　在长时间的应力和应变作用下,塑料存在着蠕变和松弛行为,其力学性能是时间的函数,塑料的弹性模量随着时间的延长而降低。注塑件在长期使用中,会逐渐老化而失效。热、光、氧、化学介质、气体和液体都会使塑料产生塑化、降解、脆化、渗透、溶胀、变色、脱粘和开裂,也是随时间的增长而缓慢恶化的过程。

6. 注塑件的失效分析

注塑件结构形式的多样性,工作环境和工作条件的复杂性,相应使得注塑件的失效形式也是多样的。注塑件设计时要抓住关键的因素,对起决定作用的一个或几个主要失效形式进行预测(包括理论计算和试验)。

(1)屈服失效　屈服点是塑性变形的起点。剪切屈服和银纹(银丝)屈服是塑料构件被破坏的先兆,故用屈服点以下的许用应变或许用应力,作为塑料构件中危险截面的极限应变或极限应力。若塑料构件是处在短时静负荷作用下,还应具有一定的安全系数。

(2)蠕变和松弛失效　在负载长期作用下的塑料构件,会产生过大的蠕变变形,最终会导致蠕变断裂。蠕变塑料构件材料的弹性模量称为蠕变模量(或表观模量),它随着时间的延长而下降。用蠕变模量来计算塑料构件上的最大变形量,使其小于工作寿命期内的极限变形量。设计有预应力的密封件和压力装配的连接件时,应注意应力松弛会使其连接密封失效和连接松动。

(3)冲击失效　在冲击负载作用下,塑料构件的变形和断裂是常见的失效形式。材料取向、缺口、温度和负载的冲击速度都会影响塑料构件的冲击性能。冲击负载的作用时间越短,则塑料构件的变形速率越高。脆性聚合物与弹性聚合物及其复合塑料,其冲击断裂的机理是不相同的,聚合物在低温和高速变形下有着独特的冲击断裂特征。

(4)疲劳失效　在长期交变应力的作用下,疲劳裂纹的生成和扩展,会导致塑料构件最终的断裂。不同塑料的抗疲劳性能各不相同,且有着较大的差别。塑料齿轮和传动带之类的传动零件及交通工具上受振动的塑料构件的主要失效形式是疲劳破坏。使注塑件产生疲劳破坏的交变载荷的频率一般应<10Hz,过高的频率会使注塑件产生热力学致热而失效。

(5)力学致热失效　在振动负载的作用下,塑料响应的滞后会使一部分能量以热的形式被耗散。塑料在单位时间内所产生的热量与振动频率,其应变幅与损耗角的正切成正比。塑料构件的工作系统一旦失去热平衡,构件就会因热软化而失效。

(6)环境失效　气体或液体对塑料构件的渗透、扩张和溶解,会使其力学性能受到破坏,同时会引发环境应力裂纹。化学介质、热、光和氧等因素导致了塑料构件逐渐变质老化而缩短使用寿命。

(7)摩擦与磨损失效　摩擦除了会使运动中塑料构件的工作能量产生损失之外,还会造成塑料构件间相对滑动使表面损伤。磨损则会破坏塑料构件滑动表面的配合性能、形状和尺寸的精度,同时,还会产生塑性变形、热软化甚至热熔化、裂纹和撕裂,使塑料构件过早地丧失应有的功能而失效。

(8)成型加工中造成损伤的失效　注塑件在成型加工中产生的一些缺陷,如熔接痕可以造成塑料构件与原材料力学性能的降低而失效。成型加工所造成塑料构件的取向、残余应力及收缩等都会影响其内部和表面的质量,形状和尺寸的精度。此外,注塑件的修饰(剔除毛刺和飞边)、工序周转及运输过程中造成的磕碰与划伤,也会引起失效。

三、注塑模的原理

在世界经济发展的今天,制造业基地已经转移到中国,中国的制造业被称为“世界的加工厂”。模具是制造业中不可缺少的基础装备,现在中国模具生产总量仅次于美国,超过了德国和日本,成为名副其实的模具制造大国。我国的模具生产企业已达数万家,从业人员有百万人之多。进入21世纪后,我国模具销售额以每年平均20%左右的速度递增,2010年模具销售额已达1 120亿元,而塑料模在模具总量中的比例已达到45%左右。但是,我国仍不能算是世界模具强国,我国模具工业的总体水平要比工业发达的国家落后15年左右。

由于注塑件的精密化、微型化、超大型化和复杂化的发展趋势,几十万甚至上百万人民币一副的模具已经是见怪不怪的事情了。模具工业的新材料、新技术和新工艺的研制、开发与应用,对模具的设计和制造都提出更新、更高的要求和挑战。

(1)注塑模的作用　从高分子材料过渡到塑料件,中间主要是靠模具来成型的;要获得合格的注塑件,就必须有符合注塑件成型规律的模具。通俗地讲,注塑模是注塑件的母体,而注塑件是注塑模的产物。

注塑件依靠注塑模成型,而注塑模则是依据注塑件的形体、尺寸、精度、技术要求及收缩率进行设计和制造的。注塑件与注塑模的差异,从形体之间的关系来说,注塑件的外形便是注塑模型腔的内形,注塑件的孔、槽及型腔便是注塑模型芯的外形。所以,注塑模设计时,总是习惯反过来看注塑件,即设计模具型腔时看注塑件的外形,而设计注塑模型芯时看注塑件的孔、槽及型腔。从注塑件与注塑模的尺寸之间的关系来说,注塑模形体尺寸均比注塑件形体尺寸增大了一个塑料的收缩量。从微观形体来讲,有的注塑件还存在着一些变形和缺陷。

(2)注塑模的基本结构　为了使塑料能够成型为注塑件,首先是要制作出一个与注塑件相似的模具型腔与型芯,熔融塑料的熔体从型腔浇口流入并填充型腔。注塑熔化冷却硬化后,需要从打开的模具型腔中脱离下来。为了能够打开模具的型腔而设置分型面,也就是将模具分为动模部分与定模部分;同时,也是为了能够加工出动模部分与定模部分的型腔。动模部分与定模部分的开模与闭合,需要有模具开、闭模的运动。成型的注塑件在模具的型腔中存在着较大的拔模力,注塑件的脱模,便需要有脱模机构的脱模运动,将注塑件顶出模具的型腔。为了进行下一次注塑件的成型,顶出机构必须回复到原位。若注塑件上存在型孔或型槽,还需要有能够移动的型芯来成型注塑件上的型孔与型槽;为不影响注塑件的脱模,型芯便需要有抽芯运动和复位运动。这些就是注塑模必须具备的开闭模、抽芯与复位以及脱模与复位三种基本机构的运动形式。

(3)注塑模、注塑件与塑料之间的关系　塑料经过注射机加温熔融成熔体,在注射机的压力作用之下注入模具的型腔,充模成型后冷却硬化脱模成为注塑件。不管注塑件如何千变万化,注塑模的结构设计依据注塑件的材料、形状、尺寸、精度和技术要求等条件的原则不会变;同时,还必须考虑到塑料性质对模具材料和结构的作用。注塑件结构设计依据使用要求选用塑料,还要考虑注塑工艺性,注塑工艺性也影响着注塑模的结构。塑料、注塑模和注塑件三者之间彼此相互影响又相互联系的关系,如图 1-1 所示。

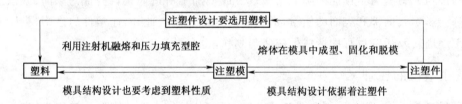

图 1-1　塑料、注塑件与注塑模之间的关系

塑料的选用、注塑模的设计和制造,其目的是要加工出理想的注塑件。只有将三者之间的关系协调好了,才能加工出理想的注塑件。如果在注塑件的设计过程中,忽视塑料的选用和注塑成型工艺及注塑模的结构,那一定加工不出合格的注塑件;如果在注塑模的设计过程中,忽视塑料的选用和注塑件合理结构设计,同样加工不出合格的注塑件。

复习思考题

1. 简单介绍塑料的性能和用途,它可以在哪些领域中运用? 阐述塑料选用的步骤。

2. 阐述注塑件设计的步骤,注塑模的结构和原理,注塑件的失效分析因素和注塑件的失效分析。

3. 叙述注塑模与注塑件和塑料之间的关系。

第二节　注塑模设计的依据

注塑模的设计是根据注塑件的零件图或注塑件三维造型进行的,具体来说就是依据注塑件形体上的"六要素"进行设计。从注塑件零件图或注塑件三维造型中提取"六要素"的过程,就是在进行注塑件的形体分析。只有将注塑件的形体分析透彻和全面了,注塑模的结构方案才能做到全面而准确,注塑模的设计才能够到位而不会出现反复。注塑件形体"六要素"的标注符号见附录表 A2～A10。

一、注塑件上的"形状与障碍体"要素

注塑件上的"形状与障碍体"要素,包含"形状"和"障碍体"两个方面的分要素,是决定注塑模结构的要素之一。

1. 注塑件上的"形状"要素

由于注塑件的用途不同,注塑件的形状与尺寸是千变万化的。但不管注塑件的形状与尺寸如何变化,注塑件的形状与尺寸始终是成型注塑件的模具型腔与型芯的形状与尺寸的依据。可以说模具型腔与型芯的形状与注塑件的内、外形状相似,模具型腔与型芯形状的大小仅比注塑件的内、外形状大一个塑料的收缩量。注塑模的型腔数量取决于注塑件的形状与尺寸,注塑模标准模架的面积和高度也取决于注塑件的形状与尺寸。

2. 注塑件上的"障碍体"要素

"障碍体"是指注塑件上一种影响模具的开闭模运动、抽芯运动,注塑件脱模运动以及注塑模型面加工(指三轴数铣和普通铣削加工)的实体。"障碍体"有凸台形式、凹坑形式、暗角形式、内扣形式和弓形高形式的"障碍体",如图 1-2(a)所示;还有显性"障碍体"和隐性"障碍体"之分,如图 1-2(b)所示。上述注塑件各种形式的"障碍体"会影响着模具的各种运动形式和模具机构的结构设计。"障碍体"是可存留在注塑件上、也可复制在模具型面上的一种几何体,它们的存在可以从注塑件的图样或造型上找到。

(1)凸台形式"障碍体" 是指注塑件上凸起的实体。

(2)凹坑形式"障碍体" 是指注塑件上凹进的实体。

(3)暗角形式"障碍体" 是指注塑件上影响模具运动而不易观察到的实体。

(4)内扣形式"障碍体" 是指注塑件上影响模具运动的倒扣形式实体(向内凸起)。

(5)弓形高形式"障碍体" 是指注塑件上影响模具运动的弧形实体。

(6)显性"障碍体" 是指注塑件上影响模具运动而容易观察到的实体。

(7)隐性"障碍体" 是指注塑件上原本不是"障碍体",只是因为改变模具的某种运动方向之后才成为新型的"障碍体"。如图 1-2(b)所示的手柄,由于存在着显性"障碍体",手柄只能斜向脱模,此时成型 $\phi 22^{+0.18}_{0}$ mm×7.7mm 孔的型芯会成为手柄斜向脱模的"障碍体";只有将此型芯先行抽芯之后才能进行斜向脱模。这种"障碍体"就称为隐性"障碍体"。

3. "障碍体"判断线和"障碍体"高度

"障碍体"判断线和"障碍体"高度,如图 1-3 所示。"障碍体"判断线是判断"障碍体"高度的一种直线,"障碍体"判断线要与成型注塑件模具的运动方向一致;判断线的起点为"障碍体"最高点或最低点,从判断线的起点至"障碍体"的另一最高点或最低点的距离就是塑料件"障碍体"的高度。

二、注塑件上的"型孔与型槽"要素

注塑件上的"型孔与型槽"要素,如图 1-4 所示,也是注塑件上的主要几何结构之一。"型孔与型槽"要素,是指注塑件上各种类型的孔、槽和螺纹孔。注塑件上的"型孔与型槽"要素是

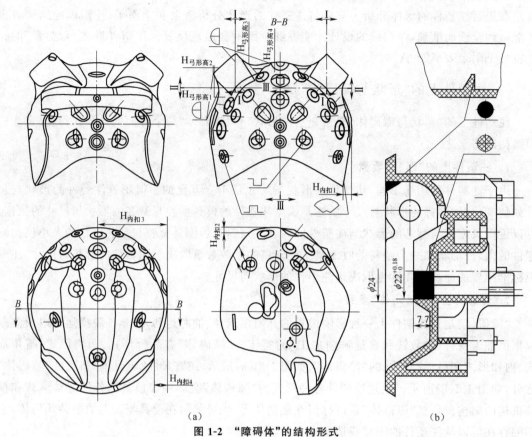

（a）　　　　　　　　　　　　　　　　　　　（b）

图 1-2　"障碍体"的结构形式

（a）外壳（玻璃钢制品）　（b）手柄（PC）

注：⌐⌐——凸台形式"障碍体"；⌐⌐——凹坑形式"障碍体"；⌒——内扣形式"障碍体"；

⊟——弓形高形式"障碍体"；●——显性"障碍体"；⊗——隐性"障碍体"

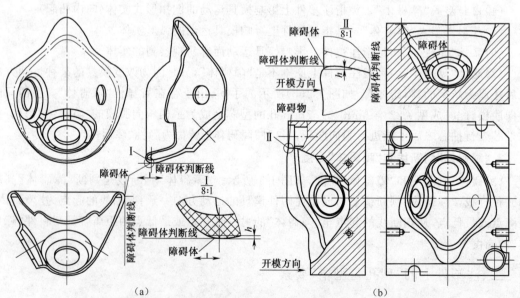

（a）　　　　　　　　　　　　　　　　　　　（b）

图 1-3　供氧面罩主体及其成型模下模的"障碍体"判断线与"障碍体"高度

（a）供氧面罩主体上"障碍体"　（b）供氧面罩主体成型模上"障碍体"

决定注塑模的抽芯机构、镶嵌件和活块结构设计的主要因素,是注塑模结构设计中不可缺失的内容。"型孔与型槽"是影响"障碍体""错位与变形"和"运动与干涉"的要素,还会影响到注塑模脱模机构的结构设计,其中对"运动与干涉"和"错位与变形"的影响最大。因此,处理好"型孔与型槽"要素,也是注塑模结构方案分析的主要内容之一。

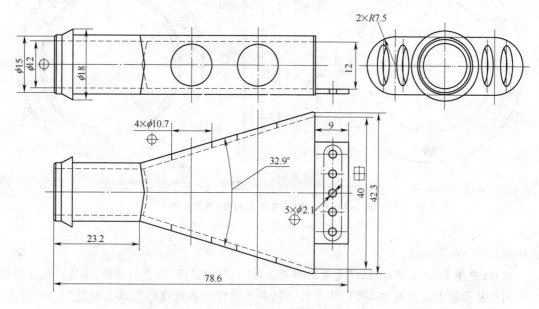

图 1-4　溢流管的"型孔与型槽"要素分析

注:⊕——"型孔";⊞——"型槽"

　　注塑件上型孔或型槽的形状,就是注塑模的滑块抽芯机构型芯的形状;注塑模滑块抽芯机构型芯的尺寸,只不过比注塑件的型孔或型槽的尺寸增加了一个塑料的收缩量。注塑件的型孔或型槽的位置,也就是注塑模滑块抽芯机构型芯的位置。注塑模滑块抽芯机构型芯的运动走向,完全取决于注塑件上型孔或型槽的走向;注塑模滑块抽芯机构型芯的运动行程、运动起点和终点,也完全取决于注塑件上型孔或型槽的深度、孔口和孔底的尺寸。可见注塑模抽芯机构的结构内容,完全取决于注塑件"型孔与型槽"要素的内容。

三、注塑件上的"变形与错位"要素

　　注塑件上的"变形与错位"要素,是注塑件形体分析的"六要素"之一,也是影响和决定注塑模结构方案的因素,并且是不可回避的因素。注塑件上的"变形与错位"要素,如图 1-5 所示。由于在注塑件图样上没有"变形与错位"要素的要求,因此常常不会引起人们的重视。

　　(1)注塑件上的"变形"要素　"变形"是指注塑件的形体发生了内凹、凸起、翘曲、弯曲和扭曲的变化。注塑件上的"变形"要素会影响到注塑模分型面的选取,抽芯机构和注塑件脱模机构的结构。在对薄壁型注塑件、窄薄长型注塑件、精密注塑件和需要较大脱模力的注塑件的模具设计时,若不对注塑模结构(包括浇注系统和温控系统的设置)采取有力措施,必将会导致成型的注塑件翘曲和变形,甚至破裂。

　　(2)注塑件上的"错位"要素　"错位"是指注塑件形体的相对位置发生了位移。注塑件的"错位"要素会影响注塑模型芯与型腔的定位和导向机构的结构。在注塑件存在着"错位"要素的情况下,若不考虑"错位"要素对注塑模结构的影响,可能会使注塑件产生内、外形的错位,导

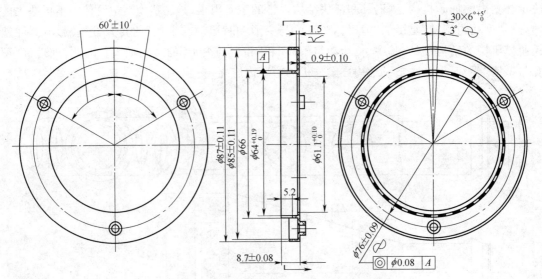

图1-5　外光栅的"变形与错位"要素分析

注：〜——"变形"；〜——"错位"

致注塑件的壁厚不一致。

（3）注塑件上的"变形与错位"要素的确定　对"变形与错位"要素的分析，主要是从注塑件的几何公差和技术要求中去寻找。注塑件上具有平面度和直线度的要求一般是"变形"要素，而注塑件上具有对称度的要求是"错位"要素。分析后再寻找解决注塑件"变形与错位"的注塑模的结构方案。注塑件若有几何精度的要求，需要严加注意"变形与错位"要素；即使没有提出几何精度的要求，也需要注意。

四、注塑件上的"运动与干涉"要素

"运动"是指注塑件在成型过程中，模具的运动机构所需要具备的运动形式；"干涉"是指模具机构运动时所产生的运动构件之间以及运动构件与静止构件之间所发生的碰撞现象。注塑件上"运动与干涉"要素，如图1-6所示，它也是注塑件形体分析的六大要素之一。在注塑模结构设计中，存在着多种形式的"运动与干涉"要素，它不仅影响着注塑模的结构，还影响着注塑模的正常工作，模具还会因构件相互撞击而损坏，甚至还会造成注塑设备的损坏和操作人员的伤亡。所以，"运动与干涉"要素应引起模具设计人员足够的重视。"运动与干涉"是注塑模结构设计时不可回避的因素，也是注塑模结构设计的要点。在模具设计时，要预先铲除各种运动机构可能产生运动干涉的隐患，其具体方法是应用注塑件的"运动与干涉"要素，去分析注塑模的各种运动机构能否会产生运动干涉；若会产生则要采取有效的措施去避免运动干涉的现象。

注塑件"运动与干涉"要素的寻找，比寻找"障碍体"要素更有难度，因为注塑件"运动与干涉"要素更具有隐蔽性和困难性。在一般情况下，可通过绘制注塑件"运动与干涉"要素的运动分析图或三维造型以及绘制所有运动机构的构件运动分析图或三维造型，才能够找到。

五、注塑件上的"外观与缺陷"要素

目前，注塑件已呈现出大型化、微型化、超薄化、高精密化、复杂化和耐老化的特点，对注塑

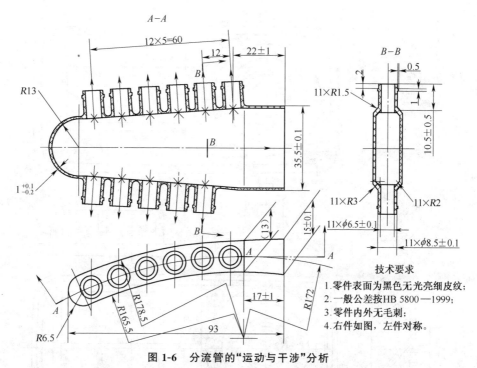

图1-6　分流管的"运动与干涉"分析

注：↑→——两型芯的抽芯与复位的运动方向；×——运动碰撞

件的美观性也提出了更高的要求；特别是在日用品和家电产品上，人们对注塑件外观的要求越来越高，甚至达到挑剔的地步。例如手机的盒与盖，不仅要求精度高，变形小，更对外观有极高的要求；要求外表面上不能存在任何注塑件脱模和浇口的痕迹，不能有镶接的痕迹，盒与盖的合缝也要极小。这就要求模具设计时，应采取相应的结构措施来隐藏或消除这些模具结构成型的痕迹，故"外观"要素仅是指注塑件上模具结构成型的痕迹。例如采用点浇口形式，因为点浇口的痕迹很小；采用定模顶出的结构形式，目的是将浇口放置在注塑件的内表面上；又如不允许注塑件上有顶出的痕迹，注塑件可采用推件板的结构形式。如此做的目的就是让注塑件的外观漂亮起来了。

（1）注塑件上的"外观"要素　由于人们对注塑件外表面美观性的要求日益提高，在对注塑模结构设计时，就不能忽视注塑件"外观"要素对模具结构方案的影响。用一句通俗的话说，注塑件"外观"要素就是要使注塑件外表面不能存在着各种各样的模具结构痕迹。可是，注塑件浇口的痕迹、模具分型面的痕迹和注塑件脱模的痕迹又是不可缺少的，特别是前两者。要避免出现这些痕迹，也就是说在模具的结构设计时，应该采用适当的措施去避免注塑件上特定的型面出现这些痕迹的问题。

像前面的各个要素分析那样，要从图样上的图形、尺寸精度和技术要求中找出注塑件"外观"要素，手柄主体的"外观"要素分析如图1-7所示。应该说在注塑件图样上注明注塑件"外观"要求是完全必要与必需的，因为注塑件的外观问题虽然并不会影响注塑件的使用性能，但会影响注塑件表面的美观性，进而影响注塑件的销售和价值。就目前为止注塑件图样上还未做出硬性的规定，要求注塑件零件图中必须有"外观"技术要求；那么，注塑模设计人员只能根据注塑件的实际使用情况进行分析。在人们的生活和生产中，凡是人能够看得到或手能触摸得到的形体都不允许有模具结构成型痕迹的存在。这种技术要求的分析，就称为注塑件形体"外观"要素的分析。

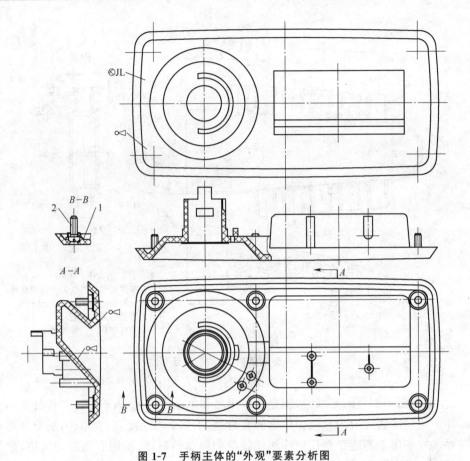

图 1-7　手柄主体的"外观"要素分析图

1. 手柄　2. 螺钉

注:⊗JL——"塑材"要素;J——结晶;L——冷却;◁——"外观"

①凡是家电和家庭生活之类的塑料产品,因为人们生活质量的提高,人们对这类塑料产品外观的要求是很高的,这类塑料产品就一定有注塑件"外观"要素的存在。

②还有一类塑料产品,是人手或皮肤要经常去接触的表面,这类塑料产品的表面也应该有注塑件"外观"要素的存在;否则,当人手或皮肤去接触或抚摸注塑件表面时,会有不舒服的感觉。还有人们能看见的表面,也应当有注塑件"外观"要素的存在;否则,当人们看到注塑件上存在着各种模具结构成形痕迹的表面,会产生不美观的感觉。有了这些感觉之后,就会影响产品的销售。

③注塑件安装在一些存在着运动并且易损的产品(如绸、布和橡胶)之中时,注塑件外表上不允许存在模具结构成型痕迹;这些痕迹会磨坏这些脆弱的产品。

④再就是注塑件在模具中摆放的位置不当时,会使注塑件产生许多缺陷痕迹;为了消除这些缺陷痕迹,对注塑件表面也要有"外观"要素的要求。

注塑件的形体分析,只要提出对注塑件有"外观"的要求就可以了。至于采取何种模具结构的方案,可以放在模具结构方案可行性分析中去解决。也就是说,模具结构方案可行性分析的任务,就是要模具设计者找出一些能确保注塑件形体分析所要求的措施。只要对模具结构方案提出的要求是合理的,且又是影响模具方案的"六要素"之一,就一定能找到相应的措施来满足注塑件形体分析的要求。

　　（2）注塑件上的"缺陷"要素　　注塑件上的"缺陷"要素，如图1-8所示。"缺陷"要素可以全面地影响到注塑件分型面的选取，影响到注塑模抽芯机构和脱模机构的选用，影响到注塑模浇注系统和温控系统的设计，直至影响到整个注塑模的结构方案。注塑件在注塑模的摆放位置的不当，会导致融料充模时紊流失稳填充而产生出流痕、内应力分布不均、填充不足和熔接痕等；抽芯机构和脱模机构选择不当会导致注塑件的变形。成型加工的痕迹有几十种，而这些痕迹都是缺陷痕迹，其本身就不允许存在。这些痕迹除了具有外表可见的痕迹之外，还具有内在微观的痕迹，如疏松、注塑件内气泡和残余应力等。影响注塑模结构的缺陷有：缩痕、流痕、喷射痕、熔接痕、变色、分解碳化、气泡、残余应力和波纹等，我们需要特别注意这些缺陷，因为这些缺陷处理不好，少则修理模具，多则模具报废重做。

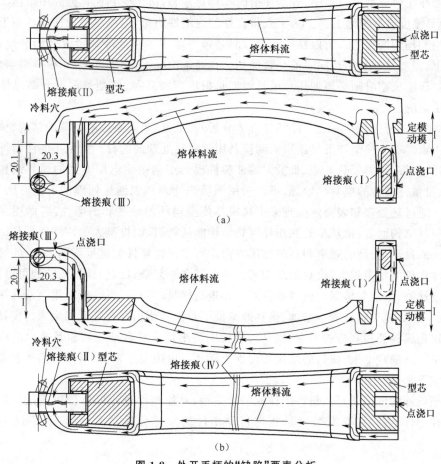

图 1-8　外开手柄的"缺陷"要素分析

（a）外开手柄在模具中位置之一　　（b）外开手柄在模具中位置之二

六、注塑件上的"塑料与批量"要素

　　"塑料"要素简而言之就是指注塑件所用的高分子材料，在注塑件图样上一般会注明塑料名称或牌号及其收缩率。"批量"要素是指注塑件成型加工的产量，可分为小批量、中批量、大批量和特大批量四种。注塑件形体分析的"塑料"要素会影响到熔体加热的温度范围、流动充模状态和冷却收缩性能。塑料有无弹性，又会影响到注塑模的结构，影响最大的是注塑件收缩率和模具温控系统的设计。如哪些塑料在成型加工时需要冷却？哪些塑料在成型加工时需要有加温装置？哪些塑料在成型加工时需要有热流道装置？注塑件的塑料品种不同，注塑件收缩率和模具温控系统的结构就不同。注塑件形体分析的"批量"要素同样会影响模具的结构、模具用钢及其热处理。故在进行注塑件形体分析时，一定要将注塑件形体分析的"塑料与批量"要素寻找出来，以便确定模具的结构方案；否则，必定会导致一些模具结构方案的缺失和模具使用寿命降低，因而不能制订出最佳模具结构方案。

(1)注塑件上的"塑料"要素　注塑模的工作温度及其温控系统，对塑料熔体的充模流动、冷硬定型、注塑件质量和生产效率都有重要的影响。因为任何品种的塑料均有一个适合熔体流动充模的温度范围，为了能够控制塑料熔体在合理的温度范围之内，模具就必须设计有温控装置。

注塑件在注射成型的过程中，开始注射时模具是冷态，由于受到模具型腔中熔体温度传热的作用，模具温度会逐渐地升高。为了获得良好的注塑件质量，应该尽量地使模具在工作过程中维持适当和均匀的温度。所以在模具设计时必须考虑用加热或冷却装置来调节模具温度，个别情况下，需要冷却与加热同时或交替使用。在通常情况下，热塑性塑料，模具常需要冷却；热固性塑料压缩成型时则必须加热。模具温度是根据塑料品种、注塑件厚度和结晶性所要求的性能而决定的。

(2)注塑件上的"批量"要素　注塑件形体分析的"批量"要素是影响模具的结构、价格和制造周期的因素之一。注塑件批量还影响到模具用钢和热处理的选择。批量小的注塑件模具用钢可以选用 45 钢，不需要热处理；批量大的注塑件模具用钢则应选用专用的模具钢和相应的热处理；大批量注塑件的模具热处理，可以采用调质热处理和表面热处理的工艺方法，也可采用预硬钢。通过热处理和表面热处理来提高模具成型构件的硬度和耐磨性，进而提高模具的寿命。就模具结构而言，批量小的注塑件模具结构能简就简，而批量大的注塑件模具结构则要求具有高度的自动化、高的效率和高的使用寿命。可以说注塑件的批量不同，模具的结构也是不同的。注塑件的批量越大，模具的结构可以越完善和越复杂；反之，模具的结构可以简单化。

模具设计时，一定要根据注塑件批量的大小进行模具结构的设计、模具用钢及其热处理的选择，否则会造成模具制造成本增加、模具效率低下及模具使用寿命降低的后果。模具用钢及热处理是决定模具使用寿命的因素，模具的结构则是决定模具自动化和模具效率的因素。注塑件的批量一旦确定下来，模具的结构和用钢也随之可以确定下来，模具的价格和制造周期也就能够确定下来。

注塑模设计的依据就是注塑件图样或三维造型，对注塑件进行形体分析就是"六要素"分析。提取注塑件上的"六要素"，就是在进行注塑件的形体分析，"六要素"只不过是具体化而已。

复习思考题

1. 注塑件形体分析"六要素"有何意义？如何进行注塑件形体"六要素"的分析？

2. 试分析下面各注塑件零件图的"六要素"。

(1)接头如图 1-9 所示。材料：ABS(透明)；收缩率：0.6%～0.8%。

(2)豪华客车上的拉手如图 1-10 所示。材料：30% 玻纤增强聚酰胺 6(黑色)；收缩率：0.4%～0.6%。

(3)轿车门锁把手如图 1-11 所示。材料：聚碳酸酯 T-1260(黑色)；收缩率：0.5%。

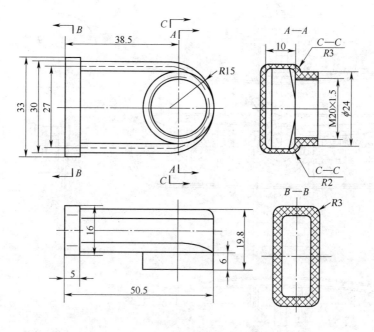

图 1-9 接头

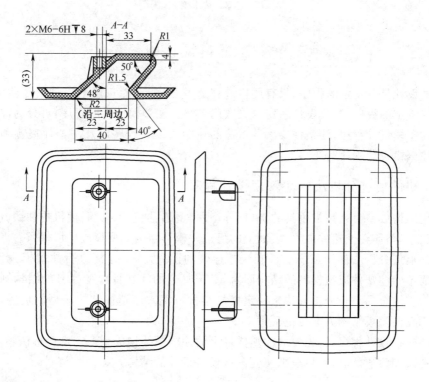

图 1-10 豪华客车上的拉手

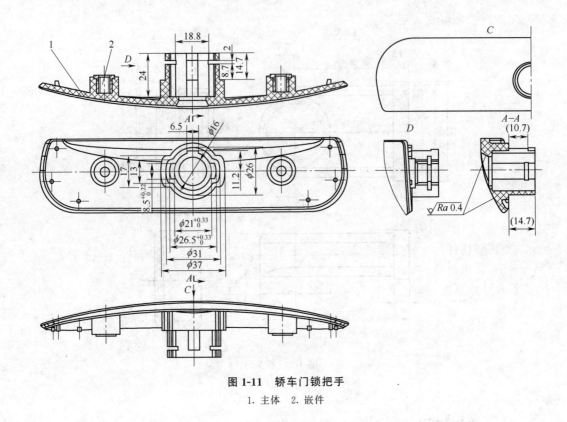

图1-11　轿车门锁把手

1. 主体　2. 嵌件

第三节　注塑模设计的程序

注塑模设计具有特定的程序,只有严格遵守这些程序,才能正确地设计出注塑模的结构;若脱离这些特定的程序,模具设计一定以失败而告终。注塑模设计的程序,可分为注塑件痕迹分析法的注塑模设计程序,注塑件要素分析法的注塑模设计程序以及注塑件痕迹和要素综合分析法的注塑模设计程序。

一、注塑件痕迹分析法的注塑模设计程序

注塑模结构成型痕迹是指模具的浇口、分型面、型芯、抽芯机构、脱模机构和镶嵌件在注塑件成型过程中,烙印在注塑件内、外表面上的痕迹。模具结构成型痕迹可以保留。

注塑件痕迹分析法首先必须在具有注塑样件的前提之下,才能进行注塑模设计的程序。这是针对简单的注塑件成型模具的结构而言,对于复杂的注塑件成型模具的结构则需要采用痕迹与要素相结合的综合分析方法来确定模具结构方案。注塑模结构成型的痕迹,还可以作为物证应用在注塑模结构方案的论证中。

这种注塑模设计程序,首先要对注塑样件上的注塑模结构成型痕迹进行辨认和分析,找出注塑模结构成型痕迹的属性;再根据属性确认模具设计的结构方案。

二、注塑件要素分析法的注塑模设计程序

注塑模结构方案可行性分析,是针对注塑件上所提取的要素采取相应的解决措施的可行方法。注塑模结构最佳优化方案的可行性分析,是从多个注塑模的结构方案中找出可行的最

佳结构方案。注塑件成型加工痕迹是指注塑件在成型加工的过程中,因注塑件与注塑模结构设计不合理,高分子材料、注射机及成型加工参数选择不当,注塑工艺安排不妥而造成注塑件上存在着的缺陷。注塑件上是不允许缺陷存在的,对于注塑件上的缺陷应采取以预防为主,整治为辅的应对方针。在没有注塑样件的情况之下,注塑模设计的程序则是依据注塑件的形体分析来进行模具结构方案的可行性分析。注塑件要素分析法的注塑模设计程序如下:

(1)注塑件形体"六要素"的分析　　需要找出注塑件上所有的要素,并且必须找对找全。

(2)注塑模结构方案的可行性分析和注塑模结构最佳优化方案的可行性分析　　可行性分析有单要素可行性分析方法和综合要素可行性分析方法,综合要素可行性分析方法又可分成多种要素、多重要素以及混合要素可行性分析方法。

(3)注塑模结构方案的论证和对薄弱构件进行强度和刚度的校核　　注塑模结构方案的论证是从模具的结构方案和机构出发,验证注塑模结构方案是否能满足注塑件的形体要素分析的要求;对薄弱构件进行强度和刚度的校核,是确保在成型过程中不会变形的手段。

(4)注塑件上的缺陷预期分析　　可以采用 CAE 法进行分析,也可采用图解法进行分析。注塑件有些缺陷是因为模具结构和浇注系统设计不合理造成的,在注塑模结构方案制订之前就必须进行预测,根据预测结果及时地调整注塑模结构方案,将影响模具结构方案的注塑件缺陷消除在萌芽状态,这样就不会造成模具的修理和推倒重做。那些不是因为注塑件和注塑模结构及浇注系统设计不合理造成的缺陷,通过试模过程可以较方便地予以整治。

注塑模设计或三维造型之后,可以编制模具构件加工工艺,之后就是模具制造、装配和试模;只有试模的注塑件合格了,才能确定注塑模是合格的。注塑件合格的依据是注塑件的形状、尺寸、精度及技术要求符合图样的要求,并且注塑件上不存在任何缺陷。

三、注塑件模具结构痕迹、要素及综合分析法的注塑模设计程序

当注塑件结构十分复杂,同时又提供了注塑样件时,可以分别以注塑样件上的模具结构痕迹分析和注塑件上的要素分析进行比对来确定模具结构方案;也可以利用注塑件上要素的注塑模结构方案综合分析法来确定模具结构方案,而以注塑样件上模具结构的痕迹分析进行模具结构方案的论证。其注塑模设计程序如下:

(1)以注塑样件上的模具结构痕迹分析的结论,来确定注塑样件的模具结构　　特别是要对注塑样件上浇口的形式、尺寸、位置和数量进行测绘和记录在案。

(2)注塑件形体"六要素"的分析

(3)注塑模结构方案的可行性分析和注塑模结构最佳优化方案的可行性分析

(4)注塑模结构方案的论证和对薄弱构件进行强度和刚性的校核

后三步和本节"二、(1)～(3)"相同。

痕迹和要素综合分析方案的论证,可以根据注塑样件上模具结构痕迹确定注塑模的结构,验证注塑模结构方案的正确性。

只有充分地进行了注塑件的形体"六要素"的分析,才能针对"六要素"采取相应的注塑模结构方案;注塑模设计和制造的程序,则是要严格地遵守注塑件的形体分析;注塑模结构最佳优化方案可行性分析与论证,注塑件缺陷预测分析是在形体分析之后注塑模设计之前进行;注塑模设计之后进行模具构件的加工工艺制订、制造及装配,再通过模具的试模,直至注塑件合格后才能够判断注塑模合格与否。

复习思考题

1. 什么是注塑件上模具结构的成型痕迹？什么是注塑件上成型加工痕迹？

2. 为什么说注塑件上模具结构成型痕迹是可以保留的痕迹？注塑件上成型加工痕迹是缺陷痕迹吗？

3. 缺陷整治的原则是什么？如何整治？

4. 简述三种注塑模设计的程序。

第二章　常用塑料名称与成型特性

塑料是以高分子合成树脂为主要成分,在温度和压力的作用下可塑制成具有特定的形状及大小,在常温下保持形状不变,并且还具有一定性能的材料。塑料的主要成分是合成或天然的树脂,由树脂作为粘连剂,粘连着取决于聚合物不同性能的其他添加剂。塑料的流动性或可塑性也是由树脂所赋予的,而其他性能取决于填充剂。

按塑料对热反应特性可分为热塑性塑料和热固性塑料两大类。热塑性塑料的特点是受热后会发生物态的变化,即由固体软化或熔化成黏流体状态,但冷却后又可变硬成为固体;并且这种过程可多次反复进行,而塑料本身的分子结构不会发生很大地变化。热固性塑料的特点是在一定的温度下,经过一定时间加热、加压或加入固化剂之后,成为不熔不溶的物质,并依靠自身进行化学反应而固化。固化后的塑料化学结构发生了变化,质地坚硬、不溶于溶剂,再次受热也不再具有可塑性或软化,过度加热则会分解破坏。

第一节　热固性塑料

常用的热固性塑料有酚醛、氨基(三聚氰胺、脲醛)聚酯和聚邻苯二甲酸二丙烯酯等。热固性塑料主要用于压塑、挤塑和注射成型加工。

而硅酮和环氧树脂等塑料,主要用于低压挤塑封装电子元件及浇注成型等加工。

一、工艺特性

热固性塑料成型时的工艺特性内容包括有塑料的收缩率、流动性、比容及压缩率、硬化特性和水分与挥发物含量等。热固性塑料成型时的工艺特性与模具的设计密切相关,因此了解热固性塑料成型时的工艺特性就成为塑料模设计必须要掌握的知识之一。

1. 收缩性

塑料件自模具型腔中固化脱模冷却至室温,因塑料热胀冷缩,塑料件形体尺寸发生了收缩,这种性能称为收缩性。塑料件的收缩不仅与塑料的热胀冷缩有关,还与塑料件各成型因素(如塑料件方向性、后收缩、自由收缩及限制收缩)和塑料分子取向结构有关。成型后塑料件的收缩称为成型收缩。

(1)塑料件成型收缩的形式　塑料件成型收缩的形式见表 2-1。

表 2-1　塑料件成型收缩的形式

序号	名　称	内　　容
1	线性尺寸收缩	由于热胀冷缩,塑料件脱模时的弹性恢复、塑性变形等因素,导致了塑料件脱模冷却至室温后其尺寸的缩小。模具设计时,模具的型腔和型芯尺寸必须要给以适量的补偿

续表 2-1

序号	名　称	内　容
2	后收缩性	塑料成型时,由于受到成型压力、剪切应力、各向异性、密度不匀、填料不匀、模温不匀、硬化不匀及塑性变形等因素的影响,会引起一系列应力的变化,在黏流状态时就不可能全部消失;故塑料件是在应力的状态下成型,存在着残余应力。脱模后塑料件由于应力趋于平衡及贮存条件的影响,会使残余应力发生变化,引起塑料件再次的收缩称为后收缩。 　　通常,塑料件在脱模后 10h 内收缩变化最大,24h 后基本定型,但收缩仍在进行,一周之内还可测量到尺寸的收缩;真正到尺寸稳定需要 30～60 天。一般热塑性塑料的后收缩现象比热固性塑料明显,挤塑成型与注射成型比压塑成型明显
3	后处理收缩	根据塑料件的使用性能及工艺要求,在成型后需要进行时效处理,时效处理后也会导致注塑件尺寸的变化。因此,对高精度注塑件的模具设计时,应当考虑塑料件的后收缩及后处理收缩性能给尺寸造成的偏差,并予以修正
4	收缩方向性	成型时分子按方向排列,使塑料件呈现各向异性,沿料流方向的收缩大,强度高;与料流垂直方向,则收缩小,强度低。加上成型时塑料件各部分密度、填料及内应力的分布不均匀,故塑料件各部分尺寸收缩也不均匀。产生的收缩差异,会使塑料件发生翘曲、变形和裂纹,尤其在挤塑及压注成型时,其方向性更为明显。所以,对高精度塑料件的模具设计时,必须要考虑塑料的收缩方向性,即要按照塑料件的形状、料流方向来选择收缩率

　　(2)收缩率的计算　　塑料件成型收缩值可用收缩率来表示,公式如下:

$$Q_实 = \frac{a-b}{b} \times 100 \qquad\qquad (式 2-1)$$

$$Q_计 = \frac{c-b}{b} \times 100 \qquad\qquad (式 2-2)$$

式中　　$Q_实$——实际收缩率(%);

　　　　$Q_计$——计算收缩率(%);

　　　　a——模具或注塑件在成型温度时的单向尺寸(mm);

　　　　b——注塑件在室温下的单向尺寸(mm);

　　　　c——模具在室温下的单向尺寸(mm)。

　　实际收缩率表示塑料件实际发生的收缩,在大型和精密模具设计时常被使用。在普通中、小型模具成型塑料件的尺寸计算时,计算收缩率与实际收缩率相差很小,所以模具设计时可以 $Q_计$ 作为设计参数来计算型腔与型芯的尺寸。

　　塑料的收缩率,一般情况下无需模具设计者自己去测定,只要知道了塑料的名称或型号,就可在注塑模设计手册有关表中查找到,也可向塑料原料生产厂家询问。只有确实不知道塑料原料的名称或型号及塑料件的精度很高,并且又存在着各向异性的情况下,可先做一简单的模具,加工出塑料件后,按式 2-2 计算该塑料的收缩率。

　　一般情况下,取塑料的收缩率范围的平均值作为整个模具尺寸补偿计算的参数。

　　(3)影响收缩率变化的因素　　在实际成型时,不仅不同品种塑料其收缩率各不相同,而且不同批次的同品种塑料或同一注塑件不同部位的收缩值也经常不同,影响收缩率变化的因素见表 2-2。

表 2-2 影响收缩率变化的因素

序号	影响因素	原 因 分 析
1	塑料件品种	各种塑料都有各自的收缩范围,即使是同品种塑料也会因填料、分子量、分子取向、密度、应力分布和配比等不同,使它们的收缩率和各向异性也不同
2	塑料件特性	塑料件的形状、大小、壁厚、有无嵌件和嵌件的形状、大小、数量与布局等,都对收缩率有很大的影响
3	模具结构	模具的分型面与加压方向,模具浇注系统的形式、数量和位置及浇口的尺寸等,对收缩率也有较大的影响,尤其是在挤塑与压注成型时更为明显
4	成型工艺	挤塑与压塑成型工艺加工的注塑件,一般收缩率偏大及方向性明显。塑料预热情况、成型温度、成型压力、保持时间、填装料形式及塑料件硬化均匀性等,都影响收缩率

综上所述,模具设计时应根据塑料原料说明书所提供的收缩率范围,根据塑料件的形状、大小、壁厚、有无嵌件情况、模具的分型面与加压方向、模具结构和浇口形式、尺寸与位置以及成型工艺等因素,综合起来考虑收缩率的选用。对精密挤塑或压注成型的塑料件而言,则还需要按塑料件各部位的形状、大小、壁厚、有无嵌件等特点选取不同的收缩率;而对一般的塑料件只需取收缩率范围的平均值即可。

塑料件成型收缩虽受到各种成型因素的影响,但主要取定于塑料的品种、塑料件的形状及尺寸。所以,成型加工时调整各项成型条件也能够适当地改变塑料件收缩的状况。

2. 流动性

塑料熔体在一定温度与压力下填充模具型腔的能力称为流动性。流动性是模具设计时必须考虑的一个重要工艺参数。塑料熔体流动性大时易造成溢料过多,填充型腔不密实,塑料件组织疏松,树脂和填料分头聚积以及飞边、毛刺多,易粘模,塑料件脱模及模具清理困难,硬化过早等缺陷;但是,流动性小则造成填充不足,塑料件不易成型和易产生气泡,成型压力大,残余应力大等弊病。塑料熔体流动性的选用,必须与塑料件的要求、成型工艺和成型条件相适应。模具设计时应根据流动性来考虑浇注系统、分型面及进料方向等方面。

热固性塑料的流动性,通常以拉西格流动性(以 mm 计)来表示,数值大则流动性好。一般塑料件面积大、嵌件多、型芯与嵌件细弱、有狭窄深槽及薄壁复杂形状,并且对填充不利时,应采用流动性好的塑料。挤塑成型时应选用拉西格流动性 150mm 以上的塑料,注射成型时应选用拉西格流动性 200mm 以上的塑料。为确保每批塑料都有相同的流动性,实际生产中常用并批的方法来调节,即将同一品种而批次不同,拉西格数值有差异的塑料混合配用,使各批塑料流动性互相补偿,以确保塑料的质量。常用热固性塑料的拉西格流动性值,详见表 2-3。

塑料的流动性除了取决于塑料的品种之外,在填充型腔时还会受到其他各种因素的影响,从而使塑料实际填充型腔的能力发生变化。如粒度细匀(尤其是圆状粒料)、湿度大小、含水分及挥发物多少,预热及成型条件是否适当,模具型腔和型芯表面粗糙度的大小,模具结构是否适当等,都影响流动性。预热或成型条件不良、模具结构不当会造成流动阻力大,塑料贮存期过长或超期,贮存温度高(尤其是氨基塑料)等,都会导致塑料熔体填充型腔时实际的流动性能下降而造成填充不良。

每一品种的塑料分成三个不同等级的流动性,以供不同的注塑件及成型工艺选用。即拉西格流动性值为 100~130mm,适用于成型无嵌件、形状结构简单、厚度尺寸一般的注塑件;拉西格流动性值为 131~150mm,用于成型中等复杂程度的注塑件;拉西格流动性值为 151~180mm,用于成型结构复杂、型腔深、嵌件较多的薄壁注塑件,或用于压注成型。影响塑料流动性的因素见表 2-4。

表2-3　常用热固性塑料工艺特性

塑料名称	牌号举例	填料种类	密度/(g/cm³)≥	比容/(ml/g)≤	计算收缩率/%	拉西格流动性/mm 极限值	一组	二组	三组	预热条件 温度/℃	时间/min	成型压力/MPa	成型温度/℃	保持时间/(min/mm)	说明
酚醛压塑料（一般工业电器用）	D141	木粉	1.4	2.0	0.6~1.0	100~180	100~130	131~150	151~180	100~140	按需要	>25	160±5	0.8~1.2	1. 主要用于压塑成型，但流动性超过159mm者亦可用于挤塑成型，如塑19-1。2. 除规定可不预热者，一般均宜预热成型，如不预热成型时应酌情提高成型温度，注意排气
	D144	木粉	1.5	2.0	0.6~1.0	100~180	100~130	131~150	151~180	100~140	按需要	>25	160±5	0.8~1.2	
	D151	木粉	1.4	2.0	0.6~1.0	100~180	100~130	131~150	151~180	100~140	按需要	>25	160±5	0.8~1.2	
	R132	木粉	1.4	2.0	0.6~1.0	140~190	—	—	140~190	100~140	按需要	>25	160±5	0.8~1.2	
	D133	木粉	1.5	2.0	0.6~1.0	100~180	100~130	131~150	151~180	100~140	按需要	>25	160±5	0.8~1.2	
	T161	木粉	1.5	2.0	0.5~0.9	80~150	80~120	121~150	151~180	125±5	4~6	30±5	160±5	0.8~1.2	
	FUF-72	木粉	1.4	2.0	0.6~1.0	120~180	—	131~150	151~180	可不预热	—	30±5	155±5	1.0~1.5	
	FUF-83	木粉	1.42	2.0	0.6~1.0	160~180	—	—	160~180	155±5	6~12	30±5	155±5	1.0~1.5	
	FUF-84	木粉	1.5	2.0	0.6~1.0	120~180	—	131~150	151~180	可不预热	—	30±5	155±5	1.0~1.5	
酚醛注射用料	H161	木粉 矿物	1.45	2.0	1.0~1.3	>200+ 余料0.1~0.2g	—	—	—	不需	—	130~150	料筒80~90 模具170~200	以最大壁厚，一般0.13~0.16	用于注射成型，注意排气
酚醛压塑料（耐高频用）	P2301	无机矿物	1.9	2.0	0.4~0.7	100~180	100~130	131~150	151~180	150~160	5~10	>40	160~170	2~2.5	1. 一般常用于注射成型；拉西格流动性超过150mm可用于挤塑成型，如塑11-2。2. 成型时应预热
	FYF-15	无机矿物	2.05	2.0	0.4~0.6	80~180	80~120	121~150	151~180	155±5	13~20	35±5	160±5	1.5~2.5	
	P7301	无机矿物	1.95	2.0	0.4~0.7	100~180	100~130	131~150	151~180	150~160	5~10	>40	160~170	2~2.5	
	FKF-12	木粉，云母，石英	1.9	2.0	0.4~0.6	80~180	80~130	121~150	151~180	155±5	13~20	30±5	160±5	1.5~2.5	
	塑14-7	木粉，云母，石英	1.5	2.0	0.5~0.9	80~180	80~130	131~150	151~180	150~160	5~10	>40	160~170	2~2.5	
	P2701	云母，石英	1.6	2.0	0.5~0.9	80~180	80~120	131~150	151~180	150~160	5~10	>40	160~170	2~2.5	
	P3301	英，云母	1.85	2.0	0.5	100~180	100~130	131~150	151~180	150~160	5~10	>40	160~170	2~2.5	
	塑17-3	无机矿物	1.75~1.95	2.0	0.4~0.7	100~180	100~130	131~150	151~180	150~160	5~10	>40	160~170	2~2.5	
	FYF-13	无机矿物	1.75~1.95	2.0	0.4~0.6	100~180	100~130	131~150	151~180	150~160	5~10	>40	160~170	2~2.5	

续表 2-3

塑料名称	牌号举例	填料种类	密度/(g/cm²) ≥	比容/(ml/g) ≤	计算收缩率/%	拉西格流动性/mm 极限值	分组 一组	二组	三组	预热条件 温度/℃	时间/min	成型压力/MPa	成型温度/℃	保持时间/(min/mm)	说明
酚醛压塑料（耐热、耐水用）	FMX-43	棉纤维	1.35~1.45	—	0.8~1.0	150~180	—	—	150~180	125±5	5~10	45±5	155±5	1.0~1.5	1. 一般常用于压塑成型；拉西格流动性超过150mm时用于挤塑成型，如塑11-2。 2. 成型时应预热
	FMX-44	棉纤维	1.35~1.45	—	0.8~1.0	150~180	—	—	150~180	125±5	5~10	45±5	155±5	1.0~1.5	
	S5802	石棉	2.0	2.0	<0.6	100~180	100~130	131~150	151~180	140~150	—	>40	160±5	1.0~1.5	
	E431	石棉	1.7	2.0	<0.6	100~180	100~130	131~150	151~180	140~150	6~12	>40	160±5	1.0~1.5	
	4231	木粉	1.7	2.0	<0.6	100~180	100~130	131~150	151~180	140~150	6~12	>40	160±5	1.0~1.5	
	FSF-91	石棉、木粉	1.6	1.8	0.6~1.0	120~180	100~120	120~150	151~180	125±5	6~12	30±5	155±5	1.0~1.5	
	塑23-1	石棉、云母	1.8	—	0.4~0.8	100~180	100~120	131~150	151~180	130±10	4~6	45±5	155±5	1.5~2.0	
	E731		1.5~1.75	2.0	0.4~0.8	>160	—	—	—	140~150	4~10	>30	150±5	1.0~1.5	
	FSF-86	石棉	1.75	2.0	0.4~0.8	100~180	100~120	121~150	151~180	145±5	4~10	30±5	150±5	1.0~2.5	
	FSF-22	石棉	1.5~1.70	2.0	0.4~0.8	150~180	—	—	150~180	可不预热	—	30±5	150±5	1.0~1.5	
	FSX-41	石棉	1.95	—	0.4	100~180	100~120	121~150	151~180	155±5	4~10	45±5	165±5	0.8~1.0	
	塑13-5	石棉	1.95	—	0.3	—	—	—	—	155±5	4~10	45±5	175±5	1.0~1.5	
	FSX-42			2.0		—	—	—	—			>25	155±5	1.0~1.5	
酚醛压塑料（耐高频绝缘用）	塑12-2	木粉	1.4	2.0	0.6~1.0	100~180	100~130	131~150	151~180	90~100	6~15	>25	155±5	1.0~1.5	1. 主要用于压塑成型。 2. 成型时应预热，不预热成型时应注意排气，酌情提高成型温度
	塑21-1	木粉	1.4	2.8	0.6~1.0	100~180	100~130	131~150	151~180	90~100	6~15	30±5	155±5	1.0~1.5	
	FUF-1	木粉	1.4	2.8	0.6~1.0	80~180	80~120	121~150	151~180	100±10	6~15	30±5	155±5	1.0~1.5	
	FUF-2	木粉	1.4	2.8	0.75~0.95	—	—	—	170~190	100±10	6~15	>25	155±5	1.0~1.5	
	4012	木粉、矿物	1.4	2.8	0.5~0.9	90~180	90~120	121~150	151~180	90~100	6~15	30±5	155±5	1.0~1.5	
	塑21-1T	木粉、矿物	1.4	2.8	0.6~1.0	100~180	100~130	131~150	151~180	150±10	6~15	30±5	155±5	1.0~1.5	
	FUF-11	木粉	1.4	2.0	0.6~1.0	80~180	80~120	121~150	151~180	140~160	4~8	30±5	155±5	1.0~1.5	
	塑14-1	木粉	1.4	2.8	0.6~1.0	100~180	100~130	131~150	151~180	140~160	4~8	>25	155±5	1.5~2.0	
	塑14-1T	木粉	1.4	2.0	0.6~1.0	100~180	100~130	131~150	151~180	140~160	4~8	>25	155±5	1.5~2.0	
	FUF-31	木粉	1.4	2.0	0.6~1.0	80~180	80~120	121~150	151~180	155±5	6~12	30±5	155±5	1.0~1.5	
	A1501	木粉	1.4	2.8	0.6~1.0	100~180	100~130	131~150	151~180	140~160	4~8	>25	155±5	1.5~2.0	
	FUF-21	木粉	1.4	2.2	0.6~1.0	80~180	80~120	121~150	151~180	155±5	4~8	30±5	155±5	1.0~1.5	
	FUF-2	木粉	1.4	2.2	0.6~1.0	80~180	80~120	121~150	151~180	155±5	4~8	30±5	155±5	1.0~1.5	

续表 2-3

塑料名称	牌号举例	填料种类	密度/(g/cm²) ≥	比容/(ml/g) ≤	计算收缩率/%	极限值	一组	二组	三组	预热温度/℃	预热时间/min	成型压力/MPa	成型温度/℃	保持时间/(min/mm)	说明
改性丁氧橡胶酚醛压塑料（耐冲击、耐油、防霉用）	J1503	木粉	1.4	2.0	0.5~0.9	100~190	100~130	131~160	161~190	130±5	4~8	>25	170±5	1.0~1.5	1. 一般应预热，对矿物填料品种必须预热；2. 不预热者应注意排气，酚醛情提高成型温度
	FJUF-41	木粉	1.5	—	0.4~0.8	80~180	80~120	121~150	151~180	130±5	4~8	30±5	170±5	1.0~1.5	
	J8603		1.6	2.0	0.5~0.9	100~190	100~130	131~160	161~190	120~140	5~10	>40	165~175	1.5~2.0	
	4511	矿物	1.7	2.2	0.5~0.9	90~190	90~130	131~160	151~190	120~140	5~10	>40	160~175	1.5~2.0	
	FJBF-43	木粉	1.6	2.2	0.3~0.6	80~180	80~120	121~150	151~180	130±5	6~10	30±5	170±5	1.0~1.5	
	J1503	木粉	1.4	2.0	0.5~1.0	100~200	—	121~150	151~180	125~135	4~8	>25	165~175	1.0~1.5	
	J8603	木粉	1.5	2.0	0.4~0.8	80~180	80~120	121~150	151~180	125±5	6~10	30±5	170±5	1.0~1.5	
	FJUF-42	木粉	1.5	—	0.4~0.8	80~180	80~120	121~150	151~180	125±5	6~10	30±5	170±5	1.0~1.5	
	FUF-20	木粉	1.75~1.9	2.2	0.6~1.0	150~180	—	151~180	151~180	可不预热		30±5	155±5	1.0~1.5	
改性酚醛树脂塑料（耐酸、耐水用）	塑11-3	木粉、矿物	1.45	2.0	0.5~0.9	100~200	100~140	141~170	171~200	120~140	4~6	>30	145~155	1.5~2.0	
	N5802	木粉	1.5	2.0	0.4~0.8	100~200	100~140	141~170	171~200	120~140	4~6	>30	145~155	1.5~2.0	
	4510	矿物	1.6	2.0	0.5~0.9	100~190	100~130	131~160	161~190	155~165	4~10	>30	152~160	1.5~2.0	
	塑35-1	木粉、矿物	1.9	2.0	0.4~0.7	100~180	100~130	131~160	151~190	155~165	4~10	>40	165~175	2.5	
	YFA-1	矿物	1.9	2.0	0.4~0.7	100~180	100~130	121~150	161~190	155±5	6~10	>40	155~165	2.5	
	塑32-18	矿物	1.9	—	0.4~0.7	80~180	80~120	121~150	151~180	155±5	6~10	45±5	170±5	2.0~2.5	
	FYKF-51	矿物	1.9	—	0.4~0.6	80~180	80~120	121~150	151~180	155±5	4~10	45±5	170±5	2.0~2.5	
酚醛压塑料（耐水、耐湿、防霉用）	5324	碎纸	1.45	—	0.5~0.9	100~190	100~130	131~160	161~190	120~130		40±5	160±5	1.0~1.5	主要用于压塑成型，成型时应注意排气
	H161	木粉	1.45	2.0	0.5~0.9	100~190	100~130	131~160	161~190	120~130		>25	160±5	1.0~1.5	
	4013	矿物	1.5	2.5	0.6~0.9	100~190	100~130	131~150	151~180	可不预热		30±5	155±5	1.5~2.0	
	FUF-85	矿物	1.5	2.0	0.4~0.8	100~180	80~120	121~150	151~180	可不预热		>40	160~175	1.5~2.5	
	塑32-18	石棉	1.5	2.0	0.6~0.8	100~200	100~140	141~170	171~200	可不预热		>40	160~175	1.5~2.5	
酚醛（日用品用）塑料	R132		1.5	2.0	0.6~1.0	100~190	100~150	151~190	151~180	可不预热		>25	160~175	1.0~1.5	主要用于压塑成型，成型时应注意排气
	塑44-1	木粉	1.5	2.0	0.6~1.0	100~190	100~150	151~190	151~190	可不预热		>25	165~180	1.0~1.5	
	D138		1.5	2.0	0.6~1.0	100~180	—	—	—	可不预热		30±5	170±5	1.0~1.5	
	R128		1.5	2.0	0.6~1.0	100~190	—	—	—	可不预热		30±5	165~180	1.0~1.5	
	塑44-5	木粉	1.4	2.0	0.6~1.0	100~180	—	—	—	可不预热		30±5	170±5	1.0~1.5	

续表 2-3

塑料名称	牌号举例	填料种类	密度 /(g/cm²) ≥	比容 /(ml/g) ≤	计算收缩率 /%	拉西格流动性/mm 极限值	一组	二组	三组	预热条件 温度/℃	预热条件 时间/min	成型压力 /MPa	成型温度 /℃	保持时间 /(min/mm)	说明
低收缩不饱和聚酯玻璃纤维增强塑料	PMC	玻璃纤维	1.8~2.0	2.0	0.1~0.3	—	—	—	—	—	—	压塑 3~10 / 挤塑 15~20	150	1~1.5	1. 该塑料为湿式预混压塑料；2. 贮存于室内干燥处，不得靠近火源，避免阳光直射；3. 贮存温度以 10~20℃ 为宜；4. 贮存期为三个月
脲甲醛压塑料	AD 4221 ND	α 纤维素	—	5.5	0.4~0.8	150~170	—	—	150~170	—	—	30±5	150~155	—	1. 要预热，充分排气。2. ND、CD 及 4220 料可用于挤塑成型，其他均宜用于压塑成型。3. 薄形塑料件如 <20g 的瓶盖和组扣，流动性取 130~160mm；一般小壳体宜取 160mm；一般塑料件，如中、小壳体宜取 100mm 或壁薄而高的小型塑料件，流动性宜取 160~190mm
		石棉	—	—	—	—	—	—	—	—	—	45±5	130±5	1.5~2.0	
		石棉	1.5	3.5	0.4~0.8	155~175	—	—	155~175	—	—	45±5	130±5	2.5	
	电玉粉料 粒料	α 纤维素	1.5	3.0	0.4~0.6	130~190	—	130~160	161~190	—	—	30±5	1. 薄壁塑料件 140~150 2. 一般塑料件 135~145 3. 大型厚件 125~135	1. 薄壁塑料件 0.5~1.0 2. 一般塑料件 1 3. 大型厚件 1.5~2.0	
	半透明电玉粉料 明电玉粉粒料	α 纤维素	1.5	3.0	0.4~0.6	130~190	—	130~160	161~190	—	—	30±5	1. 薄壁塑料件 135~145 3. 大型厚件 135~145	1	
		石棉	1.5	2.0	0.4~0.6	130~190	—	130~160	161~190	—	—	30±5	1. 薄壁塑料件 150~160 2. 一般塑料件 145~155	1. 薄壁塑料件 0.5 2. 一般塑料件 0.5~1.0	
三聚氰胺脲甲醛压塑料		α 纤维素	1.5	3.0	0.4~0.6	130~190	—	130~160	161~190	—	—	30±5	2. 一般塑料件 160 3. 大型厚件 135~145	3. 大型厚件 1	
三聚氰胺甲醛压塑料	CD 611-1 4220 塑 33-3 塑 33-5	α 纤维素	1.5	3.0	0.3~0.6	150~170	—	—	150~170	100~120	6~10	30±5	150~170	—	
		碎布	1.55	3.5	≤0.9	—	—	—	—	—	—	45±5	—	—	
		石棉	1.75	2.0	0.3~0.6	100~190	100~130	131~160	161~190	—	—	>40	161~190	—	
		石棉	1.6~1.8	2.0	0.4~0.8	100~180	100~120	121~150	151~180	—	—	>40	151~180	—	
		无机物	2.1	2.0	0.2~0.6	100~190	100~130	131~160	161~190	—	—	>40	165~175	2.5	

续表 2-3

塑料名称	牌号举例	填料种类	密度 /(g/cm²) ≥	比容 /(ml/g) ≤	计算收缩率 /%	拉西格格流动性/mm 极限值	一组	二组	三组	预热条件 温度 /℃	时间 /min	成型压力 /MPa	成型温度 /℃	保持时间 /(min/mm)	说明
有机硅塑料	4250	石棉	1.75~1.95		≤0.5	100~160				115~120	5~7	45±5	170±5	2.0~3.0	1. 供压塑成型; 2. 成型后要高温处理固化
	哈5317	石棉	1.9		≤1					115~120	5~7	45±5	195±5		
硅酮1（适用于封装中小规模集成电路）	上海塑料厂3#	石棉,玻璃纤维	1.98~1.44		1.36~1.44	配制工艺				90~100	混炼 25~40	1~10	180±10	5~7	1. 固化剂:碱式碳酸钙,苯甲酸; 2. 二次固化条件:150℃加热1h,200℃加热4h; 3. 线膨胀系数:(7.7~8.4)×10⁻⁵/℃
硅酮2（适用于封装中大规模集成电路）	上海塑料厂2#	石英粉,玻璃纤维	1.99		—	配制工艺				90~100	混炼 25~40	1~10	160~180	2~5	1. 固化剂:2,5-二甲基-2,5-二叔丁过氧化己烷(简称双2.5代号DBPMH); 2. 二次固化条件:同上; 3. 线膨胀系数:(3.99~6.3)×10⁻⁵/℃

续表 2-3

塑料名称	牌号举例	填料种类	密度 /(g/cm²) ≥	比容 /(ml/g) ≤	计算收缩率 /%	拉西格流动性/mm 极限值	一组	二组	三组	预热条件 温度/℃	时间/min	成型压力/MPa	成型温度/℃	保持时间/(min/mm)	说明
硅铜3 (适用于封装集成电路)	KH-612 (晨光化工厂)	石英粉	2.03	—	0.76 (成型后)	30	—			配制工艺 混炼 75~85	12~25	1~10	160~180	2~5	1. 固化剂：碱式碳酸钙，苯甲酸；2. 二次固化条件：200℃加热4h；3. 流动性：是指177℃，56kg/cm²时的螺旋线流动性；4. 线膨胀系数：(2.7~6.3)×10⁻⁵/℃
硅铜4 (适用于封装晶体管和扁平集成电路)	KH-611 (晨光化工厂)	石英粉	2.03	—	0.76 (成型后)	35	—			配制工艺 混炼 75~85	12~25	1~10	160~180	2~5	同上

注：FUF,FXF,FYXF,FYF等为山东塑料厂牌号。

表 2-4　影响塑料流动性的因素

序号	影响流动因素	原　因　分　析
1	塑料品种	不同品种的塑料,其流动性各不相同;即使同一品种,由于相对分子质量的大小,填料的形状、品质、含水量、挥发物含量以及配方不同,其流动性也不相同
2	模具结构	模具型腔表面光滑,型腔形状简单,可选用不溢式压注模(与溢式或半溢式压注模相比),有利于改善其流动性
3	成型工艺	采用压锭及预热,提高成型压力;在低于塑料硬化温度条件下,提高成型温度等,都能提高塑料的流动性

3. 比容与压缩率

比容是每一克塑料所占有的体积,以 cm^3/g 表示。压缩率为塑粉与塑料件两者体积或比容之比值,其值恒>1。它们都可被用来确定压模装料室的大小,其数值越大即要求装料室的体积越大,同时,也说明了塑粉内充气越多和排气越困难,成型周期越长和生产率越低。比容小则反之,而且有利于压锭和压制。各种塑料的比容,详见表 2-3。比容值也常因塑料的粒度大小及颗粒不均匀度而产生误差。

4. 固化特性

热固性塑料在成型的过程中,在加热受压的状况下,其软化后转变成可塑性黏流的状态,随流动性的增大后并填充模腔。与此同时发生缩合反应,分子交联密度不断地增加,塑料熔体的流动性迅速下降,融料逐渐固化。在模具设计时,对硬化速度快并且保持流动状态短的塑料,要注意压模装料室应便于装料、装卸嵌件及选择合理的成型条件和操作等问题,以免造成过早硬化和硬化不足,从而导致塑料件的成型不良。

硬化速度一般可从表 2-3 中的保持时间来分析,它与塑料品种、壁厚、注塑件形状和模温有关;当然还会因其他的因素而产生变化,尤其与预热状态有关。适当的预热,一方面要保持塑料发挥最大的流动性,另一方面要尽量提高其硬化速度。一般预热温度高(在允许的温度范围内)、时间长,则硬化速度会加快,尤其预压锭坯料经高频预热,硬化速度会显著地加快。

另外,成型温度高,加压时间长,硬化速度也会随之增加。因此,适当控制预热或成型条件可以调节硬化速度。硬化速度还应适合成型工艺方法的要求,例如注射、挤塑成型,要求在塑料熔体塑化和填充时的化学反应要慢和硬化要慢,并能保持较长时间的流动状态;当充满型腔后在高温和高压下能够快速硬化。

5. 水分及挥发物的含量

各种塑料中含有不同程度的水分和挥发物,过多时流动性增大,易溢料、保持时间长;收缩增大,易发生波纹和翘曲等弊病,并影响塑料件机电性能。但当塑料过于干燥时又会导致熔体流动性不良,塑料件成型困难。所以,对于不同的塑料,应按不同的工艺要求进行预热干燥。对于吸湿性强的塑料,尤其是在潮湿季节即使是对预热后的塑料,在成型加工中仍然要进行干燥处理,以防再次吸湿。

各种塑料中含有不同成分的水分和挥发物,同时在缩合反应时还要产生缩合水分;这些成分都需在塑料件成型时变成气体排出模具之外,有的气体对人有刺激作用,有的则对模具有腐蚀作用,甚至对环境造成污染。为此,在模具设计时就应对各种塑料的性能有所了解,这样可使我们采取相应措施,如塑料预热、模具型腔和型芯镀铬,开排气槽或成型时设置排气工序等。此外,在生产场地还应有良好的通风条件。

二、成型特性

模具设计时,必须要掌握热固性塑料成型特性和成型时的工艺特性。

(1)工艺特性 常用热固性塑料工艺特性见表2-3。

(2)成型特性 常用热固性塑料成型特性见表2-5。各种塑料成型特性除与塑料品种有关外,还与所含填料品种、粒度和颗粒均匀度有关。细料流动性好,但具有预热不易均匀、充入空气多不易排出、传热不良、成型时间长等问题。而粗料具有塑料件不光泽,表面易发生不均匀等问题。

表 2-5 常用热固性塑料成型特性

塑料名称	成 型 特 性
酚醛塑料	1. 成型较好,适用于压塑成型,部分适用于挤塑成型,个别适用于注射成型。 2. 含水分和挥发物,应预热和排气;不预热者应提高模温及成型压力并注意排气。 3. 模温对流动性影响较大,一般超过160℃时流动性会迅速下降。 4. 收缩及方向性一般比氨基塑料大。 5. 硬化速度一般比氨基塑料慢,硬化时放出的热量大,厚壁大型塑料件内部温度易过高,故易发生硬化不匀及过热
氨基塑料	1. 常用压塑和挤塑成型,硬化速度快,尤其如脲甲醛料等不宜挤塑大型塑件,挤塑时收缩大。 2. 含水分和挥发物多,易吸潮而结块,使用时要预热干燥,并防止再吸潮;但过于干燥则流动性下降。成型时有分解物及水分,具有弱酸性,模具应镀铬以防止腐蚀。必须注意排气。 3. 性脆,嵌件周围易应力集中,尺寸稳定性差。 4. 成型温度对塑料件质量影响较大,温度过高易发生分解、变色、气泡、开裂、变形和色泽不匀,过低流动性差、欠压和无光泽,故应严格控制。一般大型和形状简单的塑料件宜取低温,小件形状复杂的宜取高温。 5. 流动性好和硬化速度快,因此预热及成型温度要适当,装料、合模及加压速度要快。 6. 贮存期长和贮存温度高将会引起流动性迅速下降。 7. 料细、比容大和料中充气多,用预压缩成型大塑料件时易发生波纹及流痕,因此一般不宜采用
有机硅塑料	1. 流动性好和硬化速度慢,用于压塑成型; 2. 要较高温度压制; 3. 压塑成型后要经高温固化处理
硅酮塑料	1. 主要用于低压挤塑成型,封装电子元件等。一般成型压力为 4～10MPa,成型温度为160～180℃。 2. 流动性极好,易溢料和收缩小;贮存温度高,流动性会迅速下降。 3. 硬化速度慢,成型后需高温固化,会发生后收缩;塑料件厚度>10mm时应逐渐升温和适当延长保温时间,否则易脆裂。 4. 用于封装集成电路等电子元件时,浇口位置及截面应注意防止熔料流速太快,或直接冲击细弱元件,并宜在浇口相对方向开设溢料槽;一般常用于一模多腔,主流道截面不宜过小
环氧树脂	1. 流动性好,硬化速度快; 2. 硬化收缩小,但热刚性差不易脱模; 3. 硬化时一般不需排气,装料后立即加压; 4. 预热温度一般为 80～100℃,成型温度为 140～170℃,成型压力为 10～20MPa,保持时间一般在0.6min/mm; 5. 常用于浇注成型及低压挤塑成型,封装电子零件等

　　颗粒过粗和过细还影响比容及压缩率、模具加料室容积。颗粒不均匀,使塑料件成型性差、硬化不匀,同时不宜采用容量法加料。填料品种对成型特性的影响,见表 2-6。

表 2-6　各种填料成型特性

填 料 种 类		成 型 特 性
粉状填料	滑石粉、云母粉、石英粉等	1. 流动性好、易溢料,成型时需用压力小; 2. 比容小; 3. 塑料性脆
	木粉	1. 流动性好、易溢料; 2. 易吸湿; 3. 比容小
纤维填料	棉纤维、碎布纸屑、石棉纤维、α 纤维素等	1. 流动性差、比容大、压锭性差、易吸湿,需用成型压力大,塑料件强度好; 2. 树脂流动性过大时,易发生树脂与填料分头聚积; 3. 当计算装料室太大时,可采用多次加料压制方法; 4. 填充性不良,易发生熔接不良、填充不足,不易填充处应预先装料; 5. 石棉纤维填料不易吸湿,但易粘模,塑料件强度好
	玻璃纤维填料	1. 预浸法玻纤填料流动性差,方向性更明显,纤维强度损失大(尤其在挤塑成型时),比容比预混法玻纤填料小,装模较预混法方便; 2. 预混法玻纤填料流动性差(比预浸法玻纤好),收缩小,方向性明显,比容大,装模不便,易"结团",对模具磨损大; 3. 吸水性小,成型压力大,加压时机要适当,过早易发生填料与树脂分离,聚积溢料太多,过晚易发生填充不足; 4. 其他特性同上述"棉纤维"等的 2～4 项

三、常用热固性塑料特性介绍

　　热固性塑料是指在受热后成为不熔及不溶的物质,再次受热则不再具有可塑性的塑料。常用的热固性塑料有酚醛塑料、氨基塑料和环氧树脂等。

1. 酚醛塑料(PF)

　　(1)基本特性　该塑料是以酚醛树脂为基体制作的一种塑料,通常由酚类化合物和醛类化合物缩聚而成。酚醛树脂本身很脆,呈琥珀玻璃态。在应用中必须加入各种纤维或粉末填料,才能获得具有一定性能的酚醛塑料。酚醛塑料可分成四类:层压塑料、压塑料、纤维状压塑料和碎屑压塑料。

　　与一般塑料相比,酚醛塑料刚性好、变形小和耐热耐磨,能在 150～200℃ 的温度范围内长期使用;在有水润滑的条件下,摩擦因数极低;绝缘性能很好。其缺点是质脆和冲击强度差。

　　(2)主要用途　酚醛层压塑料是用浸渍过酚醛树脂溶液的片状填料制作而成,可制作成各种型材和板材。根据所用填料的不同,有纸质、布质、木质、石棉和玻璃布等各种层压塑料。布质和玻璃布酚醛层压塑料具有优良的力学性能、耐油性能和一定的介电性能,可用于制造齿轮、轴瓦、导向轮、无声齿轮、轴承及电工结构材料和电气绝缘材料。木质层压塑料适用于使用水润滑冷却下的轴承及齿轮等。石棉布层压塑料主要用于高温下工作的零件。

　　酚醛纤维状压塑料可以用加热模压制成各种复杂的机械零件和电器零件,具有优良的电气绝缘性能、耐热、耐水和耐磨性能。可制作各种线圈架、接线板、电动工具外壳、风扇叶子、耐酸泵叶轮、齿轮和凸轮等。

（3）成型特点　成型性能好，特别适用于压缩成型；模温对流动性影响大，当温度超过160℃时流动性迅速下降；硬化时会放出大量的热量，厚壁大型塑料件内部温度易过高，会造成硬化不均匀及过热现象。

2. 氨基塑料

氨基塑料是由氨基化合物与醛类（主要是甲醛）经缩合反应而制得，主要包括脲-甲醛、三聚氰胺-甲醛等。

（1）基本特性及主要用途

①脲-甲醛塑料（UF）是脲-甲醛树脂和漂白纸浆等制成的压塑粉，可染成各种鲜艳的色彩，外观光亮，部分透明，表面硬度较高，耐电弧性能好，耐矿物油和耐霉菌作用；耐水性较差，在水中长期浸泡后电气绝缘性能会下降。

脲-甲醛塑料大量用于压制日用品及电气照明用设备的零件、电话机、收音机、钟表外壳、开关插座及电气绝缘零件。

②三聚氰胺-甲醛（MF）由三聚氰胺-甲醛树脂与石棉滑石粉等制成。三聚氰胺-甲醛塑料可制成各种色彩、耐光、耐电弧和无毒的注塑件，在−20～100℃的温度范围内性能变化小，能耐沸水并且耐茶和咖啡等污染性物质，能像陶瓷一样地去除茶渍一类污染物，且有质量轻和不易碎的特点。

密胺塑料主要用作餐具、航空茶杯及电气开关、灭弧罩及防爆电器的配件。

（2）成型特点　该塑料常用于压缩成型和压注成型。压注成型时收缩率较大；因含有水分和挥发物多，成型前必须进行干燥处理；成型时有弱酸性分解及水的析出。故模具应镀铬防蚀，并应注意排气。该塑料的流动性好，硬化速度快，故对其预热及成型温度要适当，操作（装料、合模、起模和起件等）速度要快，带有嵌件的塑料件易产生应力集中并且尺寸稳定性差。

3. 环氧树脂

（1）基本特性　该塑料是含有环氧基的高分子化合物。未固化之前，其分子是线型结构。只有在加入固化剂（类似于橡胶的硫化剂），如胺类和酸酐类等，才会进行交联反应，从而变为不再熔融的体型结构的高分子聚合物，才有使用价值。

环氧树脂的种类很多，应用广泛，具有许多优良性能。其中最突出的特点是粘接能力很强，是应用很广的人们最熟悉的"万能胶"的主要成分。此外，该塑料耐化学药品、耐热及电气绝缘性能良好，收缩率小，比酚醛塑料有较好的力学性能。缺点是耐候性差、耐冲击性低和质地脆。

（2）主要用途　环氧树脂可用作金属与非金属材料的粘接剂，可用于封装各种电子元件。用环氧树脂配石英粉等浇铸各种模具，还可用作各种产品的防腐涂料。

（3）成型特点　流动性好、硬化速度快；用于浇注时，浇注前应加脱模剂，因环氧树脂的热刚性差，硬化收缩小，难以脱模；硬化时不析出任何副产物，成型时不需排气。

复习思考题

1. 简述热固性塑料成型的工艺特性。
2. 何谓塑料件各向异性？高精度塑料件的模具设计应该注意什么？
3. 何谓塑料件的后收缩？造成后收缩的原因是什么？塑料件尺寸稳定的周期如何确定？

4. 叙述影响收缩率变化的因素和精密挤塑或压注成型塑料件如何选取收缩率。

5. 叙述塑料熔体流动性的大小对注塑件的影响,影响塑料熔体流动性的因素。

6. 塑料中水分及挥发物含量过多或过少时,会怎样影响塑料件产生试模缺陷? 应采取什么措施来预防?

7. 叙述塑料成型特性与塑料品种的关系。掌握热固性塑料特性、用途和成型特点。

第二节　热塑性塑料

热塑性塑料的品种极多,即使是同一品种也会由于树脂的分子量及附加物配比不同而使其使用性能及工艺特性有所不同。另外,为了改变原有品种的特性,常用共聚、交链和 ABC 技术等物理或化学聚合方法,在原有的树脂分子结构中导入一定百分比量的异种单体或相等的高分子树脂,以改变原有树脂分子结构,成为具有新的使用性能及工艺特性的改性品种。例如,聚苯乙烯(ABS)分子导入了丙烯腈、丁二烯等异种单体后成为改性共聚物,其具有比聚苯乙烯优越的使用性能和工艺特性。由于热塑性塑料的品种多、性能复杂,即使是同一类的塑料也有仅供注射或挤出之分,本节主要介绍各种注射用的热塑性塑料。

一、热塑性塑料的工艺特性

热塑性塑料的工艺特性包括收缩率、流动性、结晶性、热敏性及水敏性、应力开裂及熔融破裂、热性能及冷却速度和吸湿性等。虽说是热塑性塑料的工艺特性,但与模具的结构也是息息相关的,要将模具设计好,就必须了解热塑性塑料的工艺特性。

1. 流动性

热塑性塑料的流动性与热固性塑料的一样,也是指塑料熔体在一定的温度与压力作用下填充模具型腔的能力。

(1) 热塑性塑料流动性大小的分类　热塑性塑料流动性的大小,一般可从相对分子质量的大小、熔融指数、阿基米德螺旋线长度、表观黏度及流动比(流动长度/注塑件壁厚)等一系列指数进行分析。相对分子质量小,则相对分子质量分布宽,分子结构规整性差,熔融指数高、螺旋线长度长、表观黏度小以及流动比大的塑料,则流动性就好。对同一品名的塑料必须检查其说明书,判断其流动性是否适用于注射成型。按模具的设计要求,可大致将常用塑料的流动性分为三类,见表 2-7。

表 2-7　塑料流动性分类

序号	流动性分类	塑　料　名　称
1	流动性好	尼龙、聚乙烯、聚苯乙烯、聚丙烯、醋酸纤维素和聚(4)甲基戊烯等
2	流动性中等	改性聚苯乙烯(例 ABS·AS)、有机玻璃、聚甲醛和聚氯醚等
3	流动性差	聚碳酸酯、硬聚氯乙烯、聚苯醚、聚芳砜和氟塑料等

热塑性塑料流动性的好与差,从聚合物分子结构来说,其实质是分子间相对滑移的结果。聚合物熔体的滑移,是通过分子链的运动来实现的;换句话说,流动性主要取决于分子的组成、相对分子质量的大小及其结构。只有线型分子结构聚合物的流动性好,交联结构的聚合物很少有流动性好的,而体型结构的聚合物一般不会流动。聚合物中加入填料后会降低其流动性,加入增塑剂和润滑剂可以提高其流动性。流动性差的塑料,在其成型时不易充填模具型腔,易

产生缺料,还易产生熔接痕;而流动性好的塑料,注射时容易产生流涎,注塑件在分型面、活动成型零件、推杆(推管)、镶接处及推块处易产生溢料而形成飞边。因此,注塑件在成型过程中应有效调控材料的流动性,以达到理想的成型质量。

塑料流动性的好与差,在很大程度上会影响成型加工的工艺参数,如成型温度体系中各个参数,压力体系中各个参数,成型周期中各项目的时间,模具浇注系统各部分尺寸以及结构形式,注塑件设计时各部分形状、尺寸大小及壁厚的确定等,都应该考虑到塑料的流动性。

(2)影响各种塑料流动性的因素(表 2-8)　塑料熔体流动性的控制,一方面应根据塑料的流动性,合理选择模具和浇注系统的结构;另一方面通过对成型加工的参数(料温、模温、注射压力、注射速度及成型过程各段时间等)做出最佳调配,用以满足注塑件成型加工的需要。

表 2-8　影响各种塑料流动性的因素

序号	影响因素	影 响 因 素 分 析
1	压力	注射压力的增大,会使熔体受剪切的作用增大,进而流动性也会增大。如聚乙烯和聚甲醛的流动性对压力就较为敏感,成型这些塑料时宜用调节注射压力的方法来控制流动性
2	温度	熔体温度增高则流动性会增大,不同的塑料也各有差异。如聚苯乙烯(尤其耐冲击型及 MI 值较高的)、聚丙烯、尼龙、有机玻璃、改性聚苯乙烯(如 ABS·AS)、聚碳酸酯、醋酸纤维素等塑料的流动性随温度的变化而变化较大,这些塑料成型时适宜用调节温度的方法来控制流动性。而聚乙烯和聚甲醛等,温度的增减对其流动性的影响则较小
3	模具结构	模具浇注系统的形式、尺寸、布局和数量,温控系统的设计,熔体流动阻力(如型腔的表面粗糙度、流道截面的大小、型腔的形状和排气系统)等因素,都会直接影响到熔体在模具型腔内的实际流动性。凡是能降低熔体温度和增加熔体流动阻力的因素,都会降低熔体的流动性

2. 结晶性与非结晶性

结晶现象即塑料由熔融状态过渡到冷凝状态时,分子由独立移动(完全处于无次序状态)转变为分子停止自由运动,形成较为固定的位置,并具有分子排列成为正规模型倾向的一种现象。简而言之,结晶现象就是塑料的分子在冷却过程中进行了有序排列的现象。

热塑性塑料按其冷凝时有无出现结晶现象,可以划分为结晶型塑料和非结晶型(又称无定型)塑料两大类。基本上可以根据注塑件外观的透明性来判断这两类塑料,一般结晶型塑料为不透明或半透明塑料,如聚甲醛等;非结晶型塑料为透明塑料,如有机玻璃等。但也有例外,如聚 4 甲基戊烯等为结晶型塑料却具有高透明性,而 ABS 为非结晶型塑料却并不透明。在模具设计及选择注射机时,对结晶型塑料应注意以下要求:

①熔体温度上升到成型温度所需要的热量多,所需用的设备塑化能力就要大。

②冷凝时所释放的热量多,则需要进行充分的冷却。

③熔融状态与固化状态的密度差别大时,成型收缩就大,注塑件易产生缩孔、气孔和表面缩痕现象。

④冷却速度快,结晶度低,收缩小,透明度高。结晶度与注塑件壁厚有关,壁厚则冷却慢,结晶度高,收缩大,物理性能和力学性能好。所以,结晶型塑料必须控制模温。

⑤各向异性显著,内应力大,脱模后未结晶化的分子有继续结晶化的倾向,处于能量不平衡状态,注塑件易产生变形和翘曲。

⑥结晶熔点范围窄,易产生未熔粉末注入模具型腔或堵塞浇口的现象。这类塑料有明显的熔点,在熔点温度以下熔体黏稠,在熔点温度以上熔体黏度急剧下降;在此区间有相的转变,需要吸收熔化热。因而注射机螺杆通常应为突变型,螺杆的供料段较长(占总长的 65%~

70％)，压缩段较短(占总长的 10％～15％)。

结晶型注塑件的性能与成型工艺(主要是冷却速度)有很大的关系。如果料筒和模具的温度高，熔体充模成型后的冷却速度缓慢，则注塑件的结晶度高；同时，注塑件的密度、硬度和刚度均大，拉伸和弯曲等力学强度也高，耐磨性、耐化学腐蚀以及耐电性能也好。相反，若料筒和模具的温度低，熔体充模成型后的冷却速度大，则注塑件的结晶度低，其柔软性和曲折性好，透明度会提高，伸长率会增大，冲击强度会增高。综上所述，在成型加工过程中，控制熔体在型腔中的冷却速度，就能使注塑件满足使用的要求。某些结晶型塑料(如聚酰胺)，由于其熔体黏度很低，螺杆的头部应加止逆环，以减少注射时的漏流和逆流。或采用自锁式(如弹簧针阀式)喷嘴，以防熔体从喷嘴流涎。

非结晶型塑料在熔融过程中，从玻璃态到黏流态时，因经历了高弹态区而无明显的熔点，故所选用的注射机螺杆应采用渐变型，供料段较短，约占总长的 25％～30％，而压缩段较长，约占总长的 50％左右。

二、热敏性与水敏性塑料

热塑性塑料可分成热敏性塑料和水敏性塑料，它们的性能不相同，成型加工时的要求也不相同。

(1)热敏性塑料　热敏性塑料是指某些塑料对热较为敏感，在高温之下受热时间较长或浇口截面过小，剪切作用大时，料温的增高易发生变色、降解和分解的倾向，如硬聚氯乙烯、聚偏氯乙烯、醋酸乙烯共聚物、聚甲醛和聚三氟氯乙烯等。热敏性塑料在分解时会产生单体、气体和固体等副产物，特别是有的分解气体对人体、设备和模具都有刺激和腐蚀作用，甚至有毒性，造成对环境的污染。因此，在模具设计、注射机的选用以及成型加工参数的选取时，都应该特别注意。一般应选择螺杆式注射机；浇注系统截面宜大，模具型腔和料筒应镀铬，浇注系统和模具型腔不得有死角滞料现象存在；必须严格控制成型加工参数，如成型温度、模温、加热时间、螺杆的转速及背压等；若发现材料有分解反应，应立即洗清设备和模具，必要时还应在热敏性塑料中加入稳定剂，以减弱热敏性能。

(2)水敏性塑料　有的塑料(如聚碳酸酯)即使含有少量的水分，在高温和高压下也会发生分解，把具有这种特性的塑料称为水敏性塑料。这种塑料必须预热干燥，并在成型加工过程中也必须保持干燥。

三、相容性

相容性是指两种或两种以上不同品种的塑料，在熔融状态下不会产生相互分离的能力。如果两种塑料不相容，则混熔时注塑件会出现分层和脱皮等表面缺陷。不同塑料的相容性与其分子结构有一定的关系，分子结构相似的易于相容，如高压聚乙烯、低压聚乙烯和聚丙烯之间的混熔。分子结构不同类时则较难相容，如聚乙烯和聚苯乙烯之间的混熔。

塑料的相容性又可称为共混性，通过共混性可以得到类似共聚物的综合性能，这也是改进塑料性能的重要工艺途径之一。例如，聚碳酸酯和 ABS 塑料的相容，保留了聚碳酸酯的性能，由于加入 ABS 塑料从而改善了共聚物的流动性。

四、应力开裂及熔融破裂

(1)应力开裂　有的塑料对应力敏感，成型时易产生内应力且质脆易裂，注塑件在外力作用下或在溶剂作用下会发生开裂的现象。为此,除了在原料内加入附加剂以提高抗裂性之外,对原料应注意干燥的问题,合理选择成型条件,以减少内应力和增加抗裂性;还应注意选择合理的注塑件形状,不宜设置嵌件或合理设置嵌件,以尽量减少应力集中;模具设计时,应增大模具型面的脱模角,选用合理的浇注系统的结构形式、尺寸和位置,合理选择脱模和抽芯机构;合理安排注塑件后处理工序等措施来提高抗裂性。消除内应力还必须禁止注塑件与溶剂相接触。

(2)熔融破裂 当具有一定融熔指数的聚合物熔体,在恒温下通过喷嘴孔时,其流速超过某值后,熔体表面会发生明显横向裂纹,称为熔融破裂。熔融破裂有损注塑件外观及物理性能。在选用融熔指数高的聚合物时,应增大喷嘴、流道和浇口截面,减小注射速度和提高料温。

五、吸湿性

塑料中因存在各种添加剂,使其对水分有不同的亲疏程度,所以塑料大致可分为两种类型。第一类为具有吸湿性或粘附水分倾向大的塑料,如聚酰胺、聚碳酸酯、ABS、聚苯醚和聚砜等;第二类为吸湿性和粘附水分倾向较小的塑料,如聚乙烯和聚丙烯等。造成吸湿性差别的原因,主要是由于热塑性塑料组成及分子结构的不同,如聚酰胺分子链中含有酰胺基 $CO-NH$ 极性基团,对水具有吸附能力;又如聚乙烯类塑料的分子链中是由非极性基团所组成,表面呈蜡状,对水不具有亲和吸附能力。材料的疏松使塑料的表面积增大,也是容易增加吸湿性的原因。原料中水含量必须控制在允许范围内,不然在高温和高压下,水分变成气体或发生水解作用,会使树脂产生起泡、银纹和斑纹等缺陷,导致流动性下降、外观及机电性能不良。所以,对吸湿性塑料必须按要求,采用适当的加热方法及规范进行预热;在塑料成型之前,一般都要经过干燥处理或需用红外线照射,使水分含量降低到 $0.5\%\sim0.1\%$,越低越好,并且要在加工过程中继续保温,以防重新吸湿。

六、热性能及冷却速度

(1)热性能 各种塑料有着不同比热容、热导率和热变形温度等热性能。比热容高的塑料在塑化时所需的热量要大,应该选用塑化能力大的注射机。热变形温度高的冷却时间可缩短一些,脱模要早,脱模后要防止冷却变形。热导率低的冷却速度应慢(如离子聚合物等冷却速度应极慢)并必须充分冷却,要加强模具的冷却效果。热浇道模具适用于比热容低、热导率高的塑料。比热容大及热导率低,热变形温度低及冷却速度慢的塑料不利于高速成型,必须用适当的注射机及提高模具冷却的能力。

(2)冷却速度 各种塑料按其品种特性及塑料形状,要求必须保持适当的冷却速度。所以模具必须按成型要求设置加热和冷却系统,以使其保持成型工艺所要求的模温。初始注射时可对模具进行加温,在料温和加热系统作用下,模温超过工艺要求时,则应启动冷却系统,以防止注塑件脱模后变形,并缩短成型周期。当塑料余热不足以使模具保持一定温度时,模具应设有加热系统,使模具保持在一定温度范围内,并控制冷却速度,以保证熔体流动性;改善填充条件控制注塑件温度使其缓慢冷却,以防止厚壁注塑件内、外冷却不匀及提高结晶度等。对流动性好,成型面积大,料温不均的注塑件,则按注塑件成型情况,有时需要采取加热或冷却交替使用或局部加热与冷却并用的方法。常用热塑性塑料成型条件见表2-9,常用热塑性塑料成型特性见表2-10。

表 2-9　常用热塑性塑料成型条件

塑料名称		聚乙烯(低压)	聚氯乙烯(硬质)	聚丙烯	聚碳酸酯	聚甲醛(共聚)	聚苯乙烯	苯乙烯-丁二烯-丙烯腈共聚物	改性聚甲基丙烯酸甲酯(372°)	氯化聚醚
缩　写		PE	PVC	PP	PC	POM	PS	ABS	PMMA	CPT
注射成型机类型		柱塞式	螺杆式	螺杆式	螺杆式	螺杆式	柱塞式	螺杆式	柱塞式	螺杆式
密度/(g/cm²)		0.94~0.96	1.38	0.9~0.91	1.18~1.20	1.41~1.43	1.04~1.06	1.03~1.07	1.18	1.4
计算收缩率/%		1.5~3.6	0.6~1.5	1.0~2.5	0.5~0.8	1.2~3.0	0.6~0.8	0.3~0.8	0.5~0.7	0.4~0.8
预热	温度/℃	70~80	70~90	80~100	110~120	80~100	60~75	80~85	70~80	100~105
	时间/h	1~2	4~6	1~2	8~12	3~5	2	2~3	4	1
料筒温度/℃	后段	140~160	160~170	160~180	210~240	160~170	140~160	150~170	160~180	170~180
	中段	—	165~180	180~200	230~280	170~180	—	165~180	—	185~200
	前段	170~200	170~190	200~220	240~285	180~190	170~190	180~200	210~240	210~240
喷嘴温度/℃		—	—	—	240~250	170~180	—	170~180	210~240	180~190
模具温度/℃		60~70	30~60	80~90	90~110①	90~120	32~65	50~80	40~60	80~110①
注射压力/MPa		60~100	80~130	70~100	80~130	80~130	60~110	60~100	80~130	80~120
成型时间/s	注射时间	15~60	15~60	20~60	20~90	20~90	15~45	20~90	20~60	15~60
	高压时间	0~3	0~5	0~3	0~5	0~5	0~3	0~5	0~5	0~5
	冷却时间	15~60	15~60	20~90	20~90	20~60	15~60	20~120	20~90	20~60
	总周期	40~130	40~130	50~160	40~190	50~160	40~120	50~220	50~150	40~130
螺杆转速/(r/min)		—	28	48	28	28	48	30	70	28
适用注射成型机类型		螺杆、柱塞均可	螺杆式	螺杆、柱塞均可	螺杆式较好	螺杆式	螺杆、柱塞均可	螺杆、柱塞均可	螺杆、柱塞均可	螺杆式较好
后处理	方法	—	—	—	红外线灯、鼓风烘箱	红外线灯、鼓风烘箱	红外线灯、鼓风烘箱	红外线灯、烘箱	红外线灯、鼓风烘箱	
	温度/℃	—	—	—	100~110	140~145	70	70	70	
	时间/h	—	—	—	8~12	4	2~4	2~4	4	
说明		高压聚乙烯成型除模温宜35~55℃外,其他均与低压聚乙烯相似				均聚类料成型条件与共聚相似	丁苯橡胶改性及甲基丙烯酸酯改性的聚苯乙烯成型条件与上相似	该成型条件为加工通用级ABS料时所用,苯乙烯-丙烯腈共聚物(即AS)成型条件与上相似		

续表 2-9

塑料名称	聚苯醚	聚砜	聚芳砜	醋酸纤维素	聚三氟氯乙烯	聚全氟乙丙烯	聚-4-甲基戊烯(1)	聚酰亚胺	聚酰胺(又称尼龙,缩写 PA)					
缩写	PPO	PSF	PAS	AC	PCTFE(F-3)	FEP(F-46)	TFX	PI	尼龙1010 PA1010	尼龙6 PA6	尼龙66 PA66	尼龙610 PA610	尼龙9 PA9	尼龙11 PA11
注射成型机类型	螺杆式	螺杆式	螺杆式	柱塞式	螺杆式	螺杆式	螺杆式	螺杆式	螺杆式	螺杆式	螺杆式	螺杆式	螺杆式	螺杆式
密度/(g/cm³)	1.07	1.24	1.36	—	2.09~2.16	2.1~2.2	0.83	1.34~1.4	1.04~1.05	1.14	1.15	1.09~1.13	1.05	1.025
计算收缩率/%	0.7~1.0	0.5~0.7	0.8	1~1.5	1~2.5	2~5	1.5~3.0	0.5~1.0	0.5~4.0	0.8~2.5	1.5~2.2	1.2~2.0	1.5~2.5	1.2~1.5
预热 温度/℃	130	120~140	200	70~75	—	—	—	130	100~110	100~110	100~110	100~110	100~110	100~110
预热 时间/h	4	>4	6~8	4	—	—	—	4	12~16	12~16	12~16	12~16	12~16	12~16
料筒温度/℃ 后段	230~240	250~270	310~370	150~170	200~210	165~190	230~250	240~270	190~210	220~300	240~350	220~300	220~300	180~250
料筒温度/℃ 中段	250~280	280~300	345~385	—	285~290	270~290	250~270	260~290	200~220	—	—	—	—	—
料筒温度/℃ 前段	260~290	310~330	385~420	170~190	275~280	310~330	290~310	280~315	210~230	—	—	—	—	—
喷嘴温度/℃	250~280	290~310	380~410	—	265~270	300~310	280~290	290~300	200~210	—	—	—	—	—
模具温度/℃	110~150①	130~150①	230~260①	20~80	110~130①	110~130①	60~80	130~150①	40~80①	—	—	—	—	—
注射压力/MPa	80~200	80~200	150~200	60~130	80~130	80~130	80~130	80~200	40~100	70~120	70~120	70~120	70~120	70~120
成型时间/s 注射时间	30~90	30~90	15~20	15~45	20~60	20~60	20~90	30~60	20~90	—	—	—	—	—
成型时间/s 高压时间	0~5	0~5	0~5	0~3	0~3	0~3	0~5	0~5	0~5	—	—	—	—	—
成型时间/s 冷却时间	30~60	30~60	10~20	15~45	20~60	20~60	20~60	20~90	20~120	—	—	—	—	—
成型时间/s 总周期	70~160	65~160	—	40~100	50~130	50~130	50~130	60~160	45~220	—	—	—	—	—
螺杆转速/(r/min)	28	28	—	—	30	30	28	28	48	—	—	—	—	—
适用注射机类型	宜用螺杆式	宜用螺杆式	宜用螺杆式	宜用螺杆式	螺杆式	螺杆式	螺杆、柱塞均可	螺杆式	宜用螺杆式注射机,螺杆带止逆环,喷嘴宜用自锁式					
后处理 方法	红外线灯 鼓风烘箱 甘油	红外线灯 鼓风烘箱 甘油	—	—	—	—	—	红外线灯 鼓风烘箱	油					
后处理 温度/℃	150	110~130	—	—	—	—	—	150	90~100					
后处理 时间/h	1~4	4~8	—	—	—	—	—	4	1~4					
说明	—	—	—	无增塑剂类	—	—	—	—	1. 上述预热条件为采用使用鼓风烘箱预热时; 2. 对潮湿环境使用塑料应进行调湿处理,可在沸水中加热 15min~6h					

注：①塑料模具需加热为宜。

上述成型条件,仅供参考,且质量为100~500g的塑料时,实际成型时均需酌情调整。

表 2-10　常用热塑性塑料成型特性

塑料名称	成　型　特　性
聚苯乙烯	1. 无定型料，吸湿性小，不易分解，性脆易裂，线胀系数大，易产生内应力。 2. 流动性较好，溢边值 0.03mm 左右，防止出飞边。 3. 注塑件壁厚均匀，不宜有嵌件（如有嵌件应预热），缺口、尖角及各型面之间应圆滑连接。 4. 可用螺杆或柱塞式注射机加工，喷嘴可用直通式或自锁式。 5. 宜用高料温、高模温和低注射压力，延长注射时间有利于降低内应力，防止缩孔和变形（尤其对厚壁注塑件）。但料温高易出银丝，料温低或脱模剂多则透明性差。 6. 可采用各种形式浇口，浇口与注塑件应圆弧连接，防止去除浇口时损坏注塑件，脱模斜角宜取 2° 以上，顶出均匀以防止脱模不良发生开裂和变形，可用热流道结构
聚乙烯（低压）	1. 结晶料，吸湿性小； 2. 流动性极好，溢边值 0.02mm 左右，流动性对压力敏感； 3. 可能发生熔融破裂，与有机溶剂接触可发生开裂； 4. 加热时间长则发生分解和烧伤； 5. 冷却速度慢，因此必须充分冷却，宜设冷料穴，模具应有冷却系统； 6. 收缩范围大，收缩值大，方向性明显，易变形和翘曲，结晶度及模具冷却条件对收缩率影响大，应控制模温，保持冷却均匀和稳定； 7. 宜用高压注射，料温均匀，填充速度应快，保压充分； 8. 不宜用直接浇口，易增大内应力，或产生收缩不匀，方向性明显增大变形，应注意选择浇口位置，防止产生缩孔和变形； 9. 质软易脱模，注塑件有浅的侧凹槽时可强行脱模
聚氟乙烯 （硬质）	1. 无定型料，吸湿性小，但为了提高流动性，防止发生气泡则宜先干燥； 2. 流动性差，极易分解，特别在高温下与钢、铜金属接触更易分解，分解温度为 200℃，分解时有腐蚀及刺激性气体产生； 3. 成型温度范围小，必须注意严格控制料温； 4. 用螺杆式注射机及直通喷嘴，孔径宜大，以防止死角滞料，滞料必须及时处理清除； 5. 模具浇注系统应粗短，浇口截面宜大，不得有死角滞料，模具应冷却，其表面应镀铬
聚丙烯	1. 结晶性料，吸湿性小，可能发生熔融破裂，长期与金属接触易发生分解。 2. 流动性极好，溢边值 0.03mm 左右。 3. 冷却速度快，浇注系统及冷却系统应散热缓慢。 4. 成型收缩范围大，收缩率大，易发生缩孔、凹痕和变形，方向性强。 5. 注意控制成型温度，料温低方向性明显，尤其低温高压时更加明显。模具温度低于 50℃ 以下注塑件不光泽，易产生熔接不良和流痕；90℃ 以上时易发生翘曲和变形。 6. 注塑件应壁厚均匀，避免缺口和尖角，以避免应力集中
改性聚加基丙烯酸甲酯（372# 有机玻璃）	1. 无定型料，吸湿性大，不易分解； 2. 质脆，表面硬度低； 3. 流动性中等，溢边值 0.03mm 左右，易发生填充不足、缩孔、凹痕和熔接痕； 4. 宜取高压注射，在不出现缺陷的条件下宜取高料温和高模温，可增加流动性，降低内应力和方向性，改善透明性和强度； 5. 模具浇注系统应对料流阻力小，脱模斜度应大，顶出均匀，表面粗糙度应低，注意排气； 6. 质透明要注意防止出现气泡、银丝、熔接痕及滞料分解，混入杂质

续表 2-10

塑料名称	成 型 特 性
聚酰胺（尼龙）	1. 结晶性料，熔点高，熔融温度范围窄，熔融状态热稳定性差；料温超过 300℃，或滞留时间超过 30min 即易分解。 2. 较易吸湿，成型前应预热干燥，并应防止再吸湿，水含量不得超过 0.3%；吸湿后流动性下降，易出现气泡和银丝等缺陷；高精度注塑件应经调湿处理，处理后尺寸胀大。 3. 流动性极好，溢边值 0.02mm 左右，易溢料，发生"流涎现象"；用螺杆式注射机注射时喷嘴宜用自锁式结构，并应加热，螺杆应带止回环。 4. 成型收缩率大，收缩率范围大，方向性明显，易发生缩孔、凹痕和变形等弊病，成型条件应稳定。 5. 融料冷却速度对结晶度影响较大，对注塑件结构及性能有明显影响，故应正确控制模温，一般为 20～90℃，按壁厚选取。模温低易产生缩孔和结晶度低等现象，对要求伸长率高，透明度高、柔软性较好的薄壁注塑件宜取低；对要求硬度高和耐磨性好，以及在使用时变形小的厚壁注塑件宜取高。 6. 成型条件对注塑件成型收缩、缩孔和凹痕影响较大，料筒温度按塑料品种、注塑件形状及注射机类型而选择。柱塞式注射机宜取高，但一般料温不宜超过 300℃，受热时间不得超过 30min；料温高则收缩大，易起飞边。注射压力按注射机类型、料温、注塑件形状尺寸、模具浇注系统而选择，厚则取长、薄则取短。注射时间及高压时间对注塑件收缩率、凹痕、变形和缩孔影响较大；为了减少收缩、凹痕和缩孔，一般宜取模温低、料温低和树脂黏度小，注射、高压及冷却时间长，注射压力高的成型条件，以及采用白油作脱模剂。 7. 模具浇注系统形式及尺寸与加工聚苯乙烯时相似，但增大流道及浇口截面尺寸可改善缩孔及凹痕现象。 8. 注塑件壁不宜取厚，并应均匀；脱模斜度不宜取小，尤其对厚壁及深高注塑件应取大
聚碳酸酯	1. 无定型料，热稳定性好，成型温度范围宽，超过 330℃才呈现严重分解，分解时产生无毒和无腐蚀性气体。 2. 吸湿性极小，但水敏强性，水含量不得超过 0.2%，加工前必须干燥处理，否则会出现银丝、气泡及强度显著下降现象。 3. 流动性差，溢边值 0.06mm 左右，流动性对温度变化敏感，冷却速度快。 4. 成型收缩率小，成型条件适当，注塑件尺寸可控制在一定公差范围内，注塑件精度高。 5. 可能发生熔融开裂，易产生应力集中（即内应力），应严格控制成型条件，注塑件宜退火处理消除内应力。 6. 熔融温度高，黏度高，对于 ＞200g 的注塑件应用螺杆式注射机成型，喷嘴应加热，宜用开敞式延伸喷嘴。 7. 由于黏度高，对剪切作用不敏感，冷却速度快，模具浇注系统应以粗与短为原则，并宜设冷料穴，浇口宜取直接浇口，圆片或扇形等截面较大的浇口；但应防止内应力增大，浇口附近有残余应力，必要时可采用调节式浇口。模温一般取 70～120℃；应注意顶出均匀；模具应用耐磨钢，并淬火。 8. 注塑件壁不宜取厚，应均匀，避免有尖角、缺口或金属嵌件造成应力集中；脱模斜度宜取 2°；若有金属嵌件应预热，预热温度一般为 110～130℃。 9. 料筒温度对控制注塑件质量是一个重要因素，料温低时会造成缺料，表面无光泽，银丝紊乱；温度高时易溢边，会出现银丝暗条，注塑件变色有泡。注射压力不宜低；冷却速度快，如模具加热则冷却时间不宜短。 10. 模温对注塑件质量影响很大，模温低则收缩率、伸长率和抗冲击强度大，而抗弯、抗压和抗张强度低；模温超过 120℃注塑件冷却慢，易变形粘模，脱模困难，成型周期长。薄壁注塑件宜取 80～100℃，厚壁注塑件宜取 80～120℃

续表 2-10

塑料名称	成　型　特　性
聚甲醛	1. 结晶性料熔融范围窄,熔融或凝固速度快,结晶化速度快,料温稍低于熔融温度即发生结晶化,流动性下降。 2. 热敏性强极易分解(但比聚氯乙烯稍弱,共聚比均聚稍弱),分解温度为240℃;但200℃中滞留30min以上也极易发生分解,分解时产生有刺激性和腐蚀性气体。 3. 流动性中等,溢边值0.04mm左右,流动性对温度变化不敏感,但对压力变化敏感。 4. 结晶度高,结晶化时体积变化大,成型收缩范围大,收缩率大。 5. 吸湿性低,水分对成型影响极小,一般可不干燥处理;但为了防止树脂表面粘附水分,不利成型,加工前可进行干燥并起预热作用,特别是大面积薄壁注塑件,对改善注塑件表面光泽有较好效果。干燥一般用烘箱加热,温度为90～100℃,时间4h,料层厚度30mm。 6. 摩擦因数低,弹性高,浅侧凹槽可强迫脱模,注塑件表面可带有皱纹花样,但易产生表面缺陷,如毛斑、折皱、熔接痕、缩孔和凹痕等缺陷。 7. 宜用螺杆式注射机成型,余料不宜过多和滞留太长,一般注塑件克量(包括主流道和分流道)不应超过注射机注塑克量的75%,或取注射容量与料筒容量之比值为1∶6～1∶10,料筒喷嘴务必防止有死角和间隙而滞料,预塑时螺杆转速宜取低,并宜用单线、全螺纹、等距和压缩突变型螺杆。 8. 喷嘴孔径应取大,并采用直通式喷嘴,为防止流涎现象发生喷嘴孔可呈喇叭形,并设置单独控制的加热装置,以适当地控制喷嘴温度。 9. 模具浇注系统对料流阻力要小,浇口宜取厚,要尽量避免死角积料;模具应加热,模温高应防止滑动配合部件卡住;模具应选用耐磨和耐腐蚀材料,并淬硬和镀铬,注意排气。 10. 必须严格控制成型条件,嵌件应预热(一般100～150℃),余料一般贮存5～10个注塑件质量的物料即可。料温取稍高于熔点(一般170～190℃)即可,不宜轻易提高温度。模温对注塑件质量影响较大,提高模温可改善表面凹痕,有助于熔体流动。模温对结晶度及收缩也有很大影响,必须正确控制,一般取75～120℃;壁厚＞4mm的取90～120℃;壁厚＜4mm的取75～90℃。宜用高压和高速注射,注塑件可在较高温度时脱模,冷却时间可短,但为防止收缩变形、应力不匀,脱模后宜将注塑件放在90℃左右的热水中缓冷或用整形夹具冷却。注塑件内外应均匀冷却,以防止缺料、缩孔和皱折。 11. 料温偏高、喷嘴温度偏低,高压对空注射时易发生爆炸性伤人事故;分解时有刺激性气体;料性易燃应远离明火
氯化聚醚 (聚氯醚)	1. 结晶性料,内应力较小,而且在室温下会自行消失,成型收缩小,尺寸稳定好,宜成型高精度、形状复杂和多嵌件的中、小型注塑件。 2. 吸湿性极小,成型前不必预热,如物料表面有水分则可在80～100℃的烘箱中干燥1～2h即可使用。 3. 流动性中等,对温度变化敏感,树脂相对分子质量小的熔融黏度低,选低料温即可,反之亦然。成型温度为180～220℃,分解温度约270℃,分解时发生有腐蚀气体。 4. 可采用柱塞和螺杆式注射机加工,易用直通式喷嘴,孔径可呈喇叭形,宜加热。 5. 树脂分子量大,注塑件壁厚,成型周期短时,一般料筒温度应取高,并宜用高压注射。模温对塑料性能的影响显著,模温高结晶度增加,抗拉、抗弯和抗压强度均有一定程度的提高,坚硬而不透明,但冲击强度及伸长率下降;模温低则柔韧而半透明。故模温应按要求选用,常用90～100℃,最低为50℃。成型周期对注塑件性能无明显影响。 6. 成型时有微量氯化氢等腐蚀气体产生,熔体对金属粘附力强,模具应淬硬和表面镀铬抛光,浇注系统应首先考虑料流方向、阻力和压力损耗,宜取粗和短,尤其对厚壁注塑件更应注意浇口截面应取大

续表 2-10

塑料名称	成　型　特　性
苯乙烯-丁二烯-丙烯腈共聚体（ABS）	1. 无定型料，其品种牌号很多，各品种的机电性能及成型特性也各有差异，应按品种确定成型方法及成型条件。 2. 吸湿性强，水含量应＜0.3%，必须充分干燥，要求表面光泽的注塑件应要求长时间预热干燥。 3. 流动性中等，溢边值 0.04mm 左右（流动性比聚苯乙烯和 AS 差，但比聚碳酸酯和聚氯乙烯好）。 4. 比聚苯乙烯加工困难，易取高料温和模温（对耐热、高抗冲击和中抗冲击型树脂，料温更宜取高）。料温对物理性能影响较大，料温过高易分解（分解温度为 250℃ 左右，比聚苯乙烯易分解）。对要求精度较高的注塑件，模温易取 50～60℃；要求光泽及耐热型料易取 60～80℃；注射压力应比加工聚苯乙烯高。一般用柱塞式注射机时，料温为 180～230℃，注射压力为 100～140MPa；螺杆式注射机则取 160～220℃，70～100MPa。 5. 模具设计时要注意浇注系统对料流阻力小，浇口处外观不良，易发生熔接痕，应注意选择浇口位置和形式，顶出力过大或机械加工时，注塑件表面呈现"白色"痕迹（但在热水中加热可消失），脱模斜度易取 2° 以上
苯乙烯-丙烯腈共聚体（AS）	1. 无定型料，吸湿性大，热稳定性好，不易分解； 2. 流动性比 ABS 好，不易出飞边； 3. 易发生裂纹，注塑件应避免尖角和缺口，顶出应均匀，脱模斜度易取大； 4. 浇口处易发生裂纹
聚砜	1. 无定型料，易吸湿，水含量超过 0.125% 即可发生银丝、云母斑和气泡，甚至开裂，必须充分干燥，并在使用时防止再吸湿。 2. 易用螺杆式注射机加工，喷嘴宜用直通式并加热，加工前必须彻底消除对温度敏感的树脂，所以最好用聚苯乙烯、聚乙烯、聚丙烯料清洗料筒。 3. 成型性能与聚碳酸酯相似，热稳定性比聚碳酸酯差，分解温度 360℃ 左右，可能发生熔融破裂。 4. 流动性差，对温度变化敏感，冷却速度快。 5. 要求成型加工温度高，宜用高压成型，压力低易产生波纹、气泡和凹痕，过高则脱模困难。 6. 模温以壁厚而定，一般取 90～100℃，对复杂或长而薄、厚壁注塑件则取 140～150℃。 7. 模具应有足够刚度和强度，浇注系统应短而粗，散热慢，阻力小，宜取直接式、圆片式、扁平或扇形侧向浇口，截面厚度宜取注塑件壁厚的 1/2～2/3；用针状浇口时直径应取大，浇口宜设在厚壁处，对薄长注塑件宜用多点浇口，模具应设冷料穴
聚芳砜	1. 流动性差，料温在 380℃ 以下流动性迅速下降；热变形温度高（为 274℃），可在 260℃ 以下脱模（但要防止变形）；热稳定性好，不易分解；易吸湿，水敏性强，必须充分干燥。 2. 要高温和高压成型，宜用螺杆式注射机，直通加热喷嘴加工；模具要高温加热，注射及保压时间宜长。 3. 模具必须有强度及刚度，浇注系统应短而粗，截面大，散热慢，注意选择配合间隙，防止高温时卡住
氟塑料（聚三氟氯乙烯、聚全氟丙乙烯、聚二氟乙烯）	1. 结晶性料（三氟料结晶化速度快），吸湿性小，聚全氟丙乙烯易发生熔融破裂。 2. 热敏性料，极易分解，分解时会产生有毒和腐蚀气体；三氟料分解温度为 260℃，聚二氟乙烯料为 340℃，必须严格控制成型温度。 3. 流动性差，熔融温度高（聚二氟乙烯成型较方便），成型温度范围窄，要高温和高压成型。 4. 宜用螺杆式注射机成型加工，模具要有足够强度及刚度，仅防死角滞料，浇注系统对料流阻力要小，模具应加热，并淬硬镀铬

续表 2-10

塑料名称	成 型 特 性
聚苯醚	1. 无定型料,吸湿性小,但宜干燥后加工,易分解,(熔点 300℃,分解温度 350℃)。 2. 流动性差(介于聚碳酸酯和 ABS 之间),对温度变化敏感,凝固速度快,成型收缩小。 3. 宜用螺杆式注射机,直通喷嘴,孔径宜取 3~6mm,并应加热,但应比前段料筒温度低 10~20℃,防止漏料。 4. 料温在 300~330℃时有足够流动性可供加工复杂及薄壁注塑件,注射压力宜取高压,应高速注射,保压及冷却时间不要太长。 5. 模温取 100~150℃,宜防止过早冷却,提高充模速度,降低料温及注射压力,改善表面光泽,防止出现分层、熔接痕、皱纹及分解,尤其对模温低于 100℃,薄壁注塑件易造成这些缺陷。 6. 模具主流道锥度宜大及用拉料钩,浇注系统对料流阻力小,冷却慢,浇口宜厚,浇道短粗,宜用直接浇口、扁平或扇形等浇口,用针状浇口时截面应取大,对长浇道也可采用热流道结构
醋酸纤维素	1. 无定型料,吸湿性大,要预热干燥; 2. 极易分解(比聚氯乙烯和聚甲醛缓),分解时对设备和模具有腐蚀性而造成生锈; 3. 流动性比聚苯乙烯稍差,对温度变化敏感; 4. 模具应镀铬,不得有死角滞料; 5. 宜用螺杆式注射机,直通喷嘴加工,仅防滞料分解
聚 4 甲基戊烯(1)	1. 结晶料,吸湿性小,可能产生熔融破裂,应力开裂; 2. 流动性好,成型收缩范围大,易产生缩孔和凹痕; 3. 成型性与聚丙烯相似,易取高注射压力和长注射时间成型; 4. 浇口应取大,设于厚壁处,不易脱模宜用脱料板结构

七、收缩性

1. 收缩性的影响因素

任何物体都具有热胀冷缩的物理性能,故一定量的塑料在熔融状态下的体积,总是比其固态下的体积大。这说明了塑料经成型冷却后,其体积发生了收缩,这一性质称为塑料收缩性。收缩性的大小以单位长度注塑件收缩量的百分数来表示,称为收缩率。

由于成型模具材料和塑料的线膨胀系数不同,收缩率分为实际收缩率和计算收缩率。实际收缩率表示模具或注塑件在成型温度时的尺寸与注塑件在室温时尺寸之间的差别,而计算收缩率则表示室温时模具尺寸与注塑件尺寸的差别,这两种收缩率的计算可按本章式 2-1 和式 2-2。

注塑件收缩的形式,除了由于热胀冷缩、注塑件脱模时的弹性恢复、塑性变形等原因所产生的尺寸线性收缩外,还会因注塑件的形状、熔体流动方向及成型工艺参数的不同而产生收缩的方向性。此外,注塑件脱模后残余应力的缓慢释放和后处理工艺,也会使注塑件产生后收缩。热塑性塑料成型收缩的形式及其计算如前所述,影响热塑性塑料成型收缩的因素如下。

(1)塑料品种 各种塑料都具有各自的收缩率,详见表 2-11。同种塑料由于树脂的相对分子质量、填充料及配方比等不同,其收缩率及各向异性也不相同。热塑性塑料在成型的过程中,由于注塑件还存在着结晶化所形成的体积变化,内应力大,冻结在注塑件内的残余应力大,分子取向性强等因素,热塑性塑料与热固性塑料相比,它的收缩率较大、收缩率范围宽、方向性明显;另外,成型后的收缩、退火或调湿处理后的收缩,一般也都比热固性塑料大。

表 2-11 常用塑料的收缩率 （％）

塑料种类	收缩率	塑料种类	收缩率
低密度聚乙烯	1.5～3.5	尼龙 610	1.2～2.0
高密度聚乙烯	1.5～3.0	尼龙 610(30％玻璃纤维)	0.35～0.45
聚丙烯	1.0～2.5	尼龙 1010	0.5～4.0
聚丙烯(30％玻璃纤维增强)	0.4～0.8	醋酸纤维素	1.0～1.5
聚氯乙烯(硬质)	0.6～1.5	醋酸丁酸纤维素	0.2～0.5
聚氯乙烯(半硬质)	0.1～0.5	丙酸纤维素	0.2～0.5
聚氯乙烯(软质)	1.5～3.0	聚丙烯酸酯类塑料(通用)	0.2～0.9
聚苯乙烯(通用)	0.6～0.8	聚丙烯酸酯类塑料(改性)	0.5～0.7
聚苯乙烯(耐热)	0.2～0.8	聚乙烯醋酸乙烯	1.0～3.0
聚苯乙烯(增韧)	1～5	氟塑料 F-4	1.0～1.5
ABS(抗冲)	0.4～0.7	氟塑料 F-3	1.0～2.5
ABS(耐热)	0.3～0.8	氟塑料 F-2	2
ABS(30％玻璃纤维增强)	0.3～0.6	氟塑料 F-46	2.0～5.0
聚甲醛	1.2～3.0	酚醛塑料(木粉填料)	0.5～0.9
聚碳酸酯	0.5～0.8	酚醛塑料(石棉填料)	0.2～0.7
聚砜	0.5～0.7	酚醛塑料(云母填料)	0.1～0.5
聚砜(玻璃纤维增强)	0.4～0.7	酚醛塑料(棉纤维填料)	0.3～0.7
聚苯醚	0.7～1.0	酚醛塑料(玻璃纤维填料)	0.05～0.2
改性聚苯醚	0.5～0.7	脲醛塑料(纸浆填料)	0.6～1.3
氯化聚醚	0.4～0.8	脲醛塑料(木粉填料)	0.7～1.2
尼龙 6	0.8～2.5	三聚氰胺甲醛(纸浆填料)	0.5～0.7
尼龙 6(30％玻璃纤维)	0.35～0.45	三聚氰胺甲醛(矿物填料)	0.4～0.7
尼龙 9	1.5～2.5	聚邻苯二甲酸二丙烯酯(石棉填料)	0.28
尼龙 11	1.2～1.5	聚邻苯二甲酸二丙烯酯(玻璃纤维填料)	0.42
尼龙 66	1.5～2.2	聚间苯二甲酸二丙烯酯(玻璃纤维填料)	0.3～0.4
尼龙 66(30％玻璃纤维)	0.4～0.55		

（2）注塑件特性　成型时熔体前锋与模具型腔表面接触所形成的熔膜,因立即冷却产生低密度的固态薄壳。由于塑料的导热差,使得注塑件内层缓慢冷却而形成收缩大的高密度固化层;此外,注塑件有无嵌件及嵌件形状、布局和数量等会直接影响熔体流动方向、密度分布及收缩阻力等。所以,注塑件的特性对收缩大小和方向性的影响较大。

（3）浇口形式、尺寸与分布　这些因素会直接影响熔体的流动方向、密度分布、保压补塑作用及成型的时间。直接浇口因其截面大(尤其截面较厚的),则收缩小但方向性强;宽度及长度短的浇口,则方向性弱;距浇口近的或与熔体流动方向平行的,则收缩大。

（4）成型条件　模具温度高时,熔体冷却慢,会导致注塑件密度高和收缩大;尤其对结晶塑料而言,因结晶度高,体积变化大,故收缩更大。模温的分布与注塑件内、外冷却及密度均匀性有关,它们直接影响到各部分收缩量大小及方向性。保持压力及保压时间对收缩也有较大的影响,压力高和保压时间长,则收缩小,但方向性大。注射压力高,熔体黏度小,层间剪切应力小,注塑件脱模后的弹性回跳大,故收缩也可适量地减小。料温高时,收缩就大,但方向性弱。因此,在成型时调整温度系统、压力系统、注射速度及冷却时间等各工艺参数,也可以适当改变注塑件的收缩状况。

模具设计时,要根据各种塑料的收缩范围,注塑件壁厚和形状,浇口形式、尺寸、位置及分布等情况,按经验确定注塑件各部位的收缩率,然后,再计算型腔的尺寸。对高精度的注塑件及难以掌握收缩率时,一般宜用如下的方法设计模具型腔和型芯的尺寸。

①对注塑件外径取较小收缩率,而内径取较大收缩率,以留试模后修正的余量;

②通过试模确定浇注系统的浇口大小、排气槽(孔)的位置及成型条件;

③要进行后处理的注塑件,应经后处理来确定尺寸变化情况(测量时必须在脱模后 24h 以后进行);

④按实际收缩情况修正模具;

⑤对于相互配合的注塑件,在试模之后可根据配合情况,在保证设计要求的配合性能条件下,选择容易修理的注塑模具进行配作修理;

⑥在试模时可适当改变成型工艺参数,略微修正收缩值以满足注塑件主要尺寸要求。

2. 成型收缩的形式

熔融后具有黏性的塑料熔体在压力的作用下,进入模具的型腔中冷却后成型;在注塑件脱模后冷却至室温时的外形尺寸收缩称为成型收缩。注塑件在模具型腔中的温度是高于室温的,注塑件又是紧紧地包裹在模具的型芯上,把注塑件脱模前型孔的收缩称为成型限制收缩。考虑到注塑件尺寸的缩小,为使注塑件的尺寸满足图样的要求,模具的型腔和型芯尺寸都需要予以适量的补偿。成型收缩主要表现在下列几个方面。

(1)注塑件线性尺寸收缩 由于塑料的热胀冷缩,以及脱模时模具型腔与型芯对注塑件的约束消失,造成其弹性的恢复和塑性变形等原因,会导致注塑件脱模冷却至室温后其形体尺寸的缩小。必须指出注塑件内、外形的尺寸都会产生缩小,所以不管是设计模具型腔的尺寸,还是设计模具型芯的尺寸都要进行适当地补偿计算,才可确保注塑件的形状尺寸符合图样的要求。还须指出,由于注塑件内、外形的尺寸是同时缩小的,所以型芯被注塑件的包紧力大于型腔对注塑件的包紧力,因此,注塑件型芯的脱模力也应该大于型腔的脱模力。

(2)收缩的方向性 注塑件成型固化时,分子结晶是按一定方向排列的。由于分子结构的取向不同和内应力分布的不均匀性,使得注塑件的收缩呈现各向异性,即沿熔体流动方向(或平行取向方向)的收缩大,分子密度高而且注塑件的强度也高;而垂直熔体流动方向(或垂直取向方向)的收缩小,强度也小;尤其以注射成型和挤塑时的收缩方向性明显。又由于注塑件各部位密度与填充料不均匀性,以及内应力分布的不均匀性,一方面使得注塑件的收缩不均匀;另一方面使得注塑件产生翘曲、变形和失效。为此,模具设计时应考虑收缩方向性,即按注塑件形状、熔体流动方向选取收缩率。

(3)收缩种类

①按收缩的工序来划分,可分为成型收缩和后收缩两种,成型收缩又可分为限制成型收缩和自由成型收缩两种;

②按收缩的性质来划分,可分为自由收缩和限制收缩两种;

③按限制收缩的方法来划分,可分为成型限制收缩和工艺限制收缩两种;

④按收缩的先后顺序来划分,可分为首次限制成型收缩和二次限制成型收缩。

3. 自由收缩、限制收缩、后收缩及处理

(1)自由收缩 脱模后的注塑件在冷却的过程中,在无约束的环境下自由地进行收缩称为自由收缩。在各种因素对注塑件形状和尺寸的作用下,注塑件的自由收缩会呈现出各向异性,产生各种不同的尺寸收缩。成型后脱模的注塑件在一般情况下是自由收缩。注塑件成型硬化脱模后仍保留着较高的温度,冷却在自然进行;同时注塑件内部的分子仍在继续结晶,加之结晶取向的发生和内应力、密度和填料的分布不匀性,使注塑件形状尺寸会产生较大的缩小。注塑件脱模消除了所有的限制后,注塑件的温度在冷却到室温的阶段中,其形状尺寸的缩小是在自由状态下无拘无束地进行;由于注塑件自由收缩的各向异性,注塑件的尺寸精度和几何精度都是较低的。

(2)限制收缩 注塑件在成型和冷却的过程中,在型芯上或矫形销上受到限制性的收缩称为限制收缩。限制收缩是指注塑件在冷却的过程中受到了型芯或矫形销约束的条件下的收缩,限制收缩是注塑件的型槽或型孔有很高的尺寸精度和几何精度要求时,采用的工艺方法。

①成型限制收缩。注塑件在模具中受到型芯约束的收缩称为成型限制收缩。成型限制收缩只对型孔和型槽尺寸的收缩存在着适度的影响,而注塑件的外形尺寸不存在限制收缩,但会使注塑件分子的密度增大。从注塑件外形尺寸收缩的角度考虑,成型限制收缩的意义不大。

②工艺限制收缩。注塑件在脱模后,迅速地插入大于注塑件的型槽或型孔的矫形销来限制注塑件的自由收缩称为工艺限制收缩,也可称为二次工艺限制收缩。工艺限制收缩能够使注塑件型孔有很高的几何精度,还可以利用注塑件脱模时的弹性恢复性能获得很高的型孔尺寸精度。

注塑件成型时的内、外形尺寸精度和几何精度,很难获得金属材料零件那样高的精度要求,这一是由于注塑件的塑料所具有的收缩特性或收缩各向异性的原因;二是由于注塑件壁厚的不均匀性的原因;三是由于注塑件的成型加工本身,不能像使用机加的工艺方法获得很高的尺寸精度和几何精度等原因。注塑件要获得高几何精度、高精度孔径或高精度孔位的孔,一般都是采用镶嵌金属件后再以机加工的方法获得;这样不仅增加了注塑件的质量,还会产生熔接痕、裂纹、内应力、变形和改变分子结晶的取向等缺陷。

但注塑件内形的尺寸精度和几何精度,可通过塑料成型的二次工艺限制收缩,使注塑件的内孔达到IT6精度,孔的圆柱度可<0.002mm的水平;不过利用脱模后还有余温的注塑件收缩特性来达到整治圆柱度的目的,还要使该工艺方法能够克服塑材收缩各向异性、壁厚薄的收缩量差异,型腔中温差和注塑件冷却先后不均等的影响。

【例2-1】 塑料制品精度等级选用建议,如聚碳酸酯(PC),收缩率:0.35%,高精度为3级,一般精度为4级,低精度为5级。若现在要加工一个$\phi 6G6(^{+0.012}_{+0.004})$mm孔,且其圆柱度要<0.01mm,即椭圆、锥度、凸腰鼓形和凹腰鼓形误差总值均不能超过0.01mm,这样高的精度就是金属制品的加工也是困难的。塑料制件尺寸公差(SJ/T 10628—1995)规定:公称尺寸>3~6mm的尺寸段,3级精度为0.08mm,IT11级为0.075mm;$\phi 6G6(^{+0.012}_{+0.004})$mm为IT6,对比之下相差5个等级。按正常加工方法,测得该孔几何精度,圆度在0.03~0.04mm;锥度为0.03~0.05mm,总的圆柱度为0.05mm。如此精度的孔怎样加工呢?

【解】 $\phi 6G6(^{+0.012}_{+0.004})$mm孔的中值偏差孔径为:$\phi[6+0.004+(0.012-0.004)/2]=\phi 6.008$(mm);

注塑模型芯直径为:$[6.008+(6.008\times 0.35\%)]^{+0.008}_{0}=6.03^{+0.008}_{0}$(mm);

矫形销直径为:$(6.03+0.05+0.02)^{+0.008}_{0}=6.10^{+0.008}_{0}$(mm)(0.05mm为圆柱度误差,0.02mm为收缩补偿量),这样直径的矫形销即可获得几何精度和尺寸精度在0.01mm的孔。

(3)后收缩 注塑件冷却至室温后尺寸仍然会收缩。由于受到注塑件壁厚的差异、成型压力、剪切应力、各向异性、密度不匀、填料分布不匀、内应力分布不匀、模温不匀、硬化不匀和塑性变形等因素的影响,注塑件成型时所产生的内应力,在熔体的黏流态时不可能全部消失,故注塑件在应力的状态下成型存在着残余应力。脱模后注塑件由于应力趋于平衡及贮存条件的影响，会使残余应力发生变化而引起注塑件再次的收缩称为后收缩。通常热塑性塑料的后收缩比热固性塑料大，挤塑和注射成型的后收缩比压塑成型的大，自由收缩比后收缩大。

（4）后处理收缩　有时因注塑件性能和工艺要求，成型后需要进行热处理；热处理后内应力重新分布，也会导致注塑件形状尺寸的缩小，这种收缩称为后处理收缩。所以，对于高精度的注塑件，在模具设计时还应考虑后收缩和后处理收缩所引起的误差并予以补偿。

4. 注塑件收缩的过程

注塑件收缩的过程为：成型的注塑件→成型限制收缩→成型自由收缩或工艺限制收缩→后收缩（自由后收缩或限制后收缩）→后处理收缩（自由后处理收缩或限制后处理收缩）→定型。流程图如图 2-1 所示。

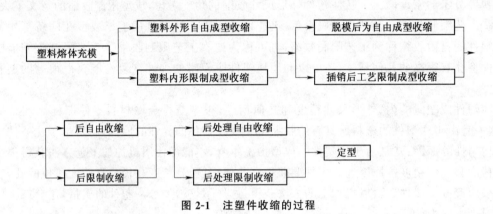

图 2-1　注塑件收缩的过程

5. 成型限制收缩对模具型芯和型腔尺寸的分析

由于注塑模的型芯限制了注塑件的内形收缩，对注塑件的内形而言是属于限制成型收缩。注塑模的型腔没有限制注塑件的外形收缩，对注塑件的外形而言是属于自由成型收缩。

（1）对模具型芯和型腔尺寸的分析　由于注塑件尺寸的收缩，模具型芯和型腔尺寸都需要有适当量的补偿值。为了获得注塑件图样上所要求的尺寸，模具型芯和型腔尺寸应该是：注塑件的基本尺寸＝注塑件公称尺寸的中差值＋注塑件公称尺寸的中差值×塑料的收缩率。

（2）对注塑件脱模的分析　由于注塑件尺寸的收缩，注塑件会紧紧包裹在模具的型芯上，注塑模必须要采用脱模机构才能将注塑件顶脱模。为了使注塑件更容易脱模，模具的型芯和型腔都需要制作出一定的脱模斜度。

八、注射工艺性能

热塑性塑料的物理性能和热物理性能，在注塑件成型过程中所起到的作用是不同的。在加热阶段，塑料的物理性能（如熔化温度、分解温度、比热容和导热性）起着重要作用；而在注塑件成型时，热塑性塑料熔体的容积和收缩率起着重要作用；在冷却定型期间，热物理性能，对取向分子的松弛和结晶过程均具有很大的作用，它决定了注塑件的表观质量及其性能。总之，热塑性塑料的注射工艺性能是取决于其熔体的流变性能和热力学性能。

（1）热塑性塑料的物理状态　热塑性塑料在一定的条件下可存在着三种不同的物理状态：玻璃态（或晶态）、高弹态和黏流态。根据热塑性塑料的玻璃化温度和熔化温度，便可以决定注塑件注射成型的主要工艺参数，如非晶态热塑性塑料的模具最高允许温度，结晶热塑性塑料的玻璃化温度和模具最高允许温度。表 2-12 列出了部分非晶态热塑性塑料的玻璃化温度和模具最高允许温度。

表 2-12 部分非晶态热塑性塑料的玻璃化温度和模具最高允许温度 （℃）

塑料名称	玻璃化温度	模具最高允许温度
聚苯乙烯	100	70
苯乙烯-丙烯腈共聚物	110	80
聚氯乙烯	87	60
聚甲基丙烯酸甲酯	105	80
聚碳酸酯	150	120
聚砜	180	150
聚芳砜	288	260

大多数结晶热塑性塑料在注射成型时，其熔体的最低允许温度要比熔化温度高 5～25℃，见表 2-13。

表 2-13 结晶热塑性塑料的玻璃化温度和模具最高允许温度 （℃）

塑料名称	熔点	熔体的最低允许温度
聚丙烯	160～180	180
PA6	215～220	225
PA66	250～255	260
共聚甲醛	164～167	190
聚对苯二甲酸乙二醇酯	255	250

（2）热塑性塑料的热物理性能 热塑性塑料的热物理性能，对注射成型过程的加热和冷却阶段具有决定性的作用。结晶型塑料（如聚乙烯、聚酰胺、聚甲醛和聚丙烯等）所需热量要比加热非晶型塑料（如聚苯乙烯、聚碳酸酯和聚氯乙烯等）大许多，这会对料筒及螺杆的塑化能力产生影响。热塑性塑料成型后的凝固时间，对于成型周期也是非常重要的。它不仅决定了注射机的生产能力以及注射成型的经济性，而且还决定了注塑件的质量。

（3）热塑性塑料的膨胀与压缩 热塑性塑料的注塑件的收缩率是由固态与熔融态时的体积的差别所决定的。低压下注射成型，注塑件的收缩率一般比较大，从而造成了注塑件尺寸精度低；高压下注射成型，注塑件的收缩率较小，但是注塑件脱模较为困难。注塑件尺寸和模具型腔尺寸之间的差别总是存在的，这是由于塑料在温度和压力变化的影响下膨胀和压缩所引起的。

表 2-14 列出了热塑性塑料在注射成型时，选择工艺参数要点，以供实际生产加工时参考使用。

表 2-14 成型工艺参数要点

项目	成型工艺参数选择要点
塑料干燥	干燥的方法要根据塑料性能、生产批量和具体干燥设备进行选择。 1. 热风循环（鼓风）和红外线加热烘箱干燥，适用于小批量生产。 2. 真空烘箱干燥，适用于易高温氧化变色的塑料。 3. 沸腾干燥和气流干燥，适用于大批量生产。干燥好的塑料如不使用，应注意密封防潮保存
加料量	在每一成型周期中，加入料筒中的塑料应定量，控制加料量应随设备而异。 1. 对柱塞注射机，可通过调节料斗下面的定量装置来控制加料量； 2. 对移动螺杆式注射机，可通过调节行程开关与加料计量柱的距离来控制加料量

续表 2-14

项　目	成型工艺参数选择要点
脱模剂的选择	常用脱模剂种类： 1. 硬脂酸锌，除尼龙之外，一般塑料均可选用； 2. 液体石蜡（又称白油），适用于尼龙类塑料； 3. 硅油，润滑效果好，但价格昂贵，使用麻烦。 脱模剂用量要适当，涂抹应均匀。喷雾脱模剂的适用性较强，适用于各种注塑件的脱模。这类脱模剂含有甲基硅油（TG 系列，F 型）、液体石蜡（TB 系列）、蓖麻油（BTM 系列）和 P 型系列等
料筒和喷嘴温度的选择	1. 料筒和喷嘴温度的选择不能高于塑料的分解温度； 2. 料筒温度与塑料性质、注射机类型、模具结构和注塑件的复杂程度有关； 3. 塑料湿含量偏高时，料筒后端（进料端）的温度可适当提高； 4. 喷嘴温度一般略低于料筒前端温度（约 10℃ 左右）； 5. 判定料筒和喷嘴温度是否合适，可采用"对空"注射法，观察射出来的塑料细条，表面光亮，无银丝和气泡，直径略为膨胀的，即为理想的注射状态
模具温度	模具温度应低于塑料玻璃化温度或热变形温度，以保证塑料成型和注塑件脱模。 1. 模具型腔附近入冷却介质，一般采用循环水冷却； 2. 熔融塑料与模具自然散热的温度保持平衡，一般不易于控制，模具应设置温度调控系统； 3. 电加热模具，保持恒定的模温，对熔融黏度较高的塑料采用此法，如聚苯砜醚和聚芳砜等
成型压力	注射成型的压力包括塑化压力（背压）、注射压力和保压力，都直接影响塑料的塑化和注塑件质量。 1. 塑化压力的确定：在保证注塑件质量的前提下，其压力越低越好，通常控制在 2MPa 以下，其压力值通过注射机液压系统中的背压阀来调整。 2. 注射压力的选择：一般控制在 40～130MPa，在设备允许的情况下，可适当提高。其压力值可通过注射机液压系统中的调压阀来调整。 3. 保压力：即注射动作完成之后，到螺杆（或柱塞）开始退回时为止模具型腔中的压力，一般为注射压力的 80% 左右。 若注塑件产生飞边，则注射压力过高；注塑件产生凹痕、波纹和缺料，则注射压力过低
注射时间	1. 充模时间：充模时间与注射速度成反比，注射速度经试验确定，选择原则是：对熔体黏度大、玻璃化温度高和长流程的塑件，应采用较高的注射速度，并以较高的模温和料温相配合；对流道长、浇口小和注塑件形状复杂而壁薄时，易用高速高压注射；对壁较厚和形状简单，而且体积较大的注塑件，可用较低的注射速度，一般是采用中速或稍高的注射速度，充模时间 3～5s。 2. 保压时间：在工艺条件正常的情况下，以成型注塑件的收缩率波动范围最小的保压时间为最佳规范
冷却时间	一般在 30～120s，对于电器产品的小型注塑件可选 10～40s

九、常用热塑性塑料的成型性能

　　根据塑料对热反应的不同，塑料分成热塑性塑料和热固性塑料。了解它们在成型加工时的基本性能、主要用途和成型特点，不仅对塑料件成型工艺有极大的指导作用，就是对塑料件和模具结构的设计也具有很大的帮助。热塑性塑料是在特定温度范围内能反复加热软化和冷却硬化的塑料。常用的热塑性塑料有聚乙烯、聚丙烯、聚氯乙烯、聚苯乙烯、ABS、有机玻璃、尼龙、聚甲醛、聚碳酸酯、聚砜、聚苯醚、氯化聚醚和氟塑料等。

1. 聚乙烯(PE)

　　(1)基本性能　聚乙烯塑料在塑料工业中是产量最大的品种。按聚合时所采用的压力的不同,可分为高压、中压和低压三种。低压聚乙烯的分子链上支链较少,相对分子质量、结晶度及密度较高(又称为高密度聚乙烯),所以比较硬、耐磨、耐腐蚀、耐热及绝缘性较好。高压聚乙烯分子带有许多支链,因而相对分子质量、结晶度及密度较低(故称为低密度聚乙烯),且具有较好的柔软性、耐冲击性和透明性。

聚乙烯无毒、无味、呈乳白色。密度为 $0.91\sim0.96g/cm^3$,有一定的机械强度,和其他塑料相比机械强度低,表面硬度差。聚乙烯的绝缘性优异,常温下不溶于水及任何一种已知的溶剂,并耐稀硫酸和稀硝酸、任何浓度的其他酸及各种浓度的碱、盐溶液。聚乙烯具有高度的耐水性,长期与水接触其性能保持不变。其透水汽性能较差,而透氧气和二氧化碳及许多有机物质蒸汽的性能好。在热、光和氧气的作用下会产生老化和变脆。一般高压聚乙烯的使用温度约在 $80℃$,而低压聚乙烯为 $100℃$ 左右。聚乙烯能耐寒,在 $-60℃$ 时仍有较好的力学性能,以及一定的柔软性。

(2)主要用途　低压聚乙烯可用来制造塑料管、板材、塑料绳及承载不高的零件(如齿轮和轴承等),高压聚乙烯常用于制作薄膜、软管、塑料瓶以及电气工业的绝缘零件和电线、电缆包覆等。

(3)成型特点　聚乙烯成型时,在流动方向与垂直方向的收缩差异较大,注射方向的收缩率大于垂直方向的收缩率,易产生变形,并使注塑件浇口周围的脆性增加;聚乙烯收缩率的绝对值较大,成型收缩率也较大,易产生缩孔;冷却速度慢,必须给予充分冷却,且冷却速度要均匀;质软易于脱模,注塑件有较浅的侧凹时可强行脱模。

2. 聚丙烯(PP)

(1)基本性能　聚丙烯无色、无味和无毒,外观和聚乙烯相似,但比聚乙烯更透明、更轻,密度仅为 $0.90\sim0.91g/cm^3$;光泽好、易着色、不吸水;屈服强度、抗拉强度、抗压强度、硬度及弹性均比聚乙烯好。定向拉伸后的聚丙烯可制作铰链,有特别高的抗弯曲疲劳强度。用其注射成型的一体铰链(盖与本体合一的各种容器),经过 7×10^7 次开闭弯折都未产生损坏和断裂现象。聚丙烯熔点为 $164\sim170℃$,耐热性好,能在 $100℃$ 以上的温度进行消毒灭菌;其低温使用温度达 $-15℃$,低于 $-35℃$ 时会开裂。聚丙烯的高频绝缘性能好,因不吸水,其绝缘性不受湿度的影响;但是,在氧、热和光的作用下极易解聚和老化,所以必须加入防老化剂。

(2)主要用途　聚丙烯可制作各种机械零件,如法兰、接头、汽车零件和自行车零件。制作水、蒸汽和各种酸碱等的输送管道,化工容器及其他设备的衬里、表面涂层等。制作盖与本体合一的箱壳、各种绝缘零件和医疗器械零件。

(3)成型特点　成型收缩率大,易产生缩孔、凹痕及变形。热容量大,成型模具必须设置能充分进行冷却的调温系统;成型的适宜模温为 $80℃$ 左右,不可低于 $50℃$,否则,会造成注塑件表面光泽差或产生熔接痕等缺陷;温度过高会产生翘曲变形。

3. 聚氯乙烯(PVC)

(1)基本性能　聚氯乙烯是世界上产量第二多的塑料品种。聚氯乙烯树脂为白色或浅黄色粉末。根据不同用途,可加入不同组合的添加剂,使其具有不同的物理性能。对其分别加入适量的增塑剂,便可制成硬质、软质和透明的注塑件。纯聚氯乙烯的密度为 $1.4g/cm^3$,加入增塑剂和填料等的聚氯乙烯注塑件密度一般在 $1.15\sim2.00g/cm^3$。硬聚氯乙烯不含或含有少量的增塑剂,有较好的抗拉、抗弯、抗压和抗冲击性能,可单独用作结构材料。软聚氯乙烯含有较多的增塑剂,它的柔软性、断裂伸长率及耐寒性增加,但脆性、硬度和抗拉强度降低。该塑料有较好的电气绝缘性能,可用作低频绝缘材料。其化学稳定性较好,但热稳定性较差,长时间加热会导致分解,放出氯化氢气体并使其变色;该塑料的使用温度范围较窄,一般在−15~55℃。

(2)主要用途　由于聚氯乙烯的化学稳定性好,故可用于防腐管道、管件、输油管、离心泵和鼓风机等的制造。其硬板广泛用于化学工业,制作各种贮槽的衬里、建筑物的瓦楞板、门窗构件和墙壁装饰物等建材。由于电气绝缘性能优良,在电气和电子工业中用于制造插座、插头、开关和电缆。在日常生活中,用于制造凉鞋、玩具和人造革等。

(3)成型特点　聚氯乙烯在成型过程中易于放出氯化氢,所以,必须加入稳定剂和润滑剂,并严格地控制熔体温度与滞留时间。不能用一般的注射机来成型聚氯乙烯塑料件,因为聚氯乙烯的耐热性和导热性不好,如果使用一般的注射机,需将料筒内的物料加热到166~193℃,将会引起分解;成型时应采用带预塑化装置的螺杆式注射机。模具的浇注系统以短粗为宜,浇口截面宜大一些,模具应有冷却系统。

4. 聚苯乙烯(PS)

(1)基本性能　该塑料是仅次于聚乙烯和聚氯乙烯的第三大塑料品种。它无色透明、无味和无毒,落地时发出清脆的金属声,密度为 $1.054g/cm^3$。其力学性能与聚合方法、相对分子质量大小、定向度以及其中的杂质有关;相对分子质量越大,机械强度越高。该塑料有优良的电性能(尤其是高频绝缘性能)和一定的化学稳定性,能耐碱、硫酸、磷酸、10%~30%的盐酸、稀醋酸及其他有机酸,但不耐硝酸和氧化剂。对水、乙醇、汽油、植物油及各种盐溶液也有足够的抗蚀能力。它能溶于苯、甲苯、四氯化碳、氯仿、酮类和脂类等。该塑料有优良的着色性能,可染成各种鲜艳的色彩。耐热性能差,热变形温度一般在70~80℃,只能在温度不太高的场合使用。它质地硬而脆,有较高的热膨胀系数,因此限制了它在工程上的应用。近几十年来,发展了改性聚苯乙烯和以苯乙烯为基体的共聚物,在一定程度上克服了聚苯乙烯的缺点,同时又保留了它的优点,从而扩大了它的用途。

(2)主要用途　聚苯乙烯在工业中可制成仪表外壳、灯罩、化学仪器零件和透明模型等,在电气方面可制作绝缘性能良好的零件(如接线盒和电池盒等),在日常用品方面广泛地用于包装材料、各种容器和玩具等。

(3)成型特点　聚苯乙烯的流动性和成型性优良,成品率高,但工艺性差,易于出现裂纹,要求塑料件的脱模斜度较大。因线胀系数高,塑料件中不应有嵌件,且壁厚应均匀。宜用高料温、高模温、低注射压力来成型并延长注射时间,以防止缩孔及变形、降低内应力;但是料温过高,则易出现银丝。因流动性好,模具设计中对浇注系统的进料口多采用点浇口或潜伏式浇口。

5. 丙烯腈-丁二烯-苯乙烯共聚物(ABS)

(1)基本性能　ABS是由丙烯腈-丁二烯-苯乙烯共聚而成。丙烯腈具有良好的耐化学腐蚀性和表面硬度,丁二烯使ABS坚韧,苯乙烯使ABS具有良好的加工成型性能和染色性能。这三种组分的各自特性,使ABS具有良好的综合力学性能。

ABS无毒、无味,略呈黄色,注塑件表面具有较好的光泽。密度为 $1.02~1.05g/cm^3$。ABS具有较好的抗冲击强度,且在低温下也不会迅速下降;具有良好的机械强度及一定的耐磨性、耐寒性、耐油性、耐水性、化学稳定性和电气性能。

水、无机盐、碱和酸类对ABS几乎无影响。在酮、醛、酯和氯代烃中会溶解或形成乳浊液。不溶于大多数醇类及烃类溶剂,但与烃类物质长期接触会溶胀软化。其表面受冰醋酸、植物油及化学药品的侵蚀会引起应力开裂。

ABS有一定的硬度和尺寸稳定性,易于加工成型。着色性好,经过调色可配成各种鲜艳的颜色。其缺点是耐热性能较差,连续工作温度为 70℃ 左右,热变形温度为 93℃。耐候性差,在紫外线作用下易于变硬发脆。

根据 ABS 中的三种组分之间的比例不同,其性能也略有差异,从而可适应于各种不同的使用要求。根据其用途的不同,ABS 又可分为超高冲击型、高冲击型、低冲击型和耐热型等。

（2）主要用途 ABS 在机械工业中常用来制造齿轮、泵叶轮、轴承、把手、管道、电机外壳、仪表壳、仪表盘、水箱外壳、蓄电池槽、冷藏库及冰柜、冰箱衬里等,还用来制造纺织器材、电气零件、电视机、计算机、电子琴外壳及文体用品等。

（3）成型特点 ABS 在升温时黏度增高,所以成型压力较高,脱模斜度宜大；ABS 宜吸水,成型前应对原料进行干燥处理；易产生熔接痕,模具设计时,应尽量减小浇注系统对熔体流动的阻力。在正常成型条件下,对其壁厚、熔体温度及收缩率影响很小。若对注塑件精度要求高时,模具温度可控制在 50～60℃；要求注塑件表面光泽时,模温应控制在 60～80℃。

6. 聚甲基丙烯酸甲酯（PMMA）

（1）基本性能 该塑料也称有机玻璃,透光率可达 92%,优于普通有机玻璃。有机玻璃产品有模塑成型和挤塑成型两类。在模塑成型料中,性能较好的是改性有机玻璃 372# 和 373# 塑料。372# 有机玻璃为甲基丙烯酸甲酯与少量苯乙烯的共聚体,其模塑成型性能较好。373# 有机玻璃是 372# 粉料的 100 份加上丁腈橡胶 5 份的共混料,有较高的耐冲击韧性。

有机玻璃密度为 1.18g/cm³,比普通硅玻璃轻一半；机械强度为普通硅玻璃的 10 倍以上。它轻而坚韧、容易着色,有较好的电气绝缘性能；化学性能稳定,能耐一般的化学腐蚀,但能溶于芳烃和氯化烃等有机溶剂；在一般条件下尺寸较稳定。其最大缺点是表面硬度低,容易被硬物擦伤拉毛。

（2）主要用途 有机玻璃主要用来制造具有一定透明度要求的防振、防爆及便于观察的构件,如飞机和汽车的窗玻璃、飞机罩盖、油杯、光学镜片、透明模型、透明管道、车灯灯罩、油标及各种仪器零件,亦可制作绝缘材料和广告名牌。

（3）成型特点

①为了防止注塑件产生气泡、浑浊、银丝及发黄等缺陷,原料在成型前必须进行有效干燥；

②为了得到良好的外观质量,防止注塑料件表面出现流痕、熔接痕及气泡等不良现象,一般采用较低的注射速度；

③模具浇注系统对塑料熔体的阻力应尽量小,并设计制作出合理的脱模斜度；

④模具型腔及型芯的表面粗糙度必须达到 Ra 0.1μm 以下。

7. 聚酰胺（PA）

（1）基本性能 聚酰胺通称尼龙,由二元胺和二元酸通过缩聚反应获得,或是以一种丙酰胺的分子通过自聚而成。尼龙的命名由二元胺与二元酸中的碳原子数来决定,如二元胺和二元酸反应所得的缩聚物称为尼龙 610,并规定前一个数为二元胺中的碳原子数,后一个数为二元酸中的碳原子数。若由氨基酸的自聚来制取,则由氨基酸中的碳原子数来决定。如己内酰胺中有 6 个碳原子,故其聚合物称为尼龙 6 或聚己内酰胺。常见的尼龙品种有尼龙 1010、尼龙 610、尼龙 66、尼龙 6、尼龙 9 和尼龙 11 等。

尼龙有优良的物理-力学性能,抗拉、抗压和耐磨性能,其抗冲击强度比一般塑料有显著提高,其中尼龙 6 更为优异。作为机械零件材料,具有良好的消声效果和自润滑性能。尼龙无毒、无味、不霉变,可耐碱和弱酸（不耐强酸和氧化剂）,尼龙的吸水性强、收缩率大,最高使用温度在 80～100℃。

为了提高尼龙的性能,常在其聚合物中加入减摩剂、润滑剂和玻纤等添加剂,便可克服原来的一些缺点。

(2)主要用途 由于尼龙具有较好的物理-力学性能,所以,被广泛地应用在机械、化工、电气设备、各种电动工具开关等方面,制作轴承、齿轮、滚子、辊轴、滑轮、叶片、蜗轮蜗杆、高压密封扣圈、垫片、阀座、输油管、传动带、电池箱和耐油容器等构件及零件。

(3)成型特点 熔融状态黏度低,流动性好,但易产生飞边。尼龙易吸潮,注塑件尺寸变化较大,成型前必须进行干燥处理;壁厚与浇口大小对成型收缩影响较大,故注塑件壁厚要均匀,以防止产生缩孔。一模多腔结构,要使浇口进料达到平衡;模具要设计冷却系统。尼龙熔体热稳定性差,熔体易发生降解而使注塑件性能下降,故不允许熔体在料筒内停留时间过长;尼龙熔点范围较窄,在成型工艺中对温度要严格控制。

8. 聚甲醛(POM)

(1)基本性能 该塑料是继尼龙之后发展起来的一种性能优良的热塑性工程塑料。聚甲醛呈淡黄色或白色,有较高的机械强度,抗拉、抗压性能和抗疲劳强度都比较突出,尺寸稳定性好,吸水率小。

聚甲醛具有优良的减摩和耐磨性能,自润滑性能优异,因此适当于制作长时间工作的齿轮。具有耐扭变能力且回弹能力突出,常用于制作塑料弹簧制品。在常温下,聚甲醛一般不溶于有机溶剂,能耐醛、酯、醚、烃及弱酸、弱碱,不耐强酸;耐汽油和润滑油性能良好。具有较好的电气绝缘性能。其缺点是成型收缩率大,在成型温度下,其热稳定性较差。

(2)主要用途 聚甲醛特别适合于制作轴承、凸轮、滚轮、辊子和齿轮等耐磨与传动零件,还可以用来制造汽车仪表板、化油器、各种仪表仪器的外壳、罩盖、箱体、化工容器、泵叶轮、鼓风机叶片、配电盘、线圈架、各种输油管和塑料弹簧等。

(3)成型特点 聚甲醛成型收缩率大,熔点范围小(153~160℃),熔体黏度低,黏度随温度变化不大,在其熔点上下聚甲醛的熔融或凝固都非常迅速;所以,注射速度要快,注射压力不宜过高。摩擦因数低,弹性好,侧向浅凹槽可采用强制脱出,注塑件表面可带有装饰花纹图案。

聚甲醛热稳定性差、加工温度范围窄,故须严格控制成型温度,以免引起温度过高或在允许温度下长时间受热而引起分解。冷却凝固时排出热量多,模具应具备冷却系统和温度控制装置。

9. 聚碳酸酯(PC)

(1)基本性能 聚碳酸酯是一种性能优良的热塑性工程塑料,密度为 1.20g/cm^3;本色微黄,成型时加少量淡蓝色后,可得到无色透明注塑件,可见光的透光率接近 90%。该塑料的特点是韧而刚,抗冲击性在热塑性塑料中名列前茅。成型后的注塑件具有很好的尺寸精度,并在很宽的温度变化范围内保持其稳定性,成型收缩率恒定为 0.5%~0.8%。抗蠕变、耐磨、耐热和耐寒,催化温度在-100℃以下,长期工作温度达 120℃。聚碳酸酯吸水率较低,可在较宽的温度范围内保持较好的电性能。可耐室温下的水、稀酸、氧化剂、还原剂、盐、油、脂肪和烃,但不耐碱、胺、酮、脂和芳香烃。具有良好的耐气候性。该塑料最大缺点是注塑件易于开裂,耐疲劳强度差;采用玻纤增强可克服上述缺点,使其具有更好的力学性能,更好的尺寸稳定性,更小的成型收缩率,同时也提高了耐热性和耐药品性,并降低了成本。

(2)主要用途 在机械方面主要制作各种齿轮、蜗轮蜗杆、齿条、凸轮、芯轴、轴承、滑轮、铰链、螺母、垫圈、泵叶轮、灯罩、节流阀、润滑油油管、各种外壳、盖板、容器和冷冻冷却装置的零件等。在电气制品方面,可制作电机零件、电话交换机零件、信号继电器、风扇部件、拨号盘、仪器仪表壳和接线板等。还可制作照明灯、高温透镜、视孔镜和防护玻璃等光学零件。

(3)成型特点　聚碳酸酯虽然吸水性小,但在高温时对水分却比较敏感,所以加工成型前必须进行干燥处理,否则会出现银丝、气泡及强度下降现象。该塑料熔融温度高、熔体黏度大、流动性差,所以,成型时要求有较高的温度和适当的压力(因为压力增大会使黏度增大)。由于熔体黏度对温度比较敏感,所以,一般常用提高温度的工艺方法来增加其熔体的流动性。

10. 聚砜(PSU)

(1)基本性能　聚砜是 20 世纪 60 年代产生的工程塑料,它是在大分子结构中含有砜基($-SO_2-$)的高聚物,此外还含有苯环和醚键($-O-$),故又称聚苯醚砜。聚砜是呈透明而微带琥珀色象牙色的不透明体;具有突出的耐热和耐氧化性能,可在 $-100\sim+150$℃的范围内长期使用,热变形温度为 174℃;有很优异的力学性能,其抗蠕变性能比聚碳酸酯还要好;具有很好的刚性,介电性能优良,即使在水和湿气中或 190℃的高温下,仍保持高的介电性能。该塑料具有较好的化学稳定性,在无机酸、碱、醇和脂肪烃中不受影响,但对酮类和氯化烃不稳定,不宜在沸水中长期使用;其尺寸稳定性较好,还可以进行一般机械加工和电镀。但是,耐候性较差。

(2)主要用途　聚砜可用于制造尺寸精密、热稳定性、刚度好及要求良好绝缘性的电气和电子零件,如断路元件、恒温容器、开关、绝缘电刷、整流器插座、线圈骨架、仪器仪表零件;制造要求热性能好、耐化学性、持久性和刚度好的零件,如转向柱轴环、电机罩、飞机导管和电池箱、汽车零件、齿轮和凸轮等。

(3)成型特点　该塑料的注塑件易产生银丝、云母斑和气泡,甚至于开裂,因此,成型前应对原料进行充分干燥。聚砜熔体流动性差,对温度变化敏感,冷却速度快,所以模具浇注系统流程要尽可能短,浇口阻力要小;此外,模具需要具备温度测量装置。聚砜的成型性能与聚碳酸酯相似,但热稳定性要差些,充模时易于产生熔体破裂。聚砜为非结晶型塑料,故收缩率较小。

11. 聚苯醚(PPO)

(1)基本性能　聚苯醚是由 2、6 二甲基苯酚聚合而成,全称为聚二甲基苯醚。聚苯醚造粒后是呈琥珀色透明的热塑性工程塑料,其硬度比尼龙、聚甲醛和聚碳酸酯高,蠕变较小,有较好的耐磨性;使用温度范围宽,长期使用温度为 $-127\sim121$℃,脆性温度达 -170℃,在无载荷条件下,其间断温度达 205℃。聚苯醚的电绝缘性能优良,耐稀酸、稀碱和盐,耐水和蒸汽性能特别优良,吸水性小,在沸水中仍具有良好的尺寸稳定性;耐污染、无毒。其缺点是注塑件的内应力大,易开裂,熔体黏度大,流动性差、疲劳强度低。

(2)主要用途　聚苯醚可用于制造在高温下使用的齿轮、轴承、运输机械零件、泵叶轮、水泵各构件、风扇叶片、化工管道及各种紧固件、连接件等。还可制作线圈架、高频印制电路板、电机转子、机壳及外科手术用具、餐具等需进行反复消毒的器件。

(3)成型特点　流动性差,模具浇注系统宜短而粗,且表面粗糙度要低,以避免注塑件上出现银丝和气泡。成型加工前应对原料充分干燥,成型工艺中宜用"四高"(即熔体温度高、模具温度高、注射压力高和注射速度高)进行注射成型;保压及冷却时间不宜过长。为消除注塑件的内应力,防止开裂,应及时对注塑件进行后处理(即退火处理)。

12. 氯化聚醚(CPT)

(1)基本性能　该塑料是一种具有突出化学稳定性的热塑性工程塑料,对多种酸、碱和溶剂都有良好的抗腐蚀性,仅次于聚四氟乙烯,而价格却比聚四氟乙烯低廉;其耐热性能好,能在120℃下长期使用,抗氧化性能比尼龙高;其耐磨、减摩性比尼龙、聚甲醛还要好;吸水率只有0.01%,是工程塑料中吸水率最小的一种。它的成型收缩率小而稳定,有很好的尺寸稳定性;具有较好的电气绝缘性能,特别是在潮湿状态下的介电性能很优异。该塑料的刚性较差,抗冲击强度不如聚碳酸酯。

(2)主要用途　机械上可用于制造轴承、轴承保持器、导轨、齿轮、凸轮和轴套等;在化工方面,可制作防腐涂层、贮槽、容器、化工管道、耐酸泵件、阀和窥镜等。

(3)成型特点　该塑料制作的构件内应力小、成型收缩率小、尺寸稳定性好,宜成型高精度、形状复杂、多嵌件的中小型注塑件。模具温度对注塑件影响显著,模温高,注塑件的抗拉、抗弯、抗压强度均有相应提高。注塑件坚硬而不透明,但冲击韧性及伸长率下降,成型时有微量氯化氢等腐蚀气体放出。

13. 氟塑料

氟塑料是对各种含氟塑料的总称,主要包括聚四氟乙烯、聚三氟氯乙烯、聚全氟乙丙烯和聚偏氟乙烯等。

(1)氟塑料的基本性能及主要用途

①聚四氟乙烯(PTFE)树脂为白色粉末,外观蜡状、光滑不黏,平均密度为 $2.20g/cm^3$,是最重的一种塑料。聚四氟乙烯具有卓越的性能,是非一般热塑性塑料所能比拟的,因此有“塑料王”之称。化学稳定性是目前已知塑料中最优越的一种,它对强酸、强碱及各种氧化剂等腐蚀性很强的介质甚至沸腾的“王水”都完全稳定,原子工业中用的强腐蚀剂五氟化铀对它都不起作用,其化学稳定性超过金、铂、玻璃、陶瓷及特种钢等,在常温下还没有找到一种能溶解它的溶剂。它具有优良的耐热耐寒性能,可在-195~+250℃范围内长期使用而不发生性能变化。聚四氟乙烯的电气绝缘性能良好,且不受环境湿度、温度和电频率的影响。其摩擦因数是塑料中最低的。

聚四氟乙烯的缺点是热膨胀大,不耐磨,机械强度差,刚性不足,且成型困难。一般是将粉料冷压成坯件,然后再烧结成型。

聚四氟乙烯在防腐化工机械上用于制造管子、阀门、泵和涂层衬里等。在电绝缘方面广泛应用在要求有良好高频性能并能高度耐热、耐寒和耐腐蚀的场合,如喷气式飞机、雷达等方面。也可用于制造自润滑减摩轴承、活塞环等零件。由于它具有不黏性,在塑料加工及食品工业中被广泛地作为脱模剂使用,在医学上还可用作代用血管、人工心肺装置等。

②聚三氟氯乙烯(PCTFE)呈乳白色,与聚四氟乙烯相比,密度相似为 $2.07~2.18g/cm^3$,硬度较大,摩擦因数大,耐热性及高温下耐蚀性稍差;长期使用温度为-200~+200℃,具有中等的机械强度和弹性,有特别好的透过可见光、紫外线、红外线及阻气的性能。

它可用来制造各种用于腐蚀性介质中的机械零件,如泵、计量器等;也可用于制作耐腐蚀的透明零件,如密封填料、高压阀的阀座;利用其透明性制作视镜防潮、防粘等涂层和罐头盒的涂层。

③聚全氟乙丙烯(PEP)是聚乙烯和六氟丙烯的共聚物,密度为 $2.14~2.17g/cm^3$。其突出的优点是抗冲击性能好,耐热性能优于聚三氟氯乙烯,比聚四氟乙烯稍差。长期使用温度为-85~+205℃,高温下流动性比聚三氟氯乙烯好,易于成型加工。其他性能与聚四氟乙烯相似。

聚全氟乙丙烯通常可用来代替聚四氟乙烯,用于制作化工、石油、电子、机械工业及各种尖端科学技术装备的元件或涂层等。

（2）聚三氟氯乙烯和聚全氟乙丙烯的成型特点　这两种氟塑料吸湿性小，不必进行干燥处理；但这类塑料对热敏感，易分解产生有毒、有腐蚀性气体，因此，要注意通风排气。熔融温度高，熔融黏度大，流动性差，因此采用高温、高压成型，模具应加热。熔料容易发生熔体破裂现象。

复习思考题

1. 叙述热塑性塑料流动性的分类，并举例说明；阐述热塑性塑料流动性好与差对注塑件成型质量的影响；叙述影响塑料流动性的因素。

2. 叙述结晶型塑料和非结晶型塑料的区别。模具设计及选择注射机时，对结晶型塑料应有什么要求？结晶型塑料的冷却速度高低，会影响注塑件哪些性能？

3. 何谓热敏性塑料？热敏性塑料分解时会产生什么副产物？对人体、设备、模具和环境有何影响？如何预防？何谓水敏性塑料？为了防止水敏性塑料分解应该采取什么措施？

4. 不同品种的塑料在什么情况下具有相容性？什么情况下不具有相容性？

5. 为了防止注塑件产生应力开裂和熔融破裂现象，应该采取什么措施？

6. 塑料的吸湿性原因是什么？塑料中含水量过多会产生哪些缺陷？采用什么措施可防止水分解？

7. 热性能不同的塑料应该如何选择注塑工艺参数？冷却速度不同的塑料应该如何选择注塑工艺参数？

8. 叙述影响热塑性塑料成型收缩的因素。设计高精度的注塑件的注塑模时，如何确定型腔和型芯的尺寸？

9. 叙述注塑件成型收缩主要表现，阐述注塑件收缩的类型，阐述注塑件的收缩过程。

10. 叙述热塑性塑料的物理状态和热物理性能对注塑件注射成型的影响和成型工艺参数选择要点。

11. 掌握热塑性塑料的性能、用途和成型特点。

第三节　增强塑料的成型性能

为了进一步提高塑料的物理-力学性能，常在其中加入玻璃纤维或其他纤维作为增强材料，以树脂为粘接剂，组成了新型的复合材料，通称为增强塑料。热固性塑料的增强塑料，常称为玻璃钢。由于塑料的品种不同、配方不同和增强纤维的品种、长度、直径及含量等不同，其工艺性能及使用的特性也各不相同。

一、热塑性增强塑料的成型性能

热塑性增强塑料一般称为玻纤增强热塑性塑料（缩写为 GFRTP），由树脂及增强材料所组成。目前常用的有聚酰胺、聚苯乙烯、ABS、AS、聚碳酸酯、线型聚酯、聚乙烯、聚丙烯和聚甲醛等。增强材料一般为无碱玻璃纤维经表面处理后与树脂配制而成，玻纤的质量分数一般为 20%～40%。玻纤的长度有两种：长纤维料与粒料的长度一致，为 2～3mm；短纤维料一般 <0.8mm。

由于各种增强塑料所选用的树脂不同，玻纤长度和直径，有无碱及表面处理的不同等，其增强效果和成型性能也各不相同。增强塑料可以提高塑料的物理-力学性能,但也存在着各种缺点和不足之处。如冲击韧性与冲击疲劳强度低,但缺口冲击韧性增高了;透明性、焊接点强度降低;收缩和热膨胀率降低,异向性增大。所以,玻纤增强塑料主要用于制作小型、高强度、耐热、工作条件苛刻及精度要求高的塑料构件,如电动工具开关中的各类注塑件。

1. 影响玻纤增强热塑性塑料性能的因素

(1)玻纤含量和长度对玻纤增强热塑性塑料性能的影响　玻纤含量对注塑件性能和加工性有很大的影响,随着玻纤含量的增加,注塑件的强度、模量、硬度、耐热性和阻燃性都会增大,而流动性和收缩性则会降低。注射成型时,一般所采用的玻纤的质量分数为 20%~40%。若含量过高,则成型困难,设备磨损大;过低,则注塑件增强效果不显著。

玻纤长度对增强效果有着很多影响,在一定范围内,长度越长,即长径比越大,注塑件增强效果越好。玻纤增强热塑性塑料在注射成型过程中,受到较强的剪切作用,因而大部分玻纤会被折断。若玻纤过多地断裂,将会使注塑件性能明显地降低,特别是拉伸强度和冲击强度。

(2)注射机形式对玻纤增强热塑性塑料工艺性能的影响　柱塞式和螺杆式注射机均可使用。柱塞式注射机使塑料在分流梭周围受到的剪切作用很强,玻纤断裂严重,熔体的压力降很大,工艺性不易稳定;螺杆式注射机的剪切作用比柱塞式的好。注塑件的质量一般不要超过注射机最大注射量的 70%。

近年来,生产中出现了排气式注射机,其主要特点是能在注塑件成型时,可把物料中的水分、单体及挥发物从排气口中排出,从而可获得更好质量的产品,并免除了原料的干燥处理过程。其喷嘴不宜采用闭锁式和延伸式小孔型,而应选用直通式喷嘴。喷孔直径应该偏大,长度应尽量短,其目的在于减少玻纤断裂,减少熔体流动阻力和减少玻纤经喷嘴时发生过多的定向。

2. 工艺特性

(1)玻纤增强热塑性塑料成型时的特征和易产生的缺陷　玻纤增强热塑性塑料成型时的特征和易产生的缺陷见表 2-15。

表 2-15　玻纤增强热塑性塑料成型时的特征和易产生的缺陷

序号	塑料成型特征	易　产　生　的　缺　陷
1	流动性	玻纤增强热塑性塑料的熔融指数比普通塑料低 30%~70%,所以流动性差,易发生填充不足,熔接不良和玻纤分布不均等弊病,长纤维更为明显;同时也易于损伤玻纤从而影响注塑件的物理-力学性能
2	成型收缩与异向性	成型收缩比普通塑料小,而异向性增大,即沿熔体流动方向收缩大,而垂直熔体流动方向收缩小。近浇口处小而远浇口处大,故注塑件易于产生翘曲和变形
3	脱模与磨损	玻纤增强热塑性塑料不易脱模,并对模具(包括浇注系统及型芯)磨损大,对注射机的料筒和螺杆的磨损也大
4	气体	成型时,由于纤维表面的处理剂易挥发而变成气体,必须予以排出;否则,易发生熔接不良、缺料和烧伤等缺陷

(2)应该注意的事宜　为了解决上述缺陷,注塑件成型时应该注意以下事宜。

①宜采用高温、高压和高速进行注射。

②模具温度易取高,对结晶型塑料须按要求进行调节;但要防止树脂与玻纤分头聚积,玻纤裸露及局部烧焦。

③保压补缩应充分。

④注塑件冷却应均匀。

⑤料温及模温的变化对注塑件收缩影响较大,温度高收缩大。保压和注射压力增大时,可使收缩有所变小,但影响较小。

⑥由于玻纤增强热塑性塑料的热刚性好,热变形温度高,所以注塑件可在较高温度时进行脱模;但须注意脱模后应进行均匀冷却。

⑦应当选用合适的脱模剂,如聚酰胺类使用白油。喷洒要均匀,不得过量;否则,会造成注塑件表观质量下降。

⑧宜用螺杆式注射机成型,尤其是长纤维增强塑料必须用螺杆式注射机。若没有螺杆式注射机,长纤维应改成短纤维,才可使用柱塞式注射机。

3. 成型条件

(1)原料的干燥　原料应进行干燥,去除水分和其他挥发物。一旦水含量超过允许值,则注塑件中就会出现气泡和银丝等,表观质量降低,物理-力学性能下降。

干燥可采用热风烘箱、真空烘箱、红外线及高频电热等方法。干燥的要求是使原料中的水含量低于注射成型的允许值。热塑性塑料注射成型允许的水含量见表 2-16。

表 2-16　热塑性塑料注射成型允许的水含量

项　　目	ABS	PMMA	PBTP	PC	PA6	PA66
水含量(25℃,50%RH)/%	1.5	0.8	0.2	0.19	3.0	2.8
成型温度/℃	250	250	260	300	270	300
允许最大水含量/%	0.2	0.08	0.05	0.02	0.15	0.15

聚碳酸酯和聚对苯二甲酸丁二(醇)酯(PBTP)等对水含量的控制要求很高,这是由于它们的分子链中均带有酯键的缘故。在成型过程中,特别是在高温下易于水解而使相对分子质量降低,即使有微量水分也是很敏感的。所以,这类塑料成型前必须进行干燥处理。

(2)料筒温度　料筒温度对注塑件的性能影响很大。料筒温度高,熔体的流动性就好,玻纤断裂少,分散性好,玻纤和塑料粘接良好,注塑件表面光洁,物理-力学性能提高。但温度过高聚合物则会产生降解,导致性能明显下降。

(3)注射压力和注射速度　增大注射压力或注射速度均可增加熔体流动性,有利于注塑件性能的改善。增大注射压力可使两向(沿熔体流向和垂直流向)收缩率差异减小。增大注射速度,可使表面光泽性得到改善,但各向异性会加大,因而注塑件易于出现翘曲和变形。

(4)螺杆转速与背压　螺杆转速对注塑件的性能也有一定的影响。采用高转速时,可增加聚合物的熔融塑化效率,但剪切作用较强,会使玻纤长度的保存率降低,从而降低注塑件的力学性能,如强度等。

背压,又称为塑化压力,其大小随螺杆旋转后退时注射液压缸的速度、注塑件的质量要求以及塑料的种类等的不同而异。若螺杆转速不变,增加背压则可使料温提高并趋于均匀,使塑料更好地混匀及排出熔体中的气体。背压增大会使塑化速率下降,从而延长成型的周期,导致塑料降解。并且背压增高时,注塑件的冲击强度会显著下降,拉伸强度却改善不大。通常,背压的确定原则是在保证注塑件优良质量的前提下越低越好。

(5)模具温度　模具温度影响着熔体的流动性、成型周期、收缩率、结晶程度以及注塑件表面粗糙度和表观质量。模具温度升高,熔体的流动性就增大,残余应力降低,结晶度增大,注塑件表面粗糙度值减小,光泽度增加,但成型周期加长,收缩率变大。

(6)成型周期　玻纤增强热塑性塑料(GFRTP)成型周期比未增强的要短,原因如下:

①玻纤本身没有热量释放;

②增强塑料的热变形温度高,因此可在较高的温度下脱模,缩短了注塑件在模具内的冷却时间。

(7)废料的回用　玻纤增强热塑性塑料(GFRTP)的废料,即模具浇注系统的赘物及废次品,经粉碎后可以再次使用,回用的废料又称为再生塑料。但是,聚合物相对分子质量下降和玻纤长度的缩短,会使注塑件的力学性质降低。回用次数越多,则性能下降越多。为不使再生塑料的性能下降太多,在废料回用时总是与新料按一定的比例掺合在一起使用,废料的比例一般不大于25%。否则,会影响塑料的使用性能。

对于使用性能要求高的塑料,应严格控制回用废料的比例,必要时还需对掺混后的塑料性能进行测试。部分常用热塑性增强塑料注射成型工艺条件见表2-17。

表 2-17　常用热塑性增强塑料注射成型工艺条件

塑料名称	缩写	玻纤含量(质量分数)/%	密度/(g/cm³)	计算收缩率/%	成型压力/MPa	成型温度/℃	模具温度/℃	注
聚乙烯	FRPE	20	1.10	0.1~0.2	106~281	230~330	—	—
聚丙烯	FRPP	20~40	1.04~1.05	0.4~0.8	70~140	230~290	—	—
聚苯乙烯	FRPS	20~30	1.20~1.33	0.1~0.2	56~160	260~280	—	—
苯乙烯-丙烯腈共聚物	FRAS	20~30	1.46	0.1~0.2	106~281	230~300	—	—
苯乙烯-丁二烯-丙烯腈共聚物	FRABS	20~40	1.23~1.46	0.1~0.2	106~281	260~290	75	—
聚对苯二甲酸乙烯酯	FRPET	30	1.6	0.2~1.0	56~160	250~300	50~70 135~150	—
尼龙1010	FRPA1010	35	1.23	0.4~0.7	80~100	190~250	—	—
尼龙6	FRPA6	30	1.34	0.3~1.0	70~176	227~316	70	—
尼龙66	FRPA66	20~40	1.30~1.52	0.7~1.0	80~100	230~300	100~120	计算收缩率以玻纤含量30%时计
聚甲醛	FRPOM	20	1.54	—	70~140	177~249	80	—
聚碳酸酯	FRPC	30	1.40	0.3~0.5	80~130	210~300	90~110	计算收缩率以玻纤含量20%时计

4. 玻纤增强热塑性塑料(GFRTP)注塑件及模具设计

(1)注塑件的厚度　玻纤增强热塑性塑料(GFRTP)的流动性较差,故其注塑件的壁厚尺寸应大一些。表2-18列示注塑件壁厚与熔体流动长度的关系。在一般情况下,玻纤增强热塑性塑料(GFRTP)注塑件的壁厚不要<0.5mm。此外,注塑件壁厚越薄,玻纤定向性越强,注

塑件翘曲程度也越大;而厚壁的注塑件玻纤在中心部较多地垂直于流动方向,因而减少了两个方向上收缩的差异,故不易产生翘曲变形。

表 2-18　注塑件壁厚与熔体流动长度的关系　　　　　　　（mm）

项　　目		注　塑　件　厚　度													
玻纤增强品种	PP,PE,PS	0.5	0.5	0.6	0.8	0.9	1.0	1.1	1.3	1.4	1.5	1.6	1.8	2.0	2.3	2.5
	PA	0.8	0.9	1.0	1.1	1.2	1.3	1.4	1.6	1.7	1.8	1.9	2.1	2.3	2.6	2.8
	PC,PSU	1.0	1.4	1.7	1.8	2.2	2.4	2.6	2.9	3.0	3.2	3.4	3.8	4.2	4.5	4.8
流动距离		50	75	100	125	150	175	200	225	250	275	300	350	400	450	500

（2）注塑件的角　设计玻纤增强热塑性塑料(GFRTP)注塑件时,不能采用尖角结构,而应该采用圆角结构,并且圆角半径还应适当大些,这样可防止应力集中及在尖角处缺少玻纤的现象。对要求存在着尖角结构的注塑件,除保留尖角结构之外的其他部位都应该采用圆角结构。

（3）浇口　浇口也可称为进料口,其结构形式、尺寸和位置对注塑件的性能及外观质量影响很大。由于玻纤在通过浇口时会出现定向现象,甚至断裂,浇口越小问题越严重;因此,GFRTP的浇口设计应大一些。另外,若浇口小,熔体在浇口处先固化,便不能对注塑件保压补塑,注塑件受热胀冷缩的影响而产生缩痕或缩孔;而浇口大,注塑件因能进行保压补塑,其密度大,表面光洁,收缩率小,外观充盈而丰满。浇口的设计要根据注塑件的结构形式与尺寸大小而定。一般是先按所设计的尺寸做小一些,再通过试模将其修理到最佳的尺寸。浇口的位置设置的原则是:

①选择使玻纤定向最小的位置,即尽量置于厚壁或靠近厚壁处。

②选择可以避免熔接痕或可使熔接痕出现在注塑件不重要的部位上。

③对于大而平且薄的盘类注塑件,因玻纤定向容易产生翘曲,可以采用多个点浇口的结构形式,而不采用中心浇口。采用多浇口时,应尽量避免熔接痕的出现。

（4）浇注系统　浇注系统的各段流道应短而粗,其截面形状最好为圆形,以减少熔体的压力降与温度降;当然,也可以采用梯形流道,主流道的直径通常取 6～8mm。对于多个型腔,流道的分布必须平衡,尽量避免分流道拐弯;若结构难以避免时,应在拐弯处设置冷料穴。浇注系统的表面粗糙度尽可能低,以利于熔体的流动。

（5）脱模斜度　加入玻纤之后,注塑件的收缩率降低,刚度增大,伸长率减少;因此,脱模斜度应比未增强的要增大,一般可取未增强的 2～3 倍。若注塑件结构不允许有脱模斜度时,则应避免强行脱模,可选用适合的横向分型结构。

（6）模具的强度　模具的型腔和型芯应具有足够的刚度和强度,模具成型零件至少应调质热处理,应选用耐磨性好的钢材。

（7）零部件和机构　易损零部件结构应考虑便于修理与更换。脱模机构的顶出应均匀,还应便于修理。

（8）排气槽　模具应设置有排气和冷料穴,设计时应与浇口位置作为系统统一进行,以提高熔接痕处的强度,减小注塑件产生气泡和局部的过热现象。

5. 注射成型加工中常见的问题

（1）收缩与翘曲　造成注射成型加工中的翘曲和变形的主要原因,是由于玻纤定向使注塑件不同部位收缩差异过大。纯聚合物的两向收缩率均较大,而它们的差异很小。尽管玻纤加入之后使收缩大为降低,但玻纤充模时流动会出现定向和分布不均,从而造成平行于流动方向和垂直于流动方向的收缩差异增大。如果这种收缩差异不能由注塑件自身所吸收,将造成注塑件因过大的内应力而出现翘曲和变形;出现翘曲和变形的概率与两向收缩率之差成正比。

成型收缩率还与模具结构、注塑件形状与大小、聚合物性质和成型条件等因素相关。通常,结晶型聚合物如尼龙和聚甲醛等,受玻纤定向的影响较大,易于出现翘曲和变形;而非结晶型聚合物如聚碳酸酯和聚苯醚等,所受的影响较小,因为它们本身的收缩率较小、强度较高而不易变形的缘故。

(2)流动性能   加入玻纤的聚合物,黏度增大,流动性降低;玻纤的含量越高,流动性降低越显著。流动性还与剪切速率有关,剪切速率提高,流动性增加,同时玻纤断裂更严重。流动性增加的部分原因是玻纤断裂的缘故。流动性还与玻纤的几何形状有关,玻纤越长,熔体流动性越差。

影响流动性大小的因素排列顺序是:注射压力、料筒温度、玻纤含量和模具温度。加大注射压力受设备能力的限制,同时受到节能和成本的制约;提高料筒的温度也是有限的,太高会造成聚合物的降解;提高模具温度虽有助熔体的流动,却受到注塑件最高冷却温度的限制,模具温度过高会延长注塑件成型的周期而降低生产率。因此,提高熔体的流动性应根据上述因素综合加以考虑。

(3)熔接痕强度   玻纤增强热塑性塑料(GFRTP)注射成型的注塑件,其熔接痕处的强度下降很大,并随着玻纤含量的增加而降低。这是由于加入玻纤后妨碍了聚合物分子间的缠结所造成的。所有塑料使用强度,基本上是由熔接痕处的强度所决定。熔接痕处的强度,通常用拉伸强度的保留率来进行评价。

为了提高熔接痕处的强度,在工艺条件中应提高料筒和模具的温度,增大注射速度及延长保压时间。在模具结构设计时,应避免熔体在模腔中流动时两股料锋在注塑件重要工作面上的汇合,还应尽量减少熔体流动的长度。具体措施有改变浇口的位置和在合适处增设排气槽和冷料穴;把熔接痕控制在注塑件承受载荷最小的部位;尽量减小熔接痕的数量、尺寸及范围,甚至采用结合成型工艺将熔接痕消除掉。

(4)表面光泽   玻纤增强热塑性塑料(GFRTP)注射成型的注塑件,其表面光泽性较差,对于大型和深色注塑件尤为明显,有时甚至在注塑件的表面上可以直接看见玻纤的痕迹。玻纤含量越高这种现象越突出。表面光泽除直接与模具型腔表面粗糙度有关,还与成型工艺条件有关,如提高熔体和模具的温度、加大注射速率和注射压力,将有利于注塑件表面光泽度的改善。此外,还可对注塑件的外表面,根据其用途进行表面彩饰设计,即将其表面设计成亚光面、橘皮纹面或皮革纹面等进行遮饰。

近年来将含玻纤的塑料改进成微珠玻璃增强热塑性塑料,注塑件不仅可以获得很低的表面粗糙度,其耐磨性和强度还大幅度地提高。

(5)设备的磨损和腐蚀   注射成型玻纤增强热塑性塑料(GFRTP)注塑件,设备的磨损和腐蚀是个非常严重的问题。因为玻纤具有很高的硬度,与塑料混合后在料筒中熔融并受到螺杆的挤压和强烈的剪切作用,沿着螺杆的表面和料筒的内壁向前输送,对螺杆和料筒的磨损比未增强的塑料要大得多。此外,由于塑料和添加剂的分解而产生了一些腐蚀性气体,对设备及模具的侵蚀作用也比较大。这样,对设备的磨损和腐蚀不仅缩短了其使用寿命,增加了生产成本,并降低了塑化效果,增加了漏流,降低了注射量和保压压力,还会引起注射量的波动等,最终给注塑件的质量造成影响。

由于螺杆在固体输送段所受到的磨损相对较大,特别是在压缩段的头几圈更为严重,为此,可将料筒后段的温度适当提高,以不影响加料为限,而将前段温度适当降低。用这种工艺技巧对于减少磨损,保护设备和延长其使用寿命具有积极的作用。

磨损的大小与熔体的黏度有着很大的关系,玻纤增强的聚酰胺和聚对苯二甲酸乙二(醇)酯(PETP),其熔体黏度很低,玻纤可以直接摩擦到金属表面,故螺杆和料筒磨损严重;而玻纤增强的聚碳酸酯正好相反。因此,通常采用耐磨损和腐蚀性好的材料来制造螺杆和料筒。

二、热固性增强塑料的成型性能

热固性增强塑料添加了树脂、增强材料及辅料、助剂。其中树脂为粘结剂,它要求具有良好的流动性,适宜的固化速度,副产物少,以调节其黏度,并要具有良好的相容性,还要满足注塑件使用要求及成型工艺要求。增强材料起着骨架的作用,其品种规格繁多,但主要是玻璃纤维,一般质量分数为60%,长度为15~20mm。辅料和助剂,包括用以调节与改进玻纤与树脂的粘结黏度的稀释剂,用以调节树脂-纤维界面状态的玻纤表面处理剂,用以改进流动性、降低收缩和表面粗糙度、提高耐磨性等作用的填料和改变塑料件颜色的着色剂等。

由于所用的树脂和玻纤的品种规格——长度、直径、含碱或无碱、支数、股数和加捻或无捻等,表面处理剂,玻纤与树脂混制工艺——预混法或预浸法,塑料配比等的不同,则其性能也各不相同。

1. 工艺特性

(1)流动性　增强塑料的流动性比未增强压缩塑料要差。流动性过大时,易产生塑料流失或与玻纤分头聚积的现象;而过小则成型压力及温度会明显提高。影响流动性的因素很多,详见表2-19。

表 2-19　影响热固性增强塑料流动性的因素

影响因素	说　　　明
树脂品种	环氧类流动性最好,不饱和聚酯、聚邻苯二甲酸二丙烯酯较好,酚醛比前者差
模压料的质量指标(包括树脂含量、挥发物含量、不溶性树脂含量)	1. 挥发物含量影响最大,量多流动性大,易溢料,收缩大,易翘曲,易产生气泡,波纹,流痕,易粘模和塑料件表面粗糙; 2. 各种模压料制备后会因贮存时间过长或装模后在热状态下滞留时间过长,加压都会降低挥发物含量、增加不溶性树脂含量,从而降低流动性
纤维长度	长度对流动性及强度影响显著,长则使流动性下降,强度增加;短则极易成型,但强度不良
成型条件	1. 按流动情况及注塑件使用时受力情况选择合理长度装料,可改善流动情况。如狭小流道、死角等流动不良区域填装短纤维料,受力大的、流动条件好的区域应填装长纤维料。 2. 提高成型压力可增加流动性。 3. 选择适当成型温度、加压时机,使塑料流动性达到最佳时加压成型最为适当
物料状态(按玻纤状态可分预混、预浸和浸毡三种形式)	对流动性影响很大,预混料流动阻力小流动性好,但必须防止"结团","结团"后料阻力显著增加,流动性下降;预浸料流动性差;浸毡料则介于两者之间

(2)成型收缩率　增强塑料的收缩率比一般未增强压缩塑料的收缩要小,它主要由热收缩和化学结构收缩所组成。影响收缩的因素首先是塑料的品种,一般酚醛塑料比环氧、环氧酚醛、不饱和聚酯等塑料的收缩要大,其中不饱和聚酯塑料的收缩率最小。其他影响收缩的因素有塑料件的形状及壁厚,厚壁的收缩大;塑料中含填料及玻纤量大的收缩小;挥发物含量大的收缩大;成型压力大及装料量大的收缩小;热脱模比冷脱模的收缩大;固化不足的收缩大;当加压时,压机成型温度适当,固化充分且均匀时收缩小。同一注塑件,其不同部位的收缩各不相

同,尤其是薄壁注塑件更为突出。一般情况收缩率为 $0\sim0.3\%$,以 $0.1\%\sim0.2\%$ 的居多。此外,收缩的大小还与模具的结构有关。总之,选择收缩率设计计算时应综合考虑上述因素。

　　(3)压缩比　增强塑料的比容和压缩比都较一般压缩料大,而预混料则更大;因此,在模具设计时应选用较大的装料室。松散装模较为困难,预混料则更不方便;若采用料坯预成型工艺,则压缩比就可显著地减小。装料量一般可预先估算,经试压后再作调整。估计法装料有四种算法。

　　①计算法。装料量可按下式进行计算:

$$G = V\rho(1+3\%\sim5\%) \qquad (式\ 2\text{-}3)$$

式中　G——装料量(g);

　　　　V——塑料件体积(cm^3);

　　　　ρ——所用塑料的密度(g/cm^3);

$3\%\sim5\%$——物料挥发物和飞边等损耗量的补偿值。

　　②形状简化计算法。将复杂形状的塑料件简化成若干个简单形状组成体,同时将尺寸也相应变更,再按简化形状体进行计算,如图 2-2 所示。

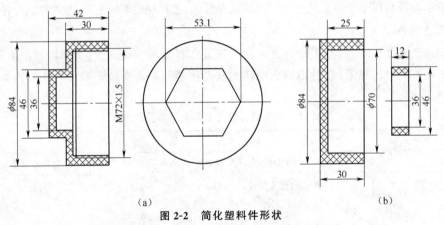

图 2-2　简化塑料件形状

(a)塑料件形状　(b)简化后形状

　　③密度比较法。当用金属或其他材料的零件仿制塑料件时,则可用原零件的材料密度及质量与所选用的增强塑料密度之比求得装料量。

　　④注型比较法。用树脂或石蜡等浇注材料注入模具型腔,成型后再以此零件按密度比较法求得装料量。

　　(4)物料状态　增强塑料按其玻纤与树脂混合制成原料的方法,可分成三种状态。

　　①预混料。将长度为 $15\sim30mm$ 的玻纤与树脂混合烘干而成,其比容、流动性比预浸料好。但成型时纤维易受损伤,质量均匀性差,装料困难,劳动强度大。预混料适用于压制中小型、复杂形状的塑料件及大批量生产时不宜压制的、要求高强度的塑料件。使用混合料时要防止散料"结团"而使流动性迅速下降。预混料互溶性不良,树脂与玻纤易分头聚积。

　　②预浸料。将整束玻纤浸入树脂,烘干切短而成。该料的流动性比预混料差,料束间相容性差,比体积小,玻纤强度损失小,料物质量均匀性较好。装入模具时易于按照塑料件形状的受力状态进行合理铺料,适用于压制形状复杂的高强度塑料。

　　③浸毡料。是将切短的纤维均匀地铺在玻璃布上并浸渍树脂而成的料毡状料,其性能介于上述两者之间。适宜压制形状简单,厚度变化不大的薄壁大型塑料件。

（5）硬化速度及贮存性　增强塑料按其硬化速度可分为快速和慢速两种。快速料固化快，装料模温高，适宜于压制小型塑料件及大量生产时使用。慢速料适宜于压制大型塑料件，形状复杂或有着特殊性能要求以及小批量生产时使用。慢速料必须慎重选择升温速度，过快则易产生内应力，硬化不匀，填充不良；过慢则降低生产效率。模具设计时应预先了解所用塑料的性能。

各种塑料都有其允许的贮存期和贮存条件要求。凡超期或贮存条件不良的，都会导致塑料的变质，从而影响流动性及塑料件质量，试模及生产时都应注意。

2. 成型条件

热固性增强塑料的成型条件见表 2-20。

表 2-20　热固性增强塑料的成型条件

塑料品种		酚醛类快速压塑料（预混）		
牌号举例		GF699	4330-1	4330-2
流动性能		较好	较好	较好
密度/(g/cm³)		1.75～1.80	≤1.75～1.85	≤1.7～1.9
比容/(ml/g)				
成型条件	装模温度/℃	大型复杂塑料件加料时模温应取低	—	—
	成型压力/MPa	35±5	45±5	45±5
	成型温度/℃	150±5	155±5	155±5
	升温速度/(℃/min)	不计	不计	不计
	保持时间/(min/mm)	1～1.5	1.5～2.5	1.5～2.5
	加压时机	合模后应轻轻压紧，停 10～20s 后再加压	—	—
计算收缩率/%		—		
成型注意事项		1. 预热温度 80～90℃，2～5 min； 2. 成型温度按塑料件形状选择，140～160℃范围内不影响成型性能； 3. 需放气 1～2 次，每次 15～20s； 4. 到保持时间后即可脱模，脱模剂宜用 L-AN 油或硬脂酸	—	

塑料品种		镁酚醛类快速压塑料		三聚氰甲醛快速压塑料
牌号举例		镁酚醛塑料（预混）	镁酚醛塑料（预浸）	哈 5350
流动性能		较差	差	较好
密度/(g/cm³)		—	—	≤1.7～1.9
比容/(ml/g)		一般塑料件与物料体积之比为 1:(2～3)		
成型条件	装模温度/℃	150～170	150～170	—
	成型压力/MPa	30～40	40～50	45±5
	成型温度/℃	160～180（电热板）	模温 155～160 电热板 160～170	120～135
	升温速度/(℃/min)	不计	不计	不计
	保持时间/(min/mm)	1	0.5～2.5 （常取 0.5～1）	1～1.5（一般） 1.5～2（大型厚壁）
	加压时机	装模后即加压，保压 10～15s 后，在 1min 内排气 1～3 次	装模经 0～50s 后再加压，同时排气 3～6 次	—

续表 2-20

塑料品种	酚醛类快速压塑料(预混)		
计算收缩率/%	0～0.3(常取 0.1～0.2)	0～0.3(常取 0.1～0.2)	≤0.3
成型注意事项	1. 预热 80～100℃,5～15 min; 2. 成型后即可脱模; 3. 脱模剂宜用机油及硬脂酸; 4. 预成型时应在 90～110℃ 中烘 2～5 min,并立即装模加压成坯料; 5. 预混料可室温贮存,贮存期为 6～12 个月,预浸料为 3～6 个月		一

塑料品种		聚邻苯二甲酸二丙烯酯(DAP)	
牌号举例		D100(长纤维)	D200(短纤维)
流动性能		好	
密度/(g/cm³)		≤1.70	
比容/(ml/g)		一	
成型条件	装模温度/℃	一	
	成型压力/MPa	20～30	
	成型温度/℃	130～160	
	升温速度/(℃/min)	不计	
	保持时间/(min/mm)	1～2.0	
	加压时机	装料后即可加压,不必排气,大型注塑件排气一次	
计算收缩率/%		0.1～0.3	0.4～0.8
成型注意事项		1. 到保持时间后即可脱模,脱模剂宜用 L-AN 油或硬脂酸。 2. 硬化速度快,不易分解;耐热性好;挥发物少,不腐蚀模具。成型前可预热,但主要是使其加温软化;预热后硬化速度快,对大型塑料件和厚壁塑料件应取低模温。 3. 成型温度低,保持时间长时不易脱模,脱模斜度应大。 4. 可供压塑和挤塑成型,挤塑时浇注系统宜取大,加压速度应快。 5. 成型温度超过 160℃ 时流动性迅速下降	

塑料品种		不饱和聚酯料团
牌号举例		L-100(预混)
流动性能		好
密度/(g/cm³)		≤2
比容/(ml/g)		一
成型条件	装模温度/℃	一
	成型压力/MPa	20±5
	成型温度/℃	135±5
	升温速度/(℃/min)	不计
	保持时间/(min/mm)	1
	加压时机	一次加压不必排气
计算收缩率/%		0.06～0.1

续表 2-20

塑　料　品　种	酚醛类快速压塑料（预混）
成型注意事项	1. 到保持时间后即可脱模，成型时无副产物。 2. 硬化速度快，硬化时发热量大，要防止局部过热；大件成型温度宜取低，小件成型温度宜取高。成型时应快装料，快加压。 3. 易发生填料分布不匀、强度不匀、收缩不匀、翘曲变形、熔接不良、应力集中等弊病，应合理装料或将物料捏成与型腔相似的坯料装入型腔加压。 4. 塑料件壁不宜薄，避免尖角和缺口，截面不匀等。 5. 应有足够脱模斜度；去飞边困难，应控制飞边厚度及模具间隙；对模具磨损大，模具应淬硬。 6. 贮存时对温度敏感，易发生性能变化

塑　料　品　种	酚醛类快速压塑料（预混）			
	酚醛慢速压塑料		环氧慢速压塑料	
牌号举例	616#（高硅纤维、预混）	616#（预混）	环氧酚醛	648#
流动性能	较差	较好	好	好
密度/(g/cm³)	—	—	—	—
比容/(ml/g)	一般塑料件体积与物料体积之比为 1：（2～3）			
成型条件　装模温度/℃	60	80～90	60～70 （中型注塑件） 80～90 （小、大型注塑件）	65～75
成型压力/MPa	30～40	30～40	15～30	10～20
成型温度/℃	175±5	175±5	170±5	230
升温速度/(℃/min)	2	10～30℃/h	10～30℃/h	装模后以 0.6～0.7℃/min 升至 150℃，再以 0.5～0.6℃/min 升到 230℃
保持时间/(min/mm)	4	2～3	3～5	150℃ 保温 1h，230℃ 按 15～30min/mm 保温
加压时机	装模后经 25～30 min，在 95±5℃时，一次加至全压	装模后经 30～90 min，在 105±2℃时，一次加至全压	合模后经 20～40min（小件）或 60～90min（中件）或 90～120min（大件），在 90～105℃时一次加至全压	合模后一次加至全压
计算收缩率/%	0～0.3（常取 0.1～0.2）			
成型注意事项	1. 应强制降低模温； 2. 模温低于 60℃时才可脱模； 3. 脱模剂宜用硬脂酸； 4. 贮存期为 2～4 个月，贮存温度为室温		1. 模具应强迫冷却到 60℃时才可脱模； 2. 脱模宜用硅油； 3. 贮存温度为室温，贮存期为 0.5～1 个月； 4. 合模加压时，中、大件宜取 90～105℃，小件宜取 105℃±2℃	1. 强制降温； 2.90℃以下才能脱模

三、塑料件及模具的设计要点

1. 塑料件设计要点

(1)表面粗糙度与尺寸精度　热固性增强塑料件的表面粗糙度,一般要求为 Ra 0.8~0.2μm;其尺寸精度要根据塑料件使用的功能要求选取,一般宜取 SJ/T 10628—1995 中 4~5级;由于压制方向的尺寸精度不易保证,通常按未注公差选取。千万不要像金属件那样去设计塑料件。

(2)脱模斜度　压塑成型工艺的脱模操作较为困难,故宜选取较大脱模斜度;如果不允许取较大脱模斜度时,则塑料件的径向公差宜取大的值。

(3)塑料件外形的设计　塑料件外形宜设计成回转体或对称的结构,高度不宜过高。

(4)塑料件壁厚和转角要求　壁应厚而均匀,避免尖角、缺口和窄槽等形状,各面之间应该圆弧过渡连接,以防应力集中,死角滞料和滞气,填充不足,玻纤集聚及堵塞流道等。

(5)孔的设计　一般尽量为通孔,避免选用直径小的通孔;不通孔的底部应成半球面或圆锥面,以利于物料的流动;孔径与深度之比一般为 1∶2~1∶3;大型塑料件应尽量避免在结构上设计小孔,孔间距和孔边距宜用大的数值,大密度排列的小孔不宜模压成型。

(6)螺孔的设计　螺孔比螺杆易于成型,M6 以下的螺纹不易成型,螺纹牙型宜用半圆形或梯形,其圆角半径应>0.3mm。设计螺纹时,应注意半角的公差,可参考塑料螺纹进行设计。当注塑件螺纹与其他材料螺纹零件旋合时,要考虑其配合间隙和张力,螺纹段的长度应取最小尺寸。

(7)嵌件的要求　由于成型压力大,嵌件应有足够的强度,以防变形损坏。定位必须准确及可靠。

(8)缺陷及其产生的原因　树脂及填料分布不匀,收缩小,存在方向性,易产生熔接不良、变形、翘曲、缩孔、裂纹及应力集中等缺陷;薄壁塑料件易破碎,并不易脱模;大面积结构塑料件,易产生波纹及物料分头聚积的现象等。

2. 模具设计要求

(1)模具结构的要求　模具结构应合理,易便于装料操作,应有利于物料的流动,并易于填充模具型腔。

(2)脱模斜度　脱模斜度宜取 1°以上。

(3)成型加压方向的选择　应选用塑料件投影面积大的方向作为成型加压方向,可便于物料填充模具型腔;不宜将尺寸精度要求高的部位以及与嵌件和型芯轴线相垂直的方向作为成型加压方向。

(4)分型面的选取及上、下型腔的结构要求　由于物料渗入力强,飞边厚且不易去除,选择分型面时必须注意飞边的方向。上、下模及其镶件宜取整体结构;组合式结构的装配间隙不宜取大,上、下模可拆的零件宜取 H8~H9 级的间隙配合。

(5)收缩率的选取　收缩率若为 0~0.3%时,一般取 0.1%~0.2%;物料的体积一般取塑料件实体体积的 2~2.5 倍。

(6)选取模具各零部件及嵌件的强度　成型压力大,物料渗挤力亦大,模具各零部件及嵌件均应具有一定的强度,以防止变形、位移与损坏;特别对于细长型芯以及型腔空隙较小时更应该注意其强度的问题。

（7）模具型腔表面处理　模具型腔必须抛光和淬硬,甚至应对型腔进行镀铬处理。

（8）推杆的要求　顶出力大,推杆应有足够的强度,顶出动作应平稳和顶出力应均匀。一般推杆不得兼作成型的型芯之用。

（9）快速与慢速成型料在成型时的要求　快速成型料,在成型温度下即可脱模;而慢速成型料应设置温度调控系统,即加热和冷却装置。

复习思考题

1. 叙述热塑性增强塑料的组成,阐述热塑性增强塑料增强效果和成型性能。

2. 叙述影响玻纤增强热塑性塑料性能的因素和玻纤对玻纤增强热塑性塑料性能及工艺性能的影响。

3. 叙述玻纤增强热塑性塑料成型时的特征和易产生的缺陷以及应该注意的事项。

4. 叙述注塑件的成型条件,设计玻纤增强热塑性塑料注塑件及其模具时应注意的事项。

5. 叙述玻纤增强热塑性塑料注射成型加工中常见的问题。

6. 叙述热固性增强塑料的成型工艺特性与成型条件,塑料件设计要点与模具设计要求。

第三章　塑料件、塑料螺纹与嵌件的设计

塑料件是一种带有黏弹性的非金属固化件,不仅在材质和性能上与金属件有很大的区别,其加工方法也与金属件截然不同,主要是应用模塑加工成型;但也可以采用机械加工的方法成型。所以,塑料件的尺寸精度、表面粗糙度和塑料件的结构与金属件都有很大不同,千万别把塑料件当作金属件来进行设计,否则塑料模无法设计,塑料件也就无法加工。塑料件的设计,除需要具备塑料材料、塑料力学特性、非力学特性、热力学特性、成型工艺性、成型模具设计的基本知识和成型机械方面的知识外,还需要掌握塑料的配方、着色、造型及美学等方面的知识。只有如此,才能设计好塑料件。

第一节　注塑件的几何形状

注塑件的几何形状除了要确保其使用要求和性能之外,还需要满足成型加工的要求。也就是说注塑件要在确保其使用要求和性能的基础上,其几何形状及结构的设计还需要保证在注塑模中能够顺利地进行开、闭模,抽芯和脱模的运动,以及能确保模具型面能够顺利加工。

一、脱模斜度

注塑件冷却固化时,由于冷却收缩的原因会使注塑件紧紧包裹在注塑模的型芯或型腔中的凸起部分,同时也会对模具型腔产生较大脱模力。为了减少注塑件对注塑模的脱模力,便于从塑料件中抽出模具的型芯或从模具型腔中脱出塑料制品,同时也是为了防止注塑件脱模时出现擦伤、变形和裂纹,在设计塑料件时,必须使塑料件内、外表面沿着脱模方向和模具抽芯方向留有足够的斜度;同样,在模具的动、定模型腔和抽芯机构型芯的型面上,必须做出与开、闭模方向和抽芯方向一致的斜度。在模具设计、制造和使用中,将这种斜度称为脱模斜度,也可称为脱模角,如图 3-1 所示。

1. 脱模斜度的作用与影响

(1)脱模斜度的作用　模具型面上制有脱模斜度,有利于产品零件的脱模和抽芯。有时为了使注塑模开模后,注塑件能够滞留在动模型芯上以便于脱模,动模型面可以不制有脱模斜度,甚至有意在局部制有负脱模斜度。就一般情况来说,定模型芯上的脱模斜度应大于动模型芯上的脱模斜度。

(2)脱膜斜度选用基准和方向　取斜度的方向,一般内孔以小端为准,外形以大端为准作为尺寸检查依据,如图 3-2 所示。脱模斜度 α 使孔或外形的另一端尺寸增大或减小;如对增大或减小端的尺寸有公差要求时需注明,在保证两端尺寸要求的前提下再确定斜度的大小。

(3)脱模斜度对尺寸精度的影响　脱模斜度的存在虽然有利于注塑件的脱模和抽芯,但会影响注塑件的尺寸精度,进而影响注塑件之间的配合与磨损。尺寸精度高的型面可以不设置脱模斜度或设置较小的脱模斜度,对于一般尺寸和精度低的非配合型面可以设置较大脱模斜度。

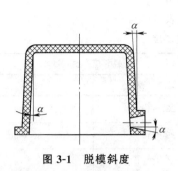

图 3-1 脱模斜度

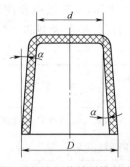

图 3-2 注塑件的脱模斜度

热固性塑料的塑料件的脱模斜度,一般都比热塑性塑料的要小一些,这是因为前者比后者的收缩率小的缘故。压缩成型较大的塑料件,其内表面的脱模斜度应比外表面大一些,以保证顶缘部分的密度。

2. 脱模斜度选用原则

在不影响注塑件质量的情况下,脱模斜度可取较大值。成型的型芯越长或型腔越深,则脱模斜度的取值应偏小;相反,其取值应偏大。注塑件高度不大(一般<3mm),可不设计脱模斜度。脱模斜度可采用注塑件外表面(对应于模具型腔)为 5′,内表面(对应于模具型芯)为10′～20′。如果沿脱模方向有多个孔或矩形槽而使脱模阻力增大时,宜采用较大的脱模斜度。侧壁若带有皮革花纹和橘皮花纹等装饰花纹时,应留有 4°～6°的脱模斜度。具体选择脱模斜度时应考虑以下几点:

①注塑件要求精度高的,应采用较小的脱模斜度。

②较高和较大的尺寸,应采用较小的脱模斜度。

③注塑件形状复杂和不易脱模的,应采用较大的脱模斜度。

④塑料收缩率大的,应采用较大的脱模斜度。

⑤注塑件壁厚较厚时,会造成成型收缩量增大,应采用较大的脱模斜度。

⑥如要求脱模后的注塑件滞留在型芯上,注塑件内表面的脱模斜度可比外表面的小;反之,要求开模后注塑件滞留在型腔内,则注塑件外表面的脱模斜度应小于内表面的。但是,当注塑件内、外表面的脱模斜度不同时,不能保证注塑件的壁厚的均匀性。

⑦就一般的情况而言,为了使注塑件能够滞留在动模部分,便于注塑件的脱模,动模部分的型腔或型芯的脱模斜度可比定模部分小一些。

⑧增强塑料脱模斜度宜取大,含自润滑剂易脱模的塑料可取小。

3. 脱模斜度推荐值

最小脱模斜度与塑料性能、收缩率大小和注塑件几何形状有关。根据不同塑料品种推荐的脱模斜度值,见表 3-1。

表 3-1 各种塑料推荐脱模斜度值

塑 料 品 种	脱 模 斜 度
聚乙烯、聚丙烯、软聚氯乙烯	30′～1°
ABS、尼龙、聚甲醛、氯化聚醚、聚苯醚	40′～1°30′
硬聚氯乙烯、聚碳酸酯、聚砜、聚苯乙烯、有机玻璃	50′～2°
热固性塑料	20′～1°

由表 3-1 可知,塑料质脆和性硬,脱模斜度值取较大值。

另有资料区分型腔和型芯,常用塑料的脱膜斜度见表 3-2。

表 3-2　常用塑料的脱模斜度

塑 料 名 称	脱 模 斜 度	
	型　腔	型　芯
聚乙烯、聚丙烯、软聚氯乙烯、聚酰胺、氯化聚醚	$25'\sim45'$	$20'\sim45'$
硬聚氯乙烯、聚碳酸酯、聚砜	$35'\sim40'$	$30'\sim50'$
聚苯乙烯、有机玻璃、ABS、聚甲醛	$35'\sim1°30'$	$30'\sim40'$
热固性塑料	$25'\sim40'$	$20'\sim50'$

一般情况下,脱模斜度不包括在注塑件的公差范围之内,否则,应在图样上予以说明。

在注塑件的设计图上标注时,内孔以小端为基准,斜度由放大的方向取得;外形则以大端为基准,斜度由缩小的方向取得。常用注塑件脱模斜度推荐值见表 3-3。

表 3-3　常用注塑件脱模斜度推荐值

脱模斜度方向图示	注塑件高度尺寸/mm	脱模斜度		备　注
		外　形 凸起部位	内　腔 凹入部位	
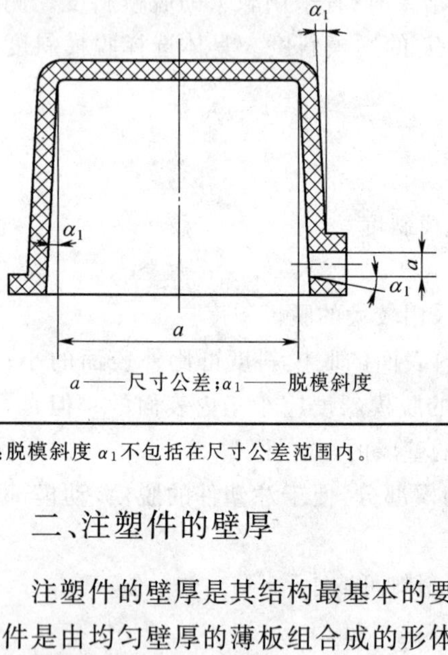 a——尺寸公差;α_1——脱模斜度	$\leqslant15$	$30'$	$35'$	民用电器产品中注塑件的脱模斜度为表中数值的 1.5 倍
	$>15\sim30$	$25'$	$30'$	
	$>30\sim50$	$20'$	$25'$	
	$>50\sim75$	$15'$	$20'$	
	>75	$10'$	$15'$	

注:脱模斜度 α_1 不包括在尺寸公差范围内。

二、注塑件的壁厚

注塑件的壁厚是其结构最基本的要素,合理地选择注塑件的壁厚是十分重要的,可以说注塑件是由均匀壁厚的薄板组合成的形体。注塑件的壁厚首先决定于其使用要求,如注塑件的强度、结构、质量、电气性能、尺寸稳定性及装配等各项要求。如果注塑件的壁厚不均匀,则会使塑料熔体的充模速度和冷却收缩不均匀,使得注塑件产生翘曲、凹陷和气泡,甚至开裂等缺陷。注塑料件的壁厚大,其收缩量也大,所产生的凹陷也大。注塑件的质量大,除浪费原料外,所用设备的注射量也大,注射时所需的注射压力大而且保压时间也长,还浪费能源;因为冷却时间与壁厚的平方成正比,故增加了冷却的时间,使生产效率降低。塑料件的壁薄,熔体的流动性差,易造成难以充满型腔而产生塑料件缺料和变形的缺陷。

1. 热固性塑料塑料件的壁厚

热固性塑料塑料件的壁厚,一般小型件取 0.5～2.5mm,大型件取 3.2～8mm。布基酚醛塑料,流动性差者取较大值,但一般不宜超过 10mm。对于脆性塑料如矿物填充的酚醛塑料制品,其壁厚应>3.2mm。表 3-4 是根据外形尺寸推荐的部分热固性塑料塑料件的壁厚。

表 3-4　部分热固性塑料塑料件的壁厚　　　　　　　　　　　　　　　　（mm）

塑料材料		微小塑料件	小型塑料件	中型塑料件	大型塑料件
酚醛塑料	一般及棉纤维填料	1.25	1.60	3.20	4.80～25
	碎布填料	1.60	3.20	4.80	4.80～10
	无机物填料	3.20	3.20	4.80	5.00～25
聚酯塑料	玻璃纤维填料	1.00	2.40	3.20	4.80～12.5
	无机物填料	1.00	3.20	4.80	4.80～10
	纤维素填料	0.90	1.60	2.50	3.20～4.80
氨基塑料	碎布填料	1.25	3.20	3.20	3.20～4.80
	无机物填料	1.00	2.40	4.80	4.80～10

2. 热塑性塑料注塑件的壁厚

热塑性塑料易成型薄壁注塑件,其最小壁厚可达到 0.25mm,但一般为 0.6～0.9mm,常取 1.5～3.5mm。对于特殊的注塑件,如各种电动工具开关,由于空间有限,内部结构复杂,其最小壁厚一般取 0.4～0.7mm。各种热塑性注塑件壁厚的推荐值,见表 3-5。

表 3-5　各种热塑性塑料注塑件壁厚的推荐值　　　　　　　　　　　　　（mm）

塑料材料	微小注塑件	小型注塑件	中型注塑件	大型注塑件
聚酰胺	0.45	0.76	1.50	2.40～3.20
聚乙烯	0.60	1.25	1.60	2.40～3.20
聚苯乙烯	0.75	1.25	1.60	3.20～5.40
高抗冲聚苯乙烯	0.75	1.25	1.60	3.20～5.40
硬聚氯乙烯	1.20	1.60	1.80	3.20～5.80
聚甲基丙烯酸甲酯	0.80	1.50	2.20	4.00～6.50
聚丙烯	0.85	1.45	1.75	2.40～3.20
氯化聚醚	0.90	1.35	1.80	2.50～3.40
聚碳酸酯	0.95	1.80	2.30	3.00～4.50
聚苯醚	1.20	1.75	2.50	3.50～6.40
醋酸纤维素	0.70	1.25	1.90	3.20～4.80
乙基纤维素	0.90	1.25	1.60	2.40～3.20
丙烯酸类	0.70	0.90	2.40	3.00～6.00
聚甲醛	0.80	1.40	1.60	3.20～5.40
聚砜	0.95	1.80	2.30	3.00～4.50

3. 为改善注塑件壁厚调整局部结构尺寸

同一注塑件的壁厚应尽量保持一致,若出现不均匀现象,则应在局部进行调整,使其均匀;如果结构要求必须有不同壁厚时,则其尺寸比例应不超过 1∶3,而且要尽量避免薄厚过渡部分的突然变化。为改善注塑件壁厚调整局部结构尺寸的典型实例,见表 3-6。

表 3-6　改善注塑件壁厚的典型实例

序号	不 合 理	合 理	说 明
1	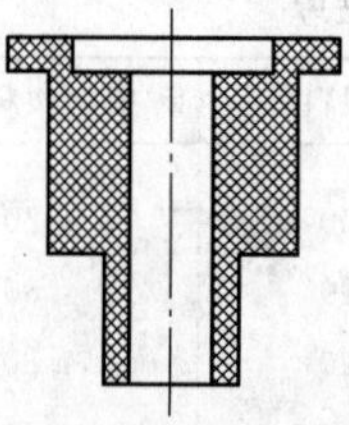	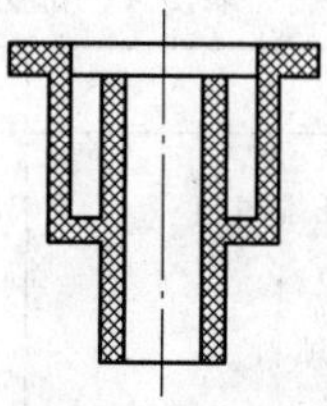	
2	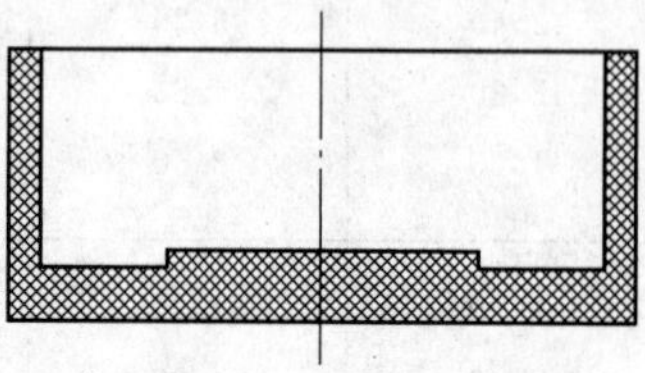	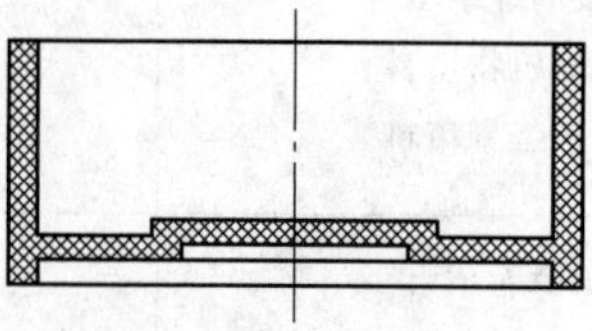	左图壁厚不均匀,易产生气泡及使注塑件变形;右图壁厚均匀,改善了成型工艺条件,有利于保证质量
3	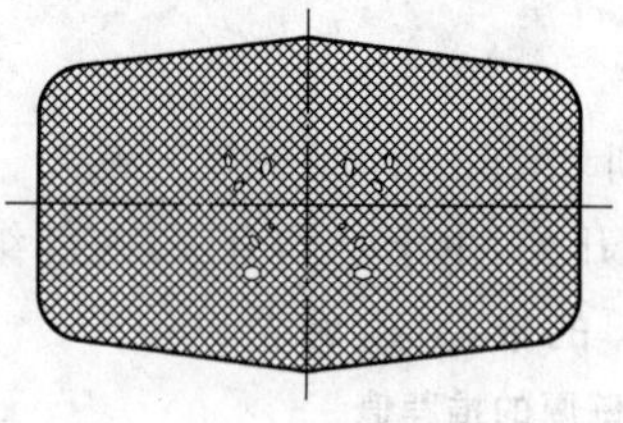	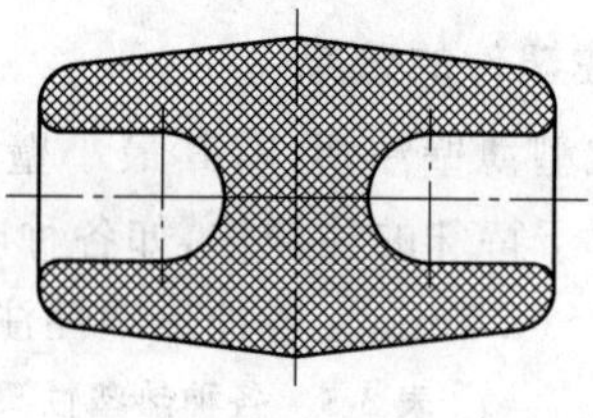	
4	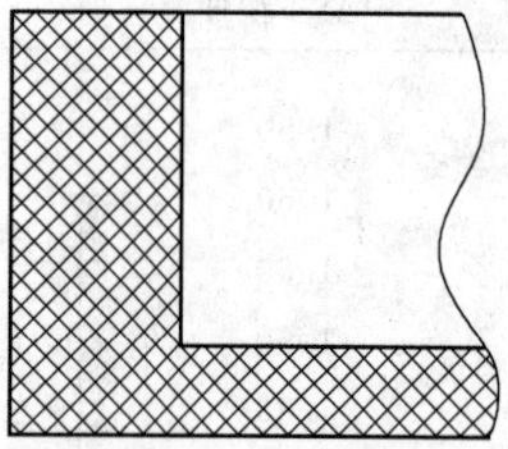	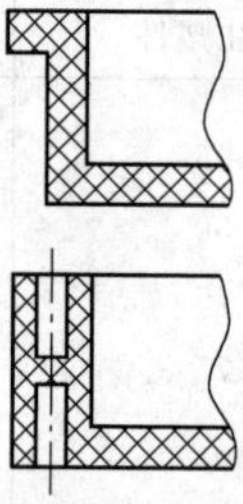	
5	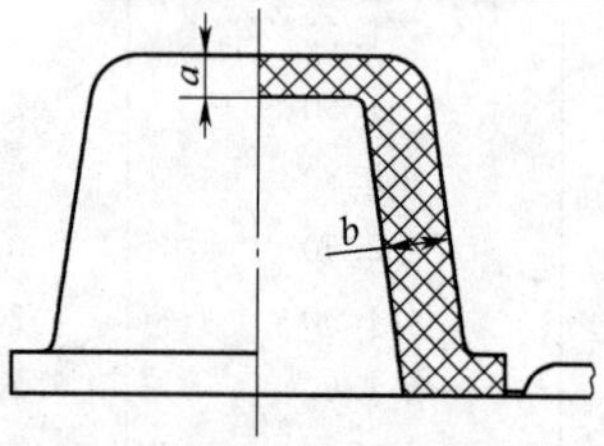 $a<b$	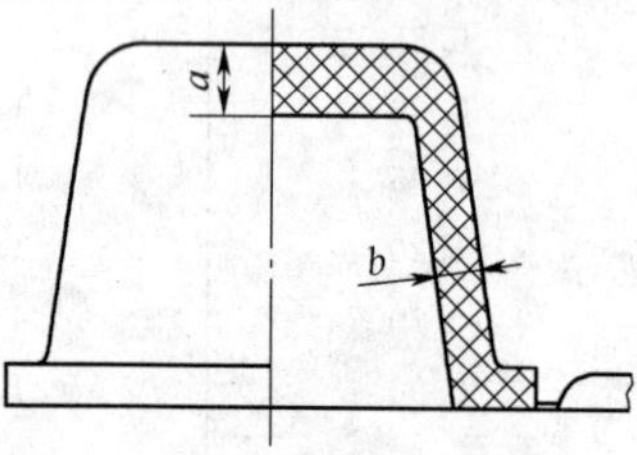 $a>b$	平面注塑件采用侧浇口时,为避免平面上留有熔接痕,必须保证平面进料通畅,故 $a>b$
6	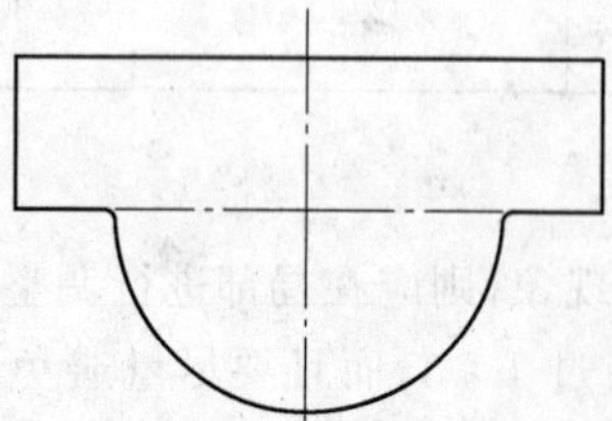	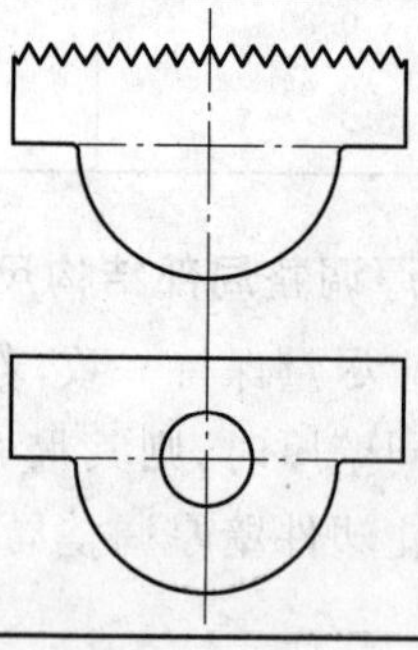	壁厚不均匀的注塑件,可在易产生凹痕表面采用波纹形式或在厚壁处开设工艺孔,以掩盖或消除凹痕

4. 壁厚 δ 与流程 L 的关系

壁厚 δ 与流程 L 的关系如图 3-3 所示。

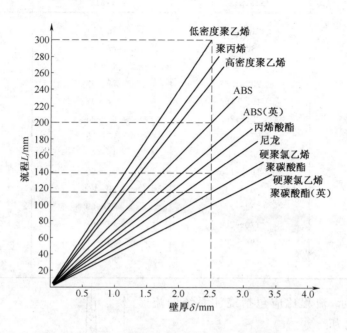

图 3-3　壁厚 δ 与流程 L 的关系图

注：图为注塑件壁厚 2.5mm 时，在常规成型条件下的 δ−L 比例关系

必须指出，壁厚与流程有着密切关系。所谓流程 L 是指熔料从模具型腔进口起流向型腔各处的距离。经验已证明各种塑料在其常规工艺参数下，流程 L 大小与注塑件的壁厚 δ 成正比例的关系。即注塑件的壁厚 δ 越大，则允许熔料的流程 L 越长；反之，注塑件的壁厚 δ 越小，熔料的流程 L 则越短。设计注塑件的壁厚 δ 时，可利用图 3-3 和表 3-7 进行校核。如果注塑件的壁厚 δ 不能满足与流程 L 的关系，则需要增大注塑件的壁厚 δ 或增设浇口的数量及改变浇口的位置，以缩短流程 L 来满足成型的要求。

表 3-7　壁厚 δ 与流程 L 的关系式

塑　料　品　种	δ−L 计算式
流动性好，如聚乙烯（PE）、尼龙（PA）等	$\delta=(L/100+0.5)\times0.6$
流动性中等，如聚甲基丙烯酸甲酯（PMMA）、聚甲醛（POM）等	$\delta=(L/100+0.8)\times0.7$
流动性差，如聚碳酸酯（PC）、聚苯砜（PSU）等	$\delta=(L/100+1.2)\times0.9$

5. 壁厚 δ 与流程 L 的计算

对于大、中型注塑件来说，其壁厚在设计时要进行多次的校核。通常是用流程比来校核注塑件的壁厚，流程比 FLR 校核公式如下：

$$FLR=\sum_{i=1}^{n}\frac{L_i}{t_i}=FLR_{\max} \tag{式 3-1}$$

式中　L_i——各段流程长度（mm）；

　　　　t_i——流程各段厚度（mm）；

FLR_{max}——最大流程比,由表 3-8 查得。

表 3-8　常用塑料熔体的最大流程比

塑　料	熔体温度/℃	模具温度/℃	FLR_{max}
ABS	218～260	38～77	160
聚甲醛	182～200	77～93	250
丙烯酸类	190～243	49～88	130
聚酰胺 6	232～288	77～93	300
聚酰胺 11	191～194	77～93	300
聚对苯二甲酸丁二醇酯	221～260	66～93	300
聚碳酸酯	277～321	77～99	110
低密度聚乙烯	98～115	15～60	300
聚丙烯	168～175	15～60	350
改性聚苯醚	203～310	93～121	200
聚苯乙烯	232～274	27～60	250
聚氯酯	170～204	27～66	200
聚氯乙烯	196～204	21～38	100
聚酯酰亚胺	350～415	65～175	200

如图 3-4 所示,流程比应包括浇注系统的流程,该示例流程比为:

$$FLR = \frac{L_1}{t_1} + \frac{L_2}{t_2} + \frac{L_3}{t_3} + \frac{2L_4}{t_4} + \frac{L_5}{t_5}$$

（式 3-2）

由上式可知,流程比与浇口的数量和位置有关。流程比的最大值是用阿基米德螺旋线型腔测得的,试射压力为 80～90MPa,螺旋槽的间隙为 2.5mm。由表 3-8 可知,高黏度塑料如 PC(聚碳酸酯)和 PSU(聚砜)等的 FLR_{max} 在 100～130 之间,中等黏度塑料如 ABS 和 POM(聚甲醛)等的 FLR_{max} 在 160～250 之间,低黏度塑料如 PE(聚乙烯)和 PA(聚酰胺)等的 FLR_{max} 在 300 左右。下面的流程比的关系式,说明了 FLR 与注射工艺参数的函数关系:

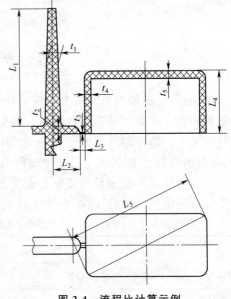

图 3-4　流程比计算示例

$$FLR = A + B\omega + Cx + Dy + Ez$$

（式 3-3）

式中　A,B,C,D,E——与塑料有关的实验常数;

　　　ω——熔体温度;

　　　x——模具温度;

　　　y——注射速度;

　　　z——注射时型腔内的压力。

如果注塑件壁厚有变化,对于热塑性塑料来说,其注塑件壁厚的厚薄尺寸之比最好要限制在 1∶2 之内,并且要平滑过渡,或以圆弧来过渡,避免壁厚的突然变化。在模具型腔中,厚壁对应的大间隙应设置在熔体流程的“上游”,这样才有利于熔体的流动和压力的传递。

6. 不合理壁厚的改进设计

注塑件壁厚设计的原则,是要尽量使注塑件的壁厚保持一致;否则会因注塑件壁厚的不均匀性,使得冷却硬化的速度不一致,产生内应力分布不均而变形,还会产生缩痕等缺陷。注塑件壁厚的不合理设计及其合理的改进设计见表3-9。

表3-9 注塑件壁厚的设计比较

不 合 理	合 理	说 明
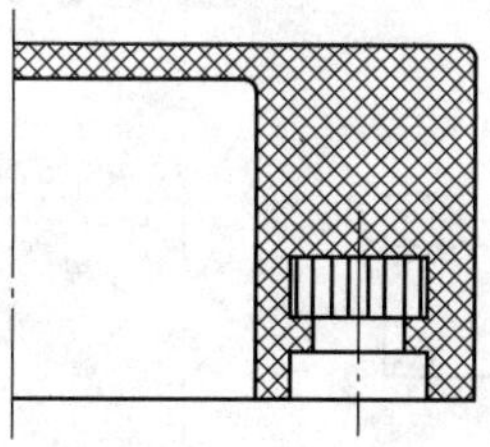	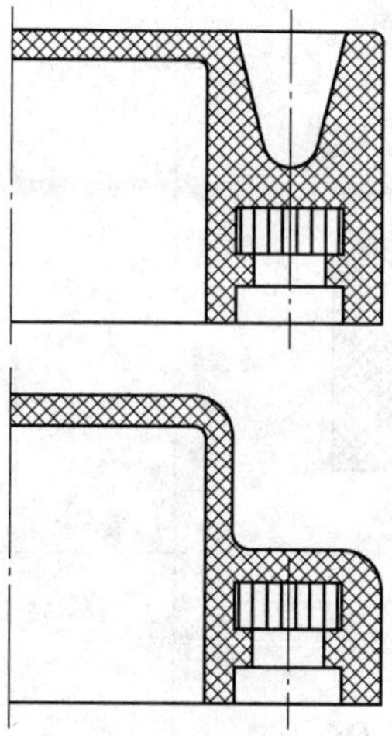	左图注塑件中嵌件右上壁部过厚;改进后的两种壁厚均匀,可避免成型缺陷
	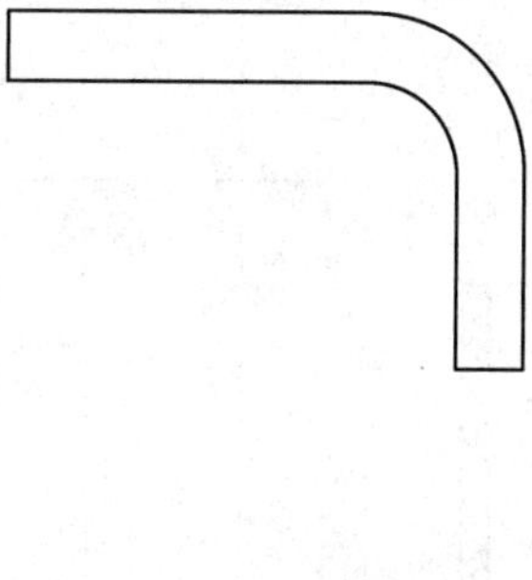	左图注塑件直角处的壁太厚会引起缩孔;改进后直角处倒圆可避免缺陷

续表 3-9

不 合 理	合 理	说 明
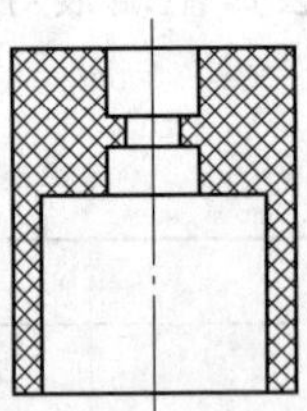 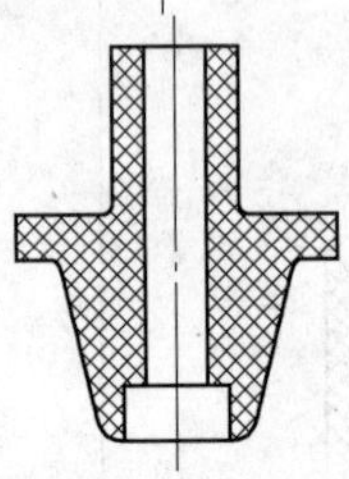 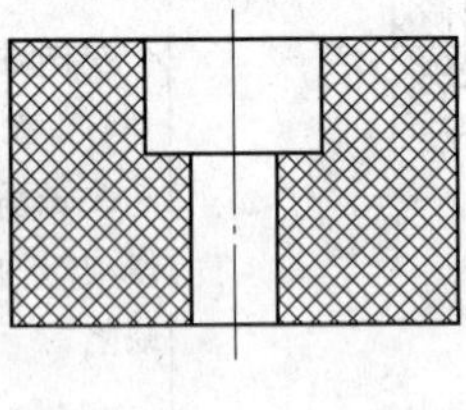	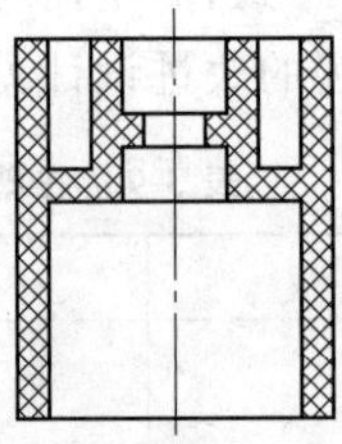 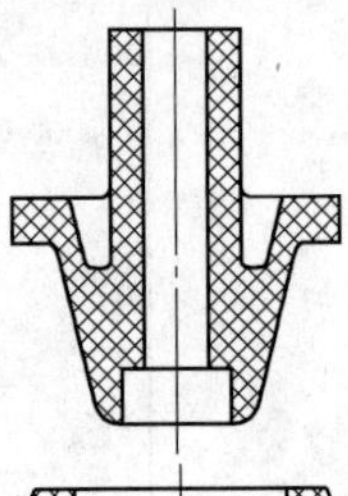 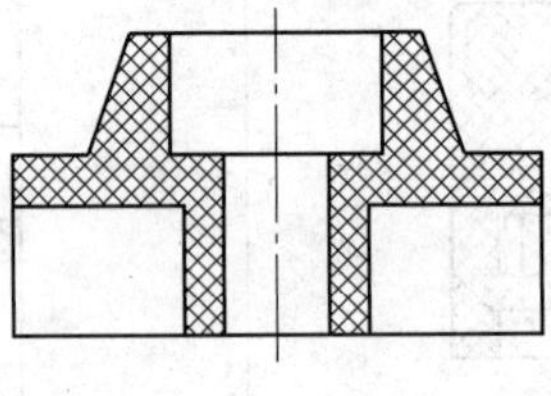	左图注塑件壁厚不均匀会造成缩孔和气泡； 改进后壁厚均匀可避免缺陷
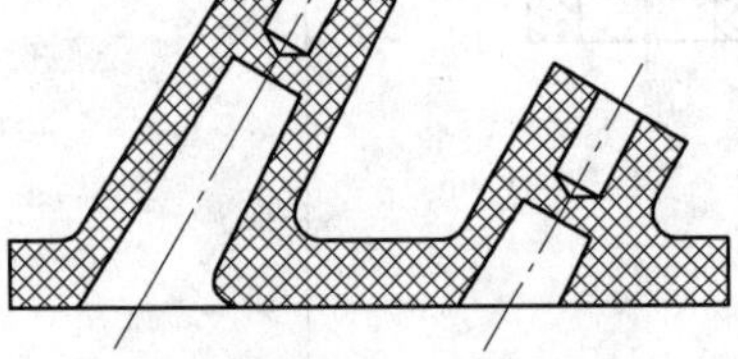	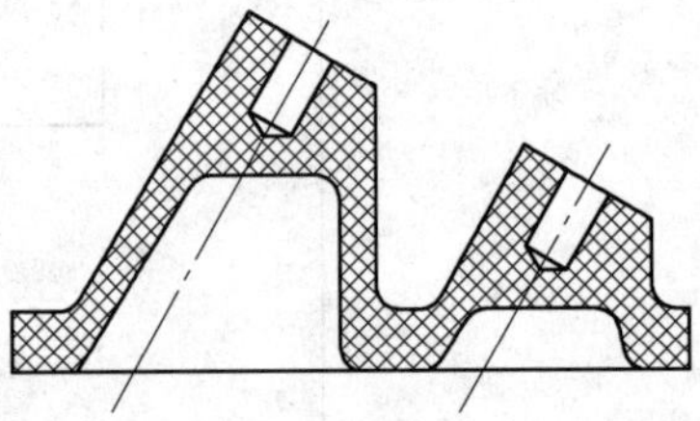	左图注塑件使模具结构复杂； 改进后使模具结构简单
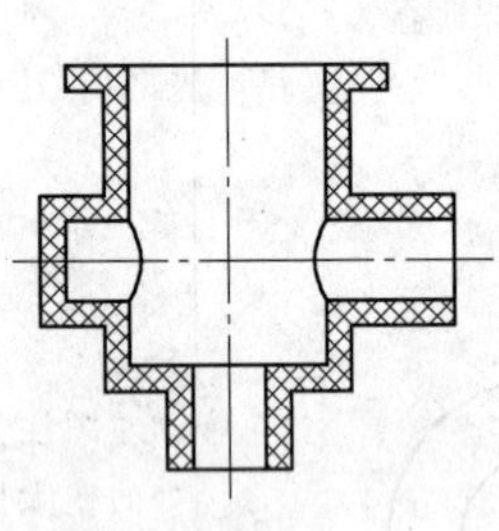	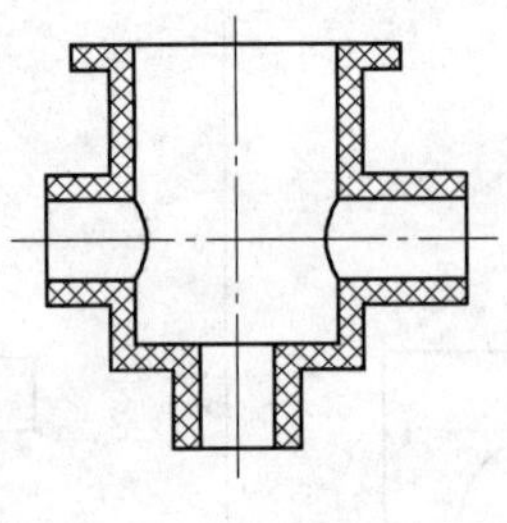	左图注塑件左端不通孔使模具结构复杂； 改进后使模具结构简单
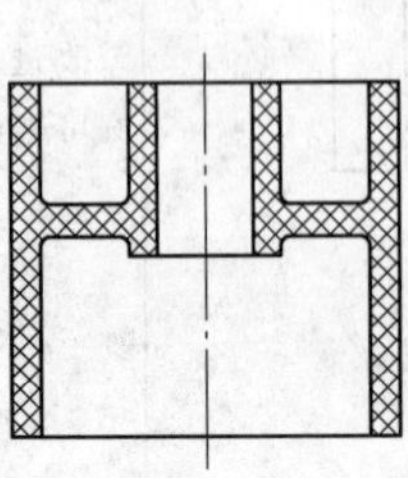	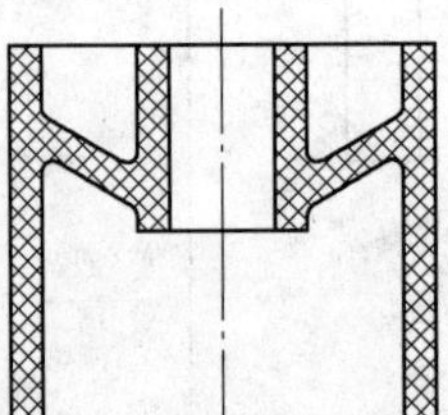	左图注塑件因收缩而咬紧模具定模型芯； 改进后注塑件可避免滞留在定模型芯上

续表 3-9

不　合　理	合　理	说　明
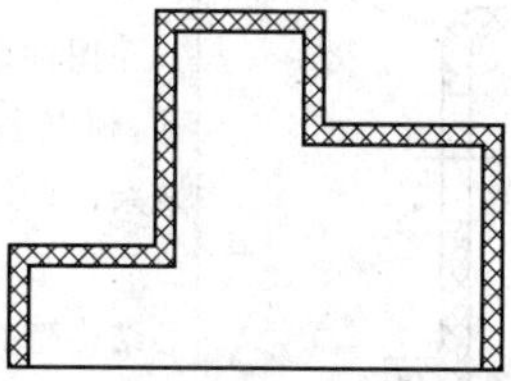	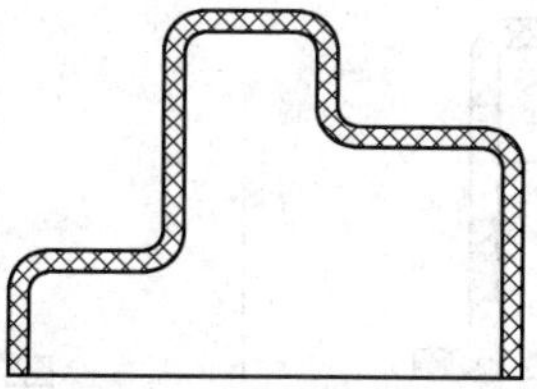	左图注塑件为直角拐角； 改进后为圆角拐角
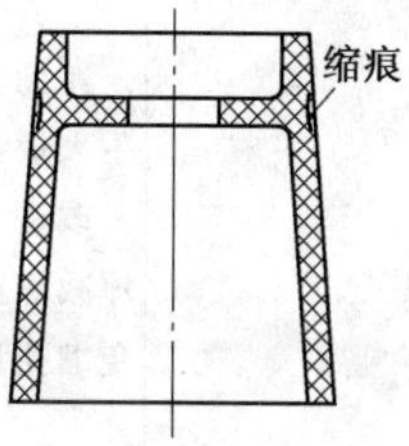 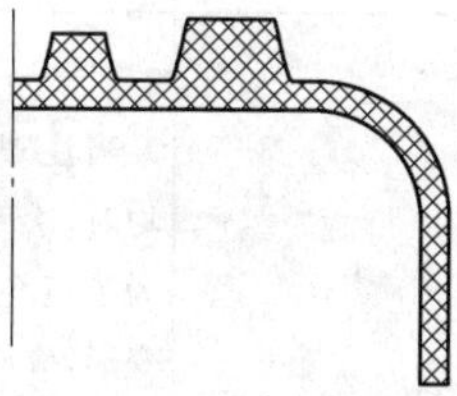 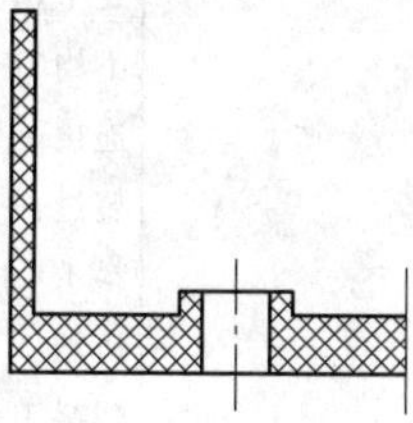	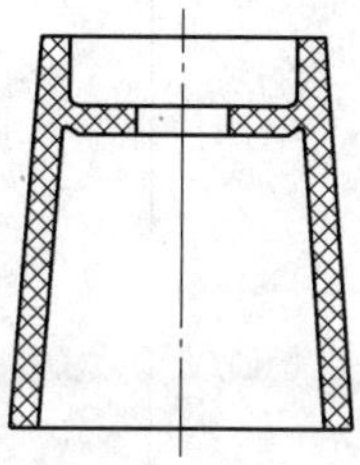 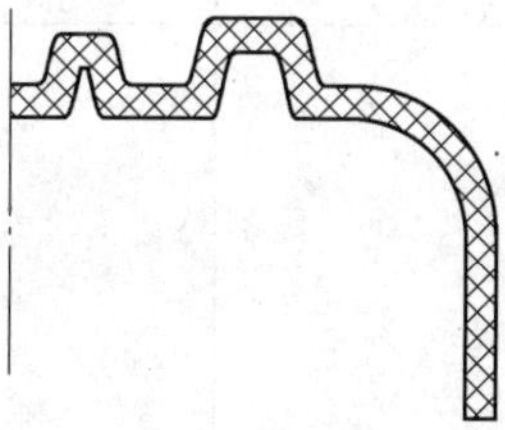 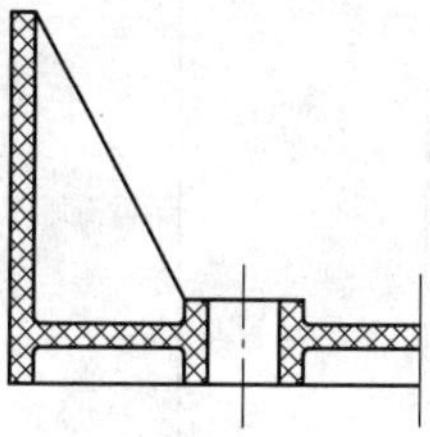	左图注塑件"T"字形处壁太厚，易产生缩痕和气泡； 改进后注塑件壁厚减薄且均匀，可避免缩痕和气泡
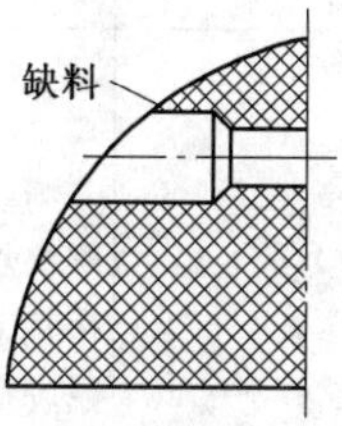	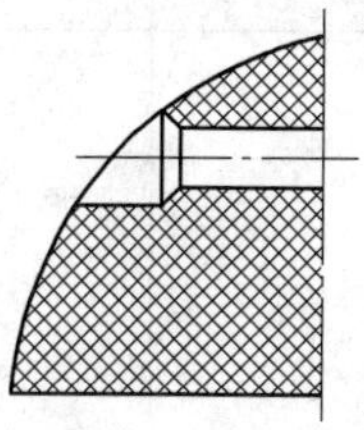	左图注塑件弧面与孔交接处壁薄易产生缺料； 改进后注塑件壁厚增大可避免缺料
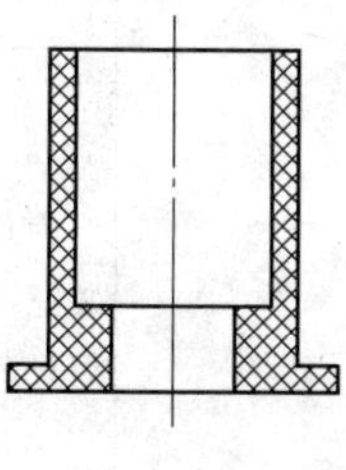	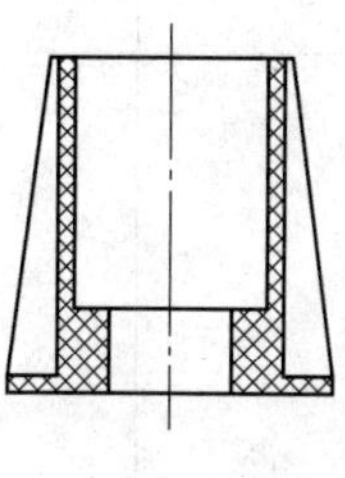	左图注塑件壁太厚，易产生缩痕和气泡； 改进后注塑件壁厚减薄且均匀，可避免缩痕和气泡

续表 3-9

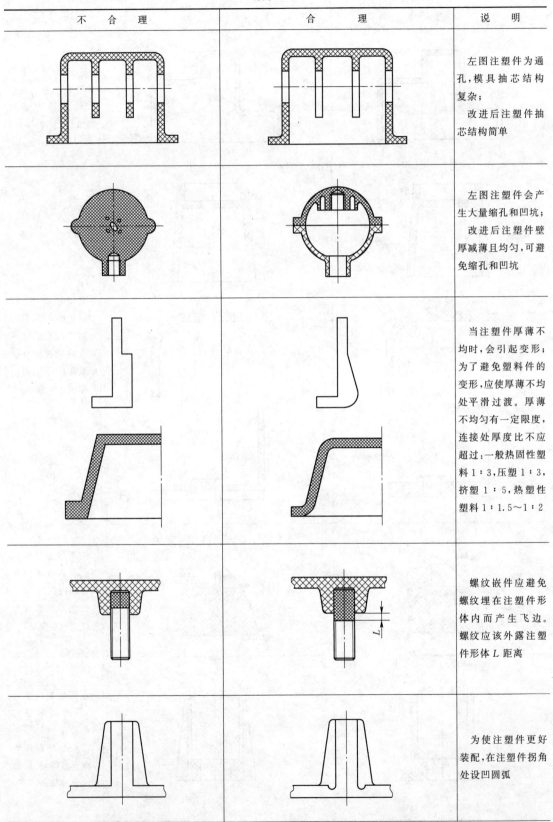

不　合　理	合　理	说　明
		左图注塑件为通孔,模具抽芯结构复杂; 改进后注塑件抽芯结构简单
		左图注塑件会产生大量缩孔和凹坑; 改进后注塑件壁厚减薄且均匀,可避免缩孔和凹坑
		当注塑件厚薄不均时,会引起变形;为了避免塑料件的变形,应使厚薄不均处平滑过渡。厚薄不均匀有一定限度,连接处厚度比不应超过:一般热固性塑料1:3,压塑1:3,挤塑1:5,热塑性塑料1:1.5~1:2
		螺纹嵌件应避免螺纹埋在注塑件形体内而产生飞边。螺纹应该外露注塑件形体 L 距离
		为使注塑件更好装配,在注塑件拐角处设凹圆弧

续表 3-9

不　合　理	合　理	说　明
		局部不可过厚,否则会产生缺陷和缩孔;热固性塑料则交联不完全,强度降低

三、加强筋

注塑件的强度并不是依其壁厚的增加而增大,壁厚的增大反而会导致收缩时产生内应力,降低其强度。为了使注塑件具有一定的强度和刚度,而又不致使注塑件过厚,因注塑件是以刚度为主,可采取薄壁的网格组合的结构,即在薄壁的基础上,于相应的部位设置加强筋,以提高截面的惯性矩。注塑件的厚薄不均是造成注塑件翘曲变形、缩孔、缩痕和气泡的主要原因,而加强筋既能使注塑件具有强度和刚度,又能使注塑件厚度均匀。另外,加强筋还可以改善注塑件在成型过程中熔体流动的状况。

由于加强筋与本体作垂直相贯,其衔接处的厚度增大,以致该处会收缩凹陷,影响塑料件的强度和外观。

(1)加强筋的形状与尺寸　如图 3-5 所示。

加强筋的厚度应小于注塑件的壁厚,并与其壁为圆弧过渡。设注塑件的壁厚为 t,则加强筋的高度 $L=(1\sim3)t$,筋条的宽 $A=(1/4\sim1)t$,筋根部的过渡圆角 $R=(1/8\sim1/4)t$,收缩角 $\alpha=2°\sim5°$,筋端部的圆角半径 $r=t/8$。当 $t\leqslant2\text{mm}$ 时,取 $A=t$。

如果注塑件上需要设置多条加强筋,加强筋之间的中心距必须大于注塑件壁厚的两倍以上,还要使各条加强筋的排列相互错开,以防成型后收缩不均匀引起注塑件开裂。

(2)加强筋设置的原则

①加强筋的设置,应避免塑料的局部集中,以免产生缩孔和真空泡;

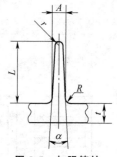

图 3-5　加强筋的形状与尺寸

②加强筋的尺寸不宜过大,以矮而多为好;

③加强筋设置的方向尽量与熔体流动的方向一致,以有利于熔体充模流动,避免熔体流动不顺畅。

(3)设计加强筋应注意事项(表3-10)

表 3-10 设计加强筋应注意事项

不 合 理	合 理	说 明
		当加强筋厚度大于注塑件壁厚时,注塑件易产生缩孔;可以采用两个或两个以上的加强筋
		当 $A > B$ 时,易产生缩孔;当 $A < B$ 时,可避免缩孔
		当加强筋底壁较大时,注塑件易产生缩孔;可以把容易形成缩孔的部位设计成凹或凸的花纹来掩盖缩孔
		左图注塑件强度低、易变形及不利熔体流动,增加了加强筋后可避免上述缺陷

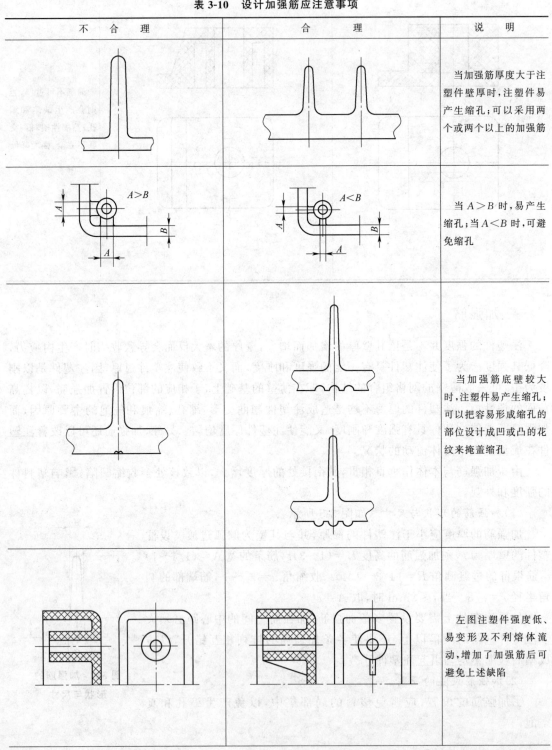

续表 3-10

不 合 理	合 理	说 明
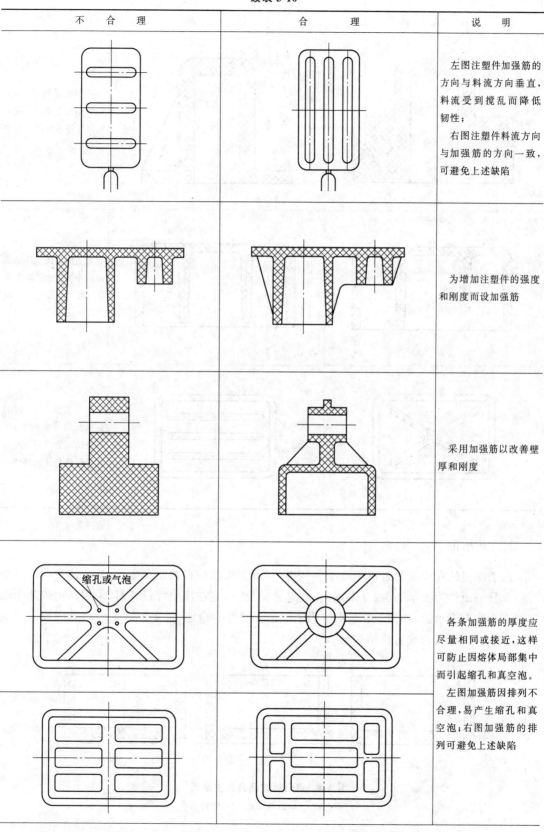		左图注塑件加强筋的方向与料流方向垂直,料流受到搅乱而降低韧性; 右图注塑件料流方向与加强筋的方向一致,可避免上述缺陷
		为增加注塑件的强度和刚度而设加强筋
		采用加强筋以改善壁厚和刚度
		各条加强筋的厚度应尽量相同或接近,这样可防止因熔体局部集中而引起缩孔和真空泡。 左图加强筋因排列不合理,易产生缩孔和真空泡;右图加强筋的排列可避免上述缺陷

续表 3-10

不　合　理	合　理	说　明
		采用加强筋,既不影响注塑件强度,又可避免因壁厚不匀而产生的收缩
		为了保证注塑件基准面的平整,加强筋距基准面的距离应 >0.5mm
		平板状注塑件,加强筋应与料流方向平行,以免造成充模阻力过大和降低注塑件的韧性

四、支承面

由于注塑件在成型的过程中收缩和变形,只要支承面稍有翘曲和变形,就会使注塑件很难用一个整平面作为支承面(或基准面)。在这种情况下,应在注塑件设计时,采用凸边或几个凸起的支脚作为支承面,如图 3-6 所示。为了保证注塑件的稳定,常采用三点或四点底脚支承或边框支承。支承面的代表性结构见表 3-11。

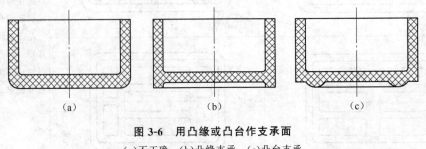

图 3-6　用凸缘或凸台作支承面

(a)不正确　(b)凸缘支承　(c)凸台支承

表 3-11 支承面的代表性结构

序号	不 合 理	合 理	说 明
1			采用凸边或底脚作支承面,凸边或底脚的高度 S 取 0.3~0.5mm
2			安装紧固螺钉用的凸台或凸耳应有足够的强度,应避免突然过渡和用整个底面作支承面
3			当用螺钉安装注塑件时,应以螺钉孔部位作为支承面,以保证安装牢固,S ≥ 0.2~0.5

为了使注塑件的支承面保持平整,有时将注塑件的支承面设计成凹、凸形,而在凹入面内增设加强筋。支承面与加强筋的关系如图 3-7 所示。

设计凸台时,应当使凸台位于边角部位,其尺寸应小些,高度应不超过其直径的 2 倍,并具有足够的脱模斜度;还须注意在转折处不应有突变结构,连接面应局部接触,见表 3-11 中 2 和 3 例。

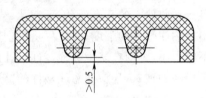

图 3-7 支承面与加强筋的关系

五、圆角

注塑件除了使用上要求设计成尖角外,其余所有的转角处(包括加强筋的根部)都应采用圆角过渡。图 3-8 所示为注塑件受应力作用时,应力集中系数与圆角半径的关系。从图中可以看出,理想的内圆角半径应为壁厚的 1/3 以上。在注塑件结构上无特殊要求时,注塑件各连接处均应有圆角半径,最小一般为 0.5~1mm;对于电动工具开关的小型注塑件,其内圆角半径最小可为 0.3mm。对于脆性的聚苯乙烯和聚甲基丙烯酸甲酯等注塑件,其圆角半径一般为 1.0~1.5mm。注塑件对缺口和尖角较为敏感,尤其是在动载荷作用下的构件;对于注塑件内外拐角处,可采用如图 3-9 所示的圆角半径,图中采用壁厚一致的内、外圆角是一种理想的设计。

通常,内、外圆角的半径分别为: $r = \dfrac{a}{2}$, $R = \dfrac{3a}{2}$ 。

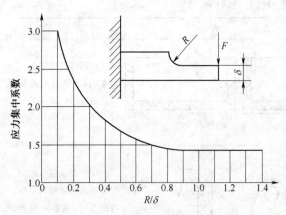

图 3-8　R/δ 与应力集中系数的关系

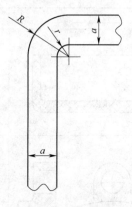

图 3-9　内外圆角的半径

注塑件上转角处采用圆角过渡,不仅避免了应力集中,降低了应力集中的系数,提高了抗冲击疲劳强度,改善了塑料熔体的流动状况、充模性能和便于脱模;而且注塑件的圆角过渡,对塑料熔体填充模具的型腔更为有利,减少了流动阻力,降低了局部的残余应力,防止了注塑件的开裂和翘曲变形;同时,也改善了注塑件外形的美观性,提高了模具制造和机械加工的工艺性及模具的强度。

在模具设计时还应注意,位于分型面与推杆、推块的运动配合面上及在镶块的接缝处,一般不设置圆角,以防止漏料和产生飞边。

六、孔

注塑件上的孔有通孔、不通孔、异形孔、螺孔和自攻螺钉的预孔等。在设计这些孔位时,应不影响注塑件的强度,并应尽量不增加模具制造的复杂性。孔与孔之间、孔与边缘之间的距离不应太小,否则在装配其他零件时孔的周围易破裂。当然,孔的设计不能使模具的抽芯运动产生干涉的现象,还应注意注塑件的"障碍体"对模具结构的影响。

1. 一般常见孔

对上述孔的设计要求有:

①孔的形状越简单越好,孔的形状复杂会造成模具型芯设计和制造的困难。

②孔与孔之间、孔与边缘之间的距离均应具有足够的距离,详见表 3-12。

表 3-12　热固性塑料件孔间距、孔边距与孔径的关系　　　　　　　　　　（mm）

孔径 d	—1.5	>1.5~3	>3~6	>6~10	>10~18	>18~30	
孔间距、孔边距 b	1~1.5	>1.5~2	>2~3	>3~4	>4~5	>5~7	

注:1. 热塑性塑料为表值的 75%,增强塑料取最大值。

　　2. 两孔径不一致时,按小孔径取值。

　　3. 孔径与孔的深度的关系见表 3-13。

表 3-13　塑料件最小孔径与最大孔深　　　　　　　　　　　　（mm）

成型方法	塑料名称	最小孔径 d	最大孔深	
			不通孔	通孔
压缩成型与压注成型	压缩粉	1.0	压缩:2d 压注:4d	压缩:4d 压注:8d
	纤维塑料	1.5		
	碎布塑料	1.5		
注射成型	聚酰胺(PA) 聚乙烯(PE) 软聚氯乙烯(LPVC)	0.2	4d	10d
	有机玻璃(PMMA)	0.25	3d	8d
	氯化聚醚(CPT) 聚甲醛(POM) 聚苯醚(PPC)	0.3	3d	8d
	硬聚氯乙烯(HPVC)	0.25		
	改性聚苯乙烯(HIPS)	0.3		
	聚碳酸酯(PC) 聚砜(PS)	0.35	2d	6d

2. 常见孔设计注意事项和复杂孔的成型方法

一些常见孔的设计应注意的事项见表 3-14。

表 3-14　常见孔的设计注意事项

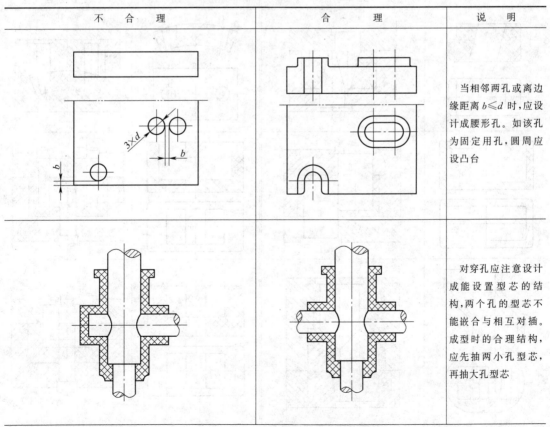

不　合　理	合　理	说　明
		当相邻两孔或离边缘距离 $b \leqslant d$ 时,应设计成腰形孔。如该孔为固定用孔,圆周应设凸台
		对穿孔应注意设计成能设置型芯的结构,两个孔的型芯不能嵌合与相互对插。成型时的合理结构,应先抽两小孔型芯,再抽大孔型芯

续表 3-14

不　合　理	合　理	说　明
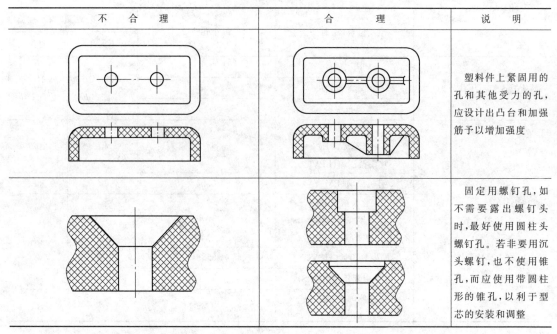		塑料件上紧固用的孔和其他受力的孔，应设计出凸台和加强筋予以增加强度
		固定用螺钉孔，如不需要露出螺钉头时，最好使用圆柱头螺钉孔。若非要用沉头螺钉，也不使用锥孔，而应使用带圆柱形的锥孔，以利于型芯的安装和调整

表 3-15 为几种较复杂孔的成型方法。

表 3-15　复杂孔的成型方法

孔　型	成 型 方 法	孔　型	成 型 方 法
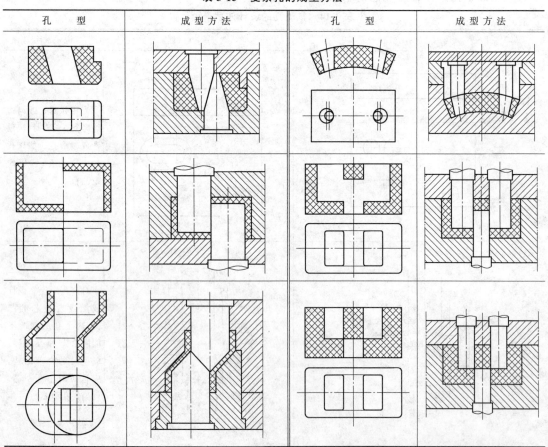			

3. 塑料件上与开、闭模方向平行的通孔和不通孔

这样的孔通常是依靠定模或动模上的型芯成型,并依靠定模或动模的开模运动进行抽芯。

(1)通孔 塑料件的通孔成型方法如图 3-10 所示,其中图 3-10(a)所示的型芯为单点式固定结构,在成型小径深孔时,受到熔体充模时的冲击易弯曲。型芯定位部分除了要与模具采用过盈配合外,还必须附设台阶起固定作用,其端面需要贴模才能消除另一端所产生的飞边。图 3-10(b)所示的型芯由两端对接的固定型芯组成,由于两型芯伸出的长度减少了一半,使型芯的稳定性增加。为减少对接两孔的同轴度误差,将一端型芯的直径制成比另一端型芯的直径大 0.5~1mm。图 3-10(c)所示的型芯为导向支撑双点式结构,其优点是提高了型芯的强度和刚度;但因 A 端导向部分的摩擦所造成的磨损会增大配合的间隙,造成塑料件的飞边。

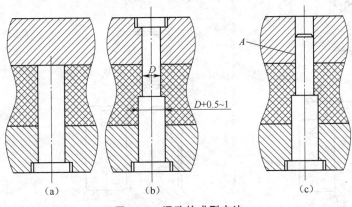

图 3-10 通孔的成型方法

螺孔的成型方法因直径大小而不同。大螺孔的成型可利用定、动模的开、闭模运动带动齿轮与齿条副运动,使成型后螺纹型芯机动抽芯;有些螺孔也可采取齿轮与齿条副运动进行成型和抽芯。小螺孔的成型则是利用螺纹型芯,手工抽芯。

(2)不通孔 塑料件的不通孔成型可以采用型芯为单点式固定结构。当孔小而深时,要防止型芯弯曲和折断。根据经验,注塑成型或压注成型的不通孔,孔的深度不得超过孔径的 4 倍;直径<1.5mm 的孔或深度太大的孔,可在塑料件成型后采用机械加工的方法进行补充加工,但在塑料件成型时,最好在孔位处制出定位浅窝。

(3)异形孔 对于斜孔和形状复杂的孔,可采用拼合型芯来成型,以避免侧向抽芯,具体详见表 3-15。

4. 塑料件上的侧向孔与侧面凸凹外形

塑料件上的侧向孔与侧面凸凹外形,它们的轴线方向垂直或倾斜于开、闭模方向。这类型孔一般采用手动、机械、液压及气动侧向抽芯机构进行成型和抽芯,应用最多的是侧型芯斜导柱滑块抽芯机构。表 3-16 为塑料件有侧面孔或侧面凸凹时的结构设计案例。

七、标记与表面彩饰

在塑料件上常需直接塑出文字、符号、花纹或装饰其他的图案,将其统称为标记。

1. 标记

文字、符号和图案具有三种不同的结构形式,如图 3-11 所示。文字、符号和花纹的设计要求如下。

表 3-16　塑料件上的侧面孔与侧面凸凹外形的设计方法

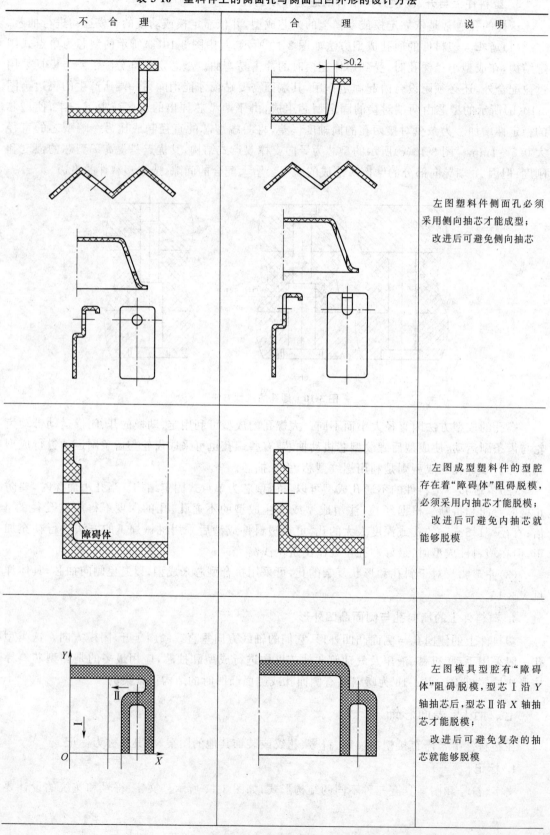

不　合　理	合　理	说　明
		左图塑料件侧面孔必须采用侧向抽芯才能成型； 　改进后可避免侧向抽芯
		左图成型塑料件的型腔存在着"障碍体"阻碍脱模，必须采用内抽芯才能脱模； 　改进后可避免内抽芯就能够脱模
		左图模具型腔有"障碍体"阻碍脱模，型芯Ⅰ沿 Y 轴抽芯后，型芯Ⅱ沿 X 轴抽芯才能脱模； 　改进后可避免复杂的抽芯就能够脱模

续表 3-16

不　合　理	合　理	说　明
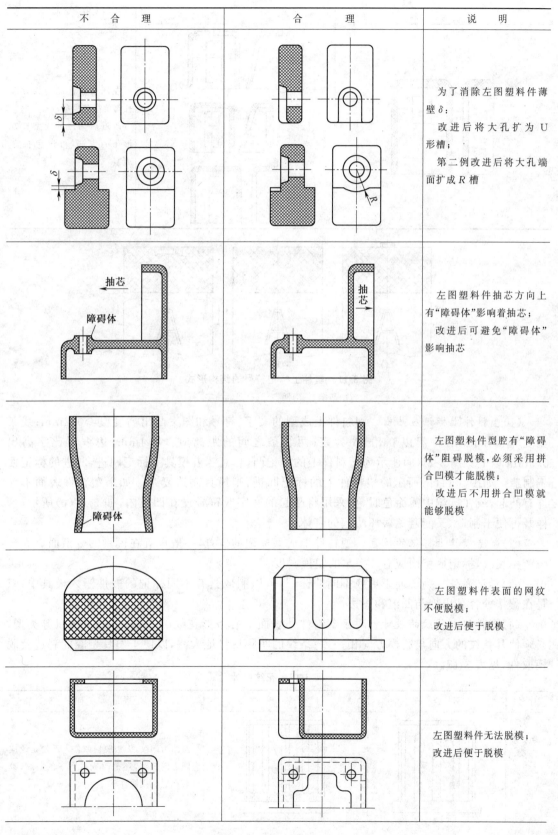		为了消除左图塑料件薄壁 δ： 改进后将大孔扩为 U 形槽； 第二例改进后将大孔端面扩成 R 槽
		左图塑料件抽芯方向上有"障碍体"影响着抽芯； 改进后可避免"障碍体"影响抽芯
		左图塑料件型腔有"障碍体"阻碍脱模，必须采用拼合凹模才能脱模； 改进后不用拼合凹模就能够脱模
		左图塑料件表面的网纹不便脱模； 改进后便于脱模
		左图塑料件无法脱模； 改进后便于脱模

续表 3-16

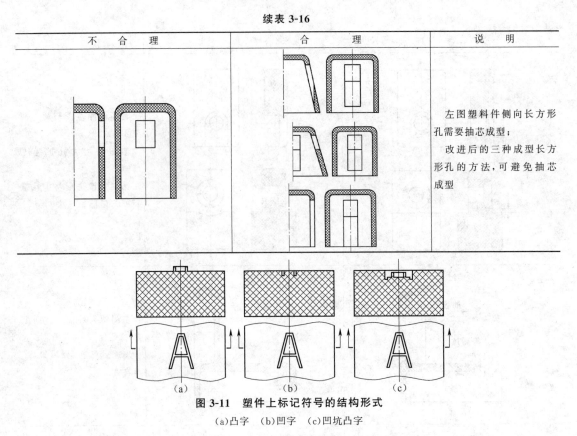

不　合　理	合　理	说　明
		左图塑料件侧向长方形孔需要抽芯成型； 改进后的三种成型长方形孔的方法，可避免抽芯成型

图 3-11　塑件上标记符号的结构形式

(a)凸字　(b)凹字　(c)凹坑凸字

（1）塑料件上标记应凸出　塑料件上成型的文字、符号和图案凸出高度应≥0.2mm；线条宽度应≥0.3mm，一般以 0.8mm 为宜；两线条之间的距离应≥0.4mm；边框可比字高出 0.3mm 以上。图 3-11(a)所示为塑料件上的标记凸出，意味着模具上标记凹进，凹进的标记便于制造。如图 3-11(b)所示的塑料件上的标记凹进，则模具制造复杂。如果塑料件表面不允许有凸起，或在标记中需涂色时，可采用将凸起的文字或符号设在凹坑内，如 3-11(c)所示，这样既可便于制造，又能避免碰坏凸起的字体。

（2）制造模具上标记的位置　塑料件上成型标记的位置，一般设置在模具的分型面。为预防产生裂纹，标记成型面应有 3°～5°的脱模斜度。

（3）标记嵌件　为了便于更换不同的标记，可以制成具有不同标记的嵌件镶入模具中；只是在镶接处容易出现凸凹痕和飞边。

（4）塑料件上花纹的设计　对于塑料外表面上有条形花纹的手轮、手柄及按钮等类型，必须使其条纹的方向与脱模方向相一致；条纹的间距尽量地大些，以便于模具型腔的制造及脱模取件，见表 3-17。

表 3-17　花纹设计

序号	不　合　理	合　理	说　明
1			左图为凹纹，无法脱模取件。无论是改成右图上的凹纹，还是改成右图下的凸纹，都可顺利地脱模取件

续表 3-17

序号	不　合　理	合　理	说　明
		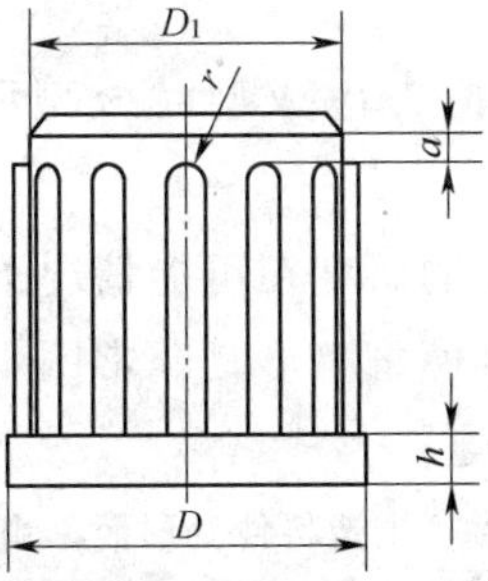 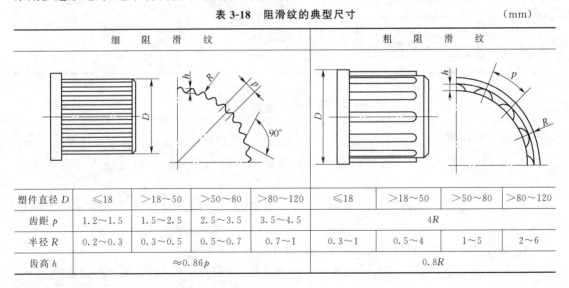	
2	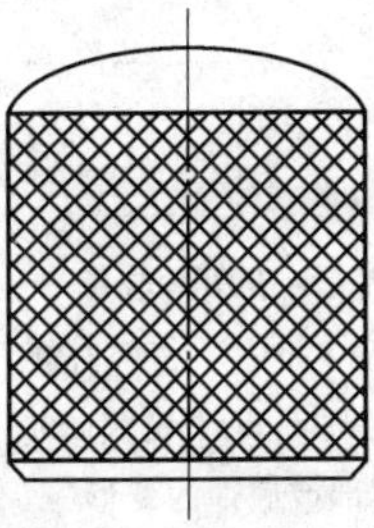	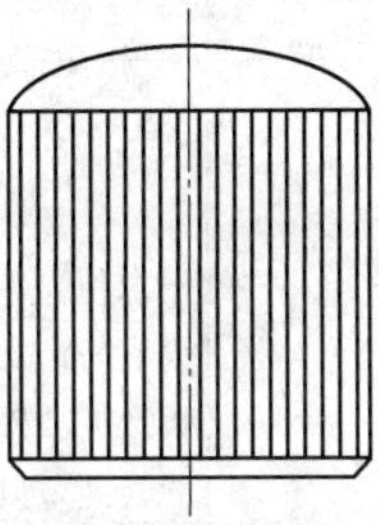	塑料件外表面上的网纹或直纹都是增加其摩擦力。网纹使模具的脱模取件困难，改用直纹后，塑料件可顺直纹方向脱模

（5）塑料件上花纹的尺寸　塑料件上花纹的尺寸如表 3-17 序号 1 中右下图所示，圆柱形高度 $h \geqslant 1mm$，直径 D 应大于筋条外接圆 D_1。筋条的上端应不与塑料件端部连通，其距离为 $r > 1mm$ 时，$a \geqslant r$；$r \leqslant 1mm$ 时，$a < 1mm$。

2. 旋转阻滑纹

瓶盖和旋钮等塑料件，为了防止在手旋动时的滑动，需要在其外周制出阻滑纹。除外轮廓采用多边形之外，通常制成表 3-18 的两种形式。

表 3-18　阻滑纹的典型尺寸　　　　　　　　　　（mm）

	细　阻　滑　纹				粗　阻　滑　纹			
塑件直径 D	≤18	>18~50	>50~80	>80~120	≤18	>18~50	>50~80	>80~120
齿距 p	1.2~1.5	1.5~2.5	2.5~3.5	3.5~4.5			$4R$	
半径 R	0.2~0.3	0.3~0.5	0.5~0.7	0.7~1	0.3~1	0.5~4	1~5	2~6
齿高 h		$\approx 0.86p$					$0.8R$	

3. 表面彩饰

塑料件表面彩饰后，一方面可掩盖其表面在成型过程中产生的疵点等缺陷，另一方面又可增加塑料件的美感，如家电、手机和电视机等塑料外壳表面的皮革纹、橘皮纹和麻纹等。表面彩饰还常用凹槽纹、菱形纹、芦饰纹、木纹、皮革纹和橘皮纹等形式。有些塑料件表面还采用彩印、胶印、丝网漏印和喷镀漆等表面彩饰。

4. 其他注意事项

（1）塑料件分型面　塑料件设计应考虑成型时分型面的位置，应尽量使分型面为简单平面。

（2）防止塑料件变形　塑料件出模的温度在可能情况下取允许的最高温度，这样塑料件脱模后变形很大。在自动化模压中，用冷模来整形是非常困难的。表 3-19 是为使塑料件的几何形状在出模后不易变形采用的防范措施。

表 3-19　为防止塑料件变形而采用的措施

简　　　图	说　　　明
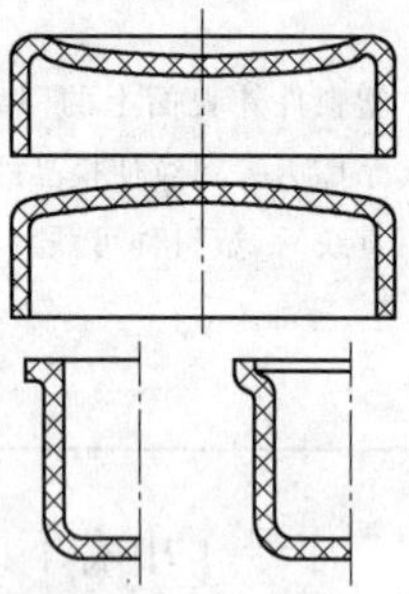	大型壳体的顶部或底部，由于塑料收缩各向异性的影响，很容易产生变形。设计时，如图示将壳体的底部设计成凹弧形或凸弧形，而壳体的顶部设计成台阶形。使之有伸缩的余地，可以避免壳体顶部或底部的变形
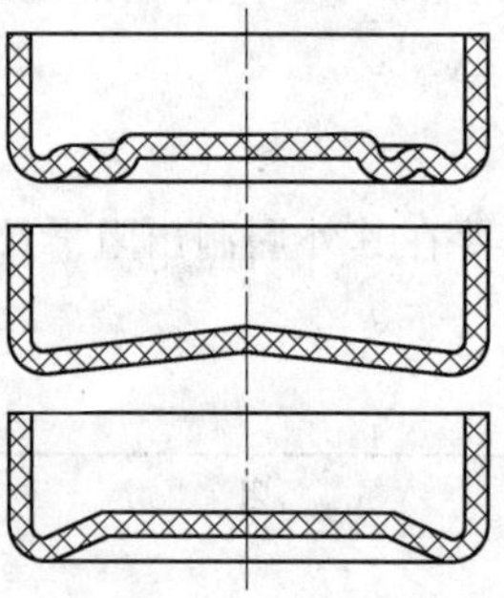	筒形件及桶形件的底部设计成有折曲的形状，可防止变形

复习思考题

1. 何谓脱模斜度？脱模斜度有何作用？叙述选择脱模斜度的原则和基准及其方向。

2. 为了改善塑料件壁厚，如何调整塑料件局部结构与尺寸？如何改进不合理的壁厚设计？

3. 叙述加强筋在塑料件中所起的作用，加强筋设计原则。设计加强筋应该注意哪些事项？

4. 如何设计支脚塑料件的支承面？如何设计塑料件的圆角？

5. 叙述塑料件上孔的类型，设计孔时应注意事项，塑料件的孔径、间距和孔边距的关系，复杂孔的成型方法与设计关系。

6. 何谓塑料件上的标记？其位置和标记有何要求？叙述塑料件标记与表面彩饰的设计要点。

第二节　塑料件上螺纹的设计

塑料件有多种螺纹联接的形式：有直接模塑成型的螺孔和螺杆的联接，有螺钉与螺母嵌件的联接，有螺纹过孔中的螺杆和螺母的联接，还有自攻螺孔与自攻螺钉的联接。本节重点介绍模塑成型的螺纹和自攻螺纹的设计。

一、塑料件上成型螺纹设计时应注意事项

①塑料件上螺纹牙型（特别是细牙）的强度较差，成型较为困难。

②螺孔注射成型时，由于螺纹型芯的存在，会导致螺纹处存在较高的内应力和螺孔处的熔接痕；而螺杆注射成型时，由于是螺纹型孔成型的，会导致螺纹处存在较高的内应力。所以，螺纹处的强度较其他地方的要低。

③塑料连接件在紧固后，会产生较高的内应力，所引发的蠕变会随时间的推移使塑料连接件的尺寸发生变化，同时也会导致连接强度不稳定。

④螺纹联接的塑料件之间紧固力的松弛，会使塑料件对气体或液体的密封性能逐渐失效，因此须附加弹性密封垫圈。

⑤在采用金属螺钉时，还需考虑热膨胀的问题。采用塑料螺纹联接紧固，如同不锈钢一样可用于高湿度和有腐蚀性的场合。

此外，塑料螺纹联接与其他连接方法结合使用，其效果会更好。如在粘接的塑料件中，螺纹联接可起到定位和夹紧的作用；同时，螺纹联接又起到了安全保障的作用。只是螺纹联接增加了塑料连接件的零件数量，并使其结构复杂化。

二、螺纹的模塑成型

塑料内螺纹或塑料外螺纹的联接，适用于需要电绝缘和化学阻抗的场合，并且没有热膨胀的问题；当然，意味着存在蠕变和松弛以及模塑成本较高的现象。使用于螺纹成型的塑料材料有 ABS、聚酰胺、聚丙烯、聚甲醛、聚四氟乙烯、聚酰亚胺及聚酯酰亚胺等。

目前，我国尚无统一的关于塑料件螺纹的标准，设计时可参考金属螺纹的相关标准，常用60°牙型角的三角螺纹（GB/T 192，193，196，197—2003；GB/T 15054.3，15054.4—1994）。塑料螺纹多用粗牙螺纹，且应有圆角结构以减小应力集中。英制管螺纹的牙型角为55°，牙顶也应有较大的圆角。用于螺纹密封的管螺纹分布在锥度为 1∶16 的圆锥管壁上。米制管螺纹的牙型角为60°，牙顶为平顶，螺纹也是分布在锥度为 1∶16 的圆锥管壁上。

1. 设计模塑螺纹应注意的要点和模塑螺纹的选用

（1）模塑螺纹应注意的要点　为了便于塑料螺纹的模塑成型，设计时应遵循的要点如下：

①直接成型塑料螺纹，塑料螺纹精度较低时，一般选用 GB/T 192，193，196，197—2003；GB/T 15054.3，15054.4—1994 中的 6～9 级。由于成型的型芯较易加工，模塑的内螺纹的精度可比外螺纹高 1 级。

②当螺纹大径＜1mm 或螺距＜1mm 时，不易采用塑料螺纹联接。

③螺纹的旋合长度一般在 1.5～2 倍的螺纹直径选取。

④螺纹的中径应有 0.1～0.4mm 的配合间隙，必要时在大径上设置 2.5°～4°的脱模斜度。

⑤塑料件上内、外螺纹的起始部位和结束部位应有 0.5mm 左右的过渡孔或台阶。牙的

始、终端不得有突变,以防螺牙崩裂并有利于旋合。

作传动用途的螺纹有矩形螺纹、梯形螺纹和锯齿螺纹,螺杆一般配用金属件;而螺母可用金属嵌件,也可选用聚酰胺、浇注(MC)型聚酰胺、氯化聚醚或聚甲醛及 ABS 等塑料。塑料件上的螺纹可以直接进行模塑成型,也可以采用后机械加工成型。在经常装拆和受力较大的条件下,应当采用金属嵌件作螺母。

(2)模塑螺纹的选用　模塑螺纹应选用螺距较大的螺纹,螺纹直径较小的更应选用粗牙螺纹。特别是对纤维或布填料模塑成型螺纹来说,因其牙尖端部分常被强度不高的树脂所填充,更不应该选用细牙螺纹。模塑螺纹的选用详见表 3-20。

表 3-20　模塑螺纹的选用范围

螺纹公称直径/mm	螺　纹　种　类					螺纹公称直径/mm	螺　纹　种　类				
	公制标准螺纹	3级细牙螺纹	4级细牙螺纹	5级细牙螺纹	6级细牙螺纹		公制标准螺纹	3级细牙螺纹	4级细牙螺纹	5级细牙螺纹	6级细牙螺纹
<3	√	×	×	×	×	10～18	√	√	√	√	×
3～6	√	×	×	×	×	18～30	√	√	√	√	×
6～10	√	×	×	×	×	30～50	√	√	√	√	√

注:表中"√"表示可选用螺纹,"×"表示不可选用螺纹。

因为塑料螺纹的机械强度比金属螺纹低 5～10 倍,并且成型中螺距易于变形,因此,塑料螺纹的螺距不小于 0.7mm,直径不小于 2mm;压缩成型的螺纹,直径不小于 3mm。塑料螺纹与金属螺纹的旋合长度,一般不大于螺纹直径的 1.5～2 倍,即以 7～8 个牙齿为好。否则,会因塑料的收缩而引起塑料螺距小于与之旋合的金属螺纹的螺距,造成旋合困难、塑料螺纹的损坏及联接强度的下降。

2. 塑料螺纹直接成型的方法

(1)塑料螺纹主体直接成型的方法

①内螺纹可以采用螺纹型芯或螺纹环成型,如图 3-12 所示。成型后,可通过人工旋离进行脱模,也可通过齿条、圆柱齿轮和锥齿轮副的传动旋离脱模,还可通过气动或液压传动旋离脱模。

②外螺纹采用两半的螺纹型腔结构成型,此法成型的螺纹在分型面之间存在着无法剔除的飞边,影响着螺纹成型的精度,但成型效率高。

③对于要求不高的螺纹,如瓶盖螺纹,运用软塑料成型时,可采用强制脱模。此时,螺纹牙齿断面要设计得浅一些,且呈梯形断面,如图 3-12 所示。为了防止螺孔端面的牙齿崩裂或变形,应在螺纹型环的螺孔端面和根部上制有台阶圆柱孔,如图 3-13 所示。端面上的台阶圆柱孔,还可起螺杆旋合时的导向作用。同理,螺纹型芯的端面和根部也必须制有台阶圆柱,如图 3-14 所示。

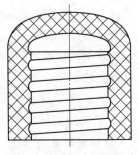

图 3-12　能强制脱模的圆牙螺纹结构

(2)塑料件上螺纹始末端及过渡部分的尺寸　螺纹的始端和终端应逐渐开始和结束,存在着一段过渡长度,其值按表 3-21 选取。

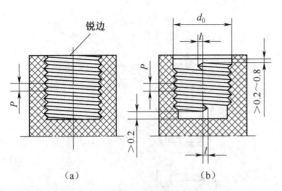

图 3-13　塑料内螺纹的正误形状

(a)不正确　(b)正确

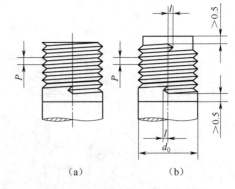

图 3-14　塑料外螺纹的正误形状

(a)不正确　(b)正确

表 3-21　塑料件上螺纹始末端过渡部分的长度　　　　　　　　　　（mm）

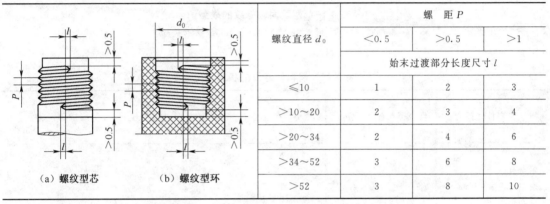

螺纹直径 d_0	螺 距 P		
	<0.5	>0.5	>1
	始末过渡部分长度尺寸 l		
$\leqslant 10$	1	2	3
$>10\sim20$	2	3	4
$>20\sim34$	2	4	6
$>34\sim52$	3	6	8
>52	3	8	10

注:始末部分长度相当于车制金属螺纹型芯或型腔的退刀长度。

　　塑料螺纹始末部分的尺寸,可参考表 3-22 来设计。

表 3-22　塑料螺纹始末部分的尺寸　　　　　　　　　　（mm）

螺纹直径 d_0	螺 距 P		
	~1	$>1\sim2$	>2
	始末部分长度尺寸 l		
~10	2	3	4
$>10\sim20$	3	4	5
$>20\sim30$	4	6	8
$>30\sim40$	5	8	10

(a)螺纹型芯　(b)螺纹型环

　　(3)同轴线的两段螺纹结构　同一螺纹型芯或型环若有两段螺纹所构成的结构,应使两段螺纹的旋向相同以及螺距相等,如图 3-15(a)所示;否则,无法将型芯或型环从塑料件上旋下来。当两段螺纹的螺距不等或旋向不同时,就需要采用两个彼此独立的型芯或型环组合式结构,成型后分别从塑料件上旋下来,如图 3-15(b)所示。

　　塑料件螺纹的极限尺寸见表 3-23。

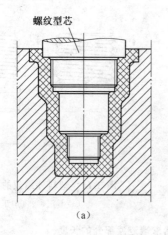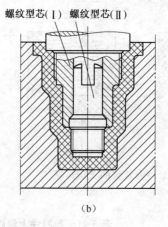

图 3-15　两段同轴螺纹的成型

(a)旋向相同、螺距相等　(b)旋向不同或螺距不等

表 3-23　塑料件螺纹的极限尺寸

塑料件材料	最小螺孔直径 d/mm	最小螺杆直径 d_1/mm	最大螺孔深度	最大螺杆长度	
				$d_1 \leqslant 5$mm	$d_1 > 5$mm
聚酰胺	2	3	$3d$	$1.5d_1$	$2d_1$
聚甲基丙烯酸甲酯	2	3	$3d$	$1.5d_1$	$3d_1$
聚碳酸酯	2	2	$3d$	$2d_1$	$4d_1$
氯化聚醚	2.5	2	$3d$	$2d_1$	$3d_1$
改性聚苯乙烯	2.5	2	$3d$	$2d_1$	$3d_1$
聚甲醛	2.5	2	$3d$	$2d_1$	$3d_1$
聚砜	3	3	$3d$	$2d_1$	$3d_1$

注:1. 热固性塑料的内外螺纹直径≥3mm,螺纹长度≥1.5d,螺距应>0.5mm。

2. 螺纹精度一般不超过 GB/T 197—2003 规定的公差等级 5 或 6 级。

（4）塑料收缩率波动时螺纹的旋合长度　螺纹较长时,必须考虑到螺距方向的收缩,表 3-24 为塑料收缩率波动 0.4% 和 0.1% 时,模塑螺纹的旋合长度。

表 3-24　塑料收缩率波动 0.4% 和 0.1% 时,模塑螺纹的旋合长度　　　　（mm）

$d(D)$	P	当 k 为下值时的 l		$d(D)$	P	当 k 为下值时的 l		$d(D)$	P	当 k 为下值时的 l	
		0.004	0.001			0.004	0.001			0.004	0.001
4	0.7	12	15		2.5	25	41		4.5	25	62
5	0.8	14	17	20	2.0	20	36	42	3.0	11	46
6	1.0	18	22		1.5	11	28		2.0	—	37
	0.75	15	20		1.0	5	22		1.5	—	28

续表 3-24

$d(D)$	P	当 k 为下值时的 l		$d(D)$	P	当 k 为下值时的 l		$d(D)$	P	当 k 为下值时的 l	
		0.004	0.001			0.004	0.001			0.004	0.001
8	1.25	19	26		3.0	30	49	48	5.0	24	63
	1.0	14	20		2.0	15	36		3.0	—	44
	0.75	11	18	24	1.5	7	26		2.0	—	35
10	1.5	23	30		1.0	—	20		1.5	—	27
	1.25	18	25		3.5	28	52	56	5.5	18	64
	1.0	16	24		2.0	17	42		4.0	8	49
12	1.75	20	30	30	1.5	8	33		3.0	—	44
	1.5	19	28		1.0	—	27		2.0	—	36
	1.25	14	23		4.0	26	55		1.5	—	27
	1.0	13	22		3.0	18	48	64	6.0	14	65
16	2.0	24	36	36	2.0	9	36		4.0	—	51
	1.5	14	27						3.0	—	42
	1.0	8	21		1.5		30		2.0	—	34
									1.5	—	25

注：d——公称尺寸；P——螺距；k——收缩率波动；l——最大旋合长度。

不考虑塑料收缩时，塑料螺纹对金属螺纹的配合可旋入螺纹数见表3-25。

表3-25　不考虑塑料收缩时，塑料螺纹对金属螺纹的配合可旋入螺纹数

螺纹大径 /mm	螺距 /mm	成型收缩率/(mm/mm)				螺纹大径 /mm	螺距 /mm	成型收缩率/(mm/mm)			
		0.002	0.005	0.008	0.01			0.002	0.005	0.008	0.01
M4	0.7	46	18	12	9						
M5	0.8	43	17	10	8.5	M8	1.25	34	14	8.5	7
M6	1.0	38	15		7.5	M10	1.6	30	12	6	6

（5）内、外螺纹公差带　设计塑料螺纹时，其内、外螺纹公差带应根据表3-26和表3-27来选取。

表3-26　外螺纹选用公差带

精度	旋合长度					
	S(短)		N(中)		L(长)	
中等	(5g6g)	(5h6h)	6g	6h	(7g6g)	7h6h
粗糙	—		8g	—	(9g8g)	—

表3-27　内螺纹选用公差带

精度	旋合长度					
	S(短)		N(中)		L(长)	
中等	(5G)	5H	6G	6H	(7G)	7H
粗糙	—	—	(7G)	7H	(8G)	8H

（6）塑料件上的螺纹与非金属螺纹的旋合　塑料件上的螺纹若与玻璃、塑料、橡胶和木质等非金属螺纹旋合时，常采用圆螺纹或特型螺纹等特殊螺纹。这是因为有较大的配合间隙，旋合较容易。如果成型聚乙烯和聚苯乙烯等软塑料螺纹时，可以不用旋拧螺纹型芯或螺纹型环脱模，而是可以从螺纹型芯或螺纹型环上进行强制脱模。

当旋合长度为S和L时，允许采用旋合长度为N的公差带；旋合长度为N，精度为粗糙

级,螺距 $P<0.8$mm 的螺纹,其公差带为 8h 和 6h;螺距 $P\geqslant0.8$mm,公差带为 8h。塑料螺纹的始端(螺头)和末端(螺尾),与金属螺纹不同,应符合图 3-16 所示的尺寸和图 3-17 所示的结构。

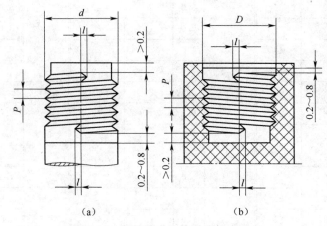

图 3-16　螺纹始末端的过渡结构尺寸

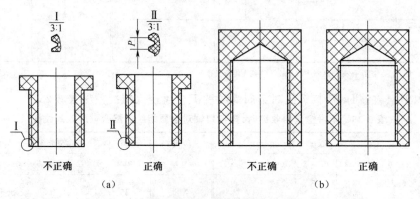

图 3-17　塑料螺纹始端和末端的结构形式

(a)螺纹始端　(b)螺纹末端

3. 螺纹型芯及螺纹型环部分尺寸计算

塑料螺纹直接成型的螺纹型芯和螺纹型环部分尺寸计算见表 3-28。

表 3-28　螺纹型芯及螺纹型环部分尺寸计算　　　　　　　　（mm）

公称尺寸部分		简　　图	计　算　式
螺纹型环	大径 $D_0^{+\delta}$		$D_0=\left[d_0(1+S)-\dfrac{3}{4}a\right]_0^{+\delta}$
	中径 $D_m^{+\delta}_0$		$d\leqslant10$: $D_m=\left[d_m(1+S)-\dfrac{1}{2}b\right]_0^{+\delta}$
			$d>10$: $D_m=\left[d_m(1+S)-\dfrac{3}{4}b\right]_0^{+\delta}$
	小径 $D_i^{+\delta}_0$		$D_i=\left[d_i(1+S)-\dfrac{3}{4}c\right]_0^{+\delta}$

续表 3-28

公称尺寸部分		简　图	计　算　式
螺纹型芯	大径 $D'^{+\delta}_0$		$D'_0 = \left[d_0(1+S) + \dfrac{3}{4}a \right]^0_{-\delta}$
	中径 $D'^{\,0}_{m-\delta}$		$d \leqslant 10$： $D'_m = \left[d_m(1+S) + \dfrac{1}{2}b \right]^0_{-\delta}$ $d > 10$： $D'_m = \left[d_m(1+S) + \dfrac{3}{4}b \right]^0_{-\delta}$
	小径 $D'^{\,0}_{i-\delta}$		$D'_i = \left[d_i(1+S) + \dfrac{3}{4}c \right]^0_{-\delta}$

螺距 $P' \pm \delta$		$P' = P(1+S) \pm \delta'$ 螺距公差 δ' 值

螺纹直径	配合长度	δ'
M3～M10	<12	0.01～0.03
M12～M22	12～20	0.02～0.04
M24～M68	>20	0.03～0.05

注：1. 表中各式：

D_0——螺纹型环大径(mm)；

D'_0——螺纹型芯大径(mm)；

D_m——螺纹型环中径(mm)；

D'_m——螺纹型芯中径(mm)；

D_i——螺纹型环小径(mm)；

D'_i——螺纹型芯小径(mm)；

d_0——螺纹大径(mm)；

d_m——螺纹中径(mm)；⎫指塑件

d_i——螺纹小径(mm)；⎭

P'——螺纹型环或型芯螺距(mm)；

P——塑料件螺纹螺距(mm)；

a——塑料件螺纹大径公差(mm)；

b——塑料件螺纹中径公差(mm)；

c——塑料件螺纹小径公差(mm)；

S——塑料的平均成型收缩率(mm/mm)；

δ——螺纹型环或型芯的直径制造公差(mm)；一般取：大径 $\delta = \dfrac{a}{4}$，中径 $\delta = \dfrac{b}{5}$，小径 $\delta = \dfrac{c}{4}$。

2. 用同一品种的塑料制作的相互配合的螺孔和螺纹，可以不考虑收缩。

3. 当塑料件螺纹与金属件配合时，应考虑螺距的收缩；如不考虑塑料收缩时，其可以旋入的螺纹数，见表 3-25。

【例 3-1】　在塑料件上制螺孔，预计平均收缩率为 0.8%，螺孔为 M12、螺孔中径为 $\phi10.863$mm、小径为 $\phi10.106$mm、螺距为 $P = 1.75$mm，计算螺纹型芯的尺寸。

【解】　①M12 螺纹大径、中径和小径公差分别为：$a = 0.38$mm，$b = 0.222$mm，$c = 0.28$mm。

②由表 3-28 中公式计算各值如下：

型芯大径 $D_0' = \left[12 \times (1 + 0.008) + \dfrac{3}{4} \times 0.38 \right]_{-\frac{0.38}{4}}^{0} = \phi\,12.38_{-0.095}^{0}$ (mm)；

型芯中径 $D_m' = \left[10.863 \times (1 + 0.008) + \dfrac{3}{4} \times 0.222 \right]_{-\frac{0.222}{5}}^{0} = \phi\,11.12_{-0.044}^{0}$ (mm)；

型芯小径 $D_i' = \left[10.106 \times (1 + 0.008) + \dfrac{3}{4} \times 0.28 \right]_{-\frac{0.28}{4}}^{0} = \phi\,10.40_{-0.07}^{0}$ (mm)；

型芯螺距 $P' = [1.75 \times (1 + 0.008)] \pm 0.02 = 1.764 \pm 0.02$ (mm)。

三、自攻螺孔的设计

在大批量的电气、仪表和电子产品的生产装配中，自攻螺钉的联接固定方法被大量使用，因为该方法用的零件最少、成本低和联接固定方法快捷。该方法可以不使用垫圈和嵌件，或采用与垫圈组合在一起的特型螺钉。

1. 自攻螺孔的技术术语

（1）底孔　底孔是指用模塑或钻削方法在塑料件孔座上成型或加工出能够接纳自攻螺钉的预制孔。底孔的直径比自攻螺钉的大径要小，又比自攻螺钉的小径要大。底孔的结构形式有可排屑的通孔型和不通孔型两种，如图 3-18 所示。螺钉通过其中一个塑料件通孔后再旋入另一个塑料件底孔，此时的螺栓大径与塑料件过孔的间隙 $Z = 0.25$ mm。

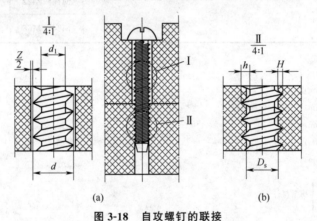

图 3-18　自攻螺钉的联接
(a)通过间隙孔　(b)攻旋的不通孔

$\dfrac{Z}{2}$—— 半径上的间隙；d—— 螺钉大径；d_1—— 螺钉小径；

h—— 螺纹高度；H—— 螺钉的径向深度；D_s—— 孔座上底孔的内径

（2）啮合长度　啮合长度是指螺钉轴线方向旋入底孔的螺纹部分的长度，其中也包括刮削部分的螺纹长度，也称为旋入长度。

（3）作用深度　如图 3-18 所示，H 为螺钉旋入到底孔壁的径向深度，d 为自攻螺钉的大径，D_s 为孔座上底孔的内径，d_1 是螺钉的螺纹小径，其作用深度：

$$H = \left(\frac{d - D_s}{d - d_1} \right) \times 100\% \qquad \text{（式 3-4）}$$

其螺钉螺纹半径方向的深度 $u = 0.5(d - D_s)$。

（4）自攻螺钉的工作过程　自攻螺钉由间隙孔引导，插入到另一连接件底孔中，刮削或挤压螺纹牙型。螺钉到位后，使两连接件接触。当达到最大旋进力矩后，在少量旋紧中，力矩较快上升,螺钉受到拉伸,被连接件受到预紧压缩负荷。此时,底孔周围材料受到螺纹的挤压,超过塑料屈服强度直至破坏。

2. 自攻螺钉类型

自攻螺钉分挤压型和刮削型两类。

(1)挤压类自攻螺钉　是以钢制螺纹对塑料件底孔进行挤压,挤塑成内螺纹后与旋进的自攻螺钉相旋合。此时的塑料被挤压成的螺纹牙齿对螺钉的旋退有很大的阻抗力矩,同时也存在着很大的残余应力。挤压类自攻螺钉主要用于弹性模量较小的塑料连接构件,该类螺钉的末端存在着 C 型的锥端和 F 型的平端。自攻螺钉用渗碳钢制造,表面硬度应>45HRC,其表面做镀锌纯化处理。对于塑料材料和木板具有足够的硬度和刚度。自攻螺钉用螺纹(GB/T 5280—2002)见表 3-29,自攻螺钉的力学性能见 GB/T 3098.5—2016。

表 3-29　自攻螺钉用螺纹　　　　　　　　　　(mm)

螺纹规格		ST 1.5	ST 1.9	ST 2.2	ST 2.6	ST 2.9	ST 3.3	ST 3.5	ST 3.9	ST 4.2	ST 4.8	ST 5.5	ST 6.3	ST 8	ST 9.5
$P\approx$		0.5	0.6	0.8	0.9	1.1	1.3	1.3	1.3	1.4	1.6	1.8	1.8	2.1	2.1
d_1	max	1.52	1.90	2.24	2.57	2.90	3.30	3.53	3.91	4.22	4.80	5.46	6.25	8.00	9.65
	min	1.38	1.76	2.10	2.43	2.76	3.12	3.35	3.73	4.04	4.62	5.28	6.03	7.78	9.43
d_2	max	0.91	1.24	1.63	1.90	2.18	2.39	2.64	2.92	3.10	3.58	4.17	4.88	6.20	7.85
	min	0.84	1.17	1.52	1.80	2.08	2.29	2.51	2.77	2.95	3.43	3.99	4.70	5.99	7.59
d_3	max	0.79	1.12	1.47	1.73	2.01	2.21	2.41	2.67	2.84	3.30	3.86	4.55	5.84	7.44
	min	0.69	1.02	1.37	1.60	1.88	2.08	2.26	2.51	2.69	3.12	3.68	4.34	5.64	7.24
c	max	0.1	0.1	0.1	0.1	0.1	0.1	0.1	0.1	0.1	0.15	0.15	0.15	0.15	0.15
y 参考	C 型	1.4	1.6	2.0	2.3	2.6	3.0	3.2	3.5	3.7	4.3	5.0	6.0	7.5	8.0
	F 型	1.1	1.2	1.6	1.8	2.1	2.5	2.5	2.7	2.8	3.2	3.6	3.6	4.2	4.2
号码No		0	1	2	3	4	5	6	7	8	10	12	14	16	20

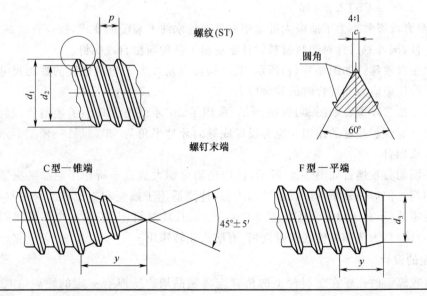

注:y 系不完整螺纹的长度,"号码"供参考。

标记示例:自攻螺钉 GB/T 5280　ST3.5。

①十字槽盘头自攻螺钉（GB/T 845－1985）、十字槽沉头自攻螺钉（GB/T 846－1985）和十字槽半沉头自攻螺钉（GB/T 847－1985）。螺纹规格 ST3.5、公称长度 $l=16mm$、H 型槽、镀锌纯化的 C 型十字槽盘头自攻螺钉、十字槽沉头自攻螺钉和十字槽半沉头自攻螺钉的标记：

自攻螺钉　GB/T 845 ST3.5×16，自攻螺钉　GB/T 846 ST3.5×16，自攻螺钉　GB/T 847 ST3.5×16。

②开槽盘头自攻螺钉（GB/T 5282－1985）、开槽沉头自攻螺钉（GB/T 5283－1985）和开槽半沉头自攻螺钉（GB/T 5284－1985）。螺纹规格 ST3.5、公称长度 $l=16mm$、H 型槽、镀锌纯化的 C 型开槽盘头自攻螺钉、开槽沉头自攻螺钉和开槽半沉头自攻螺钉的标记：

自攻螺钉　GB/T 5282 ST3.5×16，自攻螺钉　GB/T 5283 ST3.5×16，自攻螺钉　GB/T 5284 ST3.5×16。

③六角头自攻螺钉（GB/T 5285－1985）和十字槽凹穴六角头自攻螺钉（GB/T 9456－1988）。螺纹规格 ST3.5、公称长度 $l=16mm$、表面镀锌纯化的 C 型六角头自攻螺钉和十字槽凹穴六角头自攻螺钉的标记：

自攻螺钉　GB/T 5285 ST3.5×16，自攻螺钉　GB/T 9456 ST3.5×16。

（2）刮削类自攻螺钉　刮削类自攻螺钉具有丝锥刀具的功能，也称为螺丝攻。该类螺钉的头几牙开设有切削槽，在攻旋刮削时会对塑料进行切削。对于塑料件上不通孔来说，要留有足够的容屑空间。因为有刮削成型的塑料螺纹过程，所以紧固后的塑料螺纹及其周围残余应力较小。为了保证联接强度，设计时应具备合理的旋合长度，即螺纹孔的深度尺寸应大一些。特别需要注意的是在重新装配螺钉时，要防止乱牙（也可称为乱扣）。

GB/T 13806.2－1992《精密机械用紧固件　十字槽自攻螺钉　刮削端》。螺纹规格 ST2.2、公称长度 $l=16mm$、镀锌纯化的 A 型十字槽盘头自攻螺钉、刮削端，B 型十字槽沉头自攻螺钉、刮削端和 C 型槽半沉头自攻螺钉、刮削端的标记：

自攻螺钉　GB/T 13806.2 ST2.2×16，自攻螺钉　GB/T 13806.2 BST2.2×16，自攻螺钉　GB/T 13806.2 CST2.2×16。

（3）新型自攻螺钉　为了适应大批量塑料件在流水线上装配的要求，提高自攻螺钉的联接质量和耐久性，国外专门针对塑料材料设计制造出了各种新型自攻螺钉。

①宽螺距自攻螺钉如图 3-19（a）所示，其结构特点是增大了塑料螺纹的螺距尺寸，减小了挤压螺纹时的压缩应力和旋合时的残余应力。

②小牙型角自攻螺钉如图 3-19（b）所示，采用了 30°牙型角。减小了牙型角，起到了增加塑料螺纹牙型宽度和强度的作用。也有设计成导向牙型半角为 35°，而另一牙型半角为 10°的小牙型角自攻螺钉。

③带垫圈的自攻螺钉如图 3-20 所示，使用垫圈可加大负载于所作用制品的夹紧部位，适用于脆性塑料。使用弹簧垫圈可以预紧和防松，特别适用于蠕变和冷流较明显的材料。但却增加了装配零件，不利于快速装配。图 3-20（a）所示自攻螺钉，其头部本身带有垫圈；图 3-20（b）所示自攻螺钉，为垫圈结构底面带锯齿，有防松止转作用。

3. 孔座的设计

旋入自攻螺钉的孔座在塑料件上的位置应离制品周边壁厚有一定的距离，如图 3-21 所示。孔座或用筋与周边相连，或用双筋与周边相连，或让独立的孔座用角板筋增强。只有如此才能有效避免孔座坐落在塑料件的周边上，引起壁厚过大及不均匀，成型后产生凹陷、缩痕和气泡等缺陷;另外还有利于两件连接件接触面的定位和均匀地并紧。

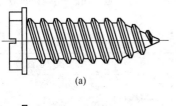

(a)

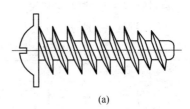

(a)

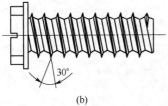

(b)

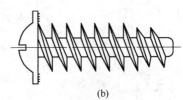

(b)

图 3-19　改进型的自攻螺钉

(a)宽螺距　(b)小牙型角

图 3-20　带垫圈的自攻螺钉

(a)带边圈　(b)带防松锯齿

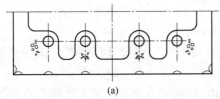

(a)

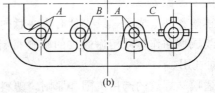

(b)

图 3-21　孔座的位置

A——双筋与边壁相连;B——用筋与边壁相连;C——独立的孔座

如图 3-22 所示孔座的加强筋,一般设置为三条或者四条,筋条增强了孔座抗扭和抗弯的刚度,也有利于塑料件的注射成型。一般孔座的外径取螺钉公称直径的 2.5～3 倍,孔座壁厚不能太薄,否则在攻旋力矩和压缩负载的作用下会产生变形;当然也不能太厚,太厚会在成型时产生凹陷、缩痕和气泡等缺陷。

为了防止应力集中及提高孔座的强度且有利于模塑成型,孔座与加强筋的根部都应设计成圆角连接。同时孔座的外形和底孔都必须有一定的脱模斜度。此外还需注意:不通孔的深度过短,会造成孔的底部过厚,使其产生凹陷、缩痕和气泡等缺陷;过高的孔座和过深的底孔,又会使悬臂成型的型芯过于细长而产生偏移和弯曲变形,造成使用寿命的缩短,过高的孔座还会造成脱模困难。一般不通孔的底部应等于或小于平均壁厚;在满

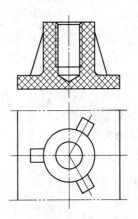

图 3-22　孔座与加强筋度

足旋合深度和确保连接强度的前提下,尽可能减少不通孔的深度。热塑性塑料底孔的孔径和不通孔的深度见表 3-30。

表 3-30　C 型和 F 型自攻螺钉用热塑性塑料的底孔　　　　　　　　　　　（mm）

螺钉规格	ST2.2	ST2.9	ST3.5	ST3.9	ST4.2	ST4.8	ST5.5	ST6.3
标准深度孔径	1.78	2.36	2.90	3.17	3.43	3.91	4.57	5.53
不通孔最小深度	6.5	6.5	6.5	8.0	8.0	8.0	10	16

在设计自攻螺钉联接的机构时，一般要先选择自攻螺钉的型号和尺寸，然后再设计相关塑料件在连接部位有关形式结构和尺寸，即孔底和加强筋、通孔及不通孔的深度比例等参数。孔底的设计，可参照表 3-31 的数据进行。

表 3-31　紧固支座典型尺寸　　　　　　　　　　　（mm）

简　图	固定部分尺寸			脱模斜度
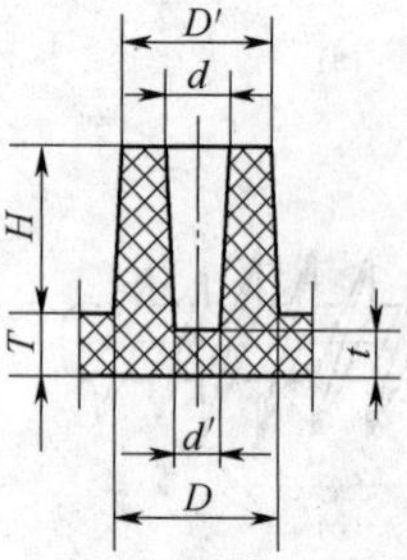	T	2.5～3.0	3.5	
	D	7	7	8	
	D'	6	6.5	7	
	t	$T/2$ 或 1.0～1.5			$\dfrac{0.5(D-D')}{H}=\dfrac{1}{30}\sim\dfrac{1}{20}$
	d	2.6		
	d'	2.3		

注：表中数据适用于自攻螺钉 M3，$H<30$mm 为宜。

复习思考题

1. 叙述塑料件上成型螺纹设计时应注意的事项。

2. 螺纹成型和作传动用途螺纹的塑料材料有哪些？叙述设计模塑螺纹应注意的要点和模塑螺纹的选用。

3. 叙述模塑螺纹的选用范围和原则。塑料内、外螺纹直接成型的方法有几种？

4. 叙述塑料件上同轴线两段螺纹结构的要求。

5. 叙述自攻螺孔类型和自攻螺钉的工作过程，自攻螺钉底孔、啮合长度和作用深度的定义。

第三节　塑料齿轮的设计

工业产品和日用品，有时采用精度和强度要求都不太高的塑料传动齿轮。由于塑料齿轮具有质量轻、弹性模量小和惯性小的特点；在同等制造精度的条件下，所产生的传动噪声比钢和铸铁小；而且抗腐蚀能力强，能在无润滑条件下长时间工作；具有制造周期短、成本低的优点；所以，塑料齿轮不但用于精密机械齿轮的传动，而且在通用机械、电子工业、家用电器、办公设备等方面广泛地使用，并正在逐步地应用到较大功率的机械传动中。

一、塑料齿轮的模塑成型

塑料齿轮一般都是采用注射成型，目前大量成型的是模数＜1.5mm 的小模数齿轮。对于大模数塑料齿轮，常采用热压成型或切削加工成型，在成型之后需要进行后处理。

1. 塑料齿轮的结构设计

塑料齿轮设计的基本要求是：壁厚均匀、形状对称。壁厚不均匀会导致收缩不均匀，产生残余应力、凹陷和缩孔等缺陷。齿顶圆＜50mm，齿轮宽度为 1.5～3.5mm 的齿轮，一般采用薄片式结构。尺寸较大的齿轮，可采用在轮辐板上设置减轻孔的整体辐板式结构，如图 3-23 所示。因为辐板的收缩变形会影响到齿形的精度，最终不均匀的变形会影响到齿轮的啮合质量，所以辐板结构布局应当注意对称性。

无论是双联齿轮还是三联齿轮,或是齿轮与带轮的组合,都应该将齿廓置于齿轮内的一侧,以确保壁厚的均匀一致性,如图 3-24 所示。

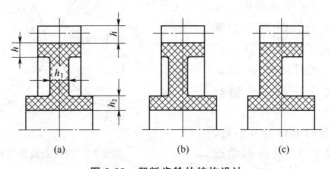

图 3-23 塑料齿轮的结构设计

(a)对称辐板 (b)偏向一侧 (c)偏向一端

h——全齿高;$h_1 \geqslant 1.1h$;$h_2 \geqslant 1.1h$

对于薄型齿轮,厚度不均匀能引起齿廓歪斜,用无毂、无轮缘的齿轮可以很好地改善这种情况。但如在辐板上有大的孔,如图 3-25(a)所示,因为孔在成型时很少向中心收缩,会使齿轮歪斜;如果用图 3-25(b)所示的形式即轮毂和轮缘之间采用薄筋,则能保证轮缘向中心收缩。由于塑料的收缩关系,一般只宜用收缩率相同的塑料齿轮相互啮合。

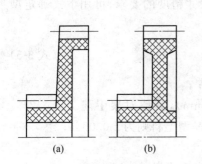

图 3-24 双联齿轮的设计

(a)不正确 (b)壁厚均匀一致

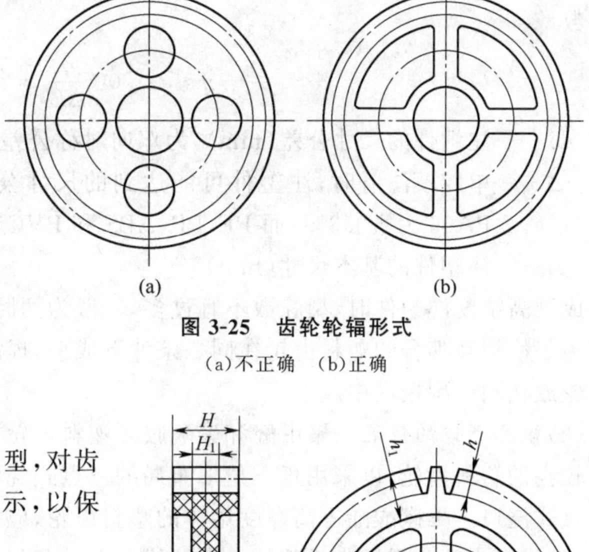

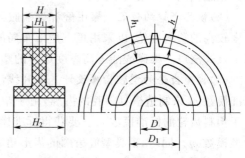

图 3-25 齿轮轮辐形式

(a)不正确 (b)正确

2. 齿轮各部尺寸的规定

为了使塑料齿轮适应注射模塑成型,对齿轮各部尺寸作如下规定,如图 3-26 所示,以保证轮缘、辐板和轮毂有相应的厚度。

①轮缘宽度 h_1 最小是齿高 h 的 3 倍;

②辐板厚度 H_1 应等于或小于轮缘厚度 H;

③轮毂厚度 H_2 等于或大于轮缘厚度 H;

④轮毂外径 D_1 最小应为轴孔直径 D 的1.5 倍;

⑤轮毂厚度 H_2 应相当于轴径 D。

图 3-26 齿轮各部尺寸

在设计塑料齿轮时还应注意为了减小尖角处的应力集中及齿轮在成型时应力的影响,应

尽量避免截面的突然变化,对于圆角及
弧度处应尽可能加大;为了避免装配时
产生应力,轴与孔应尽可能不采用过盈
配合,可采用过渡配合。图 3-27 为轴
与孔采用过渡配合的形式,其中图 3-27
(a)所示为轴与孔采用月形配合,图 3-
27(b)所示为轴与齿轮用两个销钉
固定。

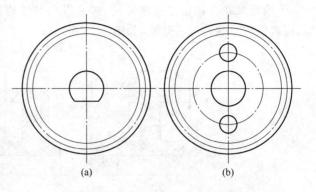

图 3-27　塑料齿轮固定形式

　　由于塑料在成型时收缩的异向性,
常使齿轮的齿廓发生变形(齿形角改
变),所以对于精密齿轮的设计应参考
专著。

3. 齿轮的模塑成型条件

　　(1)模具型腔的位置和数量　为了保证塑料齿轮成型的精度,一般做法是模具型芯的固定
与型腔部分,都应当设置在动模的一侧,以保证齿轮孔和齿廓的同轴度。为了保证多联齿轮的
同轴度,多联齿轮模具的型腔部分应当设置在分型面同一侧。模具的型腔数应根据塑料齿轮
的精度和大小来确定,一模一腔成型的塑料齿轮的尺寸精度最高,每增加一个型腔,成型的塑
料齿轮的尺寸精度将降低 4% 左右。为了满足塑料齿轮的尺寸精度的要求,可用下式确定型
腔的数量。

$$n \leqslant 2\,500\,\frac{\delta}{\Delta L} - 24 \qquad\qquad (式\ 3\text{-}5)$$

式中　δ——注塑件的尺寸公差(mm),为双向对称公差标注;

　　　Δ——单腔模注射时,注塑件可能达到的尺寸公差(mm),其值对聚甲醛为 $\pm 0.2\%$、
　　　　　PA66 为 $\pm 0.3\%$,而 PE,PP,ABS 和 PVC 等结晶型塑料则为 $\pm 0.05\%$;

　　　L——注塑件的基本尺寸(mm)。

　　成型高精度注塑件时,型腔数不宜过多,一般为两腔,最多不能超过 4 腔。

　　为了使相互啮合的塑料齿轮在同一条件下成型,提高其啮合性能,可将两个相互啮合的塑
料齿轮放在同一副模具中成型。

　　(2)模具浇口的位置　聚甲醛和聚酰胺等塑料齿轮模具,一般都采用点浇口。对于较大或
精度较高的塑料齿轮,以采用正三角形布局的三点式浇口为宜,如图 3-28(a)所示;也可以采用
四个点式浇口。聚碳酸酯等高黏度熔体的塑料齿轮,应取主流道式浇口,如图 3-28(b)所示。

　　(3)模塑齿轮的型腔齿廓设计　渐开线齿轮的齿廓与齿轮的模数相关。若以塑料齿轮的
标准模数 m 来制造模具型腔的齿廓,由于塑料冷却时的收缩,会使成型后的塑料齿轮的模数
小于塑料齿轮的标准模数 m。要获得标准模数 m 的塑料齿轮,模具型腔的模数 m_c 应略大于
标准模数 m。同时,模具型腔齿廓的齿形角 α_c 小于标准齿形角 α,就是说要用模具型腔的模数
m_c 来计算模具型腔齿廓的其他参数。又由于齿部的冷却速度快于齿的根部及塑料收缩的方
向性的影响,应对型腔齿廓的其他参数进行必要的修正。计算型腔齿廓公法线长度收缩尺寸
时,齿顶圆直径应按收缩率的 0.8 倍左右计算。

　　模具型腔的齿轮,可用齿轮电极以电脉冲的形式进行加工,也可用线切割方式来进行加
工。模具型腔齿廓的电极要用非标准的专用滚刀进行加工。

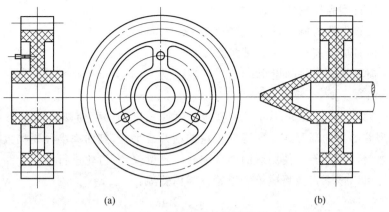

(a)　　　　　　　　　　　　　　(b)

图 3-28　模塑齿轮的浇口位置

(a)多点式点浇口　(b)主流道式浇口

（4）技术测量　为保证侧隙能够正常地啮合,应对公法线长度的变动量 ΔF_w 进行测量;为保证传递运动的准确性,应对齿圈径向跳动量 ΔF_r 进行测量;为保证载荷分布的均匀性,应使用投影仪对齿形误差 ΔF_f 进行测量。精密塑料齿轮的测量内容见表 3-32。

表 3-32　精密塑料齿轮的测量内容

精 度 指 标	检 验 项 目	公 差 符 号
传递运动的准确性	$\Delta F_i''$ 径向综合误差	F_i''
传动的平稳性	$\Delta f_i''$ 径向相邻齿综合误差	f_i''
载荷分布的均匀性	ΔF_β 齿向误差	F_β
侧隙	$\Delta E_a''$	E_{as}'',E_{ai}''

在四项检验项目中,$\Delta F_i''$,$\Delta f_i''$ 和 $\Delta E_a''$ 三项误差数据可在齿轮双面综合检查仪上测量。该测量仪不能反映齿廓的切向误差,但能测量齿廓双面的转角误差,甚至能够间接地反映出齿坯的端面跳动和齿廓与中心孔的偏心误差。需要注意的是:由于塑料齿轮存在着较大的弹性变形,测量时必须在一定的测量力作用下才能获得正确的数据。

4. 塑料齿轮的几何参数的计算

（1）应修正的几何参数　如图 3-29 所示,粗实线为所需的标准渐开线齿廓。如果模具型腔按标准齿轮各尺寸参数制造,由于塑料成型后的冷却收缩及齿部的冷却速度快于根部,造成冷却固化后的齿轮的齿廓就如细实线所示的变形。因此,加工模具型腔的电极,其齿形角必须按收缩规律减小。制作电极的齿轮滚刀的齿形角,应作相应的修正,公式如下:

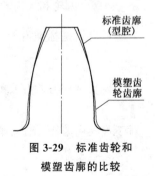

**图 3-29　标准齿轮和
模塑齿廓的比较**

$$\cos\alpha_c = (1+S_{cp})\cos\alpha \qquad （式 3-6）$$

式中　α_c——模具型腔齿轮的齿形角;

　　　α——模塑齿轮的齿形角,为标准齿形角 $\alpha=20°$;

　　　S_{cp}——该塑料的平均注塑成型收缩率。

齿轮的型腔,还必须修正的几何参数有模数、分度圆直径和齿距等,分别为:

$$m_c = (1+S_{cp})m \qquad （式 3-7）$$

$$d_c = m_c Z \qquad （式 3-8）$$

$$t_c = \pi m_c \qquad （式 3-9）$$

式中 m_c——模具型腔齿轮的模数；

      m——模塑齿轮的模数，按国标系列选取；

      d_c——模具型腔齿轮的分度圆直径；

      t_c——模具型腔齿轮的齿距；

      Z——齿数。

    其余几何参数均用 α_c 和 m_c 来计算，包括公法线长度等。要使塑料齿轮具有标准齿轮的齿廓，其模具型腔的齿廓渐开线应比标准齿轮的渐开线平直，其曲率半径要稍大。

    （2）齿轮副侧隙的计算　　使用双面啮合中心距测量仪，对齿轮进行测量。测量被测齿轮的中心距变动量，可以按下式换算成单个齿轮的圆周侧隙：

$$J_t = -E''_a(2\tan\alpha) \tag{式 3-10}$$

    标准塑料齿轮，其双啮合中心距的上极限偏差 $E''_{as}=0$，双啮合中心距下极限偏差 E''_{ai} 的值等于 E''_a。由于单个齿轮的上极限偏差侧隙为零，所以，必须精确地计算出适当的中心距分离量，以保证齿轮啮合时有充裕的齿轮副侧隙。

    齿轮副侧隙 J_t 定义为一个齿轮固定，另一个齿轮所转过的分度圆弧长。若已知标准齿轮的标准中心距，则可由下式进行计算：

$$J_t = \frac{a'}{a}[\pi m - (S_1 + S_2) + 2a(\mathrm{inv}a' - \mathrm{inv}a)] \tag{式 3-11}$$

$$\alpha = \frac{1}{2}m(Z_1 + Z_2) \tag{式 3-12}$$

$$\cos\alpha' = \frac{a}{a'}\cos\alpha \tag{式 3-13}$$

式中 a——标准中心距；

      a'——实际的工作中心距；

      α——标准齿形角，$\alpha=20°$；

      α'——实际工作齿形角；

  Z_1, Z_2——小齿轮和大齿轮的齿数；

  S_1, S_2——小齿轮和大齿轮的分度圆齿厚。

    若塑料齿轮是标准齿轮，$S_1 = S_2 = \frac{1}{2}\pi m$，可以用下式计算齿轮副侧隙：

$$J_t = 2a'(\mathrm{inv}a' - \mathrm{inv}a) \tag{式 3-14}$$

    由于齿轮副中心距存在制造偏差 $\pm f_a$，对于最小中心距，对应的齿轮副的最小侧隙为：

$$J_{t\min} = 2\tan a(\Delta r_1 + \Delta r_2 - f_a) \tag{式 3-15}$$

    对于最大中心距，大、小两齿轮的双啮合中心距都处于下极限偏差，则齿轮副的最大侧隙为：

$$J_{t\max} = 2\tan a(\Delta r_1 + \Delta r_2 + f_a + E''_{a1} + E''_{a2}) \tag{式 3-16}$$

式中 Δr_1——小齿轮节圆与分度圆半径之差；

      Δr_2——大齿轮节圆与分度圆半径之差；

      f_a——中心距的极限偏差；

      E''_{a1}——小齿轮啮合中心距偏差；

      E''_{a2}——大齿轮啮合中心距偏差；

$$\Delta r_1 + \Delta r_2 = a' - a$$

（3）中心距相对变动量的计算　塑料齿轮的实际工作中心距，不等于啮合齿轮在室温和干燥条件下装配时的中心距。塑料齿轮热膨胀和吸水后，其齿厚增加、齿轮副的侧隙减少，需折算到中心距上。中心距的相对变动量 A 可由下式计算：

$$A = \left(\frac{a_1 Z_1}{Z_1 + Z_2} + \frac{a_2 Z_2}{Z_1 + Z_2} - a_H \right) \Delta T + \left(\frac{M_{\varphi 1} Z_1}{Z_1 + Z_2} + \frac{M_{\varphi 2} + Z_2}{Z_1 + Z_2} \right) \qquad \text{（式 3-17）}$$

式中　a_1, a_2——小齿轮大齿轮材料的线胀系数（℃$^{-1}$）；

　　　　a_H——齿轮箱或支架材料的线胀系数（℃$^{-1}$）；

　$M_{\varphi 1}, M_{\varphi 2}$——小齿轮和大齿轮材料的吸水增长率（mm/mm）；

　　　　ΔT——工作温度与装配时的室温之差（℃$^{-1}$）。$\Delta T > 0$，工作温度高于装配温度；反之，$\Delta T < 0$。

（4）实际中心距和齿轮啮合的重合度的校核计算　在设计时，首先需要计算出一对标准齿轮啮合装配的公称中心距 a''，可由 $A = \dfrac{\Delta a'}{a}$, $a'' = a + \Delta a'$ 求得。

核算时，已知室温下的装配公称中心距 a''，先计算某温度和吸水率下的 A 值；由 $A = \dfrac{\Delta a'}{a''}$，$\Delta a' = a'' - a'$，计算得到实际中心距 a'，由此来核算该对齿轮副应满足侧隙 $J_t > 0$。

还需校核在降温及干燥工作条件下的实际中心距 a'。由于此时 $a' > a''$，应校核 a' 齿轮啮合的重合度。以保证齿轮副连续工作和传动平稳，达到一定的轮齿分担负荷的程度。即 $\varepsilon > [\varepsilon] = 1.2$，重合度可由下式计算：

$$\varepsilon = \frac{1}{2\pi} [Z_1 (\tan \alpha_{a1} - \tan \alpha')] + Z_2 (\tan \alpha_{a2} - \tan \alpha') \qquad \text{（式 3-18）}$$

式中　α_{a1}, α_{a2}——小齿轮和大齿轮齿顶圆的齿形角。

只有在特殊场合，或者齿轮精度较低，f_a 和 E_a 值较大，才需按最大与最小侧隙的极限条件进行校核计算。如读数机构有转角误差 $[\Psi]$ 要求时，圆周侧隙所对应的转角可由下式计算：

$$J_\psi = \frac{2j_{tmax}}{d} = \frac{2j_{tmax}}{mZ} < [\Psi] \qquad \text{（式 3-19）}$$

二、克隆塑料齿轮的设计

不管是设计标准的塑料圆柱直齿轮，还是设计标准的塑料圆柱斜齿轮或标准的塑料锥齿轮，都可遵守上述的原则进行。但经常会遇到克隆或复制齿轮的情况，克隆或复制齿轮的前提是有样件。当然，克隆或复制塑料标准的圆柱直齿轮还是比较简单的；若要是克隆或复制齿数 <12 的非标准塑料斜齿轮，情况就要复杂得多了，仅依靠上述的原则是不能够解决问题的，还需要根据变位的方法才能够解决问题。变位斜齿轮设计原则是：首先根据小斜齿轮的齿数判断是否是变位齿轮；再判断是属于哪种变位的方法；最后确定变位系数，并用此变位系数计算出齿轮的所有参数。

1. 对加工齿轮产生根切的判断

首先对齿轮的齿向和小齿轮的齿数进行观察。凡是齿轮的齿向倾斜于齿轮轴向的均为斜齿圆柱齿轮。然后查点小齿轮的齿数，因为在齿轮加工时，对齿轮的最小齿数 Z_{min} 是有一定限制的。否则在切削齿时就会产生根切现象。产生了根切的齿轮，一方面会使承受最大弯矩的齿根部分强度变弱；另一方面由于基圆以外部分的渐开线齿廓容易被切去，因此，当它与另一个齿轮啮合时，啮合系数将会减小。为了避免根切，需要知道不产生根切的最小齿数 Z_{min}。直齿圆柱齿轮的最小齿数计算如下：

$$Z_{min} = \frac{2f\left[1 + \sqrt{1 + \left(\dfrac{2}{i_q} + \dfrac{1}{i_q{}^2}\right)\sin^2\alpha_0}\right]}{\left(2 + \dfrac{1}{i_q}\right)\sin^2\alpha_0} \qquad (\text{式 3-20})$$

式中　i_q——传动比，$i_q = \dfrac{Z_d}{Z'}$；

　　　Z_d——插齿刀齿数；

　　　Z——齿轮齿数；

　　　f——齿顶高系数；

　　　α_0——齿形角。

可见，Z_{min} 与切齿时的传动比 i_q，齿形角 α_0 和齿顶高系数 f 有关。当使用齿条刀具切齿时，当 $i_q = \infty$，即 $Z_{min} = \dfrac{2f}{\sin^2\alpha_0}$。而实际情况是允许存在少许根切，并取实际允许的最少齿数 $Z'_{min} = \dfrac{5}{6}Z_{min}$，例如：当 $\alpha_0 = 20°$，$f = 1$，$i_q = \infty$，$m > 1$ 时，外啮合直齿圆柱齿轮最少齿数 Z_{min} 为 17 个齿。当 $\alpha_0 = 20°$，$f = 1$，$i_q = \infty$，$m \leqslant 1$ 时，圆柱齿轮不产生根切的最少齿数 Z_{min} 为 14 个齿，而实际最小齿数 Z'_{min} 可为 12 齿。由此可见齿轮齿数＜12 时，切齿时必定会产生根切，为了避免产生根切，就一定要采用变位齿轮。

2. 齿轮变位基本原理

变位齿轮是运用移动齿廓的方法来避免根切的基本原理，也就是减少齿轮齿根的非渐开线部分，再在齿顶部分增加一段渐开线的齿面。通俗地讲就是将齿轮的齿廓移动一个位置，即将刀具移离或移近工件的中心，便可以切出相同的模数和齿形角的齿轮，只是分度圆的齿厚改变了，齿根高也改变了。齿数 Z 及变位系数 ζ 对齿形的影响，如图 3-30 所示，当 $Z = 14$ 时，非变位齿轮 $\zeta = 0$ 和变位齿轮 $\zeta = +0.3$ 的齿形比较：$\zeta = 0$ 的齿根部有明显的根切现象，$\zeta = +0.3$ 的齿根部便没有根切的痕迹。比较小齿轮的齿形若与图 3-30(b) 所示相同，便可以定性地判断小齿轮为变位齿轮。若要制造出与样品一致的产品，仅靠定性判断，还只是停留在初级认识阶段；要制造出与样品完全一致的产品，其几何尺寸就必须与样品相一致，这就需要对变位齿轮作进一步的研究。

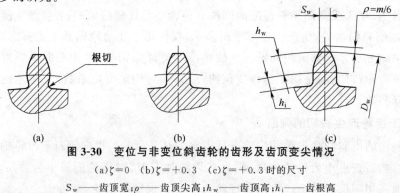

图 3-30　变位与非变位斜齿轮的齿形及齿顶变尖情况

(a)$\zeta = 0$　(b)$\zeta = +0.3$　(c)$\zeta = +0.3$ 时的尺寸

S_w——齿顶宽；ρ——齿顶尖高；h_w——齿顶高；h_i——齿根高

3. 对样品齿轮的测量和非变位齿轮参数的对比

设相互啮合斜齿轮的模数为 1mm,大斜齿轮的齿数为 42,小斜齿轮的齿数为 8,如图 3-31 所示。对小齿轮和大齿轮的测量,只需测量出它们的齿顶圆直径 D_w,小齿轮和大齿轮的中心距 A;然后,按照非变位齿轮传动的几何尺寸计算出它们的齿顶圆直径,再进行比较,便可确定这些样品是不是变位齿轮。螺旋齿圆柱齿轮从理论上讲也存在变位的方法,一般可用改变螺旋角的方法来避免产生根切,故实际上很少采用变位的方法。斜圆柱齿轮则采用变位方法来避免产生根切,由此可以判断小齿轮和大齿轮都是斜齿圆柱齿轮。小齿轮和大齿轮测量值与计算的非变位理论值对照见表 3-33。

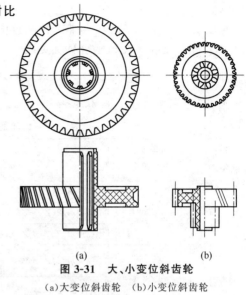

图 3-31 大、小变位斜齿轮

(a)大变位斜齿轮 (b)小变位斜齿轮

表 3-33 传动件测量值与非变位传动件理论值对照表 (mm)

参数 值	小齿轮齿顶圆直径 D_w	大齿轮齿顶圆直径 D_w	小齿轮与大齿轮中心距 A
测量值	$\phi 11.86$	$\phi 47.44$	27.80
理论值	$\phi 10.88$	$\phi 47.55$	26.96

从表 3-33 中可以看出:小齿轮齿顶圆直径的实际尺寸大于非变位理论值 0.98mm,这是十分明显的;大齿轮齿顶圆直径的实际尺寸则小于非变位理论值 0.11mm,加上小齿轮与大齿轮的实际中心距大于小齿轮和大齿轮非变位理论值 0.84mm,这充分地说明了小齿轮及大齿轮采取了变位方法。

4. 变位圆柱齿轮的变位方法种类的选择

变位圆柱齿轮的种类有多种,如何正确地选择变位方法是十分重要的,否则达不到变位的目的。

圆柱齿轮变位啮合的种类有高度变位和角度变位两种。高度变位啮合中心距 A 与非变位啮合中心距 A_0 相等,即 $A = A_0$,变位系数 $\zeta_1 = \zeta_2$,即 $\zeta_\Sigma = \zeta_1 + \zeta_2 = 0$,此时,一齿轮的 $\zeta_1 > 0$ 为正变位,而另一齿轮的 $\zeta_2 < 0$ 为负变位。表 3-33 中,$A \neq A_0$,显然是不属于这种变位方法。角度变位可以分成正角度变位和负角度变位两种方法,而每种方法根据的 ζ 值又可分为三种情况。

(1)正角度变位

①ζ_1 与 ζ_2 均为正值;

②ζ_1 为正,ζ_2 为零;

③ζ_1 为正,ζ_2 为负,且 $\zeta_1 > |\zeta_2|$。

(2)负角度变位

①ζ_1 与 ζ_2 均为负值;

②ζ_1 为零,ζ_2 为负;

③ζ_1 为正，ζ_2 为负，且 $\zeta_1 < |\zeta_2|$。

角度变位啮合中心距 A 与非变位啮合中心距 A_0 不同，当 $A > A_0$ 时为正角度变位，当 $A < A_0$ 时为负角度变位。变位啮合种类见表 3-34。可以根据表 3-33 的值，由表 3-34 的内容来判断。即当 $Z_1 < 17$ 时，$Z_1 + Z_2 = 50 \geqslant 34$，$A \neq A_0 = \dfrac{m}{2}(Z_1 + Z_2)$ 时，其目的是避免根切的角度变位啮合，且 $\zeta_1 + \zeta_2 \neq 0$，与表 3-34 中 √ 项相符。

表 3-34　齿轮的变位方法种类的选择

小齿轮的齿数 Z_1	齿轮副的齿数和 Z_Σ	中心距 A	变位系数 ζ	变位方法	主要目的
$Z_1 < 17$	$Z_1 + Z_2 \geqslant 34$	$A_0 = m/2(Z_1 + Z_2)$	$\zeta_1 = -\zeta_2$	高度变位	避免根切
		$A \neq m/2(Z_1 + Z_2)$	$\zeta_1 + \zeta_2 \neq 0$	角度变位	避免根切√
	$Z_1 + Z_2 < 34$	$A_0 > m/2(Z_1 + Z_2)$	$\zeta_1 + \zeta_2 > 0$	角度变位	避免根切
$Z_1 \geqslant 17$	$Z_1 + Z_2 \geqslant 34$	$A_0 = m/2(Z_1 + Z_2)$	$\zeta_1 = -\zeta_2$	高度变位	改善啮合性能或凑合中心距
		$A \neq m/2(Z_1 + Z_2)$	$\zeta_1 + \zeta_2 \neq 0$	角度变位	改善啮合性能或凑合中心距

5. 不产生根切或允许有微小根切时最小的变位系数 ζ_{min}

最小轮齿不产生根切或允许有轻微根切的条件是：不至于因变位系数的变化而减少预期的啮合系数或缩短齿廓的有效部分。

①当 $f = 1$，$\alpha_{0n} = 20°$ 时，不产生根切的最小变位系数是：

$$\zeta_{minb} = \frac{17 - Z_1}{17} = \frac{17 - 8}{17} \approx 0.529$$

②当 $f = 1$，$\alpha_{0n} = 20°$ 时，允许有微小根切的最小变位系数是：

$$\zeta_{minw} = \frac{12 - Z_1}{17} = \frac{12 - 8}{17} \approx 0.235$$

其中　f——齿顶高系数；

　　α_{0n}——齿形角；

　ζ_{minb}——不产生根切的最小变位系数；

　ζ_{minw}——微小根切的最小变位系数。

6. 齿顶变尖时的最大变位系数 ζ_{max}

规定 ζ_{minb} 时，$\rho = \dfrac{1}{6}m$ [ρ 见图 3-30(c)]。随着变位系数 ζ 的增大，齿形逐渐变尖。当 $f = 1$，$\alpha_{0n} = 20°$，$Z_1 = 8$ 时，经计算得到 $\zeta_{minb} = 0.529$，$\zeta_{minw} = 0.235$。但变位系数应满足：$\zeta_{minb} \geqslant \zeta \geqslant \zeta_{minw}$。若所取的变位系数必须超过 ζ_{minb} 值，就应该验算齿顶宽 S_w 的数值，并根据具体情况决定所取的值 ζ 是否允许。当 $f = 1$，$\alpha_{0n} = 20°$ 时，对于 $Z \leqslant 10$ 的齿轮在条件 $\zeta_{minb} \geqslant \zeta \geqslant \zeta_{minw}$ 无法满足时，在多数情况下，为了保证消除根切，常常取变位系数 ζ 大于 ζ_{minb} 而小于 ζ_w（ζ_w 为齿顶宽系数），即 $\zeta_w \geqslant \zeta \geqslant \zeta_{minb}$。这里可设 $\zeta_{n1} = 0.60$。

7. 如何验算齿顶宽 S_w 的数值

开式易磨损的齿轮齿顶宽 $S_w \geqslant 0.4$ mm。计算时可根据齿数 Z_1 算出当量齿数 Z_{11}：

$$Z_{11} = \frac{Z_1}{\cos^3 \beta_f} = \frac{8}{\cos^3 22°} = 10$$

其中　β_f——螺旋升角。

根据 Z_{l1} 及齿轮 Z_1 变位系数 $\zeta_{n1}=0.60$，如图 3-32 所示，可找出：$S_{w1}=0.1m$，$K_{w1}=0.52$。K_w 为齿顶宽减小量修正系数。

齿顶宽变化量 $\Delta S_w=S_w-S_{w1}=0.4-01=0.3\,(\text{mm})$。

齿顶宽减小量 $\Delta h_{w1}=\Delta S_{w1}K_{w1}=0.3\times0.52=0.16\,(\text{mm})$，即 $\zeta_{n1}=0.53$ 时齿顶宽 S_{w1} 为 0.4mm；但当 ζ_{n1} 为 0.6 时，齿顶宽 S_{w1} 的减小值为 0.16mm。那么，实际齿顶宽为 0.24mm。

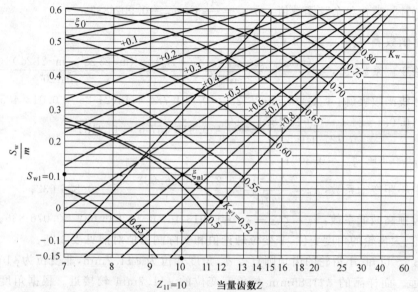

图 3-32　齿顶宽 S_w 和齿顶宽减小量修正系数 K_w 查找表 $(f=1,\alpha_{0n}=20°)$

三、小变位斜齿圆柱齿轮传动中心距已定时几何参数的计算

给定的一对相互啮合斜齿轮的参数如下：$Z_1=8$，$Z_2=42$，$m_{0n}=1\text{mm}$，$\alpha_{0n}=20°$，$\beta_f=22°$，$C_{0n}=0.5$，作为已知条件；又实际测量的两齿轮中心距 $A=27.8\text{mm}$。可以根据中心距已定时，变位斜齿圆柱齿轮传动的计算公式计算出：分度圆直径、节圆直径、齿顶圆直径、基圆直径、齿顶高、齿根高、齿全高，跨齿数和公法线长度等几何参数，见表 3-35。在计算这些参数时，应先计算出法向变位总系数 $\zeta_{n\Sigma}$ 和小齿轮、大齿轮的法向变位系数 ζ_{n1}，ζ_{n2} 后，方可以计算上述几何参数的值。这里因采用 $\zeta_{n1}=0.60$ 计算齿轮各个参数与实际齿轮参数不符，所以调整 $\zeta_{n1}=0.613$。

表 3-35　变位、非变位和样品齿轮几何尺寸对照表

参数 名　称	端面模数 m_s /mm	分度圆 d_f /mm	非变位啮合中心距 A_0/mm	法向变位系数 ξ	齿顶高 h_w /mm	齿根高 h_i /mm	齿全高 h /mm	齿顶圆 d_w /mm	节圆 d /mm	基圆 d_i /mm	跨齿数 Z	公法线长度 L_0 /mm
角度变位左、右齿轮	1.079	φ8.63	26.96	0.613	1.54	0.64	2.17	φ11.70	φ8.90	φ8.03	2	$4.858^{\;0}_{-0.038}$
角度变位大齿轮	1.079	φ45.30	26.96	0.300	1.22	0.95	2.17	φ47.75	φ46.70	φ42.17	6	$17.138^{\;0}_{-0.038}$
非变位左、右齿轮	1.079	φ8.63	26.96	1	1.25	2.25		φ10.88	φ8.63	φ8.11	2	
非变位大齿轮	1.079	φ45.30	26.96	0	1.25	2.25		φ47.55	φ45.30	φ42.57	6	
样品左、右齿轮								φ11.86				
样品大齿轮								φ47.44				

端面模数：$m_s = \dfrac{m_n}{\cos\beta_f} = \dfrac{1}{\cos 22°} = 1.078\,534\,7 \approx 1.079(\text{mm})$；

端面齿形角正切函数值：$\tan\alpha_{0s} = \dfrac{\tan\alpha_{0n}}{\cos\beta_f} = \dfrac{\tan 20°}{\cos 22°} = 0.392\,554\,5$；

查三角函数表得：$\alpha_{0s} = 21°25'58'' \approx 21°26'$；

非变位啮合中心距：$A_0 = \dfrac{z_1 + z_2}{2} m_s = 26.963\,368 \approx 26.96(\text{mm})$；

端面（节圆）啮合角余弦函数值：$\cos\alpha_s = \dfrac{A_0}{A}\cos\alpha_{0s} = 0.902\,833$；

查三角函数表得：$\alpha_s = 25°28'$；

法向总变位系数：$\zeta_{n\Sigma} = \dfrac{(\text{inv}\alpha_s - \text{inv}\alpha_{os}) \times (Z_1 + Z_2)}{2\tan\alpha_{0n}} = \dfrac{(\text{inv}\,25°28' - \text{inv}\,21°26') \times 50}{2\tan 20°}$；

查渐开线函数表（附录 G）得：$\text{inv}\,25°28' = 0.031\,784\,4$，$\text{inv}\,21°26' = 0.018\,485$，代入上式

得：$\zeta_{n\Sigma} = \dfrac{(0.031\,784\,4 - 0.018\,485) \times 50}{0.727\,940\,5} = 0.913\,467\,6 \approx 0.913$；

令：$\zeta_{n1} = 0.613$，$\zeta_{n2} = 0.300$；

法向中心距变动系数：$\lambda_n = \dfrac{A - A_0}{m_n} = \dfrac{27.8 - 26.963\,368}{1} = 0.836\,632$；

法向齿顶高减低系数：$\sigma_n = \zeta_{n\Sigma} - \lambda_n = 0.913\,467\,6 - 0.836\,632 = 0.076\,836$。

小齿轮、大齿轮的角度变位，非变位理论值和实际测量值对照见表 3-35。

从表 3-35 可知，小齿轮的齿顶圆直径 d_w 角度变位为 $\phi 11.7$mm，非变位为 $\phi 10.88$mm，两者相差甚远。而样品的 $\phi 11.86$mm 与角度变位的 $\phi 11.7$mm 较接近。根据角度变位公式：$d_w = d_f + 2(f_{0n} + \zeta_n - \sigma_n)$，式中 ζ_n 和 σ_n 都与 ζ 有关，并将影响到 d_w 的值。而非变位齿轮的变位系数 $\zeta = 0$ 时，就不可能影响到 d_w 的值。变位齿轮的 $d_w = \phi 11.7$mm，与样品实测到的 $d_w = \phi 11.86$mm 的差异是因为前述中有关于对变位系数 ζ 的限制而发生的。若一定要和样品齿顶圆直径一致，只需 $\zeta_{n1} \geq 0.7$ 就可以了，齿顶将会变尖。

从齿轮的工作特性可知，只有摩擦因数小、磨耗低、弹性模量高及刚度大，且弯曲疲劳强度高，滞后热效应小的塑料适宜制作齿轮。

四、塑料齿轮材料的选择

制造齿轮常用的塑料有：聚甲醛、聚酰胺、聚碳酸酯和聚砜等。

1. 制造齿轮常用的塑料和添加润滑剂

（1）常用的塑料

①聚酰胺：PA6 和 PA66 使用得较多。PA11 和 PA12 在潮湿的工作条件下，有较低的吸水性，但价格较高。PA1010 的性能和吸水性介于上述两者之间。

②聚甲醛：均聚甲醛和共聚甲醛都可用于制造齿轮，它们都有低的摩擦因数和吸水率，具有良好的抗疲劳强度性能和尺寸稳定性。

③聚酯：常用的玻纤增强 PBT，具有较好的尺寸稳定性和耐热性能。

④聚氨酯：该材料具有高弹性、强韧性和较好的耐磨性。多用于制造噪声要求很小的齿轮，是有发展前途的模塑齿轮的材料。

⑤增强塑料：玻纤或碳纤维增强的塑料，因其拉伸强度和弯曲弹性模量增大，工作温度的

提高,线胀系数的降低,磨损、摩擦性能得到了改善和提高,也是制作塑料齿轮很好的材料。表3-36 为塑料经玻纤或碳纤维增强性能数据。

表 3-36　热塑性塑料被增强的结果

材　　料	密度/ /(g/cm³)	拉伸强度 /MPa	弯曲弹性 模量/ MPa	冲击强度(悬臂 有缺口)/(J/m)	热变形温度 (1.82MPa)/℃	线胀系数 /(10⁻⁵℃⁻¹)
聚碳酸酯						
未改性	1.2	62	2 300	144	130	3.7
30%玻纤填充	1.43	128	8 300	198	149	1.3
30%碳纤维填充	1.33	166	13 100	96	149	0.9
均聚甲醛	1.42	69	2 800	75	124	4.5
共聚甲醛						
未改性	1.41	61	2 600	69	110	4.7
30%玻纤填充	1.63	90	9 000	43	162	2.4
30%碳纤维填充	1.46	62	9 300	53	170	2.2
聚酰胺						
未改性	1.14	81	2 800	48	75	4.5
30%玻纤填充	1.37	179	9 000	107	254	1.8
40%玻纤填充	1.46	214	11 000	139	260	1.4
30%碳纤维填充	1.28	241	20 000	80	257	1.1
40%碳纤维填充	1.34	276	23 000	85	261	0.8
聚酯						
未改性	1.31	59	2 300	48	185	5.3
30%玻纤填充	1.52	138	8 300	139	220	1.2
30%碳纤维填充	1.47	152	15 900	64	220	0.5
改性 PPO						
未填充	1.06	66	2 500	134	130	3.3
30%玻纤填充	1.15	128	8 000	91	154	1.4

注:百分含量皆指质量分数。

(2)其他材料　适用于制造齿轮的非结晶型塑料有聚碳酸酯、改性聚苯醚及聚砜等。聚苯硫醚和超高相对分子质量的聚乙烯也作为新的材料,已开始应用于齿轮的制造。

2. 添加润滑剂

为使小模数齿轮的摩擦和磨损性能得到改善,常给塑料添加内润滑剂,常用的内润滑剂有以下几种。

(1)PTFE(聚四氟乙烯)　聚四氟乙烯具有极低的摩擦因数。添加有聚四氟乙烯的塑料齿轮工作时,其齿面上形成了高性能的润滑膜。

(2)硅油　硅油与塑料的相容性不好,不相容的部分会慢慢地移至齿面,从而形成了边界润滑膜。添加计量要根据相容性控制合适。硅油和 PTFE 可一起使用,在材料表面形成耐热润滑脂,其效果更好。

(3)石墨　改善塑料表面润滑效果较小。

(4)MoS_2　MoS_2 仅对聚酰胺有效果。在聚酰胺熔体冷却结晶时,MoS_2 起成核剂的作用,从而提高了聚酰胺的结晶度。

复习思考题

1. 塑料齿轮设计的基本要求是什么？齿轮各部尺寸有何规定？

2. 叙述成型齿轮模具型腔的位置和数量与齿轮精度的关系。模具浇口位置应该如何设置？

3. 由于塑料冷却时的收缩，应如何计算型腔齿轮模数 m_c 和型腔齿轮齿形角 α_c？如何进行模具型腔齿廓的几何参数的修正计算？

4. 叙述产生根切现象对齿轮传动的影响。避免齿轮产生根切现象最小齿数是多少？叙述齿轮变位基本原理。

5. 如何选择变位圆柱齿轮的变位方法？如何确定不产生根切或允许有微小根切时最小的变位系数 ζ_{min}？

6. 叙述制造塑料齿轮常用的塑料和添加润滑剂的选用。

第四节　注塑件中嵌件的设计

在注塑件成型之前，预先放置在模具型腔中的零件，熔体充模后与塑料连接固化成为一体的组合。这种放入注塑件内，并与注塑件形成不可拆卸的连接的零件称为嵌件。嵌件可用金属、玻璃、塑料、木材和陶瓷等材料制成，其中以金属使用最多和最广泛。嵌件应用得当，可以提高注塑件的力学性能和使用性能；若应用不当，将会使注塑件产生熔接痕、应力集中、缩痕和裂纹等缺陷。

安放嵌件是件很细致的工作，嵌件定位不准或放错或失落，都会造成注塑件的报废和模具的损坏。嵌件放入型腔之中，费工又费时，大的嵌件还需要进行预热。由于嵌件与注塑件材料的收缩率不同，造成嵌件与注塑件连接强度差是这类制品的一大弱点，还将影响到注塑件长期使用的蠕变和老化性能。

一、嵌件的作用

与金属相比，塑料的力学性能，如强度、刚性、稳定性和耐磨性等都较差。而有的注塑件又需要一些特殊功能，如导电、导热、高绝缘、透明、双色标记和修饰等，这便要用不同材质的嵌件与基体塑料组合在一起来实现。

(1)提高注塑件的力学性能　通过压入的金属嵌件，提高注塑件局部的强度、刚度、稳定性和耐磨性等。

例如拉手如图 3-33(a)所示，由手柄 1 和钢丝绳 2 组成，通过拉手的作用可使钢丝绳 2 拉动其他机械零件运动。手柄 1 用聚氨酯弹性体注射成型，可便于手握紧用力、防止打滑和增加手感。而钢丝绳 2 需要足够的强度、刚度和尺寸的稳定性。如此组合方可满足拉手的使用要求。齿轮如图 3-33(b)所示，中心压入的金属嵌件，保证了齿轮与轴之间的耐磨性。

(2)提高注塑件的制造精度　注塑件上孔和孔位尺寸的精度以及孔的几何精度，如以注塑件的成型加工很难获得 IT10 级以上的制造精度，采用金属嵌件后再进行机械加工便可以获得 IT8 以上的制造精度。

(3)连接作用　见表 3-37 序号 1 和 2。为了提高注塑件连接的可靠性，将金属制成圆柱形或套形及管形镶嵌于注塑件之中，以实现注塑件的不可拆卸的连接。

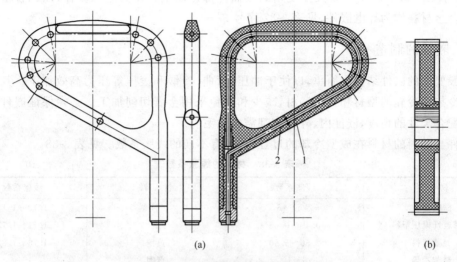

图 3-33 拉手和齿轮上的嵌件

(a)拉手 (b)齿轮

1. 手柄 2. 钢丝绳

表 3-37 金属嵌件的种类及其作用

序号		简 图	说 明
1	圆柱形		作为固定其相邻零件的螺栓或接线柱等用途的嵌件
2	套形及管形		作为轴承和螺母用途的嵌件
3	其他形状		作为导电片、接触端子和弹簧片用途的嵌件

（4）导电作用　电子产品大量使用的接插件都是以塑料作为绝缘基体，以铜合金或镀银（金）铜合金材料作为导电嵌件，见表3-37序号3。

二、嵌件的制造

一般要求的嵌件结构应简单，以便于冲压、弯曲、冷锻和滚压等压力高效加工。其材料尽量选用冷拉或冷轧的型材和板（带）材，减少和避免采用金属切削加工。必须保证嵌件的定位尺寸和配合尺寸的精度，嵌件内、外轮廓都需去除毛刺。

嵌件与塑料的材料在成型冷却的过程中，具有不同的线胀系数。见表3-38。

表 3-38　材料的线胀系数　　　　　　　　　　　　　　$(10^{-5}℃^{-1})$

材　料	线胀系数	材　料	线胀系数
酚醛塑料	2.50～6	钢	1.13～1.18
酚醛玻纤模压塑料	0.40～0.66	铜	1.71～1.75
氨基塑料	2.50～5.50	黄铜	1.75～1.88
聚苯乙烯	6～10	青铜	1.79
聚碳酸酯	4～7	银	1.98
ABS	8～12	铝	2.40
聚乙烯	13～25	刚玉陶瓷	0.35～0.40
聚酰胺66	8～10	高频瓷料	0.50～0.55
聚酰胺66+30%玻纤	2.30～4.00	石英玻璃	0.55

热固性塑料线胀系数小，易于和金属嵌件紧固；而热塑性塑料与金属材料的线胀系数相差较大，对于脆性的热塑性塑料，如丙烯酸和聚苯乙烯树脂，配置金属嵌件要慎重。聚丙烯塑料不太适用使用黄铜制作其嵌件。

三、嵌件与注塑件的设计

在设计嵌件与注塑件时，嵌件在注塑件中的固定方法，必须有持久连接的牢靠性和可行的成型性。设计时应注意以下几点。

（1）嵌件的形状或表面应设计为伏陷物状　为提高嵌件与塑料主体连接的牢固程度，嵌件的形状或表面应设计为伏陷物状。

①圆柱表面滚花。网纹滚花的效果比直纹滚花的效果要好，如图3-34（a）所示。

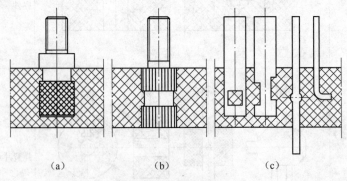

图 3-34　嵌件上伏陷物状
(a)滚花形式　(b)开槽与直纹形式　(c)切口、冲孔、压扁与折弯形式

②开槽。在圆柱中间的表面设置环形槽，而两端圆柱表面只有直纹的组合设置，具有防转

动和防轴向移动的效果,如图 3-34(b)所示。

③切口和冲孔。对于片条类嵌件,可采用局部冲压切口和口形伏陷物状,如图 3-34(c)所示。

④压扁与折弯。对于细长圆条类型嵌件,可采用局部压扁或折弯,如图 3-34(c)所示。

(2)嵌件在模具中的定位可靠性　嵌件在模具中定位后,即使在动模的合模运动中和高压的熔体冲压下,也不会偏移和产生漏料,如图 3-35 所示。螺杆嵌件定位部分与模具上的定位孔的配合应为 H8/f7 或 H9/f8。图 3-35(c)所示的结构,熔融的塑料一般不会溢入螺杆部分。

图 3-36 所示为螺母嵌件在模具型腔中固定的方法。可用光杆嵌件杆或螺纹嵌件杆定位和支撑,把它们插入模具的定位孔中,如图 3-36(a)和(b)所示。为了增加稳定性,可以采用内、外台阶式的结构,与模具应紧密配合,如图 3-36(c)～(e)所示。

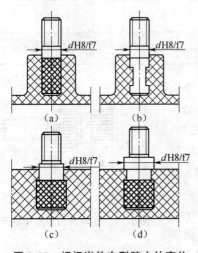

图 3-35　螺杆嵌件在型腔内的定位

(a)滚花　(b)铣扁　(c)(d)内外台阶

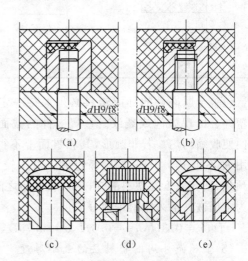

图 3-36　螺母嵌件在型腔内的定位

(a)(b)滚花　(c)(d)(e)内外台阶

(3)嵌件定位支撑的设置　为了保证嵌件在成型的过程中不被高压的熔体冲斜,规定嵌件的插入高度不宜超过定位直径的两倍。必要时要设置支柱进行支撑定位,嵌件和注塑件脱模后,注塑件的支柱位置留有支柱的孔,如图 3-37 所示。对于尺寸较大或面积较大的杆状或片状嵌件及全部埋入注塑件之中的嵌件,必须设置嵌件支撑进行定位。如图 3-33 所示的拉手中的钢丝绳便是全部埋入注塑件之中;为使钢丝绳的支撑定位,模具中共用了 9 对支柱进行支撑销定位。

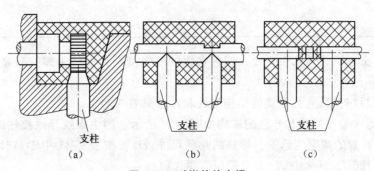

图 3-37　对嵌件的支撑

　　(4)嵌件设计时应注意的事项　由于金属嵌件与包裹金属嵌件的塑料冷却时的收缩值相差较大,致使嵌件周围的塑料有很大内应力;如果设计不当,就会造成注塑件的开裂。所以,嵌件与周围塑料的相关尺寸的设计是十分重要的。金属嵌件周围塑料层的许用厚度见表 3-39。

表 3-39　金属嵌件周围塑料层的许用厚度　　　　　　　　　　　　(mm)

金属嵌件直径 D	周围塑料层最小厚度 C	顶部塑料层最小厚度 H
~4	1.5	0.8
>4~8	2.0	1.5
>8~12	3.0	2.0
>12~16	4.0	2.5
>16~25	5.0	3.0

　　包裹金属嵌件的外周塑料必须保持一定的厚度,否则注塑件会出现鼓泡或裂纹。金属嵌件的截面以圆形为宜,以便使收缩均匀。若非圆形,其相贯面上不得存在着锐角,宜用 R 不小于 0.5mm 的圆弧过渡。对于较大的嵌件应进行预热,使其温度在塑料的 T_E 和 $T_f(T_m)$ 之间。图 3-38 所示为金属嵌件插入塑料中部分的尺寸:

$$H = D, h = 0.3H, h_1 = 0.3H, d = 0.75D, H_{max} \leqslant 2D$$

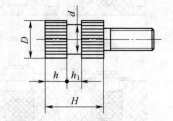

图 3-38　嵌件插入塑料中的尺寸

　　(5)金属嵌件周围塑料层的最小厚度　由于嵌件周围产生的内应力和熔接痕,降低了注塑件的力学性能;因此,嵌件周围的塑料应有足够的厚度。按塑料材料的不同,其厚度值见表 3-40。

表 3-40　嵌件周围的塑料层的最小厚度　　　　　　　　　　　　(mm)

塑料材料	金属嵌件的外径 D	
	1.5~16	16~25
酚醛塑料	0.8D	0.5D
聚酰胺 66、聚乙烯	0.4D	0.3D
聚酰胺 6	0.5D	0.4D
聚丙烯、聚甲醛、聚甲基丙烯酸甲酯	0.5D	0.3D
醋酸纤维素	0.9D	0.8D
ABS	1.0D	0.8D

　　(6)冷镦型金属嵌件的几何尺寸　四种常用的冷镦型金属嵌件为螺纹衬套、光孔衬套、螺纹导线接柱及导柱。

　　①冷镦型螺纹衬套、光孔衬套的结构形式和尺寸见表 3-41。

　　②冷镦型螺纹导线接柱和导柱的结构如图 3-39 所示。图中螺纹导线接柱的几何尺寸,按表 3-41 中螺纹衬套的规定值选取。导柱的几何尺寸:D_1 可按表 3-41 中 D_1 选取规定值,$D = 0.75D_1, h = 0.125 D_1/\tan30°$,$L$ 值可根据需要选取。

表 3-41 常用冷镦型螺纹衬套、光孔衬套推荐的几何尺寸 （mm）

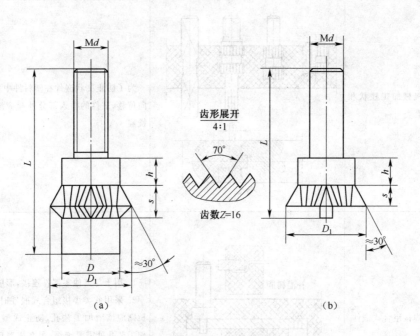

冷镦型螺纹衬套、光孔衬套的结构图

螺纹规格		M2		M3		M4		M5	
光孔 d（H12）		2.2		3.2		4.2		5.2	
D		3.5 ± 0.1		4.5 ± 0.15		5.5 ± 0.15		6.5 ± 0.15	
D_1（H14）		5		6		7		8	
L（H12）	h	s	h	s	h	s	h	s
$L=4$	1.0	1.2	1.0	1.2				
$L=5$	1.25	1.7	1.25	1.7				
$L=6$	1.5	2.2	1.5	2.2	1.5	2.2		
$L=7$	2.0	2.2	2.0	2.2	2.0	2.2	2.0	2.2
$L=8$			2.5	2.2	2.5	2.2	2.5	2.2
$L=10$					3.25	2.7	3.25	2.7
$L=12$					4.25	2.7	4.25	2.7

注：1. h 和 s 值的公差均为 ±0.2；

2. 材料为 ML25。

图 3-39 冷镦型螺纹导线接柱和导柱的结构图

（a）螺纹导线接柱 （b）导柱

（7）其他金属嵌件分类及其工艺性 冲压类、机加类、焊接类和冷镦类金属嵌件的工艺性见表 3-42。

表 3-42　其他金属嵌件分类及其工艺性

序号	分类名称	图　　示	工　艺　要　求
1	冷冲压板条类	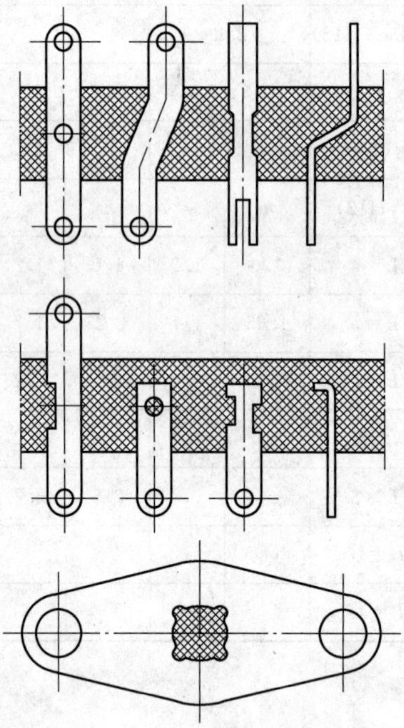	为了避免在塑料件中的转动和拉脱,在嵌件上必须设计防止转动和拉出的结构。 1. 嵌件要有一定的强度,防止在塑料熔体流动冲击下变形,甚至开裂; 2. 避免尖角,防止塑料件局部应力集中; 3. 嵌件端头设计有引导锥度,便于进入型腔内
2	机械加工柱状和衬套类	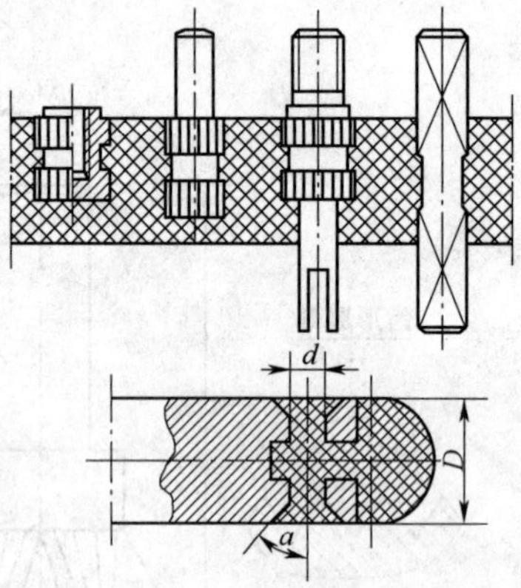	为了防止柱状嵌件在塑料件中发生径向或轴向位移,嵌件的插入部分外圆应滚花和切槽或铣扁
3	焊接组合式嵌件	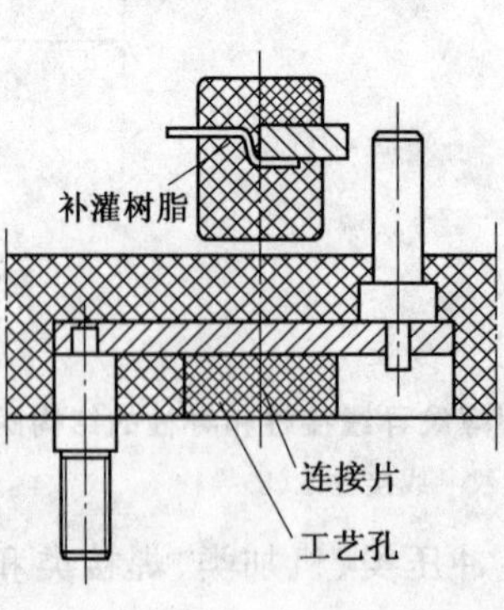	1. 用于与其他零部件连接,形成导电通路。 2. 采用此类焊接组合式嵌件时,若连接片过长则应该增加工艺孔,防止成型过程中断裂。如工艺孔处需要绝缘,可在成型后再用环氧树脂灌注填满工艺孔

续表 3-42

序号	分类名称	图　　示	工　艺　要　求
4	冷镦型柱状和衬套类	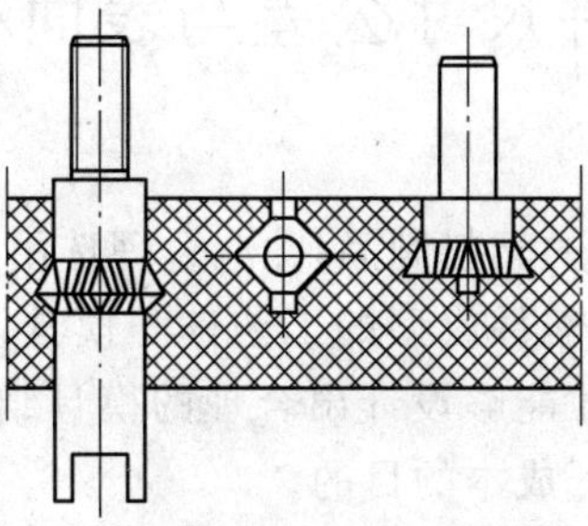	为了达到提高生产效率,节约原材料的目的,应采用冷镦结构。该结构与机械加工柱状和衬套类结构的作用相同,仅将机械加工的滚花、切凹槽改为适合于冷镦的结构

复习思考题

1. 何谓嵌件? 嵌件的种类及其作用有哪些?
2. 设计嵌件与注塑件时应该注意哪些问题?
3. 叙述金属嵌件周围塑料层的最小厚度的确定。

第四章 注塑件尺寸公差与表面粗糙度

为了保证在生产过程中制造出理想的塑料制品,除应合理选用注塑件的材料之外,还必须考虑到注塑件成型的工艺性。又因为注塑件成型的工艺性与模具设计有着直接地联系,只有注塑件的设计能符合成型工艺的要求,才能够设计出合理的模具结构。这样既能够保证注塑件顺利成型,又能达到提高生产率和降低成本的目的。

第一节 注塑件的尺寸公差

注塑件的工艺性就是注塑件对成型加工的适应性。注塑件的设计,不仅要满足使用要求,还要符合成型工艺要求,并要尽量简化成型模具的结构。这样,不但能保证成型工艺顺利实施和提高产品质量,而且还能提高生产效率和降低生产成本。

一、注塑件的设计工艺要求

要设计好注塑件,应该充分考虑以下各种因素。

(1)成型方法 注塑件的用途和性能不同,其形状和结构就不同;注塑件的形状和结构不同,其成型方法也不同。不同的成型方法,注塑件的工艺性要求也就不同。

(2)塑料的成型工艺性能 如熔体充模流动特点,成型收缩率等。

(3)塑料的使用性能 注塑件的尺寸、公差、形状结构与塑料的物理性能和力学性能等应具备相适应性。在保证使用功能的前提下,应力求注塑件的结构简单,壁厚均匀,使用方便。

(4)模具的结构及加工工艺性 注塑件的形状结构应有利于简化模具的结构,要考虑到模具零件的加工工艺性。

二、注塑件的尺寸和精度

注塑件的尺寸和精度因受塑料的热胀冷缩特性的影响,与金属件的尺寸和精度有着很大的区别。

1. 注塑件的尺寸

注塑件的尺寸与塑料熔体的流动相关。在注塑件成型过程中,流动性差的塑料(如布基塑料和玻纤增强塑料等)及薄壁注塑件的尺寸不能设计得过大。因为,大而薄的注塑件在塑料熔体还未完全充满型腔时就已半固化或固化了;即使是勉强充满了型腔,但料流的前锋已不能很好地融合而形成冷接缝,也会影响到注塑件的外观质量和结构的强度。

2. 注塑件的精度

注塑件的精度是指成型加工所获得注塑件的尺寸与注塑件图样中相应尺寸的符合程度,即所获得注塑件尺寸的准确度。注塑件图注公差和几何精度,关系到零件之间的互换性、配合性质、实用性和模塑工程的经济性。

3. 影响注塑件尺寸和精度的因素

注塑件的尺寸和精度受到各方面因素影响,而其主要因素是塑料收缩和模具的制造误差。

影响注塑件尺寸精度的因素有以下几个方面。

（1）成型材料　塑料熔体是在高温高压下进行充模流动的,常见的各种熔体温度为170～300℃;然后冷却固化,脱模温度通常为40～100℃。塑料的线膨胀系数比金属大2～10倍。不同的塑料有不同的成型收缩率,见第二章表2-1。

从第二章表2-1中可以看出,无定形塑料和热固性塑料的收缩率较小,而结晶型塑料的收缩率在1％以上。采用无机填料充模和玻璃纤维增强的塑料的收缩率也较小。塑料收缩率的各向异性也是影响注塑件精度的因素。

（2）模具　对于小尺寸的注塑件,模具型腔和型芯尺寸制造偏差只占注塑件设计公差的1/3。模具的型腔和型芯的磨损,包括型面的研磨和抛光在内,其偏差只占注塑件设计公差的1/6。单型腔成型注塑件的精度较高;一般来说,模具型腔数目每增加一腔,成型注塑件的精度就要降低5％左右。由模具上运动的零件所成型的注塑件,其精度还要低一些。

若模具上的浇注系统和冷却系统设计不当,会导致注塑件的收缩不均匀;脱模机构的脱模力不当,会导致顶出的注塑件产生变形和裂纹。所以模具结构的合理性和模具成型构件的制造与装配精度,都会影响到注塑件的精度。

①浇口的尺寸:浇口的尺寸大时收缩较小,浇口的尺寸小时收缩较大。

②料流方向:与料流方向平行的尺寸收缩较大,与料流方向垂直的尺寸收缩较小。

③分型面:分型面选择决定飞边产生的位置,飞边会使其垂直于分型面的尺寸产生误差。

④模具的型芯:推杆等滑动部分的固定方法及模具的拼合方式、加工方法都会直接影响到塑料件尺寸的精度。

⑤模具的磨损:模具在使用过程中其成型零件的磨损也会直接影响到注塑件的精度。

⑥制造误差:模具成型零件的制造误差也会直接影响到注塑件的精度。

（3）注塑件的结构　注塑件结构的合理性,壁厚的均匀性会影响到注塑件的收缩。提高注塑件的刚度,如加强筋的合理设置和金属嵌件的合理采用等,均能减少注塑件的翘曲变形,有利于提高注塑件的精度。

（4）工艺　注射成型过程中,注射工艺参数的合理协调,如注塑件成型周期各阶段的温度、压力和时间的分布,模具温度的调控,都会影响注塑件的收缩、取向及残余应力的大小,进而直接影响到注塑件的尺寸精度。要确保注塑件的尺寸精度,最为重要的就是确保合理和稳定的工艺参数。一般来说,成型条件的波动所造成的误差占注塑件设计公差的1/3。

（5）使用　由于塑料材料对时间、温度、湿度和环境条件的敏感性,使得注塑件的尺寸精度和几何精度的稳定性差,这在注塑件的使用中表现得更加严重。塑料增强改性,可增加注塑件的刚度和稳定性,进而提高注塑件的精度。

对注塑件采用后处理工艺措施,如时效、退火和调湿处理等,可以稳定注塑件在使用中的尺寸精度。影响注塑件尺寸精度的主要原因,见表4-1。

表4-1　影响注塑件尺寸精度的主要原因

原 因 分 类	原 因 的 情 况
与模具直接相关的原因	1. 模具的形式或基本结构; 2. 模具的加工制造误差; 3. 模具的磨损、变形和热膨胀

续表 4-1

原因分类	原因的情况
与材料相关的原因	1. 不同种类塑料标准收缩率的变化； 2. 不同批塑料的成型收缩、流动性和结晶化程度的差异； 3. 再生塑料的混合，着色剂等添加物的影响； 4. 塑料中的水分以及挥发物和分解气体的影响
与成型工艺相关的原因	1. 由于形式条件变化造成的成型收缩率的波动； 2. 成型操作变化的影响； 3. 脱模顶出时的塑料变形和弹性恢复
与成型后失效的原因	1. 使用的环境温度和湿度不同所造成的尺寸变化； 2. 塑料的塑性变形及因外力作用所产生的蠕变和弹性恢复； 3. 残余应力和残余变形所引起的变化

三、成型尺寸的计算

模具型腔与型芯的尺寸是根据注塑件的尺寸和所用塑料的收缩率来进行计算的。其中塑料模型腔内形、型芯外形、型腔深度及中心距尺寸的计算公式见第五章表 5-5，具有脱模斜度的型腔与型芯尺寸计算公式见第五章表 5-6，不同公差标注的模具成型尺寸计算公式见第五章表 5-7。

复习思考题

1. 设计注塑件时，应该考虑哪些工艺性要求的因素？
2. 影响注塑件尺寸精度有哪些方面的因素以及主要原因？
3. 掌握模具型腔、型芯和中心距尺寸计算。

第二节　模塑塑料件的尺寸公差

塑料件的尺寸公差，我国已经实施了国家标准，即 GB/T 14486—2008《塑料模塑件尺寸公差》。标准规定了热固性和热塑性工程塑料模塑塑料件的尺寸公差，适用于注塑、压塑、传递和浇注成型的塑料模塑件，不适用于挤塑、吹塑、烧结和发泡成型的制件。该标准中各级公差数值列于表 4-2；常用材料模塑件的公差等级和选项见表 4-3；未列入表中的材料，其模塑件选用公差等级的方法见表 4-4。

表 4-2　模塑件尺寸公差表（摘自 GB/T 14486—2008）　　　　　　（mm）

公差等级	公差种类	基　本　尺　寸									
		大于 0 到 3	3 6	6 8	10 14	14 18	18 24	24 30	30 40	40 50	50 65
		标注公差的尺寸公差值									
MT1	a	0.07	0.08	0.09	0.10	0.11	0.12	0.14	0.16	0.18	0.20
	b	0.14	0.16	0.18	0.20	0.21	0.22	0.24	0.26	0.28	0.30
MT2	a	0.10	0.12	0.14	0.16	0.18	0.20	0.22	0.24	0.26	0.30
	b	0.20	0.22	0.24	0.26	0.28	0.30	0.32	0.34	0.36	0.40

续表 4-2

公差等级	公差种类	基　本　尺　寸									
		大于0 到3	3 6	6 8	10 14	14 18	18 24	24 30	30 40	40 50	50 65
标注公差的尺寸公差值											
MT3	a	0.12	0.14	0.16	0.18	0.20	0.24	0.28	0.32	0.36	0.40
	b	0.32	0.34	0.36	0.38	0.40	0.44	0.48	0.52	0.56	0.60
MT4	a	0.16	0.18	0.20	0.24	0.28	0.32	0.36	0.42	0.48	0.56
	b	0.36	0.38	0.40	0.44	0.48	0.52	0.56	0.62	0.68	0.76
MT5	a	0.20	0.24	0.28	0.32	0.38	0.44	0.50	0.56	0.64	0.74
	b	0.40	0.44	0.48	0.52	0.58	0.64	0.70	0.76	0.84	0.94
MT6	a	0.26	0.32	0.38	0.46	0.54	0.62	0.70	0.80	0.94	1.10
	b	0.46	0.52	0.58	0.68	0.74	0.82	0.90	1.00	1.14	1.30
MT7	a	0.38	0.48	0.58	0.68	0.78	0.88	1.00	1.14	1.32	1.54
	b	0.58	0.68	0.78	0.88	0.98	1.08	1.20	1.34	1.52	1.74
未注公差的尺寸允许偏差											
MT5	a	±0.10	±0.12	±0.14	±0.16	±0.19	±0.22	±0.25	±0.28	±0.32	±0.37
	b	±0.20	±0.24	±0.24	±0.26	±0.29	±0.32	±0.35	±0.38	±0.42	±0.47
MT6	a	±0.13	±0.19	±0.23	±0.23	±0.27	±0.31	±0.35	±0.40	±0.47	±0.55
	b	±0.23	±0.29	±0.33	±0.33	±0.37	±0.41	±0.45	±0.50	±0.57	±0.65
MT7	a	±0.19	±0.29	±0.34	±0.34	±0.39	±0.44	±0.50	±0.57	±0.66	±0.77
	b	±0.29	±0.39	±0.44	±0.44	±0.49	±0.54	±0.60	±0.67	±0.76	±0.87

公差等级	公差种类	基　本　尺　寸									
		65 80	80 100	100 120	120 140	140 160	160 180	180 200	200 225	225 250	250 280
标注公差的尺寸公差值											
MT1	a	0.23	0.26	0.29	0.32	0.36	0.40	0.44	0.48	0.52	0.56
	b	0.33	0.36	0.39	0.42	0.46	0.50	0.54	0.58	0.62	0.66
MT2	a	0.34	0.38	0.42	0.46	0.50	0.54	0.60	0.66	0.72	0.76
	b	0.44	0.48	0.52	0.56	0.60	0.64	0.70	0.76	0.82	0.86
MT3	a	0.46	0.52	0.58	0.64	0.70	0.78	0.86	0.92	1.00	1.10
	b	0.66	0.72	0.78	0.84	0.90	0.98	1.06	1.12	1.20	1.30
MT4	a	0.64	0.72	0.82	0.92	1.02	1.12	1.24	1.36	1.48	1.62
	b	0.84	0.92	1.02	1.12	1.22	1.32	1.44	1.56	1.68	1.82
MT5	a	0.86	1.00	1.14	1.28	1.44	1.60	1.76	1.92	2.10	2.30
	b	1.06	1.20	1.34	1.48	1.64	1.80	1.96	2.12	2.30	2.50
MT6	a	1.28	1.48	1.72	2.00	2.20	2.40	2.60	2.90	3.20	3.50
	b	1.48	1.68	1.92	2.20	2.40	2.60	2.80	3.10	3.40	3.70
MT7	a	1.80	2.10	2.40	2.70	3.00	3.30	3.70	4.10	4.50	4.90
	b	2.00	2.30	2.60	3.10	3.20	3.50	3.90	4.30	4.70	5.10

续表 4-2

公差等级	公差种类	基本尺寸									
		65 80	80 100	100 120	120 140	140 160	160 180	180 200	200 225	225 250	250 280
未注公差的尺寸允许偏差											
MT5	a	±0.43	±0.50	±0.57	±0.64	±0.72	±0.80	±0.88	±0.96	±1.05	±1.15
	b	±0.53	±0.60	±0.67	±0.74	±0.82	±0.90	±0.98	±1.06	±1.15	±1.25
MT6	a	±0.64	±0.74	±0.86	±1.00	±1.10	±1.20	±1.30	±1.45	±1.60	±1.75
	b	±0.74	±0.84	±0.96	±1.10	±1.20	±1.30	±1.40	±1.55	±1.70	±1.85
MT7	a	±0.90	±1.05	±1.20	±1.35	±1.50	±1.65	±1.85	±2.05	±2.25	±2.45
	b	±1.00	±1.15	±1.30	±1.45	±1.60	±1.75	±1.95	±2.15	±2.35	±2.55

公差等级	公差种类	基本尺寸				
		280 315	315 355	355 400	400 450	450 500
标注公差的尺寸公差值						
MT1	a	0.60	0.64	0.70	0.78	0.86
	b	0.70	0.74	0.80	0.88	0.96
MT2	a	0.84	0.92	1.00	1.10	1.20
	b	0.94	1.02	1.10	1.20	1.30
MT3	a	1.20	1.30	1.44	1.60	1.74
	b	1.40	1.50	1.64	1.80	1.94
MT4	a	1.80	2.00	2.20	2.40	2.60
	b	2.00	2.20	2.40	2.60	2.80
MT5	a	2.50	2.80	3.10	3.50	3.90
	b	2.70	3.00	3.30	3.70	4.10
MT6	a	3.80	4.30	4.70	5.30	6.00
	b	4.00	4.50	4.90	5.50	6.20
MT7	a	5.40	6.00	6.70	7.40	8.20
	b	5.60	6.20	6.90	7.60	8.40
未注公差的尺寸允许偏差						
MT5	a	±1.25	±1.40	±1.55	±1.75	±1.95
	b	±1.35	±1.50	±1.65	±1.85	±2.05
MT6	a	±1.90	±2.15	±2.35	±2.65	±3.00
	b	±2.00	±2.25	±2.45	±2.75	±3.10
MT7	a	±2.70	±3.00	±3.35	±3.70	±4.10
	b	±2.80	±3.10	±3.45	±3.80	±4.20

注:a 为不受模具活动部分影响的尺寸公差值,b 为受模具活动部分影响的尺寸公差值。

表 4-3 常用材料模塑件公差等级和选项(GB/T 14486—2008)

材料代号	模塑材料		公差等级		
			标注公差尺寸		未注公差尺寸
			高精度	一般精度	
ABS	丙烯腈-丁二烯-苯乙烯共聚物		MT2	MT3	MT5
AS	丙烯腈-苯乙烯共聚物		MT2	MT3	MT5
CA	醋酸纤维素塑料		MT3	MT4	MT6
EP	环氧树脂		MT2	MT3	MT5
PA	尼龙类塑料	无填料填充	MT3	MT4	MT6
		玻璃纤维填充	MT2	MT3	MT5
PBTP	聚对苯二甲酸二丁醇酯	无填料填充	MT3	MT4	MT6
		玻璃纤维填充	MT2	MT3	MT5
PC	聚碳酸酯		MT2	MT3	MT5
PDAP	聚邻苯二甲酸二丙烯酯		MT2	MT3	MT5
PE	聚乙烯		MT5	MT6	MT7
PESU	聚醚砜		MT2	MT3	MT5
PETP	聚对苯二甲酸乙二醇酯	无填料填充	MT3	MT4	MT6
		玻璃纤维填充	MT2	MT3	MT5
PF	酚醛塑料		MT2	MT3	MT5
			MT3	MT4	MT6
PMMA	聚甲基丙烯酸甲酯		MT2	MT3	MT5
POM	聚甲醛		MT3	MT4	MT6
			MT4	MT5	MT7
PP	聚丙烯		MT3	MT4	MT6
			MT2	MT3	MT5
			MT2	MT3	MT5
PPO	聚苯醚		MT2	MT3	MT5
PPS	聚苯硫醚		MT2	MT3	MT5
PS	聚苯乙烯		MT2	MT3	MT5
PSU	聚砜		MT2	MT3	MT5
RPVC	硬质聚氯乙烯(无强塑剂)		MT2	MT3	MT5
SPVC	软质聚氯乙烯		MT5	MT6	MT7
VF/MF	氨基塑料和氨基酚醛塑料	无机填料填充	MT2	MT3	MT5
		有机填料填充	MT3	MT4	MT6

表 4-4 收缩特性值和选用的公差等级

收缩特性值 $\bar{S}$ /%	公 差 等 级		
	标 注 公 差 尺 寸		未注公差尺寸
	高 精 度	一般精度	
>0~1	MT2	MT3	MT5
>1~2	MT3	MT4	MT6
>2~3	MT4	MT5	MT7
>3	MT5	MT6	MT7

一、塑料件公差的标注

该标准只规定了公差,公称尺寸的上、下极限偏差可根据塑料件的实际使用要求进行分配。对于塑料件上孔的公差可采用基轴制,可取表中相应数值并冠以"+"号,塑料件上轴的公差可采用基孔制,可取表中相应数值并冠以"-"号。用于非配合的偏差最好采取双向分布,即"±"号。如用于长度尺寸时,取表中数值的 1/2,冠以"±"号。

例如:ϕ100mm 的 4 级精度,其公差值为 0.44mm,其上、下极限偏差可以分配为:

+0.44	0	+0.20	+0.34	+0.22
0	−0.44	−0.24	−0.10	−0.22

若该尺寸是孔的尺寸,则应采用基轴制,公差取:$\phi\,100^{+0.44}_{0}$ mm;若该尺寸是轴的尺寸,则应采用基孔制,公差取:$\phi\,100^{0}_{-0.44}$ mm;若为长度尺寸,则应取 $100^{+0.20}_{-0.24}$ mm 或 $100^{+0.34}_{-0.10}$ mm 或 100 ± 0.22mm 均可。

对于塑料件尺寸的精度要求,要具体情况具体分析,主要是根据塑料件实际使用功能的要求来确定尺寸公差。一般来说,配合尺寸的精度高于非配合尺寸的精度。受到塑料收缩率波动的影响,小尺寸比大尺寸容易达到精度的要求。塑料件的尺寸精度要求越高,模具的制造精度及成本也就越高;同时,塑料件的不良品也就越多。

1. 模塑注塑件尺寸公差的术语

该标准的附录中规定了以下术语。

(1)模塑收缩率 VS   在常温下,模塑件与所用模具相应尺寸的差与模具相应尺寸之比,以百分数表示。

$$VS = (1 - \frac{L_F}{L_W}) \times 100\% \qquad\qquad (式 4\text{-}18)$$

式中 L_F ——模塑成型后在标准环境下放置 24h 后的塑料件尺寸(mm);

L_W ——模具的相应尺寸(mm)。

(2)收缩特性值 $\bar{S}$ 表征模塑材料收缩特性值,以下式计算,用百分数表示。

$$\bar{S} = |VS_r| + |VS_r| - |VS_t| \qquad\qquad (式 4\text{-}19)$$

式中 VS_r ——径向收缩率,是指料流方向的模塑收缩率(%);

VS_t ——切向收缩率,是指垂直料流方向的模塑收缩率(%)。

2. 模塑尺寸的分类

该标准根据成型模塑尺寸受到模具活动部分的影响情况,将成型模塑尺寸分成两类。

（1）不受到模具活动部分影响的尺寸　如图 4-1 所示的尺寸 a。该类尺寸是指在同一动模或定模中成型的尺寸。

（2）受到模具活动部分影响的尺寸　如图 4-2 所示的尺寸 b。其公差为本标准规定的公差值与附加值之和。该类尺寸是指可活动的模具零件共同影响而构成的尺寸。例如塑料件的壁厚和底厚尺寸，它们是受到动模零件、定模零件及滑块的共同影响的尺寸。

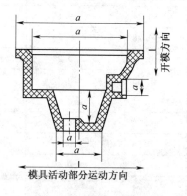 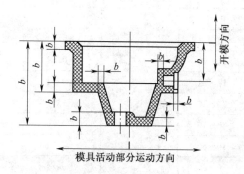

图 4-1　不受到模具活动部分影响的尺寸　　　　图 4-2　受到模具活动部分影响的尺寸

该标准还规定了脱模斜度不包括在公差范围之内，如有特殊要求，应在塑料件设计图样上清楚地表明基本尺寸所在的位置，脱模斜度的大小也必须在图样上标出。

3. 标注中数值规定

标注中规定的数值，以制作成型后或经必要处理后，在相对湿度为 65% 及温度为 20℃ 的环境中放置 24h 后，以制品和量具温度为 20℃ 时进行测量为准。

二、塑料件的公差等级

HB 5800－1999《一般公差》适用于注射、压制、压注成型的热塑性塑料和热固性塑料的制作（不包括二次加工和发泡制件）尺寸公差。

（1）孔、轴及长度尺寸极限偏差　孔、轴、长度尺寸，以及不同尺寸构成的 a 和 b 性质，如图 4-3 所示。塑料制件的孔、轴及长度尺寸极限偏差，见表 4-5。

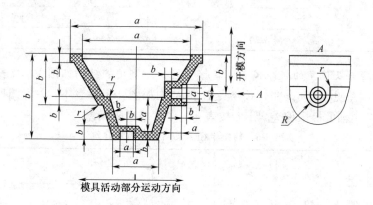

图 4-3　孔、轴及长度尺寸

a——不受模具活动部分影响的尺寸；b——受模具活动部分影响的尺寸

表 4-5　孔、轴及长度尺寸极限偏差（HB 5800－1999）

基本尺寸	a 类尺寸					b 类尺寸
	孔 D		轴 d		长度 L	孔、轴及长度
	下偏差	上偏差	上偏差	下偏差	极限偏差	极限偏差
≤3		+0.20		−0.20	±0.13	±0.23
>3～6		+0.24		−0.24	±0.16	±0.26
>6～10		+0.28		−0.28	±0.19	±0.29
>10～14		+0.32		−0.32	±0.23	±0.33
>14～18		+0.38		−0.38	±0.27	±0.37
>18～24		+0.44		−0.44	±0.31	±0.41
>24～30		+0.50		−0.50	±0.35	±0.45
>30～40		+0.56		−0.56	±0.40	±0.50
>40～50		+0.64		−0.64	±0.47	±0.57
>50～65		+0.74		−0.74	±0.55	±0.65
>65～80		+0.86		−0.86	±0.64	±0.74
>80～100		+1.00		−1.00	±0.74	±0.84
>100～120	0	+1.14	0	−1.14	±0.86	±0.96
>120～140		+1.28		−1.28	±1.00	±1.10
>140～160		+1.44		−1.44	±1.10	±1.20
>160～180		+1.60		−1.60	±1.20	±1.30
>180～200		+1.76		−1.76	±1.30	±1.40
>200～225		+1.92		−1.92	±1.45	±1.55
>225～250		+2.10		−2.10	±1.60	±1.70
>250～280		+2.30		−2.30	±1.75	±1.85
>280～315		+2.50		−2.50	±1.90	±2.00
>315～355		+2.80		−2.80	±2.15	±2.25
>355～400		+3.10		−3.10	±2.35	±2.45
>400～450		+3.50		−3.50	±2.65	±2.75
>450～500		+3.90		−3.90	±3.00	±3.10

（2）转接半径 r 及倒角的极限偏差　转接半径 r 及倒角的结构如图 4-3 及表 4-6 中附图所示，它们的极限偏差见表 4-6。非转接半径 R 的结构如图 4-3 及表 4-7 中附图所示；非转接半径凸 R 按表 4-7 中轴的极限偏差，凹 R 按表 4-7 中孔的极限偏差。

表 4-6　转接半径 r 及倒角的极限偏差　　　　　　（mm）

转接半径 r 及倒角 L_3	0.1	>0.1～<0.3	>0.3～0.5	>0.5～1	>1～3	>3～6	>6～30	>30～120
R 或 L_3 极限偏差	±0.07	±0.1	±0.2	±0.3	±0.5	±1.0	±2.0	±3.0
45°角的极限偏差	±5°							

续表 4-6

转接半径 r 及倒角 L_3	0.1	>0.1~<0.3	>0.3~0.5	>0.5~1	>1~3	>3~6	>6~30	>30~120

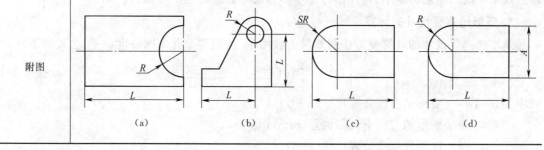

(a)　　　　　　　　　　　　　(b)

注:转接半径系指图样中未标注定位尺寸并作为表面间连接过渡用的半径。

表 4-7　非转接半径 R 的极限偏差　　　　　　　（mm）

非转接半径 R		≤6	>6~18	>18~50	>50~120	>120~250	>250~500	>500~800	>800
极限偏差	凹 R	+0.3 0	+0.4 0	+0.6 0	+0.8 0	+1.2 0	+1.6 0	+2.0 0	+2.6 0
	凸 R	0 -0.3	0 -0.4	0 -0.6	0 -0.8	0 -1.2	0 -1.6	0 -2.0	0 -2.6

附图

(a)　　　　　(b)　　　　　(c)　　　　　(d)

注:1. 非转接半径系指图样中直接标注定位尺寸并作为特定结构用的半径,如附图所示。

　　2. 当宽度 A 为双向偏差时,相切半径 R[图(d)]的极限偏差按表 4-8 公差值之半冠以正负号,连接处应圆滑过渡。

　　(3)角度尺寸极限偏差　包括未注明的 90° 和等边多边形的角度,按表 4-11 规定。

　　(4)脱模斜度　对于外表面其脱模斜度 α_1 在图注尺寸 a 范围之内,而对于内表面其脱模斜度 α_1 在图注尺寸 a 范围之外;但脱模斜度 α_1 不包括一般尺寸公差控制范围之内,如图 4-4 所示。

三、注塑件超高精度的成型加工

　　影响注塑件加工精度的因素很多,特别是塑料热胀冷缩特性和塑料件在加工时温度分布不均匀性,对塑料件加工精度的影响最大。因此要使成型塑料制品孔的尺寸精度和几何精度达到金属材料制品的水平,确是一件十分困难的事。根据塑料制品精度等级

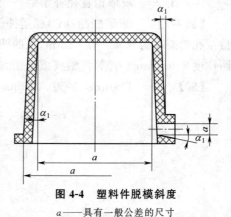

图 4-4　塑料件脱模斜度
a——具有一般公差的尺寸

的选用建议所采用的精度等级,如聚碳酸酯(PC),高精度为 MT2 级,一般精度为 MT3 级,低精度为 MT5 级,高出 MT2 级精度就是超高精度。

1. 注塑件型孔超高精度的成型加工原理

注塑件超高精度的成型加工只适用于型孔,不适用于注塑件外形的加工。由于注塑件脱模后各个部分收缩量的不一致,会造成注塑件型孔的圆柱度超差。高于室温的注塑件脱模后还存在较大的收缩,此时迅速插入一直径较大的矫形销,能使各处和各个方向的塑料紧紧包裹住矫形销。注塑件定形后,即可实现注塑件超高精度型孔的成型加工。

2. 注塑件型孔超高精度的成型加工过程

特别是加工精度在 IT8 级以上的注塑件,注塑件超高精度的成型加工一般分成两步进行,主要是加工注塑件超高精度型孔的工序,并且模具还需要是精密塑料模的结构。

(1)注塑件超高精度孔径尺寸精度的加工　由于注塑件超高精度孔径的偏差很小,塑料的收缩率要控制得很严。除了要固定原料的生产厂家,还要做一副简易的塑料模或使用旧模具加工出注塑件后,通过比较测量注塑件和模具对应的尺寸,找到精确的塑料的收缩率。

(2)制造塑料模成型型孔的型芯　以精确的塑料收缩率设计塑料模型芯的尺寸,还可以通过多次的试验,找出塑料冷却收缩后的实际尺寸来确定塑料模型芯的尺寸。注塑模上成型型孔的型芯直径的计算,仍然可以按式 4-2 进行计算。

(3)校正注塑件型孔几何误差的精度　注塑件受各种因素的影响,会产生圆柱度的误差。先测量出注塑件型孔的圆柱度的误差,根据测量的数据设计矫正销的尺寸,注塑件脱模后迅速插入矫形销放入室温的水中,待注塑件完全冷却尺寸稳定后拔出矫形销。

3. 矫形销直径尺寸的计算

矫形销直径尺寸的计算要考虑到塑料的收缩率、注塑件型孔的圆柱度误差,公式如下:

$$d_{XM} = \left[(D + \frac{\Delta}{2})(1 + S) + \Delta_1 + \Delta_2 \right]_{-\delta_z}^{0} \qquad (式 4\text{-}20)$$

式中　d_{XM}——矫形销直径公称尺寸(mm);

　　　δ_z——矫形销直径下极限偏差(mm);

　　　D——注塑件型孔公称尺寸(mm);

　　　Δ——注塑件型孔偏差值(mm);

　　　Δ_1——注塑件型孔圆柱度值(mm);

　　　Δ_2——矫形销直径补偿量,一般为 0.01~0.03mm。

【**例 4-1**】　一聚碳酸酯(PC)注塑件的型孔为 $\phi 14 H7(^{+0.018}_{0})$ mm,收缩率为 0.35%;经测量型孔的圆度为 0.03~0.04mm,孔的凹腰鼓形误差为 0.1mm,孔的锥度为 0.04~0.06mm,圆柱度为 0.1mm。计算注塑模成型销和注塑件矫形销直径尺寸。

【**解**】　$D = \phi 14$mm,$\Delta = 0.018$mm,$\Delta_1 = 0.1$mm,Δ_2 取 0.02mm,$S = 0.35\%$ 。

$$\begin{aligned}
d_{XM} &= \left[(D + \frac{\Delta}{2})(1 + S) + \Delta_1 + \Delta_2 \right]_{-\delta_z}^{0} \\
&= \left[(14 + \frac{0.018}{2})(1 + 0.35\%) + 0.1 + 0.02 \right]_{-0.006}^{0} \\
&\approx 14.18_{-0.006}^{0} \text{ (mm)}
\end{aligned}$$

复习思考题

1. 掌握选用常用的各种材料注塑件公差等级和选项以及超高精度等级的方法。

2. 什么是不受到模具活动部分影响的尺寸? 什么是受到模具活动部分影响的尺寸? 如

何确定塑料件孔、轴及长度尺寸上、下极限偏差的形式？

3. 一塑料件的公称尺寸为 20mm，公差等级为 MT3，试查找出塑料件受到模具活动部分影响的尺寸公差和不受到模具活动部分影响的尺寸公差。如果是孔，如何标注其上、下极限偏差？ 如果是轴呢？ 如果是长度尺寸又如何标注其上、下极限偏差？

4. 一 ABS 塑料件孔的公称尺寸为 20mm，公差等级为 MT3，如何设计成型销的直径和偏差？ 如果标准公差为 IT8，又如何设计成型销和矫形销的直径和偏差？

第三节　塑料件表面粗糙度

对塑料件外观的要求越高，其表面粗糙度值应当越低。除了在成型时从工艺加工上尽可能避免冷疤、流痕和云纹等疵点外，主要取决于模具成型表面的表面粗糙度。模具成型表面的表面粗糙度一般要比塑料件的低 1～2 级。

模具在使用过程中，由于模具成型表面的磨损而使表面粗糙度值不断地增大，故应随时予以抛光复原。透明注塑件则要求型腔和型芯表面粗糙度相同，不透明注塑件可根据使用情况来决定型腔和型芯表面粗糙度。

一、模具型腔表面粗糙度参数值与加工方法

模具型腔表面粗糙度值，可采用不同精饰加工方法来获得。加工塑模零件成型表面所获得的表面粗糙度可参照表 4-8 规定。

表 4-8　精饰加工方法与表面粗糙度值　　　　　　　　（μm）

表面类型	模具型腔表面粗糙度 Ra 值	抛　光　手　段
MFG A-0	0.008	1μm 金刚石研磨膏毡抛光（GRADE　1μm　DLAMOND BUFF）
MFG A-1	0.016	3μm 金刚石研磨膏毡抛光（GRADE　3μm　DLAMOND BUFF）
MFG A-2	0.032	6μm 金刚石研磨膏毡抛光（GRADE　6μm　DLAMOND BUFF）
MFG A-3	0.063	15μm 金刚石研磨膏毡抛光（GRADE　15μm　DLAMOND BUFF）
MFG B-0	0.063	800# 砂纸抛光（800# GRIT　PAPER）
MFG B-1	0.100	600# 砂纸抛光（600# GRIT　PAPER）
MFG B-2	0.160	400# 砂纸抛光（400# GRIT　PAPER）
MFG B-3	0.320	320# 砂纸抛光（320# GRIT　PAPER）
MFG C-0	0.320	800# 油石抛光（800# STONE）
MFG C-1	0.400	600# 油石抛光（600# STONE）
MFG C-2	1.000	400# 油石抛光（400# STONE）
MFG C-3	1.600	320# 油石抛光（320# STONE）
MFG D-0	0.200	12# 湿喷砂抛光（WET BLAST GLASS BEAD 12#）
MFG D-1	0.400	8# 湿喷砂抛光（WET BLAST GLASS BEAD 8#）
MFG D-2	1.250	8# 干喷砂抛光（WET BLAST GLASS BEAD 8#）
MFG D-3	8.000	5# 湿喷砂抛光（WET BLAST GLASS BEAD 5#）

续表 4-8

表面类型	模具型腔表面粗糙度 Ra 值	抛　光　手　段
MFG E-1	0.400	电火花加工（EDM）
MFG E-2	0.630	电火花加工（EDM）
MFG E-3	0.800	电火花加工（EDM）
MFG E-4	1.600	电火花加工（EDM）
MFG E-5	3.200	电火花加工（EDM）
MFG E-6	4.000	电火花加工（EDM）
MFG E-7	5.000	电火花加工（EDM）
MFG E-8	8.000	电火花加工（EDM）
MFG E-9	10.00	电火花加工（EDM）
MFG E-10	12.50	电火花加工（EDM）
MFG E-11	16.00	电火花加工（EDM）
MFG E-12	20.00	电火花加工（EDM）

注：1. 根据采用精光模具型腔抛光手段的不同，将模具型腔的加工划分为金刚石研磨膏、砂纸、油石、喷砂和电火花加工表面，并分别用 A，B，C，D，E 表示。

2. 每种表面又根据使用不同规格的材料所能达到的最佳程度分成四个等级，分别用 0，1，2，3 表示。

3. 模具型腔表面类型的表示方法分别用代号 MFG，精光方法（A，B，C，D）和等级（0，1，2，3）表示。

4. 模具型腔表面粗糙度值是根据采用各种不同精光手段和不同规格的材料所能达到的最佳程度，并经采用优先数据处理获得的，公称百分率为 +12%，−17%。

5. 表面粗糙度的评定方法是参考相关的国家标准制定的，其中可采用"表面粗糙度样板"的测量方法，也可以采用依据 GB/T 19067.1—2003 要求而设计制造的专用样板。

二、表面粗糙度的评定

（1）评定方法　在模具型腔表面均匀分布的位置上（有理纹方向的，应垂直理纹方向），测取 25 个数据（根据数据的分散程度可适当增加或减少测量数据的个数），以此计算平均值和标准偏差。

（2）测量方法　模具型腔表面粗糙度的测量方法及使用的仪器，见表 4-9。

表 4-9　测量方法　　　　　　　　　　　　　　　　　（μm）

表面粗糙度公称值 Ra	测　量　方　法	使　用　仪　器
0.025～6.3	接触（触针）式轮廓法	表面粗糙度轮廓仪
0.32～20	光切法	光切显微镜
0.003～20	比较法	表面粗糙度样板

注：允许使用更先进的测量方法和仪器。

使用接触（触针）式轮廓法测量表面粗糙度时，测量仪器应符合 GB/T 6062—2009 的要求，测量规则和方法应符合 GB/T 10610—2009 的规定，如果测量仪器有已知或给定的误差应予考虑。

（3）取样长度　取样长度的选用值，见表 4-10。

表 4-10　取样长度

Ra/μm	取样长度/mm	Ra/μm	取样长度/mm
>0.08～0.02	0.08	>2.0～10.0	2.5
>0.02～0.1	0.25	>10.0～80.0	8.0
>0.1～2.0	0.8	—	—

（4）**平均值公差**　测得模具型腔表面粗糙度平均值的偏差量应不超过表 4-11 的规定。

表 4-11　平均值公差

平均值公差（公称百分率）/%	评定长度所包括的取样长度的个数			
	3	4	5	6
	标准偏差（有效值百分率）/%			
+12，−17	15	13	12	11

（5）**标准偏差**　偏离平均值的标准偏差应不超过表 4-16 所规定的有效值百分率。

不同评定长度的标准偏差的最大允许值，根据评定长度所包括的取样长度的个数，按下列公式计算：

$$\sigma_n = \sigma_5 \qquad\qquad (式 4\text{-}21)$$

式中　σ_5——表 4-15 规定的评定长度包括 5 个取样长度的标准偏差有效百分率；

　　n——实测时选用的评定长度所包括的取样长度的个数；

　　σ_n——实测时选用的评定长度所包括的取样长度的标准偏差。

复习思考题

1. 掌握精饰加工方法与表面粗糙度等级。
2. 如何采用不同精饰加工方法来获得模具型腔表面粗糙度等级及粗糙度参数值？
3. 掌握表面粗糙度的评定方法。

第五章　注塑模的结构与运动形式

注塑模虽然没有动力装置,但由多种运动执行机构和许多构件组成,还有成型注塑件的型腔和型芯,以及浇注系统与温控系统。注塑模的分型面可将模具分成定模和动模两个部分,定模部分是以定位圈和浇口套安装在注射机定模板上的定位孔中,并可用压板紧固在注射机定模板上;动模部分也用压板紧固在注射机动模板上。工作时,注射机的动模板将模具的动模部分与定模部分压紧并锁紧,即闭合模具;然后,注射机的注射机构以 40～130MPa 的注射压力,将注射机料筒内已加热均匀的塑料熔体,通过料筒喷嘴和注塑模的浇注系统注入模具的型腔。塑料熔体在模内冷却硬化到一定强度后,注射机的锁模机构松压,并带动注塑模的动模部分沿分型面与定模部分分开,即开启模具;同时,注塑模的抽芯机构完成注塑件的抽芯运动。最后,注射机顶出机构的顶杆推动着注塑模的脱模机构,将注塑件从动模型芯上(或型腔内)顶出模外,即为注塑件脱模,模具便可进入注塑件的下一次成型加工中。

注塑模的结构,在注塑件成型过程中具有决定性的作用。注塑件形状、尺寸和精度取决于模具的结构,注塑件的质量大部分取决于模具的结构,注塑件能否成型也大部分取决于模具的结构,模具本身的分型、抽芯和注塑件脱模的运动能否顺利地进行完全取决于模具的结构,模具的强度、刚度、使用寿命、注塑件加工效率和模具的成本也取决于模具的结构。

第一节　注塑模的结构

尽管注塑模的结构千变万化,但注塑模具有最基本的原理和结构,这就为模具的标准化和系列化提供了条件。在注塑模的设计和制造过程中,正是应用了模具的标准化和系列化,简化与优化了注塑模的设计和制造工作。大多数的模具零部件都有可选用模具的标准件,如模架和推杆等,这样不仅简化了设计和制造工作,还缩短了模具设计和制造的周期和成本。

一、注塑模的分类

根据注塑模使用的要求,注塑模可以作如下分类,如图 5-1 所示。

根据注射机的形式,可分成:立式注塑模、卧式注塑模和角式注塑模。

简而言之,注塑模是一种可以从模具浇注系统中将熔融的塑料注入模具的型腔,能够将成型注塑件的型腔进行开启和闭合;并能将成型注塑件型孔后的型芯退出注塑件的型孔,再成型时能复位;还能将注塑件从注塑模型腔中顶出的模具。塑料模在我国模具生产总量中占有比例达 45% 之多。由于注塑模能够成型具有较高精度的形状复杂的注塑件,而且加工效率极高,注塑模又是塑料模生产中的主要部分。但由于注塑模较为复杂,制造成本高,其只适用于大批量规模的生产,而不适用于小批量形式的加工。

二、注塑模结构的主要组成

注塑模主要由模架、成型组件、浇注系统、温控系统、脱模机构、抽芯机构、限位机构、脱浇口机构、导向装置和安装装置十个部分组成。

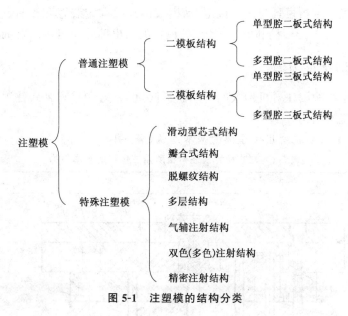

图 5-1 注塑模的结构分类

(1)模架 是注塑模各种系统、机构和零部件安装的平台,它包含有:基座部分和连接导向部分,定模垫板、定模板、动模板、动模垫板、中模板、垫块、动模座板、推板、安装板、导柱、导套、圆柱销及联接螺钉等。模架现已标准化和系列化,并有专业厂家生产。

(2)成型组件 是用以成型注塑件的主要模具零件,包括模具型腔(又称凹模)和模具型芯(又称凸模)。模具型腔和型芯可分为整体式和镶嵌式,它们是需要模具生产厂或车间制造的零件,加工工序多而复杂。镶嵌式便于随时进行更换,但影响模具几何精度。

(3)浇注系统 是从注射机喷嘴之后到模具型腔之间塑料熔体的流道,包括有:浇口套中主流道,定、动模板之间的分流道,冷料穴,浇口和热流道。热流道由组件组成,浇口套是一个零件,流道的其他形体都是在定(或中)、动模板之间加工而成的。

(4)温控系统 温控系统是控制注塑件成型的模具温度的装置,包括有加热装置和冷却装置。加热装置是在模具型腔周围的定(或中)、动模板中装置电加热元件;冷却装置在模具型腔周围的定(或中)、动模板中加工出冷却水道,并用 O 形密封圈或螺纹堵头密封,再用接管嘴和软管连接成回路。

(5)脱模机构 是将成型的注塑件从模具的型芯或型腔中顶脱的机构。脱模机构的种类繁多,其结构应根据注塑件的形状、壁厚、变形和注射机的结构进行选择。

(6)抽芯机构 是为了实现成型注塑件型孔的型芯退出和复位所设置的机构。抽芯机构工作完了注塑件才能够顺利脱模。脱模机构的种类繁多,其结构应根据注塑件型孔的形状、位置、方向、变形和注射机的结构进行选择。

(7)限位机构 注塑模的分型和脱模机构,有时要设置限位机构进行限位,而抽芯机构一般都需要限位机构进行限位。

(8)脱浇口机构 为了方便注塑件下一次的成型加工,需要清理上一次成型加工浇注系统中的冷凝料。清理浇注系统中冷凝料的机构即为脱浇口机构。有了脱浇口机构注塑成型加工便可实现生产的自动化。

(9)导向装置 注塑模的定、动模之间需要有导向装置,脱模机构推板与动模垫板之间有时也需要有导向装置。

（10）安装装置　是指模具与注射机定、动模板的连接固定装置和模具起吊用的吊环。模具的安装是用压板及 T 形螺栓和螺母将定、动模板的凸出部分固定在注射机定、动模板上。

三、注塑模的基本结构

注塑模的基本结构因注射机形式的不同而不同，可分为立式和卧式注射机以及角式注射机所用注塑模的基本结构。

（1）立式和卧式注射机所用注塑模的基本结构（表 5-1）

表 5-1　立式和卧式注射机所用注塑模的基本结构

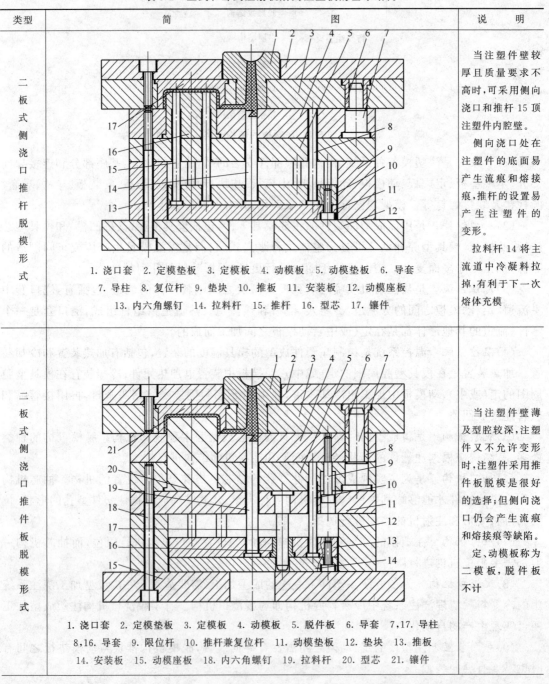

类型	简　图	说　明
二板式侧浇口推杆脱模形式	1 2 3 4 5 6 7 17 16 15 14 13 8 9 10 11 12 1. 浇口套　2. 定模垫板　3. 定模板　4. 动模板　5. 动模垫板　6. 导套 7. 导柱　8. 复位杆　9. 垫块　10. 推板　11. 安装板　12. 动模座板 13. 内六角螺钉　14. 拉料杆　15. 推杆　16. 型芯　17. 镶件	当注塑件壁较厚且质量要求不高时，可采用侧向浇口和推杆 15 顶注塑件内腔壁。 侧向浇口处在注塑件的底面易产生流痕和熔接痕，推杆的设置易产生注塑件的变形。 拉料杆 14 将主流道中冷凝料拉掉，有利于下一次熔体充模
二板式侧浇口推件板脱模形式	1 2 3 4 5 6 7 21 20 19 18 17 16 15 8 9 10 11 12 13 14 1. 浇口套　2. 定模垫板　3. 定模板　4. 动模板　5. 脱件板　6. 导套　7,17. 导柱 8,16. 导套　9. 限位杆　10. 推杆兼复位杆　11. 动模垫板　12. 垫块　13. 推板 14. 安装板　15. 动模座板　18. 内六角螺钉　19. 拉料杆　20. 型芯　21. 镶件	当注塑件壁薄及型腔较深，注塑件又不允许变形时，注塑件采用推件板脱模是很好的选择；但侧向浇口仍会产生流痕和熔接痕等缺陷。 定、动模板称为二模板，脱件板不计

续表 5-1

类型	简 图	说 明
二模板盘形浇口侧抽芯形式	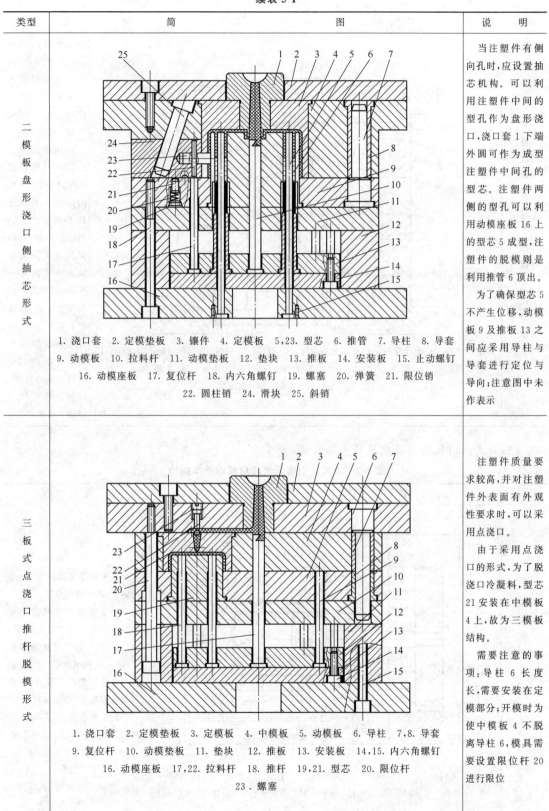1. 浇口套 2. 定模垫板 3. 镶件 4. 定模板 5,23. 型芯 6. 推管 7. 导柱 8. 导套 9. 动模板 10. 拉料杆 11. 动模垫板 12. 垫块 13. 推板 14. 安装板 15. 止动螺钉 16. 动模座板 17. 复位杆 18. 内六角螺钉 19. 螺塞 20. 弹簧 21. 限位销 22. 圆柱销 24. 滑块 25. 斜销	当注塑件有侧向孔时,应设置抽芯机构。可以利用注塑件中间的型孔作为盘形浇口,浇口套 1 下端外圆可作为成型注塑件中间孔的型芯。注塑件两侧的型孔可以利用动模座板 16 上的型芯 5 成型,注塑件的脱模则是利用推管 6 顶出。 为了确保型芯 5 不产生位移,动模板 9 及推板 13 之间应采用导柱与导套进行定位与导向;注意图中未作表示
三板式点浇口推杆脱模形式	1. 浇口套 2. 定模垫板 3. 定模板 4. 中模板 5. 动模板 6. 导柱 7,8. 导套 9. 复位杆 10. 动模垫板 11. 垫块 12. 推板 13. 安装板 14,15. 内六角螺钉 16. 动模座板 17,22. 拉料杆 18. 推杆 19,21. 型芯 20. 限位杆 23. 螺塞	注塑件质量要求较高,并对注塑件外表面有外观性要求时,可以采用点浇口。 由于采用点浇口的形式,为了脱浇口冷凝料,型芯 21 安装在中模板 4 上,故为三模板结构。 需要注意的事项:导柱 6 长度长,需要安装在定模部分;开模时为使中模板 4 不脱离导柱 6,模具需要设置限位杆 20 进行限位

续表 5-1

类型	简　　　　　　　　图	说　　明
斜滑块垂直分型脱模式注塑模	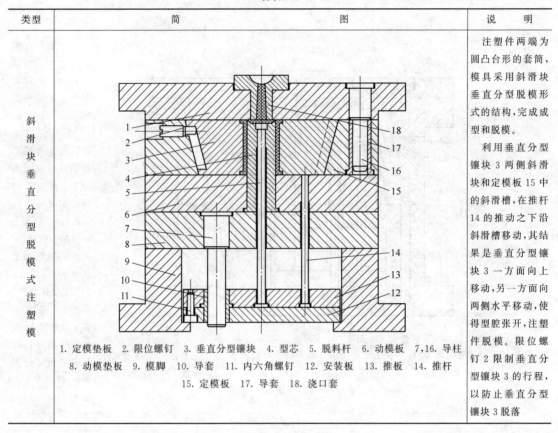 1. 定模垫板　2. 限位螺钉　3. 垂直分型镶块　4. 型芯　5. 脱料杆　6. 动模板　7,16. 导柱　8. 动模垫板　9. 模脚　10. 导套　11. 内六角螺钉　12. 安装板　13. 推板　14. 推杆　15. 定模板　17. 导套　18. 浇口套	注塑件两端为圆凸台形的套筒,模具采用斜滑块垂直分型脱模形式的结构,完成成型和脱模。 利用垂直分型镶块 3 两侧斜滑块和定模板 15 中的斜滑槽,在推杆 14 的推动之下沿斜滑槽移动,其结果是垂直分型镶块 3 一方面向上移动,另一方面向两侧水平移动,使得型腔张开,注塑件脱模。限位螺钉 2 限制垂直分型镶块 3 的行程,以防止垂直分型镶块 3 脱落

(2)角式注射机所用注塑模的基本结构(表 5-2)

表 5-2　角式注射机所用注射模的基本结构

类型	简　　　　　　　　图	说　　明
推管脱模式注塑模	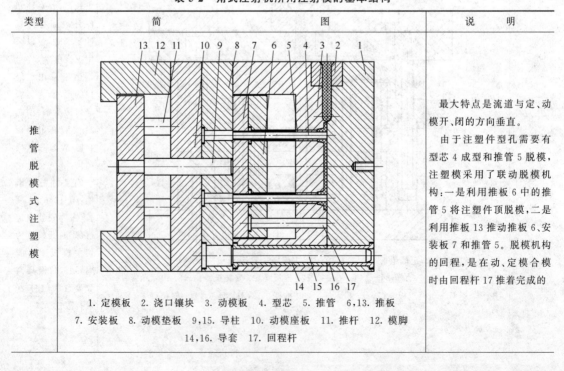 1. 定模板　2. 浇口镶块　3. 动模板　4. 型芯　5. 推管　6,13. 推板　7. 安装板　8. 动模垫板　9,15. 导柱　10. 动模座板　11. 推杆　12. 模脚　14,16. 导套　17. 回程杆	最大特点是流道与定、动模开、闭的方向垂直。 由于注塑件型孔需要有型芯 4 成型和推管 5 脱模,注塑模采用了联动脱模机构:一是利用推板 6 中的推管 5 将注塑件顶脱模,二是利用推板 13 推动推板 6、安装板 7 和推管 5。脱模机构的回程,是在动、定模合模时由回程杆 17 推着完成的

续表 5-2

类型	简　图	说　明
脱模板式注塑模	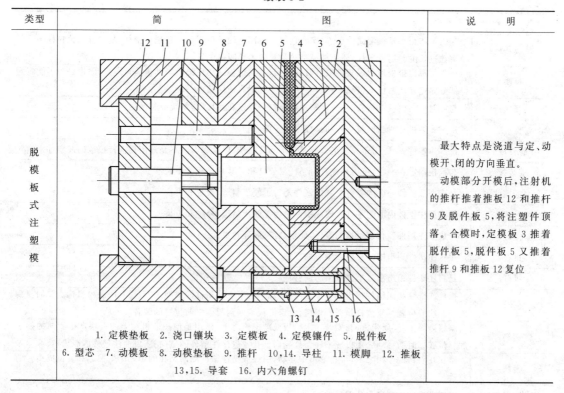 12 11 10 9 8 7 6 5 4 3 2 1 13 14 15 16 1. 定模垫板　2. 浇口镶块　3. 定模板　4. 定模镶件　5. 脱件板 6. 型芯　7. 动模板　8. 动模垫板　9. 推杆　10,14. 导柱　11. 模脚　12. 推板 13,15. 导套　16. 内六角螺钉	最大特点是浇道与定、动模开、闭的方向垂直。 　动模部分开模后,注射机的推杆推着推板 12 和推杆 9 及脱件板 5,将注塑件顶落。合模时,定模板 3 推着脱件板 5,脱件板 5 又推着推杆 9 和推板 12 复位

四、注塑模的零件及其作用

注塑模由许多零件组成,各种零件在注塑模中都具有各自的作用。正是由于这些零件所发挥的作用,才使得注塑模能够完成注塑件在成型过程中各种动作和功能。

(1)立式和卧式注塑模的零件及其作用(表 5-3)

表 5-3　立式和卧式注塑模的零件及其作用

名　称	作　用
定模垫板	为了固定与连接定模部分的其他零件,与注射机定模板进行安装,可防止定模部分的其他零件脱落
定模板	可以直接在其上加工出注塑件成型的型腔或型芯,也可镶嵌型腔或型芯。可以加工出浇注系统的分流道,加工出嵌件孔、斜导柱或导套孔,抽芯机构滑槽或斜销固定孔和螺钉孔等
动模板	可以直接在其上加工出注塑件成型的型腔或型芯,也可镶嵌型腔或型芯。可以加工出浇注系统的分流道和冷料穴,加工出嵌件孔、导柱或导套孔,抽芯机构滑槽或斜销让开孔、推杆孔、复位杆孔、销钉孔和螺钉孔等
中模板	在采用点浇口时,为了脱点浇口冷凝料或注塑件需要二次分型,一般都要采用中模板。可以直接在其上加工出注塑件成型的型腔或型芯,也可镶嵌型腔或型芯。可以加工浇注系统的分流道和安装其他零件的孔
导柱	是为了确保定模部分与动模部分在开、闭模时相对位置的导向和定位件,导柱一般采用 T8A 或 T10A,淬火硬度为 50~54HRC
导套	是与导柱相配合的套筒。为了防止导套孔的磨损,导套一般采用 T8A 或 T10A,淬火硬度为 48~52HRC
垫块	是为了留出推板顶出注塑件脱模时的空间,将动模板或动模垫板与动模座板隔离开

续表 5-3

名　称	作　用
动模垫板	是为了防止动模板弯曲变形,固定与连接动模部分的其他零件。要通过推杆、复位杆和拉料杆等零件及避让过长的斜销或导柱,防止动模部分的其他零件脱落
模脚	是为了留出推板顶出注塑件脱模时的空间,将动模板或动模垫板与动模座板隔离开;也是为了能将定模部分固定在注射机上(模脚与垫块在一副模具中只使用其中一种)
动模座板	与注射机动模板进行安装,与注塑模动模部分固定和连接(与垫块一起使用)
推板	用于安装推杆、推管、复位杆和推板导向零件导套或导柱
脱件板	推落注塑件,一般用于脱薄壁件或易变形的注塑件,以及表面上不允许出现推杆痕迹的注塑件
安装板	与推板固定在一起,可防止推杆、推管、复位杆与导套从推板孔中脱落
型腔镶件	是成型注塑件外形的零件。制成镶件是为了便于制造、修理和更换
型芯镶件	是成型注塑件内形的零件。制成镶件是为了便于制造、修理和更换
型芯	是成型注塑件型孔或型槽的零件,便于制造、修理和更换
推杆	是将注塑件顶出模具型腔或型芯的杆件
推管	是将注塑件顶出模具型腔或型芯的管件
复位杆	推杆或推管将注塑件顶出模具型腔或型芯后,为下一注塑件的成型加工,模具的脱模机构需要回复到脱模之前的位置。复位杆是在合模时,由定模板推回到脱模之前位置的装置
斜销	斜销倾斜于开、闭模方向,安装在定模板或动模板之上,作用是使抽芯机构上的滑块产生侧向的抽芯和复位成型时的移动。用以成型注塑件侧向型孔及退出注塑件的侧向孔,以便注塑件的脱模
滑块	滑块在斜销的作用之下,可在滑槽中移动,引导成型注塑件侧向型孔的型芯产生抽芯和复位成型时的移动
型芯(侧向)	是成型注塑件侧向型孔的零件
限位销	限制滑块移动距离,一可防止滑块在移动惯性的作用下冲出模外,二可确保斜销插入滑块孔位置的准确性
弹簧	在型芯(侧向)抽芯时,利用其弹力使限位销进入滑块上半球形凹坑,用于滑块的限位
螺塞	是防止弹簧和限位销脱落的零件
拉料杆	是将主、分流道中冷凝料拉脱的零件。清理浇注系统的冷凝料以便进行下一注塑件的成型加工
浇口套	是与注射机喷嘴对接的模具主流道的零件
垂直分型镶块	是组成垂直分型型腔的活动型腔镶块
限位螺钉	限制某些机构或装置的位置
内六角螺钉	连接各种模板的构件
圆柱销	用于模具构件之间的定位

(2)角式注塑模的零件及其作用(表 5-4)

表 5-4　角式注塑模的零件及其作用

名　称	作　用
定模垫板	为了固定与连接定模部分的其他零件,与注射机定模板进行安装,可防止定模部分的其他零件的脱落
浇口镶块	是加工有流道,镶嵌在定模与动模之间的镶块
定模镶件	是制有成型注塑件的型腔并镶嵌在定模板中的镶件,便于制造、修理和更换
定模板	可以直接在其上加工出注塑件成型的型腔或型芯,也可镶嵌型腔或型芯。可以加工出浇注系统的分流道,嵌件孔、导柱或导套孔,抽芯机构滑槽或斜销让开孔、推杆孔、复位杆孔和螺钉孔等
脱件板	脱落注塑件,一般用于脱薄壁件或易变形的注塑件,以及表面上不允许出现推杆痕迹的注塑件
型芯	是成型注塑件型孔或型槽的零件

续表 5-4

名　　称	作　　　　　　　　　　用
动模板	可以直接在其上加工出注塑件成型的型腔或型芯,也可镶嵌型腔或型芯。可以加工出浇注系统的分流道,嵌件孔、导柱或导套孔,抽芯机构滑槽或斜销让开孔、推杆孔、复位杆孔和螺钉孔等
动模垫板	为防止动模板弯曲变形,固定与连接动模部分的其他零件。要通过推杆、复位杆和拉料杆等零件,避让过长的斜销和导柱,可防止动模部分的其他零件的脱落
推杆	是将注塑件顶出模具型腔或型芯的杆件
推管	是将注塑件顶出模具型腔或型芯的管件
导柱	是为了确保定模部分与动模部分在开闭模时的相对位置的导向和定位件,导柱一般采用 T8A 或 T10A,淬火硬度为 50～54HRC
导套	是与导柱相配合的套筒。为了防止导套孔的磨损,导套一般采用 T8A 或 T10A,淬火硬度为 48～52HRC
模脚	是为了留出推板顶出注塑件脱模的空间,将动模板或动模垫板与动模座板隔离开;也是为了能将动模部分固定在注射机上
推板	安装顶杆、顶管和推板导向零件导套
动模座板	与注射机动模板进行安装,与注塑模动模部分固定和连接
内六角螺钉	连接零件

五、注塑模的标准模架

我国在 1990 年正式颁布了塑料注塑模模架的国家标准,结构如图 5-2 所示。

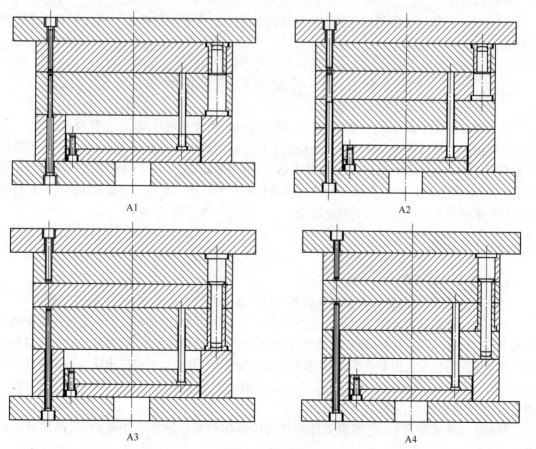

图 5-2　标准模架

1. GB/T 12556—2006

该类标准模架的组合形式有 A1,A2,A3 和 A4 四种:

(1)A1 型 由定模板和动模板组成,无动模垫板;

(2)A2 型 由定模板和动模板组成,有动模垫板;

(3)A3 型 由定模板和动模板组成,中模板处于定模板和动模板之间,无动模垫板;

(4)A4 型 由定模板和动模板组成,中模板处于定模板和动模板之间,有动模垫板。

2. GB/T 12555—2006

该类标准模架的组合形式有 A 和 B 两种:

(1)A 型 与上述的 A1 型相同;

(2)B 型 与上述的 A2 型相同。

了解了注塑模的基本结构、各种零件的名称和作用,对掌握注塑模的结构和工作原理是十分必要的。也只有在掌握了其基本的结构和知识之后,才能进行注塑模的设计;进而通过一般结构的注塑模的设计,积累一些经验之后,再通过更深层的模具理论的学习,就可以进行复杂注塑模的设计。

复习思考题

1. 注塑模结构如何分类? 注塑模结构主要组成是什么? 立式和卧式注射机所用注塑模的基本结构是什么?

2. 立式和卧式注塑模的零件名称及其作用是什么? 角式注塑模主要零件的名称及作用是什么?

第二节 注塑模的运动形式

注塑模的运动形式分为:分型运动(开、闭模运动)、侧向抽芯运动、注塑件脱模运动、复位运动和脱浇口冷凝料运动。这些运动是根据注塑件成型要求来进行选取,一般是在注塑模结构方案制订时产生。其中开、闭模运动是主运动,而抽芯运动、复位运动和脱浇口冷凝料运动都是由开、闭模运动派生的;但液压抽芯运动则是独立的运动。脱模运动是由注射机的顶杆推动模具的推板和推垫板来完成的独立运动。

一、分型运动

1. 分型运动的概念

注塑模的动、定模型腔具有能够开启和闭合的运动称分型运动,也可称为开、闭模运动。

模具的定模部分固定在注射机的定模板上,是不动的部分;而动模部分固定在注射机的动模板上,是可以随注射机的动模板作往复运动的。因为注塑模注射时,熔融的塑料在高温和高压下注入模具的型腔内需要合模;而成型的注塑件冷却后,又需要开模取出成型的注塑件。所以开、闭模运动是注塑模的主要运动,是由注射机液压系统来完成的。由于有了注塑模的开、闭模运动,才产生了动、定模的分型面。

分型运动的选择原则:应该避免注塑件的障碍体和抽芯运动的干涉对开、闭模运动的影响。

2. 分型面

分型面一般处在动、定模的型腔之间,是动、定模开模时的分离面,也可以说是动、定模合模时的结合面。

例如,把手注塑模,其定模镶块分型面如图 5-3(a)所示,动模镶块分型面如图 5-3(b)所示。又如分流管注塑模,分型面如图 5-3(c)所示,其左、右型芯上中间的弧形折线面为分流管注塑模分型面,即分型面还可以处在模具两抽芯型面的分型面上。

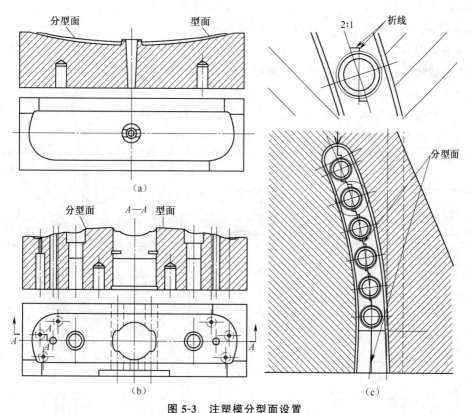

图 5-3 注塑模分型面设置

(a)把手定模镶块分型面 (b)把手动模镶块分型面 (c)分流管注塑模分型面

3. 分型面的选择原则

分型面的选择必须避开"障碍体"的影响,否则,动、定模既不能打开,也不能合模。这样的模具根本不能正常工作。

4. 分型面的选择方法

分型面的选择方法可分成在平直面上和曲面上的选择方法。

(1)分型面在开、闭模方向为平直面上的选择方法 只要是能避开"障碍体"的影响就可以了;

(2)分型面在曲面上的选择方法 取产品零件沿开、闭模方向在动模或定模上的投射线为分型面。换句话说就是取产品零件在开、闭模方向的最大轮廓线处为分型面。

5. 二次分型运动

三模板的注塑模,往往需要进行二次分型运动。第一次分型运动是在动模板与中模板之间进行,第二次分型运动是在中模板与定模板之间进行。

二、抽芯运动

为了成型塑料制品沿周侧面的型孔和型槽,需要进行的移开成型的型芯与型芯复位的运动称为抽芯运动。抽芯运动方向可以垂直、平行也可以倾斜于开、闭模运动方向,称为水平抽芯运动和斜向抽芯运动;还可以是内抽芯运动和弧形抽芯运动;还有气动、液压抽芯运动和二级抽芯运动。

抽芯运动与动定模开、闭模方向(设开、闭模方向为铅垂方向)相比较,可分为水平抽芯运动、垂直抽芯运动、斜向抽芯运动和内抽芯运动等。

1. 水平抽芯运动

用来成型制品的沿周外侧面的型孔和型槽,需要移开型芯与型芯复位的运动,其方向垂直于动定模开、闭模方向的抽芯运动称为水平抽芯运动。

(1)左、右水平抽芯机构的组成　如图 5-4 所示,右水平抽芯机构,由右滑块型芯 2、右斜导柱 1 等组成。左水平抽芯机构,由左滑块型芯 6、左斜导柱 7 等组成。

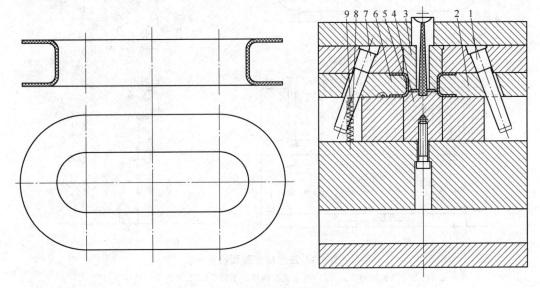

图 5-4　水平抽芯机构
1. 右斜导柱　2. 右滑块型芯　3. 定模镶块　4. 动模镶块　5. 工形环
6. 左滑块型芯　7. 左斜导柱　8. 弹簧　9. 限位销

(2)水平抽芯机构的工作方法　如图 5-4 所示,左斜导柱 7 穿插在左滑块型芯 6 的斜槽中,而左斜导柱 7 又是固定在定模板和定模垫板上。左斜导柱 7 随着模具开、闭模的运动,拨动着左滑块型芯 6 作相对的直线往复移动,从而使左滑块型芯 6 在合模过程中,能够插入定、动模镶块 3,4 的型腔内;而在开模过程中,能够从定、动模镶块 3,4 的型腔内抽出左滑块型芯 6。同理,由动、定模的开、闭模运动可使得右斜导柱 1 产生移动,从而带动着右滑块型芯 2 进行抽芯和复位运动。如此,可以实现工形环 5 的 U 型槽成型与脱模。限位销 9 和弹簧 8 是限制右滑块型芯 2 和左滑块型芯 6 抽芯的行程,以防右滑块型芯 2 和左滑块型芯 6 在右斜导柱 1 和左斜导柱 7 作用时,所产生的惯性作用下滑出模具之外。

2. 垂直抽芯运动

在无法采用镶嵌件抽芯或活块成型的情况下,用来成型塑料制品的正、反面的孔和槽,所需要的型芯运动的方向与动、定模开、闭模方向一致的抽芯运动,称为垂直抽芯运动。

(1)垂直抽芯机构的组成 如图5-5所示,由防转销1、齿条2、套筒3、限位销4、弹簧5、齿轮6、型芯齿条7、键8和轴9组成。

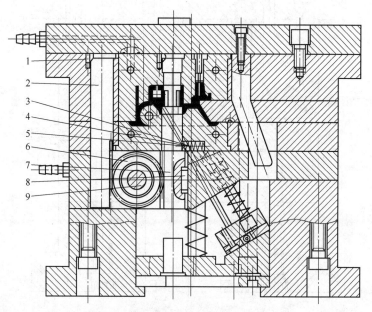

图5-5 垂直抽芯机构

1.防转销 2.齿条 3.套筒 4.限位销 5.弹簧 6.齿轮 7.型芯齿条 8.键 9.轴

(2)垂直抽芯机构的工作方法 齿条2随着定模的开模运动,带动着齿轮6顺时针转动并使型芯齿条7向下移动而完成垂直抽芯动作。防转销1和键8是防止齿条2和型芯齿条7转动的,并由套筒3、限位销4和弹簧5所组成的限位机构限制型芯齿条7的移动距离。

3. 斜向抽芯运动

用来成型塑料制品的沿周外侧面斜向的型孔和型槽,所需型芯移动的方向与动、定模开、闭模方向为斜交的抽芯运动称为斜向抽芯运动。

(1)斜向抽芯机构的组成 如图5-6所示,由斜滑块型芯3、弯销4、弹簧1、限位销2和垫板7所组成。

(2)斜向抽芯机构的工作方法 定模与中模的开模运动,使得弯销4带动着斜滑块型芯3退出中模的型腔;定模与中模的闭模运动,又使得弯销4迫使斜滑块型芯3插入中模型腔,并使斜滑块型芯3的底平面楔紧垫板7,防止斜滑块型芯3后退而使塑料产品的型槽成型时变浅。

4. 内抽芯运动

用来成型塑料制品的内型面沿周的型孔和型槽,型芯运动的方向与动、定模开、闭模方向垂直的抽芯运动称为内抽芯运动。

(1)内抽芯机构的组成 如图5-7所示,由动模镶件1、斜推杆2、内六角螺钉3、推板4、滚轮5、轴6和推垫板7组成。

(2)内抽芯机构的工作方法 滚轮5通过轴6与斜推杆2连接,并可在推板4的槽中滑动。当动、定模开启后,受注射机顶杆的推动,两斜推杆2在动模镶件1的双斜槽作用下,斜推杆2上端的型面退出注塑件的内型槽完成内抽芯运动;复位杆推动推板4,两斜推杆2在动模

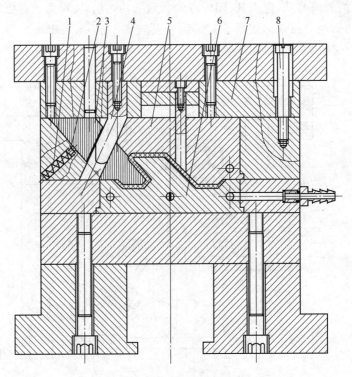

图 5-6　斜向抽芯机构

1. 弹簧　2. 限位销　3. 斜滑块型芯　4. 弯销　5. 中模镶件
6. 动模镶件　7. 垫板　8. 限位螺钉

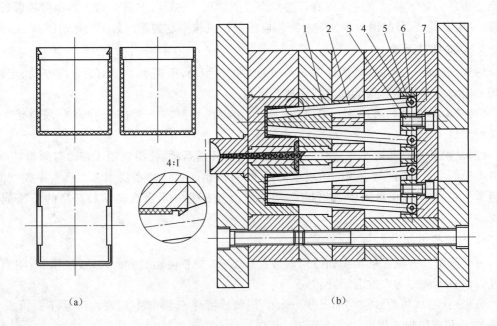

（a）　　　　　　　　　　　　　　（b）

图 5-7　内抽芯机构

（a）方盒　（b）方盒注塑模

1. 动模镶件　2. 斜推杆　3. 内六角螺钉　4. 推板　5. 滚轮　6. 轴　7. 推垫板

镶件 1 的双斜槽作用下,斜推杆 2 上端的型面复位。

5. 弧形抽芯运动

在弧形抽芯机构的作用下,以实现注塑件的弧形抽芯运动称为弧形抽芯运动。

(1)弧形抽芯机构的组成　如图 5-8 所示,由推杆 6、推板 7、垫板 8、支架 9、轴 10 和翻板 11 组成。

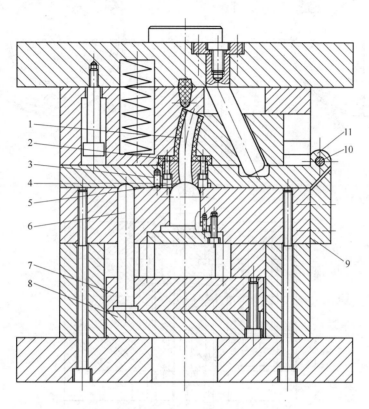

图 5-8　弧形抽芯机构

1. 弧形型芯　2. 小型芯　3. 螺钉　4. 螺塞　5. 动模型芯　6. 推杆

7. 推板　8. 垫板　9. 支架　10. 轴　11. 翻板

(2)弧形抽芯运动的工作方法　当动定模开启之后,在注射机顶杆的作用下,带动着垫板 8 和推板 7 上的推杆 6 移动。推杆 6 则使翻板 11 绕着支架 9 中的轴 10 产生弧形运动,从而实现注塑件弧形抽芯运动。

6. 注塑模内型面不通孔或不通槽的内抽芯运动

注塑件内型面存在着不通孔或不通槽时,只有将成型注塑件不通孔或不通槽的模具型芯抽芯之后,注塑件才能顺利地脱模;成型注塑件不通孔或不通槽的模具型芯复位之后,这些不通孔或不通槽才能成型。这种从注塑件的内型中进行抽芯和复位的运动称为内抽芯运动,进行内抽芯运动的机构称为内抽芯机构。

如图 5-9(a)所示,内光栅壁厚仅为 $1mm$,$B-B$ 剖视图中 $\phi 39mm$ 至 $\phi 38mm$ 圆柱上存在着 6 处凸出的尖齿。内光栅注塑模如图 5-9(b)所示。为了成型内光栅这 6 处凸出尖齿的型面,注塑模结构需要采用内抽芯,主要是利用内抽型芯 7 两端 45° 的斜面,内抽型芯 7 移动时产生水平方向的移动而实现内抽芯和复位运动。

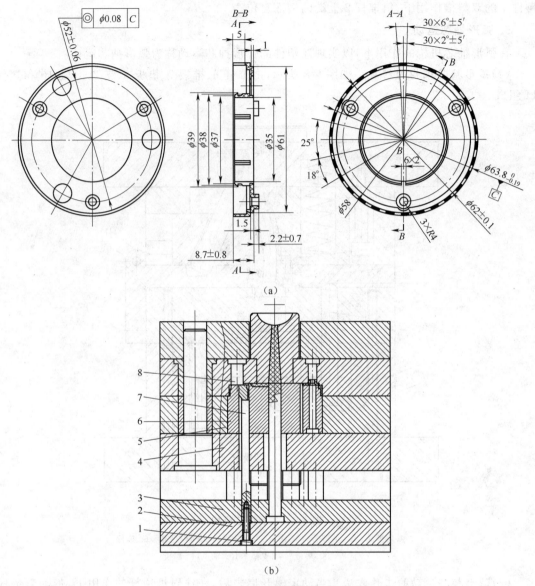

图 5-9   内光栅与注塑模

1. 圆柱头螺钉   2. 推垫板   3. 推板   4. 动垫板   5. 动模板   6. 动模型芯   7. 内抽型芯   8. 定模型芯

7. 二级抽芯运动

当注塑件沿周侧向分型面上存在多个型槽或型孔,需要沿周侧向抽芯力较大,而注塑件的壁又较薄时,如果只是采用一级抽芯,注塑件侧向壁和型槽或型孔会产生变形,严重时甚至会撕裂。此时模具就需要采用二级抽芯结构,即分成两级分别对沿周侧向多个型槽或型孔进行抽芯,以减少每次抽芯的作用力,从而防止注塑件侧向壁和型槽或型孔产生变形。

如图 5-10 所示为弯销与斜销二级抽芯机构,开模时,弯销 2 随着定模板 1 的开启,滑块 3 产生抽芯运动,先完成注塑件上端孔的抽芯;由于滑块 4 还未进行抽芯,迫使注塑件滞留在活动型芯 9 之上。由于注射机顶杆作用于推板 11 和推垫板 12 上的推杆 10 产生移动,使得活动型芯 9 移动,在斜销 8 的作用下实现滑块 4 的抽芯;同时,活动型芯 9 的移动也实现了注塑件的脱模。

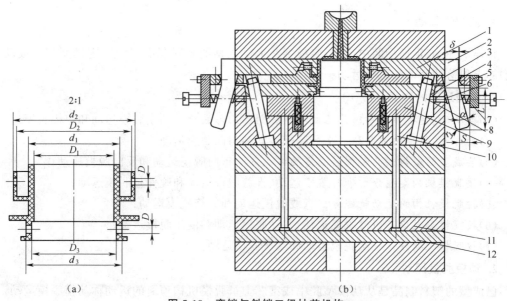

图 5-10　弯销与斜销二级抽芯机构

(a)注塑件　(b)二级抽芯运动模具结构

1. 定模板　2. 弯销　3,4. 滑块　5. 支撑板　6. 台阶螺钉　7. 弹簧
8. 斜销　9. 活动型芯　10. 推杆　11. 推板　12. 推垫板

8. 液压抽芯运动

液压抽芯运动是通过液压缸活塞的往复运动来实现型芯的抽芯和复位运动。液压抽芯运动和开、闭模运动是相互独立而又相互关联的运动。因为多种液压抽芯运动的顺序可以人为设置,对于抽芯数量较多的注塑件,特别适宜运用设置的各液压抽芯机构的时差来避免运动干涉现象的发生;所需注意的是活动的型芯,应设置锁紧机构,在合模后锁紧。

斜滑块液压抽芯机构如图 5-11 所示。注塑件为圆锥筒形,斜滑块的抽芯运动,是利用液压缸 4 中的活塞的伸缩,带动连接架 7 和斜滑块 6 在定模板 9 的燕尾槽中的移动而实现的。利用注塑件的锥筒形,模具开模即可实现注塑件的脱模。

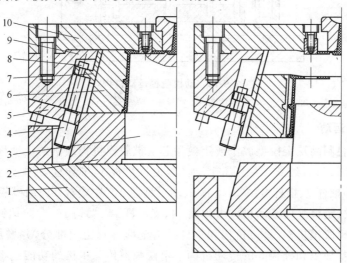

图 5-11　斜滑块液压抽芯机构

1. 动模垫板　2. 动模板　3. 动模型芯　4. 液压缸　5. 固定板　6. 斜滑块
7. 连接架　8. 螺钉　9. 定模板　10. 定模垫板

三、脱模运动

将停留在动、定模型腔中或动、定模型芯上已成型的塑料制品,从动、定模型腔中或动、定模型芯上顶落的运动称脱模运动。

1. 脱模运动的种类

(1)按从动、定模型腔中顶落已成型塑料制品的形式分　动模脱模运动和定模脱模运动;

(2)按与开、闭模的方向分　平行脱模运动和斜向脱模运动;

(3)按成型的塑料制品和型芯分离的方式分　正向脱模运动和反向脱模运动;

(4)按脱模机构类型分　推杆脱模运动、推管脱模运动和脱件板脱模运动;

(5)按脱模机构的运动轨迹分　直线脱模运动和螺旋脱模运动;

(6)按脱模形式分　机械脱模运动、气动脱模运动和液压脱模运动;

(7)按脱模次数分　一次脱模运动和二次脱模运动。

2. 动模脱模运动

已成型的塑料制品是从动模型腔中或型芯上被脱模机构顶离的运动称动模脱模运动。动模脱模运动机构如图 5-12 所示,推杆 2 安装在安装板 5 中,安装板 5 和推板 6 用内六角螺钉 7 连接在一起。定模、中模和动模开启了之后,在注塑机顶杆的作用下,推杆 2 将注塑件从动模型芯 3 上顶脱。

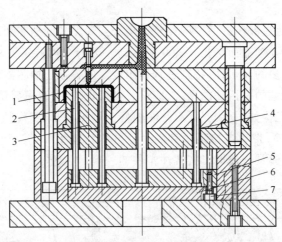

图 5-12　动模脱模运动机构
1.注塑件　2.推杆　3.动模型芯　4.回程杆　5.安装板　6.推板　7.内六角螺钉

3. 定模脱模运动

已成型的塑料制品从定模型腔中或定模型芯上被脱模机构顶落的运动称定模脱模运动。

(1)定模脱模机构的组成　如图 5-13 所示,由推垫板 1、推导柱 2、推导套 3、回程杆 4、推板 5、大推杆 6、小推杆 7、推杆 8、中模型芯 9、动模型芯 10、中模板 11、动模板 12、动模垫板 13 和定模板 19 组成;定模脱模传动机构由弹簧 14、支承杆 15、摆钩 16、台阶螺钉 17 和挂钩 18 组成。可以看出动模脱模机构、复位机构和拉料机构全部移到定模部分,并增加了把动、定模开模运动传递到推垫板 1 和推板 5 的传动机构。定模脱模传动机构的功能是将定、动模的开、闭模运动转化为定模的脱模运动。

(2)定模脱模机构的工作方法　开模时,中模板 11 和动模板 12 首先分型,当挂钩 18 与摆

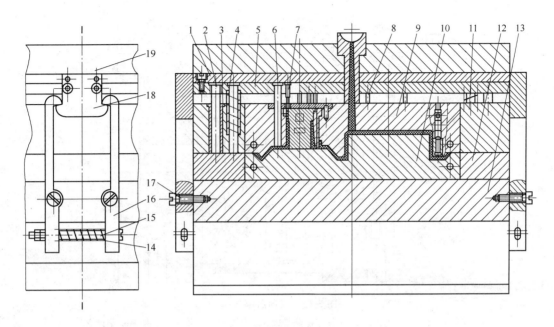

图 5-13 定模脱模机构

1. 推垫板 2. 推导柱 3. 推导套 4. 回程杆 5. 推板 6. 大推杆 7. 小推杆 8. 推杆
9. 中模型芯 10. 动模型芯 11. 中模板 12. 动模板 13. 动模垫板 14. 弹簧
15. 支承杆 16. 摆钩 17. 台阶螺钉 18. 挂钩 19. 定模板

钩 16 接触受力后,便拉动推垫板 1 和推板 5 上的大推杆 6、小推杆 7 和推杆 8 将产品从中模型芯 9 的型腔中顶落。定模板 19 与中模板 11 由限位螺钉(图中未表示)限制了开模行程。于是在摆钩 16 与挂钩 18 搭接斜面的作用下,摆钩 16 以台阶螺钉 17 为圆心摆动而完成定模板 19 与中模板 11 的开模运动。定模板 19 与中模板 11 的合模时,摆钩 16 与挂钩 18 端部圆弧的接触,再次使摆钩 16 以台阶螺钉 17 为圆心摆动而使它们相互钩接。

4. 平行脱模运动

已成型的塑料制品从模具型腔中或型芯上被脱模机构以平行于开、闭模方向顶离的运动称为平行脱模运动,简称脱模运动。该脱模运动机构是脱模运动中最多和最常用的脱模机构。如图 5-14 所示的脱模机构,由推杆 3 来顶脱注塑件 2 和活块 1。

5. 斜向脱模运动

已成型的塑料制品从型腔中或型芯上被脱模机构以倾斜于开、闭模方向顶离的运动称斜向脱模运动。

(1)斜向脱模机构的组成 如图 5-15 所示,由斜向脱模机构和平动脱模机构及复位机构与限位销 10 组成。

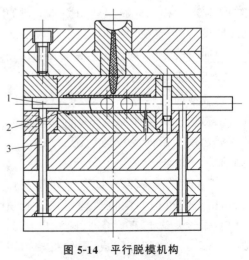

图 5-14 平行脱模机构

1. 活块 2. 注塑件 3. 推杆

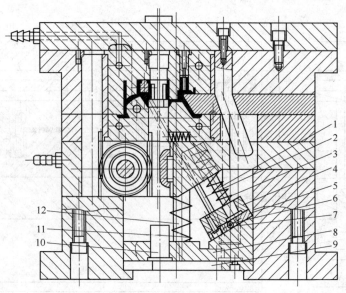

图 5-15　斜向脱模机构

1. 推杆　2. 小推杆　3,11. 弹簧　4. 斜推板　5. 斜垫板　6. 滚轮　7. 轴　8. 平推板
9. 平垫板　10. 限位销　12. 回程杆

（2）斜向脱模机构的工作方法　注射机的顶杆推着平动脱模机构的平推板 8 和平垫板 9 移动，使其斜面上的斜推板 4 和斜垫板 5 压缩弹簧 3 并沿着平推板 8 的斜面滑动；斜垫板 5 中的推杆 1 和小推杆 2，沿着斜向将已成型的塑料制品从动模型芯顶落。限位销 10 限制着平推板 8 的移动距离，也就是限制着推杆 1 和小推杆 2 顶出塑料制品的距离。注射机的顶杆退回后，在压缩的弹簧 3 和弹簧 11 复原的作用下，平推板 8、平垫板 9 和斜推板 4、斜垫板 5 均可复位；然后，再在回程杆 12 的推动下精确地复位。

6. 正向脱模运动

模具的型腔或型芯不动，已成型的塑料制品被脱模机构顶落出模具的型腔或型芯的脱模运动称正向脱模运动。如上述的动模脱模运动、定模脱模运动、平行脱模运动和斜向脱模运动，均为正向脱模运动。

7. 反向脱模运动

已成型的塑料制品不动，模具的型腔或型面被脱模机构抽离已成型的塑料制品的脱模运动称反向脱模运动，又可称为抽芯兼脱模的复合运动。

（1）反向脱模机构的组成　如图 5-16 所示，由脱模机构与限位机构组成。脱模机构由弧形齿条 1、直齿条 2、圆柱齿轮 3、轴 4、推板 5 和垫板 6 组成，限位机构由限位销 10、弹簧 9、螺塞 8 和套筒 7 组成。

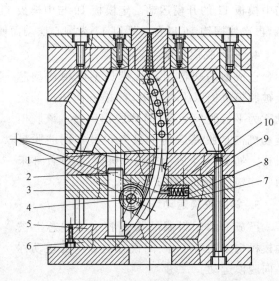

图 5-16　反向脱模机构

1. 弧形齿条　2. 直齿条　3. 圆柱齿轮　4. 轴　5. 推板
6. 垫板　7. 套筒　8. 螺塞　9. 弹簧　10. 限位销

（2）反向脱模机构的工作方法 动、定模的开模运动使分流管注塑模的四处抽芯运动完成后，分流管仍然停留在弧形齿条 1 上端的型芯上，分流管由动模板支撑着不动；注射机的顶杆顶出，使推板 5 和垫板 6 上的直齿条 2 向上移动，并带动着圆柱齿轮 3 顺时针转动，同时也带动着弧形齿条 1 及其上的型芯顺时针转动，完成分流管的反向脱模运动。

8. 推杆脱模运动

将已成型的塑料制品从模具型腔中或型芯上被脱模机构的推杆顶落的运动称推杆脱模运动。如图 5-12 所示的动模脱模运动，图 5-13 所示的定模脱模运动，图 5-14 所示的平行脱模运动，图 5-15 所示的斜向脱模运动，均为推杆脱模运动。

9. 推管脱模运动

将已成型的塑料制品从模具型腔中或型芯上被脱模机构的推管顶离的运动称推管脱模运动。

（1）推管脱模机构的组成 如图 5-17 所示，由推管 7、推板 8 和推垫板 9 组成。

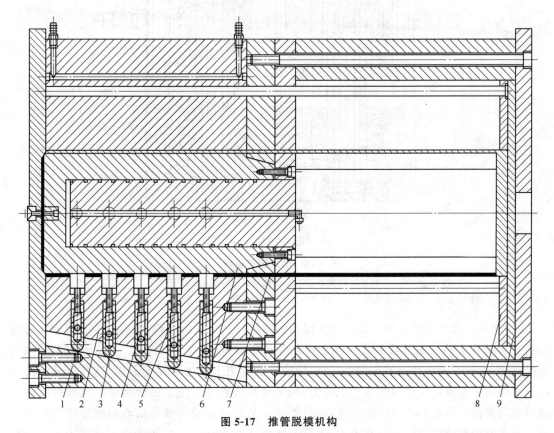

图 5-17 推管脱模机构

1. 锥形筒 2. 锥形柱 3. 球头销 4. 弹簧 5. 型芯 6. 内型芯 7. 推管 8. 推板 9. 推垫板

（2）推管脱模机构的工作方法 洗衣机甩干筒注塑模推管脱模机构，如图 5-17 所示；随着定、动模的开启，成型甩干筒脱水孔的型芯 5 在弹簧 4 的作用下完成抽芯，推管 7 在推板 8 和推垫板 9 的作用下，将甩干筒顶出内型芯 6。

10. 直线脱模运动

将已成型的塑料制品从模具型腔中或型芯上，被脱模机构所产生的直线脱模运动顶离的运动称直线脱模运动。如图 5-12 所示的动模脱模机构，图 5-13 所示的定模脱模机构，图 5-15

所示的斜向脱模机构,均产生直线脱模运动。

11. 螺旋脱模运动

将已成型的塑料制品从模具螺旋型腔或螺旋型面中,被脱模机构所产生的螺旋运动顶离的运动称螺旋脱模运动。

(1)螺旋脱模机构的组成　如图 5-18 所示,由衬套 5、推管 6、定位管 7、动模长型芯 8、推力球轴承 9、圆柱头螺钉 10、盖板 11、推板 12、推垫板 13 和底垫板 14 组成。

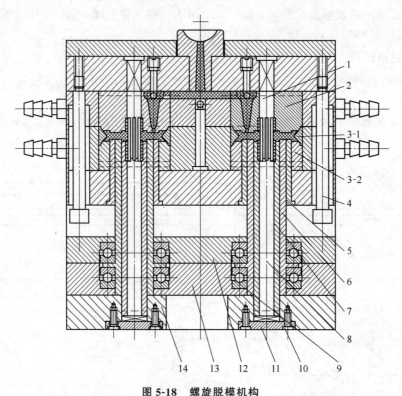

图 5-18　螺旋脱模机构

1,2. 定模型芯　3-1,3-2. 动模型芯　4. 限位螺钉　5. 衬套　6. 推管　7. 定位管
8. 动模长型芯　9. 推力球轴承　10. 圆柱头螺钉　11. 盖板　12. 推板　13. 推垫板　14. 底垫板

(2)螺旋脱模机构的工作方法　由于成型的塑料制品是螺旋齿轮,推管 6 的脱模运动必须是螺旋运动才能将注塑件顶脱模。注射机的顶杆顶着推板 12 和推垫板 13,从而使得推管 6 直线移动;推管 6 轴向移动的作用力,使得螺旋齿的圆周上产生了径向分力,这些圆周上的径向分力作用于螺旋齿轮的轴线所产生的力偶,又使得推管 6 产生了旋转运动。从而推管 6 的旋转运动和轴向移动合成为螺旋运动,并且推管 6 的旋转运动与螺旋齿轮的螺旋轨迹保持一致。为了减少推管 6 旋转时的摩擦力,需要安装两个推力球轴承 9,否则会因摩擦力过大使推管 6 不能旋转。推管 6 的螺旋运动,使得注塑件顺利地脱模。

12. 脱件板脱模运动

将已成型的注塑件从模具型腔中或型芯上,被脱模机构的脱件板顶脱的运动称脱件板脱模运动。

(1)脱件板脱模机构的组成　如图 5-19 所示,由推垫板 1、推板 2、推杆 3 和脱件板 6 组成。

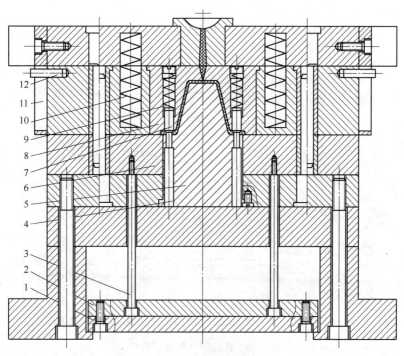

图 5-19　脱件板脱模机构

1. 推垫板　2. 推板　3. 推杆　4,5. 动模型芯　6. 脱件板
7,8. 定模型芯　9,10. 弹簧　11. 限位板　12. 圆柱销

(2)脱件板脱模机构的工作方法　由于注塑件壁薄,脱模时易产生变形,采用脱件板脱模可以避免变形。如图 5-19 所示,注塑模开模之后,注射机的顶杆推动着推垫板 1 和推板 2 上的推杆 3 及脱件板 6 的移动,使注塑件从动模型芯 4 和动模型芯 5 上脱模。

13. 压缩空气脱模运动

注塑模开启之后输入压缩空气,利用其压力使注塑件产生的脱模运动称之为压缩空气的脱模运动。

当注塑件为深的直筒形薄壁注塑件,成型注塑件的孔壁与模具之间出现了真空时,采用其他脱模方法都不适宜;可使用压缩空气让注塑件脱模。

(1)压缩空气脱模机构的组成　如图 5-20 所示,由输气管 1、活塞推杆 2、活塞推杆 3、弹簧6、六角螺母 7、输气管 8 和密封圈 9 组成。

(2)压缩空气脱模机构的工作方法　模具开启后,压缩空气从输气口 A 输入,推动着活塞推杆 2 将注塑件顶出中模型腔;由于注塑件的孔壁与模具之间存在着真空,注塑件牢牢地吸在型芯 4 之上。此时,压缩空气从输气口 B 输入并进入活塞推杆 3 的型腔之中;压缩空气一方面推动活塞推杆 3 移动,另一方面进入注塑件孔壁与模具之间消除真空负压,注塑件便可顺利地脱模。

14. 二次脱模运动

采用二次脱模机构将已成型的产品从模具型腔中或型芯上被顶离的运动称二次脱模运动。注塑件脱模时最容易产生变形,为了减缓脱模变形的程度,可以采用二次脱模运动。

(1)托板脱模结构方案分析　托板是一典型细薄长形的压铸件,脱模时受到脱模力的作用很容易产生变形。为了最大限度地减小托板脱模时的变形,必须采用二次脱模机构。托板压

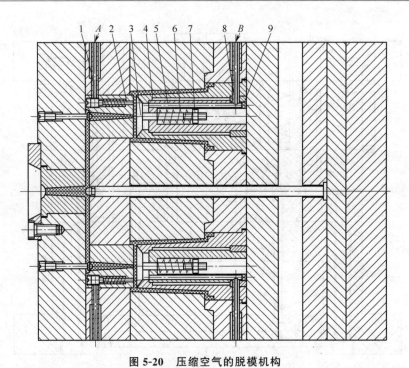

图 5-20   压缩空气的脱模机构

1,8. 输气管   2,3. 活塞推杆   4. 型芯   5. 内型芯   6. 弹簧   7. 六角螺母   9. 密封圈

A,*B*——输气口

铸模结构草图如图 5-21(a)所示。托板脱模动作如图 5-21(b)所示。第一次脱模机构先将托板由型芯兼顶杆Ⅰ和型芯兼顶杆Ⅱ从动模型腔中顶出,顶着的托板面积为底面的 80.5%,以最大限度地确保托板在第一次脱模时,不会因受到动模型腔的脱模力而产生变形。因为动模型芯Ⅰ和型芯Ⅱ是固定不动的,成型托板的长方形凸台的动模型芯Ⅰ和成型右侧支脚的型芯Ⅱ,不会随同第一次脱模时的其他型芯一起顶出。托板在第二次脱模时,在顶杆的作用下产生托板的翻转运动,而动模型芯Ⅰ和型芯Ⅱ已脱离了托板,不会影响到托板的翻转运动;同时,将动模型芯Ⅰ及型芯Ⅱ与动模型腔制成一体,又有利于型芯兼顶杆Ⅰ和型芯兼顶杆Ⅱ顶出动作的导向与装配。固定的型芯Ⅱ是为了让出足够的空间,使托板翻转运动时变形量为最小。

(2)二次脱模运动机构的组成   如图 5-22 所示,它由型芯兼顶杆 3 和 4、型芯 5 和 8、圆柱销 6、顶杆 7、推板 9 和 13、推垫板 10 和 14、导柱 11、导套 12、内六角螺钉 15、摆块 16、弹簧 17 与模脚 18 组成。

(3)二次脱模机构的机理   压铸机的顶杆通过摆块 16 在模脚 18 的楔形槽中的运动,将第二次脱模动作滞后于与第一次脱模动作一段时间或空间,留出顶出的距离。第一次脱模动作首先将在动模中已成型的托板推出动模型腔,托板仍然滞留在第一次脱模机构的型芯兼顶杆 3 和 4 之上;第一次脱模机构停止运动后,第二次脱模机构的顶杆 7 继续运动,直至将托板从第一次脱模机构的型芯兼顶杆 3 和 4 上顶落。第一次脱模时,型芯 8 和 5 不参与,于是留出一定的空间,在托板第二次脱模翻转的过程中不会产生右侧短支脚的干涉现象而影响直角梯形的长筋上平面的平面度。

(4)二次脱模机构的工作方法   摆块 16 在弹簧 17 的作用下,将推板 9、推垫板 10 和推板 13、推垫板 14 连成一体。在压铸机的顶杆推动下,推板 9、推垫板 10 上固定的型芯兼顶杆 3 和 4 与推板 13、推垫板 14 上固定的顶杆 7 同步进行移动,实现第一次顶出。当摆块 16 进入模脚

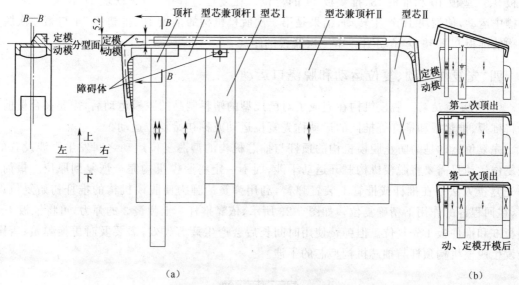

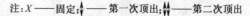

图5-21　托板压铸模的结构方案

（a）托板压铸模结构　（b）托板脱模动作

注：X——固定；↕——第一次顶出；⇕——第二次顶出

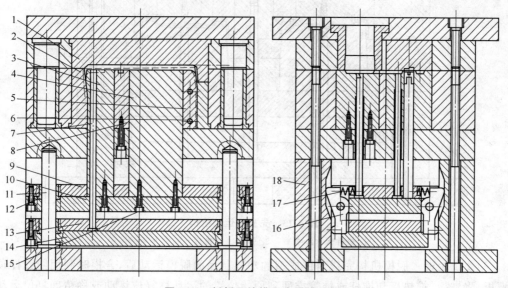

图5-22　托板压铸模二次脱模结构

1.定模型芯　2.动模型芯　3,4.型芯兼顶杆　5,8.型芯　6.圆柱销
7.顶杆　9,13.推板　10,14.推垫板　11.导柱　12.导套
15.内六角螺钉　16.摆块　17.弹簧　18.模脚

18的楔形槽中的上斜面时,摆块16开始绕圆柱销转动,并且摆块16上端的平面压缩弹簧17。摆块16的下端逐渐脱离推垫板14,直到摆块16进入模脚18的平面时,摆块16和推板9、推垫板10同时接触到动模垫板而停止运动,摆块16的下端完全脱离推垫板14。于是,在压铸机的顶杆推动下,推板9、推垫板10的顶杆7继续运动,直到将托板从第一次脱模机构的型芯兼顶杆3的半圆槽中顶落,完成第二次顶出。推板导柱11和推板导套12是为了确保推垫板10和推板13运动的平稳与不错位。定、动模的合模,使回程杆推动着第一、二次脱模机构的

推板 9、推垫板 10 和推板 13、推垫板 14 的复位。在复位过程中，由于摆块 16 在模脚 18 的楔形槽中运动，使摆块 16 产生转动，结果是第二次脱模机构的推板 13、推垫板 14 与第一次脱模机构的推板 9、推垫板 10 分开一个二次脱模的距离。

四、先复位运动、复位运动和脱浇口运动

（1）先复位运动　脱模机构在完成了对已成型的塑料制品的脱模运动后，需要在合模前先行将推板、推垫板和推杆等推回的运动称先复位运动或称初始复位运动。

先复位运动是为防止脱模机构的顶杆与抽芯机构的型芯复位运动之间发生干涉设置的。先复位运动只需要将脱模机构避开运动干涉，而不一定将脱模机构完全恢复到原位。最简单的先复位方法是在推杆或推管上装置弹簧，利用弹簧的弹力使脱模机构的推杆初始复位；然后，在回程杆的作用下精确复位。如图 5-23 所示，依靠推杆 2 上弹簧 3 的弹力，可将推板 4、推垫板 5 和推件板 1 先复位。但弹簧使用时间长后会产生疲劳失效，需要及时更换弹簧；否则，会发生脱模机构顶杆与抽芯机构型芯的干涉。

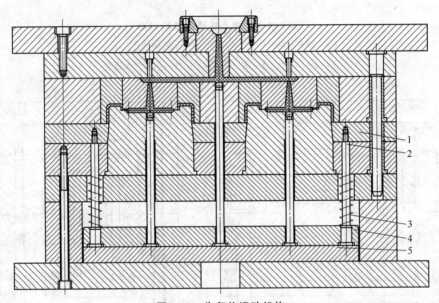

图 5-23　先复位运动机构
1. 推件板　2. 推杆　3. 弹簧　4. 推板　5. 推垫板

（2）复位运动　脱模机构完成对已成型的塑料制品的脱模运动后，合模时利用回程杆顶着定模板，将推板、推垫板和推杆或推管推回到原始位置的运动称复位运动或称精确复位运动。复位机构如图 5-24 所示，主要依靠 4 根回程杆 4 顶到中模板，利用合模时的运动将推板 5、推垫板 6、拉料杆 3 和推杆 2 推着复位。脱模机构的复位运动使脱模机构回复到注塑件脱模之前的位置，以便脱模机构进行下一次注塑件的脱模运动。

（3）脱浇口运动　把浇注系统中的冷凝料，由拉料杆从浇口套的主流道和分流道中，在模具开启或注塑件脱模时拉出来或顶出去的运动称脱浇口运动。

脱浇口运动是清理浇注系统中冷凝料和切断注塑件与浇口冷凝料的运动，只有清理和切断了冷凝料，才能进行下一注塑件的成型加工而实现生产的自动化。

注塑模的动、定模合模之后，通过注射机的喷嘴和注塑模的流道和浇口，将熔融的塑料在高压的作用下注入模具的型腔中。待注塑件冷却成型后顶离模具型腔或型芯，注塑模的流道

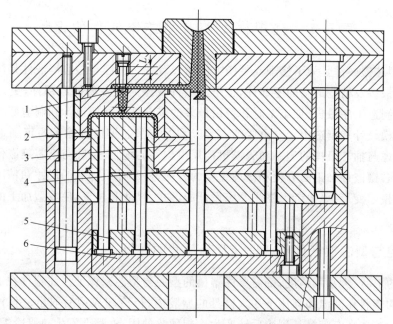

图 5-24　注塑模复位机构与脱浇口机构
1,3. 拉料杆　2. 推杆　4. 回程杆　5. 推板　6. 推垫板

和浇口中冷凝料则滞留在其中。为了及时地清理流道,在注塑模的动、定模开模或注塑件脱模时,需要由拉料杆将冷凝料拉出或顶出流道和浇口。如图 5-24 所示,定、中模开模时,拉料杆 1 切断浇口与注塑件之间的冷凝料,还可以将垂直分流道中的冷凝料拉出来;中、动模打开时,拉料杆 3 可将浇口套中主流道中的冷凝料拉出来,脱模机构顶出时,拉料杆 3 又可将水平分流道中的冷凝料顶脱。

注塑模各种机构必须要完成注塑模结构方案中规定的动作,才能完成注塑件的成型和脱模以及为下一次成型加工做好准备。模具机构的选用或设计必须符合成型注塑件规定的动作,反过来机构的结构类型也会影响到成型注塑件规定的动作。我们提倡先由成型注塑件规定的动作去选择机构的结构类型,在进行选择的过程中确实存在困难时,再适当调整成型注塑件规定的动作。

复习思考题

1. 什么是注塑模的分型运动?如何进行注塑模分型运动的分析?分型运动的选择原则是什么?掌握分型运动的形式和作用。

2. 什么是注塑模的抽芯运动?如何进行注塑模的抽芯运动的分析?抽芯运动的选择原则是什么?掌握抽芯运动的形式和作用。

3. 什么是注塑模的脱模和螺旋脱模运动?如何进行注塑模的脱模和螺旋脱模运动的分析?脱模和螺旋运动的选择原则是什么?掌握脱模和螺旋脱模运动的形式和作用。

4. 什么是注塑模的脱浇口运动?如何进行注塑模脱浇口运动的分析?脱浇口运动的选择原则是什么?应掌握脱浇口运动的形式和作用。

5. 什么是注塑模的复位和先复位运动?如何进行注塑模的复位和先复位运动的分析?复位和先复位运动的选择原则是什么?掌握复位和先复位运动的形式和作用。

第三节　注塑模型腔与型芯镶嵌件的设计

型腔与型芯镶嵌件是为了修理或更换方便而设置的。型腔与型芯镶嵌件是注塑模中形状最复杂、尺寸最多及精度最高的零部件,也是注塑件成型时最主要的零部件,更是注塑模加工中要求最高、制造工序最长、加工工时和费用最多的零部件。如何设计和制造好型腔与型芯镶嵌件,是注塑模设计和制造中十分重要的内容。型腔与型芯镶嵌件除了要正确地确定分型面之外,还要考虑与抽芯机构的型芯和脱模机构顶出构件的配合,型腔与型芯镶嵌件的刚度和强度,型腔与型芯镶嵌件加工的方便和修理更换的方便,注塑件冷却后的尺寸和精度符合图样要求,注塑件脱模不变形;更要考虑浇注系统设计的形式、尺寸和位置,使成型加工的注塑件不产生缺陷。

一、型腔与型芯镶嵌件形状设计及其尺寸的计算

注塑件的形状、大小和精度,都需要注塑模的型腔与型芯来保证。注塑件在成型的过程中都是由熔融的塑料在高温和高压下注入模具的型腔内,待冷却成型后取出。各种塑料熔融成为流动状态的熔体在充满模具型腔后转变为冷却硬化的固态,都会发生热胀冷缩的现象,只不过热胀冷缩的程度不同。各种品种的塑料和各种形状的注塑件注射成型时除了具有共同的成型规律之外,还具有它们各自特点的成型规律。我们既要掌握共同的成型规律,也要善于捕捉到每个成型件的不同成型规律。注塑件的设计除了要满足使用功能外,还需要从成型规律出发。注塑件的设计和成型方法是对立统一的辩证关系,最终要统一到解决其成型方法上来。

1. 型腔与型芯镶嵌件成型面的形状

注塑模型腔与型芯镶嵌件成型面的形状和注塑件的形状为相似形,尺寸比注塑件的尺寸增大了一个收缩量。因此,注塑模型腔与型芯镶嵌件的每一形状尺寸都需要进行补偿计算。

2. 型腔与型芯镶嵌件成型面的尺寸计算与精度

在使用 CAD 软件绘制二维图或使用 UG 软件造型时,千万不要忘记先将注塑件的二维图或造型按该品种塑料的收缩率进行放大;否则,成型后的注塑件所有尺寸都会缩小一个塑料品种的收缩量。

(1)塑料平均收缩率的计算方法

①成型尺寸计算的基本公式见表 5-5,具有脱模斜度的型腔与型芯尺寸计算公式见表 5-6。

表 5-5　成型尺寸计算的基本公式

序号	塑料模尺寸	计 算 公 式	
1	型腔内形尺寸	$D_M = \left[D + DS - \dfrac{\Delta}{2} - \dfrac{\delta_z}{2} \right]_0^{+\delta_z}$ (mm)	(式 5-1)
2	型芯外形尺寸	$d_M = \left[d + dS + \dfrac{\Delta}{2} + \dfrac{\delta_z}{2} \right]_{-\delta_z}^0$ (mm)	(式 5-2)
3	型腔深度尺寸	$H_M = \left[H + HS - \dfrac{\Delta}{2} - \dfrac{\delta_z}{2} \right]_0^{+\delta_z}$ (mm)	(式 5-3)
4	型芯高度尺寸	$h_M = \left[h + hS + \dfrac{\Delta}{2} + \dfrac{\delta_z}{2} \right]_{-\delta_z}^0$ (mm)	(式 5-4)
5	中心距尺寸	$L_M = [L + LS] \pm \delta_z$ (mm)	(式 5-5)

续表 5-5

序号	塑料模尺寸	计 算 公 式
附图		附图　注塑件形状、尺寸及公差 式中　D_M——模具型腔内形尺寸(mm)； 　　　D——注塑件外形的公称尺寸或最大极限尺寸(mm)； 　　　d_M——模具型芯外形尺寸(mm)； 　　　d——注塑件内形的公称尺寸或最小极限尺寸(mm)； 　　　H_M——模具型腔深度尺寸(mm)； 　　　H——注塑件高度的公称尺寸或最大极限尺寸(mm)； 　　　h_M——模具型芯高度尺寸(mm)； 　　　h——注塑件深度的公称尺寸或最小极限尺寸(mm)； 　　　Δ——注塑件公差或偏差(mm)； 　　　δ_Z——模具成型零件的制造公差或偏差(mm)； $\delta_Z = \left(\dfrac{1}{5} \sim \dfrac{1}{3}\right)\Delta$ 或 $\pm\delta_Z = \pm\left(\dfrac{1}{5} \sim \dfrac{1}{3}\right)\Delta$ 　　　S——塑料的平均收缩率(%)。 　　对于大型精密注塑件，在计算成型尺寸时，必须考虑模具成型零件的热膨胀对成型尺寸的影响。此时所用的计算收缩率应为综合收缩率，即： $$S_Z = S - R \qquad\qquad (式 5\text{-}6)$$ $$R = a(t - t_0) \times 100\% \qquad\qquad (式 5\text{-}7)$$ 式中　S_Z——综合收缩率(%)； 　　　R——模具成型零件的热膨胀率(%)； 　　　a——模具成型零件所用材料的线膨胀系数($a \times 10^6/℃$)； 　　　t——模具的工作温度(℃)； 　　　t_0——模具的常温(20℃)

表 5-6　具有脱模斜度的型腔与型芯尺寸计算公式

序号	塑料模尺寸	计 算 公 式	
1	型腔内形尺寸	$D_M = \left[D + DS - \dfrac{\Delta}{2} - \dfrac{\delta_m}{2}\right]_0^{+\delta_Z}$ (mm)	(式 5-8)
		$D_M' = [D_M + K]_0^{+\delta_Z}$ (mm)	(式 5-9)
2	型芯外形尺寸	$d_M = \left[d + dS + \dfrac{\Delta}{2} + \dfrac{\delta_Z}{2}\right]_{-\delta_Z}^{0}$ (mm)	(式 5-10)
		$d_M' = [d_M + K]_{-\delta_Z}^{0}$ (mm)	(式 5-11)

续表 5-6

序号	塑料模尺寸	计　算　公　式
附图	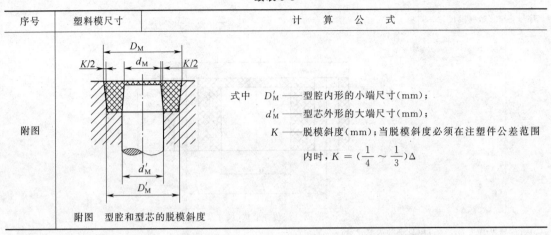	式中　D'_M——型腔内形的小端尺寸(mm)； 　　　d'_M——型芯外形的大端尺寸(mm)； 　　　K——脱模斜度(mm)；当脱模斜度必须在注塑件公差范围 　　　内时，$K = (\frac{1}{4} \sim \frac{1}{3})\Delta$ 附图　型腔和型芯的脱模斜度

　②不同公差标注的模具成型尺寸系指注塑件尺寸公差为双向对称偏差时的成型尺寸，其计算公式见表 5-7。

表 5-7　不同公差标注的模具成型尺寸计算公式

序号	塑料模尺寸	计　算　公　式	
1	型腔内形尺寸	$D_M = [D + DS] \pm \delta_Z$ (mm)	(式 5-12)
2	型芯外形尺寸	$d_M = [d + dS] \pm \delta_Z$ (mm)	(式 5-13)
3	型腔深度尺寸	$H_M = [H + HS] \pm \delta_Z$ (mm)	(式 5-14)
4	型芯高度尺寸	$h_M = [h + hS] \pm \delta_Z$ (mm)	(式 5-15)
附图		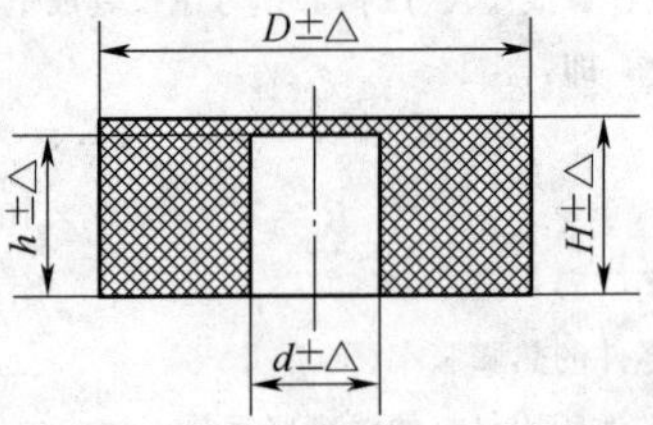 附图　注塑件尺寸为双向对称偏差	

　③中心带有金属嵌件的注塑件型腔尺寸和带有多个金属嵌件的注塑件型腔尺寸的计算公式见表 5-8。

表 5-8　带有金属嵌件的成型尺寸计算公式

序号	塑料模尺寸	计　算　公　式
1	型腔尺寸	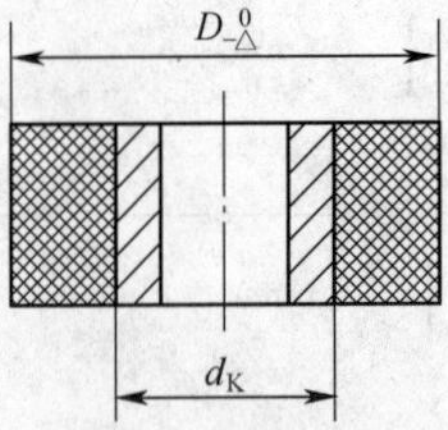 $D_M = \left[D + (D - d_K)S - \dfrac{\Delta}{2} - \dfrac{\delta_Z}{2} \right]^{-\delta_Z}_{0}$ (mm) (式 5-16) 附图　中心带有金属嵌件的注塑件

续表 5-8

序号	塑料模尺寸	计　算　公　式
2	孔的中心距尺寸	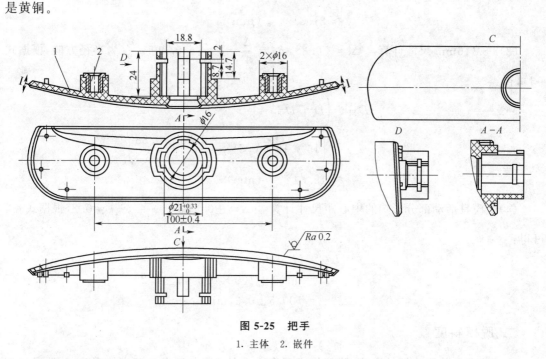 附图　带有多个金属嵌件的注塑件 $L_M = [L + (L - nd_K)S] \pm \delta_Z$ (mm)　　(式 5-17) 式中　d_K ——金属嵌件外形的基本尺寸； 　　　　n ——金属嵌件个数

（2）塑料各向异性收缩率的计算方法　先制作一简单的模具型腔做实验，测准塑料在各个方向的收缩率后，分别计算出各个方向的成型注塑件模具型腔和型芯的尺寸。

【例 5-1】　产品零件：把手，如图 5-25 所示，分型面 I—I，$Ra\ 0.2$ 面透明。把手由主体 1 和嵌件 2 组成。主体 1 的材料是聚碳酸酯 T—1260（黑色），收缩率为 $S = 0.5\%$；嵌件 2 的材料是黄铜。

图 5-25　把手
1. 主体　2. 嵌件

【解】

1. 把手几何尺寸的类型

非配合性质 a 类孔的尺寸 $\phi16$mm，轴的尺寸 $2 \times \phi16$mm 和长度尺寸 100 ± 0.4mm；配合性质孔的尺寸 $\phi\ 21_0^{+0.33}$ mm。

2. 把手几何尺寸类型对应模具型腔及型芯的尺寸计算

未注公差按一般公差 HB 5800—1999 表 27 选取，δ_Z 取 $\dfrac{1}{4}\Delta$。

(1)ϕ16mm 模具型芯的尺寸计算　由 HB 5800—1999 表 27 中取 $\Delta = +0.38$，$\delta_Z = \dfrac{\Delta}{4} = \dfrac{0.38}{4} = 0.095$，$\dfrac{\delta_Z}{2}$ 为半径方向，根据式 4-2 可得：

$$d_M = \left(d + dS + \frac{\Delta}{2} + \frac{\delta_Z}{2}\right)_{-\delta_Z}^{0}$$
$$= \left(16 + 16 \times 0.5\% + \frac{0.38}{2} + \frac{0.38}{8}\right)_{-0.095}^{0}$$
$$\approx 16.32_{-0.10}^{0} \text{ (mm)}$$

(2)$\phi\, 21_{0}^{+0.33}$ mm 模具型芯的尺寸计算　$\Delta = 0.33$，δ_Z 取 $\dfrac{1}{4}\Delta$，$\delta_Z = \dfrac{\Delta}{4} = \dfrac{0.33}{4} = 0.082\,5$，$\dfrac{\delta_Z}{2}$ 为半径方向，根据式 4-2 可得：

$$d_M = \left(d + dS + \frac{\Delta}{2} + \frac{\delta_Z}{2}\right)_{-\delta_Z}^{0}$$
$$= \left(21 + 21 \times 0.5\% + \frac{0.33}{2} + \frac{0.33}{8}\right)_{-0.082\,5}^{0}$$
$$\approx 21.31_{-0.08}^{0} \text{ (mm)}$$

(3)2×ϕ16mm 尺寸计算　$\Delta = -0.38$，$\delta_Z = \dfrac{\Delta}{4} = \dfrac{0.38}{4} = 0.095$，$\dfrac{\delta_Z}{2}$ 为半径方向，根据式 4-1 可得：

$$D_M = \left(D + DS - \frac{\Delta}{2} - \frac{\delta_Z}{2}\right)_{0}^{+\delta_Z}$$
$$= \left(16 + 16 \times 0.5\% - \frac{0.38}{2} - \frac{0.38}{8}\right)_{0}^{+0.095}$$
$$\approx 15.84_{0}^{+0.10} \text{ (mm)}$$

(4)受模具活动部分影响的中心距尺寸计算　$\Delta = \pm 0.4$，$\delta_Z = \dfrac{\Delta}{4} = \dfrac{0.8}{4} = 0.2$，根据式 4-1 可得：

$$L_M = (L + LS) \pm \delta_Z$$
$$= (100 + 100 \times 0.5\%) \pm 0.2$$
$$= 100.5 \pm 0.2 \text{(mm)}$$

二、脱模斜度

由于注塑件热胀冷缩的影响，注塑件成型冷硬后会紧紧包裹在注塑模的型芯上，造成注塑件具有很大的脱模力，以至注塑件脱模时产生变形，甚至撕裂。这就需要在注塑模的型腔中和型芯上都制有一定的脱模斜度，以利于注塑件的脱模。脱模斜度大小的选定取决于注塑件塑料的品种、注塑件的精度和壁厚，以及模具型腔和型芯的大小等因素，应按第三章第一节中脱模斜度的选取原则进行。

三、饰纹

成型皮纹和橘皮纹模具型面的脱模斜度应适当地增大。

1. 注塑件表面的纹饰与脱模斜度的值

注塑件表面由于功能的需要,如手接触的表面需要有摩擦力的要求,为了视觉美观的需要或光的漫反射的需要等,常将注塑件的表面设置成电火花纹、皮纹和橘皮纹,如图 5-26 所示。注塑件上电火花纹、皮纹和橘皮纹称为纹饰,注塑模成型面上电火花纹、皮纹和橘皮纹称为饰纹。

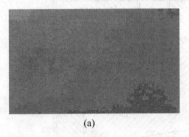
(a)

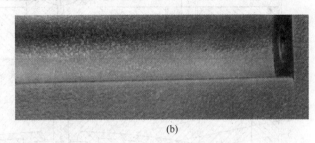
(b)

图 5-26　注塑件表面上的纹饰
(a)电火花纹　(b)橘皮纹

(1)电火花纹　是在制作注塑模成型面上,利用电火花加工时的放电所产生的纹饰。注塑件成型加工时,会将这种纹饰烙印在注塑件相应型面上。

(2)皮纹和橘皮纹　是将皮革和橘皮纹的纹饰进行照相,然后用化学腐蚀的方法在注塑模成型面上制成相应的纹饰。注塑件成型加工时,会将相应纹饰烙印在注塑件相应型面上。

(3)饰纹深度与脱模斜度的关系　当注塑件表面制有皮纹和橘皮纹时,注塑件表面上相当于产生了无数的"障碍体"阻挡着注塑件的脱模;此时,成型皮纹和橘皮纹模具型面的脱模斜度应适当增大。饰纹深度与脱模斜度的关系,见附表 C-1。

2. 注塑模成型表面粗糙度的选择

注塑件中存在透明的型面及具有配合性质和非配合性质的型面。成型这些型面相应的模具型面的表面粗糙度的选择有所不同,成型透明的注塑件表面的模具型面,其表面粗糙度应为 $Ra\ 0.2\mu m$;成型具有配合性质的注塑件表面的模具型面,其表面粗糙度应为 $Ra\ 0.8\sim1.6\mu m$;成型非配合性质的注塑件表面的模具型面,其表面粗糙度应为 $Ra\ 3.2\sim6.4\mu m$。

四、型腔与型芯镶嵌件的结构

注塑模通过分型将模具分成了定模部分和动模部分,模具闭合后形成能够组成一些包容注塑件的动、定模型腔或型芯的镶嵌件。这些组成的动、定模型腔镶嵌件,还要能实现成型注塑件和注塑件侧向型孔的抽芯以及注塑件脱模的功能。

1. 注塑模型腔与型芯分型面的选取

注塑模要能够顺利地进行开启和闭合,闭合后的分型面不能存在间隙。

2. 型腔与型芯结构类型

注塑模定模型腔和动模型腔,可以分别在定模板和动模板上直接加工。也可以分别采用镶嵌件镶嵌在定模板和动模板上。由于采用镶嵌的结构形式,一旦模具型腔磨损或损坏可以迅速地进行更换,而其他零部件可以保留使用。故对于生产大批量注塑件和多型腔数量的注塑模而言,应采用镶嵌的形式。对于生产小批量注塑件和单型腔的注塑模而言,一般应采用整体的形式。

3. 型腔与型芯镶嵌结构形式

型腔与型芯镶嵌结构如图 5-27 所示,定模镶嵌件 1、动模镶嵌件 12 通过外形尺寸分别与定模板 16、动模板 15 的内形孔过盈配合,并以内六角螺钉 2 与定模垫板 17、动模垫板 14 进行连接。也可以在镶嵌件底部单方向制作出台阶与定模板或动模板的台阶槽进行连接,其目的是防止镶嵌件的轴向移动和转动。

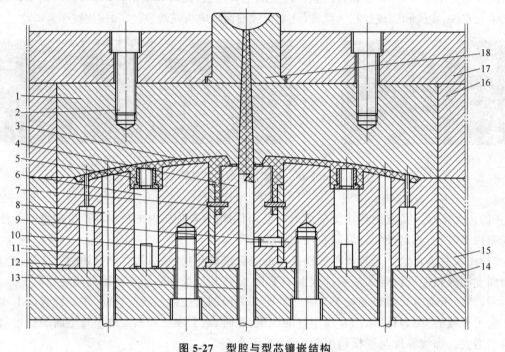

图 5-27　型腔与型芯镶嵌结构

1. 定模镶嵌件　2. 内六角螺钉　3. 把手　4. 内型芯　5. 嵌件　6. 支撑件　7. 滑块型芯
8. 推杆　9. 圆柱销　10. 外型芯　11. 型芯镶件　12. 动模镶嵌件　13. 拉料杆
14. 动模垫板　15. 动模板　16. 定模板　17. 定模垫板　18. 浇口套

4. 型腔与型芯镶嵌件的设计

如图 5-27 所示,型芯镶嵌件有:内型芯 4、外型芯 10 和型芯镶件 11,型腔镶嵌件有:定模镶嵌件 1 和动模镶嵌件 12。

(1)内、外型芯　也称组合型芯,如图 5-28 所示,由于把手的内型孔形状复杂,为了便于制造,将成型把手的内型孔的型芯分成外型芯和内型芯两部分。为了防止外型芯和内型芯之间的转动,在外型芯和内型芯之间设置圆柱销 9。内型芯通过外形和台阶面与动模镶嵌件 12 进行安装和连接。

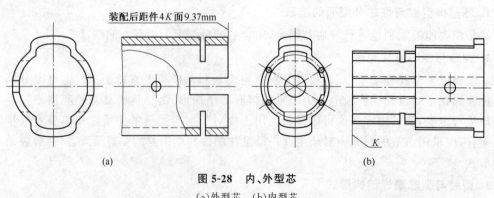

(a)　　　　　　　　　　　　　　　　　(b)

图 5-28　内、外型芯

(a)外型芯　(b)内型芯

（2）定模镶嵌件 如图5-29所示，定模镶嵌件与定模板采用外形 L_1H7/r6 × L_2H7/r6 的配合，通过两螺纹孔用内六角螺钉与定模垫板连接，内型芯的 K 面装配后与定模镶嵌件 K 面应该相互贴合。

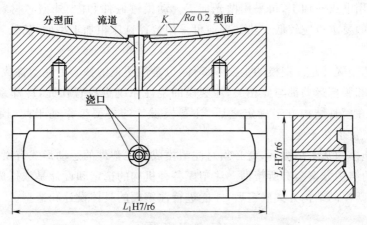

图 5-29 定模镶嵌件

（3）动模镶嵌件 如图5-30所示，动模镶嵌件结构和型面较为复杂，在动模镶嵌件中要安装内型芯4和外型芯10组合件、支撑件6、推杆8和型芯镶件11。动模镶嵌件与动模板采用外形 L_1H7/r6 × L_2H7/r6 的配合，通过两螺纹孔用内六角螺钉与动模垫板连接。

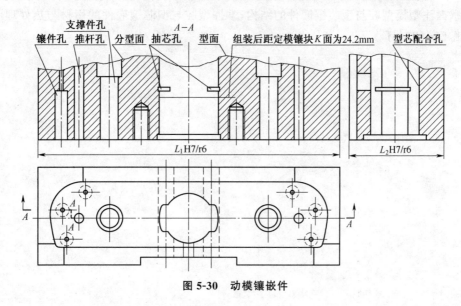

图 5-30 动模镶嵌件

五、型腔与型芯镶嵌件的选材与热处理及加工工艺

完成型腔与型芯镶嵌件的形状结构、尺寸计算和脱模斜度的设计，最后是材料与热处理的选择，以及加工工艺方法制订。材料和热处理的选择影响到注塑模使用的寿命，加工工艺方法制订影响到注塑模的制造和成本。

（1）型腔与型芯镶嵌件的选材与热处理硬度 把手为轿车的零件，批量（200 万件以上）应该是特大，故应该考虑模具的使用寿命。动模镶嵌件和内、外型芯的材料应选择 SM1 和 SM2，热处理硬度为 40～45HRC。由于成型把手透明面的模具型面表面粗糙度为 Ra 0.2μm，材料应选择时效硬化钢 25CrNi3MoAl 和高级不锈钢 PCR,热处理硬度均为 45～52HRC。

(2)型腔与型芯镶嵌件的加工工艺 定模镶嵌件型面表面粗糙度较低,要采用抛光方法加工。先用数控铣床粗加工型面,热处理后采用坐标磨床磨削加工,再采用抛光加工。如果没有坐标磨床,可采用电火花加工,再采用抛光加工。动模镶嵌件和内、外型芯材料应有较高的硬度,表面粗糙度的要求也应较低。热处理前可采用数控铣床粗加工型面,热处理后采用电火花加工即可。

型腔与型芯镶嵌件是注塑模的主要零部件,也是注塑模的核心。注塑件成型的形状,注塑模的分型、抽芯和脱模运动都与此相关,注塑模的浇注系统也设置在此,冷却系统也都是围绕着它们。因此,在模具结构方案确定之后,注塑模设计的主要工作在于此,模具设计之后的 70％以上的加工量也在于此。

了解了注塑模的基本结构后,就必须对注塑模成型注塑件的运动形式有所了解,这样对之后制订注塑模的结构方案会有所帮助。注塑模各种机构的选定和设计是依据成型注塑件的运动形式;只有注塑模的结构方案确定后,才能进行注塑模的具体设计和造型。

复习思考题

1. 掌握型腔与型芯镶嵌件形状设计及其尺寸的计算。

2. 掌握型腔与型芯脱模斜度值的选取,掌握型腔与型芯制有饰纹时的脱模斜度值的选取。

3. 掌握注塑模型腔与型芯镶嵌件的结构,掌握型腔与型芯镶嵌件的用材与热处理硬度选择及加工工艺的制订。

第六章 注塑模浇注系统结构的设计

浇注系统对注塑件的质量和成型周期有着极为重要的影响,它在注塑模的设计中具有十分关键的作用。对于各类注塑模的设计来说,设计人员往往只是将注意力集中在模具型腔、型芯和各种机构的设计上,常常忽视浇注系统的设计,结果造成注塑件产生各种各样的缺陷,如流痕、熔接痕、缩痕、缺料、填充不足和气泡等。等出现问题,再调整浇注系统的形式、尺寸、位置和数量,如此这样,除了造成直接的经济损失,还会耽误工期。

浇注系统的作用是将熔融状态的塑料填充到模具的型腔之内,并在填充及凝固过程中将注射压力、流速和温度传递到注塑模的各个部位,从而得到所要求的注塑件。

浇注系统设计,应考虑浇注系统设计的形式、浇口的尺寸、数量和位置,以保证注塑件的正常成型,内、外在的质量和尺寸的稳定性;保证对注塑件注射加工的效率;并保证注塑件与浇注系统能够自动分离,还应留有对浇口尺寸调整的余地;浇注系统在注射过程中的排气效果;浇注系统对料流的流速、热量和压力的影响;浇注系统对成型后的注塑件上流痕、熔接痕、缩痕和变形等缺陷的影响;避免料流对嵌件和细弱型芯的直接冲击。

第一节 注塑模浇注系统的结构

浇注系统由主流道、分流道、浇口和冷料穴四部分组成,如图 6-1 所示。主流道和分流道中料把的拉料与顶出系统的设计要求是:先将主流道和分流道中料把及冷料穴中的冷凝料拉出来,然后再将它们顶出,同时还需将浇口中的塑料与制品切断并进行分离。只有清除了主流道和分流道中的料把,才可以不断循环地进行注射,从而实现加工自动化。

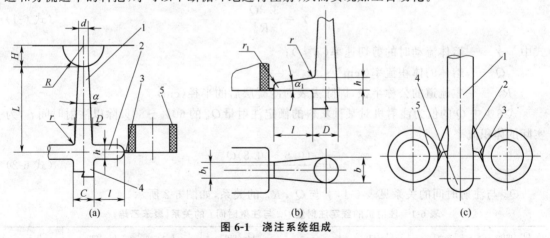

图 6-1 浇注系统组成

(a)卧式浇注系统 (b)立式浇注系统 (c)角式浇注系统

1. 主流道 2. 分流道 3. 浇口 4. 主流道冷料穴 5. 产品零件

一、主流道的设计

主流道是指注塑模中连接注射机喷嘴与分流道的通道。熔体从喷嘴中以一定的动能喷出,由于熔体在料筒内已被压缩,此时流入模具的型腔内,其体积必然要胀大,流速也略为减小。

1. 主流道的参数取值

(1)主流道的参数 (图 6-1)

① d =注射机喷嘴孔直径+(0.5~1)mm。

② α =2°~4°(对流动性差的塑料可取 3°~6°)。

③ D ≈流道的宽度(mm)。

④ h 按具体情况选择,一般为 3~8mm。

⑤ R =注射机喷嘴球面半径+(2~3)mm。

⑥ $h = \dfrac{2}{3}D$。

⑦ $C \approx D$。

⑧ r 按具体情况选择,一般取 1~3mm。

⑨ L 应尽量缩短,一般不超过 60mm;若 L 值大,会使塑料熔体降温过多,损耗大。如需要很长时,应采用加深型浇口套或热延长喷嘴等措施。

⑩ l 值应按具体情况来决定,不宜<8mm,也不宜过长,一般可取(1~2.5)D。

⑪ α_1 可取 2°~3°。对大型注塑件 h 值可取大,α_1 可取小,以利于增大分流道截面,使料温下降缓慢,注射压力损失小。

⑫ r_1 一般取 1~2mm。

⑬ b 一般取 $\left(\dfrac{2}{3} \sim 1\right) D$。

⑭ b_1 按塑料件形状选择。

(2)主流道直径的计算　主要取决于主流道内熔体的剪切速率。根据试验结果,主流道的剪切速率 $\dot{\gamma} = 5 \times 10^3 \mathrm{s}^{-1}$ 为宜。经验公式:

$$\dot{\gamma} = \frac{3.3Q}{\pi R_n^3} \tag{式 6-1}$$

式中　$\dot{\gamma}$——熔体流动时的剪切速率(s^{-1});

　　　Q——熔体的体积流率(cm^3/s);

　　R_n——主流道的公称半径,即除去表面冷凝层后的半径(cm)。

式 6-1 中 Q 的值为注射机对某种塑料的额定注射量 Q_n 的 60%~80%除以注射时间 t ,为实际的体积流率:

$$Q = \frac{(0.6 \sim 0.8)Q_n}{t} \tag{式 6-2}$$

Q_n 与注射时间的关系见表 6-1,$\dot{\gamma}$ 与 Q , R_n 的关系,如图 6-2 所示。

表 6-1　注射机的额定注射量 Q_n 与注射时间 t 的关系(聚苯乙烯)

Q_n/cm^3	t/s	Q_n/cm^3	t/s	Q_n/cm^3	t/s	Q_n/cm^3	t/s
60	1.0	500	2.5	4 000	5.0	16 000	9.0
125	1.6	1 000	3.2	6 000	5.7	24 000	10.0
250	2.0	2 000	4.0	8 000	6.4	32 000	10.6
350	2.2	3 000	4.6	12 000	8.0	64 000	12.8

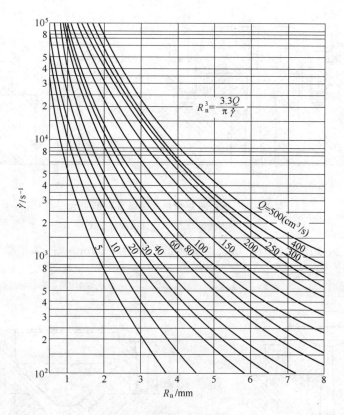

图 6-2 $\dot{\gamma}-Q-R_n$ 关系图

计算主流道直径的另一经验公式为：

$$D = \sqrt{\frac{4V}{\pi K}} \qquad (式6\text{-}3)$$

式中　D ——主流道大端直径(mm)；

　　　V ——流经主流道的熔体容积(包括各个型腔、各级分流道、主流道以及冷料穴的容积，mm^3)；

　　　K ——因熔体材料而异的常数，见表 6-2。

表 6-2　部分熔体材料常数 K 的值

熔体材料	PS	PE,PP	PA	PC	POM	CA
常数 K	2.5	4	5	1.5	2.1	2.25

2. 浇口套的设计

(1)浇口套　注塑模在工作时，浇口套是直接与注塑机喷嘴接触的部分。浇注系统的主流道都集中在浇口套上。浇口套的材料为 T8A，硬度为 50～54HRC。

(2)浇口套与注塑机喷嘴接触形式　如图 6-3(a)所示为平面接触的形式，西欧国家常常使用；如图 6-3(b)所示为球面接触形式，为我国绝大多数厂家所应用。球面接触形式的接触面积大，密封性较好，熔料不易外溢，在注射机精度不高时也能正常使用。

(3)标准浇口套与加深浇口套

①标准浇口套，如图 6-4(a)所示。

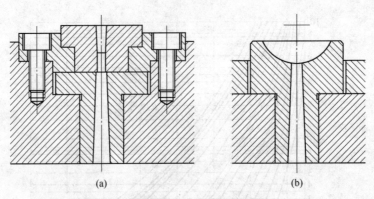

图 6-3　浇口套与注塑机喷嘴的接触形式

(a)平面接触形式　(b)球面接触形式

②加深浇口套,如图 6-4(b)所示。当主流道的长度＞60mm 时,为了缩短主流道的长度,经常是要采用加深浇口套。

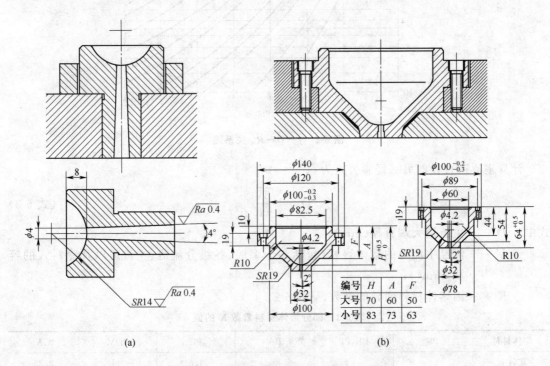

图 6-4　标准浇口套与加深浇口套的形式

(a)标准浇口套的形式　(b)加深浇口套的形式

3. 主流道的种类、拉料杆及顶出系统的设计

主流道参数的设计要具有能够充分保压和补缩的功能,故主流道中的塑料应该最后固化,并在下次注射之前,需要用拉料杆将主流道中已固化的塑料从主流道中拉出来,还需要将整个浇注系统已固化的料把顶出浇注系统的通道,以便不断循环地重复地进行注射。

(1)主流道的种类　主流道的种类如图 6-5 所示。

①垂直式主流道,其参数如图 6-5(a)所示;

②倾斜式主流道,其参数如图 6-5(b)所示;

③双倾斜式主流道,其参数如图 6-5(c)所示;

④弧形主流道,其参数如图 6-5(d)所示。

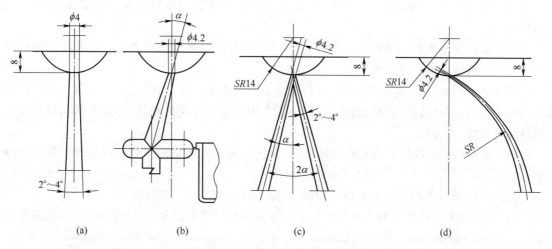

图 6-5　主流道设计的参数

(a)垂直式主流道　(b)倾斜式主流道　(c)双倾斜式主流道　(d)弧形主流道

(2)主流道拉料和顶出系统的形式及尺寸　图 6-6 所示为主流道拉料及顶出系统的各种形式。

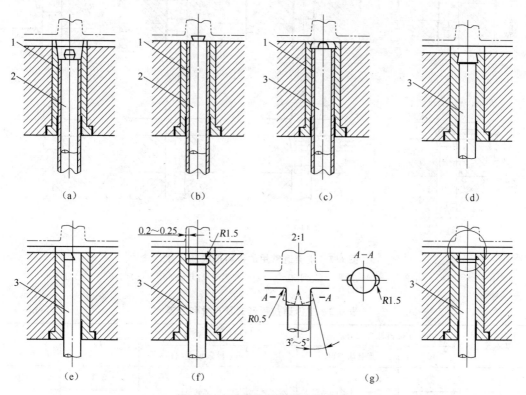

图 6-6　主流道拉料及顶出的形式

(a)~(c)推管顶出形式　(d)推杆顶出形式　(e)Z 字形拉料杆顶出形式

(f)拉料沟推杆顶出形式　(g)两个斜圆孔推杆顶出形式

1. 推管　2. 拉料杆　3. 推杆

图 6-6(a)和(b)所示为利用推管将主流道的料把从拉料杆上顶出动模型芯。

图 6-6(c)所示为利用推管将主流道的料把从拉料槽中顶出动模型芯。其中推杆 3 上的凸台主要是为了减少拉料槽中过厚的塑料,以避免拉料槽中的塑料过迟固化,从而确保能顺利顶出。

图 6-6(d)所示为利用推杆将主流道的料把从拉料槽中顶出动模型芯。应当注意推杆的端面应与拉料槽底部平齐或低下 0.5～1mm。

图 6-6(e)所示为利用 Z 字形拉料杆将主流道的料把从动模型芯中顶出。Z 形拉料杆既起到拉料的作用,同时又起到顶料的作用。Z 形拉料杆不宜多个同时使用,否则不易从拉料杆上脱落浇注系统。

图 6-6(f)所示为以拉料沟起到拉料作用,由推杆将主流道中的料把从拉料杆上顶出动模型芯。

图 6-6(g)所示为利用两个斜圆孔拉料,由推杆顶出主流道中的料把。

(3)主流道常用的拉料形式及尺寸　主流道常用的拉料形式及尺寸如图 6-7 所示,并见表 6-3。

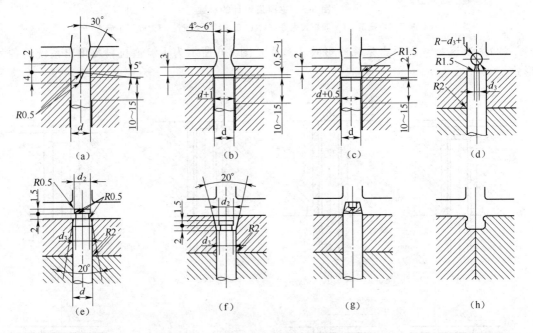

图 6-7　主流道常用的拉料形式及尺寸

(a)沟扣形　(b)锥形　(c)沟槽形　(d)球扣形　(e)圆扣形　(f)分流锥形　(g)凹球形　(h)分模形

表 6-3　主流道拉料形式及尺寸和公差　　　　　　　　(mm)

基本尺寸	拉料杆直径 d		拉料穴处孔径 d		d_2	d_3
	尺寸	极限偏差(f7)	尺寸	极限偏差(H8)		
4	4		4		2.8	2.3
5	5	−0.010 −0.022	5	+0.018 0	3.3	2.8
6	6		6		3.8	3.0

续表 6-3

基本尺寸	拉料杆直径 d		拉料穴处孔径 d		d_2	d_3
	尺寸	极限偏差(f7)	尺寸	极限偏差(H8)		
8	8	−0.013 −0.028	8	+0.022 0	4.8	4.0
10	10		10		5.8	4.8
12	12	−0.016 −0.034	12	+0.027 0	7.2	5.2

图 6-7(a)～(c)所示为拉料顶出的形式,一般用于推杆顶出的模具。其中图 6-7(b)所示应用于软质塑料;对于硬质塑料或热固性塑料也可以使用,但锥度要很小。

图 6-7(d)～(g)所示为拉料形式,一般用于推板顶出的模具,且无冷料穴。

图 6-7(h)所示为拉料形式,主流道的料把与模具的分离靠左、右模分模而实现。

二、分流道的设计

分流道是熔体从主流道注入型腔之前的过渡部分,其作用是通过分流道截面及方向的改变后,使熔体能够平稳地转换流向注入型腔,如图 6-1 所示。

1. 分流道直径的计算

分流道直径可查如图 6-2 所示的曲线图或用式 6-1 计算,取分流道的剪切速率 $\dot\gamma = 5 \times 10^3 \mathrm{s}^{-1}$。也可用经验公式计算:

$$D = \frac{\sqrt{W}\,\sqrt[4]{L}}{3.7} \qquad (式 6-4)$$

式中　D——各级分流道的直径(mm);

　　　W——流经该分流道的熔体质量(g);

　　　L——流过 W 熔体的分流道长度(mm)。

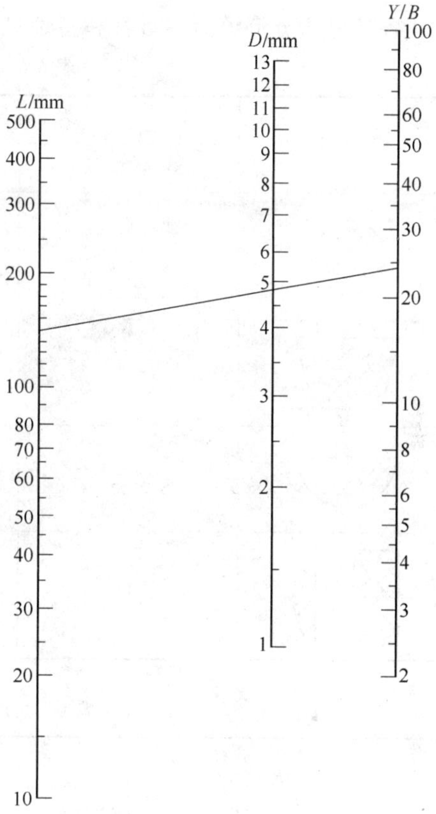

图 6-8 所示为根据式 6-4 做出的计算图。

图 6-8　分流道计算图

分流道是指连接主流道与浇口的塑料通道,分流道的形状及尺寸应满足在相等截面积时其周长为最小的原则,从而可以减少熔体散热面积和摩擦阻力。各种塑料允许的最小分流道直径见表 6-4,各种塑料的分流道直径推荐值见表 6-5。

表 6-4　各种塑料允许的最小分流道直径　　　　　　(mm)

塑　料　种　类	D	塑　料　种　类	D
PE,PA	1.6	PSF,PPO	6.4
PS,POM	3.2	ABS,SAN	7.6
PP,PC	4.8	PMMA	8.0

表 6-5　各种塑料的分流道直径推荐值　　　　　　　　　　（mm）

塑 料 种 类	D	塑 料 种 类	D
ABS,SAN	4.8～9.5	PP	4.8～9.5
POM	3.2～9.5	PE	1.6～9.5
PMMA	8～9.5	PPO	6.4～9.5
PMMA(改性)	8～12.7	PS	3.2～9.5
PA6	1.6～9.5	HPVC	9.5～12.7
PC	4.8～9.5	—	—

各种形式分流道断面形状和特性见表 6-6，常用分流道截面的系列尺寸见表 6-7。

表 6-6　分流道断面形状和特性

形　状	特　　　　　性			
	热量损失	加工性能	流动阻力	选用情况
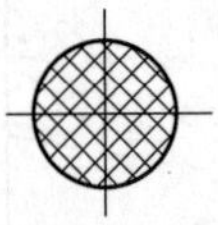	小	难	小	常用
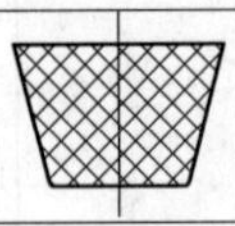	较小	容易	较小	最常用
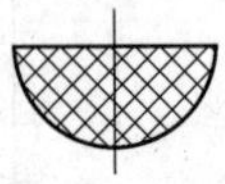	较大	容易	较大	不常用
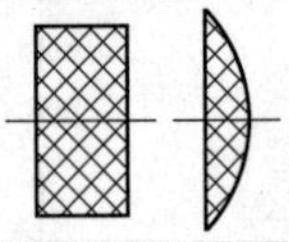	大	容易	大	不用

表 6-7　常用分流道截面的系列尺寸　　　　　　　　　　（mm）

梯形	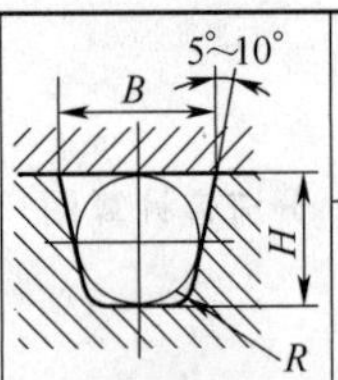	B	4	6	(7)	8	(9)	10	12
		H	3	4	(5)	5.5	(6)	7	8
抛物线	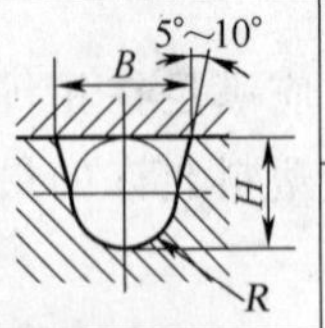	B	4	6	(7)	8	(9)	10	12
		H	3	4	(5)	5.5	(6)	7	8
圆形	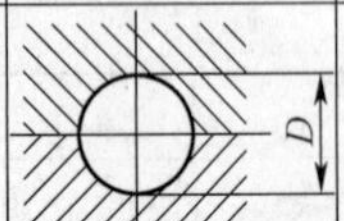	D	4	6	(7)	8	(9)	10	12

注：1. 括号尺寸一般不选用；

2. $D = S_{max} + 1.5mm$，$B \approx 1.25D$；S_{max}——制品最大壁厚。

（1）梯形截面分流道　与抛物线形和圆形截面分流道相比,热量损失大,但便于加工和刀具的选择。

（2）抛物线形截面(亦称 U 形截面)分流道　此截面分流道只能在模具一侧面加工;与圆形截面分流道相比,热量损失较大,分流道的废料较多。

（3）圆形截面分流道　该分流道的优点是表面积与体积之比值最小,在容积相同的分流道中,有利于塑料流动及压力的传递;其缺点是必须在动模及定模上分别加工出两个半圆形槽,而组合后的圆形不能错位,加工的难度较大。

（4）半圆形截面和矩形截面分流道　这两种截面分流道不宜采用。

2. 对分流道的要求

①分流道的表面粗糙度一般为 $Ra\ 0.8\mu m$ 左右,不必精修得很小,因为熔体料流外层的流动小。但是应避免有凸起和凹入部分,以免注塑件分型和脱模时受阻。

②分流道和浇口的连接部分,如图 6-9(a)和(b)所示的较好;图 6-9(c)所示的连接会使熔体冷却快,并产生不必要的压力损失。分流道和浇口之间应采用斜面及圆角相接,以便于熔体的流动及填充;否则,会使熔体流动时产生反压力,消耗动能。

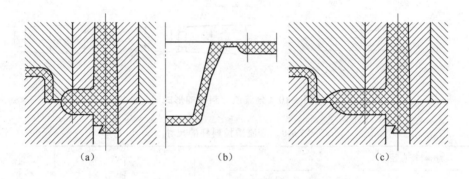

（a）　　　　　　（b）　　　　　　（c）

图 6-9　分流道与浇口的连接形式

(a),(b)合理的连接形式　(c)不合理的连接形式

③分流道的长度在模具结构允许的情况下应尽量取短,以免模具外形尺寸加大,塑料损耗增加,熔料冷却速度加快;但分流道过短,又会不方便去除分流道冷凝料。分流道较长时在其末端应设有冷料穴。

④分流道可分布在定模或动模的一侧;也可以同时在定模和动模上都开设分流道,这样可以提高塑料熔体的流动性,但加工有一定的困难,主要是定、动模上的分流道合模时难于重合。分流道在合模后应成型各种完整形状的断面。分流道断面的形状、长度及分布状况,取决于制品的结构、注塑模的结构、塑料的性能和分流道的加工情况。

⑤在确保熔体能充满模具型腔的前提下,分流道断面及长度应该尽量取小;特别是对小型注塑件,更为重要。分流道的转折处应圆滑过渡,不允许存在尖角。

⑥一模多腔时,要能够保证塑料迅速而均匀地进入各个型腔。分流道截面积应为各浇口截面积之和,各分流道的截面和长度应与注塑件相适应。大注塑件应取大截面短分流道,小注塑件则反之,以确保成型不同形状或质量的注塑件的诸型腔能够同时被充满。

⑦塑料流经分流道时的压力损失及温度损失要小,分流道的固化时间应稍晚于制品的固化时间,以利于压力的传递及保压补塑。

3. 影响分流道设计因素

①制品的几何形状、壁厚、大小、尺寸精度和尺寸稳定性,内在质量及外观质量要求;

②塑料种类和性能,即塑料的流动性、熔融温度与熔融温度区间、固化温度及收缩率;

③注射机的压力、加热温度及注射速度;

④型腔的布置、浇口位置及浇口形式的选择。

4. 分流道拉料杆的形式及尺寸

分流道拉料杆的形式如图 6-10 所示(也可用于主流道拉料杆),其尺寸见表 6-8。

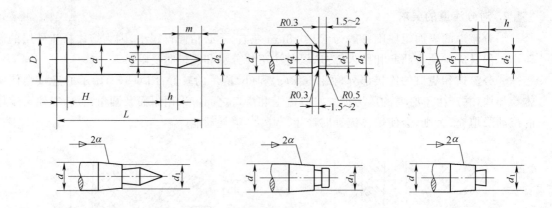

图 6-10　分流道拉料杆的形式

表 6-8　分流道拉料杆的尺寸　　　　　　　　　　　　　　　　　　　　　　（mm）

公称尺寸	拉料杆直径 d		D	H		d_1	d_2	d_3	d_4	n	m	2α
	尺寸	极限偏差(m6)		尺寸	极限偏差							
2.0	2.0	+0.009	5.0	4.0		—	1.5	1.0		1.0	1.0	—
3.0	3.0	+0.003	6.0			—	2.3	1.8		1.5		—
4.0	4.0	+0.012	8.0	6.0	0 −0.1	3.0	2.8	2.3	$d_3 \leqslant d_4 < d$	2.5	5.0	10°
5.0	5.0	+0.004	9.0			3.5	3.3	2.8		2.8		
6.0	6.0		10.0			4.0	3.8	3.0		3.0	7.0	
8.0	8.0	+0.015 +0.006	13.0	8.0		5.0	4.8	4.0				
10.0	10.0		15.0			6.0	5.8	4.8		4.0		20°
12.0	12.0	+0.018 +0.007	17.0			8.0	7.2	5.2		5.0		

5. 软质塑料主流道拉料杆的形式及尺寸

软质塑料如 PVC,LDPE,EVA 和橡胶等的主流道拉料、顶出的结构形式及尺寸,如图 6-11 所示。这类塑料较软,使用一般拉料杆不起作用,需要采用复式拉料杆(也称塔形拉料杆)才能起到良好的拉料作用。对于一些特软塑料,还可增加拉料部分的层数来解决,层数不宜超过五层,顶出时主要依靠推管和推板进行顶出。

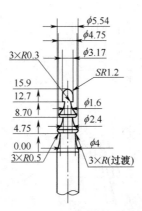

图 6-11　塔形拉料杆形式及尺寸

6. 分流道截面尺寸的确定

分流道的截面尺寸,主要是根据制品所用塑料、制品的质量,制品的壁厚及分流道的长度来确定。

①PS,ABS,SAN 和 BS 等塑料,其分流道直径根据制品的质量(G)和壁厚(S)由图 6-12中查得。

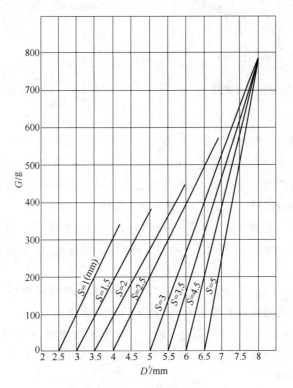

图 6-12　分流道直径尺寸曲线

②PE,PP,PA,PC 和 POM 等塑料,其分流道直径根据制品的质量(G)和壁厚(S)由图 6-13中查得。

③从图 6-12 及图 6-13 中查出分流道的截面直径 D' 之后,再根据分流道长度 L 从图 6-14 中查出修正系数 f_L,则分流道直径 $D = D'f_L$。

④抛物线形和梯形截面分流道的截面尺寸,可以先确定分流道直径 D',再从图 6-14 查出 f_L,由公式 $D = D'f_L$ 求得。

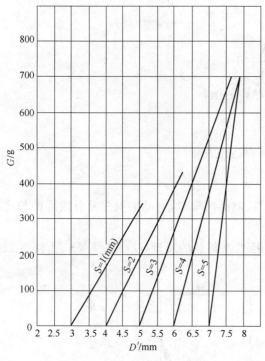

图 6-13　分流道直径尺寸曲线　　　　　图 6-14　分流道直径尺寸的修正系数

7. 分流道的布置

浇注系统分流道的布置形式很多。在多型腔模具上布置分流道时,要求塑料熔体通过分流道,能够同时到达各浇口并进入型腔,即从主流道至各型腔分流道的距离应相同。在诸多的分流道布置中,有些能够满足上述要求,而有些布置就必须通过分流道和浇口修正才能够达到要求。分流道布置按布置特性、布置形状和分流道形状可分成不同种类,如图 6-15 所示。

(1)按布置特性分　分为平衡布置的分流道和非平衡布置的分流道。

(2)按布置形状分　分为 O 形排列(辐射形排列)、I 形排列、H 形排列、X 形排列和混合排列等多种形式。

①O 形排列如图 6-15(a)所示,其优点是分流道至各型腔的流程相同,属于分流道非平衡布置;缺点是不能充分利用模具有效面积,不便于热交换系统的设计。

②I,H 形排列如图 6-15(b)和(c)所示,属于分流道平衡布置,其缺点是在多型腔模具中因分流道转弯较多,分流道的流程较长,热损失及压力损失大。这种类型比较适用于 PE,PP 和 PA 等流动性较好的塑料。

③X 形排列如图 6-15(d)所示,属于分流道平衡布置。其优点是分流道转弯较少,可减少其能量损失;缺点是在多型腔模具中,对模具有效利用面积不如 H 形布置。

④I 和 H 形混合排列如图 6-15(e)所示,属于分流道非平衡布置。其优点是型腔排列紧凑,分流道布置简单,便于冷却系统的设计;缺点是浇口必须进行适当修正。

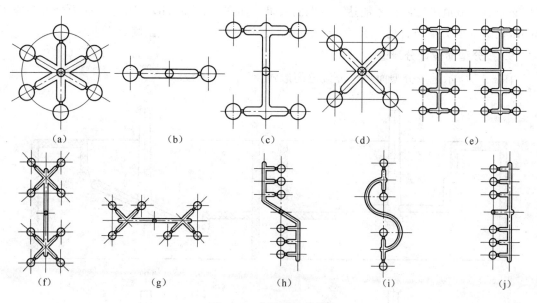

图 6-15　分流道的布置

(a)O 形排列　(b)I 形排列　(c)H 形排列　(d)X 形排列　(e)I 和 H 形混合排列　(f)平衡布置
(g)非平衡布置　(h)Z 形分流道　(i)S 形分流道　(j)T 形分流道

⑤混合排列,如图 6-15(f)所示为平衡布置,图 6-15(g)所示为非平衡布置。其优点是可以充分利用模具的有效面积,便于冷却系统的设计。

(3)按分流道形状分　分为 Z 形分流道、S 形分流道和 T 形分流道。

①Z 形分流道如图 6-15(h)所示,属于分流道非平衡布置;

②S 形分流道如图 6-15(i)所示,属于分流道非平衡布置;

③T 形分流道如图 6-15(j)所示,属于分流道非平衡布置。

8. 分流道的修正

如图 6-16 所示,在同一模具上成形两种大小不同的塑料制品。为了保证在注射时,塑料熔体能够同时充满模具大小不同的型腔,这时仅修正浇口大小,不一定能达到充填平衡的效

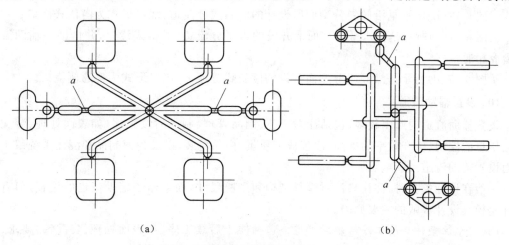

图 6-16　分流道的修正

(a)两种不同形状的注塑件　(b)两种不同尺寸的注塑件

果,必须对分流道进行修正才能达到预期的效果。如图 6-16(a)(b)所示的 a 处为分流道修正部分,在 a 处的分流道直径一般在 1~2.5mm 范围内进行调试,直至满意为止。

9. 按分型面设计分流道

图 6-17 所示是按分型面设计分流道的形式。

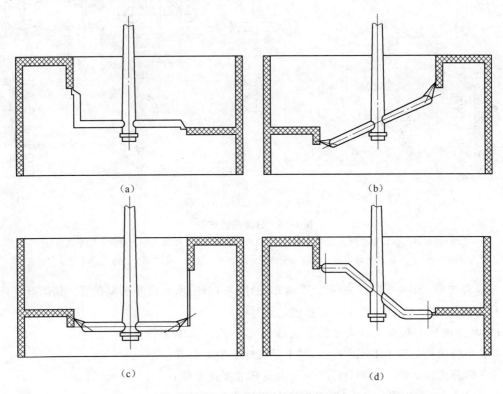

(a)　　　　　　　　　　　　(b)

(c)　　　　　　　　　　　　(d)

图 6-17　按分型面设计分流道的形式

(a)直角形分流道　(b)倾斜式分流道1　(c)水平分流道　(d)倾斜式分流道2

①图 6-17(a)所示是根据制品的结构特点及所选分型面而设计的直角形分流道,浇口形式为普通侧浇口;

②图 6-17(b)所示是沿倾斜分型面所设计的倾斜式分流道,浇口形式为潜伏式浇口;

③图 6-17(c)所示是在水平分型面上开设的水平分流道,潜伏式浇口,并借助一辅助流道与型腔相通;

④图 6-17(d)所示是沿倾斜分型面开设的倾斜式分流道,浇口形式为普通侧浇口。

10. 设置辅助流道

设置辅助流道的原因较多,包括注射工艺、制品管理、制品后续工序(如表面处理、装配)、制品质量的控制、生产效率的提高、改善成型质量、商品包装,以及为使制品和浇注系统留于动模而设置辅助流道。

一般在设计模具时,往往只注意模具结构和型腔尺寸,而忽略了辅助流道的设置,但有时它却是模具设计成败的主要原因。

(1)用于注塑件后续工序的辅助流道　包括便于后续工序(如表面处理、装配等)要求、提高后续工序管理效率,以及为二次注射用的注塑件而设置辅助流道。

①用于注塑件成型后续工序而设置注塑模的辅助流道。如图 6-18 所示的轮盖注塑模辅

助流道的设置(轮盖材料为 ABS)。在模具八个型腔之外设置辅助流道的目的,是将八个轮盖连接成为一个整体,以便镀铬时可利用辅助流道的环形凝料作为电镀的穿挂工具,可以很方便地放入镀槽内。待轮盖电镀工序完成之后,再将轮盖与辅助流道的环形凝料分离开。

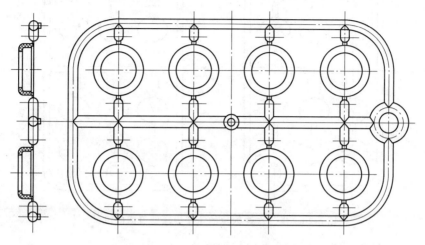

图 6-18　轮盖注塑模辅助流道的设置

②为了提高多型腔注塑件下道工序的效率而设置的注塑模辅助流道。如图 6-19 所示的九腔变压器外壳(材料为 30%玻璃纤维增强 PA66)注塑模辅助流道的设置。成型后的变压器外壳需要进行浇注环氧树脂的工序,为了提高其效率而设置了方盘形的注塑模辅助流道,使得一次能同时浇注九个注塑件;待环氧树脂固化后再将注塑件与辅助流道的凝料分离开。

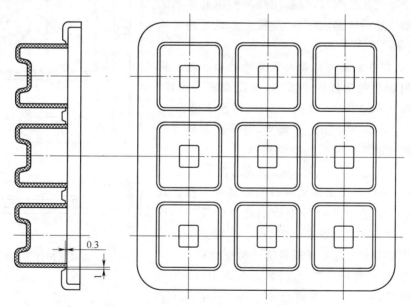

图 6-19　方盘形的注塑模辅助流道的设置

③为了供二次注射用的注塑件而设置的注塑模辅助流道。如图 6-20 所示,电话机按键上的数字与键体为不同颜色的塑料,需要进行二次注射成型。为便于第二次注射,在第一次注射时用辅助流道凝料将两种颜色的塑料连成一体;第二次注射后也不去除辅助流道凝料,到装配时再去除辅助流道凝料,以便于注塑件的管理。

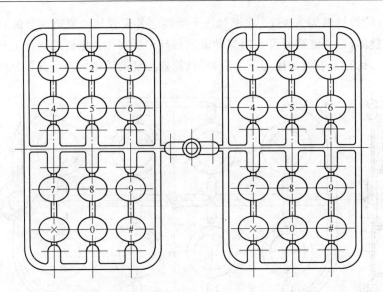

图 6-20　供二次注射用的注塑模辅助流道的设计

（2）为改善注塑件成型质量而设置的辅助流道　注塑件成型时,有时会出现填充不足、泛白和缩痕等缺陷,为了消除这些缺陷,确保注塑件的质量而设置辅助流道。

如图 6-21 所示为石英钟外壳注塑模的辅助流道设置图例。由于外壳在注射时,经常出现两侧填充不足的现象。为了解决这种缺陷,在图示位置上开设了两个辅助流道,使两侧填充满。

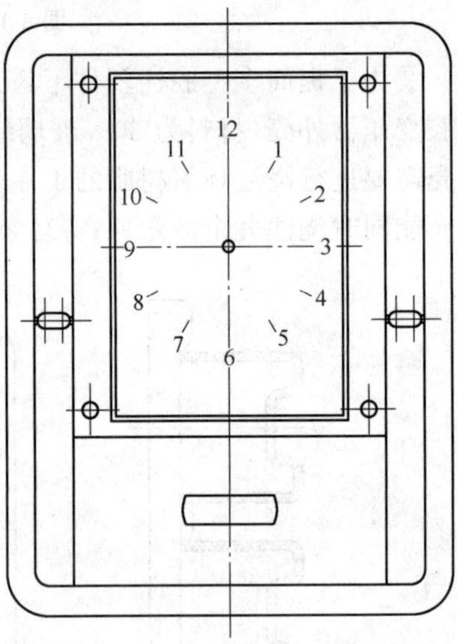

（3）由于注塑件包装的需要而设置的辅助流道　特别是一些塑料玩具的零件因小而薄,常设置辅助流道,通过其凝料将玩具的零件连接成一整体,以便于包装。

如图 6-22 所示,在一副注塑模上,将一套塑料飞机玩具的零件用辅助流道凝料连接成相同大小的两片,整体外廓尺寸不能超过图示尺寸,以便能装入包装盒内。

（4）为使注塑件和浇注系统凝料能滞留在动模而设置的辅助流道　由于注塑件分型面的选择会使注塑件滞留在定模而影响注塑件脱模,此时可采取设置辅助流道的方法使注塑件和浇注系统凝料能滞留在动模。

如图 6-23 所示的玩具轮胎,材料为软质 PVC,为使其能滞留在动模,10 型腔注射模设置了 20 个辅助流道。

图 6-21　确保注塑件填满的辅助流道

三、冷料穴和拉料杆的设计

冷料穴是用来储藏在注射过程中,由于喷嘴端部熔体温度低而构成的冷料渣,使降温后的冷料不能进入模具的型腔中;而拉料杆是用来拉出已凝固在浇口内的塑料。熔融能流动的塑料熔体进入模具的浇注系统后,首先进入模具浇注系统的流动塑料接触到室温的模具后料温产生骤降,降温后的冷料很难与随后的高温料融合在一起而产生熔接痕,这样会影响到产品零件的强度。为了解决上述的问题,模具浇注系统的设计要设置冷料穴,如图 6-1 及图 6-24所示。

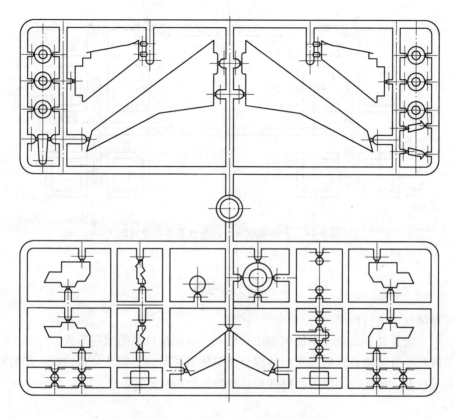

图 6-22 因包装需要而设置的辅助流道

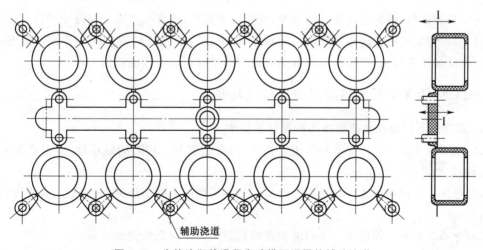

辅助浇道

图 6-23 为使注塑件滞留在动模而设置的辅助流道

冷料穴可分为主流道的冷料穴和分流道的冷料穴;如图 6-24 所示,2 为主流道的冷料穴,4 为分流道的冷料穴。冷料穴的位置一般设置在主流道和分流道的终端,是熔融能流动的塑料最先到达的部位。冷料穴及拉料杆的形式如图 6-7 所示。

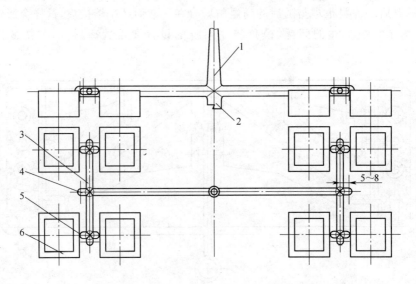

图 6-24 主流道的冷料穴和分流道的冷料穴

1. 主流道 2. 主流道冷料穴 3. 分流道 4. 分流道冷料穴 5. 浇口 6. 产品零件

复习思考题

1. 掌握浇注系统的组成,主流道参数的选取。
2. 了解主流道拉料的顶出系统的作用和形式。掌握浇口套的结构形式。
3. 了解影响分流道设计的因素。掌握分流道要求和断面形状及分流道拉料杆的形式。
4. 叙述冷料穴的作用。掌握冷料穴和拉料杆的结构形式。

第二节　无流道和热流道浇注系统的设计

为了节省塑料,有利于高速自动成型,缩短成型周期,提高生产效率和便于操作,在注塑模设计时,可以考虑采用无流道和热流道的结构,以保证浇注系统的熔体处于常熔融状态;做到在每一次成型注塑件后,不必再设置取出流道中的冷凝料及清理浇口的工序。

一、对应用无流道和热流道的塑料及其要求

1. 对应用无流道和热流道结构的塑料的要求

(1)成型温度范围广　在低温下也易成型,即在低温下有较好的流动性,而在高温下又有较好的稳定性;

(2)熔体在低温时的流动性对压力敏感　即在不加压力时不流涎,只要稍加点压力就能够流动;

(3)导热性能好　即熔融的塑料能快速将热量传给模具而快速地冷却;

(4)塑料的热变形温度要高　使成型后的注塑件能迅速地从模具中脱模;

(5)塑料比热容低　就是熔融容易而凝固也容易。

2. 能适应无流道和热流道结构的各种塑料

该结构形式很多与塑料成型特性有关,各种塑料适应无流道和热流道的情况见表 6-9。

表 6-9　各种塑料适应无流道和热流道结构情况

方式＼塑料	聚乙烯（PE）	聚丙烯（PP）	聚苯乙烯（PS）	缩醛树脂	聚氯乙烯（PVC）	聚碳酸酯（PC）
井式喷嘴	可	可	较困难	较困难	不可	不可
延长喷嘴	可	可	可	可	不可	不可
热浇口	可	可	可	可	可	可
绝热流道	可	可	较困难	较困难	不可	不可
半绝热流道	可	可	较困难	较困难	不可	不可
热流道	可	可	可	可	可	可

　　影响模具无流道和热流道结构的因素取决于塑料热性能和流动性,用于无流道和热流道结构的塑料有:PE,PP, PS 和 ABS,而较少采用的塑料有:PVC,PC 和 POM 等热敏性塑料。

二、无流道浇注系统的设计

　　当主流道的长度超过 60mm 时,熔体料流接触室温模具的距离长,熔体降温过大后,会降低熔体的流动性,造成注塑件的各种缺陷。为了避免注塑件各种缺陷的产生,则应采用无流道或热延长喷嘴等措施。

1. 井式喷嘴

　　井式喷嘴把进料的浇口制成蓄料井坑的形式,是采用点状浇口的一种形式。

　　(1)井式喷嘴浇注的特点　蓄料井坑的塑料在注射时,井坑中心的塑料保持熔融的状态;而接触到模具外层的塑料,由于受到冷却作用成为半熔凝状态。这种半熔凝状态的塑料起到了隔热的作用,使得注射机的喷嘴不离开模具的浇口套就可以连续注射成型和高速自动成型,缩短成型周期,提高生产效率,便于操作。井式喷嘴常用于单型腔模具。

　　(2)井式喷嘴的形式　可分成一般形式、延长形式、弹簧形式和扩面积形式四种,详见表 6-10。

表 6-10　井式喷嘴的形式

序号	简　图	说　明
一般形式井式喷嘴	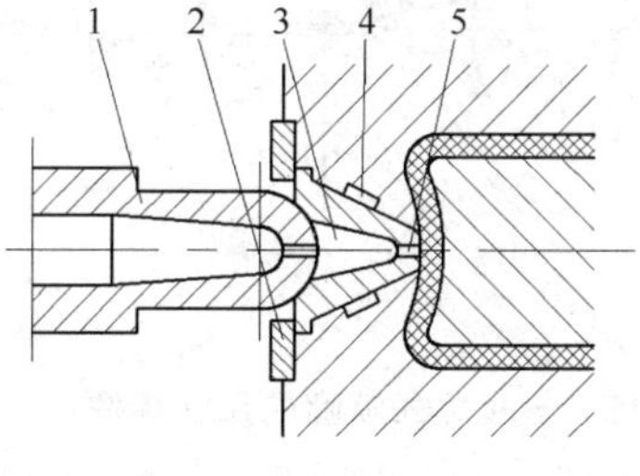 　1. 喷嘴　2. 井式浇口套　3. 蓄料井　4. 空气隔热槽　5. 点状浇口	为了防止蓄料井中熔体固化,使蓄料井和模具型腔之间存在必要的温度差,应设置空气隔热槽,使井式浇口套的接触面积减小
延长形式井式喷嘴	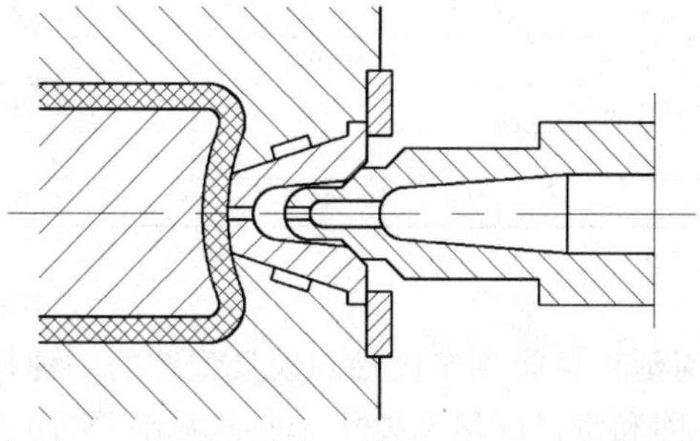	由于模具型腔的结构,蓄料井为延长形式,应把喷嘴设计成前端凸出在蓄料井中央的形式

续表 6-10

序号	简　图	说　明
弹簧形式井式喷嘴		注塑件的成型周期长时,为了防止喷嘴和浇口中的熔料凝固,在浇口套下端装有弹簧,开模初期可利用弹簧把浇口凝料切断
扩面积形式井式喷嘴	1. 喷嘴加热器　2. 浇口套　3. 密封圈　4. 冷却水道　5. 蓄料井	增加了喷嘴前端的传热面积,使蓄料井中心的熔料不会冷却

（3）一般井式喷嘴的尺寸关系　尺寸标注如图 6-25 所示,尺寸数值见表 6-11。

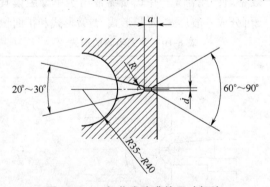

图 6-25　一般井式喷嘴的尺寸标注

表 6-11　一般井式喷嘴的尺寸数值

塑件的质量/g	3～6	6～15	15～40	40～150
成形周期/s	6～7.5	9～10	12～15	20～30
d/mm	0.8～1	1～1.2	1.2～1.6	1.5～2.5
R/mm	3.5	4	4.5	5.5
a/mm	0.5	0.6	0.7	0.8

2. 延长喷嘴

延长喷嘴是把注射机的喷嘴延长至能直接接触到模具型腔的一种特殊喷嘴。其延长部分代替了流道,对于防止蓄料井凝固和浇口的堵塞要优于井式喷嘴,常用于单型腔模具。

由于喷嘴的延长，为避免蓄料井熔料凝固和浇口的堵塞，常在喷嘴内或外面加装电加热器。根据电加热器的安装位置可分成内热式延长喷嘴、外热式延长喷嘴、单腔用延长喷嘴和双腔用延长喷嘴四种，按隔热介质可分成塑料层隔热和空气隔热两种。延长喷嘴的结构见表 6-12。

表 6-12　延长喷嘴

类型		简　　　图	说　　　明
外热式延长喷嘴	塑料层隔热	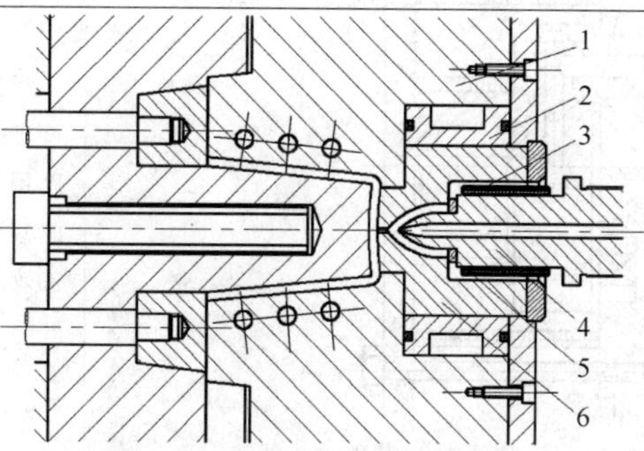 1. 定模板　2. 冷却套　3. 电加热器　4. 喷嘴　5. 隔热浇口套　6. 浇口套	为了防止浇口熔体的凝固，浇口处制成台阶形，使浇口套 6 的喷嘴前端成为型腔浇口，这样喷嘴的热量可以传递到浇口；但是，这部分的配合是间隙配合，注塑件容易产生飞边和喷嘴的痕迹
	空气隔热	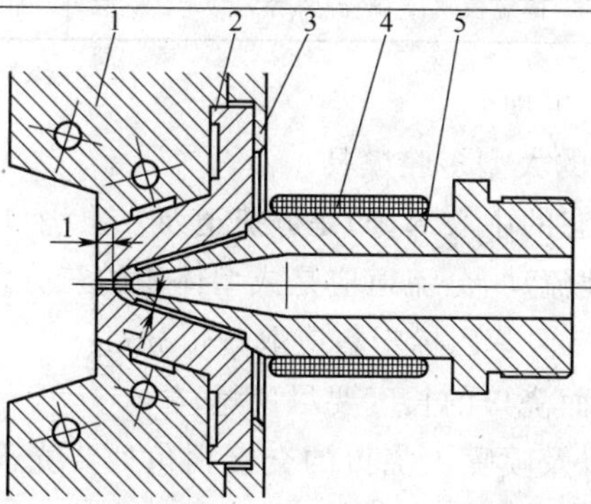 1. 定模板　2. 浇口套　3. 定位圈　4. 电加热器　5. 喷嘴	前端球形浇口套 2 的喷嘴到型腔壁厚（即浇口），一般在 1.6 mm 左右。如果浇口长了，为了防止浇口产生凝料，浇口的直径必须加粗，这样注塑件遗留下的凸台痕迹较大；如果浇口直径太小，型腔这部分壁薄，强度不足
内热式延长喷嘴		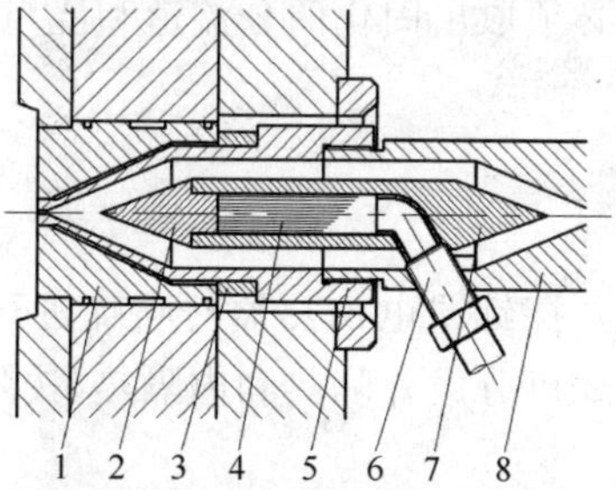 1,3. 浇口套　2. 分流梭头　4. 电加热器　5. 喷嘴　6. 金属软管组件 7. 分流梭　8. 喷嘴接头	浇口套 1 的前端接触面积小，喷嘴锥体的延长是为了防止往模具上传热。前端按浇口的直径露出型腔，如此在注塑件上留下的浇口痕迹较小
单腔用延长喷嘴		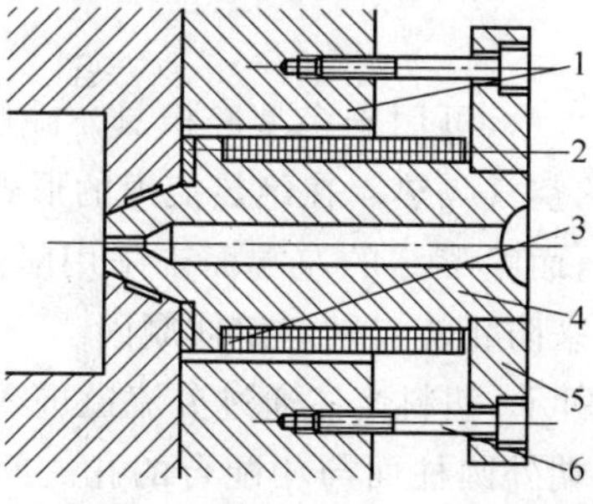 1. 定模板　2. 隔热垫　3. 电加热器　4. 喷嘴　5. 固定板　6. 螺钉	模具浇口处加了一个电加热器 3，可使浇口处的塑料保持熔融状态。电加热器 3 内孔与喷嘴 4 为间隙配合，外径与定模板 1 有一定的间隙，空气起到隔热的作用。在电加热器 3 靠近型腔的一端用石棉或聚四氟乙烯制成的隔热垫 2 绝热

续表 6-12

类型	简　　　　　　　　　　图	说　　明
双腔用延长喷嘴	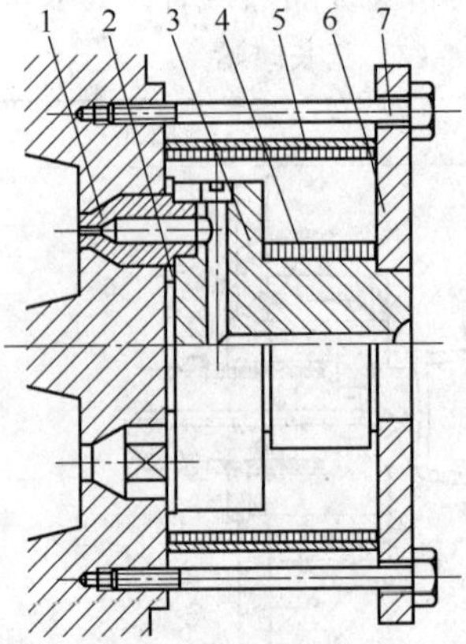 1. 喷嘴　2. 隔热垫　3. 集流腔　4. 电加热器 5. 隔热套　6. 固定板　7. 螺栓	利用集流腔 3 中多个分浇道,可安装相应多个喷嘴 1,可以用于两个型腔或多个型腔成型注塑件的加工,可提高加工效率

设计双腔用延长喷嘴应注意以下事项。

①适用于成型周期不超过 1min 的大型多腔模具。

②一次注射的质量(保持热熔状态的中心部分)是分流道及二次浇口和型腔的所需量。为了使熔融的塑料在浇注系统内迅速地流动,分流道应是成型体积的三分之一。

③分流道直径为 $\phi13\sim\phi24$ mm,但苯乙烯塑料应取 $\phi30$ mm。

④浇口要比一般点浇口大一些,而浇口的长度要尽量短。

⑤集流腔 3 的主流道和分流道以及喷嘴 1 浇口的交接拐角处要光滑,便于塑料熔体的流动,以防形成死区引起塑料滞留劣化变色。

⑥在停机或休息后再进行操作时,必须取出固化的分流道和浇口凝料。因此,要设计能用简便方法锁住和分开凝料的分流道板。

三、隔热式喷嘴

为防止热量传递到模具上,可用加热探针或电加热器对喷嘴进行加热。喷嘴隔热按隔热方式可分成全隔热和半隔热,按隔热形式可分成外隔热和内隔热,按隔热材料可分成空气隔热和塑料垫隔热。

1. 半隔热内、外热式喷嘴

半隔热内、外热式喷嘴是指喷嘴的一个端面采用空气和密封圈垫(塑料)进行隔热,隔热的形式有内隔热和外隔热两种。

(1)半隔热内热式喷嘴　如图 6-26 所示,可用于多型腔模具。喷嘴 3 右端外圆柱面与相配合的孔之间存在着间隙,利用间隙间的空气隔热。在绝热流道的形式上,利用空气和密封圈垫(塑料)对喷嘴 3 的右端面进行半隔热,而喷嘴 3 的左端面未采用隔热措施。并采用加热探针 1 中的电加热器 2 对流道进行内加热来防止浇口塑料熔体凝固。

(2)半隔热外热式喷嘴　如图 6-27 所示,塑料熔体通过分流道进入分流梭 2 六个通孔中,再经分流梭头 6 进入浇口。喷嘴头 1 右端外圆柱面与相配合的孔之间存在着间隙,利用间隙间的空气隔热。为了使塑料熔体不会产生降温,在喷嘴头 1 外圆柱上装有电加热器 3,并利用

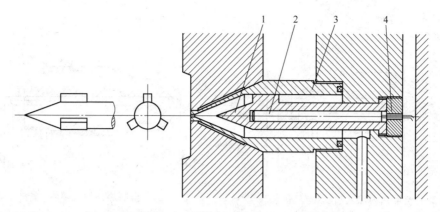

图 6-26　半隔热内热式喷嘴(空气隔热)
1. 加热探针　2. 电加热器　3. 喷嘴　4. 螺塞

空气对喷嘴头 1 进行隔热。半隔热是指喷嘴头 1 的右端面采用了空气和密封圈 4 进行半隔热,而喷嘴头 1 的左端面未采用隔热措施。

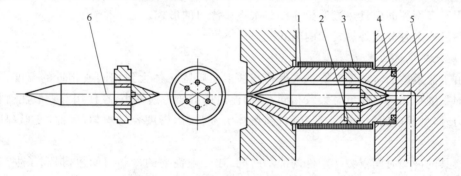

图 6-27　半隔热外热式喷嘴(空气隔热)
1. 喷嘴头　2. 分流梭　3. 电加热器　4. 密封圈　5. 集流腔板　6. 分流梭头

2. 全隔热内热式喷嘴

半隔热形式的喷嘴的一个端面未采取隔热的措施,流道中塑料熔体的热量还是因模具传导而降温。为克服半隔热形式的喷嘴的不足,可采用全隔热形式的喷嘴。

(1)全隔热内热式喷嘴　如图 6-28 所示,为了使流道中的塑料熔体不会降温,在喷嘴 4 左端部采用密封隔热垫 2 隔热,在喷嘴 4 右端部采用密封隔热垫和圆柱面与配合孔间隙中的空气进行全隔热。在加热探针 1 中采用了电加热器 3 的内加热方式加热。

(2)全隔热外热式喷嘴　如图 6-29 所示,为了使流道中的塑料熔体不会产生降温,在喷嘴 1 左端部采用了密封隔热垫 2 隔热,在喷嘴 1 右端部采用了圆柱面与配合孔间隙中空气全隔热,在喷嘴 1 中采用了电加热器 3 的外加热的方式加热。

四、热流道的设计

定模垫板和定模板之间装有热流道板,流道板的形状根据注塑件的形状及浇口的位置的不同可以有多种形式,要求能够均匀加热达到预定的温度,并具有最小体积的形状,常用于多型腔模具。

1. 现代热浇道

(1)热浇道的形式　自 20 世纪 70 年代以来,热流道有以下几种形式。

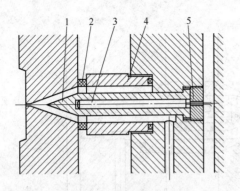

图 6-28 全隔热内热式喷嘴(空气隔热)
1. 加热探针 2. 密封隔热垫 3. 电加热器
4. 喷嘴 5. 螺塞

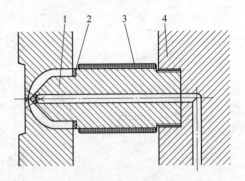

图 6-29 全隔热外热式喷嘴(塑料层隔热)
1. 喷嘴 2. 密封隔热垫 3. 电加热器
4. 集流腔板

①可用于中型直接浇口的热浇口;

②可用于大型注塑件的模具热流道板连接二次直接浇口的形式;

③用于多型腔的模具热流道板连接二次直接浇口的形式。

三种形式又各分成外热式和内热式浇口。

(2)现代热浇道的优点

①由于流道内的熔体温度能基本保持与注射机喷嘴熔体大致相同或相近的温度,故流道内熔体的黏度可保持与喷出时大致相同,因而流道内的压力损耗小,在使用与一般注射相同的注射压力时,型腔内的压力较一般注射高;熔体流动性好,密度容易均匀,因此,变形程度可大为减小。

②模具的冷却时间仅为注塑件的冷却时间,比一般注射的冷却时间短,提高了生产效率,也充分地发挥了注射机的塑化能力,增大了产出量。

③无流道的冷凝料,提高了塑料的有效利用率。

④热流道均为自动切断浇口的冷凝料,提高了自动化的水平,可以做到无人管理。

⑤热流道元件及组件均为标准件,有市场供应,减少了模具加工的时间。

(3)现代热流道的不足

①由于模具的定模上装有加热的热流道板,使得模具的闭合高度增大,需要选用较大的注射机;

②模具的定模板与热流道板较近,由于辐射热和传导热影响模具定模一侧的温度,在设计冷却系统时需要考虑此因素;

③热流道板受热膨胀后,会使浇口位置发生偏移,偏移严重时将影响进料;

④由于热流道板的膨胀,使模具构件产生热应力,在模具设计上也应考虑此因素。

(4)热流道喷嘴组件 如图 6-30 所示,在浇口套 11 圆柱面上装有电加热器 12,在喷嘴套 6 圆柱面上装有电加热器 4。整个热流道喷嘴组件以隔热外壳包裹进行隔热,确保了塑料熔体自浇口套 11 的流道流经流道板 7 的流道到喷嘴套 6 的流道过程中,料温大致相同,从而可避免塑料熔体因料温的降低而产生注塑件的许多缺陷的问题。针阀 5 在针阀顶杆 10 上弹簧 9 的作用下,可防止熔体料流的回流。

(5)外热式热流道喷嘴组件 其主要特点是加热元件安装在热浇口套和热流道喷嘴的外面,热浇口与浇口套之间允许产生位移。

①埋入式热流道喷嘴组件如图 6-31 所示。为了能将加热器 6 埋入热流道板 8 中，可在热流道板 8 两端面上加工出环形槽，埋入加热器 6 后以两块盖板 7 用螺钉联接。该热流道喷嘴组件特点是结构简单、便于制造和维修。缺点是热浇口 5 的喷嘴部位仍然存在降温，热效率差。由于热流道板的热膨胀会产生移动的原因，主流道以定心销 2 定位，以不锈钢的承压垫 3 承受注射压力和隔热以及以空气隔热，以承压垫 4 承受注射反作用力。

②外热式热流道喷嘴组件如图 6-32 所示。在浇口套 5 外圆柱面上装有热电偶 4 和电加热器 6，在喷嘴 12 外圆柱面上装有热电偶 13 和电加热器 11，流道左端的螺塞与堵头中装有热电偶 14，集流腔板 8 中还装有两根电加热棒 7，集流腔板 8 与框架还用隔热垫块

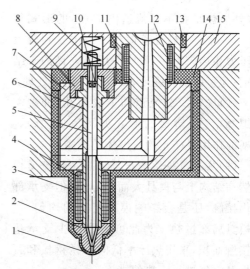

图 6-30　热流道喷嘴组件（具有防流涎装置）

1. 隔热垫圈　2. 喷嘴头　3,14. 隔热外壳　4,12. 电加热器
5. 针阀　6. 喷嘴套　7. 流道板　8. 盖　9. 弹簧
10. 针阀顶杆　11. 浇口套　13. 隔热螺帽　15. 定位圈

2 和 9 进行隔热。通过上述措施可确保整个流道中熔体的料温一致。

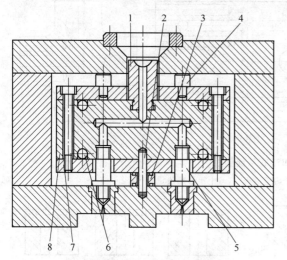

图 6-31　埋入式热流道喷嘴组件

1. 浇口套　2. 定心销　3,4. 承压垫
5. 热浇口　6. 加热器　7. 盖板　8. 热流道板

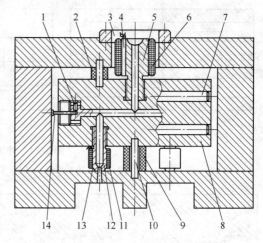

图 6-32　外热式热流道喷嘴组件

1,10. 定位销　2,9. 隔热垫块　3. 浇口套垫
4,13,14. 热电偶　5. 浇口套　6,11. 电加热器
7. 电加热棒　8. 集流腔板　12. 喷嘴

(6)内热式热流道喷嘴组件　如图 6-33 所示，内热式加热棒 3 固定在热流道板 4 上，其尾部为承压垫 6。浇口设在定模型腔上，工作时加热棒 3 与浇口之间允许滑移；其特点是加热棒 3 安装在流道口外套（承压）2 孔内。以定心销 7 定位，用不锈钢的承压垫 6 隔热和承压，并以空气隔热。

2. 热流道板的结构形式

(1)热流道板　为了节省加热功率，其体积以小为宜；但体积过小，则热容量太小，温度不易稳定。常用热流道板为一平板，其外形轮廓为一字形、H 形和十字形等。外加热式热流道

板(外加热是指不在流道内加热)的形式如图 6-34 所示。热流道板在工作中受到较大的压力和热应力,一般应使用较强韧的碳结构钢;为了增加其强度,可以进行调质处理。

(2)堵塞　分流道加工成通孔,外端需用螺塞堵住,堵塞的形式如图 6-35 所示。堵塞的作用是防止塑料熔体的外溢。

(3)热流道板的支承与隔热　热流道板虽然在结构上与模具大面积隔热,但支承部位仍接触,还是会影响模具温度的均匀,造成模具局部过热。为此可采取减少支承垫的接触面积,采用热导率低的不锈钢板和石棉板及空气进行隔热的措施。

①支承垫的形状如图 6-36 所示,采用盘形、三菱槽形和三菱直槽形等形状,以减少支承垫的接触面积,减少了传热量。

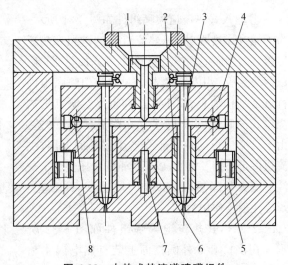

图 6-33　内热式热流道喷嘴组件
1. 浇口套　2. 流道口外套(承压)　3. 加热棒　4. 热流道板　5. 限位垫　6. 承压垫　7. 定心销　8. 堵塞

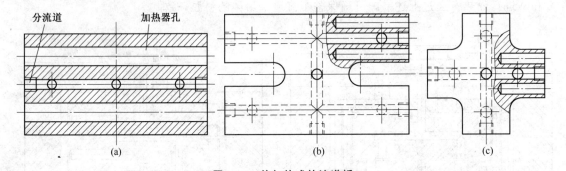

图 6-34　外加热式热流道板
(a)一字形热流道板　(b)H 形热流道板　(c)十字形热流道板

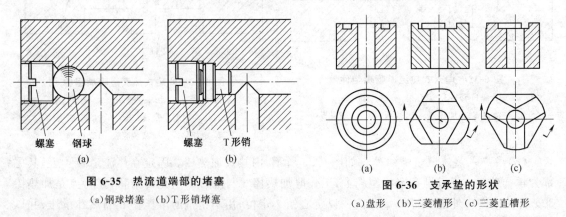

图 6-35　热流道端部的堵塞
(a)钢球堵塞　(b)T 形销堵塞

图 6-36　支承垫的形状
(a)盘形　(b)三菱槽形　(c)三菱直槽形

②利用不锈钢板或石棉板隔热。以 3mm 厚的不锈钢或高铬钢制成支承垫放置在热流道板的上、下表面,支承垫上面用淬硬碳钢做支承,如图 6-37 所示。还可以在热流道模具的定模板与注射机的座板之间垫以 6~10mm 厚的石棉板作为隔热之用。

③利用空气隔热。在大型热流道模具中,可以在热流道板与定模板之间采用空气隔热,空

气间隙的距离应不小于 8mm，如图 6-38 所示。

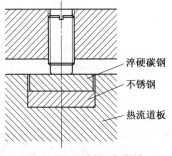

淬硬碳钢

不锈钢

热流道板

图 6-37　不锈钢支承垫

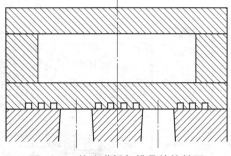

图 6-38　热流道板与模具的接触面

3. 热流道板的安装

由于热流道板不工作时处于室温状态，而工作时则处于高温状态，热流道板存在着热膨胀的现象。因此在室温下热流道板应该是浮动的，即允许热流道板在升温后可以产生位移。调节热流道板的基本方法有两种：一是热流道板与热浇口之间平面的滑移，如图 6-39 所示；二是热浇口与热浇口套之间轴线的滑移，如图 6-40 所示。热流道板工作时，热膨胀后与浇口中心线应对正；不工作冷却时允许位移。滑移量必须事先计算出来，热流道板为中碳钢，其线膨胀系数为 $11.2 \times 10^{-6}/\text{K}$。

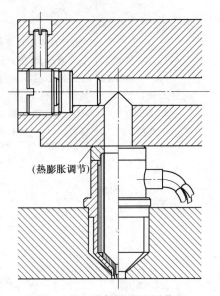

（热膨胀调节）

图 6-39　热流道板热膨胀调节之一

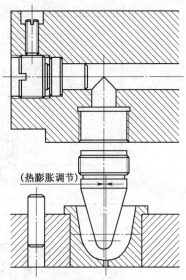

（热膨胀调节）

图 6-40　热流道板热膨胀调节之二

4. 热浇口

（1）热浇口的形式　热浇口的形式较多，可分为直接式、点状式、自封式、半绝热式、全绝热式、内热式和外热式，它们各有其特点和适应性，其中几种形式详见表 6-13。

（2）按热流道喷嘴绝热的形式分类　可分成半绝热和全绝热的形式。热流道喷嘴应选用导热性好的材料，依靠热流道板传热，喷嘴用绝热材料隔热，详见表 6-14。

（3）按热流道加热方式分类　也就是根据维持喷嘴内的塑料为熔融状态的加热形式分类，可分成内加热和外加热形式，详见表 6-15。

表 6-13 热流道浇口形式

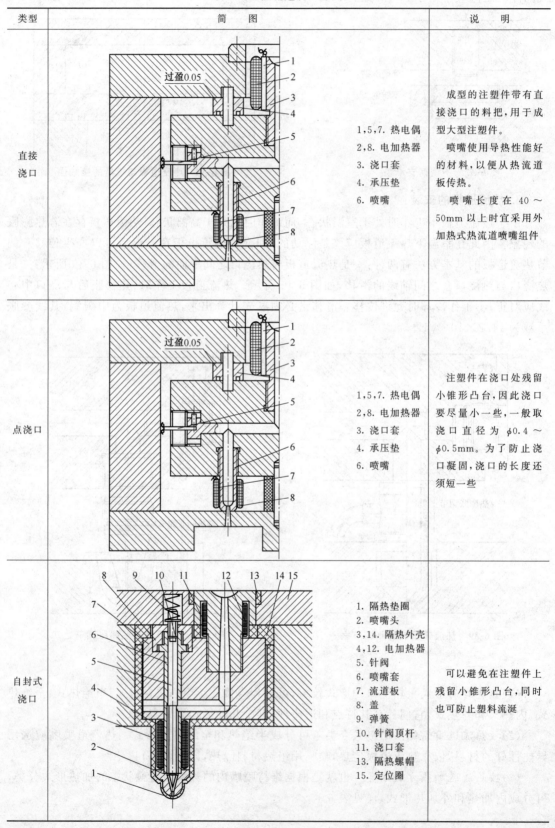

类型	简图	说明
直接浇口	过盈0.05 1,5,7. 热电偶 2,8. 电加热器 3. 浇口套 4. 承压垫 6. 喷嘴	成型的注塑件带有直接浇口的料把,用于成型大型注塑件。 喷嘴使用导热性能好的材料,以便从热流道板传热。 喷嘴长度在 40～50mm 以上时宜采用外加热式热流道喷嘴组件
点浇口	过盈0.05 1,5,7. 热电偶 2,8. 电加热器 3. 浇口套 4. 承压垫 6. 喷嘴	注塑件在浇口处残留小锥形凸台,因此浇口要尽量小一些,一般取浇口直径为 $\phi0.4\sim\phi0.5$mm。为了防止浇口凝固,浇口的长度还须短一些
自封式浇口	1. 隔热垫圈 2. 喷嘴头 3,14. 隔热外壳 4,12. 电加热器 5. 针阀 6. 喷嘴套 7. 流道板 8. 盖 9. 弹簧 10. 针阀顶杆 11. 浇口套 13. 隔热螺帽 15. 定位圈	可以避免在注塑件上残留小锥形凸台,同时也可防止塑料流涎

表 6-14　热流道喷嘴绝热的形式

类型	简　图	说　明
半绝热外热式喷嘴	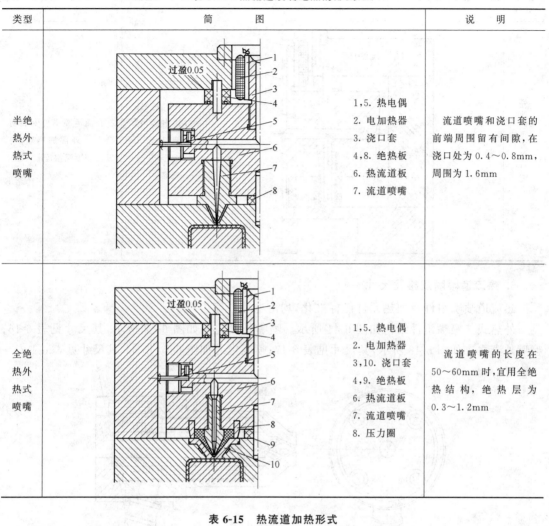	1,5. 热电偶 2. 电加热器 3. 浇口套 4,8. 绝热板 6. 热流道板 7. 流道喷嘴 流道喷嘴和浇口套的前端周围留有间隙，在浇口处为 0.4～0.8mm，周围为 1.6mm
全绝热外热式喷嘴		1,5. 热电偶 2. 电加热器 3,10. 浇口套 4,9. 绝热板 6. 热流道板 7. 流道喷嘴 8. 压力圈 流道喷嘴的长度在 50～60mm 时，宜用全绝热结构，绝热层为 0.3～1.2mm

表 6-15　热流道加热形式

类型	简　图	说　明
内加热热流道喷嘴	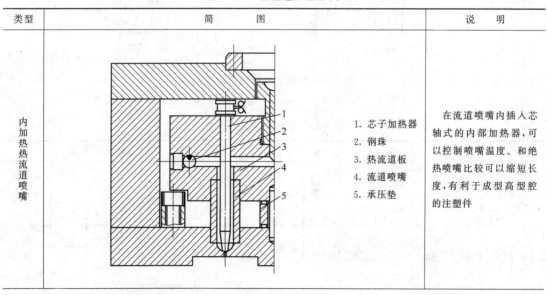	1. 芯子加热器 2. 钢珠 3. 热流道板 4. 流道喷嘴 5. 承压垫 在流道喷嘴内插入芯轴式的内部加热器，可以控制喷嘴温度。和绝热喷嘴比较可以缩短长度，有利于成型高型腔的注塑件

续表 6-15

类型	简　　图		说　　明
外加热热流道喷嘴	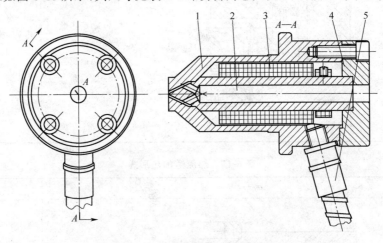 过盈0.05	1,5,7. 热电偶 2,8. 电加热器 3. 浇口套 4. 承压垫 6. 喷嘴	在流道喷嘴外侧装有型套式外部加热器,可以控制喷嘴温度

5. 热流道喷嘴规格及尺寸

热流道喷嘴组件及加热元件已标准化,均由专业厂家生产。

外热式热喷嘴组件结构如图 6-41 所示。喷嘴外壳之一如图 6-42 所示,其尺寸见表 6-16;喷嘴外壳之二如图 6-43 所示,其尺寸见表 6-17;喷嘴内芯如图 6-44 所示,其尺寸见表 6-18。

图 6-41　外热式热喷嘴组件结构

1. 喷嘴外壳　2. 喷嘴内芯　3. 环形加热器　4. 盖　5. 金属软管

表 6-16　喷嘴外壳之一尺寸　　　　　　　　　　　　（mm）

$SW1$	α	β	d_8	d_7	d_6	d_5	d_4	d_3	d_2	D(型号)	L_1	d_1	d
3	40°	51°	5.2	20	7.7	38	25	3	10	32	75	1.2 1.5 1.8	按金属软管尺寸
4	50°	50°	9.0	22	12.0	44	28	6	12	38	75	1.5 2.0 2.5	按金属软管尺寸

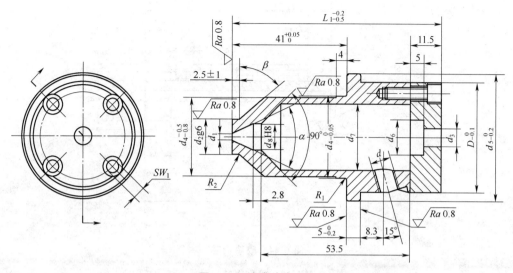

图 6-42 喷嘴外壳之一

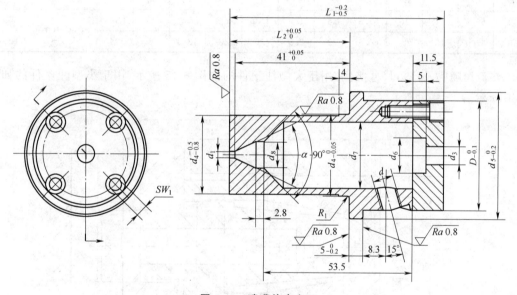

图 6-43 喷嘴外壳之二

表 6-17 喷嘴外壳之二尺寸 （mm）

SW1	α	d_8	d_7	d_6	d_5	d_4	d_3	D（型号）	L_2	L_1	d_1	d
3	40°	5.2	20	7.7	38	25	3	32	43	75	1.2	按金属软管尺寸
											1.5	
											1.8	
4	50°	9.0	22	12.0	44	28	6	38	44	78	1.5	按金属软管尺寸
											2.0	
											2.5	

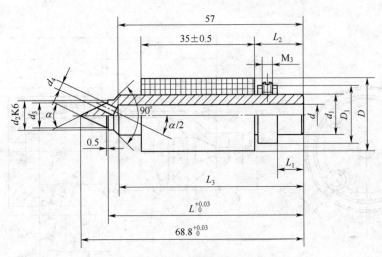

图 6-44　喷嘴内芯

表 6-18　喷嘴内芯尺寸　　　　　　　　　　　　　　　　　　（mm）

α	L_3	L_2	L_1	L	D_1	D	d_4	d_3	d_2	d_1	d	材　料	功率
40°	60.5	17	10	62.8	18	1.7	4.36	5.2	7.7	3	32	CuCoBe10	300W
50°	57.0	15	8	60.8	22	2.5	7.70	9.0	12.0	6	38		220W

　　热流道喷嘴及浇口尺寸实例，用于大型注塑件的如图 6-45 所示，用于小型注塑件的如图 6-46 所示。

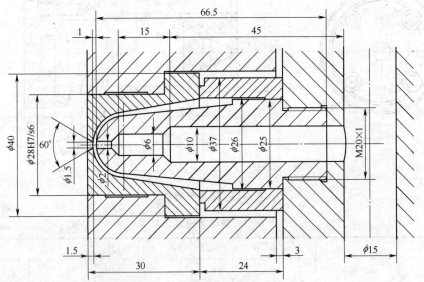

图 6-45　热流道喷嘴及浇口尺寸实例（用于大型注塑件）

五、热流道与热流道板的计算

　　塑料熔体经模具浇注系统填充模具型腔的过程中，由于金属模具的导热作用，熔体的温度会不断下降，将导致注塑件产生很多缺陷，甚至不能正常成型；而注射机的料筒和喷嘴的温度又是根据塑料的品种具有一定范围，超出温度范围会导致塑料过热分解，甚至碳化。于是要通

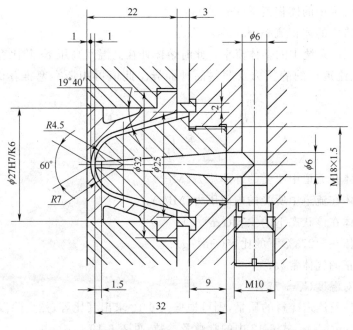

图 6-46　热流道喷嘴及浇口尺寸实例（用于小型注塑件）

过设置热流道与热流道板来提高熔体充模过程中的温度，使之保持熔体充模时的合理温度。因此有关热流道与热流道板的计算，便显得十分重要。

1. 热流道的计算

热流道的计算，主要是确定主流道和分流道直径及浇口尺寸。

（1）主流道直径 D_s

$$D_s = 0.127\sqrt[3]{Q_s}\ (\text{cm}) \tag{式 6-5}$$

内热式主流道为一环形流道，当环形流道的缝隙厚度与其周长之比小于 $1:10$ 时，可视作狭缝流动。一般情况下均符合这一条件，其缝隙宽度 h_s 为：

$$h_s = 0.049\sqrt[3]{Q_s}\ (\text{cm}) \tag{式 6-6}$$

即内热式主流道的直径等于内加热器的外径加上 $2h_s$。

（2）分流道直径 D_R

$$D_R = 0.273\sqrt[3]{Q_R}\ (\text{cm}) \tag{式 6-7}$$

内热式分流道也为一环形流道。在流道板内开设流道孔，将电加热棒架设在中间形成一环形流道，环形流道外径为流道板的流道孔直径，内径为电加热棒的外径，其缝隙宽度 h_R 为：

$$h_R = 0.105\sqrt[3]{Q_R}\ (\text{cm}) \tag{式 6-8}$$

即分流道外径为内加热器的外经加上 $2h_R$。

（3）浇口

①直接浇口直径 D_G：

$$D_G = 0.059\sqrt[3]{Q_G}\ (\text{cm}) \tag{式 6-9}$$

②点浇口直径 D_{PG}：

$$D_{PG} = 0.046\ 7\sqrt[3]{Q_{PG}}\ (\text{cm}) \tag{式 6-10}$$

式中　Q_s——主流道中的体积流率（cm^3/s）；

Q_R——分流道中的体积流率(cm^3/s)；

Q_G, Q_{PG}——浇口中的体积流率(cm^3/s)。

流率是指在浇注系统中的熔体流率。此时熔体处在高温及高压下，其比容较固体时为高，而且依熔体温度、流道内的静压力及塑料品种而异。此值可用斯宾塞推荐的状态方程式计算，即：

$$(P_1 + P_2)(V - \omega) = RT \tag{式 6-11}$$

因此：

$$V = \frac{R'T}{P_1 + P_2} + \omega \tag{式 6-12}$$

式中　P_1——熔体在流道中所受的外部压力(MPa)；

P_2——熔体在流道中所受的内部压力(MPa)；

V——熔体在该状态下的比容(cm^3/g)；

ω——熔体在$-273℃$下的比容(cm^3/g)；

R'——修正的气体常数；

T——绝对温度($℃ + 273$)。

如已知注塑件及流道冷料的质量，则可根据式 6-12 求出其比容，然后除以注射时间，便可求得其体积流率(cm^3/s)。式 6-12 中的常数及参数，见表 6-19。

表 6-19　状态方程中的参数

塑料种类	熔体温度/℃	P_2/MPa	ω/(cm^3/g)	R'/(MPa·cm^3/g·K)
PS	—	19.0	0.822	0.082
GPS	160	34.8	0.807	0.189
PMMA	175	22.0	0.734	0.085
EC	195	24.5	0.720	0.141
CAB	180	29.1	0.688	0.156
LDPE	180	33.5	0.875	0.303
HDPE	180	34.8	0.956	0.271
PP	220	25.3	0.992	0.229
POM	190	27.6	0.633	0.106
PA6,PA10	180~220	27.7	0.906	0.074

例如聚丙烯(PP)注塑件联通流道冷料的质量为 100g，注射压力 $P = 50MPa$，熔体温度为 220℃，其比容 V 为：

$$V = \frac{0.229 \times (220 + 273)}{50 + 25.3} + 0.992$$

$$\approx 2.5(cm^3/g)$$

若注射时间为 4.5s，则其体积流率 Q 为：$Q = \dfrac{VW}{t} = \dfrac{2.5 \times 100}{4.5} = 55.6(cm^3/s)$。

应用状态方程时，各参数之值必须依注射工艺条件而定，表 6-19 之值不能通用。设计时如无具体参数，可按其固体时之比容(即密度的倒数)乘以一系数：非结晶性塑料乘以 1.2~1.25，结晶性塑料乘以 1.5。

2. 热流道板(集流板)的设计与计算

(1)热流道板加热功率的计算　加热功率是指热流道板从室温升温到指定温度(一般为

200～220℃)所需的热功。升温时间一般以 1h 为准,对中小模具而言为 0.5h。一般计算式为:

$$P = \frac{0.115tW}{860T\eta} \qquad (\text{式 6-13})$$

式中　P ——加热功率(kW);

　　　　t ——热流道板所需升高的温度(热流道板温度减去室温,℃);

　　　　W ——热流道板的质量(包括紧固螺钉在内,kg);

　　　　T ——升温时间(h);

　　　　η ——热效率(从实际统计约为 0.2～0.3,宁可取低值)。

实际在升温过程中,会不断有热量损失,并且热损失随着温度的升高而逐渐增大。设定热损失为零时,升温时间为 0.5h,热效率为 1(在考虑热量损失的总和之后确定热效率),可用下式简化计算:

$$P = 0.267tW10^{-3}(\text{kW}) \qquad (\text{式 6-14})$$

(2)热流道板热损失的计算

①由辐射及对流所产生的热损失。当热流道板温度为 200～300℃ 时,热流道板表面积每 1cm^2 的损失为:

辐射损失:　　　　　$P' = (0.003\,02t - 0.356)/\sigma(\text{W})$ 　　　　(式 6-15)

式中　σ ——表面辐射率(一般热流道板的表面辐射率为 0.8)。

对流损失:　　　　　$P'' = (0.000\,79t - 0.043)(\text{W})$ 　　　　(式 6-16)

当面积为 A ,$\sigma = 0.8$ 时,二者合计为:

$$(P' + P'')A = (0.003\,206t - 0.327\,8)A(\text{W}) \qquad (\text{式 6-17})$$

②传导产生的热损失。热流道板一般均为架空安装,但仍必须要有支承物,而且支承物由于受到一定的压力作用,其面积不能过小。支承物的热传导能率与其接触面积成正比,与其高度成反比,故支承物的传导热损失为:

$$P''' = \sum \frac{at'n\lambda}{l} \qquad (\text{式 6-18})$$

式中　P''' ——支承物总的传导热损失(W);

　　　　a ——支承物的接触面积(cm^2);

　　　　t' ——热流道板与模具的温差(℃);

　　　　n ——支承物的数量(个);

　　　　l ——支承物的高度(cm);

　　　　λ ——支承物的热导率(W/cmg℃),中碳钢 $\lambda = 0.533\,6$,不锈钢 $\lambda = 0.162\,4$。

③加热热流道板所需的总功率。设定热流道板的温度为 200～300℃,热流道板表面为氧化表面,$a = 0.8$,升温时间为 0.5h,并且留有 10% 的富余量,计算式为:

$$P = \left[0.267tW + (0.003\,206t - 0.327\,8)A + \sum \frac{at'\lambda}{l} \right] \times 1.1\,(\text{W}) \qquad (\text{式 6-19})$$

例如一热流道板,其已知数据如下:热流道板表面积 $A = 1\,484\text{cm}^2$,热流道板总质量(不计加热器)$W = 23.4\text{kg}$,热流道板要求温度 $t = 200$℃,模具温度 $t' = 200 - 60 = 140(℃)$。中碳钢支承物:$a_1 = 1.54\text{cm}^2$,$l_1 = 1\text{cm}$ 四个;$a_2 = 3.2\text{cm}^2$,$l_2 = 1\text{cm}$ 一个;$a_3 = 2.17\text{cm}^2$,$l_3 = 2\text{cm}$ 四个;$\lambda = 0.533\,6$。

加热所需总功率 $P=(1\,250+465+460+239+324)\times1.1=3\,012$（W）。

复习思考题

1. 为什么注塑模要使用无流道、热流道结构和隔热式喷嘴及热流道板？
2. 掌握各种能适应无流道和热流道结构的塑料品种及其结构形式。
3. 掌握各种无流道浇注系统的结构形式和设计。掌握绝热流道、热流道和隔热式喷嘴热流道喷嘴的设计和计算。

第三节　浇口的设计

浇口处在分流道与型腔之间最短的一段距离上，其作用是增加和控制塑料熔体进入型腔的流速和温度，控制补料时间，并封闭装填在型腔内的塑料。浇口是分流道与注塑件连接的过渡部分，也是浇注系统的终端。浇口的形状、大小和位置是直接影响塑料制品的质量和生产效率的因素之一，许多注塑件的缺陷或弊病大多是因浇口设置不当而产生。为了能使浇口的设计到位，在浇口设计之前应对成型注塑件的浇注系统进行分析。

一、浇口的分类

1. 非限制浇口

非限制浇口又称直接浇口，其形式是塑料熔体通过浇口直接注入型腔中；与限制浇口比较有很多不利之处，但是因为它具有压力损失少、节约塑料、模具结构简单等优点，仍被广泛使用。

2. 限制浇口

限制浇口是指分流道与型腔之间采用一段距离很短、截面很小的浇口相连接，如图 6-1 所示。当熔融塑料通过狭窄的浇口时，流速增高，并因摩擦使料温也增高，有利于填充型腔；浇口部分比型腔部分要薄，因此浇口的熔体首先固化封闭，注射压力就不能继续传递到型腔里面去，型腔内的熔料即可在无应力状态下收缩固化成型，因此注塑件内残余应力小，可减少多种弊病。

(1)限制浇口的优点

①残余应力小，可防止注塑件破裂、翘曲、变形；

②型腔内实际应力小，同使用非限制浇口相比较可成型较大投影面积的注塑件；

③由于浇口的摩擦作用，可提高料温减少流痕，另外料流流速高有利于填充型腔；

④可缩短成型周期；

⑤对多型腔模具，可调节浇口的截面积，以保证各型腔同时充满；

⑥去除浇口方便，注塑件上残留痕迹小。

(2)限制浇口的缺点

①料流阻力大，注射压力损失大；

②流道增长，料温易下降，消耗塑料多；

③保压补缩作用小，易出现缩孔，尤其在浇口的附近更加容易出现缩孔。

二、影响浇口设计的因素

浇口设计包括浇口截面形状和浇口截面尺寸的确定及浇口位置的选择。

影响浇口截面形状及浇口截面尺寸的因素有：注塑件的设计造型和工艺性，如形状、大小、壁厚、尺寸精度、外观质量和力学性能等；注塑件塑料特性，如成型温度、黏度（流动性）、收缩率和有无添加物等；机床设备和注塑工艺参数；还有浇口的加工、脱模及清除浇口难易程度等。

三、浇口截面大小的确定

按照常规来说，浇口的截面尺寸宜小不宜大。在确定浇口尺寸时，应先小一些，然后在试模过程中，根据对型腔的填充情况再进行修正；特别是一模多腔的模具，通过修正可使各型腔同时均匀填充。为了防止应力引起的变形，一般浇口宜取薄；为了防止缩痕，浇口宜取厚；填充不足则宜取宽，并在模具允许范围内浇口及流道部分长度应取短，少曲折为好；对影响注塑件外观的浇口应尽量取小浇口；对质量大、体形大和收缩大的制品应尽量取大浇口。

小浇口可增加熔料的流速，加大熔料摩擦而使熔料的温度升高，其结果是使熔料黏度降低，有利于充模。但由于小浇口的阻力大而使注射压力的损失较大，不利于熔料充模，特别是注塑件的远端细薄结构。由于小浇口的固化较快，不利于塑料制品的保压补缩，注塑件所产生的缩痕大，但注塑件所产生的内应力较小；同时可以缩短注射成型的周期，便于浇口冷凝料的清除。

有些制品的浇口不宜过小，如一些厚壁制品，在注射过程中必须进行两次以上的补压才能满足塑料制品的要求，浇口过小会造成浇口处过早固化，使补料困难而造成制品缺陷。

浇口的形式和截面的大小可以影响到注塑件的变形，不同形状的注塑件应采用不同的浇口形式和截面大小。各种浇口形式和截面大小在注塑件注射时，所产生的内应力是不同的，而注塑件的内应力也是产生注塑件变形的主要因素之一。

1. 浇口的形式和应用

浇口形式较多，应根据塑料成型的特性、注塑件形状和尺寸要求、注塑件生产批量、成型条件和注射机结构等诸因素，综合考虑选用合理的形式。

①直接浇口适用于成型深型腔的壳体件和箱形注塑件，不宜成型平薄注塑件和易变形注塑件。

②侧浇口不适宜成型细而长的桶形的注塑件。

③扇形浇口适用于成型宽度较大的平板形注塑件及浅的壳形或盒形注塑件。

④平缝浇口常用于成型薄板形或长条状及骨架类薄壁注塑件。

⑤潜伏浇口实际是点浇口的一种变形，应用与点浇口相同。点浇口和潜伏浇口常用于成型外观要求较高的壳类或盒类注塑件，不宜成型平薄易变形及复杂形状的注塑件；因凝料在脱模时有较大的弹性变形，所以也不适用于成型脆性材料，如 PS 等。

⑥爪形浇口常用于成型深壳、箱、筒形中间有孔的注塑件，尤其是注塑件内孔较小或同心度要求较高的注塑件。

⑦护耳浇口主要用于成型高透明度平板形注塑件，以及变形很小的注塑件；主要用于 PC，ABS，PMMA 和硬 PVC 等对应力敏感的塑料成型。

⑧环形浇口适用于成型较长的管形或薄壁长筒形注塑件。

2. 浇口的位置

浇口的位置对注塑件的变形影响最大,对注塑件质量有直接的影响。浇口的位置选择不当,将会造成注塑件的变形及许多其他的缺陷。浇口位置的选择主要是取决于注塑件的形状和要求,通常有如下的原则。

(1)最大壁厚和流程一致原则　浇口位置的选择应设在制品最大壁厚处,使塑料熔体从厚壁处流向薄壁处;还需要保持浇口至各处型腔的流程基本一致。

(2)料流顺流原则　浇口位置的选择应设在塑料制品的顶端,使料流从制品顶端向下填充,如图 6-17 所示。切不可设置在注塑件的中端,更不可设置在注塑件的下端,使料流从注塑件中、下端逆流填充。

(3)料流由型腔开阔处流向狭小处原则　浇口位置的选择应设在模具型腔开阔处,还应避免料流直接冲击型芯产生紊流而使注塑件的外表面出现流痕。

(4)防止料流失稳流动原则　应防止浇口处产生喷射,而在填充过程中产生蛇形流或螺旋流状况。

(5)设置在主要受力方向上原则　浇口位置应设在注塑件的主要受力方向上,因为在注塑料的流动方向上所承受的拉应力和压应力最大,特别是带添加剂的增强塑料。

(6)避免融接痕在注塑件强度较高处原则　选择位置时应考虑注塑件的尺寸和精度,变形和收缩方向性,熔接痕位置和注塑件的纤维方向性。因为塑料熔体在流动方向和垂直于流动方向上的收缩不尽相同,其变形、收缩性和纤维方向性也不相同。熔接痕处的强度最低,注塑件受力较大处应避免出现熔接痕,而且熔接痕数量越少越好。

(7)流程最短及动能和压力损失最少原则　浇口位置应使料流的流程最短,有利于型腔内气体的排出,尽量减少改变料流的方向,尽量减少料流动能和压力的损失,还须避免料流直接冲击型芯或嵌件。

(8)外观和去除浇口凝料容易原则　外观要求高的注塑件表面不应设置浇口,浇口凝料去除应方便。

四、各类浇口

浇口是熔体直接进入模具型腔的通路。浇口的形式、尺寸、位置和数量,直接影响注塑件的质量和外观;如果设计不当,容易导致注塑件产生填充不足、熔接痕、缩痕、变形、气泡和内应力过大等缺陷。

1. 直接浇口

直接浇口是一种最简单和最原始的浇口,其本身就是垂直式主流道。直接浇口通常用于大型和壁厚的注塑件,如图 6-47 所示。

(1)直接浇口的特性

①是一种非限制性浇口,熔融的料流经浇口进入型腔,压力有一定损失,充模比较容易,能适用各种塑料。

②截面尺寸大,流道中的熔料固化时间长,可留有足够时间进行补塑,注塑件产生缺料和缩痕缺陷的状况较少;浇口部位热量集中封闭晚,在浇口处产生的应力较大,浇口部位易产生气孔和缩痕。

③有利于排气和消除熔接痕,流程一致而短,动能损失小,传递压力好,保压补塑作用强,浇注系统耗料少。

④适用于加工各种塑料,对热敏性及流动性差的塑料有利,而对结晶性或易产生内应力和易变形的注塑件不利。

⑤适用于成型深型腔壳形和箱形的注塑件,不宜成型平薄和易变形的注塑件。

⑥直接浇口大端不宜太大,超过$\phi 6mm$就难用手扳断,要用机械加工的方法切除料把,并在注塑件上留下较大的痕迹。

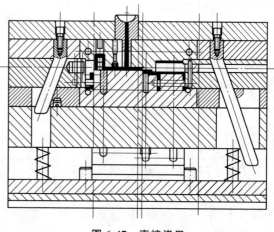

图 6-47　直接浇口

(2)直接浇口的形式和尺寸　如图 6-4(a)所示,流道长为 30mm 以上时的直接浇口大端直径取 9mm,30mm 以下时的直接浇口大端直径取 6mm;注塑件质量大时直接浇口大端直径宜取大值。为减少料把大端直径,可采用加深浇口套来实现。

(3)直接浇口尺寸推荐值　一般使用的直接浇口尺寸推荐值见表 6-20。

表 6-20　直接浇口尺寸推荐值　　　　　　　　　　　　　　　　（mm）

塑料 \ 浇口直径 \ 注塑件质量	100g 以下		300~800g		800g 以上	
	d	D	d	D	d	D
PS	2.5	4	3	6	4	8
PE	2.5	4	3	6	4	8
ABS	2.5	5	4	7	5	8
PC	3	5	4	8	5	10

2. 侧浇口

侧浇口亦称普通浇口或边缘浇口,如图 6-48 所示。侧浇口一般开设在分型面上,从注塑件的侧面进料。

(1)侧浇口的特性

①适用于成型多种形状的注塑件,但不适宜细而长的桶形注塑件。

②适用于各种塑料的成型,是应用较广泛的一种浇口。

③可按实际需要合理地选择侧浇口位置,可用于一模多腔分流道非平衡布置的模具,以便减少分流道的耗料。

④形状比较简单,加工比较方便,能够确保浇口的加工精度;修理浇口方便,甚至在现场用锉刀都能修理。

⑤侧浇口属于小浇口,熔体通过侧浇口时剪切产生热量,降低熔料的黏度并增加熔料的流动性,便于注塑件的成型加工。制品的残余应力变形和翘曲比直接浇口小,宜成型薄壁、复杂形状的注塑件。

⑥侧浇口容易调整到最佳的工艺状态,通过控制浇口的深度,可以调整浇口封料的时间,

即保压补塑的时间;通过控制浇口的宽度可以调整充模时的剪切速率和流动速度,改善注塑件缺料和缩痕的缺陷。

⑦注塑件和浇口料条不能自行分离,需要用顶料杆顶离注塑件,因而去除浇口方便。侧浇口在注塑件上留有一定的浇口痕迹,需要对注塑件上浇口痕迹进行修饰。

⑧缺点是压力损失大,熔料流速高,保压补塑作用较直接浇口小,对壳形注塑件排气不便,易产生熔接痕、缺料、缩孔和气泡等缺陷。

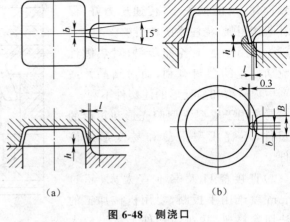

图 6-48　侧浇口
(a)普通形式　(b)搭接形式

(2)侧浇口的形式和尺寸

1)侧浇口的普通形式和尺寸如图 6-48(a)所示。这种结构可以减小摩擦阻力,便于充模;浇口的凝料不用任何工具,直接用手便可去除,且注塑件几乎不留浇口的痕迹。

①浇口长度 l:对于中小型注塑件,浇口长度 $l=0.5\sim0.8$mm;对于批量较大,要求不高的注塑件,$l=0.25\sim0.4$mm;对于大型注塑件,$l=1\sim1.5$mm。

②浇口厚度 h:根据注塑件的最大壁厚选取,一般取 $1/3\sim1/2$ 的壁厚,通常可取 $h=0.5\sim1.5$mm。

③浇口宽度 b:对于中小型注塑件,浇口宽度 $b=1.0\sim2.0$mm;对于大型注塑件,$b\geqslant3$ mm。

2)侧浇口的搭接形式和尺寸如图 6-48(b)所示。侧浇口是从注塑件的端部进料,在注塑件的外侧表面不留浇口的痕迹,但去除浇口凝料较困难。采用搭接形式的侧浇口,可以避免蛇形流的产生。

3)侧浇口尺寸的计算。浇口截面为梯形。

$$h=nt \tag{式 6-20}$$

式中　　h——侧浇口的深度(mm);

　　　　t——注塑件在浇口位置处的壁厚(mm);

　　　　n——系数,根据塑料种类而定。PS,PE:$n=0.6$;POM,PC,PP:$n=0.7$;PVAC, PMMA,PA:$n=0.8$;PVC:$n=0.9$。

$$W=\frac{n\sqrt{A}}{30} \tag{式 6-21}$$

式中　　W——侧浇口的宽度(指梯形大口的宽度,mm);

　　　　A——型腔一侧的表面积(等于 V/t,mm^2);

　　　　n——系数(与式 6-20 相同)。

当计算得到 W 的值大于分浇道直径(或宽度)时,应采用扇形浇口。侧浇口也可用下式计算其截面积 S:

$$S=\frac{1}{30}n^2t\sqrt{A} \tag{式 6-22}$$

按照式 6-22,当 $n=0.6$ 时,做出计算图,如图 6-49 所示。ABS用推荐的侧浇口尺寸(见表 6-21)。

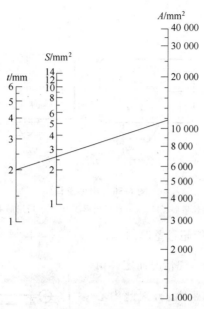

图 6-49　侧浇口截面积计算图

表 6-21　ABS 用推荐的侧浇口尺寸　　　　　　　　　　　　　　　　（mm）

壁厚 t	浇口宽度 W	浇口深度 h	浇口长度 l
1.0	1.4～1.8	1.0～1.4	0.8
1.5	1.6～2.2	1.2～1.6	0.8
2.0	2.0～3.0	1.4～1.8	0.8
2.5	2.5～3.8	1.6～2.4	0.8
3.0	3.0～3.5	2.0～2.8	1.0
3.5	4.2～8.0	2.5～3.4	1.0
4.0	6.4～12.0	3.2～3.8	1.0
5.0	10.0～18.0	4.5～4.8	1.0

3. 扇形浇口

扇形浇口亦称鱼尾状侧浇口,是一种从分流道逐渐向型腔呈扇形展开的浇口形式。扇形浇口是侧浇口的变异形式,它由鱼尾形过渡部分和浇口台阶组成,如图 6-50 所示,过渡部分沿料流方向逐渐变宽,沿厚度方向逐渐变薄。扇形浇口的特性如下。

①扇形浇口主要适用于成型宽度较大的平板形注塑件及浅壳形或盒形注塑件,对流程短的注塑件效果较好,如托盘和盖板等。

②注意选择浇口位置,使塑料料流的流向不致引起注塑件变形。

③扇形角大小按注塑件的形状而定。如图 6-50(a)所示较为合理;图 6-50(b)(c)所示都会导致旋涡,不利熔料的流动。

④浇口的厚度不得大于型腔的壁厚:$h = (1/3～2/3)\,t$,L 值按流程长度定。浇口常用厚

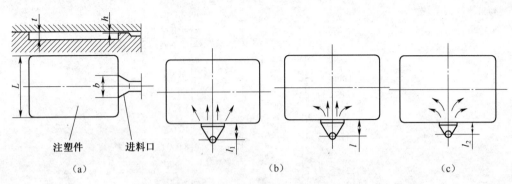

图 6-50　扇形浇口

(a)长扇形浇口　(b)扇形矩形浇口　(c)短扇形浇口

度：$h = 0.25 \sim 1.5 \text{mm}$，但不能超过壁厚的 1/2；

浇口宽度：$b = \dfrac{L}{4}$，$b \not< 8 \text{ mm}$，视情况而定。由

于浇口两侧比中心部位流动距离长，因此中心流速高；为使流速均匀，可加深浇口两侧的深度。

　　⑤优点：料流在横向分配均匀，可避免进入空气；降低了内应力，防止了注塑件的翘曲变形，消除了浇口附近的缺陷。

　　⑥缺点：浇口痕迹较长，影响注塑件的外观。

4. 宽薄浇口

　　宽薄浇口是侧浇口的变异形式，与扇形浇口相似，不同的是鱼尾形过渡部分改为与型腔宽度方向平行的宽薄形浇口。宽薄浇口的形式如图 6-51 所示，表 6-22 为宽薄浇口设计的参数。宽薄浇口的特性如下。

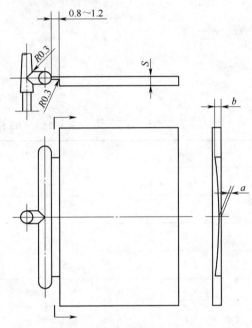

图 6-51　宽薄浇口的形式及设计

表 6-22　宽薄浇口设计的参数表　　　　　　　　　　（mm）

S	a	b
1	0.3	0.7
3	0.6	2.0
5	1.5	3.0

　　①适用于成型大面积薄板注塑件或长条形注塑件。

　　②熔料流程较长，通过宽薄浇口时，以较低的速度均匀平稳地进入型腔，料流呈平行流动，降低了注塑件内应力，从而避免薄板注塑件的翘曲变形，减少了气泡和缺料的发生，特别对聚乙烯防止变形更有效。

　　③宽薄浇口的设计参数主要与注塑件的壁厚有关，见表 6-22；宽薄浇口的宽度为注塑件长度的 25%～100%。

　　④注意选择进料口位置，以防止位置不当导致注塑件变形。

⑤去除料口凝料困难,需要有专用工具。

5. 点浇口

点浇口是一种尺寸很小的针状形浇口,点浇口的各种形式及其设计参数,如图6-52所示。图6-52(a)所示为在浇口出口处设置了一小锥台,以防止浇口凝料拉断时伤及注塑件表面;图6-52(d)所示为常用的形式;图6-52(a)~(c)所示流道下部设置SR_1可增加截面积,减小了注塑件的冷凝速度,有利于对注塑件的补塑。点浇口的特性如下。

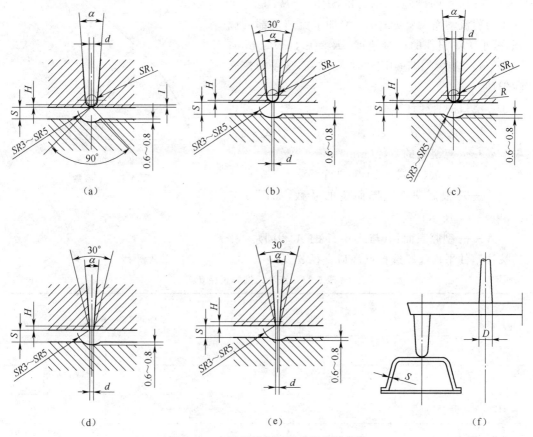

图6-52 点浇口的各种形式及设计参数

①是一种常用形式的浇口,几乎可应用于各种形式的注塑件。它常用于外观要求较高的圆桶形、壳形和盒形以及圆柱齿轮类注塑件。对于较大的平板注塑件可设置多个点浇口,可以缩短流程,加快注料速度,降低流动阻力,以减少注塑件的翘曲变形。

②适用于流动性较好的塑料,如PE,PP,ABS,PS和PA等。

③点浇口位置的选择自由度较大,一般设置在注塑件的顶部,注射流程短、拐角小,有利于排气,容易成型;按需要也可设置在注塑件的两端。

④由于点浇口的直径很小,料流通过时具有很高的剪切速率,还会产生剧烈的摩擦热,可以降低料流的黏度,进一步改善料流的流动性,有利于料流充模。

⑤由于点浇口的直径很小,注射压力损失较大,收缩量大。模具结构必须采用三板式模架,模具结构相对复杂。

⑥由于点浇口附近熔料流速很高,浇口附近局部内应力比较大,容易引起翘曲变形,点浇口不宜成型平、薄的大型注塑件。

⑦点浇口的凝料在开模时可自动切断,在注塑件上留存的痕迹小,注塑件外观质量高。

⑧点浇口设计参数:$l=0.5\sim2$mm;$d=0.5\sim1.5$mm,热固性塑料 $d=1\sim3$mm,点浇口的直径 d 主要依据塑料性质和注塑件质量而定;$\alpha=6°\sim15°$;$SR_1=1.5\sim3$mm;对多型腔结构,$S=\dfrac{3}{4}D$。

⑨为防止去除浇口损坏注塑件表面,可采用图 6-52(a)~(d)所示的措施。SR_1 和 $SR3\sim SR5$ 是为了有利于熔料流动而设置的;SR_1 增加了流道下部的截面积,减小了注塑件的冷凝速度;$R=0.2\sim0.5$mm;$H=3$mm。这些结构适用于外观要求高,薄壁及热固性注塑件。

⑩点浇口的直径计算如下:

$$d=nc\sqrt[4]{A} \qquad \text{（式 6-23）}$$

式中　d——点浇口的直径(mm);

　　　n——系数(与式 6-20 相同);

　　　c——根据塑件壁厚而定的系数,如图 6-53所示;

　　　A——型腔表面积(与式 6-21 的 A 相同)。

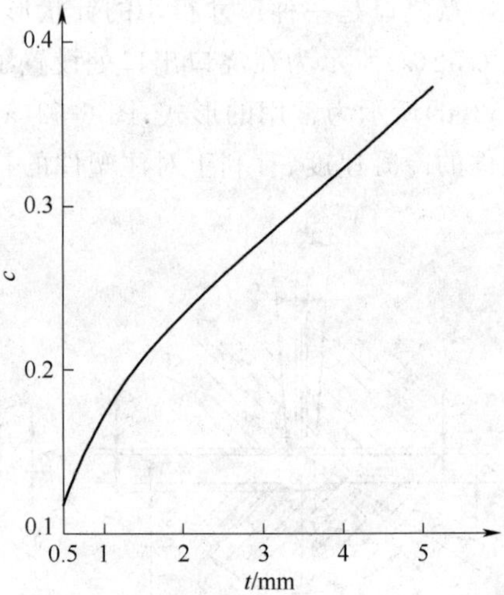

按注塑件平均壁厚选择点浇口直径 d 见表 6-23。

图 6-53　c 系数

表 6-23　点浇口推荐直径 d　　　　　　　　　　(mm)

壁厚 塑料种类	<1.5	1.5~3.0	>3.0
PS,PE	0.5~0.7	0.6~0.9	0.8~1.2
PP	0.6~0.8	0.7~1.0	0.8~1.2
HPS,ABS,PMMA	0.8~1.0	0.9~1.8	1.0~2.0
PC,POM,PPO	0.9~1.2	1.0~1.2	1.2~1.6
PA	0.8~1.2	1.0~1.5	1.2~1.8

6. 潜伏式浇口

潜伏式浇口是点浇口的一种变形,其断面形状和尺寸与点浇口相类似。潜伏式浇口的各种形式及设计参数,如图 6-54 所示。潜伏式浇口的特性如下。

①潜伏式浇口的设置灵活而广泛,可以在注塑件的内表面、外表面及端面上设置。

②潜伏式浇口除了不适用于脆性材料,如 PS 等外,可适用于所有注射使用的塑料注射成型,也适用于热固性塑料注射成型。

③潜伏式浇口的凝料可自动脱落,在注塑件上留存的痕迹小,注塑件外观质量高。它同时具有点浇口的特点。因为浇口凝料在脱模时必须有较大幅度的弹性变形,否则,浇口凝料容易断裂而堵塞浇口。

④潜伏式浇口可采用简单的二模板的模架,简化了模具的结构,对提高生产效率和降低成

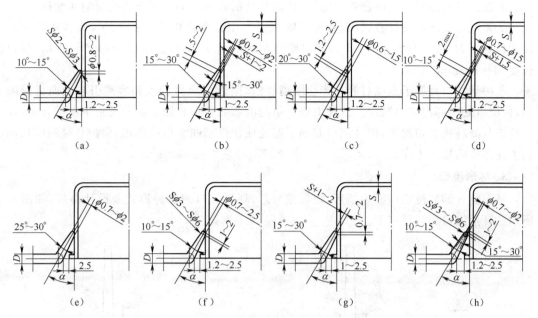

图 6-54 潜伏式浇口的各种形式及设计参数

本有利。

⑤除了有些特形潜伏式浇口需要应用电加工外,绝大部分潜伏式浇口可用一般机械加工。

7. 护耳浇口

护耳浇口又称调整片浇口或分接式浇口,它是点浇口的又一种变形,如图 6-55 所示。塑料熔体通过浇口时产生摩擦生热而使料流温度升高,流动性增加而便于充模。料流经过耳槽时,冲击耳槽的壁从而降低了流速,形成平稳的料流进入型腔。护耳浇口的特性如下。

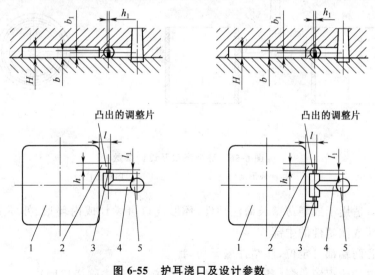

图 6-55 护耳浇口及设计参数

1. 注塑件 2. 调整片 3. 浇口 4. 分流道 5. 主流道

①适用于聚碳酸酯(PC)、硬聚氯乙烯(硬 PVC)、聚甲基丙烯酸甲酯(PMMA)、有机玻璃和 ABS 等流动性差和对应力敏感的塑料。可减少成型时浇口处的残余应力,以及防止浇口处破裂,并有利于提高料温。

②在浇口与注塑件之间设置调整片,使浇口处的残余应力不至于直接影响注塑件。

③调整片及浇口设计参数:调整片宽度 $h=6$ mm,调整片长度 $l=2h$,调整片厚度 b 为注塑件壁厚 H 的 3/4($b=3/4H$);浇口厚度 $b_1=80\%\,b$,浇口宽度 $h_1=(1.5\sim2)b_1$,浇口的长度 $l_1=1.5$mm 以下。

④护耳浇口克服了点浇口容易产生喷射、浇口附近内应力较大和容易引起翘曲变形的缺陷,使浇口处局部内应力减少。这样由浇口引起的翘曲变形和缩痕缺陷都集中在护耳上,成型后的护耳凝料将被切割掉,护耳浇口起到了避免注塑件翘曲变形的作用;但护耳凝料的切割增加了注塑件的加工工序。

8. 环形浇口

环形浇口的分流道截面为圆形、矩形或方形,环形浇口的各种形式及设计参数,如图 6-56 所示。环形浇口的特性如下。

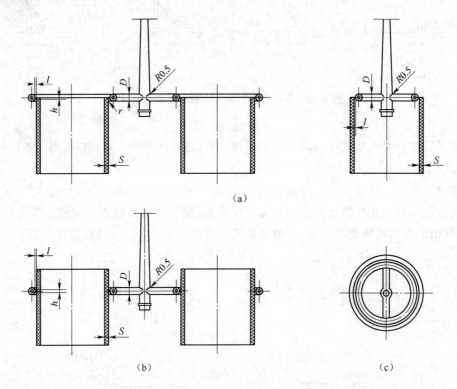

图 6-56　环形浇口及设计参数

(a)端面环形浇口　(b)外环形浇口　(c)内环形浇口

①环形浇口适用于成型薄壁长筒注塑件;环形浇口可设计成内环形、外环形浇口,可设置在注塑件的端面或注塑件的中部。

②模具型芯两端都可定位,注塑件壁厚均匀。

③环形浇口的流程短,排气条件好,不易产生熔接痕,但去除浇口困难。

④环形浇口的设计参数:$D=S+1.5$mm 或 $D=\dfrac{4S}{3}+K$,$h=\dfrac{2S}{3}$ 或 $h=1\sim2$mm,$l=0.5\sim1.5$ mm;$r=0.2S$;$K=2$ mm(对短流程和厚截面),$K=4$ mm(对长流程和薄截面);S 为注塑件壁厚。

9. 伞形浇口

伞形浇口实际上是环形浇口向上凸出的形式,伞形浇口的各种形式及设计参数,如图 6-56 所示。伞形浇口的特性如下。

①伞形浇口主要应用于质量要求很高,短粗的管形注塑件。

②分流道的浇口与模具型腔端面相连的形式、结构形式及设计参数,如图 6-56(a)所示。熔料充模过程与上述"环形浇口"的相反,但浇口凝料难以去除。

③分流道的浇口与模具型腔侧面相连的形式、结构形式及设计参数,如图 6-56(b)所示。熔料流经小浇口时,一方面与浇口壁摩擦提高了料温,增加了熔料的流动性,有利于充模;另一方面注塑模压力减少,加之小浇口的熔料先于型腔熔料冷却,封口后不利于保压补塑,易产生缩痕缺陷,故应用于短粗的管形注塑件。

10. 盘形浇口

盘形浇口实际上是顶角为 180°的伞形浇口,又称圆片浇口。亦可称是直接浇口的变异形式,如图 6-57 所示。熔料充模时是沿注塑件圆周方向,自上而下地填充,熔料在填充过程中的流速是均匀的。盘形浇口的特性如下。

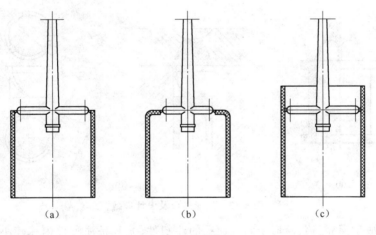

(a)　　　　　　　(b)　　　　　　　(c)

图 6-57　盘形浇口

①盘形浇口主要用于圆筒形注塑件或中间通孔较大的注塑件。

②盘形浇口具有熔料流速和进料均匀,无熔接痕,排气顺畅,分子链取向一致,注塑件内应力较小等特点;注塑件的机械强度高,可避免气泡、填充不足和缩痕等缺陷。

③盘形浇口的凝料难以去除。

11. 轮辐式浇口

轮辐式浇口是盘形浇口的改进形式,它是将盘形浇口均匀地分割成多等份的浇口进料的形式,如图 6-58 所示。轮辐式浇口的特性如下。

①适用于成型筒形中间有通孔的注塑件;

②轮辐式浇口凝料较少,浇口凝料去除方便;

③熔接痕增多,注塑件受力较大的部位应避免处在熔接痕处而影响其机械强度。

12. 爪形浇口

爪形浇口只是将轮辐式浇口的分流道向上提高到一定的位置,是改进型的轮辐式浇口,如

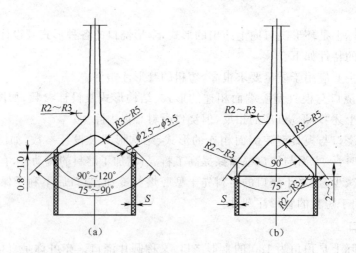

图 6-58　轮辐式浇口及设计参数

图 6-59 所示。爪形浇口的特性如下。

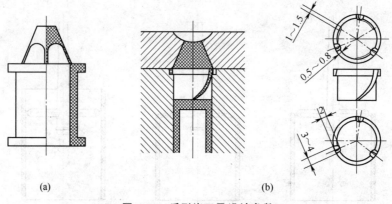

图 6-59　爪形浇口及设计参数

①适用于成型深壳、箱、筒形中间有通孔的注塑件,尤其是注塑件内孔较小或同轴度要求较高的注塑件。

②爪形浇口流程短,环形流向分型面有利于排气,可减少熔接痕。

③爪形浇口开设浇口时要用电火花加工制作,去除浇口凝料困难。

④在单型腔的情况下,爪形浇口与主流道直接相连;而在多型腔的情况下,爪形浇口与垂直分流道连在一起。

⑤如图 6-59(a)所示的爪形浇口,即在分流锥上开设流道,可多处进料,由于型芯伸进定模中起到了定位作用,可防止弯曲,同轴度好,去除浇口方便,但易产生熔接痕。适用于成型高管状注塑件或同轴度要求高的注塑件。

⑥如图 6-59(b)所示为螺旋爪形浇口,熔接质量好,同轴度高;浇口凝料在定模板开模后即可取出,不需另行修模,但只宜成型软质注塑料。

13. 阻尼式浇口

阻尼式浇口设置了两个浇口,如图 6-60 所示,利用熔料二次流经浇口所产生的摩擦热,可以有效地改善流动性和可塑化。阻尼式浇口的特性如下。

①适用于成型温度范围窄,流动性差的塑料及注射无增塑剂的聚氯乙烯等,但注射压力损失大;

②阻尼式浇口尺寸应按普通浇口调节到良好状态时为止。

14. 微型浇口

微型浇口是利用延长喷嘴来缩短主流道,开模时微型浇口随注塑件一起脱模,如图 6-61 所示。微型浇口的特性如下。

①消耗塑料少,成型时热量散失及注射压力损耗小,适用于自动成型。

②模具冷却欠佳时浇口附近注塑件表面易产生皱纹,同时也要防止微型浇口过早冷却;浇口处的 R_1 与喷嘴 R 要吻合,防止喷嘴压力过大或模具用久后该处型腔变形。

③微型浇口的设计参数:$H = 4mm$,$\phi_1 \approx 0.5 \sim 0.8mm$,$\phi_2 \approx 0.8 \sim 1.5mm$,$R_1 \approx 0.2 \sim 0.5mm$。

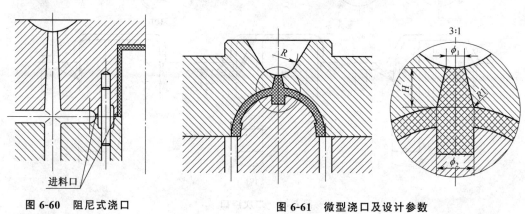

图 6-60 阻尼式浇口

图 6-61 微型浇口及设计参数

15. 二次浇口

二次浇口如图 6-62 所示。在三模板上同时成型不同注塑件多型腔的设计和采用潜伏浇口设计,可以采用二次浇口大大地方便注塑模的设计。熔融塑料通过第一个很小浇口时产生很高的剪切速率,从而降低了熔融塑料的黏度;同时因摩擦生热提高了熔融塑料的温度而提高了流动性。

(1)二次浇口的作用

①熔融塑料通过一次浇口时,由于摩擦对塑料进行再加温,同时又起到混炼作用,有利于表面质量要求高的注塑件成型;

②利用二次浇口可以改变浇口设置的位置,满足注塑件外观的要求;

③在三板模设计中可以减短第一次开模的距离,可使流道的冷凝料能顺利脱模。

(2)二次浇口的优点

①在普通浇道上采用二次浇口,可改善注塑件的表面和内在质量。如图 6-62(a)所示是一模四腔上二次浇口设计,注塑件是一圆形透明件。

②在潜伏浇口上设置二次浇口是用以改变浇口设计的位置及改善注塑件的质量。如图 6-62(b)所示,其主要特点是将连接二次浇口用的辅助流道设计在定模部分,脱模时主要靠二次浇口与注塑件连接处将辅助流道拉向动模,然后由顶杆将注塑件与流道系统顶出动模。如图 6-62(c)所示是二次浇口及辅助流道,主要设计特点在矩形推杆上,开模后,辅助流道、浇口及注塑件一起被顶出动模,然后由手工将它们分离。

③在三模板上设置二次浇口是用以改变浇口的位置和形式,以适应在同一模具上成型不

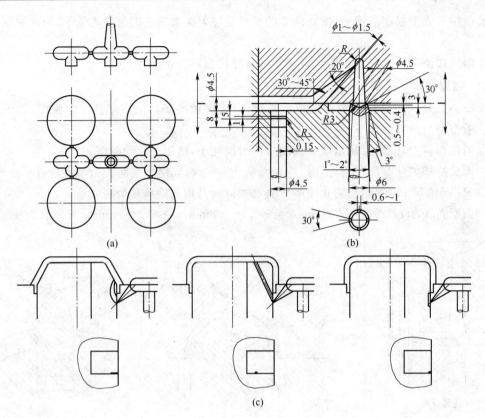

图 6-62　二次浇口

(a)一模四腔上设计二次浇口　(b)潜伏浇口上设计二次浇口　(c)用二次浇口改变浇口在制品上的设置位置

同注塑件的要求,减短第一次开模的距离。

五、浇口形式及计算

浇口的基本形式及其截面尺寸的计算见表 6-24。

表 6-24　浇口形式及计算

浇　口　形　式	经验数据	经验计算公式	备　注
直接 浇口	$D = D_1 + (0.5 \sim 1.0)$ $\alpha = 2° \sim 4°$ $L \leqslant 60$ $r = 1 \sim 3$	—	流动性差的塑 料取 $\alpha = 3° \sim 6°$
环形 浇口	$1 \geqslant l \geqslant 0.75$	$h = 0.7nS$	

续表 6-24

浇 口 形 式	经 验 数 据	经 验 计 算 公 式	备　注
侧浇口	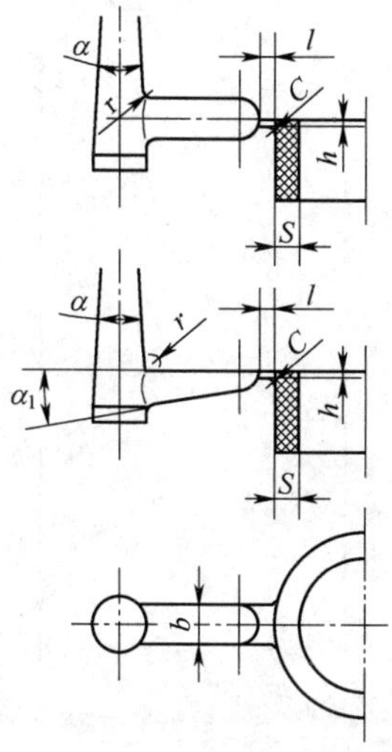 $\alpha = 2° \sim 4°$ $\alpha_1 = 2° \sim 3°$ $r = 1 \sim 3$ $l = 0.5 \sim 0.75$ $C = R\,0.3$ 或 $0.3 \times 45°$	$h = nS$ $b = \dfrac{n\sqrt{A}}{30}$	n 见表注,由塑料性质确定。 h 可由表 6-21 查取。 为去浇口方便,可取 $l = 0.7 \sim 2$
搭接浇口	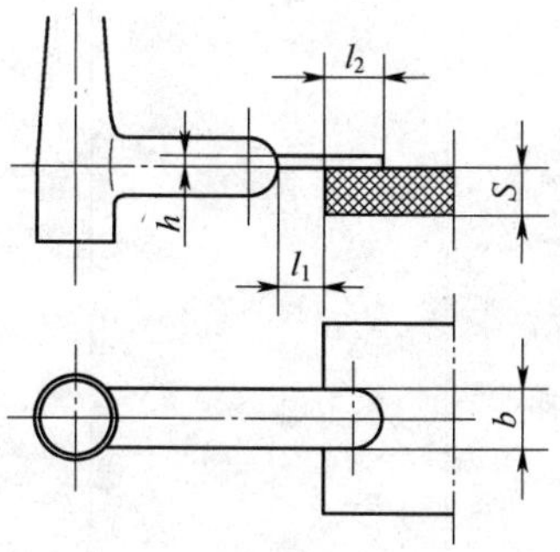 $l_1 = 0.5 \sim 0.75$	$h = nS$ $b = \dfrac{n\sqrt{A}}{30}$ $l_2 = h + \dfrac{b}{2}$	此种浇口对 PVC 不适用。为去浇口凝料方便,可取 $L_1 = 0.7 \sim 2$
薄片浇口	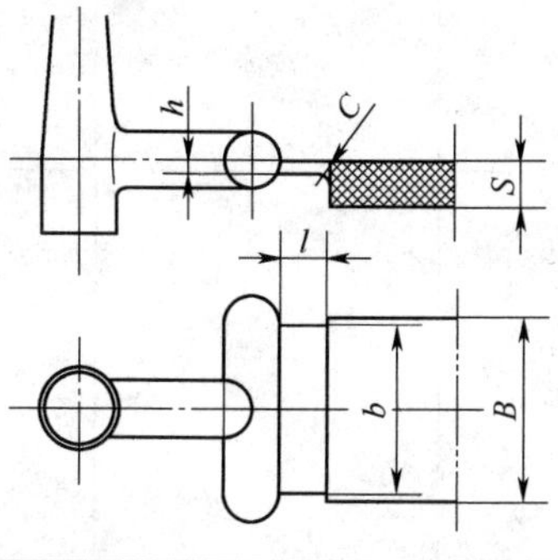 $l = 1.3$ $b = (0.75 \sim 1.0)\,B$ $C = R\,0.3$ 或 $0.3 \times 45°$	$h = 0.7nS$	
扇形浇口	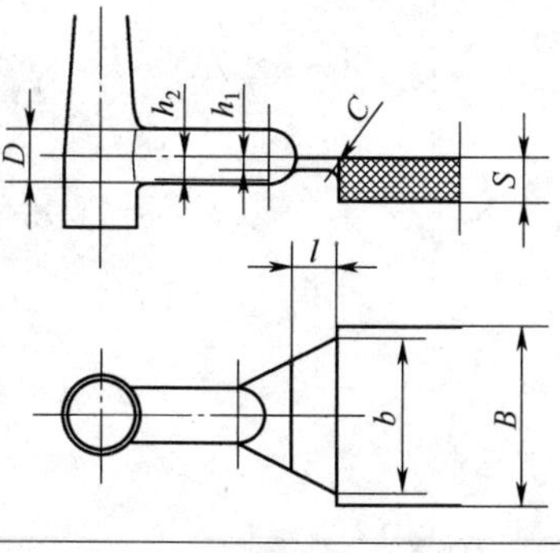 $l = 1.3$ $C = R\,0.3$ 或 $0.3 \times 45°$	$h_1 = nS$ $h_2 = \dfrac{bh_1}{D}$ $b = \dfrac{n\sqrt{A}}{30}$	浇口截面积不能大于流道截面积

续表 6-24

浇 口 形 式	经验数据	经验计算公式	备　注
盘形浇口	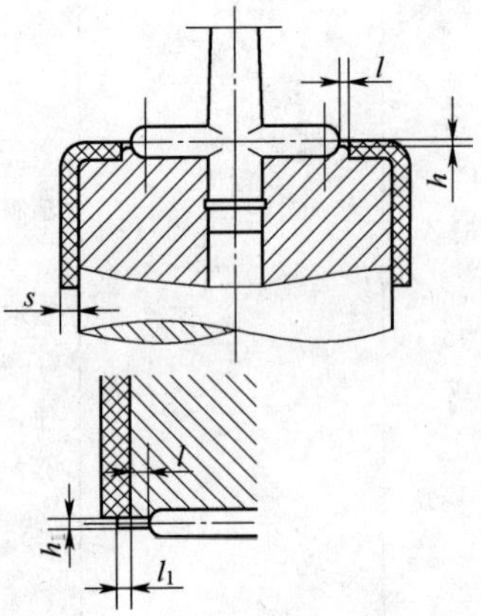 $1 \geqslant l \geqslant 0.75$	$h = 0.7nS$ $h_1 = nS$ $l_1 = h_1$	
护耳浇口	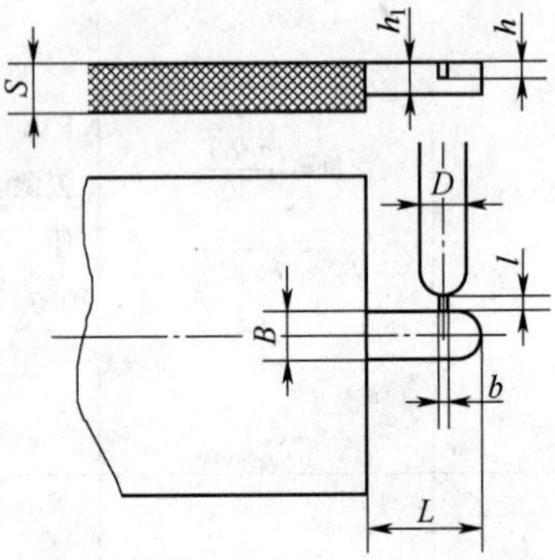 $L \geqslant 1.5D$ $B = 0$ $b = (1.5 \sim 2)h_1$ $h = 0.7S$ 或 $= 0.78h_1$ $l \geqslant 15$	—	
点浇口	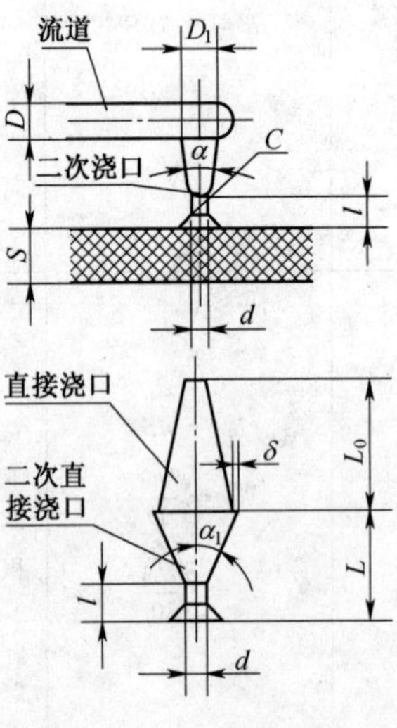 $l = 0.5 \sim 0.75$ 有倒角 C 时， $l = 0.75 \sim 2$ $C = R\,0.3$ 或 $= 0.3 \times 45°$ 或 $= 0.3 \times 30°$ $\alpha = 2° \sim 4°$ $\alpha_1 = 6° \sim 15°$ $L < \dfrac{2}{3}L_0$ $\delta = 0.3$ $D_1 \leqslant D$	$d = nK\sqrt[4]{A}$	k ——系数，S（见表注）的函数

续表 6-24

浇　口　形　式	经验数据	经验计算公式	备　注
潜伏式浇口	$l \leqslant 1.9$ $L = 2 \sim 3$ $\alpha = 25° \sim 45°$ $\beta = 15° \sim 20°$ L_1 保持最小值	$d = nK \sqrt[4]{A}$	软质塑料 $\alpha =$ $30° \sim 45°$ 硬质塑料 $\alpha =$ $25° \sim 30°$ L 在允许条件下尽量取最大值,当 $L < 2$ 时采用二次浇口

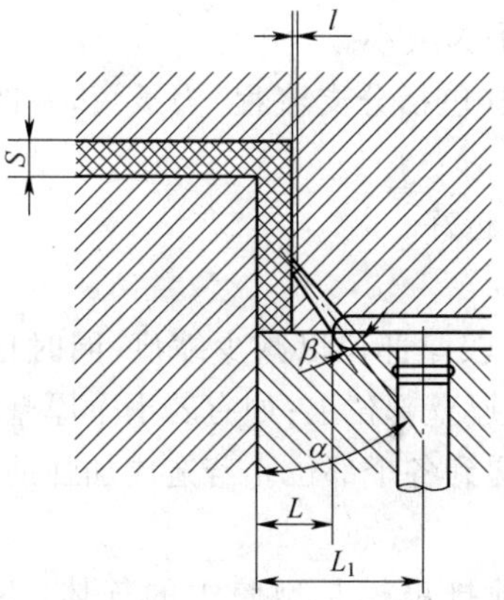

注:h_1——浇口深度(mm);b——浇口宽度(mm);d——浇口直径(mm);S——注塑件壁厚;A——型腔表面积(mm²);n——塑料成型常数,n 值的确定见表 6-25。

表 6-25　n 值的确定

塑　　料	PE,PS,SAN,HIPS	PA,PP,ABS	CA,PMMA,POM	PVC,PC
n	0.5	0.7	0.8	0.9

表 6-24 中 k 为塑件壁厚的函数:$k = 0.206\sqrt{S}$,或按表 6-26 选用。

表 6-26　k 值的确定

S/mm	0.75	1.00	1.25	1.50	1.75	2.00	2.25	2.50
k	0.178	0.206	0.230	0.252	0.272	0.291	0.309	0.320

复习思考题

1. 了解浇口的分类和影响浇口设计的因素。掌握各种浇口的形式、特性和优、缺点。掌握浇口截面尺寸的计算。

2. 如何根据注塑件的形状来选择浇口的形式、截面的大小和位置?

3. 二次浇口有何作用? 有何优点?

第四节　浇口位置设置与平衡计算

注塑件上的缺陷,除了与浇口的形式、尺寸和数量有关之外,还与浇口位置的选择有关,正确选择浇口的位置十分重要。脱浇口凝料的机构,是将浇口中凝料清理掉的机构。只有清理掉浇口中的凝料,才能进行注塑件下一次的成型加工,最主要的是可以实现注塑件成型加工的自动化生产。

一、浇口位置

浇口的位置对注塑件的变形影响最大,浇口的位置选择不当,将会造成注塑件的变形及其他许多缺陷。

1. 浇口位置的影响因素

浇口位置的选择主要取决于注塑件的形状和要求,通常要注意如下的问题。

1)熔体在型腔内流动时,应使熔体流动的动能损失为最小。

①浇口的位置应使熔体填充到型腔各部位的流程(包括分支流程)为最短,并能够保证料流可充满型腔。

②浇口的位置应使熔体料流改变方向的次数越少越好。

③每一股分流都能大致同时到达其最远端。

④浇口的位置应能使最终压力有效传递到注塑件较厚部位以减少缩痕,同时也应保证薄壁部分能够充满。一般浇口的位置应设置在注塑件的厚壁部位上;如有若干个厚壁部位,则应设置在这些厚壁之间的壁厚上,使注射压力能均匀传递到各个部位。若造成加强筋产生缩痕,浇口就应设置在加强筋上。

2)浇口的位置应使熔体料流充模时,能够顺利地排出模具型腔中的气体,不封闭排气系统。

3)浇口的位置应避免造成注塑件的收缩变形。

4)浇口的位置应减少或避免注塑件的熔接痕。

5)浇口的位置应避免熔体料流直接冲击注塑件中的镶嵌件,但也不能离镶嵌件的距离太远,否则当料流遇到镶嵌件后会进一步降温,产生熔接不良。

6)浇口的位置应避免熔体料流直接正面冲击模具的型芯,尤其是较小尺寸的型芯,否则会使型芯弯曲变形。

7)外观要求高的注塑件表面不应设置浇口,浇口凝料去除应方便。

8)多腔壳体注塑件采用多点进料,可防止型芯受力不均而偏斜变形。

以上这些原则在应用时会产生不同程度的矛盾,必须在确保注塑件优良质量的前提下,根据具体情况,运用痕迹技术分析,抓主要矛盾,抓本质的因素。

2. 浇口位置的选择

根据上述原则,对一些常见注塑件的浇口位置选择的分析,见表 6-27。

表 6-27　浇口位置选择的分析

简　　图		说　　明
合　　理	不　合　理	
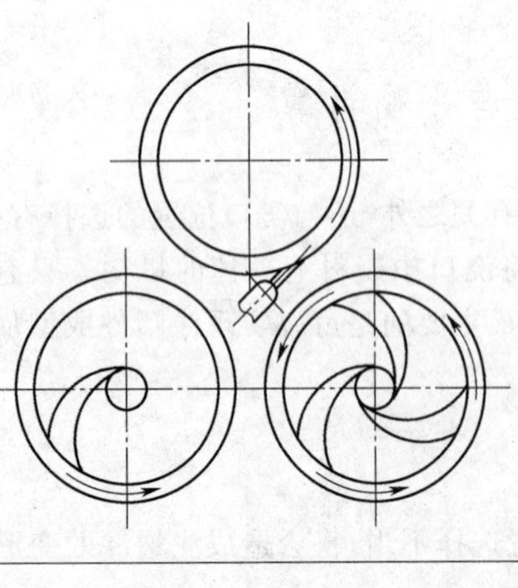	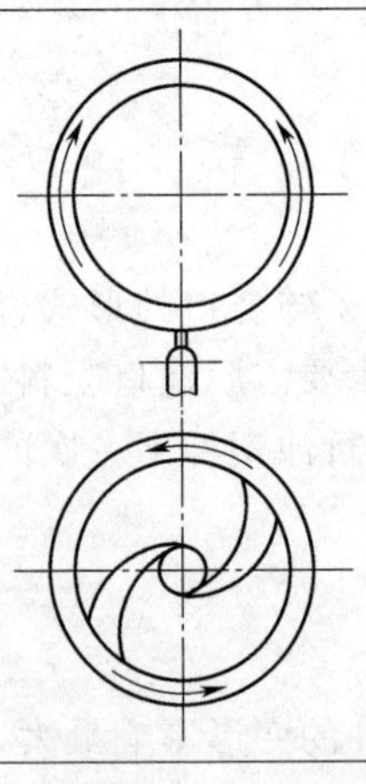	圆环形可以切向进料,料流以旋转方式充模,可避免明显的汇流融合,减少熔接痕,提高熔接部位强度,有利于排气

续表 6-27

简 图		说 明
合 理	不 合 理	

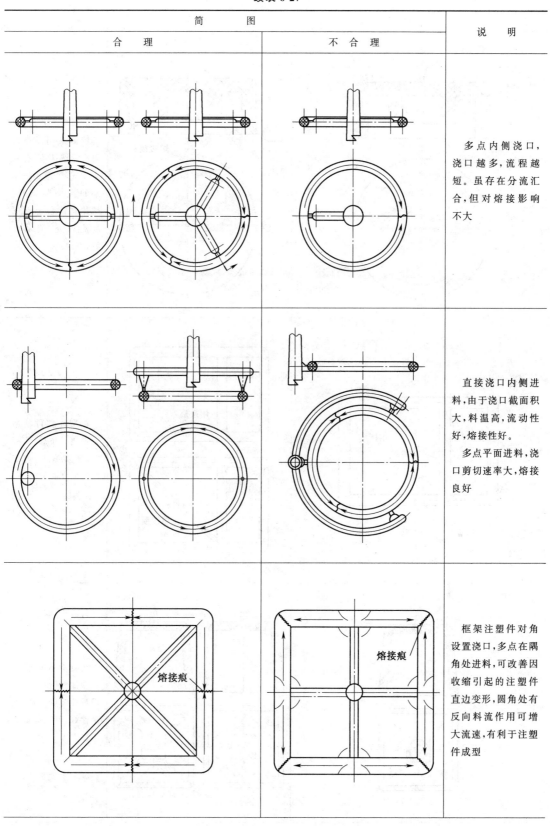

多点内侧浇口，浇口越多，流程越短。虽存在分流汇合，但对熔接影响不大

直接浇口内侧进料，由于浇口截面积大，料温高，流动性好，熔接性好。

多点平面进料，浇口剪切速率大，熔接良好

框架注塑件对角设置浇口，多点在隅角处进料，可改善因收缩引起的注塑件直边变形，圆角处有反向料流作用可增大流速，有利于注塑件成型

续表 6-27

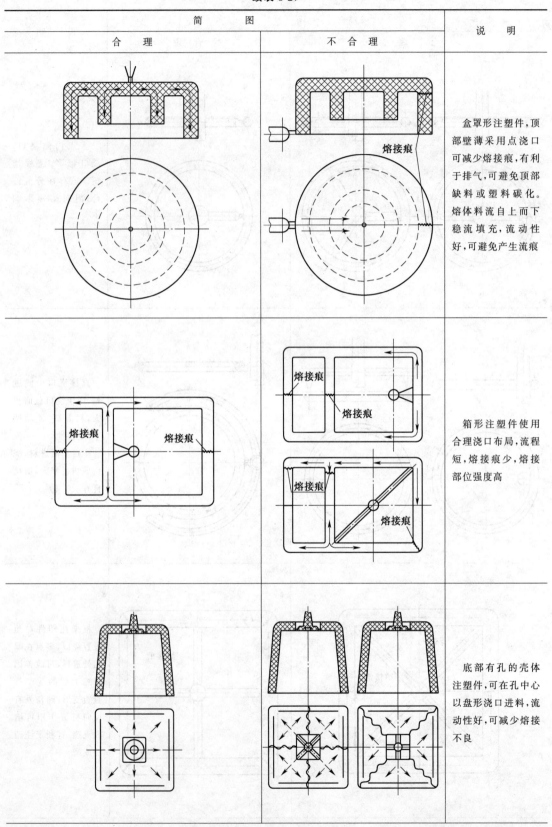

简　　图		说　明
合　　理	不　合　理	
		盒罩形注塑件,顶部壁薄采用点浇口可减少熔接痕,有利于排气,可避免顶部缺料或塑料碳化。熔体料流自上而下稳流填充,流动性好,可避免产生流痕
		箱形注塑件使用合理浇口布局,流程短,熔接痕少,熔接部位强度高
		底部有孔的壳体注塑件,可在孔中心以盘形浇口进料,流动性好,可减少熔接不良

续表 6-27

简　图		说　明
合　理	不　合　理	
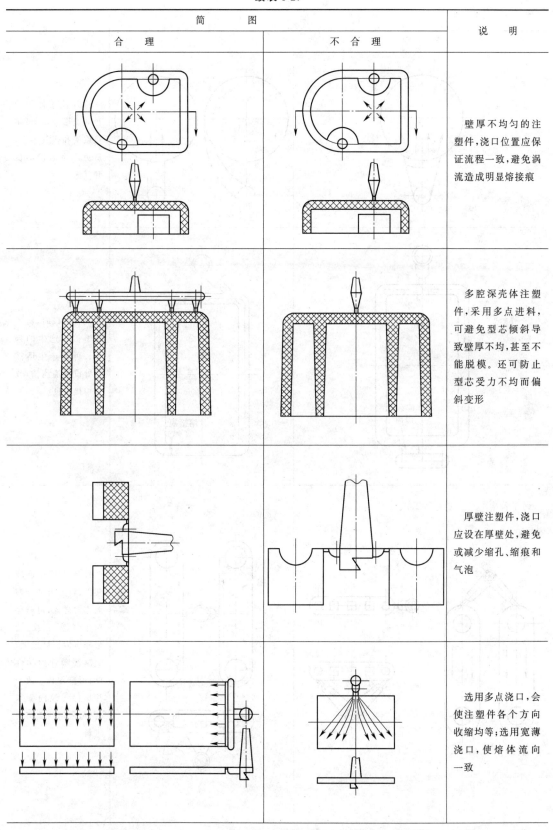		壁厚不均匀的注塑件,浇口位置应保证流程一致,避免涡流造成明显熔接痕
		多腔深壳体注塑件,采用多点进料,可避免型芯倾斜导致壁厚不均,甚至不能脱模。还可防止型芯受力不均而偏斜变形
		厚壁注塑件,浇口应设在厚壁处,避免或减少缩孔、缩痕和气泡
		选用多点浇口,会使注塑件各个方向收缩均等;选用宽薄浇口,使熔体流向一致

续表 6-27

简　　图		说　明
合　理	不　合　理	

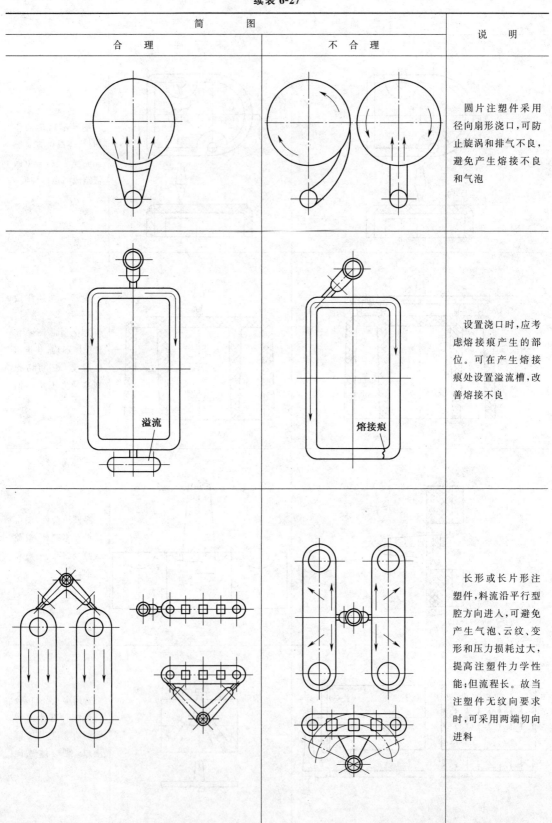

圆片注塑件采用径向扇形浇口,可防止旋涡和排气不良,避免产生熔接不良和气泡

设置浇口时,应考虑熔接痕产生的部位。可在产生熔接痕处设置溢流槽,改善熔接不良

溢流

熔接痕

长形或长片形注塑件,料流沿平行型腔方向进入,可避免产生气泡、云纹、变形和压力损耗过大,提高注塑件力学性能;但流程长。故当注塑件无纹向要求时,可采用两端切向进料

续表 6-27

简　图		说　明
合　理	不　合　理	

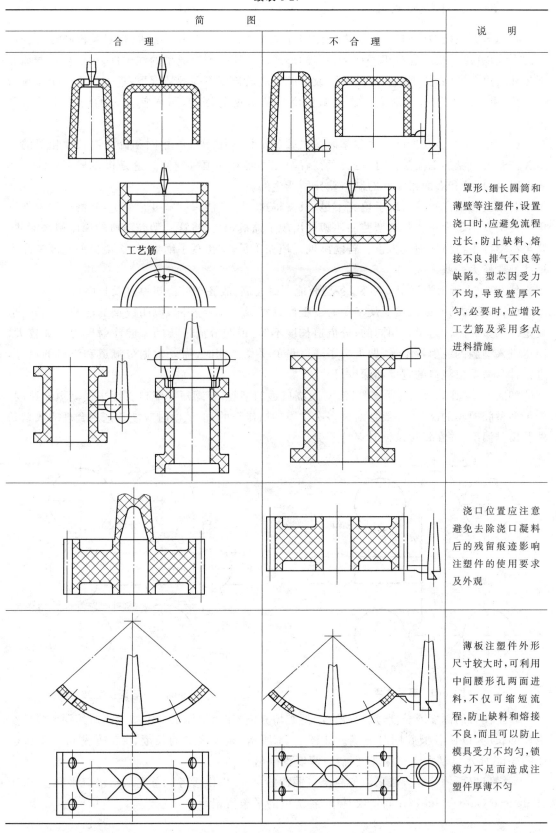

罩形、细长圆筒和薄壁等注塑件,设置浇口时,应避免流程过长,防止缺料、熔接不良、排气不良等缺陷。型芯因受力不均,导致壁厚不匀,必要时,应增设工艺筋及采用多点进料措施

浇口位置应注意避免去除浇口凝料后的残留痕迹影响注塑件的使用要求及外观

薄板注塑件外形尺寸较大时,可利用中间腰形孔两面进料,不仅可缩短流程,防止缺料和熔接不良,而且可以防止模具受力不均匀,锁模力不足而造成注塑件厚薄不匀

二、多型腔注塑模浇口

一模多型腔成型注塑件,可以提高注塑件加工的效率。一模多型腔有型腔相同和型腔不同的形式,分流道长度也有相等和不相等的形式。一模多型腔成型的注塑件,一般存在着填充不足和缩痕等缺陷,特别是在型腔不同或型腔分流道长度不等的情况下,进入型腔中熔体流量不平衡,更容易产生这些缺陷。通过调整浇口的宽度与深度,可以使注入的熔体流量达到平衡。

(1)型腔相同和分流道长度相等的多型腔注塑模　用于型腔相同和分流道长度相等的多型腔注塑模成型加工注塑件时,也会存在着填充不足和缩痕等缺陷。这是机械加工分流道和浇口时,由尺寸和表面粗糙度的制造差异所产生的。

若某型腔的注塑件出现了填充不足,只需将这一型腔浇口的宽度稍修宽些,修至注塑件不再出现填充不足为止。若某型腔的注塑件出现了缩痕,只需将这一型腔浇口的深度稍修深些,修至注塑件不再出现缩痕为止。若既出现了填充不足,又出现了缩痕,那么浇口的宽度和深度尺寸都要修大一些。

如图 6-63 所示为等距多型腔,各型腔能同时充满,故各型腔浇口厚度及长度可取一致。

(2)型腔相同和分流道长度不等的多型腔注塑模　型腔相同,说明成型的注塑件相同,也就是注入型腔的注射量是相同的;分流道长度不等,说明分流道长的型腔注射压力损失较大,使得进入型腔的注射量不足,即失去了注射量的平衡。此时,需要根据分流道和浇口的尺寸,进行计算来调整浇口的宽度和深度尺寸。

如图 6-64 所示为不等距多型腔,对距浇口远的型腔,应缩短其浇口长度来提高填充速度。修正多型腔模具的浇口,一般是通过多次试模酌情修正的,但试模时应注意选用合理的成型条件及模具温度,并在每次试模时保持不变。

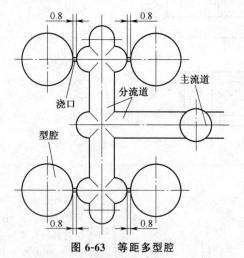

图 6-63　等距多型腔

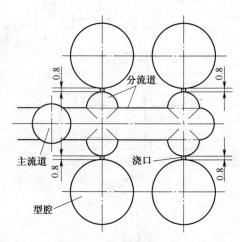

图 6-64　不等距多型腔

修正浇口的深度或长度,远离浇口的型腔填充慢,注入熔体量少应增大浇口的深度或减少浇口的长度,以使各型腔同时充满。如图 6-64 所示,减少浇口的长度,0.8 改成 0.7 或 0.6。如图 6-65 所示是增大浇口深度(但浇口深度没画出)。

多浇口也可用计算方法来求得各浇口截面的尺寸,以供参考。首先求出浇口平衡值 *BGV*(Balanced Gate Value),在同一模具中,各浇口的平衡值相等。

$$BGV = \frac{F}{\sqrt{L_y L_g}} \qquad\qquad \text{(式 6-24)}$$

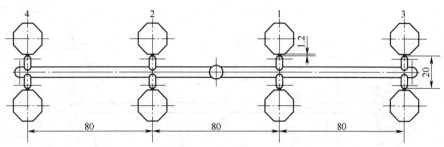

图 6-65　多型腔不等长分流道的浇口平衡

式中　F ——第 n 个型腔的浇口截面积（mm^2）；

　　　L_y ——第 n 个型腔所流经的流道长度（mm）；

　　　L_g ——第 n 个型腔的浇口长度（mm）。

　　如图 6-65 所示的多型腔不等长分流道模具，根据式 6-24，求其第 1,2 腔的浇口平衡值时，若已知：

　　F_1 的浇口截面积为 $1.92mm^2$（$W = 1.6$，$h = 1.2$），$L_{y(1,2)} = \dfrac{80+20}{2} = 50(mm)$，$L_g = 1.2mm$，则：

$$BGV_{1,2} = \frac{F}{\sqrt{L_y L_g}} = \frac{1.92}{\sqrt{50} \times 1.2} \approx 0.226\,3$$

　　第 3,4 腔的浇口平衡值也应为 0.226 3。

　　平衡方法之一：改变浇口截面积。由式 6-24 得：

$$F = BGV \sqrt{L_y} L_g \qquad\qquad \text{(式 6-25)}$$

　　已知：第 3,4 腔的 $L_y = 40 + 80 + 10 = 130(mm)$，$L_g = 1.2mm$，$BGV = 0.226\,3$，则第 3,4 腔的浇口截面积 $F_{3,4}$ 为：

$$F_{3,4} = 0.226\,3 \times \sqrt{130} \times 1.2 = 3.10(mm^2)$$

　　此时应再用式 6-1 校核其剪切速率。如该型腔的剪切速率在允许范围之内（$5 \times 10^4 \sim 5 \times 10^5$），则可以用扩大浇口截面的方法取得平衡。

　　平衡方法之二，改变浇口长度。由式 6-24 得：

$$L_g = \frac{F}{BGV \sqrt{L_y}} \qquad\qquad \text{(式 6-26)}$$

　　已知：第 3,4 腔的 $F_{3,4} = 1.92mm^2$，$BGV = 0.226\,3$，$L_y = 130mm$，则第 3,4 腔的浇口平衡后长度为：

$$L_{g3,4} = \frac{F}{BGV \sqrt{L_y}} = \frac{1.92}{0.226\,3 \sqrt{130}} = 0.74\,(mm)$$

　　(3) 型腔不同而分流道的长度不等的多型腔注塑模　型腔相同而分流道的长度不等的多型腔注塑模，还可在较小的型腔处设置二次分流道。如图 6-16(a) 所示为两种不同形状的注塑件，图 6-16(b) 所示为两种不同尺寸的注塑件；应通过平衡计算，调整浇口的长度和深度尺寸，以达到注射量的平衡。如图 6-66 所示的多型腔模，1,2 型腔的容积小于 3,4 型腔的容积，设：

$V_1 : V_3 = V_2 : V_4 = 1 : 2.6$,则平衡值关系为:

$$\frac{V_1}{V_2} = \frac{BGV_1}{BGV_2} = \frac{F_1 \sqrt{L_{y2}} L_{g2}}{F_2 \sqrt{L_{y1}} L_{g1}} \qquad (式 6-27)$$

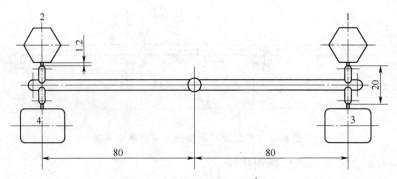

图 6-66　多型腔的浇口平衡修正

在此种情况下,一般应采用改变浇口截面积的方法取得平衡。V_3 是 V_1 的 2.6 倍,考虑充模效果,应先按 V_3 设计计算 F_3,然后用式 6-25 求得 F_1。F_1 肯定小于 F_3,再校核剪切速率。如果 F_3 的剪切速率过大,则可以用加长 L_{g3} 的方法以保持 V_1 和 V_3 型腔的浇口剪切速率。

三、浇口自动切断形式

潜伏浇口中的冷凝料的切断,可以在分流道中冷凝料顶出时切断,只是需要注意潜伏浇口的直径尺寸和与开闭模方向的角度。

(1)外侧潜伏浇口(隧洞式浇口)的自动切断形式　如图 6-67 所示,注塑件成型时,塑料熔体是从外侧潜伏浇口注射进入型腔之内;成型后,由推杆顶出注塑件和分流道中的凝料,浇口凝料就会被自动切断。该结构最适合于弹性较大的聚乙烯等塑料,而用于苯乙烯塑料,有时会遗留碎片。故设计时必须要注意浇口的角度和顶出的位置;浇口的直径不易过大,一般取 $\phi 0.5 \sim \phi 1.2 \text{mm}$。

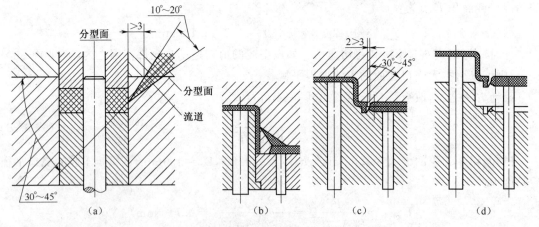

图 6-67　外侧潜伏浇口

(a)潜伏浇口之一　(b)潜伏浇口之二　(c)潜伏浇口之三　(d)凝料顶出切断状态

(2)内侧潜伏浇口的自动切断形式　如图 6-68 所示,注塑件成型时,塑料熔体是从内侧潜伏浇口注射进入型腔之内;成型后,由推杆顶出注塑件和分流道的凝料,浇口凝料就会被自动切断。如图 6-68(c)所示结构消耗的塑料较多。

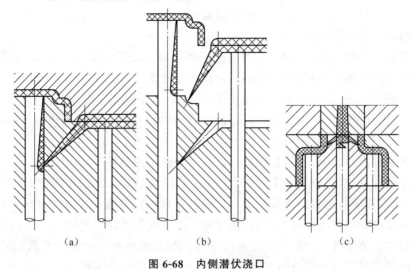

图 6-68 内侧潜伏浇口

(a)潜伏浇口之一 (b)凝料顶出切断状态 (c)潜伏浇口之二

四、冷料穴和排气槽的设计

冷料穴、排气槽和浇注系统,在整个型腔填充过程中是不可分割的整体。在模具结构和工艺条件已确定的情况下,冷料穴和排气槽可弥补浇注系统因设计不合理带来的缺陷,起到相辅相成的作用。为了提高注塑件的质量,经常采用设置冷料穴和排气槽作为重要的消除缺陷措施之一。

(1)冷料穴 是在注塑件成型的型腔之外所设置带有脱模角的槽体,如图 6-69 所示;冷料穴的主要尺寸有:α,h,R 和 L。

冷料穴有以下一些作用:

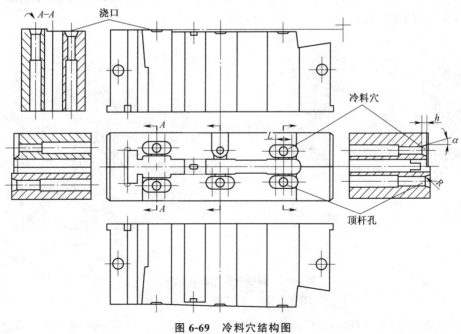

图 6-69 冷料穴结构图

①排除型腔中的气体,储存混有气体和涂料残渣的冷污塑料;

②控制熔体填充流态,可防止局部产生涡流;

③转移缩孔、缩松、涡流裹气和产生冷隔的部位;

④调节模具各部分的温度,可改善模具热平衡状态,减少注塑件流痕、冷隔和填充不足的现象;

⑤作为注塑件脱模时推杆顶出的位置,防止注塑件变形或在注塑件表面留有推杆的痕迹;

⑥对于分别处于动、定模型腔内的注塑件,在包紧力接近相等时,为防止注塑件包紧在定模型腔内,在动模分型面上布置冷料穴,增大对注塑件的包紧力,使注塑件在开模时能滞留在动模型腔内,有利于注塑件的脱模;

⑦置换先期进入型腔内的冷污塑料,可提高注塑件的内部质量;

⑧作为注塑件存放、运输及加工时的支承、吊挂、装夹或定位的附加部分。

(2)排气槽　在模具型腔的某部位制出能够将模具型腔中的气体排出的槽称为排气槽。

能流动的熔融材料进入模具型腔时,需要将型腔中的气体排出型腔之外,只有这样才能成型出完整无缺的产品零件;否则,产品零件除了会产生气泡状缺料的缺陷外,还会因局部存在过热的气体而使产品零件相应部位有过烧现象。模具型腔内的镶件、嵌件支承和活块与模具型腔的配合间隙可以排出气体,模具型腔内的推杆孔和拉料杆孔与推杆和拉杆的配合间隙也可以排出气体,模具的分型面和冷料穴也可以排出气体;而排气槽是指专门为排气而加工的浅宽的槽。排气槽的深度以不产生飞边为原则,深度为 $0.02 \sim 0.30 \mathrm{mm}$,不同的成型材料取不同的深度。

排气槽如图 6-70 所示。图 6-70(a)所示的转换开关大件的三个 $\phi 6^{+0.018}_{0} \mathrm{mm}$ 孔与小件的三个 $\phi 6^{+0.018}_{0} \mathrm{mm}$ 孔应保持一致;也就是说,转换开关大、小件的孔的定位尺寸 $\phi 84.4^{0}_{-0.039}$ mm 及两个 $26° \pm 3'$ 角度应保持一致。图 6-70(b)所示的中型芯 $\phi 9 r 6 \mathrm{mm}$ 的外圆柱面与图 6-70(c)所示的 $\phi 9 \mathrm{H7mm}$ 的孔为过盈配合,因而不能排出气体使气体过热,进而使注塑件三孔处的塑料过烧。若让它们之间为间隙配合,则不能确保转换开关大件的三个 $\phi 6^{+0.018}_{0} \mathrm{mm}$ 孔与小件的三个 $\phi 6^{+0.018}_{0} \mathrm{mm}$ 孔保持一致。解决方法可在 $\phi 9 r 6 \mathrm{mm}$ 的外圆柱面或 $\phi 9 \mathrm{H7mm}$ 的孔壁上制出 $1 \sim 3$ 条的排气槽。

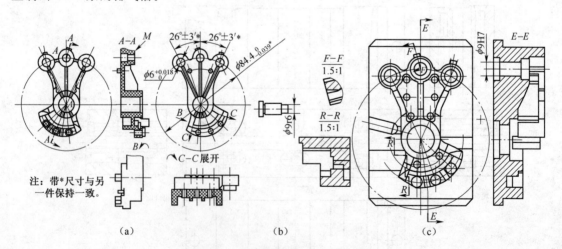

(a)　　　　　　　　(b)　　　　　　　　(c)

图 6-70　转换开关注塑模排气槽

(a)转换开关大件　(b)中型芯　(c)大件镶件

塑料过烧是指塑料加热熔化的温度高于塑料的熔点温度,使塑料的强度和硬度都下降了,严重时只要稍微一碰塑料就会掉块。只要观察注塑件的颜色就可以判断出,塑料颜色暗淡处即是塑料过烧的部位。

复习思考题

1. 浇口位置选择时应注意事项有哪些? 如何选择浇口的位置?
2. 多型腔注塑模浇口会产生什么缺陷? 如何进行多型腔塑模浇口流量平衡计算?
3. 冷料穴和排气槽的作用有哪些? 如何设计冷料穴和排气槽?

第七章　注塑模温控系统的设计

注塑件在注射成型的过程中,开始注射时模具是冷的,由于受到模具型腔中熔体温度传热的影响,模温逐渐地升高。注射成型的材料不同,模具的温度也不同。为了获得良好的注塑件质量,应该尽量地使模具在工作过程中维持适当和均匀的温度。所以在模具设计时必须考虑设置加热或冷却装置来调节模具温度。一般当注塑件成型的料温不足时,为了使模具达到成型要求的模温,应考虑增设加热装置;成型厚壁注塑件(壁厚在 20mm 以上)时,也必须增设加热装置。当料温使模温超过注塑件成型要求时,则应考虑增设冷却装置。个别情况也会需要冷却与加热同时使用或交替使用。在通常情况下,热塑性塑料的模具常常需要进行冷却,热固性塑料注射成型时则必须加热。模温是根据塑料品种、注塑件厚度、结晶性塑料的要求来决定的。

第一节　模具的加热装置

在成型热塑性塑料时,对流动性差和冷却速度快的塑料,为了提高熔体的流动性和避免厚壁注塑件产生缩痕、填充不足和应力裂纹等缺陷,为了提高结晶度注塑件的硬度、刚度、耐磨性及某些强度,需要设置加热装置。对热浇道模具及成型热固性塑料的模具,也需要设置加热装置。

一、不正常模温对注塑件质量的影响

由于注塑件成型时要求注塑模具有一定的模温,若模温过高或过低都会影响注塑件的质量,其影响见表 7-1。

表 7-1　不正常模温对注塑件质量的影响

模具温度	注塑件质量问题	现　　象
过高	缩痕	在壁较厚、加强筋或凸出部分存在缩痕。这是因为容易冷却的部分最先硬化,尚未冷却的部分继续收缩,造成缩痕。一般模温过高易产生缩痕
	溢料	因为模具的分型面、型芯和镶嵌件的配合面间存在间隙,模温过高,型腔内塑料熔体黏度低,流动大,容易从缝隙中溢料;同时,成型的注塑件飞边也会过多
不均匀	变形	由于注塑件各部分冷却速度的不均匀,造成注塑件收缩不一致而产生变形
过低	填充不足	因为模温过低,模具浇注系统及型腔内的塑料熔体黏度高,难以流动,造成注塑件填充不足
	熔接痕	由于模温过低,两股及两股以上的料流在汇合处,易产生不能完全熔融的现象,出现有毛发状的细线纹即熔接痕
	表面不光洁	由于模温过低,型腔内的塑料熔体黏度高而产生注塑件表面不光洁的现象
温度调整不当	力学性能不良	当模温偏高或偏低时,对聚酰胺、聚甲醛及聚丙烯等结晶塑料,会由于结晶化不良而造成力学性能不良

二、模具加热的种类

模具加热方法很多,如采用热水、热油、热空气和蒸汽等加热方法;但目前使用较普遍的加热方法是电加热,常用的有电热板、电热框、电热圈和电热棒等。各种电加热器的种类,如图7-1所示。电加热器选用的原则是根据模具的外形进行选择,在条件许可的情况下,模具外形最好设计成圆形(立式或卧式均可),以便采用电热圈进行加热,使其接触良好,传热效率高。对热固性塑料注塑模,一般宜采用加热棒。

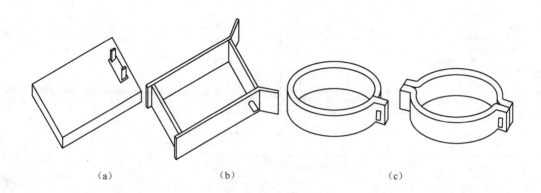

图 7-1　电加热器的种类
(a)电热板　(b)电热框　(c)电热圈

三、加热量计算

模具加热是压塑成型的条件之一,模具设计时需要进行加热量的计算。对于固定式压塑模,其功率应按上、下模两部分单独进行计算,一般上模温度比下模温度高5℃左右。

1. 模具加热所需总功率 $W_{总}$ 的计算

$$W_{总} = 0.24G(T_2 - T_1) = G\eta \tag{式 7-1}$$

式中　0.24 ——常数;

　　　G ——模具质量(kg);

　　　T_2 ——所需模具的温度(℃);

　　　T_1 ——未加热前的温度(℃);

　　　η ——每1kg钢加热至所需温度时需要的功率(W/kg),其经验数据如下:

用加热棒时:小型模具 $\eta=35W/kg$,中型模具 $\eta=30W/kg$,大型模具 $\eta=20\sim25W/kg$;

用加热环时:小型模具 $\eta=40W/kg$,大型模具 $\eta=60W/kg$。

采用电加热棒对塑模加热,模具设计时需要根据塑料种类、注塑件壁厚、注塑件缺陷和模具的大小及型腔的数量选用电加热棒规格。

2. 加热棒的选用

(1)选用标准电热棒　按模具结构尺寸及模具加热所需总功率 $W_{总}$ 查表7-2,选用适当电功率 W_1 的加热棒。

表 7-2　电加热棒的标准

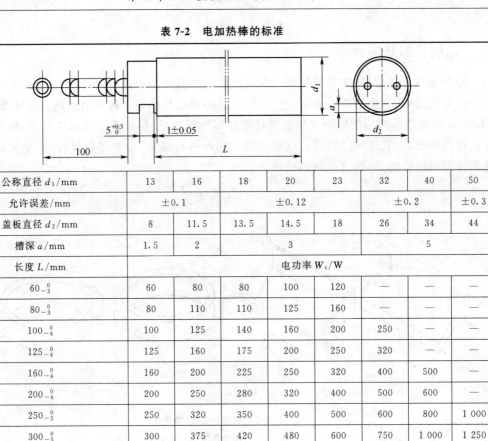

公称直径 d_1/mm	13	16	18	20	23	32	40	50
允许误差/mm	±0.1			±0.12		±0.2		±0.3
盖板直径 d_2/mm	8	11.5	13.5	14.5	18	26	34	44
槽深 a/mm	1.5	2	3			5		
长度 L/mm	电功率 W_t/W							
60_{-3}^{0}	60	80	80	100	120	—	—	—
80_{-3}^{0}	80	110	110	125	160	—	—	—
100_{-4}^{0}	100	125	140	160	200	250	—	—
125_{-4}^{0}	125	160	175	200	250	320	—	—
160_{-4}^{0}	160	200	225	250	320	400	500	—
200_{-4}^{0}	200	250	280	320	400	500	600	—
250_{-5}^{0}	250	320	350	400	500	600	800	1 000
300_{-5}^{0}	300	375	420	480	600	750	1 000	1 250
400_{-5}^{0}	—	500	550	630	800	1 000	1 250	1 600
500_{-5}^{0}	—	—	700	800	1 000	1 250	1 600	2 000
650_{-6}^{0}	—	—	—	900	1 250	1 600	2 000	2 500
800_{-8}^{0}	—	—	—	—	1 600	2 000	2 500	3 200
$1\,000_{-10}^{0}$	—	—	—	—	2 000	2 500	3 200	4 000
$1\,200_{-10}^{0}$	—	—	—	—	—	3 000	3 300	4 750

（2）电热器的计算　需要自行设计电热器时，可按下列程序计算。

①确定每一加热棒负荷。根据模具结构尺寸及 $W_总$ 确定电热棒数量，并按下式计算每一根加热棒负荷 W_t：

$$W_t = \frac{W_总}{n} \text{（W）} \qquad \text{（式 7-2）}$$

②按下式计算需用电流 I：

$$I = \frac{W_t}{L} \text{（A）} \qquad \text{（式 7-3）}$$

③按下式计算加热棒需用电阻 R：

$$R = \frac{V}{I} = \frac{V^2}{W_t} \text{（Ω）} \qquad \text{（式 7-4）}$$

④按下式计算需用电阻丝长度 L：

$$L = \frac{RS}{\rho} \text{（m）} \qquad \text{（式 7-5）}$$

式中　n ——模具需装电热棒的根数(如串联时 $n=1$)；

　　　V ——选用电压,一般为 $20\sim60V$；

　　　ρ ——单位电阻(镍铬合金为 $1.1\Omega\cdot mm^2/m$,高电阻合金为 $1.1\Omega\cdot mm^2/m$)；

　　　S ——选用电阻丝截面,查表 7-3。

表 7-3　电阻丝的规格

圆形镍铬电阻丝直径/mm	截面积/mm²	最大允许电流/A	当加热至 400℃时每米电阻丝电阻/Ω	电阻丝的质量/(g/m)
0.5	0.196	4.2	6	1.61
0.6	0.283	5.5	4	2.31
0.8	0.503	8.2	2.26	4.21
1.0	0.785	10	1.5	6.44
1.2	1.131	14	1	9.27
1.5	1.767	18.5	0.61	14.5
1.8	2.545	23	0.45	20.9
2.0	3.142	25	0.36	25.8
2.2	3.301	28	0.29	31.5

复习思考题

1. 不正常模温对注塑件质量有何影响？注塑件会产生什么现象？

2. 电加热器有哪些种类？如何选择电加热器？如何选用加热棒？

第二节　模具冷却装置的设计

　　模具设置冷却装置的目的,一是防止注塑件脱模变形；二是缩短成型周期；三是使结晶性塑料在冷凝时形成较低的结晶度,以得到柔软性、挠曲性和伸长率较好的注塑件。冷却一般是在型腔和型芯的部位设置通冷却水的水路,并通过调节冷却水的流量及流速来控制模温。冷却水一般为室温,也有采用低温水来加强冷却效率的方法。冷却系统的设计对注塑件质量与成型效率有着直接的关系,尤其在高速和自动成型时更为重要。

　　由于注塑件的材料、注塑模的浇注系统、模具型腔的几何形状和模具的总体积的不同,很难使模具能够稳定在一个温度上；由于模具的温度是时间的函数,其在工作的过程中呈周期性的变化；又由于注射是断续性工作,而影响模具温度的因素较多,故无需精确地计算模具温度,一般可根据具体情况采用实际的经验加以处理。最近开发的智能注塑模,能够通过模具各部位的传感器,将模具各部位的温度传递给计算机,再由计算机自动控制模具不同水道中水的流量和流速,从而获得稳定和均匀的模温。

一、冷却水道设置的因素

　　(1)模具结构形式　如普通模具、细长型芯的模具、复杂型芯的模具及脱模机构障碍多或镶块多的模具。

　　(2)模具的大小和冷却面积

　　(3)注塑件的形状和壁厚

二、冷却水道设置的原则

①水孔通过镶块时,应考虑镶套管和加装密封圈的问题,以防止冷却水泄漏;

②水孔管路应畅通无阻;

③水管接头和冷却水嘴的位置,尽可能放置在不影响操作的一侧;

④冷却水孔管路最好不设置在模具型腔塑料熔接的位置,以免影响注塑件的强度。

三、冷却水道的直径、间距和布置方式

1. 水道直径

水道直径与流量有直接的关系,水道直径一般为 $\phi8\text{mm}$ 以上。水道直径和允许的流速与流量的关系见表7-4。

表 7-4　冷却水道在稳定紊流下的流速与流量($R_e = 10\,000, T = 10℃$)

水道直径 /mm	最低流速 /(m/s)	流量	
		m³/min	L/min
8	1.66	0.005	5
10	1.32	0.006 2	6.2
12	1.10	0.007 4	7.4
15	0.87	0.009 2	9.2
20	0.66	0.012 4	12.4
25	0.53	0.015 5	15.5
30	0.44	0.018 7	18.7

2. 水孔位置

水孔中心位置距模具型腔表面距离 a 不可太近,否则会使型腔壁面温度不均匀;同时,当型腔内压力过大时,可使正对水孔的型腔壁面压溃而变形。水孔间距离 b 不可太远,也不宜太近。水孔位置尺寸如图 7-2 所示,推荐尺寸为:$a = (0.7 \sim 3)d$,一般为 $15 \sim 25\text{mm}$;$b = (1.7 \sim 5)d$,d 为水孔直径。

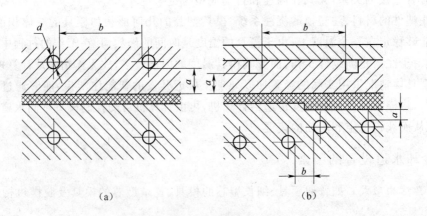

图 7-2　水孔位置

(a)等壁厚注塑件水孔位置　(b)不等壁厚注塑件水孔位置

3. 水道布置方式

一般水道布置有串联和并联两种形式,冷却水道的布置方式见表7-5。串联和并联的运用应依具体情况而定,若冷却水流阻力过大可增大水道的直径。为了防止冷却水流堵塞,除了增大水道的直径外,还可采用分流供水的措施。

表 7-5 冷却水道的布置方式

类型	简 图	说 明
外连接直通式	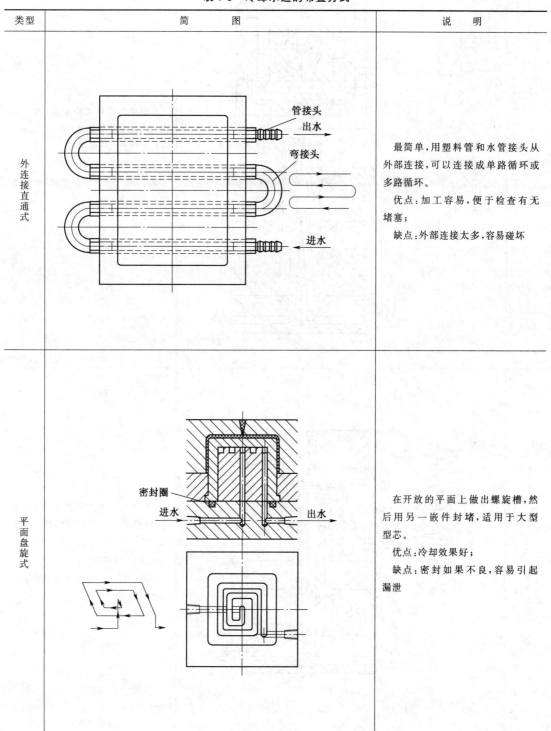	最简单,用塑料管和水管接头从外部连接,可以连接成单路循环或多路循环。 优点:加工容易,便于检查有无堵塞; 缺点:外部连接太多,容易碰坏
平面盘旋式		在开放的平面上做出螺旋槽,然后用另一嵌件封堵,适用于大型型芯。 优点:冷却效果好; 缺点:密封如果不良,容易引起漏泄

续表 7-5

类型	简　图	说　明
内循环式	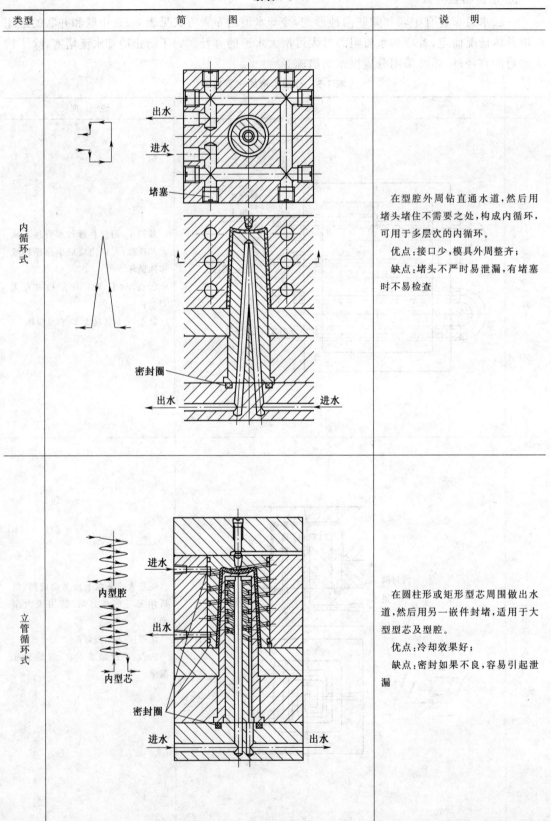	在型腔外周钻直通水道,然后用堵头堵住不需要之处,构成内循环,可用于多层次的内循环。 　优点:接口少,模具外周整齐; 　缺点:堵头不严时易泄漏,有堵塞时不易检查
立管循环式		在圆柱形或矩形型芯周围做出水道,然后用另一嵌件封堵,适用于大型型芯及型腔。 　优点:冷却效果好; 　缺点:密封如果不良,容易引起泄漏

续表 7-5

类型	简　图	说　明
模板上水道设计	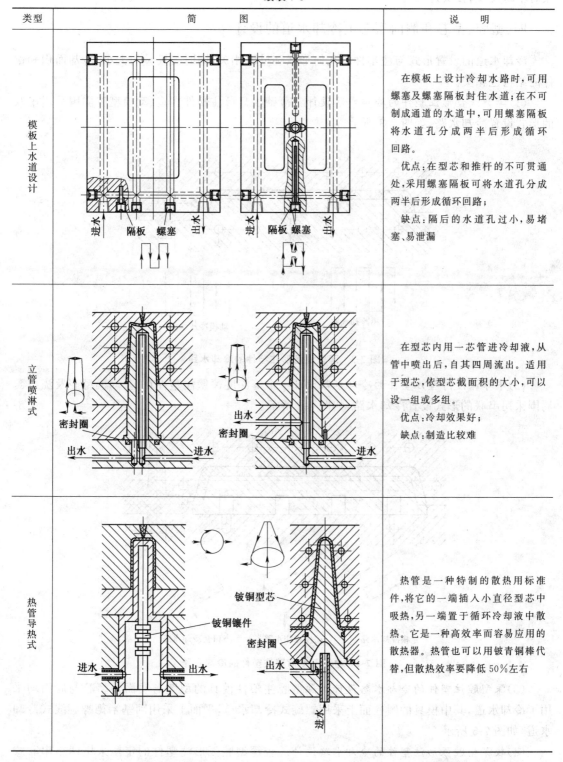	在模板上设计冷却水路时,可用螺塞及螺塞隔板封住水道;在不可制成通道的水道中,可用螺塞隔板将水道孔分成两半后形成循环回路。 优点:在型芯和推杆的不可贯通处,采用螺塞隔板可将水道孔分成两半后形成循环回路; 缺点:隔后的水道孔过小,易堵塞、易泄漏
立管喷淋式		在型芯内用一芯管进冷却液,从管中喷出后,自其四周流出。适用于型芯,依型芯截面积的大小,可以设一组或多组。 优点:冷却效果好; 缺点:制造比较难
热管导热式		热管是一种特制的散热用标准件,将它的一端插入小直径型芯中吸热,另一端置于循环冷却液中散热。它是一种高效率而容易应用的散热器。热管也可以用铍青铜棒代替,但散热效率要降低 50% 左右

　　(1)串联水道　这种布置形式在水道中有堵塞现象能及时发现。一般情况下串联水道流程长,温度不易均匀,流动阻力大。

　　(2)并联水道　这种布置形式分成几路通水,流动阻力小,温度容易均匀;但中间有堵塞现象时不易发现,接头过多。

四、型腔、型芯和侧向型芯上冷却水道的设计

冷却水道的设置形式与注塑件的几何形状和壁厚相关,同时与模具的大小、冷却面积和镶件的结构也相关。

(1)薄壁浅盘形注塑件的冷却水路设计　薄壁浅盘形注塑件在定、动模型腔周围采用串联的形式设置冷却水路,如图 7-3 所示。

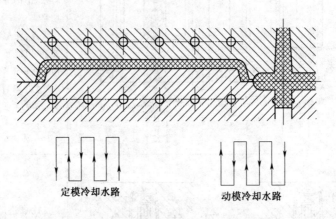

图 7-3　薄壁浅盘形注塑件的冷却水路

(2)中等深度薄壁注塑件的冷却水路设计　中等深度薄壁注塑件在定、动模型腔及浇口套周围采用串联的形式设置冷却水路,如图 7-4 所示。

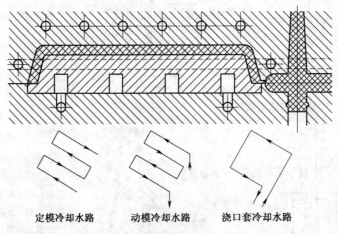

图 7-4　中等深度薄壁注塑件的冷却水路

(3)深型腔注塑件的冷却水路设计　深型腔注塑件模具的型腔与底面及型芯与底面均采用了冷却水道,其中模具的圆柱面上采用螺旋式冷却水道,平面上采用阿基米德螺旋线式冷却水道,如图 7-5 所示。

(4)较深型腔弧形注塑件的冷却水路设计　较深型腔弧形注塑件的定模采用两组串联式冷却水路,动模采用三角形式的冷却水路,如图 7-6 所示。

(5)杯形注塑件的冷却水路设计　杯形注塑件的定模采用螺旋式冷却水路,动模型芯采用立管喷淋式冷却水路,如图 7-7 所示。

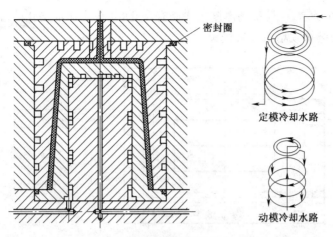

图 7-5　深型腔注塑件的冷却水路

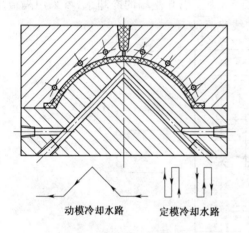

图 7-6　较深型腔弧形注塑件的冷却水路

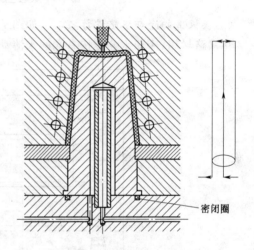

图 7-7　杯形注塑件的冷却水路

（6）带细长侧型芯注塑件的冷却水路设计　带细长侧型芯注塑件，在侧向抽芯的滑块与型芯上采用铍铜导热与水冷却形式的设置，如图 7-8 所示。

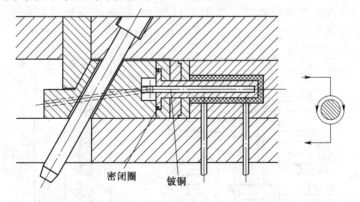

图 7-8　带细长侧型芯注塑件的冷却水路

五、模板上冷却水道的设计

（1）模板上冷却水道的设计之一　为了在模板上加工出能够进出水的循环水路，冷却水路的设计之一如图 7-9 所示,在模板的厚度方向制有深孔,并在冷却水路孔的端头加工出普通螺纹或管螺纹,以便安装螺纹堵头及管接头。

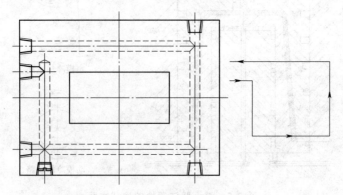

图 7-9 模板上的冷却水路设计之一

(2)模板上的冷却水路设计之二 如图 7-10 所示,为了隔开左端的冷却水,可采用隔板堵头 2 将水路封闭,冷却水才能按右端的水流动图的线路流动。

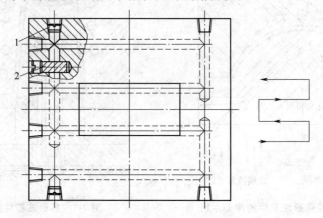

图 7-10 模板上的冷却水路设计之二
1. 螺纹堵头 2. 隔板堵头

(3)模板上的冷却水路设计之三 如图 7-11 所示,模板的冷却可以采用导热性好的纯铜管内通循环冷却水,纯铜管用低熔点合金焊接在模板槽中。

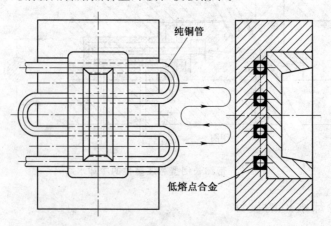

图 7-11 模板上的冷却水路设计之三

　　(4)模板上的冷却水路设计之四　　如图7-12所示,在模板主流道处不易加工成循环通路时,可在螺纹堵头上安装隔板,隔板可将水孔隔成两个半孔。隔板的长度应短于孔的深度,这样冷却水便可在两个半孔中循环流动。

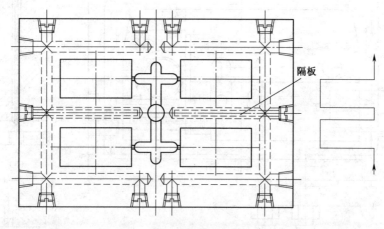

图 7-12　模板上的冷却水路设计之四

六、温控系统

　　温控系统是模具的循环冷却系统和加温系统的统称。

　　(1)冷却系统　　模具冷却系统的设计在模具的设计中也是十分重要的。当注塑件的注射批量很大时,模具24h不停地工作,模具在连续工作时的热量会越聚越高,模具过热会影响注塑件的质量,因此注塑模需要加装冷却水道进行冷却。前面介绍的冷却水道只是设置在动、定模板上而不是设置在动、定模型芯中,因此,冷却效果较差。模具的冷却系统设置在动、定型芯中并且是内循环形式,冷却效果则十分显著。

　　冷却系统的组成如图7-13所示,包括有:密封圈2、螺塞堵头4、水道5、分流片6和管嘴8。如图7-13(b)所示,该冷却系统在动模板1与动模型芯3接合处采用了O形橡胶密封圈2进行密封,还采用了螺塞堵头4进行内循环中的水道5密封,以防止内循环水道5产生泄漏的现象。动模型芯3中会因存在着不能开通的水道而出现冷却水不能循环流动的情况,该冷却系统巧妙地采用了螺塞堵头4上装有分流片6,可将在同一水道5中的水分流。这样一来,原本不能冷却的型芯部位也能得到冷却,使冷却效果提高。如图7-13(a)所示,冷却水从进水口的管嘴8进入,经过内循环水道,又从另一管嘴8流出。

　　(2)加温系统　　一般热固性塑料在成型加工时,在模具型芯周围装置加热棒或电加热器,以实现对模具的加温。如成型聚碳酸酯或聚甲醛产品时,模具温度超过了100℃时,也需要在模具型芯周围装置加热棒或电加热器。如图7-14所示,加热棒2分别安装在中模板1和动模板3的安装孔中。

　　塑料模中设置温控系统十分重要,温度会影响注塑件的成型和缺陷的产生。因为注塑件的生产是断续的,而模具的温度随着生产过程而上升;注塑件的形状和壁厚又是变化的,从浇口流入的塑料熔体温度则逐渐降低。因此,要使模具各部分的温度保持均匀是十分困难的,但只要能控制相应塑料品种要求成型的温度就可以了。要较完善地控制模具温度,应使用智能注塑模。

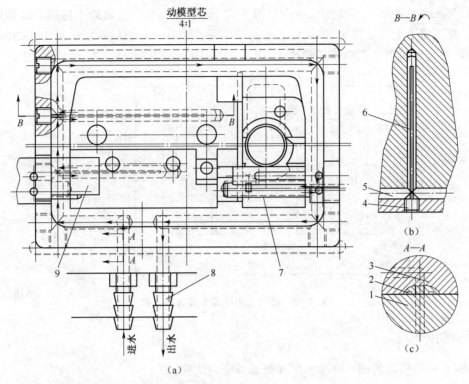

图 7-13　注塑模的冷却系统

(a)动模型芯冷却系统设计图　(b)螺塞与分流片　(c)橡胶密封圈

1.动模板　2.密封圈　3.动模型芯　4.螺塞堵头　5.水道　6.分流片　7.右型芯　8.管嘴　9.左型芯

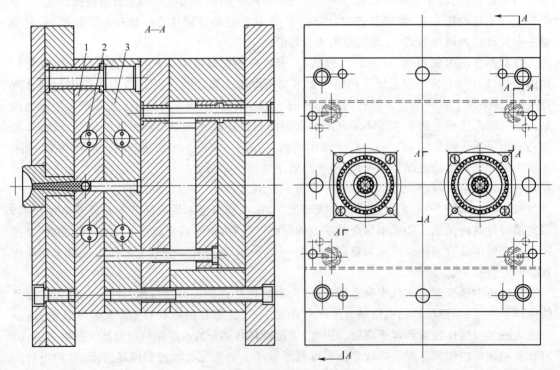

图 7-14　注塑模的加温系统

1.中模板　2.加热棒　3.动模板

复习思考题

1. 影响冷却水道设计的因素是什么？冷却水道设计的原则又是什么？如何设计冷却水道的直径、间距和布置方式？

2. 如何设计注塑模型腔、型芯和侧向型芯上的冷却水道？

3. 掌握各种形式注塑模型腔、型芯和侧向型芯上冷却水道的设计。

第八章 分型面的选择、分型机构与其他机构

注塑模型腔分型面的选择与分型机构的确定是注塑模结构设计中十分重要的内容之一。合理地确定分型面,对决定注塑模的结构和注塑件的质量有着重大的影响,并直接影响模具的使用和制造,是注塑模结构设计中的重要环节。

第一节 分型面的选择

为了从注塑模的型腔中取出注塑件,一般来说模具的型腔都必须进行分型,也就是将模具型腔分成动模型腔和定模型腔两部分,如此才能将成型的注塑件从模具型腔中取出。也有些不需要对模具型腔进行分型的模具,如失蜡浇铸和金银首饰的浇铸,就是在浇铸后将模具敲碎取出制品。而一般的型腔模具都是要经过反复高效率地使用,如注塑模、压铸模、橡胶模、压塑模、吹塑模和发泡成型模等,就必须对模具的型腔进行分型。

一、分型面及其分类

分型面是注塑模定模型面与动模型面的分界面。分型面是为了打开模具的型腔取出注塑件,也是为了便于模具型腔的加工而设置的型面。

1. 分型面

(1)分型面的概念 对模具的型腔而言,是能够取出注塑件和浇注系统的冷凝料的分离面,或是动模型腔与定模型腔的结合面。简单的注塑件及其模具,通常只有一个分型面;一些复杂的注塑件及其模具,则具有复杂的分型面。

由于模具型腔分型面的存在,动模型腔与定模型腔才能形成一个能打开和闭合的型腔,熔融的塑料熔体在压力的作用下经过浇注系统才能注满型腔,冷却成型后才能打开型腔取出注塑件。故分型面在模具的型腔设计中是十分重要的。

(2)分型面在图样上的表示方法 在注塑件零件图或注塑模装配图中,分型面延长线的两端,用粗实线画出一小段表示分型面的位置,用箭头线表示开、闭模的方向。若存在着多个分型面,则可在粗实线处及开模的方向线的外侧用罗马数字Ⅰ,Ⅱ,Ⅲ等表示不同的分型面,如此还可以表示开模的顺序。

①分型面在注塑件零件图上的表示方法。溢流管分型面及开、闭模方向的表示方法,如图8-1所示。在左视图中分型面延长线上的两端用粗实线表示分型面的位置,用箭头线表示开模的方向。由于只有一个分型面,罗马数字Ⅰ可以省略。

②分型面在注塑模装配图上的表示方法。溢流管注塑模装配图上的表示方法,如图8-2所示。罗马数字Ⅰ处的分型面表示定模部分与中模部分的分型面。在开模时首先打开,可以取出流道中的冷凝料。随着模具的继续开模,接着罗马数字Ⅱ处的分型面——中模部分与动模部分打开。这样,溢流管便可以在脱模机构的作用下被顶出注塑模的型腔。

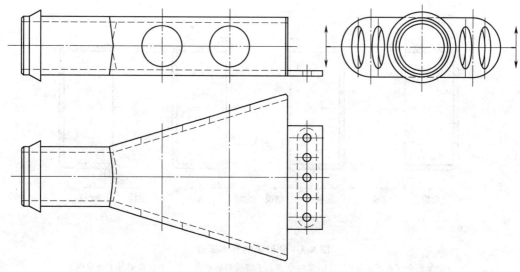

图 8-1　溢流管的分型面表示方法

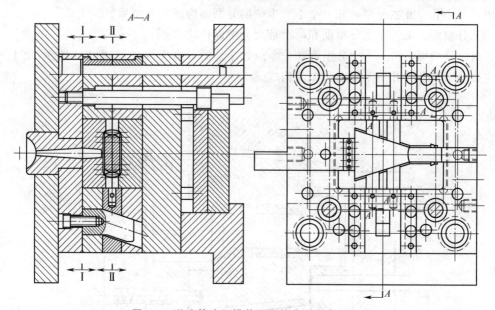

图 8-2　溢流管注塑模装配图的分型面表示方法

2. 分型面的基本部位

①分型面使模具型腔全部处于定模之内,如图 8-3(a)所示;

②分型面使模具型腔分别处于定模和动模之内,如图 8-3(b)(c)所示;

③分型面使模具型腔全部处于动模之内,如图 8-3(d)所示。

3. 分型面的分类

分型面的分类可按分型面的数量来区分,也可按分型面剖切线的形式来区分。

(1)按分型面的数量分类　分型面按数量可分为单个分型面和多个分型面。

1)单个分型面。只有一个分型面的注塑件或注塑模,如图 8-1 所示的溢流管。

2)多个分型面和组合分型面。

①双分型面。是由一个主分型面和一个辅助分型面构成,如图 8-2 所示的溢流管注塑模

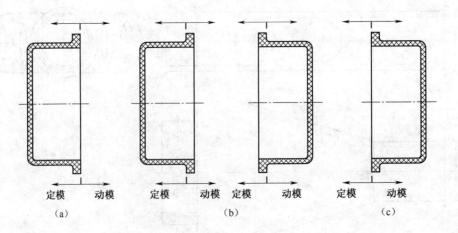

图 8-3　分型面的基本部位

(a)型腔全部处于定模内　(b)型腔分别处于定模和动模内　(c)型腔全部处于动模内

装配图是一个Ⅱ—Ⅱ主分型面和一个Ⅰ—Ⅰ辅助分型面构成双分型面。

　　②三分型面。由一个主分型面和两个辅助分型面构成。

　　③组合分型面。由一个主分型面和一个或数个辅助分型面构成,如图 8-4 所示,由Ⅰ—Ⅰ一个主分型面和Ⅱ—Ⅱ一个辅助分型面构成。

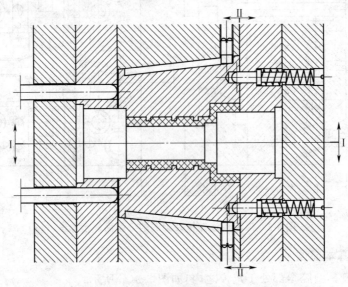

图 8-4　组合分型面

(2)按分型面剖切线的形式分类

　　①直线分型面。分型面平行于注塑模的动、定模板的大平面,如图 8-5(a)所示;

　　②斜线分型面。分型面与注塑模的动、定模板的大平面倾斜一角度,如图 8-5(b)所示;

　　③折线分型面。分型面不在同一平面上,而是由几个折线平面组成,如图 8-5(c)所示;

　　④曲线分型面。分型面是由曲线面组成的,如图 8-5(d)所示;

　　⑤综合分型面。分型面可由直线、斜线、折线和曲线分型面中任何两种及两种以上的分型面组成,如图 8-5(e)所示。

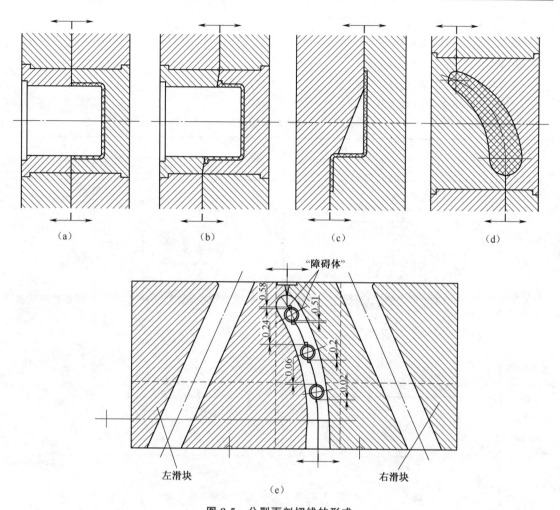

图 8-5 分型面剖切线的形式

(a)直线分型面 (b)斜线分型面 (c)折线分型面 (d)曲线分型面 (e)综合分型面

二、选择分型面的要点

分型面的选择会影响到开模后的注塑件是滞留在动模型腔中,还是滞留在定模型腔中,这将影响到注塑件脱模是否顺利。分型面的选择还会影响到模具型腔的加工性。分型面处是否会产生飞边或因分型面的痕迹线而影响到注塑件的尺寸、形状、壁厚、模具的结构、模具的排气及注塑件的脱模。故选择分型面时,必须要综合考虑各方面影响因素、条件和要求,合理地选择。

(1)选择分型面应考虑的因素

①在一般的情况下,注塑件滞留在动模型腔中更便于注塑件的脱模;

②避开"障碍体"的阻碍,避免运动干涉,方便注塑件的脱模和模具型腔的加工;

③尽量设在不显眼和易去除飞边及容易加工的位置上;

④设在无凹陷及圆弧 R 的切点之处的位置上;

⑤浇口位置的设置及其形状;

⑥有利于浇注系统和排气系统的布置;

⑦不影响注塑件的尺寸及其精度；

⑧考虑塑料的性能及填充条件；

⑨考虑成型的工艺性及效率；

⑩模具的结构简单，使用可靠方便。

(2)合理选择分型面的示例(表8-1)

表 8-1　合理选择分型面的示例

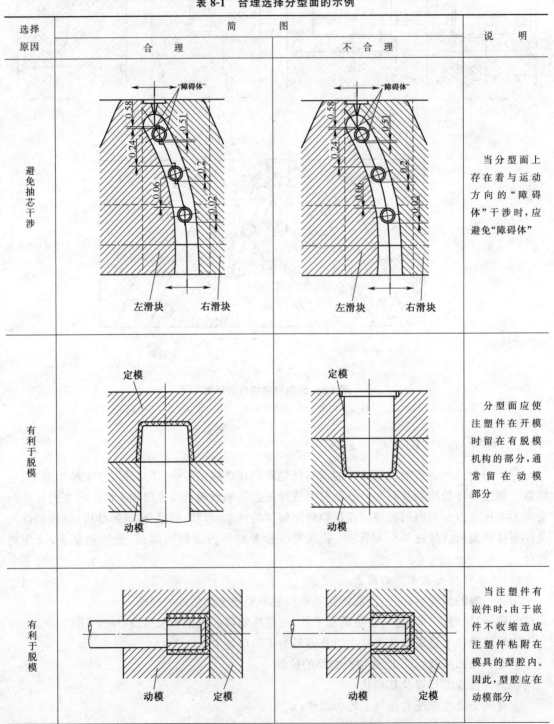

选择原因	简图		说明
	合　理	不　合　理	
避免抽芯干涉			当分型面上存在着与运动方向的"障碍体"干涉时，应避免"障碍体"
有利于脱模			分型面应使注塑件在开模时留在有脱模机构的部分，通常留在动模部分
有利于脱模			当注塑件有嵌件时，由于嵌件不收缩造成注塑件粘附在模具的型腔内。因此，型腔应在动模部分

续表 8-1

选择原因	简 图		说 明
	合 理	不 合 理	
便于模具加工	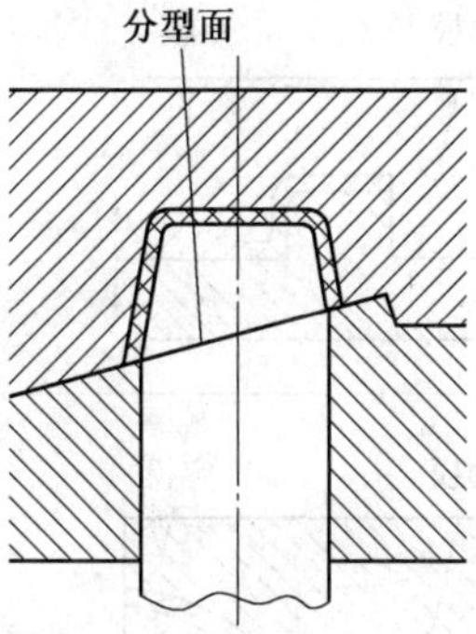	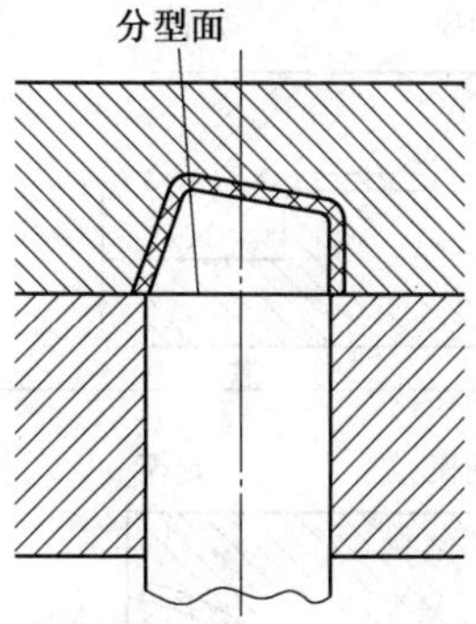	斜分型面比平直分型面的型腔部分加工容易些
有利于抽芯	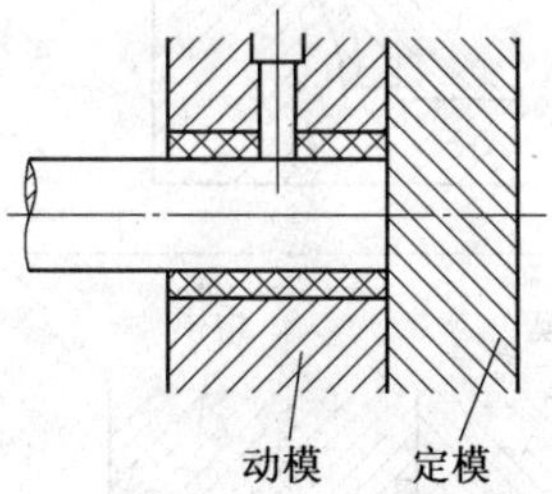	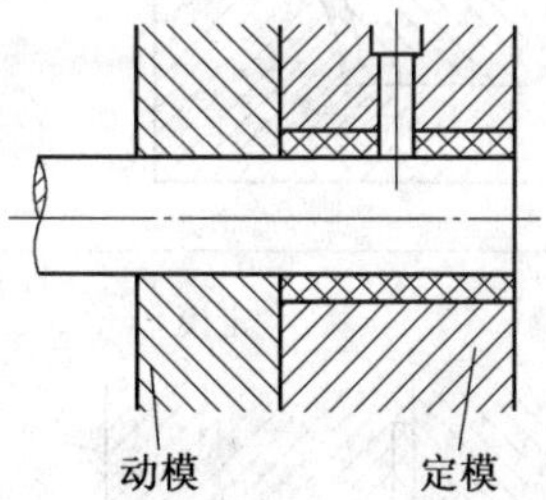	当注塑件有侧抽芯时,应尽可能放在动模部分,避免定模抽芯
	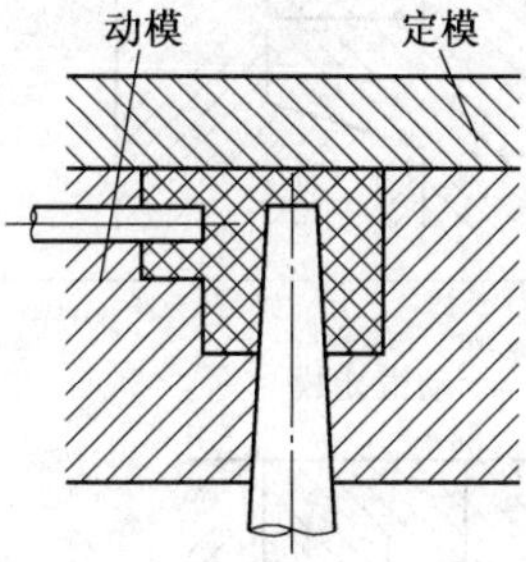	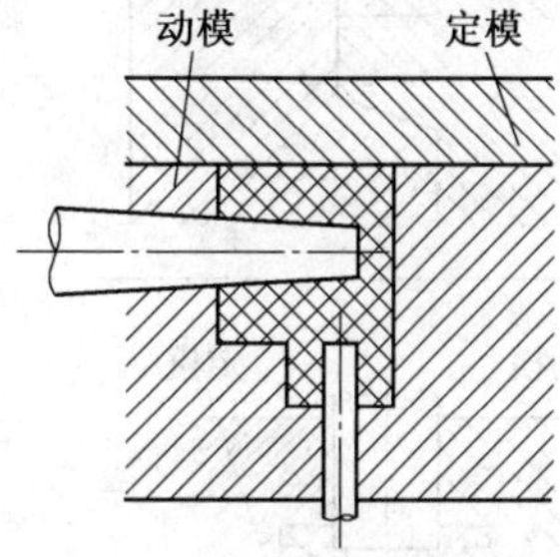	避免长端侧抽芯
保证注塑件的质量	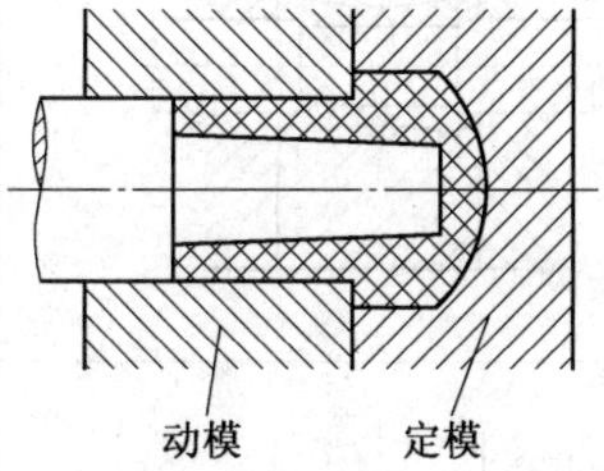	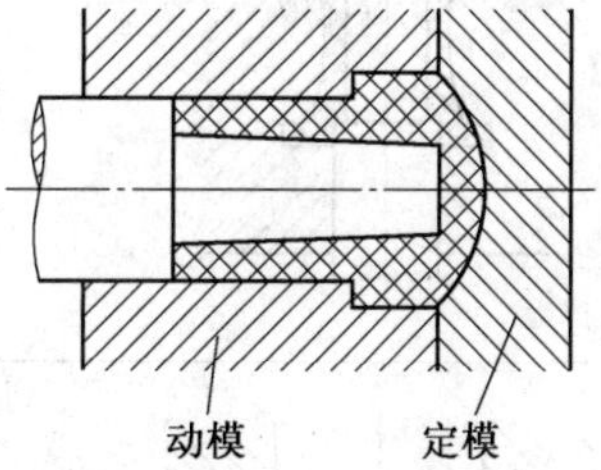	采用球面分型,会损伤注塑件的表面质量
	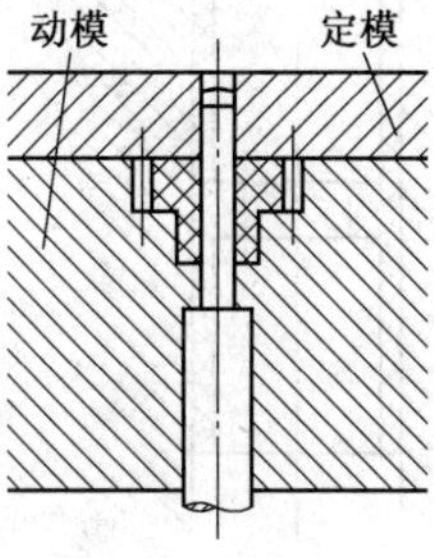	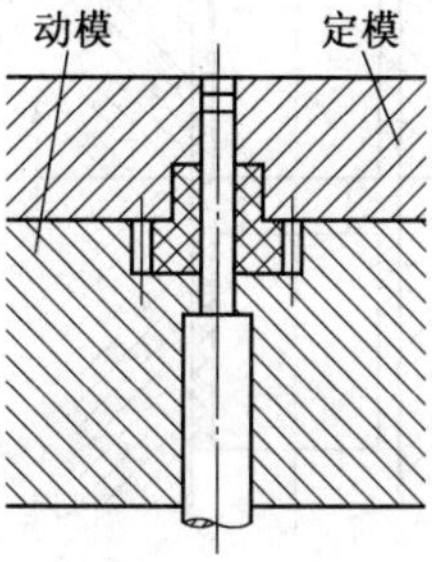	对有同轴度要求的注塑件尽可能将型腔设计在同一模板上

续表 8-1

选择原因	简 图		说 明
	合 理	不 合 理	

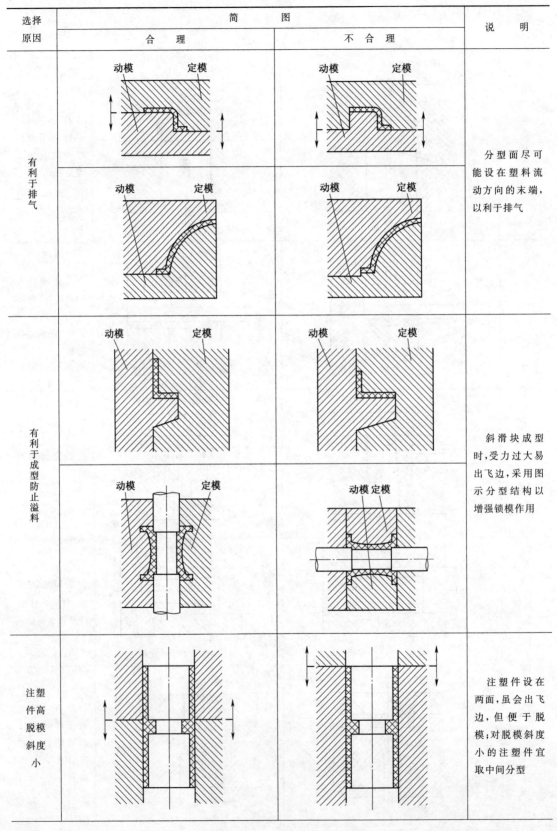

有利于排气		分型面尽可能设在塑料流动方向的末端,以利于排气
有利于成型防止溢料		斜滑块成型时,受力过大易出飞边,采用图示分型结构以增强锁模作用
注塑件高脱模斜度小		注塑件设在两面,虽会出飞边,但便于脱模;对脱模斜度小的注塑件宜取中间分型

续表 8-1

选择原因	简图		说明
	合　理	不　合　理	
防止溢料飞边过大	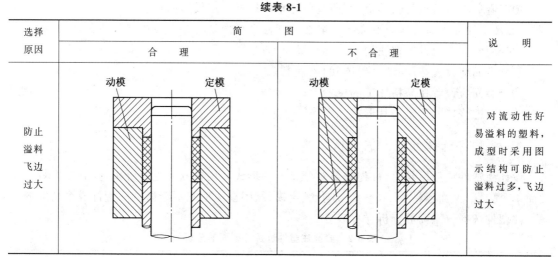		对流动性好易溢料的塑料,成型时采用图示结构可防止溢料过多,飞边过大

复习思考题

1. 什么是注塑模的分型面？如何在注塑件和注塑模图上表示分型面？

2. 如何选择分型面？分型面如何分类？选择分型面时存在着哪些要点？

第二节　典型注塑件选择分型面的分析

分型面不仅要根据注塑件的形状、尺寸、精度及使用要求进行选择,还要根据注塑件的成型工艺特性进行选择,更需要根据注塑件模具的结构来进行选择。分型面的选择是矛盾的对立统一,必须根据实际情况做出具体分析。选择分型面的分析方法,是确定分型面的一种很好的办法。

一、注塑模分型面的选择原则和要点

注塑模分型面的选择在模具设计中具有十分重要的作用,尤其对模具的开启和闭合有着决定性的作用。各种类型的注塑件选择分型面必须遵守一些规则。

(1)注塑模分型面选择的原则　合理地确定分型面的形式和位置,是决定注塑模结构复杂程度和加工制造简便与否的重要因素。确定分型面时,主要依据以下原则:

①分型面的选择不能影响注塑模定、动模的开启和闭合。

②选择的分型面不能使注塑模定、动模分型的型面之间存在着缝隙;否则,熔融的塑料熔体在注射机压力的作用下溢出而伤及人员。另外,注射成型的注塑件在分型面处的飞边不能太大。

③注塑模开模之后,一般情况要使注塑件滞留在动模型腔之中,因为注射机脱模机构的顶杆处在机床的动模板上,这样便于注塑件在脱模机构的作用下脱模。

④分型面的选择要有利于定、动模分型面的加工。

⑤有利于浇注系统和冷料穴及排气槽的合理布置。

⑥为了保证注塑件的尺寸精度,应使尺寸精度要求高的部分形体尽可能位于同一侧模具的型腔之内。

⑦应避免注射机承受临界负荷,即避免注塑件接近额定投影面积。

(2)注塑模分型面选取的要点   一般在注塑件分型面处会存在飞边状的线条,因此:

①分型面应避免设置在注塑件外观光滑面上;

②分型面应设置在没有"障碍体"的位置上;

③分型面应设置在易精加工的位置上;

④应考虑浇口的位置与其形状。

二、注塑件选择分型面的分析

设计注塑件成型模具时,首先是要对分型面的形式和位置方案进行分析,找到使模具分型面简单,模具分型面容易加工,不会影响动、定模开、闭模运动和不会影响注塑件成型精度的方案。注塑件选择分型面的分析详见表 8-2。

表 8-2   典型注塑件选择分型面的分析

注塑件结构特征	简 图	分 析
带凸缘不通孔的桶形注塑件	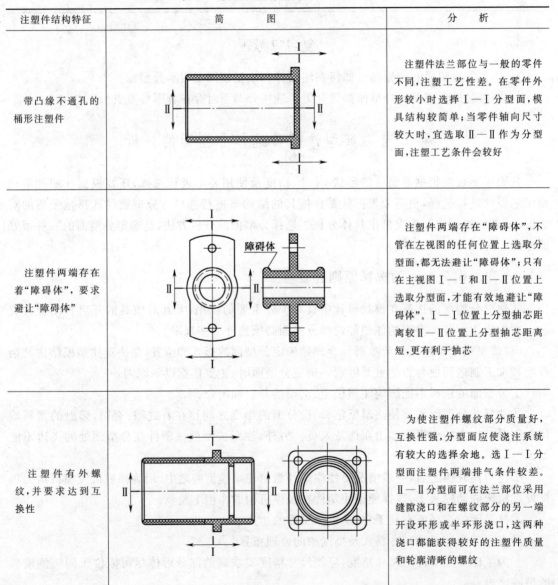	注塑件法兰部位与一般的零件不同,注塑工艺性差。在零件外形较小时选择 I—I 分型面,模具结构较简单;当零件轴向尺寸较大时,宜选取 II—II 作为分型面,注塑工艺条件会较好
注塑件两端存在着"障碍体",要求避让"障碍体"		注塑件两端存在"障碍体",不管在左视图的任何位置上选取分型面,都无法避让"障碍体";只有在主视图 I—I 和 II—II 位置上选取分型面,才能有效地避让"障碍体"。I—I 位置上分型抽芯距离较 II—II 位置上分型抽芯距离短,更有利于抽芯
注塑件有外螺纹,并要求达到互换性		为使注塑件螺纹部分质量好,互换性强,分型面应使浇注系统有较大的选择余地。选 I—I 分型面注塑件两端排气条件较差。II—II 分型面可在法兰部位采用缝隙浇口和在螺纹部分的另一端开设环形或半环形浇口,这两种浇口都能获得较好的注塑件质量和轮廓清晰的螺纹

续表 8-2

注塑件结构特征	简　图	分　析
带短螺纹帽盖类注塑件	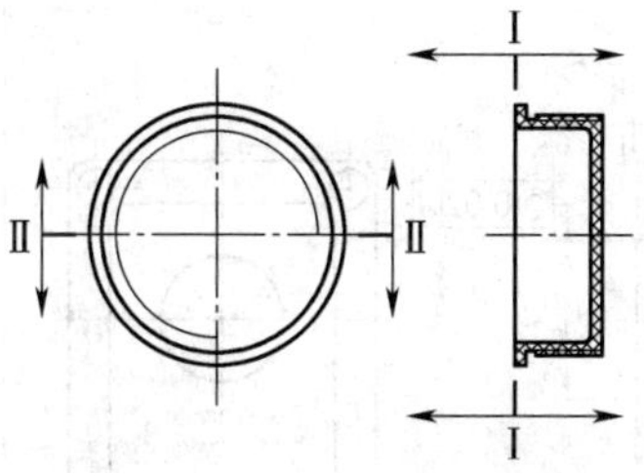	帽盖类零件的直径通常为高度的数倍，而当短螺纹直径较大时，不宜采用环形螺纹镶块，一般都选择Ⅰ—Ⅰ分型面，小零件宜选择Ⅱ—Ⅱ分型面
带凸缘的桶形注塑件	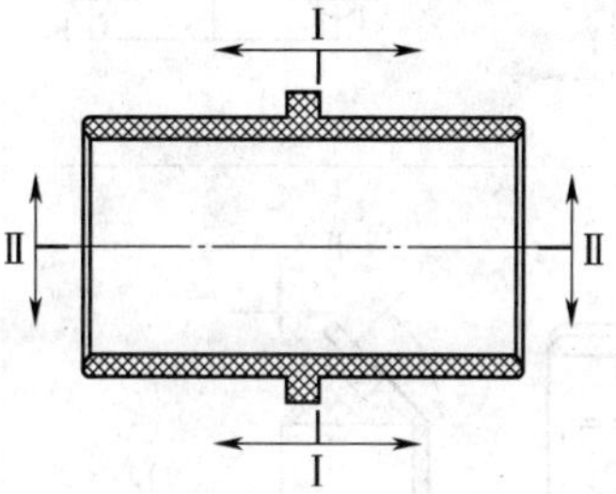	由于注塑件对两端型芯的包紧力十分接近，选择分型面须着重考虑注塑件从定模型腔中脱模的问题。Ⅰ—Ⅰ分型面需要设置定模型腔中脱模的辅助装置，适用于较大零件；Ⅱ—Ⅱ分型面为小型零件所选用，注塑件成型条件也较好
带反向凸缘的注塑件，A 平面有外观要求	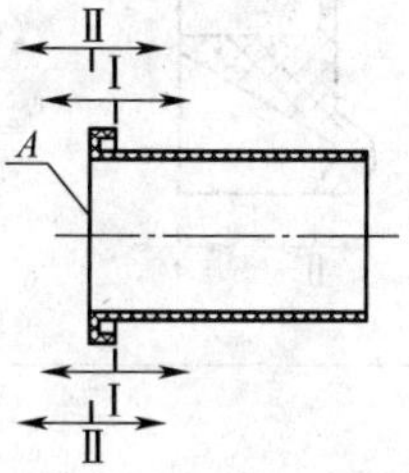	Ⅰ—Ⅰ分型面符合将分型面设置在熔料流动方向末端的要求，但由于 A 平面有外观要求，不允许留有推杆的痕迹。Ⅱ—Ⅱ分型面可以采用脱件板脱模机构，以满足 A 平面的外观要求
带弧形的注塑件	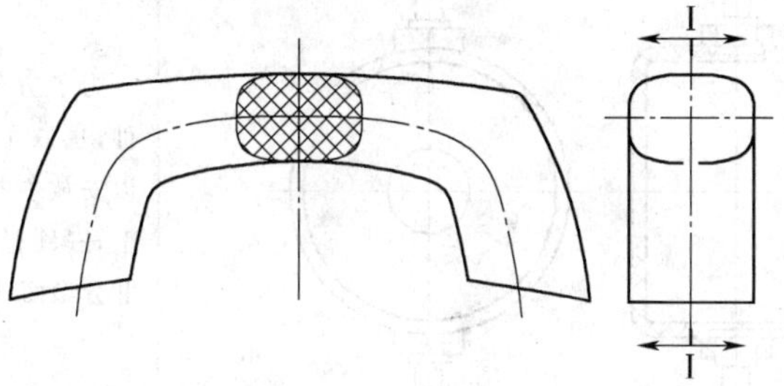	由于注塑件截面为凸弧形的长方形，形成了弓形"障碍体"。为了避开"障碍体"使注塑件能顺利地脱模，Ⅰ—Ⅰ分型面设置在如左图所示注塑件中心线处，利用注塑模定、动模的开、闭模运动使注塑件敞开并滞留在动模型腔中，以便注塑件脱模
有对应侧孔壳体的注塑件	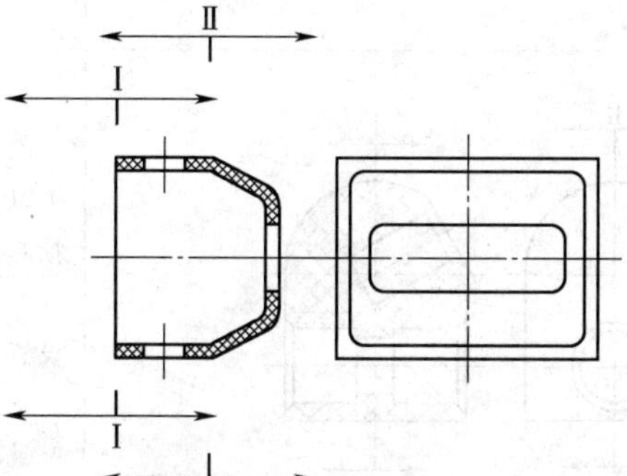	为了简化模具结构，应把侧抽芯机构尽量设计在动模上。当选择Ⅱ—Ⅱ分型面时，由于注塑件壁薄的特点，需要侧抽芯，型芯在分型面的投影内设置推杆，必须增设推出机构的预复位装置；而选择型面Ⅰ—Ⅰ可利用模具对应侧抽芯使注塑件从定模上强行脱模，简化了模具结构，同时具有较好的成型条件

续表 8-2

注塑件结构特征	简　　图	分　　析
具有单侧孔的方形注塑件	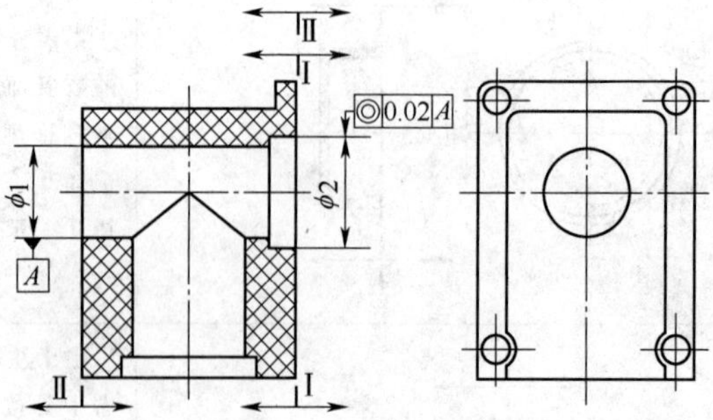	Ⅰ—Ⅰ分型面的设置,符合简化模具结构的特点,但成型 $\phi1$ 和 $\phi2$ 孔的型芯势必分别设置在定、动模上,不能保证两孔的同轴度。选用折线Ⅱ—Ⅱ分型面,侧抽芯可设在动模上,成型 $\phi1$ 和 $\phi2$ 孔的型芯可设在动模上,可以确保两孔的同轴度;在注塑模顶端开设浇口,更适应注塑要求
曲折外形注塑件	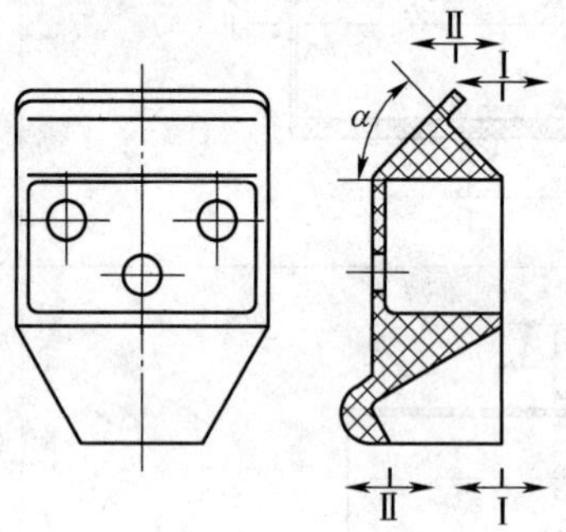	Ⅰ—Ⅰ分型面虽然平整,但会造成模具型腔出现较脆弱的锐角 α,从而影响模具的使用寿命。Ⅱ—Ⅱ折线分型面,模具制造时虽然增加了机械加工的工作量,但机械加工和注塑工艺性较好
带轴圆环	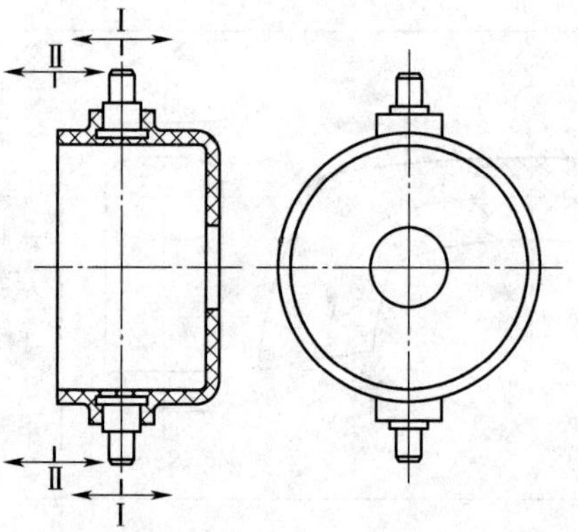	为了方便在注塑模中放置嵌件,选取Ⅰ—Ⅰ分型面。嵌件可以安放在模具抽芯机构的滑块上,嵌件稳定可靠。如选用Ⅱ—Ⅱ分型面,则无法使注塑件脱模
孔轴线交叉成锐角的注塑件	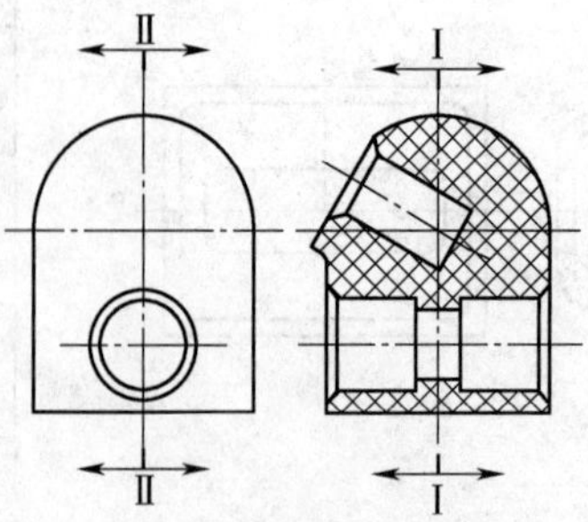	斜孔的轴线在Ⅱ—Ⅱ分型面上,因为零件较小需要设置三个抽芯机构,故无法一模多腔,经济性差。选用Ⅰ—Ⅰ分型面只需要设置一个斜抽芯机构,模具结构虽复杂,但可一模多腔,适用于大批量成型加工生产

续表 8-2

注塑件结构特征	简 图	分 析
转盘形注塑件	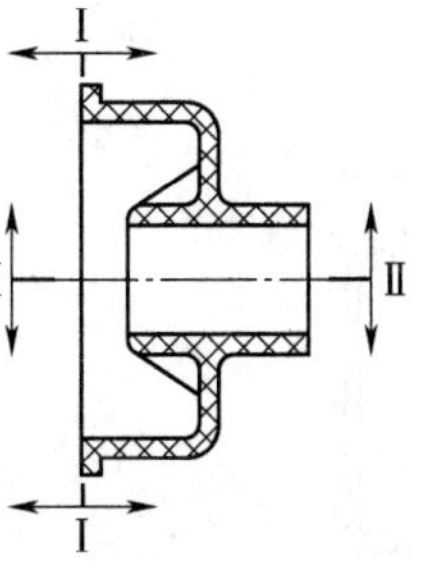	选择Ⅱ—Ⅱ分型面需要设置两个抽芯机构,增加了模具复杂性;而选择Ⅰ—Ⅰ分型面,注塑件可以采用推管和推杆联合脱模,结构简单
套管形注塑件	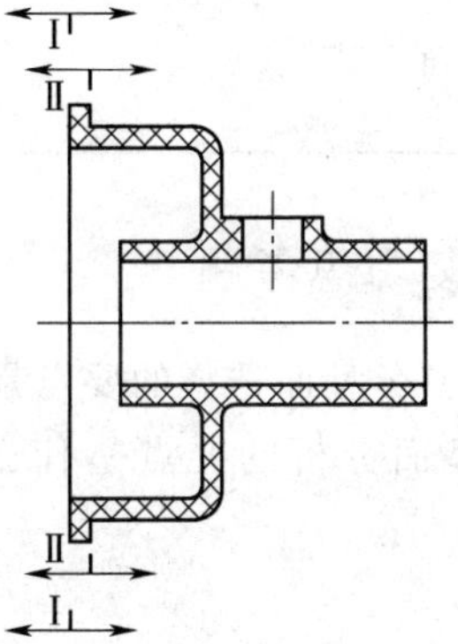	注塑件两孔的连接处,因结构薄弱,需要考虑注塑件脱模时的变形问题。选择Ⅰ—Ⅰ分型面时,侧抽芯机构在动模上,而型芯全部在定模内,需要设置动模抽芯机构,还应避免注塑件的变形。选择Ⅱ—Ⅱ分型面,可用推管和脱件板的复合脱模形式来保证大小型芯同步脱模,故可避免注塑件的变形。侧抽芯机构可在开模前,采用预抽芯机构进行抽芯
弯孔注塑件	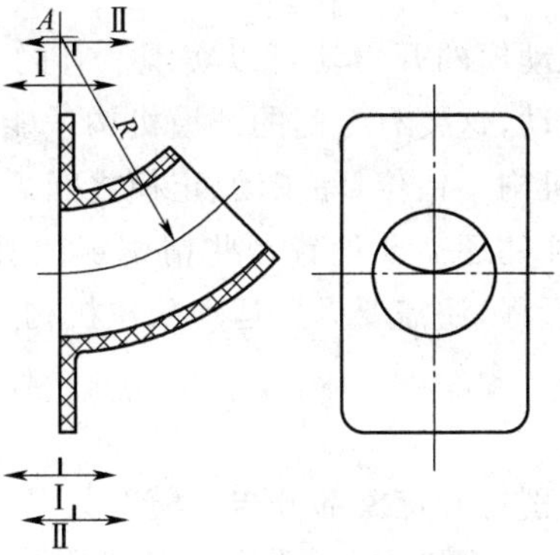	一般应选用Ⅰ—Ⅰ分型面,便于设置弯孔抽芯机构;采用以 A 点为转动中心的旋转脱模结构,可简化模具的结构。对于弯孔不长,弧度适当的注塑件,可选用Ⅱ—Ⅱ分型面
三面有孔的薄壁注塑件	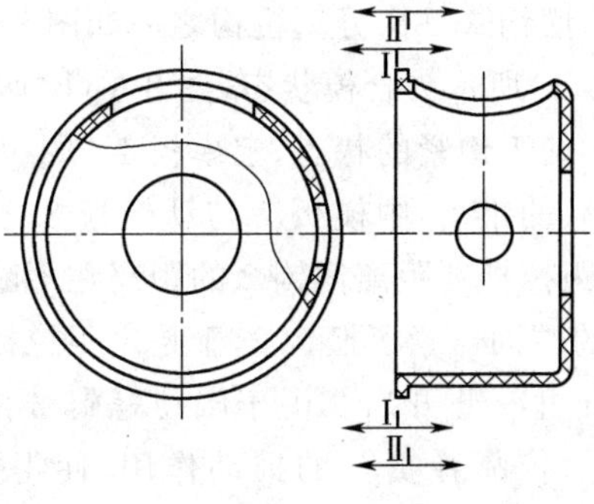	采用Ⅰ—Ⅰ分型面,可利用侧抽芯机构强制注塑件脱离定模;模具结构简单,但因注塑件壁薄会变形或开裂。选用Ⅱ—Ⅱ分型面,测抽芯机构虽在定模上,型芯受到的压力较小,可在分型前采用预抽芯机构抽芯

续表 8-2

注塑件结构特征	简　图	分　析
罩壳注塑件	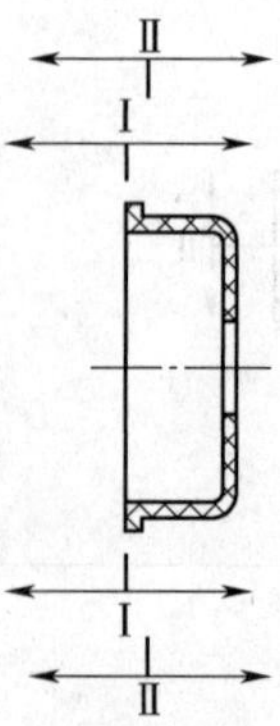	带法兰盘的罩壳注塑件，一般取Ⅰ—Ⅰ作为分型面，符合将型腔放置在动模上的习惯分型，也是同类注塑件最理想的分型面。采用Ⅱ—Ⅱ分型面，左端台阶的尺寸与端面的变形不易控制

复习思考题

1. 确定注塑模分型面的原则是什么？分型面选择的要点是什么？

2. 如何选择注塑件的分型面？分型面分析的要点是什么？掌握注塑件分型面设置的分析。

第三节　注塑模的二次分型、定位导向机构与其他构件

一次开模运动，只要随着注射机动模的开启就可以实现。有的注塑模因注塑件形状结构的因素，需要进行二次或三次开模运动，这要有专门的开模机构才能实现。注塑模开启和闭合时，为了保证动、定模的型腔和其他机构不错位，除了动、定模之间需要有导柱和导套的定位与导向，对于精密注塑件的成型加工，往往还需要设置一些精密定位机构来保证。另外，为了限制模具的开模距离和各机构运动的行程，还需要设置运动限位机构。

一、注塑模的二次分型机构

注塑模为三模板结构时，为了分别打开定模部分与中模部分以及中模部分与动模部分，在定模部分和中模部分之间都需要设置分型机构，或称为开模机构。二次分型机构存在着多种的形式，下面着重介绍几种典型的二次分型机构。

(1)摆钩式二次分型机构之一　摆钩式二次分型机构之一如图 8-6 所示，由摆钩 2、限位螺钉 6、圆柱销 4 和弹簧 5 组成；图 8-6(a)所示为合模状态，图 8-6 (b)所示为开模状态。

开模前，由于摆钩 2 与定模板 1 处于钩紧的状态，定模板 1 与中模板 7 及动模板 8 是处于闭合的状态。由于注射机动模板开启的带动，中模板 7 与动模板 8 之间的分型面Ⅰ—Ⅰ首先分开，之后随着模具的继续开启，定距拉杆 3 距离摆钩 2 的距离在不断地减少。当分型面之间的距离开启到 L 之后，定距拉杆 3 的端面压紧了摆钩 2，于是定距拉杆 3 便拉动摆钩 2 并使其转动而使钩脱开了定模板 1，分型面Ⅱ—Ⅱ开启。由于限位螺钉 6 的限位作用，使得分型面Ⅰ—Ⅰ只能打开 L 的距离。合模时，依靠弹簧 5 的推动作用，使得摆钩 2 复位而扣紧定模板 1。

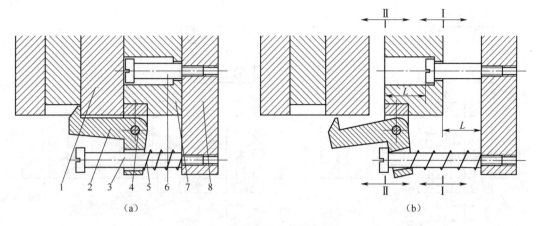

图 8-6 摆钩式二次分型机构之一

(a)合模图 (b)开模图

1. 定模板 2. 摆钩 3. 定距拉杆 4. 圆柱销 5. 弹簧 6. 限位螺钉 7. 中模板 8. 动模板

应当指出,定距拉杆 3 与限位螺钉 6 的长度应相互协调,以避免摆钩 2 被拉坏,摆钩 2 前端的斜面应确保合模时不发生故障。这种摆钩式二次分型机构适用于先开启中模板与动模板,后开启中模板与定模板的情况。

(2)摆钩式二次分型机构之二 摆钩式二次分型机构之二如图 8-7 所示,由限位螺杆 2、弹簧 3、圆柱销 5 和摆钩 6 组成;图 8-7(a)所示为合模状态,图 8-7(b)所示为开模状态。

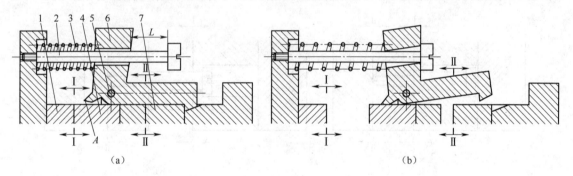

图 8-7 摆钩式二次分型机构之二

(a)合模图 (b)开模图

1. 定模板 2. 限位螺杆 3. 弹簧 4. 中模板 5. 圆柱销 6. 摆钩 7. 动模板

摆钩式二次分型机构之二与摆钩式二次分型机构之一基本相同,只是在摆钩 6 之上增加了一个限制摆动角度的尖角。这种摆钩式二次分型机构适用于先开启中模板与定模板,后开启中模板与动模板的情况。

(3)弹簧限位销二次分型机构 弹簧限位销二次分型机构如图 8-8 所示,由 U 形块 1、内六角螺钉 2、圆柱销 3、限位销 4、弹簧 5、螺塞 6 和限位螺钉 10 组成;图 8-8(a)所示为合模状态,图 8-8(b)所示为开模状态。

开模时,先是定模板 7 和中模板 8 之间的分型面 I—I 开启,圆柱销 3 固定在中模板 8 上不动;当开启一定距离,圆柱销 3 碰到两个限位销 4 时,便带动着中模板 8 与动模板 9 分开 L 距离,然后圆柱销 3 便迫使限位销 4 压缩弹簧 5 脱离限位销 4,定模板和中模板完全开启,分型面 I—I 便彻底地打开。弹簧限位销二次分型机构的二次分型的目的是为了使分型面 II—II 打开。

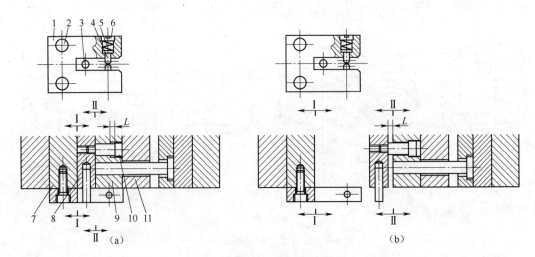

图 8-8   弹簧限位销二次分型机构

(a)合模图   (b)开模图

1.U形块   2.内六角螺钉   3.圆柱销   4.限位销   5.弹簧   6.螺塞   7.定模板

8.中模板   9.动模板   10.限位螺钉   11.动模垫板

(4)分型限位螺钉形式的二次分型   分型限位螺钉形式的二次分型如图 8-9 所示,仅由一个分型限位螺钉 2 构成;图 8-9(a)所示为合模状态,图 8-9(b)所示为开模状态。这是一种最简单的二次分型机构,其除了具有分型的作用,还具有Ⅰ—Ⅰ分型面开启时限位的作用。

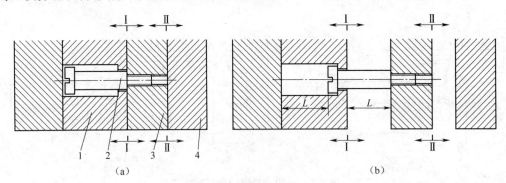

图 8-9   分型限位螺钉形式的二次分型

(a)合模图   (b)开模图

1.定模板   2.分型限位螺钉   3.中模板   4.动模板

Ⅰ—Ⅰ分型面首先开启,分型限位螺钉 2 在定模板螺钉过孔中移动 L 距离,直至分型限位螺钉 2 大端面接触圆柱头沉孔的端面为止;然后,分型限位螺钉 2 带动着中模板 3 移动,分型面Ⅱ—Ⅱ被打开。

二、定位与导向机构

注塑模的模架本身就配有四个导柱和导套,以保证注塑模定模部分和动模部分开、闭模时的定位与导向。为了保证其他运动机构的运动精度,也需要采用适当的导向机构;特别是精密注塑模,在成型壁薄和高精度的注塑件时,在模具许多位置上都需要采用二次定位和二次导向机构。

1. 定位机构

注塑模的导向及定位机构除了模架上的导向及定位系统之外,还有脱模机构的推板及推垫板与动模垫板之间的导向及定位系统,这些是注塑模的通用导向及定位机构。注塑模的通用导向及定位机构经过长期使用,磨损会使导向及定位系统的间隙加大,直至无法使用。对成型高精度注塑件的模具来说,只依靠这些通用导向及定位机构是远远不够的,还需另加注塑模精确的导向及定位机构,才能确保注塑模导向及定位的精度。

(1)型腔与型芯的精确定位　型腔与型芯一般是采用凸、凹锥体进行无间隙的二次精密定位,从而可以确保注塑件成型构件的精确定位。

对成型注塑件的模具型腔与型芯采用二次精密定位,其方法是利用型腔与型芯的两端各制成圆锥孔和圆锥面的配合来实现。其作用一是型腔与型芯的两端均为固定形式,可以提高型腔与型芯的刚度,还可以避免熔融高压的料流对型腔与型芯的冲击而产生偏斜;二是圆锥孔或圆锥面的配合为无隙配合,从而可提高型腔与型芯合模后定位的精度。

筒形注塑件注塑模的精确定位,如图 8-10 所示。筒形注塑件的特点是壁厚较薄、长度长和孔较深,成型时易造成壁厚不均匀的缺陷。注塑模设计时采用二次精密定位,将定模板 2 和推板嵌件 1 制成圆锥形的无隙配合,其锥度为 $10°\sim15°$。型芯 3 和浇口套 5 在主流道处也采用了圆锥形无隙配合,分流道和浇口直接设计在型芯 3 上。这样使型芯 3 两端都被固定,在注射时不会因受到熔体的冲击而使型芯 3 偏斜。这种型芯 3 和型腔两端都采用了圆锥形无隙配合的二次精密定位,可以确保型腔间隙的均匀性,从而确保了注塑件壁厚的精度。

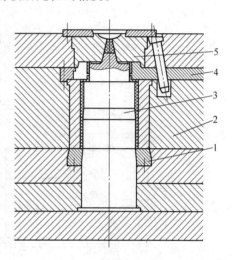

图 8-10　型腔和型芯精确定位形式之一
1. 推板嵌件　2. 定模板　3. 型芯
4. 滑块　5. 浇口套

(2)滑块和型芯的精确定位　滑块和型芯的精确定位主要特点是:斜销与滑块上的斜孔的配合 A 处一定要有 0.5mm 以上均匀的间隙,绝不允许在模具闭合时斜销与滑块斜孔产生碰撞,这种碰撞的后果会改变滑块的位置而影响到精度。为了减少滑块磨损,采取的措施如图 8-11 所示,斜楔上、下需要楔紧和侧向压板 4 需要嵌入动模板内等,可很大地提高模具的使用寿命。

①减少摩擦的两块青铜制成的垫块 1,其上加工很多小孔,并在孔中压入粉末冶金小柱,使它能吸收润滑油。垫块 1 的一块固定在动模板上,另一块固定在滑块上。

②斜楔 2 在 B 处采用与锥形槽嵌件 3 的配合,使滑块更为稳定可靠。

③侧向压板 4 在 C 处嵌入动模板内。

(3)设置在分型面上的二次定位系统　单靠模架上的导向装置不能满足精密注塑模的定模型腔和动模型腔或型芯相对位置的准确性,例如,采用模架上的导向装置,磨损到一定程度后间隙的增大,会使注塑件的壁厚尺寸增加,造成注塑件的壁厚尺寸超差和模具使用寿命减少。故必须采用二次定位系统。

分型面两端的二次定位装置如图 8-12 所示。因模具的定模部分不存在型腔,为防止模架上的导向装置间隙的影响,在分型面的两端设置带锥形面的无隙二次定位装置。

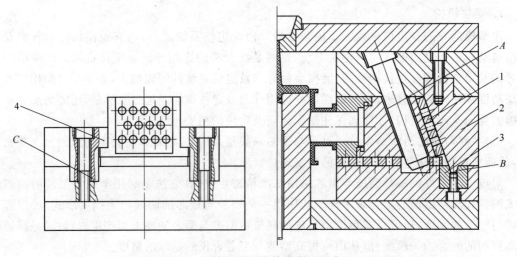

图 8-11　滑块和型芯的精确定位形式之二

1. 垫块　2. 斜楔　3. 嵌件　4. 侧向压板

A——斜销与滑块斜孔的配合间隙；*B*——斜楔与锥形槽嵌件的配合处；*C*——侧向压板与动模板嵌入处

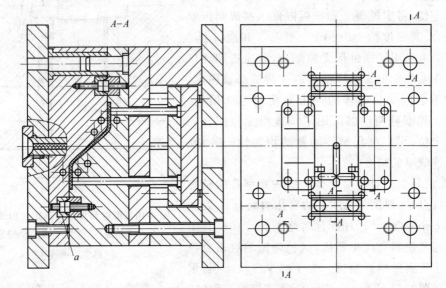

图 8-12　应用二次定位系统的模具

2. 导向机构

(1) 通用导向机构　二模板注塑模模架的导向机构与三模板注塑模模架的导向机构放置的位置是不同的。二模板模架导向机构如图 8-13(a)所示，导套 2 放置在定模板 1 中，导柱 3 放置在动模板 4 中。三模板注塑模模架的导向机构如图 8-13(b)所示，导套 2 与导套 7 分别放置在中模板 5 和动模板 6 中，导柱 3 放置在定模板 1 中，因为三模板模架导向机构的导柱 3 在注塑模二次分型时要支撑中模板 5。

二模板注塑模与三模板注塑模所使用的导柱和导套称为通用导向机构。模架上四套导向机构，为了不使合模时出现错位的现象，一般是将四处中心距中的一处制成相差 2mm，以防错位。

四处通用导向机构会出现位置度的误差，从而会导致导柱和导套之间的配合间隙较大而

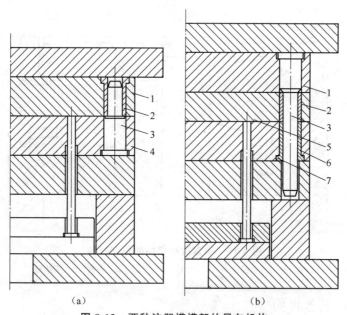

图 8-13 两种注塑模模架的导向机构

(a)二模板注塑模模架的导向机构 (b)三模板注塑模模架的导向机构

1. 定模板 2,7. 导套 3. 导柱 4,6. 动模板 5. 中模板

影响模具的导向,对于精密注塑模可采用滚珠形式的导柱和导套。

(2)定模脱模机构的导向机构 当注塑件为定模脱模结构时,为了保证定模脱模机构脱模与复位运动的平稳性,可采用如图 8-14 所示的定模脱模机构的导向机构。该机构是由推板导柱 3 和导套 4 组成,推板导柱 3 安装在定模推板 2 上,导套 4 安装在中模板 5 上。

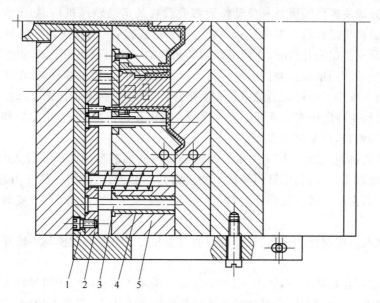

图 8-14 定模脱模机构的导向机构

1. 定模推垫板 2. 定模推板 3. 推板导柱 4. 导套 5. 中模板

(3)动模脱模机构的导向机构 如图 8-15 所示,为了保证推杆 1 顶出主流道中冷凝料运动的平稳性,只在动模垫板 2 上装有四组导柱 3 和导套 4,以保证推板 5 和推垫板 6 的运动平

稳性。

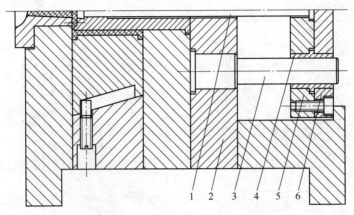

图 8-15　动模脱模机构的导向机构

1. 推杆　2. 动模垫板　3. 导柱　4. 导套　5. 推板　6. 推垫板

三、注塑模的其他机构

注塑模除了有分型机构、抽芯机构和脱模结构三大机构之外,根据注塑件结构成型要求,还要有脱浇口凝料机构、运动转换机构、定位机构和导向机构以及其他类型的机构,才能完成注塑模的功能。

(1)运动转换机构　注塑模虽然复杂,但还是模具,本身没有动力源。有些动力是由注射机直接赋予的,有些运动则需要通过运动转换机构,将注射机赋予的运动转换成机构的运动。定模脱模运动的转换机构,就是将注射机赋予模具的开、闭模运动转换成定模脱模的运动。

为了能够完成注塑件脱模与复位动作而需要设置的运动转换机构,如图 8-16 所示,以实现定模推板顶出机构的运动。推垫板和推板与挂钩 3 连接在一起,摆钩 5 的斜钩与挂钩 3 的斜钩相连。当动模与定模开启时,在两根摆钩 5 和挂钩 3 的斜面作用下,推板上的推杆可将注塑件顶出中模型芯。当推板接触到中模板而限制了位移时,动模继续移动,在挂钩 3 的斜钩作用下,两根摆钩 5 压缩支承杆 7 上的弹簧 6 而张开。合模时,在两根摆钩 5 和挂钩 3 弧面的作用下,使两根摆钩 5 再次压缩支承杆 7 上的弹簧 6 而张开钩住挂钩 3。推垫板和推板的先复位先是靠推杆上的弹簧,后是靠回程杆复位。

(2)滑块揳紧机构　如图 8-17 所示。在注塑模侧向抽芯型面的面积较大时,滑块上所承受的注射压力便较大,此时仅依靠斜导柱 4 的揳紧是不够的;因为斜导柱 4 为悬臂梁,其刚度较差,作用力大时会产生弹性变形而后移,导致注塑件尺寸变大。此时,需要另设置楔紧块 3 来揳紧滑块 5。

(3)限位机构　限制抽芯机构、脱模机构的行程和二次分型的动模与中模开模距离的机构称为限位机构。

①滑块抽芯限位机构之一,如图 8-18(a)所示。滑块 4 抽芯时由于斜导柱 1 产生的惯性作用,一是会使滑块 4 脱离模具,二是使滑块 4 抽芯的距离大于 L;模具合模时,会造成斜导柱 1 无法插入滑块 4 的斜孔中而导致斜导柱 1 与滑块 4 发生碰撞现象。为了避免产生上述的问题,模具可设计限位销形式的限位机构。合模时,滑块 4 的复位运动可使限位销 6 压缩弹簧 7 而进入限位孔内;开模时,滑块 4 的抽芯运动可使限位销 6 移动 L 距离进入半球形窝坑中,由于限位销 6 的弹出而限制了滑块 4 的运动。

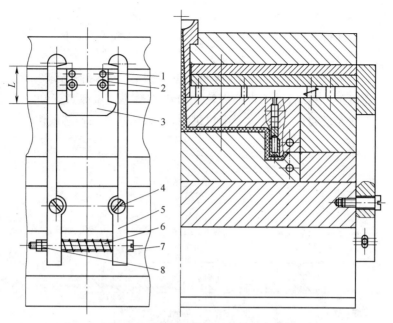

图 8-16 定模脱模运动的转换机构

1. 圆柱销 2. 内六角螺钉 3. 挂钩 4. 圆柱头螺钉 5. 摆钩 6. 弹簧 7. 支承杆 8. 六角螺母

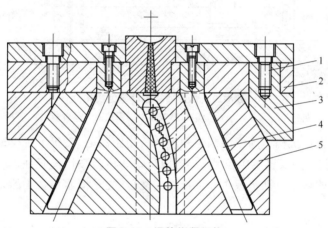

图 8-17 滑块楔紧机构

1. 内六角螺钉 2. 定模板 3. 楔紧块 4. 斜导柱 5. 滑块

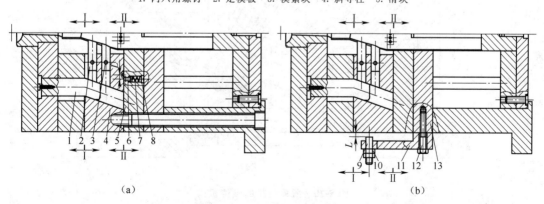

(a)   (b)

图 8-18 滑块抽芯限位机构

1. 斜导柱 2. 型芯 3. 圆柱销 4. 滑块 5. 动模板 6. 限位销 7. 弹簧 8. 螺塞
9. 限位螺钉 10. 六角螺母 11. 限位板 12. 六角头螺栓 13. 动模垫板

　　限位螺钉形式的限位机构之二，如图 8-18(b)所示。限位板 11 通过六角头螺栓 12 安装在动模垫板 13 上，限位螺钉 9 通过两个六角螺母 10 安装在限位板 11 上。通过调节限位螺钉 9 至滑块 4 的距离 L，可以限制滑块 4 的运动。

　　②弧形抽芯运动限位机构，如图 8-19 所示。弧形型芯 5 下端制有渐开线齿，注射机的顶杆推动着推板 1 和齿条 2 移动，从而带动齿轮 3 和弧形型芯 5 做弧形运动。为了限制在惯性作用下弧形型芯 5 的运动越位，应该设置限位机构，其原理同滑块抽芯限位机构。

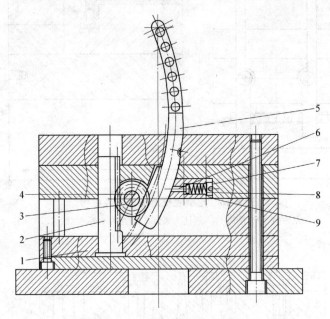

图 8-19　弧形抽芯运动限位机构
1. 推板　2. 齿条　3. 齿轮　4. 轴　5. 弧形型芯　6. 限位销　7. 弹簧　8. 螺塞　9. 套筒

　　③脱模机构的限位机构。为了限制注塑模的脱模距离 L，设置了脱模机构的限位机构，如图 8-20 所示，在推板 2 中安装了限位销 3。当限位销 3 移动 L 距离抵住动模垫板 6 的端面时，限制了斜脱模机构的移动。推垫板 1 和推板 2 的复位，先是依靠弹簧 4 的先复位，之后是依靠回程杆 5 精确复位。

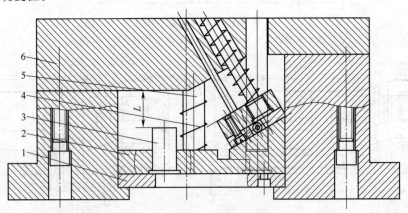

图 8-20　脱模机构的限位机构
1. 推垫板　2. 推板　3. 限位销　4. 弹簧　5. 回程杆　6. 动模垫板

四、其他构件

注塑模除了具有各种机构之外,还具有其他一些构件。

1. 镶件

镶件是组装在动模或定模型芯中,用来成型产品零件上的一些特殊的型孔和型槽的可拆换的型芯。镶件的使用既便于维修,又便于动、定模型腔或型面的加工。

箱锁主体部件如图 8-21(a)所示,型芯镶件如图 8-21(b)所示,型芯镶件在注塑模中的装配如图 8-21(c)所示。型芯镶件 4 装在定模板中并用圆柱销 3 防转,上端的台阶和上端面安装在定模板与定模垫板之间,可限制型芯镶件 4 轴向的移动。因此,型芯镶件 4 可以成型箱锁主体 1 的花键孔 K,并可随着动、定模的开闭完成抽芯与复位动作。

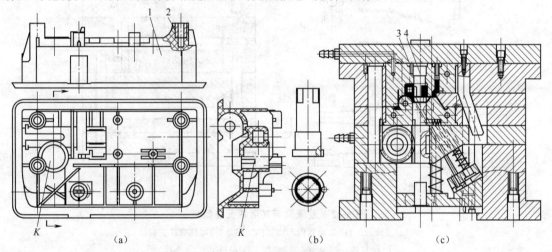

图 8-21　注塑模镶件装配图

(a)箱锁主体部件　(b)型芯镶件　(c)型芯镶件在注塑模中的装配
1. 箱锁主体　2. 螺母　3. 圆柱销　4. 型芯镶件

(1)镶件的作用

①用来成型产品零件上的一些特殊的型孔和型槽;

②组装在动模或定模型腔中,可进行型芯拆换;

③与动或定模模型芯组装后,可与动模或定模型芯同时进行开、闭模运动。

(2)镶件与抽芯机构的区别

①镶件的成型与抽芯运动直接来源于动、定模的开、闭模运动;水平与斜向的抽芯运动,则是经过动、定模的开、闭模运动再转换为弯销或斜导柱对滑块的抽芯运动,或者是来源于液压与气动的抽芯运动;垂直抽芯运动,则是经过动、定模的开、闭模运动再转换为齿条与齿轮的运动,实现为垂直抽芯运动。

②镶件是成型与注塑件的动、定模的开、闭模方向为相同方向的型孔和型槽;抽芯机构则是成型与注塑件的动、定模的开、闭模方向为垂直或倾斜方向的型孔和型槽;垂直抽芯机构则是成型与动、定模的开、闭模方向为相同方向,并且是镶件不能够成型的型孔和型槽。

2. 活块

活块也称活动件,可以成型产品零件各个方向的型孔和型槽,并随成型的产品零件一起被脱模后,再由人工从成型的产品零件中取出的型芯。活块可先在注塑模中定位和固定。

　　使用活块,注塑模的结构可以减少抽芯机构,使注塑模的结构简单化,同时使有运动干涉的抽芯机构可避免发生运动干涉的现象。但是,由于活块需要另行安排人工装卸,会使生产效率降低。

　　溢流管如图 8-22(a)所示,活块如图 8-22(b)所示,溢流管注塑模如图 8-22(c)所示。活块 2 由圆柱销 1 限制轴向的位移;闭模后,溢流管的内形由活块 2 成型;开模后,活块 2 在两端推杆 3 的作用下,由推板 4 和推垫板 5 与溢流管一起被顶出模具之外;最后,再从溢流管中取出活块 2。

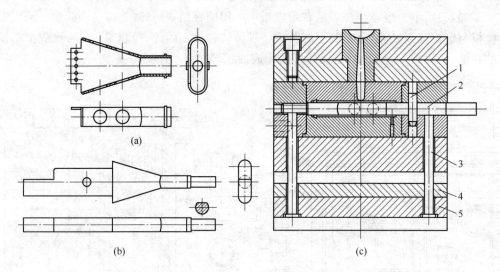

图 8-22　溢流管与其活块及注塑模

(a)溢流管　(b)溢流管内形成型的活块　(c)溢流管注塑模

1. 圆柱销　2. 活块　3. 推杆　4. 推板　5. 推垫板

　　(1)活块的作用

　　①可成型产品零件各个方向的型孔和型槽;

　　②可避免成型产品零件的型孔和型槽的型芯发生运动干涉。当成型的产品零件的型孔和型槽的型芯发生运动干涉时,将其中一型芯设置为活块,可有效地避免型芯发生运动干涉。

　　(2)活块与镶件和抽芯机构型芯的区别　活块安装在动模或定模的型腔中,与产品零件一起被脱模,再由人工从成型的产品零件中取出型芯;镶件和抽芯机构型芯是不可能与产品零件一起被脱模的。

　　3. 嵌件支承

　　由于注塑件的材质比金属件的材质软,而注塑件往往要与其他零件相连接,大多数的情况下在注塑成型时,将嵌件包容在注塑件之中。成型时用以支承嵌件的零件称为支承件。

　　嵌件是指被包容在塑件材料中的金属件。外把手部件如图 8-23(a)所示,螺钉 2 为嵌件。螺钉 2 包裹在外把手部件 1 中,仅外露出螺钉头。

　　注塑模中支承嵌件的模具零件称为嵌件支承件。如图 8-23(c)所示,模具中的卡簧 3 和支承件 4 为嵌件支承。支承件如图 8-23(b)所示。支承件 4 和卡簧 3 在注塑模中支承螺钉 2,卡簧 3 是为防止支承件 4 脱落而设置的。外把手部件脱模时支承件 4 随着螺钉 2 同时被顶脱模,然后需要用电动扳手将支承件 4 从螺钉 2 的螺杆上拧下来,注射下一件时还要将螺钉 2 装入支承件 4 再放进注塑模相应的孔中。

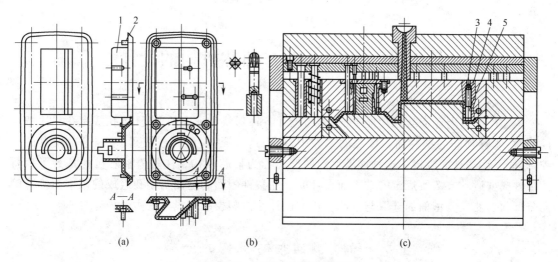

图 8-23　注塑模中的嵌件支承

(a)外把手部件　(b)支承件　(c)注塑模中的嵌件支承
1. 外把手部件　2. 螺钉　3. 卡簧　4. 支承件　5. 螺钉

(1)嵌件支承的作用　嵌件支承是在注塑模中用以支承嵌件的模具零件。嵌件支承可以和镶件一样固定在动模或定模型芯中，并且是可拆换的型芯；也可以和活块一样，随产品零件一起脱模后再用工具取出。

(2)嵌件支承与镶件及活块的区别　支承件是支承嵌件的模具零件，镶件和活块是成型产品零件的某部分的型孔和型槽的型芯。

注塑模除了具有上述的机构之外，还有其他一些机构和构件，这些机构和构件的功能都是为了确保注塑模能够完成注塑件的成型。注塑模的机构要根据注塑模结构设计方案来选定和设计，注塑模机构的形式反过来又会影响注塑模结构设计方案的实施。所有注塑模机构的选定和设计，都需要反复分析和比较后才能正确地确定。

复习思考题

1. 掌握注塑模二次分型机构的结构；会根据不同的分型要求，采用相应的注塑模二次分型机构的形式。

2. 掌握注塑模二次定位机构的结构；会根据不同的模具部位的精密定位要求，采用相应的注塑模二次定位机构的形式。

3. 掌握注塑模二次导向机构的结构；会根据不同的模具部位的精密导向要求，采用相应的注塑模二次导向机构的形式。

4. 掌握注塑模的运动转换机构、滑块搜紧机构和限位机构的结构及应用场合。

5. 掌握注塑模各种构件的用处和应用场合。

第九章　侧向分型与抽芯机构的设计

注塑件的沿周侧面会因功能上的需要，设计各种形状和方向的通孔、沉孔或螺孔。注塑件成型时，能够移动的型芯插入模具的型腔中，成型这些通孔、沉孔或螺孔；型芯退出模具的型腔，以便于注塑件的脱模。这种能够移动的型芯称为抽芯机构。注塑模抽芯机构是为了执行注塑件成型运动方案所规定的动作而设计的。注塑件侧面的型面与型孔组成的截交面称为侧向分型面。侧向分型面的选取与抽芯机构的设计是注塑模结构设计的主要内容之一。

第一节　侧向抽芯机构的分类

注塑件沿周侧面的型孔有的分布在注塑件外侧型面上，也有的分布在内侧型面上。注塑件上型孔或型槽的轴线，有的与注塑件中心线的三坐标轴相垂直或相平行，有的则与注塑件中心线的三坐标轴相倾斜。注塑件上有各种形状的型孔，有圆形孔、方形孔，也有异形孔；孔的数量和结构也有多种，有单个孔、多个组合孔，还有复式孔；有通孔、沉孔或浅槽。注塑件的型孔或型槽，不但决定了侧向分型抽芯机构的走向、抽芯机构运动的起点、终点及行程，而且可以确定抽芯机构的结构形式及抽芯机构型芯的形状和尺寸。

一、抽芯机构的分类方式

抽芯机构的种类繁多，分类方式不同，如按动力的类型进行分类、按注塑件型孔的类型进行分类、按注塑件型孔的方向进行分类，还有按斜销或弯销的型式进行分类。

（1）按抽芯的动力类型分类　按抽芯的动力类型可分为手动抽芯机构、机动抽芯机构、弹簧抽芯机构和液压及气动抽芯机构等。

（2）按抽芯的形式分类　按抽芯的形式可分为外抽芯机构、内抽芯机构、滑块抽芯机构和垂直抽芯机构。

（3）按抽芯的方向分类　按抽芯的方向可分为水平抽芯机构、斜向抽芯机构和垂直抽芯机构。

（4）按抽芯的动力构件分类　按抽芯的动力构件可分为斜销、弯销、变角弯销、螺杆、偏心式、齿轮齿条、连杆、弹簧、橡皮、斜推杆、摆杆、楔杆和压杆等抽芯机构。

（5）按抽芯机构抽芯运动的级数分类　按抽芯机构抽芯运动的级数可分为一级抽芯（简称抽芯）、二级抽芯、分级抽芯和多级抽芯。

（6）按抽芯机构型芯的数量和抽芯机构的数量分类　按抽芯机构型芯的数量可分为单型芯和多型芯，按抽芯机构的数量可分为单个抽芯机构和多个抽芯机构。

（7）按抽芯时间的先后分类　按抽芯时间的先后可分为滞后抽芯机构和超前抽芯机构。

二、按抽芯的动力类型分类

1. 手动抽芯机构

手动抽芯机构如图 9-1 所示，是利用人手进行注塑件型孔的抽芯，型芯 4 紧固于轴 3 上，轴 3 上装有手柄 1,托板 2 用于托住注塑件;扳动手柄 1 使轴 3 旋转,从而带动型芯 4 完成抽芯。限位销 5 的作用是在闭模状态时限制型芯 4 的移动位置,使 $\alpha > \beta$。

　　手动抽芯的效率较低,多应用于生产数量极少的注塑件加工中,如注塑件未定型之前的试验件。模具的特点是越简单越好,通过试验件可以验证其性能,检验尺寸和精度,为注塑件的定型奠定基础。

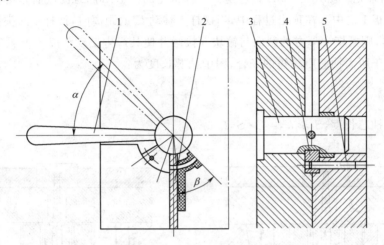

图 9-1　旋转式手动抽芯机构
1. 手柄　2. 托板　3. 轴　4. 型芯　5. 限位销

2. 机动抽芯机构

　　(1)弯销抽芯机构　如图 9-2 所示,这是常用的一种机械抽芯机构。合模时,滑块 1 通过圆柱销 9 与型芯 2 及型芯 8 相连。弯销 6 插入滑块 1 的斜孔中,使滑块 1、型芯 2 及型芯 8 向着型腔方向移动,并利用弯销 6 的斜面揳紧滑块 1,可以完成熔体对型芯 2 及型芯 8 的型孔成型。开模时,弯销 6 的斜面作用到滑块 1 的斜面上,使滑块 1 产生后退的抽芯运动,直至弯销 6 完全退出滑块 1 的斜孔。为了防止滑块 1 在惯性的作用下滑出模具滑槽,限位销 3 在弹簧 4 的作用下进入滑块 1 的球形凹窝之中而限制滑块 1 的移动。

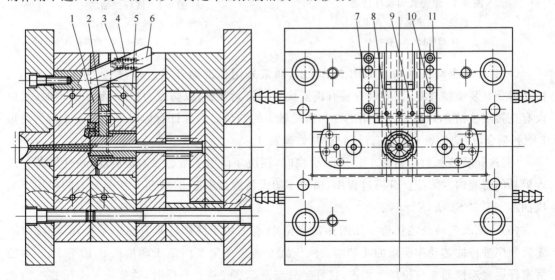

图 9-2　弯销抽芯机构
1. 滑块　2,8. 型芯　3. 限位销　4. 弹簧　5. 动模板　6. 弯销　7. 压板　9,10. 圆柱销　11. 内六角螺钉

（2）滚轮式斜推杆抽芯　如图9-3所示,这是一种常用的外形槽的机械抽芯结构。注射机顶杆在顶出的过程中,推板1推动着滚轮2及斜推杆3,使其沿动模板4的斜孔运动,在与推杆5共同顶出注塑件的同时,完成侧向抽芯。要求 $L\tan\alpha > h$（L——顶出长度）。

（3）摆杆式抽芯　如图9-4所示,这是另一种常用的外形凸台的机械抽芯结构。摆杆4由轴2安装于推板1之中。在顶出过程中,当摆杆4移动 l_3 的距离时,摆杆4的头部已伸出动模板6;继续顶出,则摆杆4下方的斜面与镶块5接触并使其产生摆动距离 e,从而完成抽芯。这种机构仅适用于所需抽芯距较短的场合,图中抽芯长度为:

$$S \approx \frac{(L-l)e}{l_1} \qquad\qquad \text{(式9-1)}$$

式中　S——抽芯长度,$S \geqslant h$,$e_1 > S$,$l_3 > l_4$。

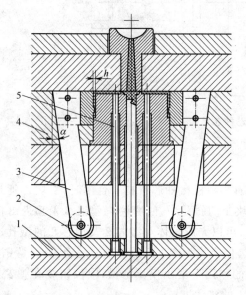

图9-3　滚轮式斜推杆抽芯

1. 推板　2. 滚轮　3. 斜推杆

4. 动模板　5. 推杆

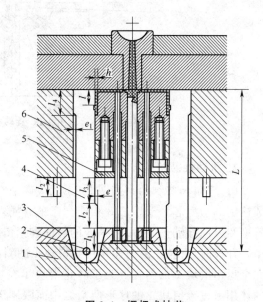

图9-4　摆杆式抽芯

1. 推板　2. 轴　3. 推杆固定板

4. 摆杆　5. 镶块　6. 动模板

（4）齿轮齿条抽芯机构　如图9-5所示,通常采用标准渐开线齿形,模数为 $1\sim3.5\text{mm}$。传动齿条6装于模外时,其尾端应装有楔紧块7的压紧装置,以防受力变形;装于模内时,其应设有止转定位销3,以防止齿条滑芯2和齿轮轴1的错位。为保证合模时传动齿条6与齿轮轴1顺利啮合,传动齿条6应设有浮动机构,如弹簧9。

（5）弹簧抽芯机构　如图9-6所示,合模时,锁块4作用于型芯3末端的球面,使型芯3进入模具的型腔内并限位。开模过程中,锁块4随模具脱离型芯3,型芯3在弹簧力的作用下完成抽芯。要求 $S > h$,$S > S_1$。

（6）液压及气动抽芯机构　如图9-7所示,特别适用于注塑件具有多个型孔,需要按时间先后顺序进行抽芯动作要求的注塑模。液压缸6通过支架7固定于动模板8上,液压缸6的活塞杆通过连接器5与拉杆4相连,拉杆4又与型芯2连接。开模时,锁紧块3脱开型芯2,此时借助液压缸6中活塞的往复运动使型芯2进行抽芯或复位运动。合模后,锁紧块3进入型芯2凹槽内,对型芯2进行限位锁紧。

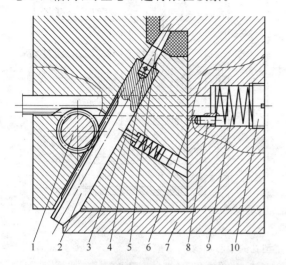

图9-5　齿轮齿条抽芯机构的基本形式

1.齿轮轴　2.齿条滑芯　3.定位销　4,8.圆柱销
5.型芯　6.传动齿条　7.楔紧块
9.弹簧　10.螺塞

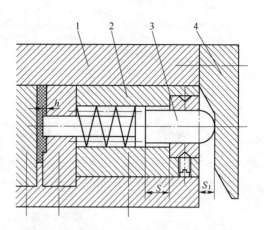

图9-6　弹簧抽芯、端面限位机构

1.定模板　2.动模板　3.型芯　4.锁块

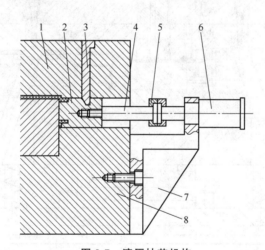

图9-7　液压抽芯机构

1.定模板　2.型芯　3.锁紧块　4.拉杆　5.连接器　6.液压缸　7.支架　8.动模板

三、按注塑件型孔的类型分类

(1)单个型孔注塑件的抽芯机构　注塑件只有单个型孔,模具的抽芯机构可采用如图9-8
所示的弯销抽芯机构。开模时,弯销4作用于滑块5,使滑块5通过限位销8压缩弹簧9产生
抽芯运动。在弹簧9的作用下,限位销8进入惯性运动的滑块5球形凹窝中,限制了滑块5的
运动。合模时,滑块5在弯销4的作用下产生复位运动。

(2)多个组合型孔注塑件的抽芯机构　注塑件同一侧面存在多个型孔,注塑件型孔抽芯时
不存在变形问题所采用的抽芯机构,如图9-9所示。左型芯4和5是同一侧面的型芯,用于成
型注塑件同一侧面的两个型孔。因为型芯抽芯力不大,可以使用同一个抽芯机构进行型孔的
抽芯。同理,右型芯6和7也可以用同一个抽芯机构进行两个型孔的抽芯。

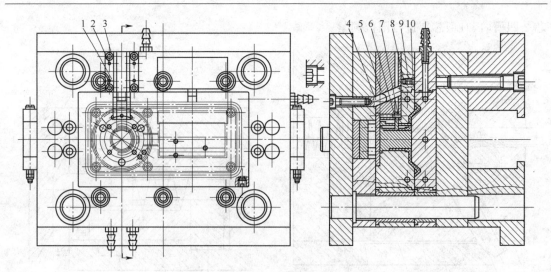

图 9-8　注塑件单个型孔的抽芯机构

1. 压板　2. 圆柱销　3. 内六角螺钉　4. 弯销　5. 滑块　6. 型芯　7. 圆柱销
8. 限位销　9. 弹簧　10. 螺塞

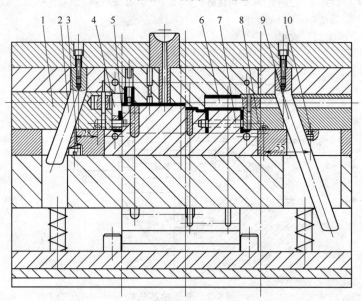

图 9-9　多个组合型孔注塑件的抽芯机构

1. 左滑块　2. 左弯销　3. 螺塞　4,5. 左型芯　6,7. 右型芯　8. 右滑块
9. 右弯销　10. 限位钉

(3)分级抽芯机构　因注塑件存在着多个并列的型孔,型孔的抽芯力很大。为了避免注塑件抽芯时所产生的变形,模具的抽芯机构需要采用分级抽芯机构进行型孔的抽芯。

如图 9-10 所示,由于注塑件右端壁较薄,为避免被夹坏及便于排气而采用了分级抽芯。上滑块 2 可在下滑块 3 上滑动,下滑块 3 又可在推板 5 上滑动。开模的过程中,在弯销 1 的作用下,可以完成上滑块 2 的抽芯,推杆 6 顶出时,推板 5 被推动,斜销 4 可以拨动下滑块 3 完成型孔的第二级抽芯。图中相关尺寸为:

$$L = r_1(1 + \sin\alpha) + r\sin\alpha + \frac{S - (r + r_1)(1 - \cos\alpha)}{\tan\alpha} + \frac{(r + \delta)\cos\alpha - r}{\sin\alpha} \qquad (式 9\text{-}2)$$

（4）二级抽芯机构　注塑件上存在着串联形式的复式型孔，为了避免注塑件抽芯时所产生的变形，模具的抽芯机构需要采用二级抽芯机构。

斜销二级抽芯机构如图 9-11 所示。由于注塑件侧面呈薄壁盒形，为防止抽芯时注塑件壁被夹变形或损坏，因此采用了二级抽芯机构。开模过程中，斜销 1 先带动内滑块 4 进行抽芯，此时止动销 3 限制外滑块 2 的抽芯动作。当抽至 S_1 距离时，斜销 1 开始带动外滑块 2 对注塑件外形部分进行抽芯，直到抽至 S_2 距离。该注意的是抽芯完毕，应避免滑块的移动。图中相关尺寸为（S 为二次抽芯距离）：

$$S = S_1 + S_2 = S_3 + S_4$$

$$L = \frac{S - r(1 - \cos\alpha)}{\sin\alpha} + \frac{\delta}{\tan\alpha} + (r - \delta)\tan\alpha + (6 \sim 10) \qquad （式 9\text{-}3）$$

$$l \leqslant \frac{S_1}{\tan\alpha}$$

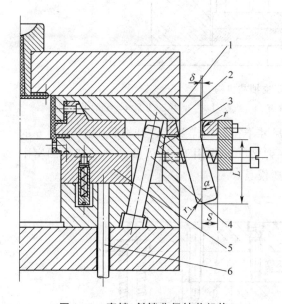

图 9-10　弯销、斜销分级抽芯机构

1. 弯销　2. 上滑块　3. 下滑块
4. 斜销　5. 推板　6. 推杆

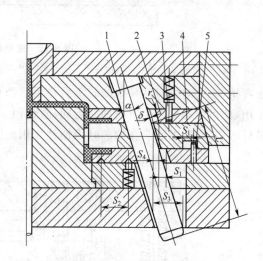

图 9-11　斜销二级抽芯机构

1. 斜销　2. 外滑块　3. 止动销
4. 内滑块　5. 限位销

四、按注塑件型孔的方向分类

以注塑模的开、闭模方向为标准，可以确定注塑件型孔的方向。注塑件型孔的方向与开、闭模方向有平行的，也有正交的，还有斜交的。型孔的方向不同，注塑模抽芯机构的抽芯方向也就不同。

（1）正交抽芯机构　当注塑件型孔的轴线与开、闭模方向正交时，注塑模应该采用正交的抽芯机构；如图 9-12 所示，注塑件的左、右两端存在着两个与注塑模开、闭模方向线相垂直的型孔，相应注塑模也应该设置两个与注塑模开、闭模方向线正交的抽芯机构。

（2）斜向抽芯机构　当注塑件型孔的轴线与开、闭模方向斜交时，注塑模应该采用斜向的抽芯机构，如图 9-13 所示。合模时，弯销 6 插入型芯 7 的斜槽中，一方面可利用弯销 6 的斜面抵紧型芯 7 斜槽的斜面，另一方面型芯 7 的底平面也能够撑紧定模垫板 3 的平面；其目的是防

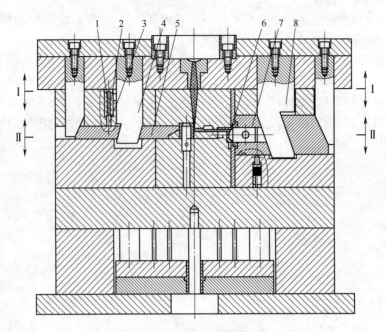

图 9-12 注塑模正交抽芯机构

1. 螺塞 2. 弹簧 3. 限位销 4. 弯销（Ⅰ） 5. 滑块 6. 型芯（Ⅰ） 7. 型芯（Ⅱ） 8. 弯销（Ⅱ）

止弯销 6 的弹性变形,导致型芯 7 后移而使型孔尺寸不符合图样要求。开模时,由于弯销 6 的作用,使得型芯 7 产生斜向抽芯运动;限位销 8 在弹簧 9 的作用下,进入型芯 7 的球形凹窝中进行限位,以防型芯 7 在抽芯时因惯性作用而脱离模具。

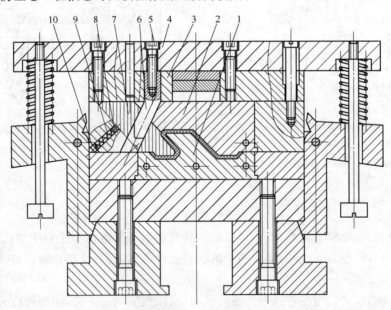

图 9-13 斜向抽芯机构

1. 动模型芯 2. 中模型芯 3. 定模垫板 4. 定模板 5. 内六角螺钉 6. 弯销 7. 型芯 8. 限位销 9. 弹簧 10. 螺塞

（3）**垂直抽芯机构** 当注塑件型孔的轴线与开、闭模方向平行,注塑件采用斜向脱模机构时,若成型注塑件型孔的型芯不能在其脱模之前完成垂直抽芯,注塑件便不能进行斜向脱模。若注塑件螺纹孔的轴线平行于模具开、闭模方向时,螺纹型芯的抽芯也要进行垂直抽芯。

　　垂直抽芯机构如图 9-14 所示,开模时,定模部分带动着齿条 6 向上运动,齿条 6 带动着三个齿轮 5 绕轴 4 转动,于是齿条型芯 3 便产生向下的垂直抽芯运动;合模时,在向下运动齿条 6 的带动下三个齿轮 5 绕轴 4 转动,于是齿条型芯 3 便产生了向上的复位运动。

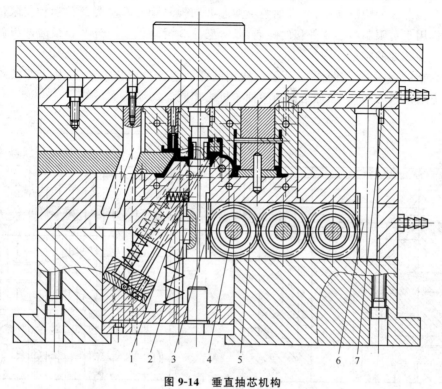

图 9-14　垂直抽芯机构

1. 限位销　2. 键　3. 齿条型芯　4. 轴　5. 齿轮　6. 齿条　7. 圆柱销

五、按斜销的型式分类

可分成斜销、弯销和变角弯销抽芯机构。

(1)斜销抽芯机构　如图 9-15 所示,注塑模抽芯机构的斜销 2 为倾斜放置,型芯 3 与斜销

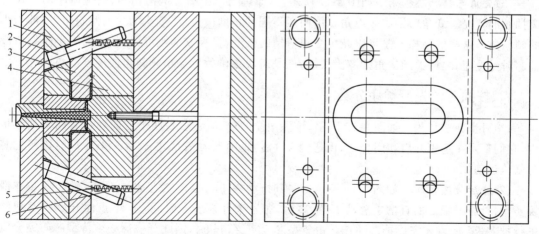

图 9-15　斜销抽芯机构

1. 定模板　2. 斜销　3. 型芯　4. 动模板　5. 限位销　6. 弹簧

2相配的孔为腰形孔。一般规定倾斜角 $\alpha=18°\sim25°$，当抽芯距离一定,倾斜角小时,导柱长度可短一些,锁紧型芯3力大一些,导柱刚度强一些;倾斜角大时,则反之。开模时,定模板1上的两根斜销2拨动动模板4中的两个型芯3向外进行抽芯运动;合模时,两根斜销2插入动模板4的两个型芯3的腰形孔中,并带动两个型芯3向模具中心移动做复位运动。限位销5在弹簧6的作用下可限制型芯3外移的距离,以防型芯3滑落模具之外及合模时两根斜销2能准确地插入型芯3的腰形孔中。

(2)弯销抽芯机构　如图9-16所示。弯销的截面为方形或长方形,滑块上与弯销相配的孔相应为方形或长方形,其原理与斜销的抽芯机构相同。

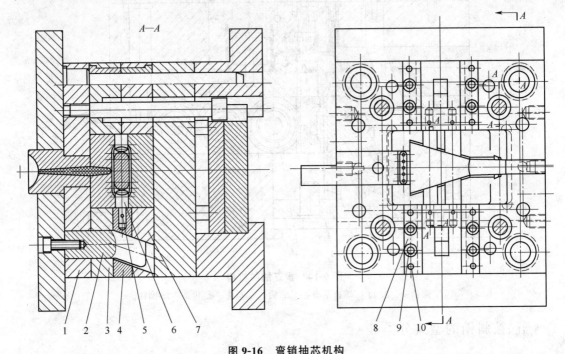

图 9-16　弯销抽芯机构

1.定模板　2.弯销　3.中模板　4.滑块　5,10.圆柱销　6.型芯　7.动模板　8.压板　9.内六角螺钉

(3)变角弯销抽芯机构　如图9-17所示,其原理与弯销抽芯机构相同,只是适用于长距离抽芯的状况。变角弯销的倾斜角 α 由两段不同的角度段组成,端头为大的倾斜角,尾部为小的倾斜角。这样的结构一是可以减少变角弯销的长度,提高它的刚度;二是前面的小倾斜角段抽芯时是慢速,之后大倾斜角抽芯为快速;三是滑块复位后依靠小倾斜角段揳紧滑块。

六、按抽芯的先后顺序分类

(1)同步抽芯机构　如图9-18所示,该注塑模的前、后、左、右四个方向存在着四个抽芯机构,它们都是在定模开启和闭合时,由弯销1,4,6和10带动着滑块2,3,7和11同时进行抽芯与复位运动。

(2)滞后抽芯机构　如图9-19所示,开模时,动模1与定模6、型芯5分离;轴3安装在滑块4上,沿着滑板2的直槽中滑动 L_1 距离后,滞后于开模若干时间,至 A 点便开始沿着斜槽进行抽芯,至 B 点才完成抽芯动作。由于型芯5贯穿滑块4,因此开模后必须待型芯5完全脱离滑块4的孔之后,才允许进行抽芯动作。即当开模 L_1 距离后,滑块4上的轴3才沿滑板2的斜槽运动完成抽芯动作;此处滑板2兼有锁紧的作用。图中相关尺寸为:

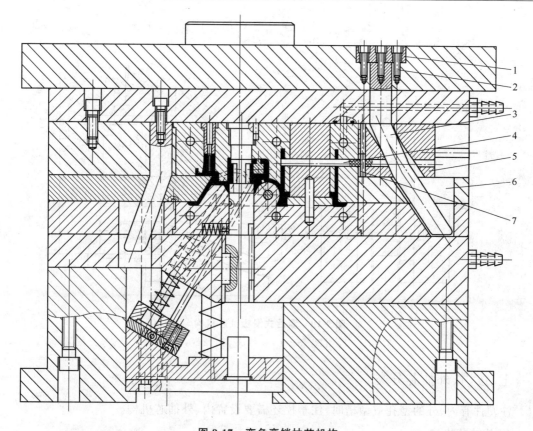

图 9-17　变角弯销抽芯机构

1. 垫板　2. 内六角螺钉　3. 变角弯销　4. 型芯　5. 滑块　6. 中模板　7. 圆柱销

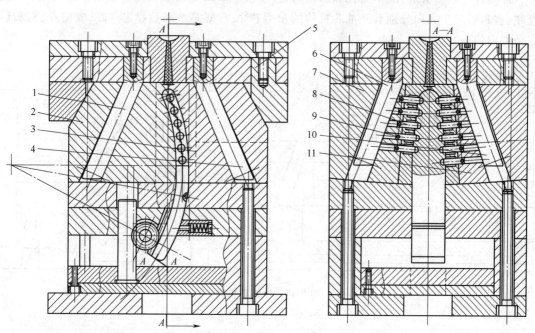

图 9-18　同步抽芯机构

1. 弯销（Ⅰ）　2. 滑块（Ⅰ）　3. 滑块（Ⅱ）　4. 弯销（Ⅱ）　5. 楔紧块　6. 弯销（Ⅲ）
7. 滑块（Ⅲ）　8. 型芯　9. 圆柱销　10. 弯销（Ⅳ）　11. 滑块（Ⅳ）

$$L = \frac{S}{\tan\alpha} + \delta\left(\frac{1}{\sin\alpha} - \tan\frac{\alpha}{2}\right), S \geq h, L_1 > L_2 \qquad (\text{式 9-4})$$

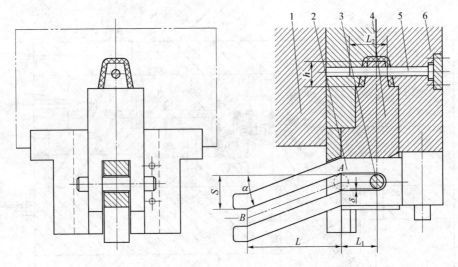

图 9-19 滞后式滑板抽芯机构

1. 动模 2. 滑板 3. 轴 4. 滑块 5. 型芯 6. 定模

七、按内、外抽芯分类

注塑件有内、外的型孔或型槽时,注塑模还需要设置内、外抽芯机构。

1. 外抽芯机构

注塑件外表面有通孔、不通孔和凹槽时,注塑模应采用外抽芯机构。如图 9-20 所示,注塑模左、右和后三个方向分别有外抽芯机构的左型芯 1、右型芯 2 和后型芯 4,以成型左、右和后三个方向的型孔。

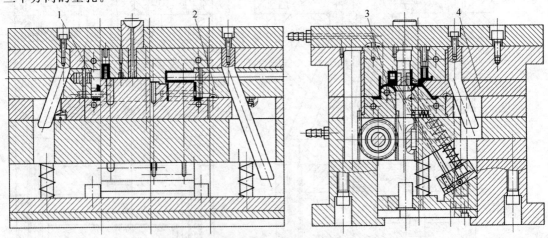

图 9-20 外抽芯机构

1. 左型芯 2. 右型芯 3. 垂直型芯 4. 后型芯

2. 内抽芯机构

注塑件内表面有通孔、不通孔和凹槽时,注塑模应采用内抽芯机构。

(1)镶块式斜滑块内抽芯机构 如图 9-21 所示,型芯 4 上开有燕尾槽,镶块 3 的一侧呈燕尾形可在型芯 4 的燕尾槽中滑动,而另一侧则嵌入斜滑块 1 中。顶出时,推杆 5 推动着斜滑块 1 完成内抽芯。限位销 2 对斜滑块 1 起限位作用。图中抽芯长度为:

$$S = L \tan\alpha \ (L_1 > L, S > t) \quad (式 9\text{-}5)$$

式中 S——抽芯长度;

　　　L——顶出长度。

(2)弯销内抽芯机构 如图 9-22 所示,开模过程中,在弯销 2 的作用下,带动滑块 1 完成对注塑件内侧凹槽的抽芯,此弯销兼有锁紧作用。限位销可在弹簧的作用之下进入滑块 1 的球形窝槽中,起到限制滑块 1 移动的作用;反之,在闭模的过程中,弯销 2 带动滑块 1 完成复位。图中相关尺寸为:

$$L = \frac{S}{\tan\alpha} + \frac{\delta}{\sin\alpha} \qquad (式 9\text{-}6)$$

(3)双滑销式斜推杆内抽芯机构 如图 9-23 所示,斜推杆 3 的尾部装有两根圆柱销 1 和 2 夹住推板与推垫板,以确保斜推杆 3 实现

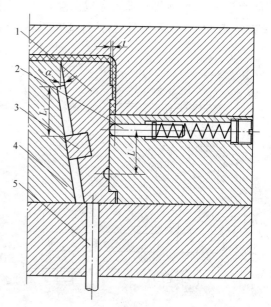

图 9-21　镶块式斜滑块内抽芯机构

1. 斜滑块　2. 限位销　3. 镶块
4. 型芯　5. 推杆

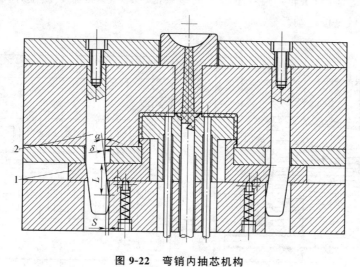

图 9-22　弯销内抽芯机构

1. 滑块　2. 弯销

顶出和复位。顶出时,斜推杆 3 沿型芯 4 的斜孔方向运动,完成内侧抽芯。斜推杆 3 随着推板的复位,沿型芯 4 的斜孔方向完成复位。斜推杆 3 在抽芯和复位运动的过程中,可在推板和推垫板的槽中滑动。图中尺寸的关系为:

$$S_1 > L \tan\alpha > h \tag{式 9-7}$$

(4)双滚轮式斜推杆内抽芯机构 如图 9-24 所示,斜推杆 3 尾部轴 2 的两端分别装有滚轮 5 和 6,滚轮 5 和 6 并装在固定于推板中的支架 1 上。双滚轮的作用是使滚轮 5 和 6 沿水平方向滚动时,减少摩擦。推板顶出时,斜推杆 3 沿着型芯 4 的斜槽一方面作水平运动,另一方

面作垂直运动;水平运动可完成内型孔或内凸台的抽芯,垂直运动则可将注塑件顶出模具的型芯 4。反之,推板复位时,斜推杆 3 在型芯 4 的斜槽作用之下实现复位。图中尺寸的关系为:

$$S_1 > L\tan\alpha > h \qquad\qquad (式\ 9\text{-}8)$$

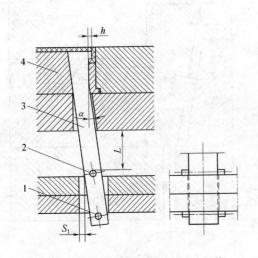

图 9-23   双滑销式斜推杆内抽芯机构

1,2. 圆柱销   3. 斜推杆   4. 型芯

图 9-24   双滚轮式斜推杆内抽芯机构

1. 支架   2. 轴   3. 斜推杆   4. 型芯   5,6. 滚轮

(5)滚轮式斜推杆内抽芯机构   如图 9-25 所示,推板 5 顶出时,斜推杆 4 在动模型芯 2 的斜槽作用下做抽芯运动,滚轮 7 可在推板 5 的槽中滑动;反之,推板 5 复位时,斜推杆 4 在动模型芯 2 的作用下做复位运动。

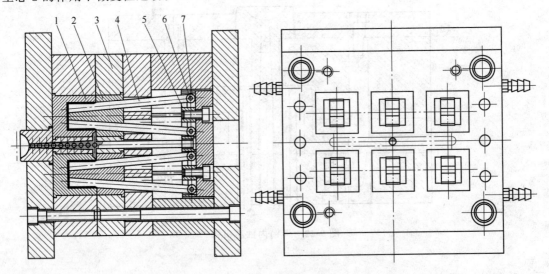

图 9-25   滚轮式斜推杆内抽芯机构

1. 定模型芯   2. 动模型芯   3. 动模板   4. 斜推杆   5. 推板   6. 轴   7. 滚轮

注塑模抽芯的形式众多,相应注塑模的抽芯机构更多。设计注塑模抽芯机构时,一方面可以从注塑模机构设计手册或图册中寻找,另一方面也可以由自己独立进行设计。不管是从手册或图册中寻找,还是自己设计,总的原则是:要根据注塑件型孔或型槽的结构形式和模具对注塑件型孔或型槽的抽芯和复位所要完成的动作进行;另外还需考虑动作的协调性和干涉的现象,模具的足够空间以及抽芯的起始点、终止点和抽芯距离的设置。

复习思考题

1. 掌握侧向抽芯机构的种类,各种抽芯机构的结构形式和特点。
2. 掌握各种抽芯机构的原理和方法以及相关抽芯距离的计算。

第二节 抽芯机构各项参数的给定与计算

抽芯机构抽芯距的计算,在抽芯机构的设计中具有十分重要的作用。抽芯距小了会导致抽芯的型芯仍在注塑件的型孔之内,影响注塑件的脱模。抽芯距大了会增加弯销或斜导柱的长度而导致其刚度减小,还会使模架的尺寸增大。适当的抽芯距对抽芯机构和注塑模都是至关重要的。

一、抽芯距的设定

抽芯距如图 9-26 所示,其尺寸的关系为:

$$S = h + K \qquad (式 9-9)$$

式中 S ——抽芯距(mm);

h ——活动型芯完全脱出成型部位的距离(mm);

K ——抽芯安全系数。K 值由抽芯距 S 和所选抽芯机构而定,其数值可参考表 9-1。

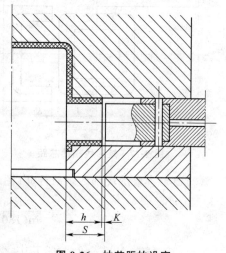

图 9-26 抽芯距的设定

表 9-1 抽芯安全系数 (mm)

h	抽芯机构			
	手动、弹簧、斜销、弯销	斜滑块	齿轮、齿条	液 压
<5	2~3	2~3	3~5 取整齿	3~5
$>5\sim10$				
$>10\sim15$	3~5			5~8
>15				

二、抽芯距的计算

(1)矩形线轴抽芯距的计算(图 9-27)

$$S = h + K \qquad (式 9-10)$$

式中 S —— 抽芯距(mm);

h —— 1/2 线轴最大外形尺寸(mm);

K —— 抽芯安全系数(mm)。

(2)圆形线轴抽芯距的计算(图 9-28)

$$S = \sqrt{R^2 - r^2} + K \qquad (式 9-11)$$

式中 S ——抽芯距(mm);

R ——圆形线轴最大轮廓半径(mm);

r——圆形线轴心轴半径(mm)；

K——抽芯安全系数(mm)。

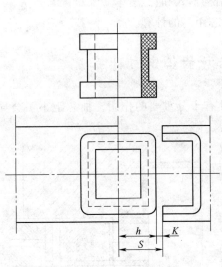

图 9-27　矩形线轴抽芯距

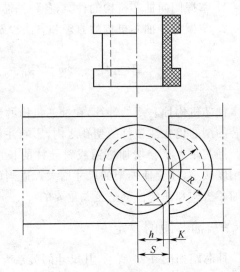

图 9-28　圆形线轴抽芯距

(3)圆形多瓣滑块抽芯距的计算(图 9-29)

$$S = \frac{R\sin\alpha}{\sin(180° - \beta)} + K = \frac{R\sin\alpha}{\sin\beta} + K \qquad (式\ 9\text{-}12)$$

$\alpha = 180° - \beta - \gamma$,其中 $\gamma = \arcsin\dfrac{\gamma\sin(180° - \beta)}{R} = \arcsin\dfrac{\gamma\sin\beta}{R}$

$$\beta = 180° - \left(\frac{360°}{2n}\right) = 180°\left(1 - \frac{1}{n}\right) \qquad (式\ 9\text{-}13)$$

式中　S——抽芯距(mm)；

　　　R——圆形塑件外形最大轮廓半径(mm)；

　　　r——圆形塑件心轴半径(mm)；

　　　K——抽芯安全系数(mm)；

　　　n——圆形滑块所等分的瓣数。

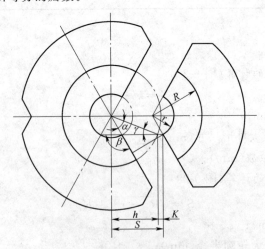

图 9-29　圆形多瓣滑块抽芯距

(4)斜导柱长度的计算(图9-30)

$$L = L_1 + L_2 + (6 \sim 10)$$

$$L_2 = l_1 + l_2 = \frac{1}{2}(D - d)\tan\alpha + \frac{H}{\cos\alpha}$$

$$L_1 = l_3 + l_4 = d\tan\alpha + \frac{S}{\sin\alpha}$$

$$L = \frac{1}{2}(D - d)\tan\alpha + \frac{H}{\cos\alpha} + d\tan\alpha + \frac{S}{\sin\alpha} + (6 \sim 10) \qquad (\text{式 9-14})$$

式中　L ——斜导柱总长度(mm);

L_1 —— 斜导柱工作段有效长度(mm);

L_2 —— 斜导柱安装部分长度(mm);

H —— 斜导柱固定板厚度(mm);

S —— 抽芯距(mm);

α —— 斜导柱倾斜角;

D —— 斜导柱固定段台阶直径(mm);

d —— 斜导柱工作段直径(mm)。

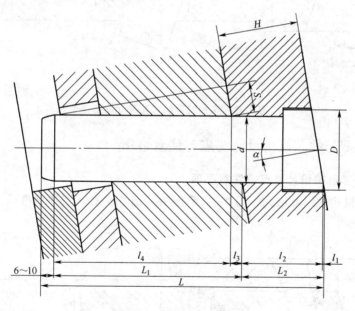

图 9-30　斜导柱长度的计算

(5)滑块设有 r 和间隙 δ 的斜销加长量(图9-31)　间隙 δ 使斜销的加长量为:

$$l_\delta = \frac{\delta}{\sin\alpha\cos\alpha} \qquad (\text{式 9-15})$$

滑块上端口部 r 使斜销的加长量为:

$$l_r = \frac{\gamma(1 + \sin\alpha)}{\cos\alpha} - \frac{\gamma(1 - \cos\alpha)}{\sin\alpha} \qquad (\text{式 9-16})$$

式中　l_δ ——滑块斜销孔与斜导柱间隙使斜销的加长量 (mm);

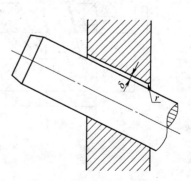

图 9-31　带有 δ, r 的滑块

l_r——滑块斜销孔上端口部 r 使斜销的加长量(mm);

δ——滑块斜销孔与斜销的延时间隙(mm);

r——滑块斜销孔上端口部倒圆半径(mm)。

三、弯销的滑块方孔尺寸的确定

如图 9-32(a)所示:$L \geqslant \dfrac{H}{2} + \dfrac{B}{2}\tan\dfrac{\alpha}{2}$; 　　　　　　　　　　　(式 9-17)

如图 9-32(b)所示:$L_1 \geqslant \dfrac{H}{2} + \dfrac{B}{2}\tan\dfrac{\alpha}{2} - \dfrac{\delta}{\tan\alpha}, L \geqslant \dfrac{H}{2} + \dfrac{B}{2}\tan\dfrac{\alpha}{2}$;　　(式 9-18)

如图 9-32(c)所示:$L \geqslant \dfrac{H}{2} + \dfrac{B}{2}\tan\dfrac{\alpha}{2}, L_1 \geqslant \dfrac{H}{2} + \left(\dfrac{B}{2} + \delta\right)\tan\dfrac{\alpha}{2}$ 。　　(式 9-19)

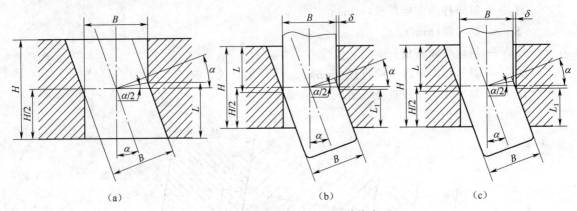

图 9-32　弯销的滑块方孔尺寸确定

四、侧向分型与抽芯机构设计要点与注意事项

1. 斜导柱抽芯机构设计要点与注意事项

斜导柱抽芯机构的一般形式如图 9-33 所示,在设计中的要点与注意事项如下。

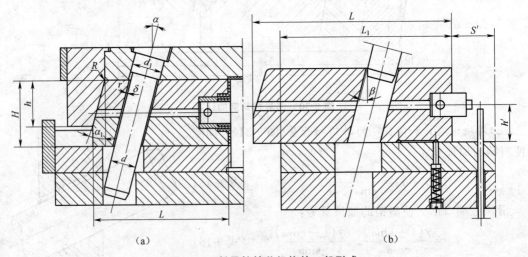

图 9-33　斜导柱抽芯机构的一般形式

①$d_1 = d + 2\delta$, $\delta = 0.5 \sim 1\text{mm}$, $r = 1 \sim 3\text{mm}$, $R = 2 \sim 5\text{mm}$, $\alpha \leqslant 25°$, $\alpha_1 = \alpha + (2° \sim 3°)$, $h \geqslant \dfrac{2}{3}H$, $\beta > \alpha$, $\dfrac{L}{H} \geqslant 2$。

②滑块完成抽芯后,留于滑块导轨内配合长度L_1必须满足$L_1 \geqslant \dfrac{2}{3}L$,同时滑块应设置可靠的限位止动装置,如图 9-33(a)所示的滑块限位挡板只适用于滑块位于模具下方的结构。

③当滑块或侧型芯沿模具轴线的投影与推杆端面相重合时,会发生干涉碰撞,如图 9-33(b)所示。经计算不能避免时,一定要设置先复位机构。

2. 滑块倾斜时的角度和斜销工作段尺寸计算

(1)滑块斜向定模　如图 9-34 所示,斜角关系式为:

$$\alpha = \alpha_1 - \alpha_2, \alpha' = \alpha_1 + (2° \sim 3°) \qquad (式 9\text{-}20)$$

式中　α_1——斜销倾斜角;

α_2——滑块抽芯倾斜角;

α'——楔紧块斜角。

当滑块斜向定模时,斜销工作段长度如图 9-35 所示:

$$l'_4 = \frac{S\cos\alpha_2}{\sin\alpha_1} \qquad (式 9\text{-}21)$$

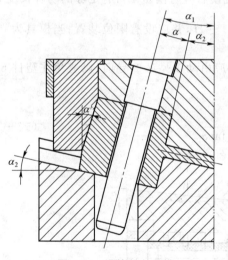

图 9-34　滑块斜向定模

图 9-35　滑块斜向定模时,斜销
工作段长度的计算

(2)滑块斜向动模　如图 9-36 所示,斜角关系为:

$$\alpha = \alpha_1 + \alpha_2, \alpha' = \alpha_1 + (2° \sim 3°) \qquad (式 9\text{-}22)$$

式中　α——斜角;

α_1——斜销倾斜角;

α_2——滑块抽芯倾斜角;

α'——楔紧块斜角。

当滑块斜向动模时,斜销工作段长度如图 9-37 所示:

$$l'_4 = \frac{S\cos\alpha_2}{\sin\alpha_1} \qquad (式 9\text{-}23)$$

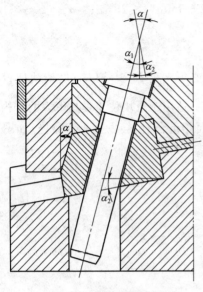

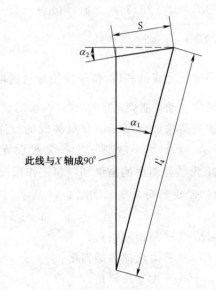

图 9-36　滑块斜向动模　　　　　图 9-37　滑块斜向动模时,斜销工作段长度的计算

3. 斜滑抽芯机构设计要点与注意事项

①如图 9-38 所示,斜滑块 5 抽芯时,注塑件 6 脱模后应与模套 4 留有足够的吻合长度 l_1,斜角 $\alpha < 30°$,一般取 $5° \sim 25°$。当模具为卧式时,$l_1 \geqslant \dfrac{2}{3} H$,并应设有限位装置;当模具为立式时,$l_1 \geqslant \dfrac{1}{3} H$。斜滑块 5 在顶出的过程中,注塑件 6 应由动模型芯 2 导向,以避免注塑件 6 留于任何一侧斜滑块 5 之内。图中尺寸关系为:

$$S = l\tan\alpha , \quad l = \frac{S}{\tan\alpha} \qquad\qquad (式 9\text{-}24)$$

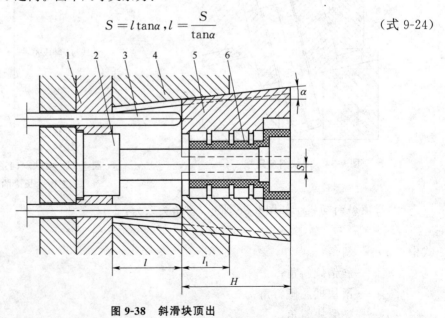

图 9-38　斜滑块顶出

1. 动模板　2. 动模型芯　3. 推杆　4. 模套　5. 斜滑块　6. 注塑件

②斜滑块 5 抽芯时,为防斜滑块 5 的脱落应设有止动及限位装置,如图 9-39 所示。因注塑件在定模一侧的包紧力大于动模一侧,须设置斜滑块 5 止动装置,即用止动销 7 限制斜滑块

5 的抽芯,以确保开模后注塑件留于动模一侧。斜滑块 5 还应设有限位装置,以限位螺钉 6 限制斜滑块 5 在推杆 2 顶出过程中的脱落。

③如图 9-40 所示,斜滑块 5 抽芯时,可在两斜滑块 5 之间安装横向导销 4,这是为了保证斜滑块 5 合模后配合紧密。斜滑块 5 的底面和端面均应高出模套 3 的 0.2～0.5mm。为保证注塑件质量,斜滑块 5 之间的横向导销 4,在强制顶出的过程中使两块斜滑块 5 同步进行抽芯,以防产生错位。

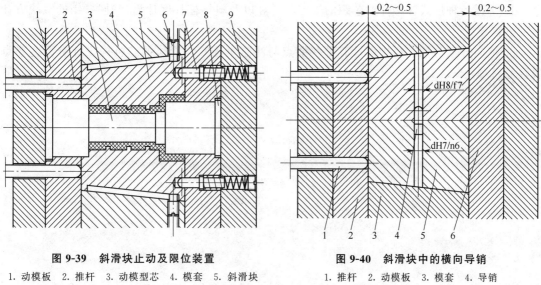

图 9-39 斜滑块止动及限位装置

1. 动模板 2. 推杆 3. 动模型芯 4. 模套 5. 斜滑块
6. 限位螺钉 7. 止动销 8. 定模型芯 9. 弹簧

图 9-40 斜滑块中的横向导销

1. 推杆 2. 动模板 3. 模套 4. 导销
5. 斜滑块 6. 定模板

如图 9-41 所示为工字形圆筒注塑模,开模后,在推杆 8 的顶出作用之下,两件对半能够合模的斜滑块 2 上燕尾凸台或 T 形凸台沿着与模套 3 相配的燕尾槽或 T 形槽作斜向滑动,从而可实现工字形圆筒的分型与脱模运动。限位螺钉 1 限制斜滑块 2 的斜向滑动,以防斜滑块 2 脱落。

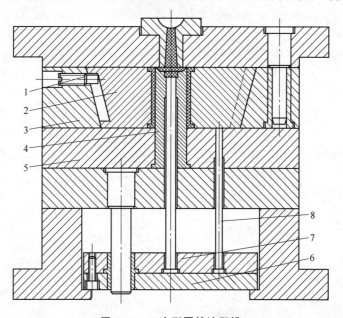

图 9-41 工字形圆筒注塑模

1. 限位螺钉 2. 斜滑块 3. 模套 4. 动模型芯 5. 动模板 6. 推垫板 7. 推板 8. 推杆

　　注塑模抽芯机构的各项参数的给定与计算,是注塑模抽芯机构设计的重要内容。这些参数设置得不合理,将会造成注塑件不能正常脱模,或导致注塑件停留在动模部分无法脱模,或造成滑块脱离模具等问题。只有正确地掌握注塑模抽芯机构的各项参数的计算和设置,才能避免产生注塑模抽芯机构的各种问题。

复习思考题

　　1. 掌握各种形式注塑件抽芯距的给定和计算以及斜导柱长度计算,掌握弯销的滑块方孔尺寸的确定。

　　2. 侧向分型与抽芯机构设计有哪些要点与注意事项? 斜滑块抽芯机构设计有哪些要点及注意事项?

第十章　脱模机构与脱螺纹机构的设计

注塑件脱模机构是注塑模中一种十分重要的机构。注塑件脱模机构的结构形式需要根据注塑件的形状、大小、壁厚和精度来确定。由于注射机活动模板一侧装有注塑件脱模顶出机构,在定模型腔已打开已完成注塑件型孔抽芯的前提下,脱模机构的作用是将已经成型的冷硬注塑件顶出动模型腔或型芯。由于注塑件热胀冷缩,冷硬的注塑件会紧紧地包裹在动、定模的型芯上。一般情况下要求将注塑件滞留在动模型腔中或型芯上,这样便需要脱模机构将具有较大脱模力的注塑件顶出动模型腔或型芯。为了使注塑件更容易脱模和省力,同时也是为了注塑件不被顶出裂纹和变形,一般要求动、定模型腔与型芯都要做出一定的斜度,即做成具有脱模斜度的型面和型腔。螺纹注塑件的脱模,则需要有相应的螺纹脱模机构。熔体在填充模具型腔之前,先要填充模具的流道和浇口,熔体冷硬之后的浇注系统的冷凝料需要清除掉,才能进行下一次的注射成型。流道和浇口中的冷凝料,是用浇口脱料机构顶出的方法来清除的。

第一节　脱模机构的设计

注塑件成型后的脱模过程,是动模随着注射机活动模板后退到一定的距离,先由注射机的脱模机构推动着模具的推板与推杆固定的推垫板,再由推杆将注塑件从动模型腔中或型芯上顶出。通常情况下,顶出注塑件的动作是在动模上完成的。注射机的固定模板一侧一般不设置顶出机构,只有在特殊情况下,才可以在定模上设置脱模机构,以实现注塑件的定模顶出。还有在动、定模上都设置有脱模机构,将注塑件分别从动、定模上脱模的形式。

一、脱模机构的选用原则

①在设计脱模机构时,必须根据注塑件的几何形状、注塑件的外观特性、注塑件的壁厚、注塑件的变形和注射机顶出机构的结构等情况,采用不同形式的脱模机构。

注塑件脱模时只允许略有弹性变形,而不能产生注塑件的永久变形,更不能使注塑件出现裂纹;

②推力的分布应依脱模阻力的大小合理安排,推力的分布应均匀,推力面应尽可能大,并且要靠近型芯;

③推力应设在注塑件承力较大的位置,如加强筋、凸缘、壳体壁处和有金属嵌件部位的附近以及有深孔、深槽的部位附近;

④推杆的受力不可太大,以免造成注塑件局部被顶产生裂纹,并且推杆的痕迹尽量不要损伤注塑件的外观;

⑤推杆应具有足够的强度和刚度,做顶出动作时推杆不能产生弹性变形;

⑥脱模机构的运动应保证灵活、可靠、不发生错误的动作,脱模机构制造应方便、配换容易;

⑦脱模运动不能与其他运动形式产生运动干涉。

二、常用脱模结构

注塑件脱模机构和脱螺纹机构的结构种类很多,从机构脱模的形式分,有手动脱模的形式、机械脱模的形式、气动脱模的形式和液压脱模的形式;从脱模机构的结构分,有推杆顶出机构、推管顶出机构、斜推杆顶出机构、脱件板顶出机构和二次顶出机构等。脱螺纹机构有:手动脱螺纹装置,齿条齿轮脱螺纹机构,液压传动齿轮齿条脱螺纹机构,螺旋杆、齿轮脱螺纹机构,链轮传动脱螺纹机构和推杆、螺旋杆脱螺纹机构等。

1. 一次脱模结构

一次脱模结构指开模后,能以一次脱模动作就把注塑件顶出模具型腔或型芯的脱模机构,有以下几种结构类型。

(1)推杆脱模机构 推杆是最常用的注塑件脱模零件,其截面可分为圆形、半圆形、方形、矩形和异形,其中圆形推杆已有商品标准件供应,半圆形、方形和矩形的推杆可由圆形推杆改制。推杆常用材料为T8A,淬硬至50～54HRC。推杆脱模机构多用于注塑件的厚壁和加强筋处,以及注塑件没有外观要求的型面上。

1)推杆脱模机构的工作过程。如图10-1所示,推杆1和2利用台阶与圆柱之间的间隙浮动安装在推板4上,并用螺钉将推垫板5与推板4连接固定。模具的定模开模后,注射机顶出机构的顶杆推动着推垫板5、推板4、推杆1和2将注塑件顶落动模型芯。同理,安装在推板4中的复位杆3,在合模的过程中,定模板推着复位杆3及推垫板5、推板4、推杆1和2回复到注塑件脱模之前的位置,等待着下一次注塑件的脱模。如此,可以不断地进行循环。

2)推杆的固定方法见表10-1。

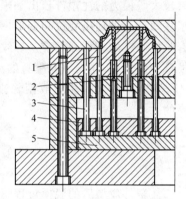

图10-1 推杆脱模机构工作过程
1,2.推杆 3.复位杆
4.推板 5.推垫板

表10-1 推杆的固定方法

简　图	说　明
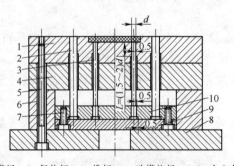 1.动模板 2.复位杆 3.推杆 4.动模垫板 5,7.内六角螺钉 6.垫块 8.动模座板 9.推垫板 10.推板	台阶形沉孔推杆的安装:推杆3以单边0.5mm的间隙安装在推板10的孔中,并穿过动模垫板4和动模板1,端头为H8/f9的配合长度$L=(1.5～2)d$。如此推杆3不会因动模板1、动模垫板4和推板10的孔不同轴而影响推杆3的装配和运动。复位杆2和推杆3凸台高度与推板10的沉孔深度应保持一致。 复位杆2的装配方法与推杆的装配方法相同

续表 10-1

简　　　图	说　　　明
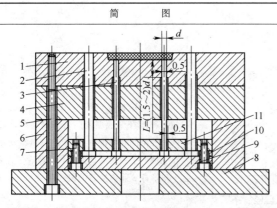 1. 动模板　2. 复位杆　3. 推杆　4. 动模垫板　5,7. 内六角螺钉 6. 垫块　8. 动模座板　9. 推垫板　10. 间隔垫　11. 推板	台阶形推杆 3 的安装:推板 11 上不制出沉头孔,而是在推板 11 与推垫板 9 之间,用间隔垫 10 的厚度垫出容纳推杆 3 及复位杆 2 端头的凸台厚度的空间
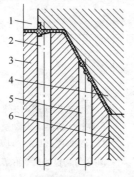 1. 定模型芯　2,5. 推杆　3. 动模镶件　4. 定模镶件　6. 动模板	由于注塑件的形状因素,注塑件可能滞留在定模镶件 4 的型腔内。为了使注塑件能滞留在动模镶件 3 的型芯上,可采用如左图所示的推杆 2 和 5 的结构
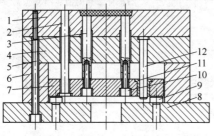 1. 动模板　2. 复位杆　3. 推杆　4. 动模垫板　5,10. 内六角螺钉 6. 垫块　7. 推板　8. 动模座板　9. 调节钉　11. 导套　12. 导柱	大直径推杆的安装:大直径的推杆 3 可以不用推垫板,而直接用内六角螺钉 10 固定在推板 7 上,但推板 7 与动模座板 8 之间必须有导向装置
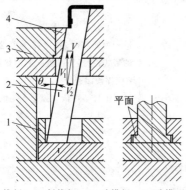 1. 推板　2. 斜推杆　3. 动模板　4. 动模型芯	台阶形斜推杆兼内抽芯:使用斜推杆 2 成型侧凸台时,斜推杆 2 尾部可做成滑动的形式,并留有适当的间隙。 　当推板 1 做 V_1 方向移动时,由于斜推杆 2 在动模型芯 4 的斜槽中做 V 方向的移动,使得斜推杆 2 尾部做 V_2 方向的滑动。该结构平面之间的摩擦作用较大,容易产生接触面的磨损。 　斜推杆兼内抽芯的复位需要由复位杆来完成

续表 10-1

简　　　图	说　　　明
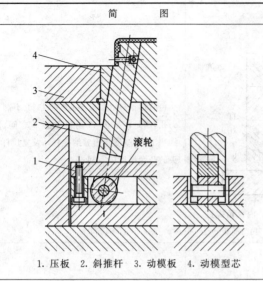 1. 压板　2. 斜推杆　3. 动模板　4. 动模型芯	滚轮斜推杆兼内抽芯:虽然与上例同样为使用斜推杆 2 成型侧凸台和侧向孔,但斜推杆 2 的尾部改为滚轮,由于滚轮是滚动摩擦,较上例的平面滑动摩擦的状况改善了许多。 　　斜推杆 2 兼内抽芯的复位需要由复位杆来完成
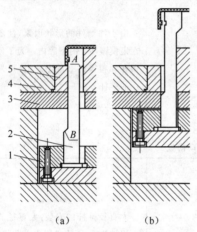 　　(a)　　　　(b) 1. 推板　2. 推杆　3. 动模垫板　4. 动模板　5. 动模型芯	平移式推杆兼内抽芯:如图(a)所示,利用斜推杆 2 斜面 A 与动模型芯 5 的接触完成推杆 2 的复位;如图(b)所示,利用推杆 2 的斜面 B 与动模垫板 3 的槽接触完成注塑件的侧向内抽芯和脱模。 　　斜推杆 2 兼内抽芯的复位需要由复位杆来完成
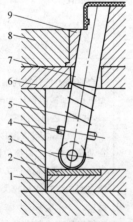 1. 推板　2. 垫板　3. 滚轮　4. 圆柱销　5. 弹簧　6. 动模垫板 　　7. 斜推杆　8. 动模板　9. 动模型芯	弹簧复位斜推杆兼内抽芯:应用斜推杆 7 进行内抽芯时,斜推杆 7 末端应做成滚轮 3 的形式,直接与推板 1 上的垫板 2 接触,垫板 2 应淬硬耐磨。 　　斜推杆 7 可依靠弹簧 5 复位

3）一般推杆脱模机构见表 10-2。

表 10-2 一般推杆脱模机构

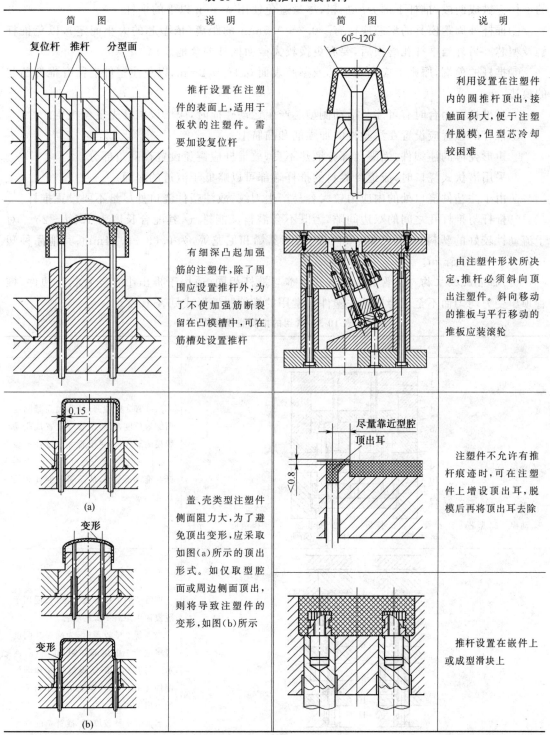

简 图	说 明	简 图	说 明
复位杆 推杆 分型面	推杆设置在注塑件的表面上，适用于板状的注塑件。需要加设复位杆	60°~120°	利用设置在注塑件内的圆推杆顶出，接触面积大，便于注塑件脱模，但型芯冷却较困难
	有细深凸起加强筋的注塑件，除了周围应设置推杆外，为了不使加强筋断裂留在凸模槽中，可在筋槽处设置推杆		由注塑件形状所决定，推杆必须斜向顶出注塑件。斜向移动的推板与平行移动的推板应装滚轮
0.15 (a) 变形 变形 (b)	盖、壳类型注塑件侧面阻力大，为了避免顶出变形，应采取如图（a）所示的顶出形式。如仅取型腔面或周边侧面顶出，则将导致注塑件的变形，如图（b）所示	尽量靠近型腔 顶出耳 ≤0.8	注塑件不允许有推杆痕迹时，可在注塑件上增设顶出耳，脱模后再将顶出耳去除
			推杆设置在嵌件上或成型滑块上

4）推杆设计的注意事项。

①推杆承受脱模力的截面积应不小于推杆固定部分截面积的 1/2。

②推杆的直径应根据注塑件的具体情况而定,推杆的数量宁多勿少而直径宁大勿小。

③推杆应有足够的强度来承受脱模力,一般推杆的直径为 2.5～12mm;对于 $\phi3mm$ 以下的推杆应做成两段,推杆下部分应加粗;尽量避免使用 $\phi2mm$ 以下的推杆。

④推杆外周距模具的型芯应留有 ≥0.2～0.5mm 的距离(依型芯的大小而定),以免推杆触及型芯。另外当推杆孔磨损后,要有更换较大截面推杆的余地。

⑤推杆的前端,原则上应高出型芯或型腔表面 0.1～0.2mm,以免注塑件上留有推杆凸起的痕迹。

⑥当推杆在闭合时有可能与活动侧型芯产生运动碰撞时,应增设推杆先复位机构。

⑦推杆的位置应设置在注塑件的加强筋和凸脐上。

⑧矩形壳体的注塑件,因隔角部分散热不良,故推杆应避免设置在隔角部分。

⑨采用潜伏式浇口时,流道冷凝料的推杆端部可以略低于流道的底面。

⑩由于注塑件浇口处的内应力较大容易产生裂纹,故注塑件浇口处尽量不要设置推杆。

⑪推杆与推杆孔之间的双边间隙,因既不会溢料又能排气,其配合长度为 $1.5d～2d$。对于流动性较好的塑料,如聚乙烯、聚丙烯、聚苯乙烯和尼龙等,为 0.03～0.04mm;其他品种塑料为 0.04～0.05mm。

(2)推管脱模机构　推管的传动方式基本与推杆相同,适用于推出小直径管状注塑件,推管顶出受力均匀而不至于会损坏注塑件。常用的推管脱模形式见表 10-3。

表 10-3　常用的推管脱模形式

简　图	说　明
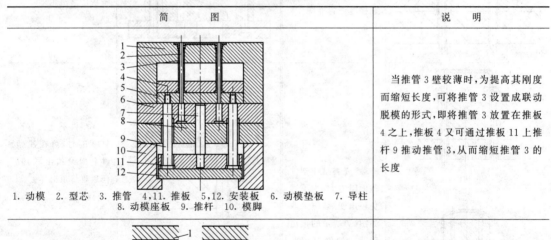 1. 动模　2. 型芯　3. 推管　4,11. 推板　5,12. 安装板　6. 动模垫板　7. 导柱 8. 动模座板　9. 推杆　10. 模脚	当推管 3 壁较薄时,为提高其刚度而缩短长度,可将推管 3 设置成联动脱模的形式,即将推管 3 放置在推板 4 之上,推板 4 又可通过推板 11 上推杆 9 推动推管 3,从而缩短推管 3 的长度
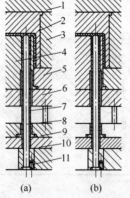 　　(a)　　　　(b) 1. 定模垫板　2. 定模镶件　3. 定模板　4. 动模镶件　5. 动模板　6. 动模垫板 7. 推管　8. 型芯　9. 推板　10. 推垫板　11. 止动螺钉	推管 7 固定在推板 9 上,只适用于脱模顶出距离不大的场合。 当推管 7 壁较薄时,为确保其刚度可将推管 7 的尾部加粗,如图(a)所示。与其相配的动模垫板 6 和动模镶件 4 孔的让开距离应大于推管 7 的顶出距离。 当推管 7 壁较厚时,推管 7 的壁厚可以保持一致,如图(b)所示

续表 10-3

简　图	说　明
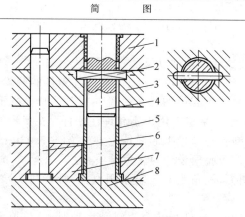 1. 动模板　2. 键　3. 动模垫板　4. 型芯　5. 推管　6. 导柱 7. 推板　8. 安装板	推管 5 开有长槽,型芯用腰形的键 2 固定在动模垫板 3 上。在推管 5 顶出注塑件时,可以通过腰形的键 2。该结构较紧凑,但对型芯的紧固力较小
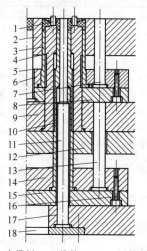 1. 定模型芯　2. 中模板　3. 推管　4,11. 动模型芯　5. 拉料杆 6,14. 推板　7,13. 推杆　8,15. 安装板　9. 动模板　10. 推管 12. 动模垫板　16. 内六角螺钉　17. 动模座板　18. 垫板	由于直齿轮的同轴度要求,动模型芯 11 应该安装在动模底板上。为了防止注塑件的变形,采用双推管顶出机构,注塑件由推管 3 和推管 10 同时顶出。 　这种顶出方式,注塑件不易变形和损坏,适用于薄壁易变形和强度差的注塑件
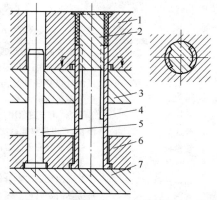 1. 动模板　2. 动模型芯　3. 动模垫板　4. 推管 5. 导柱　6. 推板　7. 安装板	分瓣式推管 4 可用于壁较厚的管形注塑件脱模,型芯 2 可以缩短,以增大稳定性

推管脱模设计的注意事项有：

①顶出注塑件的壁厚(即推管的壁厚)一般≥1.5mm；

②推管常用材料为 T8A,淬硬至 50～54HRC,最小的淬硬长度应大于型腔的深度与推出距离之和；

③当脱模较快时,注塑件易被挤缩,其高度尺寸难以保证。

(3)脱件板脱模机构　对于薄壁、深腔和不允许有推杆顶出痕迹注塑件的脱模,如大型壳体注塑件或一模多腔的小壳体,可以采用脱件板脱模的形式。脱件板对注塑件外形的脱模效果较好,脱件板因顶出面积大、推力均匀和顶出平稳而用于不允许注塑件存在变形的情况。但当动模型芯的形状复杂时,由于脱件板的型孔与动模型芯只能存在 0.01～0.03mm 的单边间隙,脱件板型孔的加工会变得较困难。脱件板脱模设计的注意事项有：

①脱件板与动模型芯的配合面应为斜面,斜角为 5°。若采用直面,既不利于导向,又容易磨损而导致熔体溢出产生飞边。

②脱件板的结构形式见表 10-4。脱件板与推杆相结合为浮动运动时,参与顶出的推杆应该等高。

表 10-4　脱件板的结构形式

简　图	说　明
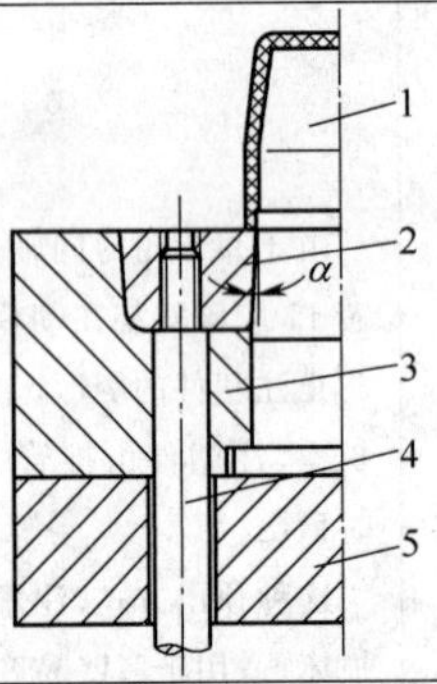 1. 型芯 2. 脱件板 3. 动模板 4. 推杆 5. 动模垫板	动模脱件板平行式脱模之一： 注塑件由脱件板 2 和推杆 4 顶出,顶出时以推杆 4 导向。脱件板 2 与动模板 3 及型芯 1 之间应为锥面无隙配合,α＝3°～5°
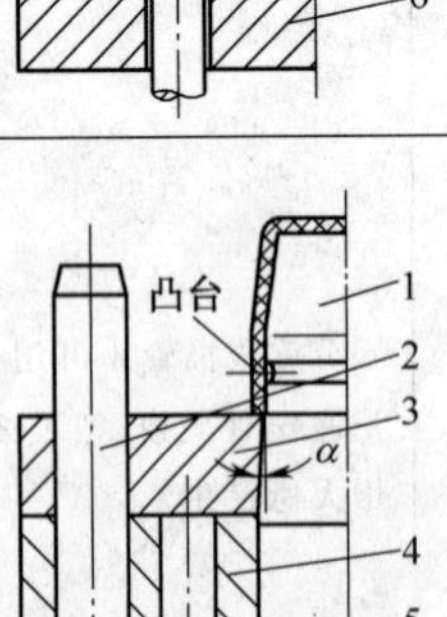 1. 型芯 2. 导柱 3. 脱件板 4. 动模板 5. 推杆 6. 动模垫板	动模脱件板平行式脱模之二： 注塑件由脱件板 3 和推杆 5 顶出,顶出时以导柱 2 导向。脱件板 3 与型芯 1 之间应为锥面无隙配合,α＝3°～5°
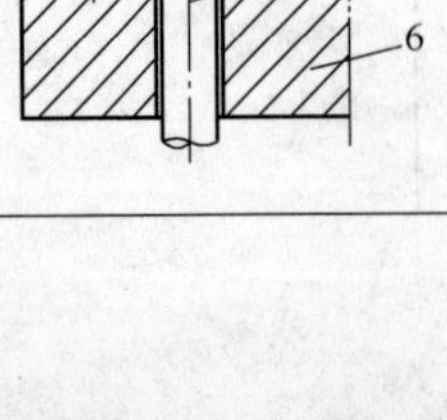 1. 型芯 2. 导柱 3. 脱件板 4. 动模板 5. 推杆 6. 动模垫板	动模脱件板平行式强制脱模： 注塑件由脱件板 3 和推杆 5 顶出,顶出时以导柱 2 导向。脱件板 3 与型芯 1 之间应为锥面无隙配合,α＝3°～5°。由于图示注塑件内侧存在着凸台,可以采取强制性脱模。 强制脱模的条件是： ①内侧凸台较浅； ②利用注塑件本身的弹性,如聚乙烯等软质塑料； ③注塑件在模具中的位置,仅有一面包裹,其余三面是敞开的状态

续表 10-4

简　图	说　明

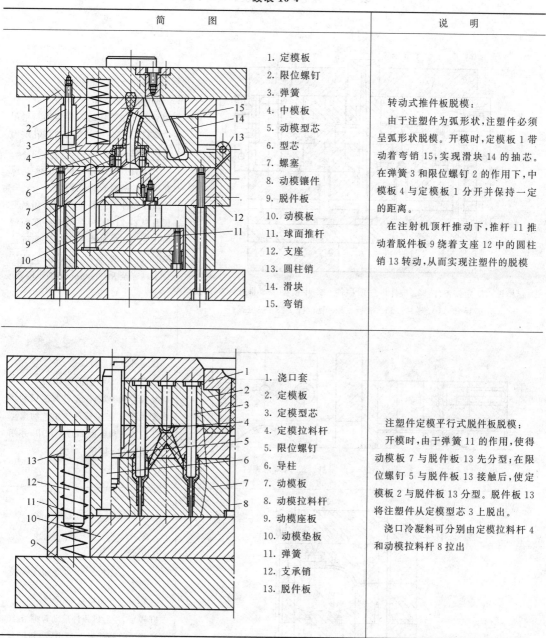

1. 定模板
2. 限位螺钉
3. 弹簧
4. 中模板
5. 动模型芯
6. 型芯
7. 螺塞
8. 动模镶件
9. 脱件板
10. 动模板
11. 球面推杆
12. 支座
13. 圆柱销
14. 滑块
15. 弯销

转动式推件板脱模：

由于注塑件为弧形状，注塑件必须呈弧形状脱模。开模时，定模板 1 带动着弯销 15，实现滑块 14 的抽芯。在弹簧 3 和限位螺钉 2 的作用下，中模板 4 与定模板 1 分开并保持一定的距离。

在注射机顶杆推动下，推杆 11 推动着脱件板 9 绕着支座 12 中的圆柱销 13 转动，从而实现注塑件的脱模

---

1. 浇口套
2. 定模板
3. 定模型芯
4. 定模拉料杆
5. 限位螺钉
6. 导柱
7. 动模板
8. 动模拉料杆
9. 动模座板
10. 动模垫板
11. 弹簧
12. 支承销
13. 脱件板

注塑件定模平行式脱件板脱模：

开模时，由于弹簧 11 的作用，使得动模板 7 与脱件板 13 先分型；在限位螺钉 5 与脱件板 13 接触后，使定模板 2 与脱件板 13 分型。脱件板 13 将注塑件从定模型芯 3 上脱出。

浇口冷凝料可分别由定模拉料杆 4 和动模拉料杆 8 拉出

③大面积的脱件板应加装导向装置。

(4)型芯和成型镶块脱模机构　利用模具的型芯和成型镶块进行注塑件脱模的结构，一般在要求注塑件不允许存在推杆痕迹的情况下采用。型芯和成型镶块脱模机构设计的注意事项有：

①型芯与中模型腔的配合面应为斜面，斜角为 5°，可以减少磨损。若采用直面，既不利于导向，又容易磨损而导致熔体溢出产生飞边。

②型芯和成型镶块的结构形式见表 10-5。为了提高中模型腔的耐磨性，应采用耐磨性好的淬硬性钢材制成嵌件。

表 10-5　型芯和成型镶块的结构形式

简　　图	说　　明
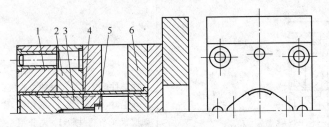 1. 定模板　2. 定模镶件　3. 推件块　4. 嵌件　5. 中模板　6. 推杆　7. 动模板 8,9. 导套　10. 导柱　11. 推板　12. 复位杆　13. 限位螺钉	注塑件推件块脱模： 　　推件块 3 在推板 11 和推杆 6 的作用下进行注塑件的脱模运动。当限位螺钉 13 接触到动模板 7 沉孔端面后停止脱模。 　　为了打开中模板 5 和定模板 1，应在模具的两侧采用开模机构。 　　该注塑件为透明件，可以采用新型模具材料 718HH，在调质硬度的情况下抛光，型面的表面粗糙度可达 $Ra\,0.2\mu m$。若采用 T8A，在 50HRC 以上抛光至 $Ra\,0.2\mu m$，但加工困难
 1. 定模板　2. 动模板　3. 动模型芯　4. 推杆　5. 内六角螺钉　6. 推板	注塑件成型推杆脱模： 　　成型推杆 4 端面的形状与注塑件的外表形状一致，注塑件脱模可利用成型推杆 4 将注塑件顶出。动模型芯 3 放置在动模板 2 的型孔中，并用内六角螺钉 5 固定
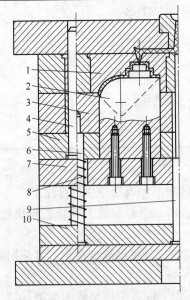 1. 定模镶件　2. 动模型芯　3. 脱件板　4. 导柱　5. 动模板　6. 推杆 7. 动模垫板　8. 弹簧　9. 拉料杆　10. 推板	注塑模型面脱模机构： 　　开模后，注射机顶杆推动着推板 10 和推杆 6 将脱件板 3 顶出，并利用与注塑件外形一致的型面将动模型芯 2 上的注塑件顶出。 　　浇口的冷凝料分别由拉料杆 9 和分流道斜孔中的冷凝料拉脱

③为了使中模板和定模板之间顺利分型,应采用开模机构,并应注意动、定模分型之后,开模机构能将中模板打开,以防注塑件产生裂纹。

④开启的定、中模部分应该设置限位装置,以防中模部分脱离导柱的支撑。

(5)压缩空气脱模机构　成型深筒形注塑件,其与模具型腔或型芯之间会形成高度的真空;当注塑件的壁厚相对于注塑件尺寸较小时,一般以采用压缩空气脱模形式为主,并辅助以脱件板脱模,常用结构形式见表 10-6。

表 10-6　压缩空气脱模机构

简　　　图	说　　　明
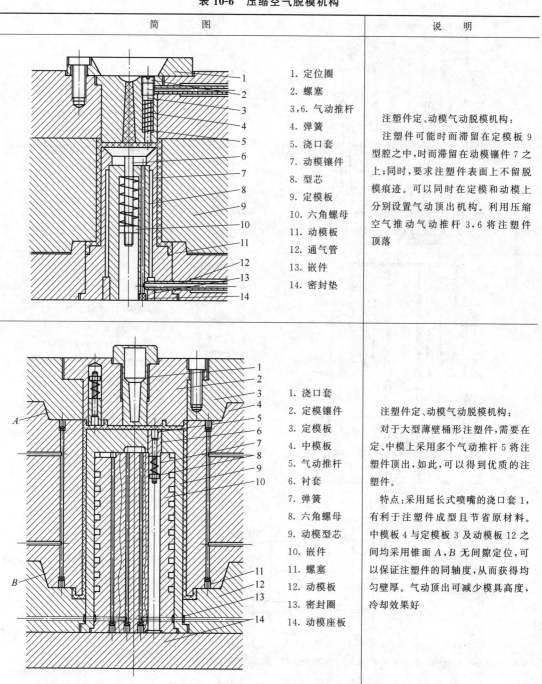 1. 定位圈 2. 螺塞 3,6. 气动推杆 4. 弹簧 5. 浇口套 7. 动模镶件 8. 型芯 9. 定模板 10. 六角螺母 11. 动模板 12. 通气管 13. 嵌件 14. 密封垫	注塑件定、动模气动脱模机构: 　注塑件可能时而滞留在定模板 9 型腔之中,时而滞留在动模镶件 7 之上;同时,要求注塑件表面上不留脱模痕迹。可以同时在定模和动模上分别设置气动顶出机构。利用压缩空气推动气动推杆 3,6 将注塑件顶落
1. 浇口套 2. 定模镶件 3. 定模板 4. 中模板 5. 气动推杆 6. 衬套 7. 弹簧 8. 六角螺母 9. 动模型芯 10. 嵌件 11. 螺塞 12. 动模板 13. 密封圈 14. 动模座板	注塑件定、动模气动脱模机构: 　对于大型薄壁桶形注塑件,需要在定、中模上采用多个气动推杆 5 将注塑件顶出,如此,可以得到优质的注塑件。 　特点:采用延长式喷嘴的浇口套 1,有利于注塑件成型且节省原材料。中模板 4 与定模板 3 及动模板 12 之间均采用锥面 A,B 无间隙定位,可以保证注塑件的同轴度,从而获得均匀壁厚。气动顶出可减少模具高度,冷却效果好

（6）联合顶出机构　对于大、中型壳体注塑件而言，单纯使用推杆、推管、活块、脱件板和气动脱模时，不易保证注塑件脱模时不产生变形和不开裂；此时，常采用推杆、推管、活块、脱件板和气动联合脱模机构进行注塑件的脱模。常用联合脱膜机构见表10-7，多用于注塑件形状复杂、脱模力较大、脱模时易变形的情况。所谓联合脱模机构，是指采用推杆、推管、活块、脱件板和气动脱模机构中任意两种以上的形式进行注塑件的脱模机构。

表10-7　常用联合脱模机构

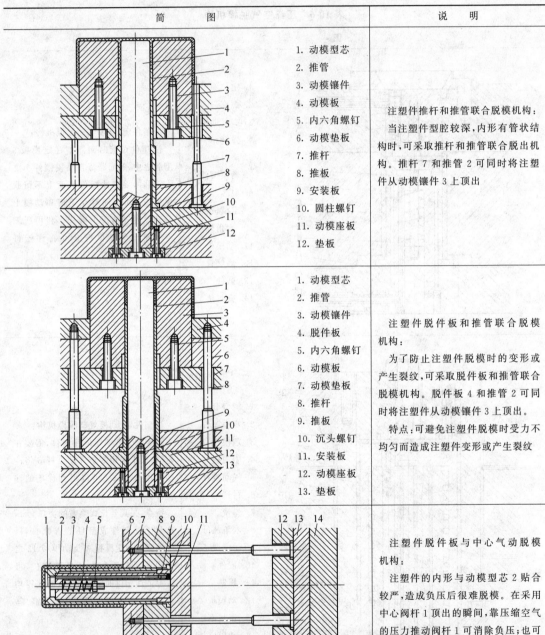

简　图	说　明
1. 动模型芯　2. 推管　3. 动模镶件　4. 动模板　5. 内六角螺钉　6. 动模垫板　7. 推杆　8. 推板　9. 安装板　10. 圆柱螺钉　11. 动模座板　12. 垫板	注塑件推杆和推管联合脱模机构：当注塑件型腔较深，内形有管状结构时，可采取推杆和推管联合脱出机构。推杆7和推管2可同时将注塑件从动模镶件3上顶出
1. 动模型芯　2. 推管　3. 动模镶件　4. 脱件板　5. 内六角螺钉　6. 动模板　7. 动模垫板　8. 推杆　9. 推板　10. 沉头螺钉　11. 安装板　12. 动模座板　13. 垫板	注塑件脱件板和推管联合脱模机构：为了防止注塑件脱模时的变形或产生裂纹，可采取脱件板和推管联合脱模机构。脱件板4和推管2可同时将注塑件从动模镶件3上顶出。特点：可避免注塑件脱模时受力不均匀而造成注塑件变形或产生裂纹
1. 阀杆　2. 动模型芯　3. 型芯　4. 弹簧　5. 六角螺母　6. 脱件板　7. 推杆　8. 动模板　9. 嵌件　10. 密封垫　11. 动模垫板　12. 推板　13. 安装板　14. 动模座板	注塑件脱件板与中心气动脱模机构：注塑件的内形与动模型芯2贴合较严，造成负压后很难脱模。在采用中心阀杆1顶出的瞬间，靠压缩空气的压力推动阀杆1可消除负压；也可使脱件板6顺利地顶出注塑件，从而可防止注塑件的变形

续表 10-7

简　　图	说　　明
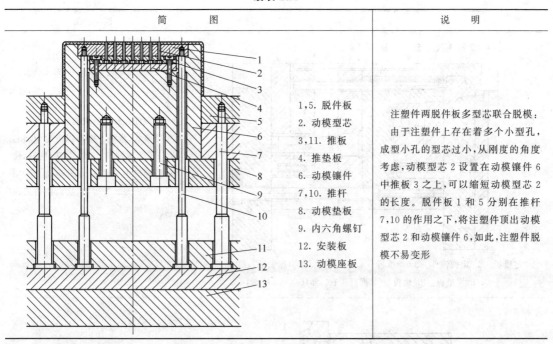	注塑件两脱件板多型芯联合脱模： 　　由于注塑件上存在着多个小型孔，成型小孔的型芯过小，从刚度的角度考虑，动模型芯 2 设置在动模镶件 6 中推板 3 之上，可以缩短动模型芯 2 的长度。脱件板 1 和 5 分别在推杆 7,10 的作用之下，将注塑件顶出动模型芯 2 和动模镶件 6，如此，注塑件脱模不易变形

（图注）1,5. 脱件板　2. 动模型芯　3,11. 推板　4. 推垫板　6. 动模镶件　7,10. 推杆　8. 动模垫板　9. 内六角螺钉　12. 安装板　13. 动模座板

（7）螺旋脱模机构　注塑件中常有斜齿轮和蜗轮之类的零件成型，此类注塑件上的斜向齿（槽）或螺旋齿（槽），若采用常规的脱模方式较难脱模，且塑料齿轮具有齿数少和模数小的特点，还常有变位的性质。齿轮的齿脱模时所需要的顶出力较大，时常会造成注塑件变形和开裂损坏以及斜向齿廓被切削的现象。为了避免此类现象的产生，需要采用螺旋脱模机构，见表10-8。所谓螺旋脱模运动，即为脱模的推杆或推管，一方面需要有直线脱模运动，另一方面需要同时有旋转运动；在螺旋成型的型芯或螺旋成型的型腔引导下，复合成与注塑件螺旋齿（槽）旋转方向和导程相一致的螺旋脱模运动。

表 10-8　螺旋脱模机构

简　　图	说　　明
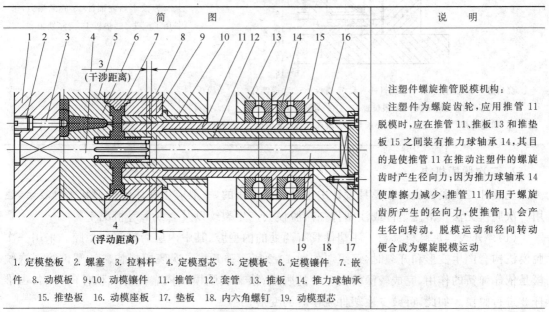	注塑件螺旋推管脱模机构： 　　注塑件为螺旋齿轮，应用推管 11 脱模时，应在推管 11、推板 13 和推垫板 15 之间装有推力球轴承 14，其目的是使推管 11 在推动注塑件的螺旋齿时产生径向力；因为推力球轴承 14 使摩擦力减少，推管 11 作用于螺旋齿所产生的径向力，使推管 11 会产生径向转动。脱模运动和径向转动便合成为螺旋脱模运动

（图注）1. 定模垫板　2. 螺塞　3. 拉料杆　4. 定模型芯　5. 定模板　6. 定模镶件　7. 嵌件　8. 动模板　9,10. 动模镶件　11. 推管　12. 套管　13. 推板　14. 推力球轴承　15. 推垫板　16. 动模座板　17. 垫板　18. 内六角螺钉　19. 动模型芯

续表 10-8

简　　图	说　　明
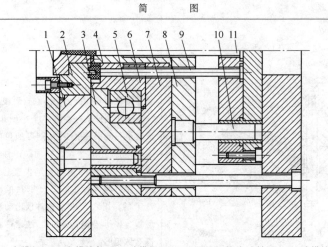 1. 定模板　2. 定模镶件　3. 动模板　4. 型芯　5. 推力球轴承　6. 动模镶件 7. 动模垫板　8. 垫板　9. 推杆　10. 导柱　11. 拉料杆	注塑件推杆螺旋脱模机构： 　开模后，推杆 9 推动斜齿轮使型芯 4 与推力球轴承 5 产生转动；同时，使斜齿轮产生直线方向的移动。两项运动合成为螺旋运动，从而使得斜齿轮顺利地脱模
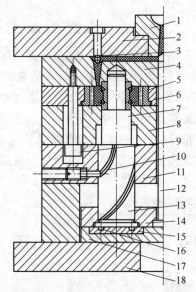 1. 浇口套　2. 定模垫板　3. 拉料杆　4. 定模板　5. 动模镶件　6. 动模板 7. 动模型芯　8. 动模垫板　9. 限位螺钉　10. 导销　11. 支承板　12. 拉料杆　13. 螺旋推杆　14. 推板　15. 垫板　16. 滚珠　17. 推垫板　18. 动模座板	螺旋推杆脱模机构： 　模具开启后，推板 14 和推垫板 17 带动着螺旋推杆 13 顶出时，由于导销 10 的作用，迫使螺旋推杆 13 沿螺旋槽方向移动，使斜齿轮也产生螺旋运动而脱模。 　为减小螺旋推杆 13 的摩擦力，采用了滚珠 16，垫板 15 应淬硬耐磨

2. 二次脱模机构

　　注塑件二次脱模机构在模具设计中也是经常采用的，一般应用在注塑件形状十分复杂，运用一次脱模无法顶落注塑件或注塑件一次脱模会产生裂纹以及会变形等情况下。

　　(1) 弹开式二次脱模机构　注塑件具有两处的内型腔，其中内层为较深的型腔。采用一次脱模机构会产生变形和开裂时，可采取如图 10-2 所示弹开式二次脱模机构。注塑件第一次脱模是依靠弹簧的作用，完成较深的内型腔的脱模；第二次脱模是依靠注射机顶杆的作用，由推杆 3 进行脱模。如此，可减少注塑件脱模时的变形。

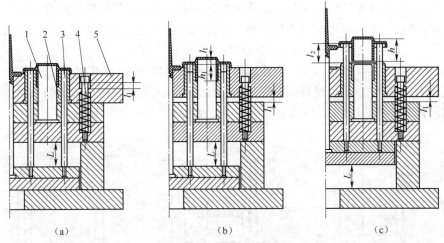

图 10-2　弹开式二次脱模机构

(a)注塑件脱模前　(b)第一次顶出　(c)第二次顶出

1. 型芯　2. 动模型芯　3. 推杆　4. 弹簧　5. 动模板

当定、动模开启到一定距离时，由于弹簧 4 的作用，使得动模板 5 移动距离 l_1；注塑件脱出型芯 1 的长度也为 l_1，因为注塑件存在着脱模斜度便消除了对型芯 1 的包紧力。在完成第一次顶出后，由于注射机顶杆的作用，推杆 3 便将注塑件完全顶出动模型芯 2。合模时，须用回程杆将推杆 3 复位。采用该机构二次顶出时，应同时设置分型机构，以确保开模至一定的距离后再进行顶出动作，以防注塑件被滞留在定模上。相关尺寸关系为：

$$l_2 \geqslant h_1, L = l_1 + l_2 \geqslant h \qquad\qquad (式 10\text{-}1)$$

（2）浮动型芯式二次脱模机构　当注塑件内层型腔中存在需要强制脱模的障碍体，同时注塑件壁薄脱模易变形时，可采取如图 10-3 所示的浮动型芯式二次脱模机构。注塑件第一次脱模是依靠脱件板 5 完成注塑件内型腔的脱模，第二次脱模是依靠脱件板 5 完成注塑件内层型腔障碍体强制性的脱模，以减少注塑件的脱模变形和开裂。

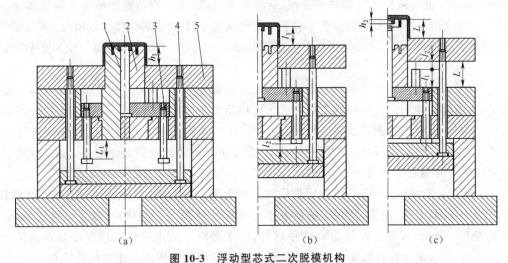

图 10-3　浮动型芯式二次脱模机构

(a)注塑件脱模前　(b)第一次顶出　(c)第二次顶出

1,2. 型芯　3. 限位螺钉　4. 推杆　5. 脱件板

顶出时，推杆 4 推动脱件板 5 使注塑件脱离型芯 2，消除了对注塑件中心部位的外围的障

碍。与此同时,由于注塑件中心部位的凹凸形状的作用,迫使型芯 1 随注塑件一起移动,当限位螺钉 3 限位后,再继续顶出时脱件板 5 将注塑件从型芯 1 上强制性脱模。相关尺寸关系为:

$$l_1 \geqslant h_1, l_2 \geqslant h_2, L = l_1 + l_2 \qquad \text{(式 10-2)}$$

(3)摆块式超前二次脱模机构　当注塑件内型腔的精度较高,模具型腔无脱模斜度而需要较大的脱模力,注塑件壁薄脱模易变形时,可采用如图 10-4 所示的摆块式超前二次脱模机构。第一次顶出依靠推杆 5;第二次顶出依靠压杆 4 使摆块 7 摆动,再推动推杆 2 进行二次脱模。

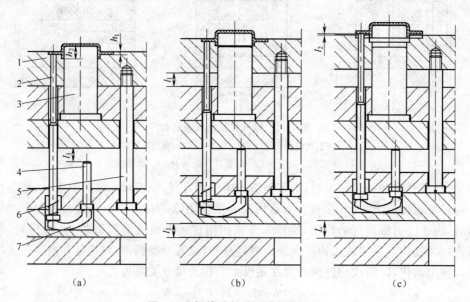

图 10-4　摆块式超前二次脱模机构
(a)注塑件脱模前　(b)第一次顶出　(c)第二次顶出
1. 动模板　2,5. 推杆　3. 型芯　4. 压杆　6. 弹簧　7. 摆块

顶出时,推杆 5 与推杆 2 推动着动模板 1 和注塑件一起移动 l_1 距离,使注塑件脱离型芯 3,完成第一次顶出。此时压杆 4 与动垫板接触,继续顶出时,推杆 5 推动着动模板 1 继续移动。同时,由于压杆 4 迫使摆块 7 摆动,推杆 2 做超前于动模板 1 的移动,将注塑件从模具型腔中顶出。

推杆 2 第二次顶出距离等于动模板 1 第二次顶出距离与摆块 7 摆动距离之和。相关尺寸关系为:

$$l_1 \geqslant h_1, l_2 \geqslant h_2$$

(4)滑块式超前二次脱模机构　当注塑件壁薄脱模易变形时,为了使注塑件能滞留在动模型芯上,注塑件在动模型芯的脱模力必须大于定模型腔中的脱模力。为了使注塑件不变形,可采用如图 10-5 所示的滑块式超前二次脱模机构。注塑件脱模时依靠脱模机构推板上滑块 5;在斜销 4 的作用下,使得滑块 5 产生平行移动,最终依靠滑块 5 的斜面使推杆 3 第二次将注塑件从脱件板 1 的型腔中顶出。

第一次顶出时,推杆 6 推动脱件板 1 移动 l_1 的距离,使得注塑件脱离型芯 2,同时,斜销 4 带动滑块 5 移动一定的距离,滑块 5 的斜面推动推杆 3 移动 l_2 的距离;推杆 6 再继续顶出,移动 l_3 的距离。此时,推杆 3 除移动 l_3 的距离外,由于滑块 5 的水平移动还要被其斜面推动移动一段距离,即提前于脱件板 1 将注塑件从脱件板 1 的型腔中顶出。相关尺寸关系为:

$$l_1 \geqslant h_1, \frac{l_3 \tan\alpha}{\tan\beta} \geqslant h_2, l_4 - l_2 - l_3 = \frac{l_3 \tan\alpha}{\tan\beta}, L = l_1 + l_3 \geqslant h_1 + h_2 \frac{\tan\beta}{\tan\alpha}, \beta > 45°$$

$$\text{(式 10-3)}$$

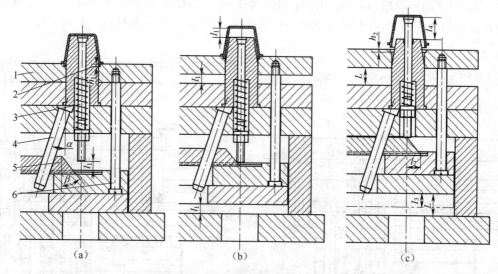

图 10-5 滑块式超前二次脱模机构

(a)注塑件脱模前 (b)第一次顶出 (c)第二次顶出

1. 脱件板 2. 型芯 3,6. 推杆 4. 斜销 5. 滑块

(5)三角块滞后二次脱模机构 当注塑件内型腔复杂,所需脱模力较大时,可以利用脱件板先进行注塑件的脱模,然后利用三角块滞后二次脱模机构,如图 10-6 所示,将注塑件从脱件板的型腔中顶出。

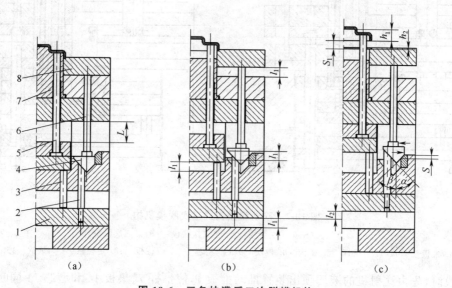

图 10-6 三角块滞后二次脱模机构

(a)注塑件脱模前 (b)第一次顶出 (c)第二次顶出

1. 推板 2. 斜面推杆 3,5,6. 推杆 4. 三角块 7. 型芯 8. 脱件板

第一次顶出时,推板 1、斜面推杆 2、推杆 3,5,6 和三角块 4 一起移动,推动脱件板 8 和注塑件,使注塑件脱离型芯 7。此时三角块 4 的斜面移至端口,再继续顶出时,由于三角块 4 在斜面上有横向滑动,使得推杆 6 滞后于推杆 5,注塑件被顶出脱件板 8 的型腔。

(6)双动和摆钩式三次脱模机构 当注塑件壁薄且内型腔复杂,内型腔中又存在着多个型孔时,为了使注塑件脱模不变形,可采用双动和摆钩式三次脱模机构,如图10-7所示,先是将注塑件多处的型孔脱模,接着是部分内型腔的脱模,最后是整个注塑件内型腔的脱模。

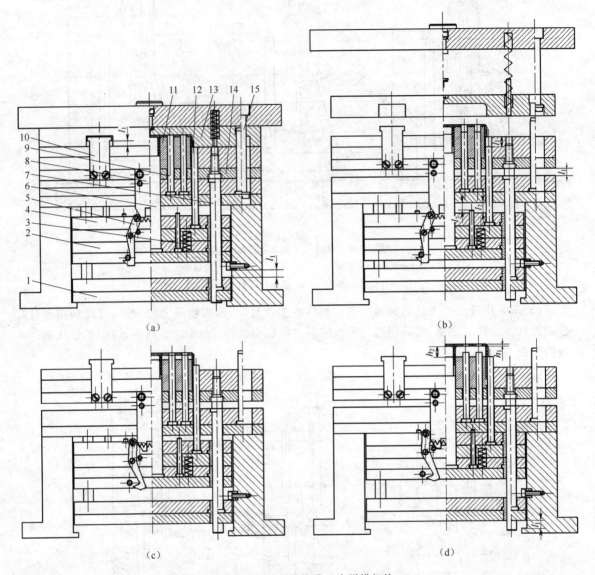

图 10-7　双动和摆钩式三次脱模机构

(a)总图　(b)第一次脱模　(c)第二次脱模　(d)第三次脱模

1,2,4. 推板　3,6,7,12. 推杆　5. 摆钩　8. 楔块　9,11. 型芯　10. 限位板　13. 定模板　14. 垫板　15. 拉杆

　　脱模时,先由注射机的液压顶出装置推动推板1,使推杆7、垫板14和型芯11同时移动行程 l_1 的距离,抽出型芯9并由限位板10限位,如图10-7(b)所示;液压顶出装置停止作用,动模继续后退,注射机的顶杆推动推板4,在推杆6和12空行程 l_1 距离后,推动注塑件部分脱离型芯11,如图10-7(c)所示。当摆钩5由于楔块8的作用而脱钩时,推板2和推杆6停止动作,并在推杆3及弹簧作用下返回原位,将嵌件放入工作位置;与此同时推板4继续动作,由推杆12将注塑件顶出至完全脱离型芯11,如图10-7(d)所示。摆钩5在模具对应的两侧各设置两件。相关尺寸关系为:

$$l_1 \geqslant h_1, l_2 \geqslant h_2 + l_1 \qquad\qquad (式10-4)$$

l_3应保证摆钩 5 能脱开。

三、定模脱模机构与定、动脱模机构

外观要求很高的注塑件和因注塑件在模具中摆放的位置而产生缺陷时,注塑件需要采用定模脱模的结构。定模脱模机构如图 10-8 所示。注塑件时而滞留在定模部分时而滞留在动模部分,注塑件就应该设置定、动脱模机构,使得注塑件能够顺利地脱模。

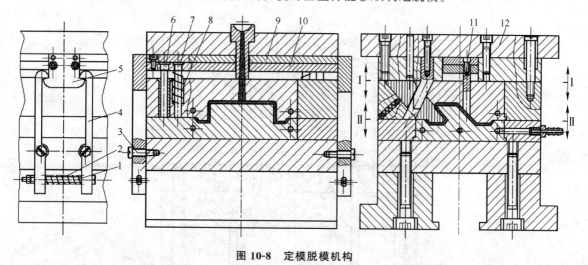

图 10-8　定模脱模机构

1.支承杆　2,8.弹簧　3.台阶螺钉　4.摆钩　5.挂钩　6.导柱　7.回程杆　8.推板　9.推板　10.推垫板　11.推杆　12.定模板

1. 定模顶出机构

注射机的顶出机构设置在设备移动(动模)部分,故注塑件的脱模形式也应该设置在模具的动模部分。而浇注系统一般设置在模具的定模部分,于是浇口也就设置在定模部分。对于要求高质量外表面的注塑件而言,有时要求浇口设置在内表面上。另外很多的注塑件由于几何形状的特点,浇口设置在注塑件下端面时,易产生流痕、气泡和变色等缺陷,需要将浇口设置在注塑件上端面。此时,就需要采用定模脱模机构。由于注射机定模板部分没有顶出机构,要实现注塑件定模脱模,需要有运动的转换机构,就是将模具的开、闭运动转换成定模脱模机构的顶出运动。

(1)脱模运动的转换机构　由于注塑模采用定模脱模结构的形式,定模脱模的运动要由模具的开、闭模运动转换而成。图 10-8 中定模脱模运动的转换机构由支承杆 1、弹簧 2、台阶螺钉 3、摆钩 4 和挂钩 5 组成。

(2)定模脱模机构的组成　由导柱 6、回程杆 7、弹簧 8、推板 9、推垫板 10 和推杆 11 组成。

(3)定模脱模运动工作原理　当动、定模开模时,由摆钩 4 和挂钩 5 产生的作用力,使推板9 和推垫板 10 上的推杆 11 沿着导柱 6 压缩回程杆 7 上的弹簧 8,将注塑件顶出定模型腔。当推板 9 接触到定模板 12 时,定模脱模机构停止移动,动、定模继续开启,摆钩 4 和挂钩 5 斜面间所产生的水平作用力增大,迫使摆钩 4 绕台阶螺钉 3 向外张开并压缩支承杆 1 上的弹簧 2,使得摆钩 4 脱离开挂钩 5;此时,定模脱模机构在回程杆 7 上弹簧 8 的作用下复位。合模时,摆钩 4 和挂钩 5 的弧形面相接触的力,迫使摆钩 4 绕台阶螺钉 3 向外张开并压缩支承杆 1 上的弹簧 2,摆钩 4 超越挂钩 5 时,在弹簧 2 的作用下复位。

2. 定、动模脱模机构

注塑件脱模时,可能会滞留于定模和动模的型芯上或型腔中。此时,必须考虑定、动模同

时脱模或定、动模分别脱模;否则,注塑件会滞留在没有脱模机构的部位,使得注塑件无法正常脱模。可采用的定模推杆和动模脱件板脱模机构如图 10-9 所示,将注塑件同时从定模型腔中和动模型芯上脱模。注塑模开模时,定模垫板和定模板先分型;由于定距拉板 11 和圆柱销 12 的作用,接着定模板与动模板分型。由于小弹簧 9 的作用,动模型芯 5 将注塑件顶出定模型腔,使得注塑件滞留在动模型芯上;注射机顶杆推动推板 1 和安装板 2 上的推杆 3,使得推件板 6 将滞留在动模型芯上的注塑件顶出。

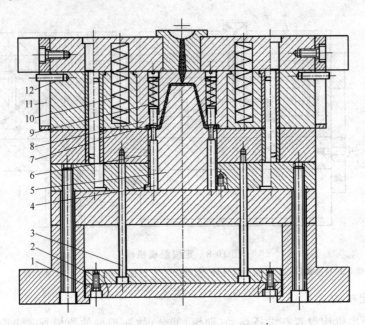

图 10-9　定模推杆和动模脱件板脱模机构

1. 推板　2. 安装板　3. 推杆　4. 小型芯　5. 动模型芯　6. 推件板　7. 型芯推杆
8. 定模型芯　9. 小弹簧　10. 弹簧　11. 定距拉板　12. 圆柱销

　　另一种定、动模脱模机构如图 10-10 所示。由于注塑件圆筒形结构的特点,脱模时可能时而滞留在定模型芯上时而滞留在动模型腔中。此时,模具开模时需要先将注塑件顶出定模型芯,然后再将注塑件从动模型腔中顶出。由于型芯 7 固定在定模上,注塑件又紧紧包裹型芯 7;为此,在定模部分设置推件板 9,将注塑件顶出型芯 7。开模时,由于挂钩 6 的作用,推件板 9 可以将注塑件推向动模并抽出型芯 7;当动模部分移动 L 距离之后,滚轮 11 迫使挂钩 6 脱离锁块 4,继续抽出型芯 7,然后由推杆 2 和 8 将注塑件从动模型腔中推出。相关尺寸关系为:

$$L > l$$

四、液压(气压)机械二次顶出机构

　　如图 10-11 所示,顶出时,先由液压(气压)缸活塞推动动模板 4,使注塑件脱开型芯 2,完成第一次顶出,然后再由机床顶杆通过推板推动推杆 1 将注塑件从型腔中顶出。该机构适用于第一次脱模力较大的注塑件。相关尺寸关系为:

$$l_1 \geqslant h_1, l_2 \geqslant h_2, L = l_1 + l_2 \qquad\qquad (式 10-5)$$

　　脱模机构的形式具有多样性,脱模机构要根据注塑件的形状、大小、壁的厚薄、注塑模脱模斜度、外观的要求、注塑件变形要求和注射机的结构进行选择和设计;还需要根据注塑件能顺

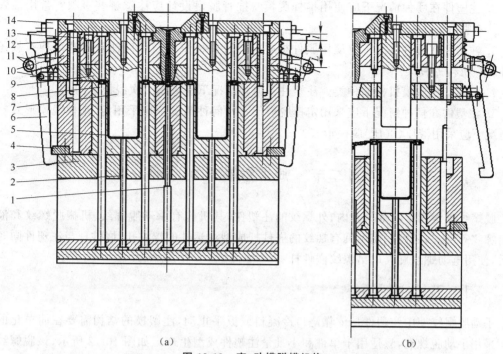

图 10-10　定、动模脱模机构

(a)合模状态　(b)注塑件脱模状态

1. 拉料杆　2,8. 推杆　3. 定模垫板　4. 锁块　5. 注塑件　6. 挂钩　7. 定模型芯
9. 推件板　10. 轴　11. 滚轮　12. 弹簧　13. 限位螺钉　14. 垫板

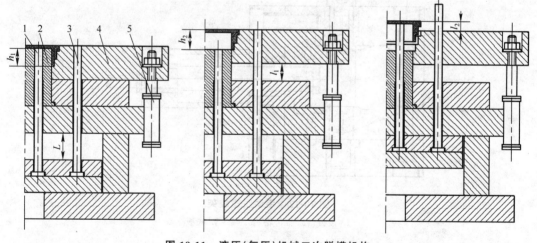

图 10-11　液压(气压)机械二次脱模机构

(a)注塑件脱模前　(b)第一次顶出　(c)第二次顶出

1. 推杆　2. 型芯　3. 复位杆　4. 动模板　5. 液压缸

利成型,所制定模具结构方案的脱模运动形式进行选择和设计。

复习思考题

1. 叙述注塑件脱模机构设计的选用原则,阐述注塑件常用脱模机构的形式。推杆设计时应注意哪些事项？推杆如何固定？

2. 注塑件在哪种情况下应使用推杆脱模？推管脱模设计应注意哪些事项？常用推管脱模形式有哪些？

3. 注塑件在哪种情况下应使用脱件板脱模？脱件板脱模设计应注意哪些事项？叙述一次性脱模机构的种类。

4. 叙述二次脱模机构的种类。注塑件在何种情况下应采用二次脱模机构？

5. 注塑件在何种情况下应采用定模脱模形式？何种情况下应采用定、动模脱模形式？何种情况下应采用液压(气压)脱模形式？

第二节　脱螺纹机构的设计

脱螺纹机构用于脱落具有内、外螺纹的注塑件，其机构有手动脱螺纹、机械脱螺纹和液压顶出螺纹等形式；还可以使用具有螺纹的嵌件杆成型注塑件的螺纹孔，嵌件杆与注塑件同时脱模后，使用电动螺纹旋具取出螺纹嵌件杆。

一、手动脱螺纹架

手动脱螺纹架中注塑件是依靠浇口冷凝料或扳手止动，注塑模的结构需要在简单化的状况下采用手动脱螺纹，只适用于单件和小批量注塑件成型生产。如图 10-12 所示，该脱螺纹架为通用的手动脱螺纹装置。使用时将注塑模与该脱螺纹架安装在一起，螺纹型芯尾部装于接头 1 内，用手摇动轴 3 可将注塑件从螺纹型芯上脱模。

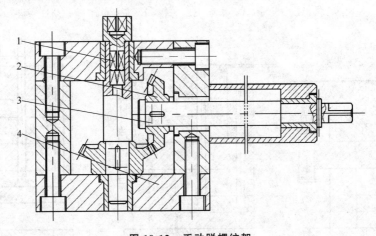

图 10-12　手动脱螺纹架

1. 接头　2. 锥齿轮　3. 轴　4. 底板

二、手动活块脱模机构

如图 10-13 所示，手动活块脱模机构先将注塑件与螺纹型芯 9 同时从模具中脱模，然后在模外手工从螺纹型芯 9 上取出注塑件。使用活块成型注塑件时，需要多备足够数量的活块，以保证循环工作。

开模后，注射机顶杆推动着推板 1、楔板 2 向脱模方向移动，在楔板 2 及活动板 5 的作用下，将卡销 6 从螺纹型芯 9 的环形槽内退出之后，推杆 4 再将注塑件与螺纹型芯 9 从动模中顶出，最后在模外用手工将螺纹型芯 9 从注塑件中取出。

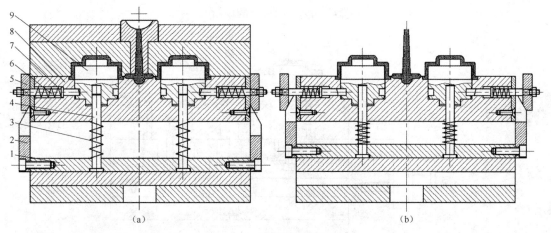

图10-13　手动活块脱模机构

(a)合模状态　(b)脱模状态

1.推板　2.楔板　3,7.弹簧　4.推杆　5.活动板　6.卡销　8.动模　9.螺纹型芯

三、齿条齿轮副脱螺纹机构

如图10-14所示,该机构依靠开模的运动使齿条1带动圆柱直齿轮2及轴3转动,或手工操作轴3转动,从而实现注塑件和浇注系统凝料脱模。运用该机构应注意注塑件和浇注系统凝料的螺纹旋向与螺距要相同。

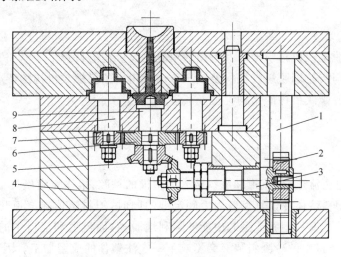

图10-14　齿条齿轮副脱螺纹机构

1.齿条　2,6,7.圆柱直齿轮　3.轴　4,5.锥齿轮　8.螺纹型芯　9.拉料杆

开模时,齿条1带动圆柱直齿轮2,通过轴3及锥齿轮4,5和圆柱直齿轮6,7的传动,使螺纹型芯8和拉料杆9转动,并按旋出方向脱出;注塑件依靠浇口凝料制动,同时将注塑件和浇注系统凝料脱模。该机构还可用手工操作轴3使注塑件和浇注系统凝料脱模。

四、液压传动齿轮齿条脱螺纹机构

如图10-15所示,该机构开模后,液压缸5的活塞推动齿条4,再通过双联齿轮1和齿轮3的传动使螺纹型芯2按旋出方向旋转而脱出注塑件,注塑件依靠浇口凝料止动。

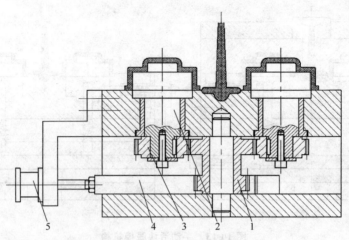

图 10-15　液压传动齿轮齿条脱螺纹机构
1. 双联齿轮　2. 螺纹型芯　3. 齿轮　4. 齿条　5. 液压缸

　　脱螺纹机构是注塑模成型具有螺纹结构的注塑件必不可少的机构；无此机构注塑件的内、外螺纹便不能够脱螺纹，最终会影响到具有螺纹结构注塑件的成型。脱螺纹机构的种类众多，采用哪一种脱螺纹机构，取决于注塑件的批量和螺纹的结构形式以及注塑模的大小；具体可以根据相关注塑模机构设计手册进行查找，也可以自己根据注塑件成型要求和模具结构特点进行设计。

复习思考题

1. 叙述手动脱螺纹机构模架以及手动活块脱螺纹机构的特点。
2. 叙述齿条与齿轮副脱螺纹机构及液压传动齿轮齿条脱螺纹机构的特点。
3. 掌握各种脱螺纹机构的结构类型及其运用。

第三节　脱浇口机构的设计

　　塑料熔体通过主流道、分流道和浇口流入注塑模的型腔，熔体充满模具型腔之前就已充满了流道和浇口。塑料熔体在模具型腔内冷硬定型的同时，塑料熔体在浇道和浇口中也要冷硬定型。如果注塑件从模具型腔或型芯中能够顺利地脱模，而流道和浇口中的冷凝料不能正常地脱模，则流道和浇口中的冷凝料势必会影响下一次注塑件的成型加工。因此，在注塑模设计注塑件脱模形式的同时，也应该考虑流道和浇口中的冷凝料的脱模形式。只有如此，注塑件的成型加工才能实现自动化生产。脱落浇口凝料机构的形式多种多样，但都要能达到脱落流道和浇口凝料的目的。

一、浇口凝料拉料与脱料形式的设计

　　拉料杆有浇口拉料杆和流道拉料杆之分，浇口拉料杆和流道拉料杆都是用于脱落冷凝料的。另外，还常在拉料杆端部开设冷料穴，起到储存冷料的作用。

1. 浇口拉料杆

浇口拉料杆用于切断浇口料与脱落浇口冷凝料。

（1）浇口拉料杆组合形式（图 10-16）

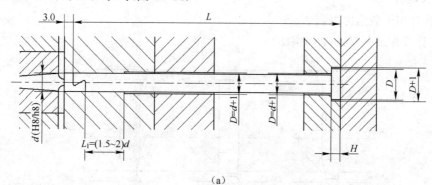

（a）

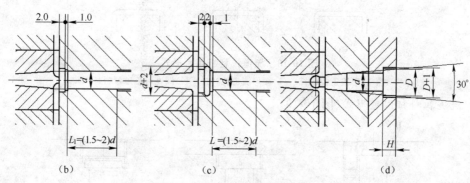

（b）　　　　　　　　　（c）　　　　　　　　　（d）

图 10-16　浇口拉料杆组合形式

（a）Z字形拉料杆组合形式　（b）台阶形拉料杆组合形式　（c）台阶弧形拉料杆组合形式　（d）锥球形拉料杆组合形式

（2）浇口拉料杆的结构（图 10-17）

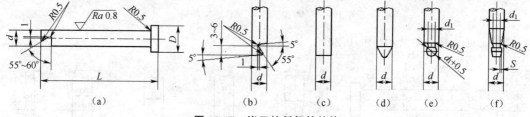

（a）　　　　　　　　（b）　　　（c）　　　（d）　（e）　　（f）

图 10-17　浇口拉料杆的结构

（a）Z字形拉料杆　（b）斜Z字形拉料杆　（c）平头拉料杆　（d）锥形拉料杆　（e）球形拉料杆　（f）双锥形拉料杆

（3）浇口拉料杆的尺寸（表 10-9）

表 10-9　浇口拉料杆的尺寸　　　　　　　　　　　　　　　（mm）

公称尺寸 d		D	$H_{-0.1}^{0}$	与拉料杆配合的型板孔	
尺寸	公差(f9)		尺寸	D 孔公差(H9)	配合长度 L_1
6	$_{-0.055}^{-0.015}$	10	4	$_{0}^{+0.03}$	10
8	$_{-0.055}^{-0.015}$	13	4	$_{0}^{+0.03}$	15
10	$_{-0.070}^{-0.020}$	15	5	$_{0}^{+0.035}$	15
12	$_{-0.070}^{-0.020}$	17	5	$_{0}^{+0.035}$	20
14	$_{-0.070}^{-0.020}$	19	6	$_{0}^{+0.035}$	22

2. 流道拉料杆

流道拉料杆用于脱落冷凝料。

(1)流道拉料杆组合形式(图 10-18)

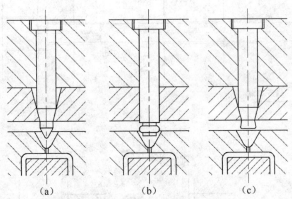

图 10-18 流道拉料杆组合形式

(a)锥形流道拉料杆 (b)腰形流道拉料杆 (c)倒锥形流道拉料杆

(2)流道拉料杆固定形式(图 10-19)

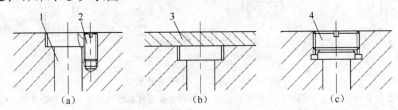

图 10-19 流道拉料杆固定形式

(a)螺钉固定形式 (b)垫板固定形式 (c)螺塞固定形式

1. 拉料杆 2. 螺钉 3. 垫板 4. 螺塞

(3)流道拉料杆的结构(图 10-20)

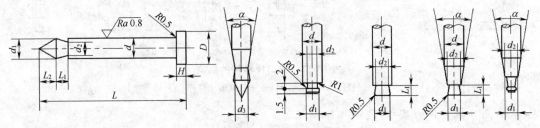

图 10-20 流道拉料杆的结构

(4)流道拉料杆的尺寸(表 10-10)

表 10-10 流道拉料杆的尺寸 (mm)

公称尺寸 d		D	$H_{-0.1}^{\ 0}$	d_1	d_2	d_3	L_1	L_2	α
尺寸	公差		尺寸						
4		8	4	2.8	2.3	3	2.5	5	10°
5		9	4	3.3	2.8	3.5	3	5	10°
6	$\pm^{0.018}_{0.008}$	10	5	3.8	3	4	3	7	10°
8		13	5	4.8	4	5	4	7	20°

续表 10-10

公称尺寸 d		D	$H_{-0.1}^{0}$	d_1	d_2	d_3	L_1	L_2	α
尺寸	公差		尺寸						
10	+0.019	15	6	5.8	4.8	6	5	7	20°
12	+0.007	17	6	7.2	6.2	8	5	7	20°

二、潜伏式脱落浇口凝料机构

潜伏式脱落浇口凝料机构是对注塑模潜伏式浇口中冷凝料进行清除的机构。

（1）推杆顶出式脱浇口凝料机构之一 如图 10-21 所示，浇口为潜伏式或剪切式浇口，是应用较广泛的一种浇口。在顶出过程中，推杆 1 和 2 分别推动浇注系统的凝料和注塑件，借助动模板 4 将浇口凝料切断并与注塑件分离，分离后浇注系统的凝料和注塑件分别被顶出。钩料拉杆 3 先将主流道中的凝料拉出浇口套的主流道，再将其顶出。相关尺寸关系为：

$$l = 2 \sim 3\text{mm}, \alpha = 25° \sim 45°$$

（2）推杆顶出式脱浇口凝料机构之二 是在推杆上开设附加的潜伏式浇口，其动作过程如图 10-22 所示。定模板开模后，脱料

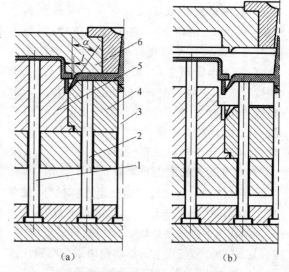

图 10-21 推杆顶出式脱浇口凝料机构之一

(a)闭模状态 (b)开模后脱浇口状态

1,2.推杆 3.钩料拉杆 4.动模板 5.型芯 6.定模板

时，推杆 2 和 3 同时将注塑件和流道中凝料顶出，并由动模浇口将冷凝料剪断后自动落下。

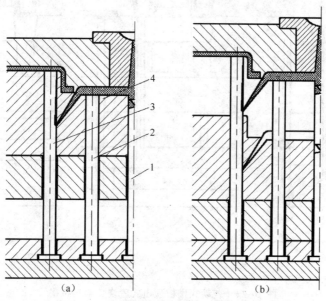

图 10-22 推杆顶出式脱浇口凝料机构之二

(a)闭模状态 (b)开模后脱浇口状态

1.钩料拉杆 2,3.推杆 4.动模

（3）推板顶出式脱浇口凝料机构 如图 10-23 所示，开模时，定模板 5 与脱件板 4 首先分型，注塑件被带往动模；顶出时，脱件板 4 首先被顶动，并与型芯 3 共同将浇口凝料切断。然后，钩料拉杆 1 将浇口凝料从型芯固定板 2 中顶出，并自动落下。

（4）差动式推板顶出式脱浇口凝料机构 如图 10-24 所示，在注塑件的顶出过程中，先由推杆 2 推动注塑件将浇口凝料切断并与注塑件分离，当顶出距离 l 后，限位圈 1 被推动，从而使推杆 3 推动浇口凝料，最终注塑件和浇口凝料被顶出型腔。采用这种差动顶出方式可以克服一次顶出方式产生的使浇口凝料拉伸的现象，从而有利于浇口凝料的顶出。

（5）剪切式切断浇口凝料机构 如图 10-25 所示，注射完毕，注射机喷嘴后退，浇口套 4 被弹簧 5 弹起，使主流道与浇口套 4 分离；开模时，在弹簧 2 的作用下推动剪切块 3，浇口凝料被剪切块 3 的刃口切断。剪切块 3 的移动量由限位螺钉 1 控制。应当指出，弹簧 2 应具有足够的弹力。这种

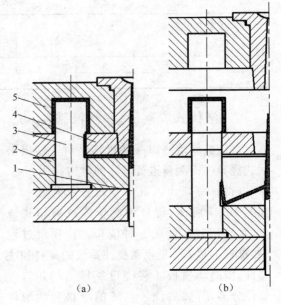

图 10-23 推板顶出式脱浇口凝料机构

（a）闭模状态 （b）开模后脱浇口状态

1. 钩料拉杆 2. 型芯固定板
3. 型芯 4. 脱件板 5. 定模板

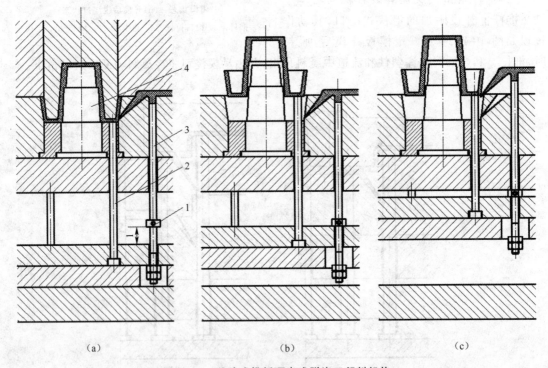

（a） （b） （c）

图 10-24 差动式推板顶出式脱浇口凝料机构

（a）注塑件注射成型 （b）第一次顶出动作 （c）第二次顶出动作

1. 限位圈 2,3. 推杆 4. 型芯

剪切式浇口可省去去除浇口凝料的工序,当注塑件允许有残留浇口凝料存在时更适合采用。

三、点浇口脱模机构

(1)斜窝式折损脱浇口凝料机构　如图 10-26 所示,开模时,中模板 3 与定模板 4 先分型,与此同时主流道被拉料杆 1 带出浇口套 5,而主流道头部的小斜柱卡住了分流道凝料迫使其折损,将点浇口凝料拉断并带出中模板 3;当定距拉杆 2 起到限位作用后,中模板 3 与动模部分分型。注塑件被推件板 6 从动模型芯顶脱,浇口凝料脱开拉料杆 1 落下。开模顺序由二次分型机构实现。

(2)托板式脱浇口凝料机构　如图 10-27 所示,开模时,托板 3 与定模垫板 4 首先分型。主流道冷凝料和分流道冷凝料同时被带出定模垫板 4 和浇口套 5;当定距拉杆 1 的中间台阶面接触托板 3 后,托板 3 将点浇口从定模板 2 中带出,随后浇口凝料被取下或自动落下。

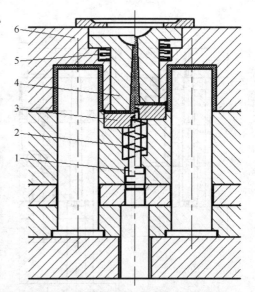

图 10-25　剪切式切断浇口凝料机构
1. 限位螺钉　2,5. 弹簧　3. 剪切块
4. 浇口套　6. 定模

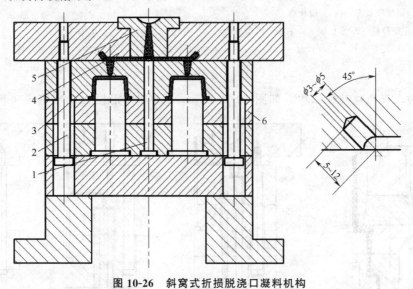

图 10-26　斜窝式折损脱浇口凝料机构
1. 拉料杆　2. 定距拉杆　3. 中模板　4. 定模板　5. 浇口套　6. 推件板

(3)拉杆式脱浇口凝料机构之一　如图 10-28 所示,开模时,在二次分型机构的作用下(图中未标出),浇口板 6 与脱料板 8 将浇口冷凝料从拉料杆 7 及浇口套 10 中脱出;此时二次分型机构打开,随后垫圈 1 及拉杆 2 使定模板 5 及浇口板 6 停止分型,从而使定模板 5 与动模板分型。注塑件留在动模型芯上,由推杆将注塑件推出。

(4)拉杆式脱浇口凝料机构之二　如图 10-29 所示,开模时,在二次分型机构的作用下(此图未标出),定模板 1 与脱料板 4 首先分型,浇口凝料被浇口套 7 的拉料环拉断;当止动销 3 移至定距拉杆 2 环形槽内并继续开模时,定距拉杆 2 拉动脱料板 4 将浇口凝料从浇口套 7 脱出并自动落下,脱料板 4 由限位螺钉 6 限位;随后由另一定距拉杆(此图未标出)使定模板 1 与动模板分型,注塑件留于动模,由推杆将注塑件推出。

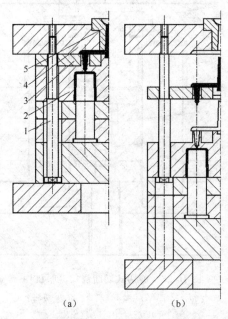

图 10-27 托板式脱浇口凝料机构

(a)闭模状态 (b)开模状态

1. 定距拉杆 2. 定模板 3. 托板
4. 定模垫板 5. 浇口套

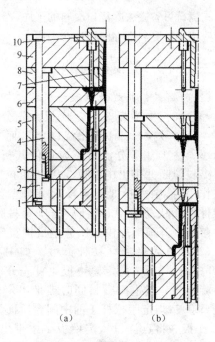

图 10-28 拉杆式脱浇口凝料机构之一

(a)闭模状态 (b)开模状态

1. 垫圈 2,4. 拉杆 3. 垫圈 5. 定模板
6. 浇口板 7. 拉料杆 8. 脱料板 9. 定模
垫板 10. 浇口套

(5)拉钩式脱浇口凝料机构 如图 10-30 所示。开模时,定模板 3 与定模垫板 6 首先分

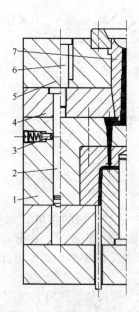

**图 10-29 拉杆式脱浇口
凝料机构之二**

1. 定模板 2. 定距拉杆 3. 止动销
4. 脱料板 5. 定模垫板 6. 限位螺
钉 7. 浇口套

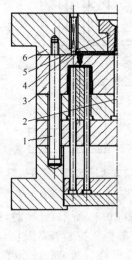
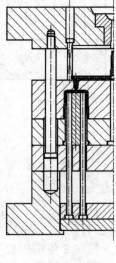
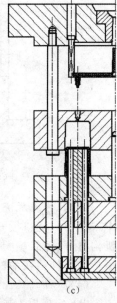

图 10-30 拉钩式脱浇口凝料机构

(a)闭模状态 (b)一次分型状态 (c)二次分型状态

1. 定距拉杆 2. 拉料杆 3. 定模板 4. 拉钩
5. 浇口套 6. 定模垫板

型,由拉料杆2将主流道中冷凝料从浇口套5中带出;继续开模,则拉钩4将浇口套5和定模板3中的冷凝料拉出。定距拉杆1用以限定第一次分型的距离,同时带动定模板3进行二次分型。

(6)斜面式脱浇口凝料机构　如图10-31所示,在分流道的前端制成具有一定角度的斜面。开模时,由二次分型机构确保定模板3与定模垫板4首先分型,点浇口冷凝料被带出定模板3,同时拉料杆2将主流道中冷凝料从浇口套5拉出,分流道冷凝料被拉弯;当定模板3与动模板分型时将浇口凝料从拉料杆2上脱出并自动落下。拉料杆2的直径应大于分流道的宽度,以确保拉料杆2复位至闭模状态。相关尺寸关系为:

$$L \geqslant L_1$$

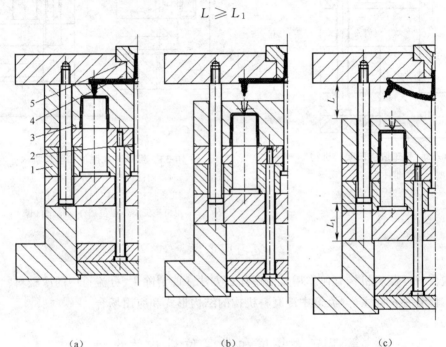

（a）　　　　　　　　（b）　　　　　　　　（c）

图10-31　斜面式脱浇口凝料机构

(a)闭模状态　(b)一次分型状态　(c)二次分型状态

1. 型芯垫板　2. 拉料杆　3. 定模板　4. 定模垫板　5. 浇口套

(7)手工脱浇口凝料机构　如图10-32所示,开模时,定模板3与定模垫板4首先分型,浇口凝料留在定模板3上;继续开模,推件板2与定模板3分型,注塑件留在型芯1上;然后,人工用长柄钳将浇口冷凝料从定模板3中取下,注塑件由推件板2推出。此种脱浇口凝料方式较常使用,但不能满足自动操作要求。

(8)锥形套式脱浇口凝料机构　如图10-33所示,开模时,由二次分型机构确保定模板2与定模垫板4首先分型,由于锥形套3与定模垫板4配合较紧,因此主流道冷凝料先从定模板2中拉出;继续开模,限位螺钉5将锥形套3带出定模垫板4,同时主流道凝料从浇口套6脱出。定距拉杆1限定第一次分型距离,同时带动定模板2进行第二次分型。

注塑模是可以连续进行自动化高效生产的模具,如果不能在成型加工之前把注塑模浇注系统中的冷凝料清除掉和切断浇口冷凝料,就不可能进行下一次注塑件的加工。因此,注塑模的设计不能缺少脱浇口冷凝料机构的设计。

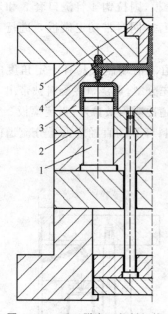

图 10-32　手工脱浇口凝料机构

1. 型芯　2. 推件板　3. 定模板
4. 定模垫板　5. 浇口套

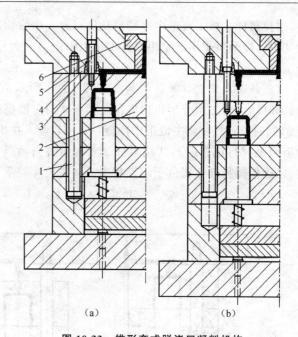

（a）　　　　　　　（b）

图 10-33　锥形套式脱浇口凝料机构

（a）闭模状态　（b）开模状态

1. 定距拉杆　2. 定模板　3. 锥形套
4. 定模垫板　5. 限位螺钉　6. 浇口套

复习思考题

1. 脱浇口冷凝料机构有何作用？使用什么方法才能清除主、分流道中的冷凝料？
2. 掌握各种清除主、分流道中冷凝料机构的结构形式和应用场合。

第四节　复位和先复位机构的设计

　　注塑模的脱模机构将注塑件顶出模具之外后，脱料机构和脱浇口冷凝料机构必须要恢复到脱模之前的位置，以利于注塑件下一次的成型加工；有些安装在推板上成型注塑件型孔的型芯，需要与动模型腔保持抽芯之前的位置；有些注塑模的脱模机构需要有准确的导向机构引导；还有些注塑件抽芯和脱模时需要准确地控制抽芯和脱模的距离时，注塑模需要有限位机构。实现这些动作的机构也是注塑模不可缺少的机构，缺失了这些机构注塑模的功能将会受到极大的影响，甚至无法工作。

一、复位机构

　　注塑件脱模之后，脱模机构需要恢复到原来的位置以利于下一次注塑件成型后的脱模。复位机构有多种形式，常用的是回程杆。脱模时，推杆可将注塑件顶出模外；合模时，定模板推着回程杆实现脱模机构的复位。

　　（1）螺钉式复位机构　如图 10-34 所示，闭模时，推杆 2 的复位由复位螺钉 3 来完成。由于复位螺钉 3 与通过的动模板及动模垫板孔的间隙较大，不能保证推杆 2 的位移度，需要采用导柱 4 进行导向。为了确保脱模机构的准确复位，动模板的 A 面需要与复位螺钉 3 组合磨平。

（2）回程杆式复位机构 如图 10-35 所示，回程杆 2 的端面须与分型面平齐。开模后，注塑件在推杆 3 的作用下，将注塑件顶出模具型腔；合模时，回程杆 2 在定模板的作用下，推动脱模机构复位。

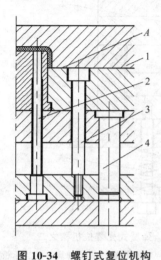

图 10-34 螺钉式复位机构
1. 定模板 2. 推杆 3. 复位螺钉 4. 导柱

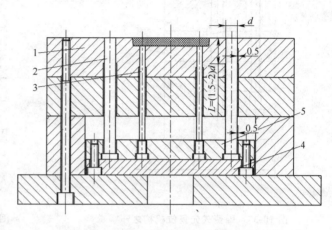

图 10-35 回程杆式复位机构
1. 动模板 2. 回程杆 3. 推杆 4. 推板 5. 推垫板

（3）推杆兼复位杆式复位机构 如图 10-36 所示，推杆 4 的上端面必须与分型面平齐。这是一种常用的脱模机构的复位机构，其特点是推杆 4 端面的一部分与注塑件接触，另一部分与定模板 1 接触，这样顶出时，推杆 4 起到顶出注塑件的作用。闭模时，推杆 4 又起到了复位的作用。

二、先复位机构

当注塑模抽芯机构的型芯与脱模机构的推杆投影重叠时，如脱模机构不能先于抽芯机构复位，就会产生推杆与型芯的碰撞；此时，必须使推杆先于抽芯机构的型芯复位，这种使推杆先复位的机构称为先复位机构。先复位机构的种类众多，这里仅对弹簧式、斜销式、齿轮齿条式和铰链式先复位机构进行介绍，供读者做出选择；除此之外，还存在着连杆式、摆块式、滑轴式和杠杆式等先复位机构。

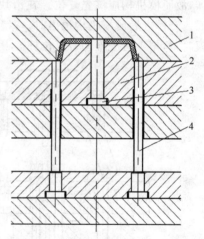

图 10-36 推杆兼复位杆式复位机构
1. 定模板 2. 动模板 3. 型芯 4. 推杆

（1）弹簧式先复位机构之一 如图 10-37 所示，在回程杆 2 上装有弹簧 3，可用于一般性复位，也可用于先复位。由于弹簧 3 摩擦、晃动和疲劳等原因，使用时间较久后易产生失效，需要及时更换。如不及时更换，失效弹簧就不能实现脱模机构的先复位，将会造成模具推杆 1 与抽芯机构的型芯碰撞而损坏。推杆 1 顶出时，弹簧 3 被压缩。注塑件脱模后，由于脱模力消失，弹簧 3 恢复长度从而使脱模机构产生先复位；之后回程杆 2 在定模板的作用下精确复位。该机构的缺点是更换弹簧 3 复杂，需要将模具的动模部分拆除。

（2）弹簧式先复位机构之二 如图 10-38 所示。该机构安装在模具的外面，机构装配和更换方便，并且能够通用，但仅适用于小型模具。

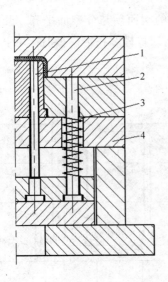

图 10-37　弹簧式先复位机构之一

1. 推杆　2. 回程杆　3. 弹簧　4. 动模垫板

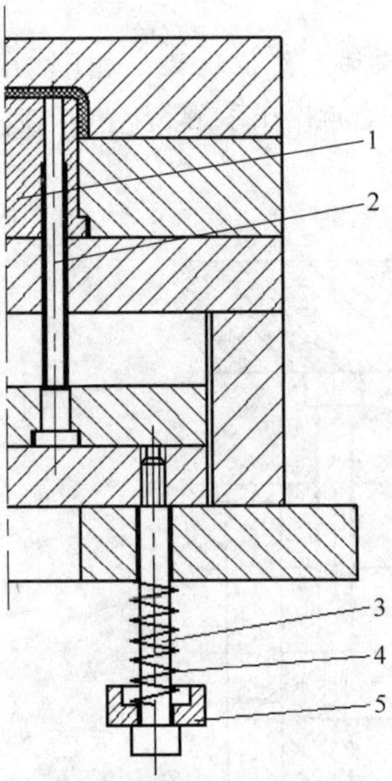

图 10-38　弹簧式先复位机构之二

1. 型芯　2. 推杆　3. 阶形螺钉　4. 弹簧　5. 支承板

　　(3) 弯销式先复位机构　如图 10-39 所示,由于侧型芯 2 与推杆 4 在合模过程中会发生干涉,故脱模机构应该先复位。在滑块 3 斜孔旁设置一根复位杆 5,弯销 1 的一端制有一小平面。开模之后脱模机构顶出时,弯销 1 离开复位杆 5,此时,弯销 1 正好在复位杆 5 的上面;合模时,弯销 1 首先推动着复位杆 5,因而也推动着推板 6 使推杆 4 先复位。

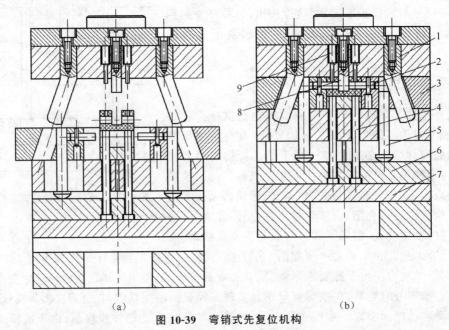

　　(a)　　　　　　　　　　　　　　　　　　(b)

图 10-39　弯销式先复位机构

(a)开模状态　(b)合模状态

1. 弯销　2. 侧型芯　3. 滑块　4. 推杆　5. 复位杆　6. 推板　7. 推垫板　8. 动模型芯　9. 小动模型芯

　　(4) 齿轮齿条式先复位机构　如图 10-40 所示,下齿条 7 固定在推杆板 8 之上。合模时,上齿条 1 带动齿轮 4 旋转,齿轮 4 又带动下齿条 7 向下进行复位运动,从而使推管 5 先复位。

当上齿条 1 顶部与推板 9 靠紧时,可使推管 5 达到精确复位。斜销与齿条同时移动的距离为 $\dfrac{S_1}{\tan\alpha}$,齿轮 4 应转过的齿数为:$Z=\dfrac{S_1}{\pi m\tan\alpha}$。下齿条 7 移动的距离 $L=\pi mZ$,此时 $mZ\geqslant B$。

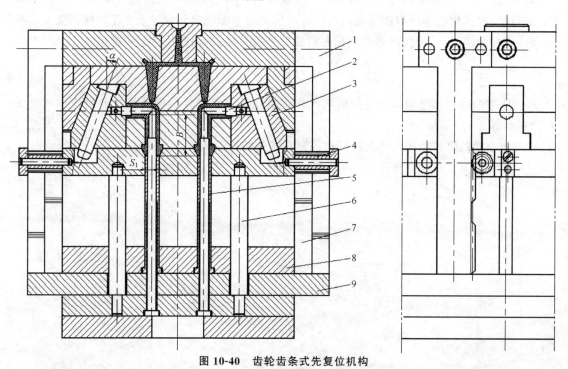

图 10-40　齿轮齿条式先复位机构

1. 上齿条　2. 侧型芯　3. 滑块　4. 齿轮　5. 推管　6. 推板导柱　7. 下齿条　8. 推杆板　9. 推板

(5)铰链式先复位机构　如图 10-41 所示,合模时,在侧型芯 1 移至推杆 5 的部位之前,楔板 2 已推动由连杆 4 组成的铰链机构使推板 6 后退,从而使推杆 5 先复位,避免了侧型芯 1 与推杆 5 发生干涉。复位杆 3 用于精确复位。相关的尺寸关系为:

$$2R>l_1,\quad B=l_1-2\left[\sqrt{R^2-\left(\dfrac{l_1}{2}\right)^2}+r\right],\quad l_2\geqslant 2\left[\sqrt{R^2-\left(\dfrac{l_1-l}{2}\right)^2}+r\right]\quad\text{(式 10-6)}$$

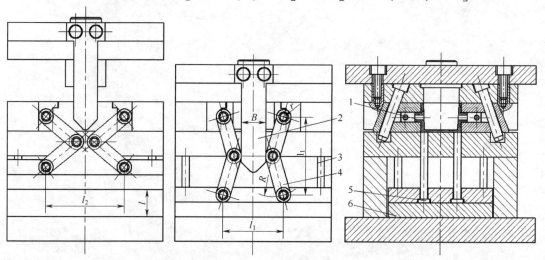

图 10-41　铰链式先复位机构

1. 侧型芯　2. 楔板　3. 复位杆　4. 连杆　5. 推杆　6. 推板

注塑模的复位机构与先复位机构是注塑模的重要机构之一。复位机构是使注塑模脱模机构能够恢复到待脱模的状态，又能使脱模机构时刻进入脱模状态的一种机构。注塑模的复位机构，可以使注塑模在成型加工的过程中实现高效的自动化。注塑模的先复位机构，是为了避免注塑模脱模机构的推杆与抽芯机构的型芯产生运动干涉现象而设置的。注塑模的先复位机构在注塑件脱模之后，可使推杆先于抽芯机构的型芯复位，从而避免运动碰撞的产生。

复习思考题

1. 注塑模的复位机构与先复位机构的作用是什么？掌握复位机构与先复位机构的有关尺寸的计算。

2. 注塑模的复位机构与先复位机构各存在哪些结构形式？

3. 弹簧先复位机构存在哪些不足？如何预防？

第十一章 注塑件上的痕迹与痕迹技术的应用

注塑件上存在着注塑模结构成型痕迹和注塑件成型加工的痕迹,这两种痕迹在注塑模结构方案可行性分析与论证,注塑模克隆、复制与修复技术以及对注塑件的质量分析与判断中都可得到广泛的应用。注塑件上模具结构的成型痕迹,就是注塑模各种机构的构件在注塑成型的过程中烙印在注塑件上的痕迹;而注塑件成型加工的痕迹,则是高分子材料经过加温加压注入模具型腔中,因熔体温度和压力及流动状态的变化所产生的痕迹。通俗地讲,这些痕迹称为缺陷痕迹或弊病痕迹。由对注塑件上这两种痕迹的辨识,到处置这两种痕迹的技术,便形成了注塑件的成型痕迹技术。

第一节 注塑件上的模具结构成型痕迹

注塑件上存在着模具结构的成型痕迹,这些痕迹为还原注塑模的结构提供了实物证据和资料,可以根据这些痕迹分析出原来注塑模的结构。这种方法称为注塑模结构成型痕迹分析法,是在有注塑样件的情况下进行注塑模设计时常使用的方法之一。这些痕迹一般为可以保留的痕迹;但在注塑件有外观要求的型面上,则不能留有这些痕迹。

一、分型面的痕迹

分型面又可称为动模型面与定模型面开启和闭合后相贴合的型面,在动模型面上的分型面称为动模分型面,在定模型面上的分型面称为定模分型面。在动模型腔与定模型腔闭合后,注塑件在封闭的模具型腔里成型的过程中,塑料熔体进入动模型腔与定模型腔的分型面之间的闭合缝隙中,在注塑件表面上所形成凸出筋状或毛刺或飞边的印痕称为分型面痕迹。

(1)凸出筋状 一般的情况下,注塑件在分型面处会出现一种细小的凸出筋状的痕迹,如图 11-1 所示。

(2)毛刺或飞边 毛刺或飞边也是分型面的痕迹。当分型面之间缝隙较大时,塑料熔体填充缝隙的材料较多,便形成了飞边,如图 11-1 和图 11-2 所示;当缝隙较小时,填充缝隙的材料较少,便形成了毛刺。

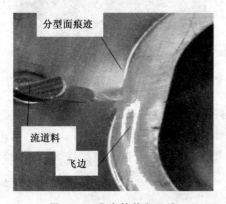

图 11-1 凸出筋状和飞边

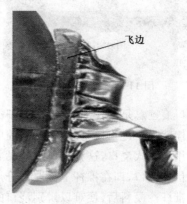

图 11-2 飞边

（3）分型面修饰痕迹　一般情况下，毛刺或飞边要通过修饰工使用刮刀去除；从去除了毛刺或飞边后的修饰痕也能够分辨出分型面的痕迹。

（4）分型面与脱件板脱模面重合的痕迹　有的注塑件分型面与脱件板脱模面相重合，此时既是注塑件上分型面，也是注塑件上脱模面。

注塑件上一定会存在着分型面，那么，分型面的痕迹在注塑件上也是一定能够找得到的。有的注塑模由于动、定模的分型面做得十分吻合，加之注塑件注射成型时的模具合模力较大而出现分型面的痕迹十分微小甚至难以看见的情况，但是注塑件上分型面的痕迹还是存在的。经过修饰的分型面痕迹需要仔细观察才能被发现，有的还需要用放大镜才能发现。分型面的痕迹形状、尺寸和位置，能够反映出分型面真实的形状、尺寸和位置。

二、浇口的痕迹

浇口的痕迹是注塑模中塑料熔体进入模具型腔入口处时所产生冷凝料的痕迹。浇口的形式很多，如直接浇口、侧向浇口、点浇口和环形浇口等。每种形式的浇口都存在着对应形式的浇口痕迹。

（1）浇口冷凝料的痕迹　塑料熔体总是从注塑模的浇口中流入模具的型腔，那么浇口中的熔体冷却后所形成的凝料就是浇口冷凝料的痕迹。从浇口的冷凝料的形式、尺寸和位置，便可以反映出浇口的形式、尺寸和位置。如图 11-3 所示的侧向浇口痕迹，再如点浇口痕迹是一种凸出来的小包。可见，不同的浇口形式具有不同的形状特征。

（2）浇口修饰的痕迹　注塑件使用时，不可能保留有浇口的冷凝料，这种冷凝料要经过注塑件修饰工用刮刀去除，在注塑件浇口冷凝料的位置上便留下修饰的痕迹，这种痕迹有时需要仔细地观察才能够被发现。如图 11-4 所示的直接浇口修饰后的痕迹是一种切除的疤痕。再如侧向浇口修饰的痕迹，是一种长方形的刮痕。可见，不同形式的浇口修饰的痕迹具有不同的刮痕形状特征。

图 11-3　侧向浇口痕迹

图 11-4　直接浇口修饰后的痕迹

浇口痕迹总是存在的，就是十分细小的点浇口痕迹也是能够找得到的。注塑模没有浇口，塑料熔体就无法进入模具的型腔，型腔中不存在塑料熔体就不可能成型注塑件。但是，有的注塑件采用潜伏式浇口，这种浇口痕迹具有隐蔽性，需要仔细寻找；还有的注塑件采用了推杆形式的潜伏式浇口，即在推杆上截取部分形体为潜伏式浇口，浇口冷凝料与推杆的痕迹重合，在去除了推杆冷凝料后，便难以辨别浇口的痕迹。

【例 11-1】　面板注塑模潜伏式浇注系统如图 11-5 的 $B—B$ 剖视图所示。塑料熔体通过主流道和潜伏式浇口进入注塑模的型腔。潜伏式浇口又是在推杆 3 上设置的,因此,潜伏式浇口中的冷凝料重叠在推杆前端的冷凝料上。一旦去除了推杆前端的冷凝料,潜伏式浇口的冷凝料便很难发现。只有保留了整个注塑件成型脱模原始状态,才能发现这种浇口的痕迹。也就是说,注塑件不经过任何修饰才是保留注塑模结构成型痕迹的最好物证。

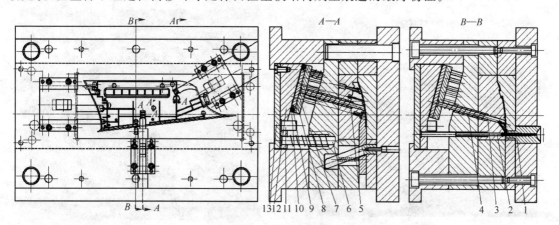

图 11-5 面板注塑模结构与潜伏式浇注系统

1. 浇口套 2,3,5. 推杆 4. 弹簧 6. 回程杆 7. 斜安装板 8. 斜推板
9. 滚轮 10. 圆柱销 11. 限位销 12. 安装板 13. 推板

三、抽芯的痕迹

注塑件上存在着各种形状、方向及形式的型孔,有平行开、闭模方向的,有垂直开、闭模方向的,也有倾斜开、闭模方向的;有圆孔、方孔、异形孔、螺孔和型槽,有外型孔和内型孔。观察注塑件上这些型孔时都可看出它们的成型痕迹或抽芯的痕迹。

(1)侧向分型面的痕迹 是注塑件沿周方向型孔抽芯时产生的,它是确定沿周方向型孔或型槽抽芯的侧向分型面的物证。

(2)侧向水平型孔与斜向型孔抽芯的痕迹 是注塑模沿周方向水平抽芯和斜向抽芯机构,在注塑件成型过程中塑料熔体进入抽芯机构间隙中冷凝时所遗留的,如图 11-6 所示。由于模具抽芯机构的型芯与注塑件的型孔或型槽之间运动的摩擦,抽芯的痕迹是光亮的型面;其痕迹的形状、尺寸和位置,生动地刻画出了抽芯机构型芯的形状、尺寸和位置,抽芯时的起始和终止的位置以及抽芯的距离尺寸数据。

(3)螺纹孔抽芯的痕迹 是注塑模螺纹抽芯机构在注塑件成型过程中,塑料熔体进入抽芯机构间隙中冷凝时所遗留的。

(4)平行开闭模方向型孔抽芯的痕迹 一般是使用型芯或嵌件杆成型型孔或型槽的抽芯机构,型芯或嵌件杆在型孔或型槽成型的过程中所产生的。

(5)内型孔抽芯的痕迹 是成型注塑件内型孔和型槽的过程中,塑料熔体渗入内抽芯机构型芯的间隙所遗留的。

四、脱模的痕迹

注塑件脱模的痕迹是注塑件在脱模时,一种是由于脱模机构顶着还未完全冷硬的注塑件时所产生的痕迹,另一种是注塑件在成型的过程中,塑料熔体进入推杆与推杆导向孔间隙中遗留的痕迹。

（1）推杆的痕迹　如图 11-7 所示，是脱模机构中推杆顶脱注塑件的痕迹，其特征是在注塑件推杆的位置上留存着凹坑；凹坑的形状即为推杆的形状，凹坑的位置即为推杆的位置，凹坑的尺寸即为推杆的尺寸。

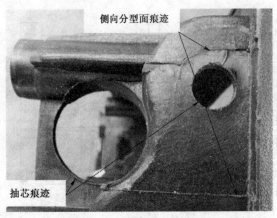

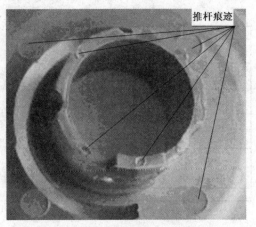

图 11-6　侧向分型面与抽芯痕迹　　　　　图 11-7　推杆痕迹

（2）推管的痕迹　是脱模机构中推管顶脱注塑件的痕迹，其特征是在注塑件推管的位置上留有推管壁厚的凹坑。凹坑的形状即为推管的形状，凹坑的位置即为推管的位置，凹坑的尺寸即为推管的尺寸。

（3）脱件板脱模的痕迹　是脱模机构中脱件板顶脱注塑件的痕迹，其特征一般是注塑件上分型面与脱模面相重合的痕迹。

（4）注塑件上没有脱模的痕迹　如果注塑件上没有脱模的痕迹，这并不是注塑模没有脱模的机构，而是注塑模采用了脱件板或压缩空气或活块进行脱模。

【例 11-2】　压缩空气与脱件板联合脱模如图 11-8 所示，注塑件采用了脱件板 6 及气塞 1 进行脱模，自然在注塑件上找不出脱模的痕迹。

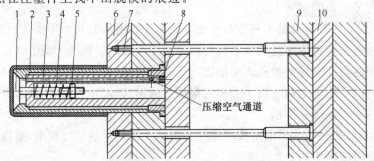

图 11-8　压缩空气与脱件板联合脱模
1. 气塞　2. 型芯　3. 内型芯　4. 弹簧　5. 六角螺母　6. 脱件板　7. 推杆　8. 密封圈　9. 安装板　10. 推板

【例 11-3】　如图 11-9 所示，当采用活块 2 成型注塑件的型腔时，脱模机构通过推杆 6 顶脱活块 2 的两端，然后采用手工将注塑件从活块 2 上脱离，这样在注塑件上自然也是找不到脱模的痕迹。

五、镶嵌的痕迹

注塑模为了加工制造的方便或为更换易损件容易一些，模具的型腔和型芯及型孔的型芯常采用镶嵌结构。注塑件在成型的过程中塑料熔体会渗入镶嵌的缝隙中,冷却后形成细小的凸出筋状的镶嵌痕迹,如图 11-10 所示。镶嵌痕迹的形状即为镶嵌件的形状,镶嵌痕迹的尺寸即为镶嵌件的尺寸。

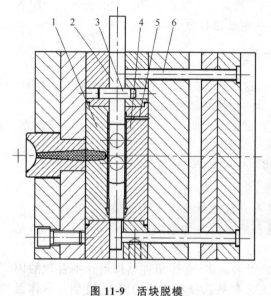

图 11-9 活块脱模

1. 定模镶件 2. 活块 3. 圆柱销

4. 动模镶件 5. 型芯 6. 推杆

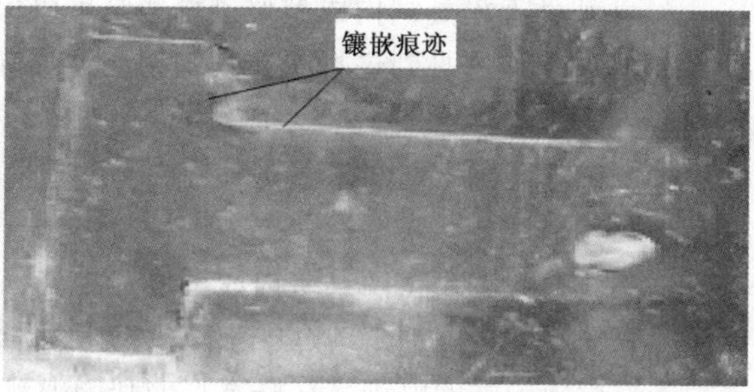

图 11-10 镶嵌痕迹

以上这些注塑模结构成型痕迹,都是可以保留的痕迹;但有时为了注塑件外表美观,需要将这些结构性的痕迹隐藏起来或改变到其他的型面上去。这些痕迹都是可见的痕迹,它们真实地描述了注塑模具体的结构形式、尺寸和位置以及模具结构的相互关系,是克隆、复制或修复注塑模的珍贵资料和物证,是学习和研究注塑模结构难得的样板。

六、其他类型的痕迹

注塑件除了具有上述的模具结构痕迹之外,还具有一些其他类型的痕迹。如注塑件上刀具、砂轮或研磨加工的痕迹,摩擦痕、碰痕、划痕、裂痕、磨损痕和过热痕。加工痕迹是模具型面加工时刀具、磨削砂轮、研磨膏、电火花或化学腐蚀时所产生的痕迹,这些痕迹是可以保留的。化学腐蚀痕主要是皮纹、电火花纹和橘皮纹等,如图 11-11 所示。皮纹是为了使注塑件表面美观或手接触后有舒适感而制造的。摩擦痕是运动的机构在注塑件表面上所产生的痕迹,也是可以保留的痕迹;碰痕是模具型面被碰出的凹痕;裂痕是模具用材出现疲劳所产生的痕迹;磨

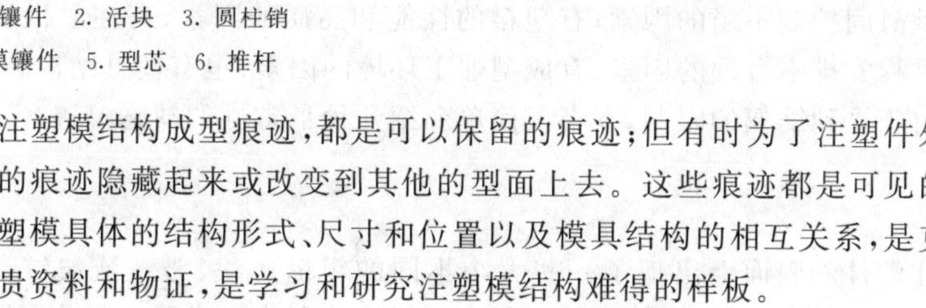

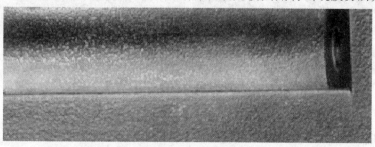

图 11-11 橘皮纹

损痕是运动构件长时间摩擦产生的磨损痕迹；过热痕是模具用材在高温下出现了过热的现象而产生的。这些痕迹是在提醒我们，要修理模具或重新制造模具部件了。

模具结构成型痕迹有可以保留的痕迹，也有必须清除的痕迹。注塑件上注塑模结构成型痕迹，是注塑样件模具结构成型印痕真实的反映，也是模具产生了磨损和疲劳的表现。介绍各种模具结构成型痕迹的特点，目的是便于读者对这些痕迹进行分辨和应用。

复习思考题

1. 注塑件上存在着哪些模具结构成型的痕迹？这些痕迹的特点是什么？如何进行区分？
2. 注塑件上模具结构成型痕迹哪些是可以保留的？哪些是要消除的？
3. 您在工作中见到过哪些模具结构成型痕迹？试举例说明。

第二节　注塑件上成型加工的痕迹

注塑件上除了存在模具结构成型痕迹之外，还存在注塑件成型加工的痕迹。成型加工的痕迹是在注塑件成型加工的过程中产生的痕迹，这些痕迹都是缺陷痕迹，又称为弊病痕迹，是需要采取措施消除的痕迹。这些常见的缺陷痕迹多达几十种，只要注塑件上存在一种这样的缺陷痕迹，这个注塑件就是废品。这些痕迹产生的因素众多，有注塑件结构设计不合理的因素，特别是注塑件壁厚不一致的因素；有成型加工工艺参数选择不正确的因素，特别是熔体温度和压力及成型时间控制不当的因素；有塑料的性能和品质的因素；有注射机性能的因素；有成型加工工艺过程安排不合理的因素；有成型加工环境的因素；也有模具结构和浇注系统不合理的因素等。由于受到篇幅的限制，本书仅简单介绍几种最常见的缺陷痕迹。

一、流痕

流痕是指注塑件的表面上出现了一些大小不同的粗糙斑块、皱纹或波纹，如图 11-12 所示。流痕主要是注塑件成型时，在填充的过程中塑料熔体遇冷形成了冷凝分子团，散布在流程中并逐渐地增大形成的。料流失稳流动和低温的薄膜前锋都是产生流痕的主要因素。此外塑料的流动性差；料粒不匀或料粒过大；料中混入杂质和不同品种的料；模具的温度低及喷嘴的温度低；模具无主流道或主流道过短；模具无冷料穴；喷嘴温度低，熔体的温度过低，塑料塑化不良；塑化不匀，注射速度低，成型时间短；注射机的容量接近注塑件的质量，注射机塑化能力不足等都是产生流痕的原因。流痕是料流温度影响类型的缺陷。

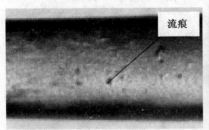
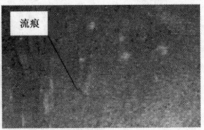

图 11-12　注塑件上的流痕

二、熔接痕

熔接痕也称为结合线。由于塑料熔体分流汇合时的料温降低，树脂与附合物不相溶等原因,在熔料分流汇合处会产生不规则的熔接痕,即沿注塑件表面或内部产生明显细的接缝线,如图 11-13 所示。熔接痕属于温度影响类型的缺陷。产生熔接痕的主要原因有物料内渗有不相溶的料,使用脱模剂不当,存在不相溶的油质;使用了铝箔薄片状着色剂,脱模剂过多;熔料充气过多;塑料流动性差,纤维填料分布融合不良;模温低,模具冷却系统不当;浇口过多;模具内存在着水分和润滑剂,模具排气不良,塑料流动性差,冷却速度快;存在着冷凝料,料温低;注射速度慢,注射压力小;注塑件的形状不良,壁厚太薄及壁厚不均匀;嵌件温度低,嵌件过多,嵌件形状不良等。

三、缩痕

注塑件表面上产生的不规则凹陷现象称为缩痕,也可称为塌坑、凹痕、凹陷和下陷等,如图 11-14 所示。缩痕是由于保压补塑不良;注塑件冷却不匀;加料不够,供料不足,余料不够;浇口位置不当,模温高或模温低,出现真空泡;流道和浇口太小,浇口数量不够;注射和保压时间短;熔料流动不良或溢料过多;料温高,冷却时间短;注射压力小,注射速度慢;壁太厚或壁厚不匀引起收缩量不等及塑料收缩率过大等原因产生的。缩痕为冷却收缩影响类型的缺陷。

图 11-13　熔接痕

图 11-14　注塑件壁厚不均匀产生的缩痕

四、填充不足

塑料填充不满型腔,使得注塑件残缺不全称为填充不足或缺料,如图 11-15 所示;主要是由于供料不足、熔料填充流动不良,充气过多及排气不良等原因导致注塑件填充不满。填充不足属于缺料影响类型的缺陷。

五、银纹

银纹又可称为水迹痕或冷迹痕或银丝。由于料内的湿度大,充气或挥发物过多,熔体受剪切作用过大,熔料与模具表面密合不良,或急速冷却、混入异料、分解变质,使注塑件表面沿料流方向出现银白色光泽的针状条纹或云母片状斑纹现象称为银纹,如图 11-16 所示。产生银纹的原因有物料中含水分高,存在着低挥发物,物料中充有气体;配料不当,混入异料或不相溶料;流道和浇口较小;熔料从注塑件薄壁处流入厚壁处;排气不良;模温高;模具型腔表面存在着水分,润滑油或脱模剂过多或脱模剂选用不当;模温低,注射压力小,注射速度低;塑料熔料温度太高;注射压力小等。

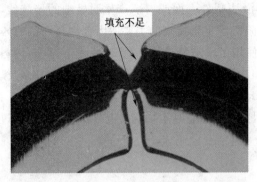

图 11-15　填充不足

图 11-16　银纹

六、喷射痕

塑料熔体高速注射时,在浇口处出现回形状的波纹称为喷射痕,如图 11-17 所示。产生喷射痕主要是因为塑料熔体注射速度高,螺杆转速高,注塑机背压高,成型加工循环周期长,喷嘴有滴垂现象;塑料含有水分;型腔内渗有水或挥发物;料筒和喷嘴温度低;料温低,模温低;浇口截面小,浇口位置不当,无冷料穴或冷料穴位置不当,未设置排气孔等。

七、变色

注塑件局部的颜色发生了变化称为变色(泛白也

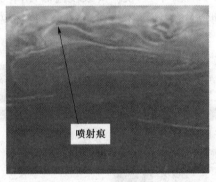

图 11-17　喷射痕

是变色),如图 11-18 所示。产生变色主要是因为注塑件局部温度相差太大,塑料未充分干燥,螺杆内残留其他塑料或杂物,料温高,塑料停留在料筒的时间长;模具局部存在着气体,流道和浇口的截面较小及模温过高;注射压力高,注射时间长,螺杆回转速度高,背压高,喷嘴温度高,循环周期长等。

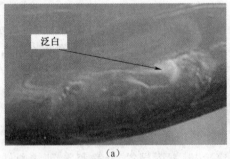

（a）

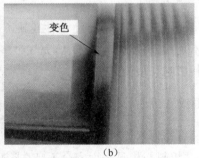

（b）

图 11-18　泛白与变色
（a）注塑件（拉手）局部的红色变成了白色　（b）注塑件变色

八、气泡

熔体内充气过多或排气不良,导致注塑件内残留气体,形成的体积较小或成串的空穴称为气泡,如图 11-19 所示。产生气泡主要是因为塑料含有水分、溶剂或易挥发物;料温高,加热时间长,塑料降聚分解,料粒太细和不匀;注塑件结构不良,模具型腔内含有水分和油脂,或脱模剂使用不当;模温低,模具排气不良;流道不良有储气死角;注射压力小;注射速度太快,背压小,柱塞或螺杆退回过早;料筒近料斗端温度高,加料端混入空气或回流翻料,喷嘴直径过小和无衬垫等。

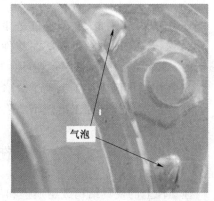

图 11-19　气泡

九、翘曲(变形)

翘曲(变形)是指注塑件发生了形状的畸变,翘曲不平或型孔偏斜、壁厚不均匀等现象。产生翘曲的主要原因有:塑料塑化不均匀,供料填充不足或过量,纤维填料分布不均匀;模温高;浇口部分填充作用过度,模温低;模具强度不良;模具精度不良,定位不可靠或磨损;浇口位置不当,熔料直接冲击型芯或型芯两侧受力不均匀;喷嘴孔径及浇口尺寸过小;注塑件冷却不均匀,冷却时间不够;料温低;注射压力高,注射速度高;冷却时间短;脱模时注塑件受力不均匀,脱模后冷却不当;注塑件后处理不良,保存不良;注射压力小,注射速度快;保压补塑不足;料温高,保压补塑过大,注射压力过大;料温不均匀;注塑件壁厚不均匀,强度不足;注塑件形状不良;嵌件分布不当及预热不良等。

十、裂纹

裂痕是指注塑件的表面产生了细裂纹或开裂的现象。产生裂纹主要是因为塑料性脆,混入异料或杂质;ABS 塑料或耐冲击聚苯乙烯塑料易出现细裂痕;塑料收缩方向性过大或填料分布不均匀;脱模时顶出不良;料温太低或不均匀;浇口尺寸大及形式不当;冷却时间过长或冷却过快;嵌件未预热、预热不够或清洗不干净;成型条件不当,内应力过大;脱模剂使用不当;注塑件脱模之后或后处理之后冷却不均匀;注塑件翘曲变形,熔接不良;注塑件保管不良或与溶剂接触;注塑件壁薄,脱模斜度小,存在着尖角与缺口等。

注塑件上成型加工的痕迹,通俗讲就是注塑件上的缺陷或弊病,是不允许存留的。人们与这些缺陷痕迹的博弈,其艰难的程度绝不亚于注塑模结构的设计,甚至远超注塑模结构的设计。注塑件的缺陷得不到有效地根治,注塑件是不合格的,注塑模也被视为不合格。注塑件上的成型加工痕迹主要与注塑件结构设计、注塑件的材料、注塑件的工艺路线的制订、注射设备的选用、注塑工艺参数的选取、注塑模具结构的设计、注塑模温控及浇注系统的设计有关,甚至与注塑生产的环境有关。影响注塑件上的成型加工痕迹的因素很多,注塑件产生缺陷的原因很复杂,相应地整治起来也就比较麻烦。

要能全面详细地整治所有缺陷,应该对所有的缺陷痕迹做出正确的定义,给出各种缺陷痕迹的照片,并附有各种缺陷痕迹形成的原因和根治缺陷的措施及整治效果的文件。有了这种文件对注塑成型加工质量的提高会产生实际而深远的影响,还可以更进一步提高我国注塑成型加工的水平,产生重大的经济性效果。

复习思考题

1. 注塑件成型加工缺陷痕迹是什么性质的痕迹？为何要根治？

2. 您在工作中见到过哪些注塑件成型加工的痕迹？其产生的原因是什么？您又是如何整治的？其效果如何？试举例说明。

3. 在注塑件成型加工出现了缺陷痕迹时,您是如何进行辨别的?

4. 在注塑件成型加工出现了缺陷痕迹时,您如何采用节能减排的措施来整治缺陷?

第三节　注塑件痕迹技术与注塑成型痕迹学

注塑件上的模具结构成型痕迹和注塑件成型加工痕迹,统属注塑件上的成型痕迹。利用对注塑件上成型痕迹的分辨,可以找出产生注塑件成型痕迹的规律,这种实际应用的技术称为注塑成型痕迹技术。注塑件上的成型痕迹为还原注塑样件的模具结构提供了有力的资料。注塑件上成型加工痕迹是成型加工过程如实的反映,为整治注塑件的缺陷提供了实物的依据。

一、注塑件上成型痕迹的识别与分析

注塑件上的成型痕迹中的模具结构成型痕迹和成型加工痕迹,是两种性质和特征完全不相同的痕迹,这两种痕迹十分容易进行辨别和区分。

1. 注塑件上模具结构成型痕迹的识别与分析

注塑件上注塑模结构的成型痕迹,对研究注塑样件的注塑模结构具有十分重要的帮助;注塑模结构方案的成型痕迹分析法,主要依据是注塑模结构的成型痕迹。除了对注塑模结构的成型痕迹进行辨认之外,还必须对其深入细致地分析和研究,才能彻底地剖解注塑样件的注塑模结构。

对注塑件上模具结构成型痕迹的识别与分析,最好是采用注塑件的原始状态件。注塑件成型后脱模的原始状态,是指没有经过任何修饰,仍保留注塑件脱模后所有冷凝料的状态。这种原始状态件最能反映注塑件上的模具结构;而经过修饰的注塑件有些模具的结构痕迹可能不清晰了,有些还可能被清除了,这样就很难反映注塑样件的模具结构。当然,修饰过的注塑件也可以进行模具结构成型痕迹的识别与分析,只不过颇为困难。

【例 11-4】　齿轮箱和齿轮箱盖注塑模结构成型痕迹的识别。在没有产品样件注塑模图样的情况下,只能通过产品样件上注塑模结构成型痕迹的分析去了解注塑模的结构,主要是确定产品样件上注塑模分型面痕迹、浇口痕迹、抽芯痕迹和脱模痕迹的形状、尺寸和位置。只有如此才能对产品样件上的注塑模结构做到心中有数,从而可以复制注塑模的结构。当然,对这些注塑模结构成型痕迹还需要测绘,并按照测绘的数据进行注塑模的克隆设计。

1. 齿轮箱注塑模结构成型痕迹的识别

齿轮箱注塑模结构成型痕迹分析如图 11-20 所示。有些注塑模结构成型痕迹通过观察,便可以直接确认,如型芯的成型痕迹、型孔的成型痕迹、点浇口的成型痕迹、顶杆的成型痕迹和型腔的成型痕迹。值得注意的是:主视图和仰视图中两个符号⑤处,ϕ43f8mm 外圆柱的中心线位置上存在不可确定的痕迹;左视图的型孔③与 $E-E$ 剖视图的孔③也存在不可确定的痕迹;这些不可确定的痕迹,可以通过注塑件形体可行性分析和论证得到确认。

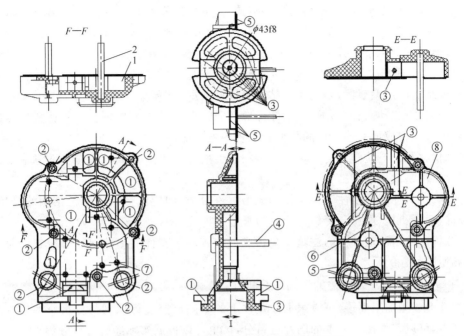

图 11-20　齿轮箱注塑模结构成型痕迹分析

1. 齿轮箱　2. 轴

注：Ⅰ—Ⅰ——分型面痕迹；①——型芯痕迹；②——型孔痕迹；③——侧向型孔痕迹；

④——嵌件；⑤——分型面痕迹；⑥——点浇口痕迹；⑦——顶杆痕迹；⑧——型腔痕迹

2. 齿轮箱盖上注塑模结构成型痕迹的识别

齿轮箱盖上注塑模结构成型痕迹的识别如图 11-21 所示,直接确认的成型痕迹如型芯的

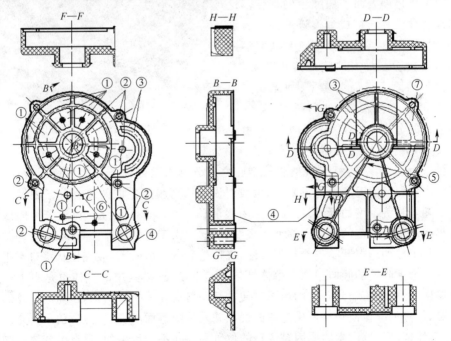

图 11-21　齿轮箱盖注塑模结构成型痕迹分析

注：①——型芯痕迹；②——型孔痕迹；③——侧向型槽痕迹；④——分型面

痕迹；⑤——点浇口痕迹；⑥——顶杆痕迹；⑦——型腔痕迹

成型痕迹、型孔的成型痕迹、分型面的成型痕迹、点浇口的成型痕迹、顶杆的成型痕迹和型腔的成型痕迹，B—B 剖视图可见齿轮箱盖分型面 I—I 的痕迹；左视图中粗实线③为不可确定的痕迹，可以通过注塑模结构方案的可行性分析和论证得到确认。

　　3. 注塑件上注塑模结构成型痕迹的分析

　　注塑模结构的成型痕迹，是注塑模结构设计的依据，只有通过对注塑模结构成型痕迹和注塑件位置的变动（移动或转动）的分析，才能够还原注塑样件成型机理及其注塑模结构的设计理念。注塑模结构成型痕迹分析的目的和分析的方法如下。

　　(1)去伪存真　对注塑件上注塑模结构的成型痕迹去伪存真，即去除修饰痕迹和二次加工痕迹，只存留注塑成型痕迹。

　　(2)分类　对注塑件上注塑模结构的成型痕迹分类，即应区分出注塑模结构的分型面、抽芯、镶嵌件、脱模机构、浇口和冷料穴等成型痕迹。

　　(3)分析　分析注塑件上的注塑模结构成型痕迹与注塑件的形状、尺寸、位置以及与注塑模型面和型腔相互关系。

2. 注塑件上成型加工痕迹的识别与分析

　　注塑件上成型加工痕迹，可以根据注塑件上的缺陷痕迹进行识别与分析。如果有缺陷痕迹规范文本，可以实物比对文本的图片进行分辨，也可以根据实际经验进行分辨。

　　【例 11-5】　壳体缺陷，如图 11-22 与图 11-23(a)所示。壳体的材料为聚乙烯，外表面存在明显的流痕，是存在于壳体外表面上深颜色的凸块状物体。半球形外壳表面还存在明显的缩痕，从壳体投射方向上更容易发现凹陷的现象。过热痕是壳体外表面上黑颜色的部位。这些特征与注塑件模具结构成型痕迹的性质有着天壤之别，因此，模具结构成型痕迹与缺陷痕迹十分容易进行区分。如有缺陷痕迹规范文本，缺陷痕迹的整治就变得简单多了；如无缺陷痕迹规范文本，则需要依靠经验进行辨别。

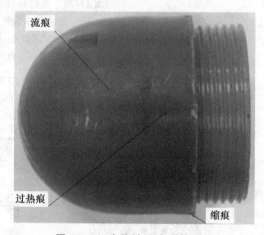

图 11-22　壳体缺陷痕迹的识别

　　壳体痕迹的分析如图 11-23(b)所示。由于浇口处在半球形外壳与螺纹相连接的端面上，在注射机的压力下，熔融的料流从型芯与型腔之间分别由两侧向上和向下逐层地进行填充。先进入型腔中的料流的温度迅速下降后，两股料流前锋薄膜所生成的冷凝分子团散布在料流的流程上。随着料流温度的降低，冷凝分子团逐渐长大便形成了流痕。流痕分布的区域是以浇口作分界线的整个料流的面上。缩痕也很明显，这是由于壳体壁厚 $\delta=3$mm，冷却时收缩量较大。因为从半球的球冠开始先冷却先收缩，浇口处后冷却后收缩，故壳体从浇口至半球的球冠表现为逐渐增大收缩的倾向。由于熔体是自下而上填充，模具中的气体也是自下而上被压缩后产生温度上升，当压缩到一定的压强时便从某一薄弱环节喷射出来，压缩的气体的温度又进一步提高，炽热的气体使塑料产生过热的现象并发生降解而出现了过热痕。

　　可见，壳体缺陷痕迹产生的原因是浇口的位置和形式不当产生的，只有改变浇口的位置和形式才能消除缺陷。如图 11-23(c)所示，将浇口改成点浇口，点浇口设置在半球的球冠顶部，这样塑料熔体料流自上而下顺流填充，再在半球形外壳与螺纹相连接的端面上设置适当数量

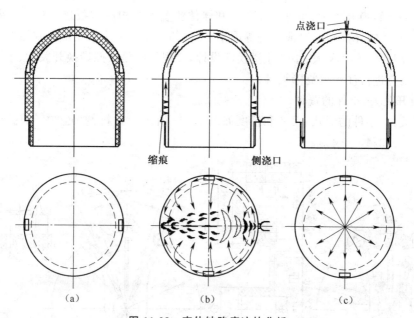

点浇口

缩痕　　　　侧浇口

（a）　　　　　　（b）　　　　　　（c）

图 11-23　壳体缺陷痕迹的分析

（a）壳体　（b）浇口与缺陷　（c）改进后浇口

的冷料穴,上述的缺陷便可迎刃而解。

注塑件上存在着各种痕迹,是我们观察这些缺陷痕迹的实物,我们可以对症分辨,进而分析这些痕迹产生的原因,最终研究出整治这些缺陷的办法。这种从观察到分析再到整治这些缺陷的技术称为缺陷痕迹技术。对两种痕迹表象的观察和分析,是对注塑模结构形式的判断和整治缺陷的最有效的方法。

二、注塑成型痕迹的应用

注塑件上的成型痕迹中的模具结构成型痕迹和成型加工痕迹有着许多的实际应用,其中有它们各自特点的应用,也有两者结合在一起的应用。

1. 注塑样件上模具结构成型痕迹的应用

（1）确定注塑样件的模具结构　既然注塑样件上模具结构成型痕迹,是注塑模结构在注射成型过程中存留在注塑样件上的印痕,那么,这些模具结构成型的痕迹就是注塑模结构在注塑样件上真实的反映,就可以根据这些痕迹来还原和确定注塑模的结构,也可进行注塑模结构方案的可行性分析与论证。

（2）注塑模的克隆、复制和修复　利用注塑样件上模具结构成型痕迹,可以通过对注塑样件和模具结构成型痕迹的三维造型,进行模具结构的三维造型,由此所制得的注塑模便是克隆的模具,所得到成型加工的注塑件便是克隆的产品。通过对注塑样件和模具结构痕迹直接进行的三维扫描,所制得的注塑模便是复制的模具,所得到的成型加工的注塑件便是复制的产品。对损坏的注塑模成型构件扫描所制得的构件,就是注塑模的修复。

（3）验证模具型面加工和镶嵌结构　可以根据模具型面加工的纹理,判断出注塑模型面加工时所用的刀具、砂轮,研磨和电火花及线切割的印痕,从而确定模具型面加工的工艺方法。

（4）皮纹制造的样本　注塑样件的皮纹经过照相之后,采用化学腐蚀的方法制成模具型面的皮纹可以与注塑样件的皮纹一致。

【例 11-6】 转换开关大、小件形体分析和样件注塑模结构成型痕迹分析。这两件精度非常高,由于塑料各向异性和壁厚薄不均等因素,在冷却收缩时产生的变形和收缩对组件精度有巨大的影响,因此转换开关大、小件注塑模的设计,最理想的是按照转换开关大、小样件上注塑模结构成型痕迹进行注塑模克隆设计。

1. 转换开关大、小件的资料

转换开关大、小件的形状、尺寸和精度如图 11-24 所示。材料:亚光 30%的微珠玻璃聚碳酸脂,收缩率:0.3%~0.4%。

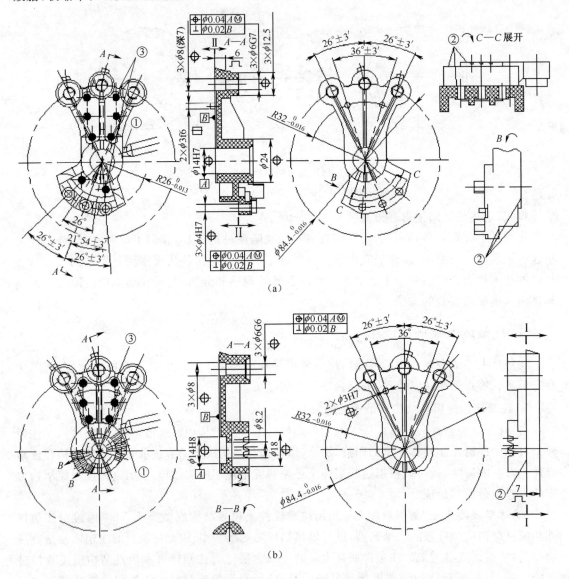

图 11-24　转换开关大、小件形体分析与成型痕迹

(a)大件形体分析与成型痕迹　(b)小件形体分析与成型痕迹

注:1.　⊓——凸台"障碍体";　⊕——"型孔";　▭——"圆柱体";

2.①——浇口痕迹;②——分型面痕迹;③——顶杆痕迹

2. 转换开关大、小件形体分析

转换开关形体分析就是将组件上影响注塑模结构的要素,从组件零件图中找出来,以便制订注塑模结构方案。

(1)转换开关大、小件分型面的选取　转换开关大、小件上均存在着凸台"障碍体",如图11-24所示。"障碍体"是组件形体上影响注塑模开、闭模,抽芯和脱模运动的一种实体。转换开关大、小件注塑模定、动模的开启和闭合,都要避开组件形体上凸台"障碍体"的阻挡才能正常进行。转换开关大件分型面Ⅱ—Ⅱ的选取,如图11-24(a)所示;转换开关小件分型面Ⅰ—Ⅰ的选取,如图11-24(b)所示;它们的选取都避开了"障碍体"。

(2)转换开关大、小件"型孔"和"圆柱体"要素的处置　大、小件上所有的"型孔"和"圆柱体"要素的轴线,均垂直于转换开关大、小件的分型面,这样注塑模成型这些"型孔"和"圆柱体"要素的型芯,便可以利用注塑模的开、闭模运动完成大、小件的成型和抽芯。由于大、小件没有沿周侧向的型孔,便不存在侧向抽芯。

(3)转换开关大、小件超高精度的处置　由于大、小件所有的"型孔"和"圆柱体"要素的尺寸精度、几何精度和孔位精度超高,注塑模结构设计和制造要确保转换开关大、小件的精度。

3. 转换开关大、小样件成型痕迹分析

为了确保转换开关大、小件的精度,必须控制转换开关大、小件成型加工时的变形和微变形、收缩和微收缩,除了使转换开关大、小件的材料与样件保持一致,还要使转换开关大、小件成型加工的条件与样件相符,即要克隆或复制出转换开关大、小件的注塑模。在没有样件注塑模图样的情况下,唯一方法是从大、小件样件的注塑模成型痕迹中,还原注塑模的结构;按照大、小样件的注塑模结构成型痕迹,进行注塑模的设计。

(1)大、小样件浇口的痕迹　为侧浇口痕迹①;

(2)大、小样件分型面的痕迹　为分型面痕迹②;

(3)大、小样件顶杆的痕迹　为顶杆痕迹③。

4. 大、小件注塑模结构克隆方案的制订

注塑模结构克隆方案,应该是在注塑件形体分析和注塑样件成型痕迹分析的基础上制订。

(1)注塑模分型面的设置　如图11-24所示,注塑模分型面可以按照转换开关大、小件形体分析和它们样件的痕迹进行设置,分型面的设置只有如此一种的方案。

(2)注塑模顶杆的设置　顶杆大小、数量和位置的设定,如图11-24所示。注塑样件上顶杆设置在模腔对称的位置上,有利于注塑件脱模时受到均匀脱模力作用而不会产生变形。

(3)注塑模浇口的设置　如图11-25所示。大、小件注塑模浇口位置和方向的不同设置,会造成料流方向与温度不同的变化,引起注塑件收缩各向异性的不同,从而造成大、小件精度的变化和缺陷的产生。

①大件注塑模横向浇口熔体充模分析:如图11-25(a)所示,塑料熔体料流从浇口中流出,直接冲击着$\phi14H7mm$孔的型芯,熔体迅速冷却使得料流前锋形成了冷凝的分子团,冷凝分子团在后续料流的冲击和携带之下散布在流程中形成了流痕。塑料冷却收缩在料流方向较小,而在垂直料流方向较大,会影响三个$\phi9H7mm$孔脱模收缩后横向与纵向孔距的精度、尺寸精度和几何精度。由于料流进入模腔就立即降温,并且在随后填充过程中继续降温,从而导致A,B,C三处的熔接痕程度严重,并十分明显。因此,该方案不可行。

②大件注塑模纵向浇口熔体充模分析:如图11-25(b)所示,塑料熔体料流从浇口流出后,

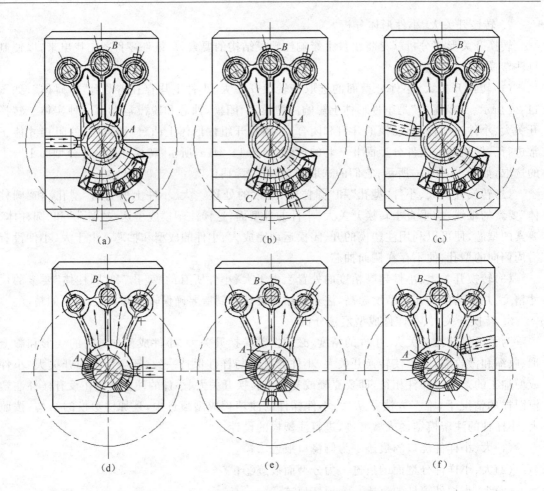

图 11-25　大、小件注塑模浇口的位置、方向和料流分析

(a)大件注塑模横向浇口　(b)大件注塑模纵向浇口　(c)大件注塑模斜向浇口

(d)小件注塑模横向浇口　(e)小件注塑模纵向浇口　(f)小件注塑模斜向浇口

注:→——料流与料流方向;≈——熔接痕

经扇形部位冲击中间 ϕ14H7mm 孔的型芯,在 A 处形成熔接痕,然后经手掌形部位充满型腔。料流在填充过程中是均匀地降温,加之上端三个 ϕ6H7mm 孔的型芯直径较小,所以熔接痕不会很明显。但流程是三种方案中最长的,对纵向型孔孔距的精度有所影响。该方案较之图11-25(a)好一些。

　③大件注塑模斜向浇口熔体充模分析:如图 11-25(c)所示,浇口偏离中心,可使大部分料流呈切向填充,避免了料流直接冲击中间 ϕ14H7mm 孔的型芯而急剧降温;加之上下和左右的流程基本相等,料流降温均匀;由于料流先斜向填充,后以手掌形同时向上向下进行填充,对收缩量各向异性的影响极小。这样对精度的影响很小,对熔接痕的影响也非常小,所以是比较理想的料流充模状况,是一种比较理想的浇口形式。

　④小件浇口熔体充模分析:与大件浇口形式的分析相同,如图 11-25(d)(e)所示的熔体充模形式不好,应取如图 11-25(f)所示的斜向浇口形式。只是小件的形体较大件小,重量较大件轻,容易出现浇口料流不平衡的现象。可以采用料流平衡公式计算或通过试模修理大件浇口的深度与宽度,来解决大件容易出现填充不足和缩痕的缺陷。

　　不管浇口是哪一种形式,由于注塑件壁厚的差异.塑料冷却收缩对注塑件孔几何精度的影响是无法改变的。因此,要加工出超高几何精度的孔,不能仅依靠注塑模的结构,还要采用其他工艺方法。

2. 注塑件上成型加工痕迹的应用

　　注塑件上缺陷痕迹不会无缘无故地产生,注塑件在成型加工过程中,哪一方面的因素与实际加工出现不适应的情况,注塑件上就会出现相应的缺陷痕迹。注塑件上缺陷的痕迹为整治缺陷提供了直接的线索,只要沿着注塑件上缺陷痕迹的线索,就能找到整治缺陷的办法。注塑件在试模中产生的缺陷肯定要整治,试模的目的就是要暴露出缺陷,发现了缺陷才好采取措施去整治。和治病一样,人有了病要治病,治病最重要的原则是:以预防为主,治病为辅。同样缺陷的整治原则也是:以预防为主,整治为辅。这样就可以尽量避免缺陷的产生,尽量提高试模合格率,防止产生注塑模报废重做的后果。预防的办法是对于注塑件的缺陷先进行预测,就是应用缺陷论证的方法去预先测定注塑模设计时可能会产生的缺陷,从而采取适当的措施去提前预防缺陷的产生。对试模或加工过程中已经出现了缺陷,则要采用"辨证施治"的方法,采用针对缺陷症状的措施去根治缺陷。如果在注塑模结构方案分析与论证的时候,将可能产生的缺陷分析出来,在设计模具时就会有意识地采取适当的措施来规避缺陷的产生。这比试模或加工时出现了缺陷再去整治要强得多,即便是出现了个别的缺陷也好整治。缺陷的整治,难在整治顽症和多种杂症。

　　(1)注塑件缺陷预测分析的方法　有两种方法:一是CAE法,二是图解法。

　　①CAE法。该法是注塑模计算机辅助工程分析方法的简称,该方法目前只能够运用在注塑件翘曲变形、熔接痕、气泡和应力集中位置的分析。目前开发的该类软件较多,使用者可根据自己的条件适当选择。CAE法是通过计算机利用已有的注塑件三维造型,对熔体注射的流动过程进行模拟操作。该法可以很直观地模拟出注射时实际熔体的动态填充、保压和冷却的过程,并定量给出注塑件在成型过程中的压力、温度和流速的参数,从而为修改注塑件和模具结构设计以及设置成型工艺参数提供科学的依据,并可以确定模具浇口和流道的尺寸和位置,冷却管道的尺寸、布置和连接方式。CAE可以反复变换分型面的形式和浇注系统的形式、尺寸、位置和数量,可以得到不同的熔体流动和充模效果,从而可以找出对应的模具结构;还可以预测注射后注塑件可能出现的翘曲变形、熔接痕、气泡和应力集中的位置等潜在缺陷,并可以代替部分的试模工作。该方法还存在某些不足和局限性,并且不能主动调整注塑件在模具中的位置、分型面的形式和浇注系统的形式、尺寸、位置和数量,需要人为地进行调整,该技术还在不断地完善之中。CAE操作简单,但还是需要具有一定缺陷分析经验的人来操作,才能获得比较接近实际加工的效果。

　　②图解法。该法是我们新创的方法,还有待于推广和开发。该法的原理与CAE法相同,只是没有运用计算机进行编程而已。注塑件缺陷的预期分析图解法是在绘制了注塑件零件图的基础上,根据浇口的形式、尺寸、位置和数量,绘制出熔体料流充模和排气的路线,内应力和温度的分布图,据此可以分析出缺陷形成的形式、特征和位置的一种方法。该法可以进行熔体温度分布预期分析、塑料收缩的预期分析、排气时气体流动状态预期分析、内应力分布的预期分析,从而可以进行各种缺陷的预期分析,与CAE法的区别只是运用了图形进行缺陷的分析。CAE法能分析的缺陷,图解法也能进行有效地分析;CAE法不能分析的缺陷和成型加工方法,图解法也能进行有效地分析。故其分析范围宽,不受程序和软件的限制,分析灵活;但分析时需要有丰富的分析经验。CAE法和图解法两者相结合,是更好的缺陷预测分析方法。缺陷

预期图解法,可以运用在注塑件、压塑件、压铸件及所有型腔模成型的成型件缺陷分析上,并且可以分析成型件所有的缺陷,其最大的特点是可以解决 CAE 法不能进行预期分析的领域。

(2)缺陷综合整治辩证法运用的技巧 就注塑模设计而言,一般的情况是在模具结构分析阶段,就应先进行注塑件缺陷的预期分析。其中有 CAE 法,如因 CAE 法分析的局限性不能进行分析时,则应该运用图解法。通过对注塑件缺陷的预期分析,可以排除部分或大部分甚至全部的缺陷。由于人们对注塑件成型加工认识有局限性,不可能做到事事与实际情况相符合,这样不可避免地在注塑件实际成型的过程中还会出现各种形式的缺陷。接下来是通过试模去发现注塑件上现存的缺陷,此时又有两种方法可提供分析:一是排查法,二是痕迹法。排查法的效率较低,而且容易搞得复杂化。痕迹法可以迅速而准确地确定缺陷的性质和产生的原因,因为缺陷痕迹都具有各自的特征,可以根据缺陷痕迹的形状、大小、色泽和位置等特点来区别。

这四种分析方法可以单独进行分析,也可以两两交叉地进行分析,还可以同时进行分析。例如缩痕,发生在厚壁反面的一定是因为壁厚不均匀所造成的;发生的不规则的凹坑一定是因塑料收缩率过大而产生的;发生在大面积上比较规则的缩痕,一定是壁厚保压补塑不足而产生的;而出现在浇口对面的缩痕,一定是加料量不足所造成的。又如黑点,塑料因过热发生降解碳化,出现在注塑件上的点是黑色的;而注塑件上因塑料中含有杂质出现的点一定是杂质的颜色。两种颜色是不同的,是有着明显的区别的。通过大量的实践可以找出这些区别,这就是痕迹法。当然痕迹法和排查法可以结合在一起应用,也可以分开使用。

(3)缺陷综合整治辩证法的相互验证 CAE 法和图解法都能对注塑件上的翘曲变形、熔接痕、气泡和应力集中位置进行预测分析。排查法和痕迹法的内容基本相同,对同一种缺陷进行分析,可以利用它们分析的结论来验证这些缺陷产生的原因是否一致,如果一致说明分析是正确的;若不一致,说明还存在着问题,需要进一步查清问题所在。

【例 11-7】 外手柄注塑模设计时,因为没有进行外手柄缺陷的预测,试模时出现了缩痕、银纹、熔接痕、过热痕和流痕五种缺陷,如图 11-26 所示(注:图中没有显示出熔接痕)。外手柄上缺陷痕迹的整治是采用了四种方法进行过综合整治的案例,该案例充分地说明了仅采用一种分析方法还不足以解决问题。当注塑件上存在着多种缺陷,并且缺陷又是顽症时,就有必要采用综合整治分析法进行分析,才能找到缺陷产生的真正原因。

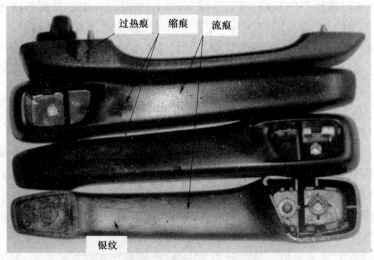

图 11-26 外手柄的缺陷

1. 外手柄缺陷预测分析

试模时出现了上述五种缺陷,不管如何调整成型加工的工艺参数,始终解决不了这五种缺陷的问题。用排查法和痕迹法去剔除缺陷,还是解决不了问题。委托某大学采用CAE法进行缺陷分析,不断变换浇口的位置后,问题仍然得不到解决。于是采用了图解法分析,才发现原来是外手柄在模具中摆放的位置不对,造成了熔体在紊流失稳状态下进行填充而产生了这五种缺陷。后来将外手柄在模具中的位置翻了个面,使熔体顺势稳流填充。重新制造模具后再成型加工外手柄,模具的结构由动模脱模改变成定模脱模,结构虽然复杂多了,但注塑件上的五种缺陷消失了,注塑件合格了。日后类似的注塑件都采用了图解法进行缺陷分析,取得了很好的效果。为什么CAE法预测分析会不到位?原因首先是CAE法也需要有缺陷整治经验的人来操作;再就是CAE法目前只能分析熔接痕和缩痕两种缺陷,其他缺陷不能进行分析。

这个案例说明了注塑件缺陷的预期分析很重要,不要出现了问题再去进行预测,这就会造成经济和开发时间上的损失;还说明了CAE法不是万能的,应该利用四种分析方法互相补充,才能有效地进行注塑件缺陷的预测和整治问题。

2. 外手柄上缺陷痕迹的整治

外手柄成型加工后产生五种缺陷,这些缺陷痕迹在排除了注塑件材料与结构、注射设备和注塑工艺等因素,并且在调整注塑成型加工参数整治缺陷失效后,矛盾主要集中在模具结构方案选择不正确和浇注系统设计不当的因素上。浇注系统的形式和位置采用CAE软件分析后重新制订,这些缺陷还是久治不除。我们便可以运用痕迹技术,并采用图解法最终根治这些缺陷痕迹。其过程首先要准确地辨别和确认缺陷痕迹类型,然后再分析出缺陷痕迹产生的具体原因,最后制订出整治缺陷痕迹的措施并加以执行,从而整治掉了缺陷痕迹。

(1)CAE法预期分析 CAE法预期分析到熔接痕和缩痕两种缺陷。调整浇口的不同位置后,仍然出现熔接痕和缩痕两种缺陷,并且无法消除包括熔接痕和缩痕在内的五种缺陷。

(2)缺陷痕迹的分析法 外手柄如图11-27(a)所示,外手柄缺陷痕迹的分析如图11-27(b)所示。注塑件以正立的形式放置在模具之中,即注塑件的正面摆放在模具定模部分,背面摆放在动模部分,模具为动模脱模结构。

塑料熔体在压力的作用下,先从点浇口进入辅助浇道,之后再填充模具型腔。此过程是熔体自下而上逐层逆向紊流失稳填充,塑料熔体的温度逐层下降。点浇口设置在外手柄的一侧,使得熔体沿料流(Ⅰ)和料流(Ⅱ)的方向进行型腔的填充。料流(Ⅰ)沿扇形面填充且流程长,料流(Ⅱ)沿弧形槽填充且流程短。料流(Ⅰ)在填充过程中回流的料流(Ⅲ)及气体与料流(Ⅱ)在外手柄上端处汇交形成上熔接痕,料流(Ⅰ)和料流(Ⅱ)在外手柄正面的下端处交汇形成下熔接痕。当填充料流(Ⅰ)的低温前锋料头的冷凝料薄膜接触到低温的模具壁时,由于塑料熔体降温过程中产生了大、小不等的冷凝分子团,在流动的过程中继续降温而使其体积不断地增大,并随着料流(Ⅰ)的填充过程散布在熔体的流程之中,形成了众多凸起的疙瘩状流痕。由于注塑件的摆放位置和塑料熔体是自下而上逐层填充,导致模具型腔中的残余气体无法排出形成雾化,遇到低温的模壁而产生了银纹。型腔中的气体先是随料流(Ⅰ)的流程被压缩后温度上升,后又随料流(Ⅲ)与料流(Ⅰ)的交汇再进一步压缩升温,并通过分型面排出型腔,故产生了不同高温的气体,使得上端交汇处产生不同程度的塑料过热而降解的现象,这样便使该区域中呈现出层次不同的过热痕。缩痕是料流填满型腔后,注塑件处于冷却的过程中,由于点浇口过早凝固,注塑件产生了收缩而又得不到保压补缩熔料的补充;再由于注塑件的厚度较大,其收缩量也较大,于是产生了非常明显的缩痕。作为非牛顿流体的塑料熔体在开始充模时,虽未

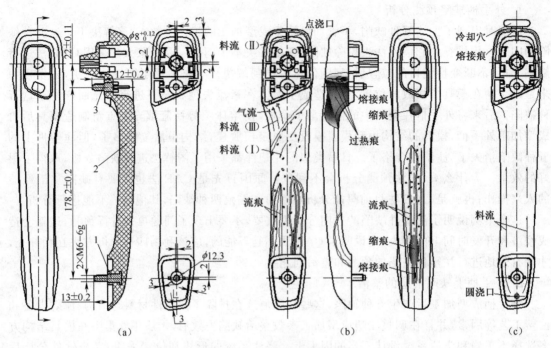

图 11-27　外手柄缺陷痕迹与整治

(a)外手柄　(b)熔料填充过程与缺陷痕迹分析图　(c)缺陷整治分析图

出现失稳流动状态,但在随后的三股料流汇合和冲击之下,将会陷入紊流失稳状态,从而影响到注塑件成型的质量。

3. 缺陷痕迹整治的排查法

该方法先对塑料品种、使用设备以及成型工艺安排进行排查,再对成型工艺参数进行排查。

(1)对塑料、成型设备和成型工艺选择的排查　外手柄的材料是 PC/ABC 合金,PC 的流动性差,虽添加了 ABC 改善了流动性,但流动性仍然较差。注塑机型号是 KT-300,螺杆直径为 60mm,最大理论注射容量为 320mm³,注射压力为 70MPa,锁模力为 150T,符合外手柄成型要求。注塑工艺是:烘箱干燥塑料颗粒,干燥温度为 85～100℃,每隔两小时翻料一次,干燥时间为 10～12h,也符合 PC/ABC 料成型加工前的工序要求。这说明了 PC/ABC 合金虽改善了流动性,但为了保持熔体的流动性,必须保持适当的熔体温度。塑料颗粒的干燥降低了原料中的湿度,从而消除了因塑料未干燥而出现银纹的因素。可见,设备的选择和成型工艺的安排是正确的。

(2)对成型工艺参数选用的排查　外手柄注射成型的工艺参数见表 11-1。注射工艺参数也符合塑料成型的要求,外手柄的缺陷痕迹就只能是模具结构上的原因了。

4. 外手柄在模具中摆放位置与熔体充模分析的图解法

外手柄熔体充模分析,如图 11-28 所示。外手柄在模具中为正立放置,如图 11-28(a)所示,辅助浇道下端设置点浇口,外手柄脱模后再去除辅助流道的冷凝料。塑料熔体在自下而上逐层逆流失稳填充的过程中,熔体温度逐层下降,于是一些熔体形成了冷凝分子团,并在后续料流的携带下散布在流程中,形成了流痕。型腔中的气体因熔体自下而上逐层填充,先被挤压到型腔的上面,在后续料流的挤压之下再从分型面Ⅰ—Ⅰ排出。被压缩的气体温度升高,并从

表 11-1　外手柄注射成型的工艺参数

料筒温度/℃	喷嘴温度	260～290	压力/MPa	注射一段	9～10	速度/(mm/s)	注射一段	40～60
	第一段	250～280		注射二段	9～10		注射二段	40～60
	第二段	240～270		注射三段	9～10		注射三段	40～60
	第三段	230～250		保　压	9～10		保　压	40～60
	第四段	210～240		溶胶一段	7～9.5		溶胶一段	40～60
时间/s	注射	5～7		溶胶二段	7～9.5		溶胶二段	40～60
	冷却	80～85	熔胶距离/mm	一段移至	80			
	保压	1～3		二段移至	120			
	—	—		熔后抽胶	145			

上型腔薄弱部位排出时致使塑料过热降解,炽热的气体遇到低温的模壁后形成了银纹。外手柄净重 143g,注胶量较大,况且外手柄为实心,收缩量也较大。由于点浇口先凝料封口,无法保压补塑而产生了缩痕。由于外手柄的两端存在着较大的型芯,外手柄的长度较长,降温后熔体汇合处形成明显的熔接痕。可见,由于注塑件在模具中的摆放位置不当,造成塑料熔体自下而上逐层逆流失稳填充的因素,是导致注塑件产生上述五种缺陷痕迹的最根本原因。

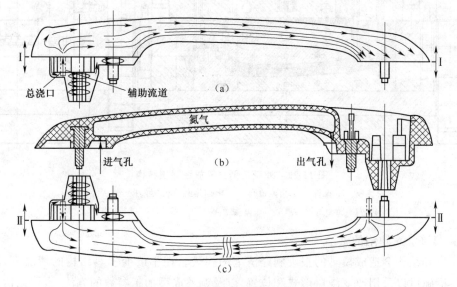

图 11-28　外手柄熔体充模分析的图解法

(a)外手柄正立摆放熔料充模分析图　(b)气辅式熔料充模分析图　(c)外手柄倒立摆放熔料充模分析图

5. 外手柄缺陷整治方案的图解法

气辅式充模的结构方案和倒立摆放充模的结构方案,均可整治外手柄缺陷。

(1)气辅式充模　如图 11-28(b)所示,虽然外手柄在模具中也是正立形式的放置,但因注入一定量的塑料熔体后,又注入了具有一定压力的纯氮气,惰性氮气致使塑料熔体贴紧模具型腔的模壁冷却硬化,排出氮气后形成中空的外手柄,这样上述五种缺陷痕迹便不会产生。但是,气辅式注射成型需要有气辅注射机,导致外手柄加工费用的增加。

(2)外手柄在模具中倒立放置　如图 11-28(c)所示。为了减少熔接不良,可采用外手柄两端点浇口与辅助浇道的浇注系统形式,塑料熔体自上而下逐层顺流平稳填充,故不会产生上述五种缺陷痕迹。因人手经常要握外手柄,外手柄的外表除了分型面之外不允许存在推杆脱模的痕迹,外手柄只能是定模脱模的结构形式。这种模具的结构较为复杂,只能在没有气辅式注塑机和模具复制的情况下才能采用。可见在模具设计之前,进行模具结构方案分析论证和缺陷痕迹的预期分析是多么的重要。

6. 外手柄倒立摆放的注塑模脱模机构方案

如图 11-28(c)所示,根据外手柄缺陷图解法,可得出外手柄倒立摆放的注塑模结构,如图 11-29所示。由于模具为定模脱模的结构,主流道过长,所以需要采用热流道的形式。定模脱模机构的运动可由模具开、闭模运动所产生,模具脱模运动转换机构由挂钩 12、摆钩 11、支承杆 10、台阶螺钉 6 和弹簧等组成,完成脱模机构脱模与复位的转换运动。

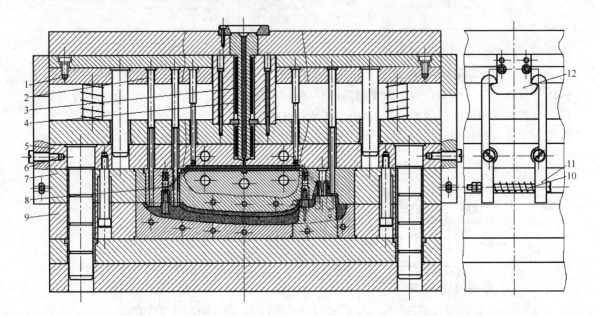

图 11-29　外手柄倒立摆放注塑模结构

1. 安装板　2. 推杆　3. 热流道套　4. 电加热圈　5. 定模板　6. 台阶螺钉
7. 中模板　8. 辅助流道与点浇口　9. 动模板　10. 支承杆　11. 摆钩　12. 挂钩

7. 用痕迹法对缺陷的整治

改变模具结构会造成模具的报废和经济上的损失。在不改变模具结构的情况下,缺陷痕迹的整治措施可以采用改变浇口形式和位置,以及调整成型加工参数的方法,也可以达到消除部分与减少部分外手柄缺陷痕迹的效果。由于注塑件的长度过长,应该设置两个点浇口,使塑料熔体从注塑件两端注入,可以减缓熔体料流温度下降的速度,从而减少熔接不良的现象。该措施是以改进浇注系统为主,以调整注塑加工参数为辅的整治办法。

(1)浇注系统的改进　外手柄缺陷痕迹整治如图 11-27(c)所示。将点浇口的形式改成直接浇口,浇口直径≤6mm,浇口的位置移至上端中心线处,并在外手柄上端处制有冷料穴。如此改动,使料流可自上而下均匀地填充型腔,冷凝分子团随料流进入冷料穴中,此措施可以减弱熔接痕、过热痕和流痕的程度。直接浇口的直径≤6mm,也有利于外手柄的保压补塑,可消除缩痕;直径>6mm 则用手不易掰断料把。但整治缺陷的效果,不如外手柄在模具中倒立放置的效果好。

(2)调整注塑加工参数　改进浇注系统后,缺陷痕迹可以得到较大程度的整治,但还可能存在着轻微的缺陷痕迹,此时可用调整注塑加工参数的方法来弥补。主要是采取加大保压和背压的压力,延长注射和保压的时间,加大注胶量的措施;但这样会增加能耗和原料的消耗及降低生产效率。

8. 外手柄注塑模的设计

外手柄注塑模的设计如图 11-29 所示,外手柄为倒立形式,采用了定模脱模机构和两端点浇口、热流道的形式。

注塑件上成型加工痕迹是一种语言,它们会陈述缺陷痕迹产生的原因。我们必须要熟悉这种语言,才能剖析和整治缺陷痕迹。一般某一种缺陷痕迹是由某一两种原因造成的,最多不会超过三种,这样排查的范围就会缩小。

3. 注塑件缺陷整治的痕迹法

对试模后塑料件上的缺陷进行整治,其目的是去除注塑件上产生的所有缺陷,以确保注塑件无缺陷;还可以根据分析的结果,改进模具的浇注系统和模具结构,去除产生注塑件缺陷的其他因素。

缺陷排查法或排除法是先分析出影响缺陷产生的各种因素,然后用排查的方式,一项一项地梳理出产生缺陷的因素,最终找出真正产生缺陷的原因,简称排查法或排除法。通过缺陷的排查法,逐步清除掉不会产生缺陷的因素,留下的便是产生缺陷的因素;再通过对比的方法,找出真正产生缺陷的因素,从而可以确定整治缺陷的措施。这种方法是一项一项地排查和试模,再排查再试模,其效果缓慢,过程长,对经济和试模周期会产生不良的影响。

痕迹法是利用注塑件上的缺陷痕迹,通过注塑成型痕迹技术的切入,直接找出产生缺陷原因的一种方法。俗话说得好:"事出有因。"塑料件上出现的缺陷,不是无缘无故产生的,一定是有其原因的,可以追踪这些缺陷痕迹的线索,顺藤摸瓜找出产生缺陷的原因,从而制定出整治的措施。注塑件上缺陷,一般是以痕迹的形式表现出来的,故可以根据痕迹的形状特征、色泽、大小和位置上的区别,通过痕迹的准确识别就可以迅速地找出产生缺陷的原因,进而可以很快地确定整治缺陷的措施。痕迹法的针对性强、准确,并且查找迅速,可以极大地减少试模的次数,但需要掌握大量的丰富的缺陷痕迹的经验才能使用。为了使缺乏缺陷痕迹经验的人也可以运用痕迹法,需要制定出注塑成型痕迹技术规范文本,其中有产生各种缺陷痕迹的图片或照片,规范出各种缺陷痕迹的定义、形式和特征以及整治的方法,人们只要对照规范文本就能立即识别出注塑件上的缺陷,找出缺陷产生的原因和整治的措施。规范文本犹如中医的《本草纲目》,根据书中图样便可以识别中草药和其所能治理的病症。

【例 11-8】 垫片缺陷分析图如图 11-30(a)所示,材料:低密度聚乙烯,特点:薄壁件。

(1)存在的缺陷　填充不足、熔接痕和流痕等缺陷。

(2)缺陷分析　熔体料流的流动状况,如图 11-30(a)所示。由于型芯Ⅰ为长方形,型芯Ⅱ为正方形与半圆形的组合,熔体料流绕过型芯Ⅰ时,其前峰经过长方形汇合后形成了三角形的涡流区。三角涡流区内容易贮存气体,加之是冷凝熔体的涡流便形成了熔接痕,熔接痕的强度和刚度是注塑件上最差的部位。而型芯Ⅱ的料流所形成的喇叭区,所产生的熔接痕也很明显。矩形侧浇口填充的熔体,在料流碰到型腔壁后便改变流向进行填充。因为注塑件型孔的形状无法改变,故料流在型芯Ⅰ与Ⅱ处的流动状态和熔接痕也无法改变。浇口处的熔体的流速 V_1 变化较大,加之型腔较长,容易生成振荡流而形成流痕。好在垫片只是起到了衬垫的作用,无

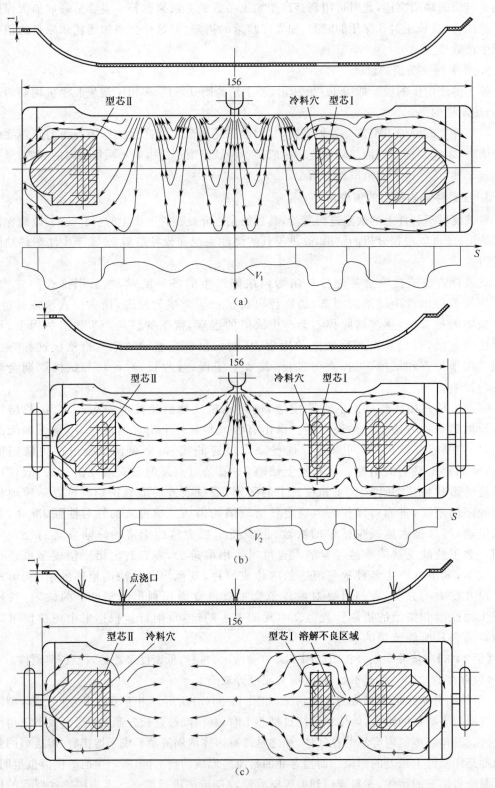

图 11-30　垫片缺陷分析图

(a)侧浇口的料流为振荡流　(b)扇形浇口的料流为改善后的喷射流　(c)多点浇口局部扩散流

强度和刚度要求,熔接痕的问题也就可以忽略。

(3)整治措施

①改进方案一:将矩形侧向浇口改成扇形浇口,如图 11-30(b)所示。由于熔体料流喷射的范围扩大而形成了喷射流,浇口处熔体的流速变得平缓,便不易产生流痕。如果出现了填充不足的现象,可适当地修宽浇口,再在产生熔接痕的位置上设置冷料穴,让料流前锋的冷凝料进入冷料穴,便可减缓熔接不良的程度。

②改进方案二:若将浇口改成多个点浇口,并分布在如图 11-30(c)所示的位置上形成局部扩散流,可减少熔体流动的流程,熔体的温度降低得极少,有利于料流平稳填充,填充不足、熔接痕和流痕等缺陷都可以消除,还可以进一步提高垫片成型的质量。但因模具的改动量过大,模具要从二模板改成三模板,整个浇注系统要推翻重新制造,存在着经济损失。这种情况只有在模具重新制造时,才可以采用。这也从一个侧面说明了,若在模具结构方案制订阶段,就能对注塑件的缺陷作预期分析,便能有效地避免这些缺陷的产生。

注塑件成型加工工艺人员重点关注加工缺陷的存在,虽然注塑件成型加工工艺人员能够采用注塑件成型加工工艺参数去整治某些加工的缺陷,但是,运用成型加工工艺参数去整治加工的缺陷存在着两种不足:一是通过提高熔体温度和注射压力增加了能耗和塑料用料;二是有些是因为注塑模浇注系统和结构的不合理性所产生的缺陷,通过调整注塑件成型加工工艺参数无法到达整治缺陷的目的。只要注塑模结构方案合理了,缺陷是因注塑件成型加工工艺参数不合理所产生的,通过调整注塑件成型加工工艺参数值就简单多了。

三、注塑模结构设计和注塑件缺陷整治网络服务

成型痕迹和成型痕迹技术是一门新创立的技术,还不够成熟和规范。因其实践性很强,牵涉的知识面广、专业多,工作的难度极大,处理问题时极为棘手。若无综合的专业知识和丰富的实践经验,很难解决成型技术上的许多问题。注塑件上成型痕迹的处理过程是:通过对问题件进行观察和分析,找出问题产生的原因之后,再给出整治的措施。这样少数专业人员可以通过网络进行注塑件缺陷整治的咨询,其方法是:通过注塑件缺陷视频或照片传给缺陷医院或诊所中的专家,也可以邮寄实物,由专家做出诊断,提出整治的措施。

注塑件上的痕迹可以通过缺陷的预测分析,确定注塑模浇注系统和模具结构方案,达到预防的目的;即使是产生了缺陷也可以通过整治的方法加以根治。

四、痕迹学

注塑成型痕迹学是由多学科(流体力学、热力学、高分子材料学、工艺学、成型工艺学和模具设计)和痕迹技术组合而产生的一门新型的理论。它可以从更深的理论层次上解释痕迹技术上所遇到的所有问题和现象,从而解决全部的成型加工过程中问题;同时,对深化注塑件的成型痕迹技术也起到了促进的作用。

从成型痕迹和成型痕迹技术及其应用的一些入门的基础知识,可以看出成型痕迹技术是一门实用的专业基础技术。成型痕迹技术只是从注塑件成型加工时的实际症状出发,应用某些行之有效的方法去解决问题;从本质和深层次上去解决问题的实质,这就是痕迹学需要解决的问题。成型痕迹是成型件在成型加工过程中所形成的客观的事实,若能将成型痕迹上升到成型痕迹技术和成型痕迹学的理论高度,再用其去指导和解决成型技术的实践,其价值和意义就更大了。痕迹学和成型痕迹技术是成型缺陷"医生"整治成型件弊病的专业性理论和技术,

成型缺陷规范文本是成型件弊病辨别和处治的基础性文件。

　　注塑件上的成型痕迹与成型痕迹技术,是利用注塑件在成型加工过程中,注塑件上烙印的模具结构成型痕迹,来进行模具的克隆、复制和修理;还可以利用注塑件产生的成型加工痕迹来整治注塑件上的缺陷。可见注塑件上的成型痕迹与成型痕迹技术,是注塑成型加工技术中十分有用的技术。我们应该深入地进行注塑件上的成型痕迹与成型痕迹技术的研究,找出更多的方法应用于注塑件的成型加工。

复习思考题

1. 注塑样件上的模具成型痕迹有何应用? 注塑件上的成型加工痕迹有何应用?
2. 注塑件上缺陷综合整治有哪几种方法? 它们各自具有哪些特点?
3. 注塑件上缺陷预测有哪几种方法? 缺陷的整治有哪几种方法? 它们各自有哪些特点?

第十二章　注塑模结构方案可行性分析与论证

对注塑件的形体"六要素"分析后,不能立即转入注塑模的结构设计,中间还需要有一个过渡的部分,这就是注塑模结构方案可行性分析与论证以及注塑模最佳优化方案可行性分析与论证。通过这个步骤可以从注塑件的形体"六要素"分析衔接到注塑模的结构设计,使这两者有机联系起来。注塑模结构设计的正确与否,其关键是注塑模结构方案可行性分析与论证以及最佳优化方案可行性分析与论证正确与否。只有分析与论证充分和彻底了,注塑模机构设计才能到位,从而可以避免注塑模结构设计的失误,也可减少试模的次数和时间。注塑模结构设计的成功与否,包含两个方面:一是注塑模是否可以顺利地进行注塑件的成型加工,二是成型加工后的注塑件上是否存在着各种形式的加工缺陷。通常注塑模设计和制造人员重点关注的是注塑模的形状、尺寸、精度和使用性能,而会忽视注塑件上加工缺陷的存在。如何将注塑模结构设计与注塑件加工的缺陷有机联系起来,一直是注塑成型行业中的问题。

对于复杂和高精度的注塑模设计而言,在注塑件形体"六要素"分析与注塑模结构设计之前,必须着手进行注塑模结构方案的可行性分析与论证。只有找到了适合于注塑件顺利成型的模具结构方案,才能做到注塑模设计的万无一失。注塑模结构方案的可行性分析,主要是采用痕迹分析、要素分析和综合分析三种方法,初步确定注塑模的结构方案。

第一节　注塑模结构方案的成型痕迹可行性分析与论证

注塑模结构方案的确定,一是利用注塑件上模具结构成型的痕迹进行分析与论证,二是利用注塑件上成型加工的痕迹进行分析与论证。可以根据注塑件上模具结构成型痕迹的分析与论证,制定克隆注塑模的结构方案;还可以根据注塑件的缺陷痕迹来调整注塑模的结构,从而避免注塑件产生缺陷。

一、注塑模结构方案的模具结构成型痕迹分析与论证

这是在提供了注塑样件的前提下,利用注塑件上的模具结构成型痕迹和注塑件上的成型加工痕迹来确定模具结构的方案。具体是在对注塑件上的成型痕迹进行识别的基础上,再针对注塑件上的模具结构成型痕迹进行分析,然后依据注塑件成型痕迹技术确定注塑模结构方案;同时,还需要根据注塑件可能产生缺陷的情况,采用缺陷预测分析的方法最终调整注塑模的结构方案。

【例 12-1】面板上的模具结构成型痕迹的识读与面板注塑模结构的分析,如图 12-1 所示。

1. 面板上模具结构的成型痕迹的识读与分析

首先是识读面板上模具结构的成型痕迹,然后对这些模具结构的成型痕迹进行分析,最终确定面板样件的模具结构。

(1)面板样件上模具结构成型痕迹的解读　根据面板样件模具结构成型痕迹的识读和分辨,面板样件上的分型面痕迹⑦、水平抽芯痕迹①②③、斜向型芯痕迹⑧、镶件痕迹①③、推杆痕迹⑥、辅助流道④和潜伏式点浇口⑤的成型痕迹的形状、位置及大小,都十分清楚地显现出

来。这些模具结构成型痕迹的形状、位置及大小是十分重要的,它们为研究注塑样件的注塑模结构提供有力的素材和依据,也为克隆、复制注塑样件与注塑模提供了全部的资料样本和造型。

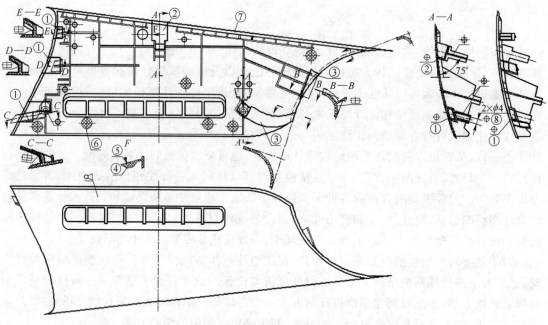

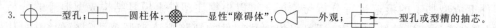

图 12-1　面板痕迹识读与分析

注:1. 图中粗实线和阴影图形,表示各种模具结构成型痕迹的形状、位置及尺寸,细实线表示面板的形状,引导线和文字说明痕迹的性质和名称。

　2. ①②③是型槽和型孔水平抽芯痕迹,④是辅助流道与推杆痕迹,⑤是潜伏式点浇口痕迹,⑥是各种推杆痕迹,⑦是分型面痕迹,⑧是斜型芯痕迹。

　3. ⊕——型孔;　▭——圆柱体;　⊗——显性"障碍体";　▷◁——外观;　▭——型孔或型槽的抽芯。

　4. 面板正面为橘皮纹。

　　(2)面板上模具结构成型痕迹的分析　　图中的粗线条为面板样件在成型过程中模具分型面的痕迹。根据面板上的各种模具结构成型痕迹的分析,便可以确定注塑模定、动模的分型面,"型槽与型孔"的抽芯和侧向分型面,推杆的形状、尺寸、位置和数量,辅助流道和潜伏式点浇口的形状、尺寸和位置;进而可以进行模具动、定模的分型,确定面板的抽芯和脱模结构。这样得到的注塑模结构就是面板样件注塑模结构的克隆模具,所成型的面板也就是样件的克隆件。样件与克隆件的差异是很小的,存在的误差主要是由测绘时的偏差和塑料收缩率选取的偏差所产生的。

　　2. 面板克隆注塑模结构的确定

　　先确定面板的脱模形式,再确定面板的分型面、抽芯和脱模等模具的结构。

　　(1)面板克隆注塑模的脱模方案　　如第十一章图 11-5 所示,根据面板背面上 $2\times\phi4$mm 孔的走向和加强筋的斜向走向,可得知面板要采用斜向脱模的结构。因为按常规注塑件的脱模方向,$2\times\phi4$mm 孔和加强筋都成了"障碍体",影响面板的脱模。如第十一章图 11-5 的 $A-A$ 与 $B-B$ 剖视图所示,只有采用了与这些"障碍体"方向一致的脱模形式,即与开、闭模方向成 15°的斜向脱模机构,面板才能正常地脱模。

(2)面板克隆注塑模脱模方案和浇注系统方案的确定　由于面板有"外观"的要求,即面板的正面上不能存在任何形式模具结构的成型痕迹,可以采用定模脱模的结构形式。但由于定模脱模的结构形式本身就已经很复杂,如还需要有斜向脱模的机构,这样就会使得模具脱模的结构形式更加复杂;同时,脱模机构所需要的空间高度更大。为了避免定模斜向脱模机构的这些缺点,仍然采用动模斜向脱模机构;但为了获得面板正面上不能存在任何模具结构成型痕迹的效果,采用了如图 11-5 的 $B-B$ 剖视图所示的辅助流道与潜伏式浇口相结合的浇注系统设计,即在推杆 3 上加工出辅助流道,在主流道旁边上加工出潜伏式浇口。塑料熔体由主流道流至潜伏式流道,再流至辅助流道的浇口,最后流入注塑模的型腔。这种浇口与推杆同处动模部分,从而可以避免采用定模脱模的结构形式。

(3)面板浇注系统的脱模机构　如第十一章图 11-5 的 $A-A$ 与 $B-B$ 剖视图所示,开模时,由于主流道下方冷料穴的凸出圆柱形槽中有冷凝料,可以先将主流道中的料把脱离主流道。注射机顶杆推动推板 13 和安装板 12,使得斜推板 8 和斜安装板 7 上的滚轮 9 在安装板 12 上滑动,面板在推杆 3 和 5 等的作用下脱模;在面板脱模的同时,由推杆 3 将潜伏式浇口中的冷凝料切断,推杆 2 将动模冷料穴中的料把脱模。

(4)面板克隆注塑模的抽芯机构　从面板背面可以看到模具抽芯结构的痕迹如图 12-1 所示。左端三处①的抽芯痕迹,共用一个抽芯机构;前端有一处②的抽芯痕迹,为一个抽芯机构;右端有两处③的抽芯痕迹,共用一个抽芯机构。

(5)2×ϕ4mm 斜向孔的成型与抽芯　如图 12-2 所示,由于这两孔为斜向孔,成型两孔的型芯 19 安装在动模镶件上,利用面板的斜向脱模可以完成 2×ϕ4mm 斜向孔的抽芯。

(6)动模型芯的注塑件成型面上需要制作出皮纹

3.注塑模脱模机构的复位

注塑模脱模机构的先复位依靠弹簧 10,如图 12-2 所示;精确复位依靠回程杆的作用。

二、注塑模结构方案的注塑件上成型加工的痕迹分析与论证

在根据注塑件上模具结构成型痕迹的分析与论证之后,所确定的克隆注塑模的结构方案还会有不足,主要是注塑件在加工中还可能产生各种缺陷,存在缺陷的注塑件就是不合格的产品。因此,还需要对注塑件上的缺陷或可能产生的缺陷做出分析与论证,在对分析和论证后的模具结构做出调整之后,再最终制定注塑模的结构方案。一般来说,注塑样件成型应该是成功的,可以放心大胆地依照注塑样件上的模具结构成型痕迹进行模具结构的设计。但有的注塑样件是不成熟或失败的,此时除了要对注塑样件上的模具结构成型痕迹进行细致分析和论证外,还必须对注塑件上的缺陷进行分析,找出产生缺陷的与模具结构和浇注系统有关的原因后,再调整模具结构和浇注系统的形式、尺寸和位置。

【例 12-2】电视机遥控器盒如图 12-3(a)所示。遥控器盒上有 26 个长方形孔,是安装导电橡胶板用的,导电橡胶板依靠遥控器盒的长方形孔周边的小圆柱定位。模具浇口采用如图 12-3(a)所示的设置。熔体充模时产生了 26 条熔接痕,影响了注塑件外观和强度,并且距离浇口越远的熔接痕,其外观和强度越差。在采用了很多方法都没有消除这些熔接痕的情况下,只好将遥控器盒的内、外表面喷涂油漆,用以掩盖熔接痕。如此产生的问题:一是增加了工序,也增加了成本;二是产生了污染,不利于环保;三是长时间使用后,由于手的摩擦作用会将油漆磨掉,重新露出熔接痕。应该怎样才能消除这些熔接痕?

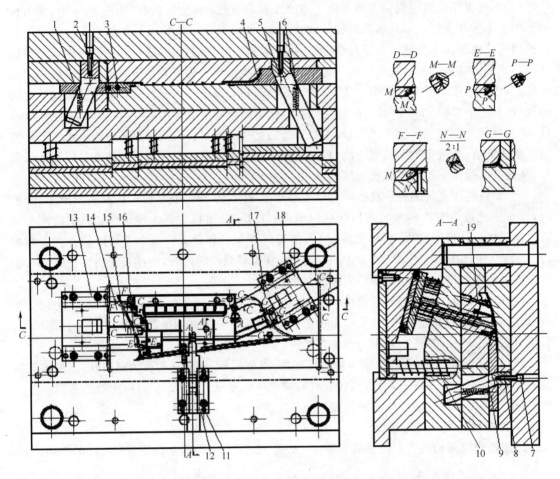

图 12-2　面板克隆注塑模的抽芯机构

1. 左滑块　2. 左导柱　3,11. 圆柱销　4. 右滑块　5. 右导柱　6. 限位销　7. 内六角螺钉
8. 前导柱　9. 前滑块　10. 弹簧　12. 前压板　13. 左压板　14. 左型芯（Ⅰ）
15. 左型芯（Ⅱ）　16. 左型芯（Ⅲ）　17. 右型芯　18. 右压板　19. 型芯

　　遥控器盒之类的注塑件在电器上应用十分广泛,如电视机和空调等,并且产品的批量大。熔接痕的缺陷是这类注塑件产生的最普遍性的缺陷,也是难以整治的缺陷。但注塑件产生缺陷是事出有因,只要能够正确分析出缺陷产生的原因,便可以采用相对应的有效整治措施,从而根治缺陷。

　　(1)熔接痕形成原因的分析　如图 12-3(b)所示,造成遥控器盒成型加工的 26 处熔接痕的原因是:当熔体的料流充模时,高温的熔料接触到低温的模具产生了降温,在成型每一个安装导电橡胶板长方孔的模具型芯处产生了分流。分流的料流前锋形成了低温薄膜,汇合的低温薄膜熔接性差而形成了熔接痕;并且料流离浇口的距离越远,更低温的薄膜熔接性便更差,熔接痕就更明显,强度也就更低。

　　(2)缺陷形成的原因　根据上述分析,造成熔接痕形成的原因:一是熔体的料流温度的降低,二是分流的低温薄膜熔接性差。

　　(3)整治方案　如图 12-3(c)所示,应从提高熔体的料流温度和消除分流的前锋低温薄膜两方面着手,才能有效地根治遥控器盒的熔接痕。

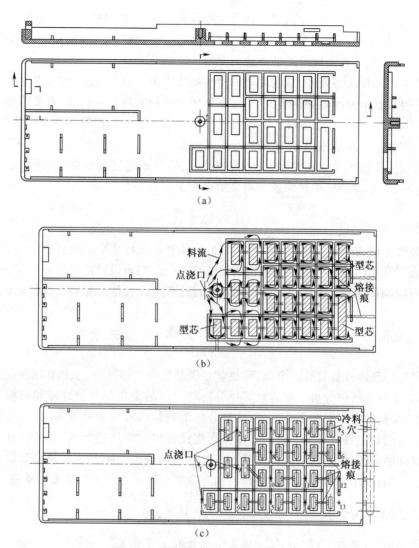

图 12-3　遥控器盒及注塑模整治方案

(a)遥控器盒　(b)遥控器盒缺陷分析　(c)遥控器盒缺陷整治方案

①提高熔体的料流温度。料流在充模过程中流程长,熔体不断降温,温度越低造成分流的前锋薄膜熔接性越差。针对此原因,设置了 17 个点浇口,这样料流的流程短因而熔体温降减小,从而可以改善熔接不良的效果。

②清除分流的前锋低温薄膜。分流后所形成的熔料前锋低温薄膜不能很好地熔接,是因为前锋低温薄膜的熔体中的杂质含量高并形成了氧化层。这是造成 26 处明显熔接痕的主要因素。为此可在产生熔接痕处设置冷料穴,使得分流的熔料前锋薄膜进入冷料穴,后续高温纯净的熔料的熔接性良好,就不会出现明显的熔接痕。

另外还必须配合调整注射成型加工的工艺参数,即应延长注射时间和冷却时间。模具还应设置加热装置,目的是减缓熔体料流降温的速度。

(4)整治效果　如此整治后,熔接痕只有 15 处,数量减少了;由于熔接效果大大改善,熔接处几乎见不到熔接痕的痕迹。虽然该方案增加了去除冷料穴冷凝料的修饰时间,但可以减轻熔接不良的程度,省去喷漆的工序。

　　遥控器盒熔接痕整治的方法,对这种类型的注塑件具有普遍的意义。注塑件的缺陷整治过程,就是运用辩证的方法去整治,而不是盲目地去整治;要根据缺陷表观,正确而科学地分析缺陷产生的原因,然后再采取适当的措施去整治该缺陷。

　　注塑件上的两种成型痕迹,都是注塑成型痕迹技术中十分重要的痕迹,也是不可分割的整体。特别是对只有单纯问题的注塑件,在对注塑件上的缺陷进行分析时,就必然要了解注塑模的结构形式,必定要先分析注塑件上的模具结构成型痕迹。在弄清楚了注塑模结构形式,排除了注塑模结构和浇注系统的因素,才能去寻找其他影响因素。只要模具结构不需要变动,其他影响因素的改动都较为简单和容易。在对注塑件上的缺陷进行技术咨询,特别是进行网上咨询时,更是要将原始注塑件的影像或实物交给咨询专家查看。

复习思考题

　　1. 注塑件上的成型痕迹包含哪几种? 它们分别在注塑件成型痕迹技术中有何应用?

　　2. 您有过利用注塑件上的模具结构成型痕迹进行注塑模设计的经验吗? 试举例说明。

　　3. 您有过利用注塑件上的成型加工痕迹进行注塑模设计的经验吗? 试举例说明。

第二节　注塑模结构方案要素可行性分析与论证

　　如注塑件的形体分析只有一个要素,也就是说是简单注塑件,对于稍有注塑模设计经验的人来说,不需要进行形体分析。要进行形体分析和论证的是指那些精度高和结构复杂的注塑件,这样的注塑件存在多种和多个要素,如果分析不到位或分析的要素缺失,那么注塑模的结构方案就不可能到位或有缺失。有了注塑模结构设计辩证方法论之后,不是设计人员能不能进行模具设计的问题,而是模具结构方案分析和论证的缺失与不到位造成模具设计的失误和报废的问题。但是,单要素分析是注塑模结构方案要素可行性分析与论证的基础。

一、注塑模结构方案的要素分析法的种类

　　注塑件形体"六要素"分析中,每一要素中都有两个分要素,一共有十二个分要素。还有其他要素,如价格要素和工期要素。为什么没有把它们也算作要素呢? 如果把它们也算成要素,有些人会为了追求利润和工期,而采用偷工减料的行为。实际上因为注塑模的"批量"要素就决定了模具的复杂和自动化程度,一旦模具结构确定下来之后,就可以根据注塑模的结构去核算模具的加工费用和加工周期。这样就要素分析法来说,也就只有十二种要素分析法。注塑模结构方案要素分析法的种类见表12-1。

表 12-1　注塑模结构方案要素分析法的种类

要素序号	要素名称	特　征
1	形状要素	"形状"要素分析法:针对注塑件上各种形式几何"形状"的要素,选取注塑模型腔与型芯的形状、尺寸与腔数,决定注塑模大小和闭合高度的一种分析方法
	障碍体要素	"障碍体"要素分析法:针对注塑件上各种形式的"障碍体"要素,采用有效避让"障碍体"要素的措施,去选取注塑模分型面、抽芯机构和脱模机构方案的一种分析方法
2	型孔要素	"型孔"要素分析法:针对注塑件上各种形式的"型孔"要素,如何实现"型孔"要素成型和抽芯方案的一种分析方法
	型槽要素	"型槽"要素分析法:针对注塑件上各种形式的"型槽"要素,如何实现"型槽"要素成型和抽芯方案的一种分析方法

续表 12-1

要素序号	要素名称	特　征
3	变形要素	"变形"要素分析法:针对注塑件上各种形式的"变形"要素,如何避免注塑件发生翘曲、变形和裂纹的模具结构方案的一种分析方法
	错位要素	"错位"要素分析法:针对注塑件上各种形式的"错位"要素,如何避免注塑件形体发生错位的模具结构方案的一种分析方法
4	运动要素	"运动"要素分析法:针对注塑件上各种形式的"运动"要素,制订出符合机构间运动的规律、路线和节奏的模具结构方案的一种分析方法
	干涉要素	"干涉"要素分析法:针对注塑件上各种形式的运动"干涉"要素,制订出避免运动构件间出现碰撞的模具结构方案的一种分析方法
5	外观要素	"外观"要素分析法:针对注塑件上各种形式的"外观"要素,制订出适应注塑件外表美观性的模具结构方案的一种分析方法
	缺陷要素	"缺陷"要素分析法:针对注塑件上各种形式的"缺陷"要素,制订出适应注塑件无缺陷的模具结构方案的一种分析方法
6	塑料要素	"塑料"要素分析法:针对注塑件上各种品种的"塑料"要素,制订出适应塑料品种的模具结构方案和模具用钢及热处理的一种分析方法
	批量要素	"批量"要素分析法:针对注塑件上各种数量的"批量"要素,制订出适应注塑件批量模具结构方案的一种分析方法

二、注塑件"形状与障碍体"要素的模具结构方案可行性分析法

注塑件"形状与障碍体"要素的模具结构方案可行性分析法,是注塑模设计中最重要的一种结构方案的分析方法。不管是简单的注塑件还是复杂的注塑件,"形状与障碍体"要素贯穿于注塑模设计的始终。

1. 注塑件"形状"要素的模具结构方案可行性分析法

注塑模的结构与注塑件的内、外形状要素有关,主要是影响注塑模型腔和型芯的形状、数量以及嵌件形式,模架的形式和大小以及浇注系统的确定。

(1)模具的型腔与型芯的形状及数量的确定　注塑模型腔和型芯的形状与注塑件的形状相同,注塑模型腔和型芯形状的尺寸,只是比注塑件的尺寸增加了塑料的收缩量。注塑件的外形为注塑模型腔的形状,注塑件的内形为注塑模型芯的形状。注塑模型腔的数量除了要根据注塑件的批量和精度来决定之外,主要是根据注塑件的形状和大小来决定。一般情况下,形状较小和抽芯少的注塑件,可以采用多型腔的模具;反之,采用单型腔或两型腔的模具。

收缩量 A＝注塑件尺寸 L×塑料收缩率 s;

模具型腔尺寸 D_M＝注塑件外形尺寸 L＋收缩量 A;

模具型芯尺寸 d_M＝注塑件内形尺寸 l＋收缩量 A。

(2)模具的模架形式与大小的确定　注塑模型腔的深度取决于注塑件需要脱模的高度,这样便可以确定推杆、推管和推件板的脱模行程。根据注塑件的形状大小和高度以及成型的数量,可以确定模架的长、宽、高的尺寸,进而可以选取模具的标准模架。同时,可以根据注塑件的形状,确定模架是采用二模板的形式,还是三模板的形式。

(3)注塑模浇注系统的确定　注塑件的形状不同,所采用的浇口形式、尺寸和位置不同,主流道和分流道及冷料穴的设计也不同。根据多年的实践经验,注塑件的形状与浇口形式、尺寸和位置必须相匹配,否则,注塑件上会产生诸多的缺陷。

（4）圆柱体与外螺纹   圆柱体与外螺纹（含螺杆）是属于注塑件"形状"要素的内容之一。圆柱体包括整体为圆柱形的注塑件和注塑件局部凸出圆柱体的两种形式，外螺纹包括外部带螺纹圆柱形的注塑件和局部凸起部分带螺纹圆柱形注塑件的两种形式。圆柱形与外螺纹形式的注塑件"形状"要素成型方法见表12-2。

表 12-2   圆柱形与外螺纹形式的注塑件"形状"要素成型方法

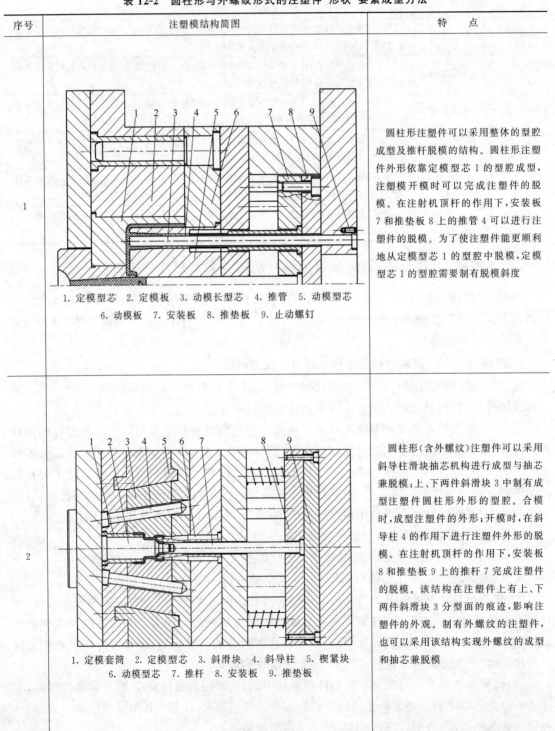

序号	注塑模结构简图	特　　点
1	1.定模型芯　2.定模板　3.动模长型芯　4.推管　5.动模型芯　6.动模板　7.安装板　8.推垫板　9.止动螺钉	圆柱形注塑件可以采用整体的型腔成型及推杆脱模的结构。圆柱形注塑件外形依靠定模型芯 1 的型腔成型，注塑模开模时可以完成注塑件的脱模。在注射机顶杆的作用下，安装板 7 和推垫板 8 上的推管 4 可以进行注塑件的脱模。为了使注塑件能更顺利地从定模型芯 1 的型腔中脱模，定模型芯 1 的型腔需要制有脱模斜度
2	1.定模套筒　2.定模型芯　3.斜滑块　4.斜导柱　5.楔紧块　6.动模型芯　7.推杆　8.安装板　9.推垫板	圆柱形（含外螺纹）注塑件可以采用斜导柱滑块抽芯机构进行成型与抽芯兼脱模：上、下两件斜滑块 3 中制有成型注塑件圆柱形外形的型腔。合模时，成型注塑件的外形；开模时，在斜导柱 4 的作用下进行注塑件外形的脱模。在注射机顶杆的作用下，安装板 8 和推垫板 9 上的推杆 7 完成注塑件的脱模。该结构在注塑件上有上、下两件斜滑块 3 分型面的痕迹，影响注塑件的外观。制有外螺纹的注塑件，也可以采用该结构实现外螺纹的成型和抽芯兼脱模

续表 12-2

序号	注塑模结构简图	特　点
3	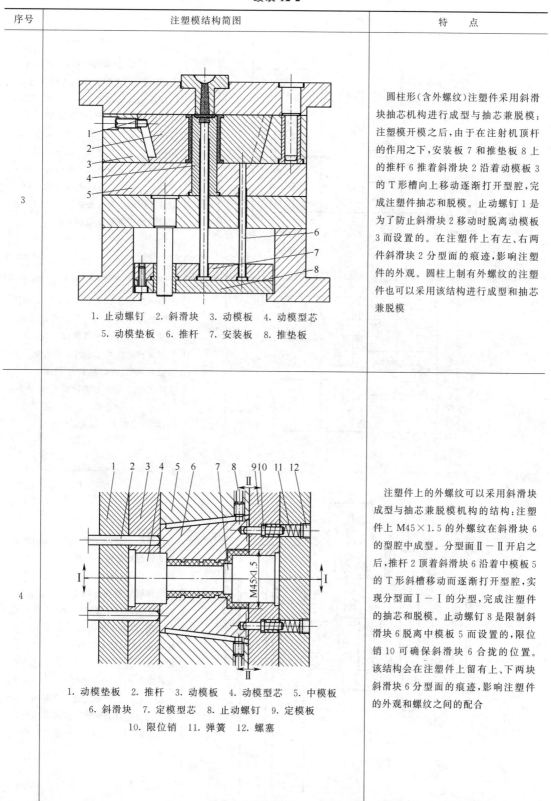　　1. 止动螺钉　2. 斜滑块　3. 动模板　4. 动模型芯 　　5. 动模垫板　6. 推杆　7. 安装板　8. 推垫板	圆柱形（含外螺纹）注塑件采用斜滑块抽芯机构进行成型与抽芯兼脱模：注塑模开模之后，由于在注射机顶杆的作用之下，安装板 7 和推垫板 8 上的推杆 6 推着斜滑块 2 沿着动模板 3 的 T 形槽向上移动逐渐打开型腔，完成注塑件抽芯和脱模。止动螺钉 1 是为了防止斜滑块 2 移动时脱离动模板 3 而设置的。在注塑件上有左、右两件斜滑块 2 分型面的痕迹，影响注塑件的外观。圆柱上制有外螺纹的注塑件也可以采用该结构进行成型和抽芯兼脱模
4	1. 动模垫板　2. 推杆　3. 动模板　4. 动模型芯　5. 中模板 6. 斜滑块　7. 定模型芯　8. 止动螺钉　9. 定模板 10. 限位销　11. 弹簧　12. 螺塞	注塑件上的外螺纹可以采用斜滑块成型与抽芯兼脱模机构的结构：注塑件上 M45×1.5 的外螺纹在斜滑块 6 的型腔中成型。分型面 Ⅱ-Ⅱ 开启之后，推杆 2 顶着斜滑块 6 沿着中模板 5 的 T 形斜槽移动而逐渐打开型腔，实现分型面 Ⅰ-Ⅰ 的分型，完成注塑件的抽芯和脱模。止动螺钉 8 是限制斜滑块 6 脱离中模板 5 而设置的，限位销 10 可确保斜滑块 6 合拢的位置。该结构会在注塑件上留有上、下两块斜滑块 6 分型面的痕迹，影响注塑件的外观和螺纹之间的配合

续表 12-2

序号	注塑模结构简图	特　　点
5	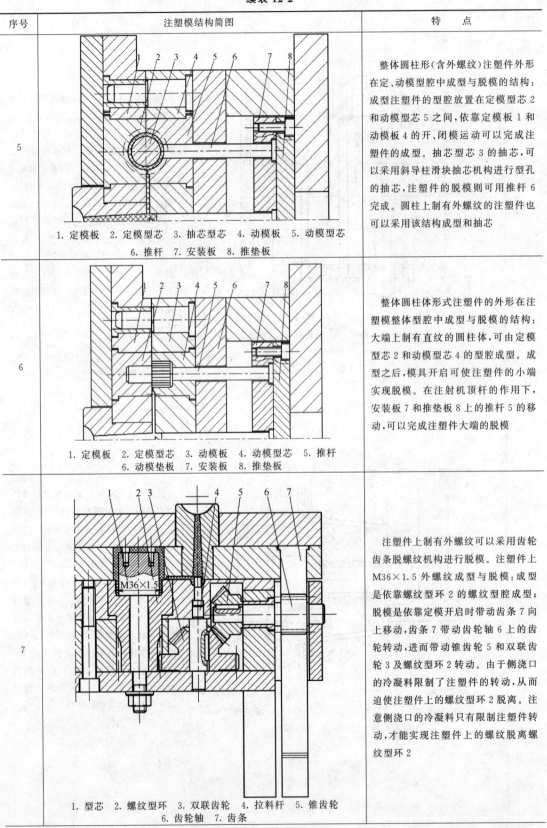 1. 定模板　2. 定模型芯　3. 抽芯型芯　4. 动模板　5. 动模型芯 6. 推杆　7. 安装板　8. 推垫板	整体圆柱形(含外螺纹)注塑件外形在定、动模型腔中成型与脱模的结构:成型注塑件的型腔置在定模型芯 2 和动模型芯 5 之间,依靠定模板 1 和动模板 4 的开、闭模运动可以完成注塑件的成型。抽芯型芯 3 的抽芯,可以采用斜导柱滑块抽芯机构进行型孔的抽芯,注塑件的脱模则可用推杆 6 完成。圆柱上制有外螺纹的注塑件也可以采用该结构成型和抽芯
6	1. 定模板　2. 定模型芯　3. 动模板　4. 动模型芯　5. 推杆 6. 动模垫板　7. 安装板　8. 推垫板	整体圆柱体形式注塑件的外形在注塑模整体型腔中成型与脱模的结构:大端上制有直纹的圆柱体,可由定模型芯 2 和动模型芯 4 的型腔成型。成型之后,模具开启可使注塑件的小端实现脱模。在注射机顶杆的作用下,安装板 7 和推垫板 8 上的推杆 5 的移动,可以完成注塑件大端的脱模
7	M36×1.5 1. 型芯　2. 螺纹型环　3. 双联齿轮　4. 拉料杆　5. 锥齿轮 6. 齿轮轴　7. 齿条	注塑件上制有外螺纹可以采用齿轮齿条脱螺纹机构进行脱模。注塑件上 M36×1.5 外螺纹成型与脱模:成型是依靠螺纹型环 2 的螺纹型腔成型;脱模是依靠定模开启时带动齿条 7 向上移动,齿条 7 带动齿轮轴 6 上的齿轮转动,进而带动锥齿轮 5 和双联齿轮 3 及螺纹型环 2 转动。由于侧浇口的冷凝料限制了注塑件的转动,从而迫使注塑件上的螺纹型环 2 脱离。注意侧浇口的冷凝料只有限制注塑件转动,才能实现注塑件上的螺纹脱离螺纹型环 2

续表 12-2

序号	注塑模结构简图	特 点
8	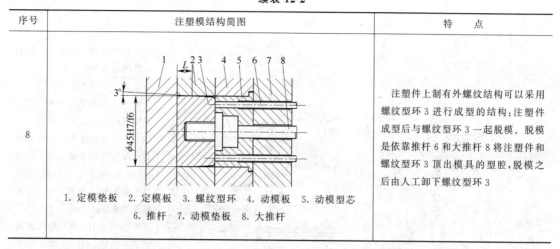 1. 定模垫板　2. 定模板　3. 螺纹型环　4. 动模板　5. 动模型芯 6. 推杆　7. 动模垫板　8. 大推杆	注塑件上制有外螺纹结构可以采用螺纹型环 3 进行成型的结构；注塑件成型后与螺纹型环 3 一起脱模。脱模是依靠推杆 6 和大推杆 8 将注塑件和螺纹型环 3 顶出模具的型腔，脱模之后由人工卸下螺纹型环 3

2. 注塑件"障碍体"要素的模具结构方案可行性分析法

有一些注塑件上存在着各种形式的"障碍体"，这些"障碍体"影响着注塑模的分型面、抽芯机构和脱模机构的选取。如何根据注塑件"障碍体"的形式，采取有效避让各种形式的"障碍体"的措施是注塑模结构方案需要做的工作。注塑件"障碍体"要素的模具结构方案可行性分析法见表 12-3。

表 12-3　注塑件"障碍体"要素的模具结构方案可行性分析法

方法	简 图	特 征
活块避让法	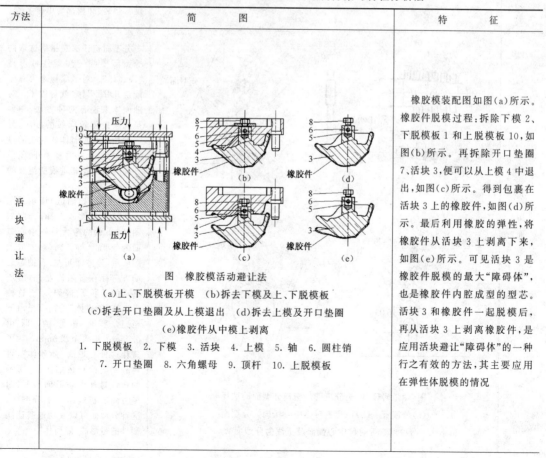 图　橡胶模活动避让法 (a)上、下脱模板开模　(b)拆去下模及上、下脱模板 (c)拆去开口垫圈及从上模退出　(d)拆去上模及开口垫圈 (e)橡胶件从中模上剥离 1. 下脱模板　2. 下模　3. 活块　4. 上模　5. 轴　6. 圆柱销 7. 开口垫圈　8. 六角螺母　9. 顶杆　10. 上脱模板	橡胶模装配图如图(a)所示。橡胶件脱模过程：拆除下模 2、下脱模板 1 和上脱模板 10，如图(b)所示。再拆除开口垫圈 7、活块 3，便可以从上模 4 中退出，如图(c)所示。得到包裹在活块 3 上的橡胶件，如图(d)所示。最后利用橡胶的弹性，将橡胶件从活块 3 上剥离下来，如图(e)所示。可见活块 3 是橡胶件脱模的最大"障碍体"，也是橡胶件内腔成型的型芯。活块 3 和橡胶件一起脱模后，再从活块 3 剥离橡胶件，是应用活块避让"障碍休"的一种行之有效的方法，其主要应用在弹性体脱模的情况

续表 12-3

方法	简　　图	特　　征
旋转避让法	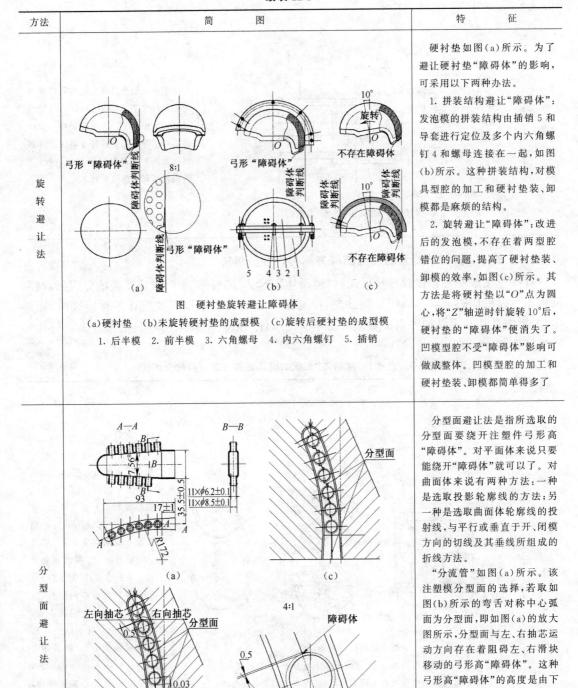图　硬衬垫旋转避让障碍体 (a)硬衬垫　(b)未旋转硬衬垫的成型模　(c)旋转后硬衬垫的成型模 1. 后半模　2. 前半模　3. 六角螺母　4. 内六角螺钉　5. 插销	硬衬垫如图(a)所示。为了避让硬衬垫"障碍体"的影响，可采用以下两种办法。 　1. 拼装结构避让"障碍体"：发泡模的拼装结构由插销5和导套进行定位及多个内六角螺钉4和螺母连接在一起，如图(b)所示。这种拼装结构，对模具型腔的加工和硬衬垫装、卸模都是麻烦的结构。 　2. 旋转避让"障碍体"：改进后的发泡模，不存在着两型腔错位的问题，提高了硬衬垫装、卸模的效率，如图(c)所示。其方法是将硬衬垫以"O"点为圆心，将"Z"轴逆时针旋转10°后，硬衬垫的"障碍体"便消失了。凹模型腔不受"障碍体"影响可做成整体。凹模型腔的加工和硬衬垫装、卸模都简单得多了
分型面避让法	图　"障碍体"影响分流管注塑模分型面的选择 (a)分流管　(b)以弯舌对称中心弧面为分型面 (c)以弯舌对称中心弧面及折线为分型面	分型面避让法是指所选取的分型面要绕开注塑件弓形高"障碍体"。对平面体来说只要能绕开"障碍体"就可以了。对曲面体来说有两种方法：一种是选取投影轮廓线的方法；另一种是选取曲面体轮廓线的投射线，与平行或垂直于开、闭模方向的切线及其垂线所组成的折线方法。 　"分流管"如图(a)所示。该注塑模分型面的选择，若取如图(b)所示的弯舌对称中心弧面为分型面，即如图(a)的放大图所示，分型面与左、右抽芯运动方向存在着阻碍左、右滑块移动的弓形高"障碍体"。这种弓形高"障碍体"的高度是由下至上逐渐增大的，即由0.03mm增大至0.5mm。为了避让这种弓形高"障碍体"，可将分型面设计成如图(c)所示的弯舌对称中心弧面与开、闭模方向的折线组成的分型面，这种分型面可以成功地避让注塑件的弓形高"障碍体"

续表 12-3

方法	简　图	特　征
镶嵌件避让法	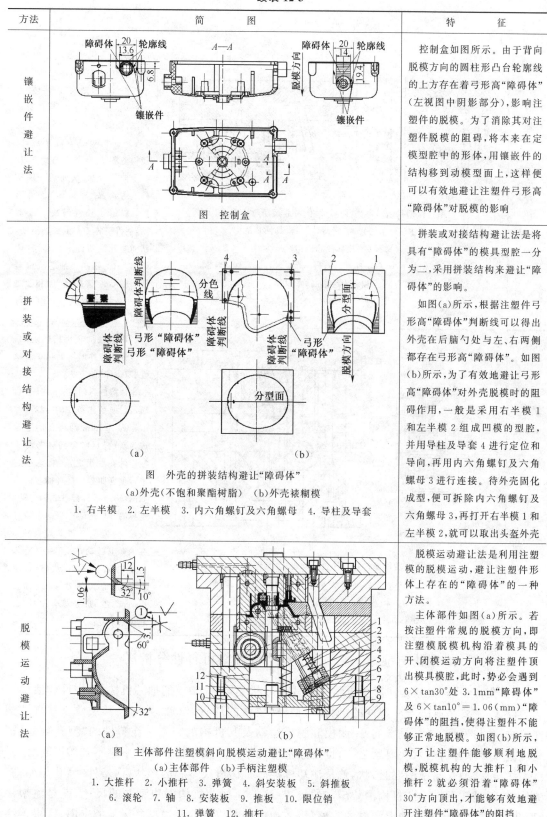	控制盒如图所示。由于背向脱模方向的圆柱形凸台轮廓线的上方存在着弓形高"障碍体"（左视图中阴影部分），影响注塑件的脱模。为了消除其对注塑件脱模的阻碍，将本来在定模型腔中的形体，用镶嵌件的结构移到动模型面上，这样便可以有效地避让注塑件弓形高"障碍体"对脱模的影响
拼装或对接结构避让法		拼装或对接结构避让法是将具有"障碍体"的模具型腔一分为二，采用拼装结构来避让"障碍体"的影响。 如图(a)所示，根据注塑件弓形高"障碍体"判断线可以得出外壳在后脑勺处与左、右两侧都存在弓形高"障碍体"。如图(b)所示，为了有效地避让弓形高"障碍体"对外壳脱模时的阻碍作用，一般是采用右半模 1 和左半模 2 组成凹模的型腔，并用导柱及导套 4 进行定位和导向，再用内六角螺钉及六角螺母 3 进行连接。待外壳固化成型，便可拆除内六角螺钉及六角螺母 3，再打开右半模 1 和左半模 2，就可以取出头盔外壳
脱模运动避让法		脱模运动避让法是利用注塑模的脱模运动，避让注塑件形体上存在的"障碍体"的一种方法。 主体部件如图(a)所示。若按注塑件常规的脱模方向，即注塑模脱模机构沿着模具的开、闭模运动方向将注塑件顶出模具型腔时，此时，势必会遇到 $6 \times \tan 30°$ 处 3.1mm "障碍体"及 $6 \times \tan 10° = 1.06$ (mm) "障碍体"的阻挡，使得注塑件不能够正常地脱模。如图(b)所示，为了让注塑件能够顺利地脱模，脱模机构的大推杆 1 和小推杆 2 就必须沿着"障碍体" 30° 方向顶出，才能够有效地避开注塑件"障碍体"的阻挡

图　控制盒

图　外壳的拼装结构避让"障碍体"

(a)外壳(不饱和聚酯树脂)　(b)外壳裱糊模

1. 右半模　2. 左半模　3. 内六角螺钉及六角螺母　4. 导柱及导套

图　主体部件注塑模斜向脱模运动避让"障碍体"

(a)主体部件　(b)手柄注塑模

1. 大推杆　2. 小推杆　3. 弹簧　4. 斜安装板　5. 斜推板
6. 滚轮　7. 轴　8. 安装板　9. 推板　10. 限位销
11. 弹簧　12. 推杆

续表 12-3

方法	简　图	特　征
抽芯运动避让法	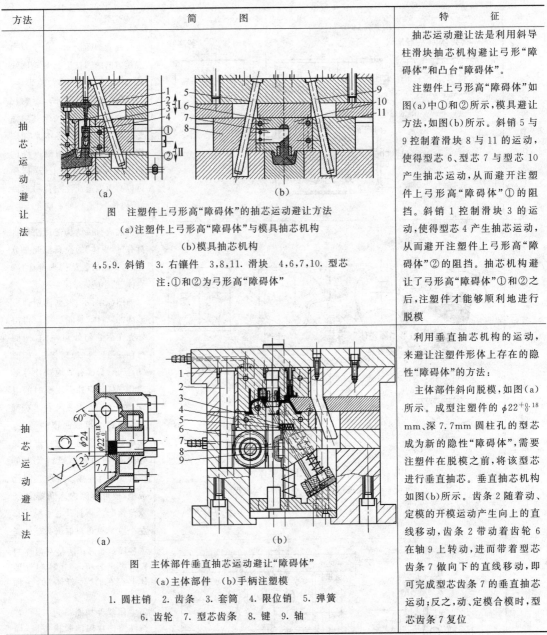（a） （b） 图　注塑件上弓形高"障碍体"的抽芯运动避让方法 （a）注塑件上弓形高"障碍体"与模具抽芯机构 （b）模具抽芯机构 4,5,9.斜销　3.右镶件　3,8,11.滑块　4,6,7,10.型芯 注：①和②为弓形高"障碍体"	抽芯运动避让法是利用斜导柱滑块抽芯机构避让弓形"障碍体"和凸台"障碍体"。 　　注塑件上弓形高"障碍体"如图（a）中①和②所示，模具避让方法，如图（b）所示。斜销 5 与 9 控制着滑块 8 与 11 的运动，使得型芯 6、型芯 7 与型芯 10 产生抽芯运动，从而避开注塑件上弓形高"障碍体"①的阻挡。斜销 1 控制滑块 3 的运动，使得型芯 4 产生抽芯运动，从而避开注塑件上弓形高"障碍体"②的阻挡。抽芯机构避让了弓形高"障碍体"①和②之后，注塑件才能够顺利地进行脱模
抽芯运动避让法	（a） （b） 图　主体部件垂直抽芯运动避让"障碍体" （a）主体部件　（b）手柄注塑模 1.圆柱销　2.齿条　3.套筒　4.限位销　5.弹簧 6.齿轮　7.型芯齿条　8.键　9.轴	利用垂直抽芯机构的运动，来避让注塑件形体上存在的隐性"障碍体"的方法： 　　主体部件斜向脱模，如图（a）所示。成型注塑件的 $\phi 22^{+0.18}_{0}$ mm、深 7.7mm 圆柱孔的型芯成为新的隐性"障碍体"，需要注塑件在脱模之前，将该型芯进行垂直抽芯。垂直抽芯机构如图（b）所示。齿条 2 随着动、定模的开模运动产生向上的直线移动，齿条 2 带动着齿轮 6 在轴 9 上转动，进而带着型芯齿条 7 做向下的直线移动，即可完成型芯齿条 7 的垂直抽芯运动；反之，动、定模合模时，型芯齿条 7 复位

三、注塑件"型孔与型槽"要素的模具结构方案可行性分析法

　　"型孔与型槽"要素是注塑件上常见的几何形状结构，注塑模的抽芯机构、镶嵌件和活块结构的设计，主要是取决于注塑件的"型孔与型槽"要素的形状、位置、方向及其尺寸。并且注塑件的"型孔与型槽"要素是影响开、闭模和脱模运动及其机构的因素。注塑件的"型孔与型槽"是注塑件形体分析的六大要素之一，也是注塑模的结构方案分析和设计中避不开的因素之一。

　　注塑件"型孔与型槽"的形状，就是注塑模抽芯机构滑块型芯的形状；注塑件"型孔与型槽"的位置，就是注塑模抽芯机构滑块型芯的位置；注塑模抽芯机构滑块型芯的尺寸，就是注塑件"型孔与型槽"的尺寸再加上塑料的收缩量；注塑模抽芯机构的滑块型芯运动的走向，取决于注

塑件"型孔与型槽"的走向；注塑模抽芯机构滑块的型芯运动的行程、运动起点和终点，取决于注塑件"型孔与型槽"的深度、孔的外端面和内端面。可见注塑模的抽芯机构结构的内容，完全取决于注塑件"型孔与型槽"要素的内容。

注塑模的抽芯机构、型芯和嵌件杆的结构，主要取决于型孔或型槽在注塑件上的位置、方向和孔的形式。注塑件上若有型孔或型槽，可以应用抽芯机构的型芯复位后完成注塑件型孔或型槽的成型，型芯抽芯后让出足够的空间以便于注塑件的脱模。也可以使用型芯、嵌件杆和活块复位后完成注塑件型孔或型槽的成型，利用动、定模的开、闭模运动完成抽芯。小螺孔只能采用型芯、嵌件杆成型；而大的螺孔既可采用活块成型，也可采用齿条、齿轮与锥齿轮副垂直抽芯机构完成螺孔的成型与抽芯。

1. 注塑件正、背面"型孔与型槽"的成型方法

注塑件正面及背面的"型孔与型槽"及小螺纹孔的走向若是平行于开、闭模方向，一般是采用型芯或螺纹型芯或螺纹嵌件杆来成型；也可以利用动模的开、闭模运动，使得动模与定模上的型芯或螺纹型芯或螺纹嵌件杆完成"型孔与型槽"及小螺纹孔的抽芯与复位。

对注塑件中成型螺纹孔的螺纹型芯或螺纹嵌件杆而言，螺纹型芯或螺纹嵌件杆则是需要用人工来安装和取出。即模具开启时，人工来取出和安装螺纹型芯或螺纹嵌件杆。动、定模合模时，完成螺纹型芯或螺纹嵌件杆的复位。注塑件的正、反面"型孔与型槽"的成型方法见表12-4。

表12-4　注塑件的正、反面"型孔与型槽"的成型方法

序号	简　图	特　点
1	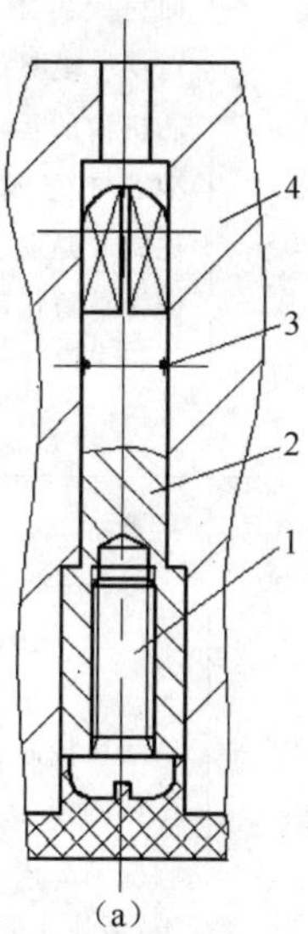 （a） 1. 沉头螺钉 2. 螺纹嵌件杆 3. 弹簧圈 4. 定模 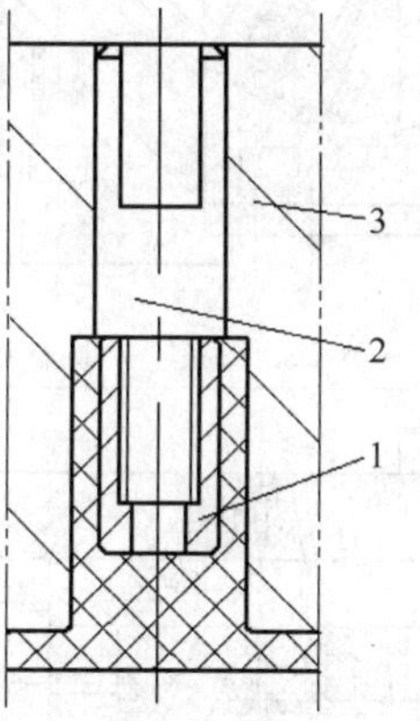　　（b） 1. 螺纹嵌件 2. 螺纹型芯 3. 定模 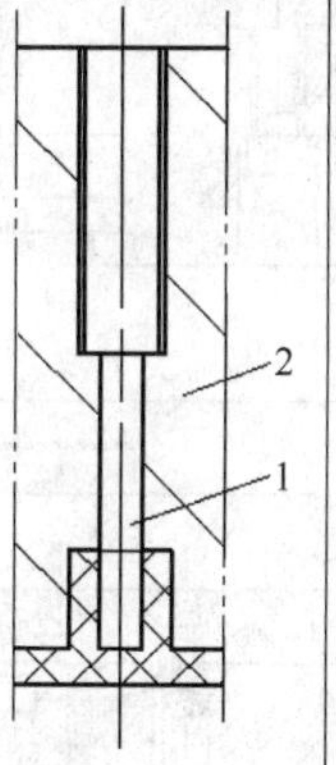　　（c） 1. 型芯 2. 定模	型芯、螺纹型芯或螺纹嵌件杆： 　　如图（a）所示，为了将沉头螺钉1嵌入注塑件中，沉头螺钉1应旋入螺纹嵌件杆2内，并依靠弹簧圈3固定在定模4的孔中。脱模后需要人工取出螺纹嵌件杆2。 　　如图（b）所示，螺纹嵌件1应旋入螺纹型芯2上，并依靠与定模3的H7/f8配合固定。脱模后需要人工取下螺纹型芯2。 　　如图（c）所示，型芯1固定在定模2中，型芯1的小端成型注塑件的小圆柱孔

续表 12-4

序号	简　图	特　点
2	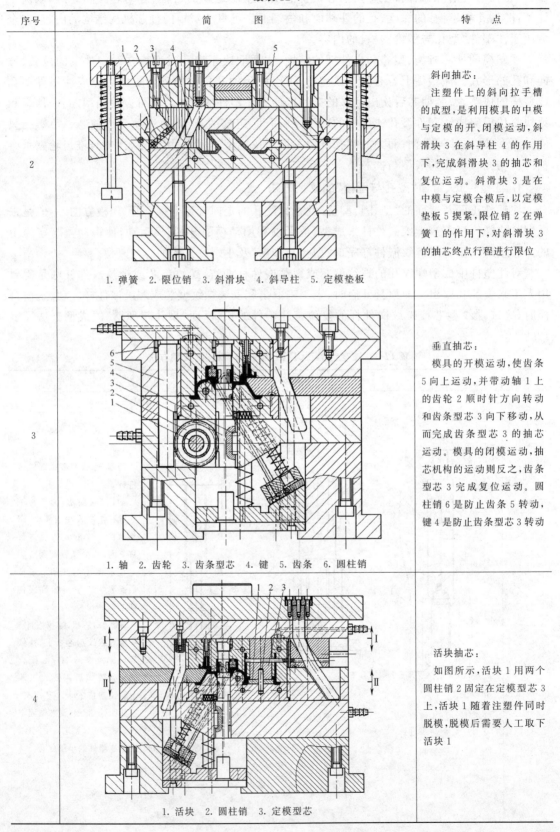 1. 弹簧　2. 限位销　3. 斜滑块　4. 斜导柱　5. 定模垫板	**斜向抽芯：** 　注塑件上的斜向拉手槽的成型，是利用模具的中模与定模的开、闭模运动，斜滑块 3 在斜导柱 4 的作用下，完成斜滑块 3 的抽芯和复位运动。斜滑块 3 是在中模与定模合模后，以定模垫板 5 搂紧，限位销 2 在弹簧 1 的作用下，对斜滑块 3 的抽芯终点行程进行限位
3	1. 轴　2. 齿轮　3. 齿条型芯　4. 键　5. 齿条　6. 圆柱销	**垂直抽芯：** 　模具的开模运动，使齿条 5 向上运动，并带动轴 1 上的齿轮 2 顺时针方向转动和齿条型芯 3 向下移动，从而完成齿条型芯 3 的抽芯运动。模具的闭模运动，抽芯机构的运动则反之，齿条型芯 3 完成复位运动。圆柱销 6 是防止齿条 5 转动，键 4 是防止齿条型芯 3 转动
4	1. 活块　2. 圆柱销　3. 定模型芯	**活块抽芯：** 　如图所示，活块 1 用两个圆柱销 2 固定在定模型芯 3 上，活块 1 随着注塑件同时脱模，脱模后需要人工取下活块 1

2. 注塑件沿周侧面"型孔与型槽"的成型方法

注塑件沿周侧面"型孔与型槽"的成型和抽芯,一般是采用各种形式侧向抽芯机构的型芯或活块进行成型和抽芯。注塑件沿周侧面"型孔与型槽"的成型方法见表12-5。

表 12-5 注塑件沿周侧面"型孔与型槽"的成型方法

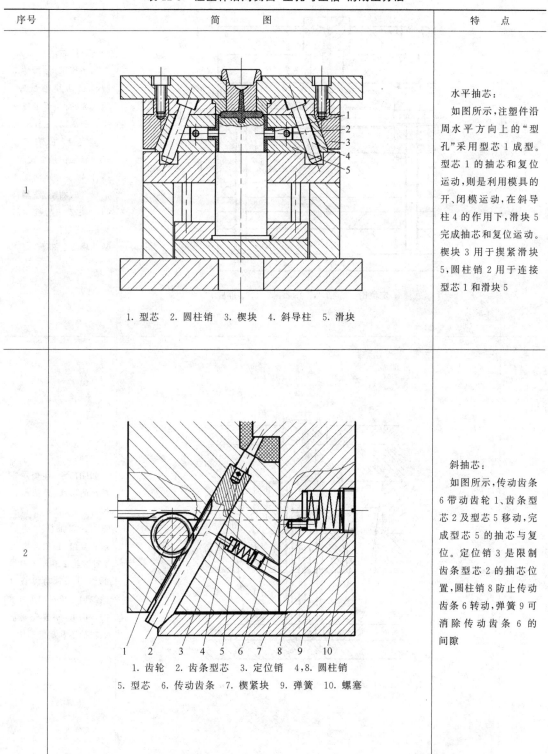

序号	简　图	特　点
1	1. 型芯　2. 圆柱销　3. 楔块　4. 斜导柱　5. 滑块	水平抽芯: 　如图所示,注塑件沿周水平方向上的"型孔"采用型芯1成型。型芯1的抽芯和复位运动,则是利用模具的开、闭模运动,在斜导柱4的作用下,滑块5完成抽芯和复位运动。楔块3用于搂紧滑块5,圆柱销2用于连接型芯1和滑块5
2	1. 齿轮　2. 齿条型芯　3. 定位销　4,8. 圆柱销 5. 型芯　6. 传动齿条　7. 楔紧块　9. 弹簧　10. 螺塞	斜抽芯: 　如图所示,传动齿条6带动齿轮1、齿条型芯2及型芯5移动,完成型芯5的抽芯与复位。定位销3是限制齿条型芯2的抽芯位置,圆柱销8防止传动齿条6转动,弹簧9可消除传动齿条6的间隙

续表 12-5

序号	简　　图	特　点
3	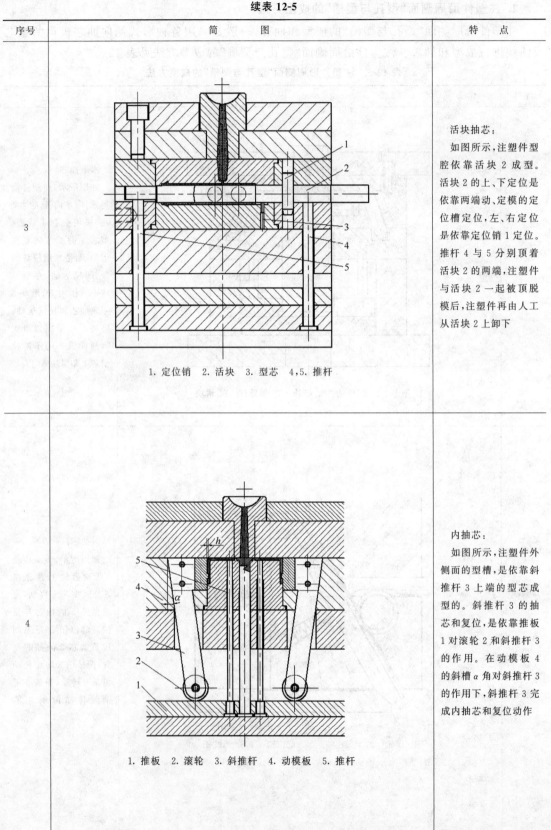　1.定位销　2.活块　3.型芯　4,5.推杆	活块抽芯: 　如图所示,注塑件型腔依靠活块 2 成型。活块 2 的上、下定位是依靠两端动、定模的定位槽定位,左、右定位是依靠定位销 1 定位。推杆 4 与 5 分别顶着活块 2 的两端,注塑件与活块 2 一起被顶脱模后,注塑件再由人工从活块 2 上卸下
4	1.推板　2.滚轮　3.斜推杆　4.动模板　5.推杆	内抽芯: 　如图所示,注塑件外侧面的型槽,是依靠斜推杆 3 上端的型芯成型的。斜推杆 3 的抽芯和复位,是依靠推板 1 对滚轮 2 和斜推杆 3 的作用。在动模板 4 的斜槽 α 角对斜推杆 3 的作用下,斜推杆 3 完成内抽芯和复位动作

续表 12-5

序号	简　图	特　点
5	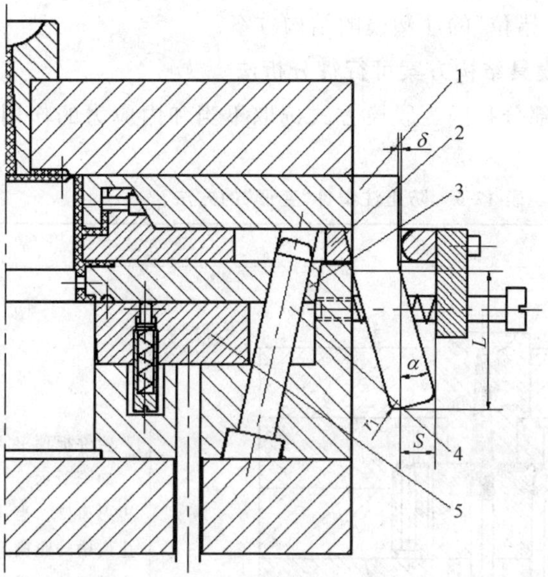 　1. 斜导柱　2. 上滑块　3. 下滑块　4. 斜销　5. 推板	二级抽芯： 　如图所示，由于注塑件侧向的"型孔与型槽"的面积较大，加上壁薄，为了防止注塑件抽芯时的变形，需要采用二级抽芯机构。 　上滑块 2 可在下滑块 3 上滑动，下滑块 3 又可在推板 5 上滑动。开模过程中，在斜导柱 1 的作用下，完成上滑块 2 的抽芯。顶出时，推板 5 被推动，斜销 4 拨动滑块 3，完成第二级抽芯
6	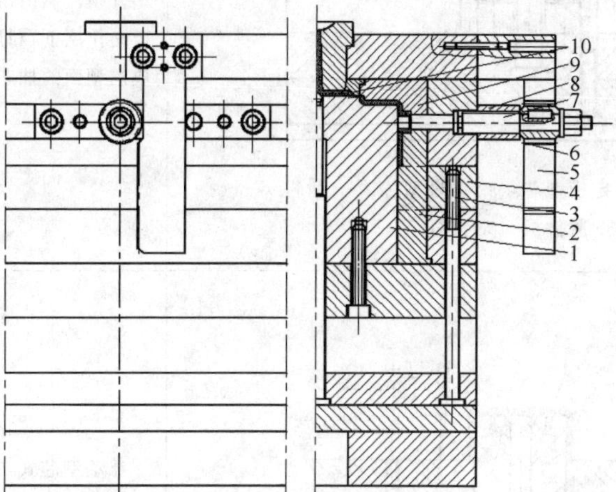 　1. 动模型芯　2. 动模镶件　3. 推杆　4. 推板　5. 齿条 　6. 齿轮　7. 螺纹型芯　8. 螺纹支架　9. 定模镶件 　10. 定模型芯	齿轮齿条水平方向螺纹孔的抽芯： 　如左图所示，开模过程中，齿条 5 带动齿轮 6，使螺纹型芯 7 沿着螺纹支架 8 的引导螺纹孔旋出，完成螺孔抽芯。齿条 5 成型段的螺距应与螺纹支架 8 的引导螺纹孔的螺距相等。模具合模时，齿条 5 与齿轮 6 脱离啮合

四、注塑件"变形与错位"要素的模具结构方案可行性分析法

　　注塑件上的"变形与错位"要素，是影响注塑模结构的因素之一，也是注塑件"六要素"之一。注塑件的变形与注塑件的脱模形式、抽芯形式、注塑模的浇注系统的设置、塑料熔体的流动性和收缩率、成型加工的参数等有着因果的关系。但是对"变形与错位"要素的分析，就注塑模结构方案的分析来说，只是局限于模具结构设计和浇注系统的设置。

　　对于"变形与错位"要素的分析，要注意两者具有一定的隐蔽性；但看似不易寻找到，却也

有明显的规律,主要是从注塑件的几何误差和技术要求中去寻找。对"变形"要素来讲,是要找到注塑件上平面度和直线度的要求,并且要特别注意细、长、薄的注塑件和具有多齿形与凹凸不平的注塑件。对"错位"要素而言,是要找到注塑件上对称度的要求,还需要注意薄壁件。然后,再确定解决注塑件"变形与错位"的注塑模的结构方案。

1. 注塑件"变形"要素的模具结构方案可行性分析法

注塑件变形的发生,绝大部分是因为脱模方式选取不当和内应力的作用而产生的。防止注塑件"变形"的方法见表12-6。

表 12-6　防止注塑件"变形"的方法

序号	简　图	特　点
1	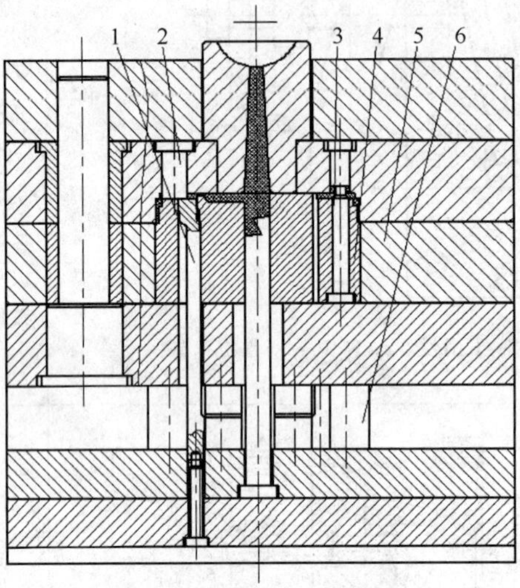 1. 内滑块　2. 定模型芯　3. 动模型芯　4. 型芯 5. 脱件板　6. 推杆	脱件板顶出注塑件: 　　如图所示,该注塑件沿周有几十个矩形齿槽。当注塑件壁很薄时,为防止齿槽的脱模力过大使注塑件变形,应采用脱件板顶出注塑件的方法。 　　脱件板5在推杆6的作用下将注塑件顶出。内滑块1在安装板和推板的作用下,利用自身的两处斜面完成内型面的抽芯和复位
2	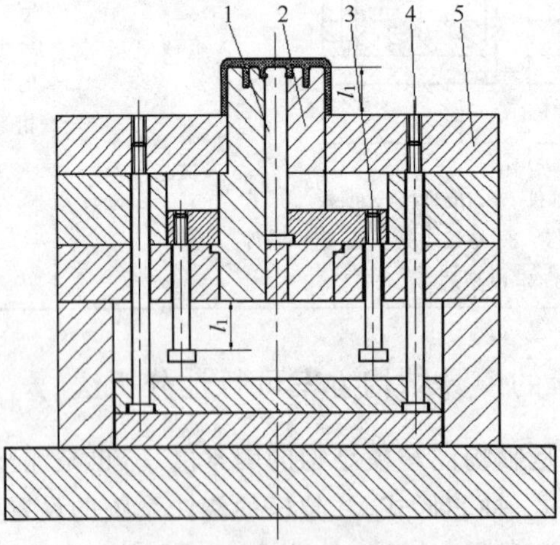 1,2. 型芯　3. 限位螺钉　4. 推杆　5. 脱件板	浮动型芯式二级脱模: 　　如图所示,顶出时,推杆4推动脱件板5使注塑件脱离型芯2,消除了注塑件中心部位外围的脱模力的影响;与此同时,由于注塑件中心部位的凹、凸形状的"障碍体"的作用,迫使型芯1随注塑件移动。当限位螺钉3限位后,再继续顶出时,脱件板5将注塑件从型芯1上强迫脱出

续表 12-6

序号	简　图	特　点
3	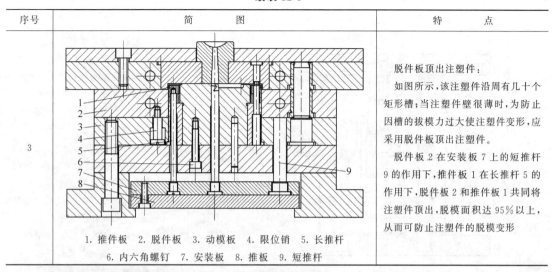 1. 推件板　2. 脱件板　3. 动模板　4. 限位销　5. 长推杆 6. 内六角螺钉　7. 安装板　8. 推板　9. 短推杆	脱件板顶出注塑件： 　　如图所示，该注塑件沿周有几十个矩形槽；当注塑件壁很薄时，为防止因槽的拔模力过大使注塑件变形，应采用脱件板顶出注塑件。 　　脱件板 2 在安装板 7 上的短推杆 9 的作用下，推件板 1 在长推杆 5 的作用下，脱件板 2 和推件板 1 共同将注塑件顶出，脱模面积达 95% 以上，从而可防止注塑件的脱模变形

2. 注塑件"错位"要素的模具结构方案可行性分析法

为了确保注塑件形体不产生错位，除了注塑模自身的定位导向机构之外，还需要另加精确的导向及定位机构。这些机构主要应用在动、定模的二次定位和精密定位，型腔与型芯的精确定位，滑块精确导向等方面。当然，精密注塑模除了具有精确的导向及定位机构之外，还要有高精度的模具零件的加工、模具的装配精度，足够的刚度和耐磨性，良好的温控系统，合理的浇注系统，塑料品种的选择和协调的模具运动机构等。

（1）型腔与型芯的精确定位　见表 12-7。一般是采用凸、凹锥体或锥面进行无间隙的二次定位和精密定位，从而确保注塑件成型构件的精密导向和定位。

表 12-7　型腔与型芯的精确定位

类型	简　图	说　明
型腔和型芯精确定位之一	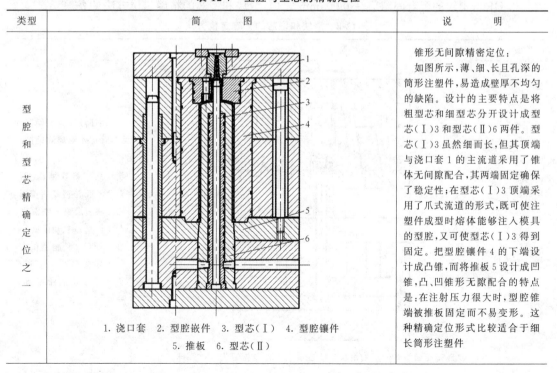 1. 浇口套　2. 型腔嵌件　3. 型芯（Ⅰ）　4. 型腔镶件 5. 推板　6. 型芯（Ⅱ）	锥形无间隙精密定位： 　　如图所示，薄、细、长且孔深的筒形注塑件，易造成壁厚不均匀的缺陷。设计的主要特点是将粗型芯和细型芯分开设计成型芯（Ⅰ）3 和型芯（Ⅱ）6 两件。型芯（Ⅰ）3 虽然细而长，但其顶端与浇口套 1 的主流道采用了锥体无间隙配合，其两端固定确保了稳定性；在型芯（Ⅰ）3 顶端采用了爪式流道的形式，既可使注塑件成型时熔体能够注入模具的型腔，又可使型芯（Ⅰ）3 得到固定。把型腔镶件 4 的下端设计成凸锥，而将推板 5 设计成凹锥，凸、凹锥形无隙配合的特点是：在注射压力很大时，型腔锥端被推板固定而不易变形。这种精确定位形式比较适合于细长筒形注塑件

续表 12-7

类型	简　图	说　明
型腔和型芯精确定位之二	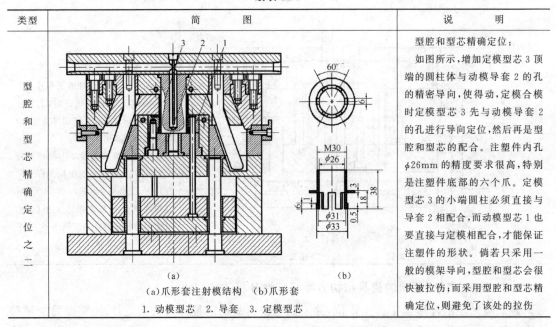 （a） （b） （a）爪形套注射模结构　（b）爪形套 1. 动模型芯　2. 导套　3. 定模型芯	型腔和型芯精确定位： 　如图所示，增加定模型芯 3 顶端的圆柱体与动模导套 2 的孔的精密导向，使得动、定模合模时定模型芯 3 先与动模导套 2 的孔进行导向定位，然后再是型腔和型芯的配合。注塑件内孔 ϕ26mm 的精度要求很高，特别是注塑件底部的六个爪。定模型芯 3 的小端圆柱必须直接与导套 2 相配合，而动模型芯 1 也要直接与定模相配合，才能保证注塑件的形状。倘若只采用一般的模架导向，型腔和型芯会很快被拉伤；而采用型腔和型芯精确定位，则避免了该处的拉伤

（2）滑块和型芯的精确定位　注塑件上会有多种形式的外形和内孔，并且内、外形的尺寸精度、同轴度和壁厚的均匀性都有一定的要求。注塑模若采用滑块形式对开模结构不能确保注塑件的质量时，则需要对成型注塑件孔与槽的滑块和型芯进行精确的定位。此时仅靠注塑模架上的导向装置，不能满足精密注塑模的定模型腔和动模型腔或型芯相对位置的准确性时，则可以采用二次定位系统；如采用分型面两端的二次定位装置，仍然不能避免动、定模型腔的错位，则应该采取动、定模的四面带锥形面的无隙二次定位装置。如锁扣使用 Cr12MoVA 钢材制造，硬度 58～62 HRC，螺纹的配合间隙应在 0.005mm 之内，滑块和型芯的精确定位方法见表 12-8。

表 12-8　滑块和型芯的精确定位方法

类型	简　图	说　明
滑块和型芯精确定位	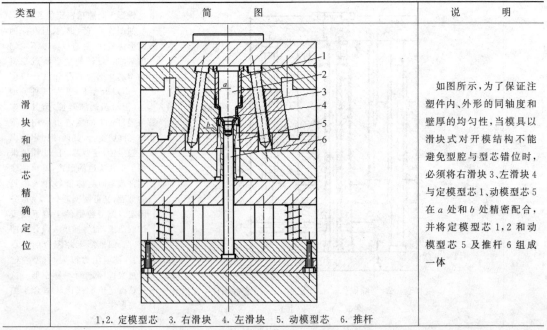 1，2. 定模型芯　3. 右滑块　4. 左滑块　5. 动模型芯　6. 推杆	如图所示，为了保证注塑件内、外形的同轴度和壁厚的均匀性，当模具以滑块式对开模结构不能避免型腔与型芯错位时，必须将右滑块 3、左滑块 4 与定模型芯 1、动模型芯 5 在 a 处和 b 处精密配合，并将定模型芯 1，2 和动模型芯 5 及推杆 6 组成一体

续表 12-8

类型	简　　图	说　　明
应用二次定位系统的模具	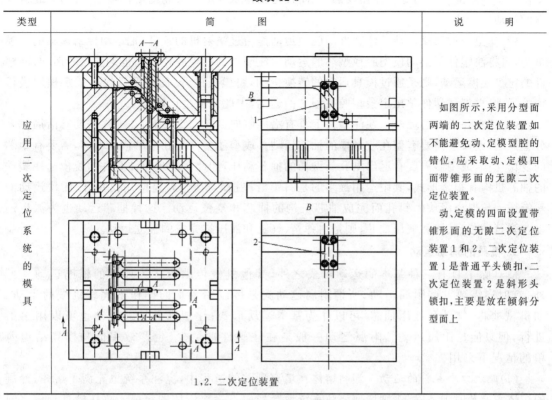 1,2. 二次定位装置	如图所示,采用分型面两端的二次定位装置如不能避免动、定模型腔的错位,应采取动、定模四面带锥形面的无隙二次定位装置。 　动、定模的四面设置带锥形面的无隙二次定位装置 1 和 2。二次定位装置 1 是普通平头锁扣,二次定位装置 2 是斜形头锁扣,主要是放在倾斜分型面上

五、注塑件"运动与干涉"要素的模具结构方案可行性分析法

注塑件在模具中的成型加工过程中,存在着多种运动的形式,有多种运动就存在着运动干涉的可能性。"运动与干涉"要素是注塑件形体分析的六大要素之一,它不仅影响注塑模的结构,还会影响注塑模的正常工作,甚至会因为模具的构件相互撞击而使模具和设备损坏。"运动与干涉"是注塑模结构设计时不可回避的因素,也是注塑模结构设计的要点。在模具设计时,要去除各种运动机构产生运动干涉的隐患。其具体方法就是应用注塑件的"运动与干涉"要素,去分析注塑模的各种运动机构能否产生运动干涉,并且要采取有效措施去避免运动干涉现象的发生。注塑模结构设计时,一定要使模具动作有序地进行。

1. 注塑模的基本"运动"形式

为了完成注塑件成型加工的要求,注塑模的结构必须能够完成一定的运动形式。注塑件的形体是千变万化的,注塑件结构越简单,模具所需要的运动形式也就越简单;注塑件结构越复杂,模具所需要的运动形式也就越复杂。应该说注塑模本身是不可能产生运动的,注塑模的运动形式都是从注射机的运动机构中派生的。模具运动机构的选择对注塑模的运动形式影响很大。模具运动机构已经有很多种,随着注塑件的结构和精度不断地发展,模具运动机构还将不断地创新出来。就是简单的注塑模,也需要有三种基本的运动形式。

(1)注塑模的开、闭模运动　开、闭模运动是模具的定、动部分沿着模具中心线进行开启和闭合的运动。模具闭合后可以形成封闭的型腔,熔体才能够充模成型;模具开启后,冷凝硬化的注塑件才能够从模具型腔中脱模。注塑模的开、闭模运动是注射机消耗功率的主要运动形式。模具许多的运动是由其派生的,如型孔的抽芯运动,注塑件定模的脱模运动,脱模机构的

复位运动和脱浇口运动等。注塑模的开、闭模运动是从注射机移动的动模板获得的,因此是独立的运动。

(2)注塑件的脱模运动   注塑件的脱模运动是通过注射机的顶杆,把运动传给模具的脱模机构,再将注塑件顶出动模型腔或型芯的运动。注塑件的动模脱模运动也是独立的运动;注塑件的定模脱模运动,则是通过模具运动的转换机构,将模具的开、闭模运动转换成定模脱模机构的运动,再把注塑件顶出定模型腔或型芯的运动,因此是派生运动。

(3)注塑件的抽芯运动   在注塑件上具有沿周侧向型孔与型槽时,注塑件需要有沿周侧向分型运动,模具还需要有型孔或型槽的抽芯运动。成型注塑件型孔或型槽的型芯,需要有型芯的复位动作,成型后需要有退出型孔与型槽的抽芯动作,如此才能进行注塑件的脱模。注塑件的抽芯机构有很多形式,其中运用最多的是斜销滑块抽芯机构,就是应用模具开、闭模运动的斜销进入与退出滑块的斜孔而完成抽芯机构的抽芯和复位运动。这种抽芯运动也为派生运动。弹簧抽芯、气压和液压抽芯,则是由弹簧、气缸和液压缸完成的独立运动。

2. 模具的辅助运动

模具除了具有三种基本的运动形式之外,其他机械传动形式为模具的辅助运动。另外,有时还需要一些附属运动,所谓附属运动就是可以用手工的操作来代替机械的运动。如机械抽芯、气动和液压抽芯,可以作为基本运动形式;注塑件的抽芯运动也可以用手工进行,但只能是附属运动。附属运动一般是在注塑件批量少、生产效率低和模具结构简单的情况下采用。

(1)脱浇口冷凝料的运动   塑料熔体在填充型腔的过程中,浇注系统也充满了熔体,冷凝的熔体需要及时地清除,否则堵塞浇注系统后会妨碍下一次熔体的充模。故在模具合模之前一定要将浇注系统中的冷凝料清除掉,这种清除动作称为脱浇口冷凝料的运动,简称脱浇口运动。一般情况下是应用拉料杆先将主流道中的冷凝料拉出来,再通过脱模机构将分流道中浇口的冷凝料顶出,同时,还要切断浇口中的冷凝料。可见,脱主浇口冷凝料的运动是依靠模具的开模运动实现的,脱分浇口冷凝料的运动则是靠脱模机构的顶出运动实现的。脱浇口冷凝料的复位运动,可以依靠回程杆的复位运动来实现。

(2)脱模机构的复位运动   注塑件脱模之后,脱模机构需要回位到注塑件脱模之前的位置,以便进行下一次注塑件的注射,这种运动称为脱模机构的复位运动,简称复位运动。模具合模时,脱模机构的复位运动是在回程杆接触到定模板后,定模板推动回程杆而实现脱模机构的复位。

(3)脱模机构的先复位运动   模具的复位运动与模具的合模运动是同步进行的,若模具抽芯机构的复位运动先于脱模机构的脱模,抽芯机构的型芯会与脱模机构的推杆发生运动干涉的现象。因此脱模机构的推杆必须先于抽芯机构的型芯复位,这就是脱模机构的先复位运动,简称先复位运动。先复位运动可依靠弹簧进行,但长时间使用后弹簧会失效,故需要经常更换弹簧。此外还可采用先复位机构以实现脱模机构的先复位运动。先复位运动也是由模具的开、闭模运动所产生的派生运动。

(4)限位运动   限位运动可分成为中、定模开模时的限位运动、抽芯机构的限位运动和脱模机构的限位运动。限位可以通过限位销或限位螺钉或限位机构来实现,运动的形式则可由弹簧独立产生或由模具的开、闭模运动产生。

(5)开模运动   模具需要进行二次及二次以上的开、闭模时,需要利用模具的开、闭模运动,使得开模机构能转换成二次及二次以上的开、闭模运动。

3. 特殊的模具运动

特殊的模具运动包括有模具的二次、三次及四次的开、闭模运动,以及二次脱模运动、二级抽芯运动、脱螺纹运动、齿轮齿条副的抽芯运动等。这些运动都需要根据注塑件的形体结构和精度以及所采用的运动机构来确定。

4. 模具各机构间的运动"干涉"要素

注塑模工作时,模具的开、闭模运动是主要的运动,并派生出注塑件的抽芯运动,还有由注射机顶杆所产生的注塑件脱模运动。模具这些机构之间的运动,都有可能产生多种形式的运动"干涉"现象。

(1)模具机构之间的运动"干涉" 注塑模工作时,模具各种运动机构的构件之间所发生的相互碰撞的现象称为运动"干涉"。

(2)模具机构运动"干涉"的种类 模具机构包括"障碍体"类型、抽芯类型和抽芯脱模类型三种运动"干涉"。

①"障碍体"类型的运动"干涉"。注塑模在工作中,由于注塑件的形体上存在着"障碍体",这种"障碍体"与模具各运动机构之间的相互碰撞现象称为"障碍体"类型的运动"干涉"。

②抽芯类型的运动"干涉"。注塑模存在着注塑件上多种型孔或型槽的抽芯运动,如果这些型孔或型槽的轴线呈锐角相交或相错的话,便会引起抽芯机构的构件之间相互碰撞的现象发生,这种碰撞现象称为抽芯类型的运动"干涉"。

③抽芯脱模类型的运动"干涉"。发生在注塑模抽芯机构与脱模机构的构件之间相互碰撞的现象称为抽芯脱模类型的运动"干涉"。

防止注塑模运动"干涉"的方法及特点见表12-9。

表 12-9 防止注塑模运动"干涉"的方法及特点

类型	简 图	说 明
1	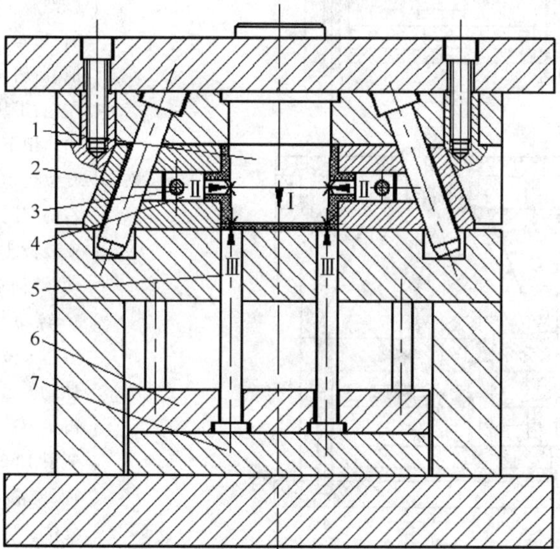	防止抽芯之间及抽芯和推杆之间的运动"干涉"的方法: 如图所示,定模型芯1的合模运动与两个型芯4抽芯后的复位运动,会发生运动"干涉"的现象。定模型芯1的合模运动与推杆5之间,也会发生运动"干涉"现象。为防止这两处运动"干涉"的发生,应对安装板6及推板7设置先复位机构

1. 定模型芯 2. 滑块 3. 圆柱销 4. 型芯 5. 推杆 6. 安装板 7. 推板

续表 12-9

类型	简　　图	说　　明
2	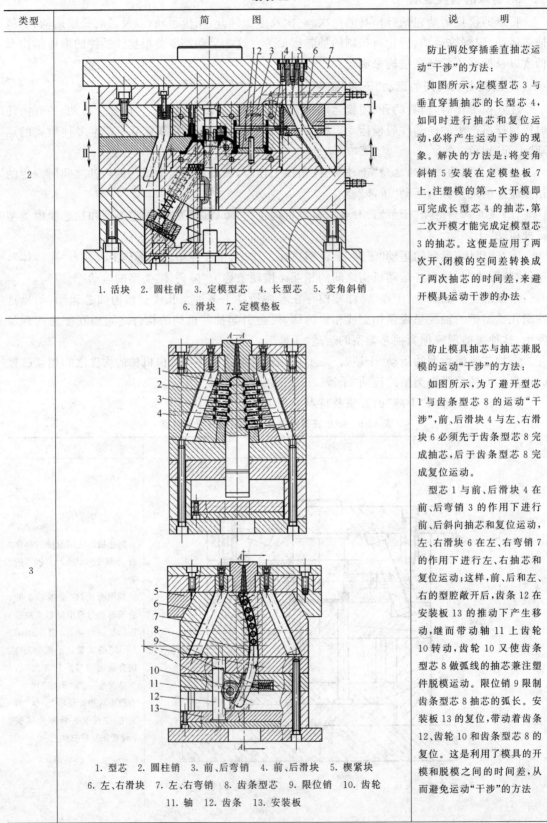1. 活块　2. 圆柱销　3. 定模型芯　4. 长型芯　5. 变角斜销 6. 滑块　7. 定模垫板	防止两处穿插垂直抽芯运动"干涉"的方法： 　　如图所示，定模型芯 3 与垂直穿插抽芯的长型芯 4，如同时进行抽芯和复位运动，必将产生运动干涉的现象。解决的方法是：将变角斜销 5 安装在定模垫板 7 上，注塑模的第一次开模即可完成长型芯 4 的抽芯，第二次开模才能完成定模型芯 3 的抽芯。这便是应用了两次开、闭模的空间差转换成了两次抽芯的时间差，来避开模具运动干涉的办法
3	1. 型芯　2. 圆柱销　3. 前、后弯销　4. 前、后滑块　5. 楔紧块 6. 左、右滑块　7. 左、右弯销　8. 齿条型芯　9. 限位销　10. 齿轮 11. 轴　12. 齿条　13. 安装板	防止模具抽芯与抽芯兼脱模的运动"干涉"的方法： 　　如图所示，为了避开型芯 1 与齿条型芯 8 的运动"干涉"，前、后滑块 4 与左、右滑块 6 必须先于齿条型芯 8 完成抽芯，后于齿条型芯 8 完成复位运动。 　　型芯 1 与前、后滑块 4 在前、后弯销 3 的作用下进行前、后斜向抽芯和复位运动，左、右滑块 6 在左、右弯销 7 的作用下进行左、右抽芯和复位运动；这样，前、后和左、右的型腔敞开后，齿条 12 在安装板 13 的推动下产生移动，继而带动轴 11 上齿轮 10 转动，齿轮 10 又使齿条型芯 8 做弧线的抽芯兼注塑件脱模运动。限位销 9 限制齿条型芯 8 抽芯的弧长。安装板 13 的复位，带动着齿条 12、齿轮 10 和齿条型芯 8 的复位。这是利用了模具的开模和脱模之间的时间差，从而避免运动"干涉"的方法

续表 12-9

类　型	简　图	说　明
4	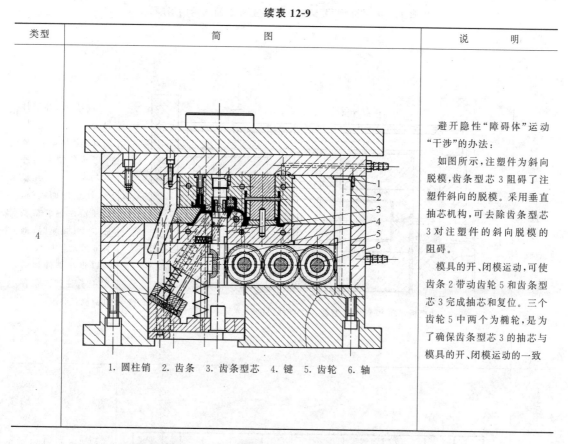 1. 圆柱销　2. 齿条　3. 齿条型芯　4. 键　5. 齿轮　6. 轴	避开隐性"障碍体"运动"干涉"的办法： 　如图所示，注塑件为斜向脱模，齿条型芯 3 阻碍了注塑件斜向的脱模。采用垂直抽芯机构，可去除齿条型芯 3 对注塑件的斜向脱模的阻碍。 　模具的开、闭模运动，可使齿条 2 带动齿轮 5 和齿条型芯 3 完成抽芯和复位。三个齿轮 5 中两个为椭轮，是为了确保齿条型芯 3 的抽芯与模具的开、闭模运动的一致

六、注塑件"外观与缺陷"要素的模具结构方案可行性分析法

我国三项专利中有一项是外观设计，可见人们对产品外观的重视。可是注塑件外观设计得再美观，而注塑模结构设计却不能保证加工出外表美观的注塑件，那么注塑件的价值将会大打折扣，甚至失去市场。对注塑件来讲，外观的设计越来越重要；作为注塑件的"外观"要素，其对模具结构的影响也很大。注塑件上的"缺陷"要素，不仅是影响注塑件外观的因素，而且还是影响注塑件使用性能的因素。只要注塑件上存在着缺陷，这个注塑件就是次品或废品。对注塑件上存在的缺陷，需要整治以消除缺陷。注塑件上缺陷产生的原因很多，但模具的结构不当是注塑件产生缺陷的主要因素之一。

注塑件的"外观"是指在注塑件表面上应该消除模具结构成型的痕迹和成型加工的痕迹，这里主要是指应该消除注塑件上分型面、抽芯、注塑件脱模和模具镶嵌的成型痕迹。当然，缺陷的痕迹更是不允许存在的。

（1）去除注塑件上分型面痕迹的方法　去除注塑件上分型面痕迹的方法，主要应用于圆柱形注塑件和侧面无"障碍体"的注塑件，应尽量避免在影响注塑件外观的型面上进行分型。"外观"要素对注塑件上分型面选用的影响见表 12-10。

（2）减少或隐蔽浇口痕迹的方法　注塑件成型加工时，注塑模不可能没有浇口，否则塑料熔体无法填充模具的型腔。但是可以通过改变模具浇口的位置，如使浇口处于注塑件的背面，从而不影响注塑件外表面的美观性。

表 12-10　"外观"要素对注塑件上分型面选用的影响

类型	简　　图	说　　明
套筒推件板脱模注塑模	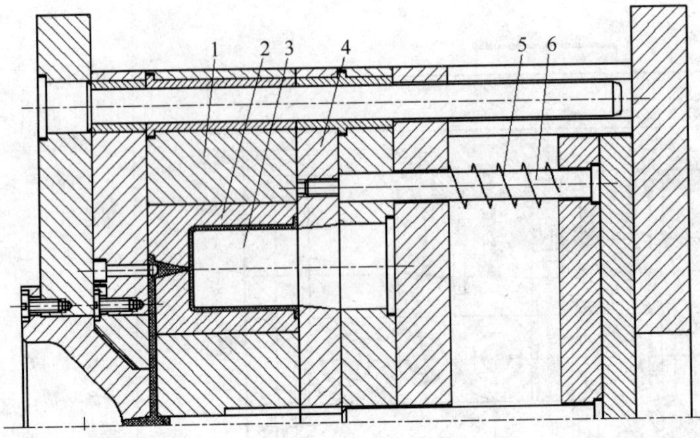 1. 动模板　2. 模套　3. 型芯　4. 推件板　5. 弹簧　6. 推杆	如图所示,注塑件以底面为分型面,模套 2 为整体型腔,故不影响注塑件的外观的美观性。开模后,注塑件的收缩,使注塑件包裹在型芯 3 上;脱模时,推杆 6 推动推件板 4,可以将注塑件顶落型芯 3,注塑件仅存在点浇口痕迹
套筒斜滑块抽芯注塑模	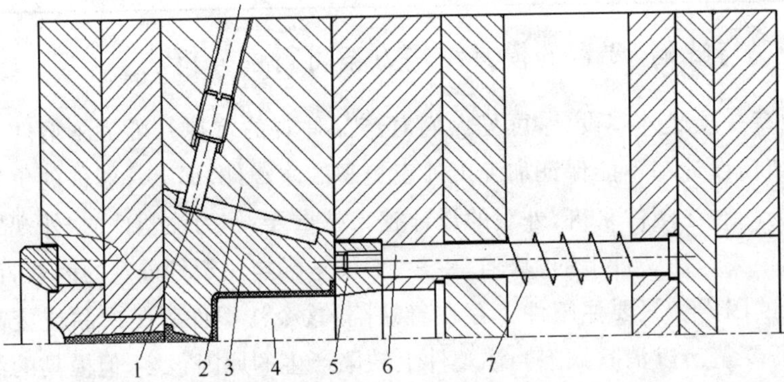 1. 限位螺钉　2. 模套　3. 斜滑块　4. 动模型芯　5. 推板　6. 推杆　7. 弹簧	如图所示,注塑件是在两块斜滑块 3 中分型,于是在注塑件的分型处存留有分型面的痕迹。该痕迹影响注塑件外观的美观性,从"外观"要素去衡量,注塑模斜滑块结构显然不符合要求

①改变浇口位置。可以将设置在注塑件敏感表面上的浇口,改变到隐蔽的位置上。

【例 12-3】以二次浇口改变浇口在注塑件上的位置,如图 12-4 所示。图中三种浇口均采用辅助流道的潜伏式二次浇口,有效地将浇口设置在注塑件背面或侧背面。熔体通过潜伏式浇口和圆弧形或倾斜式或直通式辅助流道流入模具型腔。二次浇口主要设计在矩形推杆上,开模后,辅助流道和浇口的冷凝料与注塑件一起被推杆顶出。注塑件与辅助流道及浇口冷凝料的分离,可以依靠人工进行剥离。

【例 12-4】注塑件有"外观"美观性的要求,点浇口痕迹虽较小,但毕竟还是存在着痕迹。为

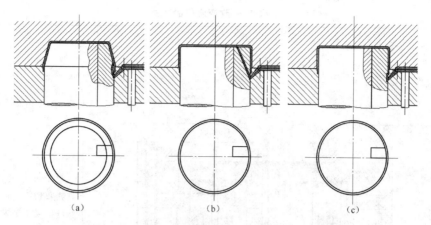

图 12-4 以二次浇口改变浇口在注塑件上的位置

(a)圆弧形辅助流道的潜伏式二次浇口 (b)倾斜式辅助流道的潜伏式二次浇口
(c)直通式辅助流道的潜伏式二次浇口

此,可将点浇口放置到注塑件的内表面上,如图 12-5 所示。分型面Ⅰ—Ⅰ开模时,注塑件外形

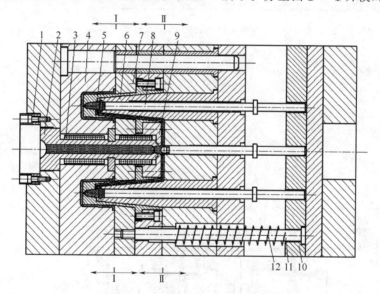

图 12-5 注塑件内表面设置的点浇口

1.定位圈 2.热浇口套 3.电加热圈 4.定模板 5.动模型芯
6.分流道型芯 7.推件板 8,11.推杆 9.流道板 10.推板 12.弹簧

被开模。注塑件脱模时,在推板 10 的作用下推件板 7 将注塑件顶落。同时,浇口冷凝料也被拉断。随后由差动顶出机构打开流道板 9,即分型面Ⅱ—Ⅱ开模时,动模型芯 5 与分流道型芯 6 分离。在推板 10 中的推杆 8 作用下,可将分流道中的冷凝料顶出。需要注意的是,流道板 9 打开的距离应能使浇注系统中的冷凝料自动脱落。由于分流道的长度长,可采用在流道板中装电加热圈 3 的加长型热流道的浇口套。

　　②改变浇口的形式。在模具的浇口形式中,辅助浇口和潜伏式浇口设置的位置是很灵活的,应避免浇口设置在注塑件比较敏感的表面上,而要将浇口设置在注塑件较隐蔽的表面上。为了确保注塑件"外观",也可以改变浇口的形式,见表 12-11。

表 12-11　改变浇口的形式

类　型	简　　图	说　明
潜伏式浇口	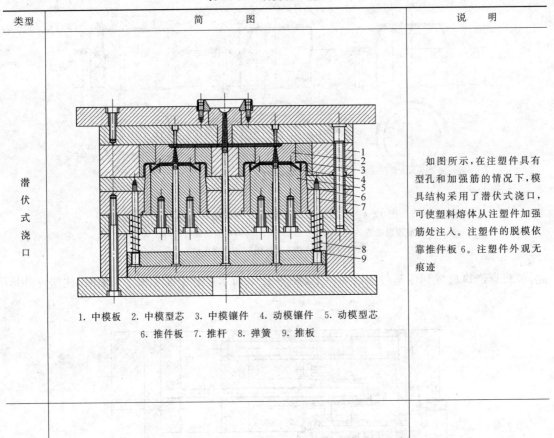 1. 中模板　2. 中模型芯　3. 中模镶件　4. 动模镶件　5. 动模型芯 6. 推件板　7. 推杆　8. 弹簧　9. 推板	如图所示,在注塑件具有型孔和加强筋的情况下,模具结构采用了潜伏式浇口,可使塑料熔体从注塑件加强筋处注入。注塑件的脱模依靠推件板 6。注塑件外观无痕迹
内环式浇口	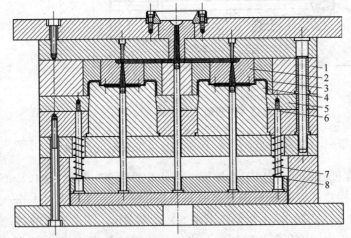 1. 中模板　2. 中模型芯　3. 中模镶件　4. 动模镶件　5. 推件板 6. 推杆　7. 弹簧　8. 推板	如图所示,在注塑件具有内孔的情况下,模具结构采用了内环式浇口,可使塑料熔体从注塑件内孔壁注入;注塑件依靠推件板 5 进行脱模。注塑件外观无痕迹

续表 12-11

类型	简 图	说 明
辅助浇道	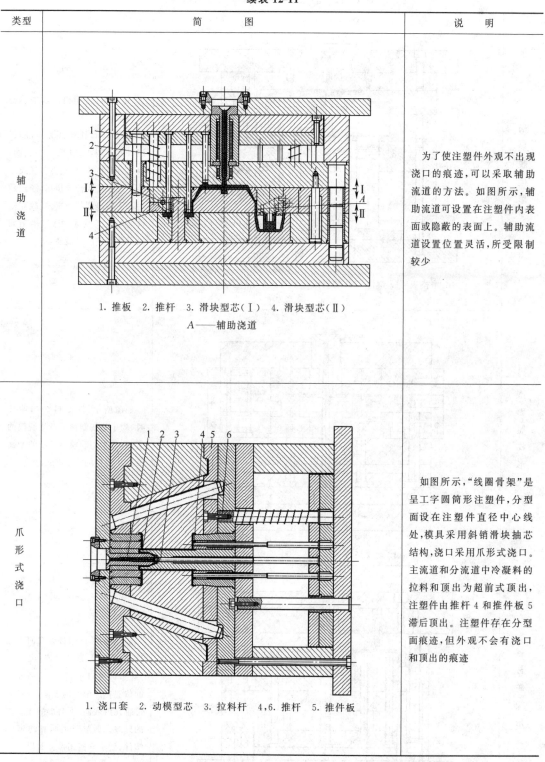1. 推板 2. 推杆 3. 滑块型芯(Ⅰ) 4. 滑块型芯(Ⅱ) A——辅助浇道	为了使注塑件外观不出现浇口的痕迹,可以采取辅助流道的方法。如图所示,辅助流道可设置在注塑件内表面或隐蔽的表面上。辅助流道设置位置灵活,所受限制较少
爪形式浇口	1. 浇口套 2. 动模型芯 3. 拉料杆 4,6. 推杆 5. 推件板	如图所示,"线圈骨架"是呈工字圆筒形注塑件,分型面设在注塑件直径中心线处,模具采用斜销滑块抽芯结构,浇口采用爪形式浇口。主流道和分流道中冷凝料的拉料和顶出为超前式顶出,注塑件由推杆 4 和推件板 5滞后顶出。注塑件存在分型面痕迹,但外观不会有浇口和顶出的痕迹

③消除注塑件上脱模痕迹的措施。在对注塑件上模具结构成型痕迹进行分析时,有时找不到注塑件上存在着推杆的脱模痕迹。不是注塑模没有脱模机构,而是采用了不会在注塑件上存在脱模痕迹的模具结构。消除注塑件上脱模痕迹的措施见表12-12。

表 12-12　消除注塑件上脱模痕迹的措施

类型	简　图	说　明
活块脱模形式	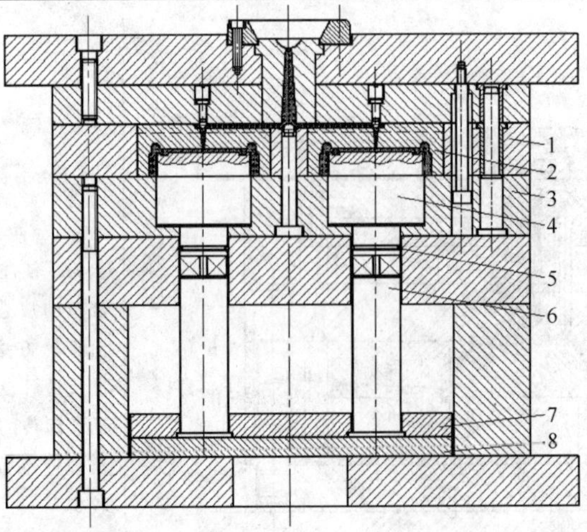 1. 中模板　2. 镶件　3. 动模板　4. 螺纹型芯　5. 卡环 6. 推杆　7. 推板　8. 安装板	"螺纹盖"注塑模活块抽芯与顶出结构： 　　如图所示，注塑件为点浇口，浇口痕迹很小；分型面为底面，也无分型痕迹；注塑件和螺纹型芯 4 一起被推杆 6 顶出，脱模后由人工取出螺纹型芯 4，故注塑件上无推杆痕迹。这些措施确保了注塑件的外观质量
型面脱模形式	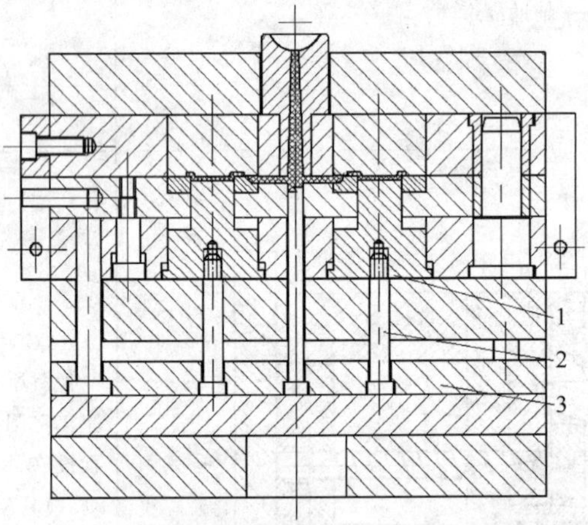 1. 动模型芯　2. 推杆　3. 推板	如图所示，注塑件为透明件时，为了使注塑件不产生脱模的痕迹，可采用动模型芯 1 的型面顶出注塑件的方法
推杆脱模形式	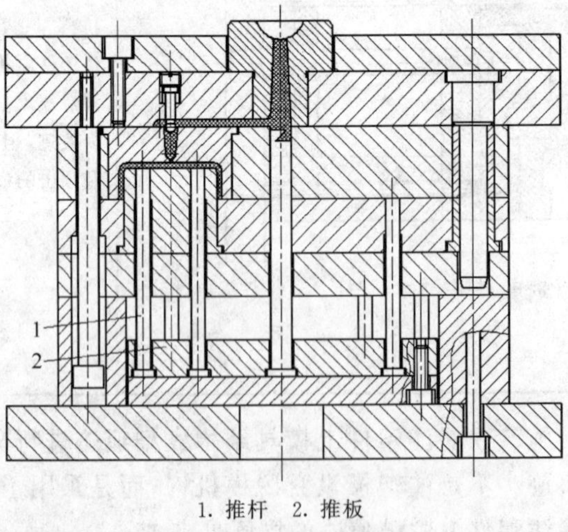 1. 推杆　2. 推板	如图所示，注塑件以底面为分型面，外观无分型痕迹；浇口为点浇口，浇口痕迹较小；推杆 1 的位置在注塑件内表面，推杆痕迹也在内表面，不会影响注塑件的外观。而对于透明和薄壁注塑件，就不宜使用推杆脱模

续表 12-12

类型	简　　图	说　　明
推件板脱模形式	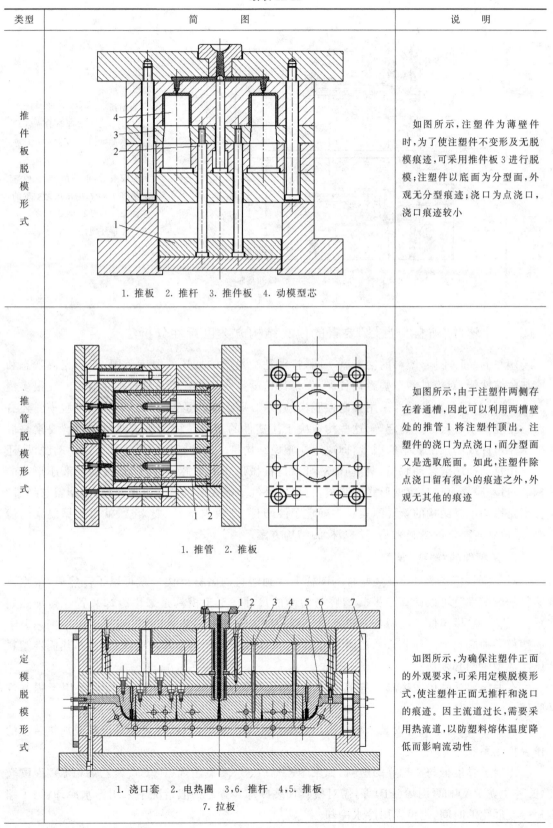 1. 推板　2. 推杆　3. 推件板　4. 动模型芯	如图所示,注塑件为薄壁件时,为了使注塑件不变形及无脱模痕迹,可采用推件板 3 进行脱模;注塑件以底面为分型面,外观无分型痕迹;浇口为点浇口,浇口痕迹较小
推管脱模形式	1. 推管　2. 推板	如图所示,由于注塑件两侧存在着通槽,因此可以利用两槽壁处的推管 1 将注塑件顶出。注塑件的浇口为点浇口,而分型面又是选取底面。如此,注塑件除点浇口留有很小的痕迹之外,外观无其他的痕迹
定模脱模形式	1. 浇口套　2. 电热圈　3,6. 推杆　4,5. 推板 7. 拉板	如图所示,为确保注塑件正面的外观要求,可采用定模脱模形式,使注塑件正面无推杆和浇口的痕迹。因主流道过长,需要采用热流道,以防塑料熔体温度降低而影响流动性

续表 12-12

类型	简　　图	说　　明
气动脱模形式	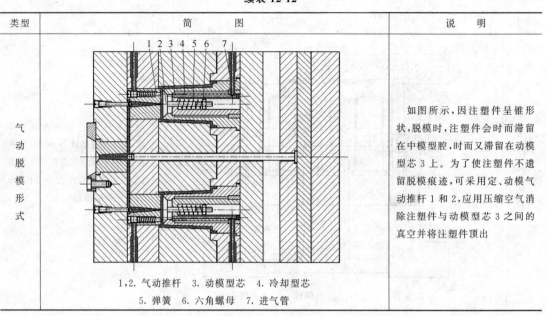　1,2. 气动推杆　3. 动模型芯　4. 冷却型芯 5. 弹簧　6. 六角螺母　7. 进气管	如图所示,因注塑件呈锥形状,脱模时,注塑件会时而滞留在中模型腔,时而又滞留在动模型芯 3 上。为了使注塑件不遗留脱模痕迹,可采用定、动模气动推杆 1 和 2,应用压缩空气消除注塑件与动模型芯 3 之间的真空并将注塑件顶出

七、注塑件"塑料与批量"要素的模具结构方案可行性分析法

塑料的品种不同,塑料的性能就不同,特别是塑料熔体加热的温度范围、流动充模状态和冷却收缩性能,对模具的结构影响较大,如模具是设置冷却装置还是设置加热装置? 在很多情况下,还可利用塑料的弹性采用强制性脱模的形式,那么模具是否可以进行强制性脱模? 还有模具型腔与型芯尺寸的确定等,这些均取决于注塑件的塑料品种。注塑件的"批量"要素是取决于注塑件成型加工效率的因素,即决定注塑模结构是采用注塑件的手动抽芯或手动脱模,还是采用自动抽芯或自动脱模。自动抽芯可以是机械形式的抽芯,还可以是气动或液压形式的抽芯;自动脱模可以是机械形式的脱模,也可以是气动形式的脱模。可见注塑件"塑料与批量"要素是影响模具结构的重要因素。在确定了注塑件"塑料与批量"要素后,就要根据要素的情况,采取针对要素的措施来确定注塑模的结构方案。

1. 注塑件的"塑料"要素

对于"塑料"要素只要在注塑件的图样上找到塑料的名称或代号就可以了。然后,根据该塑料的收缩率就可以计算出模具型腔与型芯的尺寸。至于模具是采用冷却装置还是加热装置,一般来说,模温低于成型工艺要求的塑料品种应设置加热装置,而模温高于成型工艺要求的塑料品种应设置冷却装置。在通常情况下,热塑性塑料模具常常需要进行冷却,热固性塑料压注成型时则必须加热。

有些塑料弹性体像橡胶一样具有弹性,如聚氨酯弹性体(T1190PC),特别适用于强制性脱模。

(1)模温控制系统的设置　模具应根据成型不同的塑料品种,设置模具冷却或加热装置的模温控制系统。

①对于黏度低与流动好的塑料,如聚苯乙烯(PS)、聚氯乙烯(PVC)、聚乙烯(PE)、聚酰胺(又称尼龙 PA)和聚丙烯(PP)等,需对模具加装冷却装置。一般情况下采用温水冷却;为了缩短冷硬固化的时间,也可采用冷水冷却。

②对于黏度高与流动性差的塑料,如聚碳酸酯(PC)、聚砜(PSF)、聚甲醛(POM)、聚苯醚(PPO)和氟塑料等,为了提高流动性,需要对模具进行加热。对于热性能和流动性好的塑料,在成型厚壁的注塑件(壁厚在 20mm 以上)时,也必须增设加热装置。

③对于热固性塑料,模具的工作温度为 150～200℃,因此,必须对模具进行加热。

④结晶型和非结晶型塑料。由于结晶型塑料具有冷却时释放的热量多、冷却速度快、结晶度低、收缩小和透明度高的特点,成型时需要充分地冷却。结晶度与注塑件壁厚有关,注塑件壁厚小时冷却快、结晶度低、收缩小和透明度高;反之,注塑件壁厚大时冷却慢、结晶度高、收缩大以及物理性能和力学性能好,所以结晶性塑料必须按照要求控制模温。一般结晶型塑料为不透明或半透明,如聚酰胺(PA);非结晶型塑料为透明的,如有机玻璃。但也有例外,如结晶型塑料聚(4)甲基戊烯具有很高的透明度,而非结晶型塑料 ABS 却不透明。

⑤对成型注塑件主流道长的模具,需要采用加深型浇口套和热流道来提高熔体充模的温度,用于改善塑料熔体的流动性。

⑥对于流程长的厚壁或成型面积大的注塑件,为了保证塑料熔体的充分填充,应考虑设置加热装置;而对薄壁注塑件,可依靠模具自身的散热而不需要设置冷却装置。

(2)模具冷却装置的设置　模具设置冷却装置的目的:一是防止注塑件脱模变形;二是缩短成型周期;三是使结晶性塑料在冷凝时形成较低的结晶度,以得到柔软性、挠曲性和伸长率较好的注塑件。冷却一般是在型腔和型芯的部位设置通入冷却水的水路,并通过调节冷却水的流量及流速来控制模温。冷却水一般为室温,也可采用低于室温的冷却水来加强冷却的效果。

模具设置冷却装置的考虑因素:首先,应根据模具结构形式的因素,如普通模具、细长型芯的模具、复杂型芯的模具及脱模机构多或镶块多的模具,考虑设置冷却系统;其次,应根据模具的大小和冷却面积因素,考虑设置冷却系统;最后,应根据注塑件的形状和壁厚因素,考虑设置冷却系统。

冷却系统的设计和注塑件质量与成型效率有着直接的关系,尤其在高速和自动成型时更为重要。冷却水道的布置方式见第七章中表 7-5。

(3)无流道和热流道浇注系统的设计　为了节省塑料,有利于高速自动成型并缩短成型周期,提高生产效率和便于操作,在注塑模设计时,可以考虑采用无流道和热流道结构,以保证浇注系统的熔体处于常熔融状态,使得在每一次成型注塑件之后,不必再设置用于取出浇道中的冷凝料及清理浇口的工步。

①无流道浇注系统的采用。因为过长的流道在熔体料流接触室温模具的距离长,熔体降温过大后,会降低熔体的流动性,同时会造成注塑件的各种缺陷。为了避免注塑件各种缺陷的产生,当主流道的长度超过 60mm 时,应采用无流道或热延长喷嘴等措施。

②井式喷嘴。井式喷嘴是把进料的浇口制成蓄料井坑的形式,详见第六章中表 6-10。

(4)延长喷嘴的设计　见第六章表 6-12。

2. 注塑件的"批量"要素

注塑件"批量"要素是影响模具用钢的品种和热处理、表面处理以及模具结构的因素之一。注塑件批量不同,对模具制造的成本和使用寿命的要求就不同;因此,对模具用钢的品种和热处理、表面处理,以及模具结构的生产效率的要求也不同。

(1)注塑件生产的批量　注塑件生产批量可分成:小批量、中批量、大批量和特大批量。对于生产大批量和特大批量注塑件的模具,尽量采用群腔模具及两套动模的群腔模具,以实现高的生产效率。生产小批量注塑件模具的型腔一般采用单腔;即使是小型注塑件,最多也只采用四腔的模具。注塑件批量与模具用钢、热处理及模具结构之间的关系,详见表 12-13。

表 12-13 注塑件批量与模具用钢、热处理及模具结构之间的关系

注塑件的批量	注塑件的件数	模 具 结 构 的 特 点
小批量	<20 万件	模具用钢为 45 钢,可以不热处理,模具结构能简就简
中批量	20~50 万件	模具用钢为 45 钢,可调质处理,模具结构为手动与自动相结合
大批量	50~100 万件	采用专用模具钢,需要热处理,模具结构为高效和自动结构
特大批量	>100 万件	采用专用模具钢,需要热处理,模具结构为高效、自动和智能结构

(2)注塑件"批量"要素与模具结构 注塑件批量不同,模具结构就不同。注塑件"批量"要素与模具结构之间的关系,详见表 12-14。

表 12-14 注塑件"批量"要素与模具结构之间的关系

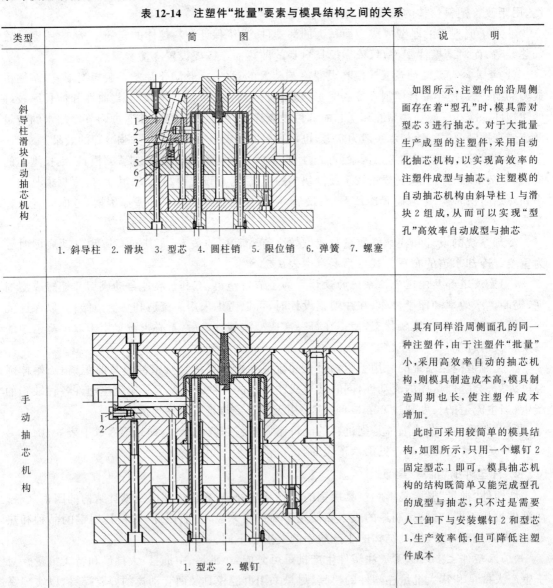

类型	简 图	说 明
斜导柱滑块自动抽芯机构	1 2 3 4 5 6 7 1. 斜导柱 2. 滑块 3. 型芯 4. 圆柱销 5. 限位销 6. 弹簧 7. 螺塞	如图所示,注塑件的沿周侧面存在着"型孔"时,模具需对型芯 3 进行抽芯。对于大批量生产成型的注塑件,采用自动化抽芯机构,以实现高效率的注塑件成型与抽芯。注塑模的自动抽芯机构由斜导柱 1 与滑块 2 组成,从而可以实现"型孔"高效率自动成型与抽芯
手动抽芯机构	1 2 1. 型芯 2. 螺钉	具有同样沿周侧面孔的同一种注塑件,由于注塑件"批量"小,采用高效率自动的抽芯机构,则模具制造成本高,模具制造周期也长,使注塑件成本增加。 此时可采用较简单的模具结构,如图所示,只用一个螺钉 2 固定型芯 1 即可。模具抽芯机构的结构既简单又能完成型孔的成型与抽芯,只不过是需要人工卸下与安装螺钉 2 和型芯 1,生产效率低,但可降低注塑件成本

续表 12-14

类型	简　图	说　明
螺纹活块手动脱模机构	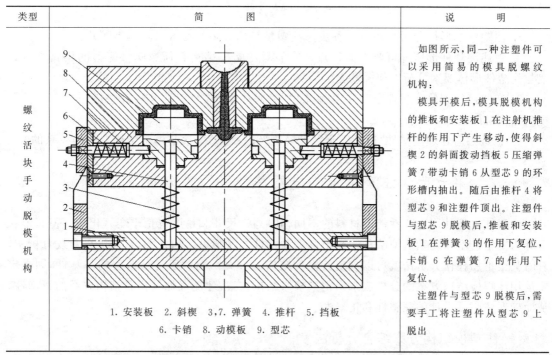 1. 安装板　2. 斜楔　3,7. 弹簧　4. 推杆　5. 挡板 6. 卡销　8. 动模板　9. 型芯	如图所示,同一种注塑件可以采用简易的模具脱螺纹机构: 模具开模后,模具脱模机构的推板和安装板 1 在注射机推杆的作用下产生移动,使得斜楔 2 的斜面拨动挡板 5 压缩弹簧 7 带动卡销 6 从型芯 9 的环形槽内抽出。随后由推杆 4 将型芯 9 和注塑件顶出。注塑件与型芯 9 脱模后,推板和安装板 1 在弹簧 3 的作用下复位,卡销 6 在弹簧 7 的作用下复位。 注塑件与型芯 9 脱模后,需要手工将注塑件从型芯 9 上脱出

(3)型腔数量取决于模具的结构和注塑件"批量"要素　有的模具型腔数量因模具抽芯的结构限制,只能是一模一腔或一模两腔。但就注塑件"批量"要素而言,总的原则是:小"批量"的注塑件只能是一模一腔,中等"批量"的注塑件可以是一模两腔至一模四腔,大"批量"的注塑件可以是一模四腔以上。因为模腔越多,所需模架面积越大,模腔之间的间隔尺寸越小,制造精度越高,模具制造成本也就越高。采用多模腔的小"批量"注塑件,其模具制造成本较高。

(4)注塑件"批量"要素与模具造价及制造周期　通过对注塑件"六要素"和注塑模结构方案"三种分析方法",就可以确定注塑模的结构、模具腔数、模具用钢和热处理、表面处理。这样注塑模的结构设计、零部件制造工艺及模具材料明细表都能制订出来,模具的造价及制造周期也就能粗略估算出来。模具制造价格的精确计算要在模具的零部件设计和工艺规程编制好之后,根据模具零件的毛坯的体积,计算零件质量来确定零件材料的价格;根据零件工艺确定零件的工时和制造价格与工序外协价格,以及标准件采购价格;所有零件价格汇总后,再加上模具装配和试模在内的价格就是模具制造的成本。模具的制造商就能据此与模具的采购商签订详细的商业合同。当然,模具的造价及制造周期也是影响模具结构方案的因素,但本书不将它们作为影响模具结构方案的要素,其原因是模具的复杂与简易程度通过"六要素"和"三种分析方法"就能确定下来,保证了注塑模结构方案、模具的造价及制造周期制订的科学性与严谨性。若将模具的造价及制造周期定为影响模具结构方案的要素,就容易出现为了利益去制假,为了商业利益去随便改动模具结构方案和偷工减料等行为。

注塑件的"塑料"要素不同,模具温控系统和喷嘴的结构及模具结构就不同。注塑件的"批量"要素不同,不仅模具的型腔数量和模具的结构不同,模具用钢和热处理也有所不同。所以要设计好注塑模,注塑件的"塑料与批量"要素在注塑件形体分析时,也一定是不能缺少的内容之一。

复习思考题

1. 注塑件的形体分析存在着几种决定注塑模结构方案的要素？具体是哪几种要素？

2. 叙述注塑件形体分析要素的特点。它们对注塑模结构有何影响？完善的模具结构方案与注塑件形体要素分析有何关联？

3. 您所接触到的注塑件上存在着哪几种"障碍体"要素？您是采取哪些措施处理它们与模具结构之间的关系的？

4. 您是如何处理注塑件"运动""干涉""外观"和"批量"要素与模具结构之间的关系的？

第三节　注塑模结构方案综合可行性分析与论证

注塑件由于其用途和性能及材料的不同，其形状、尺寸和精度也是千变万化的。但其形状可分为简单造型和复杂造型两种。简单造型注塑件的注塑模结构方案，可以运用常规分析法，有时甚至不用任何分析法就可以确定其模具结构的方案。而对于复杂造型的注塑件，则一定要运用注塑模结构方案的分析法来确定其模具结构方案，才能确保其模具结构方案的正确性，从而确保注塑模设计的完整性和正确性。

一、注塑模结构方案综合分析法

常规要素分析法是指应用"六要素"中某单个要素，对注塑件进行模具结构方案可行性分析的方法。综合要素分析法是指应用"六要素"中多种要素或多个要素，或多种与多个混合要素所组成的综合要素分析的方法。

1. 注塑件形体要素的综合分析法

复杂或特复杂的注塑模结构方案的分析方法，一般是应用综合分析法进行分析的。综合分析法由若干个常规分析法组成，它可以分成多重要素综合分析法、多种要素综合分析法和混合要素综合分析法三种。

(1)注塑件形体多重要素综合分析法　是在要素分析法的基础上，对多重要素(即多个同类型要素)所进行的模具结构方案可行性分析的综合方法。

(2)注塑件形体多种要素综合分析法　是在要素分析法的基础上，对多种要素(即多个不同类型要素)所进行的模具结构方案可行性分析的综合方法。

(3)注塑件形体混合要素综合分析法　是在要素分析法的基础上，对多重和多种要素所进行的模具结构方案可行性分析的综合方法。

严格讲综合要素分析法是一种没有一定格式、具有很大灵活性的分析方法，但要遵守注塑件形体"六要素"分析和注塑模结构方案可行性分析的常规分析方法；换句话说，注塑件形体"六要素"分析和注塑模结构方案可行性的常规分析是综合要素分析法的基础。

2. 注塑件形体要素与模具结构痕迹的综合分析法

这是注塑件形体分析要素与注塑件上模具结构痕迹相结合的一种综合分析方法。注塑件形体分析要素可以是一种，也可以是多重或多种的综合分析方法。有了前面介绍的常规要素分析方法和注塑件上模具结构痕迹分析方法，就不难运用注塑件要素与痕迹的综合分析法。

(1)注塑件要素与痕迹同时进行的注塑模结构综合分析法　同时分析可以相互验证注塑模结构方案的合理性和正确性。如先用注塑件形体要素的分析方法制定模具结构方案，后用注塑件上模具结构痕迹分析法确定模具的结构;也可先用注塑件上模具结构痕迹分析法制定模具结构方案,后用注塑件形体分析要素分析法确定模具的结构。

(2)注塑件要素与痕迹分别进行的注塑模结构综合分析法　注塑模的简单结构可以采用注塑件上的模具痕迹直接进行分析来确定,而对于注塑件上不可确定和模糊的注塑模结构则应该采用注塑件形体要素的分析方法。有些注塑件的形体十分复杂,仅靠注塑样件上的模具结构痕迹还不足以还原注塑模的结构;此时,最可靠的办法是先用要素综合分析的方法进行分析,再以注塑样件上模具结构成型的痕迹进行验证。

注塑件要素与痕迹的综合分析法的前提,是在确定注塑模结构方案时,必须有注塑样件,这样才能依照注塑样件上的模具结构痕迹进行分析。

二、注塑模结构方案的论证方法

对于十分复杂的注塑模结构方案分析,为了确保注塑件形体要素分析时不遗漏,注塑模结构方案的不缺失和正确性,就必须进行模具结构方案的论证。所谓论证,就是检验要素分析与模具结构方案的完整性和正确性,确保模具设计成功。现在普遍存在着注塑件设计后不进行结构方案论证的现象,这样极易产生注塑模设计的失败。

1. 注塑模结构方案的分析与论证

注塑件形体"六要素"的分析,是为制定注塑模结构方案提出的限制条件。注塑模结构方案的"三种"分析方法,是为注塑件的成型制定模具结构方案的方法。注塑模结构方案制定出来之后,还需要有一种检验方案的方法,这就是注塑模结构方案的论证,以确定注塑模结构方案是否存在着错误,结构有无遗漏和效率高低,模具构件强度与刚度高低及注塑件成型时会不会产生众多缺陷的状况,以确保注塑模设计的正确性。

2. 注塑模结构方案论证的方法

注塑模结构方案的论证,就是通过方案和机构的论证及构件强度与刚度的校核,以达到注塑模结构方案的正确性和完整性,从而确保注塑模设计的成功。注塑件在模具中只有一种摆放位置,一种模具结构方案论证的方法如下。

(1)检查注塑件形体"六要素"分析的完整性　检查注塑件形体"六要素"分析是否存在着遗漏,分析到位与否。

(2)检查注塑模机构的合理性　检查注塑模机构能否达到完成"六要素"赋予的任务和功能,检查注塑模机构的合理性和机构的最佳状态及最简化,检查注塑模机构与注塑件形体分析"六要素"是否一一对应。

(3)校核模具薄弱构件的强度和刚度　验证模具薄弱构件(动、定模型腔侧壁和底壁的厚度,动模垫板的厚度,抽芯机构长导柱或长斜销)的刚度和强度。

(4)注塑模结构方案缺陷的预测　注塑模结构可能是正确的,但有可能在成型加工时注塑件会产生各种形式的缺陷;通过缺陷预期分析将注塑件上的缺陷消灭在萌芽状态。

通过注塑模结构方案的论证,找出制定的注塑模结构方案的问题,以确保注塑模结构的完整性,确保注塑件成型加工的完美性,杜绝注塑模结构设计的失误和提高试模的合格率。

三、注塑件形体要素与模具结构痕迹相结合的综合分析法案例

注塑样件上的模具结构成型痕迹分析法的最大优点是具有直观性;最大缺点是条理性和逻辑性较差,特别是间接确定模具结构方案的方法时,具有一定的隐蔽性、抽象性和假设性。

当然对于简单的注塑模结构方案的制订,是完全可以采用的;对于中等复杂程度的注塑模结构方案的制订,还可以勉强运用;而对于复杂的注塑模结构方案的制订,则存在着不确定性和局限性。但不管在任何情况下,成功的注塑样件不失为模具结构设计的较好参照物,具有很大的应用价值。

【**例 12-5**】"行李箱锁主体部件"注塑模结构方案的分析与论证。

1."行李箱锁主体部件"的资料和形体分析

"行李箱锁主体部件",如图 12-6 所示,由主体部件 1 和圆螺母 2 组成。它也是从外国进行技术转让的一种旅游豪华客车上旅客"行李箱锁主体部件",该产品零件转让方提供了合格的样件。为了节省模具的转让费用,接受方需要克隆出该产品零件及其模具。

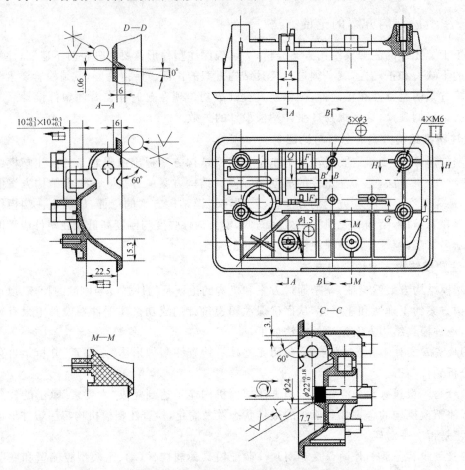

图 12-6　"行李箱锁主体部件"的形体和模具结构方案的分析

1. 主体部件　2. 圆螺母

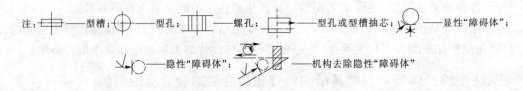

材料为 30%玻璃纤维增强聚酰胺6(黑色)QYSS 08－92,收缩率1%;净重200g,毛重210多克,塑胶的注射量较大;对象零件的最大投影面积为 15 114 mm²;使用 XS-ZY-230 注射

机成型加工。

2."行李箱锁主体部件"的形体分析

对"行李箱锁主体部件"的结构、尺寸和精度的分析是十分重要的,只有对产品的结构、尺寸和精度的分析透彻之后,才能够解决分型面的选用、型孔或型槽的抽芯及注塑件脱模机构等一系列的设计问题。这个注塑件具有结构复杂、型面诸多和尺寸繁多的特点。在对产品零件的形体进行分析时,须先抓主要矛盾,再抓次要矛盾,最后抓一般矛盾;须由浅及深、由简及繁、由表及里提取注塑件核心的结构和尺寸因素。还可以将复杂的事物分解成若干个简单的事物,再一个一个地去解决这些简单的事物;简单的事物解决了,复杂的事物便会随之解决。

(1)"行李箱锁主体部件"形体分析的原则

1)确定"行李箱锁主体部件"在模具中摆放的位置。盒状零件一般是将投影面积最大的面摆放在动模上或定模上,而筋槽较多的面一般放置在定模上。如此,该零件在模具中只有唯一的摆放的位置。

2)找出影响"行李箱锁主体部件"分型面的形体及其尺寸。注意运用形体回避法去除"障碍体"对动、定模分型面的影响。

3)找出影响"行李箱锁主体部件"各种型孔或型槽成型的形体及其尺寸。

①找出"行李箱锁主体部件"侧面方向的型孔或型槽及其尺寸,这是影响"行李箱锁主体部件"型孔或型槽抽芯机构或活块结构的因素;

②找出"行李箱锁主体部件"与开、闭模方向平行走向的型孔或型槽及其尺寸,这是影响"行李箱锁主体部件"采用镶嵌件结构、活块结构和垂直抽芯机构的因素。

(2)"障碍体" "障碍体"存在于模具或产品零件上,是阻碍模具开、闭模和抽芯及注塑件脱模运动的一种实体。如图12-6的$A—A$和$C—C$剖视图及$D—D$局部断面图所示,若注塑件沿着常规的开模方向脱模时,便存在着"障碍体"的影响;若注塑件沿着开模方向呈30°角方向脱模,则不会存在着"障碍体"的影响。

(3)"行李箱锁主体部件"的形体分析

1)"行李箱锁主体部件"的正面应放置在动模上,而带加强筋的背面应摆放在定模上。如此只存在着一种摆放的方法,也就是说只有一种模具的结构方案。

①正面小方槽的$\phi24\text{mm}\times60°$圆锥台里面有$\phi22^{+0.18}_{0}\text{mm}\times7.7\text{mm}$的圆柱孔,中间有外径为$\phi19^{+0.13}_{0}\text{mm}$、内径为$\phi17.5\text{mm}$、槽宽为8.2mm、长为17mm的十字形花键孔,下面是$\phi19^{+0.3}_{+0.1}\text{mm}$的圆柱孔。值得一提的是,正面大、小方槽前面有3.1mm的"障碍体"[$6\times\tan30°=3.4641(\text{mm})$,由于60°处存在着$R0.5\text{mm}$,实际该处的"障碍体"高度约为3.1mm],在$D—D$断面图上有$6\times\tan10°=1.06(\text{mm})$的"障碍体";

②背面有$4\times\text{M}6$的螺孔、$5\times\phi3\text{mm}$的圆柱孔及$\phi1.5\text{mm}$的圆柱孔。

2)侧面方向的型孔或型槽及其尺寸。

①左侧面有$\phi8^{+0.075}_{0}\text{mm}\times3\text{mm}$的圆柱孔及$\phi21.3\text{mm}\times20\text{mm}$的圆柱孔;

②右侧面有$\phi8^{+0.075}_{0}\text{mm}\times43\text{mm}$的圆柱孔及$10^{+0.3}_{+0.1}\text{mm}\times10^{+0.3}_{+0.1}\text{mm}\times45\text{mm}$的方孔;

③后侧面有$14\text{mm}\times22.5\text{mm}\times15.3\text{mm}$的三角形槽。

3)显性"障碍体",如图12-6所示,按正常的注塑件脱模方向作脱模符号:→|,发现$B—B$剖视图存在着3.1mm的"障碍体",$D—D$断面图存在着1.06mm的"障碍体"。若将正常的注塑件脱模方向改作30°的脱模方向,这种脱模方向上的"障碍体"便会消失。

4）隐性"障碍体"，如图 12-6 的 $C—C$ 剖视图所示，按正常的注塑件脱模方向，成型 7.7mm×$\phi 22^{+0.18}_{0}$mm 圆柱孔的型芯本来不是"障碍体"，由于注塑件必须进行 30°的斜向脱模，就成为新的"障碍体"。此时，若不将成型 7.7mm×$\phi 22^{+0.18}_{0}$mm 圆柱孔的型芯在注塑件脱模之前，先行完成垂直抽芯，势必会妨碍注塑件的斜向脱模。同理，模具合模时，该型芯必须先复位才能成型 7.7mm×$\phi 22^{+0.18}_{0}$mm 的圆柱孔。

3."行李箱锁主体部件"注塑模结构方案的分析

"行李箱锁主体部件"注塑模结构方案的分析，首先应在找到注塑件形体分析"六要素"的基础上，找出整治注塑件形体"六要素"的方法。注塑模结构方案分析主要是针对注塑件形体分析的要素，采用与形体要素相对应的模具结构来解决注塑件成型加工中的各种问题。

（1）成型平行开、闭模方向"行李箱锁主体部件"背面型孔与螺孔的模具结构　如图 12-7 的 $A—A$ 剖视图和 $B—B$ 旋转剖视图所示。

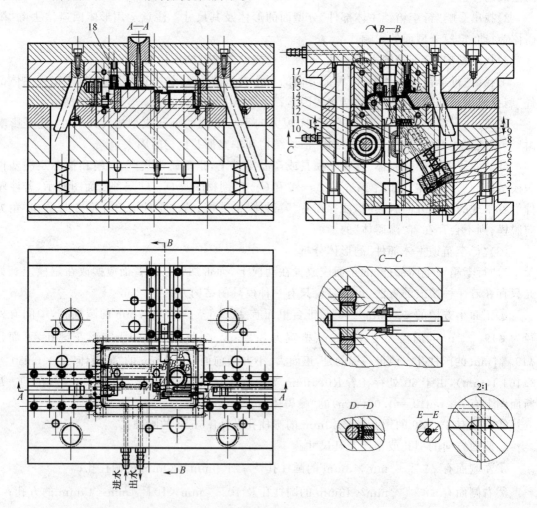

图 12-7　注塑模的结构设计

1. 平垫板　2. 平推板　3. 轴　4. 轮　5. 斜垫板　6. 斜推板　7. 弹簧　8,11. 推杆　9. 大推杆
10. 限位销　12. 轮轴　13. 齿轮　14. 型芯齿条　15. 键　16. 齿条　17. 圆柱销　18. 嵌件杆

①成型平行开、闭模方向"行李箱锁主体部件"背面型孔的模具结构：注塑件背面的 $5\times\phi3$mm 和 $\phi1.5$mm 的型孔，中间的外径为 $\phi19^{+0.13}_{0}$mm、内径为 $\phi17.5$mm、槽宽为 8.2mm、长为 17mm 的十字形花键孔与下面 $\phi19^{+0.13}_{0}$mm 的圆柱孔，可采用镶件型芯成型，抽芯则是利用模具的开、闭模运动来实现。

②成型平行开、闭模方向的"行李箱锁主体部件"背面螺孔的模具结构：背面的 $4\times$M6 的螺孔，可采用螺纹嵌件杆上的螺纹成型；嵌件杆随箱锁主体部件一起脱模，再由电动螺钉旋具人工取出嵌件杆。

(2)成型垂直开、闭模方向"行李箱锁主体部件"沿周侧面型孔的模具结构　如图 12-7 的 A—A 剖视图和 B—B 旋转剖视图所示：左侧面 $\phi8^{+0.075}_{0}$mm$\times$3mm 的圆柱孔及 $\phi21.3$mm$\times$20mm 的圆柱孔，右侧面 $\phi8^{+0.075}_{0}$mm$\times$43mm 的圆柱孔及 $10^{+0.3}_{0.1}$mm$\times$$10^{+0.3}_{0.1}mm\times$45mm 的方孔，后侧面 14mm$\times$220.5mm$\times$15.3mm 的三角形槽，均可采用水平斜导柱滑块抽芯机构。

(3)避开"障碍体"的方法　应采用注塑件上型孔为垂直抽芯的方法，来避开注塑件上隐形"障碍体"；采用改变注塑件脱模机构的运动方向的方法，来避开注塑件上显性"障碍体"。

①注塑件脱模运动方向避开法：利用改变注塑件脱模机构的运动方向。因注塑件上存在着显性"障碍体"，如图 12-6 的 A—A 剖视图及 D—D 断面图所示。若注塑件脱模方向是沿模具的开、闭模运动方向将注塑件顶出，势必会碰到 6mm$\times$tan30° 及 $6\times$tan10°＝1.06(mm) 的显性"障碍体"的阻挡，使得注塑件不能脱模。为了能让注塑件顺利地脱模，脱模机构的推杆就必须沿着显性"障碍体"的 30°方向顶出，才能有效地避开显性"障碍体"的阻挡，如图 12-8(b)所示；同时，$\phi24$mm$\times$60°锥台的造型也正好符合注塑件斜向脱模的要求。

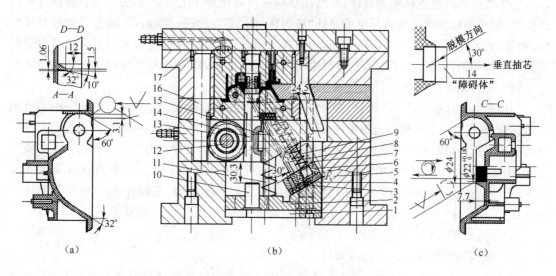

图 12-8　注塑模斜向脱模及垂直抽芯机构方案

(a)零件图　(b)注塑模　(c)垂直抽芯分析

1.平垫板　2.平推板　3.轴　4.滚轮　5.斜垫板　6.斜推板　7.弹簧　8.小推杆　9.大推杆

10.限位销　11.顶杆　12.齿轮轴　13.齿轮　14.型芯齿条　15.键　16.齿条　17.圆柱销

注：⊶——显性"障碍体"；——齿轮抽芯机构去除隐性"障碍体"

②型孔抽芯运动避开法:注塑件存在的隐性"障碍体"如图 12-8(c)的 C—C 剖视图所示。成型"行李箱锁主体部件"正面 $\phi24$mm$\times60°$锥台里的 $\phi22^{+0.18}_{0}$mm 深 7.7mm 圆柱孔的型芯,本来不是"障碍体",因注塑件脱模方向改为斜向脱模,就成了隐性"障碍体"。如此,可利用垂直抽芯机构抽芯来消除隐性"障碍体"的阻挡作用,使注塑件能顺利地进行 $30°$斜向脱模运动,如图 12-8(b)所示。

4."行李箱锁主体部件"注塑模结构和构件的设计

应根据所制定的注塑模结构方案,来进行注塑模结构和构件的设计。设计时先根据"行李箱锁主体部件"的材料,确定塑料的收缩率和型面与型腔的脱模斜度;根据型腔的数量,选取注塑模的模架。选取模架的面积和尺寸时应注意两方面的问题:一是根据型腔的数量和分布情况来选用,注意模板周边壁厚的尺寸不得过小而影响其强度和刚度。二是注塑件有水平抽芯,在满足抽芯距离的前提下,抽芯后滑块的长度需要有 2/3 以上部分滞留在模板上,以确保滑块不会因抽芯运动的惯性滑离模板;小于 2/3 的长度就会产生悬空,滑块会从模板上掉落。

(1)分型面的设计　如图 12-7 的 B—B 断面图所示的 Ⅰ—Ⅰ 台阶形面为分型面,分型面的一侧为动模部分,另一侧为定模部分。

(2)注塑件侧面抽芯机构的设计　注塑件侧面的型孔或型槽,共采用了三处水平斜销滑块抽芯机构来成型三个侧面的型孔或型槽。

(3)注塑件正面及背面镶件的设计　注塑件正面及背面的型孔走向若是平行于开、闭模方向的,一般采用镶件或嵌件杆来成型,利用模具的开、闭模进行抽芯;也可以采用垂直抽芯机构进行抽芯。

(4)注塑模的斜向脱模机构及垂直抽芯机构的设计

①注塑模斜向脱模机构的设计:根据注塑模脱模运动避开法的分析,为了能让注塑件顺利地脱模,脱模机构的推杆就必须沿着显性"障碍体"的 $30°$方向进行顶出,才能有效地避开显性"障碍体"的阻挡,如图 12-7 的 B—B 旋转剖视所示,注塑模的脱模机构采用了平动与斜动的双重脱模机构的结构。为了减少双重脱模机构之间的摩擦,在平推板 2 与斜垫板 5 两端之间装了轴 3 和滚轮 4,变滑动摩擦为滚动摩擦。

②注塑件垂直抽芯机构的设计:在 $\phi24$mm$\times60°$锥台里面有 $\phi22^{+0.18}_{0}$mm 深 7.7mm 圆孔的型芯,可利用垂直抽芯机构的抽芯来避开隐性"障碍体",才能进行注塑件的 $30°$斜向脱模。如图 12-7 的 B—B 旋转剖视所示,垂直抽芯机构的齿条 16 随着动、定模的开模运动产生向上的直线移动,齿条 16 带着齿轮 13 在齿轮轴 12 上转动,进而带着型芯齿条 14 做向下的直线移动,即可完成 $\phi22^{+0.18}_{0}$mm 深 7.7mm 的圆柱孔的型芯垂直抽芯运动。反之,动、定模合模时,型芯齿条 14 可完成复位运动。键 15 防止型芯齿条 14 的转动,圆柱销 17 防止齿条 16 的转动。

(5)注塑模的结构设计　如图 12-7 所示。

①注塑模为二模板形式的标准模架。

②直接浇口尺寸为 $\phi6$mm$\times2°$,直径为 $\phi6$mm 的浇口凝料在注塑件脱模后,可用手扳断料把而省去切除浇口凝料的机械加工。

③根据塑材的收缩率设计动模型腔和定模型芯,应该注意加强筋槽脱模斜度的设定,否则注塑件容易粘贴在定模型芯上。

④定模上运用了 7 处镶件和 4 处嵌件杆,以实现注塑件背面方向型孔的成型和抽芯,并用嵌件杆进行圆螺母的定位。嵌件杆随同注塑件一起脱模,脱模后嵌件杆由电动螺钉旋具人工取出。

⑤模具的左、右和后侧面的型孔或型槽,采用了三处斜销滑块水平抽芯机构以实现注塑件型孔和型槽的成型和抽芯,一处齿条 16、齿轮 13 和型芯齿条 14 的垂直抽芯机构以实现注塑件型孔的成型和抽芯,有效地避开了隐性"障碍体"对注塑件斜向脱模的阻碍。

⑥模具的脱模机构,是将平动脱模机构的运动转换为斜向脱模机构的运动。其回程运动是靠大推杆 9 和顶杆 11 上的弹簧作用进行先复位,然后是回程杆的精确复位。限位销 10 的作用是限制平动脱模机构运动的行程。

⑦定、动模型芯的内循环水冷却系统,采用了 O 形密封圈和螺塞密封,以防止水的渗漏。型芯中不可贯通的流道处采用分流片隔离同一水道,使之分成两半的流道,形成进、出水流通的循环通道的结构。

⑧定、动模部分采用了导柱和导套的导向构件。

⑨动模型芯的注塑件成型面上需要制作出皮纹。

5. "行李箱锁主体部件"的模具结构成型痕迹对模具结构的验证

行李箱锁主体部件的模具结构成型痕迹的识别,如图 12-9 所示。图 12-9(a)(b)中的 A 线为三处水平斜导柱滑块抽芯机构的成型痕迹,可以透彻和清晰地解读制品样件的抽芯机构滑块的形状、尺寸,运动的起点、方向和行程。图 12-9(a)中的 C 线为直接浇口的痕迹,可以完整地测量出直接浇口的大小和位置;D 线为浇口套的镶痕,也可直接测量出浇口套的内、外直径。图 12-9(a)～(d)中的 B 线,为分型面的痕迹。图 12-9(c)(d)中的 C 线,则为推杆的成型痕迹。

推杆痕迹的分析:如图 12-9(c)所示的 C 线为推杆的痕迹。箱锁主体部件是水平放置的。可以看出,推杆在曲面的痕迹是椭圆,在两处平面上 C 线涂黑处的痕迹也是椭圆,如图 12-9(d)所示。当把箱锁主体部件按水平方向顺时针旋转 30°后,推杆痕迹的椭圆逐渐地由长扁形变成窄宽形,两处涂黑的椭圆最后变成了圆形。这充分地说明了推杆是沿斜向顶出注塑件的;从推杆的痕迹的识读,可以充分肯定模具的斜向脱模结构的结论。

成型 $\phi 22^{+0.18}_{0}$ mm×7.7mm 的圆孔型芯垂直抽芯的分析:从图 12-9(c)(d)可以看出,$\phi 24$mm×60°锥台里面有 $\phi 22^{+0.18}_{0}$mm×7.7mm 的圆孔成型的型芯痕迹;若注塑件不在斜向脱模之前先完成该型芯抽芯的话,注塑件的斜向脱模是不可能实现的,因为型芯作为隐形"障碍体"阻挡了注塑件的斜向脱模。

应注意这些模具结构成型痕迹不是线就是面,这是因为模具结构的构件在注塑件上遗留下的印痕是由几何体的线和面组成的。几何体在注塑件上遗留下的印痕,就是注塑件模具结构成型痕迹的特征。注塑件成型加工痕迹则不具备这种特征,这是两者之间的区别。只要抓住了这种特征,就容易将两者区分开来。

浇口、分型面和抽芯的痕迹,可以直接按模具结构成型的痕迹来确定模具的结构方案。对于间接按模具结构成型痕迹来确定模具结构方案的项目来说,根据模具成型痕迹的推理来确定模具的结构方案,缺乏确定性和具有局限性;间接确定部分的结构方案,若采用注塑件形体分析"六要素"的方法,情况就会大不相同了。

6. 注塑模薄弱构件强度和刚度的校核

模具薄弱构件有:动、定模型腔侧壁和底壁,这是直接承受注射时压力的部位,容易产生变形;动模垫板,这是简支梁,容易产生弯曲变形;抽芯机构长导柱或长斜销,这是悬臂梁,容易产生弯曲变形。对于这些薄弱构件,必须验证它们的刚度和强度,以防它们受力变形,影响模具机构的运动和注塑件的脱模。

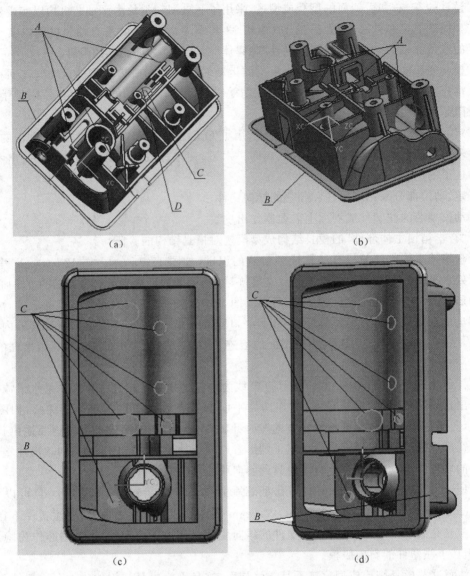

图 12-9　"行李箱锁主体部件"模具结构成型痕迹识别三维图

(a)(b)主体部件背面上模具结构成型痕迹　　(c)(d)主体部件正面上模具结构成型痕迹

　　从上例可知,该注塑件主要有两处显性"障碍体"和一处隐性"障碍体",又有多处的"型孔与型槽"。这是多重要素又是多种要素,显然进行的模具结构方案分析属于混合要素模具结构方案分析方法,同时又有痕迹分析法。由于痕迹分析法存在不确定性,因此最好先采用混合要素模具结构方案分析方法制订注塑模结构方案,再采用注塑模痕迹分析法验证模具的结构方案。如果两种方法能够一一对应得出同样的结论,便说明模具的结构方案是准确无误的。

复习思考题

1. 综合要素模具结构方案分析方法有几种形式?它们各有哪些特点?
2. 综合要素模具结构方案分析方法如何进行验证?为什么要进行验证?

第四节　注塑模结构最佳优化方案可行性分析与论证

注塑件在注塑模中有多种摆放位置时,就有多种模具的结构方案:既有完全不能使用的错误方案,也有可以使用但模具结构十分复杂的方案,还有简单易行的方案。在这种情况下注塑模结构方案的论证,主要是放在最佳优化方案的选择上。这种最佳的优化方案,一是要使模具结构方案选择正确,有利于注塑模的结构设计;二是要使注塑模的结构便于制造。注塑模结构的最佳优化方案,除了与注塑件在注塑模中摆放位置相关,还与注塑模选用机构的复杂性相关,更与注塑件成型的批量、模具制造周期和模具投入的费用相关。所以,注塑模结构的最佳优化方案选用是一个综合性的问题。在确定注塑模结构的最佳优化方案之后,还要进行注塑模机构的论证和模具薄弱构件强度与刚度的校核工作。只有如此,才能确保注塑模设计与制造的正确性和可靠性。

对于具有多种模具结构方案的注塑模设计,其只能放在模具结构最佳优化方案确定之后。因为在模具结构最佳优化方案确定之前的设计,有可能不是模具的结构最佳优化方案,甚至是错误的模具结构方案。

一、注塑件形体"六要素"分析与注塑模结构方案分析

这主要针对的是既有综合要素分析法的注塑模结构方案,又有多种模具结构方案的注塑模。对于具有综合要素的注塑模结构方案,我们可以采用综合要素的注塑模结构方案分析法去制订注塑模的结构方案。对于具有多种模具结构方案,还应采用最佳优化方案的分析法;否则,有可能不是采用了错误的方案就是采用了复杂的方案。

对于每一件注塑件来说,由于它们的用途和作用不同,它们的性能和用材就不同,这就导致它们的形状特征和尺寸精度也不同,它们的成型规律和成型要求也不同,对于模具的结构形式来说也是不同的。但是只要能把握好注塑件的性能、材料和用途,捕捉到注塑件的形状特征、尺寸精度,注塑件形体分析的"六要素",便可以寻找到注塑件成型的规律性。注塑模结构方案可行性的"三种分析方法",是解决注塑模结构设计的万能工具和钥匙。

二、注塑模结构最佳优化方案论证的方法

要避免出现错误的方案,又要避开吃力不讨好的复杂方案,唯一的解决方法是进行最佳优化方案的论证。"六要素"和"三种分析方法"可用于各种类型的型腔模结构方案的可行性分析和论证,其中也包括注塑模结构方案的可行性分析和论证。

(1)注塑模存在着多种结构方案的论证　注塑件在模具中存在着多种摆放位置,模具结构也相应有多种的方案。方案中有根本行不通的错误方案,这是应该坚决撤除的方案;有模具结构可行但结构复杂的方案,这是增加制造成本、延长制造周期的方案,也是应该舍去的方案;还有结构既可行又简单的方案,这就是最佳优化方案。通过模具结构方案的论证,就是要找出这种最佳优化方案作为模具设计的方案。当然,模具最佳优化方案要与注塑件成型加工的批量结合起来进行确定。

(2)注塑模各种机构的可靠性论证　对于注塑模各种机构的可靠性论证,应先找出机构的结构是否正确,然后找出其是否能够完成注塑件形体"六要素"分析的要求。由机构到要素一一对应进行分析比较,找到可行的最简单的机构结构。

（3）检查注塑件形体"六要素"分析的完整性　注塑件形体"六要素"分析如存在着遗漏，注塑模的机构便会存在着缺失，模具就不能完成注塑件成型加工中的功能和动作，所加工的注塑件就达不到使用的要求。

（4）注塑模薄弱构件强度和刚度的校核　注塑模的定模型腔和动模型腔的侧壁与底壁直接承受注射压力；动模垫板是一简支梁，而长的斜导柱或斜销是悬臂梁。这些都是注塑模零件中强度和刚度最薄弱的部分。在设计投影面积较大的注塑件的模具时，一定要进行模具强度和刚度的校核。否则这些薄弱的部分发生变形，模具机构所有的运动都将无法进行。

三、注塑模结构最佳优化方案分析与论证的案例

"分流管"注塑件在模具中有六种摆放位置，由于其中两两摆放方式对称，故实际是三种摆放方式。三种摆放方式便有三种模具结构方案，这其中有错误的方案，有结构可行但又十分复杂的方案，还有最佳优化方案。要通过方案的分析与论证，找出这种最佳优化方案来设计注塑模。

【例 12-6】"分流管"注塑模结构最佳优化方案的分析与论证。

1. "分流管"的资料和形体分析

从"分流管"的零件图样中，提取与模具结构方案相关的技术资料后，才能进行"分流管"的形体分析。"分流管"形体分析的实质，就是在"分流管"的零件图样中寻找形体分析的"六要素"。

（1）"分流管"的资料　"分流管"如第一章图 1-6 所示，材料为增强尼龙 6，零件表面为黑色无光亮细皮纹，收缩率为 1%。

（2）"分流管"的形体分析　"分流管"的右件如第一章图 1-6 所示，左件对称。"分流管"的主体是一个前、后方向呈圆弧加梯形状，而上、下方向为上窄下宽梯形加长方形的薄壁弯舌状型腔的注塑件，其壁薄厚仅为 1mm。上端是双圆弧形的顶部，下端是梯形另一侧方向为长方形的底座。在"分流管"壳体的左、右方向有上 6 下 5 共 11 根相连的斜向管嘴。11 根管嘴同时垂直"分流管"主体的梯形两侧腰，而与"分流管"主体的对称平面是倾斜的。

"分流管"是一典型的具有多处"障碍体"与侧面有多个斜向型孔的注塑件，另外又是容易产生变形的弯舌状型腔的薄壁注塑件。那么，这些斜向孔应该怎样成型和抽芯呢？注塑件的薄壁弯舌状型腔又应该怎样成型和抽芯的呢？"分流管"脱模后是否会变形？这些问题都是"分流管"注塑模结构设计的难题。如何处理好这些难题既是设计者必须要经受的考验，也是设计者智慧的体现。

2. "分流管"注塑模的结构方案论证

注塑模的结构方案与"分流管"在模具中的摆放位置有关，不同的摆放位置就有不同的结构方案；不同的结构方案具有不同的分型面、抽芯和脱模的方式，就是浇注系统也是不相同的。有的摆放位置会使模具的结构变得非常复杂，有的摆放位置会使模具的结构相对简单些，有的摆放位置会使模具的结构完全处于失败的境地。寻找到最佳优化结构方案在模具的结构设计中是十分重要的，千万不可忽视。

（1）"分流管"注塑模结构方案一　如图 12-10 所示，该方案是将"分流管"弯舌状的凹弧面朝下、凸弧面朝上的卧式放置。其分型面由弧形加折线组成。为什么分型面要在管嘴处变成折线呢？其主要原因是为了避开分型面管嘴处的暗角形式"障碍体"，该"障碍体"会影响到成型后"分流管"的开、闭模运动。前、后的斜向抽芯是为了成型"分流管"前 5 后 6 共 11 个 $\phi 6.5 \pm 0.1mm$ 的管嘴孔。右向的弧形抽芯是对成型"分流管"弯舌状内腔的型芯进行抽芯，抽芯的距离只有大于弯舌内腔的深度 93mm，才可将"分流管"脱模。流道和浇口设置在"分流

管"弯舌状的凸面上。熔体料流的冲击力会造成成型"分流管"弯舌状内腔的悬臂状型芯下翘,从而会导致注塑件壁厚不均匀或破损。三处抽芯后的"分流管"仍然会滞留在动模型腔中,这时需要脱模机构将"分流管"顶出动模型腔。该方案的特点是:定、动模成型"分流管"的外形,三处抽芯成型"分流管"11 个 $\phi 6.5 \pm 0.1 mm$ 的管嘴孔和"分流管"的弯舌内腔。该方案的优点是:"分流管"成型的模具结构十分紧凑,并且模具的闭合高度很低;分型面的选取正确无误;"分流管"上点浇口的痕迹较小。该方案的缺点是:由于"分流管"的壁厚仅 1mm,属于薄壁件,脱模机构用推杆将"分流管"从动模型腔中顶出时,也会因推杆的面积小,将"分流管"顶变形甚至顶破裂;因熔体料流的冲击力使型芯下翘,会导致注塑件壁厚不均匀或破损;右向弧形抽芯距离太长并且向下,要将成型后在"分流管"弯舌内腔的型芯进行抽芯,需要采用向下方做弧形运动的齿轮与齿条副抽芯机构。因此,须谨慎地使用该方案。

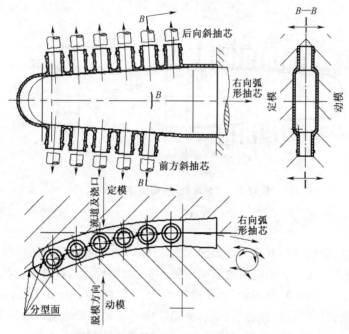

图 12-10 "分流管"注塑模结构方案一

注: ——弧形抽芯

(2)"分流管"注塑模结构方案二　如图 12-11 所示,该方案将"分流管"弯舌状的凹弧面朝前、凸弧面朝后侧立式放置;以 6 个管嘴台阶端面为定模,定模之下为动模。动、定模内的型腔以弧形折线组成为前、后的抽芯分型面;其上、下斜向抽芯为成型分流管上 6 下 5 共 11 个管嘴 $\phi 6.5 \pm 0.1 mm$ 的圆柱孔;将成型"分流管"弯舌状内腔的型芯进行右向弧形抽芯与脱模,并采用右向的弧形抽芯兼脱模机构。注塑模的浇口可放置在 6 个管嘴中间 1 个管嘴的端面上,采用倾斜式流道和潜伏式点浇口的形式。该方案的优点是:分型面的选取正确无误,有效地避免了分型面在管嘴处抽芯时所产生的暗角形式"障碍体";动模的前、后抽芯成型,可获得"分流管"正确的外形;以"分流管"的弯舌内腔成型的型芯为抽芯兼脱模机构,既可成型"分流管"的内形又可使"分流管"脱模时不会产生变形。该模具的闭合高度只较方案一的闭合高度高少许。该方案的缺点是:成型"分流管"的 11 个 $\phi 6.5 \pm 0.1 mm$ 管嘴圆柱孔是上、下斜向抽芯的

动作,而管嘴的抽芯方向与开、闭模方向是倾斜的,由于定、动模不可能是倾斜方向的开、闭模,这样也就很难实现管嘴孔的上、下斜向抽芯。若这 11 个 $\phi6.5\pm0.1$mm 管嘴圆柱孔的轴线垂直于"分流管"的对称平面,则抽芯的动作易于实现。但这 11 个圆柱孔的轴线垂直于"分流管"主体的梯形两侧腰,并且"分流管"脱模后需用手取出。由于难以实现 11 个圆柱孔的斜向抽芯,将会导致模具结构的失败,是应该坚决舍弃的方案。

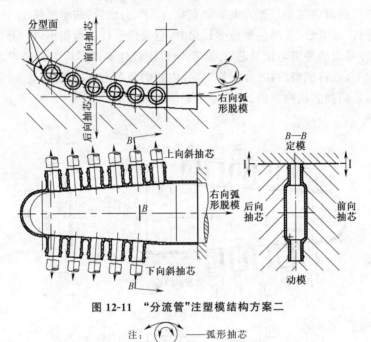

图 12-11   "分流管"注塑模结构方案二

注: ⟳——弧形抽芯

(3)"分流管"注塑模结构方案三   如图 12-12 所示,该方案将"分流管"弯舌状的凹弧面朝左,凸弧面朝右边立式放置。动模内的型腔以弧形折线组成为左、右方向的抽芯分型面;其前、后方向斜向抽芯是为了成型"分流管"前 6 后 5 共 11 个管嘴 $\phi6.5\pm0.1$mm 的圆柱孔;将成型"分流管"弯舌内腔的型芯进行抽芯兼脱模,采用了向下方做弧形运动的抽芯兼脱模机构;注塑模的点浇口可设置在上端双圆弧形面的顶端上。该方案的优点是:分型面的选取正确无误,有效地避免了分型面在管嘴处抽芯时所产生的暗角形式"障碍体";动模左、右的抽芯成型可获得"分流管"正确的外形;动模前、后的抽芯成型可获得"分流管"11 个 $\phi6.5\pm0.1$mm 的管嘴圆柱孔;以"分流管"弯舌内腔成型的型芯为抽芯兼脱模机构,既可成型分流管的内形,又可使分流管脱模时不会产生变形;注塑模抽芯和脱模机构十分紧凑。该方案的缺点是:该模具的闭合高度较方案一或方案二的闭合高度高出 1～2 倍。闭合高度高的原因主要是立式放置的结果,不过模具的闭合高度仍在设备的最大允许的闭合高度范围之内。

3."分流管"注塑模结构最佳优化方案

比较上述三个方案后,显而易见,方案一存在着推杆的面积不可能制作得太大而将"分流管"顶变形,甚至顶破的风险;再者"分流管"安装在服装之内,"分流管"上推杆的痕迹会磨破衣服也是不可取的。方案二因成型"分流管"11 个 $\phi6.5\pm0.1$mm 管嘴孔的上、下斜向抽芯的动作难以实现的问题而不能使用。只有方案三才能确保分流管内、外形的正确成型和脱模不变形。方案三的唯一不足是闭合高度高了一些,但还是在注射机最大允许的范围之内。故通过对上述三个方案比较后,方案三是最佳优化方案。

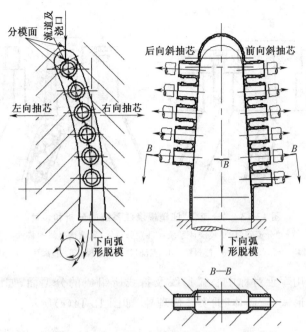

图 12-12　"分流管"注塑模结构方案三

注：⟲——弧形抽芯

4. 注塑模的浇注系统分析和设计

注塑模的浇注系统影响"分流管"的成型，还会影响"分流管"的成型变形和成型加工缺陷。

如图 12-13 所示，该注塑模的浇注系统由直流道 2、拉料结 3 和点浇口 4 组成。点浇口 4 所留下的痕迹很小，可使分流管外形美观。直流道是在浇口套中加工而成，为使注射后所形成的直流道的料把能够随着动、定模开模运动将其拉出浇口套，即脱浇口料，采用了拉料结的形式。一般主流道应制成锥度为 2°～4°的锥孔，表面粗糙度为 Ra 0.4μm。拉料结 3 和点浇口 4 分别设置在左、右滑块上。当"分流管"的注射结束后，动、定模的开模运动既可将浇口套中的冷凝料拉出来，又可随着左、右滑块的抽芯运动与"分流管"一起脱模。拉料结 3 是为拉出浇口套中的冷凝料而设置的。这种浇注系统形式的设计省去了冷凝料的拉料杆，实际也无法设置拉料杆。左、右滑块上点浇口 4 是高温和高压的熔体进入模具型腔的入口，点浇口 4 还会使进入模具型腔熔体的温度进一步提高而改善其流动性。"分流管"上点浇口 4 所遗留的痕迹很小。点浇口 4 应设置在"分流管"双曲面最高的母线处，才可避开暗角形式"障碍体"的影响。

5. "障碍体"与注塑模的结构设计分析

注塑模的结构与"障碍体"是密切相关的，注塑模的结构会因"障碍体"的存在而具有不同的结构形式。"障碍体"是注塑模结构设计主要考虑的要素之一，注塑模的结构设计也因"障碍体"而使其内容变得更加丰富多彩。

(1)"障碍体"的分析　"分流管"有三处"障碍体"影响注塑模分型面的选取及点浇口位置的设置。

该注塑模分型面的选择，如图 12-14 所示。取如图 12-14(a)所示的弯舌对称中心弧面为分型面，分型面在左、右抽芯运动方向上存在阻碍左、右滑块移动的暗角形式"障碍体"。这种暗角形式"障碍体"是由下而上逐渐增大的，即由 0.03mm 增至 0.5mm。避开暗角形式"障碍

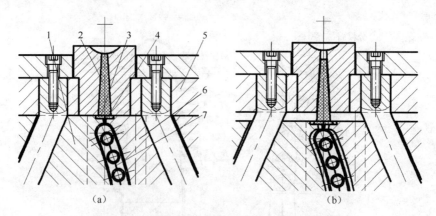

图 12-13　"分流管"注塑模浇注系统的分析和设计
(a)"分流管"注塑模浇注系统　(b)"分流管"脱流道凝料的装置
1. 左滑块　2. 直流道　3. 拉料结　4. 点浇口　5. 定模　6. 右滑块　7. 分型面

体"的方法,一种是采用弯舌对称中心弧形线及折线所组成的分型面,如图 12-14(b)所示;另一种是将存在着暗角形式"障碍体"的实体修理掉,如图 12-14(c)所示。

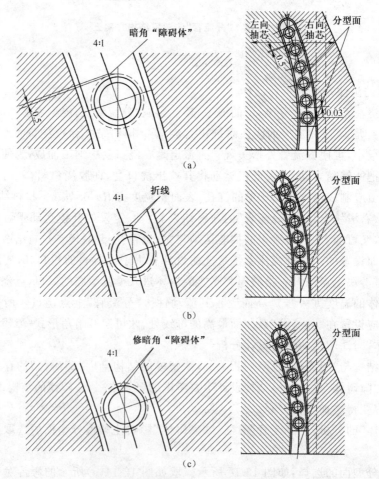

图 12-14　"障碍体"与分型面的选择
(a)以弯舌对称中心弧面为分型面　(b)以弯舌对称中心弧面加折线组成的复合分型面
(c)以弯舌对称中心弧面和修去暗角形式"障碍体"为分型面

　　"分流管"左、右两侧方向有前6后5共11根管嘴,其圆柱孔为$\phi 6.5\pm 0.1$mm,管嘴外端的台阶圆为$\phi 8.5\pm 0.1$mm。台阶圆也是分型面处的凸台式"障碍体",采用对开抽芯的模具结构可避免凸台式"障碍体"的阻挡作用。

　　点浇口若设在弯舌对称中心弧面上也就形成了暗角"障碍体",影响"分流管"的分型。为避免左、右模抽芯时暗角形式"障碍体"的影响,可将点浇口设在分流管最高的母线处。

　　(2)"障碍体"与分型面的设计　"分流管"注塑模分型面设置在左、右滑块之间,是为了避开图12-14(a)中的暗角"障碍体"。将分型面设计成弯舌对称的中心弧形线及折线所组成的分型面,如图12-14(b)所示,虽然成功地避开了暗角"障碍体",但经过线切割加工的两个分型面很难做到一致,只要存在间隙,就会在注射时产生溢漏的现象。将分型面设计成如图12-14(c)所示的经过修理后的弯舌对称中心弧面的分型面,即为了避开暗角"障碍体",将"障碍体"修去。因为这些管嘴与软管相连接,还需用绳子将管嘴和软管扎紧,所以降低管嘴的圆柱度精度是允许的。这种分型面既避开了暗角形式"障碍体"的影响,又较弯舌对称中心弧形线和折线所组成的分型面更为简单。

　　6."障碍体"与抽芯机构的设计

　　"分流管"注塑模分型面上6个管嘴处存在着0.03～0.5mm的暗角形式"障碍体",这些暗角"障碍体"会严重地影响"分流管"注塑模左、右方向的抽芯。采用如图12-14(c)所示的经过修理后的弯舌对称中心弧面的分型面,能有效地避让暗角形式"障碍体"对抽芯的影响。为了使11个管嘴的圆柱孔与弯舌状内腔的连接处不产生毛刺,可使成型11个管嘴圆柱孔的成型销插入弯舌状的型芯之内;在弯舌状的型芯脱模后复位时,11个管嘴孔的成型销再插入弯舌状的型芯之内;反之,先进行11个管嘴圆柱孔的成型销的抽芯,再进行弯舌状型芯的抽芯与脱模。脱模和抽芯的运动要十分精确,运动先后要有序进行;否则,将会产生运动干涉现象。如此注塑模采用了前、后两处抽芯和左、右两处抽芯,四处抽芯使得成型"分流管"四面的型腔全都敞开,"分流管"只能滞留在弯舌状的型芯上。

　　7."障碍体"与脱模机构的设计

　　由于"分流管"的弯舌状的内腔是圆弧形,若"分流管"的脱模沿着模具的开、闭模方向,则在"分流管"开、闭模方向上的弯舌内、外圆弧面处也存在着弓形高"障碍体","分流管"的脱模不能顺利进行。现采用齿条、齿轮与扇形齿条弯舌状型芯组成的抽芯兼注塑件的脱模的传动机构,可使弯舌状型芯进行弧形的抽芯兼注塑件的脱模运动。"分流管"注塑模的脱模机构,如图12-15所示。机床的顶杆推动推板13、安装板12和直齿条8移动,直齿条8带动着齿轮9顺时针转动,齿轮9又带动扇形齿条弯舌状型芯7顺时针转动,从而在动模板28对分流管的底端面100%支撑作用下,使得扇形齿条弯舌状型芯7从"分流管"型腔内完成抽芯兼注塑件的脱模,"分流管"的脱模不会产生任何变形。左滑块5、右滑块6和前、后滑块17的注塑件成型面需要制作出皮纹。

　　8."分流管"注塑模的结构设计

　　"分流管"注塑模结构如图12-15所示。左、右抽芯运动可完成以"分流管"弯舌对称中心弧面和修去暗角形式"障碍体"的分型面的抽芯,前、后斜抽芯运动可完成分流管前6后5共11个管嘴$\phi 6.5$mm± 0.1mm圆柱孔圆型芯18的斜抽芯,直齿条8、齿轮9和扇形齿条弯舌状型芯7机构可完成"分流管"的抽芯兼注塑件的脱模,从而有效避让"障碍体"对抽芯、11个管嘴的斜向抽芯和注塑件脱模的影响。为了减少注塑模的闭合高度,采用齿轮9埋入动模垫板28之内及扇形齿条弯舌状型芯7抽芯时可以穿入安装板12、推板13和垫板14之内的结构。

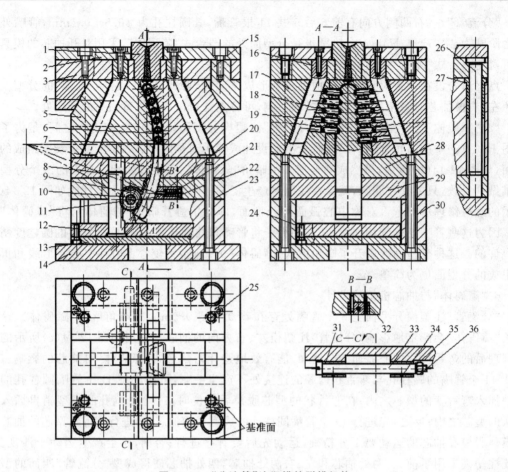

图 12-15 "分流管"注塑模的脱模机构

1. 浇口套 2. 定模垫板 3. 定模板 4. 左、右斜导柱 5. 左滑块 6. 右滑块 7. 扇形齿条弯舌状型芯
8. 直齿条 9. 齿轮 10. 轴 11. 限位板 12. 安装板 13. 推板 14. 垫板 15. 前、后楔紧块 16. 前、
后斜导柱 17. 前、后滑块 18. 圆型芯 19. 圆柱销 20. 限位销 21. 弹簧 22. 螺塞 23. 长内六角螺
钉 24. 内六角螺钉 25. 回程杆 26. 导柱 27. 导套 28. 动模板 29. 动模垫板 30. 模脚 31. 套筒
32. 沉头螺钉 33. 齿轮轴 34. 限位螺钉 35. 弹簧垫圈 36. 六角螺母

采用点浇口和拉料结,省去了用拉料杆拉出主流道中料把的结构,实际上该注塑模结构也无法
设置拉料杆。扇形齿条弯舌状型芯 7 的精确回位是靠回程杆 25 复位实现的。

9. 注塑模刚度和强度的计算

"分流管"注塑模动模垫板和斜导柱的刚度和强度的计算是为了控制其变形量,以保证熔
体在填充过程中不产生溢料飞边及保证产品的壁厚尺寸,并保证注塑件能够顺利脱模。对注
塑模刚度和强度的校核应取受力最大,刚度和强度最薄弱的环节进行校核。"分流管"左、右方
向的投影展开面积大,所受到的作用力也大,为防止产生溢料飞边及保证产品的壁厚尺寸,应
加装前、后楔紧块 15 搜紧左滑块 5 和右滑块 6。

"分流管"是一种典型的具有多处"障碍体"与侧面多个斜向"型孔"以及有"外观"要求的注
塑件,另外又是容易产生变形的弯舌状型腔的薄壁注塑件。只要能把握好注塑件的性能、材料
和用途,捕捉到注塑件的形状特征、尺寸精度和"分流管"形体分析的"六要素",便可以寻找到
注塑件成型的规律性,也就不难确定"分流管"注塑模的工作原理和结构。而应用注塑模结构

方案可行性分析的"三种分析方法",就是解决注塑模结构方案可行性分析的万能工具和钥匙。由于"分流管"在注塑模中有三种摆放的位置,因此就存在着三种注塑模结构的方案。而三种方案只有一种结构方案是最佳优化方案,只有通过最佳优化方案的论证才能够找到,否则,所制订的方案有可能是失败的方案,出现了这种情况其代价就大了。"六要素"和"三种分析方法"可用于各种类型的型腔模结构方案可行性分析和论证。

"分流管"的图样是其形体分析的基础,"分流管"的形体分析又是其注塑模结构方案可行性分析和论证的依据,而注塑模结构方案还是注塑模结构和构件设计的指南。"分流管"注塑模的设计程序为:"分流管"图样或造型→形体分析→最佳优化方案可行性分析→"分流管"注塑模结构方案论证→注塑模结构和构件设计或造型。可见"分流管"注塑模设计是一环扣一环的有机联系的过程。"分流管"注塑模设计的论证程序为:注塑模结构和构件设计→最佳优化方案可行性分析→形体分析→注塑模薄弱构件的强度和刚度校核。即注塑模结构方案的论证是以注塑模结构和构件设计为起点,验证注塑模结构最佳优化方案,再通过检查注塑模结构方案对于注塑件形体分析的适应性。可见"分流管"注塑模设计论证的过程也是一扣一扣地解开,直至所有环扣被解开为止的过程。

复习思考题

1. 什么是注塑模结构最佳优化方案分析和论证方法?为什么要进行注塑模结构最佳优化方案分析和论证?

2. 如何进行注塑模结构最佳优化方案分析和论证?

第十三章 注塑模具钢与热处理

注塑模除了要正确地进行模具结构最佳优化方案可行性分析与论证以及模具结构的设计之外,合理地选择注塑模具钢与热处理,也是注塑模设计中十分重要的一环。模具的耐磨性、耐腐蚀性、加工性和维修性,都与模具用钢与热处理的选择息息相关,进而影响模具使用的寿命、模具制造和维修的成本、模具制造的周期。虽然模具用钢成本只占制造成本的 5%～10%,但由于上述的原因,模具用钢与热处理的选择可以决定注塑件的整体经济效益。

近几年来,由于钢材冶炼技术水平的提高,产生了许多优质高性能的钢材和先进的热处理技术,如预硬钢、高强度模具钢、无缺陷模具钢、耐腐蚀模具钢、镜面模具钢、易切削模具钢和高速钢基体钢等。这些钢比普通的注塑模钢的价格要高一些,但是却比普通的注塑模用钢的性能要高出很多;这样不管是从模具的使用寿命,还是从整体经济效益都比普通的注塑模用钢强得多。故采用新型的模具用钢和先进的热处理技术,也是模具技术人员应该掌握的知识。

第一节 注塑模具钢应具备的性能

在注塑模设计时,应该根据注塑模各种构件实际使用要求的不同,合理地选择注塑模各种构件的钢材和热处理。还有因为成型注塑件的高分子材料不同,并且成型的工艺加工条件也不同,故对模具用钢的要求也是不同的。模具用钢大致应该满足以下要求。

一、注塑模具钢的使用性能

注塑模具钢的使用性能,是指模具钢应满足注塑模各种构件在实际工作中的性能,如足够的硬度、好的耐磨性和耐蚀性、高的强度和韧性、优良的热传导性和使用可靠性。

(1)足够的硬度 硬度是模具钢要求的重要性能指标。注塑模的许多构件是在循环压应力和不断升温的环境中长时间工作,还有许多构件处在反复的往返运动之中。为了使这些构件能保持原有的尺寸、形状和精度,并在反复的往返运动之中不会迅速地磨损,这些模具构件就必须经过热处理,获得足够的硬度;如浇口套、斜导柱、推杆、拉料杆、导柱和导套等。

(2)好的耐磨性 对于注塑模构件耐磨性要求的程度,取决于成型塑料的类型、填充剂的种类、填充剂的数量、生产量的多少、注塑件的大小和尺寸精度等。由于高温高压的塑料熔体在填充模具型腔的过程中,许多的模具构件在工作中要承受着很大的压应力和摩擦力,同时还必须使这些构件保持原有的尺寸、形状和精度,并在反复的往返运动中不会迅速地磨损,保证这些构件具有足够的使用寿命。尤其是成型硬性塑料或含有玻璃纤维增强的塑料时,对模具用钢的耐磨性有更高的要求。模具构件的耐磨性,取决于所用钢材的化学成分和金相组织;钢材的化学成分取决于所用钢材的品种,钢材的金相组织取决于所用钢材的热处理。一般来说要提高钢材的耐磨性,就要提高钢材的硬度;但当钢材的硬度达到一定值之后,硬度对耐磨性的影响就不十分明显了。

(3)好的耐蚀性 成型聚氯乙烯或含有阻燃剂等添加剂的注塑件时,会分解出具有腐蚀性的盐酸气体,对模具具有较强的腐蚀作用。对生产这类注塑件的模具,其用钢除了具有一定的硬度、强度和耐磨性外,同时还需要具有一定的耐蚀性。

(4)高的强度和韧性 许多注塑模构件在工作中需要承受很大的冲击力、弯曲力和剪切应力等,并长期承受着热交变负荷的作用。若使用冷冲模所用的高碳高合金钢制造注塑模的这些构件时,会出现韧性不足而引起开裂的现象。在复杂模具型腔中的小圆角半径、尖角、薄壁和较大截面的变化处,易产生裂纹。为了使这些构件不变形和不被损坏,工作过程中要求具有一定的强度和韧性,如斜导柱、推杆、拉料杆、定动模型芯和动模垫板等。同时模具构件具有足够的强度和韧性,也有利于延长模具的使用寿命和确保模具的安全。

钢材中的晶粒度和碳化物的数量、大小、分布情况及奥氏体数量等,都对钢的强度和韧性有很大的影响。随着钢材中晶粒的增大和碳化物分布不均匀度的增加,钢的强度会下降,同时对其韧性也会产生不利的影响。因此,根据使用条件和性能的要求,合理地选择模具用钢的化学成分、组织状态及热处理工艺,才能够满足模具对强度和韧性的要求。

(5)优良的热传导性和使用可靠性 热传导性是指模具把成型材料的热量传递给冷却介质的能力,注塑模的生产效率在很大程度上取决于模具热传导的能力。具有高温高压的塑料熔体在填充模具型腔的过程中,将热量传递给模具的构件。为使模具的构件在经塑料熔体不断地反复传热,处于较高温度状态下不变形和硬度不降低,要求模具构件用钢具有优良的热传导性,即模具可迅速地将热量传递给冷却介质,并确保模具构件使用的可靠性。

二、注塑模具钢的加工性能

塑料模具钢的加工性能对其使用性能、加工的质量和效率及模具经济性具有决定性的作用。整套模具费用的90%左右取决于模具加工的费用;而模具加工的质量和效率除取决于加工工艺方法外,还取决于模具用钢的选择。

(1)优良的机械加工性能 机械加工性能是指模具构件的锻、热轧加工性能与车、刨、铣、磨和钻削的切削加工的性能。模具用钢的机械加工性能与钢材的化学成分、冶炼质量、组织状态及硫、磷含量有关。复杂模具型腔与型面的加工,深的型孔与型槽及窄缝的加工等,所用的刀具细而长时,刀具的切削量很小导致加工效率低下,故模具用钢必须具有容易切削的性能。

(2)优良的线切割和电火花加工的性能 对于具有较高硬度的异形孔或异形槽的加工,常采用线切割加工;对于具有较高硬度和复杂型面的定、动模型腔或型芯的加工,常采用电火花加工。

①电火花加工由于加工表面是放电加工,放电加工过程中,钢材表面再次硬化形成脆硬层。脆硬层会引发裂纹和缩短模具的使用寿命,故要求脆硬层要浅,以便于表面的抛光。电火花加工时应采用细火花,即高频率低电流的加工。电火花加工后的脆硬层,可以采用抛光和磨削的办法去除。若模具需要电火花的细纹表面,模具应以原先回火温度再一次回火。电火花加工表面若要进行光腐蚀花处理,应采用磨石去除脆硬层。

②线切割是一种非常简易的加工方法,可以在硬化的钢材上切割出复杂的形状。由于硬化钢材存有内应力,当只用简单工序将钢材中大块基体切离时,可能导致模具构件的变形和开裂。为了避免这些现象的发生,在模具构件进行热处理之前,先用传统机械加工的方法将模具构件加工到与最终形状接近的形状,再进行热处理,模具构件的形状及内应力就可以得到调整;或者经过切割余量由大至小的多次线切割,消除因线切割所产生的变形。

(3)良好的抛光性能 很多注塑件的表面有透明的要求,这样就要求相应模具的型面必须是镜面的光泽,即要求模具型面表面粗糙度极小。模具型面要达到镜面光泽,钢材必须具有不低于30HRC的硬度,最好是40～46HRC,最佳是55HRC。同时还要求钢材中的杂质尽量少,并且钢材内不存在气泡,金相显微组织均匀。目前仍然以手工抛光为主,抛光模具型腔是耗时最多的工序。

(4)良好的表面腐蚀加工性　注塑件表面的皮革纹、绸纹、布纹、橘皮纹和精细图案等花纹和图案,是经过光蚀刻花加工而成。这就要求钢材具有良好的表面腐蚀加工性,即材质应细而均匀,否则表面腐蚀加工的效果不好。

光蚀处理后,注塑件表面美观,易于把握,对微小的刮痕和损伤不敏感。光蚀刻花处理的效果不完全取决于光蚀刻花处理技术和所选模具用钢,还与模具制造方式有关。光蚀刻花处理需注意的事项如下:模具中有若干个镶块需要有同样的纹理,应该用同样的模具钢材和轧制方向,最好是在同一钢材上取料,还应先消除钢材中内应力后再进行精加工;对于需要进行光蚀刻花处理的表面,研磨时磨粒的粒度不高于220♯,因为过于光滑的表面不能提高光蚀刻花的效果;电火花加工的表面应进行研磨或抛光,否则脆硬层会影响光蚀刻花的效果;光蚀刻花处理前要避免钢材火焰硬化;焊接材料与补焊的模具材料应相同,进行光蚀刻花处理时须标明补焊的区域;氮化处理必须在光蚀刻花处理之后进行。型腔经过纹理处理后表面积增大,会造成脱模困难。

(5)好的焊接性能　模具型腔与型面有时会因加工失误或对旧模具的修复,需要进行补焊加工。因此,模具用钢必须有很好的焊接性能。

(6)较小的热处理变形　模具的尺寸及形状要求都比较严格,模具在精加工后进行热处理时,要求模具的尺寸及形状变化尽量小。要求所用的模具钢材在热处理时的变形要小,同时要具有足够宽的淬火温度范围,以减小钢材出现过热或淬火温度不够的现象。特别是对热固性塑料模具而言,其模具的型芯和型腔部分必须进行热处理,这就要求钢材具有较好的淬透性和较小的热处理变形。

一般热塑性塑料的注塑模成型零部件的钢材,可采用调质钢,预硬化处理即可;而对热固性塑料模具零部件的钢材,必须淬硬。

(7)淬硬性和淬透性　淬硬性主要与钢的化学成分有关,尤其是与碳含量有关。淬透性除了与钢的化学成分有关外,还与钢在淬火前的原始组织有关。根据模具的使用条件和功用,对钢材的淬硬性和淬透性的要求各有侧重。

(8)脱碳敏感性　在进行热处理时模具的表面会发生脱碳的现象,从而使模具表面层的力学性能降低,尤其是对表面的耐磨性产生较大的影响。因此,要求模具用钢的脱碳敏感性越低越好。采用真空热处理和氮化热处理,则很少会发生脱碳的现象。

三、选用注塑模具用钢的条件

在选用模具钢材时,需要依据以下条件逐条考虑后,方可做出最后的决定。

(1)注塑件的生产批量　注塑模是一种高效率的生产工具,模具的使用寿命直接关系到注塑件的成本。模具设计时,除了要按注塑件产量考虑每模的型腔数量之外,还需要保证模具的使用寿命。小批量,模具用钢的要求可以低些;大批量,模具用钢应选择优质钢材,以保证模具使用寿命,减少模具重制的数量。

(2)注塑件的尺寸精度　注塑件的尺寸精度很大程度上取决于模具的制造精度。对于生产高精度(SJ/T 10628－1995的3,4级精度)及超高精度(SJ/T 10628－1995的1,2级精度)

注塑件的模具用钢,应选择优质钢材。

(3)注塑件的尺寸大小　注塑件越大或越厚,模具型腔和型芯的切削量越大,大的吃刀深度切削时所产生的切削应力也大。因此,对于大型注塑件的模具用钢最好选择易切削钢。而对于小型注塑件的模具,因模具型腔和型芯体积较小,所用的立铣刀直径细而强度低,易产生振动,故采用小的吃刀深度和慢走刀加工;对其模具用钢则应选择质地均匀、合金碳化物分布细而匀称的钢材,并且还应先做预硬化处理后再加工。

(4)注塑件的复杂程度　注塑件的结构越复杂,则模具型腔和型芯的形状也越复杂,而它们的尺寸也越繁多。模具型腔和型芯的加工部位越多,加工的工序也越多,加工的周期也越长,加工过程中所产生的内应力也越大。为了减少模具构件的变形,应选择优质钢材。

(5)注塑件的外观要求　注塑件如是外观装饰件,最好选用真空熔炼或电渣熔炼钢材,以达到型腔抛光的最好效果。

塑料模具用钢应根据其使用性能、加工性能和塑料模具用钢选用条件来进行选择,只有如此才能确保塑料模具用钢的可靠性、经济性和使用寿命。

复习思考题

1. 注塑模用钢有哪些使用性能要求?塑料模具用钢有哪些加工性能要求?
2. 选用塑料模具用钢应具有哪些条件?

第二节　注塑模具常用金属材料的性能和用途

每副注塑模模具中各种零、部件的用途不同,它们的功能也就不同。钢材的种类繁多,塑料模具中各种零、部件用钢应根据成型的塑料种类,被成型注塑件的形状、尺寸、精度和质量以及注塑件生产批量去选用;同时还需要考虑制造模具的加工工艺方法及模具的制造成本,来选用不同类型的钢材。由于模具的各种零、部件可分成结构件和注塑件的成型件,故常用的模具用钢也可分成结构件用钢和成型件用钢。结构件用钢有碳素结构钢和合金结构钢,还可用碳素工具钢和合金工具钢、渗碳钢和调质钢等;还可使用铜合金、铝合金和锌合金等。如注塑模模架的模板和垫块等,一般采用碳素结构钢;还有些零部件采用碳素工具钢,如推杆、推管、导柱和导套等。

一、碳素结构钢

结构钢又可分成碳素结构钢、优质碳素结构钢和合金结构钢。碳素结构钢如 Q235A 和 Q255B 等,优质碳素结构钢如 35,45 和 55 钢等,合金结构钢如 40Cr,60Si2Mn,9SiCr 和 Gr12MnV 等。

(1)Q235A　Q235A 是普通碳素结构钢,Q 为屈服强度符号,235 代表材料的屈服强度是 235MPa,Q235 又按质量等级细分为 A,B,C,D。Q235A 为廉价钢,可用于注塑模的模架的动模板、定模板和垫块等。

(2)45 钢　45 钢为优质碳素结构钢,硬度不高易切削加工,模具中常用来做模板、销子和导柱等,但须热处理。

①45 钢的化学成分:C 含量为 0.42%～0.50%、Si 含量为 0.17%～0.37%、Mn 含量为 0.50%～0.80%、Cr 含量≤0.25%、Ni 含量≤0.30%。

②45 钢的性能:淬火后在没有回火前,最高硬度为 55HRC,高频淬火可达 58HRC。在退火状态下硬度较低。其具有良好的切削性能和良好的塑性,可以采用冷挤压成型方法制造模具。渗碳后经淬火、低温回火处理,模具表面具有高的硬度、高的耐磨性及抛光性能,同时,具有一定的强度和韧性,从而可以保证模具的使用性能,并可有效地提高模具的使用寿命。调质处理后的零件具有良好的综合力学性能,广泛应用于各种重要的结构零件,特别是那些在交变负荷下工作的连杆、螺栓、齿轮及轴类等。但 45 钢表面硬度较低,不耐磨,可用调质+表面淬火提高零件的表面硬度。经过调质(或正火)后,45 钢可得到较好的切削性能,而且能获得较高的强度和韧性等综合力学性能。淬火、回火后表面硬度可达 45～52HRC。

③45 钢广泛用于机械制造,可用于制造注塑模固定推杆的推板、导轨和侧滑块等。也可以用于制造形状简单的模具型芯和型腔,但保证注塑件精度的寿命只有 5 万～8 万次。抛光性不良,不能抛到 Ra 0.4μm;调质后硬度不足而且硬化层浅。

(3)55 钢

①55 钢的化学成分:C 含量为 0.52%～0.60%、Si 含量为 0.17%～0.37%、Mn 含量为 0.50%～0.80%、S 含量≤0.035%、P 含量≤0.035%、Cr 含量≤0.25%、Ni 含量≤0.25%、Cu 含量≤0.25%。

②55 钢的性能:为高强度中碳钢,经热处理后有高的表面硬度和强度,但塑性、韧性较差;切削加工性能中等,焊接性、淬透性差,水淬具有形成裂纹的倾向。一般在正火或淬火后使用,用作要求具有较高强度和耐磨性或弹性、动载荷及冲击负荷不大的零件,如齿轮、轴、扁弹簧和曲轴等,也可用作锻件。

③55 钢可用于制造形状简单,要求尺寸精度在 SJ/T 10628－1995 标准中 5 和 6 级的注塑件或中型注塑件注塑模的型芯与型腔,也可用于制造注塑模的推板和侧滑块。

二、合金结构钢

合金结构钢简称合金钢。40Cr 是一种合金钢。

40Cr 的化学成分:C 含量为 0.37%～0.44%、Si 含量为 0.17%～0.37%、Mn 含量为 0.50%～0.80%、Cr 含量为 0.80%～1.10%、Ni 含量≤0.030%、P 含量≤0.035%、S 含量≤0.035%、Cu 含量≤0.030%。

40Cr 等合金结构钢适用于中等精度而转速较高的轴类零件,这类钢经调质和淬火后,具有较好的综合力学性能。中碳调质钢和冷镦模具钢,钢的价格适中,加工容易,经适当的热处理后可获得一定的韧性、塑性和耐磨性。正火可促进组织球化,改进硬度<160HBW 毛坯的切削性能。在 550～570℃回火,使 40Cr 具有最佳的综合力学性能。40Cr 的淬透性高于 45 钢,适用于高频淬火和火焰淬火等表面硬化处理等。

40Cr 为用途广泛的中碳低合金钢,经调质后用于制造承受中等负荷及中等速度工作的机械零件,如汽车的万向节、后半轴以及机床上的齿轮、轴、蜗杆、花键轴和顶尖套等;经淬火及中温回火后用于制造承受高负荷、冲击及中等速度工作的零件,如齿轮、主轴、油泵转子、滑块和套环等;经淬火及低温回火后用于制造承受重负荷、低冲击及具有耐磨性、截面上实体厚度在 25mm 以下的零件,如蜗杆、主轴、轴和套环等;经调质并高频表面淬火后用于制造具有高的表面硬度及耐磨性而无很大冲击的零件,如齿轮、套筒、轴、主轴、曲轴、芯轴、销子、连杆、螺钉、螺母和进气阀等。此外,这种钢又适用于制造进行碳氮共渗处理的各种传动零件,如直径较大和低温韧性好的齿轮和轴,还可用于制造形状不太复杂的中小型热塑性注塑模的小型芯、推杆和各种脱模机构的零件。

三、工具钢

工具钢是制造切削刀具、量具、模具和耐磨工具的钢。工具钢具有较高的硬度和在高温下能保持高硬度的热硬性,以及高的耐磨性和适当的韧性。工具钢一般分为碳素工具钢、合金工具钢和高速工具钢。

1. 碳素工具钢

(1)T8,T8A 共析钢 这类钢淬火加热时容易过热,变形也大,塑性和强度比较低,不宜制造承受较大冲击的工具;但经热处理后有较高的硬度和耐磨性,用于制造推杆、导柱和导套以及各类弹簧等。

(2)T10,T10A 过共析钢 这类钢晶粒细,在淬火加热时(温度达 800℃)不致过热,仍能保持细晶粒组织;淬火后钢中有未熔的过剩碳化物,所以具有比 T8,T8A 钢更高的耐磨性,但韧性较低。用于制造推杆、导柱和导套以及各类弹簧等。

2. 合金工具钢

合金工具钢的淬硬性、淬透性、耐磨性和韧性均比碳素工具钢高。这类钢淬火后的硬度在 60HRC 以上,且具有足够的耐磨性。碳含量中等的钢(碳质量分数 0.35%～0.70%)多用于制造热作模具,这类钢淬火后的硬度稍低,为 50～55HRC,但韧性良好。常用的合金工具钢的牌号有 Cr12,Cr12MoV,CrWMn,5CrNiMo 和 9Mn2V 等,经淬火和低温回火后具有高硬度和高耐磨性,其热处理后的硬度一般为 58～60HRC;常用于制造热固性塑料模具或要求耐磨的热塑性塑料模具,如玻璃纤维增强的热塑性塑料模具。

3. 高速工具钢

高速工具钢主要用于制造高效率的切削刀具,注塑模不使用该钢材。

四、渗碳钢

常用的渗碳钢有:碳素渗碳钢 10 钢和 20 钢,合金渗碳钢 20Cr,12CrNi3A,20Cr2Ni4 和 2CrNi3MoAlS 等。渗碳钢的碳含量一般在 0.1%～0.25%范围内,退火后硬度较低,具有良好的切削性能和塑性,可以采用冷挤压成型法制造模具。渗碳后经淬火和低温回火处理,模具表面具有高硬度、高耐磨性及抛光性;同时,具有一定的强度和韧性,从而可以保证模具的使用性能,并可提高模具使用的寿命。碳素渗碳钢因淬透性较差,只适用于制作承受载荷较小和要求不高的模具。合金渗碳的淬透性较碳素渗碳钢好,适用于制作截面和承受载荷均较大的塑料模具。

五、调质钢

塑料模具所用的调质钢为:45,55 等中碳钢及 40Cr,3Cr2Mo,5CrNiMo 和 4Cr5MoSiV1 等合金钢。调质钢制造塑料模具时,应在退火状态下进行粗加工,而后调质处理,最后方可进行精加工;或者在调质或正火处理后,直接进行粗加工及精加工,避免或减少模具在热处理时产生变形和裂纹等缺陷。调质钢具有良好的切削性能。因其淬透性较差,回火后的强度和硬度较低,比较适合的硬度为 33～38HRC。所以,调质钢适用于制造小型塑料模具或生产小批量注塑件的塑料模具。对于生产大批量注塑件,型腔复杂的大、中型塑料模具,应该采用合金调质钢,其在预硬化处理后硬度一般为 42~48HRC。

六、其他注塑模具材料

(1)铜合金　用于塑料模具材料的铜合金主要是铍青铜,如 ZCuBe2 和 ZCuBe2.4 等。一般采用铸造方法制造,不仅成本低、周期短,而且还可制出形状复杂的模具。铍青铜常用固溶和时效强化处理。固溶后合金处于软化状态,塑性较好,便于机械加工;经时效处理后,合金的抗拉强度可达 1 100~1 300MPa,硬度可达 40~42HRC。

铍青铜适用于制造吹塑模和注塑模等,以及一些高导热性、高强度和高耐腐蚀性的塑料模。利用铍青铜铸造模具可以复制木纹和皮革纹,可以用样品复制人像或玩具等不规则的成型面。

(2)铝合金　铝合金的密度小、熔点低,加工性能和导热性都优于钢,其中铸造铝硅合金还具有优良的铸造性能。因此,在有些场合可选用铸造铝合金来制造塑料模具,以缩短制模周期,降低制模成本。常用的铸造铝合金牌号有 ZL101 等,它适于制造要求高热导率、形状复杂和制造周期短的塑料模具。铝合金 7A09 也常用于塑料模的制造,由于它的强度比 ZL101 高,可制作要求强度较高且有良好导热性的塑料模,如发泡模和裱糊模等。铝合金适用于制作生产周期短、强度和耐磨性要求较低的样品模具和教学模具。

(3)锌合金　用于制作塑料模具的锌合金大多为 Zn-4Al-3Cu 共晶型合金,其主要成分如下:Al 为 3.9%~4.5%、Cu 为 2.8%~3.5%、Mg 为 0.03%~0.06%、Zn 约 92%;还含有少量 Pb,Cd,Sn,Fe 等杂质。用此合金通过铸造方法易于制造出光洁而复杂的模具型腔,并可降低制模费用和缩短制模周期。锌合金的不足之处是高温强度较差,且合金易于老化;因此,锌合金塑料模长期使用后易出现变形甚至开裂。这类锌合金适合制造注塑模和吹塑模等。用于制造塑料模具的锌合金,还有铍锌合金和镍钛锌合金。铍锌合金有较高的硬度(150HBW),耐热性好,所制作的注塑模的使用寿命可达几万至几十万件。镍钛锌合金由于镍和钛的加入,可使强度和硬度得到提高,从而使模具使用寿命成倍增长。

塑料的种类较多,不同的模具所需用的金属材料不同。塑料模具的零部件也众多,各种零部件的功能不同,所要求使用的金属材料也不同。又因塑料的品种不同,有热塑性塑料和热固性塑料,因而塑料的性能也不同,这样所要求使用的金属材料也不同。总的原则是塑料的品种不同、塑料的种类不同、塑料模具零部件不同,选用的模具所用金属材料就应该不同。

复习思考题

1. 应掌握塑料模具常用金属材料的品种、性能、用途和如何选取。
2. 应记住塑料模具常用金属材料的牌号。

第三节　塑料模具钢材的分类、性能和用途

我国过去无专用的塑料模具钢,一般塑料模具用钢都是采用正火的 45 钢和 40Cr,经调质后制造注塑模的零部件。因为这类钢材制造的模具零部件的硬度低、耐磨性差、表面粗糙度高,故加工出来的塑料产品外观质量较差,而且模具使用的寿命低。精密塑料模具及硬度高的塑料模具零部件,则采用 CrWMo 和 Cr12MoV 等合金工具钢制造,这些钢材制造的模具零部件不仅机械加工性能差,而且难以加工复杂的型腔,更无法解决热处理变形问题。由此,国内

对专用塑料模具用钢进行了多年的研制,并取得了一定的进展。我国已有了自己的专用模具钢系列,目前已纳入国家标准的有两种,即 3Cr2Mo 和 3Cr2MnNiMo;纳入行业标准的已有 20 多种;已在生产中推广应用的有十多种。

一、模具钢分类

模具钢大致可分为:冷作模具钢、热作模具钢和塑料模具钢三大类。

(1)冷作模具钢 冷作模具包括冷冲模、拉丝模、拉延模、压印模、搓丝模、滚丝板、冷镦模和冷挤压模等。冷作模具用钢,按其制造所具有的工作条件,应具有高的硬度、强度、耐磨性,足够的韧性,以及高的淬透性、淬硬性和其他工艺性能。用于这类用途的合金工具钢,一般属于高碳合金钢,碳质量分数在 0.80% 以上。铬是这类钢的重要合金元素,其质量分数通常≤5%;但对于一些耐磨性要求很高、淬火后变形很小的模具用钢,最高铬质量分数可达 13%,并且为了形成大量碳化物,钢中碳质量分数也很高,最高可达 2.0%~2.3%。冷作模具钢的碳含量较高,其组织大部分属于过共析钢或莱氏体钢;常用的钢种有高碳低合金钢、高碳高铬钢、铬钼钢、中碳铬钨钢等,它们的热加工和冷加工性能都不太好,因此必须严格控制热加工和冷加工的工艺参数,以避免产生缺陷和废品。另外,可通过提高钢的纯净度,减少有害杂质的含量;改善钢的组织状态,以改善钢的热加工和冷加工性能;从而降低模具的生产成本。

(2)热作模具钢 热作模具可分为锤锻、模锻、挤压和压铸几种主要类型,包括热锻模、压力机锻模、冲压模、热挤压模和金属压铸模等。热作模具在工作中除了要承受巨大的机械应力外,还要承受反复受热和冷却的作用,从而引起很大的热应力。热作模具钢除应具有高的硬度、强度、热硬性、耐磨性和韧性外,还应具有良好的高温强度、热疲劳稳定性、导热性和耐蚀性。此外还要求具有较高的淬透性,以保证整个截面具有一致的力学性能。对于压铸模用钢,还应具有表面层经反复受热和冷却不产生裂纹,以及抵抗液态金属流的冲击和侵蚀的性能。这类钢一般属于中碳合金钢,碳质量分数在 0.30%~0.60%,属于亚共析钢;也有一部分钢由于加入较多的合金元素(如钨、钼、钒等)而成为共析或过共析钢。常用的钢种有铬锰钢、铬镍钢、铬钨钢等。

(3)塑料模具钢 塑料模具钢要求具有一定的强度、硬度、耐磨性、热稳定性和耐蚀性等性能;此外,还要求具有良好的工艺性,如热处理变形小、加工性能好、耐蚀性好、研磨和抛光性能好、补焊性能好、表面粗糙度低、导热性好,工作条件、尺寸和形状稳定等。一般情况下,注塑成型或挤压成型模具可选用热作模具钢;热固性塑料成型的模具则要求高耐磨和高强度,可选用冷作模具钢。

二、模具钢的发展方向

随着塑料件的大型化、复杂化和精密化的发展趋势,塑料新品种不断产生以及模具的使用寿命提高,常用的模具用钢已不能满足塑料工业的要求,专用模具用钢随之而产生。目前专用模具用钢的发展方向大致有如下几个方面。

(1)易加工和抛光性好 随着光盘、磁盘、棱镜等精密件的生产,对易加工镜面钢的要求增加。这种钢含非金属杂质少,金相组织细致均一,没有纤维方向性。它是塑料模具钢的主要发展方向之一。

(2)耐蚀钢 模具在长期运转和保持的过程中,容易生锈受蚀,而且随着塑料在成型过程中添加了各种成分,模具更容易受蚀;因此要求提高钢材机体的耐腐蚀性能。近年来开发了一些耐蚀不锈钢材。

(3)马氏体时效合金钢　这种钢材具有足够的力学性能和突出的工艺性能,特别是有较高的强度、韧性、耐磨性、低的线胀系数,是制造注塑模的好钢材,但是价格贵。

(4)硬质合金　主要用于制作使用寿命要求很高、制品生产批量大的模具。

塑料模具按照成型固化不同,可以分为热固性成型塑料模和热塑性成型塑料模。热固性成型塑料模,如压塑模,工作时塑料呈固态粉末料或预制坯料,压入型腔并在一定温度下经热压成型。热塑性成型塑料模,如注射模和挤压模,工作时塑料在黏流状态下通过注射和挤压等方法进入型腔,并冷硬固化成型。

三、通用模具钢

模具钢又可分成通用模具钢和专用模具钢。通用的淬硬型塑料模具钢有:碳素工具钢、低合金冷作模具钢、高速钢基体钢和某些热作模具钢等。这些钢的最终热处理,一般是淬火和低温回火(少数采用中温回火或高温回火),热处理后的硬度通常在 45HRC 以上。

1. CrWMn

(1)性能　提高了 C,Cr 和 W 的含量,所以有更高的淬透性,油淬可淬透 $\phi40\sim\phi50mm$ 的工件,且淬火变形小,因而习惯称微变形钢。由于 W 形成钨碳化物,钢在淬火和低温回火后具有比铬钢(Cr2)和 9SiCr 更多的过剩碳化物和更高的硬度、耐磨性;此外钨还细化了晶粒,提高了回火稳定性,从而使钢获得更好的韧性。淬火后残留奥氏体量比其他合金钢多,还容易形成碳化物网,这对韧性不利,可通过锻后正火予以改善。

(2)用途　主要用于碳素工具钢不能满足要求的大截面和形状较复杂、要求淬火变形小的模具零件,常用于热固性塑料压模要求热变形较小的零部件,缺点为容易发生网状碳化物,不耐冲击。

2. 9Mn2V

(1)性能　淬透性和耐磨性均比碳工具钢好,淬火变形小。由于 9Mn2V 中含有一定量的钒,细化了晶粒,减小了过热敏感性;同时,碳化物较细小并且分布均匀,热处理性能较好。9Mn2V 可在硝盐、热油等冷却能力较为缓和的淬火介质中淬火。

(2)用途　适于制造一般要求的冷压模及落料模等,还可以用于各种精密量具、样板、塑料模和雕刻模中要求变形小与耐磨性好的零件。冷作模具钢,钢的淬透性、淬火和回火的硬度、耐磨性、强度均比 Cr12 高。可用于制造截面较大、形状复杂、工作条件繁重下的各种冷冲模具和工具。

3. 9SiCr

(1)性能　可承受 980 ℃以下反复加热,具有较高的高温强度及抗氧化、抗渗碳性能。比铬钢具有更高的淬透性和淬硬性,并且具有较高的回火稳定性。适用于分级淬火和等温淬火,热处理变形小。主要缺点是加热时脱碳倾向性较大。

(2)用途　通常用于制造外形复杂、变形小、耐磨性要求高的低速切削刀具;也可以制造冷作模具,如冲模、打印模及热固性塑料模等。

4. 5CrMnMo

(1)性能　热作模具钢,除淬透性、耐热疲劳性稍差外,与 5CrNiMo 类似。淬火变形小,但抛光性差。要求韧性较高时,可采用电渣重熔钢,硬度为44～48HRC。

(2)用途　适用于制作要求具有较高强度和高耐磨性的各种类型锻模,如边长≤400mm的中型锤锻模,即热切边模。调质后精加工可用于大型热塑性塑料注塑模。

5. CrMn2SiWMoV

(1)性能　冷作模具钢,硬度≥60HRC。空冷可以淬硬,仅存在微变形。性能较稳定,模具的使用寿命有较大提高;共晶碳化物颗粒细小均匀,有较高的淬透性和淬硬性,较好的耐磨性和尺寸稳定性。

(2)用途　可制作电器硅钢片的冲裁模,可冲裁厚度为1.5～6mm的弹簧钢板,使用寿命比Cr12和Cr12MoV提高了一倍;也可制作镦模、落料模、冷挤凹模等。还可以用于热固性塑料注塑模的复杂型芯和嵌件等。

6. 20CrMnTi

(1)性能　是性能良好的渗碳钢,淬透性较高,经渗碳淬火后具有硬而耐磨的表面与坚韧的心部;在保证淬透的情况下,具有较高的强度和韧性,特别是具有较高的低温冲击韧度。是表面渗碳硬化用钢,抗疲劳性能相当好,焊接性中等。正火后切削性良好,加工变形微小。

(2)用途　可用于制造截面<30mm的承受高速、中等或重载荷、冲击及摩擦的重要零件,如齿轮、轴类和活塞类零配件等;还用于制造汽车和飞机上各种特殊部位的零件。

7. 38CrMoAl

(1)性能　是一种耐海水腐蚀的专用钢材,具有很强的耐腐蚀性、高耐磨性和高疲劳强度等优点。38CrMoAl无缝钢管材料焊接性能较好,配有专用耐腐焊条"海O_3",无特殊焊接要求。调质后硬度为28～32HRC,可以用于氮化处理,氮化后表面硬度可达1000HV;调质后不氮化,耐磨性差。

能耐腐蚀的原因:其一,材料中的Al能与空气中的O化学反应生成Al_2O_3,从而形成了保护膜,既防腐又耐腐。其二,材料中的Cr和Mo离子,在海水中能自动补充Cl离子对钢材点腐蚀形成的空隙,形成致密保护层,阻止点腐蚀向纵深发展,起到耐腐、延长使用寿命的作用。

(2)用途　38CrMoAl无缝钢管材料,是沿海电厂、沿海油田、沿海天然气及石化厂输送水、油气及含海水介质的最理想的管路及加工件制作材料。用于制造聚氯乙烯、聚碳酸酯等成型时,有腐蚀性气体的注塑模的型腔和型芯。

四、专用模具钢

随着塑料产量的提高和应用领域的扩大,对塑料模具提出了越来越高的要求,并促进了塑料模具的不断发展。目前塑料模具正朝着高效率、高精度、高使用寿命方向发展,同时也推动了塑料模具材料迅速发展。近年来所研制的预硬化钢、镜面钢和耐腐蚀钢等钢材,为模具用钢性能的提高,模具使用可靠性、模具加工性和模具使用寿命的提高,起到了十分重要的作用。

1. 预硬化钢

所谓预硬化钢就是供应时已经预先进行了热处理,并使之达到了模具使用状态的硬度。这类钢的特点是在25～50HRC硬度下,可以直接进行成型车削、钻孔、铣削、雕刻、精锉等加工,精加工后可直接交付使用。这就完全避免了热处理变形的影响,从而保证了模具的制造精度。这个硬度范围变化较大,较低硬度为25～35HRC,较高硬度为40～50HRC。

预硬化钢加入了适量的铬、锰、镍、钼、钒等合金元素。为了解决在较高硬度下切削加工难度大的问题，通过向钢中加入硫、钙、铅、硒等元素，以改善切削加工性能，从而制得易切削的预硬化钢。有些预硬化钢可以在模具加工成型后进行渗氮处理，在不降低基体使用硬度的前提下，使模具的表面硬度和耐磨性得到显著的提高。

预硬型塑料模具钢可分为非调质预硬型塑料模具钢和调质预硬型塑料模具钢。前者常用的种类有 SWFT 和 NQP。后者有 3Cr2Mo，3Cr2MnNiMo，42CrMo，4Cr5MoSiV，5CrNiMnMoVSCa，8Cr2MnWMoVS(8Cr2S)，40CrMnVBSCa 和 Y55CrNiMnMoV(SM1)；日本大同模具钢 PX4 和 PAC5000；瑞典一胜百模具钢 618HH 和 718HH(IMPAX HH)；德国葛利兹模具钢 1.2311，1.2738 和 1.2711 等。

(1)3Cr2Mo(P20)　预硬化的硬度为 27~34HRC，硬度均匀，耐磨性好，标准为 GB/T 1299—2014。P20 是热作模具钢，是引进美国的 P20 中碳 Cr—Mo 系塑料模具钢，适用于制作塑料模和压铸低熔点金属的模具材料，具有良好的可切削性及镜面研磨性能。P20 已预先硬化处理至 30~36HRC，可直接用于制模加工，并具有尺寸稳定性好的特点；预硬钢材可满足一般用途需求，模具使用寿命可达 50 万模次。

①特性：真空脱气精炼处理后钢质纯净，适合要求抛光或蚀纹加工的注塑模。预硬状态供货，无需热处理便可直接用于模具加工，能缩短工期。经锻轧制加工，组织致密，100%超声波检验，无气孔、针眼缺陷。为了提高模具使用寿命使其达到 80 万模次以上，可对预硬化钢实施淬火加低温回火的加硬方法来实现：淬火时先在 500~600℃预热 2~4h，然后在 850~880℃保温一定时间（至少 2h），放入油中冷却至 50~100℃出油空冷，淬火后硬度可达 50~52HRC。为了防止开裂应立即进行 200℃低温回火处理，回火后，硬度可保持 48HRC 以上。氮化处理可得到高硬度表层组织，表层硬度达到 57~60HRC，模具使用寿命可达到 100 万次以上；氮化层具有组织致密、光滑等特点，模具的脱模性及抗湿空气及碱液腐蚀性能提高。

②用途：可用于制造中、小型的热塑性塑料注塑模具，挤压模具；热塑性塑料吹塑模具；重载模具的主要部件；冷结构制件。常用于制造电视机壳、洗衣机、冰箱内壳、水桶、电话机、吸尘器壳体和饮水机等的塑料成型模等。

(2)5CrNiMnMoVSCa(简称 5NiSCa)　5NiSCa 采用中碳加镍，属易切削、高韧性塑料模具钢，在预硬态(35~45HRC)韧性和切削加工性良好；镜面抛光性能好；表面粗糙度低，可达 Ra 0.2~0.1μm，使用过程中表面粗糙度保持能力强；花纹蚀刻性能好，清晰、逼真；淬透性好。该钢在高硬度下(50HRC 以上)，热处理变形小，韧性好，并具有较好的阻止裂纹扩展的能力。

用途：可用作型腔复杂、型腔质量要求高的注塑模、压塑模、橡胶模、印制板冲孔模等，效果显著。

(3)Y55CrNiMnMoV(SM1)　属易切削调质型预硬化塑料模具钢，预硬状态交货，预硬化硬度为 35~40HRC。易切削效果明显、性能稳定，综合性能明显优于 45 钢，还具有耐蚀性较好和可渗氮等优点。

用途：生产工艺简便易行，性能优越稳定，使用寿命长。经电子、仪表、家电、玩具和日用五金等行业推广应用，效果显著。

5NiSCa 和 SMI 为含硫易切削模具钢，适用于制造中、大型热塑性塑料注塑模。

2. 析出硬化钢

以下两种钢适用于热塑性及热固性塑料注塑模，要求具有使用寿命长、尺寸精度高的中小型模具。

（1）Y20CrNi3AIMNMo（SM2）　属时效硬化型塑料模具钢，预硬化后时效硬化，硬度可达40～45HRC。

用途：生产工艺简便易行，性能优越稳定，使用寿命长。经电子、仪表、家电、玩具和日用五金等行业推广应用，效果显著。

（2）10Ni3CuAlVS（PMS）　为镜面塑料模具钢。光学塑料镜片、透明塑料制品以及外观光洁、光亮、质量高的各种热塑性塑料壳体成型模具，国外通常选用表面粗糙度低、光亮度高、变形小、精度高的镜面塑料模具钢制造。镜面性能优异的塑料模具钢，除要求具有一定强度、硬度外，还要求冷热加工性能好、热处理变形小，特别要求钢的纯洁度高，以防在镜面出现针孔、橘皮纹、斑纹及锈蚀等缺陷。

PMS镜面塑料模具钢是一种新型的析出硬化型塑料模具钢，具有良好的冷、热加工性能和综合力学性能，热处理工艺简便、变形小、淬透性高，适宜进行表面强化处理，在软化状态下可进行模具型腔的挤压成型。时效处理后硬度为40～45HRC。PMS的变形率很小，收缩量＜0.05％，总变形率径向为－0.11％～0.041％，轴向为－0.021％～0.026％，接近马氏体时效钢。

用途：适用于制造各种光学塑料镜片，高镜面、高透明度的注塑模以及外观质量要求极高的光洁、光亮的各种家用电器塑料模。例如电话机壳体的模具，生产出的电话机塑料壳体制品外观质量达到国外同类产品的先进水平，模具使用寿命也明显提高。又如大型双卡收录机的注塑模，生产出的机壳外观质量高；原用45钢制造注塑模，模具使用寿命为15万模，而PMS钢制造的注塑模，使用寿命达40万模。PMS钢是含铝钢，渗氮性能好，时效温度与渗氮温度相近，因而可以在渗氮处理的同时进行时效处理。渗氮后模具表面硬度、耐磨性、抗咬合性均有提高，可用于注塑玻璃纤维增强塑料的精密成型模具。PMS钢还具有良好的焊接性能，对损坏的模具可进行补焊修复。PMS钢还适用于高精度型腔的冷挤压成型。因热变形极小，可作镜面抛光。特别适合于腐蚀精细花纹。抗拉强度约为1 400MPa。

3. 时效硬化型塑料模具钢

此类钢的共同特点是碳含量低、合金含量较高，经高温淬火（固溶处理）后，钢处于软化状态，组织为单一的过饱和固溶体；但是将此固溶体进行时效处理，即加热到某一较低温度并保温一段时间后，固溶体中就会析出细小弥散的金属化合物，从而造成钢的强化和硬化。并且，这一强化过程引起的尺寸、形状变化极小。因此，采用此类钢制造塑料模具时，可在固溶处理后进行模具的机械成型加工，然后通过时效处理，使模具获得使用状态的强度和硬度，保证了模具最终尺寸和形状的精度。此外，此类钢往往采用ESR（电渣重熔）和VAR（真空熔炼）两种新的熔炼工艺，将不锈钢材内的夹杂物降到最低，因纯净度高常被称为纯净钢，所以镜面抛光性能和光蚀性能良好。这一类钢还可以通过镀铬、渗氮、离子束增强沉积等表面处理方法，来提高耐磨性和耐蚀性。25CrNi3MoAl属于低镍无钴时效硬化钢，是参考国外同类钢的成分，并根据我国冶炼工业的特点及使用厂家对性能的要求加以改进的新钢种。这种新型时效硬化钢为我国时效硬化型精密塑料模具专用钢种填补了空白。

时效硬化型塑料模具钢有：18Ni200，18Ni250，18Ni300，18Ni350，25CrNi3MoAl，10Ni3MnMoCuAl（PMS），0Cr16Ni14Cu13Nb（PCR）和20CrNi3AlMnMo（SM2）；日本大同模具钢NAK55和NAK80；瑞典一胜百模具钢EM33和EM38；德国葛利兹模具钢GEST 80等。

（1）用于高精密塑料模具　淬火加热温度为880℃，再经680℃高温回火。在高温回火后对模具进行粗加工和半精加工，再经650℃保温1h，消除加工后的残留内应力，然后再进行时效,研磨和抛光等精加工。经此处理后时效变形率仅为$-0.01\%\sim-0.02\%$。

（2）用于对冲击韧度要求不高的塑料模具　对退火的锻坯直接经粗加工和精加工,进行$520\sim540℃$的$6\sim8h$的时效处理,再经研磨、抛光及装配使用。经此处理后,模具硬度为$40\sim43HRC$,时效变形率$\leqslant0.05\%$。

（3）用作冷挤型腔工艺的塑料模具　模具锻坯经软化处理后,即对模具挤压面进行加工、研磨和抛光,然后对冷挤压模具型腔和模具的外形进行修整,最后对模具进行真空时效处理或表面渗氮处理后再装配使用。

（4）特点

①钢中镍含量低,价格远低于马氏体时效钢,也低于超低碳合金时效钢。

②调质硬度为$230\sim250HBW$,常规切削加工和电加工性能良好。时效硬度为$38\sim42HRC$,时效处理及渗氮处理温度范围相当,且渗氮性能好,渗氮后表层硬度达$1\,000HV$以上,而心部硬度保持在$38\sim42HRC$。

③镜面研磨性好,表面粗糙度可在$Ra\,0.2\sim0.025\mu m$,表面光刻侵蚀性好,光刻花纹清晰均匀。

④焊接修补性好,焊缝处可加工,时效后焊缝硬度和基体硬度相近。

4. 18Ni 类钢

这类钢属于低碳马氏体时效钢。碳质量分数极低（约0.03%）,目的是改善钢的韧性。因这类钢的屈服强度为$1\,400MPa,1\,700MPa,2\,100MPa$三个级别,可分别简写为18Ni140级、18Ni170级和18Ni210级。18Ni马氏体时效钢中起时效硬化作用的合金元素是钛、铝、钴、钼。18Ni中加入大量的镍,主要作用是保证固溶体淬火后能获得单一的马氏体,其次Ni与Mo作用形成时效强化相Ni_3Mo,镍的质量分数在10%以上,还能提高马氏体时效钢的断裂韧度。

18Ni类钢主要用于精密锻模及制造高精度、超镜面、型腔复杂、大截面和大批量生产的塑料模具;但因Ni,Co等贵重金属元素含量高,价格昂贵,尚难以广泛应用。

5. 06Ni6CrMoVTiAl（06Ni）

该钢属于低镍马氏体时效钢。该钢的突出优点是热处理变形小,抛光性好,固溶硬度低,切削加工性能好,具有良好的综合力学性能以及渗氮和焊接性能。因为合金含量低,其价格比18Ni型马氏体时效钢低得多。低碳马氏体时效钢的硬化机理是在马氏体基体中析出金属化合物而产生硬化,这首先要求低碳含量,并含有时效硬化元素,以提高钢的时效硬度。06Ni钢的时效硬度比18Ni类高合金马氏体时效钢的固溶硬度（$28\sim32HRC$）低,故切削加工性能优于高合金马氏体时效钢。在使用温度状态下,钢的韧性有较大增加。

用途:马氏体时效钢06Ni6CrMoVTiAl已分别应用在化工、仪表、轻工、电器、航空航天和国防工业等部门,用以制作磁带盒、照相机和电传打字机等零件的塑料模具,均取得很好的效果。该钢制作的录音机磁带盒塑料模具使用寿命可达200万次以上,压制的产品质量可与进口模具压制的产品相媲美。

6. 耐蚀塑料模具钢 PCR

0Cr16Ni4Cu3Nb（PCR）属于析出硬化不锈钢,硬度为$32\sim35HRC$时可进行切削加工。该钢再经$460\sim480℃$时效处理后,可获得较好的综合力学性能。钢中含有铜元素,其压力加工性能与铜的含量有很大关系。当铜质量分数$w_{Cu}>4.5\%$时,锻造易出现开裂;当铜质量分

数 $w_{Cu} \leqslant 3.5\%$ 时,其压力加工性能会有很大改善。锻造时应充分热透,锻打时要轻锤快打,变形量小;然后可重锤,加大变形量。PCR 钢淬透性好,在 $\phi 100mm$ 断面上硬度均匀分布。回火时效后总变形率:径向为 $-0.04\% \sim -0.05\%$,轴向为 $-0.037\% \sim -0.04\%$。

耐蚀型塑料模具钢的种类有:高碳高铬型耐蚀钢,如 9Cr18,9Cr18Mo,Cr18MoV,Cr14Mo4V 和 4Cr13;日本大同模具钢 S-STAR,G-STAR 和 D-STAR;瑞典一胜百模具钢 S136(STAVAX ESR),S136SUP(STAVAX SUPREME),ELMAX(ELMAX LH/HH),S336(CORRAX),168(RAMAX 2)和 POLMAX(420 VAR);德国葛利兹模具钢 1.2083 VICTORY ESR 和 1.2316 VICTORY ESR 等;马氏体不锈耐酸钢,如 1Cr17Ni2;析出硬化不锈钢,如 0Cr16Ni4Cu3Nb 等。

用途:PCR 钢适用于制作含有氟、氯的塑料成型模具,具有良好的耐蚀性。如用于氟塑料或聚氯乙烯塑料成型模,氟塑料微波板、塑料门窗、各种车车把套、氟氯塑料挤出机螺杆、料筒以及添加阻燃剂的塑料成型模。可作为 17-4PH 钢的代用材料(17-4PH 钢为马氏体沉淀硬化型不锈钢)。聚三氟氯乙烯阀门盖模具,原用 45 钢或镀铬处理的模具,使用寿命为 1 000～4 000 件;用 PCR 钢,到 6 000 件时仍与新模具一样,未发现任何锈蚀或磨损,模具使用寿命可达10 000～12 000 件。四氟塑料微波板,原用 45 钢或表面镀铬模具,使用寿命仅为 2～3 次;改用 PCR 钢后,模具使用 300 次,未发现任何锈蚀或磨损,表面光亮如镜。

7. 塑料模具专用钢材的钢号、硬度、化学成分和用途

塑料模具专用钢材的钢号、硬度、化学成分和用途,见表 13-1。

表 13-1 塑料模具专用钢材的钢号、硬度、化学成分和用途

钢材类型	钢号	硬 度	主要化学成分/%							性能和用途
			C	Cr	Mn	Ni	S	Mo	V	
预硬化模具钢	P20	预硬:330～370HBW	0.38	1.85	1.30	Si 0.03	0.008	0.40	Ni 1.00	预硬和真空脱气精炼处理,钢质纯净,适合抛光或蚀纹加工的注塑模和挤压模、吹塑模
易切削高韧性模具钢	5NiSCa	预硬:35～45 HRC	0.50～0.60	0.80～1.20	0.80～1.20	0.80～1.20	0.06～0.15	0.30～0.60	0.15～0.30	切削性、强韧性和抛光性好,淬透性高的二元易切削预硬化钢,制造精密注塑模
易切削调质型预硬钢	SM1	预硬:35～40 HRC	0.50～0.60	0.80～1.20	0.80～1.20	1.00～1.50	0.08～0.15	0.20～0.50	0.10～0.30	性能优越稳定,使用寿命长。用作型腔复杂、型腔要求高的注塑模、压塑模和橡胶模
时效硬化型钢	SM2	预硬:40～45 HRC	0.17～0.23	0.80～1.20	0.80～1.20	3.00～3.50	0.08～0.15	0.20～0.50	P < 0.03	预硬化后时效硬化,性能优越稳定,使用寿命长。用于电子、仪表、家电和玩具等模具

续表 13-1

钢材类型	钢号	硬度	主要化学成分/%							性能和用途
			C	Cr	Mn	Ni	S	Mo	V	
耐蚀镜面钢	S136	预硬：215HBW	0.38	13.6	0.50	0.80	P <0.03	0.60	S < 0.03	抛光性能极佳，耐蚀性和耐磨性好。用于 PVC（聚氯乙烯）、醋酸盐、热固性塑料和光学产品的注塑模
时效硬化型钢	25CrNi3MoAl	调质硬度：230～250HBW 时效硬度：38～42HRC	0.20 ~ 0.30	1.20 ~ 1.80	0.50 ~ 0.80	3.0 ~ 4.0	Al 1.0 ~ 1.6	0.20 ~ 0.40	Si 0.2 ~ 0.5	切削与电加工、渗氮性能良好，镜面研磨性、表面光刻侵蚀性和焊接修补性好。制作高精度、长使用寿命、表面光刻花纹和精密镜面塑料模具
镜面模具钢	PMS	时效硬化后：40HRC 左右	0.06 ~ 0.16	Cu 0.8 ~ 1.2	1.40 ~ 1.70	2.80 ~ 3.4	Al 0.70～1.10	0.20 ~ 0.50	Si ≤ 0.35	良好的冷热加工和综合力学性能，变形小，淬透性高，适宜进行表面强化处理，软化状态下可进行模具型腔挤压成型
马氏体时效钢	18Ni	时效硬度：42～47HRC 渗氮处理：40～43HRC	Ti 0.50 ~ 0.80	Co 8.0 ~ 9.5	0.05 ~ 0.15	18 ~ 19	0.05～0.15	4.60 ~ 5.20	Si ≤ 0.12	起到时效硬化作用的合金元素是：钛、铝、钴、钼，制造高精度、超镜面、型腔复杂、大截面、大批量生产的塑料模具
低镍马氏体时效钢	06Ni	硬度：25～28 HRC 时效硬度：42～47HRC	≤0.06	1.30 ~ 1.60	≤ 0.05	5.50 ~ 6.50	—	0.90～1.20	—	热处理变形小，固溶硬度低，抛光和切削加工性能好，良好综合力学及渗氮、焊接性能，制作磁带盒、照相机、电传打字机等模具，且使用寿命长

随着塑料产品需求量的提高和应用领域的扩大,对塑料模具提出了越来越高的要求,促进了塑料模具的不断发展,同时也带动了塑料模具钢的快速发展,主要表现在塑料模具钢材的开发加快,品种迅速增加。合理地选择塑料模具钢及热处理工艺对保证塑料模具质量,提高塑料模具使用寿命和降低生产成本具有重要作用。

模具用钢的耐磨性、耐蚀性、易加工性、热稳定性、导热性、补焊性、抛光性、使用寿命长和热处理变小等的性能,越来越成为模具用钢必须具备的特点。所以模具用钢的合理选择,对满足注塑件成型的要求,发挥模具用钢性能和提高模具使用的经济性具有非常大的作用。

复习思考题

1. 模具用钢的分类。叙述模具用钢的发展方向。熟记通用模具用钢的种类、性能及用途。

2. 熟记专用模具用钢的种类、性能及用途。熟记塑料模具专用钢的钢号、硬度及用途。

第四节　塑料模具钢材的选用

塑料制品在工业及日常生活中的应用越来越广泛,塑料模具工业对模具钢的需求也越来越大。在塑料成型加工中,模具的质量对塑料产品质量的保证作用是不言而喻的。塑料模具目前已向精密化、大型化和多腔化的方向发展,对塑料模具钢的性能的要求也越来越高,塑料模具钢的性能应根据塑料种类、制品用途、生产批量、尺寸精度和表面质量的要求而决定。

一、影响塑料模具钢选择的因素

塑料模具的零部件可分为两大类:一类为结构件,包括浇注系统、导向件、推板、顶出机构和支承件等;另一类为成型件,包括型腔、型芯和嵌镶件等。其中第一类模具零件可按机械零件的要求进行强度和结构设计,材料一般选用中低碳素结构钢、合金钢和碳工具钢。而成型件由于结构复杂,要求工件的尺寸精度高,表面粗糙度低,接缝密合性好,对模具材料的力学性能、耐磨性及加工工艺性都提出了专业要求。

1. 模具的主要失效形式

由于模具的工作温度较高、压力较大,有的聚合物易于与模具的表面发生磨损和腐蚀作用,有时还会受到脱模带来的磨损和碰撞,其主要失效形式有以下三种:

(1)表面磨损　由于塑料中增强材料的填料,对模具型腔表面产生冲刷、磨损和腐蚀作用,从而影响到模具型腔表面粗糙度的升高和尺寸的超差;

(2)变形　模具局部产生了塑性变形,导致表面出现凹陷、皱纹、麻点和棱角坍塌等损坏;

(3)断裂　由模具局部应力集中导致的断裂现象。

2. 模具的制造和使用要求

塑料模具对材料在强度和韧性上的要求低于冷作模和热作模,根据其失效形式和工作要求,对其基本性能要求可归纳为:

(1)足够的耐磨性　由于表面磨损是模具的主要失效形式之一,因此模具应当有足够的硬度,以保证模具的耐磨性和模具的使用寿命。通常需要选择合适的材料和恰当的热处理方法来满足硬度的要求。但当硬度达到一定值时,硬度对耐磨性的提高作用就不明显了。

（2）减少热处理变形影响　由于注塑零件形状往往比较复杂,塑料模具在淬硬后很难加工,有时甚至无法加工;但为了提高硬度,必须进行热处理。要采取适当的措施降低热处理变形的影响,对于必须在热处理后进行加工的模具,应选用热处理变形小的材料。

（3）优良的切削加工性能　塑料模具在制造中切削加工的成本常占大部分,为了延长切削刀具的使用寿命,保证加工表面质量,要求模具材料具有良好的切削加工性。对于预硬性钢材,要求淬火后也要有较好的加工性。

（4）良好的抛光性能和刻蚀性　为了获得高品质的塑料制品,模具内型腔的表面必须进行抛光以减小表面粗糙度。为了保证模具具有良好的电加工性和镜面抛光性、花纹图案刻蚀性,模具钢材料的纯洁度要高,组织细微、均匀、致密和无纤维方向性。

（5）良好的耐腐蚀性能　注塑 PVC(聚氯乙烯)或加有阻燃剂等添加剂的塑料制品时,会分解出具有腐蚀性的气体,对模具的表面有一定的化学腐蚀作用。制作这类模具时,应选用具有一定抗腐蚀能力的钢材。

二、塑料模具用钢的选用方法

塑料模具用钢可根据钢材的特性、模具用钢工作条件、成型的塑料品种、注塑件生产的批量、模具类型和模具用途来选择。

（1）依据塑料件产量选用塑料模具用钢（表 13-2）

表 13-2　依据塑料件产量选用塑料模具用钢　　（件）

模具使用寿命（合格品范围内）	选　用　钢　材
10 万～20 万	45,55,40Cr
30 万	P20,5NiSCa,8CrMn
60 万	P20,5NiSCa,SM1
80 万	8CrMn(淬火),P20
120 万	SN2,PMS
150 万	PCR,LD2,65Nb
200 万以上	65Nb,06Ni7Ti2Cr 06Ni6CrMoVTiAl 25CrNi3MoAl(氮化) 012Al(氮化)

（2）根据模具的用途选用模具用钢（表 13-3）

表 13-3　根据模具的用途选用模具用钢

模　具　用　途	钢　　材	硬度/HRC
大型模具（汽车仪表板和前后保险杠等）	预硬化模具钢 P20	36～46
	高级不锈钢 PCR	36～50
	热作钢 3Cr2W8V,4Cr5MoSiV1	36～50
镜面模具（光学、医学等透明件）	时效硬化钢 25CrNi3MoAl	45～52
	高级不锈钢 PCR	45～52
形状复杂模具（汽车、家电、电器和电子零件）	预硬化模具钢 P20	34～46
	高级不锈钢 PCR	36～52
耐磨模具（增强性和填充材料的塑料件）	8CrMn,PMS,06NiTi2Cr 06Ni6CrMoVTiAl	52～60

续表 13-3

模 具 用 途	钢 材	硬度/HRC
生产周期长模具(一次性餐具和容器)	65Nb,06Ni7Ti2Cr 06Ni6CrMoVTiAl 25CrNi3MoAl(氮化)	45～60
耐腐蚀性模具(PVC、潮湿环境中塑料件)	38CrMoAl,PCR	34～50
光蚀刻花	预硬化模具钢 P20 热作钢 3Cr2W8V,4Cr5MoSiV1	—
高热传导性模具(生产周期长的注塑模和吹塑模)	铜合金 ZCuBe2,ZCuBe2.4 合金铍铜 碳工具钢	40HBW 30HBW ～190HBW

(3)依据塑料用途和品种选用模具用钢(表 13-4)

表 13-4 依据塑料用途和品种选用塑料模具用钢

用 途		代表的塑料及制品		模具要求	适用钢材
一般热塑性塑料、热固性塑料	一般	ABS	电视机壳、音响设备	高强度、耐磨损	55,40Cr,P20,SM1 SM2,8CrMn
		聚丙烯	电扇扇叶、容器		
一般热塑性塑料、热固性塑料	表面有花纹	ABS	汽车仪表盘 化妆品容器	高强度、耐磨损 光刻性	PMS 20CrNi3MoAl
	透明件	有机玻璃 AS	唱机罩、仪表罩 汽车灯罩	高强度、耐磨损 抛光性	5NiSCa SM2,PMS,P20
增强塑料	热塑性	POM PC	工程塑料制品 电动工具外壳 汽车仪表盘	高耐磨性	65Nb 8CrMn PMS SM2
	热固性	酚醛 环氧	齿轮等		65Nb 8CrMn 06NiTi2Cr 06Ni6CrMoVTiAl
阻燃型物件		ABS 加阻燃剂	电视机壳像 收音机壳、显像管罩	耐腐蚀	PCR
聚氯乙烯		PVC	电话机、阀门管件 门把手	强度及耐腐蚀	38CrMoAl PCR
光学透镜		有机玻璃 聚苯乙烯	照相机镜头 放大镜	抛光性及 防锈性	PMS8,CrMn PCR

(4)依据塑料模类型选用塑料模具用钢(表 13-5)

表 13-5 依据塑料模类型选用塑料模具用钢

模具类型	塑料品种	钢材(及其他材料)	硬 度
注塑模	热塑性塑料	高强度铝合金 7A09,预硬化模具钢 P20	146～180HBW
	热固性塑料	冷作钢:高速钢 W18Cr4VCo5	52～58HRC
压塑模	热固性塑料	冷作钢:高速钢 W18Cr4VCo5	52～58HRC
吹塑模	PVC	预硬化模具钢 P20	45～52HRC

（5）塑料模具用钢及适应的工作条件（表 13-6）

表 13-6　塑料模具用钢及适应的工作条件

钢的种类	牌　　号	适应的工作条件
渗碳钢	12CrNi2,12CrNi3A,20Cr,20CrMnMo 20CrNi4A	生产批量大、承受较大动载荷、受磨损较重的模具
调质钢	10,20	生产批量较小、精度要求不高、尺寸不大的模具
	45,55	
	3Cr2Mo,40CrNiMoA,40CrNi2Mo 40CrMnMo,45CrMoVA,5CrNiMo 5CrMnMo,40Cr,4Cr5MoVSi 4Cr5MoV1Si,35SiMn2MoVA	大型、复杂、生产批量较大的塑料注塑模或挤压成型模
高碳工具钢	Cr12,Cr12MoV,CrWMn,9Mn2V,9CrWMn Cr6WV,Cr4W2MoV,GCr15,SiMnMo	热固性塑料模具,生产批量较大、精度要求高及要求高强度、高耐磨的塑料注塑模
耐蚀钢	4Cr13,9Cr18,9Cr18MoV,Cr14Mo Cr14MoV	要求耐腐蚀及表面要求较高的模具
沉淀硬化 不锈钢	17-7PH,PH15-7Mo,PH14-8Mo AM-350,AM-355	
马氏体 时效钢	Ni16Co8Mo5TiAl,Ni20Ti2AlNb Ni25Ti2AlNb,Cr5Ni2Mo3TiAl	复杂、精密、耐磨、耐腐蚀和超镜面的模具

模具用钢的选用,应根据塑料品种、注塑件生产的批量、模具类型和模具用途来确定,也需要考虑到模具用钢的主要失效形式,还需要考虑到模具的制造和使用要求。只有这样才能正确地选取到模具用钢,确保模具用钢的使用性能。

复习思考题

1. 模具失效存在哪些形式? 影响塑料模具制造和使用有哪些因素?
2. 塑料模具用钢选用要考虑哪些因素?

第五节　塑料模具钢材的热处理

选用不同品种的钢材制作塑料模具,其化学成分和力学性能各不相同,制造工艺路线也不同;同样,不同类型塑料模具钢采用的热处理工艺也是不同的。本节主要介绍塑料模具的制造工艺路线、热处理工艺的特点及塑料模具主要构件与热处理的硬度。

一、热处理的工艺

热处理的工艺有调质、淬火、退火、回火和正火等。钢的热处理种类分为整体热处理和表面热处理两大类。常用的整体热处理有退火、正火、淬火、调质和回火,表面热处理可分为表面淬火与化学热处理两类。

（1）淬火　将钢件加热到奥氏体温度并保持一定时间,然后以大于临界冷却速度冷却,以获得非扩散型转变组织,如马氏体、贝氏体和奥氏体等的热处理工艺。

淬火的目的是使过冷奥氏体进行马氏体或贝氏体转变,得到马氏体或贝氏体组织,然后配合不同温度的回火,可以大幅提高钢的强度、硬度、耐磨性、疲劳强度以及韧性等,从而满足各种机械零件和工具的不同使用要求。也可以通过淬火来满足某些特种钢材的铁磁性和耐蚀性等特殊的物理与化学性能。为了满足各种零件不同的技术要求，还发展了各种淬火工艺。如按接受热处理的部位可分为整体淬火、局部淬火和表面淬火，按加热时相变是否完全可分为完全淬火和不完全淬火(对于亚共析钢，该法又称为亚临界淬火)，按冷却时相变的内容可分为分级淬火、等温淬火和欠速淬火等。但是，马氏体的脆性很大，加之淬火后钢件内部有较大的淬火内应力，因而不宜直接应用，必须进行回火。

感应淬火是利用电磁感应的原理，把坯料放在交变磁场中，使其内部产生感应电流，从而产生焦耳热来加热坯料的方法。感应淬火有：高频、中频、工频感应加热表面淬火，火焰加热表面淬火，电接触加热表面淬火，电解液加热表面淬火，激光加热表面淬火，电子束加热表面淬火等。

真空淬火有气淬和液淬两种。气淬即将工件在真空加热后向冷却室中充以高纯度中性气体(如氮)进行冷却。适用于气淬的有高速钢和高碳、高铬钢等马氏体临界冷却速度较低的钢材。液淬是将工件在加热室中加热后，移至冷却室中充入高纯氮气并立即送入淬火油槽，快速冷却。如果需要较高的表面质量，工件真空淬火和固溶热处理后的回火和沉淀硬化仍应在真空炉中进行。真空热处理可用于退火、脱气、固溶热处理、淬火、回火和沉淀硬化等工艺。在通入适当介质后，也可用于化学热处理。真空渗氮是使用真空炉对钢铁零件进行整体加热、充入少量气体，在低压状态下产生活性氮原子渗入并向钢中扩散而实现硬化；而离子渗氮是靠辉光放电产生的活性 N 离子轰击并仅加热钢铁零件的表面，使之发生一系列物理化学反应，形成渗氮层。

(2)调质　是钢件淬火＋高温回火的复合热处理工艺，以获得回火索氏体。方法是先淬火，淬火的温度：亚共析钢为 $Ac_3 + 30 \sim 50℃$，过共析钢为 $Ac_1 + 30 \sim 50℃$；合金钢可以比碳钢稍稍提高一点。淬火之后在 $500 \sim 650℃$ 回火。在机械零件中的调质件，因其受力条件不同，对其所要求的性能也就不完全一样。一般来说，各种调质件都应具有优良的综合力学性能，即高强度和高韧性的适当配合，以保证机械零件长期顺利地工作。

(3)回火　是将已经淬火的钢材零件重新加热到一定温度，再用一定方法进行冷却的金属热处理工艺，其目的是消除淬火所产生的内应力，降低硬度和脆性，以取得预期的力学性能。

(4)退火　是将金属缓慢加热到一定温度，保持足够时间，然后以适宜速度冷却(通常是缓慢冷却，有时是控制冷却速度)的一种金属热处理工艺。退火的目的是降低硬度、改善切削加工性、消除残余应力、稳定尺寸、减少变形与裂纹倾向、细化晶粒、调整组织和消除组织缺陷。退火工艺随目的的不同而有多种，如等温退火、均匀化退火、球化退火、去应力退火和再结晶退火，以及稳定化退火和磁场退火等。

(5)正火　是将工件加热至 A_{c3} 或 A_{ccm} 以上 $30 \sim 50℃$，保温一段时间后，从炉中取出在空气中或喷水、喷雾或吹风冷却的金属热处理工艺；其目的是使晶粒细化和碳化物分布均匀化，改善钢的性能，以获得接近平衡状态的组织。正火与退火的不同点是正火冷却速度比退火冷却速度稍快，因而正火组织要比退火组织更细一些，其力学性能也会有所提高。另外，正火炉外冷却不占用设备，生产率较高，因此生产中尽可能采用正火来代替退火。大部分中、低碳钢的坯料一般都采用正火热处理。合金钢坯料常采用退火，若用正火，由于冷却速度较快，使其正火后硬度较高，不利于切削加工。

二、塑料模具的制造工艺路线

(1)低碳钢及低碳合金钢制造模具　例如 20,20Cr 和 20CrMnTi 等的工艺路线为：下料→

锻造模坯→退火→机械粗加工→冷挤压成型→再结晶退火→机械精加工→渗碳→淬火、回火→研磨抛光→装配。

（2）高合金渗碳钢制造模具　例如 12CrNi3A 和 12CrNi4A 的工艺路线为：下料→锻造模坯→正火并高温回火→机械粗加工→高温回火→精加工→渗碳→淬火、回火→研磨抛光→装配。

（3）调质钢制造模具　例如 45 和 40Cr 等的工艺路线为：下料→锻造模坯→退火→机械粗加工→调质→机械精加工→修整、抛光→装配。

（4）碳素工具钢及合金工具钢制造模具　例如 T7A～T10A，CrWMn 和 9SiCr 等的工艺路线为：下料→锻造模坯→球化退火→机械粗加工→去应力退火→机械半精加工→机械精加工→淬火、回火→研磨抛光→装配。

（5）预硬化钢制造模具　例如 5NiSiCa，3Cr2Mo（P20）等。对于直接使用棒料加工的，因供货状态已进行了预硬化处理，可直接加工成型后抛光、装配。对于要改锻成坯料再加工成型的，其工艺路线为：下料→改锻→球化退火→刨或铣六面→预硬化处理（34～42HRC）→机械粗加工→去应力退火→机械精加工→抛光→装配。

三、塑料模具的热处理特点

渗碳钢、淬硬钢、预硬化钢和时效硬化钢等塑料模具用钢的热处理，具有不同的特点。

1. 渗碳钢塑料模的热处理特点

①对于有高硬度、高耐磨性和高韧性要求的塑料模具，要选用渗碳钢来制造，并把渗碳、淬火和低温回火作为最终热处理。

②对渗碳层的要求，一般渗碳层的厚度为 0.8～1.5mm，压制含硬质填料的塑料时模具渗碳层厚度为 1.3～1.5mm，压制软性塑料时渗碳层厚度为 0.8～1.2mm。渗碳层的碳含量以 0.7%～1.0% 为佳。若采用碳、氮共渗，则耐磨性、耐腐蚀性、抗氧化和防粘性就更好。

③渗碳温度一般在 900～920℃，复杂型腔的小型模具可取 840～860℃中温碳氮共渗。渗碳保温时间为 5～10h，具体应根据对渗层厚度的要求来选择。渗碳工艺以采用分级渗碳工艺为宜，即高温阶段（900～920℃）以快速将碳渗入零件表层为主，中温阶段（820～840℃）以增加渗碳层厚度为主；这样在渗碳层内建立均匀合理的碳浓度梯度分布，便于直接淬火。

④渗碳后的淬火工艺按钢种不同可分别采用：重新加热淬火，分级渗碳后直接淬火（如合金渗碳钢），中温碳氮共渗后直接淬火（如用工业纯铁或低碳钢冷挤压成型的小型精密模具），渗碳后空冷淬火（如高合金渗碳钢制造的大、中型模具）。

2. 淬硬钢塑料模的热处理特点

①形状比较复杂的模具在粗加工以后进行热处理，然后进行精加工，才能保证热处理时变形最小。对于精密模具，变形应<0.05%。

②塑料模型腔表面的要求十分严格，因此在淬火加热过程中要确保型腔表面不氧化、不脱碳、不侵蚀和不过热等。应在保护气氛炉中或在严格脱氧后的盐浴炉中加热；若采用普通箱式电阻炉加热，应在型腔面上涂保护剂。同时要控制加热速度，冷却时应选择比较缓和的冷却介质，控制冷却速度，以避免在淬火过程中产生变形、开裂而报废。一般以热浴淬火为佳，也可采用预冷淬火的方式。

③淬火后应及时回火，回火温度要高于模具的工作温度，回火时间要充分，长短视模具材

料和断面尺寸而定,但要在 40min 以上。

3. 预硬化钢塑料模的热处理特点

①预硬化钢是以预硬态供货的,一般不需热处理,但有时需进行改锻,改锻后的模坯必须进行热处理。

②预硬化钢的预先热处理通常采用球化退火,目的是消除锻造应力,获得均匀的球状珠光体组织,降低硬度、提高塑性,改善模坯的切削加工性能或冷挤压成型性能。

③预硬化钢的预硬处理工艺简单,多数采用调质处理,调质后获得回火索氏体组织。高温回火的温度范围很宽,能够满足模具的各种工作硬度要求。由于这类钢淬透性良好,淬火时可采用油冷、空冷或硝盐分级淬火。

4. 时效硬化钢塑料模的热处理特点

①时效硬化钢的热处理工艺可分为两步基本工序:第一步进行固溶处理,即把钢加热到高温,使各种合金元素溶入奥氏体中,完成奥氏体化后淬火获得马氏体组织;第二步进行时效处理,利用时效强化达到最后要求的力学性能。

②固溶处理加热一般在盐浴炉、箱式炉中进行,加热时间分别可取:1min/mm,2～2.5min/mm。淬火采用油冷,淬透性好的钢种也可采用空冷。如果锻造模坯时能准确控制终锻温度,锻造后可直接进行固溶淬火。

③时效处理最好在真空炉中进行,若在箱式炉中进行,为防型腔表面氧化,炉内须通入保护气氛,或者用氧化铝粉、石墨粉、铸铁屑,在装箱保护条件下进行。装箱保护加热要适当延长保温时间,否则难以达到时效效果。

四、塑料模具的表面处理

为了提高塑料模表面耐磨性和耐蚀性,常对其进行适当的表面处理。

(1)镀铬　塑料模镀铬是一种应用最多的表面处理方法,镀铬层在大气中具有强烈的钝化能力,能长久保持金属光泽,在多种酸性介质中均不发生化学反应。镀层硬度达 1 000HV,因而具有优良的耐磨性。镀铬层还具有较高的耐热性,在空气中加热到 500℃时其外观和硬度仍无明显变化。

(2)渗氮　渗氮具有处理温度低(一般为 550～570℃)、模具变形甚微和渗层硬度高(可达1 000～1 200HV)等优点,因而也非常适合塑料模的表面处理。含有铬、钼、铝、钒和钛等合金元素的钢种比碳钢有更好的渗氮性能,用作塑料模时进行渗氮处理可大大提高耐磨性。

适用于塑料模的表面处理方法还有:氮碳共渗、化学镀镍、离子镀氮化钛、碳化钛或碳氮化钛;PVD,CVD法沉积硬质膜或超硬膜等。

五、冷作模具钢的热处理和其他要求

冷作模具钢大多属于过共析钢和莱氏体钢,热加工和冷加工性能都不太好,因此必须严格控制热加工和冷加工的工艺参数,以避免产生缺陷和废品。另外,通过提高钢的纯净度,减少有害杂质的含量改善钢的组织状态,以改善钢的热加工和冷加工性能,从而降低模具的生产成本。

为改善模具钢的冷加工性能,自 20 世纪 30 年代开始,研究向模具钢中加入 S,Pb,Ca,Te等易切削加工元素或导致模具钢中碳的石墨化的元素,发展了各种易切削模具钢,以进一步改善模具钢的切削性能和磨削性能,减少刀具磨料消耗,降低成本。

（1）淬透性和淬硬性 淬透性主要取决于钢的化学成分和淬火前的原始组织状态，淬硬性则主要取决于钢中的碳含量。对于大部分的冷作模具钢，淬硬性往往是主要的考虑因素之一。对于热作模具钢和塑料模具钢，一般模具尺寸较大，尤其是制造大型模具，其淬透性更为重要。另外，对于形状复杂容易产生热处理变形的各种模具，为了减少淬火变形，往往尽可能采用冷却能力较弱的淬火介质，如空冷、油冷或盐浴冷却。为了得到要求的硬度和淬硬层深度，就需要采用淬透性较好的模具钢。

（2）淬火温度和热处理变形 为了便于生产，要求模具钢淬火温度范围尽可能要放宽一些。特别是当模具采用火焰加热局部淬火时，由于难以准确地测量和控制温度，就要求模具钢有更宽的淬火温度范围。

模具在热处理时，尤其是在淬火过程中，要产生体积变化、形状翘曲、畸变等，为保证模具质量，要求模具钢的热处理变形小；特别是对于形状复杂的精密模具，淬火后难以修整，对于热处理变形程度的要求更为严苛，应该选用微变形模具钢制造。

（3）氧化、脱碳敏感性 模具在加热过程中，如果发生氧化、脱碳现象，就会使其硬度、耐磨性、使用性能和使用寿命降低。因此，要求模具钢的氧化、脱碳敏感性小。对于钼含量较高的模具钢，由于氧化、脱碳敏感性强，需采用特种热处理，如真空热处理、可控气氛热处理、盐浴热处理等。

（4）其他因素 在选择模具钢时，除了必须考虑使用性能和工艺性能之外，还必须考虑模具钢的通用性和钢材的价格。模具钢一般用量不大，为了便于备料，应尽可能地考虑钢的通用性，尽量利用大量生产的通用型模具钢，以便于采购、备料和材料管理。另外，还必须从经济上进行综合分析，考虑模具的制造费用、工件的生产批量和分摊到每一个工件上的模具费用。从技术、经济方面全面分析，以最终选定合理的模具材料。

六、塑料模具中主要构件的材料与热处理

塑料模具中除了成型件之外，还有许多结构件，如浇口套、定位圈、拉料杆、推杆、复位杆、斜导柱、导柱和导套等，这些构件在模具中的功能和作用不同，它们的材料和热处理硬度也不同；还应结合塑料模具用钢，选择新型的模具材料。这些构件的材料选择和热处理硬度见表13-7。

表 13-7 塑料模具主要构件的材料选择和热处理硬度

构件名称	材料	热处理硬度/HRC	构件名称	材料	热处理硬度/HRC
定模垫板	30,35,45	—	斜导柱	T8A,T10A,GCr15	55~60
动模垫板	30,35,45		弯销	T8A,T10A,GCr15	55~60
推件板	45,3CrMn 40CrNiMo	30~35	滑块	45,3Cr2Mo,40CrNiMo	35~40
定模模板	30,35,45		斜滑块	45,3Cr2Mo,40CrNiMo	35~40
动模模板	30,35,45		滑块导板	45,T8A	45~50
中模板	45,50,55	30~35	楔紧块	45,50,CrWMn	50~55
安装板	30,35,45		斜槽导板	45,50,T8A	45~50
推板	45,50,T8A	40~45	定距拉杆	45,T8A	45~50
垫块	Q235A,30,35		定距拉板	45,T8A	45~50

续表 13-7

构件名称		材　　料	热处理硬度/HRC	构件名称	材　　　料	热处理硬度/HRC
定位圈		45,50	45～50	限位螺钉	45	30～35
浇口套		T8A,T10A CrWMn	50～55	支承柱	45	—
					T8A,T10A,GCr15	55～60
复位杆		T8A,T10A	50～55	限位块	45	—
拉料杆		T8A,T10A	50～55	精密定位件	CrWMn,Cr12MoV GCr15	55～60
推杆	d≤4mm	65Mn,50CrVA	45～50	导柱 导套	20(渗碳 0.5～0.8)	55～60
	d＞4mm	T8A,T10A	50～55		T8A,T10A,GCr15	
推管	D≤3mm	65Mn,50CrVA	45～50	推板导柱 推板导套	20(渗碳 0.5～0.8)	55～60
	D＞3mm	T8A,T10A	50～55		T8A,T10A,GCr15	
定模型腔 动模型芯		45,CrWMn	28～32	限位销	45	40～45
		P20,SM1	32～36	分流道拉 料杆	65Mn,50CrVA	45～50
		PMS	55～60			

注:定模型腔、动模型芯、型芯嵌件与抽芯型芯构件的材料和热处理硬度,因按成型塑料的品种、成型工艺方法、成型工艺要求和成型塑料件批量来确定。

七、钢材硬度与抗拉强度的换算

　　钢材的硬度值在一定程度上表示了钢材的强度,在一般情况下,钢材的强度随硬度增加而升高;其硬度与强度的换算见表 13-8。

表 13-8　钢材硬度与抗拉强度的换算(GB/T 1172—1999)

硬度/HRC	抗拉强度 R_m/MPa	硬度/HRC	抗拉强度 R_m/MPa	硬度/HRC	抗拉强度 R_m/MPa
60.0	2 556.7	48.0	1 603.4	36.0	1 109.2
59.5	2 501.8	47.5	1 577.0	35.5	1 093.5
59.0	2 447.8	47.0	1 550.5	35.0	1 078.8
58.5	2 395.8	46.5	1 525.0	34.5	1 064.0
58.0	2 344.8	46.0	1 499.5	34.0	1 049.3
57.5	2 295.8	45.5	1 475.0	33.5	1 035.6
57.0	2 248.7	45.0	1 451.4	33.0	1 021.9
56.5	2 202.6	44.5	1 428.9	32.5	1 008.0
56.0	2 158.5	44.0	1 406.3	32.0	995.4
55.5	2 115.4	43.5	1 383.8	31.5	981.7
55.0	2 074.2	43.0	1 362.2	31.0	969.9
54.5	2 034.0	42.5	1 341.6	30.5	957.2
54.0	1 994.7	42.0	1 321.0	30.0	945.4
53.5	1 956.5	41.5	1 301.4	29.5	932.6
53.0	1 919.2	41.0	1 281.8	29.0	921,8
52.5	1 883.9	40.5	1 262.2	28.5	910.0
52.0	1 848.6	40.0	1 243.5	28.0	899.3
51.5	1 815.3	39.5	1 225.9	27.5	888.5
51.0	1 781.9	39.0	1 208.2	27.0	877.7
50.5	1 750.5	38.5	1 190.6	26.5	866.9
50.0	1 719.2	38.0	1 173.9	26.0	857.1
49.5	1 688.8	37.5	1 157.2	25.5	847.3
49.0	1 659.3	37.0	1 140.5	25.0	837.5
48.5	1 630.9	36.5	1 124.9	24.5	827.7

八、塑料模具钢物理常数（表 13-9）

表 13-9   塑料模具钢物理常数

钢材牌号	密度 $\gamma/(g/cm^3)$	弹性模量 E/MPa	温度/℃	线膨胀系数 $/(\alpha \times 10^{-6}/K)$	钢材牌号	密度 $\gamma/(g/cm^3)$	弹性模量 E/MPa	温度/℃	线膨胀系数 $/(\alpha \times 10^{-6}/K)$
10	7.85	19.6×10^4	—	11.6	T8A	7.83	—	—	—
20	7.82	20.6×10^4	20～100	11.6	T10A	—	—	≈100	11.5
12CrNi3A	—	—	20～100	11.0	CrWMn	—	—		
20Cr	7.74	20.3×10^4	20～100	11.3	Cr12MoV	7.70	20.6×10^4	≈100	10.9
20CrMnMo	—	—	—		GCr15	7.81	20.6×10^4	≈100	14.0
20Cr2Ni4A	—	—	20～100	14.5	9Mn2V	—	—		
45	7.81	19.6×10^4	20～100	11.59	Cr6WV	—	—	100～250	10.3
40Cr	7.82	21.4×10^4	20～100	13.4	4Cr13	7.75	20.6×10^4	20～100	10.5
3Cr2Mo	—	—	—				$\sim 21.9 \times 10^4$		
4Cr5MoVSi	7.69	22.25×10^4	20～100	10.0	9cr18	7.75	—	20～100	10.5
4Cr5MoV1Si	7.76	20.6×10^4	20～100	9.1	Cr14Mo	—	—		
5CrNiMo	—	—	100～250	12.55	Cr14Mo4V	—	—		
5CrMnMo	—	—	—		40CrNiMo	7.75	20.4×10^4		11.7
					16Ni	8.0	18.95×10^4		10.0

九、国内外模具钢号对照

我国与主要工业国家模具钢号（相同或成分相似）的对照，见附录表 E-1。

钢材和热处理工艺的选择，是根据构件在塑料模中的作用进行的。附录表 E-1 中内容只是塑料模具主要构件材料选择的一般性规则，具体情况还需根据模具种类、成型加工塑料品种、塑料件批量和模具的经济性等，总体加以考虑。

复习思考题

1. 模具用钢有哪些热处理工艺？这些热处理工艺有何目的和作用？
2. 如何制订各种模具用钢的热处理工艺路线？各种模具用钢热处理的特点如何？
3. 模具用钢有哪些表面处理的方法？这些表面处理有何作用？

第十四章 注塑件成型工艺、注射机简介与试模

注塑件成型工艺和注射机是注塑件成型加工中重要的要素,它们的合理选用将会直接或间接影响到注塑件的成型质量。目前,注射成型工艺技术发展很快,除了热塑性塑料可以注射成型之外,热固性塑料、低发泡塑料(密度为 $0.2 \sim 0.9 \text{g/cm}^3$)和橡胶也可以注射成型。注塑模的试模是检验注塑件设计和成型工艺、注塑件塑料品种和注射机设备的选择,以及模具设计和制造等各个方面的试金石。只有通过了试模,才能最终判定注塑件的合格性,注塑件合格了才能说明上述各个方面的成效。否则,就必须调整上述各个方面的内容,最终达到注塑件合格的目的。

第一节 注塑件成型原理及工艺

注塑件的成型加工要根据塑料的品种性能,注塑件的几何形状、大小和精度以及注塑件的用途与经济性等因素来决定。注射成型是借助注射机的螺杆或柱塞的推力,将塑化的塑料熔体射入闭合的模具型腔内,经冷却硬化定型后开模、抽芯和脱模等过程,即可得到成型的注塑件。

一、注塑件成型原理

1. 注塑件成型基本阶段

注塑件无论是采用哪种成型的方法,其成型都离不开塑料熔融、流动和凝固三个基本阶段。

(1)熔融 即塑料的塑化。塑料在不同的温度下,表现出三种不同的力学聚集性能。

①玻璃状态。塑料在温度较低时,分子间的作用力很大,除少数分子链节存在活动之外,整个聚合物是处于刚性状态,变形很小。

②高弹态。当温度上升时,分子热运动增大,塑料体积膨胀,分子链段开始活动,并产生位移,塑料呈现为柔软而富有弹性的状态。

③黏流态。温度继续上升直到整个塑料大分子链都能塑性移动,成为具有黏性的流动状态。

(2)流动 塑料颗粒在注射机料筒中加热成为黏流态,然后通过螺杆的推动,熔体被压入模具的浇注系统,再经过浇口注入模具的型腔而成型。

(3)凝固 热塑性塑料加热成为黏流态,加压流动注入模具的型腔而成型,然后冷却使其变成玻璃态。以后从模具型腔中取出的注塑件,具有固定的形状、尺寸和精度。

热固性塑料也是在模具型腔中成型,其不但存在着物理变化和形态变化,还存在着化学反应。即由线状分子交联搭接转变成立体网状结构的体型大分子,也就是在黏流态的状态下可以流动成型,同时也在压力和时间的作用下交联固化成型。

2. 热塑性塑料的成型原理与操作过程

注射成型是热塑性塑料成型加工的重要方法之一,除氟塑料外,几乎所有的热塑性塑料都

可以采用这种方法成型。这种工艺成型方法具有成型周期短，能够一次成型内、外形状复杂，尺寸精度较高，带有金属（或非金属）嵌件的注塑件；并具有成型简便、生产效率高、易实现全自动化生产、成本低廉等优点，因此，被广泛地应用在注塑件的生产之中。但是，由于注射机和注塑模的费用较高，一般不适用于单件和小批量注塑件的生产。

　　热塑性塑料成型原理，如图 14-1 所示。将颗粒状或粉末状的塑料从注射机的料斗 7 送进装有加热器 5 的料筒中，经加热熔化呈流动状态后，在柱塞 8（或螺杆）的推动下，塑料熔体被压缩并向前推移，进而通过料筒和喷嘴 4，并高速经过模具的浇注系统注入闭合的低温模具型腔中；在注射机保压的压力作用下塑料冷却固化，并保持了模具型腔赋予的几何形状和尺寸精度。然后，动、定模开模，成型的注塑件在脱模机构的作用下脱离模具的型腔。

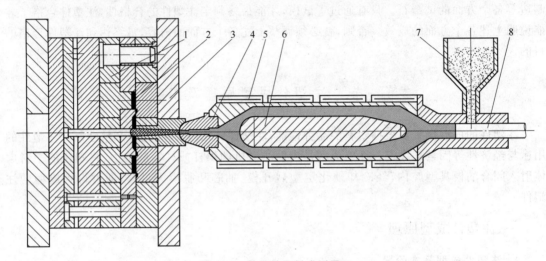

图 14-1　热塑性塑料成型原理

1. 动模板　2. 注塑件　3. 定模垫板　4. 喷嘴　5. 加热器　6. 分流梭　7. 料斗　8. 柱塞

3. 热塑性塑料成型过程简介

　　热塑性塑料成型过程，如图 14-2 所示。

　　(1)加热塑化　塑料颗粒在注射机料筒中经过加热、压实及混合等作用，由松散的粒状或粉状固体变成连续均匀熔体的过程称为塑化。塑化后熔体必须组分均匀、密度均匀、黏度均匀和温度分布均匀，只有如此，才能确保熔体在充模过程中具有良好的流动性。图 14-2(a)所示为加热塑化阶段，注射机使模具的动、定模锁模后，料斗中颗粒塑料进入料筒，塑料经过料筒外周加热器的加热和螺杆对塑料的剪切所产生摩擦热的作用而成为能流动的熔体，熔体不断被螺杆压实逐渐推向料筒的前方。

　　(2)注射充模　柱塞或螺杆通过液压缸或活塞施加高压，将塑化好的塑料熔体经过喷嘴和模具的浇注系统，快速注入封闭型腔的过程称为注射充模。注射充模又可分为流动充模、保压补塑和倒流三个阶段。图 14-2(b)所示为注射充模阶段，螺杆在转动的同时并缓慢地向后移动，使料筒前端的熔体逐渐增多；当熔体达到规定的注射量时，触及了限位开关后，螺杆停止转动和后移；然后，在注射机液压缸的活塞的作用下，螺杆以一定的压力和速度，将积存在料筒前端的熔体经喷嘴注入模具的型腔中。图 14-2(c)所示为保压补塑阶段，保压是指注射压力对型腔中的熔体继续进行压实和补塑的过程。

　　(3)冷却定型与脱模　以浇口冻结时间为始点，到注塑件脱模为终点，是注塑件注射成型

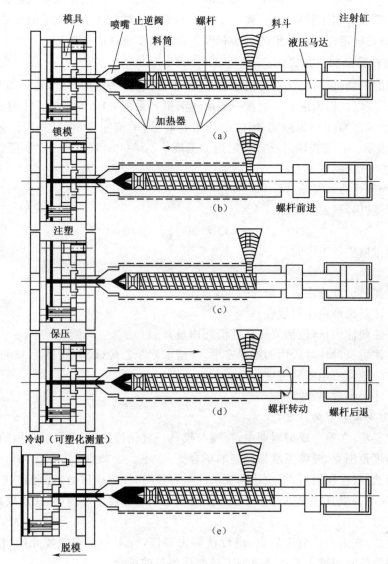

图 14-2 热塑性塑料成型过程

(a)加热塑化 (b)注射充模 (c)保压 (d)冷却定型 (e)脱模取件

工艺过程的最后阶段。一般来说,注塑件脱模温度不宜太高,否则,注塑件脱模后的收缩会过大,还会产生热变形;当然,受模具温度的限制和生产效率的影响,注塑件脱模温度也不能太低。图 14-2(d)所示为冷却定型阶段,模具型腔中熔体经冷却硬化成型。图 14-2(e)所示为脱模取件,最后由模具的开模、抽芯和脱模,得到所要求的产品零件。上述为注塑件成型操作中的一个周期,通常一个周期为几秒钟到几分钟不等,时间的长短取决于注塑件的形状、大小、壁厚、塑料品种、有无嵌件、注塑件脱模难易程度、注射机的类型和成型工艺条件等因素。

二、注射加料调节与成型过程

注射工艺参数的正确选择,在注塑件的成型加工中具有十分重要的作用。合理地选择可以节省能源和塑料,还可以提高加工的效率,进而可以降低成本;更为重要的是可以作为辅助手段来整治注塑件的弊病,确保注塑件加工的质量。注射工艺参数是注射机重要的性能指标,是确定注塑件的形状和注射量大小、被成型加工的塑料品种和注塑件质量的重要依据;注射机型号的选择,则是确定注塑模外形的大小和模具合模高度设计的依据。

1. 调节加料量及加料方式

按注塑件的质量(包括浇注系统消耗用量,但不计嵌件)决定加料量,通过调节定量加料装置来确定,最后应以试模为准。注射量一般取注射机容量的 $60\% \sim 80\%$。注射量有两种表示方法:一是以聚苯乙烯(PS)为标准,用注射的塑料质量,单位 g 表示;二是用注射出熔体的体积,单位 cm^3 表示。目前我国已统一规定用加工聚苯乙烯(PS)时机器一次所能注出的公称容量(cm^3)来表示。

(1)调节加料量的注射量的计算

①当注射量以容积表示时:

$$Q \geqslant \alpha G/\gamma \tag{式 14-1}$$

②当注射量以质量表示时:

$$G \geqslant \alpha G_1 \gamma/\gamma_1 \tag{式 14-2}$$

式中 　Q ——注射机理论注射容量(cm^3);

G_1 ——注射机理论注射量(g);

G ——注塑件质量(包括浇注系统消耗用量)(g);

γ_1 ——注射机设计时所用的塑料密度,一般取聚苯乙烯(PS),密度为 $1.05g/cm^3$;

γ ——注塑件所用塑料密度(g/cm^3);

α ——注射系数,一般取 80%。

(2)按成型要求调节加料方式

①固定加料法:在整个成型周期中,喷嘴与模具一直保持接触,是目前常用的方法,适用于塑料的成型温度范围宽,喷嘴温度易控制的场合。

②前加料法:每次注射后,塑化达到要求注射容量时,注射座后退,直至下一工作循环开始时再前进,使喷嘴与模具接触进行注射。此法适用于喷嘴温度不易控制、背压较高和防止垂涎的场合。

③后加料法:注射后注射座后退,进行预塑化工作,待下一工作循环开始,再返回进行注射。此法适用于喷嘴温度不易控制及加工结晶性塑料的场合。

(3)位置调节　注射座要来回移动时,则应调节定位螺钉,以保证每次正确复位,喷嘴与模具紧密贴合。

2. 注塑件注射成型的工作过程

注射成型是借助螺杆或柱塞的推力,将塑化的塑料熔体射入闭合的模具型腔内,经冷却硬化定型后开模即可得到成型的注塑件。

工作时模具安装在注射机定模固定板和动模固定板上,由锁模装置合模并锁模。注射装置加热,塑料被塑化后将熔体由喷嘴注入模具的型腔中。由模具的温控系统调节好模具的温度,熔体在模具型腔中经保压和冷却硬化成型。模具由锁模机构开模,模具抽芯机构的抽芯和脱模机构将注塑件顶出模具型腔。

三、注塑成型工艺

注塑件成型加工的工艺人员首先应根据注塑件的图样与造型,核算注塑件制品的投影面积和质量(含浇注系数),确定注塑件一次加工时的数量和加工的设备。根据塑料的品种确定注塑件的收缩率,初步确定注塑件成型加工的工艺参数,制订出注塑件成型加工工艺规程;然后,再提出注塑模申请单。注塑成型工艺包含注塑成型前、注塑成型中和注塑成型后的工艺过程的安排。

1. 注塑成型的工艺流程和影响因素

塑料在注射前通常需要进行烘干,为防止塑料返潮还需要在料斗中继续烘干,确保成型塑料的含水率在规定的范围之内。塑料装入料斗由注射机定量装置将料定量送入料筒,经电加热圈加热及剪切作用将塑料进行预热呈熔融状态,然后由螺杆(或柱塞)以高压将熔体经喷嘴和模具的浇注系统注入模具的型腔,经保压补缩、冷却硬化成型后脱模。

在熔体成型的整个过程中经历了机械的剪切和挤压作用,加之熔体冷却的顺序和速度不一致,固化后的注塑件内部残余的内应力分布不均匀,同时注塑件内部的分子密度和排列也不一致,填充料分布的方向性等因素所引起的注塑件各部收缩量的差异性,会导致注塑件的翘曲变形、缩孔等缺陷的产生。综合塑料的材质与成型前的处理,注塑设备与成型工艺,模具浇注系统与模具的设计,模具的温控与嵌件的数量、形状、大小和位置,脱模剂的品种与用量,注塑件的后处理与成型的环境等都有可能是注塑件缺陷产生的原因。

注射成型周期,根据经验与注塑件的壁厚有关,故可直接根据注塑件的壁厚确定其注射成型的周期,见表14-1。

表 14-1　确定注射成型周期的经验方法

注塑件壁厚/mm	成型周期/s	注塑件壁厚/mm	成型周期/s	注塑件壁厚/mm	成型周期/s
0.5	10	2.0	28	3.5	65
1.0	15	2.5	35	4.0	85
1.5	22	3.0	45	—	—

如图14-2所示的注射成型过程,为成型操作中的一个周期,生产过程就是不断地重复这样的周期。

2. 注射成型生产前的技术准备

成型前的准备工序,即在注塑成型加工前需要进行一些必不可少的准备工作:原料的预处理、模具与嵌件的预热、料筒的清洗、脱模剂的选用、矫形的型芯和冷却水以及铜棒的准备等。其目的是使注塑成型加工可顺利地进行,确保注塑件成型加工的质量,并可以排除简单的成型加工故障及提高成型加工的效率。

(1)原料的预处理　对原料需要对其材料(包装袋上所注明的材质)、粒度大小、色泽、是否存在着混料情况进行检查,注塑件有颜色要求的需要添加色母。对于易吸湿的塑料及水敏性塑料在成型加工前必须进行烘干,使其含水量在规定的范围之内;烘干的塑料在成型加工的过程中还会再次吸湿,这样对于易吸湿的塑料及水敏性塑料,应该选择带有烘干料斗的注射机。

一般多采用热风循环烘箱进行干燥,置于干燥盘上的原料应注意其厚度以15～20mm为宜,最厚不得超过30mm。对于多品种、小批量的原料,可采用循环热风、红外线及远红外线等较为简单的设备进行干燥。对高温下长时间受热容易氧化变色的塑料,如聚酰胺(尼龙),宜采用真空烘箱进行干燥。大批量生产用塑料,可用负压沸腾干燥法或抽湿干燥机进行处理。对于易吸湿的塑料,如聚碳酸酯(PC)、聚酰胺(尼龙 PA)和 ABS 等在成型前一定要进行干燥处理。如聚酰胺(尼龙 PA)物料置于温度 100℃的旋转式真空干燥器内干燥 8～10h,或在 105℃的沸腾床干燥器内干燥 40min,使含水量低于 0.2%。常用塑料允许的水汽含量及热风干燥温度见表 14-2。

表 14-2　部分常用塑料允许的水汽含量及热风干燥温度

塑料名称及缩写代号	注塑允许的水汽含量/%	干燥温度/℃
聚乙烯(PE)	<0.1	71～75
聚丙烯(PP)	<0.1	71～82
聚苯乙烯(PS)	0.05～0.1	71～79
丙烯腈、丁二烯、苯乙烯(ABS)	<0.3	<70
聚氯乙烯(PVC)	<0.08	60～93
聚碳酸酯(PC)	<0.2	110～120
聚甲基丙烯酸甲酯(PMMA)	0.1～0.2	70～80
聚酰胺(尼龙 PA)	0.4～0.9	75～85
聚对苯二甲酸乙二醇酯(PET)	<0.1	80～85

但塑料不可反复或长时间地在烘箱里进行干燥,这样会造成塑料变脆;在成型注塑件脱模时,容易被顶碎而嵌在型腔里不易取出。可用自攻螺钉和锯条磨成钩形或大头钉加热后插入注塑件碎片并将其拉出来,也可用铜棒制成扁螺钉旋具状敲出注塑件碎片。部分塑料在料斗中的干燥工艺条件见表 14-3。

表 14-3　部分塑料在料斗中的干燥工艺条件

塑　料	温度/℃	时间/h	塑　料	温度/℃	时间/h
聚乙烯	70～80	1	聚碳酸酯	120	2～3
聚氯乙烯	65～75	1	聚甲基丙烯酸甲酯	70～85	2
聚苯乙烯	70～80	1	ABS	70～85	2
聚丙烯	70～80	1	AS	70～85	2
高冲击强度聚苯乙烯	70～80	1	纤维素塑料	70～90	2～3
聚酰胺	90～100	2.5～3.5			

(2)着色　着色是指在要成型的塑料颗粒中加入所需的单色或按一定比例配置复合色料(也称颜料)的物质,借助色料以改变塑料原有的颜色来达到注塑件外观视觉的要求,或者赋予塑料以特殊光学性能的工艺技术。色料可分成染料和颜料两大类,颜料主要是着色剂,按其化学组成又可分无机颜料和有机颜料两种。粉状或粒状热塑料着色,可用直接法和间接法两种工艺来实现。

①直接着色法,是将细粉状的着色剂与本色塑料掺合并拌匀后直接使用。

②间接着色法,是将"色母料"塑料颗粒与本色塑料颗粒按工艺要求的比例放置在混合机内,经搅拌混合均匀后送往烘箱中预热或送往注射机料斗中加工成型。"色母料"不能错用,否则会产生严重的质量问题。如 ABS"色母料"错用到 PA66 塑料中,注塑件将发生脆裂。

(3)料筒的清洗　当需要更换塑料、调换颜料或发现塑料出现热分解或降解反应时,在进行注塑件成型加工之前,对料筒必须进行清洗。因为料筒中还残留有其他种类的塑料或不同种颜色的塑料,特别是两种不相容的塑料会使注塑件存在分层而影响注塑件的强度。

柱塞式注射机的机筒容积大,存料多,一般是将机筒拆除清洗。螺杆式料筒一般的清洗方法是将成型所用的塑料装入料筒中预热后不断地空射出,以此起到清洗料筒的作用,直至将旧料全部清洗干净。清洗完毕停机时应在料筒逐渐降温的同时继续射料,直至将料全部射完。为了便于以后开机,柱塞应停在退回的位置,螺杆应停在前进的位置。这种方法对价值高的塑料来说,显然是浪费。

采用空射清洗螺杆式料筒时应注意的事项:当所需换料的成型温度高于料筒内残料成型温度时,应将料筒和喷嘴的温度升高到要换料的最低成型温度;当所需换料的成型温度低于料筒内残料成型温度时,应将料筒和喷嘴的温度下降到要换料的最高成型温度。然后加入换料(最好为回用料,也称为再生料),可连续空射,直至筒内残料除尽为止。当所需换料的成型温度和料筒内残料成型温度温差不大时,则无需变更料筒温度,可直接装入换料空射,待残料除尽为止。

另一种方法是用料筒清洗剂,这是一种颗粒状的无色高分子、热塑性弹性材料,在100℃时具有橡胶的特性,不熔融也不粘结。该清洗剂通过料筒,可以像软塞一样把料筒中的残料带出,主要适用于成型温度在180～280℃的各种热塑性塑料及中小型注射料筒的清洗。

若残料为热敏性塑料,为了防止不同品种、型号和批次塑料在成型加工时出现混料的现象而造成塑料不能融合,需要清洗注射机的料筒。清洗时采用黏度较高品级的聚苯乙烯或高压聚乙烯等塑料作为过渡料空射来清洗注射料筒。

(4)模具与嵌件的预热

①模具的预热。注射成型加工初始阶段,由于模温较低,导致熔体射入型腔中使温度陡降,影响熔体的流动性而产生各种弊病。对成型流动差的塑料在注射加工前,必须对成型注塑件的模具预热,待模具达到一定的模温后才能进行注塑件的注射成型加工。

②嵌件的预热。注塑件中镶有金属嵌件,使得注塑件的强度、硬度、耐磨性和尺寸精度稳定性都能得到提高;金属嵌件的镀层可以增加耐腐蚀性。

由于金属和塑料的膨胀系数的差异很大,导致两者收缩率的不同,冷却时会使嵌件周围的塑材出现收缩应力和裂纹,使得注塑件的强度降低而成为隐患;因此有必要对金属嵌件预热。预热后的金属嵌件与塑料的温差减小了,可以有效地减少嵌件周围塑材出现的裂纹。嵌件的预热取决于嵌件的大小和塑料的品种,对于大型金属嵌件一般需要预热,而对于小型金属嵌件一般不需要预热。对易产生内应力裂纹的塑料,如聚碳酸酯(PC)和聚苯醚(PPO),则必须预热,预热温度一般为110～130℃;但对经表面处理的金属嵌件的预热温度以不使镀层起皱或脱落为准。对于表面无镀层的铝合金和铜嵌件的预热温度为150℃。

(5)脱模剂的选用

1)喷敷脱模剂应注意事项。脱模剂是喷敷在模腔表面上可使注塑件比较容易从模腔中脱离的一种助剂。脱模剂一方面能使注塑件较容易地从模腔中脱离,另一方面喷敷量大了又可使注塑件产生熔接痕、气泡和缺料等缺陷。

2)脱模剂的品种选择。常用脱模剂的品种为:硬脂酸锌、白油(液态石蜡)和硅油甲苯溶液。含有橡胶的软注塑件及透明注塑件不宜用脱模剂,否则会影响透明度。

①硬脂酸锌(白色粉末)。除尼龙及透明注塑件外均可使用,多用于高温成型模具。

②白油(液态石蜡)。适用于尼龙类塑料,可防止气孔和缩痕,也可用于透明注塑件。但用量不宜过多,易产生油斑和熔接痕等缺陷。多用于中、低温模具,白油和硬脂酸锌混合物(白色糊状)可用于尼龙。

③硅油甲苯溶液(无色透明液体)。硅油脱模效果最好,可用于各种塑料,涂后要加热烘

干,一次涂刷可使用很久。但价格贵、工艺复杂,故不常用。

(6)整形工具和冷、热水的准备　为了限制注塑件收缩变形,对于易变形的注塑件往往要采用整形工艺,需要准备整形的冷模或校形的型芯及冷、热水。

(7)铜棒　注塑件在成型加工时,时常会发生注塑件不易脱模部位卡在模具型腔中的现象。为了取出卡在模具型腔中的注塑件碎块,需要用铜棒将注塑件碎块取出并且不伤及模具型腔表面。

3. 注射成型的阶段和过程

注射成型可分为三个阶段,注射成型的过程包括加料、预塑、保压、冷却定型和脱模等步骤,注射成型的工艺参数包括料筒与喷嘴的温度、注射压力与速度、螺杆转速、加料量及模具的温度等。

(1)注射成型阶段　即塑化、注射和成型三个阶段。

①塑化阶段。在料筒与螺杆之间进行。在转动螺杆的挤压下,塑料一方面进入装有加热圈的料筒中加热,另一方面在螺杆对塑料的剪切所产生摩擦热的作用下成为能流动的熔融体,并不断被螺杆压实推向料筒前端,同时具有一定的压力。螺杆在转动的同时并缓慢地向后移动,使料筒前端的熔融体逐渐地增多并达到注塑件的注射量。

②注射阶段。当熔融体达到规定的注射量时,触及限位开关,螺杆停止转动和后移。然后,在注射机液压缸活塞的作用下,螺杆以一定的压力和速度,将积存在料筒前端的熔融体经喷嘴注入模具的型腔中。

③成型阶段。熔融体自浇注系统进入模具的型腔后充模、相变及冷却固化,然后,模具开模、抽芯和注塑件脱模,即可获得成型的注塑件。

(2)注射成型的过程

1)加料:是指通过注射机料斗的调节定量机构落入一定量的塑料进入螺杆螺旋槽(或加料柱塞筒)中。为了保证每次注射量大于注塑件的塑胶量(包括浇注系统),必须留有 10～20 mm 的余料(又称垫料),以供保压补缩。但贮料过多、料在料筒内时间过长,易发生变质(降解),对热敏性材料更需要注意。料筒在加热前必须先打开料斗冷却系统,以防止塑料在料斗内"架桥";对振动较大的注射机应防止小颗粒沉淀,影响供料量和塑化均匀性。

2)预塑:是指利用料筒加热和螺杆搅拌作用使塑料达到一定温度呈熔融黏流状态。料筒加热温度应按塑料的品种、注塑件的形状和壁厚、模具的结构及注射机类型而定。对于结晶型塑料,料温必须高于熔点;对于无定型塑料则应高于流动温度即可;但它们的温度都必须低于分解温度。料筒温度一般按 2～3 段分布,在进料区(近料斗处)不高于熔融温度,熔融区(中段)应高于熔融温度,压缩区(近喷嘴端)应高于熔融区 10～15℃,喷嘴温度应比压缩区低 10℃左右。螺杆式注射机预塑温度还与螺杆形式、转速及背压有关,应按塑料的品种(黏度及热稳定性)来选择。黏度高和热稳定性差的塑料,螺杆的转速及背压宜取小值;反之,取大值。螺杆式注射机的料筒温度可比柱塞式稍低。

①装嵌件:装嵌件可通过铣扁、滚网纹和加工轴向孔等方法限制嵌件的移动和转动,安装的嵌件包塑在注塑件中必须也要限制所装嵌件的移动和转动。

②涂脱模剂:在不易脱模处(如螺纹)应喷敷脱模剂,但喷敷要均匀,不宜过量,尤其对透明和薄壁注塑件更需要注意;不然会发生透明性低、融接痕、气泡和缺料等缺陷。

③模具温度的控制:熔体注入模具型腔后大部分热量都传递给模具,从而使料温迅速下降,影响成型效果。为此模具必须保持一定的温度,以满足注塑件成型的需要。模具温度应随

熔体料流热量分布的情况而设置,热量高处模温要低;反之,热量低处模温要高,以确保熔体均匀地冷却。但要满足该要求是件困难的事情。由于注塑件的冷却不均匀,造成注塑件的内应力分布不均匀而产生注塑件的变形。目前装有传感器的智能模具,能确保模温的均匀性。

　　模温应按塑料的品种、注塑件的形状及壁厚、成型要求和成型加工的环境酌情而定。在注射成型时一般是采用模具冷却的方法来控制模温,也可采用模具加热的方法来控制模温。当料温使模温超过规定值时,应该在模具内通冷却水来控制模温,以防止注塑件脱模变形并缩短成型周期、降低结晶度。当料温不足以保持所要求的模温时,应该在模具内用加热的方法来控制模温,加热一般用电加热法。其主要用于熔体流动性差、冷却速度快、型腔不易填充、壁厚冷却不均匀的注塑件,也可用于要求减少内应力、提高结晶度和注塑件壁厚超过 20mm 时的各种塑料。模具加热温度不得超过热变形的温度,即一般在 100℃ 左右;模具加热也不能影响到配合的间隙。对于大型的模具还常采用加热和冷却交替使用的方法来控制模温。试模时,可采用移动式的电加热器预先加热模具,达到模温后再进行注射。

　　④空射:预塑后的塑料应该是充分及均匀塑化的熔料,一般是能够观察到低压空射的料流。料流若无硬块、毛斑、气泡、银丝和变色的现象,并且料流是光滑明亮的则表示塑化正常,含水量正常,可以注射。料流若有硬块,说明塑化不充分;料流若有气泡或银丝,说明塑化过头;料流若有变色,说明塑料已经降解了。

　　3)注射充模:注射后熔体自浇注系统开始的流动过程可分成注射、保压和冷却定型三个过程。在这三个过程中,熔体从液态料流变成固态的注塑件,对注塑件的性能和质量有着决定性影响,所以把握好这三个过程至关重要。在这个过程中又可分为注射充模、保压补缩、倒流和冷却定型四个阶段。注塑件在这三个过程和四个阶段的质量控制,主要是对成型加工工艺参数的协调控制。若注塑件和模具的结构已确定,注塑件的材料无法变动,只有通过改变注射机型号和调整注射工艺参数来获得合格的注塑件产品。

　　注射时熔体受到摩擦力和剪切作用,会使得料流压力和内应力增高。而料流在型腔内随着散热情况、流道截面与形状的不同,又以不同的速度和压力填充型腔的各部位,并导致分子的密度与排列方向性、内应力的分布、熔接痕的不一致。一般离浇口处越远塑料密度越小,浇口处的塑料密度最大。

　　4)注射工艺参数:包括注射压力、注射速度、注射时间、保压时间、冷却时间、注射量、料筒温度、锁模力。注射工艺参数是注塑件重要的成型条件。

　　①注射压力:取决于塑料的品种、注塑件的形状和壁厚、模具的结构(浇注系统)及注射机类型,一般为 40~130MPa。由于熔料受摩擦和剪切作用,使得注射压力下降;尤其是截面小、流道长的浇注系统,注射压力损失更大。当熔料充满型腔时,型腔所受的压力达到最大,一般为 25~40MPa。

　　②注射速度(或注射时间):指螺杆或柱塞前进注料的时间,一般为 3~10s,应尽量采用慢速注射。当熔料流动性差、壁薄、形状复杂、面积大、冷却速度快、流程长及注射增强料时,则采用高速注射,一般为 3~5s。注射速度高,料流会出现湍流现象,易发生充气过多、排气不畅、熔接痕及内应力大等缺陷,并易损坏设备。低速注射时料流易出现滞流现象,充模速度慢会使填充不足。但当浇口宽时填充量会增大,填充会加快。

　　试模时一般采用低压、低速、低温及成型时间长的工艺参数,然后按压力、时间和温度的先后顺序进行调节。调节温度时必须待温度达到要求后再试模。为了防止溢料过多和脱模困难,还有流动性好的塑料以及有镶嵌结构的模具应采取低压;但对推件板结构的模具,为保证注塑件能完整脱模,则宜采用较高的压力注射。

③保压时间:指自熔体充满型腔起至螺杆或柱塞撤回的时间。塑料熔体因冷却会产生收缩,但由于螺杆或柱塞的继续缓慢向前的移动,保持着压力并对型腔补充注射塑料,这个过程简称为保压补塑。保压补塑对于提高注塑件的密度、减少注塑件的收缩和克服注塑件的缺陷具有重大的作用。

为了补充注射塑料,料筒内必须有余料可以补充。在保压补塑的阶段,由于压力的存在使得熔体一直处在应力的状态下,其中浇口处的应力最大。熔体内的应力直到浇口的熔料硬化封闭后才会解除。注塑件呈自由状态下硬化收缩,故注塑件内部仍残留有内应力。保压补塑作用的大小与浇口的形式及截面的大小有关,截面越大则封闭越晚,保压补塑时间就越长,保压补塑效果也就越强,注塑件的残留内应力也就越大。因此,应该按浇口的形式及截面的大小,合理地调整保压补塑的时间,既要保证有足够保压补塑的效果,又要尽量降低注塑件的内应力,使注塑件在热变形结束之前解除内应力。

从注射结束到螺杆退回的过程称为保压补塑的时间,一般为 $30\sim120s$,壁厚的注塑件保压补塑的时间应取大值。保压补塑的时间过长或过短都会使注塑件产生一些弊病,故保压补塑的时间应根据注塑件成型的状况而定。

④倒流:从螺杆或柱塞后撤开始至浇口的熔料硬化封闭为止,注射机喷嘴的压力解除后,模具型腔内的熔料压力高于浇注系统的压力,而在浇口的熔料还未硬化封口的情况下会出现型腔内熔料倒流的现象。倒流可通过延长保压补塑的时间,使浇口的熔料完全固化后再退出螺杆,或在喷嘴中装止逆阀来阻止。

⑤冷却时间:是指浇口的熔料完全固化到注塑件从模具型腔中脱离出来的时间。经注射充模和保压补塑后,熔料在模具型腔里还需要继续冷却硬化,在达到足够的刚度后才能脱模,一般为 $30\sim120s$。冷却时间主要取决于注塑件壁厚、材料冷却速度和模温。时间过长则生产效率会降低、注塑件内应力大和脱模困难,时间过短则注塑件易变形、易粘模和不易脱模。试模时为了保证注塑件的完整性和便于脱模,一般遵循"冷却时间应取长,开模和顶出时间应选短"的原则。

当浇口封闭后注塑件在自由状态下硬化收缩,但型腔也会产生回弹,回弹过大后则会包紧注塑件而使其滞留在模具型腔(凹模)内。但在一般情况下注塑件在自由状态下收缩会包紧在型芯上,并产生内应力。

5)注塑件的脱模:注塑件在模具型腔里冷却硬化达到足够的刚度后即可脱模,注塑件脱模的过程包括模具开模、模具抽芯和模具顶出三个过程。注塑件脱模在这三个过程中能否顺利地进行,主要取决于模具结构的合理性。

①模具开模:注塑件在脱模之前,首先要将模具的动、定模打开,使注塑件最少是一面敞开才能让注塑件正常地脱模。模具是根据注塑件的形状设置分型面,分型面将模具分成定模和动模部分,分型面的设置应以能顺利地打开和闭合模具,并且分型面不存在间隙为原则。

②模具抽芯:注塑件上的一些沿周侧面的型孔或型槽,需要模具设置抽芯机构。在完成型孔或型槽的成型和抽芯后,注塑件才能够正常地进行脱模。

③模具顶出:注塑件在模具开模和抽芯后,在注射机顶杆的作用下模具的脱模机构将注塑件顶出模具型腔或型芯称为注塑件的脱模。

④取出活块:注塑件有些型孔或型槽是通过活块成型的,注塑件和活块一起脱模后,需要取出活块才能显露出型孔或型槽。

工作时模具是安装在注射机的定模固定板和动模固定板上,由锁模装置合模并锁模。注射装置加热,塑料被塑化后熔体由喷嘴注入模具的型腔中,由模具的温控系统调节好模具的温度,熔体在模具型腔中经保压和冷却硬化成型。注塑件的脱模是由锁模机构开模,模具抽芯机构的抽芯和脱模机构将注塑件顶出模具的型腔而获得注塑件的过程。

4. 注塑件的后续工序

注塑件在成型的过程中,塑料熔体在温度和压力的作用下,经模具浇注系统和模具型腔后,熔体的温度、压力和流速发生了变化,塑料分子排列方向、密度、应力和填料的分布不均匀,还有塑料、填料和脱模剂在温度和压力作用下的化学反应都会使成型的注塑件产生许多的弊病和缺陷。为了整治这些弊病和缺陷,常常需要进行注塑件后续工序的处理,简称后处理。

脱模后的注塑件还只是毛坯,需要去除毛刺和飞边、整形、去除内应力和调湿等后处理;还需要对注塑件进行检验,有的还需要对注塑件的性能进行测定。注塑件的后处理包括:注塑件的整形及冷却控制、退火处理、调湿处理和修饰。

(1)注塑件的整形及冷却控制 注塑件冷却脱模后会发生回弹,当注塑件脱模晚或脱模速度慢时,注塑件的变形小、回弹小、收缩小;当注塑件脱模早或脱模速度快时,注塑件的温度还相当高,注塑件为自由冷却收缩,变形大、回弹大、收缩大。一般注塑件脱模后还会因继续冷却产生内应力、方向性及结晶化反应等,使注塑件继续发生收缩,通常需要 24h 以后才能够稳定。

对易变形的注塑件为防止脱模后继续收缩变形,可将脱模后的注塑件放在整形冷模或工具内加压冷却,或在热水中缓慢冷却,或将注塑件有要求的部分先放入冷水中冷却硬化,其他部分则任其自然冷却。

(2)注塑件的退火处理和调湿处理

①退火处理。退火处理是指将注塑件放在烘箱中或液体介质(如热水、矿物油、甘油和液体石蜡等)中加热到一定的温度并保温一段时间后,缓慢冷却至室温的方法。其目的是消除内应力和稳定结晶结构,可以提高结晶塑料的弹性模量和硬度,降低断裂伸长率;另外,有时注塑件经去除内应力处理后其尺寸会发生收缩,对其成型尺寸应在模具设计时予以补偿。部分热塑性塑料后处理的工艺参数见表 14-4。

表 14-4 部分热塑性塑料后处理的工艺参数

塑　　料	加热温度/℃	保温时间/h
聚碳酸酯(PC)	100 以上(应低于热变形温度 135)	2～4
聚酰胺(尼龙 PA)	120～150(油或液体石蜡)	4～10
ABS	70	2～8
聚苯乙烯(PS)	70	2～4
聚甲基丙烯酸甲酯(PMMA)	70	4～6
聚甲醛(POM)	90～145	4
聚苯醚(PPO)	150	4
聚砜(PSF)	110～130	2～8(空气)
聚酰亚胺(PI)	150	4
聚对苯二甲酸乙酯(PET)	130～140	20～30min

聚酰胺(尼龙)的退火处理,目的是稳定尺寸和释放内应力。方法是在不接触空气的条件下,最好是浸入油或液体石蜡中,热处理温度为 120～150℃,时间为 10～30min,退火处理后缓

慢地冷却至室温。

②调湿处理：调湿处理是一种调整注塑件含水量的后处理工序，主要用于易吸湿类型且易氧化的塑料，如聚酰胺（尼龙）。将注塑件浸入 100℃ 的盐水或浸入 100～120℃ 乙酸（醋酸）溶液中让其吸湿。一般调湿时间为 2～9h，具体时间取决于注塑件的厚度。如果注塑件既要退火又要调湿，则次序应为先退火后调湿。

并非所有注塑件都要进行后处理，如聚甲醛（POM）和氯化聚醚（CPE）则不必后处理，其注塑件成型加工后虽也存在内应力，但因其高分子柔性较大且玻璃化温度低，内应力可缓慢消除。

四、注射成型三大工艺要素的选择

影响注塑件成型加工质量的因素很多，在注塑件结构、塑料品种型号、模具结构和注射机型号确定后，决定注塑件成型加工质量的主要因素便是成型工艺条件的选择和控制；而成型工艺条件，就是指注塑件成型加工时的温度、压力和时间三大因素。

1. 温度

主要是指塑料熔体的温度和模具型腔表壁的温度。塑料熔体的温度对塑料塑化程度和热力学性能的影响最大，模具表壁的温度只是影响着熔体充模及其冷却定型。

（1）料温　塑料熔体的温度称为料温，也是指塑化的塑料温度和从喷嘴注射出熔体的温度。可把前者称为塑化温度，后者称为注射温度。

料温太低时不利于塑化。这时熔体的黏度较大，故流动性较差，注塑件成型困难，成型后的注塑件易出现熔接痕、表面无光泽和形状不丰满等缺陷。提高料温可降低熔体的黏度、流动阻力和注射过程中的压力降，改善熔体流动性，有利于塑化。但料温过高则易产生热降解，反而使注塑件的物理-力学性能下降。部分常用塑料适用的注射温度与模具温度见表 14-5。

表 14-5　部分塑料适用的注射温度与模具温度　　　　　（℃）

塑　料	注射温度（熔体温度）	模腔表壁温度	塑　料	注射温度（熔体温度）	模腔表壁温度
ABS	200～270	50～90	GRPA—66	280～310	70～120
AS(SAN)	220～280	40～80	矿纤维 PA—66	280～305	90～120
ASA	230～260	40～90	PA—11,PA—12	210～250	40～80
GPPS	180～280	10～70	PA—610	230～290	30～60
HIPS	170～260	5～75	POM	180～220	60～120
LDPE	190～240	20～60	PPO	220～300	80～110
HDPE	210～270	30～70	GRPPO	250～345	80～110
PP	250～270	20～60	PC	280～320	80～100
GRPP	260～280	50～80	GRPC	300～330	100～120
TPX	280～320	20～60	PSF	340～400	95～160
CA	170～250	40～70	GRPBT	245～270	65～110
PMMA	170～270	20～90	GRPET	260～310	95～140
聚芳酯	300～360	80～130	PBT	330～360	约 200
软 PVC	170～190	15～50	PET	340～425	65～175
硬 PVC	190～215	20～60	PES	330～370	110～150
PA—6	230～260	40～60	PEEK	360～400	160～180
GRPA—6	270～290	70～120	PPS	300～360	35～80,120～150
PA—66	260～290	40～80			

各种塑料应选用的料筒各段温度和喷嘴温度,可参考表 14-6。料筒各段温度和喷嘴温度的选择原则:通常情况下,注塑件注射量小于注射机额定注射量的 75%,或成型塑料不预热时,料筒后段温度应比中段和前段低 5~10℃。对于含水偏高的塑料,后段温度可以偏高一些。对于螺杆式料筒,为防止热降解,料筒前段温度略低于中段温度,还应控制塑料熔体在料筒内的停留时间,尤其对热敏性塑料更为重要。注射成型同一注塑件时,螺杆式料筒可比柱塞式低 10~20℃。对于薄壁或形状复杂及带嵌件的注塑件,因流动困难或易于冷却,应选用较高的料斗温度;反之,则应选用较低的料斗温度。为了避免流涎现象,喷嘴温度应略低于料筒中的最高温度。总的情况是,料筒的温度保留在塑料的黏流温度 T_f(或 T_m)以上和热分解温度 T_d 以下某一适宜的范围内即可。

表 14-6　部分塑料适用的料筒和喷嘴温度　　　　　　　　　　　　　　　　(℃)

塑料	料筒温度			喷嘴温度	塑料	料筒温度			喷嘴温度
	后段	中段	前段			前段	中段	前段	
PE	160~170	180~190	200~220	220~240	PA—66	230	260	280	270
HDPE	200~220	220~240	240~280	240~280	PUR	175~200	180~210	205~240	205~240
PP	150~210	170~230	190~250	240~250	CAB	130~140	150~175	160~190	165~200
ABS	150~180	180~230	210~240	220~240	CA	130~140	150~160	165~175	165~180
SPVC	125~150	140~170	160~180	150~180	CP	160~190	180~210	190~220	190~220
RPVC	140~160	160~180	180~200	180~200	PPO	260~280	300~310	320~340	320~340
PCTFE	250~280	270~300	290~330	340~370	PSU	250~270	270~290	290~320	300~340
PMMA	150~180	170~200	190~220	200~220	IO	90~170	130~215	140~215	140~220
POM	150~180	180~205	195~215	190~215	TPX	240~270	250~280	250~290	250~300
PC	220~230	240~250	260~270	260~270	线型聚酯	70~100	70~100	70~100	70~100
PA—6	210	220	230	230	醇酸树脂	70	70	70	70

可以采用对空注射熔体,观察其状态来判断料温是否合适。熔体为粗细均匀、表面光滑、无气泡和色泽均匀的,说明料温合适。如果料流表面毛糙、有银丝与气泡及变色的,则说明料温不合适。

(2)模具温度　是指和注塑件相接触的模具型腔表面的温度。它直接影响着熔体的充模流动行为、注塑件的冷却速度及成型后的性能。

如果模具温度分布均匀、波动幅度小与选择合理,可有效地改善熔体充模的流动性能、注塑件表观质量及主要的物理-力学性能;能促进注塑件的收缩趋于均匀,降低内应力和注塑件的变形。提高模温可以改善熔体的流动性,增强密度和结晶度,减小熔体充模压力;但会延长注塑件冷却定型的时间,降低生产效率,增加注塑件的收缩率和变形。反之,降低模具温度,虽可提高生产效率,但熔体的流动性会变差,相应会产生溶解不良和内应力等缺陷。

模具温度选择原则:对于结晶型塑料应采用缓冷($T_M \approx T_{cmax}$)或中速冷却($T_M \approx T_g$),如此有利于注塑件结晶,可提高注塑件的密度、结晶度、耐磨性及注塑件的强度与刚度;但韧性和伸长率会下降,收缩率有所变大。急冷($T_M < T_g$)方式与此相反。对于非结晶型塑料,因其流动性较好且易于充模,故可采取急冷方式,这样可缩短冷却时间,提高生产效率。

对高黏度的塑料如聚碳酸酯、聚砜和聚苯醚等,为改善它们的流动和充模性能,需要采用较高的模具温度;而对黏度较小的塑料如聚乙烯、聚丙烯、聚氯乙烯和聚酰胺等,可采用较低的模具温度。对厚壁注塑件,因充模和注塑件冷却时间较长,应采用较高的模温。为了缩短成型周期,一是取较低的模温,用加快冷却速度来缩短冷却时间;二是使模温保持在热变形温度之下。为了保证注塑件具有较好的形状与尺寸精度,避免注塑件翘曲变形,模具温度必须低于塑料的热变形温度。常用热塑性塑料的热变形温度见表14-7。

表 14-7　常用热塑性塑料的热变形温度　　　　　　　　　(℃)

塑　料	压　力		塑　料	压　力	
	1.82MPa	0.45MPa		1.82MPa	0.45MPa
PA—66	82～121	149～176	PA—6	80～120	140～176
30%玻纤增强 PA—66	245～262	292～365	30%玻纤增强 PA—6	204～259	216～264
PA—610	57～100	149～185	PA—1010	55	148
40%玻纤增强 PA—610	200～225	215～226	PMMA 和 PS 共聚物	85～99	—
PC	130～135	132～141	PMMA	68～99	74～109
20%～30%长玻纤增强 PC	143～149	146～157	PPO	175～193	180～204
20%～30%短玻纤增强 PC	140～145	146～149	HPVC	54	67～82
PS(一般型)	65～96	—	PP	56～67	102～115
PS(抗冲型)	64～92.5	—	PSU	174	182
20%～30%玻纤增强 PS	82～112	—	30%玻纤增强 PSU	185	191
ACS	85～100	—	PTFE 填充 AAS	100	160～165
ABS	83～103	90～108	AAS	80～102	106～108
HDPE	48	60～82	EC	46～88	—
POM	110～157	138～174	CA	44～88	49～76
氯化聚醚	100	141	PBTP	70～200	150

2. 压力与注射速度

注射成型工艺中的压力系统,包括注射压力、保压压力和背压力(也可称为塑化压力)。注射压力对塑料熔体的流动和充模具有决定性的作用;保压压力主要影响模具型腔的成型压力和注塑件的成型质量;背压的大小与螺杆的转速相关,会影响塑料在成型过程中的塑化过程、塑化效果和塑化能力。

(1)注射压力　是指螺杆转动(或柱塞轴向移动)时,其头部对塑料熔体所施加的压力。注射压力在成型的过程中,主要是克服熔体流动的阻力,并对熔体起到压实的作用。

注射压力的损失分为动压损失和静压损失两部分。动压损失消耗于喷嘴、熔体流动的阻力和熔体自身内部黏性摩擦;与熔体温度及体积流量成正比,受到各浇道长度、截面尺寸及熔体流变性质的影响。静压损失消耗在注射和保压补塑方面,与熔体温度、模具温度和喷嘴压力有关。

注射压力对熔体的流动、充模和注塑件的质量都有着很大的影响。压力过低,会造成塑料填充不足(缺料)和缩痕等缺陷;压力过高,会产生胀模、飞边和溢料等现象。注射压力的大小与塑料品种,注塑件的大小、壁厚和复杂程度,喷嘴的结构形式,浇口的形式、尺寸和位置,以及注射机的性能等因素有关。部分塑料的注射压力见表14-8。

(2)注射速度　可用注射成型时塑料熔体的体积流量 q_v 来表示,或用注射螺杆(或柱塞)的轴向移动速度 v_i 来表示;其数值可通过注射机的控制系统来进行调整。q_v 和 v_i 的表达式如下:

$$q_v = \frac{2n}{2n+1}\left(\frac{P_i - P_M}{KL}\right)\left(WH\frac{2n+1}{n}\right) \tag{式 14-3}$$

表 14-8　部分塑料的注射压力　　　　　　　　　　　　　（MPa）

塑　料	注　射　条　件		
	易流动的厚壁注塑件	中等流动程度的一般注塑件	难流动的薄壁窄浇口注塑件
聚乙烯	70～100	100～120	120～150
聚氯乙烯	100～120	120～150	＞150
聚苯乙烯	80～100	100～120	120～150
ABS	80～110	100～130	130～150
聚甲醛	80～100	100～120	120～150
聚酰胺	90～101	101～140	＞140
聚碳酸酯	100～120	120～150	＞150
聚甲基丙烯酸甲酯	100～120	210～150	＞150

式中　　q_v——体积流量（cm³/s）；

P_i——注射压力（Pa）；

P_M——型腔压力（Pa）；

W——流道截面的最大尺寸（宽度，cm）；

H——流道截面的最小尺寸（高度，cm）；

L——流道长度（cm）；

K——熔体在工作温度和许用剪切速率下的稠度系数（Pa·s）；

n——熔体的非牛顿指数。

$$v_i = \frac{4q_v}{\pi D^2} \approx \frac{q_v}{0.785D^2}$$　　　　　　　　（式 14-4）

式中　D——螺杆的基本直径；

v_i——位移速度。

由式 14-3 和式 14-4 可知，注射速度与注射压力相关。当其他工艺条件和塑料品种一定时，注射压力越大，注射速度就越快。注射速度应选择适当，既不能过高，也不能太低，通常通过现场的试验来确定注射速度。在装好模具后，先用慢速低压注射，再根据成型的注塑件的质量逐步调整注射速度到合理数值。

（3）保压压力和保压时间　为了压实型腔内的塑料熔体和维持向型腔内补充料流，需要持续保持注射压力，这种压力称为保压压力（简称保压力）。保压压力持续的时间，称为保压时间。

保压压力和保压时间直接影响到注塑件的密度和收缩率的大小，同时对取向程度、补料流动长度和冷却定型的时间也有着影响，进而影响注塑件的成型质量。若熔体充模过量，分型面会被涨开溢料；反之，会造成密度减小、缺料和缩痕。保压时间不足，浇口还未完全冻结，熔体便会产生倒流，造成注塑件内部出现真空泡和缩痕。

保压压力和保压时间的选择和控制：一般对形状复杂和薄壁的注塑件，应采用较大的注射压力，而保压压力可稍低于注射压力；对厚壁注塑件，当保压压力和注射压力相等时，注塑件的收缩率可以减小，但注塑件会产生较大的内应力。保压时间一般控制在 15～120s，在保压压力和注射温度确定后，一般通过试验来确定保压时间：先用较短的保压时间成型注塑件，再根据注塑件的质量逐次延长保压时间。

（4）背压力与螺杆转速

①背压力（塑化压力）。注塑件注射时需要向料筒中补充新的物料，此时螺杆边旋转边后

移,使物料进入料筒并推向喷嘴。物料因受到挤压对螺杆产生了反作用力,会使螺杆后移。为了控制螺杆后移的速度而限制螺杆后移的压力,称为背压力,简称背压。

背压由注射机液压系统控制,可用液压阀调整背压的大小。背压的大小与塑料品种、喷嘴的种类和加料的方式有关,并受螺杆转速的影响。根据生产经验,背压的使用范围为3.4～27.5MPa。

背压主要从两方面对注射成型产生影响,即体现在螺杆对物料的塑化能力和塑化效果上。增大背压可驱除熔体中的气体,提高其密实程度,减少螺杆后退速度,增强塑化时的剪切作用,增加摩擦热,提高熔体温度和塑化效果。

②螺杆转速。是指塑化成型时螺杆的旋转速度,它所产生的转矩是塑化过程中向前输送物料、发生剪切、混合和均化的动力。螺杆转速是注射机塑化能力、塑化效果和注塑成型的重要参数,通常螺杆转速与背压力密切相关,相辅相成。如要增大塑化效果时,应提高螺杆后退的速度。

3. 时间

注射成型周期是指完成一次注射工艺过程所需要的时间,它关系到生产效率的高低。注射成型周期中各种时间的组成,如图14-3所示。

注射成型周期 {
注射时间 {
熔体充模时间:柱塞或螺杆向前推挤熔体的时间
保压时间:柱塞或螺杆停留在前进位置上保持注射压力的时间
} 总冷却时间
闭模冷却时间:型腔内注塑件的冷却时间(包括柱塞或螺杆后退时间)
其他操作时间:包括开模、喷涂脱模剂、注塑件脱模、安装嵌件和闭模的时间
}

图 14-3　注射成型周期中各种时间的组成

(1)注射时间　是指注射机的活塞或螺杆向前推进到保压补塑动作结束(或活塞后退)的时间。注射时间由熔体充模时间和保压补塑时间组成,注射时间一般为5～130s,普通注塑件充模时间为2～10s。注射时间的长短与塑料的流动性、注塑件的形状和大小,以及模具的浇注系统的结构形式、位置和注射工艺条件相关。注射时间估算公式为:

$$t_i = \frac{V}{nq_{GV}} \qquad (式 14-5)$$

式中　　t_i——注射时间(s);

V——注塑件体积(cm^3);

n——模具中浇口个数;

q_{GV}——熔体通过浇口时的体积流量(cm^3)。

熔体通过浇口时的体积流量,可用式14-6计算:

$$q_{GV} = \frac{1}{6} \bar{\gamma} b h^2 \qquad (式 14-6)$$

式中　　$\bar{\gamma}$——熔体通过浇口时的剪切速率,经验数据为:$10^3 \sim 10^4 s^{-1}$;

b——浇口截面宽度;

h——浇口截面高度。

注射时间还可以参照表14-9所推荐的数据进行试验,再以注塑件的质量为依据调整注射时间,最后确定注射时间。

表 14-9 部分塑料的注射时间 （s）

塑　料	注射时间	塑　料	注射时间	塑　料	注射时间
低密度聚乙烯	16～60	玻纤增强聚酰胺-66	20～60	聚苯醚	30～90
聚丙烯	20～60	ABS	20～90	醋酸纤维素	15～45
聚苯乙烯	15～45	聚甲基丙烯酸甲酯	20～60	聚三氟氯乙烯	20～60
硬聚氯乙烯	15～60	聚碳酸酯	30～90	聚酰亚胺	30～60
聚酰胺-1010	20～90	聚砜	30～90		

(2)闭模冷却时间　注射结束后到开启模具的时间称为闭模冷却时间。冷却时间在保证注塑件质量的前提下应尽量短一些。一般注塑件闭模冷却时间可选取 20～120s。最短闭模冷却时间计算公式如下：

$$t_{c,min} = \frac{h_z^2}{2\pi a} In\left[\frac{\pi}{4}\left(\frac{Q_R - Q_M}{Q_H - Q_M}\right)\right] \qquad (式 14-7)$$

式中　$t_{c,min}$——最短冷却时间(s)；

　　　h_z——注塑件的最大厚度(mm)；

　　　a——塑料的热扩散率(mm^2/s)；

Q_R, Q_M, Q_H——分别为熔体充模温度、模具温度和注塑件的脱模温度(℃)。

注射成型加工工艺的选择和注射成型加工工艺参数的选择，对注塑件成型加工的质量、加工效率、节约原料和能量，以及加工成本都有重要的作用；同时，又是整治注塑件缺陷的一种辅助手段，一种既经济简便又不可缺少的方法。但是，注射成型加工工艺参数的选择，不是整治注塑件缺陷的主要方法；在选择注射成型加工工艺参数仍不能有效地整治注塑件缺陷时，需要采用排查法和痕迹技术分析法。

工艺人员在注塑件成型加工工艺规程制订前，应该了解到注塑件使用塑料的品种、名称、代号、性能和成型条件；还应了解塑料生产地和厂家，甚至还需要亲自察看塑料颗粒，观察颗粒的大小、均匀度、色泽和再生料的比例，有无错料和混料情况发生；还应掌握注塑件的批量、性能要求和使用情况，有关的法律和法规，才能制订出合理的工艺流程和注塑件成型加工参数。

复习思考题

1. 叙述塑料熔体在注射成型加工过程中的三种不同力学集聚性能。

2. 简单叙述热塑性塑料成型过程和注射工艺过程。如何选择注射成型三大工艺要素？叙述注塑件注射成型原理的三个过程和四个基本阶段。

3. 了解热塑性塑料活塞式注射机成型原理和操作过程，螺杆式注射机成型原理。

4. 了解注塑件注射成型过程和注塑成型加工工艺参数的内容。

第二节　注射机结构与技术规范

注射成型具有成型周期短，注塑件的形状可简也可繁且尺寸可大也可小，加工的尺寸精度高，生产效率高，成本低等特点。特别是注射成型普遍实现了计算机控制，实现了生产完全自动化，注射成型加工已成为塑料成型加工中的一种重要方法和手段。注射机是注塑件成型的工作母机，注射时的耗能和做功均来源于注射机。注塑模需要安置在注射机上才能进行注塑件的成型，注塑模与注射机是相辅相成的。注塑模的设计、安装和工作都需要和注射机协调一致,作为注塑模的设计人员需要了解注射机的技术规范。

一、注射机简介

以注射成型各种几何形体及不同尺寸大小的注塑件作为主要加工的方法,所用的成型机称为注射机。注射机是用于热塑性或热固性塑料注射成型的主要设备,注射机的结构主要由注射装置、锁模装置、脱模装置、模板和机架系统等组成。

(1)注射机的分类　注射机按外形可分为立式、卧式及直角式三种,按成型的塑料性质可分为热塑性塑料用注射机和热固性塑料用注射机两种,按结构与成型原理可分为柱塞式注射机和螺杆式注射机两大类。

(2)柱塞式注射机的结构与成型原理　柱塞式注射机的结构如图 14-4 所示。柱塞式注射机的成型原理:先将塑材原料从料斗 7 送到装有加热圈 9 的料筒 8 中加热,使原料成为能流动的熔融体,再经注射柱塞 5 的作用,以一定的压力和速度推进,经塑化后的熔体由喷嘴注入注塑模 14 的型腔中;然后,模具型腔中的熔体经保压和冷却硬化成型,最后由模具的开模、抽芯和脱模得到所要求的塑料产品零件。

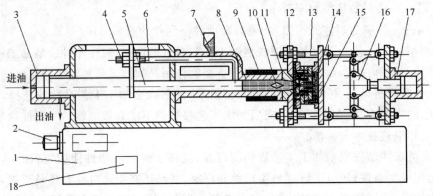

图 14-4　柱塞式注射机结构简图

1. 机架　2. 电动机及液压泵　3. 注射液压缸　4. 加料调节装置　5. 注射柱塞　6. 加料柱塞
7. 料斗　8. 料筒　9. 加热圈　10. 分流梭　11. 喷嘴　12. 定模固定板　13. 拉杆　14. 注塑模　15. 动模固定板
16. 合模机构　17. 合模液压缸　18. 油箱

(3)螺杆式注射机的结构与成型原理　螺杆式注射机的结构,如图 14-5 所示。螺杆式注射机的成型原理:先将塑料原料装进料筒 8,由料斗 8 下面的闸板控制每一次的进料量。颗粒料在转动的螺杆 9 挤压下,进入装有加热圈 10 的料筒 11 中加热并在螺杆 9 对塑料的剪切所产生摩擦热的作用之下,成为能够流动的熔融体(简称熔体)。熔体不断被螺杆 9 压实逐渐推向料筒 11 的前方,使喷嘴 12 中的熔体具有一定的压力。螺杆 9 在转动的同时并缓慢地向后移动,使料筒 11 前端的熔体逐渐增多。当熔体达到规定的注射量时,触及限位开关,螺杆 9 停止转动和后移。在注射液压缸 3 活塞的作用下,螺杆 9 以一定的压力和速度,将积存在料筒 11 前端的熔体经喷嘴 12 注入注塑模 15 的型腔中。然后,模具型腔中熔体经保压和冷却硬化成型,最后由模具的开模、抽芯和注塑件脱模得到所要求的塑料产品零件。

二、注射机技术规范

工作时注塑模安装在注射机的动模板与定模板上,由锁模装置合模并锁紧;注射装置加热

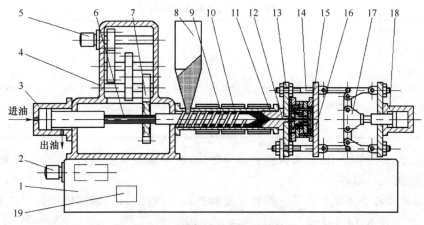

图 14-5　螺杆式注射机结构简图

1. 机架　2. 电动机及液压泵　3. 注射液压缸　4. 齿轮箱　5. 齿轮传动电动机　6. 螺杆花键　7. 齿轮
8. 料斗　9. 螺杆　10. 加热圈　11. 料筒　12. 喷嘴　13. 定模固定板　14. 拉杆　15. 注塑模　16. 动模
固定板　17. 合模机构　18. 合模液压缸　19. 油箱

塑化塑料,并将熔融的塑料注入模具型腔。注射机设有电加热与水冷却系统,以调节模温。塑化成型冷却后的注塑件,由锁模机构开模,并由顶出装置顶脱注塑件。

(1)**注射机实际压力**　注射机的压力表所显示的读数为注射液压缸的压力,实际注射压力应按式 14-8 换算:

$$P = P_G \times \frac{d_c^2}{d_s^2} \geqslant P_n \qquad (式14-8)$$

式中　P——注射压力(N/cm^2);

　　　P_G——压力表读数(N/cm^2);

　　　d_c——注射液压缸内径(cm);

　　　d_s——螺杆或柱塞直径(cm);

　　　P_n——成型时需用的成型压力(N/cm^2)。

(2)**注射机的容量**　注射机的容量我国已统一规定用加工聚苯乙烯塑料时机器一次所能注射出的公称容量(cm^2)来表示。螺杆式容量值为理论注射量的 80%(理论注射量为料筒端部有效容积,因实际工作中需剥留一定的熔料,故实际注射量比理论注射量为小,一般取其 80%),柱塞式为一次对空所能注射出的最大注射量。

(3)**注射速度**　注射速度用每分钟射出熔料的射程(m/min)来表示,也可用射出每次注射量需用最短的时间即注射时间(s),或每秒钟注入型腔内最大熔料体积(cm^3/s)即注射速率来表示。一般注射机都有高速和低速两种特性(或高压时间和低压时间),并可调整选用。1 000 cm^3 中、小型注射机,其注射时间常为 4s,大型注射机注射时间在 12s 以内。注射速度一般为 5～7m/min,常用低速注射。选用低速注射的注射机时,模具设计应注意防止产生熔接痕和型腔填充不足。选用高速注射或大注射量、大锁模力的注射机注射大面积、小质量的注塑件时,模具设计应防止熔料内充入空气、排气不良、熔接不良、注塑件内应力增大、塑料易分解、嵌件型芯受冲击力大及易发生飞边等弊病。

(4)**注塑件最大成型面积**　注塑件最大成型面积规定为注塑件在分型面上投影面积,国产注射机注塑件最大成型面积都是以一定型腔压力来计算的(一般未考虑安全系数)。各种规格注射机设计许用型腔压力,详见表 14-10。

表 14-10 常用注射机许用型腔压力 （N/cm²）

型 号	许用型腔压力	型 号	许用型腔压力
XS-Z-30	360	XS-ZY-500	350
XS-Z-60	385	XS-ZY-1000	250
XS-ZY-125	280	SZY-2000	230
SZY-300	300	XS-ZY-4000	263
G54-200/400	395		

（5）开模力 开模力一般设备说明书都未标注,通常取锁模力的 1/10～1/20,对于液压曲肘式及小型注射机可取较大值。

（6）模具厚度与开模距的关系 模具厚度和开模距的关系,与锁模机构的形式有关,如图14-6 所示。也可按式 14-9 计算：

$$H = L - L_1 + L_2 = L_2 + H_1 \qquad （式 14-9）$$

式中 H ——最大模具厚度(mm)；

H_1 ——最小模具厚度(mm)；

L_1 ——模板行程(液压曲肘式机构的值不变,mm)；

L ——模板最大开模(mm)；

L_2 ——曲肘机构调模装置的可调节长度,注射机可分为高速和低速两种特性(mm)。

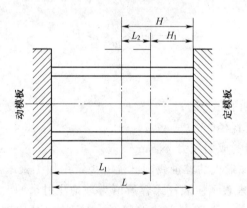

图 14-6 模具厚度与开模距的关系

（7）脱模装置 一般分为液压顶出与机械顶杆顶出两种结构,顶出的位置可设在两侧、中心或设在两侧及中心。一般只有中心顶出的装置常用机械顶杆机构；而设有中心及两侧顶出装置的,中心顶出采用液压顶出机构,两侧采用机械顶出机构。中心顶出的顶出力较小,两侧的较大,故宜用于顶出大面积的注塑件。

三、注射机的分类、特点及应用

注塑模可以实现注塑件的自动成型加工。如今注射机一般配备有计算机,对注射机成型加工各工作过程可进行自动控制。因此,只要输入注射机成型加工各个参数(如料筒各段和喷嘴的温度、螺杆转速、锁模压力、注射压力、背压、注射时间、冷却时间、开模和闭模动作等),注塑件的成型加工就能自动进行。由于注射机的种类不同,其各自的特点及应用也不同,详见表14-11。

表 14-11　注射机的分类、特点及应用范围

形式	立式	卧式		直角式
		热塑性塑料注射机	热固性塑料注射机	
	容量为 10～60g	柱塞式为 30～60g ｜ 螺杆式为 60cm³ 以上	100～500g	容量为 10～60g
结构特点	注射装置及定模板设置在上面，锁模装置及动模板、顶出机构设置于下面，互成竖立一线排列。注射装置为柱塞式、液压机械式锁模机构，动模板后设有顶杆机构顶出注塑件，使用立式注塑模工作	注射装置、定模板为一侧，锁模装置、顶出机构及动模板为另一侧，互成横卧一线排列。注射装置以螺杆为主，液压机械式锁模，顶出系统采用机械式、液压机构或两者兼备，使用卧式注塑模工作	除塑化加热系统外，其他与热塑性塑料用螺杆式注射机相似	注射装置为竖立布置，锁模顶出机构及动、定模板卧式排列。注射装置为柱塞式，机械式锁模机构、动模板、顶杆机械顶出为一侧，定模板为另一侧，使用直角式注射模工作
优点	1.装拆模具方便；2.安装嵌件、活动型芯简便可靠	1.开模后注塑件能自动落下，便于实现自动化操作；2.螺杆或注射装置塑化能力大且均匀，注射压力可达 7 000～8 000N/cm²，压力损失、注塑件内应力、定向性小，可减少变形和开裂倾向；3.螺杆式可采用不同形式的螺杆，调节螺杆转速、背压等，适宜加工各种塑料及不同要求的注塑件		1.开模后，注塑件可自动斜落下；2.型腔偏一侧的模具工作时，锁紧可靠，模具受力均匀
缺点	1.注射后喷嘴要脱离模具，人工取出注塑件，实现自动化复杂；2.柱塞式注射装置，注射压力可达 7 000～13 000N/cm²，压力损失大，加工高黏度塑料、形状复杂的薄壁注塑件时要求成型压力高，注塑件内应力大，注射速度不均匀，塑化不均匀	1.装模麻烦，安放嵌件及活动型芯不方便，易倾斜落下；2.螺杆式加工低黏度塑料，薄壁、形状复杂注塑件时易发生熔料回流，螺杆不易清洗，贮料清洗不净（尤其对热敏性塑料）易发生分解；3.卧式柱塞式结构也有立式柱塞式结构的加工缺点		1.嵌件、活动型芯安放不便，易倾斜落下；2.有柱塞式结构的缺点
适用范围	1.宜加工小、中型注塑件及分两次进行双色注射加工的双色注塑件；2.柱塞式结构不宜加工流动性差、热敏性、对应力敏感的塑料及大面积、薄壁注塑件，宜加工流动性好的中小型注塑件，尤其利于加工两种色泽，如大理石花纹的注塑件及渗有彩色电化铝片等的透明五彩注塑件	1.螺杆式适用于加工各种塑料及各种要求的塑料，小型设备宜加工薄壁、精密注塑件；2.螺杆式适用于掺合料以及有填料的塑料，干着色料的直接加工；3.卧式柱塞式结构也具有立式柱塞式结构的适用范围	1.适用于加工小型注塑件；2.适用于加工不允许有浇口痕迹的平面注塑件；3.适用于要求型腔偏向一侧的模具	

注：注射机容量有的用一次所能注出的公称质量（g）来表示，也有的用公称容量（cm³）来表示。

四、注射机的模具安装尺寸

注射机要和注塑模对接后才能进行注塑件的成型加工。注塑模是依靠压板和螺钉、螺母或直接依靠螺钉、螺母与注射机的动、定模板连接。为了使模具能与注射机连接,注塑模的长度和宽度要在注塑件动、定模板连接单元尺寸的范围之内,注塑模高度要在注塑模动、定模板最大开模距离和最小闭模距离之间。同时,模具浇口套的球形凹槽尺寸应与喷嘴的半球形凸弧尺寸对接,不能出现漏料的现象。模具浇口套和定位环尺寸应与注射机定模的定位孔尺寸间隙配合。常用注射机安装模具的有关尺寸见附录 F(3)。

注射机是注塑件成型加工中重要的母机,塑料的熔融、流动充模,模具的开闭模、抽芯和脱模运动都源自注射机,注塑成型加工参数的获取也来自注射机。注射机的性能、技术规范及特性对注塑件成型加工的质量起着重要的决定性作用。合理地选择注射机的型号和规格,是决定注塑件成型加工的质量、加工效率与经济效益的重要因素,也是模具的标准模架选取的重要因素。

复习思考题

1. 注射机如何分类? 简单地叙述柱塞式和螺杆式注射机的结构与成型原理。
2. 了解注射机的技术规范、分类、特点及应用。

第三节　注塑模的试模

注塑模设计和制造后,为了验证注塑模能否顺利进行注塑件的成型加工,必须进行注塑模的试模。试模的目的是验证注塑件成型后其形状、尺寸、配合、精度、表面粗糙度和皮纹是否符合图样的要求,注塑件的性能是否符合使用的要求,注塑件上是否存在着缺陷;验证注塑件的材料、工艺和模具的性能。通过对上述内容的验证,总体判断注塑模的性能。只有验证了上述的内容才能确定模具是否合格;有不合格项,则需要整改至合格为止。只有通过试模才能够发现问题所在,也只有暴露了问题才能对症下药去解决问题。人们对事物的认识有一个过程,当认识与实际事物出现了偏差时,就会产生问题。人们认识事物的经验多了,出现的偏差便会少一些。试模就是让人们认识事物的一种方法,并验证人们认识事物的程度。

一、试模前的准备工作

注塑模制造后不久就要进行试模,只有经过试模才能判断注塑模是否合格,注塑模合格后才能进行注塑件的批量加工,以防止注塑件批量报废。

1. 模具的检查

模具制造时所有的零部件和装配后的模具,都已经过专职质量检验员的检验;因此试模前的检查主要是注塑模外观、附件齐全与否及进行空运转。

(1)外观和附件的检查

①检查注塑模的闭合高度、安装尺寸、脱件形式和开模距离是否符合注射机的条件;

②模具上图号是否与模具履历袋文件相符,是否与试模工艺规程相符;

③试模的塑料型号是否与试模工艺规程相符;

④注塑模的附件和备件是否齐全;

⑤注塑模超过 30kg 时需要有起重设备,模具上是否有吊环,并准备好绳索和垫木。

(2)注塑模空运转的检查

①利用起重设备吊起(也可人工搬起或抬起)注塑模的定模,然后合模。观察模具能否正常地开、闭模,抽芯机构的抽芯和复位动作是否顺利。

②推动脱模机构的安装板和推垫板,观察模具的脱模机构是否运动正常。

③检查注塑模冷却系统是否存在堵塞和泄漏的问题。

④电加热系统绝缘性的检查。用 500V 绝缘电阻表试验,绝缘电阻不低于 $10M\Omega$。

⑤有液压或气动装置的注塑模,应做通液或通气试验,检查有无漏液或漏气的现象。

2. 注射机和附加设备的检查

注射机是注塑件成型加工的重要设备,注射机状态的好坏直接影响到注塑件质量的优劣。

①对上工序使用不同颜色和不同塑料品种的注射机,首先用塑料清洗料清洗干净料筒。

②空运行,检查注射机的开、闭动作是否正常;注射机料斗有无加热装置,加料容量是否正常;注射机的温控系统和注射系统及加压系统是否正常;注射机安全装置是否正常。

③注射机有无固定注塑模的压板、支撑件、螺钉、螺母、垫圈及扳手,浇口套垫圈是否与模具和注射机配套。

④注塑件成型加工时的脱模剂,备用的为清理注塑件断裂在模具型腔中残片所要用的铜錾子、锤子或锯片、酒精灯等。

⑤注塑件中镶的嵌件必须用汽油清洗;有的嵌件还需要预热,以防止嵌件与塑料的溶解不良。

⑥对于非结晶塑料,为了保证注塑件表面不产生缩痕,注塑件脱模后应放在水中冷却。

3. 塑料原料和试模工艺规程成型加工参数的制订

塑料的原料检验和试模工艺规程成型加工参数的制订,是试模工作中十分重要的环节。

(1)塑料的原料检验　塑料的原料是注塑件成型加工的重要材料,材料的状态好坏直接影响到注塑件的使用性能和品质。

①检查塑料的型号,生产厂家是否符合注塑件成型加工工艺规程。检查塑料颗粒的粗细是否适当和均匀,塑料颗粒中是否混入了其他颜色或其他品种的塑料。

②对于注塑件成型加工时需要限制含水率的塑料颗粒,检查塑料颗粒是否已经烘干。

(2)试模工艺规程成型加工参数的制订　试模前需要根据塑料的品种初步制订出试模时螺杆的转速、料筒和喷嘴的温度、成型时的注射压力和背压及保压压力、注射时间和保压时间及冷却时间等参数。

二、注塑模的安装

模具的安装是试模中重要的一环,不合理的装模会造成注射机和模具的损坏,也会造成人员工伤事故,还会影响注塑件的品质。

(1)固定式压塑模安装　固定式压塑模的安装,如图 14-7 所示。

①清理工作台面和模具上的杂物和污垢,垫好石棉隔热板。

②先放置垫板 3,再将压塑模安置于垫板 3 上。

③用推杆 2 轻轻顶起压塑模 20～30mm,再撤去垫板 3。压塑模随着推杆 2 的下降,降落到压塑机下工作台 1 上。

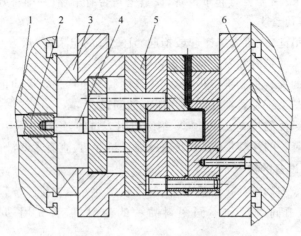

图 14-7　固定式压塑模安装实例

1. 下工作台　2. 推杆　3. 垫板　4. 中间接头　5. 压塑模　6. 上工作台

④下工作台 1 和上工作台 6 慢速下降,压紧上、下模,以压板、支撑块、螺栓和螺母固定上、下模。

⑤安装好加热线路,调节顶出距离。

⑥慢速进行开、闭模运动,观察各机构的运动是否正常,行程是否正确。空运行数次之后,再次拧紧压模螺母。确认设备和模具正常之后,才能进行正式的试模。

(2)卧式注塑模安装　卧式注塑模的安装,如图 14-8 所示。

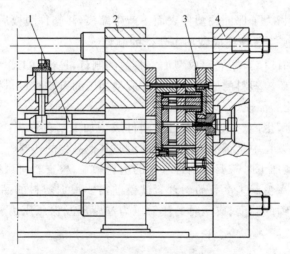

图 14-8　卧式注塑模安装实例

1. 顶杆　2. 动模板　3. 注塑模　4. 定模板

①清理工作台面与模具上的杂物和污垢。

②用起重机将注塑模 3 从注塑机两导柱上方吊入注射机动模板和定模板之间;选择好适当的浇口套垫圈,模具浇口套入定位孔并找正,点动合模后压紧注塑模。以压板、支撑块、螺栓和螺母将注塑模压紧在机床的动模板 2 和定模板 4 上。对于有侧向抽芯的模具,侧向抽芯的滑块应处于水平方向滑动。此时,要特别注意安全性,以防止人、设备和模具出现损伤。

③调节锁模机构,以保证有足够的开模距离和锁模力,并使模具的闭合适当。对液压式锁

模机构需要调节缓冲装置以控制模板的变速运动。对加热模具,在模温达到预定温度时需要再次校正模具的松紧程度。

④慢速开启动模板至停止,调节注射机的顶出装置,注射机的顶杆与注塑模脱模机构的推垫板应留有 5～10mm 的间隙。需要观察顶出机构的运动状况,动作是否平稳、灵活和协调。

⑤模具安装和调节好后,待料筒和喷嘴温度上升到距预定温度 20～30℃时,需要检查喷嘴与浇口套是否吻合,之后再次拧紧压模螺母。

⑥如采用气动或液压抽芯装置,可接通回路。调试抽芯动作,做到动作灵活和协调,起止位置准确,不得出现漏气和漏油的现象。

⑦成型加工时需要冷却或加热,则接通水路或电路。水路做到不堵塞和不渗漏,电路要做到绝缘可靠不漏电。

⑧空车运行数次,观察设备和模具运转是否正常,然后才可以正式试模。

三、试模成型工艺流程

试模前,一般先根据热塑性和热固性塑料品种及成型工艺方法(如压塑成型、压注成型、注射成型、挤出成型、吹塑成型、吸塑成型和发泡成型)的工艺参数值为标准,初步制订塑料件成型时的工艺参数。由于塑料件形状、大小、壁厚薄和精度的不同,塑料批次、颗粒大小和生产厂家的不同,注塑设备差异和生产环境的不同,等等因素都会影响到塑料件成型的质量;因此,试模时要根据这些影响因素,适当地调整塑料件成型加工的参数。调整到加工出来的塑料产品品质最佳时,可以将这些参数记录下来,并写进塑料件成型加工工艺规程中。在塑料生产厂家不变、成型设备和生产场地不变的情况下,日后的批量生产均可按这些参数进行加工。

当塑料件的形状、尺寸和精度不符合图样要求时,塑料模需要修理后重新试模。塑料件出现缺陷时,需要根据缺陷痕迹查明原因,再针对缺陷原因采取必要措施加以整治。一般是先通过调整成型加工的参数整治缺陷,最后才是通过修理、修改浇注系统和塑料模的结构整治缺陷。

1. 热固性塑料的成型

热固性塑料成型包括:压塑成型、压注成型和注射成型。

(1)压塑成型　将塑料粉计量和预热,倒入模具下凹模的型腔中,闭模加热至 180～200℃和排气后,压塑成型。含有木粉、石棉、云母、玻璃纤维和碎布等填充物的热固性塑料,由于比容积过大不利于填模,可以预压成形体近似、体积较塑料件大的预成型件。压塑件缺料时供料量要适当地增加,飞边过大过厚时供料量要适当地减少。压塑成型的工艺流程如图 14-9 所示。

(2)压注成型　压注成型是先闭模后进料,可以提高型腔在高度方向尺寸的精度。粉料预先在加料室中加热熔化,再通过对熔料的加压,使之流入型腔,继续加热固化成型。压注成型的工艺流程如图 14-10 所示。

(3)注射成型　热固性塑料的注射成型的工艺流程,如图 14-11 所示。

2. 热塑性塑料的注射成型

热塑性塑料成型工艺包括:注射成型、挤塑成型、吹塑成型、吸塑成型和发泡成型。热塑性塑料注射成型是将塑料颗粒放进料斗中,由料斗下面闸板控制每一次的进料量,塑料颗粒随旋转的螺杆逐渐被推向料筒的前端。料筒由加热器加热,使颗粒熔化;与此同时由于螺杆与塑料颗粒的摩擦而发热,进一步促进了塑料的熔化。熔化并搅拌均匀的熔体随螺杆的后退而积聚

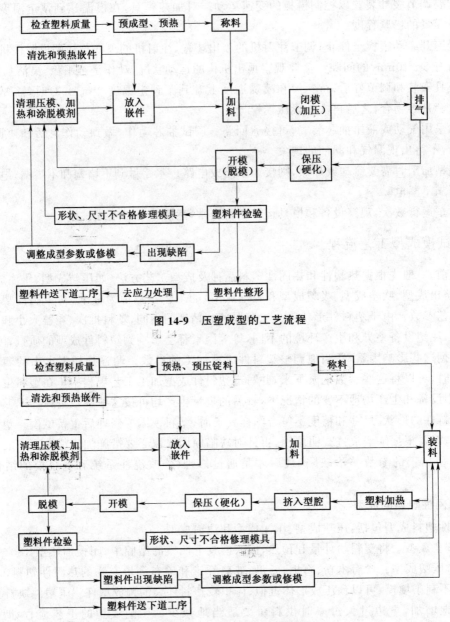

图 14-9   压塑成型的工艺流程

图 14-10   压注成型的工艺流程

在料筒的前端,注射时,熔体从喷嘴孔中注入注塑模的型腔中。热塑性塑料注射成型的工艺流程,如图 14-12 所示。

试模前需要空射,观察塑料熔体的稀稠度。稀时熔体中含有气泡,稠时熔体较硬,这都说明需要调整熔体的温度。由于影响注塑件成型因素的变化,在试模过程中需要不断调整成型加工参数,以达到注塑件最佳的质量。试模过程中需要将注塑件达到高品质时的成型加工参数记录下来,作为日后批量生产的工艺参数。

四、塑料件常见缺陷和缺陷分析与整治

塑料件在成型加工中,受到塑料品质、塑料件结构、加工工艺方法、塑料模结构、成型设备

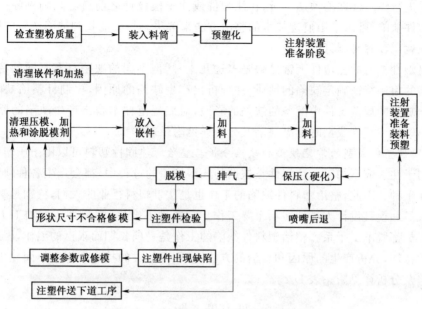

图 14-11　热固性塑料注射成型的工艺流程

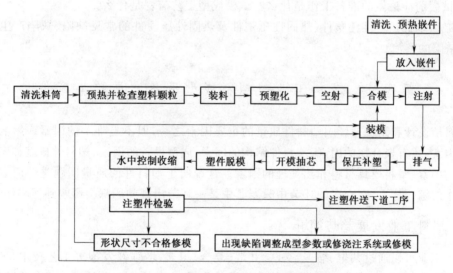

图 14-12　热塑性塑料注射成型的工艺流程

和成型加工参数及成型环境的影响,这些影响因素发生变化,就可能使塑料件上产生各种形式的缺陷。塑料件不允许存在缺陷,整治塑料件上的缺陷是加工塑料件不可缺少的内容之一。

(1)热塑性塑料成型的常见缺陷和缺陷分析与整治　塑料件在成型加工中可能会出现几十种缺陷(或称为弊病),这些缺陷有的影响注塑件的外观;有的影响注塑件的刚度,进而影响注塑件的力学性能;有的影响注塑件的使用性能;有的影响注塑件的化学和电性能。因此,注塑件哪怕只存在着一种缺陷,该注塑件就是废品或次品,注塑件上的缺陷必须得到彻底的整治。注塑件上的缺陷一般是以缺陷痕迹的形式表现出来,缺陷可以通过注塑件成型加工的痕迹技术来根治。注塑件缺陷的预期分析与注塑件缺陷整治相结合的方法,是最有效的注塑件缺陷整治的技术,即在模具结构方案分析的同时进行注塑件缺陷预期分析,甚至可以在注塑件设计的同时进行注塑件缺陷预期分析,在注塑件或注塑模设计之前就将缺陷剔除掉。试模后出现的注塑件缺陷,可以采用痕迹技术的整治方法来解决。只要能找到缺陷产生的原因,整治缺陷的措施就比较容易制订。

虽然热塑性塑料的注塑件上常见缺陷多达几十种,但不同的缺陷具有不同的特征。首先要根据缺陷的痕迹特征确定缺陷的性质,并分析出产生缺陷的原因,再制订整治缺陷的措施。最好是根据缺陷的规范文件中配备的缺陷的彩照,对照规范样本找出产生缺陷的原因和整治的措施。热塑性注塑件成型时常见缺陷及分析详见附录表 D-1。

(2)热固性塑料成型的常见缺陷和缺陷分析与整治　热固性塑料可以用于压塑成型加工,现在也可用于注射成型加工。注塑件在这两种成型加工的过程中,都会产生各种缺陷,这些缺陷也多达几十种。因此,整治塑料件缺陷的工作也是从事塑料行业的人们,特别是塑料件成型加工工艺人员和模具设计人员的一项重要工作。塑料件不合格,塑料件成型加工工艺人员和模具设计人员都脱不了干系。整治塑料件缺陷的工作是一项长期而艰巨的工作,因此,掌握塑料件缺陷的特征,分析产生的原因和整治的方法,是不可缺失的技术知识。热固性压塑件成型时常见缺陷及分析详见附录表 D-2。

复习思考题

1. 试模前应该做的准备工作是什么?试模成型工艺流程是什么?

2. 必须掌握热塑性注塑件、热固性压塑件及热固性压注件的常见缺陷、缺陷产生的原因分析与缺陷的整治。

第四节　塑料工业与塑料成型设备发展趋势简介

塑料模设计和制造是影响塑料件质量的重要因素之一,但不是唯一的因素。影响塑料件质量的因素,还有聚合物的因素、塑料件结构的因素、成型设备的因素、塑料件成型加工工艺及其参数的因素、塑料模具材料和热处理的因素。这说明了塑料件的质量问题是一门多学科和多种技术的综合体系,在众多的环节中只要其中某一环节出现问题都会影响到塑料件的质量。

一、塑料工业发展趋势简介

塑料工业可以通过共聚、缩聚、交联、共混、复合、填充、增强及发泡等工艺技术,进一步改善塑料的性能,提高塑料产品的质量,扩大使用的范围,完善生产工艺技术。于是,塑料工业便朝着生产工艺自动化、连续化、产品品种系列化,以及不断开发新功能塑料的方向和领域发展。

(1)聚合　聚合反应是将许多低分子单体,如从煤或石油中提炼的乙烯、聚乙烯、甲醛等的分子,通过一定的条件化合成高分子聚合物的化学反应。这样的反应既可在同一低分子中进行,其反应物称为聚合物;也可在不同的低分子中进行,其反应物称为共聚物。采用新型聚合技术,使各聚合物组分的性能通过聚合,取长补短,消除单一聚合物组分性能上的弱点,以获得理想的综合性能的聚合物。如 PC 具有很好的冲击强度,但耐化学性能差;而 PBT 则耐化学性能好,但冲击性能差。用约 50%PC 和 50%PBT 制成的塑料合金,则既具有很好的抗冲击性,又具有耐化学性。

(2)缩聚　缩聚反应也是将相同的或不同的低分子单体,通过一定的条件,将其化合成高分子聚合物的化学反应;所不同的是在缩聚反应中有其他低分子物质析出,如 H_2O,HX,醇、氨、卤化物等。缩聚兼有缩合出低分子和聚合成高分子的双重含义,反应产物称为缩聚物。缩聚反应广泛应用在有机合成、化工化纤等领域。

(3)改性　采用改性剂去改进聚合物的性能,其改性效果显著。如用 5% 的高密度聚乙烯去改性 PC,可使 PC 的缺口冲击强度提高 4 倍,熔体黏度下降 1/3,而热变形温度几乎没有变化。又如在尼龙或 POM 中掺入 10%~20% 的弹性体,制得增韧尼龙或增韧 POM,可使其抗冲击强度大幅度地提高。

(4)共混　塑料的性能还可以通过共混加以改善。如难熔难溶的聚酰亚胺与熔融流动性良好的聚苯硫醚共混后极易注射成型;由于这两种聚合物均有卓越的耐热性能,共混后仍然是极好的耐高温材料。又如工程塑料通过加入阻燃剂,可以达到明显的阻燃效果;如加入玻璃纤维的尼龙 66 热变形温度,可以从 71℃ 提高到 255℃。加入不同的填料后,可以改善工程塑料的力学性能、耐摩擦性、耐热性和耐老化性等。

(5)ABC 技术　ABC 技术的关键是有促进两种塑料(或塑料与无机填料之间)能很好相容的第三组分——相容剂。改性手段 ABC 技术——A:塑料合金,B:塑料共混,C:塑料复合,通过化学和物理共混而生成的新型塑料不断地产生。因此,塑料的品种和品级不断地得到扩展,塑料的性能和成型加工性不断地得到提高。当前,塑料 ABC 技术发展很快,新的 ABC 产品层出不穷。ABC 技术不仅是高分子化合物改性的手段,还可以开发出性能优异的新型合成塑料。

二、目前注射机设备的发展简介

为了满足人们生活和生产的需求,塑料件正朝着精密化、微型化、大型化和复杂化方向发展,如应用在手机、电子、仪器仪表和精密机械结构中的精密塑料件,由此促进了注射机设备的发展。

1. 复合型注射机

近年来,国际上研发的新型注射机多为注射机的复合设备,即为多功能化的注射机设备,如高光注射机、模内装配注射机、吹-灌-装复合机、挤-注成型机等。如 Combi 机实现了吹塑、灌装和压盖的完美同步运行,速度达到每小时 61 200 支。微型塑料制品,必须超高速才能注射成型。高光注塑使制品表面无熔痕、无流痕、无流线和无缩痕;表面高光,可以达到镜面效果。

2. 膨胀式注射机

膨胀注塑技术是一种用于非传统小型或薄壁制品的高速注塑技术。该技术利用存储在螺杆前部的 2 000~2 500MPa 压力之下的高压溶胶,注射时,打开针阀开关,溶胶在不到 1s 的时间突然爆发充满型腔,从而实现超高速注射。同时,全数字化高精度交流伺服控制技术、液电混合伺服节能控制技术等先进的高端技术,已越来越多地应用于注射机上,从而提高了注射机的技术水平。

3. 模块式注射机

注射机整体按功能可分成几个模块进行交叉搭配组装。注射机可分为注射、合模、电气控制、液压系统和底箱(机身)五大模块;液压系统根据执行功能可分为动力、注射和合模三大模块;电气控制又可分为主控箱和操纵箱两大模块。如某种合模力的注射机,可以搭配三种规格的注射部件,动力驱动源可搭配两种不同功率的驱动源。中小型多组分注塑成型机,组合形式可分为"L"式、"V"式和"piggyback"式。"L"式组合注塑装置容易搭配组装，可配合范围很广的射出单元。"V"式垂直组合的立式注塑装置安装在机器定模板上，当更换模具时，它可以很轻松地沿着水平方向被推开，喷嘴中心回位容易并且定位精确。

4. 高端注射机

高端注射机是集节能、高速、高效、精密、环保、网络化、智能化、专用性、特定性和功能化等于一体的设备，用以满足日益发展的高科技塑料制品的需要。交流伺服电动机驱动定量泵系统是近年来发展的一种先进的高性能节能系统。

高性能的伺服变速动力控制系统，在注射机成型过程中会针对不同的压力和流量，调整相应的频率输出，形成对压力和流量的精确闭环控制，实现对注射机能量需求的自动匹配与调整，可节省电量 40%～80%；同时可提高系统的精密控制性能，提高其成型功能和扩大成型能力，从而达到节能和提高性能的双重目的。

5. 薄壁精密注射设备

随着电子和通信产品的迅速发展，人们对产品外观的要求越来越高，导致了电子和电器塑料件在结构上变得越来越复杂，而在体积上又不断向轻、薄、短和小型化的方向发展，从而导致了电子和电器塑料件的壁厚在不断地变薄。

复杂的精密薄壁电子和电器塑料件在注射成型时，要求进行高速与高压的大功率注射成型加工，才能达到质量要求。注射速度为 1 000mm/s、注射压力为 300MPa 的大功率注射机，适用于薄壁复杂电子和电器件的成型加工。

薄壁注塑成型随着壁厚的减薄，聚合物熔体在型腔中冷却速度的加快，会在很短的时间内固化，这就使得成型过程变得非常复杂，成型难度也加大了。

如薄壁注塑成型的填充时间不足 0.5s，在这样短的时间内不可能遵循常规的速度和压力曲线。因此，必须使用高解析度的微处理器来控制注射机。在整个注射成型过程中，应同时各自独立地控制压力和速度，注射机的起动和制动（加速或减速）性能应与注塑速度相适应。

与常规制品的标准化模具相比，薄壁制品的模具在模具结构、浇注系统、冷却系统、排气系统和脱模系统等方面都发生了重大的变化。

6. PET 瓶坯注射机

挤注复合 PET 瓶坯注射系统中，塑料为螺杆纯塑化挤出，注射由柱塞完成。在整个塑化过程中，物料塑化经历的螺杆长径比不变，用以减小熔料的轴向温差，使物料在熔融状态下的比容一致性得到了保证，提高了塑化质量；为挤出实现低温塑化提供了足够时间，避免了普通往复式螺杆因物料过度剪切所造成的急剧升温和乙醛热分解率增加的缺陷。

开发高刚度、高运行与重复精度的快速合模机构，实现群腔模具运行的稳定精度——群腔化 PET 瓶坯的注射成型，是实现高效率生产的唯一途径；其减少了 PET 瓶坯的冷却时间以提高生产率，实现 7.5s 的成型周期。

7. 油电复合驱动注射机

伺服电动机的推广应用，为油电复合驱动开辟了发展道路，提高了注射性能，扩大了注射功能。油电复合驱动发挥了伺服驱动和液压驱动的各自优势，满足了特定注射成型的要求。油电复合驱动有几种形式：

（1）按部件驱动分 分为合模伺服电动机驱动，注射液压驱动；合模液压驱动，注射伺服电动机驱动。

(2)按部件内部驱动分 分为塑化伺服电动机驱动,注射液压驱动;锁模伺服电动机驱动,顶出液压驱动。

锁模伺服电动机驱动的目的,是为了提高肘杆合模机构高压锁模机低压护模的动态响应性能,利用伺服电动机的闭环控制性能,达到自适应调整合模力。塑化伺服电动机驱动的目的,是为了提高生产效率,同时提高塑化质量。注射伺服液压控制,由于伺服阀的动态响应快,易在系统中利用蓄能器达到高速注射。

8. 注射压缩成型设备

注射压缩成型不是依靠螺杆向型腔传递压力,而是通过压缩行为来压实制品。低压注射,使得制品表面具有均匀的压力分布,制品内部分子取向分布均匀,保证了注塑件成型制品的尺寸的高精度及其稳定性。

注射压缩成型特别适用于壁厚 $2\sim5\mathrm{mm}$ 的托盘之类大型制件的复合材料注塑成型。由于注射压缩成型降低了型腔压力,从而降低了锁模力。例如:采用普通成型注射工艺需30 000kN锁模力才能成型的制件,采用注射压缩成型工艺仅需 10 000kN 锁模力就能成型,注射压力仅为普通注射成型的1/3,能耗仅为普通注射成型的1/2。

从制造方面来讲,注射压缩成型设备大幅度降低了制造成本。液压合模机构是注射压缩成型的最佳合模机构。近年来开发的二板机合模机构为液压合模机构,在二板机上开发注射压缩成型技术,发挥液压合模的优势,达到节能和成型的双赢目的。

9. 在线配混的挤注复合注射机

长玻璃纤维含量高达60%的增强塑料零件在汽车零配件中的应用越来越广泛。普通的注射机螺杆塑化会损伤长玻璃纤维,不能保持长玻璃纤维原来的纤维长度,从而极大地降低了制品的强度和刚度。在线配混的挤注复合系统可以按照要求配混复合材料,塑化及注射基本上不损伤长玻璃纤维的纤维长度,有利于以较小的长玻璃纤维的配混率,达到制品的强度和刚度要求。

(1)异轴在线配混挤注复合系统 这种挤注复合系统是把挤出塑化和柱塞射出两者组合起来的一种新型的塑化注射系统,是大注塑挤注复合系统的特例,用混炼型挤出塑化取代普通型挤出塑化;挤出塑化和柱塞注射的两个部件通过熔料流道相连通,两者不在同一轴心线上,所以称为"异轴"。根据在线配混的要求,配混的挤出机可用单螺杆、双螺杆、三螺杆,模块化积木组合式挤出配混结构适应配混的要求。挤出储料缸的设置形式可根据具体情况进行设计。

(2)同轴在线配混挤注复合系统 这种挤注复合系统的挤出塑化和柱塞注射的两个部件是在同一轴心线上,所以称为"同轴"。其结构简洁,塑料复合材料的配混与注射在一条生产线上间断地进行。根据结构及运行的特点,配混复合材料的挤出塑化部件,适用于单螺杆配混挤出形式,主要用于流动性差的配混复合材料的注射成型加工。

10. 模内组装注射机

模内组装注射是多重注射成型发展的方向,搭扣配合、焊接和共同注塑不相容材料等步骤,全部都是在一个模具内完成,省去了后加工步骤,促进了多重注塑工艺的发展。模内组装能够获得质量和性能更加稳定的产品,而不会出现二次操作常有的翘曲变形和收缩问题;同时还省去了运输、料斗、夹具和超声波焊接机等环节,从而消除了因错误处理、未对准、加工异常和污染等原因所造成的废品。模内组装还可以生产出那些由于受到成本或技术限制而无法用常规方法生产的制件。

模内组装所使用的设备与其他多组分成型设备的区别是：前者是将自动化操作和后续操作步骤整合在一起，具有能确保加工重复性和精度的闭环控制系统。模内组装许多独特的技术和应用，更多地出现在模具的创新应用方面，使用了具有滑动模板或旋转模板的单面模具，还使用了采用传统的线性设计或使用更新式的旋转板设计的多分型叠层模具。

11. 高光冷热辅助注射机

高光冷热辅助注塑成型加工，是液晶电视机和笔记本电脑等面板框注射加工的一个发展趋势，按介质类型可分为高光过热水辅助注射加工和高光蒸汽辅助注射加工。其优点是消除了产品表面熔接痕、波纹和银丝纹；彻底解决了塑料产品表面的缩水现象；降低了产品表面粗糙度，表面粗糙度可达到镜面；解决了加工添纤产品所产生的浮纤现象，使品质更完美；提高了熔料的流动性，降低了薄壁制品的注射压力；降低了成型的锁模力，用较小的合模力可以成型投影面积更大的制品；提高了产品质量和强度；成型注塑件的周期可降低60％以上。

高光蒸汽辅助注射加工，是利用蒸汽锅炉产生的蒸汽和冷冻机产生的冷却水，速冷速热控制一个成型周期内模具的温度。高光冷热辅助注射成型加工提高了注射成型加工能力，在普通注射机上可实现固体薄膜结构发泡成型、微结构成型、含有金属纤维/碳纤维复合材料的薄壁成型，使注射加工壁厚＜0.10mm制品的成型成为可能。高光冷热辅助注塑成型加工的关键设备是模温机。

12. 节能技术应用及创新

注射机节能技术包括三个方面：一是注射成型技术节能，二是执行机构节能，三是动力驱动系统节能。三者合一后，才能达到高效节能。注射机能耗主要反映在动力驱动系统的结构形式、能量转换效率以及驱动机构的结构形式上。如耗费了很大能量才使螺杆获得1 000mm/s以上的速度，实际获得的注射速率只有螺杆速度的1/10，消耗的大部分能量都用于压缩螺杆前端计量室中的熔体上；螺杆注射到底后，被压缩的高压熔体仍会继续流入型腔，直至建立压力平衡为止。这说明了超高注射速率与超高螺杆速度之间没有多大关系，于是发明了一种全新的高速注射成型法——膨胀注射成型法。该技术的注射成型原理不是靠超高的螺杆速度，而是利用储存在熔融体中的能量来实现超高速率的注射充模，能耗仅为一般高速注射成型的1/3～1/2。

13. 普通型注射机的发展动向

注射机的双缸注射由于液压油进入液压缸存在着时间差，两注射缸便产生了力矩，力矩作用在注射座导向副上，损坏了导向副，故起不到对注射力及整移力的平衡作用。注射座导向副的精度又决定了注射部件的运行及定位精度。双缸注射部件的优点主要是缩短了轴向长度，注塑件成型加工简单。

单缸注射结构的整体性能优于双缸注射结构，单缸注射结构有塑化固定式与塑化移动式两种。精密注射、高速注射和双组分注射，宜采用单缸注射结构。为适应注塑件薄壁化和注塑件材料复合化的发展，应提高合模机构的刚度，拉杆延伸率应提高到（0.040～0.044）mm/100mm，模板挠度应提高到0.12～0.15mm。目前国产注射机的液压系统仅具有基本功能，缺乏提高性能的辅助功能，如不能实现灵敏的低压护模、换向冲击声大等；此外，具有节能性高的液压系统的注射机也是发展的方向。

14. 高动态响应性能全电动驱动注射机

伺服电动机驱动执行机构系统与伺服阀驱动执行机构的动态响应性能优异，对成型参数的控制具有极高的应答反应速度,以高速、高效、精密和节能等特点充分体显出高端成型的优势。采用高动态响应性能的伺服电动机驱动执行机构系统也是现在的发展方向。

(1)伺服电动机直接驱动执行机构的高性能动态响应系统　伺服电动机直接作用于负载,最大化达到了控制带宽度,可在非常短的时间内,迫使负载达到理想的转矩、速度和运行轨迹。伺服电动机驱动的主要性能是能够实现快速灵敏动态响应的精确控制,提高了成型动态控制的精度。实现超高速注射的关键,是要实现超高速动态响应速度,既要达到注射从零到最高速,也要达到注射从最高速到零的超高加速度或超高减速度。如果没有超高加速度,就不可能达到超高的平均注射速度。超高的加速度要达到 2.5G 以上,系统就必须达到超高动态响应的速度。

全电动注塑成型机塑化和注射的两个装置,是安装在不用齿轮传动的同一轴上两台相连的直接驱动器上。每根驱动器轴分别由单独的电动机驱动,保证在运行方向上直接将力传递给螺杆,减少了运动链和横向力。伺服电动机直接驱动滚珠丝杆,提高了传动精度及传动效率;采用不需要滚珠丝杆的非线性注射系统,则彻底解决了因丝杆磨损影响了射出精度,同时可实现超长保压时间。

(2)超高速动态响应运行机构　运行机构采用滚珠直线导轨,减小摩擦力,提高了动态响应性能;全电动注塑成型机注射部分的滑动导轨,采用了低阻力的直动式滚珠导轨减少了滑动阻力,有利于可塑化计量的稳定,并把背压的差异减少了 1/2;合模机构采用滚珠直线导轨,提高了低压护模灵敏度及模板平行度的稳定性。

(3)超高速动态响应控制系统　采用注射机的伺服控制,提高了高速注射性能。交流伺服电动机是一个多变量、强耦合、非线性和变参数的复杂系统;超高速注射需要的伺服系统的速度环,应具有良好的动态响应速度和宽广的调速范围及优异的抗干扰特性,才能达到快速准确地定位与跟踪。根据不同注射机的特定功能,针对系统给定与反馈之间的误差,可以采用提高系统动态响应速度和控制精度的各种方法。

精密注射机是对精密注射成型设备的通称,例如:DVD 注射机、导光板注射机和薄壁精密注射等。注射三要素:P(压力)V(比容)T(温度)中,核心是比容,比容均一性主要靠注射部件来解决,压力和温度只起到辅助功能。精密注射部件的首要性能是塑化熔融料的轴向没有温差和熔融均一,即熔融料的比容一致;第二是计量重复精度。精密注射合模部件的首要性能是模板在高压状态下挠度趋近于零。全电动注射机的定模板和移动模板,采用分块连体式结构,在高压状态下,模具安装的模板部分基本上没有产生挠度。控制系统的首要性能是高的动态响应性能,伺服电动机直接驱动螺杆塑化注射比伺服电动机通过同步齿形带间接驱动螺杆塑化注射,具有更高的动态响应性能。伺服电动机具有精确的位置控制精度和优异的塑化转速重复精度。

15. 智能注射机

智能注射机必须与智能注塑模结合在一起,才能具有完善的智能性能。所谓智能就是通过注塑设备与注塑模中安装的各种传感器,将温度、压力、熔体流速与流量及时间等物理量的值传送给计算机,再由计算机将调整后的这些物理量值反馈到加热器和控制器,使注塑设备与注塑模的这些物理量能自动地达到理想的状态。

从注射机喷嘴射出的熔融料流,接触到模具浇注系统和型腔壁时,熔体的温度随着流程而降低,使注塑件产生各种缺陷。为了能够控制熔体温度的变化,在模具的浇注系统和型腔周围安装有温度传感器和加热器。温度传感器能将模具各处温度值输送给计算机,计算机再将偏离设置的温度反馈给加热器使之加热。

16. 微型精密注射机

微型精密注塑成型是新兴的先进技术,它的制品质量以 mg 为计算单位,成品几何尺寸以 μm 为度量单位。微注射成型技术对生产设备有许多特殊要求,主要表现为以下几个方面。

(1)高注射速率　微注射成型零件质量轻、体积微小,注射过程要求在短时间内完成,以防止熔料凝固而导致零件欠注。因此,成型时要求注射速度达到 800mm/s 以上。

(2)精密注射量计量　微注塑成型零件的质量仅以 mg 计量,因此微注射机需要具备精密计量注射过程中一次注射的控制单元,其质量控制精度要求达到毫克级,螺杆行程精度要达到微米级。微注射机以螺杆作为塑化单元,需要完成混料与塑化,以小直径柱塞配合伺服电动机与控制器作为微注射单元,完成精密计量与注射。

(3)快速动态反应能力　微注射成型过程中的注射量微小,相应注射设备的螺杆或柱塞的移动行程也相当微小。因此,要求微注射机的驱动单元必须具备相当快的反应速度,从而保证设备能在瞬间达到所需的注射压力。

(4)高精度和高效率产品检测单元　为微注射机提供了可靠的性能测试和评价标准。

生命科学、生物医学、信息技术等高科技领域的发展,必将促使微型精密注射机的开发。微注射成型可成型生命科学的生物芯片,生物医学领域将使得微型塑料件需求量大增。

17. 注射吹塑机

注射吹塑设备是对普通注射机的一种拓展,已成为一个分支系列。成型小型塑料瓶,“注-吹”制瓶机三个工位以 120°成等边三角形分布,第一工位为注射成型工位,第二工位为吹塑成型工位,第三工位为脱瓶工位。三个工位可同时运行,生产效率高,周期短,而且可与传送带连接自动计数包装。

提高生产效率是注射吹塑成型设备的发展重点,表现在转台升降与开、合模同步运行,可缩短生产周期;采用挤出螺杆塑化与柱塞注射,可提高塑化质量和缩短成型周期;开发高压气体调温技术,减少吹塑和冷却时间;采用节能技术,降低了能耗。在注-吹模具上采用先进的计算机辅助工程(CAE)技术,对注吹的聚合物加工成型进行模拟优化,解决了模具的材料、模具型腔的不同吹张比例、先进的热流道喷嘴结构设计、温度的精确控制系统等方面的问题,避免了凭借经验、通过反复试验和修正的方式所带来的盲目性。

注塑成型因可以生产和制造形状较为复杂的制品,并易于与计算机技术相结合及易实现高效生产自动化等优点,故塑料的成型加工在制造业中占有极其重要的位置。注塑成型技术广泛应用于汽车、家电、电子设备、办公自动化设备、建材等诸多领域。近年来,由于这些工业领域的迅速发展,为注塑成型技术的发展提供了强大的推动力,使注塑成型技术得到了迅猛的发展,特别是对于注塑成型新技术的发展更是起到了强大的推动作用。注塑设备是伴随着高分子材料、注塑件结构、注塑成型工艺和注塑模的发展而发展的。从总的发展方向来看,主要表现在注塑的功能性、注塑成型加工的形式、节能减排、计算机精确控制、全电动化、专用机台和智能化等方面有着显著的进步,发展较快的是微型精密注塑成型技术。

复习思考题

1. 了解和关注塑料工业的发展趋势。

2. 了解和关注目前注射机设备的发展状况。

第十五章　注塑模的刚度及强度计算

注塑件的注射是依靠注射机将熔融、能够流动的塑料,以一定温度和压力注射进入注塑模的型腔。由于注射的塑料有一定的收缩率,为了控制注塑件的变形量,注塑件注射时往往需要保持一段时间的压力后才能开模。这使型腔承受着很大的压力,模具的型腔及各承压面必须具有足够的强度和刚度;否则,模具的各承压面将会产生变形,甚至被破坏。故在注塑模设计完成后,还必须对注塑模的强度和刚度进行一次校核,以免造成经济损失。对注塑模的强度和刚度的校核应取受力最大、强度和刚度最薄弱的环节进行校核。哪些零件是最薄弱的环节呢?从受力情况分析,注塑模的动模与模脚构成一简支梁,那么动模垫板是最薄弱的环节;斜导柱是一悬臂梁,又直接承受着需要抽芯的型芯所施加的压力,也是属于最薄弱的环节。所以注塑模只需校核动、定模型腔的壁厚及动模垫板的厚度和斜导柱的截面尺寸就可以了。只要它们能够满足使用时的强度和刚度要求,其他各零部件也都能够满足。若不能满足使用时的强度和刚度要求,可以增加动、定模型腔的壁厚,以及增加动模垫板的厚度和斜导柱的截面尺寸或增加楔紧块。

注塑模动模垫板和斜导柱的刚度计算是为了控制其变形量,以保证熔融塑料在填充过程中不产生溢边及保证产品的壁厚尺寸,并保证注塑件能够顺利脱模。其最大变形量应小于或等于产品壁厚的收缩量或熔融塑料不产生溢边的最大允许间隙。

注塑模的强度是指注塑模在外力作用下抵抗永久变形的能力。注塑模的强度校核就是检查注塑模在工作过程中所承受的拉伸、剪切、弯曲应力是否超过使用材料允许的极限应力。

第一节　型腔侧壁变形量及壁厚的计算

型腔侧壁和型腔底壁直接承受塑料熔体所传递注射机的压力,它们的尺寸大小直接影响到模具型腔的弹性和塑性变形。如果它们的尺寸选取得偏小的话,注塑模的动、定模型腔产生变形后,熔体将会溢出型腔而产生飞边,甚至伤人,并使注塑件脱模困难及各个运动机构的运动出现困难;它们的尺寸过大,会造成模具过大和过重。

一、组合式矩形型腔侧壁的计算(图 15-1)

(1)侧壁变形量与壁厚

$$f_{\max} = \frac{Pl_1^4 h}{32Eb_1^3 H} \leqslant [f] \, (\text{mm}) \qquad (\text{式 15-1})$$

$$b_1 = \sqrt[3]{\frac{Pl_1^4 h}{32EHL_{\max}}} \, (\text{mm}) \qquad (\text{式 15-2})$$

(2)侧壁的强度计算　侧壁的每边同时受到拉应力和弯应力的联合作用。

$$\sigma_{拉} + \sigma_{弯} = \frac{Phl_2}{2Hb_1} + \frac{Phl_1^2}{2Hb_1^2} \leqslant [\sigma] \qquad (\text{式 15-3})$$

二、整体式矩形型腔侧壁的计算（图 15-2）

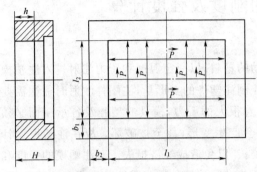

图 15-1　组合式矩形型腔

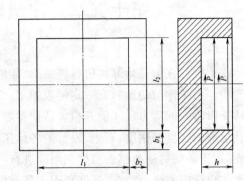

图 15-2　整体式矩形型腔

（1）侧壁变形量与壁厚

$$f_{\max} = \frac{cPh^4}{Eb_1^3} \leqslant [f] \; (\text{mm}) \tag{式 15-4}$$

$$b_1 = \sqrt[3]{\frac{cPh^4}{Ef_{\max}}} \; (\text{mm}) \tag{式 15-5}$$

式中　c ——系数，由式 15-6 确定或按 h/l_1，查表 15-1。

$$c = \frac{3l_1^4/h^4}{2(l_1^4/h^4 + 48)} \tag{式 15-6}$$

（2）侧壁的强度计算

当 $h/l_1 \geqslant 0.41$ 时　$\sigma_{\max} = \frac{Pl_1^2(1+\omega a)}{2b_1^2} \leqslant [\sigma] \tag{式 15-7}$

当 $h/l_1 < 0.41$ 时　$\sigma_{\max} = \frac{3Ph^2(1+\omega a)}{b_1^2} \leqslant [\sigma] \tag{式 15-8}$

式中　$a = l_2/l_1$；

　　ω ——由表 15-1 查得。

表 15-1　系数 c 和 ω

h/l_1	0.3	0.4	0.5	0.6	0.7	0.8	0.9	1.0	1.2	1.5	2.0
ω	0.108	0.130	0.148	0.163	0.176	0.187	0.197	0.205	0.219	0.235	0.254
c	0.930	0.570	0.330	0.188	0.117	0.073	0.045	0.031	0.015	0.005	0.002

三、组合式圆柱形型腔侧壁的计算（图 15-3）

（1）侧壁变形量与壁厚

$$f_{\max} = \frac{rP}{E}\left(\frac{R^2+r^2}{R^2-r^2} + \mu\right) \leqslant [f] \; (\text{mm}) \tag{式 15-9}$$

$$R = r\sqrt{\frac{2.1 \times 10^{11} f_{\max} + 0.75rP}{2.1 \times 10^{11} f_{\max} - 1.25rP}} \; (\text{mm}) \tag{式 15-10}$$

$$b_1 = R - r \; (\text{mm}) \tag{式 15-11}$$

（2）侧壁的强度计算

$$b_1 = r\left[\sqrt{\dfrac{[\sigma]}{[\sigma] - 2P}} - 1\right] (\text{mm})$$ 　　　　（式 15-12）

四、整体式圆柱形型腔侧壁的计算（图 15-4）

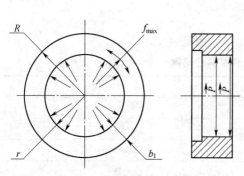

图 15-3　组合式圆柱形型腔

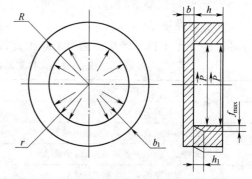

图 15-4　整体式圆柱形型腔

（1）侧壁的变形量和壁厚　模具型腔高度在 h_1 范围内，其侧壁的变形为非自由变形；超过分界线高度 h_1 的型腔侧壁变形为自由变形。自由变形和非自由变形的分界线高度 h_1 由式 15-13 计算：

$$h_1 = \sqrt[4]{2r(R - r)^3} (\text{mm})$$ 　　　　（式 15-13）

当型腔高度 $h > h_1$ 时，其侧壁变形量与壁厚按组合式圆柱形型腔进行计算。当型腔高度 $h < h_1$ 时，其侧壁变形量为：

$$f_{\max} = f_{\max}\dfrac{h^4}{h_1^4} \leqslant [f] (\text{mm})$$ 　　　　（式 15-14）

（2）侧壁的强度计算　当型腔高度 $h > h_1$ 时，其侧壁的强度按组合式圆柱形型腔进行计算。当型腔高度 $h < h_1$ 时，其强度按式 15-15 计算：

$$\sigma = \dfrac{3Ph^2}{b_1^2}\left(\dfrac{R^2 + r^2}{R^2 - r^2} + \mu\right) \leqslant [\sigma]$$ 　　　　（式 15-15）

五、符号说明

H ——模板总高度（mm）；

h ——型腔深度（mm）；

h_1 ——自由变形与非自由变形的分界高度（mm）；

l_1, l_2 ——矩形型腔侧壁长度（mm）；

L ——垫块跨度（mm）；

b_1, b_2 ——型腔侧壁厚度（mm）；

b ——支承板或型腔底板厚度（mm）；

R ——圆形模具外径（mm）；

r ——圆形型腔内径（mm）；

E ——弹性模量（Pa），碳钢：$E = 2.1 \times 10^{11}$ Pa；

P ——型腔压力（MPa），一般为 24.5～49MPa；

μ ——泊松比,碳钢:$\mu=0.25$;

$[\sigma]$ ——许用应力(MPa),45 钢:$[\sigma]=160$ MPa,常用模具钢:$[\sigma]=200$MPa;

f_{max} ——型腔侧壁、支承板或型腔底板的最大变形量(mm);

$[f]$ ——许用变形量(mm),$[f]=St$;

S ——塑料收缩率(%);

t ——制品壁厚(mm)。

当$[f]$等于塑料不产生溢边时的最大允许间隙时,其值见表 15-2。

表 15-2　几种常用塑料允许模具的间隙值　　　　　　　(mm)

塑料名称和代号	允　许　间　隙
聚酰胺(尼龙)PA	0.02
聚乙烯 PE、聚苯乙烯 PS、聚丙烯 PP	0.05
丙烯腈、二丁烯、苯乙烯 ABS、丙烯腈 AS	0.06
聚甲基丙烯酸甲酯 PMMA	0.065
聚氯乙烯 PVC、聚碳酸酯 PC	0.07

复习思考题

1. 掌握整体和组合圆柱形与矩形注塑模型腔侧壁变形量、壁厚及强度的计算。

2. 会应用公式对具体的整体和组合圆柱形与矩形注塑模型腔侧壁变形量、壁厚及强度进行计算。

第二节　动模垫板或底板变形量及厚度的计算

注塑模的动模垫板与模脚的构成,从受力分析看是一简支梁,那么动模垫板就是最薄弱的环节,故应该对其厚度尺寸进行强度和刚度的校核。动模垫板最容易发生的变形是弯曲变形,最终产生的影响是注塑件也会产生弯曲变形,其结果会使注塑件无法脱模,甚至会产生注塑件在脱模时被顶破裂的后果。

一、组合式矩形型腔动模垫板厚度的计算

组合式矩形型腔动模垫板如图 15-5 所示。动模垫板既在熔体充模压力的作用下,又在两

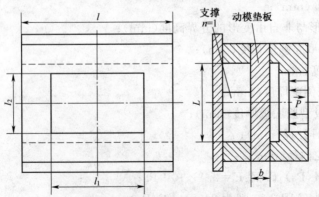

图 15-5　组合式矩形型腔动模垫板图

模脚反作用力的作用下,其受力情况呈一简支梁。在动模垫板厚度尺寸 b 较小时,动模垫板会发生弯曲变形,进而影响到组合式矩形型腔及其中的注塑件也会产生弯曲变形。

(1)动模垫板变形量与厚度

$$f_{\max} = \frac{5Pl_1L^4}{32EIb^3} \leqslant [f] \, (\text{mm}) \tag{式 15-16}$$

$$b = \sqrt[3]{\frac{5Pl_1L^4}{32EIf_{\max}}} \, (\text{mm}) \tag{式 15-17}$$

(2)动模垫板的强度计算

$$\sigma_{弯} = \frac{3}{4} \cdot \frac{Pl_1L^2}{lb} \leqslant [\sigma] \tag{式 15-18}$$

$$b = \sqrt{\frac{3Pl_1L^2}{4l\,[\sigma]}} \, (\text{mm}) \tag{式 15-19}$$

当动模垫板后面加一支撑,如图 15-5 所示,动模垫板厚度可以减小,其减小量与所加支撑的行数 n 有关,详见表 15-3。

表 15-3 支撑行数与动模垫板厚度的关系

支撑行数 n 计算方法	0	1	2	3
按刚度计算厚度	b	$0.4b$	$0.23b$	$0.16b$
按强度计算厚度	b	$0.5b$	$0.33b$	$0.25b$

二、整体式矩形型腔底板厚度的计算

整体式矩形型腔底板如图 15-6 所示。整体式矩形型腔底板既在熔体充模压力的作用下,又在两模脚反作用力的作用下,受力呈一简支梁。在型腔底板的厚度尺寸 b 较小的情况下,型腔底板会发生弯曲变形,进而影响到整体式矩形型腔及其中的注塑件也会产生弯曲变形。

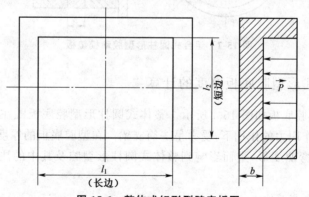

图 15-6 整体式矩形型腔底板图

$$f_{\max} = c' \frac{Pl_2^4}{Eb^3} \leqslant [f] \, (\text{mm}) \tag{式 15-20}$$

$$b = \sqrt[3]{\frac{c'Pl_2^4}{Ef_{\max}}} \, (\text{mm}) \tag{式 15-21}$$

式中 c'——系数,由 l_1/l_2 按式 15-22 确定:

$$c' = \frac{(l_1/l_2)^4}{32[(l_1/l_2)^4 + 1]} \qquad \text{（式 15-22）}$$

三、组合式圆柱形型腔动模垫板厚度的计算

组合式圆柱形型腔动模垫板如图 15-7 所示。组合式圆柱形型腔动模垫板既在熔体充模压力的作用下，又在两模脚反作用力的作用下，受力呈一简支梁。在动模垫板的厚度尺寸 b 较小的情况下，动模垫板会发生弯曲变形，进而影响到组合式圆柱形型腔及其中的注塑件也会产生弯曲变形。

（1）动模垫板变形量与厚度

$$f_{\max} = 0.74 \frac{Pr^4}{Eb^3} \leqslant [f] \text{ (mm)} \qquad \text{（式 15-23）}$$

$$b = \sqrt[3]{0.74 \frac{Pr^4}{Ef_{\max}}} \text{ (mm)} \qquad \text{（式 15-24）}$$

（2）动模垫板的强度计算

$$\sigma_{\max} = \frac{3(3+\mu)Pr^2}{8b^2} \leqslant [\sigma] \qquad \text{（式 15-25）}$$

$$b = \sqrt{\frac{3(3+\mu)Pr^4}{8[\sigma]}} = \sqrt{\frac{1.22Pr^2}{[\sigma]}} \text{ (mm)} \qquad \text{（式 15-26）}$$

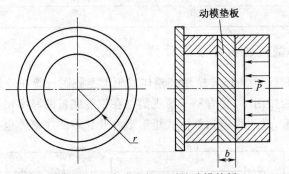

图 15-7　组合式圆柱形型腔动模垫板

四、整体式圆柱形型腔底板厚度的计算

整体式圆柱形型腔底板如图 15-4 所示。整体式圆柱形型腔底板既在熔体充模压力的作用下，又在两模脚反作用力的作用下，受力呈一简支梁。在型腔底板的厚度尺寸 b 较小的情况下，型腔底板会发生弯曲变形，进而影响到整体式圆柱形型腔及其中的注塑件也会产生弯曲变形。

（1）底板变形量与厚度

$$f_{\max} = 0.175 \frac{Pr^4}{Eb^3} \leqslant [f] \text{ (mm)} \qquad \text{（式 15-27）}$$

$$b = \sqrt[3]{0.175 \frac{Pr^4}{Ef_{\max}}} \text{ (mm)} \qquad \text{（式 15-28）}$$

（2）底板的强度计算

$$b = \sqrt{0.75 \frac{Pr^2}{[\sigma]}} \text{（mm）} \qquad \text{（式 15-29）}$$

复习思考题

1. 掌握整体和组合圆柱形与矩形注塑模动模垫板或底板厚度的计算。

2. 会应用公式对具体的整体式和组合式圆柱形与矩形注塑模型腔的底板或动模垫板厚度进行计算。

第三节　斜销直径及弯销截面尺寸校核

斜销受力状态如图 15-8 所示。斜导柱是一悬臂梁，又直接承受着需抽芯的型芯所施加的压力，也属于最薄弱的环节之一，应该校核其强度和刚度。若斜导柱截面尺寸过小，刚度不足，将导致注塑件的深度不到位，甚至斜导柱被折断的后果。

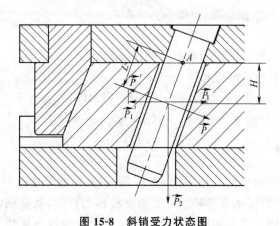

图 15-8　斜销受力状态图

一、抽芯机构斜销直径和弯销截面尺寸校核

在对斜导柱进行强度和刚度校核之前，先要对作用在斜导柱上的抽芯力进行估算；在确定了斜导柱上的抽芯力后才能进行斜导柱截面尺寸的校核。抽芯时型芯受力状态如图 15-9 所示。

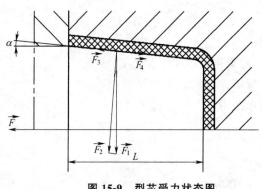

图 15-9　型芯受力状态图

$$F = F_4\cos\alpha - F_3\cos\alpha = (F_4 - F_3)\cos\alpha \qquad\text{(式 15-30)}$$

式中　F ——抽芯力（N）；

　　　F_3 ——F_2 的侧向分力（N）；

　　　F_4 ——抽芯阻力（N）；

　　　α ——脱模斜度。

由于 α 一般都比较小（1°左右），故 $\cos\alpha \approx 1$，即：

$$F = F_4 - F_3$$

而　$F_2 = F_1\cos\alpha$

　　$F_3 = F_2\tan\alpha = F_1\cos\alpha \times \tan\alpha = F_1\sin\alpha$

　　$F_4 = F_2\mu = \mu F_1\cos\alpha$

即　$F = F_4 - F_3 = \mu F_1\cos\alpha - F_1\sin\alpha = F_1(\mu\cos\alpha - \sin\alpha)$ 　　（式 15-31）

式中　F_1 ——塑料对型芯的包紧力（N）；

　　　F_2 ——垂直于型芯表面的正压力（N）；

　　　μ ——塑料对钢的摩擦系数，一般为 0.2 左右。

而　$F_1 = CLF_0$

式中　C ——型芯被塑料包紧部分断面平均周长（cm）；

　　　L ——型芯被塑料包紧部分长度（cm）；

　　　F_0 ——单位面积包紧力，一般可取 7.85～11.77MPa，即：

$$F = 100\,CLF_0(\mu\cos\alpha - \sin\alpha)\,(\text{N}) \qquad\text{(式 15-32)}$$

二、斜销直径校核

斜销的变形量应该在允许值的范围之内，否则，斜销的变形会使得注塑件型孔不是不贯通，就是深度达不到图样的要求。斜销强度和刚度校核的目的，就是确定斜销直径的尺寸，使其变形在允许的范围之内。另外如图 15-8 所示，在斜滑块的背面加装一楔紧块，可以减少斜销的变形。斜销包括圆柱形斜销和矩形弯销两种，以下介绍圆柱形斜销直径和矩形弯销截面尺寸的校核计算。由图 15-8 可以得到：

$$P = \frac{P_1}{\cos\alpha}\,(\text{kN}) \qquad\text{(式 15-33)}$$

$$M_弯 = PL\,(\text{kN}) \qquad\text{(式 15-34)}$$

又　$M_弯 \leqslant [\sigma]_弯 W(\text{kN})$

即　　　　　　　　　　$PL = [\sigma]_弯 W(\text{kN}) \qquad\text{(式 15-35)}$

式中　W ——抗弯截面系数；

　　$[\sigma]_弯$ ——弯曲许用应力，对碳钢可取 137 MPa；

　　$M_弯$ ——斜销承受最大弯矩；

　　　P ——斜销所受最大弯曲力；

　　　L ——弯曲力矩；

　　　P_1 ——型芯阻力；

　　　α ——斜销倾斜角；

　　　H ——抽芯孔中心到 A 点的距离；

　　　P_2 ——开模力；

（1）圆柱形斜销直径校核

$$W = \frac{\pi d^4/64}{d/2} = \frac{\pi d^3}{32} \approx 0.1d^3 \qquad\qquad \text{（式 15-36）}$$

$$0.1d^3 = \frac{PL}{[\sigma]_{弯}} = \frac{PH}{[\sigma]_{弯}\cos\alpha} \qquad\qquad \text{（式 15-37）}$$

$$d = \sqrt[3]{\frac{PH}{0.1[\sigma]\cos\alpha}} \text{（cm）} \qquad\qquad \text{（式 15-38）}$$

（2）矩形弯销截面尺寸校核　　矩形弯销截面尺寸 h 和 b 的校核，是防止矩形弯销变形和折断的关键尺寸。弯销又是注塑模中受力最薄弱的部分之一，特别是对型芯表面积大、所需抽芯力较大以及抽芯距离长的弯销，必须对弯销截面尺寸 h 和 b 进行校核计算。

$$W = \frac{bh^2}{6} \qquad\qquad \text{（式 15-39）}$$

当 $b = \dfrac{2}{3}h$ ，$W = \dfrac{h^3}{9}$ ，由 $\dfrac{h^3}{9} = \dfrac{PL}{[\sigma]_{弯}} = \dfrac{PH}{[\sigma]_{弯}\cos\alpha}$ ，得：

$$h = \sqrt[3]{\frac{9PH}{[\sigma]_{弯}\cos\alpha}} \text{（cm）} \qquad\qquad \text{（式 15-40）}$$

当 $b = h$ ，$W = \dfrac{h^3}{6}$ ：

$$h = \sqrt[3]{\frac{6PH}{[\sigma]_{弯}\cos\alpha}} \text{（cm）} \qquad\qquad \text{（式 15-41）}$$

式中　h ——弯销截面长边（cm）；

　　　　b ——弯销截面短边（cm）。

参数含义如图 15-10 所示。

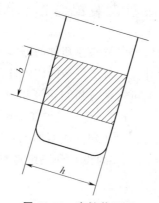

图 15-10　弯销截面图

注塑模薄弱构件强度和刚度的校核，是注塑模设计中一个重要的环节。即使注塑模的结构再正确，模具的运动再准确，模具的精度再高，到注塑件注射加工时，模具变形了，运动的构件卡住了，分型面之间的塑料熔体便大量地喷出。所以对于投影面积大、造型复杂和制造价格高的注塑模，为了防止模具的强度和刚度出问题，一定要进行校核。

复习思考题

1. 掌握抽芯机构抽芯时对抽芯力的估算。

2. 会进行斜销直径及弯销截面尺寸的校核。

第十六章　注塑模型腔和型芯及总图的设计

完成注塑件形体"六要素"分析,再进行注塑模结构方案可行性分析与论证及模具最佳优化方案分析与论证,之后对注塑件可能产生的缺陷进行预期分析,还需要对注塑件的结构设计和使用的聚合物进行论证。我们提倡先应该进行模具总图设计和造型,再依据总图的设计和造型设计出模具各个零部件。需要强调的是在注塑模结构设计之前,应该使用注塑模计算机辅助工程分析(CAE)软件,对注塑件成型过程中的熔体流动过程进行模拟分析。虽然 CAE 是建立在熔体料流在充模过程中的注射压力场、温度场、速度场和流体场的一种数学模型,但这种模型目前还代替不了真实的熔体料流充模的过程。CAE 无法预期分析的缺陷,还需用图解法进行分析,因此,这种优化方案还需要与缺陷痕迹的分析结合在一起应用。综合上述的情况之后,才能最后确定注塑模的结构方案;一旦确定了注塑模的结构方案,才能够正式地对注塑模进行设计或造型。注塑模的型腔和型芯以及总图的设计,可以直接使用 CAD 进行二维图的设计;也可以先使用三维软件对注塑模进行造型,再实现三维造型对二维图的转换。由于现在成型注塑件的模具型腔与型面的加工,都是采用数控加工,故在一般的情况下要使用注塑模的三维造型,至少是对成型注塑件的模具型腔与型面的构件进行三维造型;数控加工工艺人员再根据模具零件的三维模型进行计算机辅助制造(CAM)的编程,只有这样才能在数控加工中心上加工出所需要的模具型腔和型面的构件。

第一节　注塑模装配总图 CAD 的设计

对于较简单的注塑件及其模具,可以省略注塑件的形体分析和缺陷分析,在确定模具的结构方案后,直接进行模具结构的设计。而对于复杂的注塑件及其模具,就必须进行注塑件的形体分析,注塑模结构最佳优化方案的可行性分析与论证以及注塑件成型缺陷的预测分析。对于注塑模结构最佳优化方案的可行性分析与论证的结论,还应该获得有关人员的审核和批准;对注塑件可能产生的缺陷分析,也应获得注塑件成型加工工艺人员的认可之后,方可严格地按注塑模最佳优化方案进行装配总图 CAD 的设计和三维造型。经过多人的审核,可以极大地降低模具失败的风险。

一、注塑模装配总图 CAD 设计之前的准备资料

在注塑模装配总图 CAD 设计之前,还需要做一些必要的准备工作,才能真正地进行模具的设计工作。

1. 型腔数量确定因素

型腔的数量应该根据注塑件成型的规律、注塑件的生产批量、注射机的注射能力、注塑件的精度和浇口的位置以及注塑件抽芯和脱模的状况,还要根据注塑件形状和尺寸的大小来确定。

(1)注塑件成型的规律　如果注塑件的形状复杂,有沿周多方向的抽芯,型腔的数量只能是单腔;注塑件无抽芯,型腔的数量可以是群腔。大型注塑件可以是单腔,小型注塑件可以是群腔。

（2）批量 小批量的注塑件可以是单腔,中等批量的注塑件可以是 2～4 腔,大批量的注塑件可以是群腔。

（3）注射机的注射能力 注塑件每次注射量不能超过注射机最大注射量的 80%。

（4）注塑件的精度 型腔数量越多,型腔的制造精度越低。精度高的注塑件一般型腔数量应为 1～2 腔,中等精度注塑件的型腔数量应为 2～4 腔,精度低的注塑件一般型腔数量可以大于 4 腔。

（5）浇口的位置 由于浇口位置的限制,型腔数量也会受到限制。浇口的位置不同,分浇道的长度则不同,这样容易产生缩痕和填充不足等缺陷。此时,应考虑分浇道流量平衡的问题。

2. 注射机的选择

注塑模设计之前,必须了解注射机的性能以及注射机与模具安装关系,以便确定模具是否能够安装在注射机的定、动模板之上,以及是否能够正常地开、闭模和进行注塑件的脱模动作。

（1）注射机的性能 需要了解注射机额定的注射量,以便确定注射机的容量和注塑模最多的型腔数量。为了避免因模具的锁模力不够而产生分型面溢料的现象,应该了解注射机额定锁模力,注射机的锁模力必须大于型腔压力所产生的开模力。为避免注塑件填充不足,还应该了解注射机额定注射压力,注射机注射压力必须大于注塑件成型时所需的注射压力,一般注射压力可在 70～150MPa 范围内选取。

（2）注射机的形式与模具安装关系 模具设计时,需要考虑注射机动模板的行程和可调节的模具闭合高度,它们会直接影响到模具的安装和注塑件的脱模。需要注意模具的厚度与注射机闭合高度之间的关系,注射机开模行程与模具之间的关系。

（3）注射机与模具安装关系 模具通过螺钉直接固定或用压板固定在注射机的动、定模板上,因此,应注意模具与注射机的安装关系。如浇口套球面半径与喷嘴的孔径及球面半径的匹配,模具定位环直径与注射机定位孔直径的配合,模具动模底板顶杆孔与注射机顶杆的相对位置,注射机定、动模板所设置的螺孔与模具定、动模固定板的相对位置等。

3. 注塑件的收缩率

注塑件的收缩率的计算见第五章第三节"一、2"。

4. 标准模架和标准零部件

需要根据模具的动、定模型腔或型芯的大小、模具型腔的数量、模具抽芯滑块的长度和注塑件抽芯的距离来决定模板的面积。需要指出,抽芯后模具滑块长度的 2/3 应在模具动、定模板的平面之内。模具高度的尺寸,取决于注塑件的高度、注塑件脱模的距离和因模具结构需要的模板数量及其厚度,从而可以选定标准模架的规格。再根据模具结构方案、注塑件形体大小和模架的大小,选定模具的浇口套、推杆和推管的标准,选定模具的温控系统、开模机构和吊环的标准。

二、注塑模装配总图 CAD 的绘制

因为注塑模二维图样是模具生产和管理的基础性文件,不管如何变化二维图是不可缺少的。在掌握了上述总图 CAD 绘制的准备资料后,便可以着手注塑模装配总图 CAD 的绘制。注塑模装配总图 CAD 的绘制包括:装配总图 CAD 的绘制,主要尺寸精度、几何精度和技术要求的标注,以及所有零件的件号和装配总图零件明细表的填写。

（1）注塑件上分型面的确定 首先将注塑件 CAD 电子版图形上的分型面找出来,一旦注塑件的分型面确定,模具型腔的定、动模型腔或型芯便随之可以确定。注塑件的分型面的确定

方法主要是采用"障碍体"的避让法,要保证注塑模能够正常地开启和闭合,不会受到任何形式的"障碍体"阻挡;同时,所确定的动、定模分型面闭合后,不能有缝隙,否则熔体充模时会产生溢料。产生溢料的注塑件脱模后,会有飞边,甚至会伤及人员。

(2)注塑件 CAD 零件图放大收缩率后的图形　根据注塑件 CAD 零件图形绘制模具图形,模具定、动模的型腔或型芯的图形应该是塑料热胀后的图形,故需要将注塑件 CAD 零件图的图形放大平均收缩率后,才是模具定、动模型腔或型芯的图形。这样注塑件冷却硬化收缩后,才能达到图样的尺寸要求。注塑模装配总图 CAD 的绘制,就是在放大了收缩率的注塑件 CAD 零件图形的基础上绘制的。

(3)注塑模装配总图 CAD 的绘制过程　在放大了收缩率的注塑件 CAD 图形的基础上,先绘制定、动模的型腔或型芯的图形,模具型腔的数量和位置;再绘制模具的抽芯机构;然后确定注塑模的模架、浇注系统和脱模机构;最后是模具的温控系统和吊环。

(4)注塑模装配总图的主要尺寸、几何精度和技术要求的标注　主要是标注影响模具精度和装配的主要尺寸、公差及几何精度的要求;模具所要求的制造和装配技术要求,如注塑件高分子材料的型号和收缩率,模具定、动模型腔或型面皮纹的要求与电镀的要求,模具所使用注塑件的型号以及模具所有零件的序号等。

(5)注塑模装配总图标题栏的内容　注塑模装配总图标题栏的内容包括模具零件的序号、名称、材料、数量、热处理、表面处理、页次、标准和备注等内容,还应包括注塑件的名称、图号、工序号、比例、对象零件号、产品型号、页次、总页数的填写,其中设计、校对、标准、审核和审定的签名及签名时间等是图样打印出来后完成的。

在完成了上述内容后,注塑模装配总图的绘制就完成了,以后便是根据注塑模装配总图来进行模具零件图的绘制和各个模具零件及模具制造工艺过程的编写。

三、注塑模装配总图 CAD 绘制举例

以豪华客车"行李箱锁主体部件"注塑模为例,来说明注塑模装配总图 CAD 绘制的过程。豪华客车"行李箱锁主体部件"注塑件零件图,如图 16-1 所示。

(1)豪华客车"行李箱锁主体部件"注塑模最佳优化可行性分析与论证的结论　应将注塑件加强筋较多的部位摆放在模具的定模部位。

①注塑模分型面的确定:注塑件分型面 I—I 如图 16-1 所示,从而可以确定注塑模的定模型腔和动模型芯的分型面。

②注塑模抽芯机构的设置:注塑模沿周有三处斜导柱滑块抽芯机构,可成型注塑件左侧面 $\phi 8^{+0.075}_{0}$ mm×3mm 的圆柱孔及 $\phi 21.3$mm×20mm 的圆柱孔,成型右侧面 $\phi 8^{+0.075}_{0}$ mm×43mm 的圆柱孔及 $10^{+0.3}_{+0.1}$ mm× $10^{+0.3}_{+0.1}$ mm×45mm 的方孔,以及成型后侧面 14mm×22.5mm ×15.3mm 三角形槽。

③注塑模嵌件杆和型芯的设置:背面 4×M6 螺孔镶件以嵌件杆固定,注塑件脱模后由人工取出嵌件杆;5×$\phi 3$mm 孔及 $\phi 1.5$mm 孔是以型芯成型,利用模具的开模实现型芯的抽芯,闭模实现型芯的复位。

④注塑模斜向脱模机构的设置:由于小方槽前面有 6×tan30°=3.464 1(mm),60°处有 $R0.5$mm,实际高度为 3.1mm 的显性"障碍体"和 6×tan10°=1.06(mm)的显性"障碍体"阻挡了注塑件进行正常的脱模,注塑件必须进行与开模方向成 30°角方向斜向脱模。

⑤注塑模垂直抽芯的设置:由于注塑件的斜向脱模,使得成型锥台里面的 $\phi 22^{+0.18}_{0}$ mm×7.7mm 圆柱孔的型芯成了隐性"障碍体",阻挡注塑件的斜向脱模。模具必须采取先进行垂直

抽芯之后，再进行注塑件的斜向脱模的结构。

　　⑥浇注系统的设计：由于注塑件的最大投影面积大，净重 200g，毛重 210g 以上，塑胶的注射量大，注塑件需要采用直接浇口的设计。

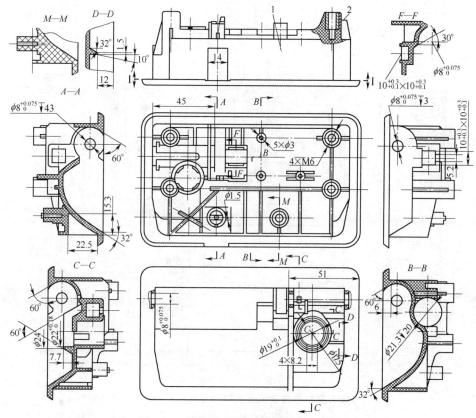

图 16-1　豪华客车"行李箱锁主体部件"

1. 主体部件　2. 圆螺母

　　(2)放大塑料平均收缩率的注塑件零件图　豪华客车"行李箱锁主体部件"的材料：30％玻璃纤维增强聚酰胺 6(黑色)QYSS08-92，收缩率 1％。经放大塑料平均收缩率之后的豪华客车"行李箱锁主体部件"，如图 16-2 所示。注塑模装配总图就是在此图的基础上绘制的，因为放大了塑料平均收缩率的注塑件零件图，就是模具成型的型腔和型芯的图形尺寸。从图 16-2 所示的尺寸可以看出，模具成型的型腔和型芯的图形尺寸均放大了 1％。

　　(3)注塑模成型面脱模斜度的选定　如图 16-2 左视图所示，两处Ⅱ表示外壁脱模斜度为1°，其内壁和筋槽两侧面的脱模斜度为 1°30′。加强筋若无脱模斜度，注塑件脱模时会产生很大的脱模力，其将会把注塑件撕裂。

　　(4)"行李箱锁主体部件"注塑模装配总图 CAD 的绘制　应先绘制总图的基准线，再绘制定模镶件、动模镶件、抽芯机构、脱模机构、模架、垂直抽芯机构和其他部分。

　　①绘制装配总图 CAD 的基准线：绘制注塑模装配总图 CAD 的主视图、俯视图和左视图的基准线，如图 16-3 所示。

　　②绘制装配总图 CAD 的定、动模镶件：根据"豪华客车行李箱锁手柄"注塑模最佳优化可行性分析与论证中关于刚度和强度的计算，在基准线上的适当位置上绘制定、动模镶件，如图16-4 所示。注意定、动模镶件的视图与注塑件零件图的方向不同，动模镶件是在注塑件图 16-2 俯视图的基础上绘制的。

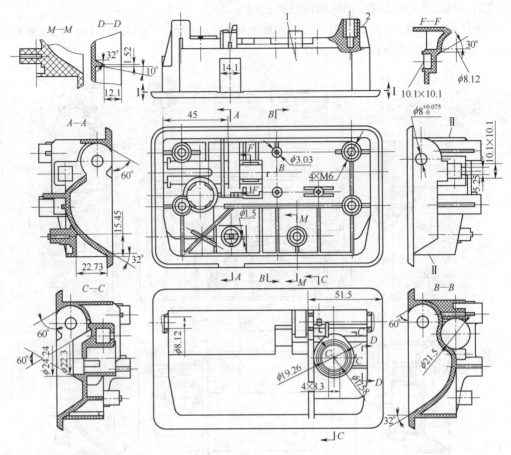

图 16-2   放大塑料平均收缩率的豪华客车"行李箱锁主体部件"

1. 主体部件   2. 圆螺母

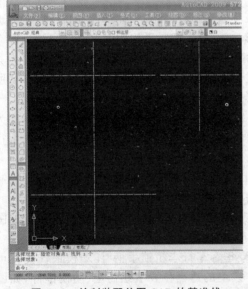

图 16-3   绘制装配总图 CAD 的基准线

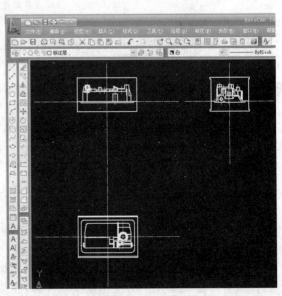

图 16-4   绘制装配总图 CAD 的定、动模镶件

③绘制装配总图 CAD 的抽芯机构：注塑件需要有三处抽芯，注塑模才能够正常地进行开、闭模和脱模。三处抽芯机构应在定、动模镶件沿周的三个方向绘制，如图 16-5 所示。

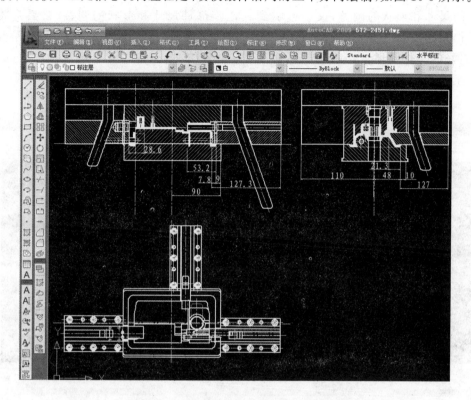

图 16-5　绘制装配总图 CAD 的抽芯机构

④绘制注塑模的斜向脱模机构：注塑模的斜向脱模机构，应该在注塑模定、动模镶件和抽芯机构的基础上绘制，如图 16-6 所示。

⑤绘制注塑模的模架：如图 16-7 所示。由于注塑件是斜向脱模，虽然没有标准模架，但可以往标准模架的尺寸上靠。非标准模架的尺寸计算，如图 16-5 所示。抽芯距离应＞53.2mm，设抽芯距离为 55 mm。滑块在模板上支撑面尺寸抽芯距离与之比为：$110.5 \div 55 \approx 2$，符合滑块抽芯后滞留在模板尺寸 2/3 的要求。模板的长度：$L = 90 + [127.3 - (9 + 7.8)] \times 2 = 401$（mm），靠标准取 $L = 400$（mm）；模具的宽度：$B = 110 + (48 + 127) = 285$（mm）；模具的高度 H 可以根据模具的强度与刚度的计算以及脱模机构顶出行程进行计算，再靠标准模架的尺寸可得 280mm。故模架尺寸为：400mm×285mm×280mm。注意动模垫板和模脚的形状。

⑥绘制注塑模的垂直抽芯机构：注塑模的垂直抽芯机构应该在注塑模定、动模镶件，抽芯机构，斜向脱模机构和模架的基础上绘制，如图 16-8 所示。

⑦绘制注塑模的其他部分：绘制注塑模的浇注系统、冷却系统、导向系统、定位系统和脱模机构的复位机构，填写图样中的技术要求和标题栏等，如图 16-9 所示。

一般是绘制好注塑模总图后，再根据总图去测绘各个零部件的图样，这样各个零部件之间的装配关系、相对位置和形状与尺寸都比较好确定。但有一些人喜欢先绘制零部件图，再将零部件图组合成注塑模总图。这种方法可用于简单图样的绘制，零部件绘制出来了，总图也会很快绘制出来。而对于像"行李箱锁主体部件"注塑模这样复杂图样的绘制,就会产生很多的麻烦,如当你将所有的零部件图绘制出来后在组装注塑模总图时,会发生有些零部件在总图中的空间不够,需要调整零件的尺寸,甚至是形状。问题是这个零件的尺寸和形状的调整,又会影响到其他零部件尺寸和形状的调整,最后会将整个总图搞得无法收拾。我们提倡先绘制好注塑模总图,再依据总图测绘出各个零部件图样,养成好的工作习惯。绘制注塑模总图和零部件图时,一定要注意设计基准的问题,否则会产生设计的误差。

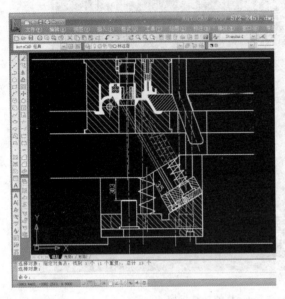 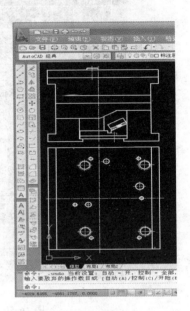

图 16-6　绘制装配总图 CAD 的斜向脱模机构　　　　图 16-7　绘制装配总图 CAD 的模架

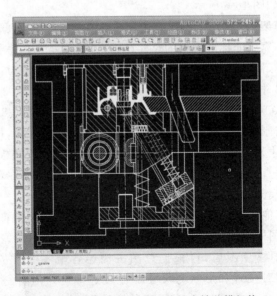

图 16-8　绘制装配总图 CAD 的垂直抽芯模机构

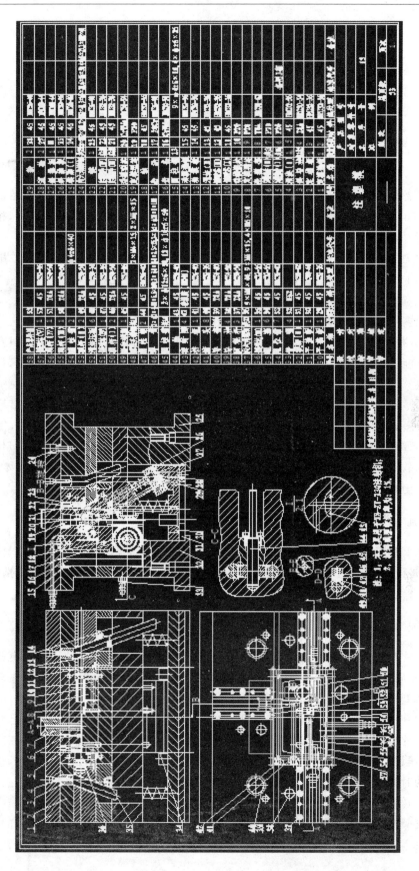

图 16-9 "行李箱锁主体部件"注塑模总图的绘制

复习思考题

1. 注塑模装配总图 CAD 设计之前应该准备哪些资料？
2. 掌握注塑模装配总图 CAD 绘制的内容和步骤。
3. 熟练地掌握注塑模 CAD 绘制的方法。

第二节　注塑模装配总图的三维造型及二维图

　　随着现代各类塑料产品高性能、多功能、节能环保和外观要求的不断提高，产品正朝着精密化和复杂化方向发展。模具可能由许多机构和构件所组成，它们所占的空间有限，相互配合的精度又很高，而它们之间的结合也很紧凑。在这种情况下，只有采用产品的整体三维造型，再运用数控加工，才能真正协调各个零部件的形状、尺寸和位置关系。当然，采用二维设计加上精密计算的加工也能达到相互协调的目的，但毕竟是三维造型配合数控加工的效率更高，且不易出差错。

　　注塑模很多零部件的型面都是很复杂的，使用普通的机加工设备很难加工出这些型面或型腔，需要在数控设备上进行加工，这就需要对数控加工的零部件进行三维造型。只有三维造型的零部件才能够进行数控编程，零部件编程后才能在数控设备上进行加工。因此，目前一般在进行注塑模 CAD 设计之前，都会对整个注塑模进行三维造型，最起码要对注塑模中的成型注塑件的主要零部件进行三维造型，三维造型后再转换成二维的 CAD 图。目前，市场上三维造型的软件很多，这些软件之间都可以相互转换，也都可以转换成二维的 CAD 图，使用很方便。至于使用哪种软件，没有硬性的规定，只要使用者自己应用得心应手就可以。但目前国际和国内通用的软件是 UG，而 UG 又可分为 XN3，XN4，XN5，XN6，XN7 等不同的版本，日后还会有新的版本出现。

一、"溢流管"的三维造型

　　注塑件成型加工注塑模的三维造型，要在注塑件三维造型的基础上，才能够进行模具的三维造型；也就是说，首先是在有注塑件三维造型的前提之下，才能进行注塑模的三维造型。"溢流管"的 UG 三维造型，如图 16-10 所示。

二、"溢流管"注塑模的三维造型

　　"溢流管"注塑模的三维造型，是在"溢流管"三维造型的基础上进行的。注塑模三维造型的过程如下：先确定注塑件的分型面，根据注塑件的分型面再对动、定模的型腔和注塑件的型芯进行三维造型，然后是对注塑模的抽芯机构、脱模结构和浇注系统进行三维造型，最后是对模架和模具的其他机构或构件进行三维造型。对注塑模构件进行三维造型的目的是能在数控加工模具构件的型面时，对其进行数控编程；但最终还是要将注塑模和各个构件的三维造型转换成 CAD 二维图，以使对模具所有构件编制工艺规程和生产管理之用。但是，为了节省注塑模三维造型的时间，在一般的情况下，只需要对应该采用数控加工型面的构件进行三维造型，再将这些构件转换成二维图；而无需数控加工的构件，可以不进行三维造型。

　　(1)"溢流管"注塑模定模部分的三维造型　因为注塑模采用点浇口的浇注系统的设计，故注塑模应该采用三模板形式的标准模架。为了支撑中模板，导柱应设置在定模部分，中模板与

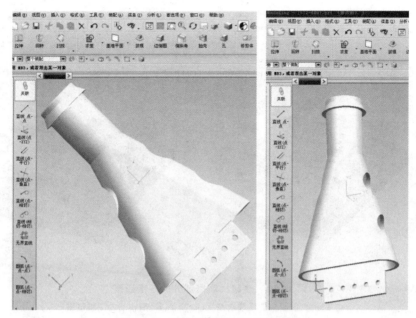

图 16-10　"溢流管"的 UG 三维造型

定模部分之间应该设置限位螺钉来限位,以便于取出主、分浇道中的料把。由于"溢流管"两侧有四个孔,需要用斜导柱滑块抽芯机构才能完成"溢流管"侧向孔的成型与抽芯动作,斜导柱应安装在定模部分。浇口套、定模型芯、定模板和定模垫板都设置在定模部分,浇道也设置在定模部分。注塑模定模部分的三维造型,如图 16-11 所示。

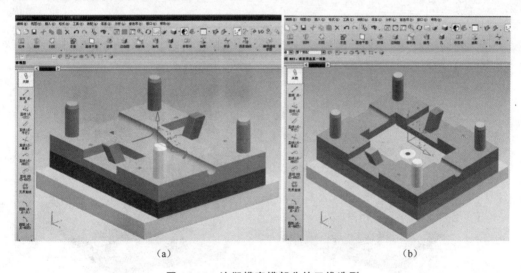

　　　　　　　　(a)　　　　　　　　　　　　　　　　　(b)

图 16-11　注塑模定模部分的三维造型

(a)装有定模型芯的定模部分三维造型　(b)未装定模型芯的定模部分三维造型

　　(2)"溢流管"注塑模动模部分的三维造型　注塑模的动模型芯、动模板、动模垫板、模脚、底板、滑块和限位机构、推板、安装板、回程杆以及推杆等均安装在动模部分。如图 16-12(a)所示是开模后"溢流管"和型芯都滞留在动模部分的三维造型;图 16-12(b)所示是"溢流管"和型芯被推杆脱模,脱模机构回位,但抽芯机构仍未抽芯的三维造型。

　　(3)"溢流管"注塑模的三维造型　注塑模的定模部分与动模部分通过导柱和导套组合成

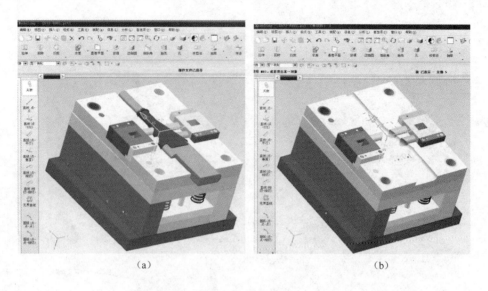

(a) (b)

图 16-12　注塑模动模部分的三维造型

(a)"溢流管"脱模前的三维造型　(b)"溢流管"脱模后的三维造型

一个整体的注塑模,注塑模的三维造型如图 16-13 所示。由于是三模板结构,模具具有二次分型的特点,即第一次是定模部分与中模板之间的分型,第二次是中模板与动模部分的分型。第一次分型可以从定模部分与中模板之间去除浇口料把,第二次分型可以实现"溢流管"的抽芯和脱模。在弹簧和回程杆的作用下,脱模机构复位。定模部分与动模部分合模之后,便可进行下一次注塑成型加工。

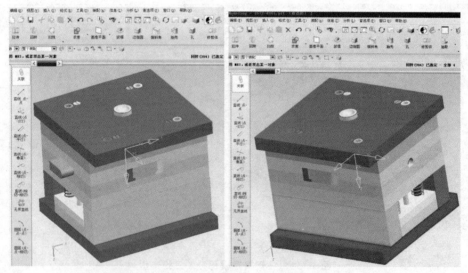

图 16-13　注塑模的三维造型

三、"溢流管"注塑模三维造型转换成二维图

在 UG 三维造型中,启动"开始"→"制图模块"→"新建图纸页"→"工作表",选大小:A0 或 A1 或 A2,比例尺:1∶1 ,单位:毫米,象限:第一象限投影→更新投影:选 BOTTTOM(俯视图)、FRON(主视图)、BACK(后视图)和 LEFT(左视图)→"剖视图":确定剖切线位置得 K—K

剖视图和 J—J 剖视图；经文件输出→2D 转换→建模→DWG 文件……如图 16-14 所示。

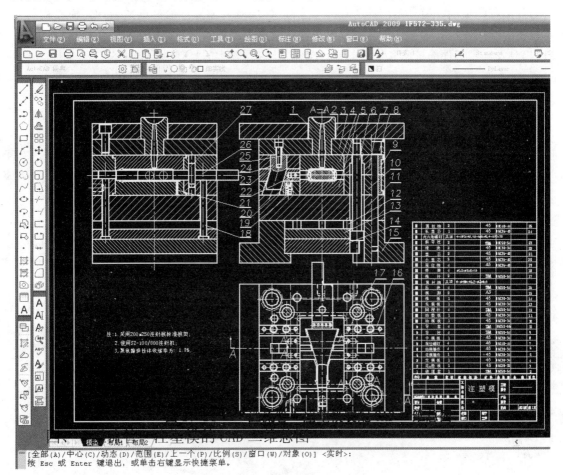

图 16-14　"溢流管"注塑模装配 CAD 二维总图

四、"溢流管"注塑模的 CAD 二维总图

经文件输出→2D 转换→建模→DWG 文件……后，"溢流管"注塑模 UG 三维造型便转换成了 CAD 二维图。"溢流管"注塑模装配 CAD 二维总图，如图 16-14 所示。"溢流管"CAD 二维总图在模具设计、模具生产和模具经营管理上具有十分重要的作用。模具各种机构和各个零部件的形状与尺寸及装配关系都要在总图上体现出来，各个零部件的 CAD 二维图也要从总图中测绘出来；各个零部件的件号、名称、数量、标准规格、材料、热处理、备注和页次均要在总图中的明细栏中体现出来；标题栏中要有表明该模具的工装名称、工装图号、比例、总页数、页次、设备、工序、使用部门与模具设计、校对、会签、标检、审核、批准以及更改标记、更改单号和签名等内容；总图还可以有技术要求的内容。注塑模总图绘制出来后，就可以估算出模具的价格和工期；但要获得详细的模具的价格和工期，还需要待模具各个零部件的二维图测绘出来和模具各个零部件的加工工艺及模具用材的备料表编制出来后，才能够进行准确地测算。

注塑模三维造型后转换成 CAD 二维图，接下来便可以进行模具各个零部件的测绘设计，编写加工工艺规程，编制线切割、数控加工的程序以及模具用材的备料工作。现代产品的设计，还可以根据有无数控加工的工序分成两条路径进行：一是从产品三维造型→注塑件的三维造型→注塑模的三维造型→模具零部件的三维造型→模具零部件工艺规程的编制→模具零部件数控编程的编制→模具零部件的数控加工,二是从模具零部件的三维造型→转换成模具零部件的二维图→模具零部件工艺规程的编制→模具零部件的制造。由于是采用计算机进行设计,模具及其零部件的形状和尺寸的设计会特别精确,图形的复制也十分快捷。

复习思考题

1. 熟练掌握注塑件和注塑模总图的三维造型。
2. 熟练掌握三维造型转换为二维 CAD 电子图。

第三节 注塑模主要零部件 CAD 图的设计和三维造型及加工

由于注塑模主要零部件都是成型注塑件的型面,这些主要零部件都要用数控设备加工,因此,这些主要零部件必须要进行三维造型。在一般情况下,这些主要零部件要随着注塑模进行整体三维造型,因此只需从注塑模整体三维造型中复制这些主要零部件的三维造型就可以了。然后,将这些主要零部件的三维造型转换成 CAD 二维图。

在注塑模 CAD 二维总图绘制好后,就要对所有零部件做 CAD 二维图的设计工作。只有绘制好所有零部件 CAD 二维图后,才可进行模具零部件的生产。因为模具零部件的成本核算、材料和标准件的采购、生产工艺流程的编制,生产制造、检验、管理和装配,都要依据零部件 CAD 二维图进行。零部件 CAD 二维图,能充分地表达零部件的形状、尺寸、精度、几何精度、表面粗糙度和技术要求等内容,是模具零部件制造必不可少的技术资料和文件。注塑模涉及的零部件很多,本节只介绍注塑模主要零部件 CAD 二维图的绘制。注塑模主要零部件是指能够成型注塑件形体的零件,如定模型腔或型芯、动模型腔或型芯和具有侧面分型面的型芯等零部件。

一、“行李箱锁主体部件”注塑模主要零部件 CAD 图的绘制与加工

“行李箱锁主体部件”注塑模主要的零部件包括动模型腔或型芯和定模型腔或型芯,它们的形状复杂、尺寸繁多,零件加工的工序众多。注塑模主要的零部件的加工包括数控加工、精密镗孔、慢走丝精密线切割、电火花、精雕加工和化学腐蚀的高效精密加工等,加工周期长,制造成本高。

1. “行李箱锁主体部件”注塑模的动模型芯 CAD 图的设计与加工

“行李箱锁主体部件”注塑模的动模型芯 CAD 图的设计,如图 16-15 所示。

(1)注塑模的动模型芯的设计 以图 16-15 的 D—D 剖视图 M 面和主视图中的中心线为基准,把“行李箱锁主体部件”注塑模总图(图 16-9)中三个主要图形里的动模型芯 9 的图形,经选取→复制→粘贴到“行李箱锁主体部件”注塑模的动模型芯的零件图中;再在这三个主要图形的基础上绘制其他的图形,并标注好图形的尺寸、几何公差、表面粗糙度、技术要求和填写好标题栏等。因为注塑模的动模型芯的尺寸过于繁多,图 16-15 所示的只是动模型芯的部分形状和尺寸。

(2)注塑模的动模型芯的制造工艺 材料为预硬化钢 3Cr2Mo(P20),该钢材已预先硬化处理至 30~36HRC,可直接进行加工。毛坯经铣、粗磨和精磨后,如图 16-15 的 A—A 剖视图所示的 $\phi 22.3^{+0.021}_{0}$ 孔及 $\phi 8.1^{+0.015}_{0}$ 孔,需要采用坐标镗加工。进出水通孔可以采用快走丝线

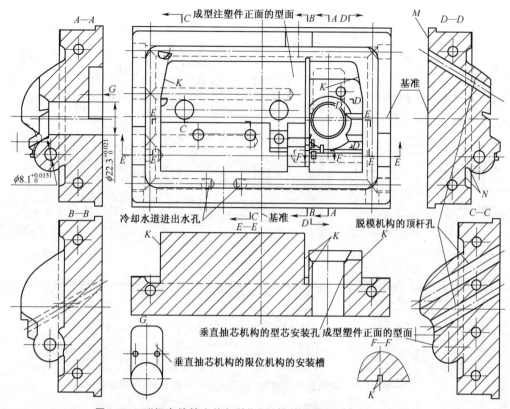

图 16-15　"行李箱锁主体部件"注塑模的动模型芯 CAD 图的设计

切割加工,不通孔和推杆孔可以在铣床上加工。型面最好是用四轴数铣或五轴数铣一次铣削加工;在没有四轴数铣或五轴数铣的情况下,可先用三轴数铣加工。如图 16-15 的 D—D 剖视图所示 N 处型面三轴数铣加工不到的位置,可用电火花加工;其他筋槽处也采用电火花加工。最后,还需要用化学腐蚀来制出成型注塑件的动模型芯面上的皮纹。

(3)注塑模的动模型芯脱模斜度的设计　为了使"行李箱锁主体部件"更容易脱模,一般要在注塑件脱模的方向上加工出脱模斜度,动模型芯上的脱模斜度可以小于定模型芯上的脱模斜度,一般情况下取 $30'$;因需要制出皮纹,为了不影响注塑件的脱模,脱模斜度可取 $1°$。

(4)注塑模的动模型芯尺寸的计算　由于塑料的热胀冷缩,为了获得符合注塑件图样上的尺寸,注塑模型面和型槽的尺寸都需要放大塑料的收缩量。这样,冷却收缩后注塑件的尺寸才能够满足图样的要求。

2."行李箱锁主体部件"注塑模的定模型芯 CAD 图的设计与加工

"行李箱锁主体部件"注塑模的定模型芯 CAD 图的设计,如图 16-16 所示。

(1)注塑模定模型芯的设计　如图 16-16 所示,注塑模定模型芯的型腔和尺寸较动模型芯更为复杂,为了能够表达清楚,该图仅画出了部分的图形。同动模型芯的设计一样,定模型芯的图形也是在"行李箱锁主体部件"注塑模总图(图 16-9)的三个主要图形中定模型芯 8 的图形基础上,经选取→复制→粘贴到"行李箱锁主体部件"注塑模的定模型芯的零件图形中。再在这三个主要图形的基础上绘制其他的图形,并标注好图形的尺寸、几何公差、表面粗糙度、技术要求和填写好标题栏等。

(2)注塑模的定模型芯的制造工艺　材料为预硬化钢 3Cr2Mo(P20),该钢材已预先硬化

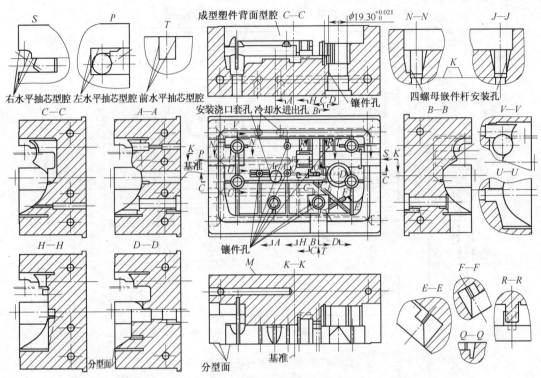

图 16-16　"行李箱锁主体部件"注塑模的定模型芯 CAD 图的设计

处理至 30～36HRC,可直接进行加工。其加工工序与动模型芯的制造相同,只是加工时间更长,工序内容更多。特别是需要用电火花加工的加强筋型槽更多,由于加强筋型槽的深度很深,所要花费的时间更长。大的型槽开始时可用数铣粗加工后,再用大的电极加工。特别困难的是加强筋筋槽,因为它们的宽度为 2mm,深度最深处为 39.4mm,这样就造成了排屑困难。为了解决这个问题,在加强筋槽处每隔一段的距离用线切割加工出 $\phi 2mm$ 的孔,用以排屑,在电火花加工加强筋槽的深度还剩下 0.5mm 时,再将这些孔堵住,然后再将加强筋槽加工到图样的要求为止。另外,先期还可以用 $\phi 2mm$ 的立铣刀加工到一定的深度,然后用一个两边各制有 1°30′脱模角的两个整体电极加工加强筋槽,其中一个是粗加工的电极,一个是精加工的电极。若有精雕机可进行先期加工,之后用整体电极加工筋槽,加工的进度会更快。

(3)注塑模的动模型芯脱模斜度的设计　因为注塑机的动模部分有推杆,可以实施注塑件的脱模。一般要求注塑件能滞留在注塑模的动模型芯上,这样注塑模的动模型芯的脱模斜度应比定模型芯的脱模斜度要适当小一点,所有脱模方向的脱模斜度可取 1°。

(4)注塑模的动模型芯、型腔尺寸的计算　也是因为塑料的热胀冷缩的原因,注塑模动模型芯、型腔尺寸都要加上塑料的收缩量。这样,注射冷却收缩后,注塑件的尺寸才能够满足图纸的要求。

二、标准模架的补充加工

一般标准模架购买回来后,都要进行补充加工。模板加工基准的变化将会影响到模具补充加工型面的精度。因为标准模架在运输的过程中难免有磕碰的情况发生,这时标准模架中的所有模板的基准就会发生变化;模板加工的设备和刀具与模板补充加工的设备和刀具不同,也会导致原始基准发生变化。模板补充加工时失去了原先的基准,会导致补充加工的形体产生错位。一般采用两种方法来获取各个模板新的加工基准。

（1）采用模板的导柱孔和导套孔作为模板补充加工的基准（方法一） 模板的导柱孔和导套孔加工后，一般不会因磕碰使孔位和孔的尺寸精度发生变化，可以作为补充加工工序的基准使用。在对模板的两大面精磨后，以三个导柱孔或导套孔作为基准进行校正，对模板进行补充加工。

（2）采用新的加工面作为模板补充加工的基准（方法二） 在对模板的两大面精磨后，可选用模板较好的相邻两平面为基准，精磨模板其他两个沿周平面。对这两个较好的相邻的平面可做标记，用作对模板形体补充加工的基准。

三、"溢流管"注塑模动、定模型芯与长型芯的三维造型和 CAD 二维图

成型"溢流管"的动、定模型芯与长型芯具有较复杂的型面，并且要求动、定模型芯的型腔与长型芯的型面之间的空间能保证"溢流管"1.5mm 的壁厚。该型腔可以采用三轴加工中心粗铣后，再用电火花加工或用精雕机加工出型面。故成型"溢流管"的动、定模型芯与长型芯一定要进行三维造型，三维造型之后再转换成 CAD 二维图。

1. "溢流管"注塑模动、定模型芯与长型芯的三维 UG 造型

"溢流管"注塑模要进行数控加工的零件有：定模型芯、动模型芯和长型芯，由于这些零件要进行数控加工的编程，所以一定要进行三维造型。用于线切割编程的零件有注塑模的动、定模板。

（1）"溢流管"注塑模定模型芯三维 UG 造型 如图 16-17(a) 所示，先对"溢流管"的外形造型，再对动、定模型芯的长、宽、高进行三维造型，然后再运用布尔运算做出成型"溢流管"的型

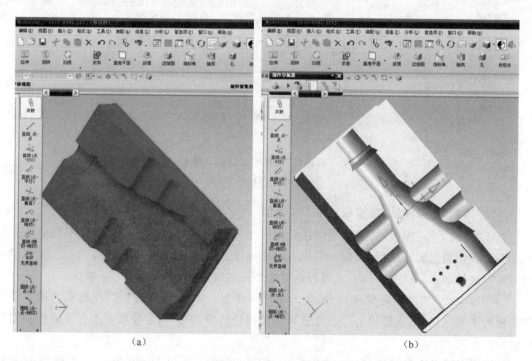

（a）　　　　　　　　　　　（b）

图 16-17 "溢流管"注塑模动、定模型芯三维 UG 造型

（a）定模型芯三维 UG 造型 （b）动模型芯三维 UG 造型

腔。定模型芯中间存在着点浇口,宽度方向两侧是"溢流管"的侧向抽芯的避让槽,长度方向两侧是成型"溢流管"内型活块的避让槽。"溢流管"造型需要放大塑料收缩率。

(2)"溢流管"注塑模动模型芯三维 UG 造型　　如图 16-17(b)所示,同样是先对"溢流管"的外形进行造型,再对动、定模型芯的长、宽、高进行三维造型,然后再运用布尔运算做出成型"溢流管"的型腔。动模型芯中间存在着安装成型"溢流管"上五个小孔型芯的孔,另一大孔是用于安装"溢流管"注塑模长型芯定位销的孔,宽度方向两侧四个型槽是"溢流管"的侧向抽芯的避让槽,长度方向两侧型槽是成型"溢流管"内型腔活块的避让槽。"溢流管"造型同样需要放大塑料收缩率。

(3)"溢流管"注塑模长型芯的三维 UG 造型　　如图 16-18 所示,长型芯中间的孔是用于圆柱销定位的孔,以防长型芯产生轴向移动。为了使"溢流管"与长型芯能够脱模,长型芯的圆柱面上铣有平面,如图 15-18(b)所示,以便于推杆顶脱长型芯与"溢流管"。这样,长型芯就不能正、反面任意放置。为此,在长型芯大端处铣一缺口,使其只能有一种放置的位置,防止其反向放置。

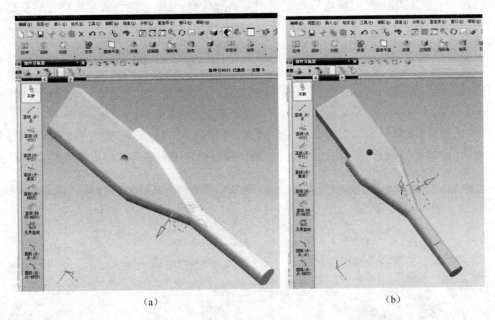

(a) (b)

图 16-18　"溢流管"注塑模长型芯三维 UG 造型

(a)长型芯正面的三维 UG 造型　　(b)长型芯反面的三维 UG 造型

2."溢流管"注塑模动、定模板三维 UG 造型

由于"溢流管"注塑模动、定模板存在着镶嵌动、定模型芯的长方形孔,需要用慢走丝进行线切割。线切割也需要编程,线切割编程不需要三维造型;但模板中间长度方向的长型芯定位槽需要用数控加工,故注塑模动、定模板也需要进行三维造型。

(1)"溢流管"注塑模动模板正、反面三维 UG 造型　　如图 16-19 所示,注塑模的动模板与定模板的主要区别是:动模板上存在着推杆和回程杆的导向孔,而定模板上不存在推杆和回程杆的导向孔。

(2)"溢流管"注塑模定模板正、反面三维 UG 造型　　如图 16-20 所示。注塑模的定模板与动模板的主要区别是:定模板上存在着斜导柱的安装孔,而动模板上不存在斜导柱的安装孔。

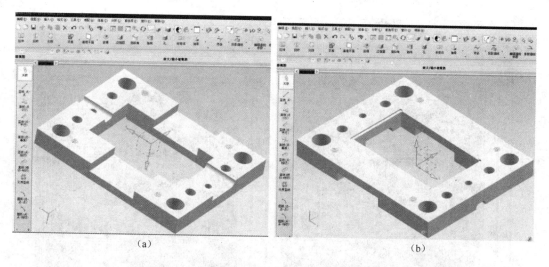

（a）　　　　　　　　　　　　　　（b）

图 16-19　"溢流管"注塑模动模板正、反面三维 UG 造型

（a）动模板正面的三维 UG 造型　　（b）动模板反面的三维 UG 造型

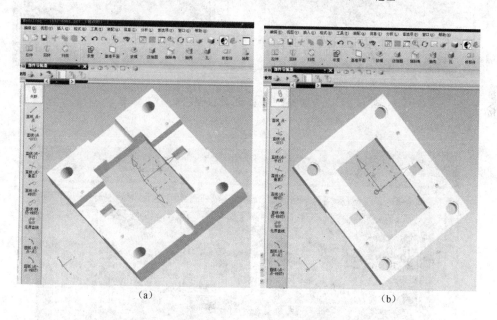

（a）　　　　　　　　　　　　　　（b）

图 16-20　"溢流管"注塑模定模板正、反面三维 UG 造型

（a）定模板正面的三维 UG 造型　　（b）定模板反面的三维 UG 造型

3. "溢流管"注塑模动、定模型芯与长型芯的 CAD 二维图

（1）"溢流管"注塑模定模型芯的 CAD 二维图　　如图 16-21（a）所示；

（2）"溢流管"注塑模动模型芯的 CAD 二维图　　如图 16-21（b）所示；

（3）"溢流管"注塑模长型芯的 CAD 二维图　　如图 16-22 所示。

4. "溢流管"注塑模动、定模板的 CAD 二维图

（1）"溢流管"注塑模动模板的 CAD 二维图　　如图 16-23（a）所示；

（2）"溢流管"注塑模定模板的 CAD 二维图　　如图 16-23（b）所示。

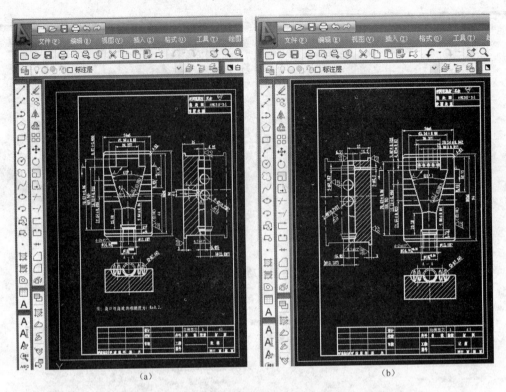

(a) (b)

图 16-21　"溢流管"注塑模动、定模型芯 CAD 二维图

(a)定模型芯 CAD 二维图　　(b)动模型芯 CAD 二维图

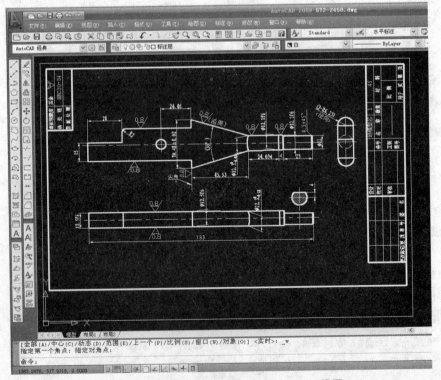

图 16-22　"溢流管"注塑模长型芯的 CAD 二维图

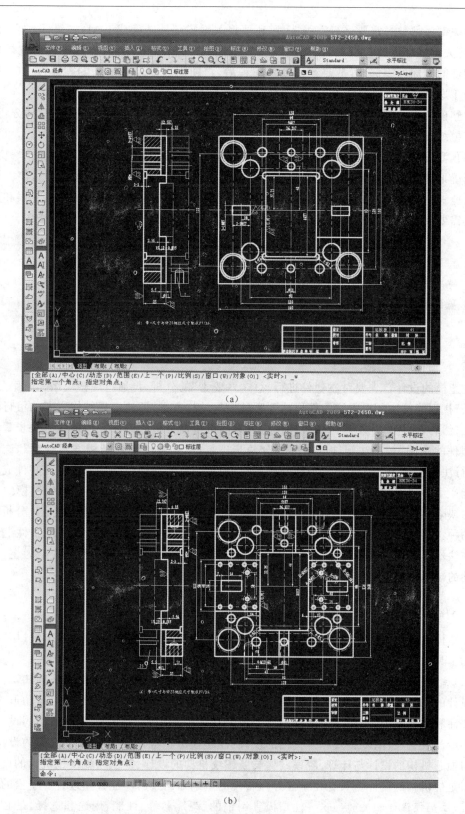

图 16-23　"溢流管"注塑模动、定模板的 CAD 二维图

(a)动模板的 CAD 二维图　　(b)定模板的 CAD 二维图

对关键零部件一定要进行三维造型,还要将关键零部件转换成 CAD 二维图,然后标注尺寸,并将关键零部件的 CAD 二维图放进相应幅面代号的图中。所谓关键零部件就是用来成型注塑件的型面的零部件,是要经过数字编程后,再使用数控设备加工的零部件。CAD 二维图是便于这些关键零部件生产管理、检验、备料和使用通用设备进行加工的文件。

注塑模的设计应以注塑件形体"六要素"分析为依据,以注塑模结构方案"三种分析方法"和注塑模结构最佳优化可行性分析方法为工具,以注塑模结构方案论证为验证手段,以注塑件上缺陷预测分析和缺陷整治为方法,这是一种完整的逻辑性极强的科学辩证方法。只有如此才能正确地满足注塑件上各种复杂的要求和解决注塑模结构中任何棘手的问题,使得模具设计人员能够正确、高效和独立地进行注塑模的设计,从而可以避免注塑模设计的失误和彻底改进模具需要反复试模与修模的乱象,极大地提高注塑模设计的成功率和试模合格率。

复习思考题

1. 熟练掌握注塑模零部件 CAD 的绘制。
2. 熟练掌握注塑模零部件的加工工艺的编制。

第四节　注塑模结构设计实用技术的总结

注塑模的设计首先要对注塑件进行形体"六要素"的分析,再通过注塑模结构方案"三种分析方法"找到能解决所提取注塑件形体要素的模具结构方案,即注塑模结构方案的可行性分析和论证;然后,再进行注塑模结构最佳优化方案的可行性分析和论证。但这些方法步骤不能解决注塑件的缺陷,解决注塑件的缺陷要分两步进行:一是在注塑模结构方案分析和论证的同时,进行注塑模结构方案的缺陷预期分析;找出初步制订的注塑模结构方案在注塑件成型加工中可能产生的缺陷,若产生缺陷就必须调整注塑模的结构方案。二是在注塑模试模的过程中产生的缺陷,可以通过缺陷的整治方法加以解决。注塑件缺陷的预期分析有 CAE 分析法和图解法两种,缺陷的整治有排除法和痕迹技术法。通过缺陷的预期分析可以将注塑件上的缺陷清除在注塑模结构方案制订之前,缺陷的整治是根治缺陷的方法,是以预防缺陷为主、整治缺陷为辅的缺陷整治策略。

一、注塑模设计的基础理论

注塑模设计的基础理论包括注塑模设计的基础知识、注塑模设计的相关知识以及注塑模设计的工具。

(1) 注塑模设计的基础知识　要设计好注塑模,首先要掌握好注塑模的基础知识,这是注塑模设计的基本功。注塑模设计的基础知识包括:注塑模基本结构、注塑模的运动形式、注塑模的浇注和温控系统、注塑件中嵌件与注塑模各种构件的设计,还有热流道结构的设计、模具加热和冷却装置设计、冷料穴和排气槽的设计、注塑模分型面的设计和分型机构的设计、侧向分型与抽芯机构的设计与计算、脱模结构与脱螺纹机构的设计、复位与先复位机构的设计以及导向与定位机构的设计。只有在掌握好注塑模的基础知识之后才能开始进行注塑模的设计。

(2) 注塑模设计相关的知识　注塑模具用钢的牌号、名称、性能、用途和选择,是必须掌握的知识。注塑设备的性能和开、闭模行程,塑料材料的牌号、名称、性能、用途和选择,注塑件成型工艺与参数的选择,这些相关知识可以有一定的了解。

（3）注塑模设计的工具 CAD/三维造型/CAE 软件是注塑模设计的工具。CAD 设计是现代模具设计的基础性工具，注塑件和注塑模三维造型也是基本工具，CAE 是缺陷分析的工具。不能熟练地掌握这三种软件就不能更好地进行注塑件和注塑模的设计工作。

二、注塑模设计的高端理论

掌握上述注塑模设计的基础理论，还不能进行中等与中等以上复杂程度注塑模的设计；还必须具有高端的注塑模设计的理论和技巧，才能设计复杂的注塑模。

1. 注塑件形体"六要素"的分析

注塑模的机构依据注塑件的形体要素而设置，这些机构的设置都是为了注塑件能顺利成型。注塑件的形体"六要素"包含：形状与障碍体、型孔与型槽、变形与错位、运动与干涉、塑料与批量、外观与缺陷。注塑件形体分析，就是将这些影响注塑模结构方案"六要素"从注塑件零件图中提取出来。

2. 注塑模结构方案可行性分析与论证

制订注塑模结构方案一定要进行可行性分析与论证，才可确保注塑模设计的正确无误，才能确保注塑件顺利成型。

（1）注塑模结构方案"三种分析"方法 注塑件形体"六要素"分析的目的，是制订注塑模结构方案和确定注塑模的机构。从注塑件形体"六要素"分析到制订注塑模结构方案的过程中，存在着三种注塑模结构方案分析方法，即常规（单要素）分析分析法、痕迹分析分析法和综合分析分析法；通过三种分析方法制订出正确的注塑模结构方案。所谓注塑模结构方案的"三种分析"方法，就是根据提出的注塑件形体"六要素"，找到适合的模具机构来解决"六要素"中的问题。

（2）注塑模结构方案的论证 注塑模结构方案制订好后，需要判断方案是否可行，有没有错误或缺失，注塑模的刚度或强度是否可靠。这就需要对注塑模的结构方案进行论证，检查注塑模结构方案的正确性。所谓论证就是检查模具的结构方案或机构是否能达到注塑件形体要素的要求，以及检查注塑模刚度或强度是否可靠。

（3）注塑模结构最佳优化方案的可行性分析与论证 注塑模结构和机构存在多种方案时，必须对这些方案进行论证，从中找出最佳优化方案和最简机构，从而避免使用错误和复杂的方案。

三、注塑件上缺陷的辩证分析与施治

注塑模的最佳结构方案确定之后，只能确保注塑模运行平稳可靠，而不能确保注塑件上无缺陷。要解决这个问题，必须进行注塑件上的缺陷辩证分析与施治。因为注塑件只要存在一种缺陷就是废品或次品，模具将被视为不合格，缺陷与模具是息息相关的。

（1）注塑件上缺陷的辩证分析 注塑件上的缺陷辩证分析就是在注塑件零件图上或三维造型上预先进行缺陷的预防。可以根据 CAE 法和图解法找出注塑件成型加工时可能产生的缺陷，然后通过调整注塑件的结构或注塑模结构方案，预防缺陷，以避免注塑模出现的修理或报废的现象。

（2）注塑件上缺陷的辩证施治 通过注塑件上缺陷的预测，还可能达不到全部根治缺陷的目的。因为注塑件缺陷的产生除了与注塑件结构、注塑模结构方案和浇注系统的设置有关外，还与注塑件所用的塑料材质、成型工序安排、注塑设备的性能和成型加工参数有关。只要这些因素中出现了问题,注塑件也会产生相应的缺陷。这些缺陷的整治相对要简单得多,因为不需要修理模具和报废模具。这些缺陷主要是通过试模去发现缺陷,找出产生缺陷的原因,并找到根治缺陷的措施。

四、注塑件的成型痕迹与痕迹技术及其运用

注塑件上的成型痕迹可以分为:注塑件上模具结构的成型痕迹和注塑件成型加工的痕迹,两者是对注塑件成型加工的真实反映。

1. 注塑件上模具结构的成型痕迹与运用

注塑件在成型加工时,注塑模的结构会烙印在注塑件上,这些模具结构的成型痕迹是注塑模结构的真实写照。

(1)注塑件上模具结构的成型痕迹　注塑件在成型加工过程中,模具的结构会烙印在注塑件上。注塑件上模具结构的成型痕迹,包括模具分型面的痕迹、模具浇口冷凝料的痕迹、模具抽芯的痕迹、注塑件脱模的痕迹、模具镶嵌件的痕迹、模具饰纹的痕迹和模具成型面加工方法的痕迹。这些痕迹真实地刻画出了注塑模各种结构的形状、尺寸和位置,这些是可以保留的痕迹。注塑件上还会有碰痕、扎刀痕迹、模具材料过热退火的痕迹和模具型面腐蚀及磨损的痕迹,这些是不允许存留的痕迹,可以通过修模消除这些痕迹。

(2)注塑件上模具结构成型痕迹的应用　注塑件上模具结构的成型痕迹,可以还原模具的结构。故可以通过这些痕迹进行注塑模结构方案的制订,注塑模的克隆、复制和修模,还可以利用这些痕迹校核注塑模结构方案的正确性。

2. 注塑件上成型加工的痕迹和整治

注塑件上成型加工的痕迹,又可称为缺陷痕迹或弊病痕迹。

(1)注塑件上成型加工的痕迹　注塑件上成型加工的痕迹是塑料熔体在模具中成型加工过程中产生的,这种痕迹多达几十种,如缩痕、熔接痕、流痕、填充不足和过热痕等。这些痕迹都是弊病,是需要整治的,整治的艰难程度甚至较注塑模结构设计还要大和复杂。

(2)注塑件上成型加工痕迹的整治　注塑件上成型加工痕迹的整治包括以预防为主的缺陷论证和以缺陷整治为辅的缺陷整治两方面的技术。缺陷的整治包括排除法和痕迹技术法两种,都是通过试模来暴露缺陷。排除法是根据所暴露的缺陷罗列出影响产生缺陷的原因,然后逐项地进行排查直至根除缺陷为止。痕迹技术法是根据所暴露的缺陷进行痕迹辨别,分辨出痕迹的属性并找出其产生的原因,然后采取措施进行根治。

注塑件的成型痕迹技术包括对两种成型痕迹的识别和应用、注塑件上的缺陷分析和缺陷整治等内容。这是在注塑成型加工中总结出的一种新型的技术,实用而广泛,能够解决许多实际问题,特别在模具克隆和复制以及缺陷的整治上能够发挥很大的作用。

上述创建的模具设计和缺陷整治的新概念与创新的注塑模设计理论,不仅可以具体地解决注塑模结构设计中的问题,还可以解决注塑件产生的缺陷问题,可以说能全方位地解决注塑件成型加工中所有的问题。其不仅提供了具体的理论,还提供了具体的操作路径、方法和技巧,使设计人员知道如何进行模具的设计,注塑模设计之后还能判断正确或错误;同时,这些理论和方法还可以应用在其他型腔模的设计,如压塑模、压注模、吹塑模、发泡模、挤塑模、压铸模、冷挤模和粉末冶金模的结构设计。这些理论是一个完整的、连续的、循环的和系统的辩证方法论,甚至可以说会使模具的设计由一种枯燥的工作变成一种趣味盎然的工作。为解决注塑模最佳优化结构方案提供了理论和技巧,也为注塑模结构设计提供了程序和验证方法,又为

解释许多模具的结构和成型现象提供了理论依据。这样使得日后型腔模的设计不存在会与不会的问题,型腔模设计的水平高低主要体现在注塑件形体分析是否到位,分析时有没有要素被遗漏;注塑模结构方案是否与注塑件形体要素分析相适宜;注塑模的机构是否选择得当;注塑件的缺陷是否能得到根治。这种注塑模设计辩证方法论和注塑件上缺陷的辩证分析的应用,会使注塑模设计更具科学性、趣味性及逻辑性。注塑模结构方案可行性分析与论证的程序是一环扣一环的,其程序严密而紧凑。只要遵守了注塑模设计的程序,注塑模的设计就不会出现失误,并且可以极大地提高模具设计和制造的成功率及试模的合格率。

　　基本理论要掌握,基础技巧需熟练。

　　形体分析六要素,结构分析三方法。

　　优化方案要进行,加工缺陷应预测。

　　模具结构要周全,剩下缺陷好整治。

　　痕迹与痕迹技术,成型加工好技巧。

　　模具设计方法论,结构缺陷全解决。

复习思考题

　　1. 何谓注塑模设计的基础理论和基本功?何谓注塑模设计的高端理论?

　　2. 注塑件上存在哪些成型痕迹?如何进行注塑件上缺陷的辩证分析与辩证施治?注塑件成型痕迹技术包含哪些内容?

第十七章　注塑模结构设计可行性分析的实例

通过前面学习注塑模设计的基础知识和相关知识,再学习注塑模设计的一些理论知识,就具备了设计复杂注塑模的能力。如对注塑件形体"六要素"的分析和注塑模结构方案可行性"三种分析方法"的介绍,对注塑模结构方案的最佳优化方案的介绍,对注塑件上痕迹和成型痕迹技术的介绍及对注塑模结构方案和注塑件预期缺陷的分析介绍,可以说让读者基本上掌握了有关注塑模结构方案可行性分析和论证的所有知识。但是,之前所介绍的内容是分散的和零碎的;通过本章各节的阐述,则可让读者能够完整地掌握注塑模结构方案可行性分析与论证。

第一节　豪华客车司机门手柄主体注塑模的结构方案可行性分析与论证

一些产品在国内外进行技术转让时,往往会提供成熟的制品样件。对于注塑模的设计来说,所提供制品的样件就是最好的技术资料和设计依据,模具的克隆设计就是依据制品样件的模具结构成型痕迹来进行的。可以根据对注塑件上的模具结构成型痕迹的识读,再通过对注塑件上模具结构成型痕迹的分析,即使在没有见到模具和图样的情况下,也能够还原该注塑样件的模具结构,甚至克隆或复制出该模具结构,还可以找出注塑样件及其模具设计和制造的不足之处。

在已有注塑样件的情况下,注塑样件就是注塑模设计最可靠的依据、最生动的教材和最鲜活的资料。成熟的注塑样件是经历了实际考验的设计,是成功经验的体现;它提供了注塑模设计可靠的保证,可以避免模具设计的失误。只要虚心地研究和学习注塑样件,就可以获得最大的成功。研究和学习注塑样件,就是要认真地研究和分析注塑样件的成型痕迹,以还原注塑样件注塑模的设计原理、设计结构和设计理念,吸收其精髓;这样才可以有效地避免注塑模设计所走的弯路,甚至是失败。对于中等复杂程度和简单类型的模具设计更是应该如此。

注塑件形状和结构复杂时,仅仅依据注塑件上的模具结构痕迹进行注塑模结构方案分析还会存在着不确定性。为了获得正确的注塑模结构方案,可以采用要素分析的方法进行模具结构方案的论证。如果模具结构痕迹分析与要素分析所得到的结论是一致的,那么注塑模结构方案就是正确的;如果出现相悖的结论,便需要仔细查找原因所在。

一、"手柄主体"的形体分析

"手柄主体"是从国外技术转让来的一种旅游豪华客车上司机门锁的注塑件,该产品零件的出让方提供了样件和图样,允许由承接方自己来设计和制造"手柄主体"的注塑模,这样能够节约模具转让的费用。需要指出的是注塑模克隆技术和复制技术,绝不能成为某些人作为侵犯知识产权的工具。既然转让方提供了"手柄主体"样件,就可以根据样件上模具结构成型的痕迹进行分析,来还原样件注塑模的结构;同时,还可以根据"手柄主体"的形体分析,找出注塑件上所存在的"六要素"。这样便可以根据注塑件上的"六要素"和模具结构成型的痕迹来同时进行模具结构方案的分析,这显然是模具结构方案综合的分析方法。

（1）"障碍体"要素　"手柄主体"由手柄 1 和螺钉 2 组成；通过对"手柄主体"的形体分析，存在着如图 17-1 中 A—A 剖视图所示的"障碍体"要素。

（2）"外观"要素　"手柄主体"的正面和拉手斜槽内，有"外观"的要求。

（3）"塑料"要素　材料为 30％玻璃纤维增强聚酰胺 6（黑色）QYSS08—92，收缩率 1.1％，净重 250g，毛重 260g；对象零件的最大投影面积为 2 344mm²；使用 XS-ZY-230 注射机。

（4）"型孔和型槽"要素　在 $\phi31\text{mm}\times\phi25.5\text{mm}\times35.5\text{mm}$ 圆筒上存在着水平方向 $13\text{mm}\times4.8\text{mm}$ 的长方形"型槽"要素，下端是 $R22\text{mm}\times R18.5\text{mm}\times5.5^{+0.075}_{0}\text{mm}$ 的半环形"型槽"要素，右下侧是 $40\text{mm}\times95\text{mm}\times29\text{mm}\times48°\times50°$ 的斜向拉手"型槽"要素；长方形型面的背部有 $6\times\text{M}6$ 螺钉，5 个 $\phi6\text{ mm}$ 圆柱中都有 $\phi2.6\text{mm}$"型孔"要素；还有 $\phi25.5\text{mm}$ 的"型孔"要素。

（5）"批量"要素　因为是用于豪华型大客车上，故为特大批量。

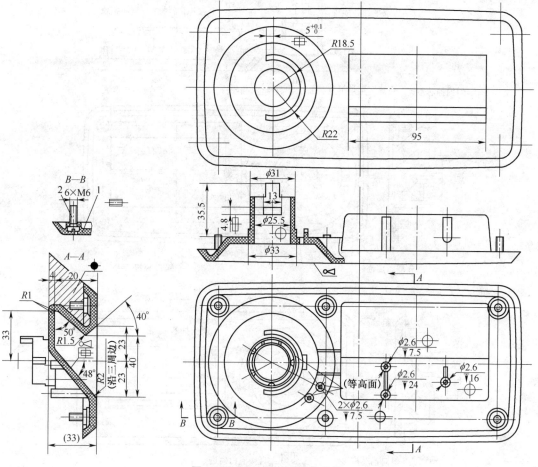

图 17-1　"手柄主体"形体分析

1. 手柄　2. 螺钉

注：●——显性"障碍体"；⊟——水平抽芯；⊞——"型槽"；▷◁——"外观"；▤——螺钉；⊕——型孔

二、"手柄主体"表面上痕迹的识读与分析

首先应该对"手柄主体"表面上的模具结构成型痕迹进行仔细观察，并分门别类地做记录。通过观察和辨认后，找出模具结构成型痕迹的属性，即模具结构成型痕迹是属于哪一种类型

的;还需要测量出这些痕迹的形状、大小、位置和方向,并应记录在案。之后应对这些模具结构成型痕迹进行分析,除找出与模具结构直接相关的模具结构成型痕迹之外,还应找出与模具结构具有特殊关系的其他模具结构成型痕迹。

1.“手柄主体”表面上模具结构成型痕迹的识读

“手柄主体”的模具结构成型痕迹如图 17-2(a)所示,标注有分型面、水平抽芯、斜向抽芯、镶件、推杆和直接浇口料把的成型痕迹。提示:由于“手柄主体”具有“外观”要求,注塑模采用了定模脱模结构,因而模具需要三模板的模架。

(1)分型面痕迹 它是中模板与动模板在闭模时,中模型腔和动模型腔的分型面在注塑件成型过程中,在注塑件表面上所留下的印痕。

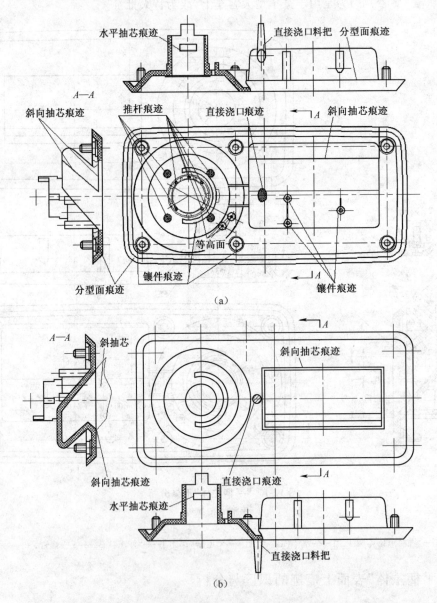

(a)

(b)

图 17-2 “手柄主体”模具结构成型痕迹识读和模具结构分析

(a)“手柄主体”模具结构成型痕迹 (b)“手柄主体”模具脱模机构的分析

（2）抽芯痕迹　它是成型注塑件的内、外表面上拉手槽和长方形孔的型芯在抽芯时，抽芯机构的型芯在"手柄主体"表面上所遗留下来的印痕。

（3）浇口痕迹　它是注塑件在成型过程中，熔体料流填充型腔时入口处的痕迹。本例浇口的痕迹是一个 $\phi 6\text{mm}$ 的直接浇口料把，经切除后留在"手柄主体"背面的痕迹。

（4）脱模痕迹　它是"手柄主体"在成型冷硬之后脱模时，脱模机构在"手柄主体"表面上所遗留的印痕。本例脱模痕迹是推杆的脱模痕迹。需要指出的是，"手柄主体"样件的推杆痕迹和浇口痕迹同处一侧面，也就是说推杆痕迹和浇口痕迹处在注塑模的中模部分。

（5）镶件痕迹　它是成型的注塑件与模具开、闭模方向的型孔和螺纹嵌件杆的痕迹。

2. "手柄主体"模具脱模机构的分析

"手柄主体"模具脱模机构的分析如图 17-2（b）所示。此时，"手柄主体"在模具中的脱模形式为动模脱模结构。直接浇口若设在"手柄主体"的正面，经切割直接浇口料把的痕迹会遗留在"手柄主体"的正面上，而"手柄主体"的正面是要面对乘客的，相信每个乘客见到这样大的瘢痕后一定会感到不舒服。

如果拉手槽采用斜向抽芯成型，那么在拉手槽的周围不可避免地会出现抽芯的痕迹。司机上车用手拿握拉手槽借力登车时，会有刺痛皮肤的感觉，这样的模具结构方案也是行不通的。

注射机的喷嘴安装在注射机的定模板上，注塑模的浇口套与注射机喷嘴相连接。一般情况下，注射机的顶杆安装在注塑机的动模部分。也就是说模具的浇口在定模部分，模具的脱模机构应该在动模部分。可是手柄主体样件的顶杆痕迹和浇口痕迹同处一侧面，也就是说顶杆痕迹和浇口痕迹都在注塑模的定模部分，那么只能说明该注塑模的脱模机构也是在定模部分。由此可以确定手柄主体样件模的脱模机构是定模脱模机构，而不是通常的动模脱模机构。

3. "手柄主体"模具结构成型痕迹识读的 UG 三维造型

根据图 17-2 所示的测绘内容，再进行"手柄主体"三维造型，便得到了如图 17-3 所示的 UG"手柄主体"三维造型。

如图 17-3 所示，"手柄主体"正面痕迹除了可以见到分型面的轮廓线外，光洁无瑕，十分美观；而所有模具结构成型的印痕都集中在"手柄主体"的背面上。十分明显的是：直接浇口料把的断面和所有推杆的痕迹，也是同处"手柄主体"背面上。

三维造型中的线条为"手柄主体"在成型过程中模具结构成型的痕迹。根据"手柄主体"的三维造型和各种模具结构的成型痕迹，便可以对注塑模的定、动模型腔，定、动模的分型面，侧向抽芯的分型面，推杆的形状、尺寸和位置以及浇道的形状、尺寸和位置进行三维造型，所得到的注塑模一定是样件注塑模的克隆模具，所制得的"手柄主体"也一定是样件的克隆件。样件与克隆件的差异是很小的，存在的误差主要是测绘尺寸和选取塑料收缩率时产生的。

注塑模各种构件型面的设计和造型，可以根据注塑模各种构件的手柄主体上模具结构成型痕迹的型面，进行模具构件的型面设计或造型。

这是一个典型的利用注塑件上模具结构成型的痕迹，直接和间接进行注塑模结构方案可行性分析与论证以及设计的案例。直接利用注塑件上模具结构成型的痕迹进行注塑模的设计较为简单，只要将这些痕迹的形状、尺寸和位置测绘出来直接用于模具的设计即可。间接利用注塑件上模具结构成型的痕迹进行注塑模的设计较为复杂一些，此时须先进行痕迹的分析，理清这些痕迹之间的相互关系之后，才能确定模具结构的方案；最后，才是将这些痕迹的形状、尺寸和位置测绘出来而用于模具的设计。

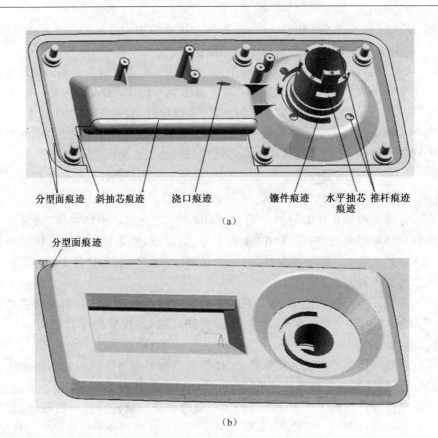

(a)

(b)

图 17-3　手柄主体模具结构成型痕迹识读的 UG 三维造型
(a)手柄主体背面模具结构成型痕迹三维造型　(b)手柄主体正面模具结构成型痕迹三维造型

4.“手柄主体”表面上模具结构成型痕迹的分析

对这些模具结构成型痕迹分析后可以得知,分型面的痕迹较为简单,它在注塑件背面沿周表面的台阶面上;$\phi 31mm \times \phi 25.5mm \times 35.5mm$ 圆筒上的 $13mm \times 4.8mm$ 长方形孔的水平抽芯痕迹,$R22mm \times R18.5mm \times 5.5^{+0.075}_{0}mm$ 的环形槽的镶件痕迹,同样都是清晰可见的。

(1)问题的提出　在对“手柄主体”表面上模具结构成型痕迹观察的同时,可以发现两个奇怪的现象。一是去除了直接浇口料把的痕迹和推杆脱模的痕迹都是处在同一侧面,并且是处在“手柄主体”的背面,如图 17-2(a)所示;按常规应该是直接浇口的痕迹在注塑件的定模部分,而推杆痕迹应在注塑件的动模部分才对,如图 17-2(b)所示。二是“手柄主体”的拉手槽虽是斜向槽,可是在拉手槽的周围却见不到抽芯的痕迹,而斜向抽芯痕迹却出现在拉手槽背面外侧的锐角外形处,如图 17-2(a)和(b)所示。这样就避免了使用拉手槽时,手接触到抽芯痕迹产生的不舒服感觉。这些应该是“手柄主体”样件模具抽芯机构滑块的成型痕迹,都违反常规的模具结构成型规则,它们似乎在提示着我们克隆模具方案时应该注意的问题。

(2)浇口和推杆痕迹同处一侧的分析　若将浇口设在定模部分,推杆设在动模部分,该注塑模的结构设计就较为简单了。但是,这样就会在手柄主体的正面上留下一个 $\phi 6mm$ 去除了直接浇口料把的瘢痕,严重影响注塑件的美观。只有将推杆与浇口都设置在“手柄主体”背面,“手柄主体”的正面上才不会存在疤痕。这就意味着,推杆脱模机构也要设置在定模部分,推杆脱模机构的顶出要由模具的开模运动转换到定模部位的脱模运动。这不只是简单地将脱模机构由动模部位移到定模部位就行了,还存在着定模推杆脱模机构的动作是如何产生和完成的问题,这就使注塑模的结构变复杂了。

(3)拉手槽斜向抽芯的分析　40mm×95mm×29mm×48°×50°拉手槽斜向抽芯的痕迹不是直接处在拉手槽的周围,而是处在拉手槽背面外侧的锐角外形处,这说明了什么呢?"手柄主体"要实现脱模,首先是要避开模具上"障碍体"的阻挡,也只有采用斜向抽芯清除拉手槽处的"障碍体",腾出较大的脱模空间之后,再加上拉手槽斜度为 48-(90-50)= 8(°)脱模角和 40°的让开角的形状,便可以利用"手柄主体"定模脱模的作用力,实现"手柄主体"强制性脱模。

一般情况下,注塑件沿周存在着型孔或型槽时,就应该采用抽芯机构成型注塑件的型孔或型槽,抽芯之后便于注塑件的脱模。可是,手柄主体上的拉手槽周围见不到任何模具抽芯的痕迹,而在拉手槽背面的型面上却存在着模具抽芯的痕迹。这是因为拉手槽用于开车门,如果拉手槽内、外存在着模具结构痕迹,手的接触用力会伤及手指,至少是手接触到痕迹时会有不舒服的感觉;为此,在拉手槽处没有设置抽芯机构。仔细注意拉手槽的形状,就能发现拉手槽能够很方便成型的型芯可采用强制性抽芯,而成型拉手槽背面的型芯又是一大障碍体,这处障碍体型芯与成型拉手槽的型芯会影响手柄主体的脱模。因此,将此处障碍体型芯用抽芯的方法消除其对手柄主体脱模影响的结构方案是正确的。可见,拉手槽背面的抽芯痕迹是在提醒克隆手柄主体注塑模设计时应注意的事项,不要将抽芯的部位给弄错了。

三、"手柄主体"注塑模结构方案可行性分析

通过对"手柄主体"样件表面上模具结构成型痕迹的分析,可以得出克隆注塑模的主要结构方案是"手柄主体"为定模脱模,拉手槽的斜向抽芯为拉手槽背面外侧的锐角外形斜向抽芯。

(1)"手柄主体"注塑模拉手槽的斜向抽芯分析　"障碍体"与模具设计的关系极为密切,只有把"障碍体"与模具运动机构的关系处理好了以后,才有可能设计出成功的模具来;否则,只能是以失败而告终。模具的运动结构设计的方法主要是针对"障碍体"和"运动干涉"来进行的。

抽芯运动避开法主要是指利用斜向抽芯运动,避开拉手槽旁存在的模具"障碍体"的方法。豪华客车驾驶室门"手柄主体"的拉手槽如图 17-4(a)所示。"手柄主体"阴影线部分为模具的"障碍体",只有将"障碍体"按斜向抽芯方向进行抽芯后,清理掉"障碍体"并腾出模具的空间,"手柄主体"才能按脱模方向进行脱模。拉手槽不需要再进行抽芯,是因为拉手槽的形状存在 8°的脱模角和 40°的让开角。如图 17-4(b)(c)所示,注塑模在开模的同时,"手柄主体"拉手槽背面外侧的斜滑块 4 也在进行斜向抽芯,从而使得注塑件能滞留在中模型腔 1 上,以实现"手柄主体"的定模脱模。若无注塑件拉手槽背面外侧斜滑块 4 的斜向抽芯来避开"障碍体",即使成型拉手斜向槽的型芯实现了斜向抽芯,也会因该"障碍体"阻挡着注塑件和动模型芯 2 而无法实现注塑件的定模强制性脱模。

如图 17-4(b)所示,根据"手柄主体"样件的抽芯痕迹在中模型腔 1 中做出斜滑块 4,合模后,斜滑块 4 底面须与定模板贴合,这样定模板就可揿紧斜滑块 4 而防止其在大的注射压力的作用下产生位移。

如图 17-4(c)所示,中模型腔 1 中的斜滑块 4 沿斜向抽芯的方向进行抽芯后,动模型芯 2 与中模型腔 1 才能分型,"手柄主体"3 方可从动模型芯 2 的拉手槽型芯上强制性脱模。

(2)"手柄主体"注塑模结构　如图 17-5 左剖视图所示,由于注塑模开模时实现了对"手柄主体"拉手槽的抽芯,注塑模动、定模才能打开。如果不进行"手柄主体"拉手槽的抽芯,模具是

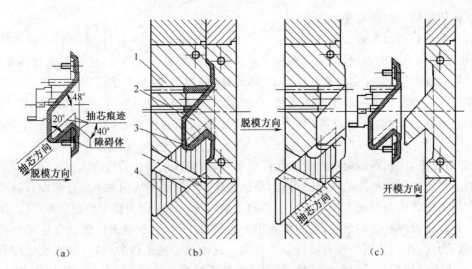

图 17-4   中、动模和斜抽芯运动避让"障碍体"

(a)"手柄主体"   (b)合模图   (c)开模图

1. 中模型腔   2. 动模型芯   3. 手柄主体   4. 斜滑块

无法开模的。开模后,由于"手柄主体"拉手槽背面外侧的"障碍体"的存在,使得"手柄主体"仍会滞留在中模型腔 20 中;然后,由于注塑模的定模脱模机构的顶出作用,才能够实现"手柄主体"的强制脱模。

根据"手柄主体"样件的抽芯痕迹,在中模型腔 20 上制作斜滑块 17。因成型拉手槽斜滑块 17 的表面积大,所承受的注射压力也大。合模后,为防止斜滑块 17 在很大的注射压力的作用下产生位移,斜滑块 17 的底面须与定模板的表面贴合,这样依靠定模板的表面就可以揳紧斜滑块 17。

中模型腔 20 中的斜滑块 17 沿斜向抽芯后,动模型芯 21 与中模型腔 20 的型腔才能开启,手柄主体方可从动模型芯 21 的拉手槽型芯上被强制性脱模;同时,在脱模机构的作用下从中模型腔 20 中脱模。

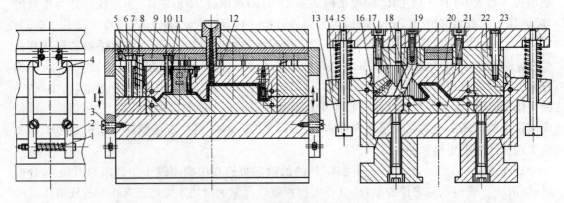

图 17-5   定模推板脱膜机构

1. 支承杆   2. 摆钩   3. 台阶螺钉   4. 挂钩   5. 推垫板   6. 推板导柱   7. 推板导套   8. 回程杆   9. 推板   10. 大推杆   11. 小推杆   12. 推杆   13,23. 限位螺钉   14. Z 形摆钩   15. 弹簧   16. 螺塞   17. 斜滑块   18. 斜导柱   19. 定模垫板(Ⅰ)   20. 中模型腔   21. 动模型芯   22. 定模垫板(Ⅱ)

(3)"手柄主体"注塑模定模脱模的分析   定模推板脱模机构,如图 17-5 所示。该注塑模为三模板标准模架,开模时,首先是动模部分与中模板之间Ⅰ—Ⅰ处开启;同时,斜滑块17在斜导柱18的作用下进行抽芯,清除了拉手槽背面外侧的"障碍体"对注塑件的脱模阻挡作用;推板9上的推杆也在定模推板顶出机构的作用下(运动转换机构和顶出机构,由挂钩4、台阶螺钉3、摆钩2、支承杆1及推垫板5、推板9和推杆10,11,12组成),可以将"手柄主体"顶出中模型腔20。限位机构设在定模与中模之间起到限位的作用,限位机构由限位螺钉13、Z形摆钩14和弹簧15组成。在开模过程中,当限位螺钉13的台阶面碰到Z形摆钩14时,若继续开模,限位螺钉13带动Z形摆钩14沿圆柱销摆动,Z形摆钩14的下钩脱离动模垫板,分型面Ⅰ—Ⅰ方可打开。合模后,Z形摆钩14在弹簧15的作用下,Z形摆钩14的下钩又可挂住动模垫板。

(4)"手柄主体"注塑模的镶嵌件和嵌件杆　模具的镶嵌件和嵌件杆如图17-5所示。$R22mm \times R18.5mm \times 5.5^{+0.1}_{0}mm$的环形槽和5个$\phi 6mm$圆柱台中$\phi 2.6mm$孔都是沿着开、闭模方向的槽和孔,故只需要采用镶嵌件的结构来成型,利用开、闭模的运动即可完成镶嵌件的抽芯与复位。"手柄主体"上的6个M6的螺钉,则是采用嵌件杆来支承"手柄主体"的螺钉,"手柄主体"脱模后由人工取下嵌件杆。

四、注塑模的结构设计

先对"手柄主体"进行三维造型,将测绘的模具结构痕迹移植到其三维造型上,并将"手柄主体"三维造型放大一个收缩量;再在分型面上应用布尔加减法运算来建立中、动模型芯的三维造型,并将其放置在中、动模板适合的位置中;然后完善模具的其他各种机构的三维造型;最后将模具及其他构件的三维造型转换成CAD二维电子图。

注塑模的结构设计,如图17-6所示,B—B剖视图为水平抽芯机构,C—C剖视图为斜向抽芯机构,C—C剖视图、A—A剖视图及右局部视图为定模推板顶出机构。由于浇口是设在注塑件的背面,故注塑件的正面应设置在动模处,而背面应设置在中模处。根据材料的收缩率,可以确定各型腔面的尺寸和脱模斜度。

注塑模结构设计,包括模架的选择,浇注系统、型腔和型芯、抽芯机构、脱模机构和冷却系统的设计。克隆的手柄主体注塑模的分型面、水平抽芯机构、镶件和螺钉嵌件杆等,可直接按照手柄主体上模具成型痕迹的位置尺寸进行设计;成型拉手槽的型芯按图样尺寸进行设计;拉手槽外侧锐角外形抽芯型芯的形状和尺寸按痕迹尺寸进行设计;推杆也可按痕迹的尺寸进行设计。

因为斜向抽芯的型芯成型表面积较大,故需要承受的注射压力也较大。为了防止抽芯机构的型芯受到注射压力的作用产生后移,斜向抽芯机构需要有楔紧块揳紧滑块。

注塑模为三模板的标准模架;直接浇口;中、动模型芯采用内巡环水冷却系统,需要采用O形密封圈以防止水的渗漏。

五、注塑模的结构论证

注塑模的结构论证包含注塑模结构方案论证、机构论证和强度及刚度的校核等内容。

1. 注塑模结构方案的论证

根据注塑件的投影面积,可以确定手柄主体投影面积最大处应设置在动模板或中模板部分的摆放方法,这样就存在两种注塑模的结构方案;根据注塑模结构痕迹的分析,克隆的手柄主体背面在中模板部分的方案只能有唯一的一种,如图17-6所示。

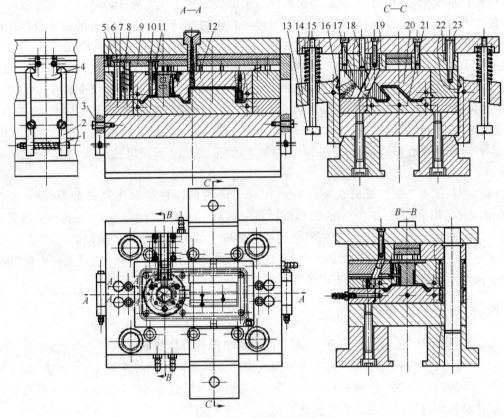

图 17-6　"手柄主体"注塑模结构设计

2. 注塑模的定模脱模机构和拉手槽斜向脱模机构的论证

注塑模机构论证重点应放在定模脱模机构和拉手槽斜向抽芯机构的论证上。因为本来应该是动模脱模的形式,现在却要实现定模脱模的形式,这需要把定、动模的开、闭模运动形式,转换成定模脱模机构的脱模运动形式,如图 17-5 主、右剖视图及右局部图所示;否则,"手柄主体"定模脱模的方案便不可能实现。

(1)注塑模的定模脱模机构的论证　如图 17-5 所示,推垫板 5 和推板 9 与挂钩 4 是连接在一起的,摆钩 2 的斜钩与挂钩 4 的斜钩相连接。当动模与中模分模时,在两根摆钩 2 和挂钩 4 的作用下,推板 9 上的推杆 10,11,12 可将注塑件顶出中模型腔 20;当推板 9 接触到中模板限制了位移时,动模则继续移动,在挂钩 4 斜钩的作用下,两根摆钩 2 压缩支承杆 1 上的弹簧而张开。合模时,在两根摆钩 2 和挂钩 4 弧面的作用下,两根摆钩 2 再次压缩支承杆 1 上的弹簧使其张开而钩住挂钩 4。推垫板 5 和推板 9 先是靠推杆上的弹簧,后是靠回程杆 8 进行复位。

(2)注塑模的拉手槽斜向抽芯机构的论证　如图 17-4 所示,由于拉手槽的形状存在着 8°的脱模角和 40°让开角的形状特点,就具备了在推杆作用下实现注塑件的动模强制性脱模的条件。只有将"手柄主体"阴影线部分"障碍体"按斜向抽芯方向进行抽芯后,清理掉"障碍体"并腾出模具的空间,"手柄主体"才能按脱模方向进行脱模,而拉手槽则不需要再进行抽芯。

3. 注塑模具的强度和刚度的校核

像投影面积如此大的注塑模,需要对模具的定模垫板、中模板型腔和动模型芯及斜向抽芯机构的斜导柱等薄弱结构件,进行强度和刚度的校核,以防产生变形,甚至是出现注塑件无法脱模的严重后果。

以上的内容是从注塑样件的模具结构成型痕迹观察和分析着手,确认了注塑样件的注塑模结构,从而可以确定手柄主体克隆注塑模的结构方案。这种直接按注塑样件的模具结构成型痕迹,来克隆注塑模结构设计的方法,除了可避免注塑模设计和制造的败笔之外,还可以克隆出注塑模和注塑件。注塑件上的模具结构成型痕迹,可以说是注塑模和注塑件克隆技术的主要依据。这种依据模具结构成型痕迹来设计模具是最简单、最直接和最有效的方法。只要通过注塑模结构成型痕迹分析的方法,便能够透彻和清晰地剖析注塑件成型的机理,就可以直接地使用注塑模结构成型痕迹分析法来设计克隆注塑模的结构。

复习思考题

1. 注塑件和注塑模克隆与复制的前提是什么? 为什么需要有这个前提?

2. 注塑件和注塑模的克隆与复制需要注塑样件上存在哪些成型结构痕迹?

3. 利用模具结构成型痕迹不能完全确认注塑模结构方案时,应该采用什么方法进行注塑模结构方案的论证?

第二节　带灯行李箱锁主体部件注塑模结构方案可行性分析与论证

对于没有提供注塑样件或新设计的复杂注塑件,在没有注塑样件上的模具结构痕迹提供参考的情况下,主要是采用注塑件形体"六要素"的分析,再在形体"六要素"分析的基础上,根据注塑模结构方案"三种分析方法"确定模具的结构方案。模具的结构方案的论证,主要是由注塑模的结构或机构来找出对应的注塑件的形体"六要素",以此来评估这些方案或机构是否能满足注塑件形体"六要素"的要求。

"带灯行李箱锁主体部件"是一个很复杂的注塑件,成型它的模具更是一套十分复杂的注塑模。如图 17-7 所示,注塑模存在着四处水平抽芯和一处垂直抽芯机构,注塑件的斜向脱模机构,超前的抽芯机构与以活块避开型芯抽芯运动干涉的结构,以及镶嵌件人工抽芯构件,这些机构几乎就是注塑模结构的大全。"带灯箱锁主体部件"形体分析的结果是:存在两个显性"障碍体"要素和两个隐性"障碍体"要素,存在四处沿周的"型孔与型槽"要素和多处与模具开、闭模方向一致的"型孔与型槽"要素,存在与开、闭模方向一致的型芯抽芯与复位运动和水平抽芯运动的"干涉"要素;由于注塑件是豪华客车"带灯行李箱锁的主体部件",因此又是特大"批量"要素;"塑料"要素是 30%玻璃纤维增强聚酰胺 6。根据注塑模结构方案三种可行性分析方法与论证所确定的模具结构方案为:注塑件可采用斜向脱模,成型 $\phi24\text{mm}\times60°$ 锥台里面的 $\phi22^{+0.18}_{0}\text{mm}\times7.7\text{mm}$ 孔的型芯可采用垂直抽芯机构,成型长方形台阶槽可采用活块构件,四处沿周的"型孔与型槽"可采用水平弯销滑块抽芯机构,可利用二次分型的时间差进行超前抽芯来避免运动"干涉"。由此,便使得模具运动机构的动作既协调且模具的结构又十分紧凑。

衡量注塑模设计成功的标准是,试模后不用调整注塑模的结构;或者较少地修理模具,就能获得很高的试模合格率。为此,特别是对于复杂和价值高的模具来说,在模具设计之前,都必须对注塑件进行形体分析,对注塑模结构方案进行充分的分析和论证,对可能造成注塑件缺陷的模具结构设计进行分析和评估。只有如此才能确保注塑模设计的成功,以规避注塑模设计的盲目性和风险性。而要能够做到这一点,唯有熟练地应用注塑件形体分析的"六要素"和注塑模结构方案可行性的"三种分析方法"。注塑模设计的大忌是不加分析、论证和评估,拍一下脑壳就动手设计,如此设计十有八九会以失败而告终。

一、对象零件的资料和形体分析

"带灯箱锁主体部件"由主体部件 1 和圆螺母 2 组成。

1. 对象零件的资料

材料为 30%玻璃纤维增强聚酰胺 6(黑色)QYSS08—92,收缩率为 1%;对象零件的最大投影面积为 23 034 mm²;净重 310g,毛重 320g 以上,塑胶的注射量大,使用 XS-ZY-230 注射机。

2. 对象零件形体分析的原则

(1)确定摆放位置　首先要确定对象零件在模具中摆放的位置,盒状零件一般是将投影面积最大的面放置在动模上或定模上,而筋槽较多的面一般是放置在定模上。如此,注塑件只有一种摆放位置。

(2)找出影响分型面的形体及尺寸　找出影响对象零件分型面的形体及其尺寸,注意运用形体回避法去除"障碍体"对动、定模分型面的影响。

(3)找出"障碍体"　各种形式的"障碍体"存在于模具或产品零件上,是阻碍模具开、闭模,抽芯及产品零件脱模运动的一种实体,如图 17-7 的 A-A,C-C 剖视图及 D-D 断面图所示。如果注塑件沿着开、闭模方向的脱模存在着显性"障碍体"的影响,则应该改变注塑件脱模方向,使之与注塑件显性"障碍体"的方向相同,即注塑件应沿着开模方向呈 30°角方向脱模,则不会存在"障碍体"的影响。由于注塑件脱模方向的改变,还要检查动模型芯上有无影响注塑件斜向脱模的型芯,如果有则要在注塑件斜向脱模之前去除型芯对其脱模的影响。

(4)找出影响各种"型孔与型槽"成型的形体及其尺寸

①找出对象零件沿周侧面方向的"型孔与型槽"要素及其尺寸,这是影响对象零件"型孔与型槽"侧向抽芯结构或活块结构的因素。

左侧面有 $\phi 8^{+0.075}_{0}$ mm×3mm 的孔及 $\phi 21.3$mm×20mm 的孔,右侧面有 $\phi 8^{+0.075}_{0}$ mm×43mm 的孔及 $10^{+0.3}_{0}$ mm×$10^{+0.1}_{0}$ mm×45.5mm 的方孔,前侧面有 2×10mm×6mm×51mm 的长方形孔,后侧面有 14mm×22.5mm×15.3mm 的三角形槽。

②找出对象零件与开、闭模方向平行走向的"型孔与型槽"要素及其尺寸,这是影响对象零件采用镶嵌件、活块和垂直抽芯等结构的因素。

正面的"型孔与型槽"如图 17-7 的 C—C 剖视图所示。在 $\phi 24$mm×60°锥台里面有 $\phi 22^{+0.18}_{0}$ mm×7.7mm 的圆柱孔,中间是外径为 $\phi 19^{+0.13}_{0}$ mm、内径为 $\phi 17.5$mm、槽宽为 8.2mm、长为 17mm 的十字形花键孔,下面是 $\phi 19^{+0.13}_{0}$ mm 的圆柱孔。正面 115.5mm×46mm×7.5mm/111.5mm×42mm×1mm 的长方形台阶槽中有带 4 个圆弧角的 36.5mm×33.5mm 方孔,两旁是 2×ST4.8×15mm 的自攻螺孔。背面的"型孔与型槽"有 6×M6 螺孔、5×$\phi 3$mm 的孔及 $\phi 1.5$mm 的孔,还有 80mm×46mm×37.5mm 及 32.5mm×46mm×37.5mm 的槽。

(5)找出"运动与干涉"要素　检查对象零件"型孔与型槽"抽芯机构之间,抽芯机构与开、闭模运动之间及抽芯机构与注塑件脱模之间的运动轨迹有无"运动与干涉"的现象,若有则要去除这些"运动与干涉"要素的影响。

(6)找出"批量"和"塑料"要素　由于注塑件为特大批量,注塑件材料为 30%玻璃纤维增强聚酰胺 6,模具结构方案要考虑模具用钢与热处理的选用及模具机构的自动化程度。

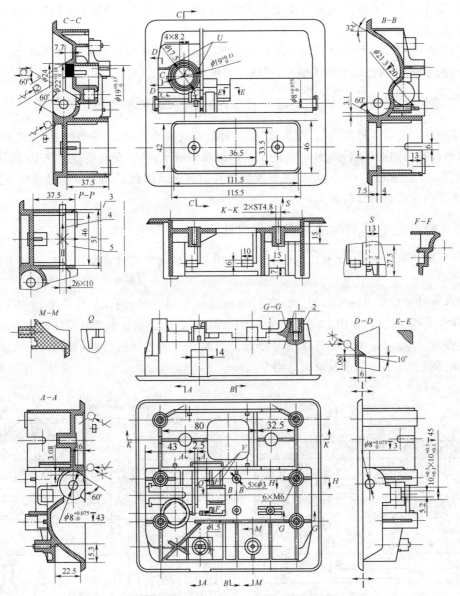

图 17-7　"带灯箱锁主体部件"的形体分析和模具结构方案分析

1. 主体部件　2. 圆螺母　3. 定模板　4. 型芯　5. 镶件

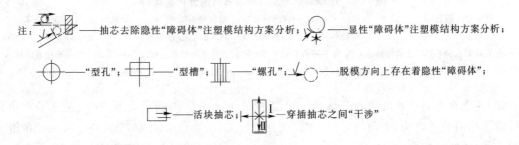

注：　——抽芯去除隐性"障碍体"注塑模结构方案分析；　——显性"障碍体"注塑模结构方案分析；

——"型孔"；　——"型槽"；　——"螺孔"；　——脱模方向上存在着隐性"障碍体"；

——活块抽芯；　——穿插抽芯之间"干涉"

二、注塑件浇注系统分析和设计

注塑模设计时往往只会注意到分型面、抽芯机构、脱模机构和型腔的设计，时常会忽视浇注系统的设计。殊不知浇注系统的设计是极为重要的一环,注塑件的成型缺陷如填充不满、缩痕、流痕等,大部分是因浇注系统的设计不到位而产生的。该例因为注塑件净重 310g,毛重 320g 以上,故用 $\phi 6mm$ 的直接浇口才能填充满型腔,如图 17-8 的 $A—A$ 剖视图所示。直接浇口所形成的 $\phi 6mm$ 料把便于人工掰断,可以省去铣削的加工。

三、"障碍体""型孔"和"运动与干涉"要素与注塑模结构方案的分析

该注塑件存在着多种形式的"障碍体"要素对模具结构的影响,以及多种形式的"型孔与型槽"要素对模具结构的影响,如图 17-8 的 $B—B$ 剖视图所示;还存在着模具镶块 10 的开、闭模运动与型芯 11 的抽芯运动"干涉"要素对模具结构的影响。因此必须采用模具结构方案综合分析方法来确定模具的结构方案。

四、注塑件的沿周侧面抽芯机构的设计

注塑件四个沿周侧面的"型孔与型槽",共采用了四处水平斜导柱滑块抽芯机构来进行成型与抽芯。

(1)水平斜导柱滑块抽芯机构　如图 17-8 的 $A—A$ 剖视图所示,A 与 B 均为双型芯水平斜导柱滑块抽芯机构;如图 17-8 的 $B—B$ 剖视图所示,C 处也是水平斜导柱滑块抽芯机构。当开、闭模运动 V_{KBM} 在中模板与动模部分的分型面Ⅱ—Ⅱ之间进行时,可以同时完成 A,B 及 C 处抽芯机构型芯的抽芯及复位运动 V_{CHFW}。

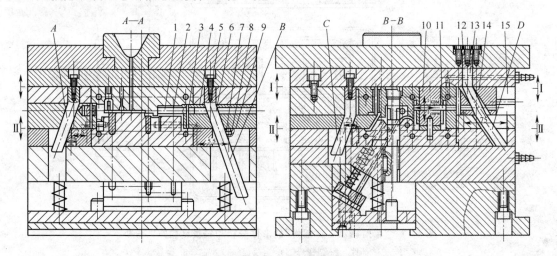

图 17-8　注塑模侧向型孔的抽芯机构分析及结构

1,2,11. 型芯　3. 圆柱销　4. 滑块　5. 内六角螺钉　6. 斜导柱　7. 限位销　8. 弹簧　9. 滑块压板　10. 镶块　12. 垫板　13. 变角斜导柱　14. 变角滑块　15. 变角滑块压板

A——左侧双型芯水平斜导柱滑块抽芯机构;B——右侧双型芯水平斜导柱滑块抽芯机构;C——后侧水平斜导柱滑块抽芯机构;D——前侧水平变角斜导柱滑块超前抽芯机构;V_{KBM}——开、闭模运动;V_{CHFW}——抽芯机构型芯的抽芯及复位运动

(2)水平变角斜导柱滑块抽芯机构　如图 17-8 的 $B—B$ 剖视图所示,D 处是水平变角斜导柱滑块超前抽芯机构,变角斜导柱 13 设置在定模部分,变角滑块 14 安置在中模板变角滑块压板 15 组成的滑槽中,型芯 11 直接插入中模镶块 10 的型槽中。当开、闭模运动 V_{KBM} 在定模部分与中模板的分型面Ⅰ—Ⅰ之间进行时,可以完成 D 处抽芯机构两型芯 11 的抽芯及复位运动 V_{CHFW}。值得注意的是,分型面Ⅰ—Ⅰ与分型面Ⅱ—Ⅱ之间存在着空间差,模具的开、闭

模运动 V_{KBM} 在分型面Ⅰ—Ⅰ与分型面Ⅱ—Ⅱ之间发生时,便出现了时间差。

(3)水平变角斜导柱滑块抽芯机构与开、闭模运动先后的排序　注塑模的开、闭模抽芯与变角水平抽芯运动分析,如图 17-8 的 B—B 剖视图所示。成型注塑件 80mm×46mm×37.5mm 和 32.5mm×46mm×37.5mm 深槽的镶块 10,以及成型 2×10mm×6mm×51mm 长方形孔的型芯 11,如果同时运行,由于型芯 11 的长度超过 51mm,在型芯 11 刚开始移动时,镶块 10 就会与型芯 11 产生"运动与干涉"现象而导致型芯 11 折断。需要指出的是模具开模时,分型面Ⅰ—Ⅰ先于分型面Ⅱ—Ⅱ被打开,而闭模时后于分型面Ⅱ—Ⅱ闭合,这是因为分型面Ⅰ—Ⅰ与分型面Ⅱ—Ⅱ的位置差可以转换成时间差的原因。为了避免这种"运动与干涉"的现象,如图 17-8 的 B—B 剖视图所示,变角斜导柱滑块抽芯机构应设置在分型面Ⅰ—Ⅰ之间,分型面Ⅰ—Ⅰ的开启与闭合时,变角斜导柱滑块抽芯机构先完成型芯 11 的抽芯运动,分型面Ⅰ—Ⅰ闭合使得型芯 11 滞后进行复位。由于镶块 10 和型芯 11 设置在分型面Ⅰ—Ⅰ之间,分型面Ⅰ—Ⅰ最先开启,随之最先完成抽芯运动。反之,分型面Ⅰ—Ⅰ最后闭合,使得镶块 10 最后复位。如此镶块 10 和型芯 11 抽芯和复位运动的安排,是充分利用了分型面Ⅰ—Ⅰ与分型面Ⅱ—Ⅱ之间存在的开、闭模的空间距离,转换成两处开、闭模存在的时间差,有效地避开了镶块 10 与型芯 11 之间的"运动与干涉"现象。如图 17-8 所示的 A,B 和 C 三处水平抽芯机构,也都是设置在分型面Ⅱ—Ⅱ之间。同样由于分型面Ⅰ—Ⅰ与分型面Ⅱ—Ⅱ之间存在着时间差,又由于变角斜导柱滑块抽芯机构与三处水平斜导柱滑块抽芯机构的抽芯运动都是独立进行的,所以这四处水平抽芯运动也就存在着先后的顺序,即 D 处先完成抽芯运动,A,B 和 C 三处后完成水平抽芯运动;A,B 和 C 三处先完成复位运动,D 处后完成复位运动。

(4)水平变角斜导柱滑块抽芯机构的特点　采用变角斜导柱与变角滑块,是因为该处所需要的抽芯距离长达 75mm,倾斜角较小处的抽芯速度较慢,但其揿紧滑块时能够自锁,在抽芯距离一定时,斜导柱的长度要长;倾斜角较大处则抽芯速度较快,但对滑块的揿紧力小,在同样的抽芯距离时,变角斜导柱的长度可以短一些。由于抽芯距离很长,不管倾斜角大还是小,变角斜导柱的长度都会较长。

成型注塑件 2×10mm×6mm×51mm 长方形孔的抽芯机构,是如图 17-9(a)的 B—B 断面图和图 17-9(b)的 B—B 剖视图所示的变角外抽芯机构。因为注塑件为斜向脱模,所以不可以在分型面Ⅱ—Ⅱ之间采取内抽芯机构的结构;又因为采用了两个分型面,故应采用三模板结构的模架。

五、分型面的设计

如图 17-9(b)的 B—B 剖视图所示,因为分型面Ⅱ—Ⅱ开启与闭合时,水平变角斜导柱滑块抽芯机构的型芯 11 需要有超前抽芯和滞后复位的要求,分型面共分两处:分型面Ⅰ—Ⅰ的设置在定模部分和中模板之间;而分型面Ⅱ—Ⅱ为台阶分型面,设置在动模和中模之间。

六、注塑件的正面及背面镶件的设计

注塑件正面及背面的型孔的走向若平行于开、闭模方向,一般采用镶件或镶嵌件来成型,并可以利用模具的开、闭模进行抽芯和复位;也可以采用垂直抽芯机构抽芯或活块用人工取出。

注塑件的背面的 5×ϕ3mm 和 ϕ1.5mm 的型孔,可采用镶件成型与抽芯。中间外径为 $\phi 19_{0}^{+0.13}$mm、内径为 ϕ17.5mm、槽宽为 8.2mm、长为 17mm 的十字形花键孔,下面是

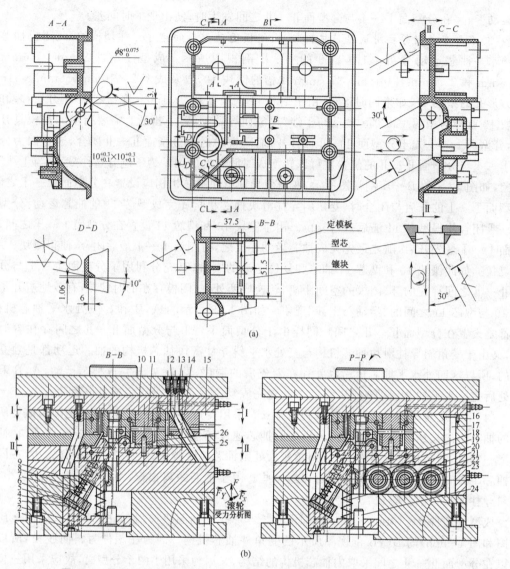

图 17-9　注塑件斜向脱模机构与注射模垂直抽芯机构、活块抽芯结构及分析

（a）对象零件分析　（b）注塑模结构分析

1. 平推垫板　2. 平推板　3,22. 轴　4. 滚轮　5. 斜推垫板　6. 斜推板　7. 弹簧　8. 小推杆　9. 大推杆　10. 镶块

11. 型芯　12. 垫板　13. 变角斜导柱　14. 变角滑块　15. 压块　16. 圆柱销　17. 齿条　18. 键　19. 型芯齿条

20. 齿轮　21. 惰轮　23. 回程杆　24,26. 定位销　25. 活块

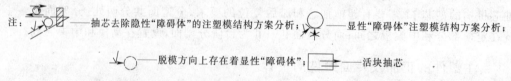

注：抽芯去除隐性"障碍体"的注塑模结构方案分析；显性"障碍体"注塑模结构方案分析；

脱模方向上存在着显性"障碍体"；活块抽芯

$\phi 19^{+0.13}_{0}$ mm 的圆柱孔及型孔，也可以采用镶件成型与抽芯。6×M6 螺孔的圆螺母可以用螺纹嵌件杆来支承，嵌件杆可在注塑件脱模后再用气动取杆器取出。

只是 $\phi 24$ mm×60°锥台里面的 $\phi 22^{+0.18}_{0}$ mm×7.7mm 的圆孔，若采用镶件成型及抽芯，固定的镶件将会成为 30°斜向注塑件脱模的隐性"障碍体"；因此，只能采用垂直抽芯机构抽芯来避开这种隐性"障碍体"的阻挡作用。

七、注塑件斜向脱模与注塑模垂直抽芯机构及活块抽芯构件的分析和设计

注塑件的斜向脱模与注塑模的垂直抽芯机构和活块抽芯构件的设计,是相互影响和相互关联的,分析它们的结构时,应相互联系和辩证地去分析,切不可孤立地去分析。

(1)注塑件的30°斜向脱模分析　如图17-9(a)的 $A—A$ 剖视图及 $D—D$ 断面图所示,若注塑件沿着模具中心线进行脱模的话,势必存在着 $6×\tan30°$ 带圆弧处3.1mm及 $6×\tan10°=1.06(mm)$ 显性"障碍体"的阻碍。为了避开这两处显性"障碍体"的阻碍,如图17-9(b)的 $B—B$ 剖视图及 $P—P$ 剖视图所示,对注塑件采用30°斜向脱模方案,便不会存在这种显性"障碍体"的阻碍;同时,如图17-9(a)的 $C—C$ 剖视图所示, $\phi24mm×60°$ 锥台也正好适合采用30°斜向脱模的形式。

(2)注塑模斜向脱模机构的结构　如图17-9(b)的 $B—B$ 剖视图及 $P—P$ 剖视图所示,注塑模的脱模机构采用平动与斜动双重脱模机构的结构。为了减少双重脱模机构之间的摩擦,在平推板2与斜推垫板5之间装了轴3和滚轮4,这样可变滑动摩擦为滚动摩擦。

(3)注塑模的垂直抽芯机构的分析和设计　成型如图17-9(a)的 $C—C$ 剖视图所示的 $\phi24mm×60°$ 锥台里面的 $\phi22^{+0.18}_{0}mm×7.7mm$ 圆柱孔的型芯齿条19,此刻却变成了注塑件斜向脱模的隐性"障碍体"(Ⅰ),它的存在会阻碍注塑件斜向脱模。此时,可以利用垂直抽芯机构的抽芯来避开该隐性"障碍体"(Ⅰ)的阻挡,以便顺利地进行注塑件的30°斜向脱模运动。

垂直抽芯机构的齿条17随着动、定模的开模运动产生向上的直线移动,齿条17带着齿轮20在轴22上转动,进而带着型芯齿条19做向下的直线移动,即可完成 $\phi22^{+0.18}_{0}mm×7.7mm$ 圆柱孔的型芯齿条19的垂直抽芯运动。反之,动、定模合模时,型芯齿条19可以复位。键18防止型芯齿条19转动,圆柱销16防止齿条17转动,惰轮21用于改变型芯齿条19的移动方向。

(4)注塑模活块抽芯构件的分析　成型 $80mm×46mm×37.5mm$ 及 $32.5mm×46mm×37.5mm$ 槽的型芯,成为注塑件斜向脱模的隐性"障碍体"(Ⅱ),阻碍"带灯行李箱锁主体部件"的斜向脱模。其可以利用垂直抽芯机构的抽芯或活块人工抽芯,来避开隐性"障碍体"(Ⅱ)对注塑件斜向脱模的阻碍。考虑到再度采用垂直抽芯机构抽芯,将会使模具结构过于复杂以及受模具的空间限制不能实现等原因,该模具方案选用了活块25进行成型。只是每次注塑件脱模后需要人工取出活块25,模具合模前需要人工安装好活块25。由于装取活块25需要一定的时间而影响生产效率,可以备制三块活块25同时使用。如图17-9(b)的 $B—B$ 剖视图及 $P—P$ 剖视图所示,活块25用镶块10上的两定位销25进行安装和定位,两定位销26与镶块10是过盈配合,而与活块25则是间隙配合,随着镶块10的开模运动,两定位销26便可脱离活块25。两端 $2×ST4.8×15mm$ 的自攻螺孔采用锥形头销成型锥形钻头引导孔,然后由人工加工出螺孔的底孔。背面的 $6×M6$ 螺孔成型,可采用螺纹嵌件杆的结构,在注塑件脱模后先退出活块25,然后再用电动螺钉旋具旋出螺纹嵌件杆。需要提醒读者的是:两定位销26安装在镶块10上,千万不能安装在动模板上;否则,又会成为新的"障碍体"阻挡注塑件的斜向脱模运动。

(5)水平变角斜导柱滑块抽芯机构的抽芯运动与定模型芯开、闭模运动的"运动与干涉"　如图17-9所示,成型注塑件背面 $80mm×46mm×37.5mm$ 及 $32.5mm×46mm×37.5mm$ 的深槽,是随着分型面Ⅱ—Ⅱ的开启和闭合而进行抽芯和复位。成型注塑件两处 $10mm×6mm$ 型孔的长型芯11的抽芯运动,要在分型面Ⅱ—Ⅱ开启前,退出镶块10的横向型孔;而在分型

面Ⅱ—Ⅱ闭合后,插进镶块 10 的横向型孔内。否则,这样长的型芯 11 必定会与镶件 10 的横向型孔产生两种抽芯运动方向上的"运动与干涉"现象。

为了避开这种"运动与干涉"的现象,如图 17-9 的 $B—B$ 剖视图所示,变角斜导柱滑块抽芯机构设在分型面Ⅰ—Ⅰ处,开、闭模时完成其抽芯与复位运动,而其他三处的斜导柱滑块抽芯机构的抽芯与复位运动是在分型面Ⅱ—Ⅱ开、闭模时完成。这和本节"四、(3)"分析一样,即分型面Ⅰ—Ⅰ与分型面Ⅱ—Ⅱ之间存在着空间差,定、中模和动模部分的开、闭模运动也就存在着时间差,于是变角斜导柱滑块抽芯机构与三处斜导柱滑块抽芯机构的抽芯运动都是独立进行的,并且存在先后的顺序。

八、注塑模结构的设计

注塑模结构的设计如图 17-10 所示。

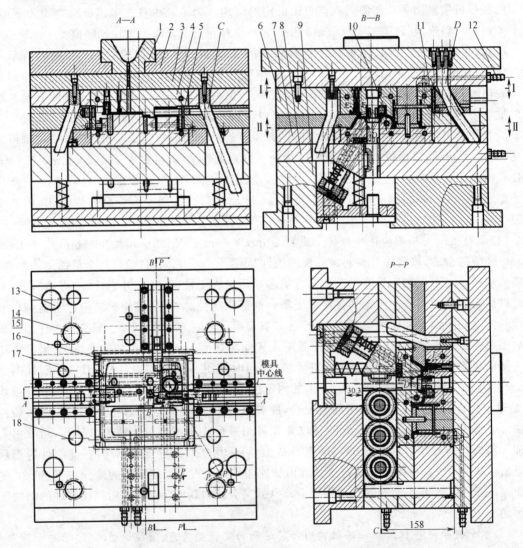

图 17-10 "带灯行李箱锁主体部件"注塑模结构的设计总图

1. 浇口套 2. 定模垫板 3. 定模板 4. 中模镶块 5. 动模镶块 6. 中模板 7. 动模板 8. 动模垫板 9. 模脚 10. 分流片 11. 密封圈 12. 水嘴 13. 限位销 14. 导柱 15. 导套 16. 螺塞 17. 回程杆 18. 内六角螺钉

①注塑模采用三模板式的模架。

②直接浇口为 $\phi 6mm \times 4°$，直径为 $\phi 6mm$ 浇口的凝料在注塑件脱模后，可以人工掰断料把而省去切除浇口凝料的机械加工工序。

③根据塑材的收缩率设计动模型腔和定模型芯，应该注意脱模斜度的设定，否则注塑件容易粘贴在定模型芯上。

④定模上运用了 12 处镶件和 6 处螺纹嵌件杆，以实现注塑件背面方向的型孔和螺孔的成型与抽芯。

⑤模具的左、右和前、后侧面的型孔和型槽，采用了三处水平斜导柱滑块抽芯机构和一处变角斜导柱滑块超前抽芯机构，以实现注塑件沿周侧向型孔和型槽的成型与抽芯。一处采用了齿条、齿轮和型芯齿条的垂直抽芯机构，以实现注塑件 $\phi 22^{+0.18}_{0}mm \times 7.7mm$ 圆柱孔的成型和抽芯，有效地避开了隐性"障碍体"对注塑件斜向脱模的阻挡；一处采用了成型 80mm×46mm×37.5mm 及 32.5mm×46mm×37.5mm 槽的活块构件；成型 2×ST4.8×15mm 的自攻螺孔采用了人工补充加工的方法。

⑥模具的脱模机构由平动脱模机构的运动转换为斜向脱模机构的运动，其回程运动靠推杆上的弹簧作用使脱模机构先行复位，然后由回程杆推动脱模机构使其精确复位。限位销 13 是限制平动脱模机构运动的行程。

⑦定、动模型芯的内循环水冷却系统，采用 O 形密封圈 11 和螺塞 16 进行密封，以防止水的渗漏。型芯中不通的流道处采用了分流片 10 隔离同一水道，使之分成为两半的流道，形成进、出水流通的循环通道结构。

⑧定、动模部分采用了导柱 14 和导套 15 的导向构件及回程杆 17 的复位构件。

九、注塑模结构方案的论证与薄弱构件刚度和强度的校核

注塑模结构方案的论证主要应该落实在模具四个主要的方案上，即注塑件斜向脱模的方案，成型 $\phi 22^{+0.18}_{0}mm \times 7.7mm$ 圆柱孔的型芯齿条垂直抽芯运动的方案，成型 80mm×46mm×37.5mm 及 32.5mm×46mm×37.5mm 槽的活块构件的方案，避开长型芯 11 与镶件 10 的两种抽芯运动方向上"运动与干涉"的方案。只要这四个主要的方案没有问题，注塑模结构方案就不会出现大的问题。

像投影面积如此之大的注塑模，模具的模脚与动模板及动模垫板呈简支梁，而斜导柱又是悬臂梁，这就需要对模具的动模垫板、定模型腔和图 17-10 所示的 C 处及 D 处抽芯机构的斜导柱（抽芯距离长，斜导柱的长度也就长）等薄弱的结构件进行刚度和强度的校核，以防它们产生变形，甚至产生注塑件无法脱模的严重后果。注塑模结构方案的论证与薄弱构件刚度和强度的校核完成后，才能进行具体的注塑模结构的设计工作。

十、注塑模主要构件加工工艺过程介绍

注塑模主要构件包括定模型腔、动模型芯、变角滑块及变角斜导柱等，它们的加工工艺对注塑模制造的成败和生产效率也起关键作用。

（1）动模型芯 动模型芯如图 17-11 所示。需要采用慢走丝线切割型孔、铣床加工推杆孔、五轴加工中心铣型芯、电极加工加强筋槽等工序加工。注塑件正面需要制作皮纹，在相应的动模型芯上应制作蚀纹。

（2）定模型腔的加工工艺过程 定模型腔如图 17-12 所示，是主要构件中最为关键的零

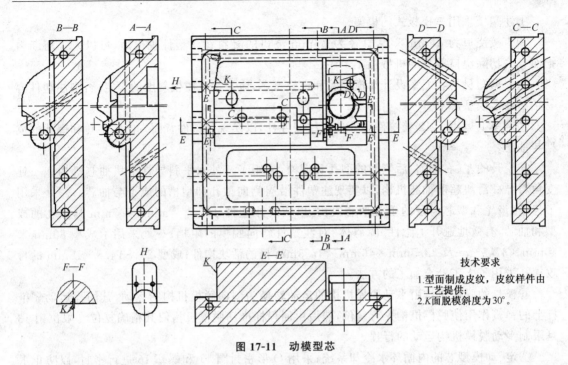

图 17-11　动模型芯

技术要求
1. 型面制成皮纹，皮纹样件由工艺提供；
2. K面脱模斜度为30°。

件，其形状复杂、尺寸繁多、加工周期长，需要采用慢走丝线切割型孔；数控铣床粗铣型腔，电极精加工型腔；粗、精整体电极加工加强筋槽等工序加工。为了提高电火花加工的效率，可在加强筋槽的适当位置上加工出数个电火花排屑孔；定模型腔精加工之前，必须将这些排屑孔堵住，然后再精加工加强筋槽。

（3）变角滑块及变角斜导柱　变角滑块如图 17-13（a）所示，采用慢走丝线切割 19.2×20H7×25°与 18.9×20H7×35°变角槽，其他孔和槽也可采用线切割加工。变角斜导柱，如图 17-13（b）所示，先制作好螺孔，再热处理和平磨两大面，最后应用慢走丝线切割变角的外形。

注塑模结构方案可行性分析与论证可以说是注塑模设计战略方案的选择，方案选择得好将会使注塑模结构简单易行且成本低；方案选择得差将使注塑模结构复杂难以制造而且成本高，甚至造成注塑模结构设计的失败。注塑件形体分析的"六要素"主要是战术分析的方法，用以确定注塑模具体的结构。当然在注塑模结构方案论证的过程中还需要运用"六要素"，"六要素"的分析贯穿注塑模结构设计和结构方案论证的全过程。注塑模结构方案论证还需要应用各种机构运动简图来进行分析和论证。"六要素"和"三种分析方法"是对型腔模结构方案论证与设计科学的和系统的总结，可以说"六要素"和"三种分析方法"是注塑模设计的最有效的工具，也是注塑模设计成功的唯一有效的方法、技巧和手段。

复习思考题

1. 在设计没有提供注塑样件或新设计注塑件的注塑模时，如何制订注塑模结构方案？又如何验证注塑模结构方案？
2. 如何提高注塑模关键零部件的加工效率？

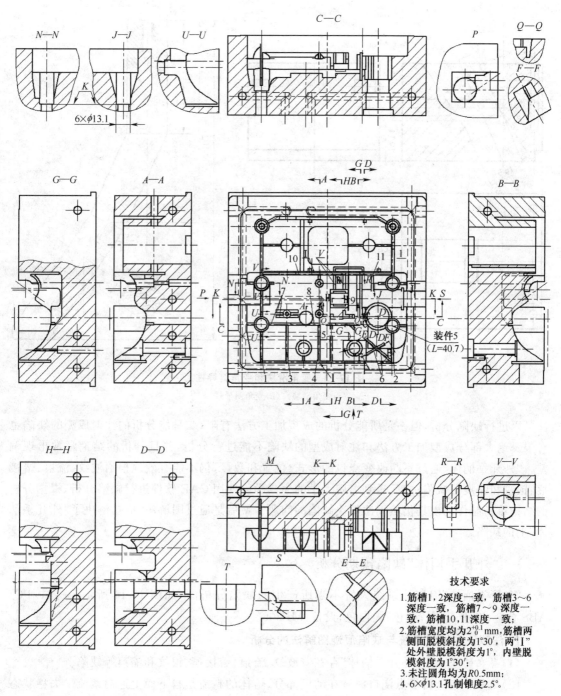

图 17-12 定模型腔

技术要求

1. 筋槽1, 2深度一致, 筋槽3~6深度一致, 筋槽7~9深度一致, 筋槽10, 11深度一致;
2. 筋槽宽度均为$2^{+0.1}_{0}$mm, 筋槽两侧面脱模斜度为1°30′, 两"I"处外壁脱模斜度为1°, 内壁脱模斜度为1°30′;
3. 未注圆角均为R0.5mm;
4. 6×ϕ13.1孔制锥度2.5°。

第三节 "外开手柄体"缺陷预期分析制订的注塑模结构方案

注塑模结构方案可以通过注塑件上的模具结构成型痕迹和注塑件形体"六要素"分析及模具结构方案"三种分析"方法来确定注塑模的结构方案。但根据所制订的注塑模结构方案设计制造的模具所加工出来的注塑件产生的各种缺陷则没有办法得到根治。目前虽然有CAE软

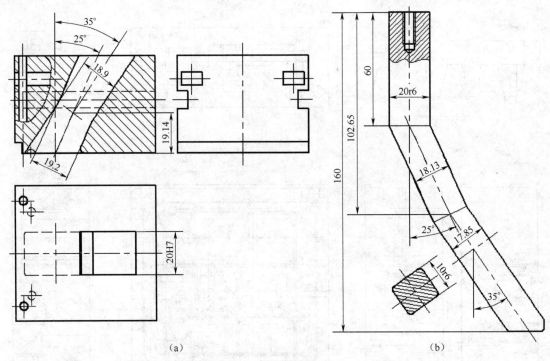

图 17-13 变角滑块和变角斜导柱

(a)变角滑块 (b)变角斜导柱

件可以进行缺陷分析,但一是所能分析的成型加工方法有限,二是能分析的注射成型的缺陷也有限。绝大部分成型加工方法和注射成型的缺陷不能进行分析,并且分析的结论常常出现偏差。"外开手柄体"通过不断改变浇口的形式、位置和数量,仍不能有效地根治波纹、流痕、熔接痕、银纹和缩痕等缺陷;之后送到名牌大学的模具学院使用 CAE 软件进行缺陷分析,根据分析的结论重新制作的模具仍然无法解决缺陷的问题。最后是通过图解法,成功解决了"外开手柄体"上的缺陷。

一、"外开手柄体"缺陷预期分析

"外开手柄体"因浇注系统设置不当所产生的缺陷分析图,如图 17-14 所示。材料:PC/ABS 合金;净重:143g;颜色:乳白色;设备:ME200。

1. 注塑件的浇注系统与缺陷痕迹图解法的分析

(1)存在的缺陷 "外开手柄体"存在着波纹、流痕、熔接痕、银纹和缩痕等缺陷。

(2)缺陷分析 由于点浇口放置在动模部分,熔体的料流是自下而上逆向紊流呈失稳状态进行填充;料流在碰到型芯和型腔壁后,料流的温度会逐层下降。当料流到达型腔顶部后再沿"外开手柄体"向左填充,由于流程过长(注塑件近 190mm),降温的料流前锋薄膜会产生一种冷凝分子团散落在料流的流程上并逐渐地扩大形成了流痕。由于熔体的料流沿着型腔不是顺势平稳地流动,而是呈半固态的波动状态流动,于是在整个左端部表面产生了波纹。银纹是气体被驱赶到动模型腔中无法排出,后在熔体充模的挤压下气体被压缩升温形成雾化,再遇上低温模壁时所产生的。缩痕一是受右端凸臂中间成型腰形槽的型芯影响,形成了两侧的壁厚与下端的壁厚不同,造成塑料的收缩量不一致所产生的;二是因"外开手柄体"中间部分是实体收

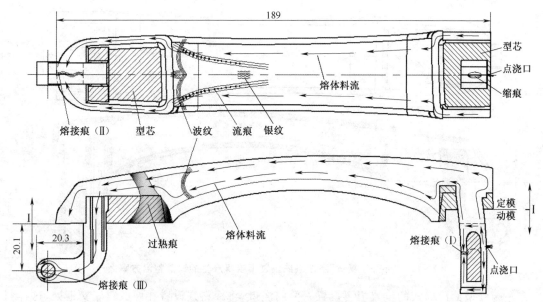

图 17-14 "外开手柄体"浇注系统设置不当所产生的缺陷图解法分析之一

缩量大,而点浇口又先行凝固封口无法保压补塑而产生。由于注塑件中三处型芯的存在,使得熔体分流填充汇合后的料流熔接不良而产生了三处熔接痕。

2. 产生缺陷痕迹的原因分析

根据上述缺陷痕迹的分析,可得出产生缺陷的主要原因,是熔体料流失稳流动填充和熔体填充过程中料流温度的降低所造成的。具体就是因点浇口的位置和数量设置,以及注塑件在模具摆放位置不当造成的。塑料的熔体料流是一种具有黏性的非牛顿流体,不同于水和油之类的牛顿流体。在塑料熔体料流的填充过程中,一定要遵守具有适当熔体温度和平稳流动的原则;否则,就会使注塑件产生各种形式的缺陷。

二、"外开手柄体"缺陷整治方案

"外开手柄体"的成型加工存在着如此之多的缺陷,应该运用注塑件缺陷排查法,对注射设备、注塑工艺路线和工艺成型加工参数等内容进行逐一排查;在确定上述内容不存在问题后,基本上可以判断问题出自注塑件在模具中的摆放位置及浇注系统的设计上。

(1)整治方案之一 如图 17-15 所示,在用气辅式注射机的情况下,可按图示先从浇口注入一定量的塑料熔体后,再对"外开手柄体"注入氮气。塑料熔体在氮气扩张的压力作用之下会贴紧型腔壁,"外开手柄体"上的缺陷痕迹便会全部自动消除。该方案增加了氮气的费用,"外开手柄体"的加工成本增加了,模具的制造费用也随之增加,最关键的要有气辅式注射机才能采用该工艺方法。

(2)整治方案之二 如图 17-16 所示,将点浇口从动模部分移至定模部分。如此改动后,熔体料流的流动状态便是自上向下顺势平稳填充,向左也是平行平稳填充,这样便可消除流痕和波纹。熔接痕的解决可在左端的分型面和凸起弯钩臂的抽芯处分别制作出冷料穴,冷凝料进入冷料穴可减缓熔接不良现象,同时也可解决右端凸臂的缩痕缺陷。但由于点浇口在右端上平面的位置会影响与另一零件的装配,故该方案需要修锉点浇口冷凝料。上述方案仅解决了熔体料流平稳流动的问题,而未能解决熔体向左平行填充的长距离流动时的降温问题,这可

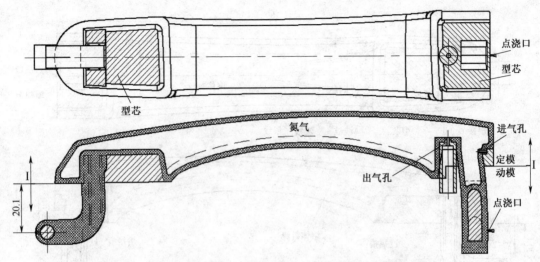

图 17-15　"外开手柄体"浇注系统设置不当所产生的缺陷整治方案之一

以在左端分型面冷料穴的位置上再设置一侧向浇口，将冷料穴设置在两股料流交汇处，这样料流的流程缩短了一半，熔体的温降也就减缓了（冷料穴出现在制品中部的分型面处不利于手感）。

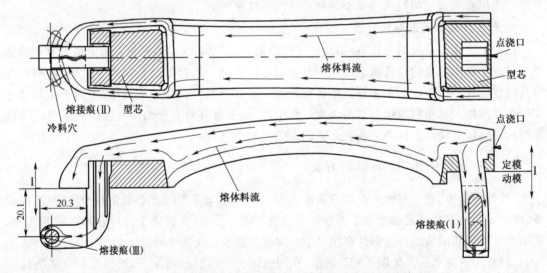

图 17-16　"外开手柄体"浇注系统设置不当所产生的缺陷整治方案之二

（3）整治方案之三　"外开手柄体"在模具中按如图 17-17 所示的位置放置。点浇口移至图示位置后，除左侧凸起弯钩臂外，整个型腔的塑料熔体填充均符合自上而下的平稳充模的原则。因此，波纹、流痕、银纹和缩痕等缺陷均不会存在；熔接痕（Ⅰ）因距点浇口很近，熔接不良的程度不会太明显；熔接痕（Ⅱ）因模具设置了冷料穴，冷凝料进入槽中可以减缓熔接不良的程度；熔接痕（Ⅲ）和熔接痕（Ⅳ）也因流程的距离缩短后，减缓了熔接不良的程度。但是，注塑件必须采用定模脱模结构进行脱模。

三、"外开手柄体"形体分析与注塑模设计

注塑件上"六要素"的分析是确定注塑模的最佳优化方案可行性分析与论证的基础和保

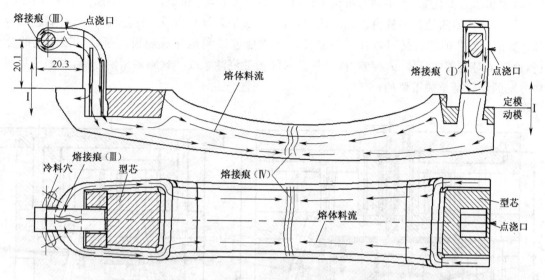

图 17-17 "外开手柄体"浇注系统设置不当所产生的缺陷整治方案之三

障,其步骤是从"外开手柄体"形体分析中找出注塑件的"六要素",然后再针对注塑件"六要素"采取相应的措施来设计处理"六要素"的模具结构方案。

(1)"外开手柄体"的形体分析 "外开手柄体"的形体分析如图 17-18 所示。根据形体分析图,可知注塑件左端存在着①④和⑤的弓形高"障碍体"以及⑥和⑦的凸台"障碍体"。它们的存在必定会影响注塑件的脱模,为此在确定模具结构方案时,应该有效地避让这些"障碍体"。具体的措施是采用抽芯的结构来有效地避开这些"障碍体",使得注塑件被敞开后能够顺利地脱模。

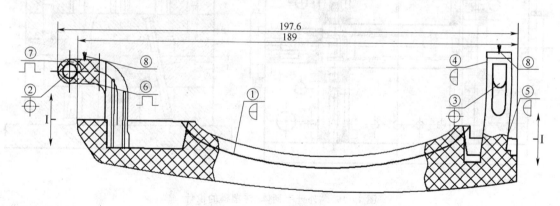

图 17-18 "外开手柄体"的形体分析

注:①④⑤——弓形高"障碍体";②③——"型孔";⑥⑦——凸台"障碍体";⑧V——点浇口

(2)"外开手柄体"注塑模的设计 "外开手柄体"注塑模的设计,如图 17-19 所示。根据注塑件的浇注系统与缺陷痕迹分析,可将注塑件按图 17-19 所示的位置摆放在模具中。由于注塑件较长,仅采用单头设置点浇口会产生填充不足和缩痕等缺陷,而采用两端设置点浇口就能够消除这些缺陷。分型面如图 17-19 所示的①至 I—I 的折线组成,可以避开弓形高"障碍体"①对开模的影响。注塑件右端的弓形高"障碍体"④和⑤与型孔③,注塑件左端的凸台"障碍体"⑥和⑦与型孔②,采用抽芯机构可以避开这些"障碍体"和型孔、型芯的阻挡而实现脱模。

　　通过模具的四处斜导柱滑块抽芯机构,可以实现型芯复位后成型注塑件的左、右端的凸台和"型孔",型芯抽芯后又可以让开位置使注塑件能够顺利地完成脱模。通过对该实例的分析,说明了对注塑件形体"六要素"的分析及对注塑件浇注系统与缺陷的预期分析,对于模具结构方案的制订是至关重要的。

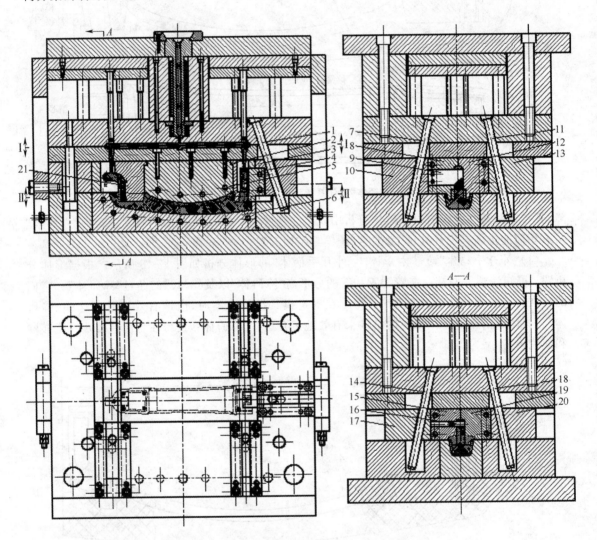

图 17-19　"外开手柄体"注塑模的设计

1. 右侧斜导柱　2. 右镶件　3. 右侧滑块　4,9. 右侧型芯　5. 定模型芯　6. 动模型芯　7. 右斜导柱（Ⅰ）　8. 右型芯（Ⅰ）
10. 右滑块（Ⅰ）　11. 右斜导柱（Ⅱ）　12. 右型芯（Ⅱ）　13. 右滑块（Ⅱ）　14. 左斜导柱（Ⅰ）　15. 左型芯（Ⅰ）　16. 左型芯
17. 左滑块（Ⅰ）　18. 左斜导柱（Ⅱ）　19. 左型芯（Ⅱ）　20. 左滑块（Ⅱ）　21. 左镶件

复习思考题

　　1. 会绘制注塑件上的缺陷分析图,会进行注塑件上缺陷的分析,能够提出解决注塑件上缺陷的模具结构方案。

　　2. 会进行注塑件形体要素的分析,会制订注塑模结构方案。

附　录

附录 A　本书各种分析图中所用的符号

为了便于对注塑件上"六要素"分析图、注塑模结构方案可行性分析图以及注塑件综合缺陷预期分析图进行识读、绘制和分析,需要使用简单的符号来表示相关的含义,就像电路图中的电器符号一样,以简化分析图的文字说明,使分析的图形变得简单明了。因此,要能够读懂上述各种分析图,就必须弄懂这些符号的含义。

1. 基本符号

注塑模的基本符号主要包括注塑件模具的分型、抽芯和脱模运动的符号,见表 A-1。

表 A-1　注塑模的基本符号

序号	名称	符号	意　　义
1	脱模符号		直线不带箭头线的一侧表示定模部分,带箭头线的一侧表示动模部分,箭头指向脱模的方向
2	型孔或型槽抽芯符号	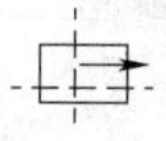	长方形线框表示型孔或型槽,箭头指向抽芯的方向。该符号表示模具的水平抽芯
3	斜向抽芯符号	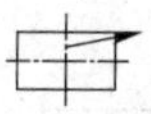	长方形线框表示型孔或型槽,箭头指向抽芯的方向。该符号表示模具的斜向抽芯
4	开模符号	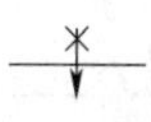	直线两侧中,带"×"的一侧表示定模部分,带箭头的一侧表示动模部分,箭头指向动模开模方向
5	分型面符号	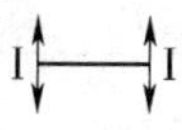 I ⇄ I	直线表示分型线,直线两侧分别表示定模部分和动模部分;箭头表示开、闭模的方向;罗马数字表示模具分型的顺序
6	直线运动符号	 →	表示模具运动机构做直线运动,箭头指向运动方向
7	弧线运动符号	↻	表示模具运动机构做弧形运动,箭头指向运动方向
8	运动碰撞符号	✳	表示模具运动机构发生了碰撞,即运动的干涉

2. 常用符号

常用符号是在基本符号上派生形成的,其符号上还保留着基本符号的特征。

(1)"六要素"符号

①"障碍体"要素的符号见表 A-2。"障碍体"可分为显性和隐性"障碍体",又可分为各种结构形式的"障碍体",如凸台、凹坑、暗角、内扣和弓形高"障碍体"。

表 A-2 "障碍体"要素的符号

序号	名 称	符 号	意 义
1	凸台形式 "障碍体"符号	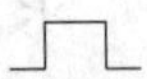	表示凸台"障碍体"
2	凹坑形式 "障碍体"符号	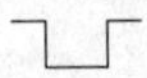	表示凹坑"障碍体"
3	暗角形式 "障碍体"符号	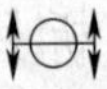	表示暗角"障碍体"
4	内扣形式 "障碍体"符号		表示内扣式"障碍体"
5	弓形高形式 "障碍体"符号		表示弓形高"障碍体"
6	显性"障碍体"符号	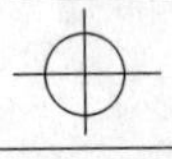	表示显性"障碍体"
7	隐性"障碍体"符号		表示隐性"障碍体"

②"型孔与型槽"要素的符号见表 A-3。"型孔与型槽"包括型孔、型槽、螺孔、螺杆和圆柱体。

表 A-3 "型孔与型槽"要素的符号

序号	名 称	符 号	意 义
1	型孔符号		表示型孔
2	型槽符号	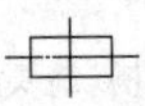	表示型槽
3	螺孔符号		表示螺孔
4	螺杆符号	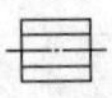	表示螺杆
5	圆柱体符号		表示圆柱体

③"变形与错位"要素的符号见表 A-4。"变形与错位"可分为"变形"和"错位",注塑件"变形"又可分为变形、翘起、弯曲和破裂。

表 A-4 "变形与错位"要素的符号

序号	名 称	符 号	意 义
1	变形符号	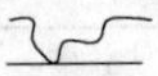	表示注塑件变形
2	翘起符号	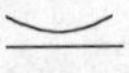	表示注塑件翘起
3	弯曲符号	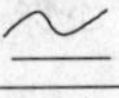	表示注塑件弯曲
4	破裂符号		表示注塑件破裂
5	错位符号		表示注塑件错位

④"运动与干涉"要素的符号见表 A-5。"运动与干涉"可分为"运动"和"干涉",模具构件的"运动"又可分为抽芯、脱模、分型和运动。

表 A-5 "运动与干涉"要素的符号

序号	名　称	符　号	意　义
1	二级抽芯符号	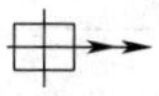	表示二级抽芯
2	二次脱模符号		表示二次脱模
3	二次分型符号	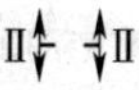 Ⅱ↕ ↕Ⅱ	表示二次分型
4	螺旋运动符号		表示螺旋运动
5	斜齿轮螺旋运动符号	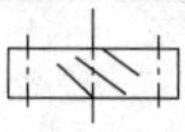	表示斜齿轮螺旋运动
6	抽芯与脱模之间的干涉符号	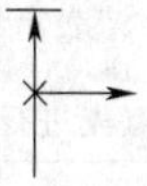	横向箭头线表示抽芯,直线下带箭头线表示注塑件脱模,"×"表示碰撞。整个符号表示在注塑件的抽芯与脱模之间发生了"干涉"
7	抽芯与抽芯之间的干涉符号		箭头线表示抽芯,"×"表示碰撞。整个符号表示在注塑件的抽芯之间发生了"干涉"(此时抽芯Ⅰ与抽芯Ⅱ必须分开进行抽芯和复位,才能避免"干涉")
8	穿插抽芯之间的干涉符号	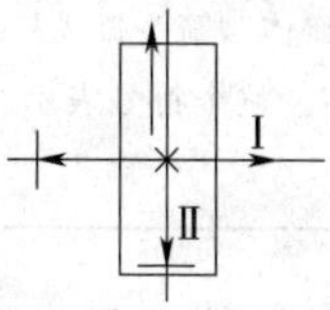	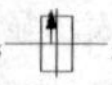 "⊞"表示型芯Ⅱ的抽芯,"→"表示型芯Ⅰ的抽芯,"×"表示碰撞。由于型芯Ⅱ穿插在型芯Ⅰ的槽中,型芯Ⅱ和型芯Ⅰ若同时抽芯,必然发生"干涉"。"|←"表示复位,型芯Ⅱ要先于型芯Ⅰ完成抽芯,后于型芯Ⅰ复位,才能避免发生"干涉"

⑤"塑料与外观"要素的符号见表 A-6,表示模具构件的"塑料"和"外观"。

表 A-6 "塑料与外观"要素的符号

序号	名　称	符　号	意　义
1	结晶塑料符号	 ●JL	表示应进行冷却的结晶"塑料",J 表示结晶,L 表示冷却(可以独立使用)
2	加热塑料符号	R●	表示应进行加热的"塑料"
3	外观符号	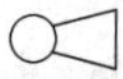	表示注塑件的型面应有"外观"要求

(2)其他符号

①注塑模结构方案分析符号见表 A-7,主要用于对注塑模结构方案的分析。

表 A-7　注塑模结构方案分析符号

序号	名　称	符号	意　义
1	显性"障碍体"注塑模结构方案分析符号		实线圆表示显性"障碍体"。带"×"的箭头线表示在注塑件预设脱模的方向上存在"障碍体",不能正常脱模;带"√"的箭头线表示改变脱模方向后,"障碍体"便不存在,注塑件能够正常脱模
2	隐性"障碍体"注塑模结构方案分析符号		虚线圆表示隐性"障碍体"。带"×"的箭头线表示在注塑件预设脱模的方向上存在"障碍体",不能正常脱模;带"√"的箭头线表示改变脱模方向后,"障碍体"便不存在,注塑件能够正常脱模
3	抽芯去除隐性"障碍体"的注塑模结构方案分析符号		剖面线框表示型芯,虚线圆表示隐性"障碍体",带"√"的箭头线表示在注塑件预设脱模的方向存在隐性"障碍体",不能正常脱模。" 　 "表示采用齿轮与齿条副组成垂直抽芯机构,消除了"障碍体",注塑件能够斜向脱模
4	抽芯去除隐性"障碍体"的注塑模脱模结构方案分析符号		" 　 "表示是动模的型芯;" 　 "中箭头线指向注塑件脱模方向,"×"表示型芯为隐性"障碍体";" 　 "表示型芯抽芯。当注塑件斜向脱模时,隐性"障碍体"会起阻挡作用;只有先进行型芯的抽芯,才可避开隐性"障碍体"
5	脱模方向上存在显性"障碍体"符号		实线圆表示显性"障碍体",箭头线与垂线表示脱模方向,直线上的"√"表示存在显性"障碍体"。整个符号表示在脱模方向上存在显性"障碍体"
6	脱模方向上不存在隐性"障碍体"符号		实线圆表示显性"障碍体",箭头线与垂线表示脱模方向,直线上的"×"表示不存在隐性"障碍体"。整个符号表示在脱模方向上不存在隐性"障碍体"
7	在弧线脱模方向上存在显性"障碍体"符号		实线圆表示显性"障碍体",箭头弧线与垂线表示脱模方向,弧线上的"√"表示存在显性"障碍体"。整个符号表示在弧线脱模方向上存在显性"障碍体"

②常用机构的符号见表 A-8,包括抽芯机构和脱模机构符号。抽芯的形式有手动抽芯、机械抽芯和液压(气动)抽芯。机械抽芯可分为弹簧抽芯、斜向抽芯、内抽芯、垂直抽芯、滑块抽芯和二次抽芯。

表 A-8　常用机构的符号

序号	名　称	符号	意　义
1	手动抽芯符号		表示手动抽芯机构
2	活块抽芯符号		表示活块抽芯机构
3	弹簧抽芯符号		表示弹簧抽芯机构
4	斜向抽芯符号		表示斜向抽芯机构

续表 A-8

序号	名　称	符号	意　义
5	内抽芯符号	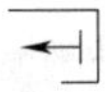	表示内抽芯机构
6	垂直抽芯符号		表示齿轮与齿条副组成的垂直抽芯机构
7	弧形抽芯符号		表示齿轮与齿条副组成的弧形抽芯机构
8	滑块抽芯符号	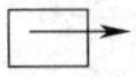	表示滑块抽芯机构
9	液压(气动)抽芯符号	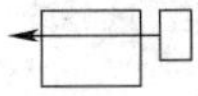	表示液压(气动)抽芯机构
10	推杆脱模符号	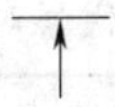	表示推杆脱模机构
11	脱件板脱模符号		表示脱件板脱模机构

③常用物理量符号见表 A-9。

表 A-9　常用物理量符号

序号	名　称	符号	意　义
1	塑料熔体流动符号	→	表示塑料熔体的流动及其流动的方向
2	温度符号	+	表示温度。"+"表示较低温度,"++"表示一般温度,"+++"表示次高温度,"++++"表示最高温度
3	应力符号		表示注塑件内存在应力
4	气泡符号		表示注塑件内存在气体
5	注射压力符号	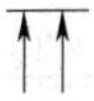	表示注射压力
6	塑料收缩率符号		表示塑料收缩率

④注塑件缺陷符号见表 A-10。此外变形符号见表 A-4 序号 1~4,气泡符号见表 A-9 序号 4。

表 A-10　注塑件缺陷符号

序号	名　称	符号	意　义
1	缩痕符号		表示注塑件上的缩痕缺陷
2	熔接痕符号		表示两股及两股以上的塑料熔体汇交处的熔接痕缺陷
3	喷射痕符号	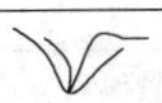	表示注塑件上的喷射痕缺陷
4	银纹符号	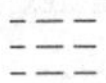	表示注塑件上的银纹缺陷

续表 A-10

序号	名 称	符号	意 义
5	填充不足符号		表示注塑件上的填充不足缺陷
6	变色符号		表示注塑件上的变色缺陷
7	流痕符号		表示注塑件上的流痕缺陷
8	泛白符号		表示注塑件上的泛白缺陷

附录 B 常用塑料中文、英文和缩写代号对照（表 B-1）

表 B-1 常用塑料中文、英文和缩写代号对照

中 文 名	英 文 名	缩 写
丙烯腈-丙烯酸酯-苯乙烯共聚物	Acrylonitrile-actryloid-styrene	AAS
丙烯腈-丁二烯-苯乙烯	Acrylonitrile- butadiene-styrene	ABS
丙烯酸类树脂	Acrylic resin	ACR
丙烯腈-氯化聚乙烯-苯乙烯	Acrylonitrile-chlorizate-styrene	ACS
丙烯腈/乙烯/苯乙烯共聚物	Acrylonitrile-ethylene-atyrene	AES
酰胺-酰亚胺聚合物 醇酸树脂	Amide-imide-polymer Alkyd resin	AI
丙烯腈-甲基丙烯酸甲酯共聚物	Acryl nitrile-methyl methacrylate copolymer	AMMA
无规聚丙烯	Atactic polypropylene	APP
丙烯腈-苯乙烯树脂	Acrylonitrile-styrene-acrylate	AS
丙烯腈-苯乙烯-丙烯树脂共聚物	Acrylonirile-styrene-acrylate copolymer	ASA
聚酯型聚氨酯橡胶	Polyester type of urethane rubber	AU
双向拉伸聚丙烯	Biaxially oriented polypropylene	BOPP
丁二烯橡胶	Poly butadiene rubber(ASTM)	BR
醋酸纤维素	Cellulose acetate	CA
醋酸丁酸纤维素	Cellulose acetate butyrate	CAB
乙酸硝酸纤维素	Cellulose acetate nitrate	CAN
醋酸丙酸纤维素	Cellulose acetate propionate	CAP
甲酚、甲醛树脂	Cresol-formaldehyde	CF
碳纤维增强树脂塑料	Carbon fiber-reinforced plastics	CFRP
羧甲基纤维素	Carboxymethyl cellulose	CMC
硝酸纤维素	Cellulose nitrate	CN
丙酸纤维素	Cellulose propionate	CP
聚氯醚	Chlorinated polyether	CPE
氯化聚氯乙烯	Chlorinated poly(vinyl chloride)	CPVC

续表 B-1

中　文　名	英　文　名	缩　写
氯丁橡胶	Chloroprene rubber	CR
聚醋酸乙烯酯	Poly（vinyl acetate）	PVAC
酪朊	Casein	CS
氯磺酰化聚乙烯	Chlorosulphonated polythylene	CSP
三醋酸纤维素	Cellulose triacetate	CTA
端羧基丁二烯-丙烯腈共聚物	Carboxyl-terminated butadiene acrylonitrile	CTBN
乙基纤维素	Ethyl cellulose	EC
环氧氯丙橡胶	Epichlorohydrin rubber	ECO
乙烯-三氟氯乙烯共聚物	Copolymer Ethylene-chorotrifluoroethylene	E—CTFE
乙烯-丙烯酸乙酯共聚物	Ethylcnc ethyl acrylate	EEA
乙烯-甲基丙烯酸共聚物	Ethylcnc-methacrylic acid	EMA
环氧树脂	Epoxide ;Epoxy	EP
乙烯-丙烯-二烯三元共聚物	Ethylene-propylene diene	EPD
乙烯-丙烯-二烯烃三元共聚物（同 EPD）	Ethylene-propylene mischpolymere	EPDM
发泡聚苯乙烯	Expanded polystyrene	EPS
乙烯-丙烯共聚物 环氧氯丙烷橡胶	Ethylene-propylene terpolymer Epichlorohydrin rubber	EPR
乙烯-丙烯-苯乙烯-丙烯腈共聚物	Ethylene-propylene-styrene-acrylonitrile copolymer	EPSAN
乙烯-丙烯三元共聚物	Ethylene propylene terpolymer	EPT
乳液法聚氯乙烯	Emulsion PVC	E—PVC
乙烯-四氟乙烯共聚物	Ethylcnc-tetrafluoroethylene	ETFE
聚醚型聚氨酯橡胶	Polyether type polyurethane rubber	EU
乙烯-醋酸乙烯共聚物 乙烯-乙酸乙烯酯共聚物 乙烯-乙烯醇共聚物	Etylene-Vinylacetate copolymer Etylene-vinylacetate copolymer Etylene-vinylalcohol copolymer	EVA
乙丙烯共聚物	Ethene-propylene copolymer	EPC
纤维玻璃增强塑料	Fiberglass reinforced plastics	FGRP
纤维玻璃增强热塑性塑料	Fiberglass reinforced thermoplastics	FGRTP
纤维增强塑料 玻璃增强塑料	Fiber reinforced plastics Fiber-glass reinforced plastics	FRP
聚全氟乙丙烯	Tetrafluoroethylene-hexafluore propylene copolymer	FEP F—46
三氟氯乙烯-偏氟乙烯共聚物	Trifluorochoroelthylene Vinylidene copolymer	FEP F—32
四氟乙烯-乙烯共聚物	Tetrefluoroethylene-Ethylene copolymer	FEP F—40
四氟乙烯-偏氟乙烯共聚物	Tetrafluoroethlene Vinylidene copolymer	FEP F—42
纤维增强热塑性塑料	Fiber reinforced tharm plastics	FRTP
玻璃纤维增强塑料	Glass-fiber reinforced plastics	GFRP
玻璃纤维增强热塑性塑料	Glass-fiber reinforced thermoplastics	GFRTP
玻璃纤维填充热塑性塑料	Glass-filled thermoplastics	GFTP

续表 B-1

中　文　名	英　文　名	缩写
通用聚苯乙烯	General polystyrene	GPS
玻璃增强塑料	Galas fibre reinforced plastics	GRP
高密度聚乙烯	High density polyet tene plastics	HDPE
甲基丙烯酸乙酯	2- Hydroxyethyl methacrylate	HEMA
高冲击强度聚苯乙烯	High impact polystyrene	HIPS
高分子量聚乙烯	High-molecular weight polyehtylene	HMWPE
互穿弹性体网络	Interpenetrating elastomeric networks	IEN
异丁烯-异戊二烯橡胶	Isobutylene-isoprene rubber	IIR
互穿聚合物网络	Interpenetrating polymer networks	IPN
等规聚丙烯	Isotactic polypropylene	IPP
异戊二烯橡胶	Isoprene rubber，cis 1,4-polyisoprene	IR
速固聚合物	Instant set polymer	ISP
连皮硬聚氨酯泡沫塑料	Integral skin rigid urethane	ISRUF
低密度聚乙烯	Low density polythylene plates	LDPE
线型低密度聚乙烯	Linear low density polyethylene	LLDPE
低分子量聚乙烯	Low-molecular weight polyethylene	LMWPE
甲基丙烯酸酯-丙烯腈-丁二烯-苯乙烯共聚物	Merthylmethacrylate-acrylonitrile-butadiene-sryene	MABS
甲基丙烯酸酯-丁二烯-苯乙烯共聚物	Methaerylate-butadiene-styrene	MBS
甲基纤维素	Methyl cellulose	MC
单体浇注尼龙	Nylon monomer cast nylon	MC
中密度聚乙烯	Mediandensity polyethylene	MDPE
密胺甲醛树脂	Melamine-formaldehyde resin	MF
三聚氰胺-酚甲醛树脂	Melamine-phenol-formaldehyde resin	MPP
丁腈橡胶	Nitrile-butadiene rubber	NBR
丙烯腈-异戊二烯橡胶	Acrylonitrile-isoprene rubber	NIR
天然橡胶	Nature rubber	NR
取向聚丙烯	Printed polypropylene	OPP
聚酰胺(尼龙) 聚缩醛	Polyamide(nylon) Polyacetal	PA
聚丙烯酸	Poly(acrylic acid)	PAA
聚氨基双马来酰亚胺	Polyaminobismaleimide	PABM
聚芳基醚	Polyarylether	PAE
聚酰胺-酰亚胺	Polyamide-imide	PIA
聚 α-甲基苯乙烯	Poly(alpha-methylstyrene)	PMS
聚丙烯腈	Polyacrylonitrile	PNA
聚壬二酐	Polyazelaic polyanhydride	PAPA
聚芳砜	Poly arylsulfone	PAS

续表 B-1

中　文　名	英　文　名	缩写
聚丁烯-1	Polybutylene-1	PB
聚丁二烯-丙烯腈	Polybutadiene-acrylonitrile	PBAN
聚苯并咪唑	Polybenzimidazole	PBI
聚甲基丙烯酸正丁酯	Poly-n-butyl methacrylate	PBMA
聚丁二烯-苯乙烯	Polybutadiene-styrene	PBS
聚苯并噻唑 聚对苯二甲酸丁二醇酯	Polybenzothiazole Poly(butylene terephthalate)	PBT
聚对苯二甲酸丁二(醇)酯	Poly(butylenes terephthalate)	PBTP
聚碳酸酯	Polycarbonate	PC
聚碳酰亚胺	Polycarbaimide	PCD
聚己内酯	Polycaprolactone	PCL
聚三氟氯乙烯	Polychlorotrifluoroethylene	PCTFE,F—3
聚邻苯二甲酸乙二醇	Poly(ethylene terephthalate)	PDAP
聚间苯二甲酸二烯丙酯	Poly(diallyl isophthalate)	PDAIP
聚二甲基硅氧烷	Polydimethylsiloxane	PDMS
聚乙烯	Polyethylene	PE
聚丙烯酸乙酯	Polyethl acrylate	PEA
聚醚醚酮	Polyethers therketone	PEEK
氯化聚乙烯	Chlorinated polyethylene	PE—C
聚乙二醇	Polyethylene glycol	PEG
聚醚醚酮酮	Poly(etheretherketoneketone)	PEEKK
聚酯酰亚胺	Poly(etherimide)	PEI
聚醚酮	Polyether ketone	PEK
聚醚砜	Polylether sulfone	PES
聚环氧乙烷	Poly(ethylene oxide)	PEO
聚对苯二甲酸乙二(醇)酯	Poly(ethylene terephthalate)	PET
双酚 A 型聚砜	Poly(ether sulfone)	PES
聚乙烯蜡	Poly sulfone	PEW
酚醛树脂	Phenol-formaedehyde resin	PF
全氟烷氧基聚合物	Perfluoroal oxy polymer	PFA
聚-3-羟基丁酯或聚对羟基苯酯	Poly(3-hydro-xybutyrate or poly)(p-hydroxy-benzoate)	PHB
聚酰亚胺	Polyimide	PI
聚异丁烯	Polyisobutylene	PIB
丁基橡胶	Butyl rubber	PIBI
聚异三聚氰酸酯	Polyisocyanurate	PIC
聚咪唑并喹唑啉	Polyimidazoguinazoline	PIQ
聚三聚异氰酸酯	Polyisocynurate	PIR

续表 B-1

中 文 名	英 文 名	缩写
聚甲氧基缩醛	Polymethoxy acetal	PMAC
聚甲基丙烯腈	Polymethacrylonitrile	PMAN
聚 α-氯代丙烯酸甲酯	Poly(methyl-α-chloroacrylate)	PMCA
聚甲基丙烯酰亚胺	Polymethacrylimide	PMI
聚甲基丙烯酸甲酯	Poly(methyl methacrylate)	PMMA
聚甲醛(均聚物) (共聚物)	Polyacetal (Homopolymer copolymer) Polyoxymethylene, polyaletal	POM
聚丙烯	Polypropylene	PP
氯化聚丙烯 聚苯二甲酸碳酸酯	Chlorinated polypropylene Polyphthalate carbonate	PPC
聚烯烃	Polyolefins deprecated	PO
聚苯醚	Poly(phenylene oxide)	PPO
聚环氧(丙)烷	Poly(propylene oxide)	PPOX
聚苯基喹噁啉	Polyphenylguinoxaline	PPQ
聚苯硫醚	Poly(phenylene sulfone)	PPS
聚苯砜	Polystyrene	PPSU
聚苯乙烯	Polystyrene	PS
聚砜	Polysulfone	PSU
聚四氟乙烯	Polytetrofluoroethylene	PTFE
聚氨基甲酸酯;聚氨酯	Ployurethane	PUR
聚醋酸乙烯	Poly(vinyl acetate)	PVAC
聚乙烯醇	Poly(vinyl alcohol)	PVAL
聚乙烯基丁醛	Poly(vinyl butyral)	PVB
聚氯乙烯	Poly(vinyl chloride)	PVC
聚醋酸氯乙烯	Poly vinyl chloride acetate	PVCA
氯化聚氯乙烯	Chlorinated Poly(vinyl chloride)	CPVC
聚偏二氯乙烯	Poly(vinylidene chloride)	PVDC
聚偏二氟乙烯	Poly(vinylidene fluoride)	PVDF　F—2
聚氟乙烯	Poly(vinyl fluoride)	PVF　F—1
聚丙烯醛,聚乙烯醇缩甲醛	Poly vinyl formal	PVF
聚丙烯醛	Poly(vinyl formal)	PVFM
聚乙烯基异丁基醚	Poly(vinyl carbazole)	PVI
聚乙烯基咔唑	Poly(vinyl isobutyl ether)	PVK
聚乙烯甲醚	Poly(vinyl chloride vinyl methyl ether)	PVM
聚磺酸酯	Poly sulfonate	—
聚酚氧	Phenoxy	—
聚-α 吡咯烷酮(尼龙 4)	Poly-α-pyrrolifene (Nylon-4)	PA4

续表 B-1

中　文　名	英　文　名	缩　写
聚酰胺(尼龙 6)	Polycoprolclam（Nylon-6）	PA6
聚-W-氨基庚酸(尼龙 7)	Poly-w-Amino Enanthicacid（Nylon-7）	PA7
聚辛内酰胺(尼龙 8)	Polyoctanoyllactam　（Nylon8）	PA8
聚壬酰胺(尼龙 9)	Polynonanoylamide　（Nylon9）	PA9
聚十一酰胺(尼龙 11)	Polyundecanoylamide　（Nylon11）	PA11
聚十二酰胺(尼龙 12)	Polylausinlactan　（Nylon12）	PA12
聚环酰胺 聚 1.4-环己烷-二亚甲基辛酰胺	Poly1. 4-cyclohaxyleme dimethuylene Suberamide	PCA
透明聚酰胺 聚对苯二酰三甲基己二胺	Polytrimethylhexamethytene-terephthalamide	—
聚己二酰己二胺(尼龙 66)	Polyhexamethyleneadipomide　（Nylon-6. 6）	PA66
聚癸二酰己二胺(尼龙 610)	Polyhexamethylene-Sebacamide（Nylon-6106）	PA6. 10
尼龙 6/66 共聚物	Nylon6/6. 6copolymer	PA6/66
尼龙 6/6.10 共聚物	Nylon6/610copolymer	PA6/6. 10
聚乙烯基吡咯烷酮	Poly(vinyl pyndidone)	PVP
间苯二酚-甲醛树脂	Resin-formaldehyde resin	RF
增强塑料	Reinforced Plastics	RP
增强热塑性塑料	Reinforced thermoplastics	RTP
苯乙烯-丙烯腈共聚物	Styrene-acryonitrile plastic	SAN
苯乙烯-丁二烯共聚物	Styrene-butadiene plastic	SB
丁苯胶	Styrene-butadiene rubber	SBR
苯乙烯-丁二烯-嵌段共聚弹性体	Styrene-butadiene-block copolymer	SBS
结构泡沫塑料	Structural foam plastic	SFP
有机硅塑料	Silicone plastics	SI
有序互穿聚合物网络	Sequential interpenetrating polymer networks	SIPN
苯乙烯-异戊乙烯-苯乙烯热塑性弹性体	Styrene-isoprene-styrene	SIS
苯乙烯-马来酸酐共聚物	Sheet moulding compound	SMA
片状模压料	Sheet molding compound	SMC
聚乙烯-α-甲基苯乙烯共聚物	Styrene-α-methylsyrene plastic	SMS
悬浮法聚氯乙烯	Saspension PVC polymerized	SPVC
合成橡胶	Synthetic rubber	SR
丁苯弹性塑料	Styrene-rubber plastics	SRP
硬聚氨酯塑料	Solid urethane plastics	SUP
热塑性弹性体	Thermoplastic elastomer	TE
定向热塑性弹性体	Olefin-based thermoplastic elastomer	TEO
热塑性塑料	Thermoplastics	TP
热塑性弹性体	Thermoplastic elastomer	TPE

续表 B-1

中　文　名	英　文　名	缩　写
热塑性橡胶	Thermoplastic rubber	TPR
热塑性聚氨酯	Thermoplastic urethanes	TPU
增韧聚苯乙烯	Toughened polystyrene	TPS
热塑性结构泡沫塑料	Thermoplastic structuralfoam	TPSF
多硫橡胶	Ther moplastic rubber	TR
热固性塑料	Thermoset plastics	TSP
磷酸三苯酯	Triphenylphosphate	TPP
脲甲醛树脂	Urea-formaldehyde resim	UF
超高分子量聚乙烯	Ultra-high molecular weight PE	UHMWPE
不饱和树脂	Unsaturated polyester	UP
未增塑聚氯乙烯	Unplasticized pvc	UPVC
聚氨酯	Urethane	UR
醋酸乙烯-乙烯共聚物	Vinyl acetate-ethylene copolymer	VAE
醋酸乙烯-顺丁烯二酐共聚物	Vinyl acetate-maleic anhydride copolymer	VAMA
氯乙烯-乙烯共聚物	Vinylcchlorile-ethylene copolymer	VCE
氯乙烯-乙烯-丙烯酸甲酯共聚物	Vinylchloride-ethylene-methylacrylate copolymer	VCEMA
聚乙烯-丙烯共聚物	Vinylchloride-propylone copolymer	—
氯乙烯-乙烯-醋酸乙烯酯共聚物	Vinylchloeide-ethylene-vinyiacetate copolymer	VCEVAC
氯乙烯-丙烯酸甲酯共聚物 氯乙烯-甲基丙烯酸共聚物	Viny chloride-methylacrylate copolymer Vinylchloride-methylacrylic acid copolymer	VCMA
氯乙烯-甲基丙烯酸甲酯共聚物	Vinylchloride-methyl methylacrylate copolymer	VCMMA
氯乙烯-丙烯酸辛酯共聚物	Vinylchloride-octylacrylate copolymer	VCOA
氯乙烯-醋酸乙烯酯共聚物	Vinylchloride-vinylacetate copolymer	VCVAC
氯乙烯-偏二氯乙烯共聚物	Vinylchloride-vinylidene chloride copolymer	VAVDC
硬化纸板	Polyvinylidene fluoride	VF
交联聚乙烯	Valcanized polyethylene	VPE
低密度聚乙烯	Low density polyethylene	LDPE
离子聚合物	Ionomer	—
改性聚苯醚	Modified polyphenylene oxide	—
二甲基乙酰胺	Dimethyl acetamide	DMA
硅树脂	Silicone	SI

附录 C　蚀纹深度与脱膜斜度的关系（表 C-1）

　　表 C-1 是由日本妮红模具咬花公司提供的参数。蚀纹深度的取值与该公司的纹板型号对照，找到相应的型号再参照表 C-1 的数据进行加工。表格中脱模斜度是根据 ABS 料测定的，实际运用时要根据成型条件、成型材料、注塑件厚度的变化等情况做出调整。

表 C-1　蚀纹深度与脱模斜度的关系

蚀纹型号	蚀纹深度/μm	脱出模斜度/(°)	蚀纹前表面粗糙度	蚀纹型号	蚀纹深度/μm	脱出模斜度/(°)	蚀纹前表面粗糙度
HN:20	10～15	≥2	♯320～♯400	梨地 NO6	30～35	≥5	♯320～♯400
HN:21	13～18	≥2	♯320～♯400	梨地 NO7	45～50	≥6	♯320
HN:22	21～26	≥3	♯320～♯400	梨地 NO8	64～69	≥6.5	♯320
HN:23	31～36	≥4	♯400	梨地 NO9	68～73	≥7	♯320
HN:24	18～23	≥3	♯320	NO1	3～6	≥1	镜面
HN:25	22～27	≥3	♯320	NO2	3～5	≥1	镜面
HN:26	27～32	≥4	♯320	NO3	2～5	≥1	镜面
HN:27	38～43	≥4.5	♯320	NO4	3～6	≥1	♯800～♯1000
HN:28	42～47	5～6	♯320	NO5	4～6	≥1	♯800～♯1000
HN:29	47～52	5～6	♯320	NO6	6～8	≥1,5	♯800～♯1000
HN:30	70～75	≥8	♯320	NO7	8～11	≥1.5	♯600～♯800
HN:31	75～80	≥9	♯320	NO8	9～12	≥2	♯600～♯800
HN:1000	3～5	≥1	♯600～♯800	NO9	13～15	≥2.5	♯600～♯800
HN:1001	4～7	≥1	♯600～♯800	NO10	16～20	≥3	♯400～♯600
HN:1002	6～9	≥1.5	♯600～♯800	NO11	24～29	3～4	♯400～♯600
HN:1003	3～6	≥1	♯600～♯800	NO12	13～15	4～5	♯400～♯600
HN:1004	4～6	≥1.5	♯600～♯800	HN:2000	8～2	≥2	♯600
HN:1005	5～8	≥1.5	♯600～♯800	HN:2001	14～19	≥3	♯600
HN:1006	9～12	≥1.5	♯400～♯600	HN:2002	23～28	≥3.5	♯400
HN:1007	11～16	≥2	♯400～♯600	HN:2003	36～41	≥4	♯400
HN:1008	16～20	≥2.5	♯400～♯600	HN:2004	50～55	≥5.5	♯400
HN:1009	6～9	≥1.5	♯400～♯600	HN:2005	66～71	≥7	♯400
HN:1010	8～11	≥2	♯400～♯600	HN:2006	71～76	≥8	♯400
HN:1011	14～19	≥2.5	♯400～♯600	HN:2007	60～65	≥7	♯400
HN:1012	24～29	3～4	♯320～♯400	HN:2008	65～70	≥7.5	♯400
HN:1013	35～40	4～5	♯320～♯400	HN:2009	34～39	≥4	♯400
HN:1014	47～52	5～6	♯320～♯400	HN:2010	45～50	≥5.5	♯400
HN:1015	21～26	3～4	♯320～♯400	HN:2011	20～25	≥3	♯400
HN:1016	36～41	4～5	♯320	HN:2012	26～31	≥3.5	♯400
HN:1017	45～50	5～6	♯320	HN:2013	31～36	≥3.5	♯400
梨地 NO1	13～18	≥2	♯400	HN:2014	19～24	≥3	♯400
梨地 NO2	15～20	≥2.5	♯400	HN:2015	25～30	≥3	♯400
梨地 NO3	17～21	≥3	♯400	HN:2016	37～42	≥3	♯400
梨地 NO4	19～23	≥3.5	♯320～♯400	HN:2017	42～47	≥4.5	♯400
梨地 NO5	25～30	≥4	♯320～♯400	HN:2018	56～61	≥6	♯400

续表 C-1

蚀纹型号	蚀纹深度/μm	脱出模斜度/(°)	蚀纹前表面粗糙度	蚀纹型号	蚀纹深度/μm	脱出模斜度/(°)	蚀纹前表面粗糙度
HN:2019	86~90	≥9	#400	N:3003	9~14	2	#600~#800
HN:2020	15~20	≥3	#400	N:3004	13~18	2	#400~#600
HN:2021	21~26	≥3	#400	N:3005	17~22	2.5	#400~#600
HN:2022	27~32	≥3	#400	N:3006	25~30	3.5	#400~#600
HN:2023	36~41	≥4	#400	N:3007	6~10	1.5	#600~#800
HN:2024	54~59	≥6.5	#400	N:3008	9~14	2	#400~#600
HN:2025	66~71	≥7.5	#400	N:3009	13~18	2.5	#400~#600
HN:2026	84~89	≥9	#400	N:3010	14~19	2.5	#400~#600
N:3000	4~7	1	#800~#1000	N:3011	20~25	3	#400~#600
N:3001	5~9	1.5	#600~#800	N:3012	24~29	3.5	#400~#600
N:3002	8~13	1.5	#600~#800	N:3013	31~36	3.5	#400~#600

附录 D　注塑件成型时常见缺陷及分析

　　注塑件在成型加工过程中可能会出现几十种缺陷（或称为弊病），这些缺陷有的会影响塑料件的外观；有的会影响塑料件的刚度，进而会影响塑料件的力学性能；有的会影响塑料件的使用性能；有的会影响塑料件的化学和电性能。塑料件上哪怕只存在着一种缺陷，该塑料件都是废品或次品。因此，塑料件上的缺陷必须得到有效地整治，以消除缺陷。塑料件上的缺陷一般是以缺陷痕迹的形式表现出来的，缺陷的整治应以成型加工的痕迹技术加以根治。热塑性塑料注塑成型时常见缺陷及分析见表 D-1，热固性塑料成型时常见缺陷及分析见表 D-2。

表 D-1　热塑性塑料注塑成型时常见缺陷及分析

缺　陷	原　因　分　析
飞边（毛刺）：指注塑件的分型面或模具型芯与型腔活动的结合面处出现了多余的薄翅。其中厚的称为飞边，薄的称为毛刺	①原材料因素：加料量过大。 ②模具因素：分型面密合不良，型芯与型腔部分滑动零件的间隙过大；模具刚度不足；模具单向受力或安装时没有压紧；模具分型面平行度不良，注塑模的模板不平行。 ③成型加工参数因素：注射压力太大，锁模力不足或锁模机构不良，塑料流动性太大，料温高、模温高，注射速度过快。 ④注塑件结构因素：注塑件的投影面积超过注射机所允许的塑制面积
填充不足（缺料）：指注塑件在成型加工后出现了部分残缺几何形状的现象	①原材料因素：注射量不够，加料量不足，塑化能力不足及余料不足；塑料粒度不同或不均匀；塑料颗粒在料斗中出现了"架桥"的现象；料中润滑剂过多；脱模剂过多；塑料内含水分及挥发物多；熔体中充气多；塑料流动性太差。 ②模具因素：多型腔时浇口进料平衡不良；模温过低，塑料熔体冷却过快；模具浇注系统的流动阻力大，浇口位置不当，浇口截面小，浇口形式不良，流道流程长而曲折；排气不良；无冷料穴或冷料穴不当；型腔中有水分。 ③成型加工参数因素：注射压力小，注射时间短，保压时间短，螺杆或柱塞过早退回；注射速度太快或太慢；飞边或溢料过多。 ④注射机因素：喷嘴温度低；喷嘴孔堵塞或孔径过小；料筒温度低；螺杆或柱塞与料筒之间缝隙过大。 ⑤注塑件结构因素：注塑件壁厚太薄、形状复杂并且面积大

续表 D-1

缺　　陷	原　因　分　析
尺寸不确定:指注塑件成型加工之后,出现了注塑件的尺寸变化不稳定的现象,即成型的每一个注塑件的尺寸都不同	①原材料因素:塑料颗粒不均匀或加料量不均匀,再生料与新料配比不当;塑料收缩不稳定;结晶性料的结晶度不确定。 ②模具因素:模具强度不足,定位导柱弯曲和磨损;模具精度不良,活动构件动作不稳定,定位不准确;浇口太小或不均匀;多型腔时浇口进料平衡不良。 ③成型加工参数因素:成型条件不稳定(如温度、压力和时间的变动),成型周期不一致;注塑件后处理条件不稳定;成型加工参数不当或塑化不均匀;注塑件冷却时间太短;脱模后冷却不均匀。 ④注射机因素:注射机电气或液压系统不稳定;模具合模不稳定时,时松时紧,易出现飞边。 ⑤注塑件结构因素:注塑件的刚度不足,壁厚不均匀
浇口粘模:指浇口冷凝料粘在浇口套内的现象	①模具因素:流道的斜度不够,流道直径过大;拉料杆失灵;流道内壁表面粗糙度高,有凹痕划伤;分流道和主流道连接部分强度不良;喷嘴与浇口套吻合不良。 ②成型加工参数及设备因素:喷嘴温度低,没有脱模剂;冷却时间短,喷嘴及定模温度高
脱模不良:指注塑件脱模困难,造成了注塑件的变形、破裂或注塑件残余方向不符合设计要求的现象	①原材料因素:供料不足,塑料性脆。 ②模具因素:模具表面粗糙度不良,模具型腔表面有伤痕;模具脱模斜度不够;模具镶块处缝隙太大;型芯形成了真空;冷却系统不良,模具温度或动、定模温度不合适;顶出机构不良;拉料杆失灵;喷嘴与浇口套之间存在着夹料;浇口尺寸大;型腔变形大;活动型芯脱模不及时。 ③成型加工参数及设备因素:成型的时间太短或太长;注射压力过高,保压时间过长;料温及模温高;供料太多,注射时间长;脱模剂不当;冷却时间过长或过短。 ④注塑件结构因素:注塑件形状不利于脱模;注塑件壁过厚、过薄或强度不足
缩痕(塌坑或凹痕)或真空泡:指注塑件外表面出现一种向内收缩的形状和大小不规则的塌坑	①原材料因素:加料不够,供料不足,余料不够。 ②模具因素:浇口位置不当,模温高或模温低,易出真空泡;流道和浇口太小,浇口数量不够。 ③成型加工参数因素:注射和保压时间短;熔体流动不良或溢料过多;料温高,冷却时间短,易出缩痕;注射压力小,注射速度慢。 ④注塑件结构因素:注塑件的壁太厚或壁厚薄不均匀
色泽不匀或变色:注塑件成型时,颜料或填料分布不均匀,使得塑料或颜料在注塑件的表面上表现出色泽不均匀的现象	①原材料因素:铝箔或薄片状颜料,沿料流方向有光泽;浇口和熔接部位及多浇口时颜料无方向性分布,色泽不匀;所用的颜料,当滚筒搅拌时颜料只附在料粒的表面;颜料质量不好;塑料或颜料中混入异料;纤维填料分布不匀,聚积外露或注塑件的纤维裸露;与溶剂接触的树脂失溶;结晶度低。 ②模具因素:模具表面存在着水分、油污或脱模剂不当、过多。 ③成型加工参数及设备因素:柱塞式注射机易发生色泽不匀、塑化不匀、塑料或颜料分解。 ④注塑件结构因素:注塑件壁厚不匀
裂痕:指注塑件的表面产生了细裂纹或开裂的现象	①原材料因素:塑料性脆,混入异料及杂质;ABS 塑料或耐冲击聚苯乙烯塑料易出现细裂纹;塑料收缩方向性过大或填料分布不均匀。 ②模具因素:脱模时顶出不良,料温太低或不均匀,浇口尺寸大及形式不当。 ③成型加工参数因素:冷却时间过长或冷却过快;嵌件未预热或预热不够或清洗不干净;成型条件不当,内应力过大;脱模剂使用不当;注塑件脱模后或后处理后冷却不均匀;注塑件翘曲变形,熔接不良;注塑件保管不良或与溶剂接触。 ④注塑件结构因素:注塑件壁薄,脱模斜度小,存在着尖角与缺口

续表 D-1

缺 陷	原 因 分 析
熔接痕(熔接不良):在注塑件内部或外表面出现了明显的细纹状连接的缝线现象	①原材料因素:物料内渗有不相溶的料,使用脱模剂不当,存在不相溶的油质;使用了铝箔薄片状着色剂,脱模剂过多;熔体充气过多;塑料流动性差,纤维填料分布融合不良。 ②模具因素:模温低,模具冷却系统不当;浇口过多;模具内存在着水分和润滑剂;模具排气不良。 ③成型加工参数因素:塑料流动性差,冷却速度快;存在着冷凝料,料温低;注射速度慢,注射压力小。 ④注塑件结构因素:注塑件的形状不良,壁厚太薄及壁厚不均匀;嵌件温度低;嵌件过多,嵌件形状不良
气泡:注塑件体内或外表面出现了单个或成串的光滑凹穴(与真空泡存在着区别),这些凹穴即为气泡	①原材料因素:物料含水分、溶剂或易挥发物,料粒太细、不均匀,加料端混入空气或回流翻料。 ②模具因素:模具排气不良;模温低;模具型腔内含有水分和油脂或脱模剂不当;流道不良,存在贮气死角。 ③成型加工参数因素:料温高,加热时间长,料筒近料斗端温度高;塑料降聚分解;注射压力小或背压小;注射速度太快;柱塞或螺杆退回过早。 ④注塑件结构因素:注塑件设计不当
翘曲(变形):是指注塑件发生了形状的畸变、翘曲不平或型孔偏斜、壁厚不均匀等现象	①原材料因素:塑料塑化不均匀,供料填充不足或过量,纤维填料分布不均匀。 ②模具因素:模温高,浇口部分填充作用过分,模温低;模具强度不良;模具精度低,定位不可靠或磨损;浇口位置不当,熔体直接冲击型芯或型芯两侧受力不均匀;喷嘴孔径及浇口尺寸过小;注塑件冷却不均匀。 ③成型加工参数因素:冷却时间不够;料温低;注射压力高或低,注射速度快;脱模时注塑件受力不均匀,脱模后冷却不当,注塑件后处理不良,保存不良;保压补塑不足,料温高;保压补塑过大,注射压力过大,料温不均匀。 ④注塑件结构因素:注塑件壁厚不均匀,强度不足;注塑件形状不良;嵌件分布不当及预热不良
银丝:在注塑件的表面沿着料流方向出现了如针状条纹的白色光泽 斑纹:在注塑件的表面沿着料流方向出现了如云母片状的纹痕	①原材料因素:物料中含水分高,存在着低挥发物,充有气体;配料不当,混入异料或不相溶料。 ②模具因素:流道和浇口较小,熔体从注塑件薄壁处流入厚壁处,排气不良,模温高。 ③成型加工参数因素:模具型腔表面存在着水分,润滑油或脱模剂过多,脱模剂选用不当;模温低,注射压力小,注射速度低;塑料熔体温度太高,注射压力小
云母状分层脱皮:指成型后注塑件的壁可剥离成薄层状的现象	①原材料因素:不同塑料混料或混入异料,使不同级别的塑料相混;塑化不匀;原料配比不当;银丝现象严重。 ②模具因素:模温低,冷却穴小。 ③成型加工参数因素:料温低,料流动性差,料冷却太快
杂质或异物:注塑件中含有杂质或异物	①原材料因素:原料、料头和颜色不纯,料斗或料筒不净。 ②成型工艺因素:塑料预热时混入异物
冷块,僵块:注塑件中出现了冷凝料的料块,其色泽与本体有所不同	①原材料因素:塑料的流动性差,料粒不匀或料粒过大,料中混入杂质和不同品种的料。 ②模具因素:模具及喷嘴的温度低,模具无主流道或主流道过短,模具无冷料穴。 ③成型加工参数及设备因素:喷嘴温度低,模温低,熔体的温度过低,塑料塑化不良;塑化不匀,注射速度低,成型时间短;注射机的容量接近注塑件的质量,注射机塑化能力不足

续表 D-1

缺　陷	原　因　分　析
表面不光泽:注塑件成型之后,表面不光亮,存在伤痕,表面呈乳白色或发乌等现象	①原材料因素:塑料含水分、挥发物过多,装料不足,料粒大小不匀;纤维外露或银箔状填料无方向分布;塑料流动性差;料中混入异料或不相溶料。 ②模具因素:模具表面粗糙度不良,存在伤痕;模具中存在水分和油污;模温过高或过低;脱模斜度小,脱模不良;浇口小;模具排气不良。 ③成型加工参数及设备因素:脱模剂过多,选用不当;塑料与颜料分解变质;注射速度慢或快;熔体汽化;料温过高或过低;塑化不良;注塑件表面硬度低;存在银丝,色泽不匀
脆弱:由于塑料不良,方向性明显,内应力大及注塑件结构不良,使注塑件强度下降,发脆易裂(尤其沿料流方向更易开裂)	①原材料因素:塑料分解降聚,水解,塑料不良和变质;塑料潮湿或含水率太低(如尼龙6);塑料内存在杂质及不相溶的料;填料分布不匀,收缩方向性明显;塑料再生料太多或供料不足;料粒过大及不匀。 ②模具因素:浇口尺寸和位置及形式不良;模温太低。 ③成型加工参数及设备因素:成型温度低,塑化不良,脱模剂不当;模具不干净;收缩不匀、冷却不良及残余应力;注塑件与溶剂接触。 ④注塑件结构因素:注塑件设计不良,如强度不够,存在锐角及缺口;金属嵌件所包裹的塑料太薄,嵌件预热不够,清洗不干净
透明度不良:指注塑件表面存在着细小的凹穴,造成光线乱散射或塑料分解时存在着异物与杂质	①原材料因素:塑料中含水分高,有杂质、黑条及银丝。 ②模具因素:模具表面不光亮,有油污及水分;塑料与模具表面接触不良;模温低;脱模剂过多或选用不当。 ③成型加工参数及设备因素:料温高或浇注系统的剪切作用大;料温低,塑化不良;结晶性塑料冷却不良或不均匀。 ④注塑件结构因素:注塑件壁厚不均匀
黑点和黑条纹:指在注塑件表面呈现黑点和黑条纹,或在注塑件表面有碳状烧伤的现象	①原材料因素:水敏感性塑料干燥不良;喷涂润滑剂过量,可燃性挥发物过多;含有过量的细小颗粒或粉末;再生料的比例过高;塑料粒中存在着碎屑卡入柱塞及料筒之间的间隙;喷嘴及模具的死角存有储料或料筒清洗不干净;染色不匀,存在着深色的塑料,色母变质。 ②模具因素:模具的排气不良;模具的浇注系统设计不合理;模具型腔表面不洁,存在可燃性的挥发物。 ③成型加工参数因素:熔体温度过高;注射压力过大,螺杆的转速过高;模具的锁模力太大;背压过小;加料量少。 ④注射机因素:注射机的柱塞或螺杆及喷嘴磨损

表 D-2　热固性塑料成型时常见缺陷及分析

缺　陷	原　因　分　析
变形:指塑料件发生了翘曲、变形和尺寸的变化现象	①原材料因素:塑料含水分及挥发物过多,塑料预热不良,塑料收缩太大,熔料塑化不良。 ②模具因素:浇注系统不良与脱模不良,模温低,模温不匀或上、下模温相差太大,成型条件不当。 ③成型加工参数因素:保压时间短,压制温度过高或过低,整形时间太短,脱模后冷却不匀;增强塑料脱模时温度过高或料温升温太快,料筒温度低,保持温度时间短。 ④塑料件结构因素:塑料件壁厚过薄,厚薄不匀;形状不合理,强度不足;嵌件位置不当
尺寸不符合要求:指成型后的塑料件尺寸不符合其图样尺寸要求	①原材料因素:塑料不合格或含水分及挥发物过多,塑料收缩率过大或过小。 ②模具因素:模具结构不良、尺寸不对,磨损、变形;上、下模温差大或模温不匀;浇注系统不良。 ③成型加工参数因素:加料量过多或过少,成型压力、温度、时间、预热条件、装料、工艺条件不当或不稳定,塑料件脱模不当或脱模整形不当。 ④压塑机因素:压塑机控制仪器不良或上、下工作台不平行。 ⑤塑料件结构因素:塑料件壁厚不匀,嵌件位置不当

续表 D-2

缺　　陷	原　因　分　析
嵌件变形、脱落、位移:指塑料件脱模后出现嵌件变形、渗料、脱落或位置变动等现象	①原材料因素:塑料流动性小,含纤维填料量大,填料分布不匀或熔接不良。 ②模具因素:脱模不良,熔体及气流直接冲击嵌件。 ③成型加工参数因素:塑料件过硬化或硬化不足,成型压力过大,塑料未硬化或已硬化时仍在加压。 ④塑料件结构因素:嵌件设计不良,包裹层塑料太薄,嵌件未预热;嵌件安装及固定形式不良;嵌件尺寸公差太大,嵌件与模具安装间隙过大或过小;嵌件尺寸不对或模具不当;塑料流动性过大
起泡(气泡、鼓泡、肿胀):指塑料件内部气体膨胀,使得内部成为空穴或表面鼓起的现象	①原材料因素:预热不良,塑料含水分或挥发物过多;有外来杂质或有其他品种的塑料;料粒不匀,太细及预塑不良等;熔体内充气过多。 ②模具因素:模温过高或过低,模具排气不良,排气操作不良;模具型腔表面有挥发物或脱模剂不当。 ③成型加工参数因素:成型温度低或高,成型压力小,保持压力小;成型时间短;料筒温度低;注射速度太快。 ④塑料件结构因素:塑料件壁厚不匀
灰暗:指塑料件表面无光泽并呈灰暗色的现象	①原材料因素:塑料内含挥发物过多,含水分过多,充气过多,排气不良;轻微缺料;不同牌号的塑料混合使用;塑料件局部纤维填料裸露,树脂、填料分头集中。 ②模具因素:模具型腔表面粗糙度不良,镀铬层不良;模具表面有油污或脱模剂不当;浇口太小。 ③成型加工参数因素:压制温度过低或过高,保持时间不足,预热不足及不匀;塑料件粘模;合模太晚或合模速度太慢;料筒温度低,成型压力小;注射速度过大或过小;塑料流动性差;氨基塑料硬化不足
色泽不匀、变色:指塑料件表面颜色不匀或变色或存在云层状冷花	①原材料因素:塑料质量不佳。 ②成型加工参数因素:压制温度低,硬化不足,预热不良,成型条件不良或硬化不匀等;料筒温度过高或过低,模温高,硬化时间长,注射速度过快或过慢,浇口小;塑料含水分及挥发物多;压制温度高,塑料及有机颜料分解
电性能不符:塑料件的电性能不符合要求	①原材料因素:塑料含水分及挥发物过多,含杂质、金属尘埃;塑料质量不佳。 ②成型加工参数因素:预热不良,硬化不足或过硬化或硬化不匀,压制温度高或压制温度低,流动性小,脱模剂不当,塑料件内有空穴
机械强度及化学性能差:指成型后塑料件的机械强度及化学性能达不到塑料的要求	①原材料因素:塑料质量差,混入有机杂质;含水分及挥发物过多;树脂和填料混合不良,填料分布不匀。 ②模具因素:浇口小、位置不当或流道狭窄。 ③成型加工参数因素:加料量不准确,装料不匀;不易成型处装料少或余料小;硬化不足或硬化不匀或过硬化;成型压力小,压力不匀;成型温度过高或过低;保持压力时间过长或过短;料筒温度过高或过低及注射速度过大或过小;塑料流动性差;原料"结团"。 ④塑料件结构因素:塑料件结构不良
缺料:指塑料件存在局部不完整、组织疏松多孔、表面发毛不光泽等现象	①原材料因素:塑料含水分及挥发物过多;粉料内充气过多且排气不良;料粒不匀或太粗或太细或存在大粒树脂或杂质硬化时,塑料件呈多孔状疏松组织。 ②模具因素:浇注系统流程过长,流道曲折,截面小(模温高时影响较大)或浇口位置不当及浇口形式不当,浇口数量少,截面薄窄。 ③成型加工参数及设备因素:装料不足,装料不匀或不易成型部位装料少;装料过多,飞边过大;加料量不足,余料不足;塑料流动性过大或过小;成型压力小,压制温度过高或过低或不均;保压时间短;预热过度或不足或不匀;排气时机过早或过晚,过长或过短;合模速度过快或过慢;料筒温度过高或过低;预塑不良;注射速度过快或过慢;脱模剂不当或过多。 ④压塑机因素:压机吨位不足或保压时有泄压现象,压机上、下工作台及模具上、下承压平面不平行。 ⑤塑料件结构因素:塑料件过薄,形状复杂

续表 D-2

缺 陷	原 因 分 析
崩落:指塑料件表面存在机械损伤或凹坑、边角剥落等现象	①模具因素:塑料件粘模或模具表面损伤。 ②成型加工参数因素:塑料件保管运输不当或机械加工不当,压制温度高及时间长,加压晚或温度低及加压时间短、加压过早,飞边太厚。 ③塑料件结构因素:塑料件设计不合理,角根处过渡圆弧半径小和无纤维填料
斑点:指塑料件表面局部存在大小不同无光泽或其他杂色斑点	①原材料因素:塑料内有外来杂质,尤其是油类物质;塑料件粘模;塑料中存在着大颗粒树脂;脱模剂不当。 ②模具因素:模具抛光不良,镀铬层不良;模具清理不好,表面不干净
裂缝:指塑料件表面发生开裂或出现裂缝的现象	①原材料因素:塑料质量不好,渗有杂质;收缩率过大或收缩不匀;脱模剂不当;氨基塑料压制温度高;塑料件粘模。 ②模具因素:模温过低或过高,塑料件脱模不良,浇注系统及成型条件不当。 ③成型加工参数因素:嵌件过多,包裹层塑料太薄,嵌件分布不当和未预热,嵌件材料与塑料膨胀系数配合不当,排气时间长,加压及排气时间过晚,硬化过度,供料不足,成型压力小;加压快、压力小及加压时间短;塑料件冷却不匀;熔接不良,预热不良。 ④塑料件结构因素:塑料件壁厚不匀,强度差;有尖角或有缺口
脱模不良:指塑料件粘模、脱模困难、产生开裂变形,脱模后塑料件在型腔中还有残留部分	①原材料因素:塑料含水分及挥发物过多,缺少脱模剂、脱模剂质量不佳或收缩率过大。 ②模具因素:脱模机构不良;拉料杆作用不良;脱模斜度不当;模具表面粗糙度大,成型部位表面有伤痕;模温不匀,上、下模温差大;浇注系统不良;喷嘴与浇口套的圆弧面之间夹料;模具结构不良;型腔强度不良,控制塑料件残留方面的措施不可靠;模具型腔真空。 ③成型加工参数因素:用料过多,成型压力过大,脱模剂不当,成型条件不当,过硬化或硬化不足。 ④塑料件结构因素:飞边阻止脱模,塑料件强度不良
纤维裸露(分头聚积):指塑料件成型时树脂与纤维填料产生分头聚积或纤维裸露的现象	①原材料因素:塑料含水分及挥发物过多,原料"结团"或互溶性差,含树脂量过大,原料流动性小。 ②模具因素:流道狭窄而曲折。 ③成型加工参数因素:加压过早,装料不匀,局部压力过大

附录 E 国内外模具钢号对照(表 E-1)

表 E-1 国内外模具钢号对照

序号	中 国 GB	美 国 AISI	原苏联 ΓOCT	日 本 JIS	德 国 DIN	英 国 BS	法 国 NF
1	T7	W1 和 W2	У7	SK6	C70W2	—	Y3 65
2	T8	W1 和 W2	У8	SK6	C80W2	—	Y2 75
3	T9	W1 和 W2	У9	SK5	C90W2	BW1A	Y2 90
4	T10	W1 和 W2	У10	SK4	C105W2	BW1B	Y2 105
5	T11	W1 和 W2	У11	SK3	C110W2	BW1B	Y2 105
6	T12	W1	У12	SK2	C125W2	BW1C	Y2 120
7	9Mn2V	O2	9Г2Ф	SKT6	9MnV8	B02	90MV8
8	CrWMn	O7	ХВГ	SKS31	105WCr6	—	—
9	MnCrWV	O1	—	SKS3	100MnCrW4	B01	—
10	9SiCr	—	9XC	—	90CrSi5	C4(ESC)	—
11	Cr2(GCr15)	E52100	X(ШХ15)	SUJ2	100Cr6	534A99	100C5
12	Cr6WV	A2	X6ВФ	SKD12	X100CrMnV	BA2	Z100CDV5

续表 E-1

序号	中 国 GB	美 国 AISI	原苏联 ГОСТ	日 本 JIS	德 国 DIN	英 国 BS	法 国 NF
13	Cr12	D3	X12	SKD1	X210Cr12	BD3	Z200C12
14	Cr12MoV	D2	X12M	SKD11	X165CrMoV12	BD2	Z160CDV12
15	W18Cr4V	T1	P18	SKH2	S18-0-1	BT1	Z80WCV18-04-01
16	W6Mo5Cr4V	M2	P6M5	SKH51	S6-5-2	BM2	Z85WDCV06-05-04-02
17	6W6Mo5Cr4V	H42					
18	9Cr18	440C	95X18	SUS440C			Z100CD17
19	9Cr18MoV	440B		SUS440B	X90CrMoV18		
20	Cr14Mo	～416	X14M			En56AM	F1S
21	Cr14Mo4	—	X14M4				
22	1Cr18Ni9Ti	322	12X18H10T	SUS29	X10CrNiTi18.9	321S20	Z10CNT18.11
23	5CrNiMo	6F2	5XHM	≈SKT4	55NiCrMoV6	PMLB/1(ESC)	55NCDV7
24	5CrMnMo	6G	5XГM	SKT5	≈40CrMnMo7		
25	4Cr5MoVSi	H11	4X5MФC	SKD6	X38CrMoV51	BH11	Z38CDV78
26	4Cr5MoV1Si	H13	4X5MФ1C	SKD61	X40CrMoV51	BH13	
27	4Cr5W2VSi	—	4X5B2ФC	SKD62	X37CrMoV51	BH12	Z38CDWV5
28	3Cr2W8V	H21	3X2B8Ф	SKD5	X30WCrV93	BH21A	Z30WCV9
29	4Cr3Mo3W2V	H10	—		X32CrMoV33	BH10	320CV28
30	4Cr14Ni4W2Mo	EV9(SAE)	4×14H14B2M	SUH31	—	En54	Z45CNWSO-14
31	4CrMo	4140		SCM4	42CrMo4	708A42	42CD4
32	40CrNiMo	4340	40×H2MA	SNCM439	36NiCrMo4	815M40	35NCD6
33	40CrNi2Mo	4340	40×H2MA	SNCM439	36NiCrMo4	815M40	35NCD6
34	30CrMnSiNi2A	—	30×CH2A	—			
35	10	1010	10	S10C	C10	040A10	CC10
36	20	1020	20	S20C	C22	040A20	CC20
37	30	1030	30	S30C		060A30	C30
38	35	1035	35	S35C	C35	060A35	CC35
39	45	1045	45	S45C	C45	060A42	CC45
40	55	1055	55	S55C	C55	06057	CC55
41	12CrNi2	3215	12×H2	SNC415	14NiCr10	—	10NC11
42	12CrNi3	3415(SAE)	12×H3A	SNC815	14NiCr14	655A12	12NC12
43	12Cr2Ni4	E3310	12×H4A	SNC815	14NiCr18	659A15	12NC15
44	20Cr	5120	20×	SCr420	20Cr4	527A19	18C3
45	20Cr2Ni4A	3325(SAE)	20×2H4A			659M15	20NC14
46	40Cr	5140	40×	SCr440	41Cr4	530A40	42C4
47	3Cr2Mo	P20					
48	4Cr3Mo3SiV	H10					
49	4Cr13	—	40×13	SUS420J12	X40Cr13	En56D	Z40C14
50	1Cr17Ni2	431	40×17H2	SUS431	X22CrNi17	431S29	Z15CN16-2
51	65Mn	1566	65Г			080A67	
52	50CrVA	6150	50×ФА	SUP10	50CrV4	735A50	5CV4
53	60Si2Mn	9260	60C2	SUP7	60SiMo5	250A58	60S7
54	50CrMn	—	50×Г	SUP9	55Cr3	—	
55	60Si2Cr4A	9254	60C2×4		60SiCr7	—	60C7

附录 F   液压机和注射机的技术规范

本附录介绍液压机和注射机的技术规范,考虑模具与设备的匹配和对接时可参考。

(1)液压机的技术规范(表 F-1)

表 F-1   液压机的技术规范

常用液压机型号	特征	液压部分			活动横梁部分		顶出部分			附注
		公称压力/kN	回程压力/kN	工作液最大压力/MPa	动梁至工作台最大距离 L/mm	动梁最大行程 L_1/mm	顶出杆最大顶出力/kN	顶出杆最大回程力/kN	顶出杆最大行程 L_2/mm	
45-58	上压式、框架结构、下顶出	450	68	32	650	250	—	—	150	—
YA71-45	上压式、框架结构、下顶出	450	60	32	750	250	120	35	175	—
SY71-45	上压式、框架结构、下顶出	450	60	32	750	250	120	35	175	—
YX(D)-45	上压式、框架结构、下顶出	450	70	32		250	—		150	—
Y32-50	上压式、框架结构、下顶出	500	105	20	600	400	75	37.5	150	—
YB32-63	上压式、框架结构、下顶出	630	133	25	600	400	95	47	150	—
BY32-63	上压式、框架结构、下顶出	630	190	25	600	400	180	100	130	—
Y31-63	—	630	300	32	—	300	3(手动)	—	130	—
Y71-100	—	630	300	32	600	300	3(手动)	—	130	—
YX-100	上压式、框架结构、下顶出	1 000	500	32	650	380	200	—	165(自动) 280(手动)	—
Y71-100	上压式、框架结构、下顶出	1000	200	32	650	380	200	—	165(自动) 280(手动)	动梁没有四孔
Y32-100	上压式、框架结构、下顶出	1000	230	20	900	600	150	80	180	—
Y32-100A	—	1000	160	21	850	600	165	70	210	动梁没有四孔
ICH-100	上压式、框架结构、下顶出	1000	500	32	650	380	200	—	165(自动) 280(手动)	—
Y32-200	上压式、框架结构、下顶出	2000	620	20	1 100	700	300	82	250	—

续表 F-1

常用液压机型号	特　征	液压部分			活动横梁部分		顶出部分			附　注
		公称压力/kN	回程压力/kN	工作液最大压力/MPa	动梁至工作台最大距离 L/mm	动梁最大行程 L_1/mm	顶出杆最大顶出力/kN	顶出杆最大回程力/kN	顶出杆最大行程 L_2/mm	
YB32-200	上压式、框架结构、下顶出	2 000	620	20	1 100	700	300	150	250	—
YB71-250	上压式、框架结构、下顶出	2 500	150	30	1 200	600	340	—	300	—
SY-250	上压式、框架结构、下顶出	2 500	150	30	1 200	600	340		300	工作台有三个顶出杆,动梁上有两孔
Y33-300	—	3 000		24	1 000	600	—			—
Y32-300 YB32-300	上压式、框架结构、下顶出	3 000	400	20	1 240	800	300	82	250	—

注:符号 L,L_1 及 L_2,如图 F-1 所示。

(2)液压机的结构(图 F-1)

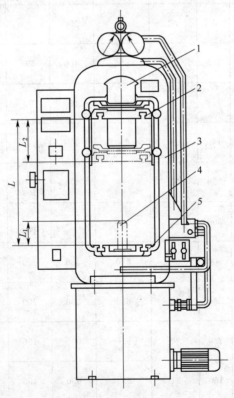

图 F-1　上压式框架型液压机

1. 液压缸　2. 活动横梁　3. 框架　4. 推出机构　5. 下工作台

(3)常用国产液压机安装模具的工作台规格(图 F-2～图 F-15)

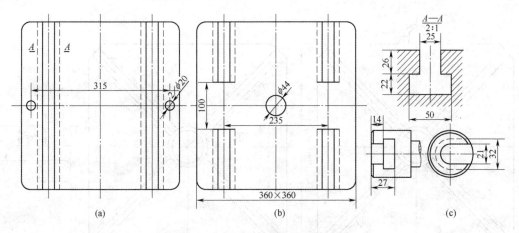

图 F-2　45-58, YX(D)-45 型液压机工作台

(a)动梁　(b)工作台　(c)推杆

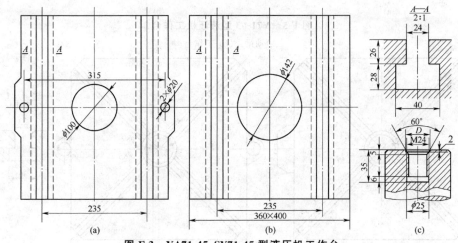

图 F-3　YA71-45, SY71-45 型液压机工作台

(a)动梁　(b)工作台　(c)推杆

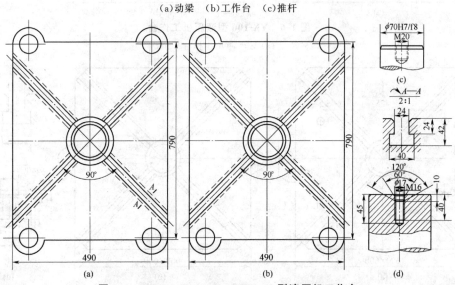

图 F-4　Y32-50, YB32-63, BY32-63 型液压机工作台

(a)动梁　(b)工作台　(c)BY32-63 顶杆　(d)Y32-50, YB32-63 顶杆

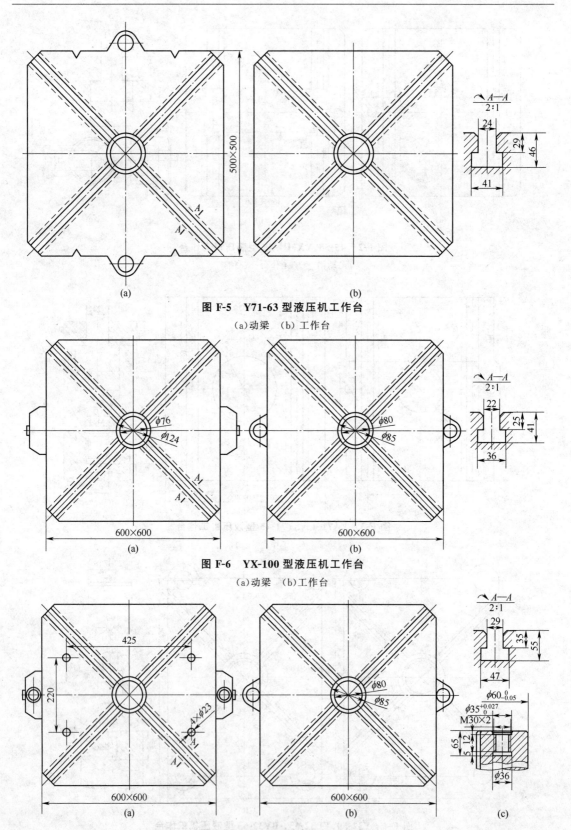

图 F-5　Y71-63 型液压机工作台

（a）动梁　（b）工作台

图 F-6　YX-100 型液压机工作台

（a）动梁　（b）工作台

图 F-7　Y71-100 型液压机工作台

（a）动梁　（b）工作台　（c）推杆

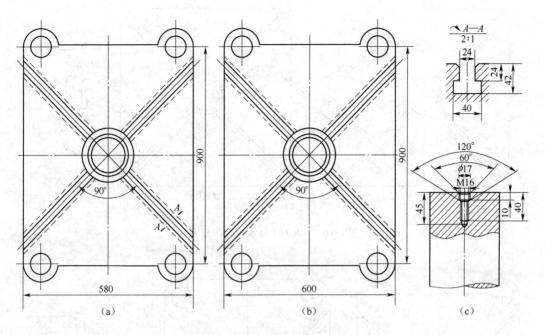

图 F-8 Y32-100 型液压机工作台

(a)动梁 (b)工作台 (c)推杆

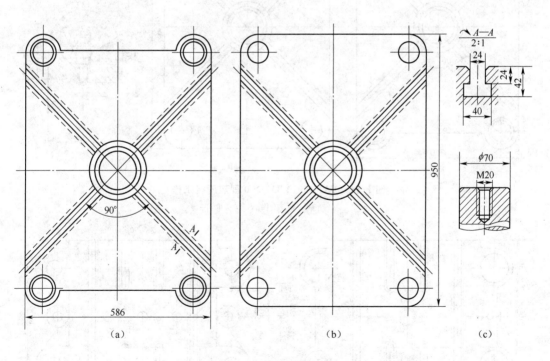

图 F-9 BY32-100 型液压机工作台

(a)动梁 (b)工作台 (c)推杆

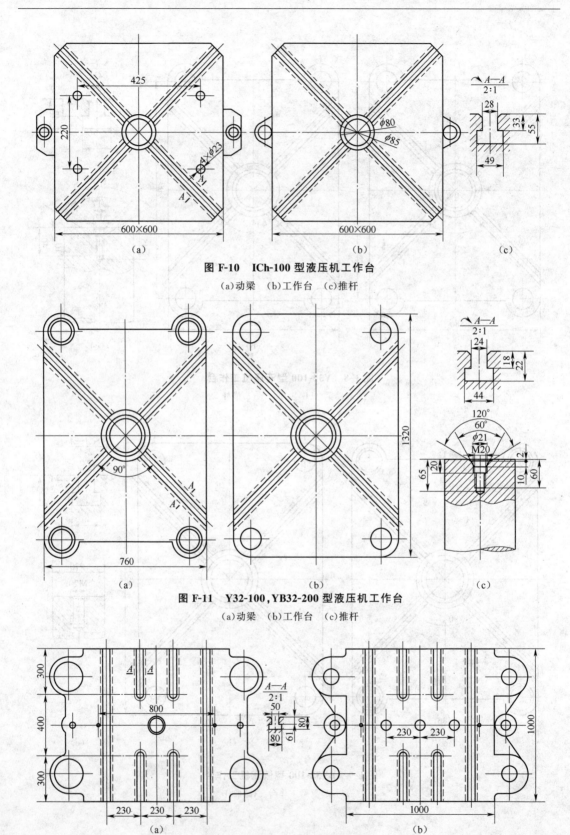

图 F-10　ICh-100 型液压机工作台
(a)动梁　(b)工作台　(c)推杆

图 F-11　Y32-100,YB32-200 型液压机工作台
(a)动梁　(b)工作台　(c)推杆

图 F-12　YB71-250 型液压机工作台
(a)动梁　(b)工作台

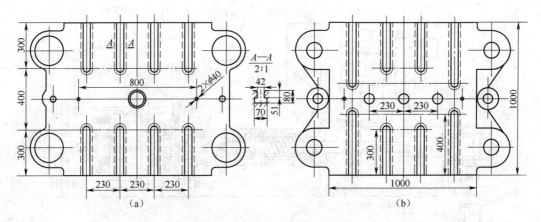

图 F-13　ICH-250 型液压机工作台

(a)动梁　(b)工作台

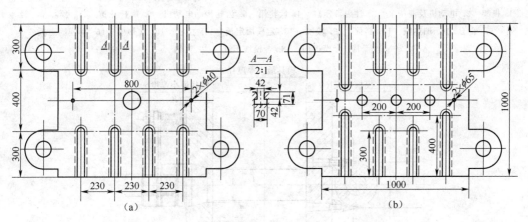

图 F-14　SY-250 型液压机工作台

(a)动梁　(b)工作台

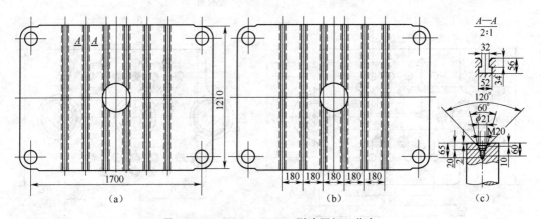

图 F-15　YB-300,Y32-300 型液压机工作台

(a)动梁　(b)工作台　(c)推杆

(3)国产注射机及注塑模安装尺寸(图 F-16～图 F-25)

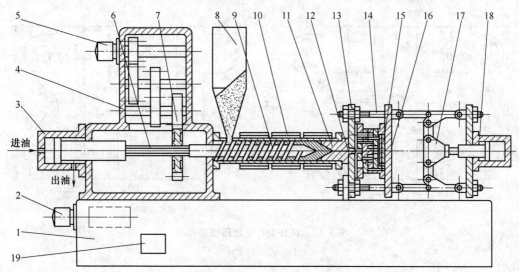

图 F-16   螺杆式注射机结构简图

1.机架 2.电动机及液压泵 3.注射液压缸 4.齿轮箱 5.齿轮传动电动机 6.螺杆花键 7.齿轮 8.料斗 9.螺杆 10.加热圈 11.料筒 12.喷嘴 13.定模固定板 14.拉杆 15.注塑模 16.动模固定板 17.合模机构 18.合模液压缸 19.油箱

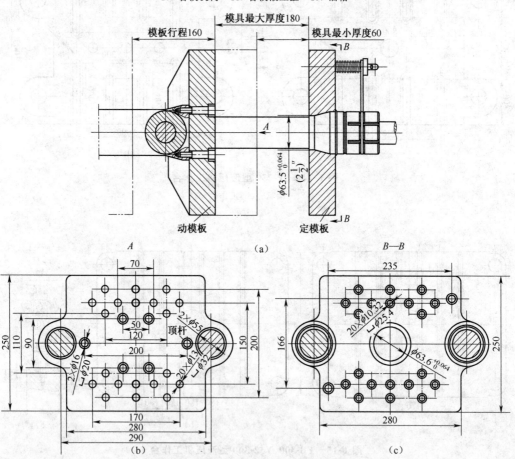

图 F-17   XS-ZS-22,XS-Z-30 型注射机

(a)注射机的部分结构和参数   (b)移动模板   (c)固定模板

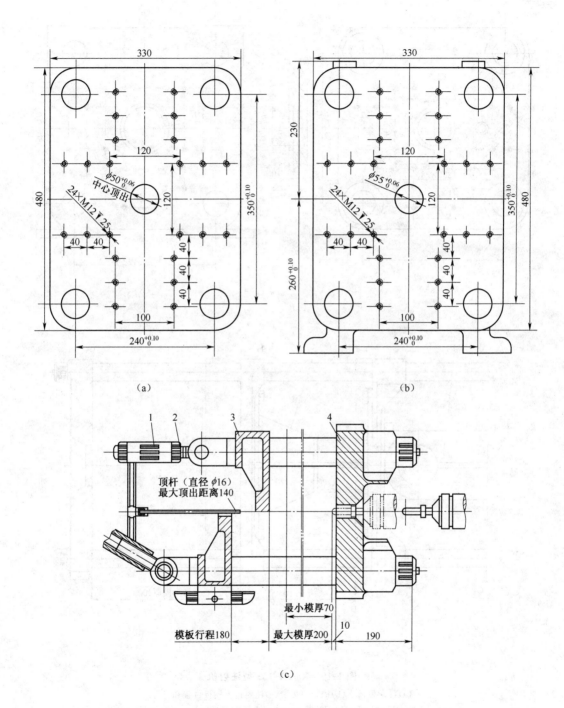

图 F-18 XS-ZY-60 型注射机

(a)移动模板 (b)固定模板 (c)注射机的部分结构和参数

1. 调节螺母 2. 紧定螺母 3. 移动模板 4. 固定模板

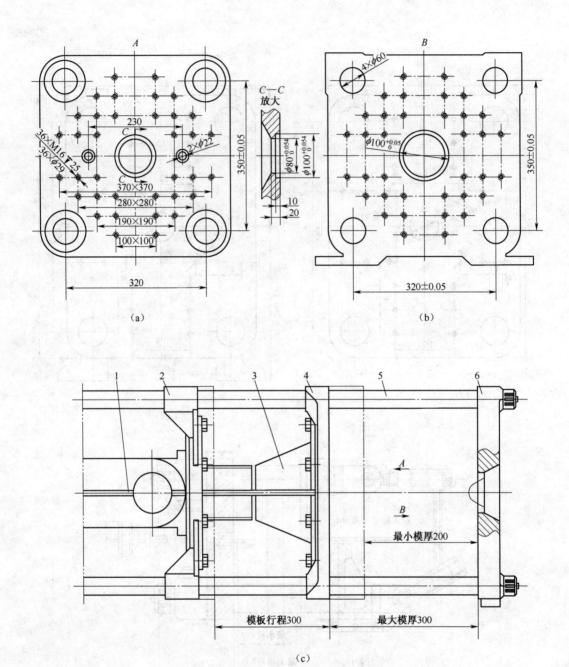

图 F-19　XS-ZY-125 型注射机

(a)移动模板　(b)固定模板　(c)注射机上模板位置和行程

1. 顶杆　2. 支架　3. 螺母　4. 移动模板　5. 拉杆　6. 固定模板

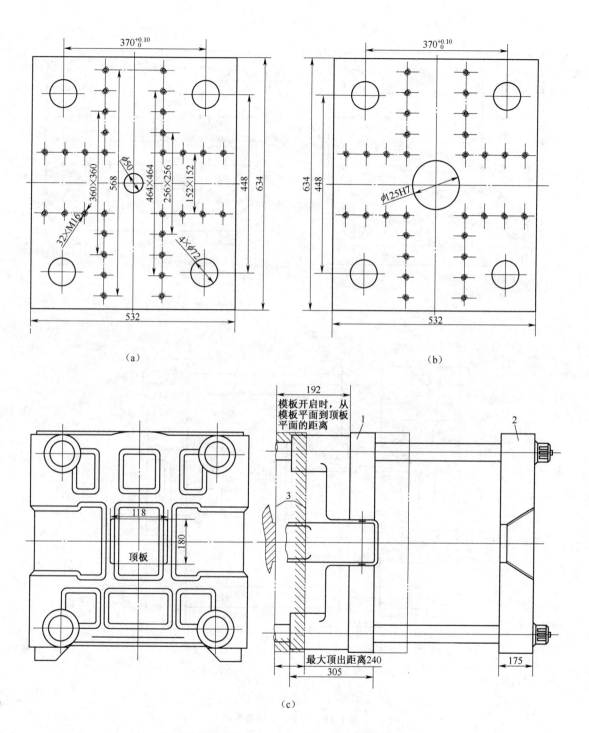

图 F-20 G54-S200/400 型注射机

(a)移动模板 (b)固定模板 (c)注射机上模板位置和行程

1. 移动模板 2. 固定模板 3. 顶板

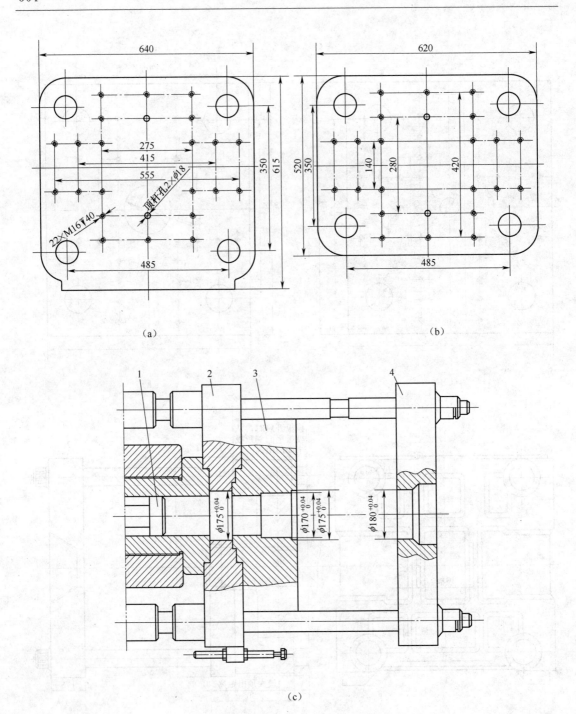

(a)　　　　　　　　　　　　　　(b)

(c)

图 F-21　SZY-300 型注射机

(a)移动模板　(b)固定模板　(c)注射机的部分结构和参数

1. 顶出杆　2. 移动模板　3. 垫板　4. 固定模板

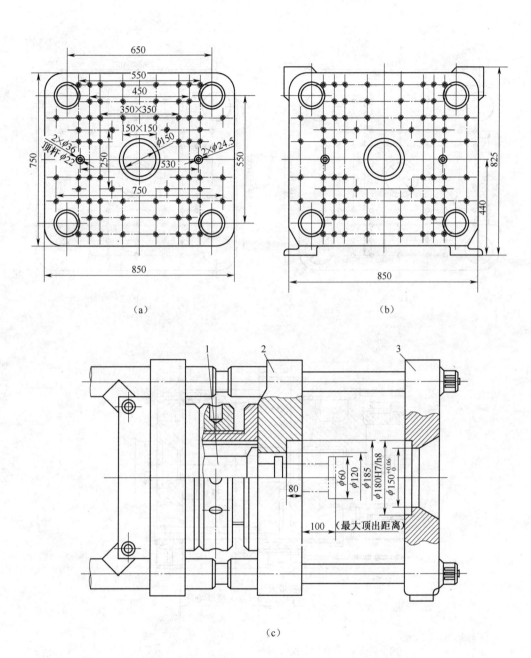

图 F-22　XS-ZY-500 型注射机

(a)移动模板　(b)固定模板　(c)注射机上模板位置和行程

1. 移动模板　2. 中心顶出液压缸　3. 固定模板

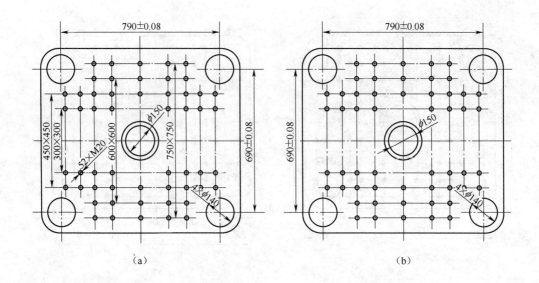

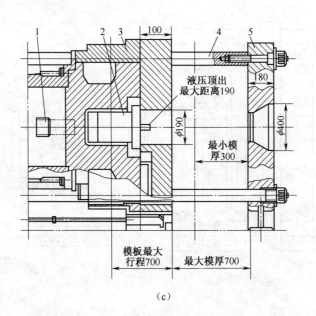

图 F-23   XS-ZY-1000 型注射机

(a)移动模板   (b)固定模板   (c)注射机的部分结构和参数

1. 机械顶出器 2. 液压顶出装置 3. 稳压液压缸 4. 起模辅助装置 5. 固定模板

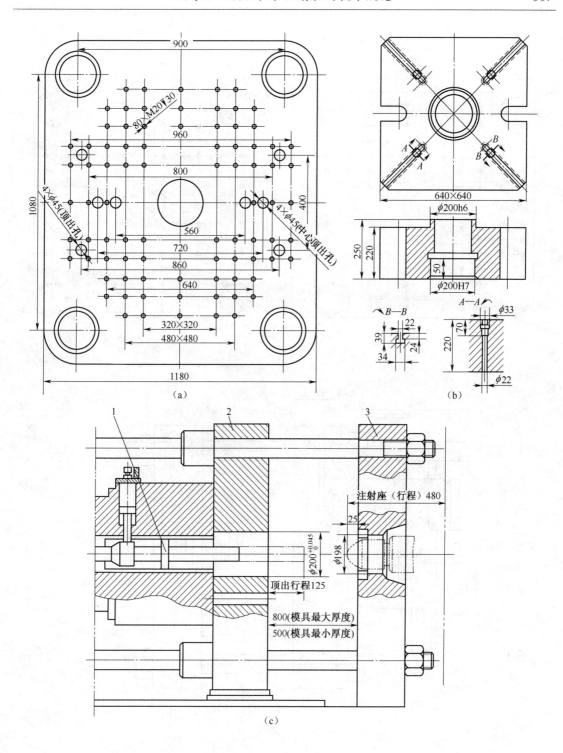

图 F-24 SZY-2000 型注射机

(a)移动(固定)模板(定模板上无顶出孔) (b)垫模板 (c)注射机的部分结构和参数

1. 液压中心顶出装置 2. 移动模板 3. 固定模板

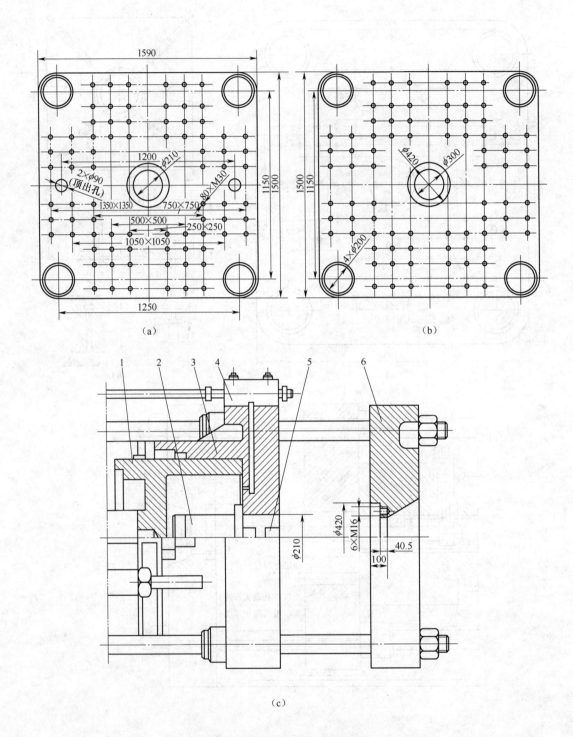

图 F-25 X-ZY-1000 型注射机

(a)移动模板 (b)固定模板 (c)注射机的部分结构和参数

1.注塞 2.液压中心顶出口 3.移动模板 4.油阀 5.顶杆 6.固定模板

附录 G 渐开线函数表(表 G-1)

表 G-1 渐开线函数表 $\mathrm{inv}\,\alpha = \tan\alpha - \alpha$

	2°	3°	4°	5°	6°	7°	8°
0	0.000 014 18	0.000 047 90	0.000 113 6	0.000 222 2	0.000 384 5	0.000 611 5	0.000 914 5
1	0.000 014 54	0.000 048 71	0.000 115 1	0.000 224 4	0.000 387 7	0.000 615 9	0.000 920 3
2	0.000 014 91	0.000 049 52	0.000 116 5	0.000 226 7	0.000 390 9	0.000 620 3	0.000 926 0
3	0.000 015 28	0.000 050 34	0.000 118 0	0.000 228 9	0.000 394 2	0.000 624 8	0.000 931 8
4	0.000 015 65	0.000 051 17	0.000 119 4	0.000 231 2	0.000 397 5	0.000 629 2	0.000 937 7
5	0.000 016 03	0.000 052 01	0.000 120 9	0.000 233 5	0.000 400 8	0.000 633 7	0.000 943 5
6	0.000 016 42	0.000 052 86	0.000 122 4	0.000 235 8	0.000 404 1	0.000 638 2	0.000 949 4
7	0.000 016 82	0.000 053 72	0.000 123 9	0.000 238 2	0.000 407 4	0.000 642 7	0.000 955 3
8	0.000 017 22	0.000 054 58	0.000 125 4	0.000 240 5	0.000 410 8	0.000 647 3	0.000 961 2
9	0.000 017 62	0.000 055 46	0.000 126 9	0.000 242 9	0.000 414 1	0.000 651 8	0.000 967 2
10	0.000 018 04	0.000 056 34	0.000 128 5	0.000 245 2	0.000 417 5	0.000 656 4	0.000 973 2
11	0.000 018 46	0.000 057 24	0.000 130 0	0.000 247 6	0.000 420 9	0.000 661 0	0.000 979 2
12	0.000 018 88	0.000 058 14	0.000 131 6	0.000 250 0	0.000 424 4	0.000 665 7	0.000 985 2
13	0.000 019 31	0.000 059 06	0.000 133 2	0.000 252 4	0.000 427 8	0.000 670 3	0.000 991 3
14	0.000 019 75	0.000 059 98	0.000 134 7	0.000 254 9	0.000 431 3	0.000 675 0	0.000 997 3
15	0.000 020 20	0.000 060 91	0.000 136 3	0.000 257 3	0.000 434 7	0.000 679 7	0.001 003 4
16	0.000 020 65	0.000 061 86	0.000 138 0	0.000 259 8	0.000 438 2	0.000 684 4	0.001 009 6
17	0.000 021 11	0.000 062 81	0.000 139 6	0.000 262 2	0.000 441 7	0.000 689 2	0.001 015 7
18	0.000 021 58	0.000 063 77	0.000 141 2	0.000 264 7	0.000 445 3	0.000 693 9	0.001 021 9
19	0.000 022 05	0.000 064 74	0.000 142 9	0.000 267 3	0.000 448 8	0.000 698 7	0.001 028 1
20	0.000 022 53	0.000 065 73	0.000 144 5	0.000 269 8	0.000 452 4	0.000 703 5	0.001 034 3
21	0.000 023 01	0.000 066 72	0.000 146 2	0.000 272 3	0.000 456 0	0.000 708 3	0.001 040 6
22	0.000 023 51	0.000 067 72	0.000 147 9	0.000 274 9	0.000 459 6	0.000 713 2	0.001 046 9
23	0.000 024 01	0.000 068 73	0.000 149 6	0.000 277 5	0.000 463 2	0.000 718 1	0.001 053 2
24	0.000 024 52	0.000 069 75	0.000 151 3	0.000 280 1	0.000 466 9	0.000 723 0	0.001 059 5
25	0.000 025 03	0.000 070 78	0.000 153 0	0.000 282 7	0.000 470 6	0.000 727 9	0.001 065 9
26	0.000 025 55	0.000 071 83	0.000 154 8	0.000 285 3	0.000 474 3	0.000 732 8	0.001 072 2
27	0.000 026 08	0.000 072 88	0.000 156 5	0.000 287 9	0.000 478 0	0.000 737 8	0.001 078 6
28	0.000 026 62	0.000 073 94	0.000 158 3	0.000 290 6	0.000 481 7	0.000 742 8	0.001 085 1
29	0.000 027 16	0.000 075 01	0.000 160 1	0.000 293 3	0.000 485 4	0.000 747 8	0.001 091 5
30	0.000 027 71	0.000 076 10	0.000 161 9	0.000 295 9	0.000 489 2	0.000 752 8	0.001 098 0
31	0.000 028 27	0.000 077 19	0.000 163 7	0.000 298 6	0.000 493 0	0.000 757 9	0.001 104 5
32	0.000 028 84	0.000 078 29	0.000 165 5	0.000 301 4	0.000 496 8	0.000 762 9	0.001 111 1
33	0.000 029 41	0.000 079 41	0.000 167 4	0.000 304 1	0.000 500 6	0.000 768 0	0.001 117 6
34	0.000 029 99	0.000 080 53	0.000 169 2	0.000 306 9	0.000 504 5	0.000 773 2	0.001 124 2

续表 G-1

	2°	3°	4°	5°	6°	7°	8°
35	0. 000 030 58	0. 000 081 67	0. 000 171 1	0. 000 309 6	0. 000 508 3	0. 000 778 3	0. 001 130 8
36	0. 000 031 17	0. 000 082 81	0. 000 172 9	0. 000 312 4	0. 000 512 2	0. 000 783 5	0. 001 137 5
37	0. 000 031 78	0. 000 083 97	0. 000 174 8	0. 000 315 2	0. 000 516 1	0. 000 788 7	0. 001 144 1
38	0. 000 032 39	0. 000 085 14	0. 000 176 7	0. 000 318 0	0. 000 520 0	0. 000 793 9	0. 001 150 8
39	0. 000 033 01	0. 000 086 32	0. 000 178 7	0. 000 320 9	0. 000 524 0	0. 000 799 1	0. 001 157 5
40	0. 000 033 64	0. 000 087 51	0. 000 180 6	0. 000 323 7	0. 000 528 0	0. 000 804 4	0. 001 164 3
41	0. 000 034 27	0. 000 088 71	0. 000 182 5	0. 000 326 6	0. 000 531 9	0. 000 809 6	0. 001 171 1
42	0. 000 034 91	0. 000 089 92	0. 000 184 5	0. 000 329 5	0. 000 535 9	0. 000 815 0	0. 001 177 9
43	0. 000 035 56	0. 000 091 14	0. 000 186 5	0. 000 332 4	0. 000 540 0	0. 000 820 3	0. 001 184 7
44	0. 000 036 22	0. 000 092 37	0. 000 188 5	0. 000 335 3	0. 000 544 0	0. 000 825 6	0. 001 191 5
45	0. 000 036 89	0. 000 093 62	0. 000 190 5	0. 000 338 3	0. 000 548 1	0. 000 831 0	0. 001 198 4
46	0. 000 037 57	0. 000 094 87	0. 000 192 5	0. 000 341 2	0. 000 552 2	0. 000 836 4	0. 001 205 3
47	0. 000 038 25	0. 000 096 14	0. 000 194 5	0. 000 344 2	0. 000 556 3	0. 000 841 8	0. 001 212 2
48	0. 000 038 94	0. 000 097 42	0. 000 196 5	0. 000 347 2	0. 000 560 4	0. 000 847 3	0. 001 219 2
49	0. 000 039 64	0. 000 098 70	0. 000 198 6	0. 000 350 2	0. 000 564 5	0. 000 852 7	0. 001 226 2
50	0. 000 040 35	0. 000 100 00	0. 000 200 7	0. 000 353 2	0. 000 568 7	0. 000 858 2	0. 001 233 2
51	0. 000 041 07	0. 000 101 32	0. 000 202 8	0. 000 356 3	0. 000 572 9	0. 000 863 8	0. 001 240 2
52	0. 000 041 79	0. 000 102 64	0. 000 204 9	0. 000 359 3	0. 000 577 1	0. 000 869 3	0. 001 247 3
53	0. 000 042 52	0. 000 103 97	0. 000 207 0	0. 000 362 4	0. 000 581 3	0. 000 874 9	0. 001 254 4
54	0. 000 043 27	0. 000 105 32	0. 000 209 1	0. 000 365 5	0. 000 585 6	0. 000 880 5	0. 001 261 5
55	0. 000 044 02	0. 000 106 68	0. 000 211 3	0. 000 368 6	0. 000 589 8	0. 000 886 1	0. 001 268 7
56	0. 000 044 78	0. 000 108 05	0. 000 213 4	0. 000 371 8	0. 000 594 1	0. 000 891 7	0. 001 275 8
57	0. 000 045 54	0. 000 109 43	0. 000 215 6	0. 000 374 9	0. 000 598 5	0. 000 897 4	0. 001 283 0
58	0. 000 046 32	0. 000 110 82	0. 000 217 8	0. 000 378 1	0. 000 602 8	0. 000 903 1	0. 001 290 3
59	0. 000 047 11	0. 000 112 23	0. 000 220 0	0. 000 381 3	0. 000 607 1	0. 000 908 8	0. 001 297 5
60	0. 000 047 90	0. 000 113 64	0. 000 222 2	0. 000 384 5	0. 000 611 5	0. 000 914 5	0. 001 304 8

	9°	10°	11°	12°	13°	14°	15°	16°
0	0. 001 305	0. 001 794	0. 002 394	0. 003 117	0. 003 975	0. 004 982	0. 006 150	0. 007 493
1	0. 001 312	0. 001 803	0. 002 405	0. 003 130	0. 003 991	0. 005 000	0. 006 171	0. 007 517
2	0. 001 319	0. 001 812	0. 002 416	0. 003 143	0. 004 006	0. 005 018	0. 006 192	0. 007 541
3	0. 001 327	0. 001821	0. 002 427	0. 003 157	0. 004 022	0. 005 036	0. 006 213	0. 007 565
4	0. 001 334	0. 001 830	0. 002 438	0. 003 170	0. 004 038	0. 005 055	0. 006 234	0. 007 589
5	0. 001 342	0. 001 840	0. 002 449	0. 003 183	0. 004 053	0. 005 073	0. 006 255	0. 007 613
6	0. 001 349	0. 001 849	0. 002 461	0. 003 197	0. 004 069	0. 005 091	0. 006 276	0. 007 637
7	0. 001 357	0. 001 858	0. 002 472	0. 003 210	0. 004 085	0. 005 110	0. 006 297	0. 007 661
8	0. 001 364	0. 001 867	0. 002 483	0. 003 223	0. 004 101	0. 005 128	0. 006 318	0. 007 686
9	0. 001 372	0. 001 877	0. 002 494	0. 003 237	0. 004 117	0. 005 146	0. 006 340	0. 007 710
10	0. 001 379	0. 001 886	0. 002 506	0. 003 250	0. 004 133	0. 005 165	0. 006 361	0. 007 735
11	0. 001 387	0. 001 895	0. 002 517	0. 003 264	0. 004 148	0. 005 184	0. 006 382	0. 007 759

续表 G-1

	9°	10°	11°	12°	13°	14°	15°	16°
12	0.001 394	0.001 905	0.002 528	0.003 277	0.004 164	0.005 202	0.006 404	0.007 784
13	0.001 402	0.001 914	0.002 540	0.003 291	0.004 180	0.005 221	0.006 425	0.007 808
14	0.001 410	0.001 924	0.002 551	0.003 305	0.004 197	0.005 239	0.006 447	0.007 833
15	0.001 417	0.001 933	0.002 563	0.003 318	0.004 213	0.005 258	0.006 469	0.007 857
16	0.001 425	0.001 943	0.002 574	0.003 332	0.004 229	0.005 277	0.006 490	0.007 882
17	0.001 433	0.001 952	0.002 586	0.003 346	0.004 245	0.005 296	0.006 512	0.007 907
18	0.001 441	0.001 962	0.002 598	0.003 360	0.004 261	0.005 315	0.006 534	0.007 932
19	0.001 448	0.001 972	0.002 609	0.003 374	0.004 277	0.005 334	0.006 555	0.007 957
20	0.001 456	0.001 981	0.002 621	0.003 387	0.004 294	0.005 353	0.006 577	0.007 982
21	0.001 464	0.001 991	0.002 633	0.003 401	0.004 310	0.005 372	0.006 599	0.008 007
22	0.001 472	0.002 001	0.002 644	0.003 415	0.004 327	0.005 391	0.006 621	0.008 032
23	0.001 480	0.002 010	0.002 656	0.003 429	0.004 343	0.005 410	0.006 643	0.008 057
24	0.001 488	0.002 020	0.002 668	0.003 443	0.004 359	0.005 429	0.006 665	0.008 082
25	0.001 496	0.002 030	0.002 680	0.003 458	0.004 376	0.005 448	0.006 687	0.008 107
26	0.001 504	0.002 040	0.002 692	0.003 472	0.004 393	0.005 467	0.006 709	0.008 133
27	0.001 512	0.002 050	0.002 703	0.003 486	0.004 409	0.005 487	0.006 732	0.008 158
28	0.001 520	0.002 060	0.002 715	0.003 500	0.004 426	0.005 506	0.006 754	0.008 183
29	0.001 528	0.002 069	0.002 727	0.003 514	0.004 443	0.005 525	0.006 776	0.008 209
30	0.001 536	0.002 079	0.002 739	0.003 529	0.004 459	0.005 545	0.006 799	0.008 234
31	0.001 544	0.002 089	0.002 751	0.003 543	0.004 476	0.005 564	0.006 821	0.008 260
32	0.001 553	0.002 100	0.002 764	0.003 557	0.004 493	0.005 584	0.006 843	0.008 285
33	0.001 561	0.002 110	0.002 776	0.003 572	0.004 510	0.005 603	0.006 866	0.008 311
34	0.001 569	0.002 120	0.002 788	0.003 586	0.004 527	0.005 623	0.006 888	0.008 337
35	0.001 577	0.002 130	0.002 800	0.003 600	0.004 544	0.005 643	0.006 911	0.008 362
36	0.001 586	0.002 140	0.002 812	0.003 615	0.004 561	0.005 662	0.006 934	0.008 388
37	0.001 594	0.002 150	0.002 825	0.003 630	0.004 578	0.005 682	0.006 956	0.008 414
38	0.001 602	0.002 160	0.002 837	0.003 644	0.004 595	0.005 702	0.006 979	0.008 440
39	0.001 611	0.002 171	0.002 849	0.003 659	0.004 612	0.005 722	0.007 002	0.008 466
40	0.001 619	0.002 181	0.002 862	0.003 673	0.004 629	0.005 742	0.007 025	0.008 492
41	0.001 628	0.002 191	0.002 874	0.003 688	0.004 646	0.005 762	0.007 048	0.008 518
42	0.001 636	0.002 202	0.002 887	0.003 703	0.004 664	0.005 782	0.007 071	0.008 544
43	0.001 645	0.002 212	0.002 899	0.003 718	0.004 681	0.005 802	0.007 094	0.008 571
44	0.001 653	0.002 223	0.002 912	0.003 733	0.004 698	0.005 822	0.007 117	0.008 597
45	0.001 662	0.002 233	0.002 924	0.003 747	0.004 716	0.005 842	0.007 140	0.008 623
46	0.001 670	0.002 244	0.002 937	0.003 762	0.004 733	0.005 862	0.007 163	0.008 650
47	0.001 679	0.002 254	0.002 949	0.003 777	0.004 751	0.005 882	0.007 186	0.008 676
48	0.001 688	0.002 265	0.002 962	0.003 792	0.004 768	0.005 903	0.007 209	0.008 702
49	0.001 696	0.002 275	0.002 975	0.003 807	0.004 786	0.005 923	0.007 233	0.008 729
50	0.001 705	0.002 286	0.002 987	0.003 822	0.004 803	0.005 943	0.007 256	0.008 756
51	0.001 714	0.002 297	0.003 000	0.003 838	0.004 821	0.005 964	0.007 280	0.008 782
52	0.001 723	0.002 307	0.003 013	0.003 853	0.004 839	0.005 984	0.007 303	0.008 809
53	0.001 731	0.002 318	0.003 026	0.003 868	0.004 856	0.006 005	0.007 327	0.008 836
54	0.001 740	0.002 329	0.003 039	0.003 883	0.004 874	0.006 025	0.007 350	0.008 863
55	0.001 749	0.002 340	0.003 052	0.003 898	0.004 892	0.006 046	0.007 374	0.008 889
56	0.001 758	0.002 350	0.003 065	0.003 914	0.004 910	0.006 067	0.007 397	0.008 916
57	0.001 767	0.002 361	0.003 078	0.003 929	0.004 928	0.006 087	0.007 421	0.008 943
58	0.001 776	0.002 372	0.003 091	0.003 944	0.004 946	0.006 108	0.007 445	0.008 970
59	0.001 785	0.002 383	0.003 104	0.003 960	0.004 964	0.006 129	0.007 469	0.008 998
60	0.001 794	0.002 394	0.003 117	0.003 975	0.004 982	0.006 150	0.007 493	0.009 025

续表 G-1

	17°	18°	19°	20°	21°	22°	23°	24°
0	0.009 025	0.010 760	0.012 715	0.014 904	0.017 345	0.020 054	0.023 049	0.026 350
1	0.009 052	0.010 791	0.012 750	0.014 943	0.017 388	0.020 101	0.023 102	0.026 407
2	0.009 079	0.010 822	0.012 784	0.014 982	0.017 431	0.020 149	0.023 154	0.026 465
3	0.009 107	0.010 853	0.012 819	0.015 020	0.017 474	0.020 197	0.023 207	0.026 523
4	0.009 134	0.010 884	0.012 854	0.015 059	0.017 517	0.020 244	0.023 259	0.026 581
5	0.009 161	0.010 915	0.012 888	0.015 098	0.017 560	0.020 292	0.023 312	0.026 639
6	0.009 189	0.010 946	0.012 923	0.015 137	0.017 603	0.020 340	0.023 365	0.026 697
7	0.009 216	0.011 977	0.012 958	0.015 176	0.017 647	0.020 388	0.023 418	0.026 756
8	0.009 244	0.011 008	0.012 993	0.015 215	0.017 690	0.020 436	0.023 471	0.026 814
9	0.009 272	0.011 039	0.013 028	0.015 254	0.017 734	0.020 484	0.023 524	0.026 872
10	0.009 299	0.011 071	0.013 063	0.015 293	0.017 777	0.020 533	0.023 577	0.026 931
11	0.009 327	0.011 102	0.013 098	0.015 333	0.017 821	0.020 581	0.023 631	0.026 989
12	0.009 355	0.011 133	0.013 134	0.015 372	0.017 865	0.020 629	0.023 684	0.027 048
13	0.009 383	0.011 165	0.013 169	0.015 411	0.017 908	0.020 678	0.023 738	0.027 107
14	0.009 411	0.011 196	0.013 204	0.015 451	0.017 952	0.020 726	0.023 791	0.027 166
15	0.009 439	0.011 228	0.013 240	0.015 490	0.017 996	0.020 775	0.023 845	0.027 225
16	0.009 467	0.011 260	0.013 275	0.015 530	0.018 040	0.020 824	0.023 899	0.027 284
17	0.009 495	0.011 291	0.013 311	0.015 570	0.018 084	0.020 873	0.023 952	0.027 343
18	0.009 523	0.011 323	0.013 346	0.015 609	0.018 129	0.020 921	0.024 006	0.027 402
19	0.009 552	0.011 355	0.013 382	0.015 649	0.018 173	0.020 970	0.024 060	0.027 462
20	0.009 580	0.011 387	0.013 418	0.015 689	0.018 217	0.021 019	0.024 114	0.027 521
21	0.009 608	0.011 419	0.013 454	0.015 729	0.018 262	0.021 069	0.024 169	0.027 581
22	0.009 637	0.011 451	0.013 490	0.015 769	0.018 306	0.021 118	0.024 223	0.027 640
23	0.009 665	0.011 483	0.013 526	0.015 809	0.018 351	0.021 167	0.024 277	0.027 700
24	0.009 694	0.011 515	0.013 562	0.015 849	0.018 395	0.021 217	0.024 332	0.027 760
25	0.009 722	0.011 547	0.013 598	0.015 890	0.018 440	0.021 266	0.024 386	0.027 820
26	0.009 751	0.011 580	0.013 634	0.015 930	0.018 485	0.021 315	0.024 441	0.027 880
27	0.009 780	0.011 612	0.013 670	0.015 971	0.018 530	0.021 365	0.024 495	0.027 940
28	0.009 808	0.011 644	0.013 707	0.016 011	0.018 575	0.021 415	0.024 550	0.028 000
29	0.009 837	0.011 677	0.013 743	0.016 052	0.018 620	0.021 465	0.024 605	0.028 060
30	0.009 866	0.011 709	0.013 779	0.016 092	0.018 665	0.021 514	0.024 660	0.028 121
31	0.009 895	0.011 742	0.013 816	0.016 133	0.018 710	0.021 564	0.024 715	0.028 181
32	0.009 924	0.011 775	0.013 852	0.016 174	0.018 755	0.021 614	0.024 770	0.028 242
33	0.009 953	0.011 807	0.013 889	0.016 214	0.018 800	0.021 665	0.024 825	0.028 302
34	0.009 982	0.011 840	0.013 926	0.016 255	0.018 846	0.021 715	0.024 881	0.028 363
35	0.010 011	0.011 873	0.013 963	0.016 296	0.018 891	0.021 765	0.024 936	0.028 424
36	0.010 041	0.011 906	0.014 999	0.016 337	0.018 937	0.021 815	0.024 992	0.028 485
37	0.010 070	0.011 939	0.014 036	0.016 379	0.018 983	0.021 866	0.025 047	0.028 546

续表 G-1

	17°	18°	19°	20°	21°	22°	23°	24°
38	0.010 099	0.011 972	0.014 073	0.016 420	0.019 028	0.021 916	0.025 103	0.028 607
39	0.010 129	0.012 005	0.014 110	0.016 461	0.019 074	0.021 967	0.025 159	0.028 668
40	0.010 158	0.012 038	0.014 148	0.016 502	0.019 120	0.022 018	0.025 214	0.028 729
41	0.010 188	0.012 071	0.014 185	0.016 544	0.019 166	0.022 068	0.025 270	0.028 791
42	0.010 217	0.012 105	0.014 222	0.016 585	0.019 212	0.022 119	0.025 326	0.028 852
43	0.010 247	0.012 138	0.014 259	0.016 627	0.019 258	0.022 170	0.025 382	0.028 914
44	0.010 277	0.012 172	0.014 297	0.016 669	0.019 304	0.022 221	0.025 439	0.028 976
45	0.010 307	0.012 205	0.014 334	0.016 710	0.019 350	0.022 272	0.025 495	0.029 037
46	0.010 336	0.012 239	0.014 372	0.016 752	0.019 397	0.022 324	0.025 551	0.029 099
47	0.010 366	0.012 272	0.014 409	0.016 794	0.019 443	0.022 375	0.025 608	0.029 161
48	0.010 396	0.012 306	0.014 447	0.016 836	0.019 490	0.022 426	0.025 664	0.029 223
49	0.010 426	0.012 340	0.014 485	0.016 878	0.019 536	0.022 478	0.025 721	0.029 285
50	0.010 456	0.012 373	0.014 523	0.016 920	0.019 583	0.022 529	0.025 778	0.029 348
51	0.010 486	0.012 407	0.014 560	0.016 962	0.019 630	0.022 581	0.025 834	0.029 410
52	0.010 517	0.012 441	0.014 598	0.017 004	0.019 676	0.022 632	0.025 891	0.029 472
53	0.010 547	0.012 475	0.014 636	0.017 047	0.019 723	0.022 684	0.025 948	0.029 535
54	0.010 577	0.012 509	0.014 674	0.017 089	0.019 770	0.022 736	0.026 005	0.029 598
55	0.010 608	0.012 543	0.014 713	0.017 132	0.019 817	0.022 788	0.026 062	0.029 660
56	0.010 638	0.012 578	0.014 751	0.017 174	0.019 864	0.022 840	0.026 120	0.029 723
57	0.010 669	0.012 612	0.014 789	0.017 217	0.019 912	0.022 892	0.026 177	0.029 786
58	0.010 699	0.012 646	0.014 827	0.017 259	0.019 959	0.022 944	0.026 235	0.029 849
59	0.010 730	0.012 681	0.014 866	0.017 302	0.020 006	0.022 997	0.026 292	0.029 912
60	0.010 760	0.012 715	0.014 904	0.017 345	0.020 054	0.023 049	0.026 350	0.029 975

	25°	26°	27°	28°	29°	30°	31°	32°
0	0.029 975	0.033 947	0.038 287	0.043 017	0.048 164	0.053 751	0.059 809	0.066 364
1	0.030 039	0.034 016	0.038 362	0.043 100	0.048 253	0.053 849	0.059 914	0.066 478
2	0.030 102	0.034 086	0.038 438	0.043 182	0.048 343	0.053 946	0.060 019	0.066 591
3	0.030 166	0.034 155	0.038 514	0.043 264	0.048 432	0.054 043	0.060 124	0.066 705
4	0.030 229	0.034 225	0.038 590	0.043 347	0.048 522	0.054 140	0.060 230	0.066 819
5	0.030 293	0.034 294	0.038 666	0.043 430	0.048 612	0.054 238	0.060 335	0.066 934
6	0.030 357	0.034 364	0.038 742	0.043 513	0.048 702	0.054 336	0.060 441	0.067 048
7	0.030 420	0.034 434	0.038 818	0.043 596	0.048 792	0.054 433	0.060 547	0.067 163
8	0.030 484	0.034 504	0.038 894	0.043 679	0.048 883	0.054 531	0.060 653	0.067 277
9	0.030 549	0.034 574	0.038 971	0.043 762	0.048 973	0.054 629	0.060 759	0.067 392
10	0.030 613	0.034 644	0.039 047	0.043 845	0.049 063	0.054 728	0.060 866	0.067 507
11	0.030 677	0.034 714	0.039 124	0.043 929	0.049 154	0.054 826	0.060 972	0.067 622

续表 G-1

	25°	26°	27°	28°	29°	30°	31°	32°
12	0.030 741	0.034 785	0.039 201	0.044 012	0.049 245	0.054 924	0.061 079	0.067 738
13	0.030 806	0.034 855	0.039 278	0.044 096	0.049 336	0.055 023	0.061 186	0.067 853
14	0.030 870	0.034 926	0.039 355	0.044 180	0.049 427	0.055 122	0.061 292	0.067 969
15	0.030 935	0.034 996	0.039 432	0.044 264	0.049 518	0.055 221	0.061 400	0.068 084
16	0.031 000	0.035 067	0.039 509	0.044 348	0.049 609	0.055 320	0.061 507	0.068 200
17	0.031 065	0.035 138	0.039 586	0.044 432	0.049 701	0.055 419	0.061 614	0.068 316
18	0.031 130	0.035 209	0.039 664	0.044 516	0.049 792	0.055 518	0.061 721	0.068 432
19	0.031 195	0.035 280	0.039 741	0.044 601	0.049 884	0.055 617	0.061 829	0.068 549
20	0.031 260	0.035 352	0.039 819	0.044 685	0.049 976	0.055 717	0.061 937	0.068 665
21	0.031 325	0.035 423	0.039 897	0.044 770	0.050 068	0.055 817	0.062 045	0.068 782
22	0.031 390	0.035 494	0.039 974	0.044 855	0.050 160	0.055 916	0.062 153	0.068 899
23	0.031 456	0.035 566	0.040 052	0.044 939	0.050 252	0.056 016	0.062 261	0.069 016
24	0.031 521	0.035 637	0.040 131	0.045 024	0.050 344	0.056 116	0.062 369	0.069 133
25	0.031 587	0.035 709	0.040 209	0.045 110	0.050 437	0.056 217	0.062 478	0.069 250
26	0.031 653	0.035 781	0.040 287	0.045 195	0.050 529	0.056 317	0.062 586	0.069 367
27	0.031 718	0.035 853	0.040 366	0.045 280	0.050 622	0.056 417	0.062 695	0.069 485
28	0.031 784	0.035 925	0.040 444	0.045 366	0.050 715	0.056 518	0.062 804	0.069 602
29	0.031 850	0.035 997	0.040 523	0.045 451	0.050 808	0.056 619	0.062 913	0.069 720
30	0.031 917	0.036 069	0.040 602	0.045 537	0.050 901	0.056 720	0.063 022	0.069 838
31	0.031 983	0.036 142	0.040 680	0.045 623	0.050 994	0.056 821	0.063 131	0.069 956
32	0.032 049	0.036 214	0.040 759	0.045 709	0.051 087	0.056 922	0.063 241	0.070 075
33	0.032 116	0.036 287	0.040 838	0.045 795	0.051 181	0.057 023	0.063 350	0.070 193
34	0.032 182	0.036 359	0.040 918	0.045 881	0.051 274	0.057 124	0.063 460	0.070 312
35	0.032 249	0.036 432	0.040 997	0.045 967	0.051 368	0.057 226	0.063 570	0.070 430
36	0.032 315	0.036 505	0.041 076	0.046 054	0.051 462	0.057 328	0.063 680	0.070 549
37	0.032 382	0.036 578	0.041 156	0.046 140	0.051 556	0.057 429	0.063 790	0.070 668
38	0.032 449	0.036 651	0.041 236	0.046 227	0.051 650	0.057 531	0.063 901	0.070 788
39	0.032 516	0.036 724	0.041 316	0.046 313	0.051 744	0.057 633	0.064 011	0.070 907
40	0.032 583	0.036 798	0.041 395	0.046 400	0.051 838	0.057 736	0.064 122	0.071 026
41	0.032 651	0.036 871	0.041 475	0.046 487	0.051 933	0.057 838	0.064 232	0.071 146
42	0.032 718	0.036 945	0.041 556	0.046 575	0.052 027	0.057 940	0.064 343	0.071 266
43	0.032 785	0.037 018	0.041 636	0.046 662	0.052 122	0.058 043	0.064 454	0.071 386
44	0.032 853	0.037 092	0.041 716	0.046 749	0.052 217	0.058 146	0.064 565	0.071 506
45	0.032 920	0.037 166	0.041 797	0.046 837	0.052 312	0.058 249	0.064 677	0.071 626
46	0.032 988	0.037 240	0.041 877	0.046 924	0.052 407	0.058 352	0.064 788	0.071 747
47	0.033 056	0.037 314	0.041 958	0.047 012	0.052 502	0.058 455	0.064 900	0.071 867
48	0.033 124	0.037 388	0.042 039	0.047 100	0.052 597	0.058 558	0.065 012	0.071 988
49	0.033 192	0.037 462	0.042 120	0.047 188	0.052 693	0.058 662	0.065 123	0.072 109

续表 G-1

	25°	26°	27°	28°	29°	30°	31°	32°
50	0.033 260	0.037 537	0.042 201	0.047 276	0.052 788	0.058 765	0.065 236	0.072 230
51	0.033 328	0.037 611	0.042 282	0.047 364	0.052 884	0.058 869	0.065 348	0.072 351
52	0.033 397	0.037 686	0.042 363	0.047 452	0.052 980	0.058 973	0.065 460	0.072 473
53	0.033 465	0.037 761	0.042 444	0.047 541	0.053 076	0.059 077	0.065 573	0.072 594
54	0.033 534	0.037 835	0.042 526	0.047 630	0.053 172	0.059 181	0.065 685	0.072 716
55	0.033 602	0.037 910	0.042 607	0.047 718	0.053 268	0.059 285	0.065 798	0.072 838
56	0.033 671	0.037 985	0.042 689	0.047 807	0.053 365	0.059 390	0.065 911	0.072 959
57	0.033 740	0.038 060	0.042 771	0.047 896	0.053 461	0.059 494	0.066 024	0.073 082
58	0.033 809	0.038 136	0.042 853	0.047 985	0.053 558	0.059 599	0.066 137	0.073 204
59	0.033 878	0.038 211	0.042 935	0.048 074	0.053 655	0.059 704	0.066 250	0.073 326
60	0.033 947	0.038 287	0.043 017	0.048 164	0.053 751	0.059 809	0.066 364	0.073 449

	33°	34°	35°	36°	37°	38°	39°	40°
0	0.073 449	0.081 097	0.089 342	0.098 224	0.107 782	0.118 061	0.129 106	0.140 968
1	0.073 572	0.081 229	0.089 485	0.098 378	0.107 948	0.118 238	0.129 296	0.141 173
2	0.073 695	0.081 362	0.089 628	0.098 531	0.108 113	0.118 416	0.129 488	0.141 378
3	0.073 818	0.081 494	0.089 771	0.098 685	0.108 279	0.118 594	0.129 679	0.141 583
4	0.073 941	0.081 627	0.089 914	0.098 840	0.108 445	0.118 772	0.130 870	0.141 789
5	0.074 064	0.081 760	0.090 058	0.098 994	0.108 611	0.118 951	0.130 062	0.141 995
6	0.074 188	0.081 894	0.090 201	0.099 149	0.108 777	0.119 130	0.130 254	0.142 201
7	0.074 311	0.082 027	0.090 345	0.099 303	0.108 943	0.119 309	0.130 446	0.142 408
8	0.074 435	0.082 161	0.090 489	0.099 458	0.109 110	0.119 488	0.130 639	0.142 614
9	0.074 559	0.082 294	0.090 633	0.099 614	0.109 177	0.119 667	0.130 832	0.142 821
10	0.074 684	0.082 428	0.090 777	0.099 769	0.109 444	0.119 847	0.131 025	0.143 028
11	0.074 808	0.082 562	0.090 922	0.099 924	0.109 611	0.120 027	0.131 218	0.143 236
12	0.074 932	0.082 697	0.091 067	0.100 080	0.109 779	0.120 207	0.131 411	0.143 443
13	0.075 057	0.082 831	0.091 211	0.100 236	0.109 947	0.120 387	0.131 605	0.143 651
14	0.075 182	0.082 966	0.091 356	0.100 392	0.110 114	0.120 567	0.131 798	0.143 859
15	0.075 307	0.083 100	0.091 502	0.100 548	0.110 283	0.120 748	0.131 993	0.144 067
16	0.075 432	0.083 235	0.091 647	0.100 705	0.110 451	0.120 929	0.132 187	0.144 276
17	0.075 557	0.083 371	0.091 792	0.100 862	0.110 619	0.121 110	0.132 281	0.144 485
18	0.075 683	0.083 506	0.091 938	0.101 019	0.110 788	0.121 291	0.132 576	0.144 694
19	0.075 808	0.083 641	0.092 084	0.101 176	0.110 957	0.121 473	0.132 771	0.144 903
20	0.075 934	0.083 777	0.092 230	0.101 333	0.111 126	0.121 655	0.132 966	0.145 113
21	0.076 060	0.083 913	0.092 377	0.101 490	0.111 295	0.121 837	0.133 162	0.145 323
22	0.076 186	0.084 049	0.092 523	0.101 648	0.111 465	0.122 019	0.133 357	0.145 533
23	0.076 312	0.084 185	0.092 670	0.101 806	0.111 635	0.122 201	0.133 553	0.145 743
24	0.076 439	0.084 321	0.092 816	0.101 964	0.111 805	0.122 384	0.133 750	0.145 954

续表 G-1

	33°	34°	35°	36°	37°	38°	39°	40°
25	0.076 565	0.084 458	0.092 963	0.102 122	0.111 975	0.122 567	0.133 946	0.146 165
26	0.076 692	0.084 594	0.093 111	0.102 280	0.112 145	0.122 750	0.134 143	0.146 376
27	0.076 819	0.084 731	0.093 258	0.102 439	0.112 316	0.122 933	0.134 339	0.146 587
28	0.076 946	0.084 868	0.093 406	0.102 598	0.112 486	0.123 116	0.134 536	0.146 798
29	0.077 073	0.085 005	0.093 533	0.102 757	0.112 657	0.123 300	0.134 734	0.147 010
30	0.077 200	0.085 142	0.093 701	0.102 916	0.112 829	0.123 484	0.134 931	0.147 222
31	0.077 328	0.085 280	0.093 849	0.103 075	0.113 000	0.123 668	0.135 129	0.147 435
32	0.077 455	0.085 418	0.093 998	0.103 235	0.113 171	0.123 853	0.135 327	0.147 647
33	0.077 583	0.085 555	0.094 146	0.103 395	0.113 343	0.124 037	0.135 525	0.147 860
34	0.077 711	0.085 693	0.094 295	0.103 555	0.113 515	0.124 222	0.135 724	0.148 073
35	0.077 839	0.085 832	0.094 443	0.103 715	0.113 687	0.124 407	0.135 923	0.148 286
36	0.077 968	0.085 970	0.094 592	0.103 875	0.113 860	0.124 592	0.136 122	0.148 500
37	0.078 096	0.086 108	0.094 742	0.104 036	0.114 032	0.124 778	0.136 321	0.148 714
38	0.078 225	0.086 247	0.094 891	0.104 196	0.114 205	0.124 964	0.136 520	0.148 928
39	0.078 354	0.086 386	0.095 041	0.104 357	0.114 378	0.125 150	0.136 720	0.149 142
40	0.078 483	0.086 525	0.095 190	0.104 518	0.114 552	0.125 336	0.136 920	0.149 357
41	0.078 612	0.086 664	0.095 340	0.104 680	0.114 725	0.125 522	0.137 120	0.149 572
42	0.078 741	0.086 804	0.095 490	0.104 841	0.114 899	0.125 709	0.137 320	0.149 787
43	0.078 871	0.086 943	0.095 641	0.105 003	0.115 073	0.125 895	0.137 521	0.150 002
44	0.079 000	0.087 083	0.095 791	0.105 165	0.115 247	0.126 083	0.137 722	0.150 218
45	0.079 130	0.087 223	0.095 942	0.105 327	0.115 421	0.126 270	0.137 923	0.150 433
46	0.079 260	0.087 363	0.096 093	0.105 489	0.115 595	0.126 457	0.138 124	0.150 650
47	0.079 390	0.087 503	0.096 244	0.105 652	0.115 770	0.126 645	0.138 326	0.150 866
48	0.079 520	0.087 644	0.096 395	0.105 814	0.115 945	0.126 833	0.138 528	0.151 083
49	0.079 651	0.087 784	0.096 546	0.105 977	0.116 120	0.127 021	0.138 730	0.151 299
50	0.079 781	0.087 925	0.096 698	0.106 140	0.116 296	0.127 209	0.138 932	0.151 516
51	0.079 912	0.088 066	0.096 850	0.106 304	0.116 471	0.127 398	0.139 134	0.151 734
52	0.080 043	0.088 207	0.097 002	0.106 467	0.116 647	0.127 587	0.139 337	0.151 951
53	0.080 174	0.088 348	0.097 154	0.106 631	0.116 823	0.127 776	0.139 540	0.152 169
54	0.080 306	0.088 490	0.097 306	0.106 795	0.116 999	0.127 965	0.139 743	0.152 388
55	0.080 437	0.088 631	0.097 459	0.106 959	0.117 175	0.128 115	0.139 947	0.152 606
56	0.080 569	0.088 773	0.097 611	0.107 123	0.117 352	0.128 344	0.140 151	0.152 825
57	0.080 700	0.088 915	0.097 764	0.107 288	0.117 529	0.128 534	0.140 355	0.153 043
58	0.080 832	0.089 057	0.097 917	0.107 452	0.117 706	0.128 725	0.140 559	0.153 263
59	0.080 964	0.089 200	0.098 071	0.107 617	0.117 883	0.128 915	0.140 763	0.153 482
60	0.081 097	0.089 342	0.098 224	0.107 782	0.118 061	0.129 106	0.140 968	0.153 702

续表 G-1

	41°	42°	43°	44°	45°	46°	47°	48°	49°
0	0.153 70	0.167 37	0.182 02	0.197 74	0.214 60	0.232 68	0.252 06	0.273 85	0.295 16
1	0.153 92	0.167 60	0.182 28	0.198 02	0.214 89	0.232 99	0.252 40	0.273 21	0.295 54
2	0.154 14	0.167 84	0.182 53	0.198 29	0.215 18	0.233 30	0.252 73	0.273 57	0.295 93
3	0.154 36	0.168 07	0.182 78	0.198 56	0.215 48	0.233 62	0.253 07	0.273 93	0.296 31
4	0.154 58	0.168 31	0.183 04	0.198 83	0.215 77	0.233 93	0.253 41	0.274 29	0.296 70
5	0.154 80	0.168 55	0.183 29	0.199 10	0.216 06	0.234 24	0.253 74	0.274 65	0.297 09
6	0.155 03	0.168 79	0.183 55	0.199 38	0.216 35	0.234 56	0.254 08	0.275 01	0.297 47
7	0.155 25	0.169 02	0.183 80	0.199 65	0.216 65	0.234 87	0.254 42	0.275 38	0.297 86
8	0.155 47	0.169 26	0.184 06	0.199 92	0.216 94	0.235 19	0.254 75	0.275 74	0.298 25
9	0.155 69	0.169 50	0.184 31	0.200 20	0.217 23	0.235 50	0.255 09	0.276 10	0.298 64
10	0.155 91	0.169 74	0.184 57	0.200 47	0.217 53	0.235 82	0.255 43	0.276 46	0.299 03
11	0.156 14	0.169 98	0.184 82	0.200 75	0.217 82	0.236 13	0.255 77	0.276 83	0.299 42
12	0.156 36	0.170 22	0.185 08	0.201 02	0.218 12	0.236 45	0.256 11	0.277 19	0.299 81
13	0.156 58	0.170 45	0.185 34	0.201 30	0.218 41	0.236 76	0.256 45	0.277 55	0.300 20
14	0.156 80	0.170 69	0.185 59	0.201 57	0.218 71	0.237 08	0.256 79	0.277 92	0.300 59
15	0.157 03	0.170 93	0.185 85	0.201 85	0.219 00	0.237 40	0.257 13	0.278 28	0.300 98
16	0.157 25	0.171 17	0.186 11	0.202 12	0.219 30	0.237 72	0.257 47	0.278 65	0.301 37
17	0.157 48	0.171 42	0.186 37	0.202 40	0.219 60	0.238 03	0.257 81	0.279 02	0.301 77
18	0.157 70	0.171 66	0.186 62	0.202 68	0.219 89	0.238 35	0.258 15	0.279 38	0.302 16
19	0.157 93	0.171 90	0.186 88	0.202 96	0.220 19	0.238 67	0.258 49	0.279 75	0.302 55
20	0.158 15	0.172 14	0.187 14	0.203 23	0.220 49	0.238 99	0.258 83	0.280 12	0.302 95
21	0.158 38	0.172 38	0.187 40	0.203 51	0.220 79	0.239 31	0.259 18	0.280 48	0.303 34
22	0.158 60	0.172 62	0.187 66	0.203 79	0.221 08	0.239 63	0.259 52	0.280 85	0.303 74
23	0.158 83	0.172 86	0.187 92	0.204 07	0.221 38	0.239 95	0.259 86	0.281 22	0.304 13
24	0.159 05	0.173 11	0.188 18	0.204 35	0.221 68	0.240 27	0.260 21	0.281 59	0.304 53
25	0.159 28	0.173 35	0.188 44	0.204 63	0.221 98	0.240 59	0.260 55	0.281 96	0.304 92
26	0.159 51	0.173 59	0.188 70	0.204 90	0.222 28	0.240 91	0.260 89	0.282 33	0.305 32
27	0.159 73	0.173 83	0.188 96	0.205 18	0.222 58	0.241 23	0.261 24	0.282 70	0.305 72
28	0.159 96	0.174 08	0.189 22	0.205 46	0.222 88	0.241 56	0.261 59	0.283 07	0.306 11
29	0.160 19	0.174 32	0.189 48	0.205 75	0.223 18	0.241 88	0.261 93	0.283 44	0.306 51
30	0.160 41	0.174 57	0.189 75	0.206 03	0.223 48	0.242 20	0.262 28	0.283 81	0.306 91
31	0.160 64	0.174 81	0.190 01	0.206 31	0.223 78	0.242 53	0.262 62	0.284 18	0.307 31
32	0.160 87	0.175 06	0.190 27	0.206 59	0.224 09	0.242 85	0.262 97	0.284 45	0.307 71
33	0.161 10	0.175 30	0.190 53	0.206 87	0.224 39	0.243 17	0.263 32	0.284 93	0.308 11
34	0.161 33	0.175 55	0.190 80	0.207 15	0.224 69	0.243 50	0.263 67	0.285 30	0.308 51
35	0.161 56	0.175 79	0.191 06	0.207 43	0.224 99	0.243 82	0.264 01	0.285 67	0.308 91
36	0.161 78	0.176 04	0.191 32	0.207 72	0.225 30	0.244 15	0.264 36	0.286 05	0.309 31

续表 G-1

	41°	42°	43°	44°	45°	46°	47°	48°	49°
37	0.162 01	0.176 28	0.191 59	0.208 00	0.225 60	0.244 47	0.264 71	0.286 42	0.309 71
38	0.162 24	0.176 53	0.191 85	0.208 28	0.225 90	0.244 80	0.265 06	0.286 80	0.310 12
39	0.162 47	0.176 78	0.192 12	0.208 57	0.226 21	0.245 12	0.265 41	0.287 17	0.310 52
40	0.162 70	0.177 02	0.192 38	0.208 85	0.226 51	0.245 45	0.265 76	0.287 55	0.310 92
41	0.162 93	0.177 27	0.192 65	0.209 14	0.226 82	0.245 78	0.266 11	0.287 92	0.311 33
42	0.163 17	0.177 52	0.193 91	0.209 42	0.227 12	0.246 11	0.266 46	0.288 30	0.311 73
43	0.163 40	0.177 77	0.193 18	0.209 71	0.227 43	0.246 43	0.266 82	0.288 68	0.312 14
44	0.163 63	0.178 01	0.193 44	0.209 99	0.227 73	0.246 76	0.267 17	0.289 06	0.312 54
45	0.163 86	0.178 26	0.193 71	0.210 28	0.228 04	0.247 09	0.267 52	0.289 43	0.312 95
46	0.164 09	0.178 51	0.193 98	0.210 56	0.228 35	0.247 42	0.267 87	0.289 81	0.313 35
47	0.164 32	0.178 76	0.194 24	0.210 85	0.228 65	0.247 75	0.268 23	0.290 19	0.313 76
48	0.164 56	0.179 01	0.194 51	0.211 14	0.228 96	0.248 08	0.268 58	0.290 57	0.314 17
49	0.164 79	0.179 26	0.194 78	0.211 42	0.229 27	0.248 41	0.268 93	0.290 95	0.314 57
50	0.165 02	0.179 51	0.195 05	0.211 71	0.229 58	0.248 74	0.269 29	0.291 33	0.314 98
51	0.165 25	0.179 76	0.195 32	0.212 00	0.229 89	0.249 07	0.269 64	0.291 71	0.315 39
52	0.165 49	0.180 01	0.195 58	0.212 29	0.230 20	0.249 40	0.270 00	0.292 09	0.315 80
53	0.165 72	0.180 26	0.195 85	0.212 57	0.230 50	0.249 73	0.270 35	0.292 47	0.316 21
54	0.165 96	0.180 51	0.196 12	0.212 86	0.230 81	0.250 06	0.270 71	0.292 86	0.316 62
55	0.166 19	0.180 76	0.196 39	0.213 15	0.231 12	0.250 40	0.271 07	0.293 24	0.317 03
56	0.166 42	0.181 01	0.196 66	0.213 44	0.231 43	0.250 73	0.271 42	0.293 62	0.317 44
57	0.166 66	0.181 27	0.196 93	0.213 73	0.231 74	0.251 06	0.271 78	0.294 00	0.317 85
58	0.166 89	0.181 52	0.197 20	0.214 02	0.232 06	0.251 40	0.272 14	0.294 39	0.318 26
59	0.167 13	0.181 77	0.197 47	0.214 31	0.232 37	0.251 73	0.272 50	0.294 77	0.318 68
60	0.167 37	0.182 02	0.197 74	0.214 60	0.232 68	0.252 06	0.272 85	0.295 16	0.319 09

	50°	51°	52°	53°	54°	55°	56°	57°	58°
0	0.319 09	0.344 78	0.372 37	0.402 02	0.433 90	0.468 22	0.505 18	0.545 03	0.588 04
1	0.319 50	0.345 22	0.372 85	0.402 53	0.434 46	0.468 81	0.505 82	0.545 72	0.588 79
2	0.319 92	0.345 67	0.373 32	0.403 05	0.435 01	0.469 40	0.506 46	0.546 41	0.589 54
3	0.320 33	0.346 11	0.373 80	0.403 56	0.435 56	0.470 00	0.507 10	0.547 10	0.590 28
4	0.320 75	0.346 56	0.374 28	0.404 07	0.436 11	0.470 60	0.507 74	0.547 79	0.591 03
5	0.321 16	0.347 00	0.374 46	0.404 59	0.436 67	0.471 19	0.508 38	0.548 49	0.591 78
6	0.321 58	0.347 45	0.375 24	0.405 11	0.437 22	0.471 79	0.509 03	0.549 18	0.592 53
7	0.321 99	0.347 90	0.375 72	0.405 62	0.437 78	0.472 39	0.509 67	0.549 88	0.593 28
8	0.322 41	0.348 34	0.376 20	0.406 14	0.438 33	0.472 99	0.510 32	0.550 57	0.594 03
9	0.322 83	0.348 79	0.376 68	0.406 66	0.438 89	0.473 59	0.510 96	0.551 27	0.594 79
10	0.323 24	0.349 24	0.377 16	0.407 17	0.439 45	0.474 19	0.511 61	0.551 97	0.595 54

续表 G-1

	50°	51°	52°	53°	54°	55°	56°	57°	58°
11	0.323 66	0.349 69	0.377 65	0.407 69	0.440 01	0.474 79	0.512 26	0.552 67	0.596 30
12	0.324 08	0.350 14	0.378 13	0.408 21	0.440 57	0.475 39	0.512 91	0.553 37	0.597 05
13	0.324 50	0.350 59	0.378 61	0.408 73	0.441 13	0.475 99	0.513 56	0.554 07	0.597 81
14	0.324 92	0.351 04	0.379 10	0.409 25	0.441 69	0.476 60	0.514 21	0.554 77	0.598 57
15	0.325 34	0.351 49	0.379 58	0.409 77	0.442 25	0.477 20	0.514 86	0.555 47	0.599 33
16	0.325 76	0.351 94	0.380 07	0.410 30	0.442 81	0.477 80	0.515 51	0.556 18	0.600 09
17	0.326 18	0.352 40	0.380 55	0.410 82	0.443 37	0.478 41	0.516 16	0.556 88	0.600 85
18	0.326 61	0.352 85	0.381 04	0.411 34	0.443 93	0.479 02	0.516 82	0.557 59	0.601 61
19	0.327 03	0.353 30	0.381 53	0.411 87	0.444 50	0.479 62	0.517 47	0.558 29	0.602 37
20	0.327 45	0.353 76	0.382 02	0.412 39	0.445 06	0.480 23	0.518 13	0.559 00	0.603 14
21	0.327 87	0.354 21	0.382 51	0.412 92	0.445 63	0.480 84	0.518 78	0.559 71	0.603 90
22	0.328 30	0.354 67	0.382 99	0.413 44	0.446 19	0.481 45	0.519 44	0.560 42	0.604 67
23	0.328 72	0.355 12	0.383 48	0.413 97	0.446 76	0.482 06	0.520 10	0.561 13	0.605 44
24	0.329 15	0.355 58	0.383 97	0.414 50	0.447 33	0.482 67	0.520 76	0.561 84	0.605 20
25	0.329 57	0.356 04	0.384 46	0.415 02	0.447 89	0.483 28	0.521 41	0.562 55	0.606 97
26	0.330 00	0.356 49	0.384 96	0.415 55	0.448 46	0.483 89	0.522 07	0.563 26	0.607 74
27	0.330 42	0.356 95	0.385 45	0.416 08	0.449 03	0.484 51	0.522 74	0.563 98	0.608 51
28	0.330 85	0.357 41	0.385 94	0.416 61	0.449 60	0.485 12	0.523 40	0.564 69	0.609 29
29	0.331 28	0.357 87	0.386 43	0.417 14	0.450 17	0.485 74	0.524 06	0.565 41	0.610 06
30	0.331 71	0.358 33	0.386 93	0.417 67	0.450 74	0.486 35	0.524 72	0.566 12	0.610 83
31	0.332 13	0.358 79	0.387 42	0.418 20	0.451 32	0.486 97	0.525 39	0.566 84	0.611 61
32	0.332 56	0.359 25	0.387 92	0.418 74	0.451 89	0.487 58	0.526 05	0.567 56	0.612 39
33	0.332 99	0.359 71	0.388 41	0.419 27	0.452 46	0.488 20	0.526 72	0.568 28	0.613 16
34	0.333 42	0.360 17	0.388 91	0.419 80	0.453 04	0.488 82	0.527 39	0.569 00	0.613 94
35	0.333 85	0.360 63	0.389 41	0.420 34	0.453 61	0.489 44	0.528 05	0.569 72	0.614 72
36	0.334 28	0.361 10	0.389 90	0.420 87	0.454 19	0.490 06	0.528 72	0.570 44	0.615 50
37	0.334 71	0.361 56	0.390 40	0.421 41	0.454 76	0.490 68	0.529 39	0.571 16	0.616 28
38	0.335 15	0.362 02	0.390 90	0.421 94	0.455 34	0.491 30	0.530 06	0.571 88	0.617 06
39	0.335 58	0.362 49	0.391 40	0.422 48	0.455 92	0.491 93	0.530 73	0.572 61	0.617 85
40	0.336 01	0.362 95	0.391 90	0.423 02	0.456 50	0.492 55	0.531 41	0.573 33	0.618 63
41	0.336 45	0.363 42	0.392 40	0.423 55	0.457 08	0.493 17	0.532 08	0.574 06	0.619 42
42	0.336 88	0.363 88	0.392 90	0.424 09	0.457 66	0.493 80	0.532 75	0.574 79	0.620 20
43	0.337 31	0.364 35	0.393 40	0.424 63	0.458 24	0.494 42	0.533 43	0.575 52	0.620 99
44	0.337 75	0.364 82	0.393 90	0.425 17	0.458 82	0.495 05	0.534 10	0.576 25	0.621 78
45	0.338 18	0.365 29	0.394 41	0.425 71	0.459 40	0.495 68	0.534 78	0.576 98	0.622 57
46	0.338 62	0.365 75	0.394 91	0.426 25	0.459 98	0.496 30	0.535 46	0.577 71	0.623 36
47	0.339 06	0.366 22	0.395 41	0.426 80	0.460 57	0.496 93	0.536 13	0.578 44	0.624 15

续表 G-1

	50°	51°	52°	53°	54°	55°	56°	57°	58°
48	0.339 49	0.366 69	0.395 92	0.427 34	0.461 15	0.497 56	0.536 81	0.579 17	0.624 94
49	0.339 93	0.367 16	0.396 42	0.427 88	0.461 73	0.498 19	0.537 49	0.579 91	0.625 74
50	0.340 37	0.367 63	0.396 93	0.428 43	0.462 32	0.498 82	0.538 17	0.580 64	0.626 53
51	0.340 81	0.368 10	0.397 43	0.428 97	0.462 91	0.499 45	0.538 85	0.581 38	0.627 33
52	0.341 25	0.368 58	0.397 94	0.429 52	0.463 49	0.500 09	0.539 54	0.582 11	0.628 12
53	0.341 69	0.369 05	0.398 45	0.430 06	0.464 08	0.500 72	0.540 22	0.582 85	0.628 92
54	0.342 13	0.369 52	0.398 96	0.430 61	0.464 67	0.501 35	0.540 90	0.583 59	0.629 72
55	0.342 57	0.369 99	0.399 47	0.431 16	0.465 26	0.501 99	0.541 59	0.584 33	0.630 52
56	0.343 01	0.370 47	0.399 98	0.431 71	0.465 85	0.502 63	0.542 28	0.585 07	0.631 32
57	0.343 45	0.370 94	0.400 49	0.432 25	0.466 44	0.503 26	0.542 96	0.585 81	0.632 12
58	0.343 89	0.371 42	0.401 00	0.432 80	0.467 03	0.503 90	0.543 65	0.586 56	0.632 93
59	0.344 34	0.371 89	0.401 51	0.433 35	0.467 62	0.504 54	0.544 34	0.587 30	0.633 73
60	0.344 78	0.372 37	0.402 02	0.433 90	0.468 22	0.505 18	0.545 03	0.588 04	0.634 54

	59°	60°	61°	62°	63°	64°	65°	66°	67°
0	0.634 54	0.684 85	0.739 40	0.798 62	0.863 05	0.933 29	1.010 04	1.094 12	1.186 48
1	0.635 34	0.685 73	0.740 34	0.799 65	0.864 17	0.934 52	1.011 38	1.095 59	1.188 10
2	0.636 15	0.686 60	0.741 29	0.800 68	0.865 30	0.935 74	1.012 72	1.097 06	1.189 72
3	0.636 96	0.687 48	0.742 24	0.801 72	0.866 42	0.936 97	1.014 07	1.098 53	1.191 34
4	0.637 77	0.688 35	0.743 19	0.802 75	0.867 55	0.938 20	1.015 41	1.100 01	1.192 96
5	0.638 58	0.689 23	0.744 15	0.803 78	0.868 68	0.939 43	1.016 76	1.101 49	1.194 59
6	0.639 39	0.690 11	0.745 10	0.804 82	0.869 80	0.940 66	1.018 11	1.102 97	1.196 22
7	0.640 20	0.690 99	0.746 06	0.805 86	0.870 94	0.941 90	1.019 46	1.104 45	1.197 85
8	0.641 02	0.691 87	0.747 01	0.806 90	0.872 07	0.943 13	1.020 81	1.105 93	1.199 48
9	0.641 83	0.692 76	0.747 97	0.807 94	0.873 20	0.944 37	1.022 17	1.107 42	1.201 12
10	0.642 65	0.693 64	0.748 93	0.808 98	0.874 34	0.945 61	1.023 52	1.108 91	1.202 76
11	0.643 46	0.694 52	0.749 89	0.810 03	0.875 48	0.946 85	1.024 88	1.110 40	1.204 40
12	0.644 28	0.695 41	0.750 85	0.811 07	0.876 62	0.948 10	1.026 24	1.111 90	1.206 04
13	0.645 10	0.696 30	0.751 81	0.812 12	0.877 76	0.949 34	1.027 61	1.113 39	1.207 69
14	0.645 92	0.697 19	0.752 78	0.813 17	0.878 90	0.950 59	1.028 97	1.114 89	1.209 34
15	0.646 74	0.698 08	0.753 75	0.814 22	0.880 04	0.951 84	1.030 34	1.116 39	1.211 00
16	0.647 56	0.698 97	0.754 71	0.815 27	0.881 19	0.953 09	1.031 71	1.117 90	1.212 65
17	0.648 39	0.699 86	0.755 68	0.816 32	0.882 34	0.954 34	1.033 08	1.119 40	1.214 31
18	0.649 21	0.700 75	0.756 65	0.817 38	0.883 49	0.955 60	1.034 46	1.120 91	1.215 97
19	0.650 04	0.701 65	0.757 62	0.818 44	0.884 64	0.956 86	1.035 83	1.122 42	1.217 63
20	0.650 86	0.702 54	0.758 59	0.819 49	0.885 79	0.958 12	1.037 21	1.121 93	1.129 30
21	0.651 69	0.703 44	0.759 57	0.820 55	0.886 94	0.959 38	1.038 59	1.125 45	1.220 97
22	0.652 52	0.704 34	0.760 54	0.821 61	0.888 10	0.960 64	1.039 97	1.126 97	1.222 64

续表 G-1

	59°	60°	61°	62°	63°	64°	65°	66°	67°
23	0.653 35	0.705 24	0.761 52	0.822 67	0.889 26	0.961 90	1.041 36	1.128 49	1.224 32
24	0.654 18	0.706 14	0.762 50	0.823 74	0.890 42	0.963 17	1.042 74	1.130 01	1.225 99
25	0.655 01	0.707 04	0.763 48	0.824 80	0.891 58	0.964 44	1.044 13	1.131 54	1.227 67
26	0.655 85	0.707 94	0.764 46	0.825 87	0.892 74	0.965 71	1.045 52	1.133 06	1.229 36
27	0.656 68	0.708 85	0.765 44	0.826 94	0.893 90	0.966 98	1.046 92	1.134 59	1.231 04
28	0.657 52	0.709 75	0.766 42	0.828 01	0.895 07	0.968 25	1.048 31	1.136 13	1.232 73
29	0.658 35	0.710 66	0.767 41	0.829 08	0.896 24	0.969 53	1.049 71	1.137 66	1.234 42
30	0.659 19	0.711 57	0.768 39	0.830 15	0.897 41	0.970 81	1.051 11	1.139 20	1.236 12
31	0.660 03	0.712 48	0.769 38	0.831 23	0.898 58	0.972 09	1.052 51	1.140 74	1.237 81
32	0.660 87	0.713 39	0.770 37	0.832 30	0.899 75	0.973 37	1.053 91	1.142 28	1.239 51
33	0.661 71	0.714 30	0.771 36	0.833 38	0.900 92	0.974 65	1.055 32	1.143 83	1.241 22
34	0.662 55	0.715 21	0.772 35	0.834 46	0.902 10	0.975 94	1.056 73	1.145 37	1.242 92
35	0.663 40	0.716 13	0.773 34	0.835 54	0.903 28	0.977 22	1.058 14	1.146 92	1.244 63
36	0.664 24	0.717 04	0.774 34	0.836 62	0.904 46	0.978 51	1.059 55	1.148 47	1.246 34
37	0.665 09	0.717 96	0.775 33	0.837 70	0.905 64	0.979 80	1.060 97	1.150 03	1.248 05
38	0.665 94	0.718 88	0.776 33	0.838 79	0.906 82	0.981 10	1.062 38	1.151 59	1.249 77
39	0.666 78	0.719 80	0.777 33	0.839 87	0.908 01	0.982 39	1.063 80	1.153 15	1.251 49
40	0.667 63	0.720 72	0.778 33	0.840 96	0.909 19	0.983 69	1.065 22	1.154 71	1.253 21
41	0.668 48	0.721 64	0.779 33	0.842 05	0.910 38	0.984 99	1.066 65	1.156 27	1.254 94
42	0.669 33	0.722 56	0.780 33	0.843 14	0.911 57	0.986 29	1.068 07	1.157 84	1.256 66
43	0.670 19	0.723 49	0.781 34	0.844 24	0.912 76	0.987 59	1.069 50	1.159 41	1.258 39
44	0.671 04	0.724 41	0.782 34	0.845 33	0.913 96	0.988 90	1.070 93	1.160 98	1.260 13
45	0.671 89	0.725 34	0.783 35	0.846 43	0.915 15	0.990 20	1.072 36	1.162 56	1.261 87
46	0.672 75	0.726 27	0.784 36	0.847 52	0.916 35	0.991 51	1.073 80	1.164 13	1.263 60
47	0.673 61	0.727 20	0.785 37	0.848 62	0.917 55	0.992 82	1.075 24	1.165 71	1.264 35
48	0.674 47	0.728 13	0.786 38	0.849 72	0.918 75	0.994 14	1.076 67	1.167 29	1.267 09
49	0.675 32	0.729 06	0.787 39	0.850 82	0.919 95	0.995 45	1.078 12	1.168 88	1.268 84
50	0.676 18	0.729 99	0.788 40	0.851 93	0.921 15	0.996 77	1.079 56	1.170 47	1.270 59
51	0.677 05	0.730 93	0.789 42	0.853 03	0.922 36	0.998 08	1.081 00	1.172 06	1.272 35
52	0.677 91	0.731 86	0.790 44	0.854 14	0.923 57	0.999 41	1.082 45	1.173 65	1.274 10
53	0.678 77	0.732 80	0.791 46	0.855 25	0.924 78	1.000 73	1.083 90	1.175 24	1.275 86
54	0.679 64	0.733 74	0.792 47	0.856 36	0.925 99	1.002 05	1.085 36	1.176 84	1.277 62
55	0.680 50	0.734 68	0.793 50	0.857 47	0.927 20	1.003 38	1.086 81	1.178 44	1.279 36
56	0.681 37	0.735 62	0.794 52	0.858 58	0.928 42	1.004 71	1.088 27	1.180 04	1.281 16
57	0.682 24	0.736 56	0.795 54	0.859 70	0.929 63	1.006 04	1.089 73	1.181 65	1.282 93
58	0.683 11	0.737 51	0.796 57	0.860 82	0.930 85	1.007 37	1.091 19	1.183 26	1.284 70
59	0.683 98	0.738 45	0.797 59	0.861 93	0.932 07	1.008 71	1.092 65	1.184 87	1.286 48
60	0.684 85	0.739 40	0.798 62	0.863 05	0.933 29	1.010 04	1.094 12	1.186 48	1.288 26

续表 G-1

	68°	69°	70°	71°	72°	73°	74°	75°	76°
0	1.288 26	1.400 81	1.525 75	1.665 03	1.821 05	1.996 76	2.195 87	2.423 05	2.684 33
1	1.290 05	1.402 79	1.527 94	1.667 48	1.823 80	1.999 88	2.199 41	2.427 11	2.689 02
2	1.291 83	1.404 77	1.530 15	1.669 94	1.826 57	2.003 00	2.202 96	2.431 18	2.693 71
3	1.293 62	1.406 75	1.532 35	1.672 41	1.829 34	2.006 13	2.206 52	2.435 25	2.698 42
4	1.295 41	1.408 74	1.534 56	1.674 88	1.832 11	2.009 26	2.210 08	2.439 34	2.703 14
5	1.297 21	1.410 73	1.536 78	1.677 35	1.834 89	2.012 40	2.213 66	2.443 43	2.707 87
6	1.299 01	1.412 72	1.538 99	1.679 83	1.837 68	2.015 55	2.217 24	2.447 53	2.712 62
7	1.300 81	1.414 72	1.541 22	1.682 32	1.840 47	2.018 71	2.220 83	2.451 65	2.717 37
8	1.302 62	1.416 72	1.543 44	1.684 80	1.843 26	2.021 87	2.224 42	2.455 77	2.722 14
9	1.304 42	1.418 72	1.545 67	1.687 30	1.846 07	2.025 04	2.228 03	2.459 90	2.726 92
10	1.306 23	1.420 73	1.547 91	1.689 80	1.848 88	2.028 21	2.231 64	2.464 05	2.731 71
11	1.308 05	1.422 74	1.550 14	1.692 30	1.851 69	2.031 39	2.235 26	2.468 20	2.736 51
12	1.309 86	1.424 75	1.552 39	1.694 81	1.854 51	2.034 58	2.238 89	2.472 36	2.741 33
13	1.311 68	1.426 77	1.554 63	1.697 32	1.857 33	2.037 77	2.242 53	2.476 53	2.746 16
14	1.313 51	1.428 79	1.556 88	1.699 84	1.860 16	2.040 97	2.246 17	2.480 71	2.751 00
15	1.315 33	1.430 81	1.559 14	1.702 36	1.863 00	2.044 18	2.249 83	2.484 91	2.755 85
16	1.317 16	1.432 84	1.561 40	1.704 88	1.865 84	2.047 40	2.253 49	2.489 11	2.760 71
17	1.318 99	1.434 87	1.563 66	1.707 42	1.868 69	2.050 62	2.257 16	2.493 32	2.765 59
18	1.320 83	1.436 91	1.565 93	1.709 95	1.871 54	2.053 85	2.260 83	2.497 54	2.770 48
19	1.322 67	1.438 95	1.568 20	1.712 49	1.874 40	2.057 08	2.264 52	2.501 77	2.775 38
20	1.324 51	1.440 99	1.570 47	1.715 04	1.877 26	2.060 32	2.268 21	2.506 01	2.780 29
21	1.326 35	1.443 04	1.572 75	1.717 59	1.880 14	2.063 57	2.271 92	2.510 27	2.785 22
22	1.328 20	1.445 09	1.575 03	1.720 15	1.883 01	2.066 83	2.275 63	2.514 53	2.790 16
23	1.330 05	1.447 14	1.577 32	1.722 71	1.885 89	2.070 09	2.279 35	2.518 80	2.795 11
24	1.331 91	1.449 20	1.579 61	1.725 27	1.888 78	2.073 36	2.283 07	2.523 08	2.800 07
25	1.333 76	1.451 26	1.581 91	1.727 85	1.891 67	2.076 64	2.286 81	2.527 37	2.805 05
26	1.335 62	1.453 32	1.584 21	1.730 42	1.894 57	2.079 92	2.290 55	2.531 68	2.810 04
27	1.337 49	1.455 39	1.586 52	1.733 00	1.897 48	2.083 21	2.294 30	2.535 99	2.815 04
28	1.339 35	1.457 46	1.588 82	1.735 59	1.900 39	2.086 51	2.298 07	2.510 31	2.820 06
29	1.341 22	1.459 54	1.591 14	1.738 18	1.903 31	2.089 81	2.301 84	2.544 65	2.825 08
30	1.343 10	1.461 62	1.593 46	1.740 77	1.906 23	2.093 13	2.305 61	2.548 99	2.830 12
31	1.344 97	1.463 70	1.595 78	1.743 38	1.909 16	2.096 45	2.309 40	2.553 34	2.835 18
32	1.346 85	1.465 79	1.598 10	1.745 98	1.912 10	2.099 77	2.313 19	2.557 71	2.840 24
33	1.348 74	1.467 88	1.600 43	1.748 59	1.915 04	2.103 10	2.317 00	2.562 08	2.845 32
34	1.350 62	1.469 97	1.602 77	1.751 21	1.917 98	2.106 44	2.320 81	2.566 47	2.850 41
35	1.352 51	1.472 07	1.605 11	1.753 83	1.920 94	2.109 79	2.324 63	2.570 87	2.855 52
36	1.354 40	1.474 17	1.607 45	1.756 46	1.923 89	2.113 15	2.328 46	2.575 27	2.860 64
37	1.356 30	1.476 27	1.609 80	1.759 09	1.926 86	2.116 51	2.332 30	2.579 69	2.865 77

续表 G-1

	68°	69°	70°	71°	72°	73°	74°	75°	76°
38	1.358 20	1.478 38	1.612 15	1.761 72	1.929 83	2.119 88	2.336 15	2.584 12	2.870 92
39	1.360 10	1.480 50	1.614 51	1.764 36	1.932 81	2.123 35	2.340 00	2.588 56	2.876 07
40	1.362 01	1.482 61	1.616 87	1.767 01	1.935 79	2.126 64	2.343 87	2.593 01	2.881 25
41	1.363 91	1.484 73	1.619 23	1.769 66	1.938 78	2.130 03	2.347 74	2.597 47	2.886 43
42	1.365 83	1.486 86	1.621 60	1.772 32	1.941 78	2.133 43	2.351 62	2.601 94	2.891 63
43	1.367 74	1.488 98	1.623 98	1.774 98	1.944 78	2.136 83	2.355 51	2.606 42	2.896 84
44	1.369 66	1.491 12	1.626 36	1.777 65	1.947 79	2.140 24	2.359 41	2.610 92	2.902 07
45	1.371 58	1.493 25	1.628 74	1.780 32	1.950 80	2.143 66	2.363 32	2.615 42	2.907 31
46	1.373 51	1.495 39	1.631 13	1.783 00	1.953 82	2.147 09	2.367 24	2.619 94	2.912 56
47	1.375 44	1.497 53	1.633 52	1.785 68	1.956 85	2.150 53	2.371 17	2.624 46	2.917 83
48	1.377 37	1.499 68	1.635 92	1.788 37	1.959 88	2.153 97	2.375 11	2.629 00	2.923 11
49	1.379 30	1.501 83	1.638 32	1.791 06	1.962 92	2.157 42	2.379 05	2.633 55	2.928 40
50	1.381 24	1.503 99	1.640 72	1.793 76	1.965 96	2.160 88	2.383 00	2.638 11	2.933 71
51	1.383 18	1.506 14	1.643 13	1.796 47	1.969 01	2.164 34	2.386 97	2.642 68	2.939 03
52	1.385 13	1.508 31	1.645 55	1.799 18	1.972 07	2.167 81	2.390 94	2.647 26	2.944 37
53	1.387 08	1.510 47	1.647 97	1.801 89	1.975 14	2.171 30	2.394 92	2.651 86	2.949 72
54	1.389 03	1.512 64	1.650 39	1.804 61	1.978 21	2.174 78	2.398 91	2.656 46	2.955 09
55	1.390 98	1.514 82	1.652 82	1.807 34	1.981 28	2.178 28	2.402 91	2.661 08	2.960 46
56	1.392 94	1.517 00	1.655 25	1.810 07	1.984 37	2.181 78	2.406 92	2.665 71	2.965 86
57	1.394 90	1.519 18	1.657 69	1.812 80	1.987 46	2.185 29	2.411 94	2.670 34	2.971 26
58	1.396 87	1.521 36	1.660 13	1.815 55	1.990 55	2.188 81	2.414 97	2.675 00	2.976 69
59	1.398 84	1.523 55	1.662 58	1.818 29	1.993 65	2.192 34	2.419 01	2.679 66	2.982 12
60	1.400 81	1.525 75	1.665 03	1.821 05	1.996 76	2.195 87	2.423 05	2.684 33	2.987 57

	77°	78°	79°	80°	81°
0	2.987 57	3.343 27	3.765 74	4.275 02	4.900 03
1	2.993 04	3.349 72	3.773 45	4.284 39	4.911 65
2	2.998 52	3.356 19	3.781 19	4.293 79	4.923 31
3	3.004 01	3.362 67	3.788 95	4.303 23	4.935 02
4	3.009 52	3.369 18	3.796 73	4.312 70	4.946 77
5	3.015 04	3.375 70	3.804 54	4.322 20	4.958 96
6	3.020 58	3.382 24	3.812 37	4.331 73	4.970 40
7	3.026 13	3.388 80	3.830 23	4.341 30	4.982 29
8	3.031 70	3.395 38	3.828 11	4.350 90	4.994 22
9	3.037 28	3.401 97	3.836 01	4.360 43	5.006 20
10	3.042 88	3.408 59	3.843 95	4.370 20	5.018 22
11	3.048 49	3.415 23	3.851 90	4.379 90	5.030 29
12	3.054 12	3.421 88	3.859 88	4.389 63	5.042 40

续表 G-1

	77°	78°	79°	80°	81°
13	3. 059 77	3. 428 56	3. 867 89	4. 399 40	5. 054 56
14	3. 065 42	3. 435 25	3. 875 92	4. 409 20	5. 066 77
15	3. 071 10	3. 441 97	3. 883 98	4. 419 03	5. 079 02
16	3. 076 79	3. 448 70	3. 892 06	4. 428 90	5. 091 33
17	3. 082 49	3. 455 45	3. 900 17	4. 438 80	5. 103 68
18	3. 088 21	3. 462 22	3. 908 30	4. 448 74	5. 116 08
19	3. 093 95	3. 469 02	3. 916 46	4. 458 71	5. 128 52
20	3. 099 70	3. 475 83	3. 924 65	4. 468 72	5. 141 02
21	3. 105 46	3. 482 66	3. 932 86	4. 478 77	5. 153 56
22	3. 111 25	3. 489 52	3. 941 10	4. 488 85	5. 166 16
23	3. 117 04	3. 496 39	3. 949 37	4. 498 96	5. 178 80
24	3. 122 86	3. 503 28	3. 957 66	4. 509 11	5. 191 49
25	3. 128 69	3. 510 20	3. 965 98	4. 519 30	5. 204 24
26	3. 134 53	3. 517 13	3. 974 33	4. 529 52	5. 217 03
27	3. 140 40	3. 524 08	3. 982 70	4. 539 78	5. 229 87
28	3. 146 27	3. 531 06	3. 991 10	4. 550 07	5. 242 77
29	3. 152 17	3. 538 06	3. 999 53	4. 560 41	5. 255 72
30	3. 158 08	3. 545 07	4. 007 98	4. 570 77	5. 268 71
31	3. 164 01	3. 552 11	4. 016 46	4. 581 18	5. 281 76
32	3. 169 95	3. 559 17	4. 024 97	4. 591 62	5. 294 86
33	3. 175 91	3. 566 25	4. 033 51	4. 602 10	5. 308 02
34	3. 181 88	3. 573 35	4. 042 07	4. 612 62	5. 321 22
35	3. 187 88	3. 580 47	4. 050 67	4. 623 18	5. 334 48
36	3. 193 89	3. 587 62	4. 059 29	4. 633 77	5. 347 80
37	3. 199 91	3. 594 78	4. 067 94	4. 644 41	5. 361 17
38	3. 205 95	3. 601 97	4. 076 62	4. 655 08	5. 374 59
39	3. 212 01	3. 609 18	4. 085 32	4. 665 79	5. 388 06
40	3. 218 09	3. 616 41	4. 094 06	4. 676 54	5. 401 59
41	3. 224 18	3. 623 66	4. 102 82	4. 687 33	5. 415 18
42	3. 230 29	3. 630 94	4. 111 62	4. 698 16	5. 428 82
43	3. 236 42	3. 638 23	4. 120 44	4. 709 02	5. 442 51
44	3. 242 57	3. 645 55	4. 129 29	4. 719 93	5. 456 26
45	3. 248 73	3. 652 89	4. 138 17	4. 730 88	5. 470 07
46	3. 254 91	3. 660 26	4. 147 08	4. 741 86	5. 483 94
47	3. 261 10	3. 667 64	4. 156 02	4. 752 89	5. 497 86
48	3. 267 32	3. 675 05	4. 164 99	4. 763 96	5. 511 84
49	3. 273 55	3. 682 48	4. 173 99	4. 775 07	5. 525 88

续表 G-1

	77°	78°	79°	80°	81°
50	3. 279 80	3. 689 93	4. 183 02	4. 786 22	5. 539 97
51	3. 286 06	3. 697 41	4. 192 08	4. 797 41	5. 554 13
52	3. 292 35	3. 704 91	4. 201 18	4. 808 65	5. 568 34
53	3. 298 65	3. 712 43	4. 210 30	4. 819 92	5. 582 61
54	3. 304 97	3. 719 98	4. 219 45	4. 831 24	5. 596 94
55	3. 311 31	3. 727 55	4. 228 63	4. 842 60	5. 611 33
56	3. 317 67	3. 735 14	4. 237 85	4. 854 00	5. 625 78
57	3. 324 04	3. 742 75	4. 247 09	4. 865 44	5. 640 30
58	3. 330 43	3. 750 39	4. 256 37	4. 876 93	5. 654 87
59	3. 336 84	3. 758 06	4. 265 68	4. 888 46	5. 669 50
60	3. 343 27	3. 765 74	4. 275 02	4. 900 03	5. 684 20

参 考 文 献

[1] 宋玉恒.塑料注射模设计实用手册[M].北京:航空工业出版社,1994.

[2] 塑料模设计手册编写组.塑料模设计手册[M].3版.北京:机械工业出版社,2006.

[3] 王正远,俞志明,张嘉言等.工程塑料实用手册[M].北京:中国物资出版社,1994.

[4] 吴生绪.塑料成型工艺技术手册[M].北京:机械工业出版社,2008.

[5] 文根保,文莉.手柄主体注射模的设计[J].中航救生,2009(1):49-52.

[6] 文根保,文莉,史文.成型件的缺陷和解决方法[J].模具技术,2009(6):34-38.

[7] 文根保,文莉,史文.豪华客车行李箱锁主体部件注射模设计[J].模具制造,2009(6):62-67.

[8] 文根保,文莉,史文.分流管注射模的设计[J].模具制造,2009(10):56-60.

[9] 文根保,文莉,史文.豪华客车行李箱锁手柄注塑模的结构论证[J].金属加工,2011(3):55-57.

[10] 文根保,文莉,史文等.塑件成型缺陷分析与改进措施[J].模具工业,2009(11):46-49.

[11] 文根保,文莉,史文.成型塑件的障碍体与注射模的结构设计分析[J].模具制造,2009(12):36-43.

[12] 文根保,文莉,史文.注塑件的型孔或型槽要素与注射模的结构设计分析[J].模具制造,2010(1):35-39.

[13] 文根保,文莉,史文.塑件成型时的运动干涉与注射模结构分析[J].模具制造,2010(4):23-28.

[14] 文根保,文莉,史文.塑件特殊技术要求与注射模结构设计分析[J].模具制造,2010(7):60-63.

[15] 文根保,文莉,史文.多重要素类型的综合分析法在注射模结构设计方案中的应用[J].模具制造,2010(12):43-49.

[16] 文根保,文莉,史文.混合要素类型的综合分析法在注射模结构设计方案中的应用[J].模具制造,2011(1):72-76.

[17] 文根保,文莉,史文.注塑件模具结构痕迹分析与克隆技术[J].MC现代零部件,2011(9):76-79.

[18] 文根保,文莉,史文.注塑件模具结构成型痕迹与模具克隆及复制技术[J].金属加工,2012(6):63-66.

[19] 卞坤,文根保.滑移端密封罩注射模的设计[J],模具制造,2013(1):65-68.

[20] 文根保,文莉,史文.面板注射模设计[J].模具制造,2013(7):37-41.